中国植被/陆地生态系统对气候变化的适应性与脆弱性

周广胜　何奇瑾　殷晓洁　著

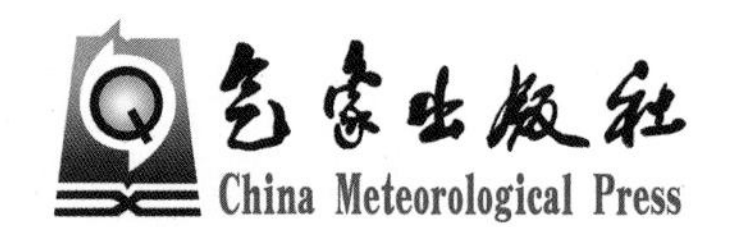

内容简介

本书是作者20多年来从事陆地生态系统响应全球变化研究成果的集成，对气候变化背景下陆地生态系统的适应性与脆弱性认知以及未来演变趋势有着独到而精辟的分析。全书以当前全球变化研究领域普遍关注的生态系统适应性与脆弱性为核心，系统介绍了决定植被/陆地生态系统的气候因子、植被/陆地生态系统的气候适宜性划分方法与等级、植被/陆地生态系统对气候变化的适应性与脆弱性评价方法，并以1961—1990年为基准期评估了中国主要植被/陆地生态系统（森林、草原、湿地与农田）对气候变化的适应性与脆弱性时空格局以及未来变化趋势，探讨了未来中国主要植被/陆地生态系统适应气候变化的对策措施。本书内容涉及气候变化、中国植被/陆地生态系统、中国植物功能型与生物群区、气候一植被分类模型、植被/陆地生态系统生产力模型、植被/陆地生态系统的适应性与脆弱性评估方法、中国主要植被/陆地生态系统的适应性与脆弱性评价以及其适应气候变化的对策措施。

本书可作为生态学、大气科学、环境科学、地理学等相关专业的研究生教材，亦可供从事相关研究的专业研究人员参考，尤其对从事全球变化影响研究的科技人员以及相关政府部门的决策人员大有裨益。

图书在版编目(CIP)数据

中国植被/陆地生态系统对气候变化的适应性与脆弱性/周广胜，何奇瑾，殷晓洁著. —北京：气象出版社，2015.6
ISBN 978-7-5029-6143-5

Ⅰ.①中… Ⅱ.①周… ②何… ③殷… Ⅲ.①气候变化-影响-植被-生态系-适应性-研究-中国②气候变化-影响-陆地-生态系-适应性-研究-中国 Ⅳ.①Q948.52②P942

中国版本图书馆CIP数据核字(2015)第122833号

出版发行：气象出版社
地　　址：北京市海淀区中关村南大街46号　　**邮政编码**：100081
总 编 室：010-68407112　　**发 行 部**：010-68409198
网　　址：http://www.qxcbs.com　　**E-mail**：qxcbs@cma.gov.cn
责任编辑：张　斌　　**终　　审**：章澄昌
封面设计：易普锐创意　　**责任技编**：赵相宁
印　　刷：北京地大天成印务有限公司
开　　本：787 mm×1092 mm　1/16　　**印　　张**：33
字　　数：836千字
版　　次：2015年6月第1版　　**印　　次**：2015年6月第1次印刷
定　　价：180.00元

前　　言

以全球变暖为主要特征的全球气候环境变化问题日益突出，已经成为人类可持续发展最严峻的挑战之一。伴随着气候变暖和降水变异的加剧，极端天气气候事件出现的频次在增加，强度也在加大。如此剧烈的气候变化单独或和社会经济因素结合在一起，已经并将继续影响植被/陆地生态系统特别是农业生产，甚至危及国家粮食安全。

中国地处地球环境变化速率最大的季风气候区，幅员辽阔，地形结构特别复杂，具有从寒温带到热带、湿润到干旱的不同气候带区。天气、气候条件年际变化很大，气象灾害频发，自然植被与农业生态系统受气候变化与气象灾害影响剧烈。特别是，我国还是世界人口大国，人多地少，并且还要保证人民生活水平的不断提高。因此，妥善应对全球变化问题，事关我国经济社会可持续发展目标的实现。中国政府对此高度重视，签署并批准了《联合国气候变化框架公约》和《京都议定书》，并采取系列措施积极应对。为贯彻落实《国家中长期科学和技术发展规划纲要(2006—2020年)》，为履约、国际谈判和应对气候变化自主行动提供科技支撑，2010年科技部启动了全球变化研究重大科学研究计划，部署一批项目，针对全球变化研究中的关键科学问题，开展基础性、战略性、前瞻性研究，全面提升我国全球变化研究的竞争力。

由周广胜研究员作为首席科学家主持的"全球变化影响下我国主要陆地生态系统的脆弱性与适应性研究"(2010CB951300)作为全球变化研究国家重大科学研究计划于2010年启动的第一批项目，以我国主要陆地生态系统(森林、草原、湿地与农田)为研究对象，深入开展了全球变化影响下我国主要陆地生态系统的脆弱性与适应性研究。本书是基于周广胜研究员主持的该项目第三课题"陆地生态系统的脆弱性与适应性及其对未来气候变化的响应"(2010CB951303)研究成果的系统总结。本书围绕植被/陆地生态系统适应性与脆弱性定量评价这一科学问题，系统介绍了决定植被/陆地生态系统的气候因子、植被/陆地生态系统的气候适宜性划分方法与等级、植被/陆地生态系统对气候变化的适应性与脆弱性评价方法，并以1961—1990年为基准期评估了中国主要植被/陆地生态系统(森林、草原、湿地与农田)对气候变化的适应性与脆弱性时空格局以及未来变化趋势，探讨了未来中国主要植被/陆地生态系统适应气候变化的对策措施，供相关部门和领域交流与相互借鉴。希望本专著的出版能为进一步深入开展气候变化对植被/陆地生态系统的影响及应对措施研究提供理论基础。

全书由周广胜研究员主持编写并统稿，研究所用的气象资料由唐隽工程师处理。其中，第一章由周广胜执笔；第二章由周广胜、何奇瑾执笔；第三章至第七章由周广胜执笔；第八章至第十二章由殷晓洁执笔；第十三章由王慧、石耀辉、吕晓敏、宋希亮、侯彦会、王玉辉执笔；第十四章由殷晓洁、杨志香执笔；第十五章由吕晓敏执笔；第十六章由汲玉河执笔；第十七章至第十九章由何奇瑾执笔；第二十章由周广胜执笔。

由于研究的阶段性及水平限制，关于中国植被/陆地生态系统对气候变化的适应性与脆弱性的认识尚有待于不断深入。本书疏漏之处和缺点错误难免，敬请广大读者批评指正。

著者

2014年10月

目　　录

第一章 绪 论

中国地处地球环境变化速率最大的季风气候区，幅员辽阔，地形结构特别复杂，具有从寒温带到热带、湿润到干旱的不同气候带区。天气、气候条件年际变化很大，气象灾害频发，自然与农业生态系统受气候变化与气象灾害影响剧烈。气候变化已经对中国农业、水资源、自然生态系统与海岸带、重大工程、人体健康和环境等产生了严重影响（符淙斌等 1996，丁一汇 1997，方精云 2000，周广胜 2002，林而达等 2004，秦大河等 2005，《气候变化国家评估报告》编写委员会 2007，于贵瑞 2009）。据统计，中国每年因气象灾害造成的损失约占全部自然灾害损失的 70%，直接经济损失占国民生产总值的 3%～6%（《气候变化国家评估报告》编写委员会 2007，翟盘茂等 2009），使得中国成为世界上受气象灾害影响最为严重的国家之一。随着全球气候持续变暖及极端天气、气候事件的频繁发生，以气候变暖为突出标志的全球气候变化及由此而引起的生态安全问题，如生物多样性丧失、土地退化与荒漠化、水土流失、生态系统退化、植被带迁移等，已经严重威胁到中国生存环境及社会经济的可持续发展，引起了政府、科学界及公众的强烈关注（陈宜瑜 2005）。

第一节 研究意义

全球气候变化已经发生，并将持续到可预见的将来。为此，迫切需要针对中国植被/陆地生态系统，深入开展气候变化影响下中国植被/陆地生态系统的适应性与脆弱性评价，为科学地应对气候变化、实现趋利避害提供科技支撑。

一、深入开展气候变化影响下中国植被/陆地生态系统的适应性与脆弱性评价是气候变化影响下中国经济社会可持续发展的需求

气候变化既是环境问题，也是发展问题。政府间气候变化专门委员会（IPCC）第四次评估报告总结了全球 2001—2006 年关于气候变化影响、适应和脆弱性的研究成果，指出世界气候系统变暖已毋庸置疑，许多自然系统正在受到区域气候变化，特别是温度升高的影响；人为变暖可能已对许多自然和农田生态系统产生了可辨识的影响；区域气候变化对人类生存环境的其他影响正在出现。伴随着贫困、不公平、粮食安全、经济全球化、区域冲突等方面的压力，气候变化导致的生态系统脆弱性正在不断加剧（IPCC 2007a，b）。

中国作为一个负责任的发展中国家，对气候变化问题给予了高度重视。2007 年成立了由温家宝总理任组长的“国家应对气候变化领导小组”，发布实施了《中国应对气候变化国家方案》；2008 年发布实施了《中国应对气候变化的政策与行动》白皮书，并将“减缓与适应并重”作为中国应对气候变化的重要原则之一。2007 年发布的《气候变化国家评估报告》指出，中国在农业、森林与其他自然生态系统、水资源等领域，以及海岸带和沿海地区等脆弱区，积极实施适

应气候变化的政策和行动，取得了积极成效。但是，目前关于适应的科学支撑与政策制定者需求之间还存在较大的差距，其中的关键之一就是对生态系统脆弱性的认识不足与评估能力有限(《气候变化国家评估报告》编写委员会 2007)。因此，深入开展气候变化影响下中国植被/陆地生态系统的适应性与脆弱性评价有利于中国积极实施适应气候变化的自主行动，可为促进中国生态环境的保护及社会经济的可持续发展提供科技支撑。

二、深入开展气候变化影响下中国植被/陆地生态系统的适应性与脆弱性评价还是国家履行有关气候变化公约和国际环境谈判的需求

《联合国气候变化框架公约(UNFCCC)》、《京都议定书》和《联合国生物多样性保护公约(UNCBD)》等的签订不仅反映了人类共同减缓气候变化、维护人类生存环境的决心，亦使环境问题与国家外交密切相关，直接影响到国家社会经济的可持续发展。这些国际公约均强调了气候变化影响下生物圈的脆弱性及生物圈适应气候变化的重要性与紧迫性(IPCC 2001, Brooker et al. 2007)。

当前，尽管国际社会在气候变暖的幅度、原因和区域分布以及未来气候变化的预估和气候变化的影响评估等方面仍意见不一，但针对全球变暖采取稳健的适应政策已成为共识。特别是，2009 年 12 月 7—18 日在丹麦首都哥本哈根召开了《联合国气候变化框架公约》缔约方第 15 次会议，超过 85 个国家元首或政府首脑、192 个国家的环境部长出席了会议。会议达成了不具法律约束力的《哥本哈根协议》，认可有关控制全球升温不超过 2℃ 的科学结论作为全球合作行动的长期目标。这一协议使得气候变化影响下生物圈的脆弱性评价与适应技术研究显得尤为紧迫。深入开展气候变化影响下中国植被/陆地生态系统的适应性与脆弱性评价不仅有助于科学地认识气候变化影响下中国陆地生态系统的脆弱性，提供适应气候变化的技术，更显示出中国参与国际环境合作、促进世界可持续发展的积极姿态。

三、深入开展气候变化影响下中国植被/陆地生态系统的适应性与脆弱性评价更是科学发展的需求

1. 可持续性科学发展的需求

全球变化与可持续发展是当今世界面临的两大挑战。如何在全球变化背景下维持生态系统生产力、生物多样性和生态系统服务功能是当前人类面临的巨大挑战。2004 年美国生态学会生态远景委员会完成的战略研究报告首次提出了“可持续性科学”(sustainability science)的概念(Palmer et al. 2004)，其核心观点是生态、经济和社会的协调一致、统筹兼顾。但是，目前可持续性科学的理论基础和框架还很不完善，研究实例十分缺乏。深入开展气候变化影响下中国植被/陆地生态系统的适应性与脆弱性评价，不仅可以完善多因子控制实验与长期定位观测的研究平台，还可以带动典型脆弱生态系统适应气候变化的技术示范研究，从而将克服同类实验持续时间较短所带来的缺陷，可为可持续性科学发展提供具体的研究实例，丰富其理论基础、完善其理论框架。

2. 全球变化生态学发展的需求

当今科学社会所面临的重大问题是探索地球系统的动态变化过程及其对全球变化的适应与响应机制(GAIM Task Force 2002)。植物在长期进化过程中形成了有效利用异质性生境的植物适应特征组合，即植物适应对策。但是，当前发生的在地质历史上前所未有的全球气候

变化(CO_2、温度、降水等)和人为干扰(如放牧、樵采、施肥、农耕等)已经严重地影响到重要物种、生态系统和植被的适应对策,进而将深刻影响人类赖以生存的环境及其可持续发展。然而,目前科学界对这方面的认识还十分有限。因此,深入开展气候变化影响下中国植被/陆地生态系统的适应性与脆弱性评价,将对变化环境条件下物种、生态系统和植被适应对策的理解更加深入,并丰富全球变化生态学的理论基础。

第二节　研究进展

生态系统脆弱性与适应性的分析和评价是适应和减缓气候变化的关键和基础,可为生态系统可持续发展提供科学依据。正因为如此,国际社会对气候变化的脆弱性与适应性给予了高度重视,但有关生态系统脆弱性评价与适应性管理的科学基础仍很薄弱。

一、全球变化影响下生态系统的脆弱性研究

全球变化导致的生态系统脆弱性指生态系统受到气候变化不利影响的程度(IPCC 2001),与生态系统所面临的气候变化特征、幅度和变化速率密切相关,并受生态系统的敏感性和适应能力的制约。生态系统脆弱性的分析和评价是适应和减缓气候变化的关键和基础,可为生态保护、脆弱生态环境整治和资源的合理利用提供科学依据,对促进区域可持续发展和防灾减灾有着重要意义,已成为近年来气候变化领域和生态学领域的研究热点。

现有的全球变化对陆地生态系统影响研究大多集中在对目前已观测到的气候变化影响事实的分析及基于未来气候情景的气候变化影响评估方面(IPCC 2001,2007a,2007b,《气候变化国家评估报告》编写委员会 2007),关于全球变化影响下生态系统脆弱性的定量评价研究较少。国际上关于脆弱性的研究始于 20 世纪 60—70 年代,但进展缓慢。Timmerman(1981)首次提出了脆弱性概念,但直到 1988 年在布达佩斯召开的第 7 届国际环境问题科学委员会(SCOPE)大会上才明确认定了 Ecotone(生态过渡区)概念,指出 Ecotone 将生态系统界面理论与非稳定的脆弱特征结合了起来,可作为辨识全球变化的基本指标,并呼吁国际生态学界开展 Ecotone 的研究(周永娟等 2009)。

目前,关于生态系统脆弱性的研究多是针对不同部门进行的,以不同的社会经济发展情景进行量化分析,从而得出气候变化对社会经济及生态环境等的综合影响,研究结果通常以经济指标表示或定性地加以说明(Huq et al. 1999,Hansen et al. 2001,Llody et al. 2001,冉圣宏等 2001)。关于生态系统脆弱性评估的研究主要集中在生态系统脆弱性评价模型的概念框架方面,还没有建立起基于机理和过程的评估方法。如,Smith 等(1993)详细评述了 11 种生态系统脆弱性评价方法的步骤及优缺点;Deressa 等(2008)提出了基于宏观考虑的生态系统脆弱性评价方法,即考虑从哪个角度去评价生态系统的脆弱性。

政府间气候变化专门委员会(IPCC)第三次评估报告(IPCC 2001)在明确气候变化研究中生态系统脆弱性概念的同时,强调指出:当前缺乏大范围、长时间的野外观测研究是制约有关气候变化影响下生态系统脆弱性认识的关键(IPCC 2007b),影响着对不同时空尺度生态系统脆弱性的气候因子检测及生态系统临界点/阈值的确认。这些知识是生态系统脆弱性评价与适应性管理的科学基础。

二、全球变化影响下生态系统的适应性研究

生态系统的适应性是指系统在其运行、过程或结构中对预计或实际气候变化的可能调节程度(IPCC 2001,周广胜等 2003)。《联合国气候变化框架公约(UNFCCC)》从 1990 年的第 1 次缔约方会议(COP1)开始就涉及了气候变化的影响与适应问题。2001 年 IPCC 正式发布的第三次评估报告对适应的必要性进行了深入的阐述(IPCC 2001)。随着对气候变化认识的提高,适应气候变化问题越来越引起国际社会的高度关注。2003 年 UNFCCC 第 9 次缔约方会议(COP9)同意在科学、技术和社会发展等诸多领域开展针对适应的研究和行动;2004 年 UNFCCC/COP10 组织制定了关于气候变化影响、脆弱性和适应性的五年工作计划,并在 2005 年 UNFCCC/COP11 上获得通过;2006 年 UNFCCC/COP12 进一步细化了该工作计划,并命名为"内罗毕工作计划"(NWP)(UNFCCC 2007)。内罗毕工作计划旨在协助缔约方提高对影响、脆弱性和适应性的理解和评估水平,并根据科学、技术和社会经济水平,考虑当前和未来的气候变化和变率,确定适应的措施和实际适应行动。2007 年 12 月 3—15 日在印度尼西亚巴厘岛召开的 UNFCCC/COP13 会议明确指出,适应问题是气候变化的重要组成部分,适应和减缓并重,并非是减排的补充,在"后京都"时代要给予足够的重视。2009 年 12 月 7—18 日在丹麦首都哥本哈根召开的 UNFCCC/COP15 会议达成了不具法律约束力的《哥本哈根协议》,认可有关控制全球升温不超过 2℃ 的科学结论作为全球合作行动的长期目标。这一协议反映出国际社会对气候变化影响下生物圈脆弱性评价与适应性技术的迫切需求。

尽管国际社会对气候变化的适应性给予了高度重视,但进展缓慢,因为有关生态系统脆弱性评价与适应性管理的科学基础仍很薄弱。现有的适应气候变化研究主要集中在站点尺度的适应技术和措施方面,缺少科学理论支撑,使得这些适应技术和措施难以在更大区域甚至全球推广。例如,联合国开发计划署在不丹实施的全球环境基金项目,通过加强灾难管理能力、人工降低索托米湖的水位和安装预警系统等措施来强化普纳卡—旺地和查姆卡流域的适应能力;在安第斯山脉中部的拉斯何莫萨马斯夫推行包括实施用水管制以保证水力发电在内的各种适应措施,适应当地山区生态系统的恶化;厄瓜多尔的农民通过建造传统的"U"形滞留地,以在湿润年份收集水,用于干旱年份(Warren et al. 2006)。20 世纪 80 年代,欧洲中部地区根据气候条件对土地利用进行了优化,冬小麦、玉米、蔬菜种植面积增加,春小麦、大麦和马铃薯面积减少(Parry et al. 1988)。最近,Herrero 等(2010)提出发展作物一畜牧混合系统,以确保发展中国家在面对水资源匮乏、土地退化等环境压力下粮食生产的可持续性。

当前,尽管国际社会,特别是发展中国家拥有适应气候变化的迫切需求,但在如何采取适应气候变化的措施和开展相应的行动方面,仍然缺乏相关知识的支持。因此,迫切需要加强适应气候变化的理论与技术研究。

三、全球变化影响下中国生态系统的脆弱性与适应性研究

中国关于生态系统脆弱性的研究起步较晚。牛文元(1989)首先将 Ecotone 概念引入中国,并将其称为生态环境脆弱带,开启了中国生态系统脆弱性评价研究的新领域。随后,中国学者围绕土地退化、环境治理和资源承载力等开展了大量的脆弱性研究,初步明确了中国脆弱生态环境类型及其分布情况(刘燕华 1995,赵跃龙等 1998,李克让等 2009)。这类研究除考虑气候因素外,还考虑了土地利用、资源承载力及经济发展等因素,但没有涉及未来气候变化的

影响(冉圣宏等 2001)。由于生态系统脆弱性是很难预见的现象,加之脆弱系统的复杂性,生态系统脆弱性评价的研究进展较为缓慢。从 20 世纪 90 年代初开始脆弱性研究以来,相当长的一段时间内均采用综合指数法,所不同的就是选择的评价指标、指标权重及在求综合指数时采用的统计方法略有差别。直到 2003 年前后,地理信息系统(GIS)、遥感技术及生态系统过程模型等高新技术应用,有效地促进了生态系统脆弱性评价准确性的提高(周永娟等 2009),生态系统脆弱性研究的领域也逐渐拓展到了农田(Lin 1996,Cai 1997,刘金萍等 2007)、森林(李克让等 1996,吐热尼古丽·阿木提等 2008)、草原(罗承平等 1995)、湿地(周亮进 2008,周丙娟等 2009)以及水资源(唐国平等 2000)等,并开展了未来气候变化的影响评价研究(许振柱等 2003),如 Wu 等(2007)采用 AVIM2 模式、於琍等(2008)采用 CEVSA 模型评价了中国未来陆地生态系统的脆弱性变化。尽管於琍等(2008)对中国陆地生态系统的脆弱性评价考虑了植被分布和生态系统功能的变化,但模型仅考虑了森林、灌丛、草原和荒漠植被四种类型,没有考虑对气候变化敏感的湿地与农田生态系统;特别是,模型所用植被类型的气候参数来源于 BIOME 1.1 模型,而翁恩生等(2005)及 Weng 等(2006)研究指出,这些气候参数并不适用于中国独特的季风气候与青藏高原背景下形成的植被类型及其地理分布。而且,模型关于生态系统脆弱性指标的选取及其变化阈值的确定也缺乏观测数据的支持。总体而言,由于数据获取、研究手段及基础研究水平等因素的制约,现有的生态系统脆弱性研究对脆弱性机理、结构与功能的综合考虑及未来气候变化对生态系统脆弱性的影响方面尚显不足(IPCC 2001,於琍等 2008,李克让等 2009),还没有建立起科学的生态系统脆弱性评价指标体系与评价方法。

当前,中国关于全球变化影响下生态系统的适应性研究在本质上大多属于气候变化对生态系统的影响研究范畴(周广胜等 2004,《气候变化国家评估报告》编写委员会 2007),并没有着重于生态系统对气候变化的可能调节程度研究;关于适应技术研究大多集中在农田生态系统,且停留在农民基于传统经验的自发试验阶段,缺乏系统的理论研究与应用示范。例如,地跨湖南和湖北的两湖平原由于洪涝灾害的影响,当地农民发展了错开洪涝高峰期的早熟早稻品种与迟熟晚稻组合搭配的种植格局,部分实现了农业避洪减灾(王德仁等 2000,陶建平等 2002);甘肃省农民针对旱灾频发和小麦产量低而不稳的特点,自觉调整作物种植比例,减少了小麦播种面积,扩大了耐旱作物玉米、糜、谷、马铃薯、胡麻、豆类等的种植面积(邓振镛等 2006,姚小英等 2004),实现了粮食增产和农民增收(杨小利等 2009);河南南阳农民选择生育期较长的小麦品种减,少了气候变暖的限制作用(Liu et al. 2010);玉米高产中心的东北松嫩平原南部农民通过种植晚熟高产品种充分利用热量资源,大幅度提高了玉米单产(王宗明等 2006)。一些地区还根据温度变化特点调整传统的耕作方式,使农业生产更适于气候变化。例如,为避免冬前积温增加导致小麦生长过旺而遭受冻害,华北和黄淮海平原采取了小麦播期推迟的耕作方式。为此,鲁西北桓台县将 1986 年“冬前 80%的保证积温选择”的适宜播期 9 月 23 日—10 月 3 日调整为目前的 10 月 2—10 日,较传统播期推迟了 7～9 天(荣云鹏等 2007);山西省晋城地区将以往的最佳播期 9 月 24 日—10 月 2 日延至目前的 9 月 28 日—10 月 6 日,即推迟了 4 天,并获得最佳产量(程海霞等 2009)。

气候变化已经极大地改变了中国气候资源的时空分布特点,出现了新情况新问题,对中国陆地生态系统,特别是农业种植制度提出了变化的要求。面对气候变化,生态系统如何趋其利避其害,切实保障中国的生态安全与中长期粮食安全,是中国面临的紧迫任务之一。然而,目前还没有建立起国家水平的中国陆地生态系统脆弱性与适应性评价指标体系,更没有形成可应用示范的生态系统适应气候变化的技术体系，大多仍停留在概念和框架构建阶段。因此，迫切需要基于可持续性科学理论开展气候变化影响下中国主要陆地生态系统的脆弱性评价与适应技术的深入研究。

第二章　气候变化

自工业革命以来，人口剧增、现代工业的迅速发展以及矿物燃料利用、森林过伐、草原开垦与过牧等人类活动引起了地球大气中“温室气体”特别是 CO_2 浓度以前所未有的速度增加，由此引起的全球气候变暖、生态系统退化、植被带迁移、生物多样性丧失、荒漠化扩展、海平面上升等变化造成了 20 世纪 70 年代末期以来，人类社会面临的资源、环境和发展问题的严峻挑战。

天气与气候是人们日常生活中经常谈论的话题。通常，天气是指短时间（几分钟到几天）发生的气象现象，如雷雨、冰雹、台风、寒潮、大风等。气候是指长时期内（月、季、年、数年、数十年和数百年以上）天气的平均或统计状况，通常由某一时段内的平均值以及距平均值的离差（距平值）表征，主要反映一个地区的冷、暖、干、湿等基本特征。气候变化则是指气候平均值和离差值两者中的一个或两者同时随时间出现了统计意义上的显著变化。平均值的升降表明气候平均状态的变化；离差值增大表明气候状态不稳定性增加，气候异常愈明显，如平均气温、平均降水量、最高气温、最低气温、极端天气事件等变化。

地球气候变化由来已久，根据气候变化的时间尺度将气候变化分成长期气候变化、短期气候变化和当代气候变化。一般将由于地球轨道强迫造成的，发生在 $10^4 \sim 10^6$ 年时间尺度上的气候变化称为长期气候变化。发生在 $10^2 \sim 10^4$ 年时间尺度上的气候变化称为短期气候变化，亦称冰后期气候变化，即指最后一次冰期结束以后大约 1 万年以来的气候变化。这个时期在地质上称为第四纪的全新世，地球气候目前仍处于全新世中。而将发生在 10^2 年即百年以内的气候变化称为当代气候变化。

第一节　全球气候变化

为了为决策者定期提供针对气候变化的科学基础、气候变化影响和未来风险的评估以及适应和减缓的可选方案，1988 年由世界气象组织（WMO）和联合国环境规划署（UNEP）建立了政府间气候变化专门委员会（IPCC），是评估与气候变化相关科学的国际机构。IPCC 评估报告为各级政府制定与气候相关的政策提供了科学依据，是联合国气候大会《联合国气候变化框架公约（UNFCCC）》谈判的基础。评估报告具有政策相关性，但不具政策指示性：或许评估报告根据不同情景和气候变化的风险做出了未来气候变化的预测，讨论了可选响应方案的意义，但不是要告诉决策者该采取什么行动。由于 IPCC 评估报告的科学性质和政府间性质，使得 IPCC 拥有独特的机遇，可为决策者提供严格和均衡的科学信息。IPCC 向 WMO 和联合国的所有成员国开放。目前 IPCC 有 195 名成员，委员会由成员国的代表组成，他们在全体会议上做主要决定。IPCC 主席团由成员国政府选举产生，就委员会工作的科技方面问题向委员会提供指导，并就相关管理和战略问题提供建议。IPCC 评估报告由数百名首席科学家撰写，他们志愿献出自己的时间和专长，成为报告的主要作者协调人和主要作者。同时，他们征集了数百名专家作为撰写作者，补充提供具体领域的专门知识。IPCC 评估报告要经过数轮起草和评审，旨在确保全面、客观，编写方式开放、透明。同时，还有数以万计的专家作为评审者参与报告的编写，确保报告反映科学界全方位的观点。各编审团队所提供的是一个完整的监测机制，以确保评审意见得到体现。IPCC 的运作方式是评估已发表的文献，并不自行开展科学研究。针对所有研究结果，作者团队在评估结论中使用明确界定的语言，描述它们的确定性。IPCC 评估报告所指向的是知识完备、推陈出新、文献中观点众多的领域。目前，编写评估报告的作者分为三个工作组，即第一工作组为自然科学基础，第二工作组为影响、适应和脆弱性，第三工作组为减缓气候变化以及一个特设工作组即国家温室气体清单专题组（TFI）。作为 IPCC 的组成部分，支持影响和气候分析的资料与情景任务组（TGICA）协助气候变化相关数据和情景的分发和应用。IPCC 评估报告是全面的气候变化相关科学、技术和社会经济的评估，通常分为四个部分，即每个工作组的内容为一部分，另加综合报告。特别报告是对某个具体问题的评估。方法学报告为编写 UNFCCC 下的温室气体清单提供切实指导。

IPCC 于 1990 年发布的第一次评估报告（FAR）和 1995 年发布的第二次评估报告（SAR）分别对 1992 年通过的《联合国气候变化框架公约（UNFCCC）》和 1997 年《京都议定书》的签订产生了直接推动作用，IPCC 第四次评估报告（AR4）则成为“巴厘路线图”谈判进程的重要科学依据，其中很多结论直接被相关谈判决议案文引用，在很大程度上影响并决定着气候变化国际谈判的走向。IPCC（2007）报告指出，全球气候变化以全球平均气温波动式变化、呈升温趋势为特征，但北半球明显暖于南半球、冬半年明显暖于夏半年、陆地地区明显暖于海洋地区，表现出明显的时间区域不均匀性。近百年（1906—2005 年）全球地表平均温度上升 0.74 ℃，1956—2005 年升温 0.65 ℃。1995—2006 年中有 11 年位列有仪器观测以来最暖的 12 年中。20 世纪全球海平面上升约为 0.17 m；其间 1961—2003 年平均上升速率约为 1.8 mm/a，1993—2003 年的平均上升速率约为 3.1 mm/a。全球大部分地区积雪退缩，特别是在春季和夏季；近 40 年北半球积雪逐月退缩（除 11 月和 12 月外），在 20 世纪 80 年代尤为明显。

IPCC 第五次评估报告（AR5）各工作组报告和综合报告于 2014 年 10 月前陆续发布，其结论必将影响新一轮国际气候变化谈判进程。IPCC 第五次评估报告指出，与 2007 年 IPCC 第四次评估报（AR4）相比，大气圈和冰冻圈变暖的观测资料更加充分。1880—2012 年全球平均地表温度升高了 0.85（0.65～1.06）℃，1951—2012 年全球平均地表温度的升温速率（0.12（0.08～0.14）℃/10a）几乎是 1880 年以来升温速率的两倍。过去的 3 个连续 10 年比自 1850 年以来的任何一个 10 年都暖。观测结果进一步证实，气候系统的变暖毋庸置疑（秦大河等，2014）。2003—2012 年全球平均地表温度较 1850—1990 年升高了 0.78（0.72～0.85）℃（基于唯一可用的独立数据集）（张晓华等 2014）。

根据世界气象组织最新发布数据，2013 年全球平均表面温度比 1961—1990 年的平均值（14.0 ℃）高出 0.50 ℃，比 2001—2010 年的平均值高出 0.03 ℃，与 2007 年并列为 1850 年以来的第六最暖年（图 2.1），处于持续偏暖阶段。在有现代气象记录以来的 14 个最暖年份中，除 1998 年外，其他 13 个最暖年份均出现在 21 世纪。分析显示：全球变暖趋势在持续，但近 15 年升温速率趋于平缓。

气候变化的根本原因在于自然和人为强迫改变了地球的能量收支，通常采用辐射强迫来定量描述自然和人为因素对地球能量收支的影响。1750—2011 年地球表面的人为总辐射强

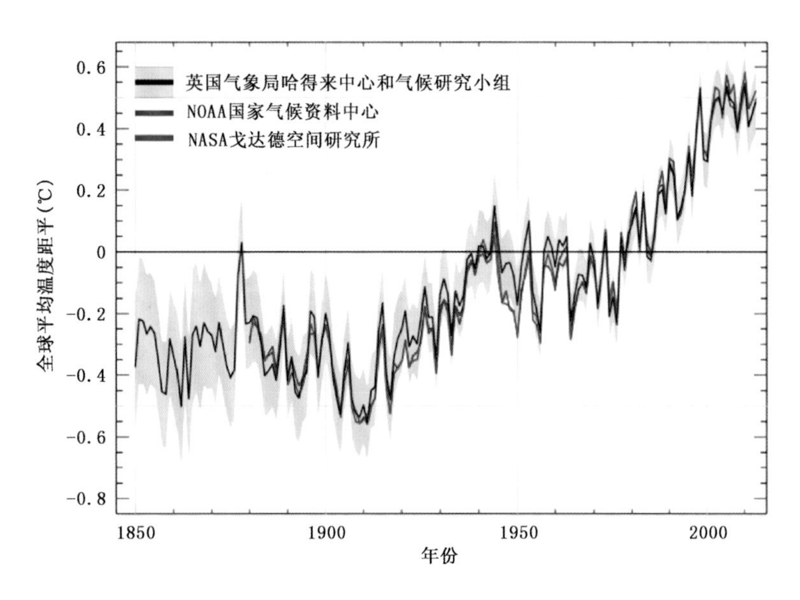

图 2.1　1850—2013 年全球年均温度距平变化(相对于 1961—1990 年平均值)

(引自世界气象组织新闻发布 No. 983:www. wmo. int)

迫为 2.29(1.13～3.33)W/m²,较 2007 年 IPCC 第四次评估报告(AR4)给出的 2005 年人为辐射强迫 1.6 W/m² 高出 43%,较自然因素太阳辐照度变化产生的辐射强迫 0.05(0.00～0.10)W/m²(AR4 为 0.12(0.06～0.30)W/m²)高出 40 多倍。工业化以来的大气 CO_2 浓度增加对总辐射强迫的贡献最大,CO_2 排放产生的辐射强迫达 1.68(1.33～2.03)W/m²(AR4 为 1.66(1.49～1.83)W/m²),如果将其他含碳气体的排放效应也包括在内,CO_2 的辐射强迫将达 1.82(1.46～2.18)W/m²,证实了人为排放温室气体导致的气候变暖结论。AR5 基于气候系统模式对 1951—2010 年期间的气温变化进行了定量化归因,指出,1951—2010 年期间温室气体排放造成的全球平均地表增温在 0.50～1.30 ℃之间,包括气溶胶降温效应在内的其他人为强迫的贡献在−0.6～0.1 ℃之间。自然强迫的贡献在−0.1～0.1 W/m²,气候系统内部变率的贡献在−0.1～0.1 ℃之间。综合所评估的这些贡献与 1951—2010 年期间所观测到的 0.6～0.7 ℃的变暖相一致,表明人类活动(主要指能源利用等过程中的温室气体排放)导致了 20 世纪 50 年代以来一半以上的全球气候变暖(概率大于 95%)。同时,现有研究在海洋变暖、水循环变化、冰冻圈退缩、海平面上升和极端事件变化等方面也检测到了人类活动影响的信号。因此,IPCC 更加确信,近百年来人类活动对气候变暖发挥着主导作用。

在 IPCC 第五次评估报告中,采用 CMIP5 模式和新排放情景(典型浓度路径,RCP)预估了未来气候系统变化。CMIP5 模式耦合了大气、海洋、陆面、海冰、气溶胶、碳循环等多个模块,考虑了植被动态和大气化学过程的影响,被称为地球系统模式。典型浓度路径 RCP 包括 RCP 2.6、RCP 4.5、RCP 6.0 和 RCP 8.5 等 4 种情景,每种情景都提供了一种受社会经济条件和气候影响等的排放路径,并给出了到 2100 年相应的辐射强迫值(Moss et al. 2010,Taylor et al. 2012)。通过采用地球系统模式与新的排放情景,气候变化的情景预估准确性有所提高(秦大河等 2014)。与 1986—2005 年相比,预估 2016—2035 年全球平均地表温度将升高 0.3～0.7 ℃,2081—2100 年将升高 0.3～4.8 ℃,反映出继续排放温室气体将进一步导致全球温度升高,人为温室气体排放越多,增温幅度就越大(秦大河等 2014)。根据地球系统模式预估,

RCP 2.6 是四种情景中最有可能实现到 2100 年相对于 1850—1900 年全球温度升高不超过 2 ℃的情景(中等信度),在此情景下到 2050 年全球 CO_2 年排放量需要在 1990 年水平上减少 14%～96%(滕飞等 2013)。AR5 的重要内容之一是给出了 CO_2 累积排放量与温度升高之间的量化关系,即累积碳排放的瞬时气候响应(TCRE)。AR5 指出:“21 世纪末及以后的全球变暖主要取决于 CO_2 累积排放”,“CO_2 累积总排放和全球平均地表温度响应为近似线性相关”。

研究还表明,未来变暖背景下,极端暖事件将进一步增多,极端冷事件将进一步减少,热浪发生的频率更高,时间更长,中纬度大部分陆地区域和湿润热带地区的强降水强度可能加大、发生频率可能增加,全球降水将呈现“干者愈干、湿者愈湿”的趋势。北极海冰将继续消融,全球冰川体积和北半球春季积雪范围也将减小,全球海平面将进一步上升。至 21 世纪末,9 月北极海冰范围将减小 43%～94%,2 月将减小 8%～34%;全球冰川体积减小 15%～85%;北半球春季积雪范围将减小 7%～25%;全球海平面将上升 0.26～0.82 m(秦大河等 2014)。

第二节　中国气候变化

中国气候条件复杂,大部分地区的气温季节变化幅度较同纬度其他地区剧烈,很多地方冬冷夏热,夏季普遍高温;降水时间分布极不均匀,多集中在汛期,而且降水的区域分布也不均衡,年降水量从东南沿海向西北内陆递减。气候变化极大地改变了中国农业的气候资源。农业生产活动只有与之相适应,才能更加充分合理地利用气候资源,变不利为有利,实现农业生产的可持续性。

中国气候变化趋势与全球气候变化的总趋势基本一致(秦大河等 2005)。近百年来,中国地表年均气温升高约 0.5～0.8 ℃;最近 50 年升高 1.1 ℃,增温速率达 0.22 ℃/10a,明显高于全球或北半球同期平均增温(0.74 ℃,0.13 ℃/10a)(丁一汇等 2006)。

中国气象局气候变化中心《中国气候变化监测公报(2013 年)》指出,全球变暖趋势在持续,但近 15 年升温速率趋于平缓。2013 年全球平均表面温度比 1961—1990 年的平均值偏高 0.50 ℃,与 2007 年并列为 1850 年以来的第六最暖年。2013 年亚洲地表平均气温比常年值(1971—2000 年的平均值)偏高 1.0 ℃,为 1910 年以来的第二高值年。亚洲季风持续年代际变化特征,2013 年东亚夏季风和冬季风均偏强,南亚夏季风显著偏弱。1901—2013 年中国地表年均气温呈上升趋势,并伴随明显的年代际变化特征。过去百年间(1914—2013 年),中国地表年均气温的增幅为 0.91 ℃,不同气候区升温幅度差异明显,哈尔滨、北京、上海和香港的年均气温分别升高 2.22 ℃、1.13 ℃、2.18 ℃和 1.30 ℃。1961—2013 年,中国区域地表的年均气温均呈显著上升趋势,区域差异较大,青藏地区增温速率最大,平均每 10 年升高 0.37 ℃;西南地区升温相对较缓,平均每 10 年升高 0.14 ℃。2013 年,中国地表平均气温为 9.4 ℃,比常年值偏高 1.0 ℃,为 1901 年以来的第四最暖年。近百年中国平均年降水量表现出显著的年际和年代际变化特征,无明显线性变化趋势。中国不同气候区的年降水量均表现出明显的年代际变化特征,近年来中国北方地区的降水偏多,而西南和华中地区的降水持续偏少。1961—2013 年,中国平均年雨日数呈显著减少趋势,而暴雨日数呈增多趋势。2013 年,中国平均降水量为 653.5 mm,比常年值偏多 24.3 mm;华北、东北、西北、华南和青藏地区的降水较常年值偏多,华东、华中和西南地区降水偏少。

一、气温

中国气象局气候变化中心《中国气候变化监测公报(2013年)》指出,1901—2013年中国地表年平均气温呈显著上升趋势,并伴随明显的年代际变化特征,20世纪30至40年代和80年代中期以来为主要的偏暖阶段(图2.2)。1914—2013年,中国地表平均气温上升了0.91 ℃,最近10～15年升温趋缓,总体特征与全球相一致。1997年以来,中国年平均气温持续偏高,2013年位居1901年以来的第四最暖年。

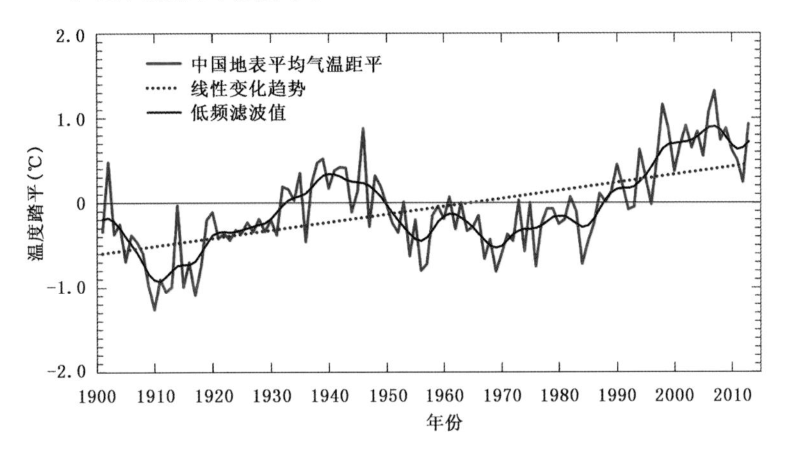

图2.2　1901—2013年中国地表平均气温距平变化
(引自中国气象局气候变化中心《中国气候变化监测公报(2013年)》)

1961—2013年,中国地表年平均气温呈显著上升趋势,平均每10年升高0.31 ℃(图2.3a)。1987年之前中国年平均气温大多低于常年值,之后气温出现明显的上升趋势,尤其是1997年以后,中国年平均气温持续高于常年值。2013年,中国年平均气温为10.2 ℃,比常年偏高1.0 ℃,是1961年以来第四高值年。

1961—2013年,中国地表年平均最高气温呈上升趋势,平均每10年升高0.25 ℃(图2.3b),低于年平均气温的升高速率。20世纪90年代之前中国年平均最高气温变化相对稳定,之后呈明显上升趋势。2013年,中国平均地表最高气温为16.7 ℃,比常年偏高1.1 ℃,是1961年以来第三高值年。

1961—2013年,中国地表年平均最低气温呈显著上升趋势,平均每10年升高0.42 ℃(图2.3c),高于年平均气温和年最高气温的上升速率。1987年之前最低气温上升较缓,之后升温明显加快。2013年,中国地表年平均最低气温为4.9 ℃,比常年偏高1.1 ℃,是1961年以来第四高值年。

2013年中国大部地区气温偏高,内蒙古东北部、东北、华北东部局部等地气温偏低(图2.4)。1961—2013年,中国八大区域(华北、东北、华东、华中、华南、西南、西北和青藏地区(图2.5))年均气温均呈显著上升趋势,但区域差异明显(图2.6)。青藏地区增温速率最大,平均每10年升高0.37 ℃;华北、东北和西北地区次之,增温速率依次为0.32 ℃/10a、0.30 ℃/10a和0.29 ℃/10a;华东地区平均每10年升高0.21 ℃;华中、华南和西南地区升温相对较缓,增温速率依次为0.16 ℃/10a、0.15 ℃/10a和0.14 ℃/10a。近年来,东北地区出现降温趋势的转折信号。2013年,东北地区平均气温与常年持平,其余地区平均气温明显偏高,其中西北、华中和西南地区平均气温均为 1961 年以来的最高值。

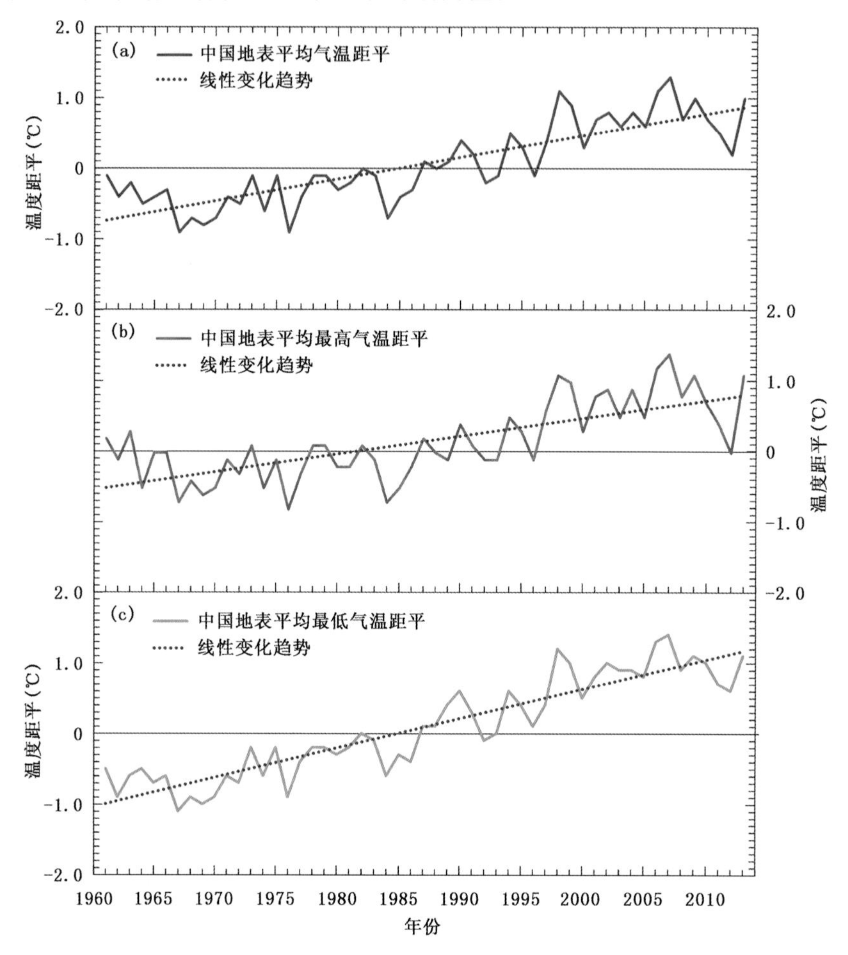

图 2.3　1961—2013 年中国地表平均气温距平变化

(a)平均气温；(b)平均最高气温；(c)平均最低气温

（引自中国气象局气候变化中心《中国气候变化监测公报(2013 年)》）

二、降水

中国气象局气候变化中心《中国气候变化监测公报(2013 年)》指出，1901—2013 年中国平均年降水量无显著线性变化趋势，以 20～30 年尺度的年代际波动为主，其中 20 世纪 10 年代、30 年代、50 年代和 90 年代的降水总体偏多，20 世纪前 10 年、20 年代、40 年代、60 年代降水偏少。1961—2013 年，中国平均年降水量无明显的增减趋势，但年际变化明显(图 2.7)。1998 年、1973 年和 2010 年是排名前三位的降水高值年，2011 年、1986 年和 2009 年是排名前三位的降水低值年。2013 年，中国平均降水量为 653.5 mm，较常年偏多 24.3 mm。与常年相比，中国北方大部及华南等地的降水偏多，而江苏、河南、贵州等地的降水偏少(图 2.8)。

1961—2013 年，中国八大区域平均年降水量的变化趋势差异显著(图 2.9)。青藏地区平均年降水量呈显著增多趋势，平均每 10 年增加 8.0 mm，2007 年以来降水持续偏多；西南地区平均年降水量呈显著减少趋势，平均每 10 年减少 18.4 mm，近 5 年降水持续偏少；华北、东北、

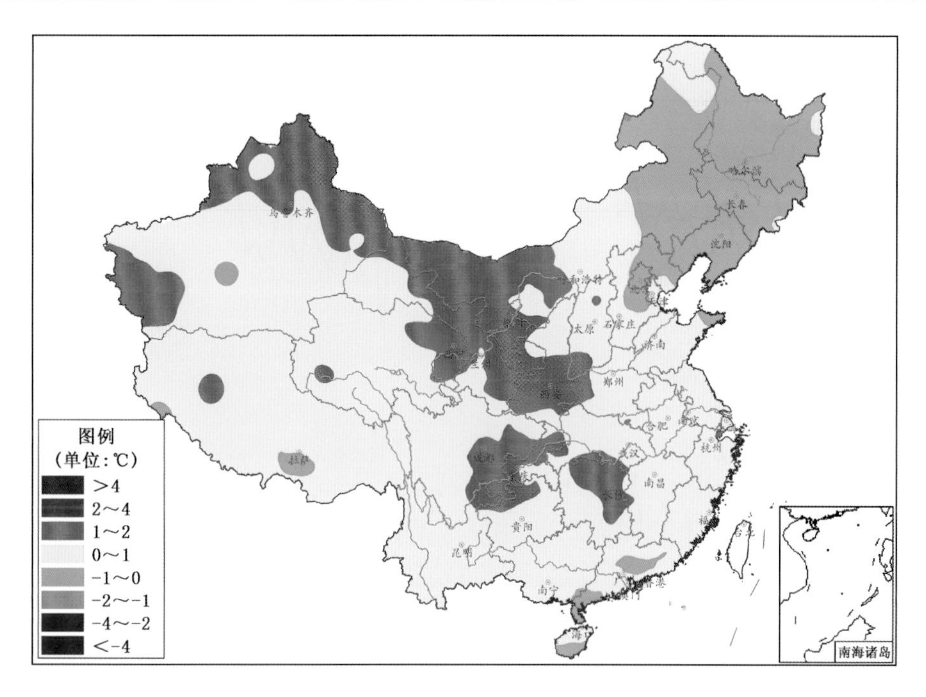

图 2.4　2013 年中国地表年均气温距平分布
（引自中国气象局气候变化中心《中国气候变化监测公报(2013 年)》）

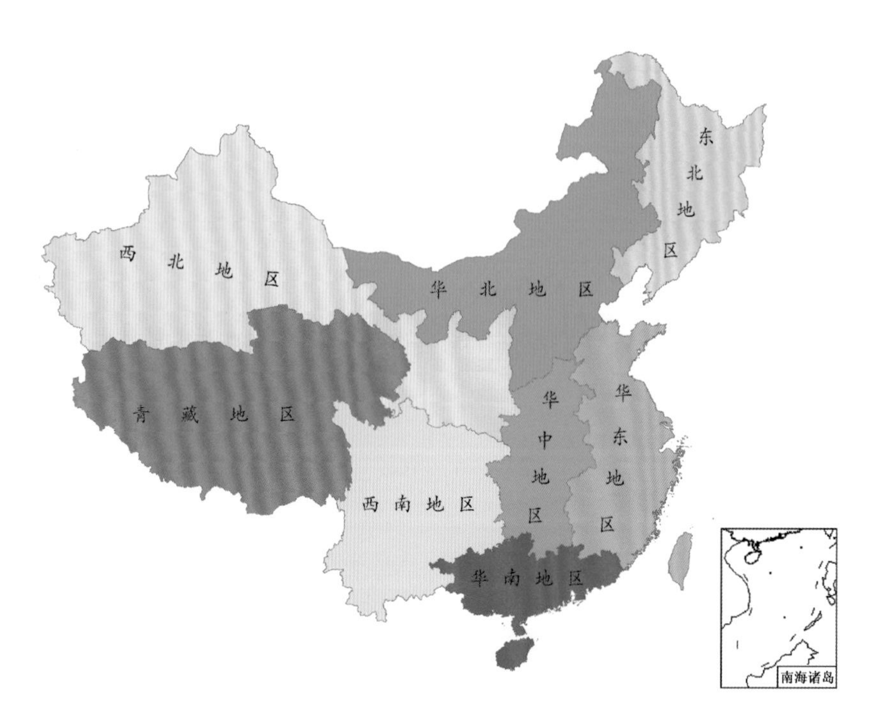

图 2.5　中国八大区域地理分布
（引自中国气象局气候变化中心《中国气候变化监测公报(2013 年)》）

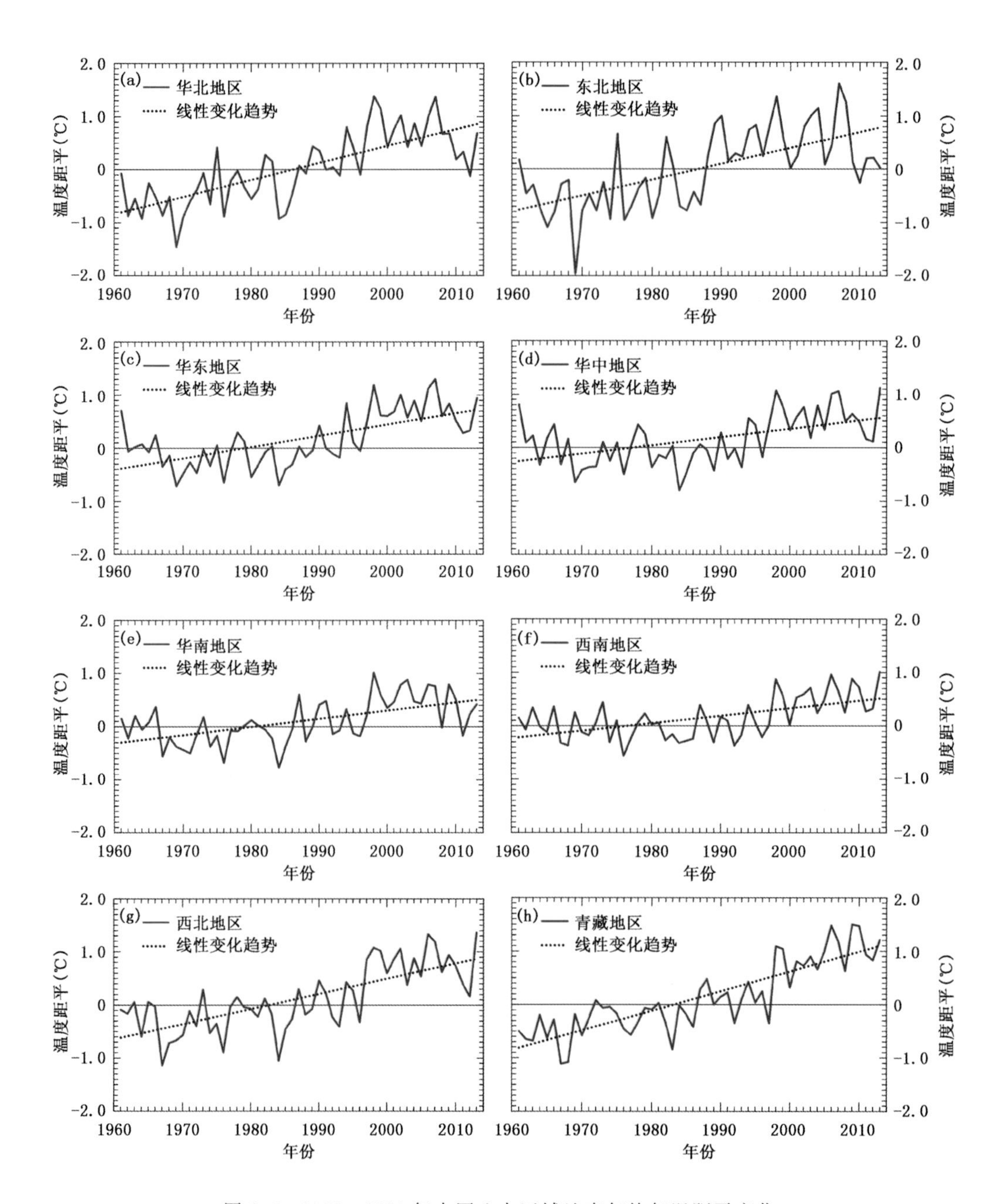

图 2.6　1961—2013 年中国八大区域地表年均气温距平变化

(a)华北地区;(b)东北地区;(c)华东地区;(d)华中地区;(e)华南地区;(f)西南地区;(g)西北地区;(h)青藏地区

(引自中国气象局气候变化中心《中国气候变化监测公报(2013 年)》)

华东、华中、华南和西北地区的年降水量无明显线性变化趋势,但均表现出较强的年际和年代际变化特征。20 世纪 90 年代后期以来,华北、东北和西北地区的年降水量波动上升,而华中地区的年降水量呈明显减少趋势。2013 年,华北、东北、西北、华南和青藏地区的降水量偏多,而华东、华中和西南地区的降水量偏少。

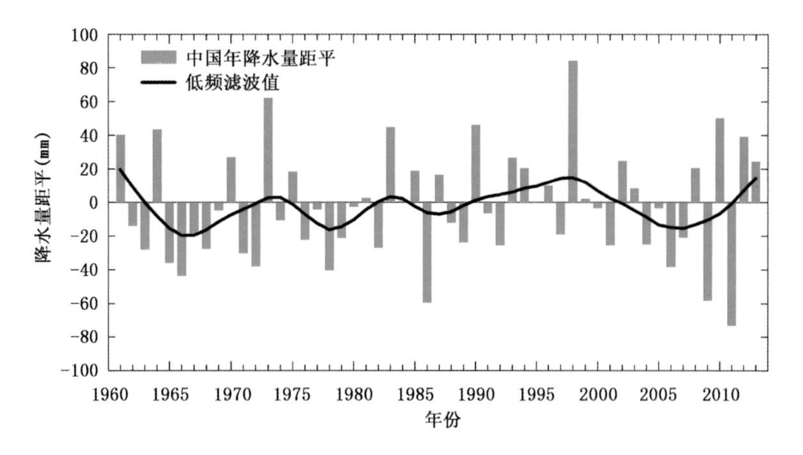

图 2.7　1961—2013 年中国平均年降水量距平变化

(引自中国气象局气候变化中心《中国气候变化监测公报(2013 年)》)

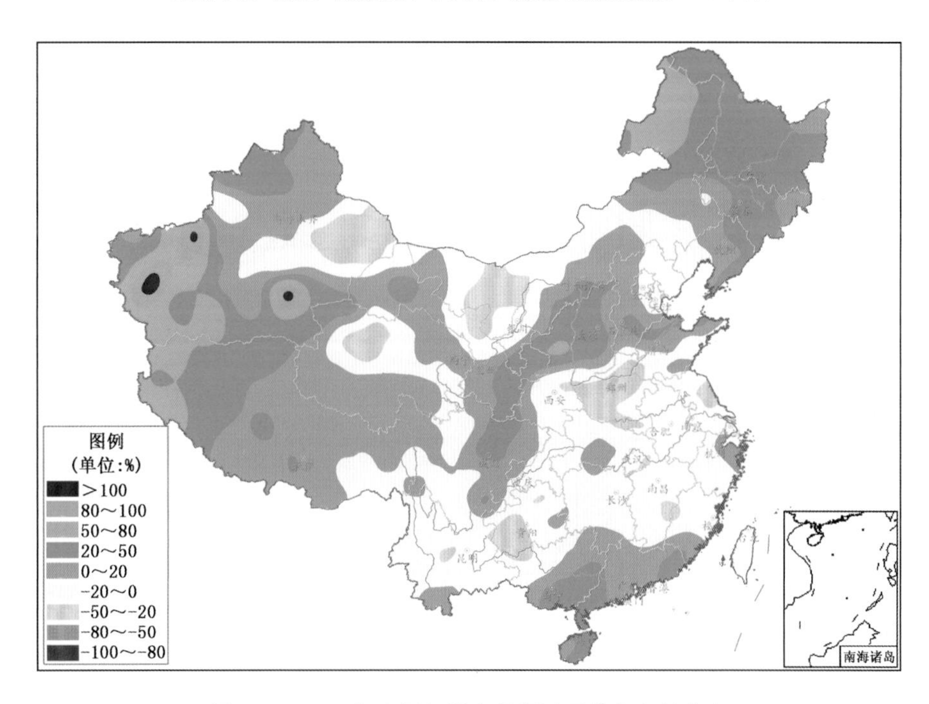

图 2.8　2013 年中国年降水量距平百分率空间分布

(引自中国气象局气候变化中心《中国气候变化监测公报(2013 年)》)

1961—2013 年,中国平均年雨日呈显著减少趋势,每 10 年减少 3.9 天(图 2.10a)。2013 年,中国年平均雨日为 101 天,较常年偏少 12.2 天。1961—2013 年,中国年累计暴雨站日数呈显著增加趋势(图 2.10b),每 10 年增加 3.8%。2013 年,中国年累计暴雨站日数为 6906 站日,比常年偏多 18.2%,为 1961 年以来第 5 高值年。

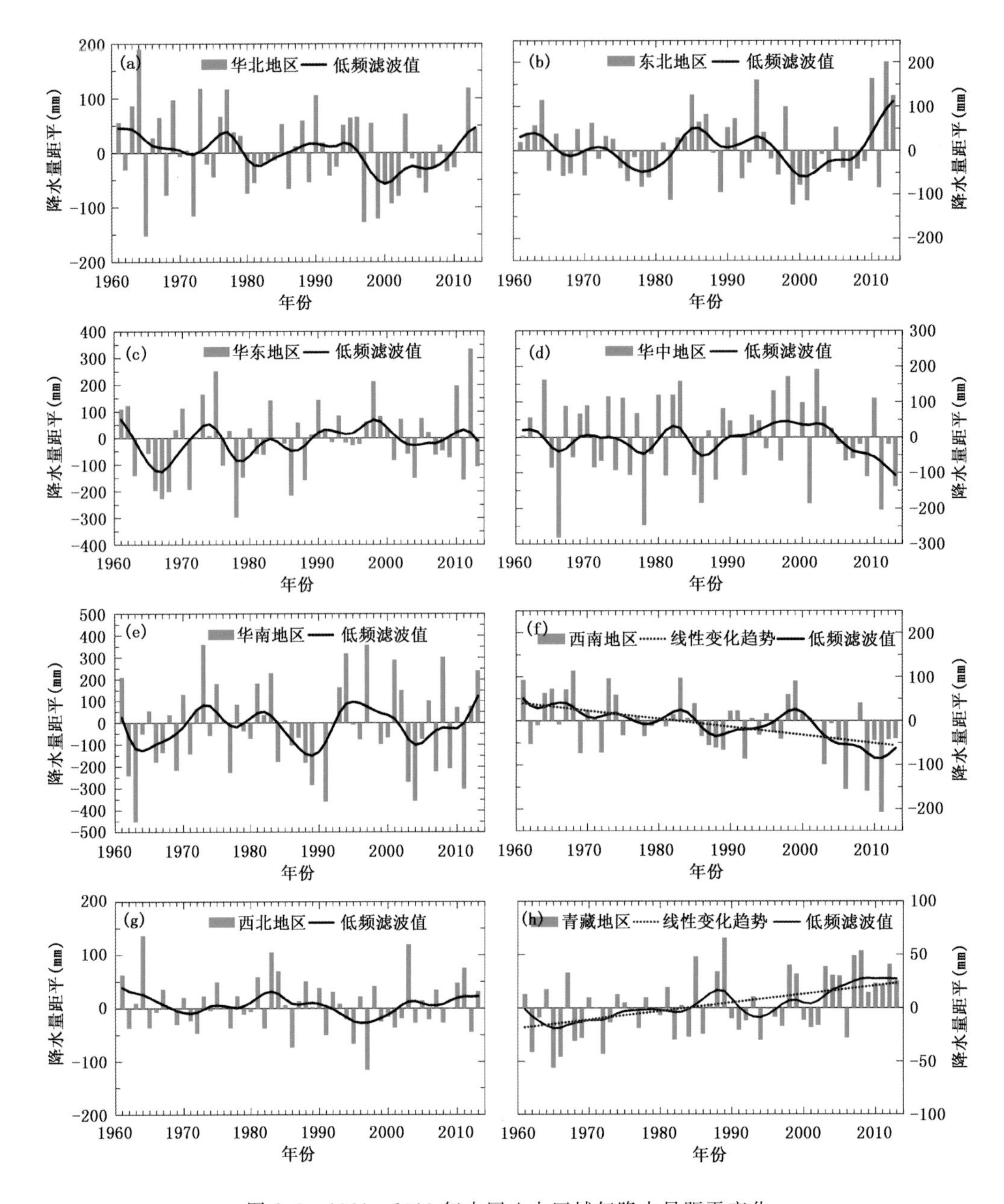

图 2.9　1961—2013 年中国八大区域年降水量距平变化

(a)华北地区；(b)东北地区；(c)华东地区；(d)华中地区；(e)华南地区；(f)西南地区；(g)西北地区；(h)青藏地区

(引自中国气象局气候变化中心《中国气候变化监测公报(2013 年)》)

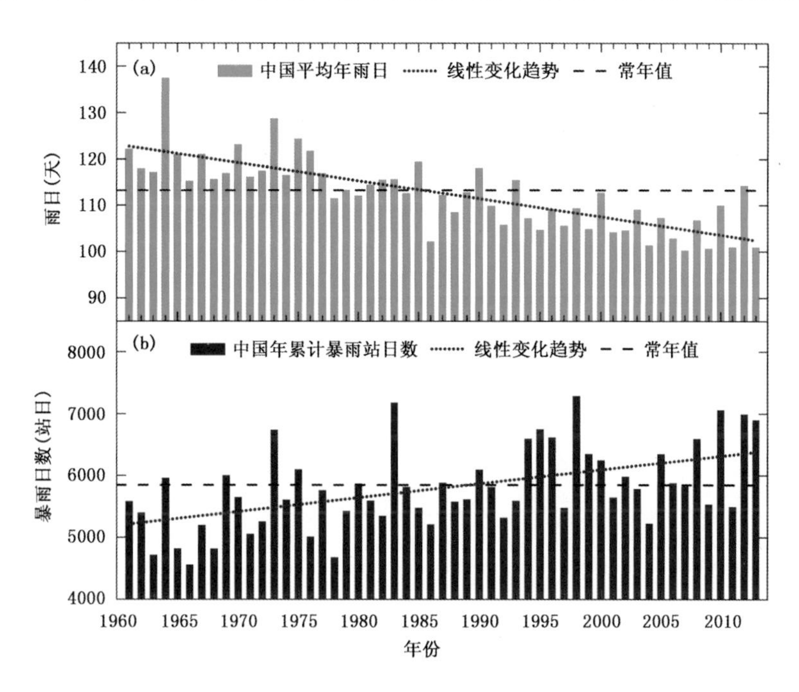

图 2.10　1961—2013 年中国平均年雨日(a)和年累计暴雨站日数(b)变化

(引自中国气象局气候变化中心《中国气候变化监测公报(2013 年)》)

三、相对湿度

1961—2013 年,中国年均相对湿度总体呈减少趋势,平均每 10 年减少 0.19%。1987—2003 年以偏高为主,2004 年以来持续偏低,2013 年明显低于常年值(图 2.11)。

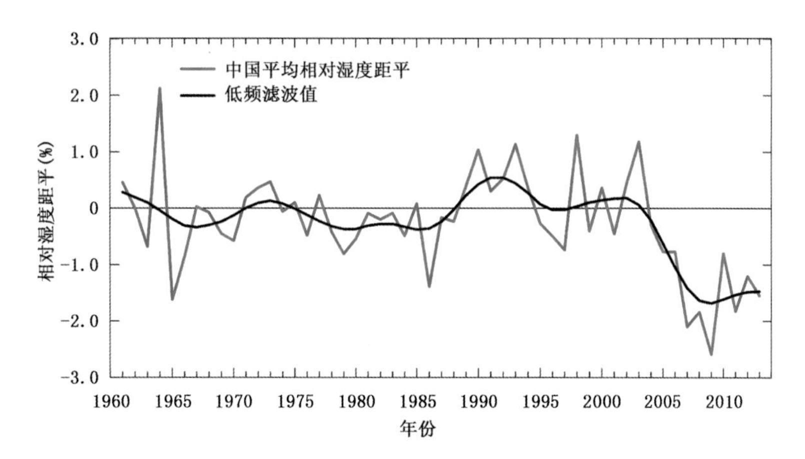

图 2.11　1961—2013 年中国年均相对湿度距平变化

(引自中国气象局气候变化中心《中国气候变化监测公报(2013 年)》)

四、云量

1961—2013 年，中国平均总云量阶段性变化特征明显，存在显著的趋势转折点。20 世纪 60 年代至 90 年代中期呈显著的下降趋势，之后波动上升，2013 年较常年偏多 0.18 成（图 2.12）。

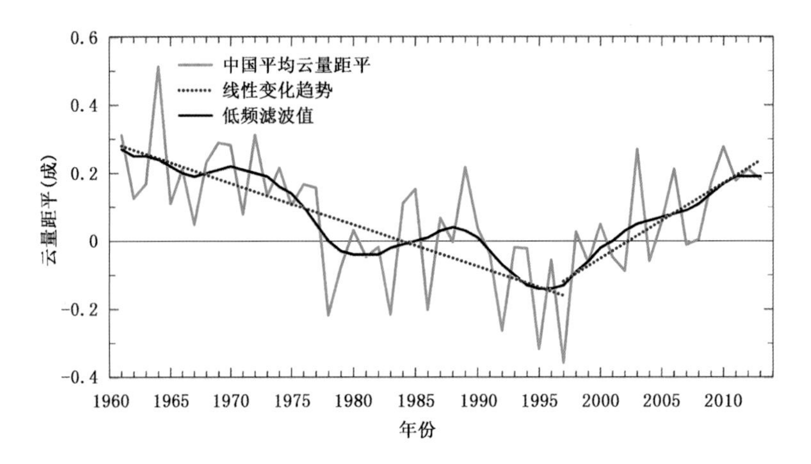

图 2.12　1961—2013 年中国年均总云量距平变化
（引自中国气象局气候变化中心《中国气候变化监测公报(2013 年)》）

五、风速

1961—2013 年，中国平均风速呈显著减小趋势，平均每 10 年减少 0.18 m/s。20 世纪 60 年代至 80 年代中期为持续正距平，之后转为负距平；90 年代中期之后，减小趋势变缓。2013 年，中国平均风速略高于 2011 年和 2012 年，为 1961 年以来的第三低值年（图 2.13）。

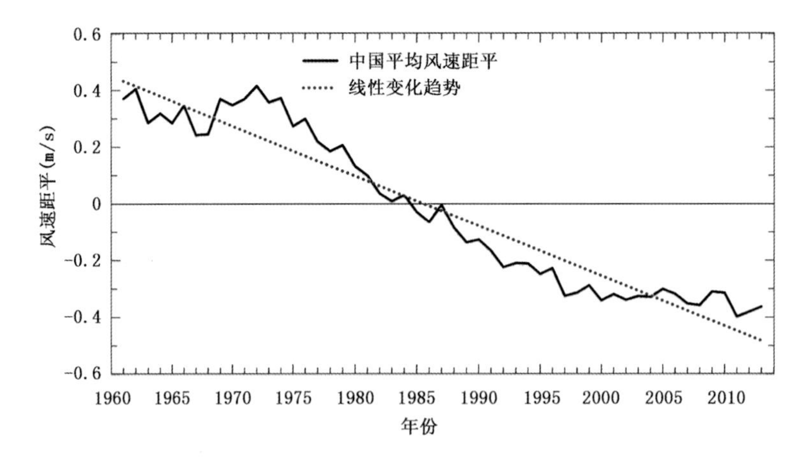

图 2.13　1961—2013 年中国年均风速距平变化
（引自中国气象局气候变化中心《中国气候变化监测公报(2013 年)》）

六、雾和霾

中国的雾、霾基本出现在100°E以东地区。1961—2013年，中国100°E以东地区平均年雾日数总体呈减少趋势，且年代际变化特征明显。20世纪60年代，年雾日数较常年略偏少；70年代至80年代略偏多；90年代以来持续低于常年值，并呈现显著减少趋势。2013年，中国100°E以东地区的平均雾日数为16天，比常年偏少10.8天(图2.14a)。

1961—2013年，中国100°E以东地区的平均年霾日数呈显著增加趋势，平均每10年增加2.9天。20世纪60年代至70年代中期，年霾日数较常年偏少；70年代后期至90年代，接近常年；21世纪以来，年霾日数呈加速增长趋势。2013年，中国100°E以东地区的平均霾日数为36天，比常年偏多29.2天，为1961年以来最多(图2.14b)。

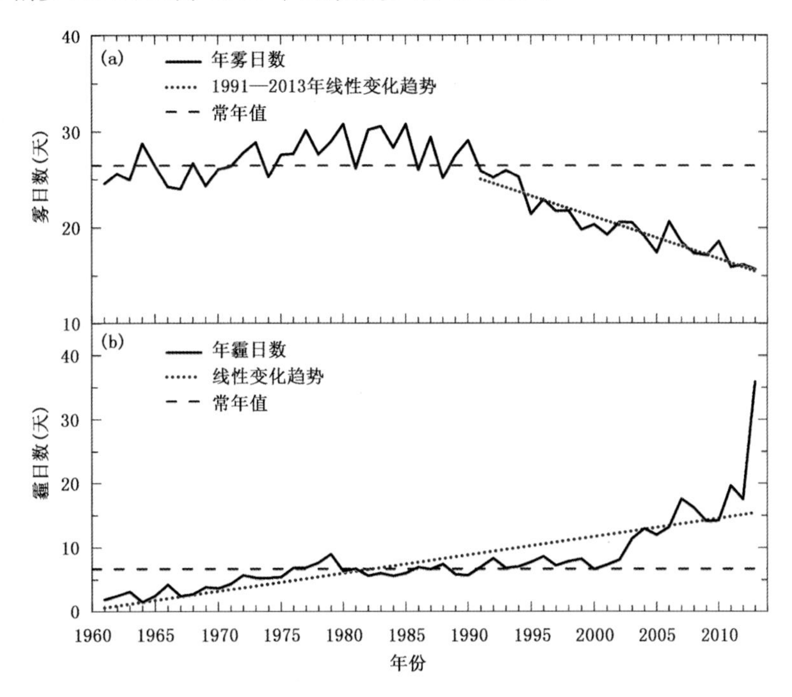

图2.14　1961—2013年中国100°E以东地区平均年雾日数(a)和霾日数(b)变化
(引自中国气象局气候变化中心《中国气候变化监测公报(2013年)》)

七、日照

1961—2013年，中国平均年日照时数呈显著减少趋势，平均每10年减少34.1小时。2013年，中国平均年日照时数为2427小时，较常年(2461小时)偏少34小时(图2.15)。

八、极端气候事件

1961—2013年，中国单站极端强降水事件站次比呈升高趋势，极端低温事件站次比显著下降。1961年以来中国区域性高温事件、强降水事件和气象干旱事件频次趋多，区域性低温事件频次显著减少。2013年，中国发生了7次区域性高温事件、2次区域性低温事件、14次区域性强降水事件和4次区域性气象干旱事件。

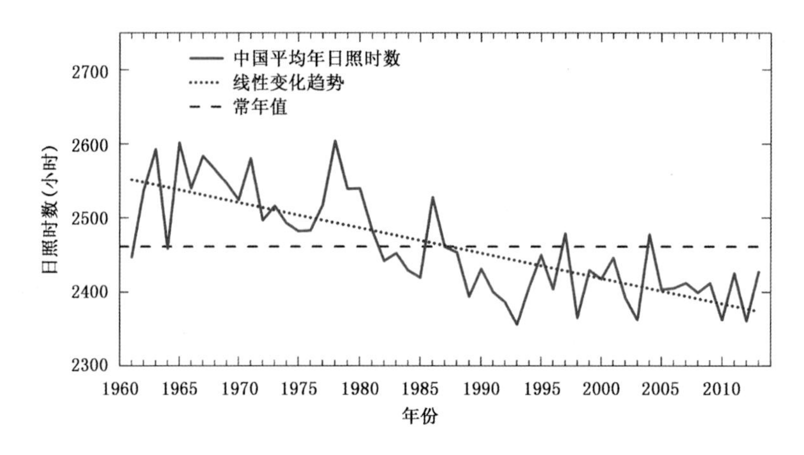

图 2.15　1961—2013 年全国平均年日照时数变化

（引自中国气象局气候变化中心《中国气候变化监测公报(2013 年)》）

1. 单站极端气候事件

1961—2013 年，中国极端高温事件的站次比年代际变化特征明显，20 世纪 90 年代末以来明显偏高。2013 年，中国共有 542 站日最高气温达到极端事件标准，极端高温事件的站次比为 0.8 次/站，较常年值偏高 0.73 次/站，为 1961 年以来的最高值(图 2.16a)。

1961—2013 年，中国极端低温事件的站次比呈显著减少趋势，平均每 10 年减少 0.13 次/站。2013 年，中国共有 118 站日最低气温达到极端事件标准，极端低温事件的站次比为 0.08 次/站，较常年偏少 0.14 次/站(图 2.16b)。

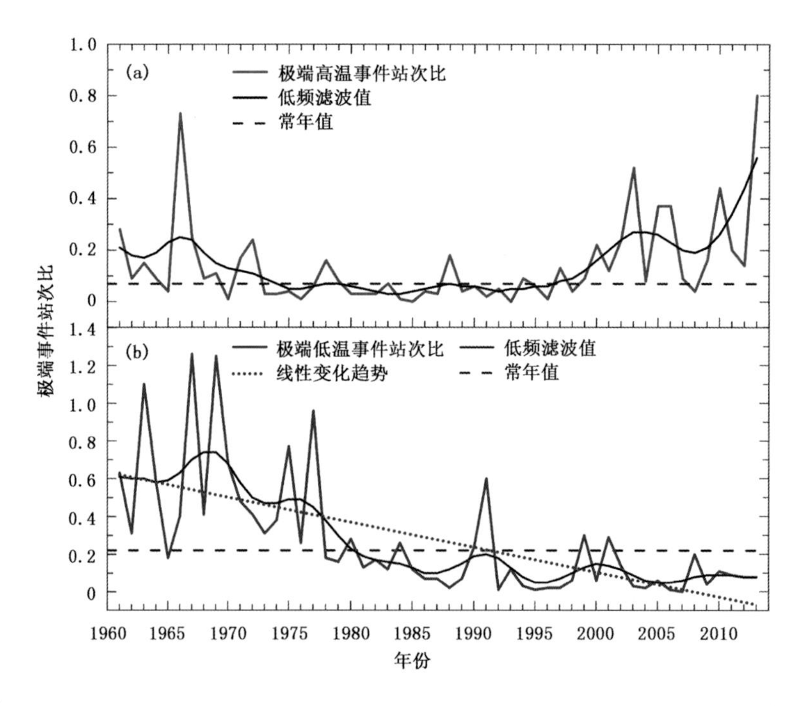

图 2.16　1961—2013 年中国极端高温(a)和极端低温(b)事件站次比变化

（引自中国气象局气候变化中心《中国气候变化监测公报(2013 年)》）

1961—2013年，中国极端日降水量事件的站次比呈弱增加趋势。2013年，中国共有296站日降水量达极端事件标准，极端日降水事件的站次比为0.15次/站，较常年偏多0.05次/站（图2.17）。

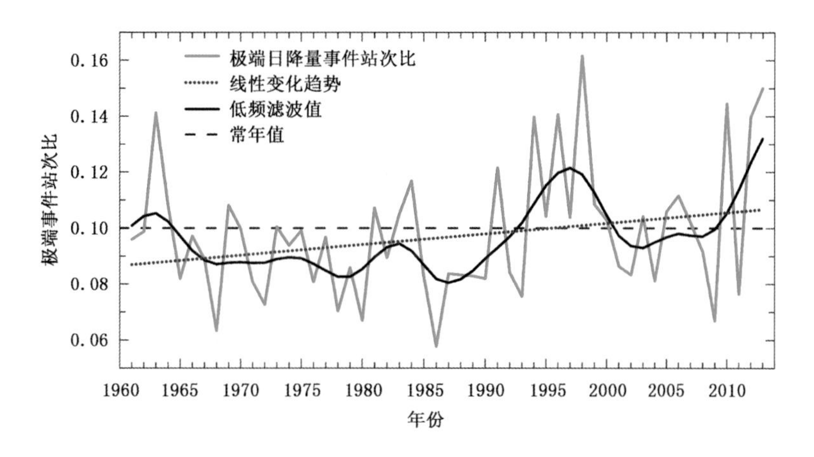

图2.17 1961—2013年中国极端日降水量事件站次比变化
（引自中国气象局气候变化中心《中国气候变化监测公报（2013年）》）

2. 区域性高温事件

1961—2013年，中国区域性高温事件频次呈显著增多趋势（图2.18）。1961以来，中国共发生201次区域性高温事件，其中极端高温事件22次、严重高温事件42次、中度高温事件74次和轻度高温事件63次。20世纪60年代前期和90年代末以来为高温事件频发期。极端高温事件频次的最高值出现在1963年（8次），而1993年最少，未发生区域性高温事件。2013年，中国共发生7次区域性高温事件，较常年值明显偏多，其中盛夏中国南方出现连续高温热浪事件，其综合强度为1961年以来之最。

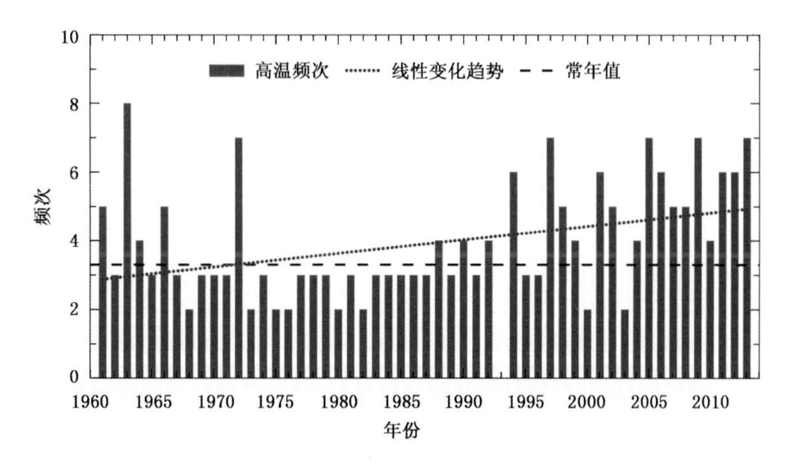

图2.18 1961—2013年中国区域性高温事件频次变化
（引自中国气象局气候变化中心《中国气候变化监测公报（2013年）》）

3. 区域性低温事件

1961—2013 年,中国区域性低温事件呈显著减少趋势(图 2.19)。1961 年以来,中国共发生 190 次区域性低温事件,其中极端低温事件 21 次,严重低温事件 36 次,中度低温事件 73 次,轻度低温事件 60 次。20 世纪 60 年代至 80 年代中期为低温事件频发期,之后转入低温事件低发期。低温事件频次最高值出现于 1969 年和 1985 年,均出现 8 次。2013 年,中国共发生 2 次区域性低温事件,其中 1 次达到极端等级。

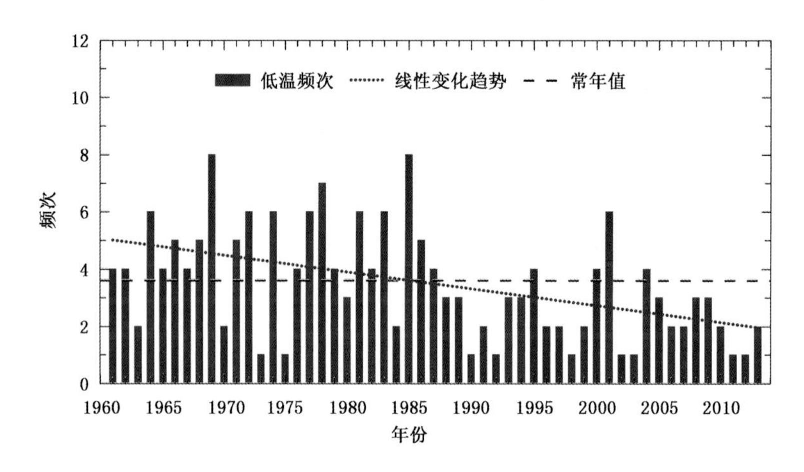

图 2.19　1961—2013 年中国区域性低温事件频次变化
(引自中国气象局气候变化中心《中国气候变化监测公报(2013 年)》)

4. 区域性强降水事件

1961—2013 年,中国区域性强降水事件的频次呈弱增多趋势(图 2.20)。1961 年以来,中国共发生 390 次区域性强降水事件,其中极端强降水事件 37 次,严重强降水事件 81 次,中度强降水事件 158 次,轻度强降水事件 114 次。20 世纪 80 年代后期至 90 年代,为区域性强降水事件频发期。2013 年,中国共发生 14 次区域性强降水事件,与 1995 年并列为 1961 年以来的最高值,其中 4 次达到严重等级。

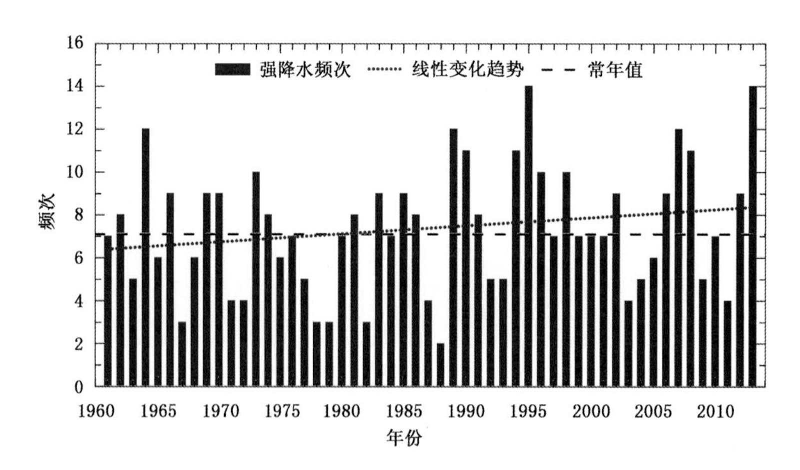

图 2.20　1961—2013 年中国区域性强降水事件频次变化
(引自中国气象局气候变化中心《中国气候变化监测公报(2013 年)》)

5. 区域性气象干旱事件

1961—2013 年，中国共发生了 164 次区域性气象干旱事件，其中极端干旱事件 16 次，严重干旱事件 33 次，中度干旱事件 65 次，轻度干旱事件 50 次。1961 年以来，中国区域性气象干旱事件频次呈微弱的上升趋势，且年代际变化明显：20 世纪 70 年代后期至 80 年代干旱事件偏多，90 年代至 21 世纪初偏少，2003 年以来总体偏多(图 2.21)，近年来西南地区冬春季气象干旱尤为频繁。2013 年，中国共发生 4 次区域性气象干旱事件，频次高于常年，但事件等级总体偏轻。

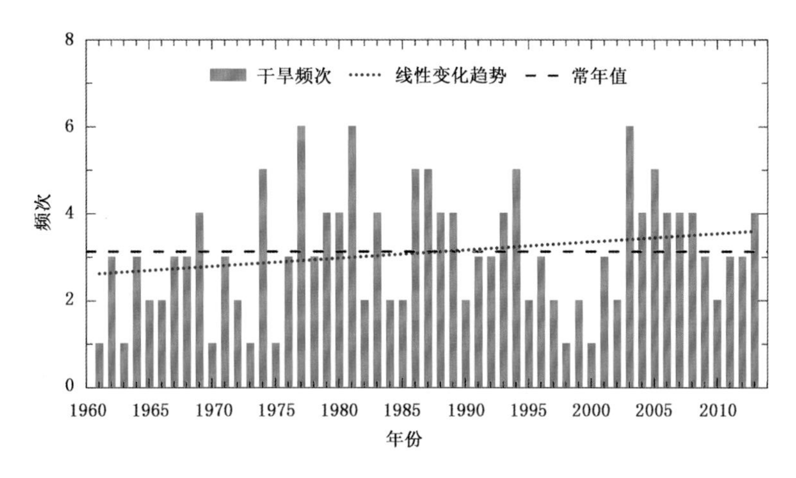

图 2.21　1961—2013 年中国区域性气象干旱事件频次变化
(引自中国气象局气候变化中心《中国气候变化监测公报(2013 年)》)

第三节　中国主要气候因子的空间格局及其气候倾向率

针对影响植被地理分布的气候因子，进一步分析了 1961—2010 年中国主要气候因子的空间格局及其气候倾向率，包括反映植物能够忍受的最低温度，即年极端最低温度(T_{min})；植物完成生活史所需的生长季长度和热量供应，即完成生活史所需的热量供应太阳辐射(Q)，所需的生长季长度取决于 7 月温度(T_7)、1 月温度(T_1)和年均温度(T)；以及用于植物冠层形成和维持水分供应的降水量(P)。

气候数据取自国家气象信息中心 1961—2010 年中国基本、基准地面气象观测站的日值数据集，来自中国 752 个基本、基准地面气象观测站及自动站，包括站点经度、站点纬度、日平均气温、日最低气温、日降水量、风速、相对湿度、气压等要素。采用 Thornton 等(1997)给出的截断高斯滤波算子空间插值算法，与数字地面高程(DEM)数据结合，将气候数据插值成 10 km×10 km 分辨率的空间栅格数据，并利用 Thornton 和 Running (1999)提出的方法得到日值空间格点的太阳辐射数据。基于气候标准年考虑，按照 1961—1990 年、1966—1995 年、1971—2000 年、1976—2005 年、1981—2010 年五个时期建立气候标准年数据库。

未来气候情景来自国际理论物理中心(The Abdus Salam International Center for Theoretical Physics)区域气候模式 RegCM 4.0 版。模式的中心点为(35°N，105°E)，东西方向格点数为 160，南北方向格点数为 109。模式水平分辨率为 50 km，范围包括整个中国及周边地区。

垂直方向分成18层，层顶高度达到10 hPa。模式给出了2011—2040年未来典型浓度路径(Representative Concentration Pathways，RCPs)的RCP 4.5和RCP 8.5气候情景下的日值数据，包括2011—2040年的日最高气温、日最低气温和日降水量。其中，RCP 8.5情景为假定人口最多、技术革新率不高、能源改善缓慢、收入增长慢，从而导致长时间高能源需求及高温室气体排放而缺少应对气候变化的政策，2100年辐射强迫上升至8.5 W/m^2；RCP 4.5情景为2100年辐射强迫稳定在4.5 W/m^2。

由于目前气候模式模拟能力有限，为使模拟的气候要素接近观测值，在应用这些模拟数据之前需要进行订正。日最高气温和最低气温的订正如下：

$$Correction(cf) = M_{\text{bin}n}^{\text{GCMscenario}} + (\overline{M_{\text{bin}n}^{\text{obs}}} - \overline{M_{\text{bin}n}^{\text{GCMbaseline}}})$$

其他气候要素的订正：

$$Correction(cf) = M_{\text{bin}n}^{\text{GCMscenario}} \times \left(\frac{\overline{M_{\text{bin}n}^{\text{obs}}}}{\overline{M_{\text{bin}n}^{\text{GCMbaseline}}}}\right)$$

式中$Correction(cf)$表示气候模式模拟的未来气候情景订正后的结果，$M_{\text{bin}n}^{\text{GCMscenario}}$表示在一个区间(bin)内气候模式模拟的未来气候情景数据，$\overline{M_{\text{bin}n}^{\text{obs}}}$表示在一个bin内历史观测值的平均值，$\overline{M_{\text{bin}n}^{\text{GCMbaseline}}}$表示在一个bin内气候模式模拟的基准日值的平均。通常bin取值为35～50 d。日最高气温和日最低气温采用在一个bin内加上观测值与模拟值差值的方法，其他要素采用在一个bin内乘以观测值与模拟值比值的方法。具体步骤为：

(1) 首先，将所有观测样本进行排序，找出最大值和最小值，然后计算每个bin的大小，即最大值与最小值之差除以要划分的区间数$b=(\max-\min)/\text{num}$，再确定每个bin的最大值和最小值，即min，$x_1=\min+b$，$x_2=\min+b_2^*$，$x_3=\min+b_3^*$，$x_4=\min+b_4^*$，…，max。

(2) 确定每个区间的样本数n，并且求出平均值$\overline{M_{\text{bin}n}^{\text{obs}}}$，将模拟的基准样本排序，根据$n$确定区间数，计算$\overline{M_{\text{bin}n}^{\text{GCMbaseline}}}$，同样根据$n$确定模拟的未来情景数据区间数，计算$M_{\text{bin}n}^{\text{GCMscenario}}$。

(3) 最后根据上面公式计算$Correction(cf)$

图2.22为北京(54511站)1981—1990年平均气温观测值和RegCM 3模拟值。模拟的平均气温与观测值存在很大差异，最明显的差异是夏季北京实际平均气温一般在25～30 ℃之间，但RegCM 3模拟值达到30～40 ℃，与实际情况严重不符。日最高气温模拟值更是如此，夏季实际最高气温低于38 ℃，但模拟值可以达到47 ℃。因此，未来气候情景数据在农业上应用时必须进行订正。订正后的气候情景数据比较接近实际情况(图2.23～图2.25)。

基于2011—2040年气候模式模拟输出的日最高气温、日最低气温和日降水量等订正数据，采用Thornton等(1997)给出的截断高斯滤波算子空间插值算法，与数字地面高程(DEM)数据结合，将气候数据插值成10 km×10 km分辨率的空间栅格数据，日均温度由日最高气温和日最低气温平均得到，并由此得到30年平均的最暖月平均温度、最冷月平均温度和年降水量，以及30年的年极端最低气温，同时利用Thornton和Running (1999)提出的方法得到日值空间格点的太阳辐射数据，并得到30年平均的年辐射量。

一、年均温度

中国大部分地区处于亚热带和温带，南北纬度跨度广，气温差异较大。全国范围内各地年均气温差异十分显著(图2.26a)：东半部地区自北向南年均温度逐渐升高，黑龙江省年均温度均低于5.0 ℃，西北部则更低；长江以南的大部分地区年均气温在15.0～20.0 ℃之间；北回归线附近

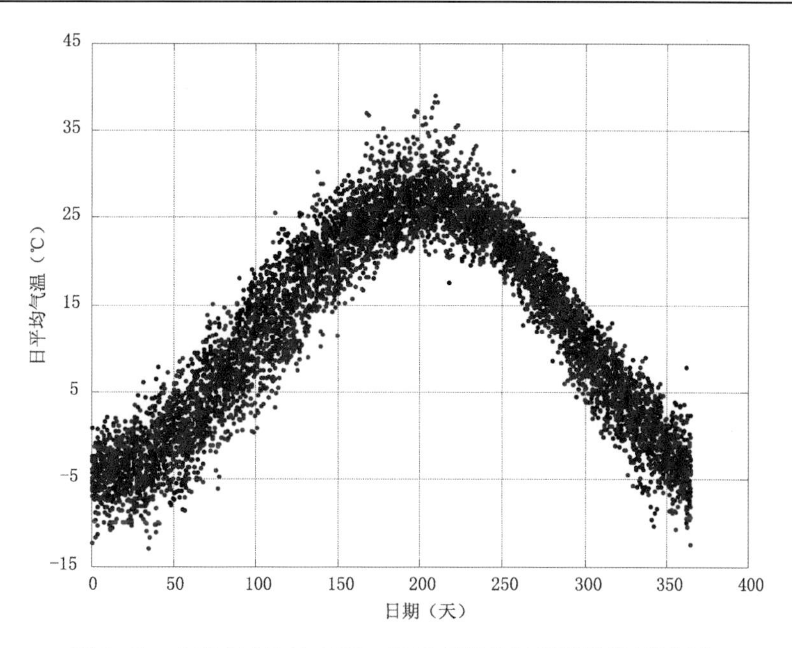

图 2.22 北京 54511 站 1981—1990 年日均气温观测值(蓝色)与 RegCM 3 模拟的日平均气温(红色)比较

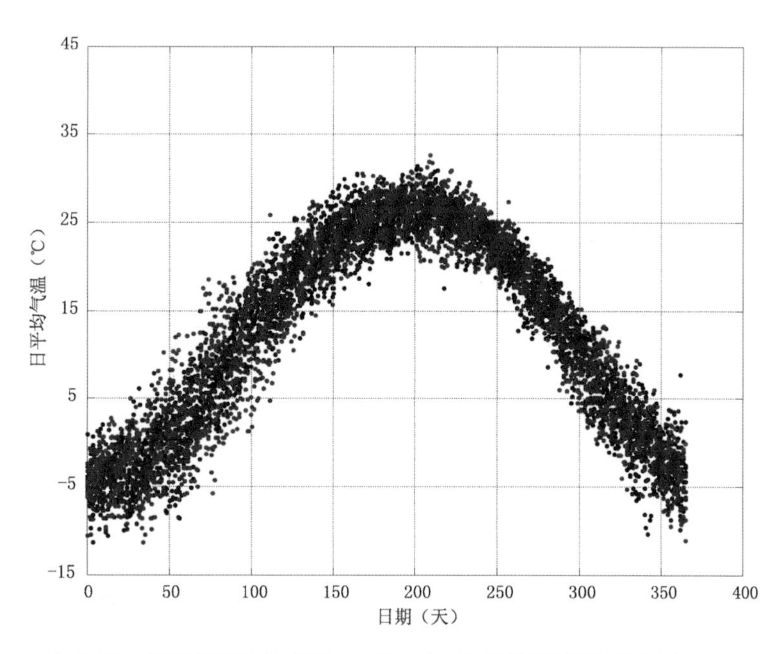

图 2.23 北京 54511 站 1981—1990 年日均气温观测值(蓝色)与订正后的 RegCM 3 模拟的日平均气温(红色)比较

及以南地区，年均温度基本高于 20.0 ℃。西半部地区，由于地形影响，气温分布更为复杂。青藏高原地区除南部以外，大部分地区的年均气温基本在 0.0 ℃以下；西北地区的塔里木盆地腹地年均温度在 10.0～15.0 ℃，新疆北部的局部地区年均温度低于－5.0 ℃。从图2.26b可以看到，1961—2010 年中国气温呈普遍升高趋势，年均气温较低的区域如新疆南部、西藏北部和中部的局部、青海东部的部分区域升温趋势最为明显，四川与西藏的交界地带呈降温趋势。

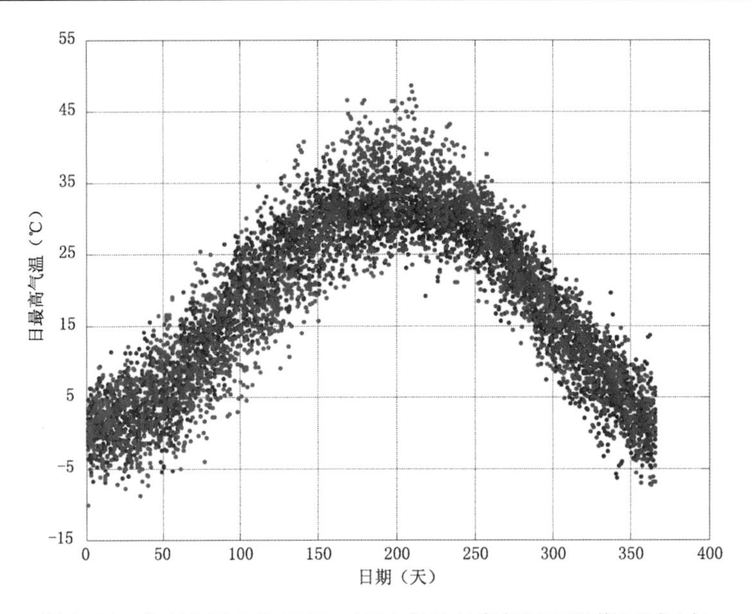

图 2.24　北京 54511 站 1981—1990 年日最高气温观测值(蓝色)与 RegCM 3 模拟的日最高气温(红色)比较

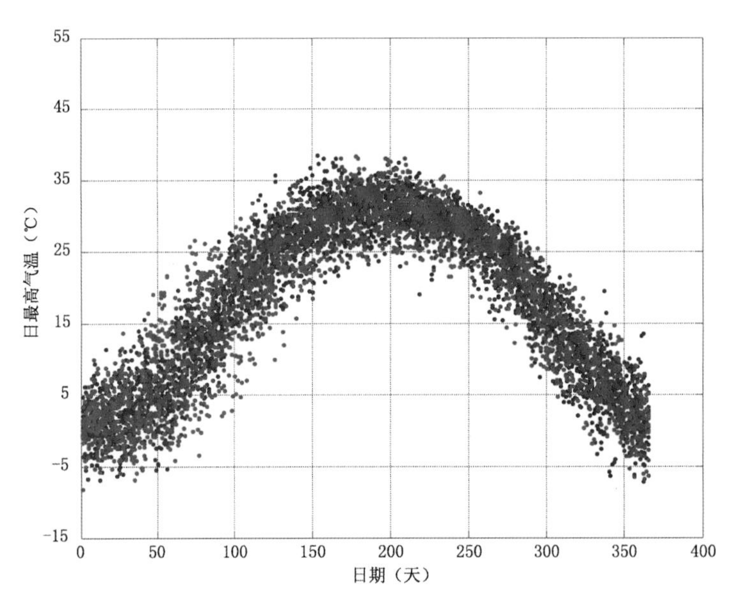

图 2.25　北京 54511 站 1981—1990 年日最高气温观测值(蓝色)与订正后的 RegCM 3 模拟的日最高气温(红色)比较

从气候标准年看,1961—1990 年(图 2.27a)与 1981—2010 年(图 2.27b)的年均气温空间分布格局与 1961—2010 年(图 2.26a)基本一致,主要差异体现在近 30 年,表现为东北地区年均气温有所增加,低于−5 ℃的范围已经基本消失。2011—2040 年的年均温度南北差异依然明显,但低于−5.0 ℃的区域已经不存在,未来 RCP 4.5 气候情景下全国年均气温低于 0.0 ℃的区域主要位于内蒙古和黑龙江省的北部以及青藏高原的部分地区(图 2.27c),未来 RCP 8.5 气候情景下全国年均气温低于 0.0 ℃的区域较未来 RCP 4.5 气候情景下更大(图 2.27d)。

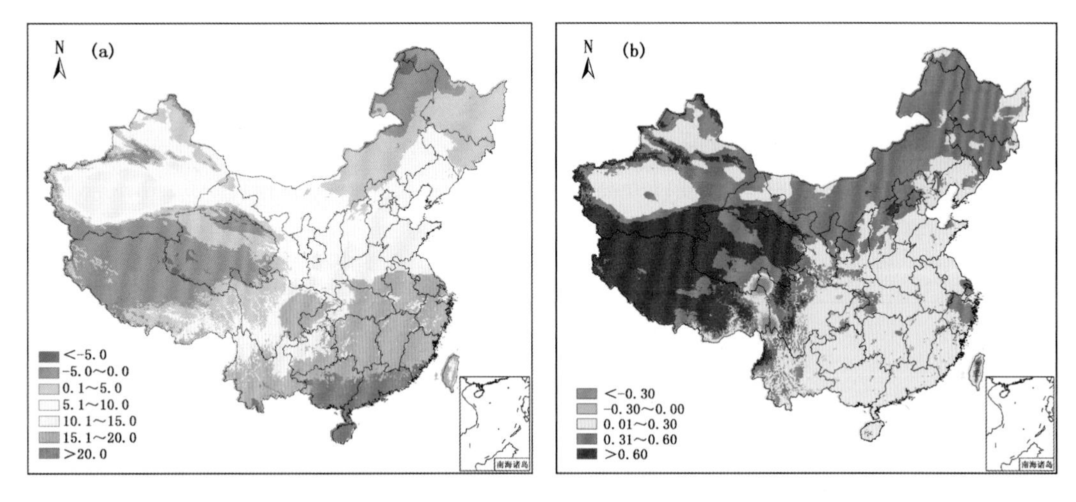

图 2.26　1961—2010 年中国年均气温(a,℃)及其气候倾向率(b,℃/10a)分布

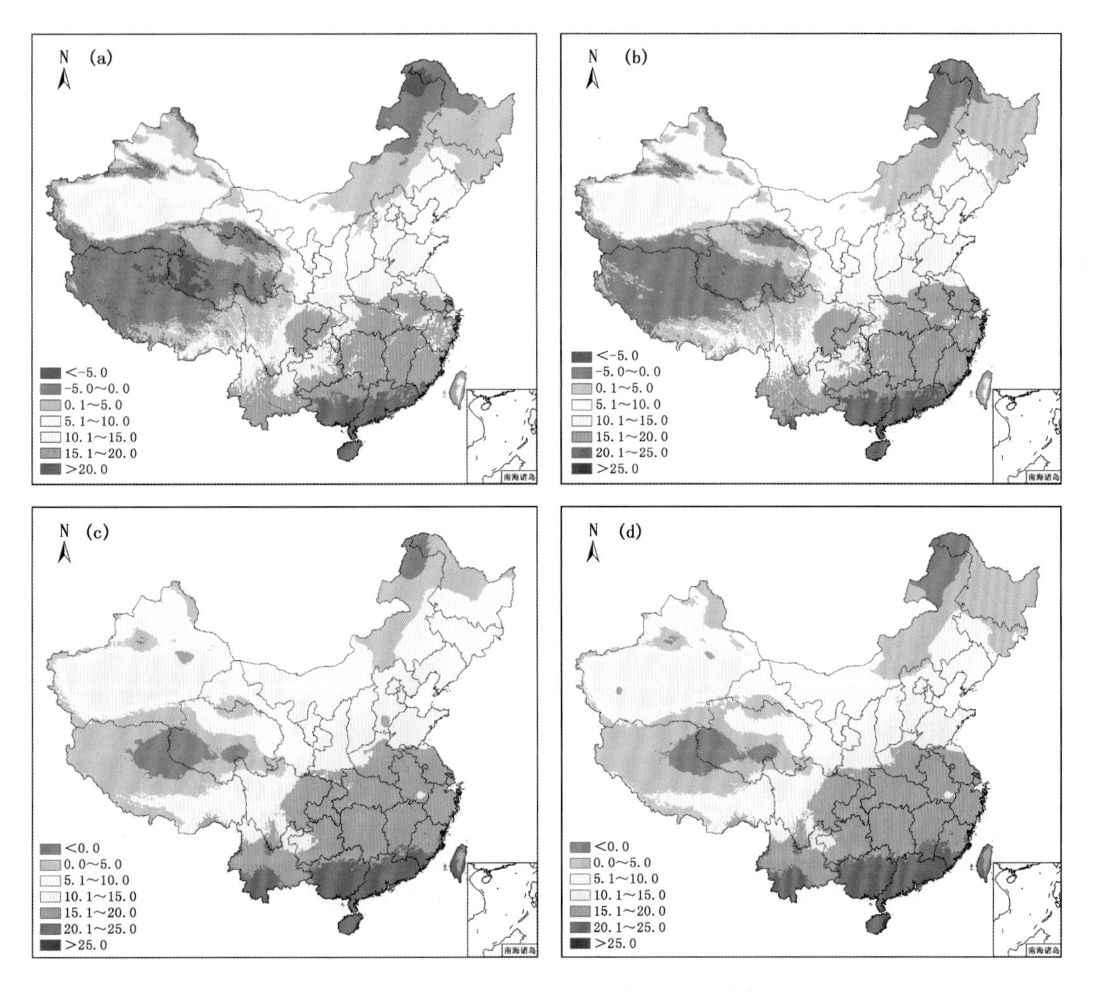

图 2.27　不同时期中国年均气温(℃)分布

(a)1961—1990 年;(b)1981—2010 年;(c)2011—2040 年未来 RCP 4.5 气候情景;

(d)2011—2040 年未来 RCP 8.5 气候情景

二、最暖月平均温度

1961—2010 年全国最暖月平均温度的最低值出现在青藏高原，部分地区只有 5 ℃左右；而最高值出现在新疆的吐鲁番附近，最暖月平均气温高于 30 ℃(图 2.28a)。从气候倾向率来看(图 2.28b)，全国最暖月平均温度以升高为主，与年均温度的变化相似(图 2.26b)，升高最明显的区域出现在新疆南部、西藏西北部、青海的西部和东部；而最暖月平均温度呈减少趋势的区域主要出现在河南以及湖北、湖南、贵州、广西、新疆等地的局部。

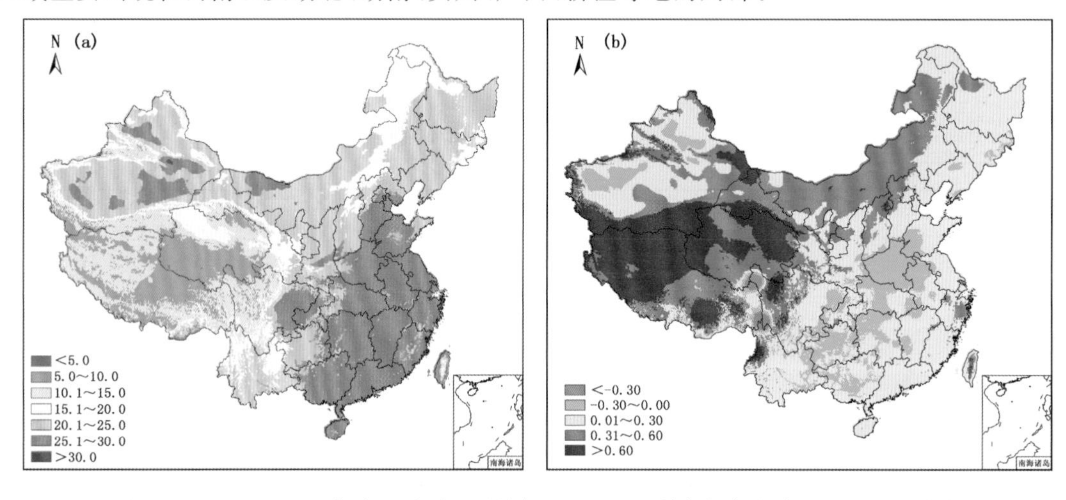

图 2.28　1961—2010 年中国最暖月平均气温(a,℃)及其气候倾向率(b,℃/10a)分布

1961—1990 年(图 2.29a)和 1981—2010 年(图 2.29b)的最暖月平均气温空间分布格局与 1961—2010 年(图 2.28a)基本一致，但近 30 年最暖月平均温度的 20.0 ℃界线北移，新疆和内蒙古地区最暖月平均温度高于 25.0 ℃的范围明显大于 1961—1990 年。2011—2040 年的最暖月平均温度低于 5.0 ℃区域已经基本消失，东北三省、内蒙古、新疆和青藏高原地区的最暖月平均温度升高明显，在未来 RCP 4.5 气候情景下新疆中部出现大片最暖月平均温度高于 30.0 ℃的区域(图 2.29c)，在未来 RCP 8.5 气候情景下华南地区大部和江南地区局部也存在高于 30.0 ℃的区域(图 2.29d)。

三、最冷月平均温度

1961—2010 年，中国最冷月平均温度在东部地区呈由北向南逐渐递增趋势，南北差异超过 30.0 ℃(图 2.30a)。在黑龙江北部和内蒙古东北部，50 年最冷月平均温度的平均值低于 −20.0 ℃，是中国气温最低的地带之一。新疆阿尔泰山脉和天山山脉局部的最冷月平均温度在 −20.0 ℃以下，南部塔里木盆地附近则在 −10.0～0.0 ℃之间。青藏高原地势高寒，除雅鲁藏布江谷地和横断山脉地区由于纬度低不受寒潮影响，最冷月平均温度高于 −10.0 ℃外，其他区域均低于 −10.0 ℃。最冷月平均温度的气候倾向率以增加为主，西藏和青海的升温最为明显，全国仅有零星地区呈现出降温趋势(图 2.30b)。

1981—2010 年(图 2.31b)中国北方的最冷月平均温度低于 −20.0 ℃范围要小于 1961—1990 年(图 2.31a)。1961—1990 年内蒙古东北部的局部最冷月平均温度低于 −30.0 ℃，是全国最低。1981—2010 年内蒙古东北部和青藏高原中部的最冷月平均温度升高明显，内蒙古东

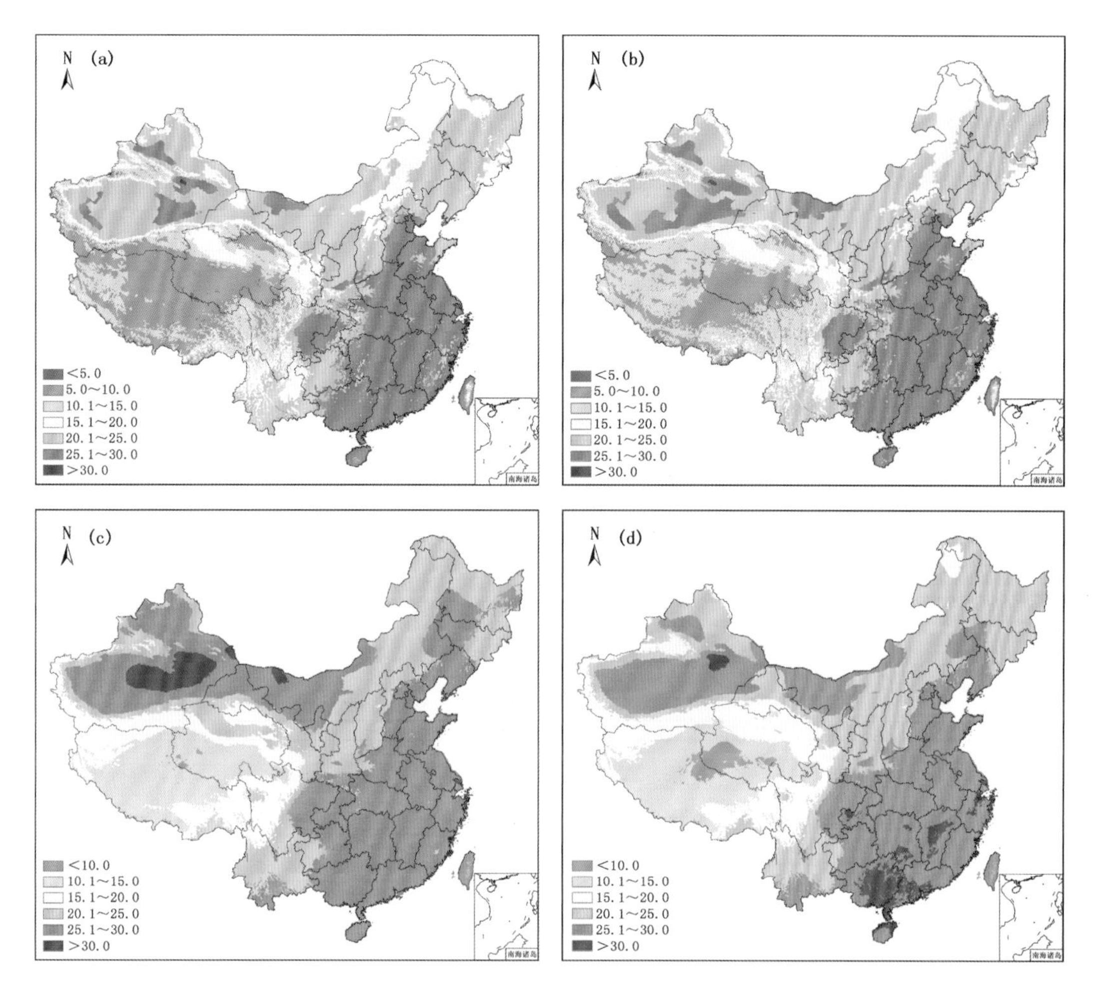

图 2.29 不同时期中国最暖月平均气温(℃)分布

(a)1961—1990 年;(b)1981—2010 年;(c)2011—2040 年未来 RCP 4.5 气候情景;(d)2011—2040 年未来 RCP 8.5 气候情景

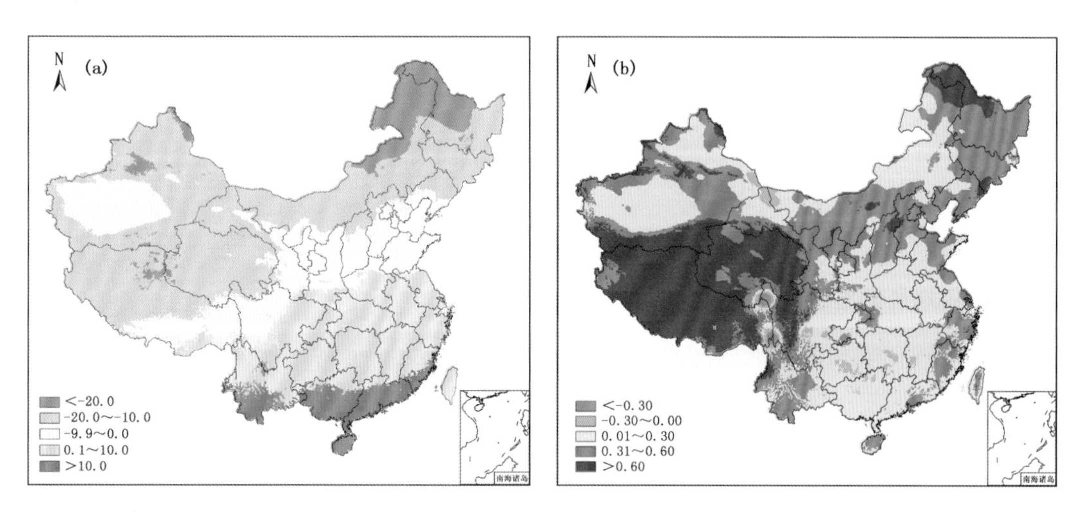

图 2.30 1961—2010 年中国最冷月平均气温(a,℃)及其气候倾向率(b,℃/10a)分布

北部的最冷月平均温度低值区已经消失，青藏高原中部低于－20.0 ℃的范围也大幅减少。2011—2040 年，最冷月平均温度由北向南呈阶梯式递增的带状分布总体并未改变。未来 RCP 8.5 气候情景下全国最冷月平均温度的低值区范围(图 22.31d)要大于未来 RCP 4.5 气候情景(图 2.31c)，且在内蒙古东北部出现低于－30.0 ℃的区域，未来 RCP 8.5 气候情景下最冷月平均温度的地带性差异更为明显。

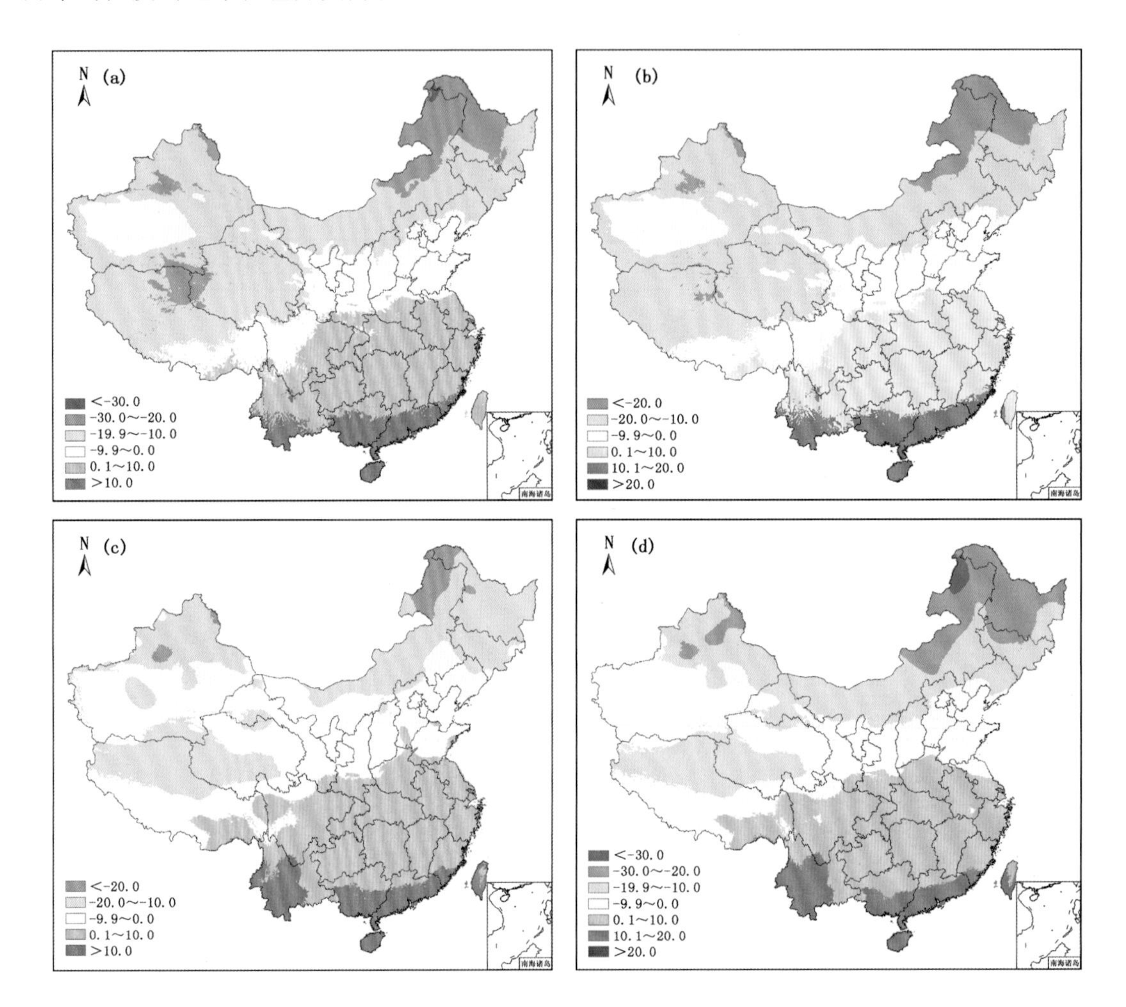

图 2.31 不同时期中国最冷月平均气温(℃)分布

(a)1961—1990 年；(b)1981—2010 年；(c)2011—2040 年未来 RCP 4.5 气候情景；(d)2011—2040 年未来 RCP 8.5 气候情景

四、年极端最低温度

1961—2010 年，中国年极端最低温度呈北低南高趋势，最低值主要出现在黑龙江北部和内蒙古东北部，低于－40.0 ℃，而最高值主要出现在华南地区，高于 0.0 ℃(图 2.32a)。全国绝大部分地区年极端最低温度的气候倾向率为正值，且高于 0.6 ℃/10a，表现为显著增加趋势；东北地区、新疆、青藏高原地区等升温特别显著，甘肃和陕西的局部气候倾向率为负值，呈减少趋势(图 2.32b)。

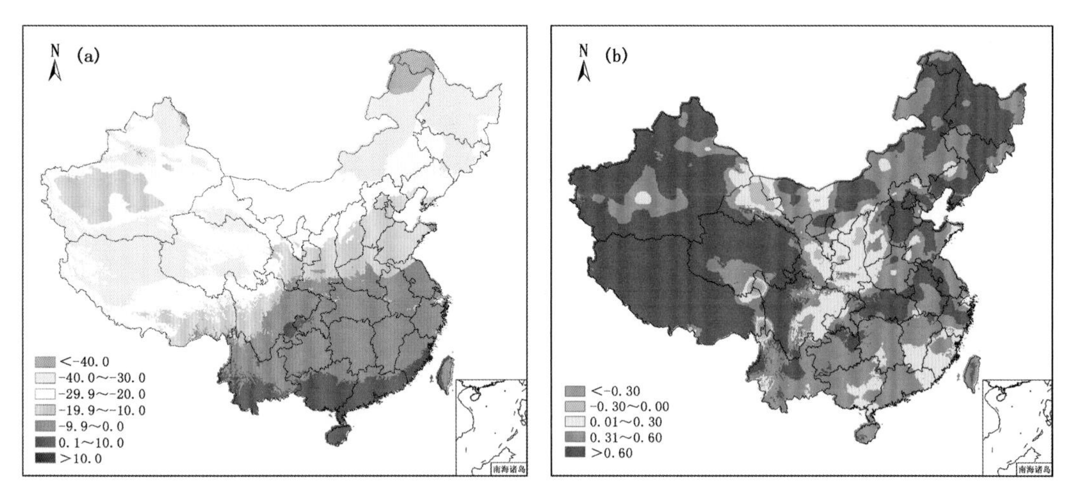

图 2.32　1961—2010 年中国年极端最低温度(a,℃)及其气候倾向率(b,℃/10a)分布

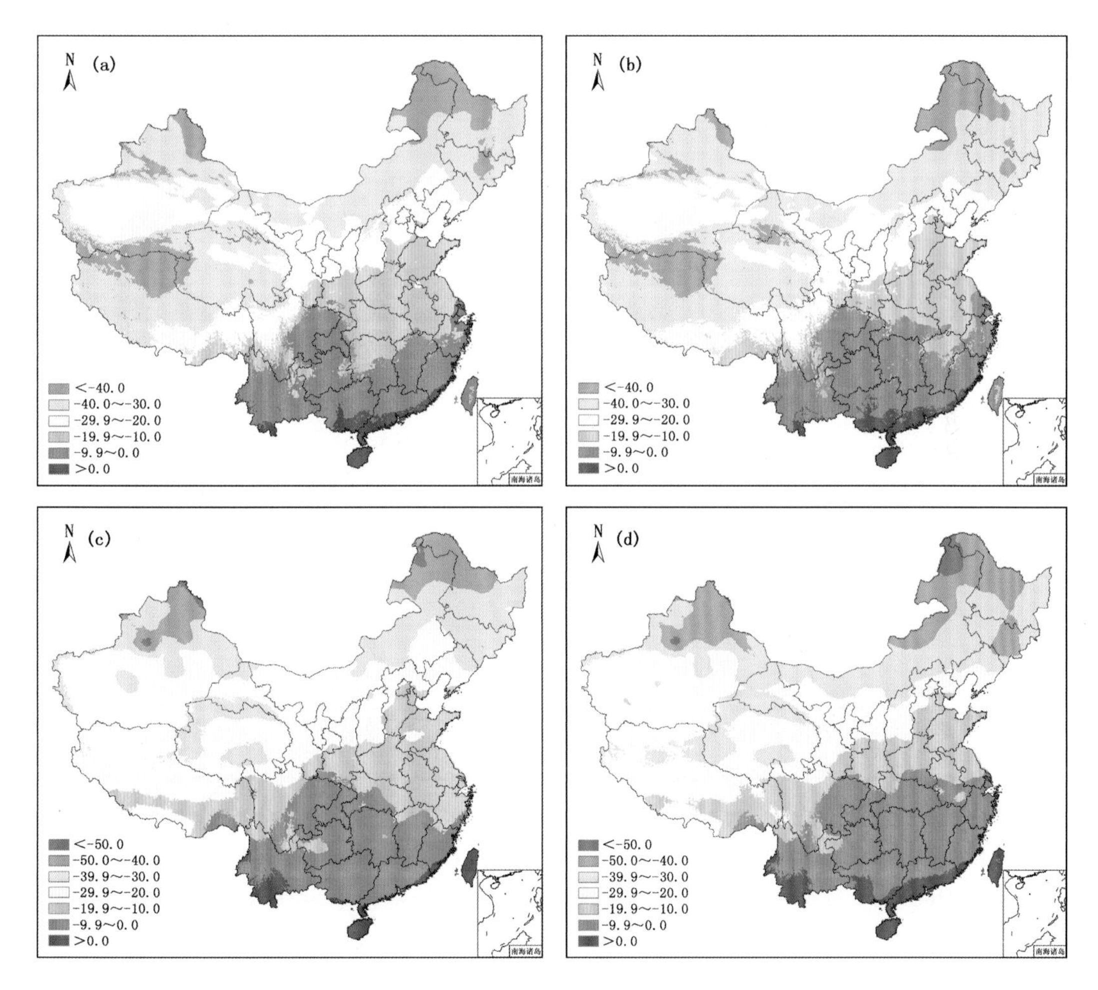

图 2.33　不同时期中国年极端最低温度(℃)分布

(a)1961—1990 年;(b)1981—2010 年;(c)2011—2040 年未来 RCP 4.5 气候情景;

(d)2011—2040 年未来 RCP 8.5 气候情景

与 1961—1990 年相比(图 2.33a),1981—2010 年的年极端最低温度低于－40.0 ℃的界线北抬,高于－20.0 ℃且低于－10.0 ℃的北界和南界均有北抬趋势,大于 0.0 ℃的区域变化很小(图 2.33b)。未来气候情景下,年极端最低温度也呈显著增加趋势,南北差异可达 50.0 ℃,最低值低于－50.0 ℃的区域主要出现在内蒙古东北部和新疆局部,青藏高原地区的年极端最低温度升温显著。在未来 RCP 8.5 气候情景下,北方地区年极端最低温度的低值区范围较未来 RCP 4.5 气候情景下更大(图 2.33c,d)。

五、年降水量

中国大陆降水的水汽主要来源于太平洋,只有云南西部和西藏东南部的水汽来源于印度洋,新疆北部的水汽来自北冰洋。因此,年降水量分布基本是随着距离海洋的远近呈自东南沿海向西北内陆递减趋势。1961—2010 年,全国年降水量 400 mm 的界线大体沿内蒙古的满洲里—通辽—呼和浩特—陕西榆林—甘肃兰州—青海玉树—西藏拉萨附近。该界线以西,除新疆西北部的天山山脉附近年降水稍多外,其他地区的年降水基本少于 400 mm,多为干旱和半干旱区(图 2.34a)。江南和华南地区的年降水量基本大于 1200 mm,局部可高于 1600 mm。年降水量的气候倾向率有正有负,以增加趋势为主,减少主要出现在内蒙古东部、河北、山西、陕西、甘肃南部、四川西部、重庆等地(图 2.34b)。

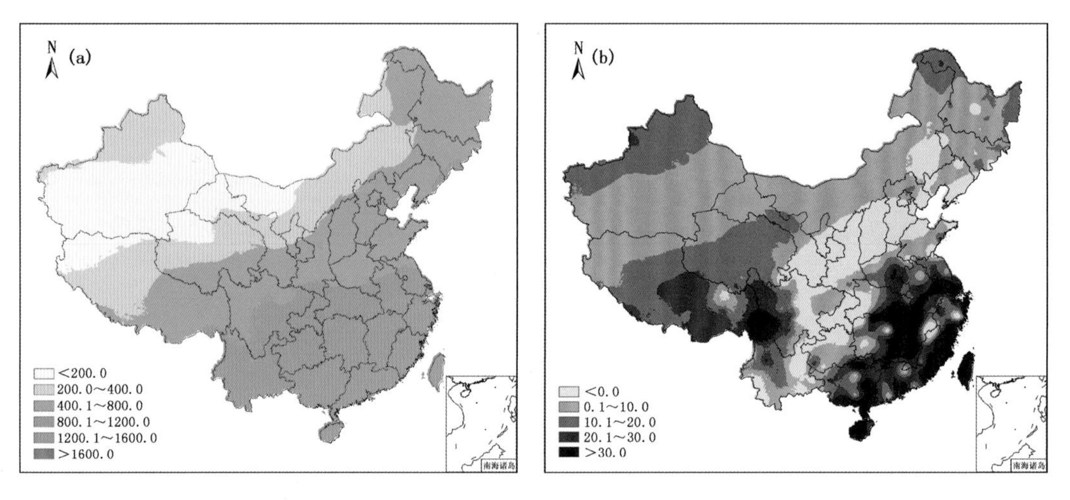

图 2.34　1961—2010 年中国年降水量(a,mm)及其气候倾向率(b,mm/10a)分布

不同气候标准年,全国年降水量自东向西逐渐减少趋势没有发生变化,部分区域略有波动。与 1961—1990 年相比,年降水量 400 mm 的界线在 1981—2010 年略向西延伸,新疆北部的阿尔泰山脉附近和东南沿海地区的降水量有所增加(图 2.35a,b)。未来气候情景下,全国年降水量增加明显,南部沿海地区甚至突破 3000 mm,在未来 RCP 4.5 气候情景下年降水量增加较未来 RCP 8.5 气候情景下更为显著。不同未来气候情景下,年降水量差异最显著的区域出现在内蒙古和东北地区。未来 RCP 4.5 气候情景下,内蒙古东部、黑龙江和吉林的西部年降水量基本低于 400 mm(图 2.35c),而未来 RCP 8.5 气候情景下该区域的年降水量高于 400 mm(图 2.35d)。

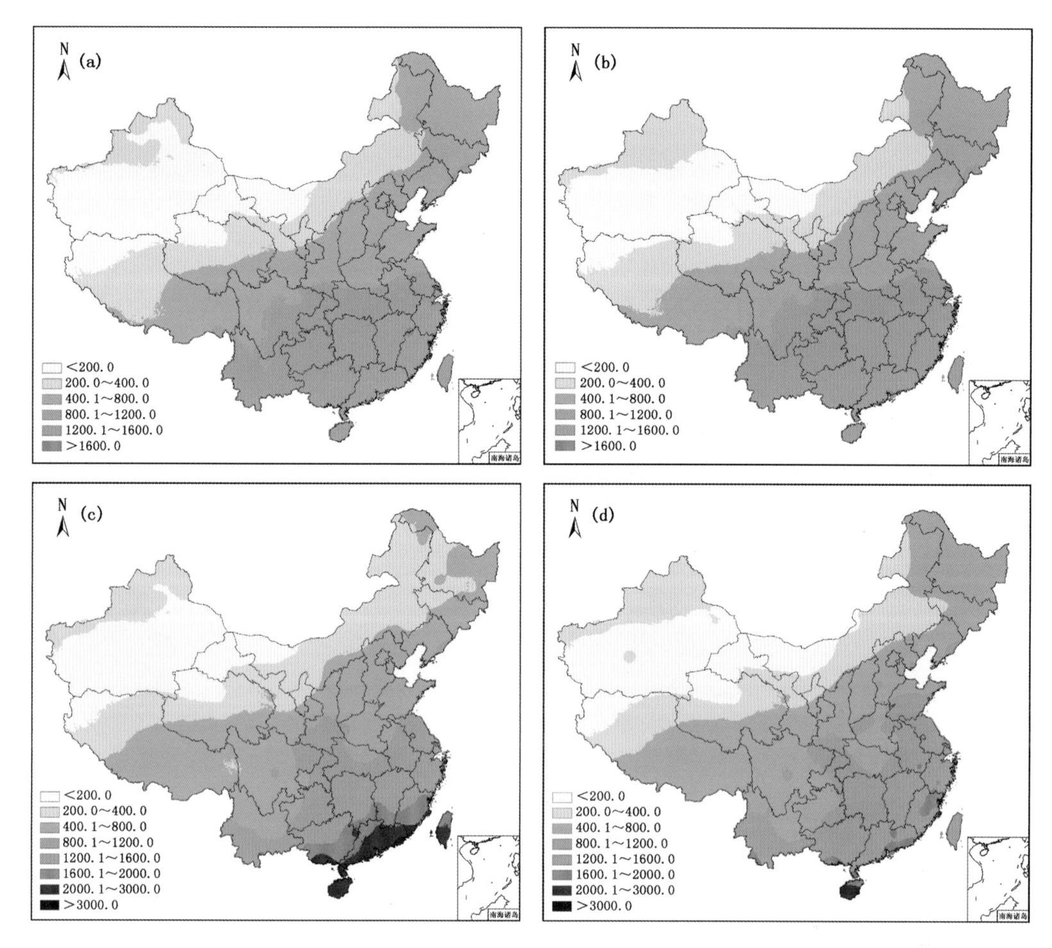

图 2.35　不同时期中国年降水量(mm)分布

(a)1961—1990 年；(b)1981—2010 年；(c)2011—2040 年未来 RCP 4.5 气候情景；(d)2011—2040 年未来 RCP 8.5 气候情景

六、年辐射量

1961—2010 年，中国年辐射量分布主要呈自东北向西南逐渐增加的趋势，辐射资源最丰富的区域出现在青藏高原地区，最差区域出现在黑龙江北部和内蒙古东北部，差异最大可超过 8×10^3 W/m^2(图 2.36a)。根据气候倾向率分析，年辐射量在东北、内蒙古、西北(除塔里木盆地外)、青海、河北、陕西和西藏的北部呈增加趋势，其余大部分地区呈减少趋势(图 2.36b)。

与 1961—1990 年相比(图 2.37a)，1981—2010 年黑龙江北部和内蒙古东北部的年辐射量的低值区范围有所减少(图 2.37b)，且有北抬趋势。未来气候情景下，年辐射量总体呈减少趋势，台湾和黑龙江北部为年辐射量最低区域，低于 8.0×10^3 W/m^2(图 2.37d)。年辐射量最高值出现在西藏地区，相对于 1961—1990 年明显减少，仅 1.4×10^4 W/m^2(图 2.37c)，未来 RCP 8.5 气候情景下该区域大部分地方的年辐射量下降到 1.4×10^4 W/m^2 以下(图 2.37d)。未来 RCP 4.5 气候情景下的年辐射量较 RCP 8.5 气候情景下减少，特别是未来 RCP 8.5 气候情景下年辐射量在 1.0×10^4～1.4×10^4 W/m^2 的区域在 RCP 4.5 气候情景下将降低为 1.0×10^4 W/m^2 以下(图 2.37c,d)。

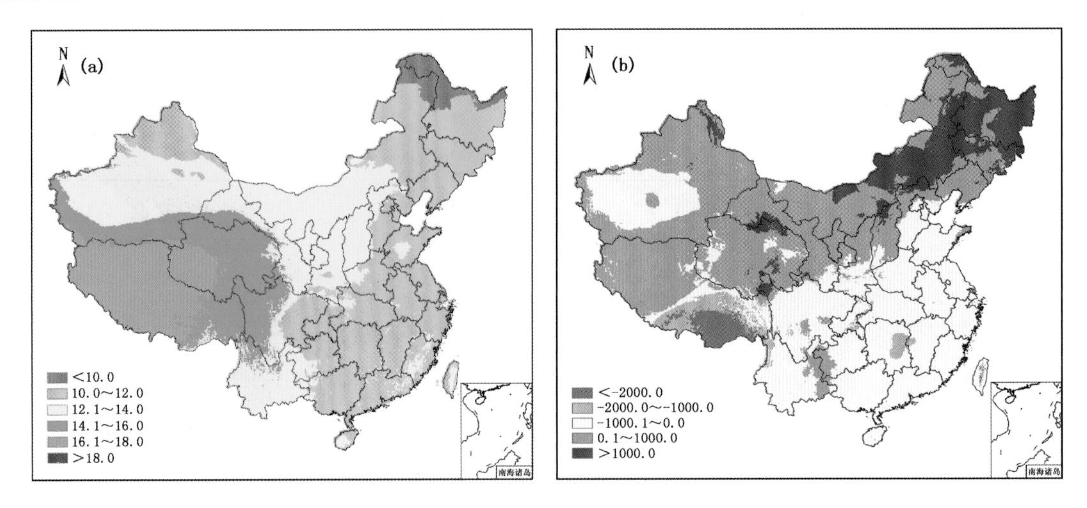

图 2.36　1961—2010 年中国年辐射量(a,10^3 W/m^2)及其气候倾向率(b,W/(m^2 · 10a))分布

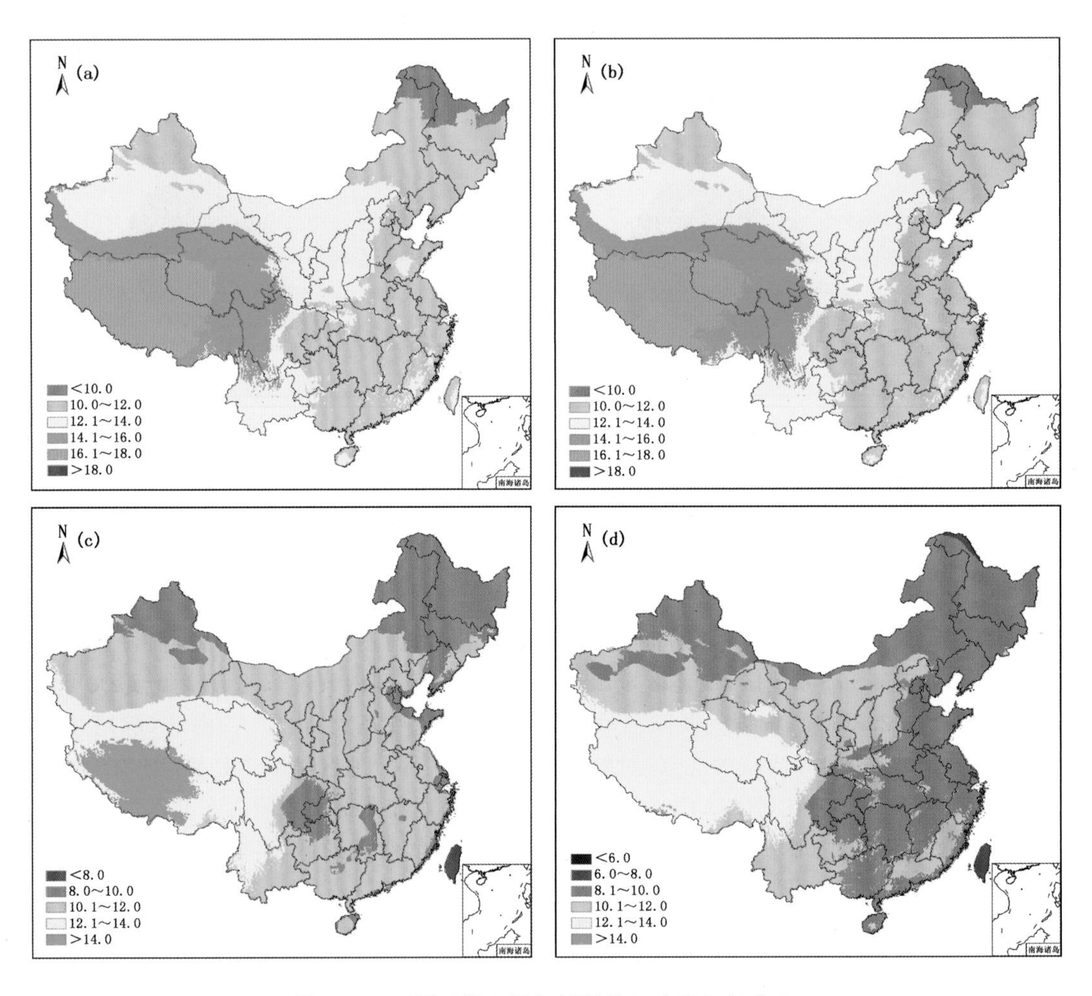

图 2.37　不同时期中国年辐射量(10^3 W/m^2)分布

(a)1961—1990 年;(b)1981—2010 年;(c)2011—2040 年未来 RCP 4.5 气候情景;

(d)2011—2040 年未来 RCP 8.5 气候情景

第三章　中国植被/陆地生态系统

第一节　基本概念

植被是植物生长着、繁殖着，为动物和人类提供食物与隐蔽所，并通过截留雨水与养分循环稳定土壤的植物群落。植被的变化取决于微气候条件下一定速率发生的发育、生长和繁殖过程的结果，而这一速率又决定于周围环境的状态。组成植被的植物与周围环境不断进行着能量与物质交换，其间强度又随着外界气象条件而有很大的变化，直接影响到植物的生长、发育、产量与产品质量。通过植被的生长过程，土壤(包括较深层次的土壤)、植被与大气通过物质和能量的交换密切地联系在一起。尤其重要的是，植物通过光合作用将太阳能转化成化学能，并吸收大气中的二氧化碳，固定在植物体内，为生物圈中的一切生命形式提供能量，并为人类提供植物产品，如食物、纤维、燃料、建筑材料等。因此，植被是气候因素、地貌、土壤和人类活动长期相互作用的结果。植被的区域、类型、结构和组成及其空间和时间演替是由地质时代及现代气候共同决定的。

植被(Vegetation)是一地区植物群落的总体(中国植被编辑委员会 1980)，能够固定太阳能，为整个生态系统提供第一性生产力，是陆地生态系统和自然环境的重要组成部分。生态系统(ecosystem)一词是英国植物学家 A. G. Tansley(1871—1955)于 1935 年首先提出的。经过半个多世纪，生态系统的概念和理论得到了发展与完善。生态系统是指在一定的时间和空间范围内，由生物群落与其环境组成的一个整体，该整体具有一定的大小和结构，各成员借助能量流动、物质循环和信息传递而相互联系、相互影响、相互依存，并形成具有自组织和自调节功能的复合体(蔡晓明等 1995)。生物群落是由一定种类的生物所组成的一个生态功能单位，具有一定的结构、一定的种类组成和一定的种间相互关系，并在环境条件相似的不同地段可以重复出现。在一个生物群落中，生物的种类往往是很多的，生物的个体数量则更是多得惊人。群落亦不是任意物种的随意组合，生活在同一群落中的各个物种是通过长期历史发展和自然选择而保存下来的，彼此之间的相互作用不仅有利于各自的生存和繁殖，而且也有利于保持群落的稳定性。因此，生态系统的定义有四点基本含义：第一，生态系统是客观存在的实体，有时间和空间的概念；第二，由生物成分和非生物成分所组成；第三，以生物为主体；第四，各成员间有机地联系在一起，具有统一的整体功能。生态系统的范围可大可小，取决于研究的目的和对象。

生态系统，不论是陆地还是水域，都是由生物和非生物两大部分或非生物环境、生产者、消费者和分解者四种基本成分组成。非生物环境包括光、热、气、水、土和营养成分等，是生物生活的场所和物质以及生物能量的源泉，可统称为生命支持系统。生产者指绿色植物等自养生物，包括树木、草和水域中的藻类等，可进行光合作用制造有机物质。消费者是指各种动物，它们不能直接利用太阳能来生产食物，只能直接或间接地以绿色植物为食，并从中获得能量。分解者主要是细菌和真菌等微生物，其主要功能是把动植物的有机残体分解成简单的无机物。这些简单的无机物在回归环境后可被生产者重新利用，因此分解者亦称还原者。三种生物成分与非生物的环境联系在一起，共同组成一个生态学的功能单位——生态系统（表 3.1）。作为组成生态系统的生物部分和非生物部分缺一不可。没有环境，生物就没有了生存的空间，得不到物质和能量，难以生存下去；但仅有环境，没有生物也谈不上生态系统。

表 3.1　生态系统组成成分

<table>
<tr><td rowspan="16">生态系统</td><td rowspan="6">I. 非生物部分（生命支持系统）</td><td rowspan="3">1. 非生物环境</td><td>能源：太阳能、其他能源</td></tr>
<tr><td>气候：光照、温度、降水、风等</td></tr>
<tr><td>基质和介质：岩石、土壤、水、空气等</td></tr>
<tr><td rowspan="3">物质代谢原料</td><td>CO_2、H_2O、O_2、N_2 等</td></tr>
<tr><td>无机盐（矿物质原料）</td></tr>
<tr><td>腐殖质、脂肪、蛋白质、碳水化合物等</td></tr>
<tr><td rowspan="10">II. 生物部分</td><td>2. 生产者</td><td>绿色植物、光合细菌、化能细菌等</td></tr>
<tr><td rowspan="6">3. 消费者（动物）</td><td>食草动物：一级消费者</td></tr>
<tr><td>一级食肉动物：二级消费者</td></tr>
<tr><td>二级食肉动物：三级消费者</td></tr>
<tr><td>杂食动物：杂食消费者</td></tr>
<tr><td>腐食消费者</td></tr>
<tr><td>其他消费者</td></tr>
<tr><td>4. 分解者（还原者）</td><td>微生物：细菌、真菌等</td></tr>
</table>

（资料来源：蔡晓明等 1995）

生态系统可根据能量和物质的运动状况及生物、非生物成分进行类型划分。根据组成生态系统的生物成分，生态系统可划分成如下类型（蔡晓明等 1995）：

（1）植物生态系统：主要是由植物和无机环境构成的生态系统。在系统中以绿色植物为主，吸收太阳能进行光合作用。这是最基础的生态系统，如森林、草地等生态系统。

（2）动物生态系统：由植物生态系统和动物所组成的生态系统，在系统中动物起主导作用，以动物取食植物而获得能量为主要过程，如鱼塘、畜牧等生态系统。

（3）微生物生态系统：主要由细菌、真菌等微生物和无机环境所形成的生态系统，在系统中以微生物为主进行有机物质的分解，是物质循环中起重要作用的生态系统，如落叶层、活性污泥等生态系统。

（4）人类生态系统：是以人群为主体的生态系统，如城市、乡镇等生态系统。

根据生态系统的结构和外界物质与能量的交换状况，生态系统可划分如下类型：

（1）开放系统：是指生态系统内外的能量和物质都可进行不断交换的生态系统。地球上绝大多数的生态系统都属于开放系统。

（2）封闭系统：是指可与外界进行能量交换，而不能进行物质的输入和输出的生态系统。譬如，宇宙飞船在空间飞行需要利用日光的能量，但为防止周围极为有害的宇宙环境，宇宙飞船就得设计成极为密闭又能进行能量高效转化的封闭系统。这种系统是自给的装置，不仅需要有生命所必需的全部非生物物质，而且还需要通过生物的作用使生产、消费、分解等各种生命过程维持平衡状态。

(3)隔离系统:是指与外界既不可进行能量交换也不可进行物质交换的生态系统。

根据人类活动及其影响程度,可将生态系统分成:

(1)自然生态系统:指未受到人类活动影响或受人类活动轻度影响的生态系统。自然生态系统在功能上协调一致,生物对无机环境有深刻的适应,这是在功能作用过程中形成的。因此,自然生态系统的特点是具有自行调控和不断更新的能力。

(2)半自然生态系统:是由生物中或多或少有固定联系的生物群落复合体组成的生态系统,其营养结构、类型或比例关系已受到人类活动的影响。这类生态系统又可分为适度破坏的半自然生态系统和严重破坏的半自然生态系统。

(3)人工复合生态系统:这类生态系统的主要特征是人在此系统中起主导作用,且生物群落在很大程度上已失去自行调控和恢复的能力。只有在人的积极参与下,生物群落的生产、更新和物质的循环才有可能有秩序地进行。

按照生态系统的非生物成分和特征,从宏观上可将生态系统分为陆地生态系统和水域生态系统。通常,陆地生态系统可依据其组成成分、植被特点等进一步划分;水域生态系统亦可根据地理和物理状态进一步划分(表 3.2)。

表 3.2　地球表面的主要生态系统类型

陆地生态系统	水域生态系统
荒漠:干荒漠、冷荒漠	淡水
苔原(冻原)	静水:湖泊、池塘、水库等
极地	流水:河流、溪流等
高山	湿地:沼泽
草地:湿草地、干草原	海洋
稀树干草原	远洋
温带针叶林	珊瑚礁
亚热带常绿阔叶林	上涌水流区
热带雨林:雨林、季雨林	浅海(大陆架)
农业生态系统	河口(海湾、海峡、盐沼泽等)
城市生态系统	海岸带:岩岸、沙岸

(资料来源:蔡晓明等 1995)

每个生态系统都有其一定的生物群体和生物栖息的环境,进行着能量交换和物质循环。在一定时间和相对稳定的条件下,生态系统各组成成分的结构与功能均处于相互适应与协调的动态之中。生态系统具有如下基本特征(蔡晓明等 1995):

(1)具有特定的空间概念:生态系统通常与一定的空间相联系,包含该地区和范围,反映了一定的地区特性和空间结构,以生物为主体呈网络式的多维空间结构。

(2)是复杂有序的大系统:由于自然界中生物的多样性和相互关系的复杂性决定了生态系统是一个极其复杂的,由多个要素、多变量构成的系统。而且,由于不同变量及其不同的组合以及这种不同组合在一定变量动态之中又构成了很多亚系统。

(3)具有明确功能的单元:生态系统不是生物分类学单元,而是一个功能单元。这表现生态系统的能量与物质交换两个方面。首先是能量的流动,绿色植物通过光合作用将太阳能转变为化学能贮藏在植物体内,然后再转给其他动物,这样营养就从一个取食类群转移到另一个取食类群,最后由分解者重新释放到环境中。其次,在生态系统内部生物与生物之间、生物与环境之间不断地进行着周而复始的复杂而有规律的物质交换。

(4)是开放系统、具有自动调控功能:任何一个生态系统都是开放的,不断地有物质和能量的流入和输出。生态系统自动调控主要表现在三个方面:第一是同种生物的种群密度的调控,这是在有限空间内比较普遍存在的种群变动规律;第二是异种生物种群之间的数量调控,多出现于植物与动物、动物与动物之间,常有食物链关系;第三是生物与环境之间的相互适应的调控。生物经常不断地从所在的生境中摄取所需的物质,生境亦需要对其输出进行及时的补偿,两者进行着输入与输出之间的供需调控。

生态系统调控功能主要通过反馈(feedback)来完成。反馈可分为正反馈(positive feedback)和负反馈(negative feedback)。前者是系统中的部分输出,通过一定线路而又变成输入,起到促进和加强的作用;后者则倾向于削弱和减小其作用。负反馈对生态系统达到和保持平衡是不可缺少的。正、负反馈相互作用和转化,从而保证了生态系统达到一定的稳定。

(5)具有动态的、生命的特征:生态系统和自然界的许多事物一样具有发生、形成和发展的过程,可分为幼期、成长期和成熟期,表现出鲜明的历史性特点,从而使生态系统表现出自身特有的整体演化规律。因此,任何自然生态系统都是经过长期历史发展形成的。生态系统的这一特点为预测未来提供了重要的科学依据。

第二节　中国气候与植被分布格局

中国位于欧亚大陆的东南部、太平洋的西岸,西北深处亚洲腹地,西南与南亚次大陆接壤,全国有着960万平方千米的陆地疆域,东西长度5000多千米,南北宽达5500千米。东半部由北向南分布着世界上最长的连续森林带,西南部由于青藏高原的隆起,形成地域广阔的高原植被,而西北则是欧亚大陆最干旱的区域,即温带荒漠。

中国东临海洋,西依大陆,由于海陆之间的热力差异导致了显著的季风现象。冬季风形成于亚洲中、高纬度的内陆腹地,那里空气干冷,当西风带的较强波动向东推进时,就加强了冬季季风,给全国带来寒潮。所以,中国的大部分地区冬季普遍寒冷而干燥,是世界上同纬度地区冬季较冷的国家。在夏季,大陆上变成低气压区,而海洋上的空气压力增大,空气从潮湿的海洋吹向大陆。中国夏季盛行从东南方太平洋高压和西南方印度洋高压带来的气流。全国除青藏高原和西北地区外,大部分地区受到来自太平洋的东南风和来自孟加拉湾与印度洋上的西南风的影响,它们给中国带来了丰沛的降水,从而使中国东南半壁成为世界上同纬度地区雨量较多的国家。

素有“世界屋脊”之称的青藏高原巍然屹立于亚洲的中部,南北跨约35个纬度,东西跨约35个经度,有相当大的面积海拔高度在5000 m以上,占据对流层的中下部,对亚洲乃至世界环境产生着重大的影响。青藏高原的存在,不仅加强了东亚的季风环流,而且阻挡了源于印度洋的暖湿气流向亚洲内陆的输送,并在高原北侧形成下沉气流,对亚洲内陆干旱化的过程有着极其重要的影响。在夏季,青藏高原就像一个深入到大气层中的火炉,使得高原面上的空气受热上升,同时拉动印度洋的暖湿气流前来补充,由此带来丰沛的季风降雨;冬季情况正好相反,高原仿佛一个巨大的冷流，将其上方的空气冷却，从高原涌向印度洋，导致北方的冷空气频频南下，从而形成强大的冬季风。没有青藏高原的存在，现今的长江中下游地区可能是一片亚热带沙漠，新疆地区则可能是气候湿润、植被丰茂的地区。地质学和古植物学的研究证实了这一点，即在青藏高原尚未隆起、古地中海尚未消失之前，长江流域、柴达木和塔里木曾处在较现今更为干热的条件下，当时的准噶尔却具有温暖湿润的森林草原气候和植被。青藏高原隆起后，华中地区从干热转为湿润，而高原以北各地则从湿润转向干寒，新疆、内蒙古西部一带则演变成为温带荒漠。

由于气流和海陆分布等因素的组合不同，使得中国与世界上其他同纬度地区相比气候差异很大。中国东北和内蒙古地区的纬度大致相当于德、法、英等国的全年湿润温带；华北平原的夏雨冬旱暖温带，相当于南欧地中海的冬雨夏旱亚热带，而中国最南部海南岛的湿润热带则相当于北非的热带荒漠。

青藏高原的隆起和强盛的季风气候决定了中国植被分布的总体分布格局。在中国东部和西南部地区，夏季从太平洋吹来的东南季风和来自印度洋的西南季风，带来了丰富的降水，造就了东部和西南部温暖而湿润的气候。虽然冬季寒冷而干旱，但雨热同期有利于植物生长。西北内陆地区则因远离海洋且有高山阻挡，气候干燥少雨。这样，由东向西构成湿润、半湿润、半干旱、干旱的水分气候序列。与中国的气候特点相适应，中国的植被由东南到西北表现出森林、森林草原、草原和荒漠的连续分布。东部地区随温度的变化，由南到北表现出了从热带森林、温带森林到北方林的交替，形成了世界上最大的连续不间断分布的森林植被。中国西南部青藏高原的高高隆起打破了中国低地地区的植被水平分布规律，并形成了独特的高寒景观。特别是，南部边缘喜马拉雅山脉的阻挡，使得西南和东南气流只能从东南部"缺口"处进入高原，造成水分从东南向西北由多到少的变化，从而决定了高原植被从东南向西北的更替，它们依次为高山亚高山森林、高寒草甸、高寒草原和高寒荒漠。

《中华人民共和国植被图》(侯学煜 1982)将中国全部植被(自然植被和农业植被)划分为48个植被群系纲和103个植物群系组(表3.3)。

表3.3　中华人民共和国植被图的分类和编码(侯学煜1982)

群系纲编码	群系纲类型	群系组编码	群系组类型
1101	寒温带、温带山地落叶针叶林	1101001	落叶松林和黄花松林
		1101002	西伯利亚落叶松林
1102	温带山地常绿针叶林	1102003	松林
		1102004	云杉、冷杉林
		1102005	云杉林
1103	温带草原沙地常绿针叶疏林	1103006	樟子松疏林
1104	温带常绿针叶林	1104007	松林
		1104008	侧柏林
1105	亚热带、热带常绿针叶林	1105009	马尾松林
		1105010	华山松林
		1105011	云南松林和思茅松林—灌丛结合
		1105012	杉木林
		1105013	柏木疏林

续表

群系纲编码	群系纲类型	群系组编码	群系组类型
1106	亚热带、热带山地常绿针叶林	1106014	松林
		1106015	含铁杉的冷杉、云杉林
1207	温带落叶阔叶树—常绿针叶树混交林	1207016	落叶阔叶树—红松混交林
1208	温带、亚热带落叶阔叶林	1208017	落叶栎林
		1208018	椴 、榆、桦杂木林
		1208019	石灰岩榆科树种、黄连木杂木林
1209	温带、亚热带山地落叶小叶林	1209020	桦、杨林
1210	温带落叶小叶疏林	1210021	榆树疏林结合沙生灌丛
		1210022	胡杨疏林及残留林，与沙枣疏林结合
1211	亚热带石灰岩落叶阔叶树—常绿阔叶树混交林	1211023	榆科、化香杂木林
1212	亚热带山地酸性黄壤常绿阔叶树—落叶阔叶树混交林	1212024	柯、山毛榉杂木林
		1212025	落叶阔叶树—常绿栎—铁杉混交林
1213	亚热带常绿阔叶林	1213026	栲、柯杂木林
		1213027	栲、樟科、木荷杂木林
1214	热带雨林性常绿阔叶林	1214028	含热带树种的栲、樟科、茶科杂木林
1215	亚热带硬叶常绿阔叶林	1215029	高山栎林
1216	亚热带竹林	1216030	毛竹林
1217	热带半常绿阔叶季雨林及次生植被	1217031	石灰岩季雨林植被
		1217032	砖红壤季雨林
1218	热带常绿阔叶雨林及次生植被	1218033	热带雨林
1319	温带、亚热带落叶灌丛、矮林	1319034	榛子、胡枝子、蒙古栎灌丛
		1319035	虎榛子、绣线菊灌丛
		1319036	荆条灌丛
		1319037	白鹃梅、连翘、栓皮栎、化香灌丛
		1319038	草原沙地锦鸡儿、柳、蒿灌丛
		1319039	荒漠盐地柽柳灌丛、柽柳包，与盐生草甸结合
1320	亚热带、热带酸性土常绿、落叶阔叶灌丛、矮林和草甸结合	1320040	杜鹃、乌饭灌丛
		1320041	野牡丹、大沙叶灌丛
1321	亚热带、热带石灰岩具有多种藤本的常绿、落叶灌丛、矮林	1321042	化香、竹叶椒、蔷薇、荚莲灌丛、矮林
		1321043	榕树，山麻杆、苎麻，野黄皮灌丛，矮林
1322	热带海滨硬叶常绿阔叶灌丛、矮林	1322044	红树林
1323	热带珊瑚礁肉质常绿阔叶灌丛、矮林	1323045	草海桐、小叶草海桐、白避霜花灌丛，矮林

续表

群系纲编码	群系纲类型	群系组编码	群系组类型
1324	亚热带高山、亚高山常绿革质叶灌丛矮林	1324046	杜鹃灌丛
1325	温带、亚热带亚高山落叶灌丛	1325047	高山柳、金露梅、鬼见愁灌丛
1326	温带高山矮灌木苔原	1326048	圆叶柳或圆叶桦、苔藓苔原
1327	温带、亚热带高山垫状矮半灌木、草本植被	1327049	蚤缀、点地梅垫状植被，与高山稀疏植被结合
1428	温带矮半灌木荒漠	1428050	含头草低山岩漠
		1428051	假木贼砾漠
		1428052	琵琶柴砾漠
		1428053	蒿属、短期生草壤漠
1429	温带多汁盐生矮半灌木荒漠	1429054	盐爪爪盐漠
1430	温带灌木、半灌木荒漠	1430055	膜果麻黄砾漠
		1430056	驼绒藜沙砾漠
		1430057	三瓣蔷薇、沙冬青、四合木沙砾漠
		1430058	油蒿、白沙蒿沙漠
		1430059	沙拐枣沙漠
		1430060	极稀疏柽柳沙漠
1431	温带半乔木荒漠	1431061	梭梭沙漠
		1431062	梭梭柴、琵琶柴壤漠
		1431063	梭梭砾漠
1432	温带高寒匍匐矮半灌木荒漠	1432064	垫状驼绒藜、藏亚菊沙砾漠
1533	温带禾草、杂类草草原	1533065	线叶菊草原
		1533066	羊草草原
		1533067	贝加尔针茅草原
		1533068	白羊草、黄背草草原
1534	温带丛生禾草草原	1534069	大针茅、克氏针茅草原
		1534070	克氏针茅、糙隐子草草原
		1534071	本氏针茅、短花针茅草原
1535	温带山地丛生禾草草原	1535072	山地针茅草原
1536	温带丛生矮禾草、矮半灌木草原	1536073	短花针茅草原
		1536074	戈壁针茅草原
1537	温带山地矮禾草、矮半灌木草原	1537075	针茅、矮半灌木草原
1538	温带、亚热带高寒草原	1538076	针茅、杂类草草原与白草、固沙草草原结合
		1538077	早熟禾、狐茅杂类草草原
		1538078	紫花针茅草原
		1538079	羽栓针茅、青藏苔草，垫状驼绒藜草原

续表

群系纲编码	群系纲类型	群系组编码	群系组类型
1539	亚热带、热带稀树灌木草原	1539080	含多刺灌木的扭黄茅、香茅草原
1540	温带草甸	1540081	香草、杂类草普通草甸
		1540082	禾草、杂类草盐生草甸
1541	温带、亚热带高寒草甸	1541083	禾草、杂类草、苔草草甸，与亚高山落叶灌丛结合
		1541084	禾草、嵩草、杂草草甸
		1541085	嵩草草甸
		1541086	盐生禾草、杂类草、嵩草草甸
1542	温带草本沼泽	1542087	禾草、莎草类沼泽
		1542088	苔草、藓类、柴桦沼泽
1543	温带高寒草本沼泽	1543089	苔草、嵩草沼泽
2100	一年一熟粮作和耐寒经济作物	2100090	春小麦、大豆、玉米、高粱一甜菜、亚麻、李、杏、小苹果
		2100091	春小麦、糜子、马铃薯、甜菜、胡麻
		2100092	青稞、春小麦、豌豆、马铃薯一油菜
2200	一年两熟或两年三熟旱作(局部水稻)和暖温带落叶果树园、经济林	2200093	冬小麦、大豆(玉米)、甘薯、花生两年三熟一棉花、烟草、苹果、梨、葡萄
		2200094	冬小麦、杂粮(高粱、大豆、玉米、谷子)两年三熟一棉花一枣、苹果、梨、葡萄、柿子、板栗、核桃
		2200095	冬小麦、杂粮(玉米、谷子、大豆、甘薯)一年两熟一棉花一花生一枣、苹果、梨
		2200096	冬(春)小麦、玉米、高粱两年三熟或一年两熟一棉花一葡萄、哈密瓜、梨、杏
2300	一年水旱两熟粮作和亚热带常绿、落叶经济林、果树园	2300097	夏稻、冬小麦(油菜)一年两熟(局部双季稻)一棉花、花生一茶、石榴、桃、梨、枇杷
		2300098	夏稻(玉米)、冬小麦(油菜)一年两熟、马铃薯一烟草一茶、漆、核桃、苹果、梨
2400	单(双)季稻连作喜凉旱作或一年三熟旱作和亚热带常绿经济林、果树园	2400099	单(双)季稻连作冬小麦(油菜、绿肥)，棉花一苎麻一桑、柑橘
		2400100	单(双)季稻连作冬小麦(油菜)或甘薯、花生、杂粮两年五熟一甘蔗、苎麻一柑橘、油桐、桑、棕榈
		2400101	单(双)季稻连作冬小麦(油菜、绿肥)或甘薯、杂粮、大豆一年三熟一苎麻、黄麻一茶、油茶、杨梅、柑橘、枇杷

续表

群系纲编码	群系纲类型	群系组编码	群系组类型
2500	双季稻或双季稻连作喜温旱作和热作常绿经济林、果树园	2500102	双季稻连作冬薯，双季玉米一甘蔗、木薯、黄麻一荔枝、龙眼、香蕉、菠萝
		2500103	双季稻一冬花生、甘蔗一香茅一剑麻、椰子、局部橡胶、咖啡
3000	无植被地段	3000104	盐壳
		3000105	流动沙丘
		3000106	裸露戈壁
		3000107	裸露石山
		3000108	高山碎石，倒石堆和高寒荒漠、冰川雪被
		3000109	冰川雪被
4000	湖泊	4000000	湖泊

中国植被包括自然植被和农业植被两部分。自然植被除指那些与自然环境有相对平衡的稳定群落外，还包括它们的次生群落以及经过人工栽培后没有继续管理或管理程度极微的人工林如马尾松林、杉木林和毛竹等。农业植被指连续不断地受经济管理如耕翻、播种、灌溉、锄草、施肥、剪枝、埋土等的植物群落，包括大田农业群落、果园和经济林等。

一、自然植被

中国位于世界上最广阔的欧亚大陆的东南部，全国从东南到西北由于距离海洋渐远，受海洋季风影响的程度逐渐减弱，依次有湿润、半湿润、半干旱和干旱气候，相应地就依次出现了各类森林、草原和荒漠植被。中国北半部的温带地区自东向西一线的地带性植被类型就明显地表现出了这个特点。在年降水量 600～700 mm 的湿润气候下，东北东部丘陵和山麓有蒙古栎林和落叶阔叶杂木林；在年降水量 400～550 mm 的半湿润东北平原和内蒙古东部以羊草、线叶菊或贝加尔针茅为代表的禾草、杂类草草原；在年降水量 260～350 mm 的半干旱内蒙古中部分布着以大针茅和克氏针茅为主的丛生禾草草原，黄土高原则为本氏针茅草原；再往西年降水量只有 170～250 mm，则是以戈壁针茅、短花针茅为代表的丛生矮禾草、矮半灌木草原；在年降水量 100～200 mm 的干旱气候下，雨量集中在夏季的阿拉善地区，以籽蒿、油蒿和沙拐枣为代表的灌木、半灌木沙漠以及珍珠、琵琶柴为主的矮半灌木砾漠占优势，还有一些半乔木梭梭柴沙漠；东疆一带年降水量在 100 mm 以下，被裸露戈壁和稀疏合头草、戈壁藜为代表的矮半灌木的低山岩漠所占有，反映着亚洲中部的极端干旱化植被的特征；到了最西部的北疆准噶尔盆地，因受到北大西洋和北冰洋气流余波的影响，年降水量为 100～200 mm，四季分配较均匀，冬季有积雪，出现了白梭梭半乔木沙漠和短期生草类、蒿类壤漠以及盐生假木贼、小蓬砾漠。这些荒漠类型的出现，在某种程度上显示着与苏联中亚北部荒漠特征的联系，那里还有相当面积的梭梭柴沙漠、沙拐枣沙漠、琵琶柴壤漠和膜果麻黄砾漠，又显示与亚洲中部荒漠的共同性。南疆塔里木盆地四周高山，形成世界上极端干旱气候之一，年降水量约 20～50 mm，有些地方全年无雨。那里分布着大面积裸露的流动沙丘、戈壁和低山岩漠以及极稀疏的柽柳沙漠。在山前冲积扇上植物生长极其稀疏，分布着覆盖度不及 1%的灌木砾漠，分别长有膜果麻黄、木霸王、泡泡刺、沙拐枣等。

中国的东半部，从北到南可看到各种森林植被分布的纬度地带性。年降水量 500～600 mm 的大兴安岭最北端的寒温带兴安落叶松林，是与苏联东部西伯利亚的南泰加林相连接。向南在年降水量 600～700 mm 的温带地区从东北东部到华北山地零星分布着各种落叶栎类林，偏北有蒙古栎林和含红松的槭、椴、榆、桦杂木林；森林破坏后次生为榛子、胡枝子灌丛。偏南有辽东栎林、槲树林、槲栎林，内陆有油松林，海滨有赤松林。古灰岩或黄土上有栽培的侧柏疏林，并有大片的次生荆条、酸枣、黄栌灌丛。从秦岭到南岭的东部亚热带年降水量 1000～1800 mm，旱季不显著，只有在山地酸性黄壤上残留有小面积的亚热带常绿阔叶林，偏北以青刚栎林、甜槠栲林、基槠栲林为代表，偏南则为以刺栲、樟科、茶科、金缕梅科占优势的杂木林。而大面积的红黄壤上则是次生马尾松林，栽培的半自然的杉木林和毛竹林多分布于土层深厚的阴湿环境；森林破坏后次生为映山红、包饭、继木、齿叶柃木、白栎灌丛。在石灰岩上则以榆科树、化香、黄连木、槭、鹅耳枥、青刚栎等所组成的落叶、常绿阔叶混交林为代表，破坏后次生或栽培着川柏木疏林，森林破坏后次生为含南天竺、继木的化香、竹叶椒、蔷薇有刺灌丛。干湿季显著的西部亚热带云南高原年降水量 800～1000 mm，在红壤上残留有小面积耐旱的滇青刚、高山栲、白皮柯等常绿阔叶林和较大面积的次生云南松林和部分华山松林；森林破坏后次生为大白花杜鹃、乌雅果、厚皮香、铁子灌丛。石灰岩上以榆科树、化香、青香木、滇青刚、茶蚬落叶、常绿阔叶混交林为代表。石灰岩上阔叶林破坏后次生或栽培干香柏疏林，继续破坏即次生为粉叶小蘗的石灰岩灌丛。云南高原西北部横断山脉一带年降水量只有 600～700 mm，旱季更为突出，阴坡上有云南松、华山松、高山松等针叶林，而阳坡上则出现硬叶常绿的高山栎林或灌丛。

青藏高原一般在海拔 4000～5000 m，大部分位于亚热带范围内，从东南向西北升高。高原上大气水分状况由东南向西北递减，相应的植被水平带由东南向西北依次出现寒温针叶林、高寒草甸、高寒草原和高寒荒漠。在高原的南侧喜马拉雅山和东南侧的横断山脉及东侧的川西山地雨量丰富，出现各种冷杉、云杉、铁杉林。青藏高原东段一带，河谷海拔 4000～4300 m，年降水量 450～550 mm，属半湿润的高寒草甸灌丛带，阴坡或向风坡为杜鹃灌丛，阳坡为嵩草高寒草甸和圆柏灌丛。向西地势稍高，多宽谷，河谷海拔近 4300～4500 m，在广大高原面上分布着以矮嵩草、小嵩草为主的高寒嵩草草甸。再向西到了高原面海拔约 4500 m 的羌塘高原，年降水量不足 300 mm，气候寒冷半干旱，以紫花针茅、羽柱针茅为主的高寒草原为代表；羌塘高原北部盆地海拔 5000 m 以上，年降水量只有 50～100 mm，那里分布着垫状驼绒藜、青藏苔草高寒荒漠草原以及垫状驼绒藜高寒荒漠。

中国的森林、草原和荒漠的分布大体上沿太平洋东南季风的垂直方向分布，即由东南向西北方向顺序渐变，与距离太平洋远近所联系的大气湿度或降水量差异相关。在西藏高原西部，喜马拉雅山以南为森林，以北为高寒草原。中国东半部自北而南沿着纬度方向所出现的各类森林，取决于它们所处纬度位置所联系的太阳辐射和气温以及与经度位置所联系的大气水分状况相结合的气候。

二、农业植被

农业植物群落同自然植物群落一样也具有一定的生活型(外貌、结构、层片)、种类组成和一定的生态地段。在此，对植物功能型和生物群区划分进行检验时，农业植被由当地潜在地带性植被替代,地带性植被的类型参照中国植被区划图(中国植被编辑委员会,1980)确定。这里,重点介绍中国的主要粮食作物种植分布。

1. 玉米

玉米是世界上种植最广泛的谷类作物之一,种植面积仅次于水稻和小麦,但总产量居三大谷物(水稻、小麦与玉米)之首,是近百年来全球种植面积扩展最大、单位面积产量提高最快的大田作物。玉米是中国主要的粮食作物,2004 年总产量超过小麦达到 1.30×10^8 t,成为中国第二大粮食作物;2008 年种植面积达 2.99×10^7 hm^2,超过水稻成为中国第一大粮食作物。近 10 年来,中国的玉米种植面积增加了 6.67×10^6 hm^2,单产提高了 970.15 kg/ hm^2,总产量提高了 0.6×10^8 t,对保障国家粮食安全做出了突出的贡献(潘根兴,2010)。同时,玉米还是需求增长最快、增产能力最强的作物,在解决未来粮食问题中扮演着重要角色。据预测,到 2030 年中国农村人口将达 4.99 亿,城镇人口达 9.79 亿,粮食需求总量将达 5.9×10^8 t,且需求总量的增加主要来自饲料粮用量需求的增长。玉米是饲料粮中最重要的组成部分,如果按占饲料粮 40%的最低比重计算,饲料粮玉米需求将增加 0.38×10^8 t,加上玉米在饲料粮中的比重逐年加大,预计饲料粮需求及未来粮食需求的增加将主要是玉米需求的增长。玉米还具有粮食作物中最高的增产潜力。根据现有的高产纪录,2005 年河南省玉米较大面积(超过 1 hm^2)最高单产可达 15103 kg/hm^2,但同期该省平均玉米单产仅为最高单产的 1/3;2006 年吉林省春玉米较大面积最高单产达 17256 kg/hm^2,但吉林省平均单产仅为 7071 kg/hm^2,不到最高单产的一半。与其他作物相比,中国冬小麦较大面积高产纪录为 10785 kg/hm^2,同期河南省小麦平均单产为 5194 kg/hm^2;而超级稻的最高单产刚刚突破 13500 kg/hm^2(张永恩等 2009)。因此,作为食品、饲料、发酵工业和数以千计精细化工产品的重要原料,玉米在全球食品安全和中国国民经济发展中具有举足轻重的地位。

(1) 玉米特性

玉米起源于热带,是适应性较为广泛的高光效 C_4 作物。玉米生长发育过程中受到各生态因子直接或间接的影响。

①温度

玉米是喜温作物,整个生育过程都要求有一定的温度保障。玉米种子发芽的最低温度是 8～10 ℃,最适宜温度是 30～32 ℃,最高温度是 44～50 ℃;出苗阶段最低温度为 8 ℃,最适宜温度为 30～34 ℃,最高温度为 40 ℃。玉米生长期内最适宜温度为日均气温 20～26 ℃,低于 20 ℃时,产量下降。因此,日均气温 20 ℃的终止日是玉米高产安全成熟期的重要指标。日均气温≥10～20 ℃期间是玉米高产安全生育期(杨晓光等 2006)。不同熟性玉米的全生育期对积温的要求也不同(表 3.4)。

表 3.4　不同熟性玉米的全生育期积温

熟　性	≥10 ℃积温(℃·d)
特早熟	<2100
早熟	2100～2400
中熟	2400～2700
晚熟	2700～3000
特晚熟	>3000

温度胁迫会引起玉米形态、生理、生长发育和产量等方面的一系列变化。其中,玉米冷害属于低温胁迫下的伤害,主要发生在东北三省和内蒙古地区。当玉米籽粒含水量在18%以上、温度在−15 ℃以下,发芽率将降低20%。在生育期遇到低温冷害和初霜冻对产量将造成很大影响。而热害是高温胁迫下的伤害,除其他异常表现外,还将引起生育期节律紊乱,雌、雄性器官的分化和发育不协调等危害。

②水分

玉米生长期所需月均降水量在100 mm左右为宜,年均降水量少于350 mm的地区需进行人工灌溉。从播种到出苗需水量占总需水量的3%~5%,当土壤湿度占田间持水量的70%时,可以保证出苗良好;苗期田间持水量需控制在60%左右,促进根系的发育;拔节前后需水量增大,土壤水分占田间持水量的70%~80%,降30 mm以上的透雨对茎叶生长有利;抽雄前后是玉米整个生育期需水最多的时期,抽雄前10天和后20天需水量200 mm以上,若该阶段水分充足,同时保证土壤水分占田间持水量的70%~80%,则有获得高产的可能;籽粒成熟期对水分的要求逐渐减少。玉米全生育期总耗水量不得少于350 mm,早熟品种300~400 mm,中熟品种500~800 mm,晚熟品种800 mm以上。

玉米在整个生育期对水分都十分敏感。干旱是影响玉米生长发育和产量最主要的灾害,但水分过多也会引起涝害,对玉米正常生长不利。

③光照

根据玉米的光周期反应类型,一般把玉米作为短日照作物,大多数玉米品种要求8~12小时光照,最适日照为12~15小时。早熟品种一般对光照长度不很敏感,晚熟品种一般对光照长度较为敏感。南方培育的玉米品种对日照响应较北方培育的玉米品种对光照长度敏感。种植实践表明,将偏南地区的品种稍北移,因日照加长、气温降低,可使生育期延长,玉米植株充分生长,获得较高产量。

(2) 玉米种植分布

玉米适应性强,产量高,除南极洲以外,在全球广泛分布。世界玉米集中种植在三大玉米带:美国玉米带,玉米种植扩展到十几个州;包括法国、南斯拉夫和罗马尼亚等国的欧洲多瑙河玉米带;中国的东北(黑龙江省)—华北—西南(广西)狭长玉米带,包括十几个省和自治区。近30年来,由于人口增加,畜牧业和玉米加工业的快速发展,世界玉米需求量大增,刺激了玉米生产发展。20世纪90年代世界玉米种植面积与70年代相比增加了19.0%,比80年代增加了5.1%。2007年世界玉米种植面积达$1.5787\times10^8 hm^2$。

中国是世界第二大玉米生产国,大约在16世纪中期,玉米最先从陆路继而从海路引进中国。清初以后的200多年间,玉米迅速传播到中国各地并开始大面积种植。中国的玉米种植有四个特点:

①中国是"四季玉米之乡",种植地区遍及中华大地的各个角落。春玉米主要分布在东北三省和内蒙古、河北北部、西北地区和西南地区各省份的高海拔山区和干旱地区,主要为一年一熟制。夏玉米主要分布在黄淮海平原地区的山东、河南、河北、山西、北京、天津等地,主要是玉米与小麦套种或复种形式,为一年两熟制。秋玉米主要集中在南方沿海各省及内陆各省、自治区的丘陵山地,如浙江、江西、广西、四川、福建等,是一年三熟制,主要耕作方式是水稻—水稻—玉米,或者油菜—水稻—玉米。冬玉米主要分布在20°N以南的广东、云南、广西和海南等地。得天独厚的自然条件使中国成为世界上唯一一个一年四季都能种植玉米的国家。

②玉米分布呈东北向西南的狭长玉米种植带，即东北(黑龙江省)—华北—西南(广西)的狭长玉米带。玉米喜暖湿气候，分布区的降水一般在 800～1500 mm 之间。全国来看，北方平原的大部分地区主要种植小麦、水稻等作物；东南丘陵年降水量超过 1500 mm 的地区，种玉米不如种水稻高产；西北地区年降水量少，无灌溉条件的地区，种玉米不如种谷子、高粱稳产保收。所以，长期以来人们根据玉米的生长发育、生物学特性和各地气候、土壤等自然条件特点，因地制宜、趋利避害，在适宜玉米种植的地区不断扩大玉米种植面积，逐渐形成了玉米集中产区，使玉米从较为集中分布的东北地区转入华北地区，再走向四川、贵州、广西直至云南。20 世纪 90 年代，该玉米带上的玉米种植面积达 1.87×10^7 hm^2，占全国总玉米种植面积的 82.2%，总产量占全国玉米总产量的 82.0%，达 9.06×10^7 t(岳德荣 2004)。

③玉米种植制度多样，除清种外，还有间、套、复种等。由于中国地域辽阔，各地自然条件及劳动力和经济差异，形成了多种以玉米为主的间、套、复种种植制度。世界各玉米主产区基本为一年一作的春玉米，而中国的套种玉米占 1/3 以上，是当前主要的玉米种植方式，玉米(春、夏)与豆类作物(大豆、绿豆、小豆等)间作也有相当大的面积。此外，也有部分春播清种玉米和夏播复种玉米。间、套、复种的种植制度是中国农民在长期生产和实践中积累的宝贵经验，可以做到一地多熟，一季多收，有利于发展多种经营，增加复种指数，提高单位面积产量，同时提高总经济收益。

④以雨养玉米为主。中国玉米生产基本上属于“旱地农业”，有 2/3 的玉米分布在依靠自然降水的旱地上，又称“雨养玉米”；只有 1/3 的玉米种植在有灌溉条件的土地上。

中国玉米种植面积呈频繁波动中上升的趋势。1979 年玉米种植面积占粮食作物总种植面积的 16.9%，为 2.01×10^7 hm^2。但 1985 年跌至历史最低点，仅为 1.77×10^7 hm^2，到 1987 年重新超过 1979 年的种植面积，达到 2.02×10^7 hm^2。20 世纪 80 年代，玉米种植面积实现恢复性增长，约为 1.93×10^7 hm^2，占全国粮食作物总种植面积的 17%左右。进入 20 世纪 90 年代，尤其是 90 年代中后期以来，玉米种植面积增幅较大，占全国粮食总种植面积的比例上升至 20%。90 年代初期，玉米种植面积维持在 2.10×10^7 hm^2 左右；到 1995 年为 2.28×10^7 hm^2，占粮食作物总种植面积首次突破 20%。2000 年以后，玉米种植面积随着全国粮食种植面积的减少而减少，到 2004 年又恢复增加。2008 年玉米种植面积扩大到 2.99×10^7 hm^2 左右，占全国粮食面积的 28%，成为中国第一大粮食作物。

佟屏亚(1992)根据气候、土壤、地理条件及耕作制度等因素将中国玉米种植划分为六个区：北方春播玉米区、黄淮海平原夏播玉米区、西南山地丘陵玉米区、南方丘陵玉米区、西北内陆玉米区和青藏高原玉米区(图 3.1)。

①北方春播玉米区：包括黑龙江、吉林、辽宁、宁夏和内蒙古的全部，山西的大部，河北、陕西和甘肃的一部分，是中国的玉米主产区之一。常年玉米播种面积和总产量占全国的 35%左右。

②黄淮海平原夏播玉米区：位于北方春玉米区以南，淮河、秦岭以北，包括山东、河南全部，河北的大部，山西中南部，陕西、关中和江苏省徐淮地区，是中国玉米最大的集中产区，常年播种面积占全国玉米种植面积的 30%以上，总产量占全国的 35%～40%左右。

③西南山地丘陵玉米区：包括四川、重庆、贵州和云南全省，陕西南部和广西、湖北西部丘陵地区、湖南西部以及甘肃的小部分。玉米播种面积在 5.0×10^6 hm^2 左右，占全国玉米面积的 20%。

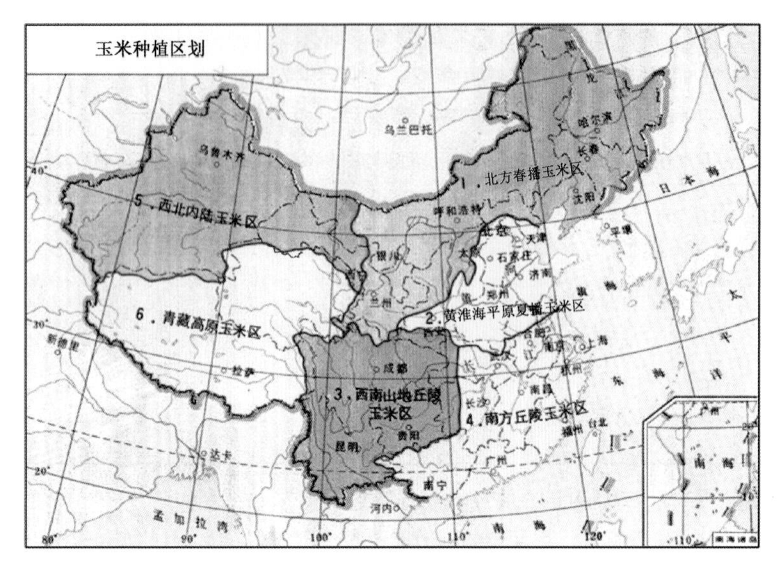

图 3.1　中国玉米种植区分布(引自佟屏亚 1992)

④南方丘陵玉米区:包括广东、海南、福建、浙江、江西、台湾等省全部,江苏、安徽的南部,广西、湖南、湖北的东部。玉米种植面积较小,占全国的 10%左右,气候条件更适合种植水稻,所以玉米种植面积不稳定,是中国秋、冬玉米的主要种植地区。

⑤西北内陆玉米区:包括新疆的全部和甘肃的河西走廊以及宁夏河套灌溉区。占全国玉米种植面积的 4.2%,属大陆性干燥气候,热量资源丰富,昼夜温差大,对玉米生长发育和获得优质高产非常有利。但降水稀少,全年降水量不足 200 mm,种植业完全依靠融化雪水或河流灌溉系统。在灌溉地上种植,玉米增产潜力很大。

⑥青藏高原玉米区:包括青海和西藏,是中国重要的牧区和林区,玉米是本区新兴的农作物之一,栽培历史很短,种植面积不大。

2. 小麦

小麦是一种温带长日照植物,适应范围较广,自北纬 18°到北纬 50°,从平原到海拔 4000 m 的高原(如中国西藏)均有栽培,但尤喜冷凉和湿润气候。小麦的世界产量和种植面积,居于栽培谷物的首位,以普通小麦种植最广,占全世界小麦总面积的 90%以上;硬粒小麦的播种面积约为总面积的 6%~7%。

小麦是中国第二大粮食作物(玉米主要作为饲料),对于维护国家粮食安全有着重要意义。小麦在中国分布很广,南起海南的热带地区(18°N),北至黑龙江漠河的严寒地带(53°29′N),西自新疆的西界,东到台湾及沿海诸岛屿,均有小麦栽培。但主要分布在 20°~41°N,占全国麦播总面积 80%、总产量 90%的产区是河南、山东、河北、黑龙江、安徽、甘肃、江苏、陕西、四川、山西、湖北、内蒙古等 13 个省(区、市),尤以河南和山东为最。自 1 月到 10 月,全国不同地区月月都有小麦收获。生育期短者 70 天,长的可达 300 多天,西藏有些地区小麦生育期竟达周年之久。

中国兼种冬、春小麦,但以冬小麦为主。冬小麦主要分布在长城以南、岷山以东地区,并以秦岭和淮河为界,分为南、北两大冬麦区,其中前者占全国麦播面积的 60%,后者占 30%。近年来,随着栽培制度的改革,冬麦区有所扩展。春小麦主要分布在长城以北、岷山以西地区。

但由于各地气候特点和种植制度的要求，春麦区中有的地方亦兼种冬小麦。此外，冬麦区中也种有春麦，如长江中下游地区等。

中国小麦种植区划的主要依据为地理地域（气候区域）、品种特性（冬春性、籽粒特性等）、栽培环境（平原、丘陵、雨养、灌溉条件等）。小麦种植区域划分依据环境、耕作制度、品种、栽培特点等对小麦生长发育的综合影响。《中国小麦学》（金善宝 1996）将中国小麦种植区域划分为三个主区、十个亚区。

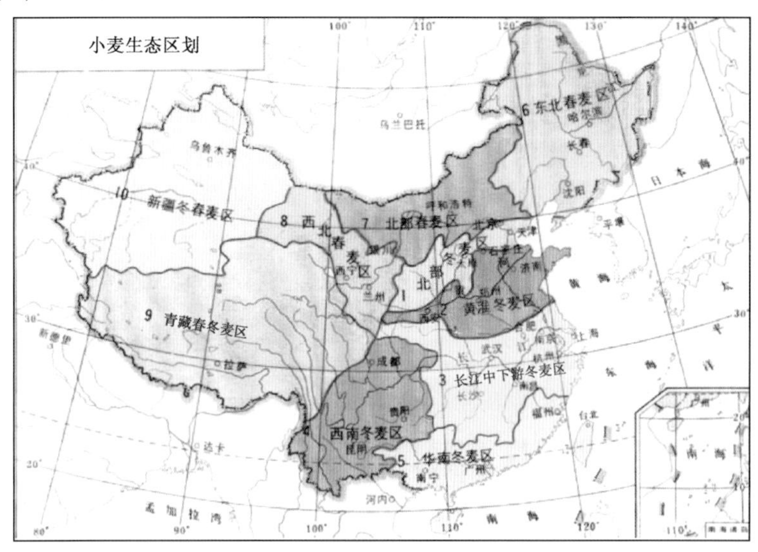

图 3.2　中国小麦区划图（引自金善宝 1996）

（1）冬麦区

①北部冬麦区：该区东起辽东半岛南部，沿长城及燕山南麓进入河北省，向西跨越太行山经黄土高原的山西省中部与东南部及陕西省北部，向西至甘肃省陇东地区，以及京、津两市，形成东西向的狭长地带。本区属暖温带，主要属大陆性气候，冬季严寒少雨雪，春季干旱多风，且蒸发强。最冷月平均气温－10.7～－4.1 ℃，绝对最低气温－24 ℃。年降水量在 440～710 mm，干旱是全区小麦生产中最主要的问题。种植制度以二年三熟为主，旱地区多一年一作，水浇地区亦有一年两作。小麦品种属冬性，幼苗生长阶段较长，有利于分蘖及提高分蘖成穗率。加强农田基本建设和水土保持，兴修水利，节水灌溉，培肥地力，选用优质抗逆性强的品种，均为本区增产的主要措施。本区土壤肥沃的麦田适于发展强筋小麦。

②黄淮冬麦区：该区包括山东省全部、河南省除信阳地区以外的全部、河北省中部和南部、江苏及安徽两省的淮河以北地区、陕西关中平原及山西省南部、甘肃省天水市全部和平凉及定西地区部分县。本区气候适宜，是中国生态条件最适宜于小麦生长的地区。面积和总产量在各麦区中均居第一，而且历年产量比较稳定。地处暖温带，最冷月平均气温－4.6～－0.7 ℃，绝对最低气温－27.0 ℃，年降水量 520～980 mm，小麦生育期降水 280 mm 左右，年际间时有旱害发生，小麦灌浆期高温低湿，常形成不同程度干热风害。种植品种多为冬性或半冬性，种植制度为一年两熟或二年三熟。本区应培肥地力，改良土壤，推广节水栽培技术，扩大灌溉面积，促进均衡增产；建立优质强筋小麦生产基地，发展优质专用小麦生产。黄淮北部土层深厚、土壤肥沃的地区适于发展强筋小麦，其他地区适于发展中筋小麦。黄淮南部以发展中筋小麦

为主，肥力较强的土壤可发展强筋小麦。

③长江中下游冬麦区：该区包括浙江、江西及上海全部，河南省信阳地区以及江苏、安徽、湖北、湖南各省的部分地区。本区年降水量 830～1870 mm，小麦生育期间降水量 340～960 mm，常受湿渍害。此外，该区多阴天，日照不足，空气湿度大，赤霉病、锈病、白粉病严重。品种属于半冬性及春性。本区小麦生产发展的主要措施是推广浅沟高厢种植，排渍防涝，选育抗病品种，秸秆还田，种植绿肥，改良土壤，建立优质弱筋小麦生产基地，发展优质小麦生产。本区大部地区适宜发展中筋小麦，沿江及沿海砂土地区可发展弱筋小麦。

④西南冬麦区：该区包括贵州全省，四川、云南大部，陕西南部以及湖北、湖南西部。其中以四川盆地麦田面积最大，相当于全区的 50%以上，总产量接近全区的 64%。本区气候温暖，最低月平均气温 4.9 ℃，降水量多在 1000 mm 左右，但部分地区小麦生长期降水偏少，常遇干旱。云雾多，日照不足，空气湿度大，易发生病害。品种多属春性。平川稻麦两熟地区应尽早放水晾田，精细整地，适期播种，推广小窝疏株密植技术。丘陵土地应加强水土保持和农田基本建设，增施有机肥，合理轮作，推广抗逆、耐瘠、优质品种。本区大部分地区适于发展中筋小麦，部分地区可发展弱筋小麦。

⑤华南冬麦区：该区包括福建、广东、广西、台湾、海南省(区)全部及云南南部的德宏、西双版纳、红河等州或部分县。本区属亚热带范围，年降水量 1500 mm 左右，小麦生育后期，阴雨多，湿度大，日照少，易发病造成秕粒。

(2)春麦区

⑥东北春麦区：包括黑龙江、吉林两省全部，辽宁省除南部大连、营口两市和锦州市个别县外的大部，内蒙古东北部的呼伦贝尔盟(2001 年更名为呼伦贝尔市)、兴安盟和哲里木盟(1999 年更名为通辽市)以及赤峰市。全区气候南北跨寒温和中温两个气候带，温度由北向南递增，差异较大。最冷月平均气温在北部的漠河为－30.7 ℃，中部的哈尔滨为－19.4 ℃，南部的锦州为－8.8 ℃；≥10 ℃积温为 1600～3500 ℃ · d；无霜期最长达 160 余天，最少仅 90 天。年降水量 600 mm 以上，小麦生育期主要麦区可达 300 mm。本区西部干旱多风沙，东部部分地区低洼易涝，北部高寒，热量不足，是小麦生产中诸多不利因素的主因。本区的黑龙江北部、东部和内蒙古大兴安岭地区，适于发展红粒强筋或中筋小麦。

⑦北部春麦区：本区地处大兴安岭以西，长城以北，西至内蒙古的伊克昭盟(2001 年更名为鄂尔多斯市)和巴彦淖尔盟(2004 年更名为巴彦淖尔市)。以内蒙古为主，包括内蒙古、河北、山西、陕西的部分地区，属大陆性气候，寒冷干燥。年降水量一般低于 400 mm，不少地区在 250 mm 以下。种植制度以一年一熟为主。全区早春干旱，后期高温逼熟及干热风为害，青枯早衰，以及灌区的土壤盐渍化和风蚀沙化，均属小麦生产中的主要问题。本区适于发展红粒中筋小麦。

⑧西北春麦区：全区以甘肃及宁夏为主体，并包括内蒙古及青海的部分地区。气温明显高于东部各春麦区，最冷月平均气温为－9 ℃，年降水量不足 300 mm，最少地区年只有几十毫米。在祁连山麓和有黄河过境的平川地带，小麦产量高。全区≥10 ℃年积温为 2840～3600 ℃ · d，无霜期 118～236 天，种植制度以一年一熟为主。提高小麦产量的主要措施有植树种草，减少水土流失，平整土地，节水灌溉，精种细管，选用稳产抗逆性强的品种等。本区的甘肃河西走廊适于发展白粒强筋小麦，其他地区适于发展中筋小麦。

(3)冬春麦兼播区

⑨青藏春冬麦区：该区包括西藏自治区全部，青海、四川、甘肃、云南省的部分地区。本区地处寒温带，气候高寒，无霜期短，多数地区年降水量少，小麦生长依靠灌溉。日照充足，温差较大，有利于粒多粒重。增施肥料、发展灌溉、精种细管是发展本区小麦生产的主要措施。本区适于发展红粒中筋小麦。

⑩新疆冬春麦区：该区包括北疆和南疆。北疆气温低，雨量稍多，年降水量仅 195 mm 左右；南疆降水量极少，全年仅 15.6～180.4 mm，小麦生育期内仅降水 9～90 mm，气温稍高。各地均有冬、春麦种植，但北疆春麦面积大，南疆则以冬麦为主。本区发展小麦生产应注意推广节水灌溉技术，扩大灌溉面积，提高土壤肥力及栽培技术，选用早熟、抗锈、抗逆和优质的品种。本区肥力较高的土壤适于发展强筋白粒小麦，其他地区可发展中筋白粒小麦。

3. 水稻

水稻是人类重要的三大粮食作物（水稻、小麦、玉米）之一，世界上大约有 50%的人口以稻米为主食。中国是世界上最大的水稻生产国和最大的稻米消费国，中国水稻发展对世界谷物增产和粮食安全具有突出贡献。水稻是中国播种面积最大、总产最多、单产最高的粮食品种，是 65%左右人口的主食，在粮食生产和消费中处于主导地位。中国常年稻谷消费总量保持在 1.9×10^8～2.0×10^8 t，因其营养价值高，其中 85%以上用作口粮。

水稻是中国的主要粮食作物，2000 年水稻播种面积 2996.2×10^4 hm^2，占粮食播种面积的 27.6%，稻谷产量 18791×10^4 t，占粮食产量的 40.7%。中国是世界上种植水稻最古老的国家，稻作历史约有七千年，是世界栽培稻起源地之一。

(1)水稻种植的主导影响因子

水稻属喜温好湿的短日照作物。影响水稻分布和分区的主要生态因子有以下五类：

①热量资源。一般≥10 ℃积温 2000～4500 ℃ · d 的地方适于种一季稻，4500～7000 ℃ · d 的地方适于种两季稻，5300 ℃ · d 是双季稻的安全界限，7000 ℃ · d 以上的地方可以种三季稻。

②水分资源。水分影响水稻布局，体现在“以水定稻”的原则。

③光照资源。日照时数影响水稻品种分布和生产能力。

④海拔高度。海拔高度的变化通过气温变化影响水稻的分布。

⑤土壤资源。良好的水稻土壤应具有较高的保水、保肥能力，又具有一定的渗透性，酸碱度接近中性。

(2)水稻种植分区

全国稻区可划分为 6 个稻作区和 16 个亚区（图 3.3，梅方权等 1988）。

Ⅰ. 华南双季稻稻作区：位于南岭以南的中国最南部，包括闽、粤、桂、滇的南部以及台湾省、海南省和南海诸岛全部，共计 194 个县（市）（暂不包括台湾省）。水稻面积占全国的 17.6%。

$Ⅰ_1$. 闽粤桂台平原丘陵双季稻亚区：东起福建长乐县和台湾省，西迄云南广南县，南至广东吴川县，包括 131 个县（市）。年≥10 ℃积温 6500～8000 ℃ · d，大部分地方无明显的冬季特征。水稻生长期日照时数 1200～1500 小时，降水量 1000～2000 mm。籼稻安全生育期（日平均气温稳定通过 10 ℃始现期至≥22 ℃终现期的间隔天数，下同）212～253 天；粳稻安全生育期（日平均气温稳定通过≥10 ℃始现期至≥20 ℃终现期的间隔天数，下同）235～273 天。稻田主要分布在江河平原和丘陵谷地，适合双季稻生长。常年双季稻面积占水稻面积的 94%

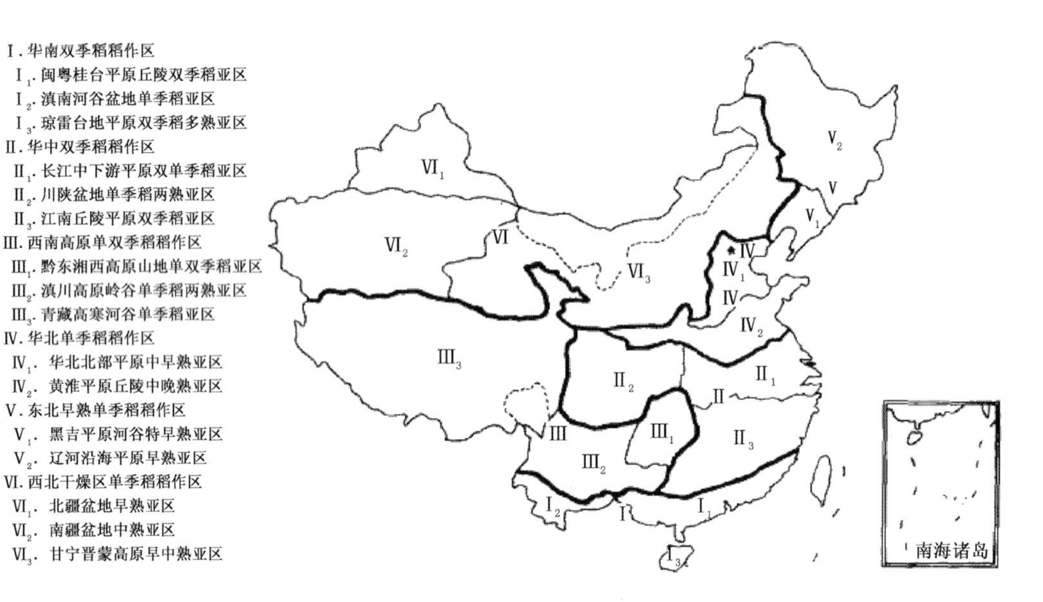

图 3.3 中国水稻种植区划(梅方权等 1988)

左右。稻田实行以双季稻为主的一年多熟制，品种以籼稻为主。主要病虫害是稻瘟病和三化螟。该区的主要措施包括：充分发挥安全生育期长的优势，防避台风、秋雨危害；选用抗逆、优质、高产品种；提倡稻草过腹还田、增施钾肥；发展冬季豆类、蔬菜作物和双季稻轮作制。

Ⅰ$_2$. 滇南河谷盆地单季稻亚区：北界东起麻栗坡县，经马关、开远至盈江县，包括滇南 41 个县(市)。地形复杂，气候多样。最南部的低热河谷接近热带气候特征。年≥10 ℃积温 5800～7000 ℃·d。生长季日照时数 1000～1300 小时，降水量 700～1600 mm。安全生育期籼稻为 180 天以上、粳稻为 235 天以上。稻田主要分布在河谷地带，种植高度上限为海拔 1800～2400 m。多数地方一年只种一季稻。白叶枯病、二化螟等为主要病虫害。该区的主要措施包括改善灌溉条件，增加复种，改良土壤，改变轮歇粗耕习惯。

Ⅰ$_3$. 琼雷台地平原双季稻多熟亚区：包括海南省和雷州半岛，共 22 个县(市)。年≥10 ℃积温 8000～9300 ℃·d，水稻生长季达 300 天，其南部可达 365 天，一年能种三季稻。生长季内日照 1400～1800 小时，降水 800～1600 mm。籼稻安全生育期 253 天以上，粳稻 273 天以上。台风影响最大，土地生产力较低。双季稻占稻田面积的 68%，多为三熟制，以籼稻为主。主要病虫害有稻瘟病、三化螟等。该区的主要措施包括改善水肥条件，增加复种，扩大冬作，发挥增产潜力。

Ⅱ.华中双季稻稻作区：东起东海之滨，西至成都平原西缘，南接南岭，北毗秦岭、淮河。包括苏、沪、浙、皖、赣、湘、鄂、川 8 省(市)的全部或大部和陕、豫两省南部，是中国最大的稻作区，占全国水稻面积的 67%。

Ⅱ$_1$. 长江中下游平原双单季稻亚区：位于年≥10 ℃积温≥5300 ℃·d 等值线以北，淮河以南，鄂西山地以东至东海之滨，包括苏、浙、皖、沪、湘、鄂、豫的 235 个县(市)。年≥10 ℃积温 4500～5500 ℃·d，大部分地区种稻一季有余，两季不足。籼稻安全生育期 159～170 天，粳稻 170～185 天。生长季降水 700～1300 mm，日照 1300～1500 小时。春季低温多雨，早稻易烂秧死苗，但秋季温、光条件好，生产水平高。双季稻仍占 2/5～2/3，长江以南部分平原高达 80%以上。一般实行“早籼晚粳”复种。稻瘟病、稻蓟马等是主要病虫害。该区的主要措施包括种好双季稻，扩大杂交稻，并对超高产品种下功夫，合理复种轮作，多途径培肥土壤。

II_2. 川陕盆地单季稻两熟亚区：以四川盆地和陕南川道平原为主体，包括川、陕、豫、鄂、甘 5 省的 194 个县(市)。年≥10 ℃积温 4500～6000 ℃ · d，籼稻安全生育期 156～198 天，粳稻 166～203 天，生长季降水 800～1600 mm，日照 7000～1000 小时。盆地春温回升早于东部两亚区，秋温下降快。春旱阻碍双季稻扩展，目前种植面积已下降到 3%以下，是全国冬水田最多地区，占稻田的 41%。以籼稻为主，少量粳稻分布在山区。病虫害主要有稻瘟病和稻飞虱。该区的主要措施包括创造条件扩种双季稻，丘陵地区增加蓄水能力，改造冬水田，扩种绿肥。

II_3. 江南丘陵平原双季稻亚区：年≥10 ℃积温 5300 ℃线以南，南岭以北，湘鄂西山地东坡至东海之滨，共 294 个县(市)。年≥ 10 ℃积温 5300～6500 ℃ · d，籼稻安全生育期 176～212 天，粳稻 206～220 天。双季稻面积占稻田面积的 66%。生长季降水 900～1500 mm，日照 1200～1400 小时，春夏温暖有利于水稻生长，但“梅雨”后接伏旱，造成早稻高温逼熟，晚稻栽插困难。稻田主要在滨湖平原和丘陵谷地。平原多为冬作物－双季稻三熟，丘陵多为冬闲田－双季稻两熟，均以籼稻为主，扩种了双季杂交稻。稻瘟病、三化螟等为主要病虫害。水稻单产比其他两亚区低 15%。有条件的地区可发展“迟配迟”形式的双季稻，开发低丘红黄壤，改造中低产田。

Ⅲ. 西南高原单双季稻稻作区：地处云贵和青藏高原，共 391 个县(市)。水稻面积占全国的 8%。

III_1. 黔东湘西高原山地单双季稻亚区：包括黔中、东、湘西，鄂西南，川东南的 94 个县(市)。气候四季不甚分明。年≥ 10 ℃积温 3500～5500 ℃ · d。籼稻安全生育期 158～178 天，粳稻 178～184 天。生长季日照 800～1100 小时，降水 800～1400 mm。北部常有春旱接伏旱，影响插秧、抽穗、灌浆。大部分为一熟中稻或晚稻，多以油菜－稻两熟为主。水稻垂直分布，海拔高地种粳稻，海拔低地种籼稻。稻瘟病、二化螟等为主要病虫害。粮食自给率低，30%～50%县缺粮靠外调。该区的主要措施包括强调增产稻谷。低热川道谷地应积极发展双季稻。

III_2. 滇川高原岭谷单季稻两熟亚区：包括滇中北、川西南、桂西北和黔中西部的 162 个县(市)。区内大小“坝子”星罗棋布，垂直差异明显。年≥10 ℃积温 3500～8000 ℃ · d，籼稻安全生育期 158～189 天，粳稻 178～187 天；生长季日照 1100～1500 小时，降水 530～1000 mm，冬春旱季长，限制了水稻复种。以蚕豆(小麦)－水稻两熟为主，冬水田占稻田面积的 1/3 以上。稻田最高种植高度为海拔 2710 m，也是世界稻田最高限。多为抗寒的中粳或早中粳类型。稻瘟病、三化螟等为害较重。未来在海拔 1500 m 以下的河谷地带拟积极发展双季稻，在 1200～2000 m 的谷地拟发展杂交稻为主的中籼稻，并开发优质稻。

III_3. 青藏高寒河谷单季稻亚区：适种水稻区域极小，稻田分布在有限的低海拔河谷地带，其中云南的中甸、德钦和西藏东部的芒康、墨脱等 7 县有水稻。由于生产条件差，水稻单产低而不稳，但有增产潜力。

中国北方稻区稻作面积常年只有 3000 万亩*，约占全国水稻播种面积的 6%。

Ⅳ. 华北单季稻稻作区：位于秦岭、淮河以北，长城以南，关中平原以东，包括京、津、冀、鲁、

---

* 1 亩=1/15 hm^2。

豫和晋、陕、苏、皖的部分地区，共457个县(市)。水稻面积仅占全国3%。

本区有两个亚区：$Ⅳ_1$.华北北部平原中早熟亚区；$Ⅳ_2$.黄淮平原丘陵中晚熟亚区。≥10 ℃积温3500～4500 ℃·d。水稻安全生育期约130～140天。生长期间日照1200～1600小时，降水400～800 mm。冬春干旱，夏秋雨多而集中。北部海河、京津稻区多为一季中熟粳稻，黄淮区多为麦稻两熟，多为籼稻。稻瘟病、二化螟等为害较重。未来拟发展节水种稻技术，对稻田实行综合治理。

Ⅴ.东北早熟单季稻稻作区：位于辽东半岛和长城以北，大兴安岭以东，包括黑龙江、吉林全部和辽宁大部及内蒙古东北部，共184个县(旗、市)。水稻面积仅占全国的3%。

本区有两个亚区：$Ⅴ_1$.黑吉平原河谷特早熟亚区；$Ⅴ_2$.辽河沿海平原早熟亚区。≥10 ℃积温少于3500 ℃·d，北部地区常出现低温冷害。水稻安全生育期约100～120天。生长期间日照1000～1300小时，降水300～600 mm。近年来，水稻扩展很快，品种为特早熟或中、迟熟早粳。稻瘟病和稻潜叶蝇等危害较多。未来要加快三江平原建设，继续扩大水田，完善寒地稻作新技术体系，推广节水种稻技术。

Ⅵ.西北干燥区单季稻稻作区：位于大兴安岭以西，长城、祁连山与青藏高原以北。银川平原、河套平原、天山南北盆地的边缘地带是主要稻区。水稻面积仅占全国的0.5%。

本区有三个亚区：$Ⅵ_1$.北疆盆地早熟亚区；$Ⅵ_2$.南疆盆地中熟亚区；$Ⅵ_3$.甘宁晋蒙高原早中熟亚区。≥10 ℃积温2000～5400 ℃·d。水稻安全生育期100～120天。生长期间日照1400～1600小时，降水30～350 mm。种稻完全依靠灌溉，基本为一年一熟的早、中熟耐旱粳稻，产量较高。稻瘟病和水蝇蛆为害较重，旱、沙、碱是三大障碍。该区的主要措施包括推行节水种稻技术，增施农家肥料，改造中低产田。

第三节　中国植被区划

陆地上的植被，不仅可以根据其植物种类组成、群落结构及其对环境的适应关系等进行系统的分类，划分为各种植被类型，还有必要进一步按照这些植被类型的区域特征，即植被的空间分布及其组合，划分为若干植被区域或植被地带，这就是所谓的植被区划(中国植被编辑委员会 1980)。

植被区划是关于区域植被地理规律性的总结和反映，是在研究区域性植被分类、分析植物区系、研究植物与环境之间的生态关系以及植被的历史发展和演替趋势的基础上，总结出的植被空间结构和地理特征。植被区划是对区域植被研究成果的概括，体现了各地植被的特点及其与世界植被的联系。由于植被是自然地理景观中最能综合反映各种自然地理要素的、最敏感和明显的组成部分，是生态系统的核心和功能部分，因此，植被区划对于综合自然区划和生物圈的研究也具有重大意义。

植被区划不仅可以提供植被资源空间分布及其生产潜力的基本资料，对各区划单元的植被资源及其生态条件做出确切的评价，因地制宜地制订利用和改造植被的合理措施，并且是合理布局和利用植被来保护环境、防止风沙水旱等灾害的改造自然方案和制订农林牧副业生产规划所必需的科学依据和基本资料之一。

一、中国植被区划的原则和依据

1. 植被区划原则

植被区划是在一定地段上依据植被类型及其地理分布的特征划分出高、中、低各级彼此有区别、但在内部具有相对一致性的植被类型及其有规律组合的植被地理区。植被类型是植被区划的主要依据，但植被类型分布和区划单位不同。植被类型在空间上通常是分散的，同一植被类型单位在某一地区内经常是重复出现的。植被区划所划分的单位则具有在空间上的连续性、完整性和非重复性。不同的植被区划单位各自具有独特的植被及其地理配置特征，而随着它们所处的地理位置和地形状态不同，彼此在地面上有规律地排列着。因此，植被在空间分布的规律性——植被地理规律性乃是植被区域分异的基础和自然原则。植被区划必须显示出地区性的植被特点。

现代植被在空间的分布表现于地带性和非地带性两个方面的地理分布规律，并受制于它们的综合作用和历史因素的影响。决定植被地理分布的两个主要因素是热量和水分。在地球表面，热量随所在纬度位置而变化；水分则随距海洋远近以及大气环流和洋流特点而变化。水热结合导致气候、植被、土壤等的地理分布一方面沿纬度方向成带状发生有规律的更替，另一方面从沿海向内陆方向成带状发生有规律的更替。前者称为纬度地带性，后者称为经度地带性。同时，随着海拔高度的增加，气候、土壤和动植物也发生有规律的变化，这是垂直地带性。纬度地带性、经度地带性和垂直地带性三者结合起来决定了一个地区的植被基本特点，这便是所谓的“三向地带性学说”。植被的地带性，亦即植被分布的“三向地带性”是形成地球陆地上植被地带性分异的普遍规律，是决定植被区域分布格局的函数式。

植被的三向地带性乃是地理地带性规律在植被分布上的反映。因为在地球上植物和植物群落的发生、分布和演替是以植物与宇宙因素——太阳辐射和地壳之间的能量转化和物质交换为基础的，进行这种转换的基本要素是热量和水分。因此，在划分高级区划单位时，首先应当确定植被分布于其上的大陆各部分的位置（经纬度、海陆关系、海拔高度）、当地的热量和水分分布及其对比性质，以及这些生境条件与植被之间的生态关系，确定那些最能完善地反映出地带性热量和水分分布及其对比关系的“地带性典型植被类型”。例如，寒温带湿润区的寒温性针叶林、暖温带湿润区的落叶阔叶林、暖温带干旱区的灌木、半灌木荒漠、亚热带（中部）湿润区的常绿阔叶林、热带湿润区的季雨林与雨林等皆是地带性典型植被类型。在山地则应确定垂直地带性的植被。因此，植被的三向地带性是由地球大气候（主要是热量与水分状况）相联系的地带性植被类型及其组合在空间上有规律地递变的基础。

植被的非地带性，即在同一大气候笼罩下，由于地壳的地质构造、地貌、地表组成物质、土壤、水文（地表水与潜水）、盐分、局部气候及其他生态因素的差异，往往出现一系列与反映大气候的地带性植被类型发生偏离或完全不同的植被，它们打破了地带性植被一致的分布格式，造成了地区内部植被的异质性和多样性。例如，在热带季雨林、雨林区域和亚热带常绿阔叶林区域内，由于局部地区焚风作用出现了成片的稀树草原和旱生肉质刺灌丛；在亚热带遍布的石灰岩山地上的常绿、落叶阔叶混交林；温带针、阔叶混交林区域中积水平原上大面积的苔草沼泽；温带草原区域沙丘上的沙地森林、灌丛和低洼盐碱地上的盐生植被；温带荒漠区域河谷中的荒漠河岸林、盐生灌丛与草甸。这些在种类组成、群落结构与外貌以及生态条件等方面与该地区的地带性植被有明显差异或迥然不同的植被，即所谓“非地带性”植被。当然，非地带性植被也不可避免地受到地带性大气候的强烈作用，带有地带性的鲜明“烙印”，仍然反映出一定的地带性特征。应当指出，在各地区还存在着不取决于大气候状况的大地形态构造的规律性。例如，在内陆荒漠盆地中，由于从山地到盆地中的地貌与基质堆积状况的同心圆型结构，以及由于风的剥蚀和堆积作用，植被也随之呈现出明显的生态系列带状更替；在湿润的亚热带区域盆地中也同样出现由于地貌类型和岩性不同而构成的植被同心圆分布结构；在河口堆积平原则出现特殊的三角洲植被带结构，等等。所有这些“非地带性”的植被地理分布规律当然也对区域内的植被分异产生重大作用，应当作为植被区划的基础之一。

2. 植被区划依据

基于植被分布的地理规律性进行植被区划的具体依据或指标则是植被类型及其组成者，即植物种类的区系成分。至于气候、地貌与土壤基质等则可作为植被区划的参考依据或指标。

(1)植被类型

各个等级的植被分类单位是植被区划的主要依据。植被类型的高级单位，尤其是反映大气候条件的地带性的“植被型”是植被区划高级单位的依据；植被类型的中、低级单位，则是植被区划中、低级单位的依据，一些重要的非地带性植被类型也可以作为较低级区划单位的依据。但是，在植被区划中往往不是根据某一类植被类型，而是更多地根据一套植被类型的组合，即若干个地带性植被类型的组合、地带性植被类型与非地带性植被类型的组合、一系列垂直带植被的组合—垂直带谱以及水平地带植被与垂直带植被的组合等，作为分区的依据。同时，在植被区划中又必须根据这些植被组合中占优势的、具有代表性的植被类型来确定一个植被地理区的基本性质和该区在区划系统中的归属位置。

在农业垦殖历史悠久的华北、华东和华南的平原与丘陵地区，天然植被已遭破坏而存留无几，各种栽培植被，如农作物、园艺作物和栽培林木则是植被分区的重要依据。即使在天然植被保存较多的地区，栽培植被在反映热量分带方面仍然可作为有价值的参考指标。但是，在利用栽培植被作为区划依据时，应根据那些经过多年栽培、面积较大、产量与品质基本稳定、不需特殊培育和保护措施的作物种类，尤其是多年生作物和木本；同时，还需考虑到，在人工管理下，排除了生物竞争因素，创造了较优越的水肥和小气候条件，扩大了栽培植物的分布区，因此栽培植被也只是在一定程度上反映了天然植被的生态环境。

(2)组成植被的植物区系

植被类型是由一定的植物种类组成的，它们的区系成分也是植被区划的重要依据之一，尤其重视植被的建群种、优势种以及一些“标志种”的地理—历史成分，它们对于植被区划具有标志性的意义，并可据此进行定量的统计。因此，植被区划必然与植物区系的分区有密切的相关性。

(3)生态因素

由于植被是在一定的气候、地貌和土壤基质的综合作用下，在生存竞争与适应过程中长期历史发展的结果，植被区划必然是一定自然历史—地理过程的产物，与气候、地貌、土壤等因素，尤其是主导的生态因素具有密切的联系和在空间上相对的一致性。因此，植被区划理当与气候、地貌、土壤等自然地理要素的区划单位相符合，或至少是基本上相对应。某些重要的生态气候指标，如降水量及其季节分配、积温、生长期或无霜期、干燥度或湿润系数、最冷月与最暖月的均温或极端温度等均可作为植被区划的重要参考依据。表 3.5 给出了中国各植被区域的区划依据和自然地理要素指标。

表 3.5　中国各植被区域的区划依据和自然地理要素指标

区划依据和指标 / 植被区域	地带性植被型	主要植物区系成分	基本地貌特征	地带性土类	大气环流系统	主要气候指标							季节特征
						年均温（℃）	最冷月均温（℃）	最暖月均温（℃）	≥10°积温（℃·d）	无霜期（天）	年降水（mm）	干燥度	
Ⅰ. 寒温带针叶林区域	寒温性针叶林	温带亚洲成分 北极高山成分	大兴安岭为南北向低矮和缓低山，海拔高度 400～1100 m，山峰 1500 m，谷地开阔	灰化针叶林土	雨季受南海季风尾间影响，其他皆为西伯利亚反气旋控制	−2.2～−5.5	−28～−38	16～20	1100～1700	80～100	350～550		长冬（达 9 个月）无夏，降水集中于 7、8 月
Ⅱ. 温带针阔叶混交林区域	温性针阔叶混交林	温带亚洲成分 东亚（中国—日本）成分	北部为丘陵状的小兴安岭，海拔高度 300～800 m，南部长白山地较高，一般 1500 m，东部河网密布，有沼泽纪的三江低平原	暗棕色及棕色森林土	受海洋气流影响的温带沿海湿润森林区	2.0～8.0	−10～−25	21～24	1600～3200	100～180	500～800～1000		长冬（5 个月以上）短夏，降水集中于 6—8 月
Ⅲ. 暖温带落叶阔叶林区域	落叶阔叶林	东亚（中国—日本）成分 温带亚洲成分	北部、西部为海拔 1500 m 以上的燕山、太行山与黄土高原，中部为辽阔的华北与辽河冲积平原，海拔 50 m 以下，东部沿海为海拔 100～500 m 的丘陵	褐色森林土与棕色森林土	夏季受南海与西南季风作用，在大陆低压控制下，冬季受蒙古—西伯利亚反气旋高压控制	9.0～14.0	−2～−13.8	24～28	3200～4500	180～240	500～900		春夏秋冬四季，雨季在 5—9 月，干季在 9—10 月

续表

区划依据和指标 / 植被区域	地带性植被型	主要植物区系成分	基本地貌特征	地带性土类	大气环流系统	主要气候指标							季节特征
						年均温(℃)	最冷月均温(℃)	最暖月均温(℃)	≥10°积温(℃·d)	无霜期(天)	年降水(mm)	干燥度	
Ⅳ. 亚热带常绿阔叶林区域	常绿阔叶林，常绿落叶阔叶混交林，季风常绿阔叶林	东亚成分：中国—日本成分 中国—喜马拉雅成分	东部为秦岭与南岭之间的丘陵，山地海拔一般 1000 m 左右，中有四川盆地和长江中下游平原，西部为云贵高原 1000～2000 m，西缘横断山脉在 3000 m 以上，为高山峡谷地貌	黄棕壤红壤与砖红壤性红壤	夏季受南海与西南季风作用，冬季东部受寒潮影响，西部受西来大陆干热气团影响	14.0～22.0	2.2～13.0	28～29	(4000) 4500～7500 (8000)	240～350	800～3000	0.75～1.0 (1.3)	东部分四季（南部无冬）、春夏多雨，西部干湿季明显，夏秋多雨，冬春干暖
Ⅴ. 热带季雨林、雨林区域	季雨林（季节性）雨林	热带东南亚成分	东部为海拔 500 m 以下的低山丘陵，间有冲积平原，中部多石灰岩山峰与山地，海拔 500～1000 m 西部为间山盆地与海拔 1500～2500 m 的山地，南海诸岛多为珊瑚礁岛	砖红壤性土	雨季受热带与赤道气团——台风与西南季风作用，干季东部受寒潮影响，西部受热带大陆气团控制	22～26.5	16～21	26～29	(7500) 8000～9000 (10000)	基本全年无霜	1200～3000 (5000)		分干（11—翌年 4 月）湿（5—10 月）季
Ⅵ. 温带草原区域	温性草原	亚洲中部成分，干旱亚洲成分，旧世界温带成分	东起松辽平原（120～400 m），中部为内蒙古高原（1000～1500 m），西南为黄土高原（1500～2000 m），其间有大兴安岭—阳山与燕山—吕梁山，两列山脉分隔，西部有阿尔泰山	黑钙土、栗钙土、棕钙土与黑垆土	夏季多少受南海季风影响，冬季处在蒙古高压控制下，但西部可受西北气流影响	−3～8	−7～−27	18～24	1600～3300	100～170	150～450 (550)	1.0～4.0	春夏秋冬四季，降水集中夏季，春季为明显旱期，西部各季降水分布均匀

续表

区划依据和指标 / 植被区域	地带性植被型	主要植物区系成分	基本地貌特征	地带性土类	大气环流系统	主要气候指标							季节特征
						年均温(℃)	最冷月均温(℃)	最暖月均温(℃)	≥10°积温(℃·d)	无霜期(天)	年降水(mm)	干燥度	
Ⅶ. 温带荒漠区域	温性荒漠	亚洲中部成分，中亚成分，干旱亚洲成分	具有阿拉善、准噶尔、塔里木等内陆盆地(500～1500 m)与柴达木高盆地(2600～2900 m)，间以天山、祁连山、昆仑山等高逾 5000 m 的巨大山系，以及一些较低矮的山地	灰棕漠土与棕漠土	为蒙古—西伯利亚反气旋高压控制，东部夏季稍有南海季风影响，西北部春季夏季受西来气流湿润，冬季为大陆气团控制	4～12	−6～−20	20～30	2200～3900～4500	140～210	210～250	4.0～16.0～60.0	春夏秋冬四季，东部降水集中于夏季，西北部降水较均匀，全年干旱
Ⅷ. 青藏高原高寒植被区域*	寒温性针叶林，高寒灌丛与草甸高寒草原，高寒荒漠	东亚(中国—喜马拉雅)成分，亚洲中部成分，青藏成分	为海拔 4500 m 以上的整体山原边缘与内部有 6000～7000 m 以上的高山山系，东南部为横断山系与三江峡谷，切割剧烈	山地灰棕色森林土；高原草甸土、高寒草原土与高寒荒漠土	高原面冬季为西风带控制，形成青藏高压夏季有高原季风辐合作用，东南部夏季受西南季风湿润	8～−2～0～−10	0～−14～−12～−20	16～9～12～5	2250～80～650～0	180～20～50～0	800～500～200～<50	0.9～1.2～1.5～6.0	干季(10—翌年5月)湿季(6—9月)分明

* 青藏高原区域的气候指标按“1. 寒温针叶林亚区域；2. 高寒灌丛草甸亚区域；3. 高寒草原亚区域；4. 高原荒漠亚区域”顺序列出。

(资料来源：中国植被编辑委员会 1980)

二、中国植被区划系统

1. 中国植被区划单位

根据植物区划的原则和依据，按照先地带性后非地带性，先水平地带性后垂直地带性，先高级植被分类单位后低级植被分类单位，先大气候（水热条件）后地貌、土壤基质的顺序，由高而低划分植被区划单位：植被区域—植被地带—植被区—植被小区。在各级单位还可以划分为亚级，如亚区域、亚地带、亚区等。

各级植被区划单位的划分依据如下：

(1)植被区域(Region)

植被区域是区划的高级单位，是具有一定水平地带性的热量—水分综合因素所决定的一个或数个“植被型”占优势的区域，区域内具有一定的、占优势的植物区系成分。如表 3.5 所示的 8 个植被区域。其中，青藏高原根据在大陆性高原气候条件下出现的一系列高寒植被型的组合，亦划分为独立的植被区域。

植被亚区域是在植被区域内由于水分条件（降水的季节分配、干湿程度等）差异及植物区系地理成分差异而引起的地区性分异。由于这类分异主要是受到海陆度地带性或不同大气环流系统的作用，“亚区域”在中国通常是按东西方向或东南—西北方向相区分，往往受到地貌的影响而发生偏离。在中国，热带季雨林、雨林区域，亚热带常绿阔叶林区域，温带草原区域与温带荒漠区域均可分为东西两个亚区域；在青藏高原高寒植被区域则随着干旱程度由东南向西北增加分为山地寒温性针叶林亚区域、高寒灌丛与草甸亚区域、高寒草原亚区域与高原荒漠亚区域。

(2)植被地带(Zone)

在幅员广袤的植被区域或亚区域内，由于南北向的光热变化，或由于地势高低所引起的热量分异而表现出植被型或植被亚型的差异，则可划分为植被地带。在某些情况下可再分为植被“亚地带”。例如：亚热带常绿阔叶林东部亚区域内可分为北亚热带常绿落叶阔叶混交林地带、中亚热带常绿阔叶林地带、南亚热带季风常绿阔叶林地带。在中亚热带常绿阔叶林地带中又可分为中亚热带北部常绿阔叶林亚地带、中亚热带南部常绿阔叶林亚地带。其他各区域内也均有地带或亚地带的划分。

(3)植被区(Province 或 Domaine)

在植被地带内，由于内部的水、热状况，尤其是由地貌条件所造成的差异，可根据占优势的中级植被分类单位（群系、群系组或其组合，其中包括垂直带性或非地带性的植被占优势的组合）划分出若干“植被区”（相当于过去称作“植被省”的单位）。其具体的划分依据为：

①植被区内具有一定的优势植物群系或其组合；

②植被区内具有一定的植被生态系列或山地植被垂直带谱；

③植被区内具有比较一致的组成植被的区系成分；

④植被区内在植被和环境的利用、改造（包括栽培业）的布局和发展方向上比较一致。

2. 中国植被区划单位的命名与编号

根据植被区划的原则和依据，各级区划单位的命名规则是：

(1) 植被区域

命名方式：热量带＋占优势的地带性植被型或其组合＋“区域”

例如：暖温带落叶阔叶林区域

热带季雨林、雨林区域

（2）植被亚区域

命名方式：水分分异性（东、西部等）＋地带性植被型＋“亚区域”

例如：东部常绿阔叶林亚区域

西部荒漠亚区域

（3）植被地带与亚地带

命名方式：区域内热量分异带＋地带性植被亚型（或植被型）＋“地带”或“亚地带”

例如：南寒温带山地落叶针叶林地带

中亚热带常绿阔叶林地带

中亚热带北部常绿阔叶林亚地带

（4）植被区

命名方式：地理或行政区简称＋大地貌＋植被亚型或群系组＋“区”（在栽培植被为主的区可加“栽培植被”）。

例如：穆棱三江平原草类沼泽区

滇中高原盆谷青冈林区

黄河海河平原栽培植被区

乌兰察布高原荒漠草原区

南羌塘高原高寒草原区

各级植被区划单位的统一编号及其排列次序如下：

I. 植被区域

A. 植被亚区域

i. 植被地带

a. 植被亚地带

-1. 植被区

当具体标明某一植被区划单位时，应将编号顺序连写。例如：

Ⅷ. 青藏高原高寒植被区域

ⅧC. 高原中部草原亚区域

ⅧCi. 高寒草原地带

ⅧCi-1. 长江源高原高寒草原区

3. 中国植被区划系统

根据前述中国植被区划的原则和单位，可将中国划分为 8 个植被区域（包括 16 个植被亚区域）、18 个植被地带（包括 8 个植被亚地带）和 85 个植被区（图 3.4）。

按从高级单位到低级单位、从北到南和从东到西的顺序，排列中国植被区划单位系统如下：

I. 寒温带针叶林区域

Ii. 南寒温带落叶针叶林地带

Ⅱ. 温带针阔叶混交林区域

Ⅱi. 温带针阔叶混交林地带

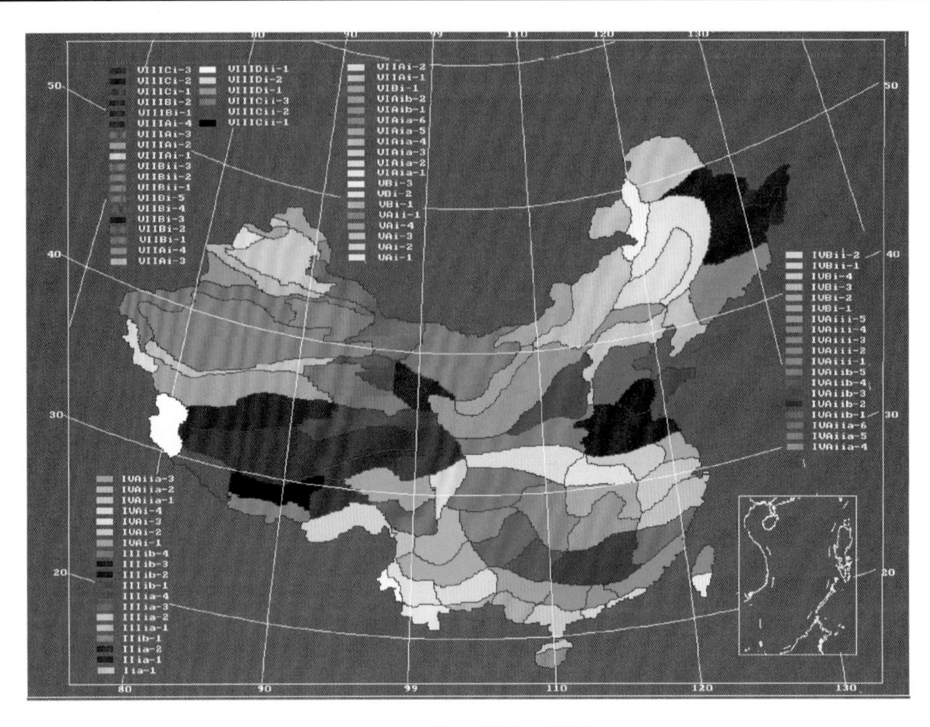

图 3.4　中国植被区划图

Ⅱia. 温带北部针阔叶混交林亚地带

Ⅱib. 温带南部针阔叶混交林亚地带

Ⅲ. 暖温带落叶阔叶林区域

Ⅲi. 暖温带落叶阔叶林地带

Ⅲia. 暖温带北部落叶栎林亚地带

Ⅲib. 暖温带南部落叶栎林亚地带

Ⅳ. 亚热带常绿阔叶林区域

ⅣA. 东部(湿润)常绿阔叶林亚区域

ⅣAi. 北亚热带常绿落叶阔叶混交林地带

ⅣAii. 中亚热带常绿阔叶林地带

ⅣAiia. 中亚热带常绿阔叶林北部亚地带

ⅣAiib. 中亚热带常绿阔叶林南部亚地带

ⅣAiii. 南亚热带季风常绿阔叶林地带

ⅣB. 西部(半湿润)常绿阔叶林亚区域

ⅣBi. 中亚热带常绿阔叶林地带

ⅣBii. 南亚热带季风常绿阔叶林地带

Ⅴ. 热带季雨林、雨林区域

ⅤA. 东部(偏湿性)季雨林、雨林亚区域

ⅤAi. 北热带半常绿季雨林、湿润雨林地带

ⅤAii. 南热带季雨林、湿润雨林地带

ⅤB. 西部(偏干性)季雨林、雨林亚区域

VBi. 北热带季节雨林、半常绿季雨林地带
VC. 南海珊瑚岛植被亚区域
VCi. 季风热带珊瑚岛植被地带
VCii. 赤道热带珊瑚岛植被地带
Ⅵ. 温带草原区域
ⅥA. 东部草原亚区域
ⅥAi. 温带草原地带
ⅥAia. 温带北部草原亚地带
ⅥB. 西部草原亚区域
ⅥBi. 温带草原地带
Ⅶ. 温带荒漠区域
ⅦA. 西部荒漠亚区域
ⅦAi. 温带半灌木、小乔木荒漠地带
ⅦB. 东部荒漠亚区域
ⅦBi. 温带半灌木、灌木荒漠地带
ⅦBii. 暖温带灌木、半灌木荒漠地带
Ⅷ. 青藏高原高寒植被区域
ⅧA. 高原东南部山地寒温性针叶林亚区域
ⅧAi. 山地寒温性针叶林地带
ⅧB. 高原东部高寒灌丛、草甸亚区域
ⅧBi. 高寒灌丛、草甸地带
ⅧC. 高原中部草原亚区域
ⅧCi. 高寒草原地带
ⅧCii. 温性草原地带
ⅧD. 高原西北部荒漠亚区域
ⅧDi. 高寒荒漠地带
ⅧDii. 温性荒漠地带

第四节 中国陆地生态系统

陆地生态系统是人类赖以生存和发展的基础。中国主要的陆地生态系统有森林、草原、内陆湿地和荒漠生态系统(吴绍洪等 2012)。

一、森林生态系统

森林生态系统是陆地生态系统的主体，生物多样性丰富，具有很高的生物生产力和生物量。2001 年政府间气候变化专门委员会(IPCC)指出，虽然森林面积占全球陆地面积的 27.6%，但森林植被的碳储量却占全球植被的 77%左右，森林土壤的碳储量约占全球土壤的 39%，森林生态系统碳储量占陆地生态系统碳储量的 57%。中国第六次全国森林资源清查(1991—2003 年)表明，中国森林面积达 1.75×10^8 hm^2，森林覆盖率为 18.21%。中国森林分

布具有明显的空间差异，主要分布在东北和西南，以幼龄林、中龄林和人工林为主，天然林分布有限。中国森林生态系统类型主要包括：常绿针叶林生态系统、常绿阔叶林生态系统、落叶针叶林生态系统、落叶阔叶林生态系统和混交林生态系统。

常绿针叶林生态系统：中国常绿针叶林分布非常广泛，面积约占中国陆地生态系统的6%，主要分布在中国东北地区的大、小兴安岭和长白山。中国具有能自然构成森林的针叶树种60余种，常见针叶树种有云杉（*Picea asperata*）、冷杉（*Akjes fabri*（*Mast.*）*Craib.*）、侧柏（*Biota orientalis*）、油松（*Pinus tabulaeformis Carr.*）、马尾松（*Pinus massoniana Lamb.*）、云南松（*Pinus yunnanensis Franch.*）、杉木（*Cunninghamialanceolata*（*Lamb.*）*Hook.*）等。常绿针叶林对热量条件要求较宽松，最热月温度一般在10 ℃以上就能正常生长，但对水分条件要求较为严格，通常情况下仅在湿润地区才有分布。然而，不同类型针叶林生态系统的具体生境和生态幅度也不尽相同。就松林而言，从北到南依次分布有樟子松（*P. sylvestris var. mongolica*）林、赤松（*Pinus densiflora*）林、油松林、马尾松林、云南松林、海南松（*Pinus fenzeliana*）林等，要求的热量条件逐渐增高，年均温由－10 ℃上升到22 ℃。

常绿阔叶林生态系统：是中国亚热带地区的优势生态系统类型，分布范围北至秦岭淮河一线，南至北回归线附近的广东、广西北部。由于地域广阔，常绿阔叶林生态系统从北至南依次有含有落叶树种的常绿阔叶林、典型常绿阔叶林和含有雨林成分的常绿阔叶林等三种类型。尽管常绿阔叶林生态系统区占中国国土面积近四分之一，但区内人类活动强度大，天然常绿阔叶林破坏严重，被农用地和退化的次生灌草丛所分割。常绿阔叶林生态系统分布面积并不大，占中国陆地生态系统的2.3%。发育常绿阔叶林生态系统的气候温暖湿润，最低日平均温度在0 ℃以上，年均温15～22 ℃，活动积温为5000～7500 ℃·d，无霜期在250～350天；年降水量在1000 mm以上，最多可达2000 mm。森林土壤以红壤、黄壤和赤黄壤为主。构成常绿阔叶林的建群树种很多，但集中在壳斗科的辽东栎（也称青冈）（*Quercus liaotunggensis*）、栲属（*Castanopsis*）、栎属（*Ouercus*）、石栎属（*Lithocarpus*），樟科的樟属（*Cinnamomum.*）、楠木属（*Phoebe*）、润楠属（*Machilus*）、木姜子属（*Litsea*）、山胡椒（*Lindera angustifolia*），山茶科的木荷属（*Schima*）、茶属（*Camellia*）等。

落叶针叶林生态系统：在中国能自然构成森林的落叶针叶树种主要是落叶松属（*Larix*），种类有兴安落叶松（*Larix gmelinii*）、西伯利亚落叶松（*Larix sibirica*）、长白落叶松（*Larix olgensis var. Koreana*）、日本落叶松（*Larix kaempferi*）和华北落叶松（*Larix principis-rupperechtii*）等，分布面积约占中国陆地生态系统的1.4%。兴安落叶松林群系广泛分布于欧亚大陆高纬度地区，是寒温带寒冷气候下的一种生态系统类型。在中国集中分布在大兴安岭地区的植物种类多属耐寒性，以兴安落叶松为群落优势种，次优势种常有红桦（*Betula albosinensis*）、白桦（*Betula playtphylla*）、云杉（*Picea asperata Mast*）等。基本环境特征是寒湿，年均温在－5～0 ℃之间，温暖指数21～40 ℃·月，年降水量450～750 mm，湿度指数大于10 mm/(℃·月)。林下土壤为棕色针叶林土，普遍存在季节性冻土。兴安落叶松群系的生物生产力和生物量一般在800～1200 g/(m^2·a)和150～250 t/hm^2之间，处于森林生态系统的中下水平。兴安落叶松的生长分布对气温变化比较敏感。气温升高时，兴安落叶松林生境的季节性冻土层将首先受到影响，然后土壤理化特性和生物地球化学循环特征也将改变，最终制约群系的空间分布格局。华北落叶松林分布于河北的太行山、燕山等地，山西省的部分山地也有分布。华北落叶松是强阳性树种，能抵御严寒，适生性较强，伴生种有白桦、红桦、云杉等，林下灌木有六道木(*Abebia biflora*)、小叶忍冬(*Lonicera microphylla*)、丁香(*Ocimum gratissimum L. var suave*)等。华北落叶松林生物生产力较低,多在 1000 g/(m^2 · a)以下,生物量小于 100 t/hm^2。华北落叶松虽然适生性较强,但现实生态位多较小,且处于山体的中上部,对气温升高的适应空间有限。如,华北落叶松在冀西北和燕山北部山地分布在 1500 m 以上,燕山中部 1800 m 以上,太行山中部和北部 2000 m 以上。除兴安落叶松和华北落叶松构成群系外,长白落叶松和西伯利亚落叶松也能自然构成森林,前者分布在东北长白山地区,后者分布在新疆阿尔泰地区和天山地区。

落叶阔叶林生态系统:是秦岭淮河以北暖温带地区的主要植被类型。由于人为影响,自然落叶阔叶林系统呈不连续状分布于海拔 500 m 以上的山地。树种以温性阔叶为优势种,分为典型落叶阔叶林(栎类林)、沟谷中生阔叶林(杂木林)和低山丘陵散生阔叶林三个群系组。建群种有栎属(落叶)、胡桃属(*Juglans*)、桦木属、槭属(共建种)、鹅耳栎属(*Carpinus*)等。分布面积约占中国陆地生态系统面积的 2.3%。在中国,能自然构成落叶栎属森林的树种有蒙古栎(*Quercus mongolica*)、辽东栎(也称青冈)(*Quercus liaotunggensis*)、槲栎(*Quercus aliena*)、麻栎(*Quercus acutissima*)、栓皮栎(*Quercus variabilis*)等。栎类林是落叶阔叶林的最大群系组。蒙古栎林的分布空间范围较大,分布地的年均温在－5.1～9.3 ℃,年降水量一般在 500～700 mm,湿度指数在 6～11 之间,林下土壤为棕壤。群落以蒙古栎为优势种,次优势种有其他落叶栎类、白桦、红桦、山杨(*Populus davidiana*)等。栓皮栎林、麻栎林、槲栎林和辽东栎林也是暖温带至温带常见的落叶栎林,且在特定地段上能形成纯林。典型落叶阔叶林具有中等的生物生产力,一般在 1000～1300 g/(m^2 · a)之间,生物量可达 100～130 t/hm^2。除由落叶栎类构成典型落叶阔叶林外,桦木、山杨等种类也能自然构成该类森林。构成落叶阔叶林各优势种的生态幅度有一定的差异。在落叶栎类林中,蒙古栎生态幅度最大,能耐受较低的温度,属于凉湿型生态类型;栓皮栎、麻栎、槲栎和辽东栎分布中心基本上由南向北推移,适应较低温度和较大湿度的能力依次提高。桦木林是落叶阔叶林中较为耐寒的类型,尤其是岳桦林分布在山地顶部,海拔高,年均气温在零度以下,是该类森林中最为寒湿的类型,其响应气候变化的空间幅度较小。

混交林生态系统:有针叶与阔叶混交、常绿与落叶混交之分。两种混交林面积约占中国陆地生态系统的 2.9%。在中国,落叶阔叶和常绿阔叶之间混交构成的森林生态系统分布在暖温带与亚热带过渡地区,常见有青冈栎－白栎林、青冈栎－黄连木－山合欢林、苦槠－枫香－化香林、甜槠－水青冈林等群系。这类森林的生物生产力也较高,一般在 1300～1800 g/(m^2 · a),生物量可达 150～180 t/hm^2。由于地处自然带的过渡区,混交林生态系统对气候变化的响应较为迅速,表现在群落中落叶和常绿种类成分的构成比例以及分布界线的变动上。理论上,针阔叶混交林可以出现在森林分布区的任何地点。不过,不同的区域混交种类不同。在寒温带地区,常见的针叶树种有兴安落叶松、樟子松,阔叶树种多为桦木;在温带,针叶树种有赤松、长白落叶松,阔叶树种有栎类、桦木等;暖温带针叶树主要有油松,与其混交的阔叶树多为落叶栎类、山杨、桦木等;亚热带地区构成混交的针叶树种较多,以马尾松占绝对优势,阔叶树种种类很多,原则上组成常绿阔叶林的种类都可能与针叶树混交成林。一般认为,针阔叶混交林是天然林破坏后形成的一种次生类型。按照生态学原理,针阔叶混交林生态系统较单纯的针叶林或阔叶林稳定。

二、草原生态系统

草原生态系统是陆地生态系统的主体生态类型之一，多处于干旱和半干旱地区。在中国，草原生态系统（不包括有林草地）面积约占陆地生态系统的 23.8%，从东到西依次分布有草甸草原、典型草原和荒漠草原。在构成种类上，草甸草原除禾本科的针茅属（*Stipa*）（湿中生种类）外，其他如莎草科、豆科、菊科等也占相当的比例，种类丰富，产草量高。草甸草原分布于内蒙古东部和东北地区西部。典型草原构成种类以旱生或旱中生的丛生针茅属植物为主，广泛分布于内蒙古高原中部。荒漠草原由旱生的针茅属植物构成，广泛分布于西北内陆地区，植物生长较差，覆盖度较低，产草量较低。

草原分布的水分条件，以草甸草原最好，典型草原次之，荒漠草原最差。未来气候变干会引起草甸草原的退缩。草甸和沼泽是水分条件最好的草本植物群落，属于隐域性植被类型，在各个自然带均可出现。

在面积广大的青藏高原发育了特殊的草原生态系统，主要有高寒草甸、高寒草甸草原、高寒草原、高寒荒漠草原等类型。在大多高寒草甸和草甸草原类型中，嵩草属是主要的建群种类，有近 40 种嵩草，如高山嵩草（*Kobresia pygmaea*）、矮嵩草（*Kobresia humilis*）、小嵩草（*Kobresia pygmaea*）等。除嵩草属外，其他如苔草属（*Carex*）、火绒草属（*Leontopodium*）、紫菀（*Aster tataricus*）、委陵菜属（*Potentill*）也是常见的种类。青藏高原的草原生态系统基本属"气候顶极"类型，构成种类以耐寒性植物为主，生长缓慢，生物量较低，但相对稳定。理论上，如果气温长期持续升高，将会影响其发育和分布。

在中国南方的低山丘陵，森林破坏后发育了面积广大的灌草丛和草丛。这类灌草丛和草丛是人类作用下逆行演替形成的，如果解除人类的影响，生态系统靠自身的内在动力将会演替到灌丛和森林生态系统。

三、湿地生态系统

中国内陆湿地生态系统的主要类型主要有沼泽湿地、湖泊湿地、河流湿地、河口湿地等自然湿地和人工湿地，湿地类型齐全、数量丰富。中国东部地区多为河流湿地，东北部地区多为沼泽湿地，长江中下游地区和青藏高原多为湖泊湿地，而西部干旱地区湿地较少。

中国湿地分布广泛，面积可达 6594×10^4 hm^2（不包括江河、池塘等）。由于持续的大量开垦和不合理开发利用，湿地面积急剧缩减。至 20 世纪 90 年代中期，已有 50%的滨海滩涂不复存在，近 1000 个天然湖泊消亡，黑龙江省三江平原 78%的天然沼泽湿地丧失。

湿地具有丰富的生态功能，主要包括调蓄洪水、净化水质、调节气候、有机碳储库等，对保护物种、维持生物多样性具有极其重要的生态价值。但湿地水资源的不合理利用与水环境恶化以及过度取水调水、排污等，导致湿地功能退化甚至丧失。湿地生态系统的生境类型多样，并具有丰富的陆生和水生动植物资源，是天然的物种基因库，内陆湿地的高等植物约 1548 种、高等动物 1500 多种。但是，掠夺性开发利用湿地野生生物资源已经引起了湿地生物多样性的衰退加速。

四、荒漠生态系统

荒漠生态系统主要由耐旱和超旱生的小乔木、灌木和半灌木占优势的生物群落与其周围环境所组成，地带性土壤为灰漠土、灰棕漠土和棕漠土。荒漠生态系统主要可分为石质或砾质的戈壁和沙质的沙漠，其生物物种极度贫乏，种群密度稀少，生态系统极度脆弱。

中国荒漠生态系统主要分布在西北干旱地区，属于温带荒漠，所占面积约为中国国土面积的五分之一，其中沙漠与戈壁面积约 10000×10^4 hm^2，以气候干旱、多风沙、盐碱化、植被稀疏为显著特征。荒漠生态系统的物种相对于森林和草原生态系统而言较为贫乏，分布于西北荒漠地区的种子植物总数近 600 余种。荒漠生态系统的主要功能包括保留养分和维持生物多样性。

荒漠生态系统与荒漠化问题和绿洲发展密切相关。荒漠化主要是自然因素和人为因素共同作用的结果。自然条件是形成荒漠化的必要条件，但其形成荒漠化的过程缓慢，人类活动导致或者加速了荒漠化的进程。自然因素主要有气候干旱、降水量少而蒸发量大、大范围频繁的强风和沙尘暴、疏松的沙质土壤等。人为因素主要体现在人口增加、植被破坏、过度放牧、盲目垦荒、资源不合理的利用等。

第四章　中国植物功能型与生物群区

第一节　基本概念

20 世纪 70 年代以来，特别是 80 年代中期开始的全球变化研究至今，与日俱增的资源与环境问题促使科技界、经济界、社会界、政治界等试图从全球角度理解人类生存环境变化及其对人类发展的影响。数学和数值模型的应用使得人类对生存环境变化及其对人类发展的影响由定性理解上升到定量理解水平，并可定量地理解其过去和未来。而定量研究促进了植物功能型和生物群区的研究。

全球变化不仅影响着植物的生理生态特征，而且在植物的器官、个体、群落、生态系统、景观、区域等层次都有不同程度的反映。同时，陆地生境复杂，植物种类繁多，由此组成的生态系统类型也很丰富。但是，对每一种陆地植物或每一类生态系统都建立一个模型以预测全球变化的影响既不可能也不现实，亦即所建模型不可能反映生态系统中所有植物种类对环境的响应。因此，如何描述陆地生态系统的优势植物及其主导控制因子，是正确地理解和模拟陆地生态系统以及评估陆地生态系统对全球变化响应的关键。为此，20 世纪 80 年代以来随着全球变化研究的深入，植物功能型（Plant functional types，PFTs）越来越受到全球变化研究者，特别是全球变化模型研究者的重视，并被作为国际地圈－生物圈计划（International Geosphere-Biosphere Programme，IGBP）的核心计划“全球变化和陆地生态系统”（Global Change and Terrestrial Ecosystems，GCTE）的重要研究内容。

植物是通过尽最大可能改变自身的形态和生理特征以适应环境，从而获得生存机会的生物体。植物可以通过多种方式适应环境。在干旱环境中，植物常具有肉质多汁的茎、叶片退化等抗旱特征；在季节性干旱或低温气候条件下，植物会有落叶的物候变化，以抵御干旱和低温的伤害。如沙旱生植物通常具有发达的根系，可以增大与土壤的接触面积，有利于水分和养分的吸收。在高寒环境中，植物最显著的特征是矮生性。这既是高山严酷生境对植物生长限制的结果，又是植物本身最重要的适应方式。它们以低矮或匍匐的植株贴近具有最适宜小气候的地表层：风速小、较温暖湿润、CO_2 浓度较大、冬季有雪被保护等，从而获得相对优越的生长发育条件。植物其他的适应方式有：垫状体、莲座叶、植株具浓密茸毛、表皮角质化、革质化、肉质性、小叶性、叶席卷与残余叶和叶鞘的保护等，都是对低温尤其是强风和强烈辐射综合造成的干旱的适应方式。在长期的进化过程中，各种植物演化形成了多种多样的结构和功能特征，这些特征对植物的生命活动和生存是不可或缺的，同时也对生态系统和局部环境产生了重要的影响。在局地尺度上，它们能够决定或改变生态系统的过程和功能，进而形成了特定的微环境；在区域甚至全球尺度上，其中的一些特征在植被－大气间的相互作用中扮演着重要的角色，特别是植物的冠层特征，它们直接参与了植被－大气间的相互作用，进而反馈于气候，成为气候系统的组分之一(Bonan et al. 2002)。

植物功能型的概念源于植物群落学研究，是用于描述生态系统内具有相同功能的植物种类组合。尽管植物群落学家早就考虑依据植物对环境的适应和表现进行植物归类，但直到Botkin(1975)提出以重要种群间的相互作用划分植物功能类型，才开展了植物功能型的广泛研究。植物功能型是对环境条件具有相似响应的一组植物种，反映了植物的生态、外貌和气候适应性等生物和环境特性，代表着陆地主要生态系统中优势植物种类的组合(Gitay et al. 1997)。植物功能型是当前植被动态模拟中的一个十分重要的概念和方法。通过将植物种类归类为植物功能型可以降低模拟对象的复杂性，使动态植被模拟成为可能(Cramer et al. 2001)。

生物群区(Biome)是指一个地区内一定水热条件下生长着的优势植物为代表的植被组成，是一个植被区域分区的单位。

一、植物功能分类

植物功能型的提出使得将繁多的植物种类归类为若干的功能型，实现对现实植物种类简化成为可能。通常，植物功能型的划分关注植物种对生态过程(如碳和水的代谢过程)的作用和植物对环境变化的响应。Box(1996)据此提出了一套全球尺度上植物功能型的划分原则：

(1)植物功能型应该代表地球上最重要陆地植物类型，如自然(或次生)植被和生态系统中的主要成分；

(2)植物类型特征的选取必须依照植物的功能行为和功能属性；

(3)植物功能型应该作为一个整体，完全代表地球陆地上的植被类型。

目前，植物功能型划分方法主要有3类，即主观分类法、演绎分类法和数据定义法。主观分类法是基于一个或多个存在的植物功能型进行归纳定义的方法(Baker 1971)；演绎法是基于对影响植物特定过程或特性的重要描述来判断可能的植物功能型(Nobel et al. 1980)，如关键种分类法；数据定义分类法指利用多元分析技术基于一组特征寻找植物种组合的方法(Hagmeier et al. 1964)，通常基于植物的形态和生长特征进行植物功能型划分。

这三类植物功能型划分方法可以用于不同的空间尺度。主观分类法和演绎分类法可用于局地至全球尺度，数据定义分类法可用于局地或区域尺度，但必须有合适的数据库，而且植物种的特性和功能型数据是离散的还是连续的也需要事先确定。如果数据是连续的，则数据定义分类法不能产生明显的分组，使用主观分类法也很难产生明确的分类结果。实际运用中三类方法并无截然区分，往往是综合使用，以得到能反映植被结构和功能的功能型体系。然而，无论采用什么方法都会涉及划分指标的选择。不同研究者根据研究需要选择不同的指标体系，而这些划分方法都假设植被与环境处于平衡状态。

二、植物功能特征选择

植物是通过尽最大可能改变自己的形态和生理特征以适应环境，从而获得生存机会的生物体。在长期的进化过程中，各种植物演化形成了多种多样的结构和功能特征，这些特征对植物的生命活动和生存是不可或缺的，同时也在植被一大气相互作用中扮演着重要的角色，特别是植物的冠层特征，直接参与了植被－大气相互作用。无论对地球系统还是对于植物本身，光合作用都是最具意义的一项生理活动，而叶片是绝大多数植物进行光合作用的场所。因此，植物形成了以叶片为核心的冠层结构。植物冠层的生态外貌特征深受气候状况影响，如植物体的大小、有效叶面积、叶片结构和叶片质地以及植物的季节变化，具有很强的气候可塑性，能敏锐地反映气候的变化(Box 1981)。植物的水分和能量需求主要通过这些特征进行调节，如改变植物表面面积(主要是叶面积)、植物表面(气孔)的气体交换以及植物体的大小。所以，植物特征及形成这些特征的生态过程决定着植物功能类型的划分。植被生长在特定的环境条件下，特定的环境也限制着同类植被的分布(表 4.1)，这样就构成了植被类型的环境分室(environment envelopes)。这种"分室"可用过程(生物物理)模型来描述。模型模拟可以得到更为详细的植被信息，将这些信息综合起来可以提高基于气候的全球植被类型预测的准确性(Shugart 1997)。这些信息(如环境对气孔导度的影响系数)也可以作为植物功能类型划分的指标，它们十分具体，有的甚至提供了单一过程的详细信息。

表 4.1　制约植物地理分布的主要气候因子(Box 1995)

气候因子		限制机理
温度水平	低温水平	生产力不足(植物净初级生产力趋于零甚至小于零，植物总初级生产力趋于零)
	高温水平	呼吸作用远大于植物总初级生产力
	冬季高温	春化作用缺乏
极端温度	极端高温	光合作用停止，相关酶受到破坏等
	极端低温	霜冻致使植物器官和细胞受到破坏
水分获取	干旱	植物脱水
	生理干旱	植物脱水，潜在蒸散远大于组织水分获取，水分吸收受到抑制
	水分过量	缺乏空气

Smith(1997)指出，这些植被属性的决定性因子可作为植物功能型划分的基础，并将这些特征描述分成两类：精细(intensive)特征和粗放(extensive)特征。精细特征描述了单一过程详细和准确的信息。Woodward(1987)归纳了植被的 10 种精细特征：

(1)叶片寿命(leaf longevity)；

(2)低温死亡阈值温度(threshold temperature for low-temperature mortality)；

(3)生长阈值温度(threshold temperature for growth)；

(4)生长期(day length for growth)；

(5)种子寿命(seed longevity)；

(6)光合产物在根茎叶中的分配(photosynthate allocation to leaves, stems and roots)；

(7)气孔导度的环境系数(environmental coefficients for stomatal conductance)；

(8)叶肉导度的环境系数(environmental coefficients for mesophyll conductance)；

(9)叶生长的环境系数(environmental coefficients for leaf growth)；

(10)呼吸作用的环境系数(environmental coefficients for respiration)。

粗放特征不是模型参数，仅仅是对植物属性的一般性描述，在一定程度上，粗放特性的描述包含精细特性的估计。通常，用于功能型分类的重要粗放特征有(Smith et al. 1993)：

(1)外貌(physiognomy)；

(2)旱生结构(desiccation features)；

(3)生命期(life span);

(4)传粉特征(pollination);

(5)种子扩散(seed dispersal);

(6)光合途径(photosynthetic pathway);

(7)耐阴性(shade tolerance);

(8)耐火性(fire tolerance);

(9)养分耐受性(nutrient tolerance)。

大尺度植物功能型划分的主要方法是"结构一功能"法,该方法用植物可见的形态结构替代不可见的功能属性,便于划分操作,减少工作量,但是因为结构与功能并非总是一一对应,所以这种方法存在着原理上的缺陷。直接从功能指标划分虽然抓住了问题的关键,但是植物的复杂性及全球变化的大尺度研究限制了这种方法的应用。除了用植物本身的特征划分植物功能型外,还可以用环境因素来限定植物功能型,如同气候一植被分类一样,用生物气候原则进行植物功能型的划分。

植物功能型划分应当基于数目最少的一套功能属性,同时这一套功能属性可以用气候变量准确地预测出植物的地理分布。这些属性(如抗冷抗寒性、物候、气孔导度、对高 CO_2 的反应、寿命等)定义了一个植物功能型,具有相同属性的实体(如植物种)被划为同一个植物功能型。强调以最少的功能属性划分有助于植物功能型在全球范围的应用,同时可以避免过分关注过多的细节特征。

三、植物功能型划分

一定的植物特征在特定的环境下才有意义,这些特征可以增加植物在恶劣环境下生存的能力,提高生存下来的可能性。因此,植物特征与其所处的环境总是相适应的。植物功能型方法可以运用到不同空间尺度和研究目标,为此用于植物功能型划分的关键特征也不相同。

1. 局地尺度的植物功能型划分

为研究阿根廷中西部植物对全球变化的响应,Diaz 和 Cabido(1997)选取了 24 个植物特征进行功能类型划分,包括光合途径、植物体形态、叶片特征、繁育特征等(表 4.2),通过多元分析方法对 100 余种植物进行功能类型归类,最终得到 8 种植物功能类型(表 4.3)。该方法更多地考虑了植物本身的特征,根据这些特征划分植物功能型,判断其在生态系统中的作用,推测其对未来全球变化的响应。这是直接基于植物本身特征研究功能型划分和植物与全球变化关系的有益尝试。

表 4.2　阿根廷中西部植物功能型的特征选取(Diaz et al. 1997)

特征	描述	编码
光合途径(Photosynthetic pathway)	依据文献和叶片解剖观察	CAM=1,C_4=2,C_3=3
叶面积(Leaf area,LA)	野外和标本馆测量(cm^2)	无叶=0,0～0.1=1,0.1～1=2,1～9=3,>9=4
比叶面积(Specific leaf area,SLA)	叶面积(cm^2)/叶干重(g)	无叶=0,0～10=1,10～100=2,100～500=3,>500=4
叶重比(Leaf weight ratio,LWR)	叶子重量/非光合部分重量	LWR<1=0,LWR=1=1,LWR>1=2

续表

特征	描述	编码
叶子凋落(Deciduousness)	非合适季节叶子是否凋落	常绿=0,落叶=1
肉质叶(Leaf succulence)	野外观察	非肉质=0,轻度肉质=1,高度肉质=2
植株大小(Size)	成年植株(cm)	<20=1,20～60=2,60～100=3,100～300=4,300～600=5,>600=6
高宽比(Height:width)	高度与宽度之比	≥1=1,<1=2
存活时间(Lifespan)	个体的存续时间,与固碳能力正相关	一年生=1,两年生=2,3～10年=3,11～50年=4,>50年=5
营养贮藏器官(Carbonhydrate storage)	存储碳水化合物的能力,用于下一生长季	无营养贮藏器官=0,有营养贮藏器官=1
不可再利用有机物贮存(Carbon immobilization)	用于支撑器官的碳水化合物,不能被重复使用	草本单子叶植物=0,草本双子叶植物=1,木本双子叶植物=3
分支(Ramification)	地上部分的分支程度,仅用于木本种类	非木本植物=0,无分支=1,分支2～10=2,>10=3
耐旱方式(Drought avoidance)	耐旱器官的有无(主根、粗大的树干、肉质茎、短生叶)	有明显抗旱器官=0,无明显抗旱器官=1
蜡质/被毛(Waxiness/Hairiness)	表面是否被覆有蜡质和毛	无毛和蜡质=0,有毛和蜡质=1
刺(Thorniness)	是否有刺	无刺=0,少量刺=1,多刺=2
植被扩散(Vegetative spread)	产生扩展克隆株的能力	无明显扩散=0,有明显扩散=1
适口性(Palatability)	依据文献和野外观察估计	不可食=0,可食性低或幼年可食=1,可食性一般=2,非常适口=3
发芽的物候(Shoot phenology)	光合组织产量最大的季节	无明显高峰=1,冬、秋和早春=2,晚春、春、春夏、晚夏、早秋=3,晚春—夏、夏=4
种子大小(Seed size)	种子长度	<2=1,2～4=2,4～10=3,>10=4
种子形态(Shape)	种子长度、宽度和深度的变化	<0.15=1,0.15～1=2,1～5=3,>5=4
种子数目(Seed number)	每棵植物体的种子数目	<100=1,100～999=2,1000～5000=3,>5000=4
种子散播方式(Seed dispersal in space)		无明显传播媒介=0,低运动性动物=1,高运动性动物=2
传粉方式(Pollination mode)		风媒=0,非专一性动物=1,专一性动物=2
繁殖物候(Reproductive phenology)	传粉媒介,花期和结果期	无明显高峰=1,冬、秋、早春=2,晚春、春、春夏=3,晚春—夏、夏=4

表 4.3 阿根廷中西部的植物功能型(Diza et al. 1997)

PFTs	生长型	PFTs	生长型
FT1	矮禾草(<50 cm)	FT5	树(>300 cm)
FT2	丛生草和大叶杂草(<100 cm)	FT6	常绿灌木和小树(<300 cm)
FT3	矮生草本和半木本直立、匍匐或莲坐状双子叶植物(<50 cm)	FT7	无叶或鳞片状叶灌木 (<200 cm)
FT4	岩生或附生莲坐状植物 (<100 cm)	FT8	球状、圆柱状和柱状肉质茎植物

小尺度植物功能型－环境关系的研究可以验证更大尺度的植物功能型划分,增强更大尺度划分植物特征选择的实验性基础。Weiher 等(1999)提出要为植物功能分类选择一套通用的植物特征列表,划分植物功能型时从这套特征列表中选取,以便于比较不同的研究和植物特征与环境因子的关系。通过局地植物功能型和区域植物功能型的转换可以将生态系统模型应用到更大的尺度。

2. 区域尺度植物功能型划分

通常用于区域尺度植物功能型划分的关键特征有:木本/草本、常绿/落叶、阔叶/针叶以及抗寒性(如暖常绿、凉针叶)、光合途径(如 C_3 草/C_4 草) 等生理生态特征。这些特征在很大程度上决定着植物的生物物理和生理特征,同时对植物的生存和生理活动,特别是植物对气候变化的响应起着至关重要的作用。综合考虑植物的形态和生理特征以及气候变量对植物特征的限制是划分植物功能型的有效方法。这些特征不仅限制着植物形态和生理特征本身的变化幅度,如气孔导度、光合作用和光合产物分配,同时也深刻影响着植物的生物物理和生物地球化学特征,如植被－大气间的能量、水分和 CO_2 交换以及陆地表面的粗糙度和反射率等,进而构成了以植被为主的陆地表面的生物物理特征和生物地球化学特征,影响着植被－大气之间的相互作用。

Box(1981)首先提出了一套基于气候和植物生活形态的全球植物功能型体系,包括 89 个植物功能型(表 4.4)。该系统描述了植物功能型(PFT)在多维气候空间中的分布,每个 PFT 所处的气候空间由 8 类生物气候指标决定(表 4.5)。植物功能型作为一个具有特定特征的植物种集合通过竞争在生态分区中取得优势,从而组成不同的植物群落。尽管该系统仅仅粗略地描述了复杂的种间竞争过程,但总体上还是模仿了生态系统中的个体行为。气候变化导致植物功能型分布的改变,进而使得其所组成的植被结构和功能发生变化。

表 4.4 植物功能型(Box 1981)

植物类型	植物类型
热带雨林树种 Tropical rainforest trees	无叶旱生矩形灌木 Leafless xeromorphic large-scrub
热带山区雨林树种 Tropical montane rainforest trees	针叶树线树种 Needle-leaved treeline trees
热带常绿硬叶树种 Tropical evergreen sclerophyll trees	热带阔叶常绿灌木 Tropical broad-leaved evergreen shrubs
热带常绿小叶树种 Tropical evergreen microphyll trees	地中海常绿灌木 Mediterranean evergreen shrubs
暖温带阔叶常绿树种 Warm-temperate broad-leaved evergreen trees	阔叶石楠常绿灌木 Broad-leaved ericoid evergreen shrubs
地中海阔叶常绿树种 Mediterranean broad-leaved evergreen trees	温带阔叶常绿灌木 Temperate broad-leaved evergreen shrubs

续表

植物类型	植物类型
温带阔叶常绿树种 Temperate broad-leaved evergreen trees	热荒漠常绿灌木 Hot desert evergreen shrubs
季风阔叶雨绿树种 Monsoon broad-leaved raingreen trees	肉质叶常绿灌木 Leaf-succulent evergreen shrubs
高山阔叶雨绿树种 Montane broad-leaved raingreen trees	冷冬旱生灌木 Cold-winter xeromorphic shrubs
旱生雨绿树种 Xeric raingreen trees	阔叶夏绿中生灌木 Broad-leaved summergreen mesic shrubs
夏绿阔叶树种 Summergreen broad-leaved trees	旱生夏绿灌木 Xeric summergreen shrubs
北方阔叶夏绿树种 Boreal broad-leaved summergreen trees	针叶常绿灌木 Needle-leaved evergreen shrubs
热带窄叶树种 Tropical linear-leaved trees	地中海矮生灌木 Mediterranean dwarf-shrubs
热带旱生针叶树种 Tropical xeric needle-trees	温带常绿矮生灌木 Temperate evergreen dwarf-shrubs
阳生长针叶树种 Heliophilic long-needled trees	滨海矮生灌木 Maritime heath dwarf-shrubs
次地中海针叶树种 Sub-mediterranean needle-trees	夏绿冻原矮生灌木 Summergreen tundra dwarf-shrubs
温带雨绿针叶树种 Temperate raingreen needle-trees	旱生矮灌木 Xeric dwarf-shrubs
温带针叶树 Temperate needle-trees	掌状脉中生莲坐状灌木 Palmiform mesic rosette-shrubs
北方/高山短针叶树 Boreal/montane short-needled trees	旱生矮灌木 Xeric dwarf-shrubs
沼泽夏绿针叶树 Swamp summergreen needle-trees	中生常绿垫状灌木 Mesic evergreen cushion-shrubs
北方夏绿针叶树 Boreal summergreen needle-trees	旱生垫状灌木 Xeric cushion-shrubs
热带阔叶常绿矮树 Tropical broad-leaved evergreen dwarf-trees	乔木状肉质茎植物 Arborescent stem-succulents
热带阔叶常绿小树 Tropical broadleaved evergreen small trees	典型肉质茎植物 Typical stem-succulents
热带雾林矮生树 Tropical cloud-forest dwarf-trees	乔木状草 Arborescent grasses
阔叶常绿小树 Broad-leaved evergreen small trees	高杆状禾草 Tall cane-graminoids
亚极地常绿阔叶小树 Subpolar broad-leaved evergreen small trees	高草 Tall grasses
阔叶雨绿小树 Broad-leaved raingreen small trees	短草地草 Short sward-grasses
阔叶夏绿小树 Broad-leaved summergreen small trees	短丛生禾草 Short bunch-grasses
矮生针叶小树 Dwarf-needle small trees	高丛生草 Tall tussock-grasses
掌状脉丛生叶树 Palmiform tuft-trees	矮丛生草 Short tussock-grasses
掌状脉丛生叶小树 Palmiform tuft-treelets	硬叶草 Sclerophyllous grasses
树型蕨 Tree ferns	荒漠草 Desert-grasses
热带高山丛生叶小树 Tropical alpine tuft-treelets	热带常绿杂草 Tropical evergreen forbs
旱生常绿丛生叶小树 Xeric evergreen tuft-treelets	温带常绿杂草 Temperate evergreen forbs
常绿巨型灌木 Evergreen giant-scrub	雨绿杂草 Raingreen forbs
雨绿有刺灌木 Raingreen thorn-scrub	夏绿杂草 Summergreen forbs
旱生垫状草本 Xeric cushion-herbs	肉质杂草 Succulent forbs

续表

植物类型	植物类型
短命荒漠草本 Ephemeral desert herbs	热带阔叶常绿附生植物 Tropical broad-leaved evergreen epiphytes
季节冷荒漠草本 Seasonal cold-desert herbs	窄叶附生植物 Narrow-leaved epiphytes
雨绿冷荒漠草本 Raingreen cold-desert herbs	阔叶冬绿附生植物 Broad-leaved wintergreen epiphytes
热带阔叶常绿藤本 Tropical broad-leaved evergreen lianas	常绿蕨类植物 Evergreen ferns
阔叶常绿藤本 Broad-leaved evergreen vines	夏绿蕨类植物 Summergreen ferns
阔叶雨绿藤本 Broad-leaved raingreen vines	垫状原植体 Mat-forming thallophytes
阔叶夏绿藤本 Broad-leaved summergreen vines	旱生原植体 Xeric thallophytes
夏绿巨型灌木 Summergreen giant-scrub	

表 4.5　生物气候指数(Box 1981)

变量	变量意义
T_{max}	最暖月平均温度(℃)
T_{min}	最冷月平均温度(℃)
D_T	T_{max}和 T_{min}之差(℃)
P	年均降雨量(mm)
MI	湿润指数(年降雨量和年潜在蒸散的比值)
P_{max}	降水最多月的平均降雨量(mm)
P_{min}	降水最少月的平均降雨量(mm)
P_{Tmax}	温度最高月的平均降雨量(mm)

该系统的问题是怎样校准和检验植物功能型对气候的响应。该系统尽管建立在全球观测资料基础上,但这些资料缺乏对植物生理生态学特性描述的可比性;同时,该系统也还没有涵盖地球所有的植被。由于该系统包含的植物类型太多,难以给出具体的气候空间,特别是该系统决定植物功能型界限的基础仍然是相关性而非机理性的。尽管如此,该系统的主要贡献在于将环境限制和竞争关系概念引入了全球植被模型中,因而被研究者广泛引用。

BIOME1 模型(Prentice et al. 1992)是在 Box(1981)给出的植物功能型系统基础上,通过大幅度减少植物功能型数目及选择直接影响植物生理生态特性的气候因子给予植物功能型具体的环境约束条件。BIOME1 模型将全球优势植物归并为 14 类功能类型(表 4.6),并采用最冷月平均温、大于 5 ℃年积温(Growing-day degrees, GDD_5)、与季节降水相关的干燥指数(Priestley-Taylor 指数)和土壤有效含水量作为其分布的限制性因素,从而使模型可以预测特定气候条件下植被类型的分布。BIOME1 模型与 Box 给出的植物功能型系统最大的不同在于选择了尽可能少的环境限制因子以限定数目适宜的植物功能型分布,从而易于预测各植物功能型的地理分布范围。表 4.6 中大部分项目空白,因为当时关于很多气候因素对植物的影响机制还不了解,也没有详细的实验数据。BIOME1 模型的参数值决定着植物功能型分布的范围和作为植物功能型组合的生物群区类型。

表 4.6　BIOME1 模型中植物功能型及其环境约束条件(Prentice et al. 1992)

	植物功能型	T_{min}		GDD_0	GDD_5	T_{max}	α		D
		Min	Max	Min	Min	Min	Min	Max	
树 Trees	1 热带常绿树种 Tropical evergreen	15.5	—	—	—	—	0.80	—	1
	2 热带雨绿树种 Tropical raingreen	15.5	—	—	—	—	0.45	0.95	1
	3 暖温带常绿树种 Warm-temperate evergreen	5.0	—	—	—	—	0.65	—	2
	4 温带夏绿树种 Temperate summer green	−15.0	15.5	—	1200	—	0.65	—	3
	5 凉温带针叶树种 Cool-temperate conifer	−19.0	5.0	—	900	—	0.65	—	3
	6 北方常绿针叶树种 Boreal evergreen conifer	−35.0	−2.0	—	350	—	0.75	—	3
	7 北方夏绿树种 Boreal summergreen	—	5.0	—	350	—	0.65	—	3
草/灌木 Non-trees	8 硬叶/肉质叶植物 Sclerophyll/succulent	5.0	—	—	—		0.28	—	4
	9 暖草/灌木 Warm grass/shrub	—	—	—	—	22.0	0.18	—	5
	10 凉草/灌木 Cool grass/shrub	—	—	—	500	—	0.33	—	6
	11 冷草/灌木 Cold grass/shrub	—	—	100	—	—	0.33	—	6
	12 热荒漠灌木 Hot desert shrub	—	—	—	—	22.0	—	—	7
	13 冷荒漠灌木 Cold desert shrub	—	—	100	—	—	—	—	8
无植被 No plants	(Dummy type)	—	—	—	—	—	—	—	

T_{min}：最冷月平均温度；GDD_0：大于 0 ℃的有效积温；GDD_5：大于 5 ℃有效积温；T_{max}：最暖月平均温度；α：Priestley-Taylor 系数，表示年土壤中可获得的水分(＝实际蒸发散 AET/潜在蒸发散 PET)；D：优势度等级

植物功能型由于被赋予不同的参数用于生态系统的过程描述(如物候、叶片厚度、气孔导度、光合途径、营养物质分配、根深)，且任一地点的植物功能型组成比例决定了该地的植被类型，因而植被功能型被广泛用于动态全球植被模型(Cramer et al. 2001)。为反映全球植被动态，植物功能型在动态全球植被模型中更为概括，往往只含 7～10 种植物功能型。植物功能型的划分方法也趋于一致，如先将植物区分为木本和草本，然后再根据其他属性如叶片物候(常绿和落叶)、叶片结构(阔叶和针叶)、温度耐受性(如暖常绿、冷针叶)和光合途径(C_3/C_4)进一步细分(表 4.7)。这种植物功能型的划分方法应用到全球尺度的植被动态研究是可行的，但在较小尺度上则失之粗略，将全部草本植物仅依据光合类型划分为 2 种也过于简化。

第二节　中国植物功能型

中国位于地球环境变化速率最大的东亚季风区，拥有世界第三极之称的“青藏高原”及多样化的地质地貌类型、土壤类型和气候条件，形成了多样化的生态系统，包括森林、草原、荒漠、湿地、海洋和海岸自然生态系统。中国还是一个具有悠久历史的农业大国，长期的人类活动造就了多种多样的农田生态系统。近年来，随着经济高速发展与人口压力的加大，进一步加剧了对植被与环境的影响。所有这些造成了中国植被类型的复杂性。中国独特的季风气候与青藏高原造就了独特多样的生态系统，使得中国植被类型与世界其他地区的植被类型有很大差异。为此，需要针对中国独特的季风气候和青藏高原特征，以中国各植被类型中的优势植物种类为

表 4.7　动态植被模型中的植物功能型

类型组	HYBRID (Friend et al. 1997)	IBIS (Foley et al. 1996)	LPJ-DGVM (Sitch et al. 2003)	Sheffield-DGVM (Beerling et al. 1997)	MC1 (Lenihan et al. 1998)
木本植被 Woody vegetation (trees, shrubs)					
常绿 Evergreen	常绿阔叶 Broadleaf evergreen	热带常绿 Tropical evergreen 暖温常绿 Warm temperature evergreen	热带阔叶常绿 Tropical broadleaf evergreen 温带常绿阔叶 Temperate broadleaf evergreen	常绿阔叶 Broadleaf evergreen	热带阔叶常绿 Tropic broadleaf evergreen 温带常绿阔叶 Temperate broadleaf evergreen
	常绿针叶 Needleleaf evergreen	凉针叶 Cool conifer 北方针叶 Boreal conifer	温带常绿针叶 Temperate needleleaf evergreen 北方常绿针叶 Boreal needleleaf evergreen	常绿针叶 Needleleaf evergreen	温带常绿针叶 Temperate needleleaf evergreen 北方常绿针叶 Boreal needleleaf evergreen
落叶 Deciduous	阔叶旱生落叶 Broadleaf dry deciduous	热带雨绿 Tropical raingreen	热带雨绿阔叶 Tropical broadleaf raingreen	落叶阔叶 Broadleaf deciduous	热带雨绿阔叶 Tropic broadleaf raingreen
	落叶旱生针叶 Needleleaf dry deciduous				
	阔叶冷落叶 Broadleaf cold deciduous	温带夏绿 Temperate summergreen	温带夏绿阔叶 Temperate broadleaf summergreen	温带夏绿阔叶 Temperate broadleaf summergreen	
	针叶冷落叶 Needleleaf cold deciduous	北方夏绿 Boreal summergreen	北方夏绿 Boreal summergreen	落叶针叶 Needleleaf deciduous	北方夏绿 Boreal summergreen
草本植被 Herbaceous vegetation (grasses, etc.)					
	C_3 草 C_3 herbs	C_3 草 C_3 herbs	C_3 多年生草 C_3 perennial grasses	C_3 草 C_3 herbs	C_3 草 C_3 grasses
	C_4 草 C_4 grasses	C_4 草 C_4 herbs	C_4 草 C_4 herbs	C_4 多年生草 C_4 perennial grasses	C_4 草 C_4 herbs
	C_3 极地草 C_3 arctic grasses				

对象，开展中国植物功能型研究，以期提出一套适于中国气候的植物功能型划分方法和气候指标体系，为发展适于中国的植被模型和区域气候模型，评估全球变化对中国植被的影响及植被变化对气候的反馈作用提供依据与参数。

植物功能分类源于植物群落与环境关系的研究，这种分类一开始就注定要与特定的研究目的和背景相联系。在区域或全球尺度研究中，通常把通过相同的方式响应环境因子、在生态系统过程中有着相同作用的植物种类称为植物功能型。在实践中，植物功能型划分具有很强的主观性，并往往受限于研究者的知识背景、植物特征和环境梯度的选择。

一、关键植物特征选择

通常，用于区域尺度植物功能型划分的关键特征有：木本/草本、常绿/落叶、阔叶/针叶以及生理特征：抗寒性(如暖常绿、凉针叶)、光合途径(如 C_3 草/C_4 草)。这些特征在很大程度上决定着植物的生物物理和生理生态特征，同时对植物的生存和生理活动，特别是植物对气候变化的响应，起着至关重要的作用。综合考虑植物的形态和生理特征，以及气候变量对植物特征的限制是划分植物功能型的有效方法。这些特征不仅限制着植物形态和生理特征本身的变化幅度，如气孔导度、光合作用和光合产物分配，同时也深刻地影响着植物的生物物理和生物地球化学特征，如植被一大气之间的能量、水分和 CO_2 交换，以及陆地表面的粗糙度和反射率等，进而构成了以植被为主的陆地表面的生物物理特征和生物地球化学特征，影响着气候一植被的相互作用。

木本/草本：植物体的外貌是植物形态特征中最重要的特征，对植物的适应有着多方面的影响(Box 1981)。植物的外貌非常复杂，为了简化，仅区分木本和草本。草本植物和木本植物的生存策略有着根本的不同。通常，木本植物比非木本植物有着更长的寿命，同时也需要更多的资源去维持本身的生存。只有木本植物才可能形成高大的植株，从而可以配置更多的叶片，获取更多的光照。木本植物体的形态复杂，灌木和乔木是两个重要的结构类型。一般认为，木本植物的基本大小和高度由水分控制。木本植物有着全年存活的地上部分和稳定的植株结构，对正常的气候波动不敏感；而草本植物的地上部分在冬季或旱季通常死去，并且对气候的年际变化比较敏感。这些特点在季节气候变化和碳平衡模拟方面至关重要。木本和草本植物影响着地表的粗糙度，是气候模型中能量和动量交换的重要参数。

常绿/落叶：常绿与落叶最大的不同在于其光合特征。落叶植物的叶片含氮量高，光合速率很高，叶片在短期内能合成大量的同化产物，但寿命短；而常绿植物叶片的含氮量较低，光合速率也小，但光合维持时间长。常绿植物能够在气候合适时迅速恢复光合能力，而落叶植物能够通过落叶抵御周期性的干旱和寒冷。热带地区常绿和落叶树种的研究表明，成熟的常绿树木在干季光合作用只下降 15%～20%，而落叶树种则下降 100%。植物的常绿和落叶属性也影响着植物茎干的输水能力。热带常绿植物茎的比叶导度(Leaf-specific conductivity，LSC，茎向叶片供水能力的指标)通常比落叶树种大，这意味着同样的蒸腾量，常绿树种需要的土壤一叶片水压差较小。叶片的季节变化在生态系统碳循环中是一个非常重要的特征，同时也影响着地表反射率和能量传输的季节变化。从植物的常绿和落叶特征可以了解不同植物功能型的冠层导度和最大光合速率，它们是动态植被模型中的重要参数。

阔叶/针叶：针叶植物的光合效率(单位叶片生物量的光合产物)通常小于阔叶植物；针叶植物一般生长在寒冷的区域，可以在耐寒的情况下保持一个可以维持植物生存的最低光合速率。尽管在温暖的区域也存在一些针叶种类，但一般只存在于次生林地上，会随着植被演替而被阔叶植物取代。在幼苗阶段，针叶树种的最大生长速度通常小于阔叶植物，从而导致在生长条件好、竞争片层发育迅速的地方，针叶植物幼苗被阔叶植物取代。同时，古生态学家注意到，针叶植物起源时 CO_2 浓度较高，其气孔密度较低。在地质历史时期，大气 CO_2 浓度有过很大波动，但针叶植物的气孔密度变化却远小于 CO_2 的波动水平，以至于针叶植物的气体交换至今仍然被其保守的气孔特征所限制。阔叶植物和针叶植物的能量和水分传输以及其他生态生理特征有很大的不同，如光合速率、冠层导度有很大差异，这些特征影响到生物地球化学模型中许多重要参数的确定。

光合途径：陆地植物中发现的光合途径有 3 种，即 C_3、C_4 和景天酸代谢途径(Crassulacean acid metabolism，CAM)。C_3 途径是一个古老的碳同化途径，存在于所有的光合植物中，它的第一步反应是将 CO_2 与异戊二磷酸核酮糖(RuBP)结合，形成 2 个三羧酸，开始葡萄糖的合成过程，并储存能量。C_4 途径主要存在于更为进化的植物类群中，特别是在单子叶植物中非常普遍。它先将进入细胞的 CO_2 合成一个四羧酸，然后运输到维管束鞘细胞中，进行三羧酸循环，合成葡萄糖。CAM 途径存在于异常干旱地区的许多附生和肉质植物中，它在白天将 CO_2 合成景天酸，晚上再进行还原性化合物(糖)的合成。因为 CAM 植物的分布十分有限，所以它们在全球碳循环中的作用微乎其微。

C_3 途径和 C_4 途径因关键酶和反应过程的不同而导致对环境响应存在很大差异。C_4 植物更适宜于高温和干旱的环境，并且在 CO_2 浓度偏低情况下仍然能维持相当高的光合速率。而在这种环境下，C_3 植物的光呼吸很强烈，严重限制了它的同化反应。在气温较低的情况下，随着光呼吸速度的降低，C_3 途径光利用效率高的特点又表现出来。C_3 和 C_4 植物对温度变化和大气 CO_2 浓度变化的响应有着很大的不同。从全球变化的观点看，光合途径的类型影响到了生态系统碳同化的速度和动物所能得到的食物数量以及释放到大气中 CO_2 的同位素组成。

植物的温度和热量需求：温度是限制植物分布的重要因素。热带植物通常不能忍受零上低温的侵袭(Woodward 1987)，而北方树种的低温忍受能力似乎是无限的，限制它们向北分布的因素是积温(Prentice et al. 1992)。一些温带植物为了启动生殖生长，必需一定长度和强度的低温(春化作用)。

植物的水分需求：水分对植物形态具有决定性作用。陆生植物经常受到干旱胁迫，抗旱特性是植物重要的特征。植物的抗旱性与它的形态紧密相连，为了尽可能多地获取光照，植物总是需要大的冠层，但这也扩大了蒸腾面积，增加了水分消耗(Woodward 1987)。抗旱结构(如角质层)的产生使植物更具抗旱能力，但是这样不仅加大了在叶片上的投入(光合产物分配)，也使气孔导度降低，限制了 CO_2 进入气孔的速度。通常认为，水分供应影响了植物的外貌，如树木、灌木和草本的区分，因为维持一个大的冠层需要较多的水分消耗。

植物通过形态、物候和生理的调整适应自然界的温度和水分变化。落叶现象通常和干旱或寒冷季节的到来相伴，它是植物耐旱或耐寒的一种适应方式；针叶植物通常比阔叶植物耐寒；C_4 草类通常出现在干旱炎热的地区。因此，这六类特征是密切关联的。

二、植物功能型划分

植物功能型的划分必须根据研究背景和需要而定。考虑到需要反映植被分布对气候的反馈作用以及植被动态模拟的研究需要，基于 Box(1981)的植物功能型划分原理和方法对中国植物功能型进行划分，即基于植物冠层特征、环境因素（温度、水分）和光合途径建立理想的中国植物功能型备选类型；再根据中国的实际植物种类确定植物功能型。

1. 植物冠层特征

根据3个植物冠层特征——地上植物体的寿命、叶片寿命和叶片类型，将中国所有植物划分为5类。首先，根据地上植物体是多年生还是一年生，将木本和草本植物区分开来。通常，多年生植物为木本植物，一年生植物为草本植物。然后，根据叶片寿命将木本植物区分为常绿植物和落叶植物，草本植物只有在生长季才生有叶片。最后，根据叶片类型（只选择阔叶和针叶2个特征）将植物区分为阔叶植物和针叶植物。由此，可以得到5个基本植物功能类型（图4.1）。

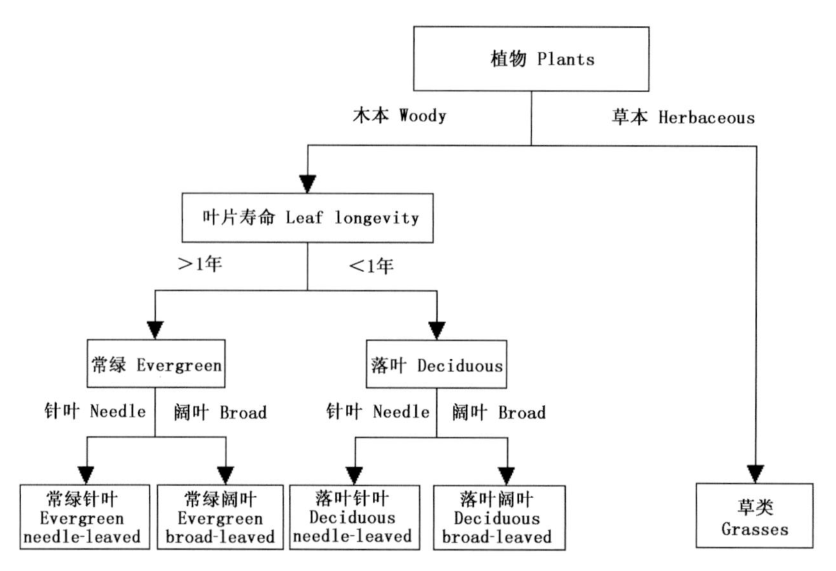

图4.1　基于植物冠层特征的植物基本类型划分

2. 水热条件

在植物冠层特征划分的基础上，根据水热条件进一步划分植物类型。首先，根据水分条件将木本植物区分为树木、灌木和荒漠灌木。高大乔木和灌木区分的主要特征是高度和叶面积指数。通常，植株高度由水分决定，而叶面积指数也是反映水分状况的一个指标，所以选择水分指标对乔木和灌木进行区分。然后，再根据温度条件将木本植物区分为热带、温带和北方3类。草类植物分别根据光合途径和水分、温度需求进行划分。

木本植物划分：根据水分和温度需求组合将木本植物划分为21类，其中树木9类，灌木9类（图4.2）。

根据实际蒸散与潜在蒸散比值确定的水分供应可分为3级：＞0.5、＞0.2和＞0.02。木本植物在这3个水分供应状况中分别是树、（旱生）灌木、荒漠灌木。灌木不再区分阔叶和针叶，只区分常绿和落叶两种特征。荒漠灌木则连常绿和落叶都不区分，因为在极端干旱情况下，叶子要么变态成为刺，要么只有在有水分的短暂时期具有光合能力。如此，将木本植物划分为7种类型，再根据温度带将7种类型分为3级，即热带、温带和北方（高寒），由此共得到21类木本植物。

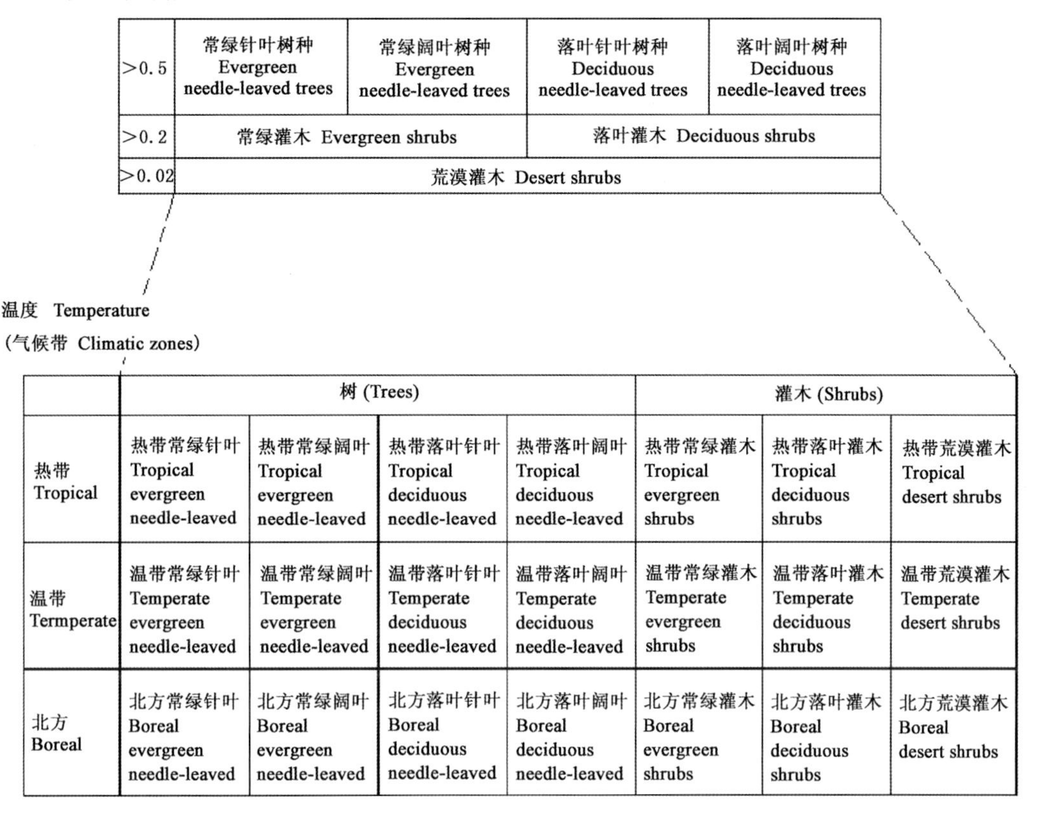

图 4.2　木本植物功能型划分

草本植物划分：根据光合途径或植物的耐寒耐旱能力可将草本植物划分为 2 类或 6 类草类功能型(图 4.3)。

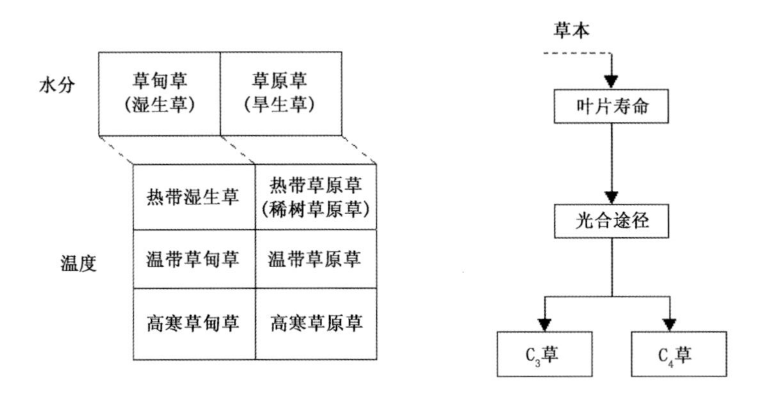

图 4.3　草本植物功能型划分

通常应用于生物地理模型时，根据植物的水热需求进行草本植物划分。为此，根据水分需求首先将草本植物划分为湿生草(草甸草)和旱生草(草原草)；然后根据温度条件将草本植物划分为热带(萨王纳)、温带(温带草原)和高寒(极地)3 类。而在应用于生物地球化学模型和动态植被模型时，则根据光合途径区分为 C_3 和 C_4 草。C_3 和 C_4 草的区分通常采用温度标准，如 Nemani 和 Running (1996)曾用年最低温度－1 ℃和年最高温度 22 ℃作为区分 C_3/C_4 草原的温度指标。当气温同时高于这两个温度界限时，草原类型被认为是 C_4 类型。

经过上述两个步骤的划分，共得到了 29 类备选类型(表 4.8)。这些类型虽不能囊括中国全部的植物种类，但它可以将主要的植物，特别是那些决定着植被类型、影响生态系统功能和陆地表面生物物理和生物地球化学特征的关键植物种类，归入这些功能类型中来，从而使得这一整套植物功能型足以反映地表的生物地理、生物物理和生物地球化学特征。

表 4.8 备选的中国植物功能型

树 Trees	热带常绿针叶树种 Tropical evergreen coniferous	热带常绿阔叶树种 Tropical evergreen broad-leaved	热带落叶针叶树种 Tropical deciduous coniferous	热带落叶阔叶树种 Tropical deciduous broad-leaved
	温带常绿针叶树种 Temperate evergreen coniferous	温带常绿阔叶树种 Temperate evergreen broad-leaved	温带落叶针叶树种 Temperate deciduous coniferous	温带落叶阔叶树种 Temperate deciduous broad-leaved
	北方常绿针叶树种 Boreal evergreen coniferous	北方常绿阔叶树种* Boreal evergreen broad-leaved	北方落叶针叶树种 Boreal deciduous coniferous	北方落叶阔叶树种 Boreal deciduous broad-leaved
灌木 Shrubs	热带常绿灌木 Tropical evergreen	热带落叶灌木 Tropical deciduous	热带荒漠灌木 Tropical desert	—
	温带常绿灌木 Temperate evergreen	温带落叶灌木 Temperate deciduous	温带荒漠灌木 Temperate desert	—
	北方/高寒常绿灌木 Boreal/Alpine evergreen	北方/高寒落叶灌木 Boreal/Alpine evergreen	高寒荒漠灌木 Alpine desert	—
草 Grasses	热带湿生草 Tropical humid	热带草原草 Warm	C_4 草 C_4 grasses	—
	温带草甸草 Temperate meadow	温带草原草 Temperate steppe	—	—
	高寒草甸草 Alpine meadow	高寒草原草 Alpine steppe	C_3 草 C_3 grasses	—

* 指不存在相应植物的类型

三、中国植物功能型划分

1. 植物功能型确定依据

依据中国的植被特征，选择优势植物功能型。热带常绿针叶树种和热带常绿阔叶树种同时存在于同一区域，考虑到热带常绿针叶树种很少，且多零星分布，如南亚松(*Pinus latteri*)、海南五针松(*P. fenzeri-ana*)和喜马拉雅长叶松(*P. roxburghii*)等，为此以占优势的热带常绿阔叶树种为特征来确定植物功能类型。温带落叶针叶树种亦与温带阔叶树种同处于同一地区，亦以占优势的温带阔叶树种为特征来确定植物功能类型。北方落叶阔叶树种因完全可以被温带落叶阔叶树种代表，所以不选。灌木主要用于表现草原和荒漠等干旱区域的植物，作为林下成分的热带常绿灌木和温带常绿灌木没有被选入。由于中国缺乏热带荒漠类型，热带荒漠灌木也没有被选入。热带湿生草因为不是热带森林的优势植物而没有入选。C_3 和 C_4 草因为与根据水分和温度划分得到的草类功能型二者只能选其一，所以也没被选入。由此，共选出18类中国植物功能型（表4.9）。其中，一些“北方”类型被设置为“高寒”类型，用于代表青藏高原及其他高海拔区域的植物类型，热带常绿阔叶树种和热带落叶阔叶树种也根据惯例分别改称热带常绿树种和热带雨绿树种。

表4.9　用于模拟中国植被分布的植物功能型

树 Trees	×	热带常绿阔叶树种[1] Tropical evergreen broad-leaved trees	×	热带落叶阔叶树种[2] Tropical deciduous broad-leaved trees
	温带常绿针叶树种[3] Temperate evergreen coniferous trees	温带常绿阔叶树种[4] Temperate broad-leaved evergreen trees	×	温带落叶阔叶树种 Temperate broad-leaved deciduous trees
	北方常绿针叶树种[5] Subtropical mountain cold coniferous trees	×	北方落叶针叶树种 Boreal summergreen coniferous trees	×
灌木 Shrubs	×	热带落叶灌木 Hot shrubs	×	—
	×	温带落叶灌木 Temperate deciduous shrubs	温带荒漠灌木 Temperate desert shrubs	—
	北方/高寒常绿灌木[6] Alpine evergreen shrubs	北方/高寒落叶灌木[6] Alpine deciduous shrubs	高寒荒漠灌木 Alpine desert shrubs	—
草 Grasses	×	热带草原草 Warm grasses	×	—
	温带草甸草 Temperate meadow grasses	温带草原草 Temperate steppe grasses	—	—
	高寒草甸草 Alpine meadow grasses	高寒草原草 Alpine steppe grasses	×	—

[1] 国际习惯称热带常绿树种；[2] 国际习惯称热带雨绿树种；[3] 包括了中国东北的常绿针叶树种；[4] 国际习惯称亚热带常绿树种；[5] 专指中国热带亚热带高山地带的常绿针叶树种；[6] 指高海拔地带的灌木类型；×表示未入选的类型。

2. 植物功能型代表种类选择和分布范围的确定

首先，根据植物功能型划分的6项关键特征，结合《中国植被》和其他相关文献记载的各个植被类型的优势植物种和相关植物区系资料的植物特征描述，为每个植物功能型选择代表性植物种类（表4.10）；然后，在确认该优势种的植物功能型归属后，基于该优势种的地理分布，结合《中国植被图》绘制出该植物功能类型的地理分布图。绘制植物功能型分布图的主要目的在于计算植物功能型的气候限制参数值。

表 4.10　中国代表植物的选择

植被型	植被群系组	优势植物
I. 寒温性针叶林	落叶松林	兴安落叶松(*Larix gmelin*),西伯利亚落叶松(*L. sibirica*),华北落叶松(*L. principis-rupprechtii*),太白红杉(*L. chinensis*),红杉(*L. potaninii*),西藏落叶松(*L. griffithii*),喜马拉雅落叶松(*L. himalaica*)
	云杉冷杉林	臭冷杉(*Abies nephrolepis*),西伯利亚冷杉(*A. sibirica*),冷杉(*A. fabri*),红皮云杉(*Picea koraiensis*),西伯利亚云杉(*P. obovata*),云杉(*P. asperata*)
	寒温性松林	樟子松(*Pinus sylvestris* var. *mongolica*),西伯利亚红松(*P. sibirica*)
	圆柏林	大果圆柏(*Sabina tibetica*),祁连山圆柏(*S. przewalskii*),方枝圆柏(*S. saltuaria*)
II. 温性针叶林	温性松林	油松(*Pinus tabulaeformis*),赤松(*P. densiflora*),白皮松(*P. bungeana*),华山松(*P. armandii*),高山松(*P. densata*)
	侧柏林	侧柏(*Platycladus orientalis*)
III. 温性针阔叶混交林	红松针阔叶混交林	红松(*Pinus koraiensis*),紫椴(*Tilia amurensis*),风桦(*Betula costata*)
	铁杉针阔叶混交林	铁杉(*Tsuga chinensis*),云南铁杉(*Tsuga dumosa*),细叶青冈(*Cyclobalanopsis gracilis*)
IV. 暖性针叶林	暖性落叶针叶林	水杉(*Metasequoia glyptostrobides*),水松(*Glyptostrobus pensilis*)
	暖性常绿针叶林	马尾松(*Pinus massoniana*),云南松(*P. yunnanensis*)
	油杉林	油杉(*Keteleeria fortunei*),铁坚杉(*K. davidiana*)
	银杉林	银杉(*Cathaya argyrophylla*)
	杉木林	杉木(*Cunninghamia lanceolata*)
	柏木林	柏木(*Cupressus funebris*)
V. 热性针叶林	热性松林	海南松(*Pinus latteri*)
VI. 落叶阔叶林	栎林	蒙古栎(*Quercus mongolica*),辽东栎(*Q. liaotungensis*),槲栎(*Q. aliena*),槲树(*Q. dentate*),麻栎(*Q. acutissina*),栓皮栎(*Q. variabilis*)
	落叶阔叶杂木林	色木(*Acer mono*),紫椴(*Tilia amurensis*),糠椴(*T. mandshurica*)
	杨林	山杨(*Populus davidiana*),密叶杨(*P. talassica*)
	桦林、桤木林	白桦(*Betula platyphylla*),黑桦(*B. dahurica*),岳桦(*B. ermanii*),坚桦(*B. chinensis*),红桦(*B. albo-sinensis*),牛皮桦(*B. albo-sinensis* var. *septentrionalis*),川白桦(*B. platyphylla* var. *szechuanica*),赤扬(*Alnus japonica*)
	荒漠河岸林	胡杨(*P. euphratica*),灰杨(*P. pruinosa*),银白杨(*P. alba*)
	温性河岸落叶阔叶林	钻天柳(*Chosenia arbutifolia*)

续表

植被型	植被群系组	优势植物
VII. 常绿一落叶阔叶混交林	常绿一落叶阔叶混交林	栓皮栎(*Q. variabilis*),麻栎(*Q. acutissima*),岩栎(*Q. acrodonta*),光叶栎(*Q. oxyphylla*),短柄枹(*Q. serrata* var. *brevipetiolata*),苦槠(*Castanopsis sclerophylla*),青冈(*Cyclobalanopsis glauca*)
	青冈、落叶阔叶混交林	细叶青冈(*Cyclobalanopsis gracilis*),大穗鹅耳枥(*Carpinus fargesii*),多脉青冈(*C. multinervis*),短萼枫香(*Liquidambar acalycina*),中华槭(*Acer sinense*)
	木荷、落叶阔叶混交林	木荷(*Schima superba*),紫槭(*Acer caudatum*)
	水青冈、落叶阔叶混交林	蚊母树(*Distylium myricoides*)
	石栎、落叶阔叶混交林	包石栎(*Lithocarpus cleistocarpus*),珙桐(*Davidia involucrate*),香桦(*Betula insignis*)
	青冈一榆科混交林	铜钱树(*Paliurus hemsleyanus*),卵叶鹅耳枥(*Carpinus turzaninowii* var. *ovalifolia*),化香(*Platycarya strobilacea*)
	鱼骨木一小漆树混交林	鱼骨木(*Canthium dicoceum*),小叶栾树(*Koelreuteria minor*)
VIII. 常绿阔叶林	栲类林	栲属(*Castanopsis* spp.)
	青冈林	青冈(*Cyclobalanopsis* spp.)
	石栎林	石栎(*Lithocarpus* spp.)
	润楠林	润楠(*Beilschmiedia* spp.)
	木荷林	木荷(*Schima* spp.)
	栲一厚壳桂林	
	栲一木荷林	
	栲类苔藓林	
	青冈苔藓林	
	杜鹃矮曲林	
	吊钟花矮曲林	
IX. 硬叶常绿阔叶林	山地硬叶栎林	高山栎(*Quercus aquifolioides*),黄背栎(*Q. pannosa*)
	河谷硬叶栎林	铁橡栎(*Quercus cocciferoides*),锥连栎(*Q. franchetii*),灰背栎(*Q. senescens*)
X. 季雨林	落叶季雨林	木棉(*Bombax malabarica*),楹树(*Albizia chinensis*),鸡占(*Terminalia hainanensis*),厚皮(*Lannea coromandelica*)
	半常绿季雨林	榕(*Ficus* spp.),青皮(*Vatica astrotricha*)
	石灰岩季雨林	擎天树(*Parashorea chinensis*),蚬木(*Burretiodendron hsienmu*)
XI. 雨林	湿润雨林	台湾肉豆蔻(*Myristica cagayanensis*),白翅子树(*Pterospermum niveum*),长叶桂木(*Artocarpus lanceolatus*)
	季节雨林	干果榄仁(*Terminalia myriocarpa*),番龙眼(*Pometia tomentosa*),箭毒木(*Antiaris toxicaria*),龙果(*Pouteria grandifolia*),橄榄(*Canarium album*),望天树(*Parashorea chinensis*)
	山地雨林	滇楠(*Phoebe nanmu*)

续表

植被型	植被群系组	优势植物
XII. 珊瑚岛常绿林		
XIII. 红树林		
XIV. 竹林		
XV. 常绿针叶灌丛		
XVI. 常绿阔叶灌丛		杜鹃属(*Rhodondendron*)和圆柏属(*Sabina*)的植物,如钟花杜鹃(*Rhododendron campanulatum*),宏钟杜鹃(*R. wightii*),雪层杜鹃(*R. nivale*)
XVII. 落叶阔叶灌丛	高寒落叶阔叶灌丛	圆叶桦(*Betula rotundifolia*),毛枝山居柳(*Salix oritrepha*),杯腺柳(*S. cupularis*),光叶柳(*S. rehderiana* var. *glabra*),藏矮柳(*S. resectoides*),硬叶柳(*S. sclerophylla*),箭叶锦鸡儿(*Caragana jubata*),金露梅(*Dasiphora fruticosa*),藏沙棘(*Hippophae tibetica*),匍匐水柏枝(*Myricaria prostrata*)
	温性落叶阔叶灌丛	锦鸡儿(*Caragana* spp.),槐(*Sophora* spp.),薄皮木(*Leptodermis oblonga*),柽柳(*Tamarix* spp.),铃铛刺(*Halimodendron halodendron*),秀丽水柏枝(*Myricaria elegans*),蒙古柳(*Salix mongolica*)
	暖性落叶阔叶灌丛	
XVIII. 常绿阔叶灌丛	典型常绿阔叶灌丛	乌饭树(*Vaccinium bracteatum*),映山红(*Rhododendron simsii*)
	热性刺灌丛	露兜树(*Pandanus tectorius*),仙人掌(*Opuntia dillenii*)
XIX. 灌草丛	温性灌草丛	
	暖性灌草丛	扭黄茅(*Heteropogon contortus*),华三芒草(*Aristida chinensis*),龙须草(*Eulaliopsis binata*)
XX. 草原	丛生禾草草甸草原	贝加尔针茅(*Stipa baicalensis*),吉尔吉斯针茅(*S. kirghisorum*),芨芨草(*Achnatherum splendens*)
	根茎禾草草甸草原	羊草(*Aneurolepidium chinense*),獐茅(*Aeluropus littoralis*)
	杂类草草甸草原	线叶菊(*Filifolium sibiricum*)
	丛生禾草草原	大针茅 (*S. grandis*),克氏针茅(*S. krylovii*),羊茅(*Festuca ovina*),糙隐子草(*Cleistogenes squarrosa*),冰草(*Agropyron cristatum*)
	根茎禾草草原	
	半灌木草原	冷蒿(*Artemisia frigida*)
	丛生禾草荒漠草原	戈壁针茅(*Stipa gobica*),无芒隐子草(*Cleistogenes songorica*)
	杂类草荒漠草原	
	丛生禾草高寒草原	紫花针茅(*Stipa purpurea*),羽柱针茅(*Stipa subsessiliflora* var. *basiplumosa*),座花针茅(*Stipa subsessiliflora*),银穗羊茅(*Festuca olgae*)
	根茎苔草高寒草原	硬叶苔草(*Carex moorcroftii*)
	小半灌木高寒草原	藏南蒿(*Artemisia younhusbandii*),藏籽蒿(*A. salsoloides* var. *wellbyi*),垫状蒿(*A. minor*)

续表

植被型	植被群系组	优势植物
XXI. 稀树草原		
XXII. 荒漠	小乔木荒漠	白梭梭(*Haloxylon persicum*)
	典型灌木荒漠	膜果麻黄(*Ephedra przewalskii*),木霸王(*Zygophyllum xanthoxylon*),泡泡刺(*Nitraria sphaerocarpa*),塔里木拐枣(*Calligonum roborowskii*),裸果木(*Gymnocarpos przewalskii*)
	草原化荒漠	沙冬青(*Ammopiptanthus mongolicus*),棉刺(*Potaninia mongolica*),油柴(*Tetraena mongolica*),柠条(*Caragana korshinskii*)
	沙生灌木荒漠	
	半灌木、小半灌木荒漠	珍珠猪毛菜(*Salsola passerina*),琵琶柴(*Reaumuria soongorica*),盐爪爪(*Kalidium foliatum*),驼绒藜(*Ceratoides latens*)
	高寒荒漠(垫状小半灌木荒漠)	垫状驼绒藜(*Ceratoides compacta*),无茎芥(*Pegaeophyton scapiflorum*),藏芥(*Hedinia tibetica*),藏棘豆(*Oxytropis tibetica*),藏亚菊(*Ajania tibetica*),粉花蒿(*Artemisia rhodantha*)
XXIII. 肉质刺灌丛	肉质刺灌丛	
XXIV. 高山冻原		
XXV. 高山垫状植被	密实垫状植被 疏松垫状植被	
XXVI. 高山流石滩稀疏植被		
XXVII. 草甸	嵩草高寒草甸	小嵩草(*Kobresia pygmaea*),矮嵩草(*K. humilis*),线叶嵩草(*K. capillifolia*),禾叶嵩草(*K. graminifolia*),四川嵩草(*K. setchwanensis*)
	苔草高寒草甸	粗喙苔(*Carex scabriostris*),黑穗苔(*C. atrata*),黑花苔草(*C. melanantha*)
	禾草高寒草甸	黄花茅(*Anthoxanthum odoratum*)
	杂类草高寒草甸	西伯利亚斗篷草(*Alchemilla sibirica*),圆穗蓼(*Polygonum sphaerostachyum*)
XXVIII. 沼泽		
XXIX. 水生植被	沉水水生植被	
	浮水水生植被	
	挺水水生植被	

3. 气候参数选择和参数值的确定

在模型中,普遍使用“环境筛”方法(Woodward et al. 1995)限定植物功能型的存在区域,因此在给定植物功能型的同时必须给定其存在范围的环境限定因子。Woodward(1987)认为决定植被分布的气候因子有三类,即:1)植物能够忍受的最低温度;2)完成生活史所需的生长季长度和热量供应;3)用于植物冠层形成和维持的水分供应。通常认为,水分供应决定着植物的外貌(如乔木、灌木、草本以及常绿和落叶等),绝对低温限制着树木的分布范围(Woodward 1987)。

根据气候与植物分布关系的研究成果(Woodward 1987,Box 1981,Prentice et al. 1992,Box 1995),选择最冷月平均温度(T_1)、最暖月平均温度(T_7)、大于5 ℃的有效积温(growing degree-days above 5 ℃,GDD_5)、大于0 ℃的有效积温(GDD_0)、最暖月和最冷月的温度差(DTY)、湿润指数(MI,年降水量和年潜在蒸散量的比值,即 P/PET,PET 用 Thornthwaite 方法计算)和年均降水量(P)作为限制植物分布的环境因子。最冷月平均温度(T_1)用于区分不同树种的抗寒性;有效积温(GDD_5)用于表示不同植物功能型的热量需求;湿润指数(MI)用于限定植物的外貌。由于高海拔地区气温低,但太阳辐射强烈,潜在蒸散的计算存在问题,所以高寒植物功能型首先用最暖月和最冷月温度差(DTY)和有效积温(GDD_5)共同限定,再用年均降水量(P)限定高寒功能型的灌木和草类功能型。最暖月平均温度(T_7)用于表示热带亚热带灌木和草类最暖月的温度需求。

在确定植物功能型的气候参数值时,首先根据中国植物功能型分布图(图4.4)的栅格数据(0.1°×0.1°),用半峰宽法(peak width at half height,PWH)(徐文铎 1983)粗略估算植物功能型的气候参数的最大值和最小值。

半峰宽(PWH) $= 2.354 \times S$

最适范围:$[\bar{X} - \frac{1}{2} \cdot PWH, \bar{X} + \frac{1}{2} \cdot PWH]$

式中 $\bar{X}$ 为环境变量的平均值,S 为标准差。

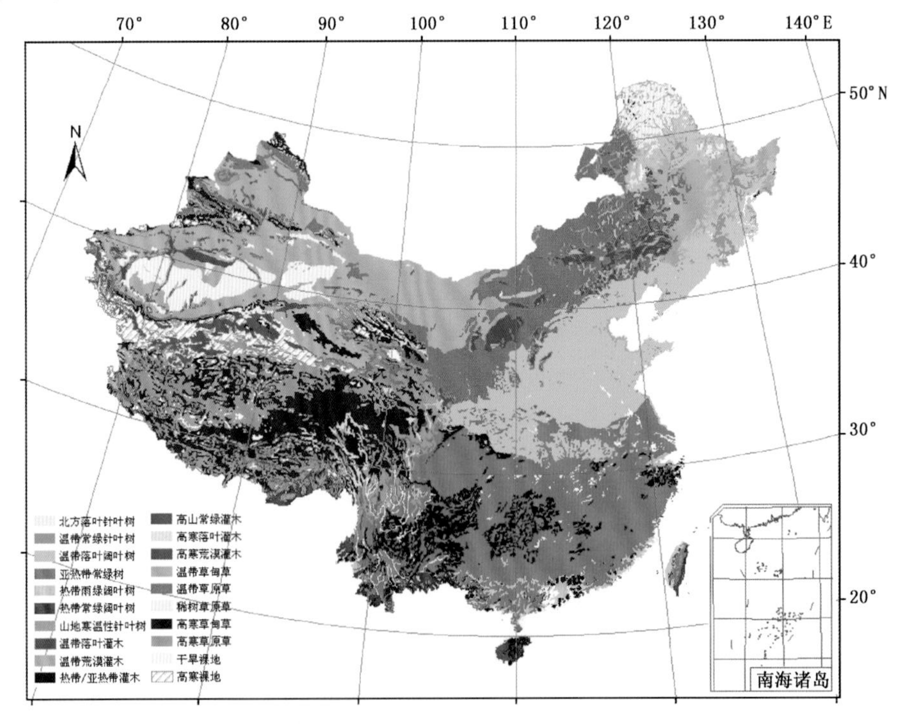

图4.4　基于《中国植被图》确定的中国植物功能型分布

然后，再根据相关文献（Box 1981，Woodward 1987，中国植被编辑委员会 1980）初步确定各气候参数值；根据所得的植物功能型气候参数值确定的中国植物功能型分布图与基于《中国植被图》确定的植物功能型地理分布图（图 4.4）叠加比较，进一步修正中国各植物功能型的气候参数值。经过反复修正，确定中国植物功能型划分的气候参数值（表 4.11）。

表 4.11 中国植物功能型的环境限制因子和优势等级

植物功能型	T_1 (℃)	GDD_5 (℃·d)	GDD_0 (℃·d)	T_7 (℃)	DTY (℃)	MI	P (mm)	D
树 Trees								
1 热带常绿阔叶树种 Tropical broad-leaved evergreen trees	>12					>1.2		1
2 热带雨绿阔叶树种 Tropical broad-leaved raingreen trees	>12					1~1.5		1
3 亚热带常绿树种 Sub-tropical evergreen trees	>0					>0.8		2
4 温带落叶阔叶树种 Temperate broad-leaved deciduous trees	−23~2	>1200			>30	0.7		2
5 温带常绿针叶树种 Temperate/boreal ever green conifer trees	−35~2	>900			>30	>0.7		2
6 北方落叶针叶树种 Boreal summergreen conifer trees	<−15	>350			>30	>0.7		2
7 山地寒温性针叶树种 Subtropical mountain cold conifer trees		1200~3000			<30	>1		3
灌木 Shrubs								
8 温带落叶灌木 Temperate deciduous shrubs		>500				>0.5		5
9 温带荒漠灌木 Temperate desert shrubs		>500				0.1~0.5		5
10 热带/亚热带灌木 Hot shrubs				>30		<1.2		4
11 高山常绿灌木 Mountainous evergreen shrubs			>100		<30		>350	6
12 高寒落叶灌木 Alpine deciduous shrubs			>100		<30		>120	6
13 高寒荒漠灌木 Alpine desert shrubs			>50		<30			7
草 Grasses								
14 温带草甸草 Temperate meadow grasses		>500			>30	>0. 6		5
15 温带草原草 Temperate grasses		>500				>0.3		5
16 稀树草原草 Warm grasses				>30		0.3~0.8		4
17 高寒草甸草 Alpine meadow grasses			>100		<30		>350	6
18 高寒草原草 Alpine steppe grasses			>100		<30		>120	6
裸地（Bare grounds）								
19 干旱裸地 Arid bare ground						<0.05		8
20 高寒裸地 Alpine bare ground								8

* T_1最冷月平均温度；T_7，最暖月平均气温；GDD_5，大于 5 ℃的有效积温；GDD_0，大于 0 ℃的有效积温；DTY，年最热月平均温和最冷月平均温之差；MI，湿润指数；P，年降水量；D，优势等级

4. 植物功能型的优势等级确定

为了解决植物类型的组合与确定植被类型，Box(1981)假定：1)植物的叶面积越大，植株越高，对该类植被的贡献越大，这些植物种被称为优势种，优势种存在不同的等级；2)在裸地上，植被演替将一直进行到该气候条件下可以生存的等级最高植物类型占优势时为止；3)植被的结构和群系类型由优势植物类型决定。根据该假设和实际植被中植物类型的组成情况，将89类植物类型排列成8个等级，从而构成了一个优势等级体系(dominance hierarchy)。这个优势等级体系的顺序是：树＞草/灌木＞极端环境植物＞裸地，其中树又被分为4个亚等级。植物功能型分布的空间如果有重叠，则通过植物功能型优势等级来判断由何种植物功能型占据该空间，即等级高者优先，等级相同则共存，而等级低者则被忽略。Box(1981)采用植物功能型优势等级体系来反映植物之间的竞争和植被的植物类型组成。根据Box(1981)植物功能型的优势等级体系及中国植被分布，给出了中国植物功能型的优势等级顺序，即热带树种＞温带树种/北方树种＞草/灌木＞裸地，其中草/灌木又被分为4个亚等级。

5. 植物功能型潜在分布

根据中国957个气象站点1951—1980年的气象数据和海拔高程数据计算各项环境变量的值。潜在蒸散(potential evaportransipiration，PET)采用Thornthwaite方法计算(张新时1989)；基于插值得到的日平均温度计算 GDD_5 和 GDD_0。计算得到各站点的气候限制因子值后，再进行空间插值得到各栅格点的值。其中，温度计算按照海拔高度每升高100 m温度下降0.6 ℃进行订正。最后，根据全国环境变量图判断植物功能型的地理分布。

符合环境约束条件要求的植物功能型在一些地区可能会有多种，哪种功能型会存在于这一地区，则由植物功能型的优势等级顺序决定。例如，亚热带常绿树种在符合热带常绿树种生长条件的地区同样也可以存在，但是由于热带常绿树种的优势等级比亚热带常绿树种高，所以后者不会存在。若优势等级相同，这些功能型则共存于这一区域。这样就产生了多种功能型组合(其中包括只含一种功能型的组合)。作图时，每一种功能型组合命名为一种生物群区，从而得到生物群区的潜在分布图。

各植物功能型的环境限制参数值如表4.11所示。表4.11中不是每一项都有值。每类植物功能型只要满足它分布的气候限制条件，就可能在此气候空间内存在。例如，“热带常绿阔叶树种”一栏只有“$T_1>12$”和“$MI>1.2$”两个限制条件，这意味着只要气候满足最冷月平均温度大于12 ℃和全年平均湿润指数大于1.2，热带常绿阔叶树种就可以存在。植物功能型的气候限制因子规定了植物功能型存在的气候空间。每个功能型只存在于自身的气候空间中，当不同功能型的气候空间存在重叠时，则由植物功能型的优势等级(D)决定谁将存在。

为了评价这些生物群区的分布与中国植被分布相吻合的程度，首先根据由植物功能型得到的生物群区类型把中国的植被区划类型重新归类，使它们的类型数目相同。然后，用Kappa一致性检验方法检验这两幅图的一致性。

Kappa一致性检验方法是用于评价测量目标影像与参照影像一致性的方法(Prentice et al. 1992)。该法因忽略了“偶发的精确”，计算出的误差可作为对比两幅图时的变化量。通过将两幅图逐点对照，计算同类型栅格点重合的数目与整幅图栅格点数目的比例，可得到表4.12。

表 4.12　两图重合比例

图 A 类型	图 B 类型				总计
	1	2	…	c	
1	p_{11}	P_{12}	…	p_{1c}	$p_{1.}$
2	p_{21}	P_{22}	…	p_{2c}	$p_{2.}$
…	…	…	.	…	….
c	p_{c1}	p_{c2}	…	p_{cc}	$p_{c.}$
总计	$p_{.1}$	$p_{.2}$	…	$p_{.c}$	1

Kappa 一致性检验值就是用表 4.12 中的数值计算得到的，计算公式如下：

$$\hat{k} = \frac{p_0 - p_e}{1 - p_e}$$

$$p_0 = \sum_{i=1}^{c} p_{ii}$$

$$p_e = \sum_{i=1}^{c} p_i \cdot p_j$$

式中 $\hat{k}$ 为 Kappa 一致性检验值，p_{ii} 为目标影像与参照影像的重叠值，p_i 为行数据，p_j 为列数据。对分类 i 的 Kappa 一致性检验值由下列公式计算：

$$\hat{k}_i = \frac{p_{ii} - p_i \cdot p_j}{(p_i + p_j)/2 - p_i \cdot p_j}$$

式中 $\hat{k}_i$ 为类型 i 的 Kappa 一致性检验值。Kappa 一致性检验的准确度划分如表 4.13 所示。

表 4.13　Kappa 一致性检验的准确度

$\hat{k}_i$	准确程度 Accurate level
0～0.2	较差 Poor
0.2～0.4	一般 Fair
0.4～0.6	较准确 Good
0.6～0.8	很准确 Very good
0.8～1.0	极准确 Excellent

四、中国植物功能型

1. 中国植物功能型类型及其代表种

类型 1. 热带阔叶常绿树种：包括台湾肉豆蔻(*Myristica cagayanensis*)、白翅子树(*Pterospermum niveum*)、长叶桂木(*Artocarpus lanceolatus*)、望天树(*Parashorea chinensis*)、假含笑(*Paramichelia baillonii*)、滇楠 (*Phoebe nanmu*)和龙脑香属 (*Dipterocarpus* spp.)、番龙眼属(*Pometia* spp.)、肉豆蔻属(*Myristica* spp.)等。

类型 2. 热带阔叶雨绿树种：包括木棉(*Bombax malabaricum*)、楹树(*Albizia chinensis*)，鸡占(*Terminalia hainanensis*)，厚皮(*Lannea coromandelica*)等。年均温 20～25 ℃，绝对最低温度 2～5 ℃，并出现在旱季。

类型 3. 亚热带常绿树种：包括壳斗科（*Quercus*），化香属（*Platycarya*），栲属（*Castanopsis*），水青冈属（*Fagus*），栎属（*Lithocarpus*）的植物。在分类体系中，它被命名为"温带常绿树种"，根据习惯将其改称为'亚热带常绿树种'。

类型 4. 温带落叶阔叶树种：包括桦木属（*Betula*）、杨属（*Populus*）、槭属（*Acer*）、椴树属（*Tilia*）、榆属（*Ulmus*）的植物。

类型 5. 温带常绿针叶树种：包括云杉属（*Picea*）、冷杉属（*Abies*）、松属（*Pinus*）的种类。具有忍耐－60 ℃低温的能力。

类型 6. 北方落叶针叶树种：主要包括落叶松属（*Larix*）植物，如兴安落叶松（*L. gmelinii*）和西伯利亚落叶松（*L. sibirica*），以及少量的红皮云杉（*Picea koraiensis*）。此类植物极为耐寒，限制它向北分布的气候因素不是极端低温而是生长所需的积温。它在冬天寒冷而干旱的地区比常绿针叶植物占优势，因为在这种气候条件下，常绿针叶树种因缺乏足够的积雪保护而难以忍受寒冷。

类型 7. 山地寒温性针叶树种：主要是冷杉（*Abies*）和云杉（*Picea*）属的一些种类，如鳞皮冷杉（*Abies squamata*）、黄果冷杉（*Abies ernestii*）、喜马拉雅冷杉（*Abies spectabilis*）、川西云杉（*Picea likiangensis* var. *balfouriana*）、丽江云杉（*P. likiangensis*）等。与温带常绿针叶树种不同，它们主要分布于热带亚热带的高海拔山区，主要是受到西南季风湿润影响的横断山脉南部与雅鲁藏布江中游的高山峡谷中，那里水分充足，气候湿润，但全年温凉。

类型 8. 温带落叶灌木：包括锦鸡儿（*Caragana* spp.）、槐（*Sophora* spp.）、薄皮木（*Leptodermis oblonga*）、柽柳（*Tamarix* spp.）、铃铛刺（*Halimodendron halodendron*）、秀丽水柏枝（*Myricaria elegans*）、蒙古柳（*Salix mongolica*）等。

类型 9. 温带荒漠灌木：包括珍珠猪毛菜（*Salsola passerina*）、琵琶柴（*Reaumuria soongorica*）、盐爪爪（*Kalidium foliatum*）、驼绒藜（*Ceratoides latens*）、白梭梭（*Haloxylon persicum*）等。生于极端干旱的环境，或有地下水补充。

类型 10. 热带/亚热带灌木：包括乌饭树（*Vaccinium bracteatum*）、映山红（*Rhododendron simsii*）等。分布在热带、亚热带丘陵低山的灌丛，就其外貌看来，有常绿的也有落叶的，性喜暖热，不耐寒冷。

类型 11. 高山亚高山常绿灌木：包括常绿革叶灌木和常绿针叶灌木，主要是杜鹃属（*Rhodondendron*）和圆柏属（*Sabina*）的植物，如钟花杜鹃（*Rhodondendron campanulatum*）、宏钟杜鹃（*R. wightii*）、雪层杜鹃（*R. nivale*）、香柏（*Sabina pingii* var. *wilsonii*）、高山柏（*S. squamata*）、滇藏方枝柏（*S. wallichiana*）等。主要分布于森林区及其外缘地带的亚高山带上部和高山带，生境湿润而寒冷。

类型 12. 高寒落叶灌木：包括圆叶桦（*Betula rotundifolia*）、毛枝山居柳（*Salix oritrepha*）、杯腺柳（*S. cupularis*）、光叶柳（*S. rehderiana* var. *glabra*）、藏矮柳（*S. resectoides*）、硬叶柳（*S. sclerophylla*）、箭叶锦鸡儿（*Caragana jubata*）、金露梅（*Dasiphora fruticosa*）、藏沙棘（*Hippophae tibetica*）、匍匐水柏枝（*Myricaria prostrata*）等。广布于高原和高山带的山坡、谷地以及河谷。

类型 13. 高寒荒漠灌木：包括垫状驼绒藜（*Ceratoides compacta*）、无茎芥（*Pegaeophyton scapiflorum*）、藏芥（*Hedinia tibetica*）、藏棘豆（*Oxytropis tibetica*）、藏亚菊（*Ajania tibetica*）等。这些植物主要分布于青藏高原西北部，海拔 4600～5500 m，气候寒冷而干旱。

类型 14. 温带草甸草：包括贝加尔针茅（*Stipa baicalensis*）、羊草（*Aneurolepidium chinense*）、线叶菊（*Filifolium sibiricum*）、芨芨草（*Achnatherum splendens*）、獐茅（*Aeluropus littoralis*）等典型中生植物。适应于中温、中湿环境。

类型 15. 温带草原草：包括针茅属（*Stipa*）的许多植物，如大针茅（*S. grandis*）、克氏针茅（*S. krylovii*）和羊茅（*Festuca ovina*）、糙隐子草（*Cleistogenes squarrosa*）、冰草（*Agropyron cristatum*）、冷蒿（*Artemisia frigida*）等。分布于干旱、半干旱地区。

类型 16. 稀树草原草：指生长在亚热带干热地区的多年生草本植物，它们耐旱、耐贫瘠、耐火烧，如扭黄茅（*Heteropogon contortus*）、华三芒草（*Aristida chinensis*）、丈野古草（*Arundinella decempedalis*）、龙须草（*Eulaliopsis binata*）等。此类植物主要分布在中国热带亚热带地区山地背风面的雨影区，如西南山区的干热河谷中。由于中国热带亚热带地区降水量丰沛，所以这种类型在中国分布并不广。

类型 17. 高寒草甸草：包括小包括小嵩草（*Kobresia pygmaea*）、西伯利亚斗篷草（*Alchemilla sibirica*）、圆穗蓼（*Polygonum sphaerostachyum*）等。分布于高寒、中湿、日照充足、太阳辐射强的地区。

类型 18. 高寒草原草：指非常耐寒的高寒旱生矮草本植物，如紫花针茅（*Stipa purpurea*）、羽柱针茅（*Stipa subsessiliflora* var. *basiplumosa*）、座花针茅（*Stipa subsessiliflora*）、硬叶苔草（*Carex moorcroftii*）、银穗羊茅（*Festuca olgae*）等。多生于青藏高原腹地海拔4000 m以上寒冷而干旱的地区。

为了应用方便，根据成因将裸地分为两种：

类型 19. 干旱裸地：指盐壳、流动沙丘、裸露戈壁、裸露石山。

类型 20. 高寒裸地：指高山碎石、倒石堆和冰川雪被。

这套18类的功能型体系包括了树、灌木和草类三大类，其中含有为青藏高原及其他高山地区植被模拟需要而专门设置的6种高山/高寒植物功能型。根据代表种的分布确定各植物功能型的实际分布（图 4.4），然后根据功能型的分布图用半峰宽法计算各功能型的气候参数值（表 4.11）。

2. 中国植物功能型潜在分布

运用表 4.11 给出的中国植物功能型及其环境约束条件，根据中国1951—1980年的平均气象资料，确定中国各植物功能型的潜在分布范围。

高大乔木功能型（图 4.5）：中国东部植被分布明显呈现出纬向地带性，形成了世界上最大的连续不间断分布的森林植被，可以作为研究全球植被气候系统和全球自然地理纬向地带性的参照。将中国东部森林带的植物功能型由南向北分为六类，即热带阔叶常绿树种（类型 1）、热带阔叶雨绿树种（类型 2）、亚热带常绿树种（类型 3）、温带落叶阔叶树种（类型 4）、温带常绿针叶树种（类型 5）、北方落叶针叶树种（类型 6）。由于青藏高原东南部高山地区存在大量以云杉和冷杉为主的针叶林，所以增设山地寒温性针叶树种（类型 7），其分布区海拔高、气候常年温凉且降水量大。

灌木类功能型（图 4.6）：灌丛的生态适应幅度较森林广，在气候过于干燥或寒冷、高大树木难以生存的地方，则有灌丛分布。灌丛在中国植被水平分布带中并未占有显著地位，这是由于中国东半壁气候湿润，发育了大面积的森林；西南部又有青藏高原的隆起，产生了一系列的高原植被；西北部荒漠中虽有灌丛存在，但面积不大，而且植被稀疏，常被作为荒漠处理（Hou

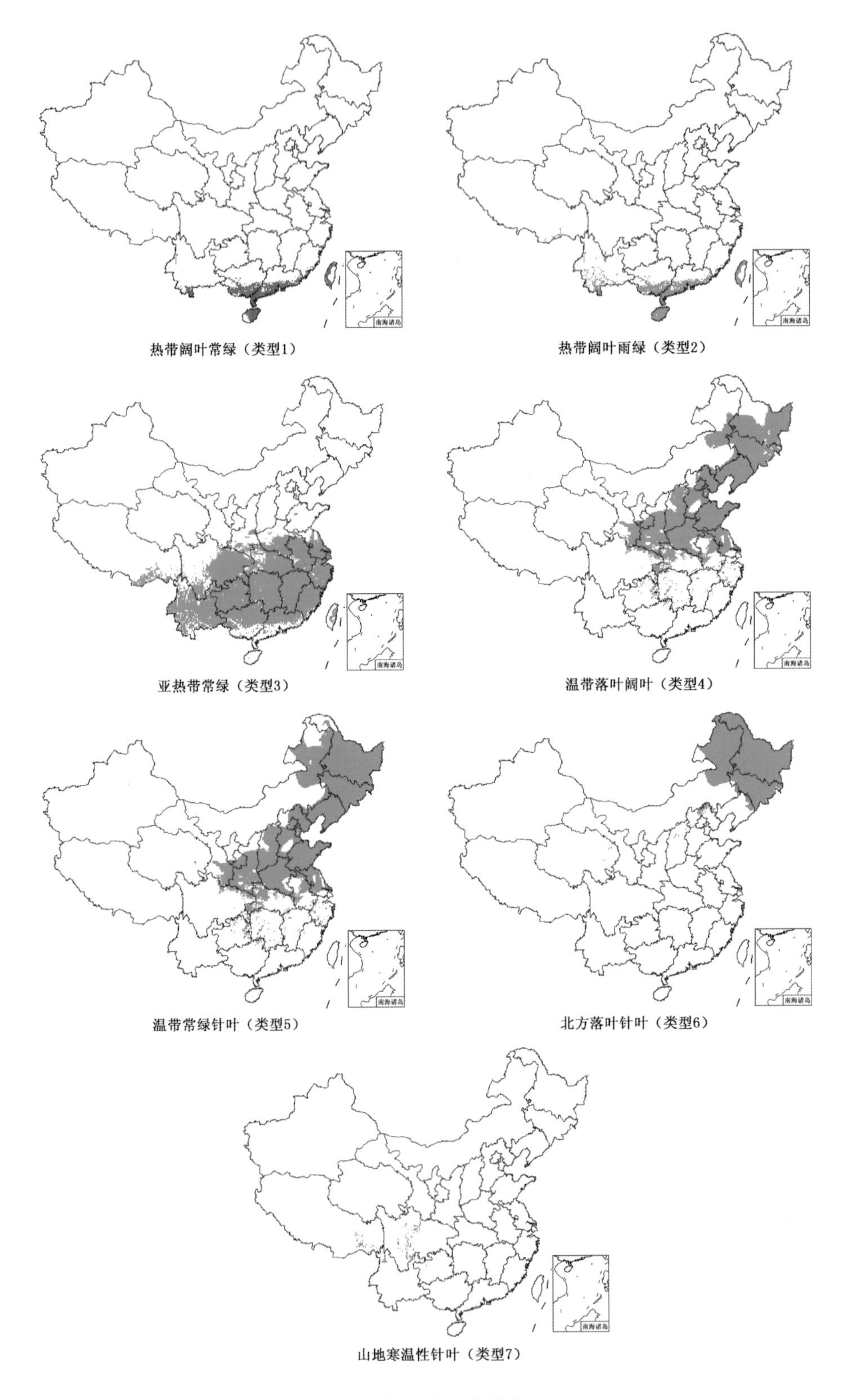
南海诸岛
热带阔叶常绿（类型1）
热带阔叶雨绿（类型2）
亚热带常绿（类型3）
温带落叶阔叶（类型4）
温带常绿针叶（类型5）
北方落叶针叶（类型6）
山地寒温性针叶（类型7）

图 4.5　树功能型的分布

1983)。中国是多山国家,在山地垂直带上常有原生灌丛分布。在长期的人类经济活动影响下,也发生了许多次生性的灌丛类型。在此,将中国的全部灌木划分为六类,即温带落叶灌木(类型 8)、温带荒漠灌木(类型 9)、热带/亚热带灌木(类型 10)、高山常绿灌木(类型 11)、高寒落叶灌木(类型 12)和高寒荒漠灌木(类型 13)。

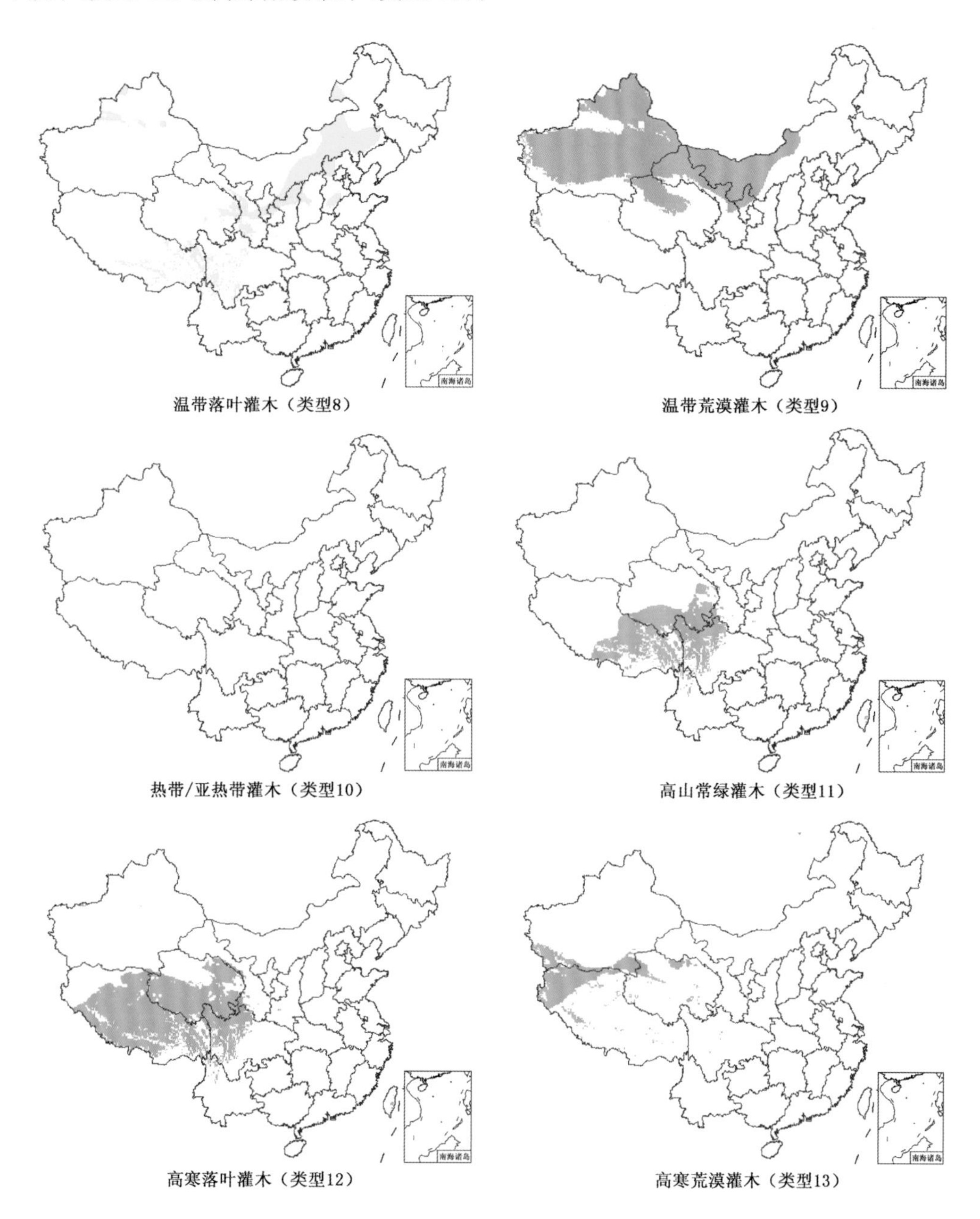

图 4.6　灌木功能型的分布

草类功能型(图 4.7):中国草类植物功能型分为五类,即温带草甸草(类型 14)、温带草原草(类型 15)、稀树草原草(类型 16)以及高寒草甸草(类型 17)和高寒草原草(类型 18)。类型

14 和类型 15 是中国草原地区的优势植物类型，二者最大的区别在于水分的需求不同。类型 16 只存在于中国西南山区的山谷中，那里干热少雨。类型 16 主要考虑将来中国热带/亚热带地区气候如果趋向干旱或原有生态系统受到人类活动干扰，它的分布范围将有扩大的可能。

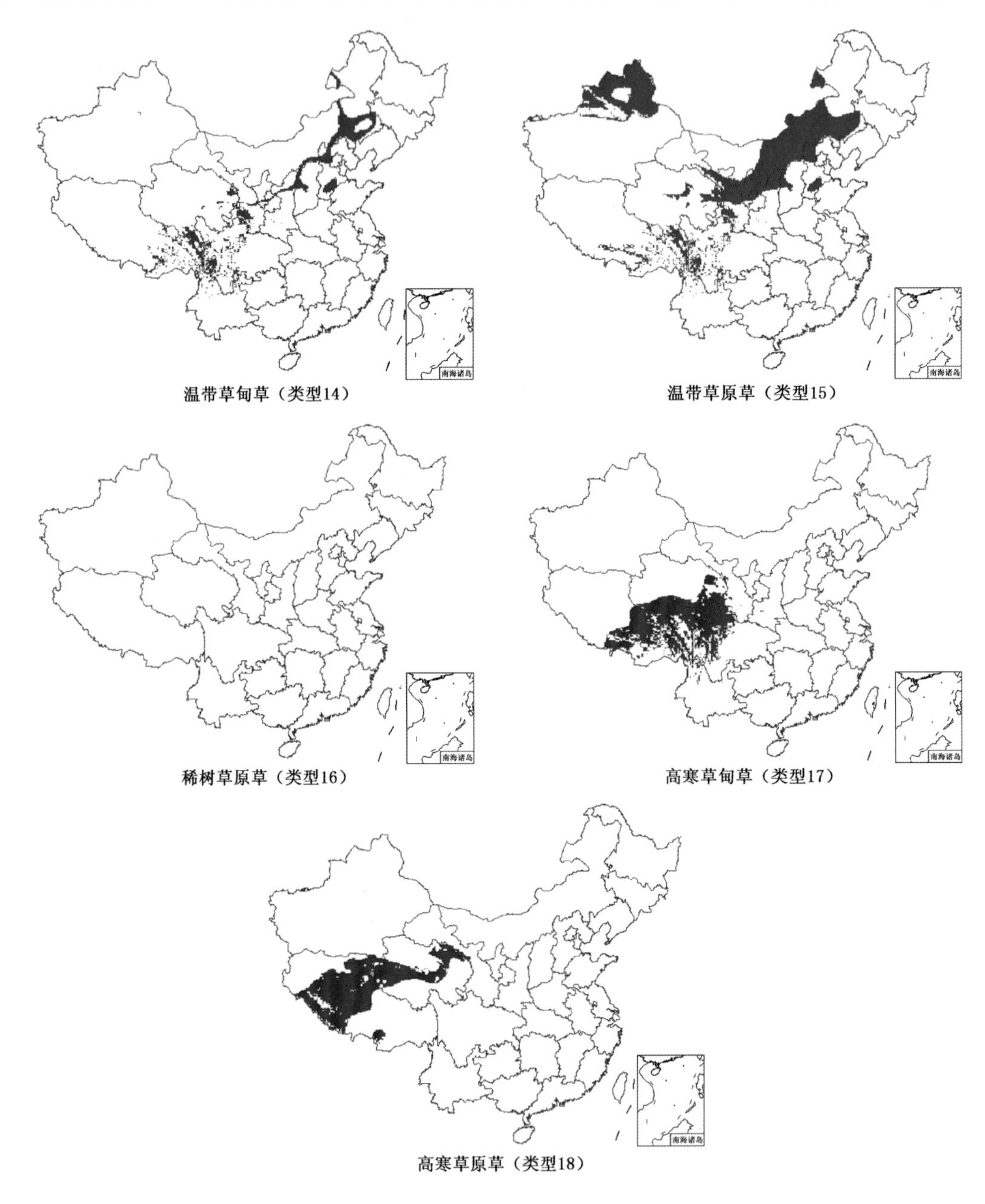

图 4.7　草类功能型分布

中国高寒类植物功能型包括五类，即高山常绿灌木(类型 11)、高寒落叶灌木(类型 12)、高寒荒漠灌木(类型 13)、高寒草甸草(类型 17)、高寒草原草(类型 18)。青藏高原隆起对植被分布造成了巨大的影响，这些植物功能型是为研究青藏高原植被分布规律及其与气候的关系而定义。高山植物因其生长环境的特殊性形成了一系列特殊的适应机制，其中最主要的是生理上的抗寒性和抗旱性。

至此，根据 29 类备选的中国植物功能型，结合中国的实际植物分布，给出了 18 类中国植物功能型。需要指出的是，这些植物功能型并不能囊括中国全部的植物种类，但可以将主要的植物，特别是那些决定植被类型和陆地表面生物物理和生物地球化学特征的关键植物种类，归入到了这些植物功能类型之中，从而使中国植物功能型足以反映地表的生物地理、生物物理和生物地球化学特征。该划分方法可应用于区域尺度的植物功能型划分和筛选，所得到的植物功能型可应用于植被地理分布、生物地球化学以及植被一大气相互作用的研究。同时，按该划分方法所选的植物关键特征组合表示出来的一些植物功能类型并没有相应的植物种类与其相对应，如北方常绿阔叶树种就没有相应的植物种类，在此也将它列到表中，仅表示存在这种功能组合，并不认为现实的环境中当然存在这种类型的植物。另外，对灌木的划分应当随着"树"的划分一并进行，得到与"树"同样数目(12 类)的灌木和荒漠灌木类型。但是，由于灌木的定义不够清晰，且类型复杂多样，许多模型的植物功能型划分方案对灌木类型做了简化处理，甚至不使用单独的灌木类功能型，它的功能由树或草代表(Haxeltine et al. 1996)。为了方便，在此对灌木类型的划分也作了很大的简化。对灌木不再区分针叶/阔叶，从而导致只有 6 类灌木类功能型；而对荒漠灌木不再区分针叶/阔叶和常绿/落叶，由此只得到 3 类荒漠灌木功能型。

尽管在进行中国植物功能型划分时，对 18 类植物功能型选择了代表植物，植物功能型还是不能被看作是具体的植物体，只能认为是模式化的植物，代表着所选关键特征的功能组合。对每类植物功能型，应当只从这些关键特征去审视，忽略了具体植物的其他多样而又复杂的特征。作为研究大尺度气候一植被相互作用的植物功能型划分，在此只考虑了六种关键植物特征。这些特征在大尺度上决定了植被的外貌和功能，并影响着植被一大气之间的相互作用。这些植物功能型当然还不足以详尽地描述植被的动态以及植物与环境的相互作用。根据研究尺度和目的的不同，可以选用不同的关键植物特征划分植物功能型，以满足特定的研究需求。

在此给出的中国 18 类功能型是对中国气候一植被状况的现实考虑。中国是一个季风气候强盛和地貌类型复杂的国家，植被分布有其独特性(Hou 1983)。中国的东部和西南部地区季风活动强盛，夏季从太平洋吹来的东南季风和来自印度洋的西南季风带来了丰富的降水，造就了东部和西南部温暖而湿润的气候。虽然冬季寒冷而干旱，但雨热同期有利于植物生长。西北内陆地区则因远离海洋且有高山阻挡，气候干燥少雨。这样，由东向西构成湿润、半湿润、半干旱、干旱的水分气候序列，植被表现出森林、森林草原、草原和荒漠的经向地带性。中国西南部青藏高原的高高隆起打破了中国低地地区的植被水平分布规律，并形成了独特的高寒景观(Chang 1983)。特别是，南部边缘喜马拉雅山脉的阻挡使得西南和东南气流只能从东南部"缺口"处进入高原，造成水分从东南向西北由多到少的变化，从而决定了高原植被分布从东南向西北更替，它们依次为高山亚高山森林、高寒草甸、高寒草原和高寒荒漠。在进行中国植物功能型划分时，也主要考虑了这两个因素——季风气候和青藏高原，因为它们主导着中国植被的分布。

第三节　中国生物群区

生物群区(Biome)是一个基本的植被单位，由生态系统组成，并有着相对一致的气候、土壤等环境特征(Walter 1985)。合适的生物群区划分不仅有助于认识生态系统分布和功能，还有助于研究气候一植被的相互作用。陆地生态系统通过改变陆地和大气间的能量、水分、动量、温室气体和矿物质的通量影响着气候;改变的气候将影响植被的结构和组成,而改变的植被将通过改变陆地与大气间的通量传输与物质交换,进而影响气候。模拟陆地生态系统与大气之间的相互作用需要对陆地生态系统进行合适的描述,特别是需要关注其影响气候的相关特征,如植物生物物理和生理生态特征。植被分类体系就是为了对陆地生态系统进行分类和描述。植物功能型(plant functional types,PFTs)可以在有效减少植物复杂性的基础上充分反映植物的生物物理和生理生态特征,以植物功能型为基础的生物群区划分可以有效地进行陆地生态系统的分类和描述(Prentice et al. 1992)。

一、中国生物群区构建

生物群区(Biome)是指一个地区内一定水热条件下生长着的优势植物为代表的植被组成,是一个植被区域分区的单位。表 4.11 给出了中国植物功能型的环境限制因子和优势等级所定义的植物功能型分布的气候空间(climatic envelopes),这些气候空间有不同的组合方式,将每类组合方式定义为一种生物群区。生物群区的类型和数目取决于植物功能型的种类和气候空间的区域。根据表 4.11 确定的植物功能型存在的气候空间,这 18 类植物功能型在中国当前气候条件下的地理分布存在 16 种组合方式,将其命名为 16 类生物群区(表 4.14)。其中,有 2 类植物功能型,即稀树草原草(类型 16)和热带/亚热带灌木(类型 10)在当前气候条件下不存在。因此,当前气候条件下中国不存在第 9 类生物群区"萨王纳",这样在当前气候条件下中国只存在 15 类生物群区分布(图 4.8)。

表 4.14 优势植物功能型的组合和生物群区命名

植物功能型组合	生物群区
热带阔叶常绿树种 Tropical broad-leaved evergreen trees 热带阔叶雨绿树种 Tropical broad-leaved raingreen trees	1 热带雨林 Tropical rain forest
热带阔叶雨绿树种 Tropical broad-leaved raingreen trees	2 热带季雨林 Tropical seasonal forest
亚热带阔叶常绿树种 Sub-tropical broad-leaved evergreen trees	3 亚热带常绿阔叶林 Sub-tropical broad-leaved evergreen forest
亚热带阔叶常绿树种 Sub-tropical evergreen trees 温带落叶阔叶树种 Temperate broad-leaved deciduous trees	4 温带常绿落叶阔叶混交林 Mixed deciduous-evergreen broad-leaved forest
温带落叶阔叶树种 Temperate broad-leaved deciduous trees 温带常绿针叶树种 Temperate/boreal evergreen needle-leaved trees	5 温带落叶阔叶林 Temperate broad-leaved deciduous forest
温带落叶阔叶树种 Temperate broad-leaved deciduous trees 温带常绿针叶树种 Temperate/boreal evergreen needle-leaved trees 北方落叶针叶树种 Boreal summergreen needle-leaved trees	6 温带针阔叶混交林 Temperate mixed broad-leaved and coniferous forest
北方落叶针叶树种 Boreal summergreen needle-leaved trees 或包括 温带/北方常绿针叶树种 Temperate/boreal evergreen needle-leaved trees	7 北方针叶林 Boreal coniferous forest (Taiga)
山地寒温性针叶树种 Sub-tropical mountain cool needle-leaved tress	8 亚热带山地寒温性针叶林 Sub-tropical mountainous cool coniferous forest

续表

植物功能型组合	生物群区
热带/亚热带灌木 Hot shrubs 稀树草原草 Warm grasses	9 萨王纳 Savanna
温带草甸草 Temperate meadow grasses 温带草原草 Temperate steppe grasses 温带落叶灌木 Temperate deciduous shrubs	10 温带草甸草原 Temperate meadow /woodland
温带草原草 Temperate steppe grasses 温带落叶灌木 Temperate deciduous shrubs	11 温带典型草原 Temperate typical steppe
温带草原草 Temperate steppe grasses 温带荒漠灌木 Temperate desert shrubs	12 温带荒漠草原 Temperate desert steppe
温带荒漠灌木 Temperate desert shrubs 干旱裸地 Arid bare ground	13 温带荒漠 Temperate desert
高寒草甸草 Alpine meadow grasses 高山常绿灌木 Mountain evergreen shrubs 高寒落叶灌木 Alpine deciduous shrubs	14 高寒灌丛草甸 Alpine meadow
高寒草原草 Alpine steppe grasses 高寒落叶灌木 Alpine deciduous shrubs	15 高寒草原 Alpine steppe
高寒荒漠灌木 Alpine desert shrubs 高寒裸地 Cold bare ground	16 高寒荒漠 Alpine desert

这套基于植物功能型构建的中国生物群区，与 BIOME1 模型相比，在青藏高原区域描述得更为精细：整个高原面上不再只有一个植被类型“冻原”，而是从高原的东南至西北依次分布有 3 类生物群区，即高寒灌丛草甸、高寒草原和高寒荒漠，与实际植被相符。东北地区的生物群区也有了较大的简化，由北至南依次排列着北方针叶林、温带针叶林、针阔叶混交林和温带落叶阔叶林。内蒙古草原依照水分条件由东至西依次排列着草甸草原、草原和荒漠草原。

二、中国生物群区划分检验

为了检验基于植物功能型构建的中国生物群区实际吻合程度，将广为接受的植被区划图根据 15 类生物群区的特征进行重新归类，使其类型树木相同，得到实际中国生物群区分布(图 4.9)，用于与基于植物功能型构建的生物群区(图 4.8)比较。检验所用的统计方法是 Kappa 一致性检验方法，其意义在于忽略了“偶发的精确”，计算出的误差可以看作是在对比两幅图时的变化量。

利用 Kappa 一致性检验方法，比较分别来自中国植被区划图和中国植物功能型的生物群区图，得到的总 Kappa 一致性检验值达到 0.63，相同类型栅格的重合率达 67%，即非常好的水平。中国各生物群区的 Kappa 一致性检验值在 0.25～0.88 之间，大多处于 0.57，即达到了好以上水平(图 4.10)。

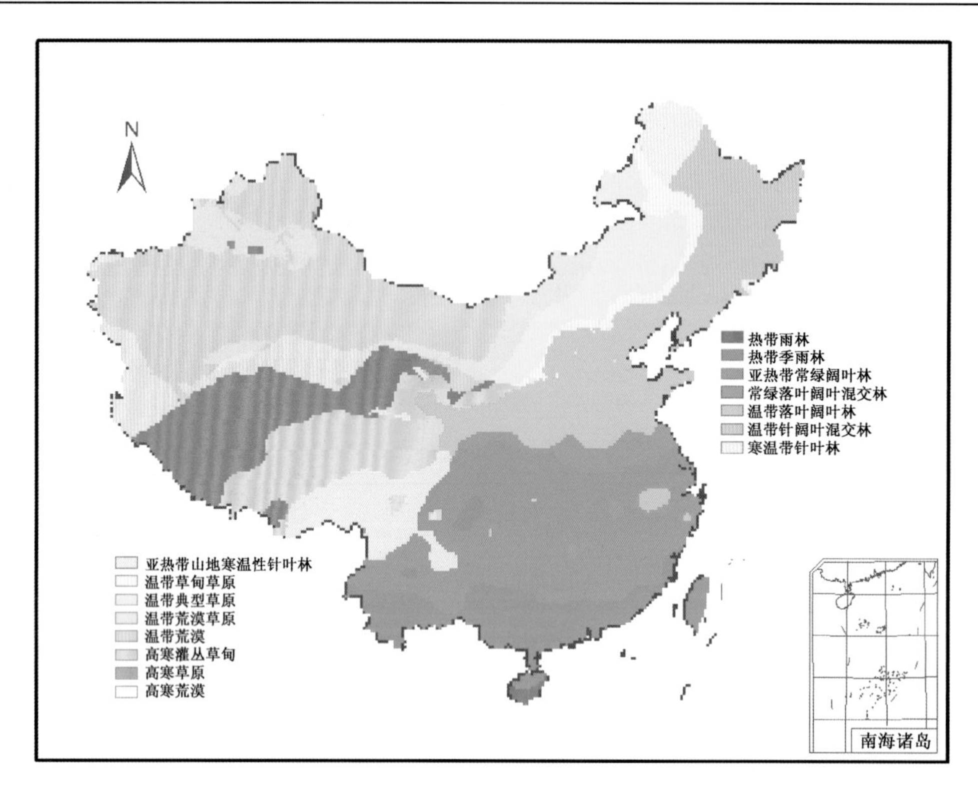

图 4.8　基于植物功能型分布得到的中国生物群区分布

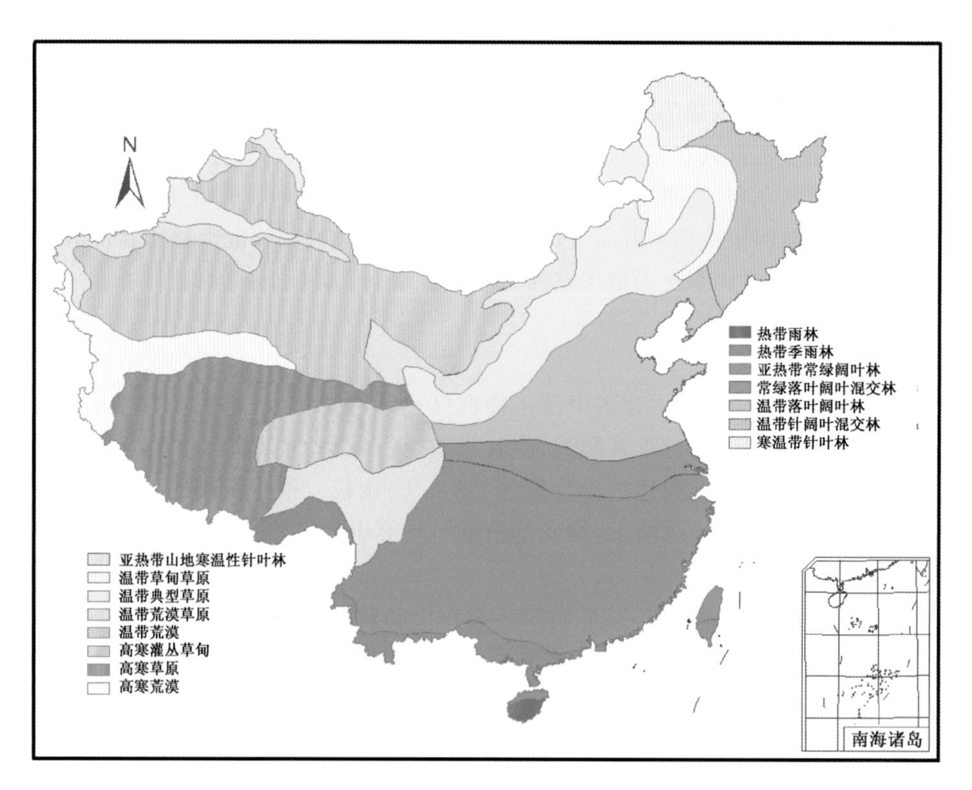

图 4.9　基于中国植被区划图得到的中国生物群区分布

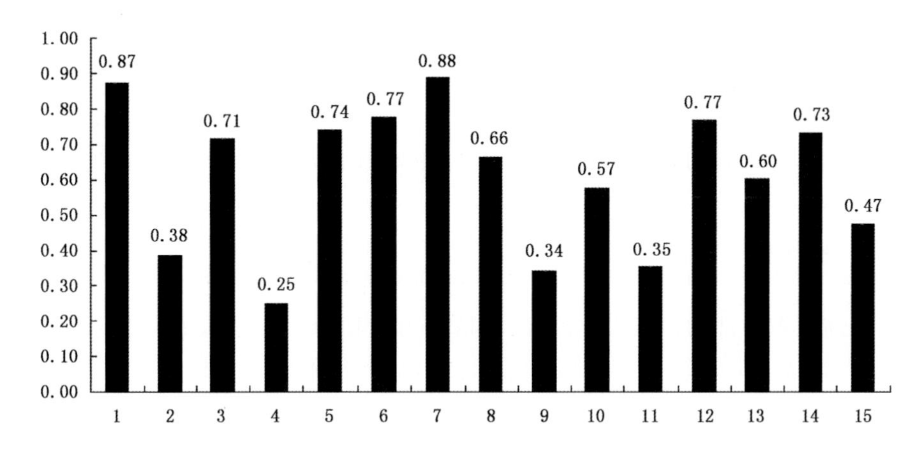

图 4.10　基于中国植被区划图和中国植物功能型的生物群区 Kappa 一致性检验

1—热带雨林；2—热带季雨林；3—亚热带常绿阔叶林；4—常绿落叶阔叶混交林；5—温带落叶阔叶林；6—温带针阔叶混交林；7—寒温带针叶林；8—亚热带山地寒温性针叶林；9—温带草甸草原；10—温带典型草原；11—温带荒漠草原；12—温带荒漠；13—高寒灌丛草甸；14—高寒草原；15—高寒荒漠

热带雨林和热带季雨林：热带雨林由热带常绿阔叶树种和热带雨绿阔叶树种共同组成，要求的气候条件是最冷月平均温度大于 12 ℃，蒸散能满足所需的 70%（$AET/PET>0.7$）。热带季雨林包括热带雨绿阔叶树种，最冷月平均温度大于 12 ℃，蒸散能满足所需的 35%以上（$AET/PET>0.35$）。采用这种定义方式与中国的热带森林特征有关。中国热带地区纬度偏北，面积占大陆的极小部分，雨林受季风影响，群落的上层树种多少表现出干湿季节变化。所以，在热带雨林中定义了落叶类型。根据中国植被编辑委员会（1980）的观点，中国的热带季雨林是热带雨林向亚热带常绿阔叶林过渡的类型。但是，更为广泛接受的观点是：热带季雨林是存在于热带干旱区域的一种森林类型，由季节性干旱所致，所需温度条件与热带雨林相同。

亚热带常绿阔叶林（0.79）：亚热带常绿阔叶林在世界植被中并不太突出，但在中国境内却是一个十分重要的植被类型，它遍布中国极其广泛的南方区域，是中国亚热带地区的地带性植被。这个生物群区类型由亚热带常绿阔叶树种组成，所需的气候条件是最冷月平均气温大于 0 ℃，AET/PET 大于 0.5。由于中国亚热带东部和西部的气候干湿程度的差异，中国的常绿阔叶林明显区分为东部类型和西部类型。在西南的干热河谷中极为干旱的特殊区域存在一些萨王纳植被类型，因为气象数据站点较为稀疏以及空间插值计算的原因图中没能显现出来。

常绿落叶阔叶混交林：由亚热带常绿阔叶树种和温带落叶阔叶树种共同组成，是落叶阔叶林与常绿阔叶林之间的过渡类型，在中国亚热带地区有较广泛的分布，是亚热带北部典型植被类型之一。

温带落叶阔叶林：由温带落叶阔叶树种和温带常绿针叶树种共同组成，需要的气候条件是最冷月平均温度大于 −23 ℃、$GDD_5>1200$ ℃ · d 和 $AET/PET>0.5$。落叶阔叶林主要分布在中国的暖温带地区，对土壤的要求较针叶林严格。它的分布区大部分已经开垦为农田，所以对这一地带的植被类型存在争论。在此，沿用中国植被编辑委员会（1980）的观点，认为这一区域的地带性植被是落叶阔叶林。

温带针阔叶混交林：由温带落叶阔叶树种、温带常绿针叶树种和北方落叶针叶树种共同组成，需要的气候条件是最冷月平均温度大于−35 ℃但小于−15 ℃、$GDD_5>900$ ℃ · d、$AET/PET>0.5$，以及最暖月和最冷月平均温度之差大于30 ℃。这类生物群区类型通常被认为是温带落叶阔叶林和寒温带针叶林间的过渡类型。

寒温带针叶林：也称为北方针叶林或泰加林，主要由北方落叶针叶树种组成，或含北方常绿针叶树种。中国寒温带针叶林是欧亚大陆针叶林向东延伸部分，仅存于大兴安岭地区。

亚热带山地寒温性针叶林：由山地寒温性针叶树种组成，对水分要求较高$AET/PET>0.7$，GDD_5大于1200 ℃ · d，小于3000 ℃ · d，最热月和最冷月平均温度差小于20 ℃。它主要分布在青藏高原东南部的横断山北段，建群植物为各种冷杉、云杉，种类十分繁多。气候潮湿多雨，气温年较差小，寒冷。在特别潮湿的地方，林内常附生大量松萝，形成特殊的"雾林"景观。

温带草甸草原：由温带草甸草、温带草原草和温带落叶阔叶灌木组成，是一种湿生草地，要求$AET/PET>0.45$。草甸草原是草原中的湿润类型，分布在与森林相邻的区域，可以认为是森林和草原间的过渡类型。在中国主要分布在大兴安岭以东的松嫩平原，以及森林/草原的交错带。

温带典型草原：由温带草原草和温带落叶灌木共同组成，在草原区占有最大面积，居于草原的中心地位。在中国，它分布于内蒙古高原和鄂尔多斯高原大部、东北平原西南部及黄土高原中西部。

温带荒漠草原：由温带草原草和温带荒漠灌木组成，处于温带草原的西侧，以狭带状呈东北—西南方向分布，往西逐渐过渡到荒漠区。

温带荒漠：由温带荒漠灌木组成。这一区域处在大陆性干燥气团控制下的中纬度地带的内陆盆地与低山，气候极端干旱，日照强烈，蒸发量远大于降水量。夏季酷热，冬季寒冷，昼夜温差大。植被稀疏或为不毛裸地。

高寒灌丛草甸：由高寒草甸草、高山常绿灌木和高寒落叶灌木组成，主要分布在青藏高原东北部，包括青海东南部、四川西北部、甘南西部和藏北高原东部的高海拔区域。气候寒冷、半湿润。

高寒草原：由高寒草原草和高寒落叶灌木组成，位于青藏高原腹地，海拔高度普遍在4000 m以上，气候寒冷而干旱。高寒草原占据着青藏高原最大的区域。

高寒荒漠：由高寒荒漠灌木组成。这类生物群区所占据的区域不仅降水稀少，且有低温寒冻和大风造成的生理干旱，植物生长期短，不过2～3个月。主要分布在青藏高原西北边缘地区，建群植物是极耐寒旱的垫状小半灌木，如垫状驼绒藜、藏亚菊、点地梅等。

至此，中国生物群区体系已经确定。该生物群区体系是通过气候所限定的植物功能型相互作用生成，是根据中国已有的植被分类和区划方案进行的一种以应用为目的的重新构建，不含对过去植被分区或分类的任何修正或评价，生物群区类型是植物功能型划分及其气候限制参数给定的结果。如果植物功能型划分发生变化，或者植物功能型的气候空间定义发生变化，则生物群区的类型和分布范围都会发生变化。因此，在此提出了一个动态生物群区划分方案，该方案可以根据植被和气候的现实情况添加或减少植物功能型以及改变植物功能型的气候空间来改变生物群区的类型和分布范围。该生物群区可以认为是在当前气候条件下中国潜在自然植被的类型和地理分布。根据植物功能型的定义，可以较容易地从中国生物群区获取相关模型中所需的各类生物物理和生理生态参数。

需要指出的是,有两类植物功能型,即热带灌丛草和热带灌木,在当前气候条件下没有出现在中国的任何栅格点上。究其原因可能是:这两类功能型仅分布在西南的干旱河谷地区,分布区域很小,且地形特殊,难以在小比例尺地图上得到表示;同时,也有可能是气象数据插值使得干旱特征被平滑掉了,由此导致栅格气候图件上不存在这两类植物功能型的分布。实际上,在中国植被区划图中,这两类植物功能型的分布区被归入了亚热带常绿阔叶林区。

第五章　气候-植被分类模型

第一节　研究意义

自人类诞生以来，人类为了衣食住行，选择躲避风雨猛兽的洞穴、从事捕鱼、狩猎和采集野生植物等各种活动都必须熟悉生物的活动规律及其与环境的关系，这也是人类对于生态学知识的累积。生态学是研究生物与环境相互关系的科学。自蛋白质作为生命形式开始，就存在生命活动与环境的生态学关系。凡生命之所至，就有生态学问题、现象和规律。可以说，生态学就是研究生物生存的科学。生物的演化史就是一部研究生物生存的科学。生态学(Ecology)一词源于希腊文 oikos(意指房子、住处或家务)和 logos(意指学科或讨论)，原意是研究生物住处的科学。1866 年德国动物学家海克尔(Haeckel，1834—1919 年)首次将生态学定义为研究生物与其环境(包括非生物环境和生物环境)相互关系的科学。尽管其后许多研究者对生态学进行了定义，但均未能超出海克尔定义的范畴。

生态学是研究决定生物分布及其量度的各种因素之间相互关系的科学，主要包括：

(1)生物的分布格局与规律——在哪里(Where)?

(2)生物的时空量度(生物量、生产力、多度等)——有多少(How many)?

(3)决定生物分布与量度的内在与外在原因——为什么(Why)?

(4)增加生物生产力、保持生物生产力的稳定性与改善环境的原则与途径——怎么办(What could be done)?

气候-植被分类研究就是研究植被的分布格局与规律，是生态学研究的重要内容之一。在世界地图上，自然植被区域、土壤类型和气候区的边界大体一致。几乎所有对气候分类的系统都体现着植被分布与气候的关系。植物生态学观点认为，气候是控制植被类型地理分布最重要的因子。土壤和植被之间的关系也相当密切，相应地带内的土壤类型同样也取决于该地带内的气候类型，因而土壤对植被的影响在一定程度上也可以看成是气候的间接作用。植被与气候的相互作用主要表现在两个方面：植被对气候的适应性与植被对气候的反馈作用。植物生态学的观点认为，主要的植被类型表现着植物界对于主要气候类型的适应，每个气候类型或分区都有一套相应的植被类型；同时，不同的植被类型通过影响植被与大气之间的物质(如水和二氧化碳等)循环和能量(如太阳辐射、动量和热量等)交换影响气候，改变的气候又通过大气与植被之间的物质循环和能量交换对植被的生长产生影响，最终可能导致植被类型的变化。因此，研究植被与气候的关系有着十分重要的理论和现实意义，主要体现在以下三方面：

(1)植物具有固定太阳能、提供第一性生产力的作用。人类生存归根到底依赖于植物。了解组成植被单元的植物群落生产量的形成和变化对农、林、牧、副、渔业的进一步提高具有重要的现实意义；同时，植被还能为人类提供建筑材料(木材)、食物(粮食作物、果类等)、药材和多种工业原料。

(2)植被是自然环境的重要组成成分之一,也是对环境最敏感的因素,是自然环境条件的最好标志。植被的变化反映了环境的变化,如地理地带性规律就是在植被上最明显和具体的表现,根据植被的自然区划和农业区划对发展农业生产更具有现实意义;同时,目前不合理的开垦、放牧、采伐、捕捞以及环境污染等引起的全球生态环境退化正威胁着人类的生存,而植被由于对环境具有较强的改造作用及植被变化可为环境的保护和改善提供指示,因此正越来越受到重视。

(3)植物的研究有助于生物多样性保护及新物种的发现。植物的研究有助于确定生物变异中心、家养种的野生祖先起源地以及受干扰较小的生态系统的位置,从而为正确划定自然保护区和保留地提供依据。同时,基于植物地理分布与气候的关系可发现新的有用植物,并可估算新的有用植物的分布与储量。

植被作为气候、地貌、土壤和人类活动长期相互作用的结果,其与气候的关系一直是植物学、生态学、地理学及气候学研究的重点。关于植被类型分布及其与气候关系的研究已有200余年的历史了,这可追溯到 Von Humboldt 和 Bonpland 于 1805 年所著的《植物地理学基础》(周广胜等 2003)。

气候—植被分类模型主要可分为3类(周广胜等 2003),即基于简单气候因子的植被分类模型(简称为气候—植被简单分类)、生物地理模型和基于植被结构和功能变化的植被分类模型(简称为气候—植被综合分类)。

第二节　气候—植被简单分类

基于简单气候因子的气候—植被分类是以自然植被类型与气候因子之间的相关性为特征,没有将对植物生理活动具有明显限制作用的气候因子作为植被分类指标,也没有考虑植物生长过程,是非机理性的。代表性模型主要有:Köppen 模型、Box 模型和 Holdridge 生命地带系统。根据所用的气候指标可再分为基于简单气候指标的植被分类模型与基于综合气候指标的植被分类模型。

一、基于简单气候指标的植被分类模型

基于简单气候指标的气候—植被分类主要指利用一些易于观测的单一气候因子进行植被类型分区的研究方法,以 Köppen 的生物气候分类系统为代表。

Köppen(1936)的生物气候分类系统基于月均气温、年均降水及其季节变化给出了5个生物气候指标。其中,4个生物气候指标与热量有关,即以月均气温最大值0 ℃、10 ℃、18 ℃分别作为冰气候、冷冬季湿润气候、暖冬季湿润气候及热带湿润气候的界线;干气候和湿气候的边界近似地位于年降水量小于年潜在蒸散量。在边界干的一侧,由于水分不足,树木不能生长。这5个类型再根据季节降水量及干季的严重程度进行第二级划分,而后再根据热量因子,即最热月和最冷月的平均温度进行第三级的划分(表 5.1,图 5.1)。该分类系统的特点是直接和定量化。

表 5.1　Köppen 的生物气候分类系统

代码	生物气候类型	气候界限
Af	热带雨林	最冷月温度大于 18 ℃;热带湿润气候,最干旱月的降水量少至 6 cm
Aw	热带稀树草原	最冷月温度大于 18 ℃;具有冬季干燥季节的热带湿－干气候
Am	热带季雨林	最冷月温度大于 18 ℃;季风气候,具有短的干燥季节,但总降水量与热带雨林接近
Bw	荒漠	蒸发大于降水;干旱气候
Bs	草原	蒸发大于降水;半干旱气候
Cf	常绿或非常绿阔叶林	最冷月平均温度为 18～－3 ℃,且最暖月平均温度大于 10 ℃;无明显干季,且夏季最干月的降水大于 30 mm
Cw	干森林或混交林	最冷月平均温度为 18～－3 ℃,且最暖月平均温度大于 10 ℃;最湿夏季月份降水是最旱冬季月份降水量的 10 倍,为冬季干旱气候
Cs	地中海植被	最冷月平均温度为 18～－3 ℃,且最暖月平均温度大于 10 ℃;最湿冬季月份降水是最旱夏季月份降水量的至少 3 倍,为夏季干旱气候
Df	针叶林	最冷月平均温度低于－3 ℃,且最暖月平均温度大于 10 ℃;具有湿润冬季的寒冷气候
Dw	针叶林	最冷月平均温度低于－3 ℃,且最暖月平均温度大于 10 ℃;具有干旱冬季的寒冷气候
ET	苔原	最暖月平均温度低于 10 ℃的极地气候,且最暖月平均温度大于 0 ℃
EF	冰雪	最暖月平均温度低于 10 ℃的极地气候,且所有月份的平均温度低于 0 ℃

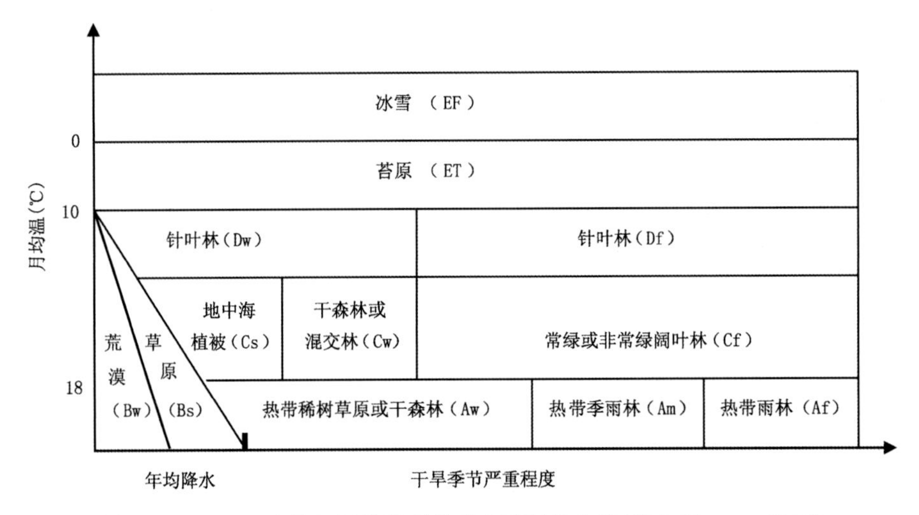

图 5.1　Köppen 生物气候分类系统的主要气候分区(摘自 Köppen 1936)

Köppen 的生物气候分类系统试图建立气候界限与植物生长或植被类型的关系,并直接用主要植物群落类型为气候类型命名,力求给出与主要植物群落类型界线大体一致的气候界线。如以最热月平均温度 10 ℃的等温线作为北方寒温针叶林(雪林)与极地苔原的界线,或为山地针叶林(上限)与高山植被带之间的界线。该系统还将夏雨集中气候区的草原与森林的界线定义为 $r/(t+14)=2$(式中 r 为年降水量(cm),t 为年均温(℃))。尽管如此,该系统仍停留在初级阶段,但其关于植被与气候密切相关的概念与定量分析的标准为定量研究气候－植被分类提供了理论与方法,其分类系统几经修改被沿用至今。

Box 模型(Box 1981)基于世界植被的生态学分类及其限制因子确定了决定陆地植物分布的 8 个生物气候变量，即最热月温度、最冷月温度、最热月与最冷月的温度变幅、年均降水量、年湿度指数、最大降水月的雨量、最小降水月的雨量和最热月的平均雨量。Box 模型与其他模型的不同在于该模型中的植被类型不是预先给定的，而是根据预先定义的反映植被对气候忍耐性的环境筛(Environmental sieve)直接决定哪些植被类型在给定的气候条件下出现。Box 模型包含近 100 种植物功能类型，植被类型的指标是根据反映植物对气候忍耐性(气候的上限和/或下限)的 7 个气候变量(以温度和降水的数量以及季节性来表示)和 1 个湿度指标(以降水量和潜在蒸散量之比表示)设定。尽管 Box 模型较以往的气候—植被分类方法有所改进，但其用于划分植被类型的气候因子方法仍是相关性的。

二、基于综合气候指标的植被分类模型

单一气候因子的气候—植被分类研究固然有一定的意义，但植物与植被对气候的响应是综合的，应该强调气候因子对植被的综合作用。一般的气候因子在生物学中不具有综合能力，可能蒸散是“从不匮乏水分的、高度一致并全面遮覆地表的矮小绿色植物群体在单位时间内的蒸散量”，包括从所有表面的蒸发与植物蒸腾，并涉及决定植被分布的两大气候要素——温度与降水，常被用作气候—植被分类的综合气候指标。

通常，利用常规气象资料计算可能蒸散，并基于可能蒸散衍生的干燥度等进行气候—植被分类的方法主要有 4 种：Penman 公式、Thornthwaite 公式、Hodridge 生命地带分类系统及吉良(Kira)方法(周广胜，王玉辉，2003)。

1. Penman 公式

Penman 公式是综合涡能传导与能量平衡法推导出的，采用水汽压、净辐射、空气干燥力及风速等计算可能蒸散量(E_0)(周广胜等 2003)。Penman 公式计算较为精确，但要求的变量较多，而且一些变量，如水汽压亏损值等，在一般气象台站没有记录，因而在实际应用中还受到限制。根据计算的平均日可能蒸散量 E_0 可以求得年可能蒸散 PE 以及干燥度 $A(=PE/P$，其中 P 为年降水量)，基于求取的 PE 和 A 就可以进行气候—植被分类。

2. Thornthwaite 公式

1948 年 Thornthwaite 利用实验数据建立了可能蒸散(E_0，mm/month)与月均温(T,℃)间的经验关系：

$$E_0 = 16(10T/I)^a$$

$$a = (0.675I^3 - 77.1I^2 + 17920I + 492390) \cdot 10^{-6}$$

$$I = \sum (T/5)^{1.514}$$

式中 I 是 12 个月总和的热量指标；a 是因地而异的常数，为 I 的函数。这一关系仅在气温 0～26.5 ℃之间有效。Thornthwaite 公式将气温低于 0 ℃时的可能蒸散率设为零；在气温高于 26.5 ℃时可能蒸散率仅随温度的增加而增加，与 I 值无关。计算所得的可能蒸散值还须根据实际日长时数与每月日数进行校正后，才能得到可能蒸散值(APE)：

$$APE = E_0 \times CF$$

式中 CF 是按纬度的日长时数与每月日数的系数。Thornthwaite 公式除考虑气温外，还考虑了纬度与每月日数的影响，后两者与到达地表的太阳辐射强度与持续时间有关，从而给出了陆

地表面通过潜热使能量返回大气的最大可能蒸散。

根据月均降水(P)与可能蒸散的差值对土壤水分平衡进行估算,亦即对各种土壤条件下作物灌溉需水量进行估算:

$$S=P-APE,当 P>APE$$

$$D=APE-P,当 P<APE$$

式中 S 为降水大于可能蒸散时的水分盈余(mm),D 为降水小于可能蒸散时的水分亏损(mm)。

在水分有盈余时,当月湿润指标(I_h)为:$I_h=100(S/APE)$

在水分亏损时,当月干旱指标(I_a)为:$I_a=100(D/APE)$

根据全年各月的湿润与干旱指标可计算当年的湿度指标(I_m):

$$I_m=I_h-0.6\ I_a=100(S-0.6D)/APE$$

根据 I_m 值及以潜在蒸散 APE 表示的热量系数 TE 就可对气候与植被的关系进行研究。表 5.2 给出了基于 I_m 值的 9 种气候类型及基于热量系数的热量分区。

表 5.2 基于 Thornthwaite 公式的气候类型和热量分区

气候类型	湿度指标(I_m)	气候类型	热量系数(TE, mm)
A:过湿(Perhumid)	≥100	A':高温(Megathermal)	≥1140
B_4:湿润(Humid)	80~100	B_4':中温(Mesothermal)	998~1140
B_3:湿润(Humid)	60~80	B_3':中温(Mesothermal)	856~997
B_2:湿润(Humid)	40~60	B_2':中温(Mesothermal)	713~855
B_1:湿润(Humid)	20~40	B_1':中温(Mesothermal)	571~712
C_2:中湿(Moist subhumid)	0~20	C_2':低温(Microthermal)	428~570
C_1:低湿(Dry subhumid)	-33.3~0	C_1':低温(Microthermal)	286~427
D:半干(Semiarid)	-66.7~-33.3	D':冻原(Tundra)	143~285
E:干旱(Arid)	-100~-66.7	E':寒冻(Frost)	0~142

尽管 Thornthwaite 公式应用广泛,但该公式中作为主要变量的温度不是计算蒸发散的最佳指标,采用辐射值可能提供更精确的结果;其次,该公式是根据美国东部的渗透计观测资料建立的,在世界其他地方使用不尽合适;再则,在温度低于 0 ℃时蒸散作用停止的假设也不完全正确。尽管如此,该方法仍不失为一种有价值的方法,特别适用于计算逐月的资料,而对较短期资料的计算结果较差。

陶诗言(1949)最早将 Thornthwaite 方法引入中国气候分区,该分区被认为与自然景观相当符合,其以热量与水分状况作为一、二级区划的思想亦被朱炳海(1962)和张家诚、林之光(1985)所采用。张新时(1989)基于 Thornthwaite 方法,结合中国 1951—1980 年 30 年的平均气候资料,给出了中国植被地带的气候分类指标。

3. Holdridge 生命地带系统

Holdridge 生命地带系统反映的是潜在自然植被类型与气候之间的关系,认为地球表面的植被类型及其分布基本上取决于 3 个要素:年降水、年生物温度与湿度,后者取决于前二者。植物群落组合可以用这 3 个气候变量来划定,这种植物群落组合就称为生命地带。该生命地带系统既揭示了一定的植被类型,又反映了产生该类型的热量和降水的数值幅度,是气候的生物作用与植被类型相结合的产物。因此，既可以从气候要素来预测某一地区的潜在植被类型，也可根据野外观测的植物群落类型来确定该地区的气候要素。

Holdridge(1967)根据已有热带植被类型及其有关植物气候因素的分析研究及实验数据得到了可能蒸散率(PER)与生物温度(BT,℃)和降水(P,mm)的经验关系：

$$PER = BT \times 58.93/P$$

生物温度(BT)是植物营养生长的平均温度，一般在0～30 ℃，日均温低于0 ℃与高于30 ℃者均排除在外，超过30 ℃的平均温度按30 ℃计算，低于0 ℃的生物温度按0 ℃计算。可能蒸散(APE)是生物温度的函数，可能蒸散率(PER)则是可能蒸散与年降水量的比率。

年生物温度(ABT,℃)：$ABT = (1/365)\sum t = (1/12)\sum t_i$

式中 t 为日均温，当 $t<0$ ℃时，取 $t=0$ ℃；当 $t>30$ ℃时，取 $t=30$ ℃；t_i 为月均温；当 $t_i<0$ ℃时，取 $t_i=0$ ℃；当 $t_i>30$ ℃时，取 $t_i=30$ ℃。

年可能蒸散量(APE, mm)：

$$APE = 58.93 \times ABT$$

可能蒸散率(PER)：

$$PER=APE/P$$

式中 APE 为年可能蒸散量(mm)；P 为年降水量(mm)。

该生命地带系统开始在热带应用，以后应用到其他地区，最后扩展到全球。Holdridge生命地带系统以其简明、合理及与植被类型的密切相关而受到重视和广泛应用。由于该系统是在中美洲的热带地区发展起来的，不能完全适应于季风气候下的中国亚热带地区。张新时等(1993)对Holdridge生命地带系统进行了修正。首先，该系统水平地带的暖温带与亚热带的热量界线并没有完全划定，大致界线在生物温度为16～18 ℃之间的“冰冻线或临界温度线”。Emanuel等(1985)认为水平地带暖温带与亚热带的热量界线是17 ℃。张新时等(1993)认为生物温度14 ℃等值线为中国暖温带与亚热带的热量界线，这是因为中国东部的亚热带受到北部蒙古—西伯利亚高压和北极寒流在冬季南下的影响，造成了寒冷干旱的冬季，但夏季却十分炎热且多雨，使亚热带的界线向北推移到长江与淮河之间的生物温度14 ℃线。由此，中国的亚热带北部与中部在该系统中就形成了“暖温带”。同时，张新时等(1993)将该系统应用于青藏高原高寒地区时发现，该分类中上端的雪线界限划定过于一致，而实际情况是青藏高原高寒地区同一湿度区的植被类型在气候趋于干旱即降水减少的环境梯度下趋于海拔升高或纬度偏高、温度偏低的生境的规律，反映在森林的高山界线与雪线上则为海拔界线在干旱地区升高。因此，该系统中的雪线应向趋干的梯度升高，并对该系统进行了补充和修正(图5.2)。除雪线在干旱地区升高外，在高纬度或高海拔部分还相应增加了寒漠(冻荒漠)、冰缘带与高山裸岩风养带(Aeolian Zone)三类生命地带类型。

尽管Holdridge生命地带系统已在许多地区以至全球应用，但在全球应用的准确度小于40%(Prentice 1990)，一个联系植被与气候的完全满意的方案还没有形成。究其原因可能在于：(1)高度差异没有得到反映，即该系统中水平生命地带与山地垂直生命地带的定量量度相同，都是根据生物温度划分，没有考虑温度和日照长度等的影响差异；(2)该系统过渡区(形成菱形点的小三角)被考虑成生物气候镶嵌在同样的可能蒸散率边界，这样气候被定义在该系统的三角形中作为菱形而不是六角形；(3)年生物温度是根据月平均温度而不是根据更短的时间尺度(如小时，天)计算；(4)该系统用30 ℃作为计算生物温度的上限，而月平均温度30 ℃和

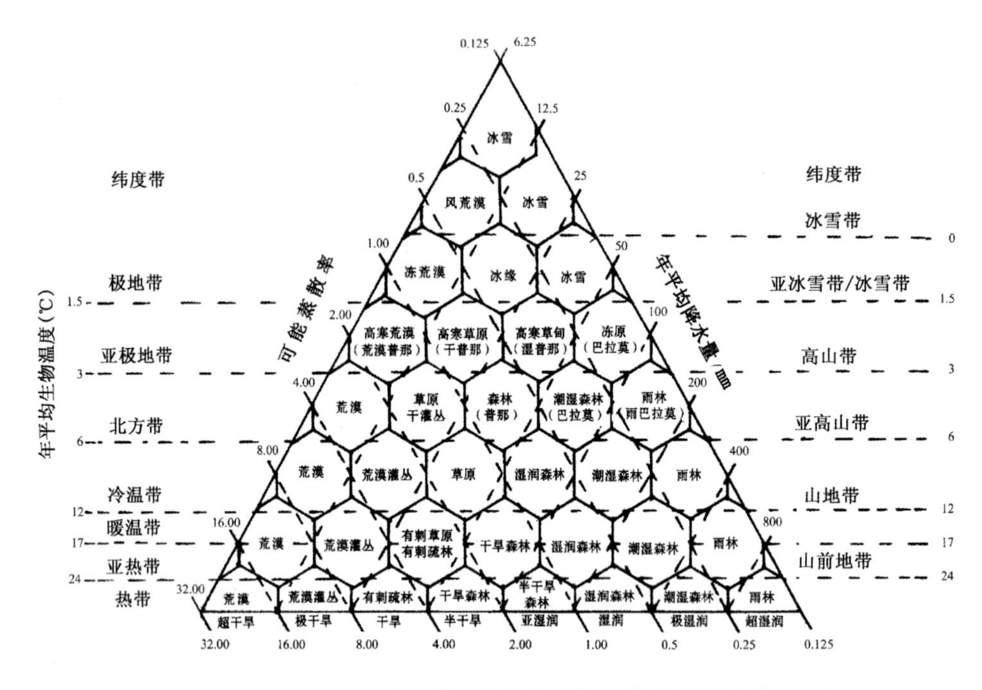

图 5.2　Holdridge 生命地带系统的补充修正(摘自张新时等 1993)

31 ℃的面积在可能蒸散值上的不合理差异使得温度上限无法使用，同时在全球 4°×5°网格点上很少有或没有这样高的月平均温度。因此，如果分辨率更高或考虑扰动气候，应用该系统时要谨慎；(5)用生物温度 18 ℃作为副热带和暖温带的界线不是对任何地区都适用。

4. 吉良方法

吉良龙夫(Kira Tatuo)在研究日本气候与森林分布关系时(Kira 1945)，首先将最早记载于欧洲地理学中的温暖指数(Warmth Index，WI)引入植物生态学中，提出了寒冷指数(Coldness Index，CI)及干湿指数的概念，并据此对日本森林带进行了区划，而后又据此编绘了世界生态气候图(Kira 1976)。

温暖指数是采用月均气温高于 5 ℃的总和作为植物生长的热量条件。为计算方便，通常以月的累加法代替日的累加法，即用大于 5 ℃的月平均气温与 5 ℃相减之和作为温暖指数。同样，寒冷指数是采用月均气温低于 5 ℃的总和来表示。

$$WI = \sum (t-5)，当\ t > 5\ ℃$$

$$CI = -\sum (5-t)，当\ t < 5\ ℃$$

式中 t 为月平均气温(℃)；$\sum$ 为月均温度大于或小于 5 ℃的月份数之和。吉良方法的生态气候带划分依据见表 5.3。

为确定水分气候带，Kira(1945)还提出了干湿指数(K)：

当 $WI \leqslant 100$ ℃ · 月时，$K = P/(WI+20)$

当 $WI > 100$ ℃ · 月时，$K = 2P/(WI+140)$

式中 P 为年降水量(mm)。对应于不同 K 值的水分气候带见表 5.4。

表 5.3 吉良分类系统(引自 Kira 1976)

WI(℃·月)	温度带	典型植被类型
0	永久冻雪带(Polar frost zone)	永久冻土
0～15	寒带(Polar(tundra) zone)	冻原
15～45	亚寒带(Subpolar zone)	常绿针叶林(泰加林)
45～85	冷温带(Cool temperate zone)	落叶阔叶林
85～180	暖温带(Warm temperate zone)	常绿阔叶林(CI<10 ℃·月)
85～180	暖温带(Warm temperate zone)	落叶阔叶林(CI>10 ℃·月)
180～240	亚热带(Subtropical zone)	常绿阔叶林
>240	热带(Tropical zone)	雨林

表 5.4 不同 *K* 值对应的植被类型(引自 Kira 1945)

K 值	植被类型
<3	沙漠
3～5	草原
5～7	森林草原(Woodland)
7～10	森林
>10	雨林

吉良方法以其简单实用指标的特点在不同地区的植被分布和气候关系研究中得到很好的应用。由于这些指标是从东亚植被与气候的关系分析中发展起来的,其干湿指数得自雨温关系较单一的夏雨型气候区,并不适用于高寒地区,在推广时需根据雨温关系进行适当调整。

第三节 生物地理模型

随着植被类型分布研究的深入和植物生理学知识在植被类型研究中的应用,人们认识到气候对植被分布的影响与植物基本的生理过程密切相关,并从生理学方面解释了特殊植物种只能在特殊区域生存的原因。Woodward(1987)首先将对植物生理活动具有明显限制作用的气候因子作为指标进行全球气候一植被分类研究,如植物的耐寒性和抗旱性、植物生长阶段的热量要求等。

该气候一植被分类定量研究的特点在于不仅考虑了气候资源对植被分布的限制作用,而且考虑了植物的生理生态需求,即将对植物生理活动具有明显限制作用的气候因子作为指标进行气候一植被分类。代表性模型有 DOLY 模型(Woodward et al. 1995)、MAPSS 模型(Neilson et al. 1992)和 BIOME 模型(Prentice et al. 1992)。这类气候一植被分类模型又称为生物地理模型(Biogeography Model),主要描述了植被的结构特征,如叶面积指数等。

生物地理模型反映了生态系统的结构特征,是基于二类边界条件,即生理生态限制和资源限制来预测不同气候条件下不同植物生活型的优势度。生理生态限制决定了主要木本植物的分布,可用生物气候变量,如生长日数(growing degree days)和最低冬季温度来表示;资源(如水分、光照等)限制决定了植物的主要结构特征,包括叶面积。植物生活型对资源限制的响应决定了植被的组成，如木本与草本的竞争平衡。生物地理模型通过模拟潜在蒸散、实际蒸散以及植被净第一性生产力来解释资源的限制作用。

表5.5～5.7给出了代表性生物地理模型：BIOME模型、DOLY模型和MAPSS模型的输入变量、植被类型判别指标与物理过程的描述。

表5.5　生物地理模型的输入变量

模型输入变量		BIOME模型	DOLY模型	MAPSS模型
气候	空气温度平均值	M	D	M
	空气温度最小值		D,A	
	空气温度最大值		D	
	降水量	M	D	M
	湿度		D(RH)	M(VP)
	太阳辐射	M(%)	D(I)	
	风速		M	M
土壤	质地	X(CAT)	X(%T)	X(%T,R,O)
	深度		X	
	持水量		X	
	土壤碳、氮		X	
地点	海拔高度			
	纬度	X		

注：1. 需求变量用“X”表示，而气候变量中“D”表示日输入，“M”表示月输入，“A”为绝对值；
2. 湿度变量是平均白天相对湿度(RH)或水汽压(VP)；
3. 太阳辐射的输入包括：总入射太阳辐射(SR)，日均太阳辐射(I)，云量(%C)，或日照百分率(%S)；
4. DOLY模型用日风速；
5. 土壤质地输入：%砂粒(sand)，粉砂(silt)，黏粒(clay)或分类土壤类型(CAT)，其他质地输入是岩石百分数(R)和有机质含量(O)。

表5.6　生物地理模型的植被类型划分指标

植被定义	BIOME模型	DOLY模型	MAPSS模型
常绿/落叶	耐寒性、寒冷期、年碳平衡、干旱	耐寒性、植物生长的低温界限、干旱	耐寒性、夏季干旱、夏季碳平衡
针叶/阔叶	耐寒性、生长日数	耐寒性、生长日数	耐寒性、夏季干旱、生长日数
乔木/灌木	季节降水	净第一性生产力、叶面积指数、水分平衡	叶面积指数
木本/非木本	年碳平衡、叶片投影盖度	水分平衡、净第一性生产力、叶面积指数	林冠下层光照
C_3/C_4	温度	生长季温度	土壤温度
陆地/海洋	冬季温度	生长日数、冬季最低温度	冬夏温度差

表 5.7　生物地理模型中的物理过程描述

模型状态变量	BIOME 模型	DOLY 模型	MAPSS 模型
潜在/实际蒸散	水分平衡	Penman-Monteith 方程	空气动力学方法
气孔导度	隐含土壤水分含量	土壤水分含量、水汽压亏损(VPD)、光合作用、土壤氮	土壤水势、水汽压亏损(VPD)
生产力指数	净第一性生产力(Farquhar-Collatz 方程)	净第一性生产力(Farquhar,N 吸收)	叶面积持续时间
叶面积指数/叶片投影盖度	水分平衡、温度	水分平衡、光照	水分平衡、温度
土壤水分层数	2 层,饱和/非饱和渗透	1 层	3 层,饱和/非饱和渗透

第四节　气候—植被综合分类

现有的气候—植被分类模型大都只模拟了植被类型与气候处于平衡时的状态,不能反映植被的功能,如植被净第一性生产力(初级生产力)等的动态变化,因而不能反映植被的动态变化。描述植被功能变化的模型通常称为生物地球化学模型(Biogeochemistry model),该类模型虽然可以模拟植被净第一性生产力、碳及养分循环,但模型是以给定的植被类型为基础,不能预测植被类型的变化,代表性模型有 CENTURY 模型(Parton et al. 1993)、TEM 模型(Melillo et al. 1993)、Biome-BGC 模型(Running et al. 1991,1993)。植被类型是植被结构和功能的综合体现,只有将生物地球化学模型和生物地理模型有机地耦合起来,才能动态反映植被/生态系统的结构和功能变化,这类气候—植被分类模型称为基于植被结构和功能变化的气候—植被分类模型,简称气候—植被综合分类。目前,国际上已经建立了一些模型,如 BIOME3 模型(Haxeltine 1996)和 IBIS 模型(Integrated Biosphere Simulator)(Foley et al. 1996),开始将植被类型与植被的结构与功能有机地联系起来,但仍处于发展阶段,考虑的类型也较少,且仅在全球尺度上进行了粗略的模拟。特别是,这类模型的发展严重地受制于生物地球化学模型对植被生产力模拟的准确性。植物功能型已被广泛地用于植被动态模型,通过将植物种类归类为植物功能型可以大幅降低模拟对象的复杂性,使全球动态植被模拟成为可能。BIOME1 模型(Prentice et al. 1992)是一个以植物功能型划分为核心的 BIOME 系列模型,依据具有明确生理学意义的气候因子对植物分布进行限制,并预测植被分布格局,已被广泛用于全球植被制图、古植被的恢复和重建(Prentice et al. 1998)以及气候变化与植被的反馈(Claussen 1997)。BIOME1 模型之所以能够脱颖而出主要在于该模型采用了植物功能型的概念和方法,植物功能型指生态系统中执行相同功能的植物种类的组合,对环境要求相似的植物种组合;同时,采用了具有生理学基础的气候限制因子限定各个功能型的地理分布范围。模型选择植物的抗寒能力、低温需求、热量需求和水分需求等 4 个生理特征作为影响植物分布的要素。BIOME1 模型的这两个特点被动态植被模型(Dynamic Global Vegetation Models,DGVMs)所采纳,并成为原则。在此,以 BIOME1 模型为例,介绍 BIOME 模型对于中国植被分布的模拟。

一、BIOME1 模型简介

BIOME1 模型是一个以植物功能型划分为基础的模型，它的核心就是将全球植被类型的优势植物划分为 13 类植物功能型，并为每类功能型分布设定了环境约束条件（Environmental constraints）（表 5.8），从而实现了用一套简洁的植物功能型体系表示气候一植被分布的关系，并根据这套关系模式预测植被的分布格局。

模型中的植物功能型包括树（trees）和非树（non-trees）（指草类和灌木）两大类。树包括 7 类，根据其对寒冷的耐受程度进行划分。非树包括 6 类，根据其完成生长发育所需的热量条件和耐旱程度划分（Prentice et al. 1992）。环境约束条件包括最冷月平均温度（T_1）、大于 5 ℃和 0 ℃的有效积温（GDD_5 和 GDD_0）、最暖月平均温度（T_7）和指示土壤湿润程度的 Priestley-Taylor 系数（$\alpha = AET/PET$，实际蒸散与潜在蒸散的比值）。

表 5.8 BIOME1 模型中植物功能型及其环境约束条件

植物功能型		T_1（℃）		GDD_0（℃·d）	GDD_5（℃·d）	T_7（℃）	α		D
		Min	Max	Min	Min	Min	Min	Max	
树	1 热带常绿树种	15.5	—	—	—	—	0.80	—	1
	2 热带雨绿树种	15.5	—	—	—	—	0.45	0.95	1
	3 暖温带常绿树种	5.0	—	—	—	—	0.65	—	2
	4 温带夏绿树种	−15.0	15.5	—	1200	—	0.65	—	3
	5 凉温带针叶树种	−19.0	5.0	—	900	—	0.65	—	3
	6 北方常绿针叶树种	−35.0	−2.0	—	350	—	0.75	—	3
	7 北方夏绿树种	—	5.0	—	350	—	0.65	—	3
草/灌木	8 硬叶/肉质叶植物	5.0	—	—	—	—	0.28	—	4
	9 暖草/灌木	—	—	—	—	22	0.18	—	5
	10 凉草/灌木	—	—	—	500	—	0.33	—	6
	11 冷草/灌木	—	—	100	—	—	0.33	—	6
	12 热荒漠灌木	—	—	—	—	22	—	—	7
	13 冷荒漠灌木	—	—	100	—	—	—	—	8
无植被	14 空类型								

注：D：优势度等级。

BIOME1 模型的环境约束条件对植物分布的限制都有明确的植物生理学解释（Prentice et al. 1992）。最冷月平均温度（T_1）用于表示树类植物的寒冷忍耐能力和一些植物的低温需求，因为研究发现不同类型树木的分布界限与植物的绝对最低温度忍耐能力有关（Woodward 1987）。实际上，最冷月平均温度是在资料缺乏的情况下对绝对最低温度的替代。有效积温（growing degree-days）用于表示植物的热量需求。对一般植物只有日均温度大于 5 ℃时才可以进行生命活动，所以用 GDD_5 表示其热量需求，但冻原和高海拔地区的植物在气温仅大于 0 ℃时就可以生长，因此采用 GDD_0 而不是 GDD_5 表示其热量需求。几乎所有陆生植物都会遇到干旱胁迫，高大乔木为维持大的冠层通常需要较多的水分，而草类和灌木对水分的需求相对较小。Priestley-Taylor 系数表示的是土壤水分满足蒸散需求的能力，能力强则可以支撑消耗水分较多的树类植物的生长，能力弱则只能生长草或灌木。在干旱区域，生长季的热量条件影响着草/灌木的形态，所以用最暖月平均温度（T_7）限定热带的草类和灌木。在限定每类植物功能型分布的气候空间时，首先用 Priestley-Taylor 系数将树和非树两类植物功能型区分开来，然后再用表示温度和热量条件的其他 3 个环境限制因子（T_1、GDD 和 T_7）确定各植物功能型的气候空间。

为解决植物功能型分布的气候空间重叠，BIOME1 模型还引入一套优势等级体系来确定植物功能型的分布区，优势等级的顺序为：热带树种＞温带树种＞草＞灌木＞裸地。一些植物功能型分布的气候空间存在着重叠，重叠气候空间存在的植物功能型由其优势等级确定：优势等级高者占据这一区域，等级相同则共存于这一气候空间，而等级低者则被忽略。根据植物功能型的气候空间和优势等级，植物功能型在地理分布上产生了不同组合，这些植物功能型组合被命名为生物群区（biome）。如表 5.9 所示，植物功能型的可能组合方式只有 17 种，即 17 种生物群区类型。

表 5.9　BIOME1 模型中优势植物功能型的组合及其生物群区命名

生物群区	植物功能型编号													
	1	2	3	4	5	6	7	8	9	10	11	12	13	14
1 热带雨林 Tropical rain forest 热带常绿树种 Tropical evergreen trees	*													
2 热带季雨林 Tropical seasonal forest 热带常绿树种 Tropical evergreen trees 热带雨绿树种 Tropical raingreen trees	*	*												
3 热带干森林/萨王纳 Tropical dry forest/ Savanna 热带雨绿树种 Tropical raingreen trees		*												
4 常绿阔叶林/暖混交林 Broad-leaved evergreen/warm mixed forest 暖温带常绿树种 Warm-temperate evergreen trees			*											
5 温带落叶林 Temperate deciduous forest 温带夏绿树种 Temperate summergreen trees 凉温带针叶树种 Cool-temperate conifer trees 北方夏绿树种 Boreal summergreen trees				*	*		*							
6 凉混交林 Cool mixed forest 温带夏绿树种 Temperate summergreen trees 凉温带针叶树种 Cool-temperate conifer trees 北方常绿针叶树种 Boreal evergreen conifer trees 北方夏绿树种 Boreal summergreen trees				*	*	*	*							
7 凉针叶林 Cool conifer forest 凉温带针叶树种 Cool-temperate conifer trees 北方常绿针叶树种 Boreal evergreen conifer trees 北方夏绿树种 Boreal summergreen trees					*	*	*							

续表

生物群区	植物功能型编号													
	1	2	3	4	5	6	7	8	9	10	11	12	13	14
8 泰加林 Taiga 北方常绿针叶树种 Boreal evergreen conifer trees 北方夏绿树种 Boreal summergreen trees						*	*							
9 冷混交林 Cold mixed forest 凉温带针叶树种 Cool-temperate conifer trees 北方夏绿树种 Boreal summergreen trees					*		*							
10 冷落叶林 Cold deciduous forest 北方夏绿树种 Boreal summergreen trees							*							
11 旱生疏林/灌丛 Xerophytic woods/scrub 硬叶/肉质叶植物 Sclerophyll/succulent scrub								*						
12 暖草原/灌丛 Warm grass/scrub 暖草/灌木 Warm grass/shrub scrub									*					
13 凉草原/灌丛 Cool grass/shrub 凉草/灌木 Cool grass/shrub 冷草/灌木 Cold grass/shrub										*	*			
14 冻原 Tundra 冷草/灌木 Cold grass/shrub											*			
15 热荒漠 Hot desert 热荒漠灌木 Hot desert shrub												*		
16 半荒漠 Semidesert 冷荒漠灌木 Cold desert shrub													*	
17 冰/极地荒漠 Ice/polar desert 无植被 Dummy type														*

为了能够与 BIOME1 模型给出的中国生物群区进行比较，将环境约束条件中的湿润指数(降水量与潜在蒸散的比值，P/PET)转换为 Priestley-Taylor 指数(实际蒸散与潜在蒸散的比值，AET/PET)，并根据调整过的 BIOME1 模型模拟结果赋值，即森林一草原的分界值为 0.5，草原一荒漠间的分界值为 0.2。经过调整，得到如表 5.10 所示的新的植物功能型气候约束条件。在此，将根据这套模式判断植物功能型的分布，进而判断生物群区的分布。

同时，为了能够与 BIOME1 模型给出的中国生物群区进行比较，还需要对中国生物群区的类型和定义略作调整(表 5.11)。

二、基于 BIOME1 模型的中国植物功能型一生物群区体系验证

根据 BIOME1 模型的标准将中国植被图中的植被分类体系进行生物群区归类(图 5.3)，使之与 BIOME1 模型的分类体系相对应(表 5.11)。可以看出，由于分类标准不同只给出了 14 类潜在生物群区，中国东北森林、内蒙古草原和青藏高原的高寒植被等植被类型设定与实际不符。

表 5.10　基于 BIOME1 模型的中国植物功能型及其环境约束条件

植物功能型	T_1 (℃)	GDD_5 (℃·d)	GDD_0 (℃·d)	T_7 (℃)	DTY (℃)	AET/PET	P (mm)	D
树 Trees								
1 热带阔叶常绿树种 Tropical broad-leaved evergreen trees	>12					>0.7		1
2 热带阔叶雨绿树种 Tropical broad-leaved raingreen trees	>12					>0.35		1
3 亚热带常绿树种 Sub-tropical evergreen trees	>0					>0.5		2
4 温带落叶阔叶树种 Temperate broad-leaved deciduous trees	−23～2	>1200			>30	0.5		2
5 温带常绿针叶树种 Temperate/boreal ever green conifer trees	−35～2	>900			>30	>0.5		2
6 北方落叶针叶树种 Boreal summergreen conifer trees	<−15	>350			>30	>0.5		2
7 山地寒温性针叶树种 Subtropical mountain cold conifer trees		1200～3000			<30	>0.7		3
灌木 Shrubs								
8 温带落叶灌木 Temperate deciduous shrubs		>500				>0.3		5
9 温带荒漠灌木 Temperate desert shrubs		>500						5
10 热带/亚热带灌木 Hot shrubs				>30		>0.18		4
11 高山常绿灌木 Mountainous evergreen shrubs			>100		<30	>0.2	>350	6
12 高寒落叶灌木 Alpine deciduous shrubs			>100		<30	>0.2	>120	6
13 高寒荒漠灌木 Alpine desert shrubs			>50		<30			7
草 Grasses								
14 温带草甸草 Temperate meadow grasses		>500				>0.45		5
15 温带草原草 Temperate grasses		>500				>0.25		5
16 稀树草原草 Warm grasses				>30		>0.18		4
17 高寒草甸草 Alpine meadow grasses			>100		<30	>0.2	>350	6
18 高寒草原草 Alpine steppe grasses			>100		<30	>0.2	>120	6
裸地 Bare grounds								
19 干旱裸地 Arid bare ground								8
20 高寒裸地 Alpine bare ground								8

注：DTY 为年最热月平均温度与最冷月平均温度之差。

表 5.11　基于 BIOME1 模型的中国生物群区命名和主要植被类型

植物功能型组合	生物群区
热带阔叶常绿林 Tropical broadleaved evergreen forests	1 热带雨林 Tropical rain forest
热带阔叶雨绿树种 Tropical broadleaved raingreen forests	2 热带季雨林 Tropical seasonal forest
热带珊瑚岛阔叶常绿肉质灌丛 Broadleaved evergreen succulent scrub on coral islands of the tropical zone 亚热带常绿阔叶林 Subtropical evergreen broadleaved forests	3 热带干森林/萨王纳 Tropical dry forest/savanna
亚热带落叶常绿混交林 Subtropical mixed deciduous-evergreen broadleaved forests 温带落叶阔叶林地/灌木 Temperate deciduous broadleaved woodlands/shrubs	4 常绿落叶阔叶林/暖混交林 Broadleaved evergreen/warm mixed forest
温带落叶阔叶林 Temperate deciduous broadleaved forests 温带耕作植被 Temperate cultivated vegetation	5 温带落叶林 Temperate deciduous forest
温带针阔混交林 Temperate mixed deciduous broadleaved evergreen coniferous forests	6 凉混交林 Cool mixed forest
温带常绿针叶林 Temperate evergreen coniferous forests	7 凉针叶林 Cold conifer forest
寒温带针叶林 Cold temperate coniferous forests	8 泰加林 Taiga
温带针阔混交林 Temperate mixed deciduous broadleaved evergreen coniferous forests	9 冷混交林 Cold mixed forest
寒温带落叶阔叶灌木 Cold-temperate deciduous broadleaved shrubs	10 冷落叶林 Cold deciduous forest
热带/亚热带肉质带刺灌丛 Tropic/Subtropical succulent thorny shrubs	11 旱生疏林/灌丛 Xerophytic woods/scrub
温带森林草原/草甸 Temperate forestry steppes/meadows 温带典型草原 Temperate typical steppes	12 暖草原/灌丛 Warm grass /shrub
温带荒漠草原 Temperate desert steppes 高山或亚高山草甸/沼泽 Alpine or subalpine meadows/swamps	13 凉草原/灌丛 Cold grass/shrub
高寒草原 Alpine steppes	14 冻原 Tundra
温带荒漠 Temperate desert	15 热荒漠 Hot desert
高寒荒漠 Alpine desert	16 半荒漠 Semidesert
青藏高原西北部稀疏植被区 Sparse vegetation regions with rocky fragments over the northwestern part of Tibetan Plateau	17 冰/极地荒漠 Ice / polar desert

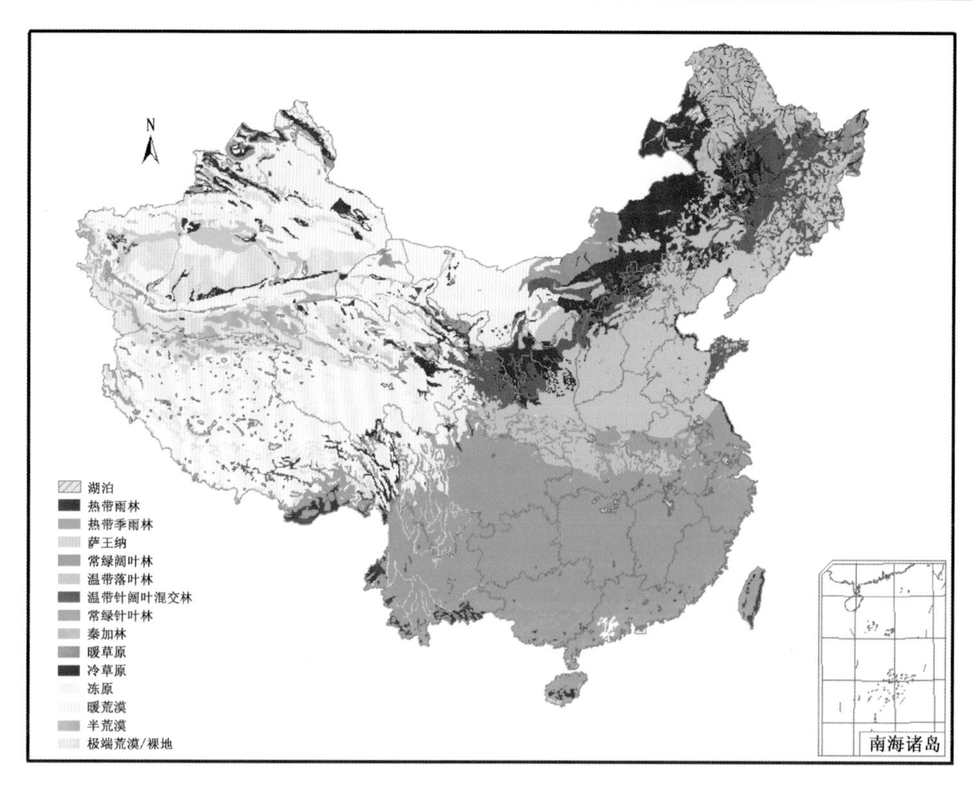

图 5.3　中国生物群区的潜在分布

1. 基于 BIOME1 模型模拟结果

基于 BIOME1 模型得到了中国 17 类生物群区及其分布范围，可反映中国植被分布的基本格局(图 5.4)，即东部由南至北递变的森林带、西北部的草原和荒漠、青藏高原的冻原。

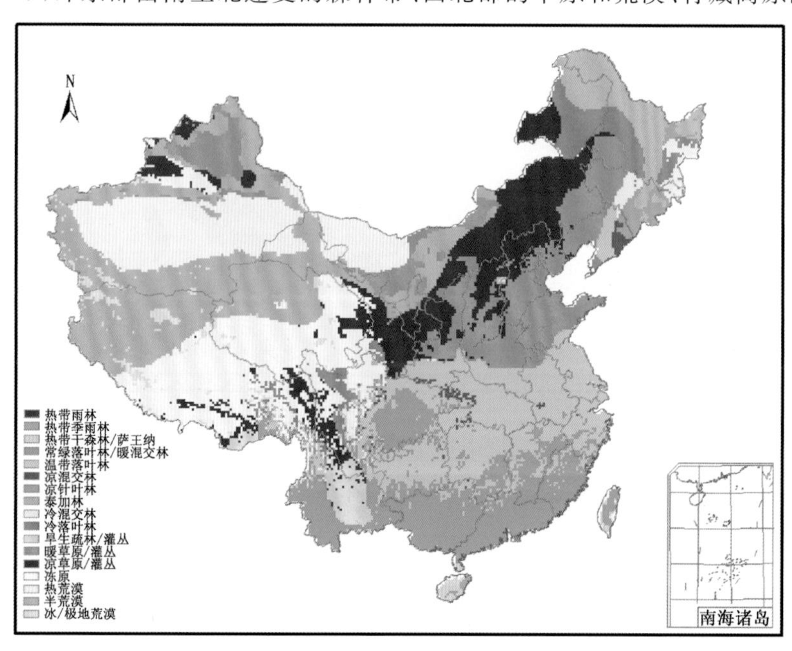

图 5.4　基于 BIOME1 模型模拟的中国植被分布

但是，BIOME1 模型模拟的中国植被地理分布仍有明显的缺陷，如热带雨林面积极小，只有一个栅格点；中国东南部广泛分布的常绿阔叶林仅分布于南部稍窄的一条带中；落叶阔叶林大幅度南移，占据了原属于常绿阔叶林的位置；整个华北平原则被模拟为暖草原，青藏高原大部分为冻原和半荒漠。与中国植被实际分布图相比，Kappa 一致性检验值仅为 0.22，到了较差水平。因此，BIOME1 模型通用的环境约束条件无法准确地描述中国植被分布和中国气候—植被关系。究其原因在于 BIOME1 模型是依据地中海气候类型的气候—植被关系创建，而中国植被分布深受季风气候和青藏高原的影响。因此，需要对 BIOME1 模型中一些环境约束条件进行修正，以适合中国植被的分布。

2. 基于修改环境约束条件的 BIOME1 模型模拟结果

BIOME1 模型选择 Priestley-Taylor 指数来反映土壤水分满足蒸散需求的能力，以作为区分森林—草原—荒漠的指标，即以 0.65 和 0.33 分别作为区分森林与草原、草原与荒漠的界限。比较 Priestley-Taylor 指数给出的森林与草原界限以及草原与荒漠界限发现(图 5.5)，中国森林与草原以及草原与荒漠分界的 Priestley-Taylor 指数值分别为 0.5(红线)和 0.2(黑线)，表明 BIOME1 模型中区分指标较中国的实际情况高(图 5.5)，反映出相同植物功能型在中国分布在更干旱的气候空间。

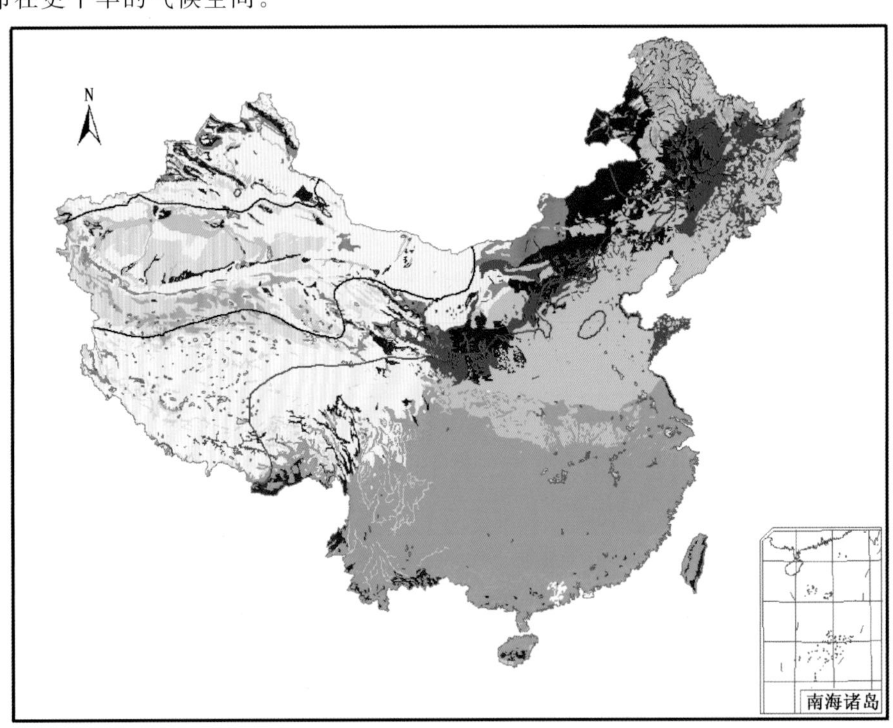

图 5.5　Priestley-Taylor 指数给出的中国森林与草原界限(红线)以及草原与荒漠界限(黑线)

Prentice 等(1992)给出了全球最冷月平均温度(T_1)与极端最低温度(T_{min})的相关关系：

$$T_{min} = 0.006T_1^2 + 1.316T_1 - 21.9$$

BIOME1 模型中，热带树种最北界的最冷月平均温度为 15.5 ℃，根据 Prentice 等(1992)给出的全球最冷月平均温度(T_1)与极端最低温度(T_{min})关系，BIOME1 模型中热带树种最北界的极端最低温度约为 0 ℃。从中国植被分布图可知，中国热带植被分布最北界的最冷月平均温度约为

12 ℃(图 5.6),相当于极端最低温度－5 ℃。这说明,在冬季干燥条件下,热带树种可以忍受冬季出现的零下低温。为此,选择最冷月平均温度 12 ℃为中国热带树种分布的最北界。

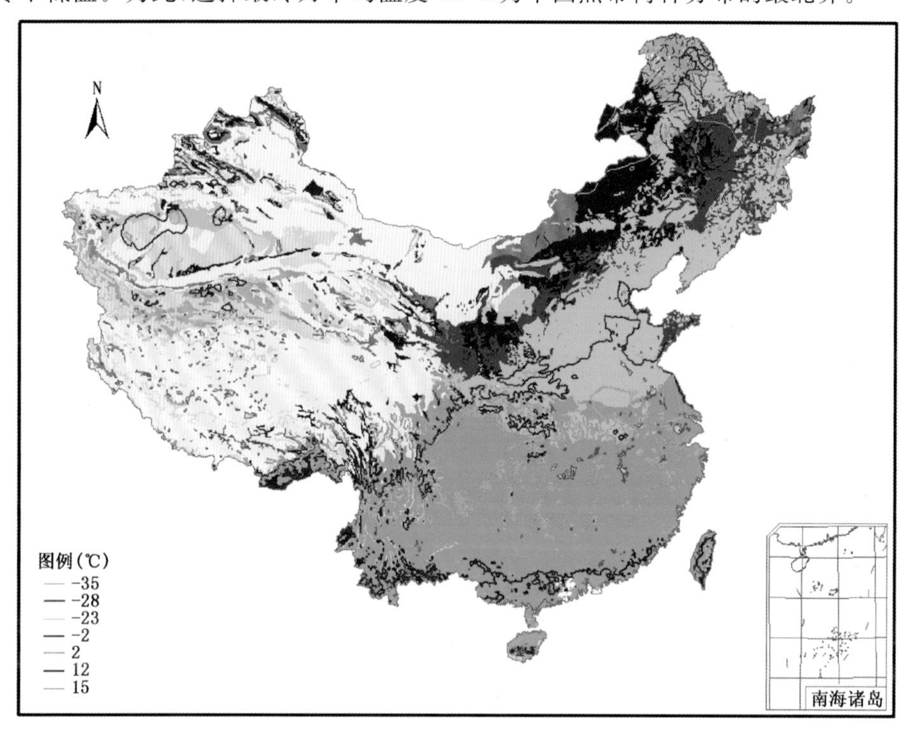

图 5.6　中国最冷月平均温度分布

BIOME1 模型中给出的常绿阔叶树种的最冷月平均温度界限是 5 ℃,相当于极端最低温度－15 ℃。根据中国植被分布实际,需要将中国常绿阔叶树种的最冷月平均温度界限修改为 2 ℃,相当于极端最低温度－20 ℃。BIOME1 模型中暖温带常绿树种和温带落叶树种不在同一优势等级上,因此暖温带常绿树种的北界就是温带落叶树种的南界。BIOME1 模型将最冷月平均温度－19 ℃设定为寒温带针叶树种分布的最北界。根据 BIOME1 模型给出的生物群区植物功能型组成,最冷月平均温度－19 ℃也是泰加林(寒温带针叶林)分布的最南界。而根据中国植被实际分布和最冷月温度的等温线图,泰加林分布的最南界与－28 ℃等温线吻合最好(图 5.6),为此将最冷月平均温度－28 ℃设定为中国寒温带针叶树种的最南界。根据中国东北地区森林的实际分布和最冷月平均温度的等温线图,可以相应地对中国温带夏绿树种、北方常绿针叶树种和北方夏绿树种的最冷月平均温度进行相应修改,它们可耐受的最冷温度均有不同程度的下降,反映出相同植物功能型在中国分布在寒冷的气候空间。温带和北方树种在中国的分布还远未达到温带和北方树种分布的最北界热量限制,因此不需要对中国相应植物功能型的最低积温(*GDD*)限制做修改。尽管北方种类树木和冻原植物可以忍受极低的温度,但生长过程中仍需一段温暖的日子完成其生长周期。

由此,针对 BIOME1 模型,建立了一套基于 BIOME1 模型修改的中国植物功能型环境约束条件(表 5.12)。依据这套参数,可以给出基于 BIOME1 模型修改中国植物功能型环境约束条件后的中国生物群区分布模拟图(图 5.7)。

表 5.12　基于 BIOME1 模型修改的中国植物功能型环境约束条件

植物功能型		T_1		GDD_0	GDD_5	T_7	$\alpha(=AET/PET)$		D
		Min	Max	Min	Min	Min	Min	Max	
树	1 热带常绿树种	12.0	—	—	—	—	0.70	—	1
	2 热带雨绿树种	12.0	—	—	—	—	0.45	0.9	1
	3 暖温带常绿树种	2.0	—	—	—	—	0.5	—	2
	4 温带夏绿树种	−23.0	12.0	—	1200	—	0.5	—	3
	5 凉温带针叶树种	−28.0	2.0	—	900	—	0.5	—	3
	6 北方常绿针叶树种	−35.0	−2.0	—	350	—	0.5	—	3
	7 北方夏绿树种	—	2.0	—	350	—	0.5	—	3
草/灌木	8 硬叶/肉质叶植物	5.0	—	—	—	—	0.28	—	4
	9 暖草/灌木	—	—	—	—	22	0.18	—	5
	10 凉草/灌木	—	—	—	500	—	0.2	—	6
	11 冷草/灌木	—	—	100	—	—	0.2	—	6
	12 热荒漠灌木	—	—	—	—	22	—	—	7
	13 冷荒漠灌木	—	—	100	—	—	—	—	8
无植被	14 空类型								

注：T_1：最冷月平均温度(℃)；GDD_0：大于 0 ℃的有效积温(℃ · d)；GDD_5：大于 5 ℃的有效积温(℃ · d)；T_7：最暖月平均温度(℃)；α：Priestley-Taylor 系数，表示年土壤中可获得的水分；D：优势度等级

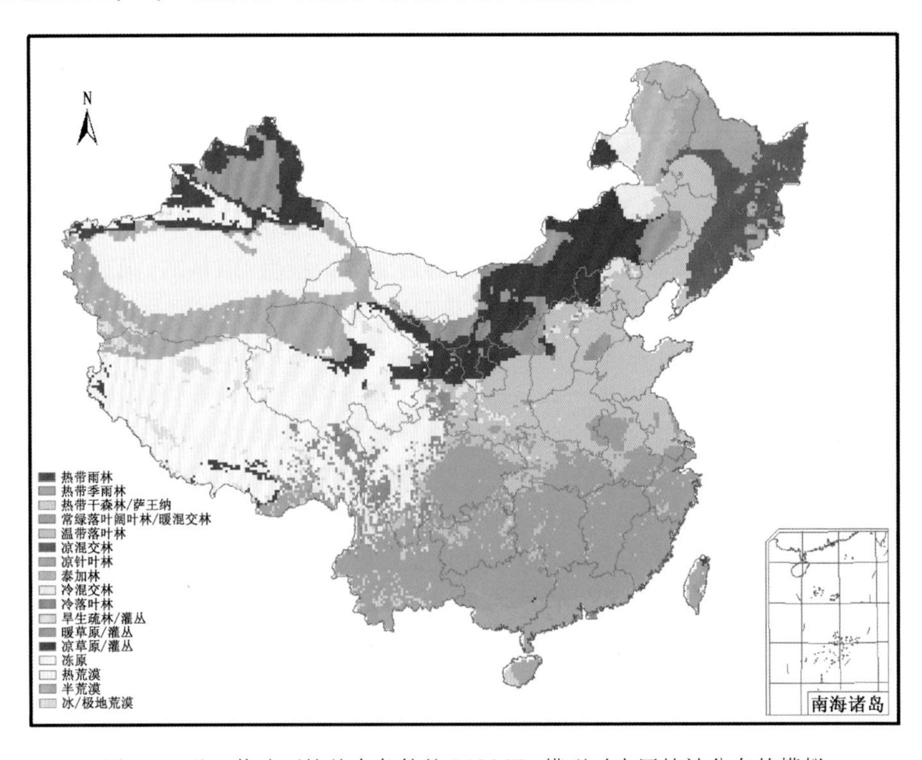

图 5.7　基于修改环境约束条件的 BIOME1 模型对中国植被分布的模拟

为了与 BIOME1 模型给出的中国生物群区具有可比性，进一步根据中国植被区划图对中国生物群区重新归为 8 类，即 1 热带森林、2 常绿阔叶林、3 落叶阔叶林、4 针阔叶混交林、5 泰加林、6 草原、7 荒漠和 8 冻原/高寒草甸。基于 Kappa 一致性检验方法比较表明，模拟的所有生物群区 Kappa 一致性检验值为 0.67，像元重合率为 72%，达到很准确的程度(图 5.8)。

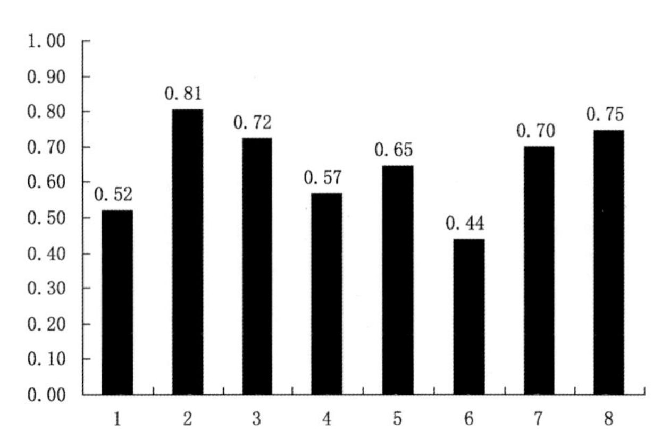

图 5.8　基于修改环境约束条件的 BIOME1 模型对 8 类中国生物群区 Kappa 检验值

(1 热带森林;2 常绿阔叶林;3 落叶阔叶林;4 针阔叶混交林;5 泰加林;6 草原;7 荒漠;8 冻原/高寒草甸)

修改环境约束条件的 BIOME1 模型对中国常绿阔叶林、落叶阔叶林、泰加林和冻原的模拟效果较好，较准确地模拟出了它们的分布范围，而对热带森林、针阔叶混交林和草原的模拟效果稍差(图 5.8)。需要指出的是，修改环境约束条件的 BIOME1 模型和中国植被图的植被分类体系不一致，在对应植被类型选择时有所差异且易产生一些误差。譬如，农田等植被类型转化为潜在植被类型时会有误差，从而降低 Kappa 一致性检验值。

尽管修改环境约束条件的 BIOME1 模型模拟出的热带雨林分布极为稀少，只存在于广西和台湾的少数栅格点，且 Kappa 一致性检验值亦较低，但它们的分布范围与实际植被图大致相同。现今，中国的热带林已处于热带的北缘，深受季风气候的影响，明显存在干湿季节交替。因此，大部分热带林被模拟为热带季雨林是可理解的。此外，模型模拟出的萨王纳植被类型在西南山谷的干热河谷中分布面积较小，尽管未能与实际的萨王纳类型重合，但分布格局和范围大致相似。模型模拟出的常绿阔叶林和落叶阔叶林植被类型间存在一个交错区，即中国植被区划图中的北亚热带常绿落叶阔叶混交林带。模型模拟的针阔叶混交林亦包含了凉混交林、凉针叶林和冷混交林三类生物群区，将这三类生物群区合并与中国植被区划图中的温带针阔叶混交林区域比较，模拟效果较好(图 5.7)。模型模拟的草原与实际分布大致相符，但模型模拟的松嫩平原、大兴安岭东部为落叶林，而模型模拟的新疆北部包括准噶尔盆地在内的大部分荒漠地区为草原(图 5.7)。此外，模型准确模拟出了青藏高原的冻原植被以及天山一带的冻原，但青藏高原的植被还包括高寒草原、高寒草甸以及大量高山灌丛。由于缺乏相关的植物功能型，修改环境约束条件的 BIOME1 模型仍无法区分青藏高原地区的植被差异。

第六章 植被/陆地生态系统生产力模型

植被是陆地生物圈的主体，植被类型是植被结构和功能的综合体现，只有将植被结构和功能的变化在植被分类上得到综合体现，才能真正地反映动态的气候一植被分类。组成植被的植物通过光合作用所产生的干物质中固定的太阳能是地球上生态系统中一切生命成分及其功能的基础，是人类赖以生存与持续发展的基础。不仅如此，植被还在全球物质与能量循环中起着重要作用，在调节全球碳平衡、减缓大气中 CO_2 等温室气体浓度上升以及维护全球气候稳定等方面具有不可替代的作用。因此，植被生产力决定着地球上所有组成成分和自然生态系统生命的功能，而且地球上的植被是大气成分改变的重要合作者，尤其是 CO_2 浓度的变化。为此，需要弄清植被生产力的概念与相关模拟模型。

第一节 基本概念

植被生产力是指从植物个体、群体至生态系统、区域乃至生物圈等不同生命层次的物质生产能力，随环境的不同而发生变化，决定着系统的物质循环和能量流动，是指示系统健康状况的重要指标。植被生产力思想可以追溯到公元 300 多年前(Lieth et al. 1975)，但直到 20 世纪 60 年代由国际科学理事会(ICSU)发起的国际生物学计划(International Biological Programme，1965—1974)的实施，才有力地推进了全球生产力研究。该计划是迄今为止国际上最大的生物学合作研究计划，旨在弄清地球上的陆地、淡水和海洋生态系统的净初级生产力。

植物生产力可分为第一性生产力和第二性生产力两类。植物第一性生产力指生态系统中绿色植物借助太阳能同化二氧化碳制造有机物的能力，亦即植物通过光合作用积累的能量是生态系统的初级能量，这种能量的积累过程为第一性生产或初级生产(Primary production)。植物第一性生产积累的速率为植物第一性生产力或初级生产力(Primary productivity)。植物第一性生产力可用植物总初级生产力或植物总第一性生产力(Gross Primary Productivity，GPP)和净第一性生产力(Net Primary Productivity，NPP)表示。植物总初级生产力指单位时间内生物(主要是绿色植物)通过光合作用途径所固定的有机碳量，又称植物总第一性生产力。植物总初级生产力决定了进入陆地生态系统的初始物质和能量。第二性生产力指各种食草动物、食肉动物及各种真菌、细胞和某些原生物等异常有机体利用和释放绿色植物储存的太阳能而形成的第二性生物产品的能力，表现为动物或微生物的生长、繁殖和营养物质的贮存(周广胜等 2003)。

植物净初级生产力(NPP)指单位时间单位空间内植物通过光合作用途径所固定的有机碳量(GPP)与植物维持生存与发展的自养呼吸之差，表征了植物的净固碳速率。

$$NPP=GPP-R_A$$

式中 R_A 表示自养呼吸。

通过国际生物学计划(IBP)的实施，1975 年完成了对全球陆地、淡水和海洋生态系统的净初级生产力(NPP)的估算。但是，国际生物学计划未能解决的一个关键问题是植被初级生产力的尺度转换问题，即如何由个体或群体的净初级生产力外推出大尺度区域的植被初级生产力。为反映整个生态系统乃至更大尺度的生物生产力与气候变化的关系，早期主要用来反映个体或群体水平的生产力概念，即 GPP 和 NPP，已显得无能为力了。为此，净生态系统生产力(Net Ecosystem Productivity，NEP)和净生物群区生产力(Net Biome Productivity，NBP)的概念应运而生，以反映大尺度生态系统的生物生产力及其变化。

最早提出净生态系统生产力(NEP)概念是 Woodwell 等(1978)在分析陆地生物圈到底是大气 CO_2 之源还是汇的问题时提出的。净生态系统生产力(NEP)指单位时间单位空间内，土壤、凋落物及植物量等整个生态系统的有机物或能量的变化，亦即生态系统净初级生产力与异氧呼吸(土壤及凋落物)之差，表征了陆地与大气之间的净碳通量或碳储量的变化速率。净生态系统生产力表示较大尺度上碳的净贮存，其数值可以是正，也可以是负。当 $NEP>0$ 时，表明该生态系统为 CO_2 之汇；反之，则为源。

$$NEP=(GPP-R_A)-R_H=NPP-R_H$$

式中 R_A 表示自养呼吸，R_H 表示异养呼吸，亦即异养生物呼吸消耗量(土壤呼吸作用)。

20 世纪 90 年代以后，该指标广泛应用于全球碳循环研究。随着碳循环研究的深入，为弄清更大空间尺度的碳源汇，净生物群区生产力(Net Biome Productivity，NBP)概念被国际地圈一生物圈计划陆地碳工作组提出(IGBP Terrestrial Carbon Working Group 1998)。生物群区(BIOME)是指一个地区内一定水热条件下生长着的优势植物为代表的植被组成，是一个植被区域分区的单位。

净生物群区生产力(NBP)指从净生态系统生产力中减去各类自然和人为干扰(如火灾、病虫害、动物啃食、森林间伐以及农林产品收获等)等非生物呼吸消耗后所余下的部分。

$$\begin{aligned}NBP &=GPP-R_A-R_H-N_R\\ &=NPP-R_H-N_R\\ &=NEP-N_R\end{aligned}$$

式中 N_R 为非呼吸代谢消耗的光合产物。净生物群区生产力是应用于区域或更大空间尺度的生物生产力概念，其值也就是全球变化研究中所使用的碳源与碳汇概念，亦可正可负。该值反映了自然和人类的干扰活动对于全球碳平衡的影响。

从不同层次反映植被生产力指标的总初级生产力、净初级生产力、净生态系统生产力和净生物群区生产力之间是相互联系和相互影响的。陆地植被通过光合作用形成总初级生产力，即光合产物。植被总初级生产力是生态系统的初始物质与能量，也是碳循环的基础，随不同植被类型而异。植被总初级生产力中，约有一半通过植被自身的呼吸作用即自养呼吸作用重新释放到大气中；另一部分成为植被净第一性生产力，即形成植被的生长量，表示单位面积中用于植被净生产的有机体量，即总生长量。植物生长形成的有机碳(NPP)的流向主要有两种：大部分以凋落物(Litterfall)的形式进入地表，它们或成为土壤有机质的一部分(从较长的时间尺度而言，这些土壤有机质又通过土壤呼吸作用而释放到大气中)或以凋落物分解的形式回到大气；其余部分则成为系统的净生态系统生产力，构成植物的生物量(Biomass)。生物量中，有机物主要有 4 种去向，即被食量(被动物啃食)、自然干扰消耗量(如被野火燃烧掉)、人类生产经营活动(如粮食、林产品收获等)以及净生物群区生产力。在野火多发地区，自然干扰所消耗的有机质量所占比例可以很大。人类生产经营活动所收获的有机碳量成为人类可以直接使用的农林产品(Crop and wood products,CWP)。净生物群区生产力累积成生态系统的现存量(Standing crop,SAC)。有时候现存量也被理解成狭义的生物量,但严格说来,它们的含义不同。通常进行的生物量调查所得结果实际上是现存量。因此,尽管光合作用产物中只有很少一部分通过净生物群区生产力贮存于生物有机体中,但它是光合再生产的基础,决定着生态系统维持和演替。

第二节　生产力模型

植被生产力是植被本身的生物学特性与外界环境因子相互作用的结果。由于决定植被产量的外界环境因子中的氧气、二氧化碳含量和土壤肥力等都较为固定,而气候随时间和空间变化较大,探讨和建立植被生产力与气候的关系模型不仅能够估算某一地域自然植被的生产能力,为评价立地经济产量、立地质量以及生态系统结构与功能提供量化指标,也可为模拟和预测植被生产力对全球变化的响应,科学地经营和管理植被资源及制定植被应对气候变化对策提供理论依据和方法。

关于植被生产力及其地理分布的研究具有相当长的历史,Lieth 于 1973 年首次估算了全球的 NPP(包括陆地和海洋),并发表了首张用计算机模拟的全球 NPP 分布图(Lieth et al. 1975)。20 世纪 90 年代初期,特别是在国际地圈一生物圈计划(IGBP)的推动下,以测定资料为基础,联系各种环境因子,建立了各种回归模型或过程模型。目前,关于植被生产力与气候的关系模型主要可以分为 3 类:统计模型(Statistical model)、遥感模型(Remote sensing model)和过程模型(Process-based model)。

一、统计模型

统计模型是利用气候因子(温度、降水等)与植被生产力的相关关系来估算植被净第一性生产力,又称为气候相关模型。统计模型估算的结果是潜在植被生产力或称气候生产力。植被气候生产力指某一地区植物群体在气候处于最佳状态下所能达到的最大第一性生产力。代表性模型有 Miami 模型、Thornthwaite Memorial 模型、Chikugo 模型和综合模型。

Miami 模型:该模型是基于全球五大洲约 50 个地点可靠的自然植被 NPP 实测资料以及与之相匹配的年均气温和年均降水资料,根据最小二乘法建立的(Lieth et al. 1975),可表示如下:

$$NPP_t = 3000/(1+e^{1.315-0.119t})$$

$$NPP_r = 3000/(1-e^{-0.000664r})$$

式中 NPP_t 及 NPP_r 分别为根据年均温(t,℃)及年降水(r,mm)求得的植被净第一性生产力(g/(m^2 · a))。根据 Liebig 最小因子定律,选择由温度和降水所计算的自然植被净第一性生产力(NPP)中的较低者即为某地自然植被的 NPP。该模型仅考虑温度和降水的影响,估算结果的可靠性仅为 66%～75%(周广胜等 1993)。

Thornthwaite Memorial 模型:为克服 Miami 模型的不足,Lieth 基于 Thornthwaite 提出的可能蒸散及与 Miami 模型相同的 50 组生产力资料,根据最小二乘法建立了 Thornthwaite Memorial 模型(Lieth et al. 1975)。

$$NPP_E = 3000\ (1 - e^{-0.0009695E})$$

式中 NPP_E 根据年实际蒸散(E,mm)求得(g/(m^2 · a)),3000 是根据统计得到的地球上自然植物每年每平方米面积上的最高干物质产量(g)。由于实际蒸散受太阳辐射、温度、降水、饱和差、气压和风速等一系列气候因素的影响,能与水量平衡联系在一起,是一地区水热状况的综合表现;同时,蒸散量包括蒸发与蒸腾的总和,而蒸腾与植物的光合作用有关。通常蒸散量愈大,光合作用也愈强,植物的产量也愈高。该模型包含的因子较全面,对植物净第一性生产力的估算较为合理。

Chikugo 模型:1985 年日本内岛基于十分繁茂植被上方的二氧化碳通量方程(相当于 NPP)与水汽通量方程(相当于蒸发散)之比确定的植被水分利用效率(WUE),利用国际生物学计划(IBP)期间取得的世界各地 682 组生物量数据和相应的气候要素,将辐射干燥度(RDI)按 0.2 间隔进行分组,以组为单位得到植物气候生产力与净辐射(Rn)关系,即 Chikugo 模型(周广胜等 2003)。

$$NPP = 0.29 \cdot Rn \cdot \exp(-0.216(RDI)^2)$$

式中 NPP 单位为 t DW/hm^2;RDI 为辐射干燥度[$= Rn / Lr$,L 为蒸发潜热(0.596 kcal/g),r 为年降水量(cm);Rn 为陆地表面所获得的净辐射量(kcal/(cm^2 · a)]。该模型是植物生理生态学和统计方法相结合的产物,综合考虑了各气候因子的影响,是估算自然植被 NPP 较好的方法。但是,该模型在推导过程中是以土壤水分供给充分、植物生长很茂盛条件下的蒸散来估算自然植被 NPP,该条件对世界广大的干旱半干旱地区并不满足,而且模型没有包括草原与荒漠的植被资料。

综合模型:针对 Chikugo 模型只考虑十分繁茂植被的不足及没有包括草原与荒漠等植被资料,周广胜与张新时(1995)基于 Chikugo 模型相似的推导过程,根据植物生理生态学特点及联系能量平衡和水量平衡方程的实际蒸散模型,结合 Efimova (1977)在 IBP 期间获得的世界各地 23 组森林、草地及荒漠等自然植被资料及相应的气候资料建立了自然植被 NPP 模型,简称综合模型。

$$NPP = RDI \frac{r \cdot Rn \cdot (r^2 + Rn^2 + r \cdot Rn)}{(Rn + r)(Rn^2 + r^2)} \exp[-(9.87 + 6.25RDI)^{0.5}]$$

式中 Rn 与 r 的单位均为 mm,NPP 的单位为 t DW/(hm^2 · a)。该模型是以与植被光合作用密切相关的实际蒸散为基础,综合考虑了诸因子的相互作用。经过比较,该模型优于 Chikugo 模型,特别是对于干旱半干旱地区。

二、遥感模型

遥感模型是基于光能利用率原理,借助于遥感信息或结合气象资料估算植被净第一性生产力的方法。代表性模型有 CASA 模型(朴世龙等 2001)。

CASA(Carnegie-Ames-Stanford Approach)模型是由遥感数据、温度、降水、太阳辐射以及植被类型、土壤类型共同驱动的光能利用率模型。该模型中植被净第一性生产力主要由植被所吸收的光合有效辐射($APAR$)与光能转化率(ε)两个变量来确定。

$$NPP(x,t) = APAR(x,t) \times \varepsilon(x,t)$$

式中 t 表示时间,x 表示空间位置。

$APAR$ 取决于太阳总辐射和植被对光合有效辐射的吸收比例:

$$APAR(x,t)=SOL(x,t)\times FPAR(x,t)\times 0.5$$

式中 $SOL(x,t)$ 是空间位置 x 处 t 月的太阳总辐射量（MJ/m^2）；$FPAR(x,t)$ 为植被层对入射光合有效辐射吸收比例；常数 0.5 表示植被所能利用的太阳有效辐射（波长为 0.4～0.7 μm）占太阳总辐射的比例。$FPAR$ 取决于植被类型和植被覆盖状况，与归一化植被指数（$NDVI$）存在很好的相关性。

$$FPAR(x,t)=\min[(SR(x,t)-SR_{min})/(SR_{max}-SR_{min}),0.95]$$

$$SR(x,t)=[1+NDVI(x,t)]/[1-NDVI(x,t)]$$

式中 SR_{min} 取值为 1.08，SR_{max} 与植被类型有关，范围在 4.14～6.17 之间；常数 0.95 是确保 $FPAR$ 的最大值不超过 0.95。

光能转化率（ε）指植被把所吸收的光合有效辐射（PAR）转化为有机碳的效率。在理想条件下植被具有最大光能转化率，而在现实条件下光能转化率主要受温度和水分的影响：

$$\varepsilon(x,t)=T_{\varepsilon1}(x,t)\times T_{\varepsilon2}(x,t)\times W_{\varepsilon}(x,t)\times \varepsilon^{*}$$

式中 $T_{\varepsilon1}$ 和 $T_{\varepsilon2}$ 表示温度对光能转化率的影响；W_{ε} 为水分胁迫影响系数，反映水分条件的影响；光能转化率是植物固定太阳能，并通过光合作用将所截获/吸收的能量转化为碳（C）/有机物干物质的效率，一般用 gC/MJ 来表示。ε^{*} 是理想条件下的最大光能转化率。全球植被的最大光能转化率为 0.389 gC/MJ。$T_{\varepsilon1}$ 反映在低温和高温时植物内在的生化作用对光合的限制导致的植被净第一性生产力降低：

$$T_{\varepsilon1}(x)=0.8+0.02T_{opt}(x)-0.0005[T_{opt}(x)]^2$$

式中 $T_{opt}(x)$ 为某一区域一年内归一化植被指数（NDVI）达到最高时月份的平均气温。当某一月平均温度小于或等于 −10 ℃时，$T_{\varepsilon1}$ 取 0。$T_{\varepsilon2}$ 表示环境温度从最适宜温度（$T_{opt}(x)$）向高温和低温变化时植物的光能转化率逐渐变小的趋势：

$$T_{\varepsilon2}(x,t)=1.1814\{1+e^{0.2[T_{opt}(x)-10-T(x,t)]}\}/\{1+e^{0.3[-T_{opt}(x)-10+T(x,t)]}\}$$

当某一月平均温度 $T(x,t)$ 比最适宜温度 $T_{opt}(x)$ 高 10 ℃或低 13 ℃时，该月的 $T_{\varepsilon2}$ 值等于月平均温度 $T(x,t)$ 为最适宜温度 $T_{opt}(x)$ 时 $T_{\varepsilon2}$ 值的一半。

水分胁迫影响系数（W_{ε}）反映了植物所能利用的有效水分条件对光能转化率的影响。随着环境有效水分的增加，W_{ε} 逐渐增大。它的取值范围为 0.5（在极端干旱条件下）到 1（非常湿润条件下）。

$$W_{\varepsilon}(x,t)=0.5+0.5EET(x,t)/PET(x,t)$$

式中 PET 为可能蒸散量，是温度和纬度的函数，由 Thornthwaite 公式计算；估计蒸散 EET（Estimated evapotranspiration，mm）取决于降水和土壤蒸发，由土壤水分子模型求算（周广胜等 2003）。土壤蒸发速率是由前一时间段的土壤湿度决定，水分胁迫影响系数体现了弱的干湿缓冲过渡效应。当 EET 大于 PET，NPP 不再受土壤湿度的制约，水分胁迫影响系数等于 1。而且，当月平均温度小于或等于 0 ℃时，该月的 $W_{\varepsilon}(t)$ 等于前一个月的值，即 $W_{\varepsilon}(t-1)$。

CASA 模型中植被的根、茎、叶动态配置模式：根（$Root_{fr}$）、茎（$Stem_{fr}$）、叶（$Leaf_{fr}$）的碳分配是依据资源光（L）、水分（W）和假营养（pseudo-nutrient，N）的可利用性进行动态配置（Friedlingstein et al. 1999）。

$$Root_{fr}=3r_0\{L/[L+2\min(W,N)]\}$$

$$Stem_{fr}=3s_0\{\min(W,N)/[2L+\min(W,N)]\}$$

$$Leaf_{fr}=1-(Root_{fr}+Stem_{fr})$$

式中 r_0 和 s_0 分别表示没有资源限制时根、茎固定碳分配量，取值均为 0.3，则叶的固定分量为 0.4。min(*W*,*N*)表示取 *W* 和 *N* 两个因子中较小的一个。资源可利用因子 *L*、*W*、*N* 取值介于 0.1(资源条件最为苛刻)与 1(最容易获取)之间。

可利用光资源(*L*)：利用叶面积指数(*LAI*)来估算。

$$L = e^{-k \times LAI}$$

式中消光系数 $k=0.5$。

可用水资源(*W*)：由土壤湿度(SW_m)、田间持水量(Field Capacity,*FC*)、土壤萎蔫点(Wilting point,*WP*)来计算，后两者为土壤质地数据，由土壤类型来决定。

$$W = (SW_m - WP)/(FC - WP)$$

可利用假营养(*N*)：采用温度和湿度两个环境因子的乘积来表征，即

$$N = P_{factor} \times T_{factor}$$

式中 $P_{factor} = PPT/PET$，$T_{factor} = 2^{[(AIRT-30)/10]}$。*PPT* 为月降水量(mm)，*AIRT* 为月均温(℃)，*PET* 为可能蒸散量(mm)，与水分胁迫影响系数 W_ε 中的 *PET* 相同。

CASA 模型运算时间尺度为月。虽然 CASA 模型充分考虑了环境条件和植被本身特征，为区域尺度植被净第一性生产力估算提供了一个重要手段，但光能利用率遥感模型的发展有三个难以跨越的制约因素：一是遥感数据所确定的 *fAPAR*(吸收光合有效辐射比例)的准确估计；二是光能转化率的变化性与不确定性；三是遥感资料无法模拟植被的未来变化，所以无法模拟气候或植被变化后植被净第一性生产力。张峰等(2008)从内蒙古典型草原植被净初级生产力动态模拟方面较详细地探讨了光能利用率遥感模型的不足。

(1)光能利用率 ε 取值。植被最大光能转化率取值对植被净第一性生产力估算影响很大，不同模型取值不一，取值范围从 0.09 到 2.16 gC/MJ(彭少麟等 2000)。在 CASA 模型中植被最大光能转化率取 0.389 gC/MJ。彭少麟等(2000)根据实际观测数据认为此值对广东植被来讲偏低。张峰等(2008)发现，改变 ε 的大小，只能改变 *NPP* 的绝对大小值，但不能够改变 *NPP* 时间变异格局，也就是 ε 引起的 *NPP* 变化是呈线性趋势的。气候因子(温度和降水)是通过调节 ε 来影响 *NPP* 的时间变异格局。同时，土壤类型中的土壤质地通过水分下调因子影响 ε，从而对 *NPP* 产生影响，但其影响相对较小。

(2) *fAPAR* 的计算。*NDVI* 通过生成 *fAPAR* 来线性影响 *NPP*，源于遥感数据的 *NDVI* 在很大程度上已经决定了 *NPP*，也就是 *NPP* 的时间变异格局主要由 *NDVI* 的变异格局所决定。每个植被类型的最大 *NDVI*、最小 *NDVI* 也是通过 *fAPAR* 的计算来影响 *NPP*。每个植被类型中 *NDVI* 的最大值、最小值的确定对 *NPP* 的影响很大，但它只会改变整个类型 *NPP* 的绝对数量。

(3)遥感数据的质量。张峰等(2008)对一个空间格点的 *NPP* 模拟表明，*NPP* 准确地模拟的前提是遥感数据质量较高。在内蒙古典型草原区，植被类型稳定均一，植被空间异质性相对较小，当研究区域分别为 1×1、3×3 或 5×5 个像元时，结果较为一致，其影响基本可忽略。因此，在内蒙古典型草原的不同取样方式不会改变 *NPP* 的时间变异格局。CASA 模型模拟的 *NPP* 时间变异主要来源于 *NDVI*、降水、温度和太阳辐射，而 *NPP* 的绝对量则依赖于光能转化效率的大小。

(4)单点时间动态模拟的准确性。张峰等(2008)的研究表明，采用 1982—1994 年及 1997 年共 14 年的地上生物量实测数据验证 CASA 模型模拟的地上净初级生产力(*ANPP*)时，只

有将1982年的这个点排除在外时,13年模拟值与实测值之间的相关性才达到显著性水平($R=0.582, p<0.05, n=13$)。原因在于CASA模型在进行单点时间动态模拟研究时,依然难以充分体现较大时间尺度的降水滞后效应。同时,不同空间尺度的取样在本质上也导致模拟*ANPP*要低于观测*ANPP*值,如何合理地进行尺度转化以使模型在进行区域模拟时考虑相邻栅格之间气候因子的相互作用依然是模型准确模拟的关键所在。

(5)水分胁迫影响系数(W_ε)的准确模拟。CASA模型中的土壤水分子模型直接影响到*NPP*能否准确评估。在光能利用率模型中,水分胁迫影响系数(W_ε)通常是土壤水分或水汽压亏缺(*VPD*)的函数,反映了水分对光合作用的影响或制约水平。现有的CASA模型中土壤水分模拟采用的是简单的单层水桶模型,由温度、降水和纬度进行水分胁迫因子的估算。大量研究表明,水量平衡是陆地净初级生产力(*NPP*)及其空间分布格局准确评估的主要影响因子,而且长期以来水分胁迫对光合作用影响的准确模拟也一直是模型发展的难点所在。因此,在*NPP*的光能利用率模型中如何较为准确地反映水分状况对光合作用的影响与制约,以及如何更好地改进与完善CASA模型的土壤水分子模型是一项很有意义的挑战性工作。

三、过程模型

过程模型又称机理模型,是通常所说的生物地球化学模型(Biogeochemistry model)。生态系统过程模型考虑了植物生理生态和生物物理过程及其确定的生态系统生产力的空间和时间分布特征,它根据植物的生长规律以及所在地点给定植被类型和土壤类型来模拟植被净第一性生产力、碳及养分循环,但不能预测植被类型的变化。代表性模型有:CENTURY模型(Parton et al. 1993)、TEM模型(Melillo et al. 1993)、Biome-BGC模型(Running et al. 1991, 1993)。

生态系统过程模型主要考虑的过程包括光合作用、生长和维持呼吸、水分的蒸发蒸腾、氮的吸收和释放、光合产物的分配、枯枝落叶的分解以及物候的变化。用以驱动过程模型的环境因子包括太阳辐射、温度、降水、CO_2浓度、土壤质地、土壤持水量和风速等等。但是,由于生态过程的复杂性,不同的模型往往采用不同的假设来简化过程以及生态系统对环境因子的响应方式,这也反映了目前对于生态系统的一些基本过程仍缺乏了解的状况。同时,由于过程模型通常非常复杂,且需要的参数较多,其模拟的准确性往往取决于所获取数据的质量。在此,以TEM模型为例,作简要介绍。

陆地生态系统模型(Terrestrial Ecosystem Model, TEM)是全球和区域尺度的生态系统过程模型,以空间分布的气候、海拔高度、土壤、植被和水分信息为输入,估计生态系统的碳、氮流和贮库在月时间尺度上的数量和动态。模型包括5个库,分别为植被碳库(C_V)、植被氮库(N_V)、土壤有机碳库(C_S)、土壤有机氮库(N_S)、土壤无机氮库(N_{AV}),其中植被氮库又划分为结构性氮库(N_{VS})和易分解氮库(N_{VL}),各个库之间通过9个通量进行联系,包括总初级生产力(GPP)、自养呼吸(R_A)、凋落物含碳量(L_C)、异养呼吸(R_H)、生态系统外部氮输入(N_{INPUT})、植被氮吸收(N_{UPTAKE})、凋落物含氮量(L_N)、净氮矿化量(N_{ETNMIN})及生态系统氮损失(N_{LOST}),其中植被氮吸收分为植被结构性碳库吸收的氮($N_{UPTAKES}$)和植被易分解氮库吸收的氮($N_{UPTAKEL}$)两种类型。在此介绍的模型版本为TEM5.0,模型框架如图6.1所示。

TEM模型的输入数据包括空间信息数据、土壤数据、气象数据和大气CO_2数据。空间信息数据包括经度、纬度、海拔高度数据和植被类型,土壤数据包括土壤砂粒、粉粒及黏粒的百分

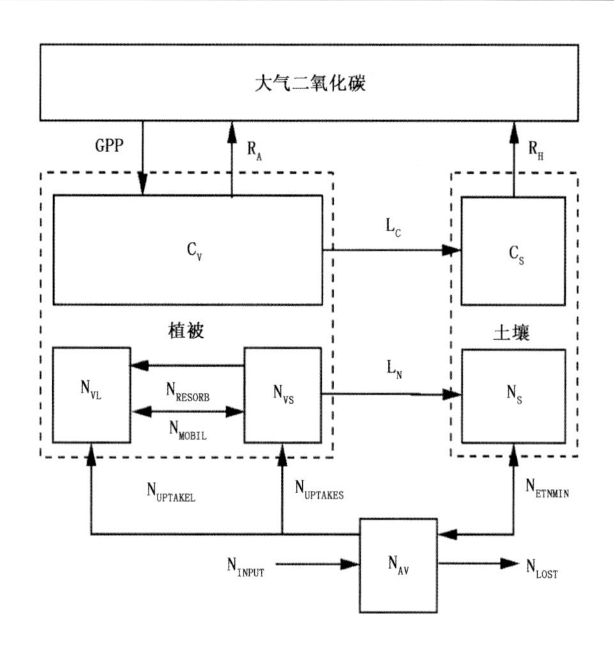

图 6.1　TEM 模型结构示意图(Zhuang et al. 2003)

(状态变量有：植被碳(C_V)；植被中的结构氮(N_{VS})；植被中的易分解氮(N_{VL})；土壤有机碳(C_S)；土壤有机氮(N_S)；土壤有效氮(N_{AV})。箭头表示碳氮通量：GPP，总第一性生产力；R_A，自养呼吸；R_H，异养呼吸；L_C，凋落物碳；L_N，凋落物氮；N_{UPTAKE_S}，植被结构性碳库吸收的氮；N_{UPTAKE_L}，植被易分解氮库吸收的氮；N_{RESORB}，凋落死亡组织易分解的氮；N_{MOBIL}，在 N_{VL} 和 N_{VS} 间转化的氮；N_{ETNMIN}，土壤有机氮净氮矿化量；N_{INPUT}，生态系统外部输入的氮；N_{LOST}，生态系统损失的氮)

含量，气象数据包括温度、辐射和降水等(表 6.1)。模型可输出包括总初级生产力(GPP)、净初级生产力(NPP)、净生态系统生产力(NEP)、土壤呼吸(RH)、土壤有机碳(SOC)、植被含碳量(VEGC)等共 101 个植被和土壤系统的碳、水和热量等相关变量，运行时可根据研究需要选择指定一个或几个变量输出(图 6.2)。

表 6.1　TEM 模型输入数据

	变量	单位	时间尺度	数据类型	值域
地理数据	经度	度	—	实数	−180～180
	纬度	度	—	实数	−90～90
	海拔高度	m	—	实数	−∞～∞
	植被类型	—	—	整数	(分类表)
土壤数据	砂粒含量	%	—	实数	0～100
	粉粒含量	%	—	实数	0～100
	黏粒含量	%	—	实数	0～100
气象数据	平均气温	℃	月	实数数组	−50～50
	降水量	mm	月	实数数组	0～1500
	辐射	W/m^2	月	实数数组	>0
CO_2 浓度	CO_2 浓度	ppm	年	实数数组	—

TEM 5.0 版本耦合了土壤温度模型，并采用有限元方法确定土壤中的热流动，对冻土及非冻土层均适用。土壤温度模型以 TEM 模型输出的月步长的格点气温、土壤水分及雪盖度为输入。雪盖度是月降水、月气温及海拔高度的函数，并与 TEM 模型中的水分平衡模块耦

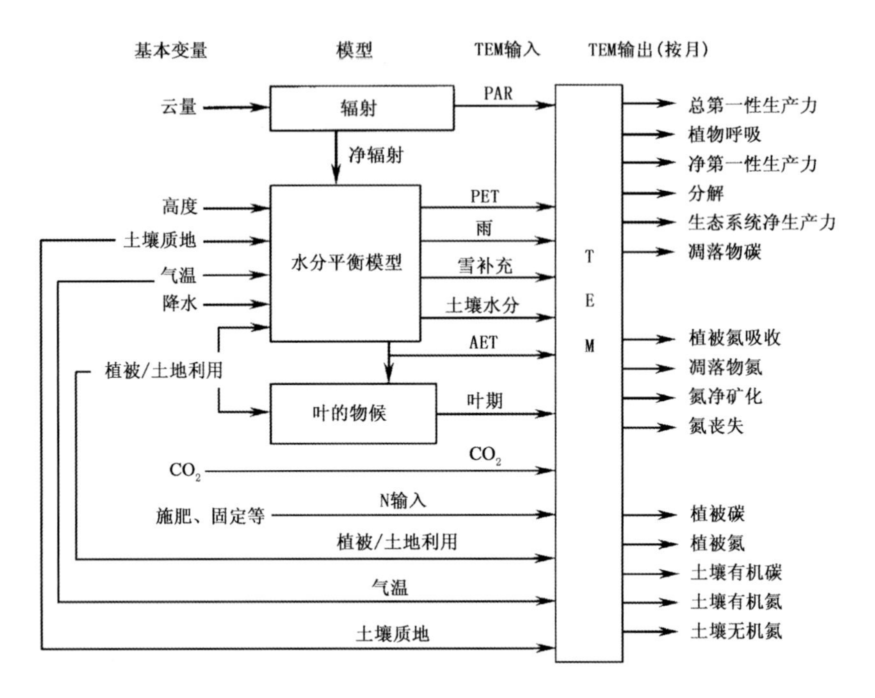

图 6.2　陆地生态系统模型的输入/出

(PAR:光合有效辐射;PET:潜在蒸散;AET:实际蒸散)

合。TEM 模型利用雪盖度、气温及土壤水分模拟不同深度的土壤温度以便在模拟中考虑土壤冻结及融化的边界层运动。在 TEM 5.0 模型中,植被净第一性生产力(NPP)是作为总第一性生产力(GPP)和植物呼吸(R_A)的差值来计算的,而 GPP 是光合有效辐射(PAR)、叶片物候、气温、蒸散率、大气二氧化碳和臭氧浓度、水分供应、植被光合能力和土壤氮素供应限制因子的函数。月时间尺度的 GPP 计算如下:

$$GPP = C_{max} f(PAR) f(PHENOLOGY) f(FOLIAGE) f(T) f(C_a, G_v) f(NA) f(FT)$$

式中 C_{max} 是整个植物冠层在最优环境条件下的最大二氧化碳吸收速率;$f(PAR)=\dfrac{PAR}{k_i+PAR}$ 表示光合有效辐射的影响;$f(PHENOLOGY)$ 是实际叶面积与最大叶面积的比值,受水分的影响,计算方法为:

$$f(PHENOLOGY) = \frac{LEAF_j}{LEAF_{max}}$$

$$LEAF_j = a(EET_j/EET_{max}) + b(LEAF_{j-1}) + c$$

$$LEAF_j = 1.0 \qquad \text{if } LEAF_j > 1.0$$

$$LEAF_j = LEAF_i/LEAF_{max} \qquad \text{if } LEAF_{max} < 1.0$$

$$LEAF_j = \min \qquad \text{if } LEAF_j < \min$$

式中 EET_{max} 是月份 j 期间的最大蒸发散(EET);a、b 和 c 是回归系数;$LEAF_{max}$ 是叶面积月最大估计值;min 为该植被类型相对光合能力的最小值。$f(FOLIAGE)$ 是描述冠层凋落的标量函数,表示冠层叶片生物量与叶片最大生物量之间的比值(范围为 0～1);$f(T)$ 用于反映温度因子的影响:

$$f(T)=\frac{(T-T_{\min})(T-T_{\max})}{(T-T_{\min})(T-T_{\max})-(T-T_{\mathrm{opt}})^2}$$

式中 T 是月平均温度(℃)；$T_{\min}$、$T_{\max}$ 及 T_{opt} 分别是植物光合作用的最低、最高和最适温度(℃)。$f(C_a,G_v)=\frac{C_i}{k_c+C_i}$ 用于描述植物对碳的吸收过程，k_c 是植物吸收二氧化碳的半饱和常数，C_i 是冠层叶片间二氧化碳浓度，C_a 是大气二氧化碳浓度，G_v 是相对冠层导度。函数 $f(NA)$ 是反映氮素供应对 GPP 影响的无量纲乘子；$f(FT)$ 是对土壤冻融动态的响应。

月时间步长上，植被净第一性生产力(NPP)是总第一性生产力(GPP)与植物自养呼吸(R_A)的差值。净生态系统生产力(NEP)是植被净第一性生产力(NPP)扣除异养呼吸(R_H)的部分。TEM 模型中每月自养呼吸代表了活植被的总呼吸(不包括光呼吸)，包含植物呼吸、氮素吸收及生物量生成的各种排放 CO_2 的过程。R_A 是由 R_m 和 R_g 的和计算获得的，自养呼吸中生长呼吸被设定为 GPP 与 R_m 差值的 20%，而 R_m 是植物生物量(C_v)的函数：

$$R_m=K_r\cdot C_v\cdot e^{r_a T}$$

式中 K_r 是每克生物量在 0 ℃的呼吸速率，而 C_v 是植被碳库，T 为月平均温度，r_a 为自养呼吸随温度变化的瞬时差。NEP 为 NPP 与 Rh 之间的差值。R_h 代表了所有有机物质的分解，采用如下公式计算：

$$R_h=K_d\cdot C_s\cdot e^{r_s T}\cdot f(M)$$

式中 K_d 为每克生物量土壤有机物质在 0 ℃的呼吸速率，C_s 为土壤碳库，T 为土壤温度模型模块计算获得的 5 cm 深度的月均土壤温度，r_s 为分解随温度变化的瞬时日差，$f(M)$ 是范围为 0～1 的标量函数，表示土壤体积含水量对分解的作用。土壤每克生物量的呼吸速率受到进入土壤的凋落物的氮素浓度影响。

TEM 模型还模拟了陆地生态系统氮循环对碳循环的影响。首先，TEM 模型假设热带森林以外的大部分陆地生态系统中植物光合作用吸收的 CO_2 受到氮素的胁迫。氮素限制利用初始 NPP 估计值与植物从土壤中吸收的无机氮量的初始估计值加上每月从植被中易分解氮获得量的比值表达：

$$\begin{cases}NPP=P_{CN}(N_{UPTAKE}+N_{MOBIL})\\GPP=P_{CN}(N_{UPTAKE}+N_{MOBIL})+R_A\\f(NA)=GPP/GPP_P,P_{CN}(N_{UPTAKE}+N_{MOBIL})+R_A\leqslant GPP_P\end{cases}$$

$$\begin{cases}NPP=GPP_P-R_A\\GPP=GPP_P\\f(NA)=1,P_{CN}(N_{UPTAKE}+N_{MOBIL})+R_A>GPP_P\end{cases}$$

式中 $NPP:(N_{UPTAKE}+N_{MOBIL})$ 的比例与新植物组织中的目标 $C:N(P_{CN})$ 比较，如果 $NPP:(N_{UPTAKE}+N_{MOBIL})$ 比 P_{CN} 大，则 NPP 被减少至等于 P_{CN} 与 N_{UPTAKE} 和 N_{MOBIL} 乘积的量，表示受到了氮素胁迫。实验数据说明，植物组织中的氮含量随着 CO_2 浓度的提高而变化。通过调整 P_{CN} 随大气 CO_2 浓度的变化，植物组织的氮浓度随着大气 CO_2 增加 340 ppmv 线性减少 15%。因此，植被生物量在大气 CO_2 浓度升高的情况下，将比当前条件下每克氮包含更多的碳。同时，TEM 模型假定生态系统中的可利用性氮依靠土壤有机物质在分解过程中释放出来无机氮(如净氮矿化)，这种无机氮随后被植物吸收来支持植物生长。如果更高的温度造成分解增加，那么更多的无机氮被释放，同时植物生产力可能增加。相反，如果分解减少，植物生产力可能由于氮素胁迫的加强而减少。因此,氮素分解的循环在 TEM 模型中对植物响应环境变化起到了很重要的作用。该版本中并没有考虑氮素添加及损失。因此,生态系统内的总氮量在模拟期间并不发生变化,而是在植被及土壤间进行再分配。

第三节 模型模拟的不确定性分析

与日俱增的资源与环境问题促使科技界、经济界、社会界、政治界等试图从全球的角度来理解人类生存环境的变化以及这种变化对人类发展的影响。为评估与预测全球环境变化原因及其对人类生存环境的影响,需要借助于定量模型描述方法将数量庞大且复杂的生物过程、物理过程、化学过程甚至社会过程及其相互作用对人类生存环境变化与影响的定性理解上升到动态的定量理解水平;同时,借助于这些模型还可与全球变化研究相联系,定量地理解人类生存环境的过去和未来。正因为如此,大量模型,包括统计模型、遥感模型与过程模型已经建立,并被用于研究区域、洲际甚至全球生态系统生产力及其地理分布,特别是过程模型在解释基于当地观测的生态学假设的区域、洲际甚至全球的生态系统过程方面越来越被人们所接受。生态系统过程模型主要考虑的过程包括光合作用、生长和维持呼吸、水分的蒸发蒸腾、氮的吸收和释放、光合产物的分配、枯枝落叶的分解以及物候的变化。但是,由于生态过程的复杂性,不同的模型往往采用不同的假设来简化过程以及生态系统对环境因子的响应方式;同时,由于过程模型通常非常复杂,且需要的参数较多,其模拟的准确性往往取决于所获取数据的质量。因此,研究者经常遇到这样的困惑:目前正在构建的过程模型给出的数值结果在多大程度上是可信的?这就需要进行模型的不确定性分析。随着计算机辅助建模和对自然界各种过程认识的不断发展和分化,模型不确定性分析已经成为建模和分析过程中不可缺少的科学工具。

由于计算机是在物理现实上运行过程模型,其计算结果必须尽可能多地与实测数据进行比较。然而,这种比较始终会显示出计算和实测结果之间的不一致。这种不一致来源于不可避免的误差、测量过程中的不确定性和相关过程模型的不确定性。事实上,过程模型的确定形式和数据的确定值都是未知的,所以模型的数学形式都是估计的结果。利用观测数据来估计模型的内在特性是统计学的目标之一。这一数学分支同时体现了归纳和演绎推理的思想,包括了根据不完全的知识来估计参数和通过不断吸收附加信息改善先验知识的过程。因此,评估和减少模型和数据不确定性需要综合应用统计学及概率的公理、频率和贝叶斯解释。

作为数学模型之一的生态系统过程模型是由自变量、因变量及其之间关系(方程、函数或查找表等)构成,同时包括了真实值未知的模型参数。模型参数可能在一定范围内变化,反映了对某一过程不完全的认识和考虑到这种不完全的不确定性。同时,求解模型中各种方程的数值方法也必然产生数值误差。为了评估模型的有效性,数值方法的误差和参数变化的影响必须量化地加以考虑。同时,模型参数的不确定性对模型结果不确定性的影响也必须量化。一般来讲,不确定性分析的目标在于评估参数不确定性对模型结果不确定性的影响,不确定性分析可以通过计算具体的数量指标来评估输出数据的变化及输入变量的重要性。因此,不确定性分析应当作为模型与数据间比较的必要步骤。

通常,评估模型的一种经典方法是先采用基本参数值进行计算,然后根据经验选取可能产生极端模型输出的参数组合进行多次计算,再计算输出结果的差异与输入参数的差异来获得输出变量对应于输入参数导数的粗略估计,生成输出变量与输入参数的散点图。这些过程尽管对评价一个模型的表现有一定用处，但还远远不足以提供满足实际需要的、可靠的模型输出结果。这种对模型和数据的全面评估有赖于系统的不确定性分析。因此，不确定性分析的科学目标并不是进一步确认诸如某一输入重要性之类的已有观念，而是发现和量化模型最重要的特征。

目前在生态学研究中，已有很多方法被用来评估模型的不确定性，通常被归为敏感性或不确定性分析，两种分析方法的目标都在于分析输入因子的变异对模型行为的影响。敏感性分析是一种研究模型行为的通用方法，是研究模型中输入和输出信息之间关系的活动，其目的在于决定模型输出的变化率对输入因子（参数或输入数据）变化的响应。这种变化通常表示为模型参数、结构、假设或输入数据的不确定性。对模型敏感性的度量显示了输出随着这些输入因子变化的相对变化。

敏感性分析方法分为局部敏感性分析和全局敏感性分析。局部敏感性分析一次变化一个输入参数，保持其余参数为中值来检验模型输出的局部响应。局部敏感性分析很容易实现，但受到其他参数中值的很大影响，其不足之处在于：(1)不能定量分析各种情况出现的可能性；(2)过分强调了敏感元素变动的极值，但可能忽视了各种极值出现的可能性的差异；(3)将各个因素逐一考虑，忽略了多个敏感因素之间可能存在的联动效应。全局敏感性分析在一个有限区域内检验模型输出的全局响应（对所有参数的变异取均值），主要包括两个过程：(1)从参数值中取样；(2)量化参数对不确定性的贡献。全局敏感性分析方法包括傅立叶幅度敏感性检验法（Fourier Amplitude Sensitivity Test，FAST）、实验设计方法、回归方法、Sobol's 法、一维方差法等，其在取样方法和量化不确定性的方法上存在差异。

不确定性的识别和表达是模型应用中的关键部分。在不确定性的研究中，需要知道模型输出的不确定性有多大和这些不确定性的来源。这一类分析主要集中在给定参数或输入数据不确定性情况下估计模型输出的总不确定性，即输出的不确定代表了生态系统模型中未知的部分。例如，常用的蒙特卡洛（Monte Carlo）不确定性分析方法是基于对整个输入因子空间的随机取样来决定不确定性如何在模型中传播及影响模型的输出。已有的大量方法中，并没有哪一种方法足够广义到可以被用来处理生态模型中的各种不确定性。每一种方法都有其不同的优点和应用，对不确定性信息的利用方式也不尽相同。方法的选择取决于分析的目标、待分析模型的特点（发展模型的建模方法）及需要研究的不确定性方面。

不确定性和模型本身一样复杂，绝对不被视为独立于模型过程或模型的分析评价。这种不确定性为模型预测的可靠性提供了信息，并且限制了对这个预测的信任程度，因而在模型评估和解释中起着重要的作用。成功的模型应用必须了解不确定性对模型行为的影响。不确定性具有不同的特征和来源。一个不确定性的来源是采用信息的复杂性。生态系统是一个复杂系统，对生态系统的描述需要处理复杂的信息。为此，通常必须集中到最重要的因素上来简化对系统的描述。模型的构建过程中包含了多层次的假设，尤其是建模者的主观认识。这些假设包括了系统边界的界定、描述的时空尺度和详细程度的选择。在建模过程中，另一个不确定来源是由于缺乏要模拟的生态现象特征的信息或者共识。为处理这类情况，通常有必要对系统的行为做出进一步的假设，并在模型中结合不同的方式来进行测试。

在具体的分析过程中，生态模型的不确定性主要决定于模型结构的不确定性、输入的不确定性和参数的不确定性。模型结构的不确定性与模型技术（即模型的计算机实现）的不确定性密切相关。输入的不确定性不仅与系统的描述有关，而且也包括由于系统外部输入引起的不确定性，如气候变化、土地利用变化和其他人类活动干扰等。数据通常包括输入数据和验证数据，输入数据包括降水、气温、辐射等气象数据，验证数据通常包括生物量和生产力、土壤剖面数据、涡度相关观测的碳水通量、遥感资料等数据。由于实测数据受到测量仪器的系统偏差、数据处理方法的误差、自然生态系统自身特征中的时空变异等因素的影响，需要对数据进行代表性、一致性与可靠性的检验。参数的不确定性往往跟参数来源的数据和参数的率定方法有关。对每个特定的陆地生态系统模型而言，在其描述机理、模型结构选定的情况下，模型应用结果的不确定性主要来自输入数据、模型参数及两者的交叉。为了量化和评估这种不确定性，近年来已出现了一系列分析方法，主要包括误差传播方程(Molders et al. 2005)和马尔科夫链蒙特卡洛方法(Markov Chain Monte Carlo)(Knorr and Kattge 2005)。在量化输入和参数带来的不确定性上，大部分方法都依赖于蒙特卡洛法的集合模拟，这是由于传统的参数不确定性估计方法(如矩法、极大似然法、最小二乘法等)仅适用于线性或接近于线性的模型，对于陆地生态系统模型这类复杂非线性的问题适用性很差。模型本身不确定性的量化，除了对模型中不同描述方程的直接比较来衡量优劣外，还可以采用贝叶斯推论的后验概率来进行筛选。

一、不确定性分析方法

统计决策论是运用统计知识来认识和处理决策问题中的某些不确定性，从而做出决策。大多数情况下，假设这些不确定性可以被看作是一些未知的数量，由 θ 表示(θ 可能是向量或矩阵)。在对 θ 做推断时，经典统计学是直接利用样本信息(数据来自统计调查)，这些经典推断大都不考虑所做的推断将被应用的领域。而实际模型应用中最需要关注的部分就是如何将样本信息与问题的其他相关性质结合起来考虑，从而给出一个最好的决策。除样本信息外，还有两类相关信息特别重要：一是对结果带来的可能后果的认识；二是非样本信息被称为先验信息，它是关于 θ 的信息，但并非来自统计调查，一般来自类似情况包含类似 θ 的过去经验。将先验信息正式地纳入统计学中去并探索如何利用这种信息的方法被称为贝叶斯方法。

贝叶斯方法认为：概率描述的是主观信念的程度，而不是频率。因此，除对从随机变化产生的数据进行概率描述外，还可以对其他事物进行概率描述。可以对各个参数进行概率描述，即使他们是固定的常数。为参数生成一个概率分布来对它们进行推导，点估计和区间估计可以从这些分布得到。

未知量 θ 是影响最终结果的，通常被称为自然状态。在模型应用过程中，可能的自然状态有哪些，显然很重要。当为得到关于 θ 的信息而进行试验时，典型的情形是，这些试验总是被设计为观测值服从某一概率分布，而 θ 是这个分布的一个未知参数。此时，θ 被称为参数，而自然状态所有可能值的集合 Θ 被称为参数空间。通常，模型的结果被称作行为，特定的行为由 a 表示，所研究的所有可能行为的集合由 A 表示。当采取某一行为 a_1，θ_1 是自然状态的真值，则产生的损失为 $L(\theta_1, a_1)$。贝叶斯推断的基本步骤如下：

(1)将未知参数看成随机变量，记为 θ。当 θ 已知时，样本 $x_1, \cdots, x_n$ 的联合分布密度 $f(x_1, \cdots, x_n; \theta)$ 就看成是 $x_1, \cdots, x_n$ 对 θ 的条件密度，记为 $f(x_1, \cdots, x_n | \theta)$，或简写为 $f(x|\theta)$，反映了给定参数 θ 时对 x 的信念。

(2)选择一个概率密度函数 $f(\theta)$，表示在取得实际观测数据之前对参数 θ 的信念，即先验分布。如果没有任何以往的知识来帮助确定先验分布 $f(\theta)$，贝叶斯提出可以采用均匀分布作为 $f(\theta)$，即参数在它的变化范围内，取到各个值的机会是相同的，这种确定先验分布的原则称为贝叶斯假设。

(3)利用条件分布密度 $f(x_1,\cdots,x_n|\theta)$ 和先验分布 $f(\theta)$,可以求出 $x_1,\cdots,x_n$ 与 θ 的联合分布和样本 $x_1,\cdots,x_n$ 的分布,于是可以用它们求得 θ 对 $x_1,\cdots,x_n$ 的条件分布密度,也就是用贝叶斯公式求得后验分布密度 $f(\theta|x_1,x_2,\cdots,x_n)$。

(4)利用后验分布密度 $f(\theta|x_1,x_2,\cdots,x_n)$ 做出对 θ 的推断(估计 θ 或者对 θ 作检验)。

贝叶斯定理形如:$f(y|x)=\dfrac{f(x|y)f(y)}{\int f(x|y)f(y)\mathrm{d}y}$,而利用贝叶斯规则将数据和参数的分布联合起来表示为:

$$f(\theta|x)=\frac{f(x|\theta)f(\theta)}{\int f(x|\theta)f(\theta)\mathrm{d}\theta}$$

假设有 n 个独立同分布的观测值 $X_1,X_2,\cdots,X_n$,记为 X^n,产生的数据为 $x_1,\cdots,x_n$,记为 x^n,用如下公式替代 $f(x|\theta)$:

$$f(x^n|\theta)=f(x_1,\cdots,x_n|\theta)=\prod_{i=1}^{n}f(x_i|\theta)=L_n(x|\theta)$$

$L_n(x|\theta)$ 是似然函数,为给定参数后数据的概率。因此,后验概率为:

$$f(\theta|x^n)=\frac{f(x^n|\theta)f(\theta)}{\int f(x^n|\theta)f(\theta)\mathrm{d}\theta}=\frac{L_n(\theta)f(\theta)}{c_n}\propto L_n(\theta)f(\theta)$$

式中 $c_n=\int L_n(\theta)f(\theta)\mathrm{d}(\theta)$ 被称为归一化常数,经常被忽略。对于参数 θ 不同值之间的比较有:

$$f(\theta|x^n)\propto L_n(x|\theta)f(\theta)$$

即后验和似然函数与先验的乘积成正比。

后验分布的期望

$$\bar{\theta}_n=\int\theta f(\theta|x^n)\mathrm{d}\theta=\frac{\int\theta L_n(\theta)\ f(\theta)\mathrm{d}\theta}{\int L_n(\theta)\ f(\theta)\mathrm{d}\theta}$$

而为了得到贝叶斯后验分布的区间估计,需要找到 a 和 b,满足下列条件:

$$\int_{-\infty}^{a}f(\theta|x^n)\mathrm{d}\theta=\int_{b}^{+\infty}f(\theta|x^n)\mathrm{d}\theta=\alpha/2,$$

令 $C=(a,b)$,则 $P(\theta\in C|x^n)=\int_a^b f(\theta|x^n)\mathrm{d}\theta=1-\alpha$,$C$ 称为 $1-\alpha$ 后验区间。

在模型与数据融合的具体应用中,$f(\theta|x^n)$ 是以实际观测数据 $x_1,\cdots,x_n$ 作为条件进行贝叶斯推断的后验概率,θ 是模型参数和输出(如 GPP、EET、NEP 等)的矩阵,而 $x_1,\cdots,x_n$ 代表着观测数据矩阵。$L_n(x|\theta)$ 是似然函数,用于计算模型先验蒙特卡洛模拟的结果与通量观测数据间的"相似程度"。在此,假设月步长的通量数据之间为统计独立,且不同的通量之间不具有统计相关关系。对于观测数据和模型输出的误差结构,假设他们的对数变换符合误差分布形式:

$$L_i(x_{ti}|\sigma_{ti},\beta_i,\theta)=\omega(\beta_i)\sigma_{ti}^{-1}\exp\left[-c(\beta_i)\left|\frac{x_{ti}}{\sigma_{ti}}\right|^{2/(1+\beta_i)}\right]$$

则上式的误差分布形式在 $\beta_i=0$ 时是正态分布,$\beta_i=1$ 时是双指数分布,而在 β_i 接近于 -1 时呈均匀分布。其中,下标 $i=1,\cdots,N$ 代表不同的数据类型,并假设方差 σ_{ti}^2 在时间段 $t_{i-1}<t\leqslant t_i$ 内

保持不变。式中的 $c(\beta_i)$ 和 $\omega(\beta_i)$ 是基于 gamma 分布定义的统计量，分别定义如下：

$$c(\beta_i) = \left\{\frac{\Gamma[3(1+\beta_i)/2]}{\Gamma[(1+\beta_i)/2]}\right\}^{1/(1+\beta_i)}$$

$$\omega(\beta_i) = \frac{\{\Gamma[3(1+\beta_i)/2]\}^{1/2}}{(1+\beta_i)\{\Gamma[(1+\beta_i)/2]\}^{3/2}}$$

在模型输出的误差做对数变换后符合式 $L_i(x_{ti}|\sigma_{ti},\beta_i,\theta)$ 定义的误差形式的假设条件下可以得到：

$$L_i(x|\sigma,\beta,\theta) = \prod_{i=1}^{N}\prod_{t=1}^{T}\omega(\beta_i)\sigma_{ti}^{-1}\exp\left[-c(\beta_i)\left|\frac{x_{ti}}{\sigma_{ti}}\right|^{2/(1+\beta_i)}\right]$$

$$\propto \exp\left[-\sum_{i=1}^{N}c(\beta_i)\left|\frac{x_{ti}}{\sigma_{ti}}\right|^{2/(1+\beta_i)}\right]$$

式中 $x=\{x_{ti}\}$ 和 $\sigma=\{\sigma_{ti}\}$ 均为大小为 $T*N$ 的矩阵，分别代表 t 时刻第 i 个观测数据及其协方差，$\beta=\{\beta_i\}$ 代表了大小为 N 的向量。进一步假设在观测期间 $0<t\leqslant T$，观测的协方差 σ_{ti} 保持不变均为 σ_i，通过采用先验假设 $p(\sigma_{ti})=1/\sigma_i,\sigma_i>0$，设定一个新积分变量 $y_{ti}=x_{ti}/\sigma_{ti}$ 对下式进行 y_{ti} 从 0 到 ∞ 的积分可得：

$$L(x|\beta,\theta) = \frac{1}{2^N}\prod_{i=1}^{N}\Gamma\left[(1+\beta_i)\left(T-\frac{1}{2}\right)\right][\omega(\beta_i)]^T\left[c(\beta_i)\sum_{t=0}^{T}|x_{ti}|^{2/(1+\beta_i)}\right]^{(1/2-T)(1+\beta_i)}$$

$$\propto \prod_{i=1}^{N}\left[\sum_{t=0}^{T}|x_{ti}|^{2/(1+\beta_i)}\right]^{(1/2-T)(1+\beta_i)}$$

上式中$\propto$符号右边的形式即为采用的似然函数形式。

在此，采用贝叶斯推论框架(图 6.3)和典型草原站点的涡相关观测数据对 TEM 模型的参数进行进一步的率定，同时生成用于评估模型的区域外推不确定性的集合模拟参数。具体研究思路为：采用贝叶斯推论和蒙特卡洛方法，根据已有典型草原通量站观测数据，通过模型参数的敏感性分析，选取与实测通量数据具有最高似然度的一组参数作为贝叶斯推论的模式参数集，并与传统方法得到的参数集进行比较；基于获取的多组集合模拟参数集区域外推后的模拟结果标准差与贝叶斯置信区间，评估模型在典型草地模拟结果的不确定性并校正模型参数，揭示模型参数化过程对典型草地碳收支模拟的影响。

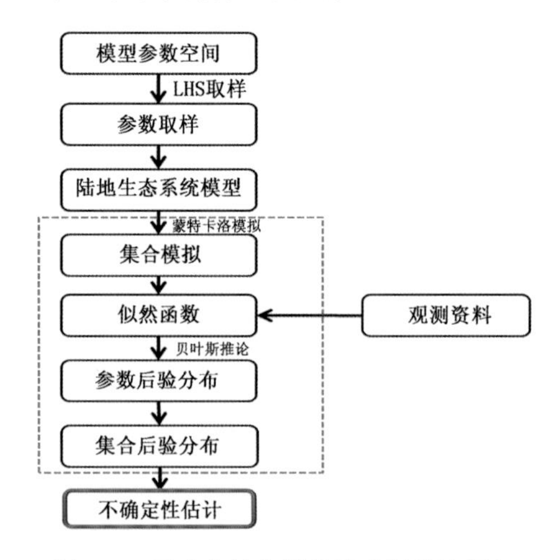

图 6.3 不确定性分析的贝叶斯推论框架

内蒙古典型草原碳收支不确定性分析的具体步骤如下：

(1)利用传统方法的模型基本参数标定：传统方法根据文献的各碳/氮库及碳/氮通量的估计值作为目标值对控制各个过程的速率参数进行估计。具体方法是在 340 ppmv CO_2 浓度及多年平均气象条件驱动下，根据以下准则进行参数标定：

①模拟的年 NPP 及 GPP 与初始估计值接近；

②年氮吸收量接近于观测值；

③年 NEP 为零(平衡状态假设)。

(2)根据模型参数先验范围和先验概率分布(贝叶斯推论假设)，采用拉丁超立方取样方法(Latin Hypercube Sampling)生成 50 万组集合模拟参数。拉丁超立方抽样是改进蒙特卡洛方法中最常用的一种抽样方法。假设要在 n 维向量空间里抽取 m 个样本，拉丁超立方体抽样的步骤是：将每一维分成互不重叠的 m 个区间，使得每个区间具有相同的概率；在每一维里的每一个区间中随机抽取一个点；再从每一维里随机抽出上一步中选取的点，将它们组成向量。

(3)在具有涡度相关观测站点上(模型模拟点)，分别采用这 50 万组参数进行蒙特卡洛模拟，得到一组集合模拟。

(4)结合站点涡度相关观测，采用贝叶斯推论对得到的集合模拟进行筛选，即根据每套参数计算结果与实测数据的似然函数得到每套参数的重要性，根据重要性重采样方法最终给出模型参数和模拟结果的后验分布，以“筛掉”一些与实际情况相差太远的“可能性”。

在此，对每一个样本利用似然函数式计算重要性比率 $h(\theta_j)=p(\theta_j|x)/p(\theta_j)$，形成一个长度为 500000 的向量，在正态分布的情况下，这一重要性比率即为似然函数值。计算 $S_{-j}=\sum_{i\neq j}h(\theta_i)$（即除去 $h(\theta_i)$ 的所有其他重要性比率的总和)，其中 $i=j$ 的项被去掉以减少修正因子与重要性比之间的相关性。对 $k=1,\cdots,m$，从 50 万个样本中按概率 q_{j_k} 提取参数样本 j_k。这一重取样是替换取样，利用单位大小成比例的等概率(Probability Proportional to Size)方法提取，通常定义：

$$q_j \propto h(\theta_j)/Z_j = h(\theta_j)/\sum h(\theta_j)$$

于是有：

$$\mathrm{corr}\{h(\theta_j),Z_j\} = \mathrm{corr}\{h(\theta_j),\sum h(\theta_j)\} = (1)$$

考虑到：

$$\mathrm{corr}\{h(\theta_j),Z_j\} = \mathrm{corr}\{h(\theta_j),S_{-j}\} = O(1/n)$$

因此，在重要性重采样中具有更高重要性比的元素更容易被提取出来。重要性重采样方法的意义在于使得模拟结果与实测数据越接近的参数及模拟结果被取到的概率更高。由此“筛掉”了一些与实际情况相差太远的“可能性”。

(5)在得到的模拟结果后验分布中，选取具有最大不确定性(上、下界间隔最大)的一点，等分为 50 层，每份具有相同的概率，从每份中依次随机取一点得到对应的一套参数，由此可得 50 套参数。

(6)用这 50 套参数进行蒙特卡洛集合模拟得到模型的不确定性度量。

二、内蒙古温带典型草原碳收支的不确定性分析方法

在此，以内蒙古温带典型草原碳收支为例，应用 TEM5.0 模型和不确定性分析方法分析

模型模拟结果的不确定性。在中国温带草原的三种类型中，温带典型草原是发育在半干旱气候区域内，以大型、中型和小型的密丛型旱生禾本科草类占绝对优势的一大类禾草草原，在文献中又称为干草原或真草原。草原生物地理学认为，温带典型草原是草群结构发育最完善、生态功能最稳定，与温带半干旱气候最协调的有代表性的气候顶级。在空间上，该类型居于草原地带的中心部位，呈带状连续分布的分布格局（图 6.4）。随着气候湿润度的增大，被森林草甸草原替代，而随着湿润度的减少，进入干旱气候区域，则被更耐寒的荒漠草原替代。因此，温带典型草原成为中国草原植被的模式类型，具有长期的草原生态系统观测站和相对其他两种类型最完备的研究资料。同时，这也是选取典型草原作为不确定性分析研究对象的重要原因之一。

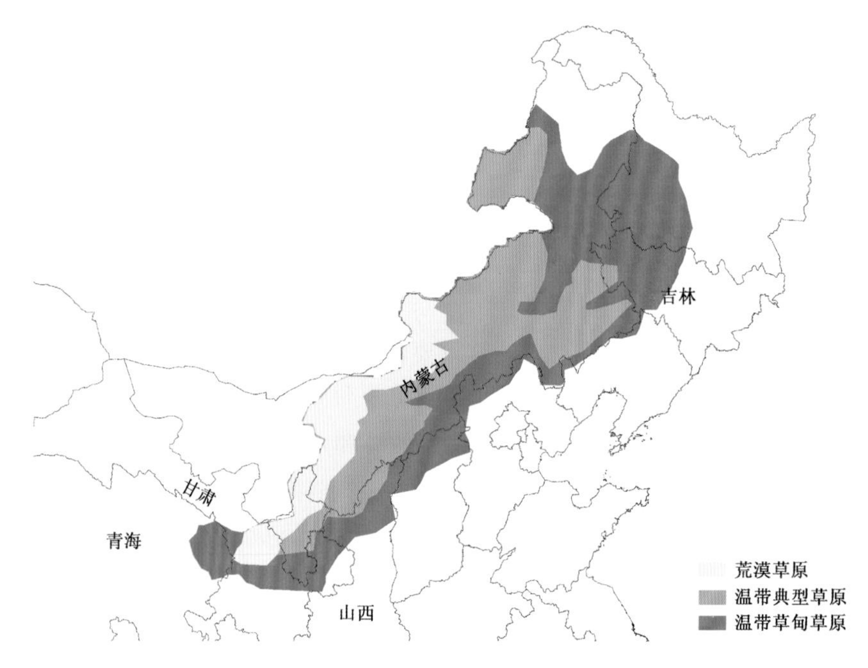

图 6.4　内蒙古温带典型草原分布示意图

采用贝叶斯推论和蒙特卡洛方法，基于已有温带典型草原通量站的通量观测数据，对陆地生态系统模型（TEM 5.0）在中国温带典型草原的模拟结果进行不确定性分析和参数校正，以进一步评估模型参数化过程对碳收支模拟的影响。

典型草原涡度相关通量观测系统为开路式涡度相关系统，于 2003 年 8 月安装，观测时间为 2004—2006 年全年。站点位于锡林浩特市东北 24 km（44°08′N，116°19′E）。下垫面植被类型为克氏针茅草原，海拔约为 1030 m（图 6.4）。该站处于内蒙古典型草原的克氏针茅草原区，地势平坦开阔，建群种克氏针茅（*Stipa krylovii*）和羊草（*Leymus chinensis*）在群落中占绝对优势，糙隐子草（*Cleistogenes squarrosa*）、冰草（*Agropyron cristatum*）等禾本科草类及菊科的冷蒿（*Artemisia frigida*）等均作为重要伴生种出现。

1. 研究方法

TEM 模型参数标定的传统方法采用文献提供的各碳/氮库及碳/氮通量的估计值（表 6.2）作为目标值，对控制各个过程的速率参数（表 6.3）进行估计。对每一个植被类型，采用多年平均气象条件及固定的 CO_2 浓度，连续运行标定版的程序(CTEM)，依次根据以下 3 个准则判断参数是否标定成功：

(1)模型模拟的年 NPP 及 GPP 与初始估计值接近；

(2)年氮吸收量接近于观测值；

(3)年 NEP 接近于零(平衡状态假设)。

传统参数标定方法的基本思路是在平衡态假设下(即一类稳定的生态系统在长期气候条件下其碳收支会达到平衡状态)，通过不断对模型碳/氮库及库之间碳氮通量的估计进行数值逼近，在上述三个判断条件依次成立的情况下，对描述整个系统的联立方程组进行求解，以获得控制过程的速率参数的最优估计值。

表 6.2　TEM 模型状态变量的初始估计值及来源

状态变量	估计值	来源
植被碳(C_v)	380	Ma et al.,2007;Ma et al.,2010
植被氮(N_v)	21.356	He et al.,2008
土壤碳(C_s)	7525	Wu et al.,2007
土壤氮(N_s)	711.8	Wu et al.,2007
可利用性氮(N_{av})	2	Wang et al.,2003
GPP	620	Wang et al.,2009;Wu et al.,2008
NPP	305	Bai et al. 2008;基于 NPP=3×ANPP 估算
氮饱和 NPP(N_{PPSAT})	519	Yan et al.,2011
氮吸收速率(N_{UPTAKE})	4.3878	Yu et al.,2010
凋落物中碳氮比(LCCLNC)	0.04	$=NPP/N_{UPTAKE}$
光合产物的碳氮比(CNEVEN)	0.02	$=NPP/(N_{UPTAKE}+N_{RESORB})$
植被碳氮比(VEGC2N=C2NMIN)	34.18	=VEGC/VEGN
土壤碳氮比(CNSOIL)	10.00	=SOLC/SOLN
凋落物碳转换速率(CFALL)	0.04	=NPP/(12×VEGC)
凋落物氮转换速率(NFALL)	0.02	$=N_{UPTAKE}/(12\times VEGN)$

表 6.3　TEM 模型率定的目标参数

参数名称	单位	定义	贝叶斯反演值	常规校验值	先验范围
KC	μL/L	CO_2-C 吸收半饱和常数	477.060	400	[300,500]
KI	J/(cm^2·d)	光合有效辐射利用半饱和常数	179.51	75	[50,200]
RAQ10A0	None	植物呼吸的 Q10 值	2.9698	2.3567	[1,3]
RHQ10	None	异养呼吸的 Q10 值	1.3278	2	[1.2,3.4]
MOISTOPT	% saturation	异养呼吸最优土壤含水量	0.6912	0.5	[0.2,0.8]
CMAX	g/(m^2·mon)	光合最大速率	2227.07	2641.5000	[1000,3000]
CFALL	g/(g·mon)	月凋落物中碳损失百分数	0.0042	0.0621	[0.0002,0.01]
KRC	None	0℃植物呼吸基础值(Log)	−6.4711	−2.9030	[−10,0]
KDC	g/(g·mon)	0℃异养呼吸基础值(Log)	0.0063	0.0127	[0.0001,0.02]
NMAX	g/(m^2·mon)	植被最大氮吸收速率	2.7894	2.5156	[0,1000]
NFALL	g/(g·mon)	月凋落物中氮损失百分数	0.0435	0.0202	[0.001,0.05]
NUP	g/g	固氮量与异养呼吸消耗的碳量间的比值	12.2750	2.1025	[0,40]

2. TEM 模型碳氮循环耦合的试验设计

TEM 模型的一个重要特征是可对陆地生态系统氮循环对碳循环的影响进行模拟。TEM 模型假设大部分陆地生态系统中,植物光合作用吸收的 CO_2 受到氮素的胁迫。但是,热带森林是唯一的例外,在当前条件下可利用氮素不成为 GPP 的限制因子。氮素限制利用初始 NPP 估计值与植物从土壤中吸收的无机氮量的初始估计值加上每月从植被中易分解氮获得的量的比值表达。NPP∶(N_{UPTAKE}+N_{MOBIL})的比例与新植物组织中的目标 C∶N 比较,如果 NPP∶(N_{UPTAKE}+N_{MOBIL})比 P_{CN} 大,则 NPP 被减少至等于 P_{CN} 与 N_{UPTAKE} 和 N_{MOBIL} 乘积的量,意味着受到了氮素胁迫。实验数据表明,植物组织中的氮含量随着 CO_2 浓度的提高而变化,P_{CN} 随大气 CO_2 浓度的变化与植物组织的氮浓度随着大气 CO_2 增加 340 ppmv 线性减少 15%。植物体内碳氮比值会因大气 CO_2 浓度增加而提高。同时,TEM 模型假定生态系统中的可利用性氮依靠土壤有机物质在分解过程中释放出来的无机氮(如净氮矿化)。这种无机氮随后被植物吸收来支持植物生长。因此,氮素分解的循环在 TEM 模型模拟中对植物响应环境变化起到了很重要的作用。

已有的野外控制实验表明,氮循环在典型草原中起到了重要作用。因此,在 TEM 模型碳收支模拟的不确定性评估中,设计了两种运行方式,一种是仅考虑碳循环过程,另一种是包含碳氮循环耦合过程。相应的,分别采用两种参数率定方法(传统方法和贝叶斯方法)生成了四种组合,分别为传统方法考虑碳氮耦合(Conv-CN)、传统方法仅考虑碳循环(Conv-C)、贝叶斯方法考虑碳氮耦合(Bayes-CN)及贝叶斯方法仅考虑碳循环(Bayes-C)。

3. 参数率定方法比较

图 6.5 表示温带典型草原锡林浩特站点的 NPP 实测资料与模拟值的比较结果。分别将传统方法获得的参数集、贝叶斯推论方法获得的模式参数集和 50 组贝叶斯推论后验集合参数集的模拟结果与温带典型草原的 NPP 实测资料进行比较,发现传统方法的验证效果(R^2=0.58)略高于贝叶斯模式参数的模拟结果(R^2=0.42),但其回归模型并未达到统计显著水平。

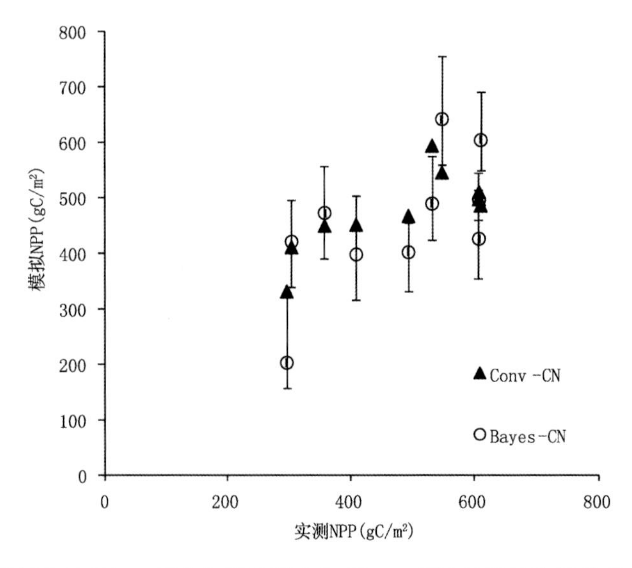

图 6.5 传统方法(Conv-CN)和贝叶斯方法(Bayes-CN)对锡林浩特站点 NPP 模拟结果比较(误差棒表示 50 组贝叶斯后验参数集的集合模拟结果的标准差)

由于贝叶斯推论需要至少两年的涡相关观测数据，对已有的 2004 年到 2006 年 3 年的涡相关观测数据采用交叉验证的方法（即分别用两年的数据进行贝叶斯推论，用余下一年的数据进行验证），对传统方法获得的参数集和贝叶斯推论方法的模式参数集的模拟结果与涡相关观测的 NEP 进行比较（图 6.6）可知，贝叶斯模式参数的模拟结果（$R^2=0.43$）明显优于传统方法的验证效果（$R^2=0.31$）。

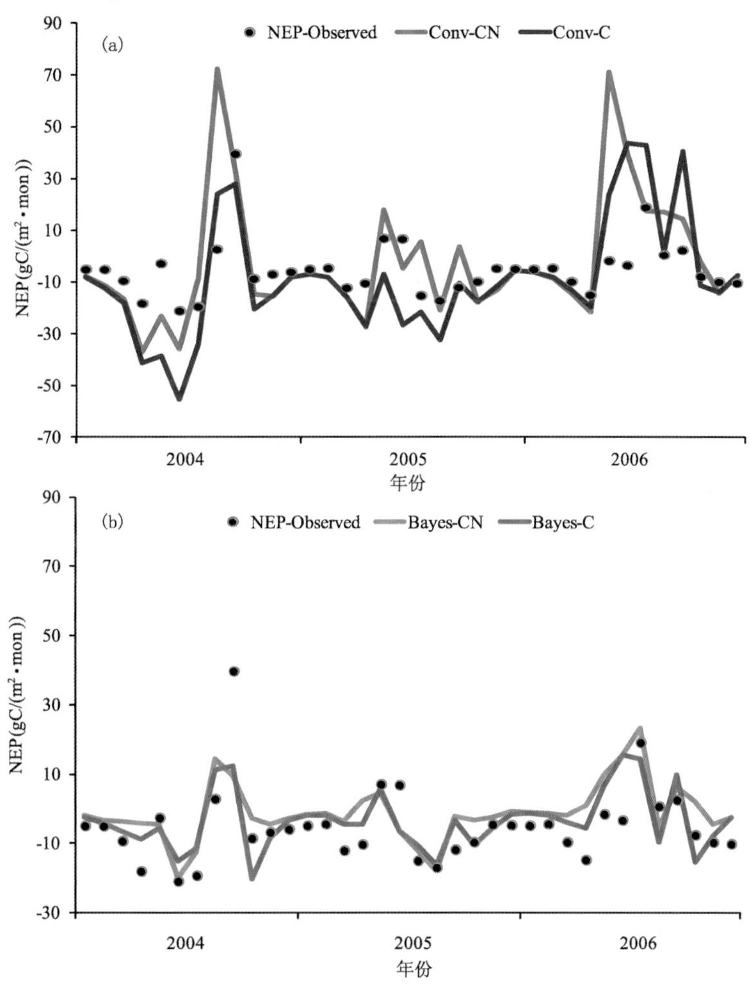

图 6.6　锡林浩特月尺度涡度相关 NEP 观测验证

(a)传统方法一碳氮循环(Conv-CN)及传统方法一仅碳循环(Conv-C)；

(b)贝叶斯方法一碳氮循环(Bayes-CN)和贝叶斯方法一仅碳循环(Bayes-C)

与涡相关通量数据拆分获得的 GPP 及 MODIS 数据中对应格点 GPP 的验证（图 6.7）表明，贝叶斯模式参数对两种来源的 GPP 的模拟结果均高于传统方法的验证效果。

传统方法预测的土壤有机碳高于贝叶斯方法预测的土壤有机碳（图 6.8a），但是植被碳的预测值则低于贝叶斯方法的预测值（图 6.8b）。虽然贝叶斯方法的估计效果要略优于传统方法的预测结果（表 6.4），但两种方法都不能很好地对多点土壤有机碳和植被碳储量进行估计。

4. 站点碳通量模拟的不确定性分析

采用 2004—2006 年涡相关观测的 EET、GPP 和 NEP 资料对 TEM 模型的集合模拟结果

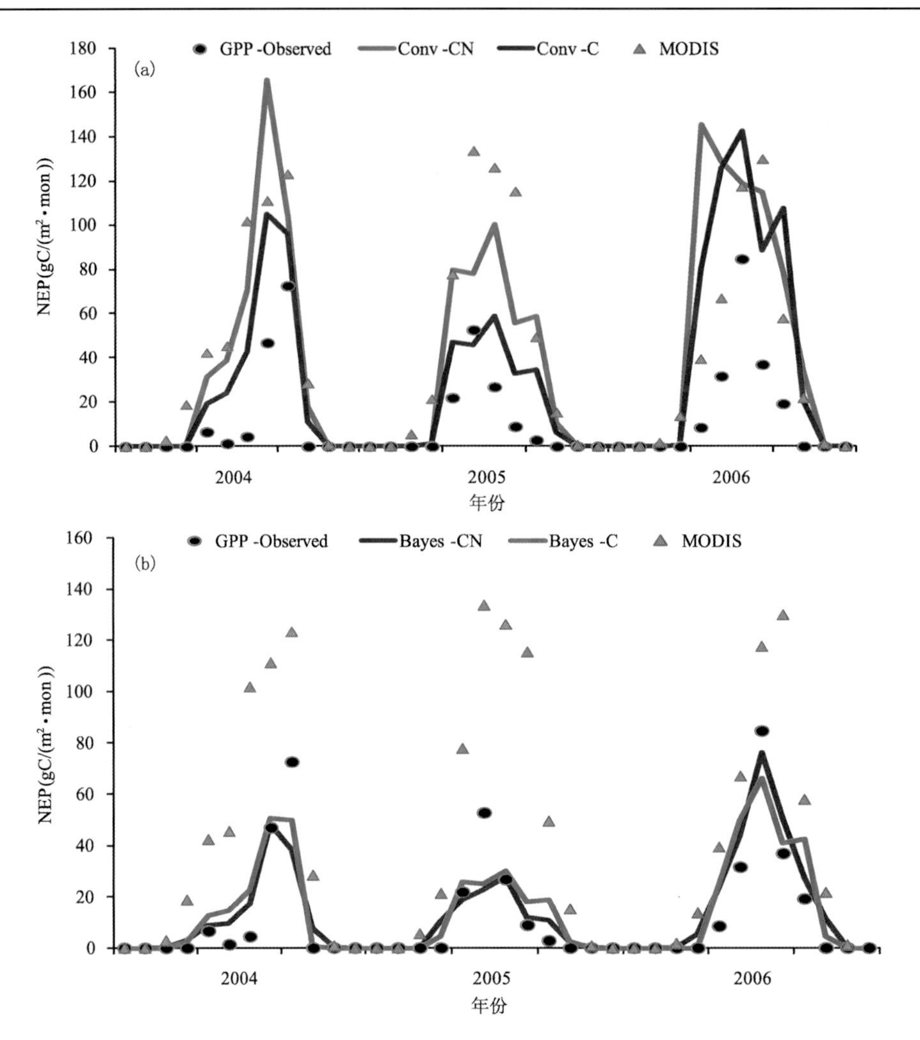

图 6.7　锡林浩特站点涡相关观测拆分的 GPP、MODIS 数据的 GPP 与 TEM 模型模拟的 NPP
(a)传统方法－碳氮循环(Conv-CN)及传统方法－仅碳循环(Conv-C)；(b)贝叶斯方法－碳氮循环(Bayes-CN)和贝叶斯方法－仅碳循环(Bayes-C)

进行贝叶斯推论并计算所有参数的 95%的置信区间。通过比较贝叶斯推论前后模型参数的 95%置信区间(图 6.9)发现，大部分参数分布的置信区间长度均有一定减少，但程度不高，这意味着月步长的通量数据尚不足以很好地降低参数的不确定性。然而，计算各参数先验分布和推论后的后验边际分布的相对距离发现，参数的分布形状发生了较明显的变化。其中，变化最明显的参数 CMAX2B、KC、KI 和 RHQ10 均为 GPP 和异养呼吸中的关键参数，变化比较明显的参数包括自养呼吸中的参数 RAQ10A0、RAQ10A1、RAQ10A2 和 EET 及物候算法中的参数 MINLEAF、ALEAF 和 BLEAF。

对温带典型草原站点尺度的 NEP 分别采用传统方法获得的参数集、贝叶斯推论方法的模式参数集和 10000 组贝叶斯推论集合参数集进行模拟，以比较两种不同校参方法对碳通量模拟的差异(图 6.10)。传统方法的模拟结果(白线)和贝叶斯模式参数的模拟结果(黑线)差异不大，但是对于集合模拟的结果，根据 NEP 的先验和后验概率分布的 95%的置信区间来度量不确定性范围，－100～200 gC/m^2的先验范围(淡灰色区域)减少至－20～100 gC/m^2(深灰色

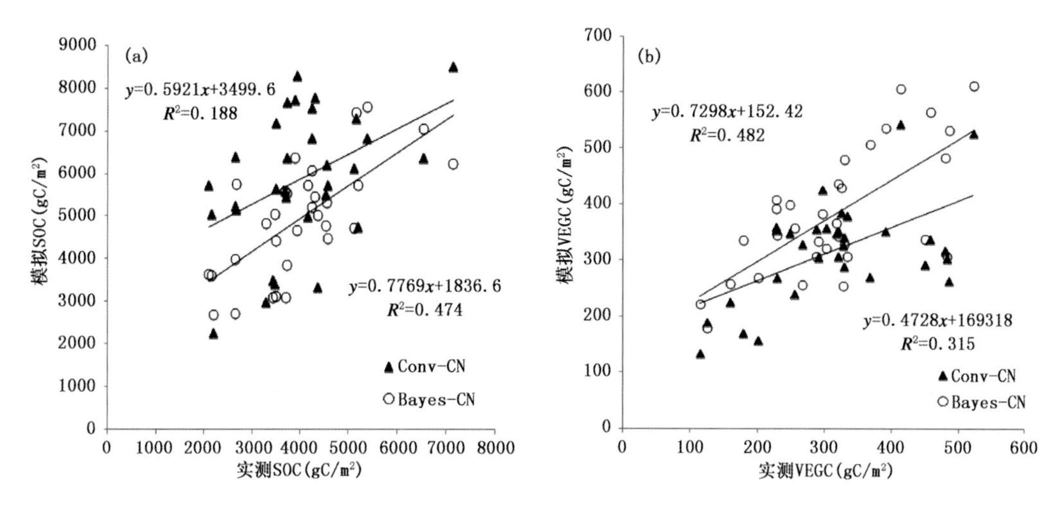

图 6.8　TEM 模拟的植被碳与土壤碳库与 2001—2005 年间实测样点的比较

（仅考虑传统方法一碳氮循环（Conv-CN）和贝叶斯方法一碳氮循环（Bayes-CN））

（a）土壤有机碳（SOC）；（b）植被碳（VEGC）

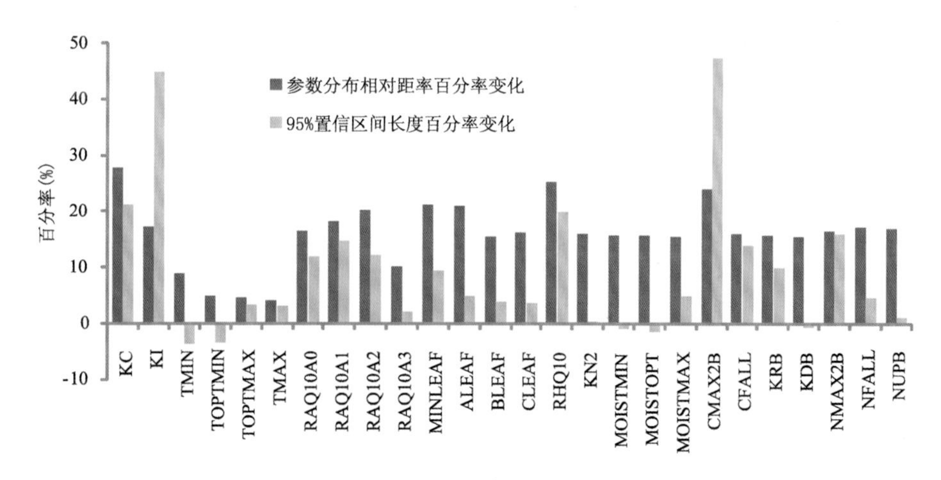

图 6.9　贝叶斯推论前后模型参数分布的 95％置信区间变化及分布形状变化的相对距离

区域），意味着贝叶斯推论可以大大降低 NEP 模拟的不确定性范围。

5. 区域碳通量模拟的不确定性分析

传统方法的参数集在温带典型草原区域的模拟结果显示，该区域年均 NEP 为 8.72 gC/(m^2 · a)，变化范围为－87.2～77 gC/(m^2 · a)。贝叶斯推论模式参数集的模拟结果显示该区域年均 NEP 为 1.05 gC/(m^2 · a)，变化范围为－10.3～9.2 gC/(m^2 · a)。尽管趋势接近，但贝叶斯推论模式参数集的模拟结果年际间变异范围明显低于传统方法的模拟结果（图 6.11）。50 组贝叶斯后验集合参数集模拟给出的 95％置信区间变化范围为－56～58 TgC/a，这意味着在研究时段内温带典型草原更有可能表现为碳中性。

传统方法、贝叶斯方法及集合模拟对不同年代间平均 NEP 的估计差异在数值和趋势上存在一定差异（图 6.12）。除 20 世纪 70 年代外，各种方法估计的温带典型草原碳收支均接近碳中性或微弱的碳汇。贝叶斯方法的估计值及集合模拟的平均值相对平滑，而传统方法在 80 年

表 6.4　模型模拟与观测值拟合优度的统计

变量	决定系数 R^2				回归斜率 Slope				回归方程截距 Intercept				均方根误差 RMSD			
	Conv-C	Conv-CN	Bayes-C	Bayes-CN	Conv-C	Conv-CN	Bayes-C	Bayes-CN	Conv-C	Conv-CN	Bayes-C	Bayes-CN	Conv-C	Conv-CN	Bayes-C	Bayes-CN
通量观测 NEP (Flux-NEP)	**0.45**	**0.31**	**0.46**	**0.43**	**0.32**	**0.25**	0.88	0.86	−2.24	**−4.56**	−2.01	**−4.14**	17.61	20.61	8.20	9.20
通量拆分 GPP (Flux-GPP)	**0.70**	**0.57**	**0.78**	**0.80**	**0.43**	**0.32**	1.01	1.06	−1.11	−1.03	−2.38	−2.16	32.27	46.06	10.21	9.74
MODIS 的 GPP (MODIS-GPP)	**0.60**	**0.69**	**0.71**	**0.66**	0.88	0.78	**2.12**	**2.12**	14.42	9.76	11.08	12.92	32.05	28.33	42.38	43.92
净第一性生产力 (NPP)	—	0.58	—	0.42	—	1.32	—	0.67	—	−152.50	—	167.50	—	80.27	—	99.53
土壤有机碳 (SOC)	—	0.19	—	**0.47**	—	**0.32**	—	**0.61**	—	**2123.00**	—	974.40	—	2394.93	—	1360.01
植被碳 (VEGC)	—	**0.32**	—	**0.48**	—	0.67	—	0.66	—	102.20	—	61.67	—	91.50	—	107.88

（回归自变量为预测值，因变量为观测值。粗体表示回归模型的决定系数（R^2）为统计显著、回归模型的斜率显著不等于 1 或回归模型的截距显著不等于零（$p<0.01$）。

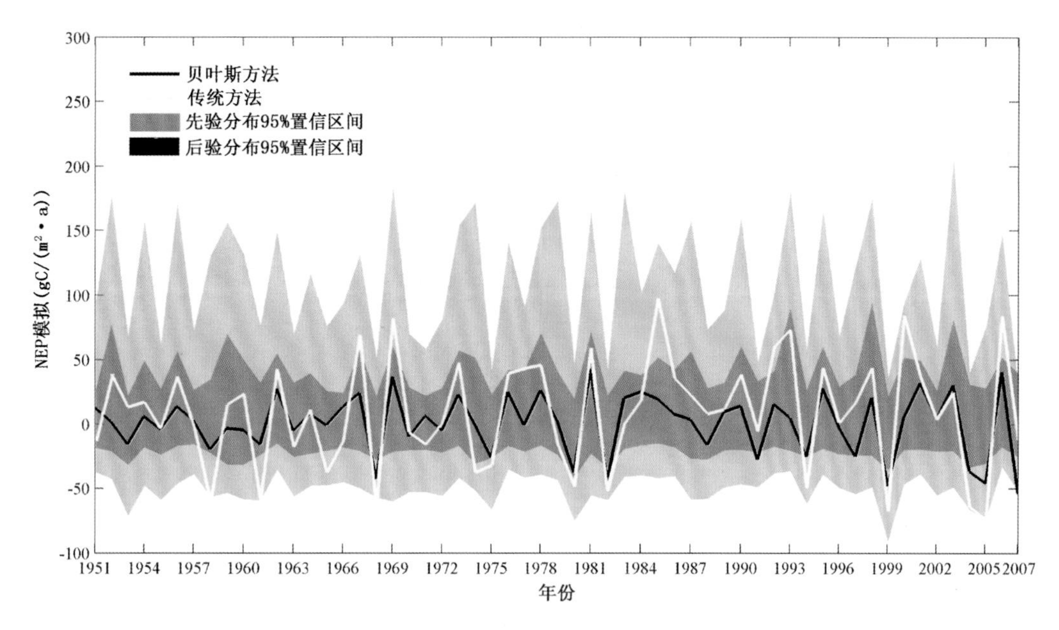

图 6.10　传统方法(白线)和贝叶斯方法(黑线)对锡林浩特站的 NEP 模拟结果及先验分布(浅灰色区域)、后验分布(深灰色区域)的不确定性范围

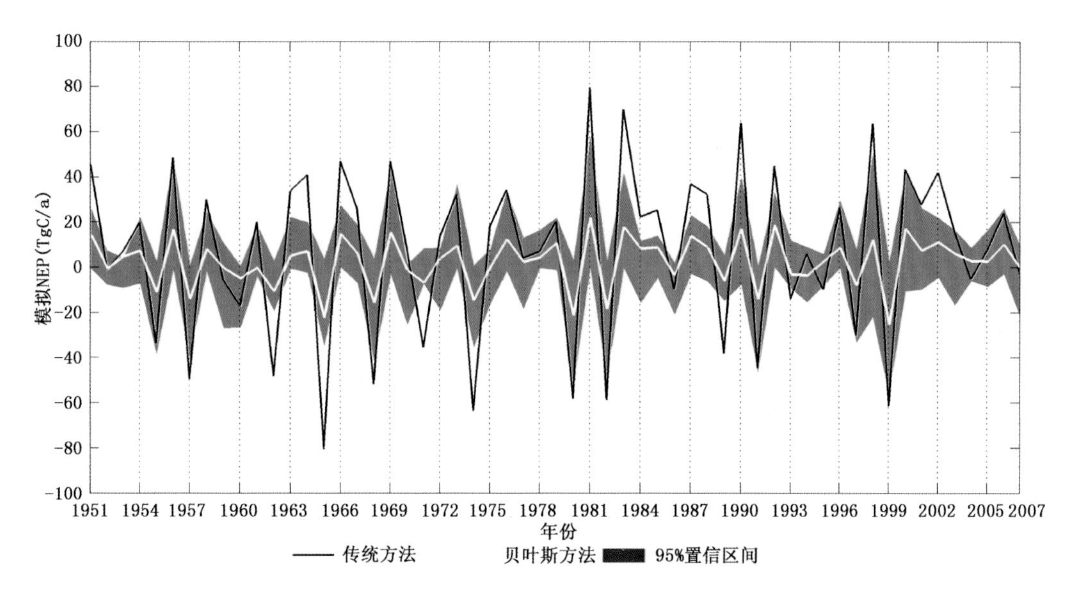

图 6.11　传统方法(黑线)、贝叶斯方法(白线)和 50 组贝叶斯后验参数集(灰色区域)对 1951—2007 年温带典型草原区域 NEP 的模拟结果

代及 2000—2007 年碳汇的估计明显高于其他方法的估计。这表明,传统方法获得的参数在进行区域外推时相比贝叶斯方法不确定性更高。

传统方法和贝叶斯方法模拟的 NEP 空间分布表现出不同的分布格局,但两种方法均预测内蒙古中部大部分区域表现为弱的碳源/汇(图 6.13 c,d)。传统方法预测降水高于 400 mm、

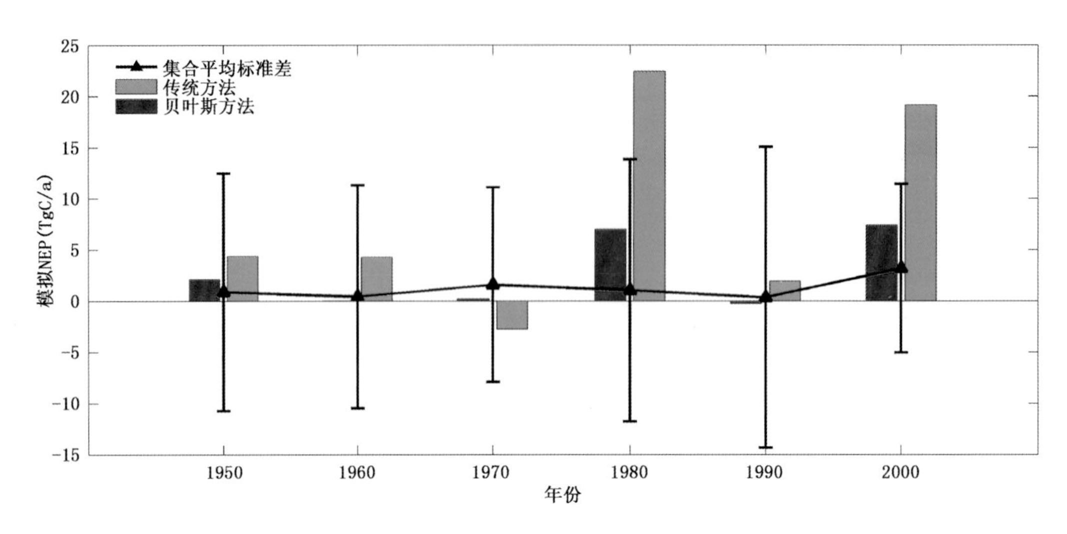

图 6.12　传统方法(绿柱)、贝叶斯方法(红柱)和集合模拟平均值及其标准差(误差棒)对温带典型草原区域年代平均 NEP 的模拟结果

年均温高于 4 ℃区域(图 6.13c) 的碳汇强度高于贝叶斯方法的预测结果。仅考虑碳循环过程的模拟(图 6.13e,f)得到的碳源/汇空间分布格局与碳氮循环耦合的模拟结果接近,但对碳汇的估计值(图 6.13c,d)明显低于后者的估计,这表明考虑氮循环过程对评估本研究区域的碳汇能力十分必要。

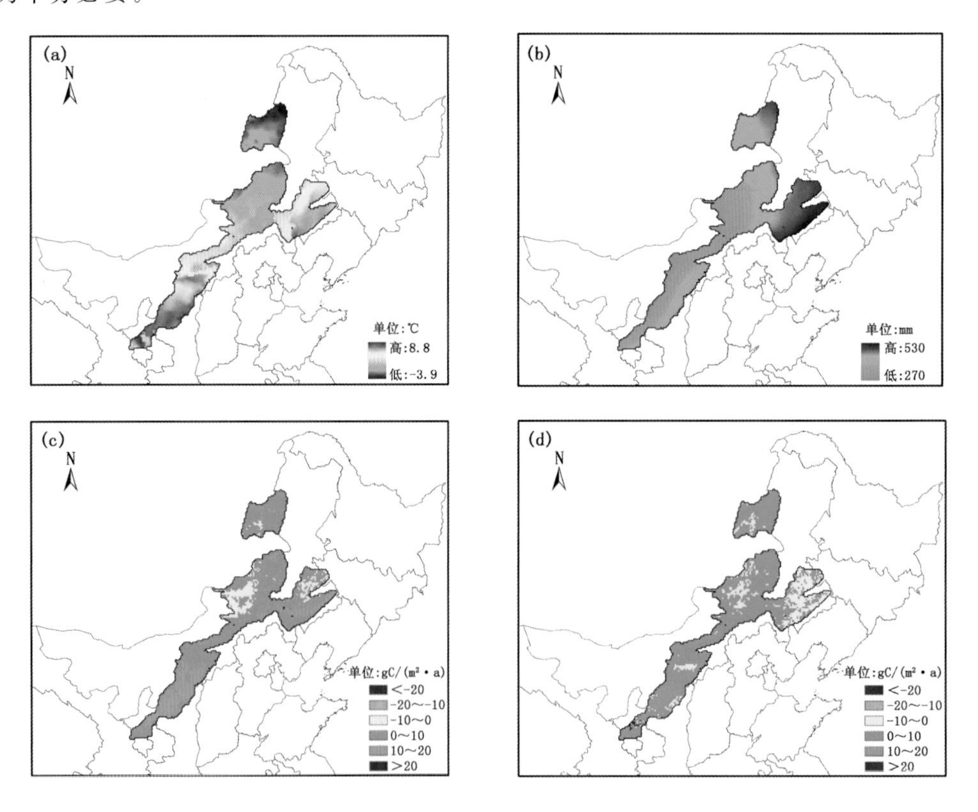

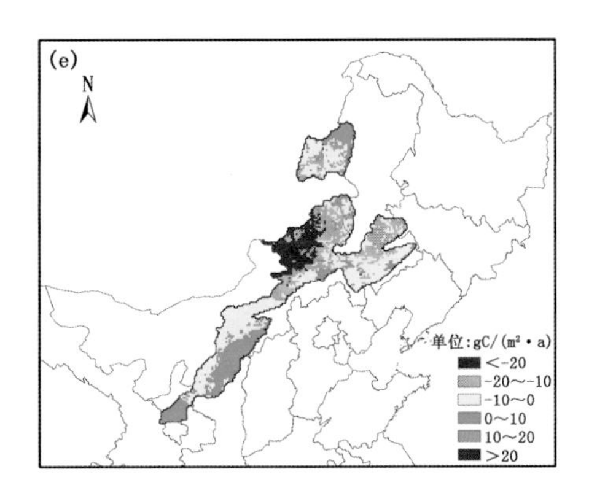

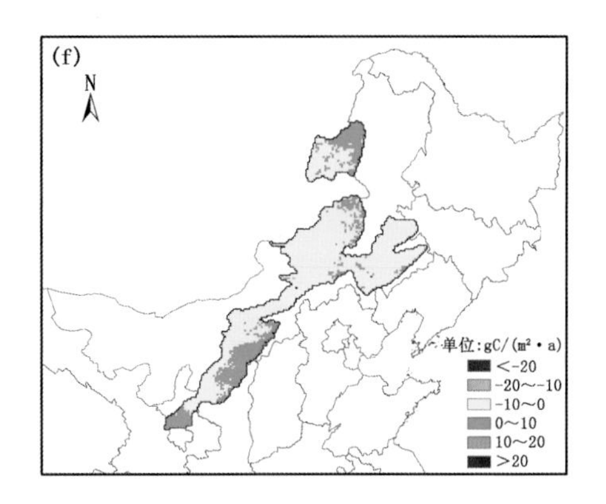

图 6.13 1951—2007 年温带典型草原区域年均温空间分布(a)、年降水空间分布(b)、传统方法—碳氮循环(Conv-CN)模拟 NEP 的空间分布(c)、贝叶斯方法—碳氮循环(Bayes-CN)模拟 NEP 的空间分布(d)、传统方法—碳循环(Conv-C)模拟 NEP 的空间分布(e)以及贝叶斯方法—碳循环(Bayes-C)模拟 NEP 的空间分布(f)

根据 50 组后验参数集的集合模拟获得的不同年代碳收支变异在空间上的分布情况(图 6.14)表明,不同年代间区域碳收支估计的不确定性在空间上的分布存在差异。北部温带典型草原碳收支模拟的变异相对较小,而研究区南部及东部在各个年代间均表现出较大的变异。这种差异表明碳收支的模拟对同一组模型参数集在不同地区的气象条件响应的敏感性差异,尤其在降水格局变化最剧烈的 70 年代及 80 年代变异最明显(图 6.14c,d)。

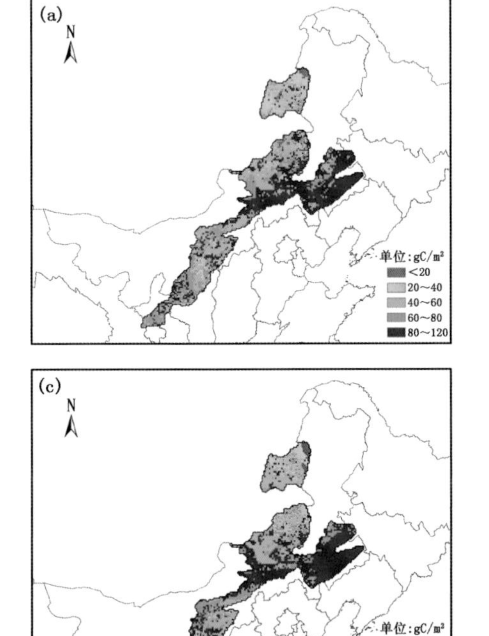

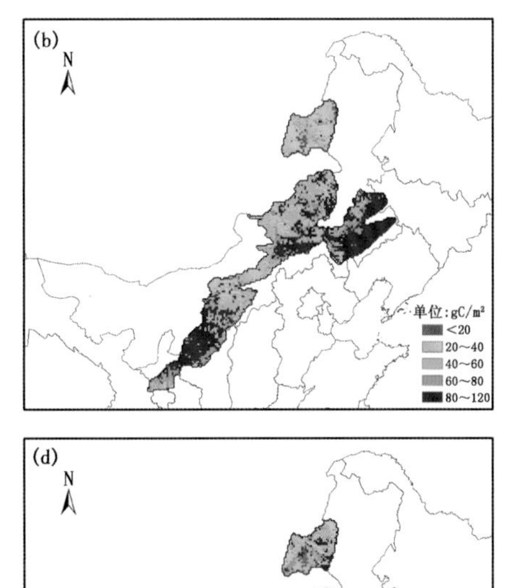

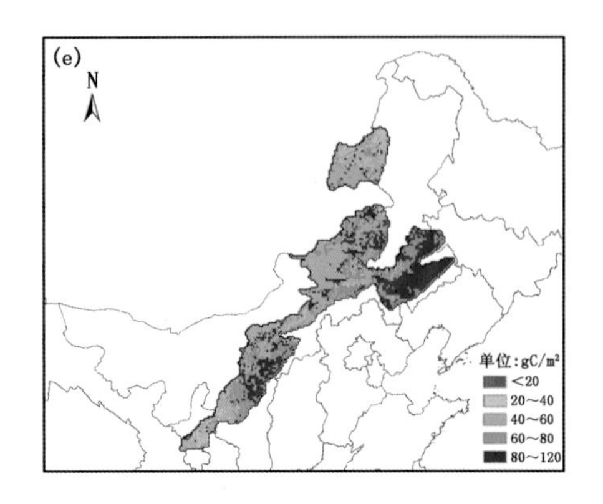

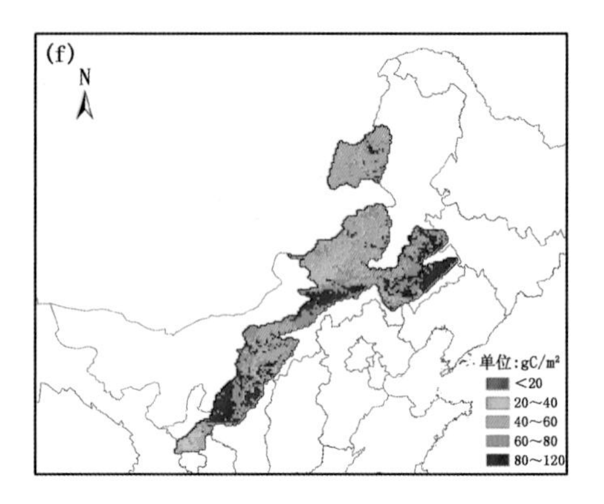

图 6.14　1951—2007 年温带典型草原区域年代间平均 NEP 变异的空间分布

(a)20 世纪 50 年代;(b)60 年代;(c)70 年代;(d)80 年代;(e)90 年代;(f)2000—2007 年

第七章　植被/陆地生态系统的适应性与脆弱性评价方法

第一节　基本概念

气候变化与可持续发展是当今世界面临的两大挑战。如何在气候变暖背景下维持生态系统生产力、生物多样性和生态系统服务功能是当前人类面临的巨大挑战。政府间气候变化专门委员会(IPCC)第四次评估报告指出，世界气候系统变暖已毋庸置疑，许多自然系统正在受到区域气候变化，特别是温度升高的影响；人为变暖可能已经对许多自然和农田生态系统产生了可辨识的影响；区域气候变化对人类生存环境的其他影响正在出现。伴随着贫困、不公平、粮食安全、经济全球化、区域冲突等方面的压力，气候变化导致的生态系统脆弱性正在不断加剧(IPCC 2007)。针对气候变化采取稳健的适应政策已经成为全球共识。但是，当前缺乏大范围、长时间的野外观测，严重地制约着气候变化影响下生态系统脆弱性的认识，影响着对不同时空尺度生态系统脆弱性的气候因子检测及生态系统临界点/阈值的确认。这些知识是生态系统脆弱性评价与适应性管理的科学基础(IPCC 2007)。为此，迫切需要开展全球变化影响下生物圈的脆弱性与适应性研究，为可持续性科学理论体系发展、国家经济社会可持续发展及环境外交提供科技支撑。

特别是，气候变化已经极大地改变了中国气候资源的时空分布特点，出现了新情况新问题，对中国陆地生态系统特别是农业种植制度提出了变化的要求。面对气候变化，生态系统如何取其利避其害，切实保障中国的生态安全与中长期粮食安全，是中国面临的紧迫任务之一。然而，目前还没有建立起国家水平的中国植被/陆地生态系统脆弱性与适应性评价指标体系，更没有形成可应用示范的生态系统适应气候变化的技术体系，大多仍停留在概念和框架构建阶段。因此，迫切需要基于可持续性科学理论深入地开展气候变化影响下中国主要陆地生态系统的脆弱性评价与适应技术研究。

植被是陆地生态系统的主体，组成生态系统的植物通过光合作用所产生的干物质中固定的太阳能是地球上生态系统中一切生命成分及其功能的基础，是人类赖以生存与持续发展的基础。不仅如此，植被还在全球物质循环与能量交换中起着重要作用，在调节全球碳平衡、减缓大气中 CO_2 等温室气体浓度上升以及维护全球气候稳定等方面具有不可替代的作用。因此，植被/陆地生态系统的适应性与脆弱性分析和评估是适应和减缓气候变化的关键和基础，可为生态系统可持续发展提供科学依据。

植被/陆地生态系统对气候变化的响应涉及植被/陆地生态系统对气候变化的敏感性、适应性和脆弱性，与植被/陆地生态系统特性及其所面临的气候变化特征、幅度和变化速率密切相关。植被/陆地生态系统对气候变化的敏感性指植被/陆地生态系统对气候变化的响应程度；植被/陆地生态系统对气候变化的适应性指植被/陆地生态系统在其运行、过程或结构中对于预计或实际气候变化的可能调节程度;植被/陆地生态系统对气候变化的脆弱性指气候变化对植被/陆地生态系统的破坏程度。植被/陆地生态系统对气候变化的脆弱性既取决于植被/陆地生态系统对特定气候变化的敏感性,又取决于植被/陆地生态系统对该变化的适应性。正因为如此,植被/陆地生态系统对气候变化的适应性与脆弱性分析和评价可为生态保护、脆弱生态环境整治和资源的合理利用提供科学依据,对促进区域可持续发展和防灾减灾有着重要意义,已成为国际社会高度关注的热点。

尽管《联合国气候变化框架公约(UNFCCC)》从1990年的第1次缔约方会议(COP1)开始就涉及气候变化的影响与适应问题,国际社会特别是发展中国家也拥有适应气候变化的迫切需求,但在如何采取适应气候变化的措施和开展相应的行动方面,仍然缺乏相关知识的支持。而关于植被/陆地生态系统对气候变化的脆弱性研究大多集中在对目前观测到的气候变化影响事实的分析及基于未来气候情景的气候变化影响评估方面(IPCC 2001,2007a,2007b,《气候变化国家评估报告》编写委员会 2007),关于植被/陆地生态系统对气候变化的脆弱性评估研究主要仍集中在生态系统脆弱性评价模型的概念框架方面,还没有建立起基于机理和过程的评估方法。当前,中国关于全球变化影响下生态系统的适应性研究在本质上属于气候变化对生态系统的影响研究范畴(周广胜等 2004,《气候变化国家评估报告》编写委员会 2007),还没有强调生态系统对气候变化的可能调节程度研究;关于适应技术研究大多集中在农田生态系统,且停留在农民基于传统经验的自发试验阶段,缺乏系统的理论研究与应用示范。例如,玉米高产中心的东北松嫩平原南部农民通过种植晚熟高产品种充分利用热量资源,大幅度提高了玉米单产(王宗明等 2006)。中国关于生态系统脆弱性的研究起步较晚,且由于生态系统脆弱性是很难预见的现象,加之脆弱系统的复杂性,生态系统脆弱性评价的研究进展较为缓慢。从20世纪90年代初开始脆弱性研究以来,相当长的一段时间内均采用综合指数法,所不同的就是选择的评价指标、指标权重及在求综合指数时采用的统计方法略有差别。直到2003年前后,地理信息系统(GIS)、遥感技术及生态系统过程模型等高新技术应用,有效地促进了生态系统脆弱性评价准确性的提高(周永娟等 2009),生态系统脆弱性研究的领域也逐渐拓展到了农田(Lin 1996,Cai 1997,刘金萍等 2007)、森林(李克让等 1996,吐热尼古丽·阿木提等 2008)、草原(罗承平等 1995)、湿地(周亮进 2008,周丙娟等 2009)以及水资源(唐国平等 2000)等,并开展了未来气候变化的影响评价研究(许振柱等 2003)。由于数据获取、研究手段及基础研究水平等因素的制约,现有的生态系统脆弱性研究对脆弱性机理、结构与功能的综合考虑及未来气候变化对生态系统脆弱性的影响方面尚显不足(IPCC 2001,於琍等 2008,李克让等 2009),还没有建立起科学的生态系统脆弱性评价指标体系与评价方法。总体而言,目前有关植被/陆地生态系统脆弱性评价与适应性管理的科学基础仍很薄弱,主要反映在以下方面:

一、以气候变化影响作为植被/陆地生态系统的脆弱性评价指标

吴绍洪等(2007)选取生态系统净初级生产力(NPP)、生长季长度和干燥度指数为脆弱性评价指标,以某一生态系统状态与生态基准相比较,按照受损程度划分为生态基准、轻度脆弱、中度脆弱、重度脆弱和极度脆弱,并赋予不同的权重值,采用人工神经网络和模糊数据隶属度方法,建立脆弱性评价模型。基于该评价方法,使用政府间气候变化专门委员会(IPCC)《情景排放特别报告》(SRES)所设定的社会经济发展情景中B2情景下的未来气候变化数据,应用

大气一植被相互作用模型(AVIM2),对中国21世纪自然生态系统在气候变化背景下的脆弱性进行了评价。结果显示,中国未来气候变化将对生态系统产生较为严重的影响,并将随时间的推移有趋于严重的趋势;受气候变化影响严重的地区是生态系统本底比较脆弱的地区,但部分生态系统本底较好的地区也将受到严重的影响;极端气候的发生将对生态系统产生巨大的影响;灌丛和荒漠草原是受影响最为严重的类型,极端气候事件的发生则将严重影响到落叶阔叶林、有林草地和常绿针叶林。气候变化的影响不都是负面影响,近期的变化对寒冷地区也可能有利,但从中、远期情况看,气候变化对生态系统的负面影响巨大。赵东升和吴绍洪(2013)以耦合生物地理和生物地化过程的动态植被模型LPJ为主要工具,基于同样的脆弱性评价方法,以区域气候模式工具PRECIS产生的A2、B2和A1B情景气候数据为输入,评估了中国自然生态系统响应未来气候变化的脆弱性。结果表明:未来气候变化情景下中国东部地区脆弱程度呈上升趋势,西部地区呈下降趋势,但总体上,中国自然生态系统的脆弱性格局没有大的变化,仍呈现西高东低、北高南低的特点。受气候变化影响严重的地区是东北和华北地区,而青藏高原区南部和西北干旱区受气候变化影响,脆弱程度明显减轻。气候变化情景下的近期气候变化对中国生态系统的影响不大,但中、远期气候变化对生态系统的负面影响较大,特别是在自然条件相对较好的东部地区,脆弱区面积增加较多。这类评价主要考虑了生态系统净初级生产力变化,没有考虑气候变化对陆地生态系统分布的影响。

於琍等(2008)采用生态系统过程模型CEVSA(Carbon exchange between vegetation,soil and the atmosphere)模拟气候变化对中国潜在植被分布和生态系统主要功能的影响,根据IPCC的脆弱性定义分别以潜在植被的变化次数和变化方向以及生态系统功能的年际变率和变率的变化趋势定义陆地生态系统的敏感性和适应性,进而对当前气候条件下和未来气候变化情景下生态系统的脆弱性进行定量评价,生态系统综合脆弱性评价指标包括植被类型变化、净初级生产力、植被碳贮量、土壤碳贮量和净生态系统生产力,采用主成分分析法对所有指标进行综合评价。研究指出,气候变化将会增加中国陆地生态系统的脆弱性,但是对脆弱性分布格局的影响不大,总体特征为南低北高、东低西高;采用IPCC SRES A2气候情景进行的预测模拟表明,到21世纪末中国不脆弱的生态系统比例将减少22%左右,高度脆弱和极度脆弱的生态系统所占比例较当前气候条件下分别减少1.3%和0.4%;在不同气候条件下,高度脆弱和极度脆弱的陆地生态系统主要分布在中国内蒙古、东北和西北等地区的生态过渡带上及荒漠一草原生态系统中,华南及西南大部分地区的生态系统脆弱性将随气候变化而有所增加,而华北及东北地区则有所减小。尽管於琍等(2008)对中国陆地生态系统的脆弱性评价考虑了植被分布和生态系统功能的变化,但模型仅考虑了森林、灌丛、草原和荒漠植被四种类型,没有考虑对气候变化敏感的湿地与农田生态系统;特别是,模型所用植被类型的气候参数来源于BIOME 1.1模型,而翁恩生和周广胜(2005)及Weng和Zhou(2006)研究指出,这些气候参数并不适用于中国独特的季风气候与青藏高原背景下形成的植被类型及其地理分布。而且,模型关于生态系统脆弱性指标的选取及其变化阈值的确定也缺乏观测数据的支持。气候变暖背景下的极端气候事件对生态系统的影响更甚于气候平均态的变化。极端气候事件往往是由单个气候因子的极端值引发,而极端气候事件对生态系统影响却是综合了其他诸多因子的共同作用。於琍等(2012)以极端降水为例,选择旱涝频繁的长江中下游地区为研究对象,以夏季生态系统净初级生产力(NPP)的波动表征生态系统对极端降水的敏感性,以NPP波动的变化趋势表征生态系统对极端降水的适应性,利用生态系统过程模型CEVSA,评估了长江中下游区域生态系统对极端降水的脆弱性。研究指出：长江中下游地区生态系统多年平均脆弱度为轻度脆弱，轻度脆弱及以下地区占区域总面积的约65%，脆弱度较高的区域占20%，主要分布在长江中下游的西北部。极端降水将增加长江中下游区域生态系统的脆弱度，表现为不脆弱转变为轻度脆弱，中度脆弱及以上的生态系统所占比例变化不大。干旱和洪涝对区域内生态系统脆弱度的分布格局影响不大，但干旱的影响程度高于洪涝。不论是干旱还是洪涝，区域内生态系统的脆弱度在灾害过后的下一个生长季能基本恢复，没有连年灾害的情况下，长江中下游区域的旱涝灾害对生态系统的影响不会持续到下一年度。

总体而言，这些生态系统脆弱性评价方法主要强调了气候变化对生态系统/植被的影响，如生态系统生产力、生态系统类型变化以及所定义的生态系统脆弱性的变化程度，还没有建立一个综合反映生态系统地理分布、功能与结构或生物多样性变化的指标，即便是考虑了生态系统类型变化，也还没有基于一个适于中国独特的季风气候与青藏高原背景下形成的植被类型及其地理分布。而且，关于生态系统脆弱性指标的选取仍缺乏理论依据，还没有考虑生产力强度与程度(地理分布)的共同变化，更没有给出生态系统脆弱性的阈值。

二、植被/陆地生态系统生产力对气候变化响应的模拟存在很大的不确定性

为理解人类生存环境的变化及其对人类发展的影响，大量模型包括统计模型、遥感模型与过程模型已经建立，并被用于研究区域、洲际甚至全球生态系统生产力及其地理分布，特别是过程模型在解释基于当地观测的生态学假设的区域、洲际甚至全球的生态系统过程方面越来越被人们所接受。由于生态过程的复杂性，不同的模型往往采用不同的假设来简化过程以及生态系统对环境因子的响应方式；同时，由于过程模型通常非常复杂，且需要的参数较多，其模拟的准确性往往取决于所获取数据的质量。因此，研究者经常遇到这样的困惑：目前正在构建的过程模型给出的数值结果在多大程度上是可信的？这就需要进行模型的不确定性分析。生态系统过程模型由自变量、因变量及其之间关系(方程、函数或查找表等)构成，同时包括了真实值未知的模型参数。模型参数可能在一定范围内变化，反映了对某一过程的不完全认识和考虑到这种不完全的不确定性。另外，求解模型中各方程的数值方法也必然产生数值误差。一般来讲，不确定性分析的目标在于评估参数不确定性对模型结果不确定性的影响，不确定性分析可以通过计算具体的数量指标来评估输出数据的变化及输入变量的重要性。

在具体分析过程中，生态模型的不确定性主要决定于模型结构的不确定性、输入的不确定性和参数的不确定性。模型结构的不确定性与模型技术(即模型的计算机实现)的不确定性密切相关。输入的不确定性不仅与系统的描述有关，而且也包括由于系统外部输入引起的不确定性，如气候变化、土地利用变化和其他人类活动干扰等。数据通常包括输入数据和验证数据，输入数据包括降水、气温、辐射等气象数据，验证数据通常包括生物量和生产力、土壤剖面数据、涡度相关观测的碳水通量、遥感资料等数据。由于实测数据受到测量仪器的系统偏差、数据处理方法的误差、自然生态系统自身特征中的时空变异等因素的影响，需要对数据进行代表性、一致性与可靠性的检验。参数的不确定性往往跟参数来源的数据和参数的率定方法有关。对每个特定的陆地生态系统模型而言，在描述机理、模型结构选定的情况下，模型应用结果的不确定性主要来自输入数据、模型参数及两者的交叉。为了量化和评估这种不确定性，近年来已出现了一系列分析方法，主要包括误差传播方程(Molders et al. 2005)和马尔科夫链蒙特卡洛方法(Markov Chain Monte Carlo)(Knorr et al. 2005)。在量化输入和参数带来的不

确定性上，大部分方法都依赖于蒙特卡洛法的集合模拟，这是由于传统的参数不确定性估计方法(如矩法、极大似然法、最小二乘法等)仅适用于线性或接近于线性的模型，对于陆地生态系统模型这类复杂非线性的问题适用性很差。模型本身不确定性的量化，除了用模型中不同描述方程的直接比较来衡量优劣外，还可以采用贝叶斯推论的后验概率来进行筛选。

在此，以内蒙古温带典型草原碳收支为例，应用陆地生态系统模型 TEM 5.0 和不确定性分析方法分析模型参数率定导致的模型模拟结果的不确定性。具体研究思路为：采用贝叶斯推论和蒙特卡洛方法，根据已有典型草原通量站观测数据，通过模型参数的敏感性分析，选取与实测通量数据具有最高似然度的一组参数作为贝叶斯推论的模式参数集，并与传统方法得到的参数集进行比较；基于获取的多组集合模拟参数集区域外推后的模拟结果标准差与贝叶斯置信区间，评估模型在典型草原模拟结果的不确定性并校正模型参数，揭示模型参数化过程对典型草原碳收支模拟的影响。温带典型草原是草地群落结构发育最完善、生态功能最稳定，与温带半干旱气候最协调的有代表性的气候顶级。随着气候湿润度的增大，被森林草甸草原替代，而随着湿润度的减少，进入干旱气候区域，则被更耐旱的荒漠草原替代。因此，温带典型草原成为中国草原植被的模式类型，具有长期的草原生态系统观测站和相对其他两种类型最完备的研究资料，这也是选取典型草原作为不确定性分析研究对象的重要原因之一。

陆地生态系统模型 TEM 参数标定的传统方法是采用文献提供的各碳/氮库及碳/氮通量的估计值作为目标值，对控制各个过程的速率参数进行估计。传统参数标定方法的基本思路是在平衡态假设下(即一类稳定的生态系统在长期气候条件下其碳收支会达到平衡状态)，通过不断对模型碳/氮库及库之间碳氮通量的估计进行数值逼近，以获得控制过程的速率参数的最优估计值。TEM 的一个重要特征是可对陆地生态系统氮循环对碳循环的影响进行模拟。因此，在 TEM 进行碳收支模拟的不确定性评估中，设计了两种运行方式，一种是仅考虑碳循环过程，另一种是包含碳氮循环耦合过程。相应地，分别采用两种参数率定方法(传统方法和贝叶斯方法)生成了四种组合，分别为传统方法考虑碳氮耦合(Conv-CN)、传统方法仅考虑碳循环(Conv-C)、贝叶斯方法考虑碳氮耦合(Bayes-CN)及贝叶斯方法仅考虑碳循环(Bayes-C)。

1. 参数率定方法比较

比较温带典型草原锡林浩特站点的净初级生产力(NPP)实测资料与模拟值发现，传统方法的验证效果($R^2=0.58$)略高于贝叶斯模式参数的模拟结果($R^2=0.42$)，但其回归模型并未达到统计显著水平。由于贝叶斯推论需要至少两年的涡相关观测数据，对已有的 2004 年到 2006 年 3 年的涡相关观测数据采用交叉验证的方法(即分别用两年的数据进行贝叶斯推论，用余下一年的数据进行验证)，对传统方法获得的参数集和贝叶斯推论方法的模式参数集的模拟结果与涡相关观测的净生态系统生产力(NEP)进行比较可知，贝叶斯模式参数的模拟结果($R^2=0.43$)明显优于传统方法的验证效果($R^2=0.31$)。传统方法预测的土壤有机碳(SOC)高于贝叶斯方法预测的土壤有机碳，但是植被碳(VEGC)的预测值则低于贝叶斯方法的预测值(表 7.1)。

值得注意的是，各类方法对于温带典型草原 NPP、NEP、SOC 和 VEGC 模拟的解释率均小于 60%，特别是土壤有机碳和植被碳储量。虽然贝叶斯方法的估计效果要略优于传统方法的预测结果，但两种方法都不能很好地对多点土壤有机碳和植被碳储量进行估计。这表明，由于模型各种参数的不确定性及模型结构的不完善等使得模型模拟值与实际观测值存在较大差异。

表 7.1 模型模拟与观测值拟合优度统计(回归自变量为预测值,因变量为观测值)

变量	决定系数 R^2			
	Conv-C	Conv-CN	Bayes-C	Bayes-CN
通量观测 NEP(Flux-NEP)	0.45	0.31	0.46	0.43
净第一性生产力 NPP	—	0.58	—	0.42
土壤有机碳 SOC	—	0.19	—	0.47
植被碳 VEGC	—	0.32	—	0.48

2. 碳通量模拟的不确定性分析

对温带典型草原站点尺度的 NEP 分别采用传统方法获得的参数集和贝叶斯推论模式参数集进行模拟表明,尽管传统方法的模拟结果和贝叶斯模式参数的模拟结果差异不大,但是贝叶斯推论可以大大降低 NEP 模拟的不确定性范围。

传统方法的参数集在温带典型草原区域的模拟结果显示,1951—2007 年该区域年均 NEP 为 8.72 gC/(m^2 · a),变化范围为−87.2～77 gC/(m^2 · a)。贝叶斯推论模式参数集的模拟结果显示 1951—2007 年该区域年均 NEP 为 1.05 gC/(m^2 · a),变化范围为−10.3～9.2 gC/(m^2 · a)。尽管趋势接近,但贝叶斯推论模式参数集的模拟结果年际间变异范围明显低于传统方法的模拟结果。进一步比较分析传统方法、贝叶斯方法及集合模拟对 1951—2007 年不同年代间平均 NEP 的估计差异可见,关于温带典型草原的 NEP 无论在数值还是趋势上均存在较大差异(图 7.1),表明传统方法获得的参数在进行区域外推时相比贝叶斯方法不确定性更高。这说明,尽管通过不同的参数率定方法可以降低生态系统过程模型模拟的不确定性,但是由于模型模拟值无论在数值还是趋势上均存在较大差异,因此基于生态系统过程模型关于功能的模拟值来进行生态系统脆弱性评价存在很大的不确定性。而且,该类模型只能模拟植被净初级生产力等功能的变化,尽管在一定程度上可以反映植被对气候变化的适应程度,但难以反映气候变化对植被的破坏程度。

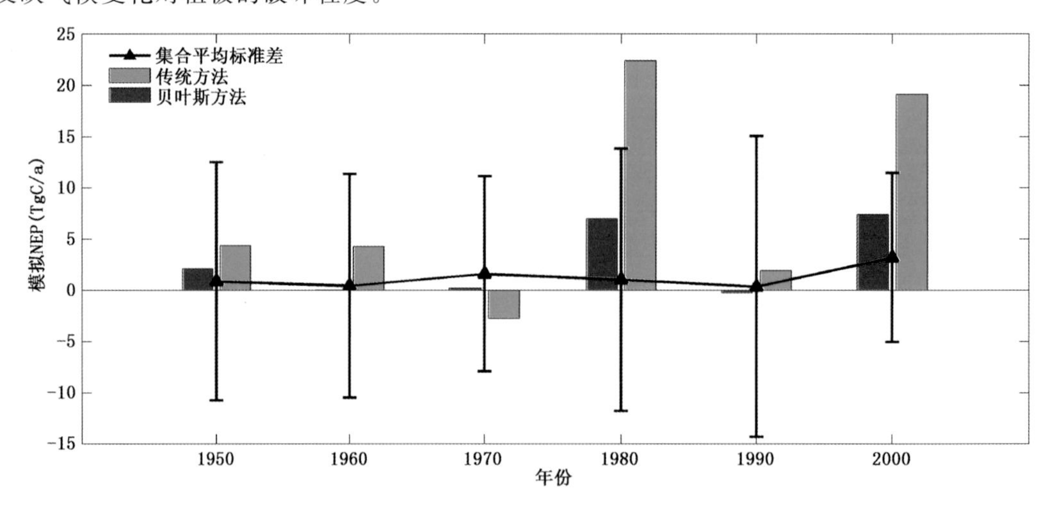

图 7.1 传统方法(绿柱)、贝叶斯方法(红柱)和集合模拟平均值及其标准差(误差棒)对温带典型草原区域年代平均 NEP 的模拟结果

三、植被/陆地生态系统地理分布对气候变化响应的模拟缺乏综合性

中国位于地球环境变化速率最大的东亚季风区，拥有世界第三极之称的“青藏高原”及多样化的地质地貌类型、土壤类型和气候条件，形成了多样化的生态系统，包括森林、草原、荒漠、湿地、海洋和海岸自然生态系统，使得中国植被类型与世界其他地区的植被类型有很大差异。以往关于中国气候一植被分类研究中的植被类型，采用了《中国植被区划图》给出的植被地带类型。这种植被类型划分方法关注的是气候对植被类型及其分布的地带性影响，并不考虑植物生理生态特性与植被结构的相似性。植物功能型直接反映了植物生理生态特性与植被结构特征，可直接为模式提供所需的植被类型参数，亦为评估气候变化对植被的影响提供了依据，因而被广泛用于气候一植被分类，代表性模型有 BIOME 模型。但是，现有的植物功能型分类方案大多是针对全球植被的粗略分类。中国独特的季风气候与青藏高原造就了独特多样的生态系统，使得中国植被类型与其他地区的植被类型有很大差异，而现有的气候一植被分类模型由于是以全球植被分类为基础的，不能很好地模拟中国的植被类型及分布。图 7.2 给出了基于 BIOME1 模型得到的中国 17 类生物群区及其分布范围，可反映中国植被分布的基本格局，即东部由南至北递变的森林带、西北部的草原和荒漠、青藏高原的冻原。

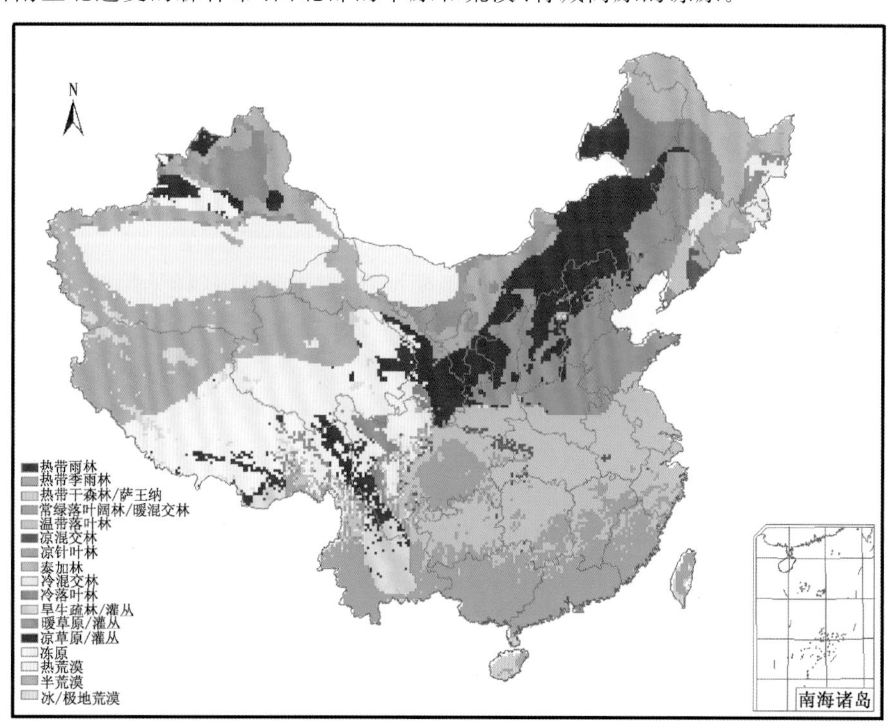

图 7.2　基于 BIOME1 模型模拟的中国植被分布

但是，BIOME1 模型模拟的中国植被地理分布仍有明显的缺陷，如热带雨林面积极小，只有一个栅格点；中国东南部广泛分布的常绿阔叶林仅分布于南部稍窄的一条带中；落叶阔叶林大幅度南移，占据了原属于常绿阔叶林的位置；整个华北平原则被模拟为暖草原，青藏高原大部分为冻原和半荒漠。与中国植被实际分布图相比，Kappa 一致性检验值仅为 0.22，到了较差水平。因此，BIOME1 模型通用的环境约束条件无法准确地描述中国植被分布和中国气候

一植被关系。究其原因在于 BIOME1 模型是依据地中海气候类型的气候一植被关系创建，而中国植被分布深受季风气候和青藏高原的影响。因此，需要对 BIOME1 模型中一些环境约束条件进行修正，以适合中国植被的分布。

为此，迫切需要针对中国独特的季风气候和青藏高原特征，以中国各植被类型中的优势植物种类为对象，开展中国植物功能型研究，以期提出一套适于中国气候的植物功能型划分方法和气候指标体系，为发展适于中国的植被模型和区域气候模型，评估全球变化对中国植被的影响及植被变化对气候的反馈作用提供依据与参数。翁恩生和周广胜(2005)及 Weng and Zhou (2006)针对中国独特的季风气候和青藏高原特征，以中国各植被类型中的优势植物种类为对象，结合国际上已有的研究成果，提出了中国植物功能型划分的关键特征，即结构特征：木本/草本、常绿/落叶和针叶/阔叶，以及植物生理特征：光合途径(C_3/ C_4)、植物的水分需求和热量需求。这些特征不仅限制着植物形态和生理特征本身的变化幅度，如气孔导度、光合作用和光合产物分配，同时也深刻地影响着以植被为主的陆地表面生物物理过程和生物地球化学循环，如植被一大气间的能量、水分和 CO_2 交换，以及陆地表面的粗糙度和反射率等。结合《中国植被》和《中国植被图》，确定了 20 类中国植物功能型(包括 7 类高大乔木(树)、6 类灌木、5 种草类、2 类裸地：干旱裸地和高寒裸地)，其中 4 类高寒类型用于描述青藏高原的植被分布，并给出了每个植物功能型的优势植物种和地理分布。在此基础上，基于植物功能型的结构特征与植物生理生态特征，提出了用于中国植物功能型划分的气候指标，即绝对最低温度、有效生长积温、最暖月与最冷月的平均温度差和湿润指数，并采用半峰宽法，确定了各植物功能型的气候指标取值范围，建立了基于植物功能型的中国气候一植被分类模型。据比较，该模型对基于植物功能型的中国生物群区模拟的总 Kappa 一致性检验值达到 0.63，相同类型栅格的重合率达 67%，即非常好的水平。中国各生物群区的 Kappa 一致性检验值在 0.25～0.88 之间，大多处于 0.57，即达到了好以上水平，优于 BIOME1 模型在中国的应用(详见第四章)。尽管基于植物功能型的中国气候一植被分类模型对中国生物群区的模拟考虑了多个气候因子对植被地理分布的影响，但模型在确定植物功能型的气候参数值时是根据实际的植物功能型分布与半峰宽法粗略估算的植物功能型气候参数的最大值和最小值，由此确定的植被地理分布边界可能导致较大的累积误差；同时，模型缺乏影响因子选取的充分性与必要性论证，且没有建立一个反映多个气候因子对植被结构和功能综合影响的评价指标，影响了模型模拟植被地理分布边界的准确性与普遍性。尽管基于植物功能型的中国气候一植被分类模型较以往的气候一植被分类方法有很大改进，但其用于划分植被类型的气候因子方法仍是相关性的。因此，基于该类模型对植被/生态系统地理分布的模拟尽管在一定程度上可以反映气候变化的破坏程度即脆弱性，但难以反映植被对气候变化的适应程度变化。

总体而言，现有关于植被/陆地生态系统对气候变化的脆弱性评价研究在本质上属于气候变化对生态系统的影响研究范畴，且关于植被/陆地生态系统的生产力及其类型与地理分布的模拟仍存在很大的不确定性，仍没有建立起科学的植被/陆地生态系统脆弱性评价指标体系与评价方法，从而制约着植被/陆地生态系统对气候变化的脆弱性评价。

植被/陆地生态系统脆弱性指生态系统受到气候变化不利影响的程度(IPCC 2001)，与生态系统所面临的气候变化特征、幅度和变化速率密切相关，并受生态系统的敏感性和适应能力的制约。生态系统脆弱性的分析和评价是适应和减缓气候变化的关键和基础，可为生态保护、脆弱生态环境整治和资源的合理利用提供科学依据，对促进区域可持续发展和防灾减灾有着重要意义，已成为近年来气候变化领域和生态学领域的研究热点。因此，植被/陆地生态系统脆弱性不仅涉及植被/陆地生态系统类型及其地理分布，还涉及植被/陆地生态系统的生产力、生物多样性和生态系统服务功能。

生物地理模型(Biogeography model)主要用于定量描述植被/陆地生态系统的结构特征，如叶面积指数等，据此反映植被/陆地生态系统类型及其地理分布变化；不足的是这类模型不能准确地模拟植被/陆地生态系统功能的动态变化，没有反映植被结构与功能的综合作用。代表性模型有 DOLY 模型、MAPSS 模型和 BIOME 模型(周广胜等 2003)。生物地理模型是基于二类边界条件：生态生理限制(ecophysiological constraints)和资源限制(resource limitations)决定的植被/陆地生态系统的结构特征，预测不同环境条件下不同植物生活型(plant life forms)的优势度。生态生理限制决定了植物的地理分布，可用生物气候变量，如生长日数(growing degree days)和最低冬季温度来表示。资源限制，特别是气候资源(如水分、光照)限制决定了植物主要结构特征，包括叶面积；植物生活型对资源限制的响应决定了植被的组成，如木本与草本的竞争平衡，潜在蒸散(PET)、实际蒸散(ET)和净初级生产力(NPP)等反映了资源的限制作用。

生物地球化学模型(Biogeochemistry model)主要用于定量描述植被/陆地生态系统的功能动态，可以模拟植被/陆地生态系统的净初级生产力、碳及养分循环，但其是以给定的植被类型为基础，不能预测植被类型的变化。代表性模型有 CENTURY 模型、TEM 模型和 Biome-BGC 模型(周广胜等 2003)。生物地球化学模型也是基于二类边界条件：生态生理限制和资源限制决定的植被/陆地生态系统结构特征来预测不同环境条件下植被/陆地生态系统的功能动态。

因此，无论是生物地理模型还是生物地球化学模型均考虑了二类边界条件：气候的生态生理限制和资源限制，从而预测植被/陆地生态系统结构特征，进而模拟不同环境条件下植被/陆地生态系统的功能动态，但这两类模型均不能反映二类边界条件下植被/陆地生态系统的生物多样性和生态系统服务功能。气候与植被之间的相互作用主要表现在两个方面：植被对气候的适应性与植被对气候的反馈作用。植物生态学的观点认为，主要的植被类型表现着植物界对主要气候类型的适应，每个气候类型或分区都有一套相应的植被类型。土壤和植被之间的关系也相当密切，但相应地带内的土壤类型同样也取决于该地带内的气候类型。因而，土壤对植被的影响在一定程度上也可以看成是气候的间接作用。另一方面，不同的植被类型通过影响植被与大气之间的物质(如水和二氧化碳等)循环和能量(如太阳辐射、动量和热量等)交换来影响气候，改变的气候又通过大气与植被之间的物质循环和能量的交换作用对植被的生长产生影响，最终可能导致植被类型的变化。因此，生态生理限制反映了植被对气候的适应，而气候资源限制反映了植被对气候反馈的结果，是气候一植被关系的综合体现，不仅决定了植被/陆地生态系统类型及其地理分布，还决定着植被/陆地生态系统的生产力、生物多样性和生态系统服务功能。因此，气候的生态生理与资源限制可用于评价植被/陆地生态系统的脆弱性与适应性。

第二节　植被/陆地生态系统适应性与脆弱性评价的气候因子

植被/陆地生态系统适应性与脆弱性的评价目标是为植被/陆地生态系统的可持续发展提

供依据，评价对象是植被/陆地生态系统变化，包括其结构、功能、生物多样性与生态系统服务功能的变化。为实现植被/陆地生态系统适应性与脆弱性评价需要基于植被/陆地生态系统适应性与脆弱性评价的气候因子，建立评价指标。

植物生态学的观点认为，主要的植被类型表现着植物界对主要气候类型的适应，每个气候类型或分区都有一套相应的植被类型。土壤和植被之间的关系也相当密切，但相应地带内的土壤类型同样也取决于该地带内的气候类型。因而，土壤对植被的影响在一定程度上也可以看成是气候的间接作用。植被/陆地生态系统的适应性与脆弱性不仅涉及植被/陆地生态系统类型及其地理分布，还涉及植被/陆地生态系统的生产力、生物多样性和生态系统服务功能。然而，无论是以模拟植被地理分布为主的生物地理模型还是以模拟植被净初级生产力为主的生物地球化学模型均考虑了气候的生态生理限制和资源限制，而气候的生态生理与资源限制同样决定着植被/陆地生态系统的生物多样性与生态系统服务功能，因此气候生态生理与资源限制可用于评价植被/陆地生态系统的脆弱性与适应性。

尽管气候生态生理限制与气候资源限制可用于评价植被/陆地生态系统的脆弱性与适应性，但是不同模型选取的决定植被/陆地生态系统结构与功能的气候因子不同。例如，基于植物功能型的 BIOME1 模型的环境约束条件包括最冷月平均温度、大于 0 ℃和 5 ℃的有效积温、最暖月平均温度和指示土壤湿润程度的 Priestley-Taylor 系数（实际蒸散与潜在蒸散的比值）(Prentice et al. 1992)。同时，现有的生物地理模型或气候－植被分类模型均考虑了多个气候因子对植被地理分布的影响，如 BIOME1 模型有 5 个环境约束条件。在确定植物功能型的气候参数值时，首先根据实际的植物功能型分布，再用半峰宽法（徐文铎 1983）粗略估算植物功能型气候参数的最大值和最小值。植被地理分布的边界是多个气候因子相互作用的结果，基于多个气候因子的半峰宽法确定的植被地理分布边界可能导致较大的累积误差。因此，需要建立一个反映多个气候因子对植被结构和功能综合影响的评价指标，以准确地模拟植被地理分布边界并给出准确的气候阈值。

一、决定植被/陆地生态系统结构与功能的气候因子

对于地球表面水热平衡研究，有两个公认的方程，即热量平衡方程和水量平衡方程。对于多年平均情况，地球表面的热量平衡方程可表示为：

$$R_n = L \cdot E + H$$

式中 R_n 是植被表面获得的净辐射（$kcal/cm^2$）；L 是蒸发潜热，即每克水变成水汽所需要吸收的热量，约为 0.6 kcal/g；E 是蒸散发（g/cm^2），包括植被表面的蒸发、蒸腾和凝结；H 是由陆地表面向大气的湍流热通量（$kcal/cm^2$），即感热通量。净辐射为正，表明地球表面获得能量；LE 和 H 为正，表明能量从地球表面损失。

多年平均的地球表面水量平衡方程可表示为：

$$P = E + R$$

式中 P 为进入该区域的实际水量（g/cm^2），包括降水量和来自于相邻区域的水量；E 是蒸散发（g/cm^2）；R 是径流量（g/cm^2），包括表面与地下径流量。降水量为正，表明地球表面获得降水量；E 和 R 为正，表明水分从该区域损失。

结合斯蒂芬－波尔兹曼定律（Stefan-Boltzmann Law）关于地表长波辐射与地表绝对温度的 4 次幂成比例关系，地球表面获得的净辐射可简单计算如下：

$$R_n = Q \cdot (1-\alpha) - \sigma \cdot [(T_7^4 + T_1^4)/2]$$

式中 Q 是地球表面接受的太阳辐射(MJ/cm^2),α 是地球表面反照率,T_7、T_1 分别是 7 月(最暖月)和 1 月(最冷月)的绝对气温(K),σ 为斯蒂芬—波尔兹曼常数,为 4.903×10^{-9} $MJ/(K^4 \cdot m^2 \cdot d)$。

由以上方程整理可以得到如下方程:

$$Q - \sigma \cdot [(T_7^4 + T_1^4)/2] - L \cdot P = Q \cdot \alpha - L \cdot R + H$$

方程右边的 $Q \cdot \alpha$ 反映了植被/陆地生态系统反射出去的太阳辐射,$L \cdot R$ 反映了与植被/陆地生态系统密切相关的径流可能带走的能量,H 是用于加热大气的能量,与植被/陆地生态系统的结构与功能密切相关,也就是说,方程的右边变量反映了植被/陆地生态系统在能量分配中的作用,体现了植被/陆地生态系统的特征。而方程的左边变量则体现了地球表面某一植被/陆地生态系统所拥有的能量,也就是说这些变量决定了某一区域的植被/陆地生态系统的结构与功能特性,包括太阳辐射(Q)、降水量(P)、7 月温度(T_7)、1 月温度(T_1)、与蒸发潜热密切相关的年均温度(T)。

从物种分布的机理来看,决定植物地理分布的气候因子主要有 3 类:1)植物能够忍受的最低温度;2)完成生活史所需的生长季长度和热量供应;3)用于植物冠层形成和维持的水分供应(Woodward 1987)。结合基于地球表面的热量平衡方程和水量平衡方程可知,决定植物地理分布与功能的气候因子有植物能够忍受的最低温度,即年极端最低温度(T_{min});完成生活史所需的热量供应为 Q;完成生活史所需的生长季长度取决于年温度的程度与强度,即 7 月温度(T_7)、1 月温度(T_1)和年均温度(T);用于植物冠层形成和维持的水分供应对于自然植被主要取决于降水量(P)。因此,决定植被/陆地生态系统地理分布与功能的气候因子主要有 6 个,即 T_{min}、Q、T_7、T_1、T 和 P。这些气候因子的充分性与必要性将在以下关于森林、草原、湿地的优势植物种与作物、植被功能型与生物群区对气候变化的适应性与脆弱性研究中予以证明。

二、基于最大熵模型与气候保证率的植被地理分布边界

尽管基于地球表面的热量平衡方程与水量平衡方程以及物种分布的机理明确了决定植物地理分布与功能的 6 个气候因子,但在确定影响植物地理分布与功能的气候参数值时,大多是根据实际的植物地理分布与功能,采用半峰宽法粗略估算植物地理分布与功能的气候参数最大值和最小值。然而,植物地理分布与功能的边界是多个气候因子相互作用的综合结果,来自半峰宽法的多个气候因子确定的植物地理分布与功能边界可能导致较大的累积误差。因此,需要建立一个反映多个气候因子对植物结构和功能综合影响的评价指标,以准确地模拟植被地理分布与功能边界并给出准确的气候阈值。

目前,广泛应用于物种潜在分布研究的最大熵(MaxEnt)模型是基于最大信息熵原理,根据不完全的信息进行预测或推断的方法,即根据已知样本对未知分布的最优估计应当满足已知对该未知分布的限制条件,并使该分布具有最大的熵(即不被任何其他条件限制)(Phillips et al. 2006)。该方法已经被许多研究证实具有最佳的预测能力和精度(Peterson et al. 2007)。MaxEnt 模型给出的是多因子协同作用下的物种存在概率,由于存在概率越大,反映该气候环境越适宜于该物种,因此该物种的生产力等功能也越大。因此,MaxEnt 模型给出的物种存在概率不仅体现了多因子的综合作用,也体现了物种的地理分布与功能程度,可用于反映多个气候因子对植物结构和功能综合影响的评价指标。

最大熵理论认为：在已知条件下，熵最大的事物最接近它的真实状态。最大熵模型是根据不完全的信息进行预测或推断的方法。在最大熵估计中，物种的真实分布表示成研究区域 X 个站点集上的概率分布 π。因此，对每一个站点 x 均有一个非负的概率 $\pi(x)$，然后以物种分布点的数据作为限制因子对概率分布 π 进行建模。限制因子的表达为环境变量的简单函数 f_1、f_2、K、f_n，称为特征函数。在模拟物种分布时，假设从站点集 X 中随机选取一个站点 x，如果存在某物种则记为 1，不存在则记为 0，记响应变量（是否存在）为 y，则分布概率 $\pi(x)=P(x|y=1)$，即已知该物种在研究区内分布情况下，在站点 x 观察到物种存在的概率。由贝叶斯定理可知：

$$P(y=1|x)=\frac{P(x|y=1)P(y=1)}{P(x)}=\pi(x)P(y=1)|X|$$

式中 $P(x)=\frac{1}{|X|}$，$P(y=1)$ 是整个区域内该物种分布的概率，$P(y=1|x)$ 是该物种分布在站点 x 处的概率。由此可见，$\pi(x)$ 正比于物种分布的存在概率。由于在实际应用中，通常仅有取样点的观察数据，并不能得到 $P(y=1)$，因此不能直接估计 $P(y=1|x)$ 而对 $\pi(x)$ 进行最大熵估计。

最大熵分布是根据特征函数集 f_1、f_2、K、f_n 构建的 Gibbs 分布族。Gibbs 分布族是以特征函数集 f 的加权和作为参数的指数分布，定义为：

$$q_\lambda(x)=\frac{\exp(\sum_{j=1}^{n}\lambda_j f_j(x))}{Z_\lambda}$$

式中 $\lambda=(\lambda_1,\lambda_2,K,\lambda_n)$ 为特征权重，Z_λ 为归一化常数。因此，最大熵模型 $q_\lambda(x)$ 在站点 x 的值仅取决于 x 处的环境变量，通过在取样集上训练得到权重值，得到的模型便可以在具有同样环境变量的点上进行预测。具体而言，通过对已知取样点上的自然对数似然函数求最大值：$\max\frac{1}{m}\sum_{i=1}^{m}\ln(q_\lambda(x_i))-\sum_{j=1}^{n}\beta_j|\lambda_j|$ 来确定权重值 λ_i 及调整参数 β_j，β_j 是特征函数 f_j 的误差边界宽度。式中的第一项自然对数似然函数值越大，意味着模型对已知站点的拟合效果越好，即对已知站点分配的概率更高，而对其他站点分配的概率相对越小。这使得模型更容易从背景中将取样点识别出来并赋予更高的权重值 λ_i。但是，过高的权重 λ_i 会使模型变得更复杂，导致对取样数据的过度拟合。为此，通过添加第二项调整参数 $\beta_j=\beta\sqrt{\frac{s^2[f_j]}{m}}$ 来对模型复杂程度和数据拟合程度进行权衡。其中 $s^2[f_j]$ 为特征函数 f_j 的经验方差，根号中的内容即为特征标准差的经验平均值估计。

特征函数是由环境变量生成，包括连续型和分类型两类。在 MaxEnt 软件中，特征函数分为六类，即线性、二次曲线、乘积、阈值、中心（hinge）和分类指标。其中，线性、二次曲线、乘积、阈值和中心型特征函数均由连续变量生成，分类指标由分类变量生成。线性、二次曲线和乘积特征函数分别等价于环境变量、环境变量的方差及一对环境变量的点乘积。通常在应用中根据实际情况选取适当的特征函数组合以达到最佳拟合效果。

MaxEnt 模型的原始输出为在模型训练中对每一个样本站点指定概率的指数函数 $q_\lambda(x)$，这种原始结果很难解释如何将 $q_\lambda(x)$ 应用到那些没有参加模型训练的背景站点上。如果采用样本的原始数据过多，由于所有背景点的函数值总和为 1，将使得每个背景点的输出结果变

小。因此,原始数据通常转换成累积形式。为在累积值上表现出物种存在的概率,传统统计方法如 Logistic 回归常用来估计给定环境变量条件下物种存在的条件概率 $P(y=1|z)$,z 代表一个环境变量向量,$z(x)$ 为 z 在站点 x 的数值。这一估计量与要估计的条件概率 $P(y=1|z)$ 具有如下关系:

$$P(y=1|z)=\frac{\sum_{x\in X(z)} P(y=1|x)}{|X(z)|}$$

式中 $|X(z)|$ 代表具有环境条件 z 的站点集合。因此,只需估计 $P(y=1|x)$ 即可得到物种存在概率的累积预测值。当且仅当 $\pi(x)$ 为环境变量函数时,有 $P(y=1|z)=P(y=1|x)$。但这一条件太强,为此 MaxEnt 模型通过对表示站点取样分布和物种分布的联合分布 $P(x,y)$ 进行最大熵估计,即在条件概率 $P(x|y=1)$ 限制下利用最大熵分布 $Q(x,y)$ 估计 $P(x,y)$。基于得到的最大熵联合分布估计 $Q(x,y)$,即可计算:

$$Q(y=1|x)=\frac{e^H q_\lambda(x)}{1+e^H q_\lambda(x)}$$

式中,q_λ 为 π 的最大熵估计,H 为 $q_\lambda(x)$ 的熵值。进一步可得到:

$$Q(y=1|z)=\frac{e^H q_\lambda(x(z))}{1+e^H q_\lambda(x(z))}$$

由此,便可得到对一定范围取样分布和物种分布稳健的贝叶斯估计量 $Q(y=1|z)$ 作为 MaxEnt 模型对整个空间范围内物种存在概率的预测,其在形式上与 Logistic 回归模型类似,而参数值的估计则根据最大熵原则获得,与 MaxEnt 模型一致。

MaxEnt 模型在实际应用中,采用物种出现点数据和环境变量数据对物种生境适宜性进行评价,从符合条件的分布中选择熵最大的分布作为最优分布,预测的结果是物种存在的相对概率,其优点在于:数学基础简单而清晰,易于从生态学上进行解释;连续型或分类型的环境变量均可使用;仅需要“当前存在”数据,而不需要“不存在”数据;调整因子(β_j)能够避免模型的过度拟合。研究表明,MaxEnt 模型在物种现实生境模拟、主导因子筛选、环境因子对物种生境影响的定量描述方面都表现出了优越的性能,预测结果优于同类预测模型,特别是在物种分布数据不全的情况下仍然能得到较为满意的结果,在诸多研究中被证实具有最佳的预测能力和精度(王运生等 2007,Moffett et al. 2007,Saatchi et al. 2008,Giovanelli et al. 2008,吴文浩等 2009,曹向锋等 2010,He et al. 2012,Sun et al. 2012,Duan et al. 2013)。

利用 MaxEnt 模型研究物种地理分布与气候关系需要两组数据:一是目标物种的地理分布数据,如中国玉米种植区的玉米农业气象观测站地理分布数据;二是研究范围的环境变量,如基于已有研究成果从全国层次及年尺度筛选出的影响中国玉米种植分布的 6 个气候因子。在此,研究采用 MaxEnt 模型 3.3.3a 版(http://www.cs.princeton.edu/~schapire/maxent/),运行界面见图 7.3。

采用 MaxEnt 模型的方法研究物种分布与气候的关系时,首先要对模型的适用性做出评价。模型适用性评价是进行物种潜在分布研究建模的一个重要环节,模型预测能力及准确程度、误差来源等均要通过模型评价过程来进行检验。常用的模型适用性评价指标有总体准确度(overall accuracy)、灵敏度(sensitivity)、特异度(specificity)、Kappa 一致性检验(Cohen 1960)、TSS(true skill statistic)(Allouche et al. 2006)和 AUC(Hanley et al. 1982)等。总体准确度方法很大程度上依赖于物种分布率;灵敏度反映的是物种分布的能力,但不能排除假阳

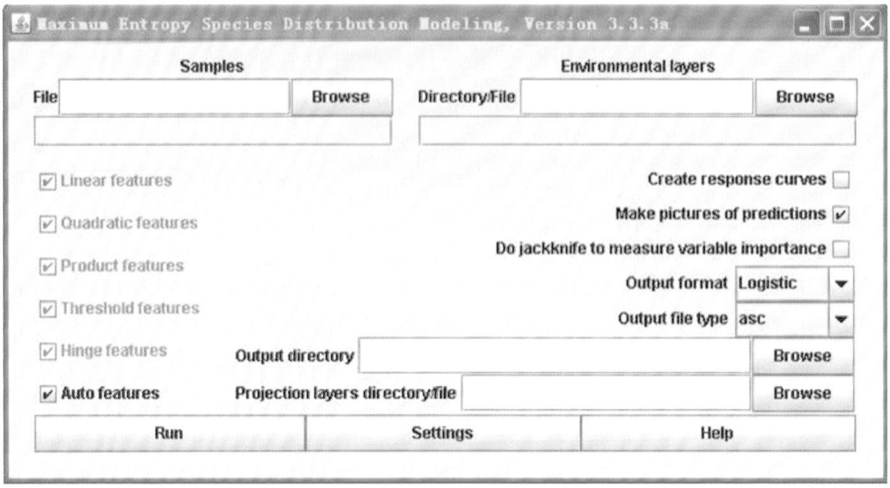

图 7.3 MaxEnt 模型运行界面

性(过高估计)率的影响;特异度反映预测该物种没有分布的能力,但不能排除假阴性(过低估计)率的影响;Kappa 一致性检验统计量虽然综合考虑了物种分布率(prevalence)、灵敏度和特异度,但 Lantz 等(1996)认为其因受物种分布率的影响,会带来偏差;TSS 计算公式虽然简单,但与上述几种指标一样,也不可避免地会受到阈值的影响,不同的模型预测结果所表示的内容不同,相同的判断阈值在不同的模型中含义也不一样,所以选择不同的阈值会得到不同的结果,不便于模型之间进行比较(王运生等 2007)。

受试者工作特征曲线(receiver operating characteristic curve,ROC 曲线)方法源于信号探测理论,最初用于雷达信号接收能力的评价(Leshowitz 1969),后被用于医学诊断试验性能的评价(Goodenough et al. 1974,Metz 1978,Zweig et al. 1993),1997 年 Fielding Alan 和 Bell John 在研究利用栖境数据分析濒危物种分布模型的评估问题时,提出了利用 ROC 曲线分析方法讨论 P/A 型数据(现有分布数据)预测模型评估的问题,从而提高了生态模型评估能力(Fielding et al. 1997)。此后,生态学家在不同物种的预测模型精度评估、不同机理的模型间的比较等方面都使用 ROC 曲线作为评估的有力工具(洪波等 2009)。ROC 曲线分析的基本原理是首先假定一个阈值为预测正确的判定标准,低于该标准的为预测错误,高于该标准的为预测正确,通过对预测结果进行判别,得出一个正确和错误的单列数据,然后对比真值,计算真阳性率、假阳性率等。因此,ROC 曲线是一种不依赖于阈值的评估方法,将不同阈值的正确模拟存在的百分率曲线和 45°直线之间的面积,即 ROC 曲线下的面积 AUC(area under curve)值作为模型预测准确性的衡量指标,有助于不同模型之间的比较,形态如图 7.4 所示。AUC 的取值范围为 0.5～1,评估标准为:0.50～0.60(失败);0.60～0.70(较差);0.70～0.80(一般);0.80～0.90(好);0.90～1.0(非常好)。AUC 值越大,表示环境变量与预测的物种地理分布模型之间相关性越大,模型的预测准确性越好;反之,AUC 值小于等于 0.5 表明模型模拟的结果无意义(Hanley et al. 1982,Swets et al. 1988,Elith 2000)。在 MaxEnt 模型中,可以直接绘制 ROC 曲线,得到 AUC 值。

MaxEnt 模型还可用于对所选影响因子进行主导影响因子筛选。MaxEnt 软件给出了两种评估方法判断模型模拟中哪个气候因子对模型的贡献最大。一是贡献百分率(Percent con-

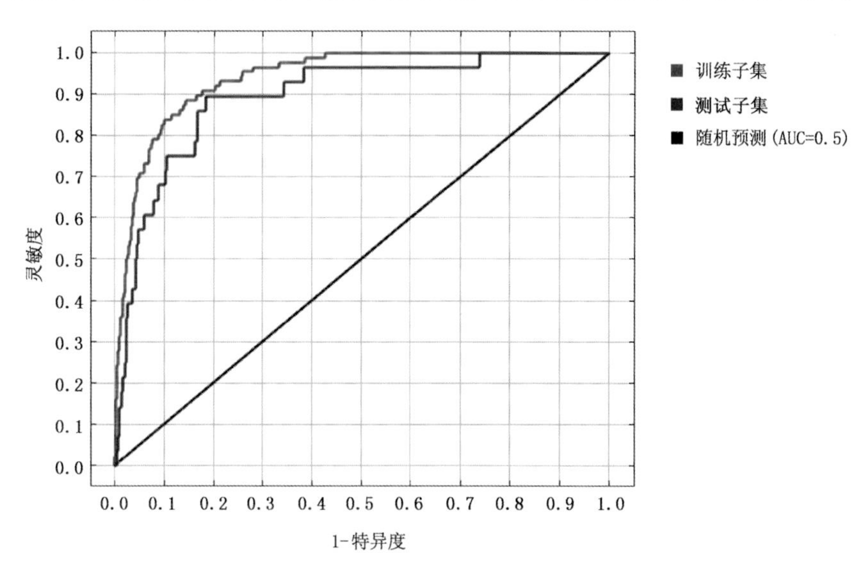

图 7.4　ROC 曲线示意图

tribution)和置换得分值(Permutation importance);二是小刀法得出的条状图(Jackknife test)。贡献百分率是模型在训练过程中给出的各个气候因子对模型的贡献值,置换得分值是将训练样点上的气候因子随机替换后进行模拟,得出模型 AUC 值减少值,减少值越多表明模型高度依赖于该变量。当气候因子高度相关时,通过贡献百分率来分析影响物种分布时应慎重。在使用小刀法判定影响因子贡献程度时,首先将目标物种的地理分布数据和环境变量导入 MaxEnt 模型,运行模型,基于 Jackknife 模块给出的各环境变量对目标物种分布影响的重要性(图 7.5),结合累积贡献百分率大小,筛选出影响目标物种分布的主导气候因子。Jackknife(小刀法)是 MaxEnt 模型中的一个分析模块,是由 Quenouille(1949,1956)提出的再抽样方法,类似于留一交叉验证方法,在做估计推断时,每次先排除一个或者多个样本点,然后用剩下的样本点求一个相应的统计量,最后看统计量的稳定性如何。

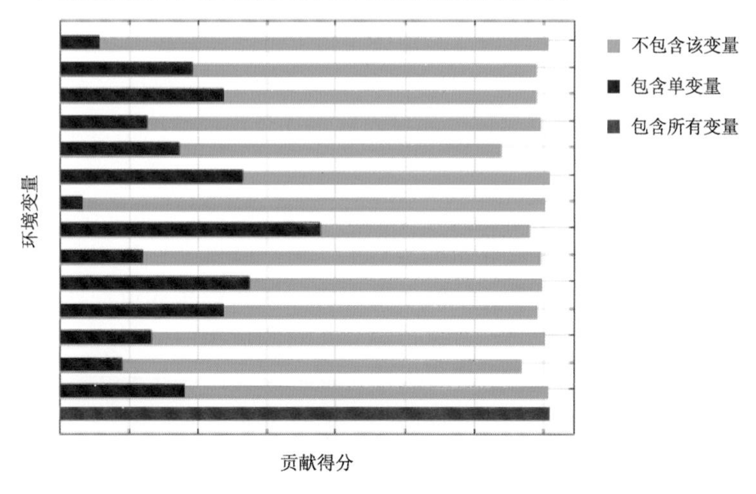

图 7.5　Jackknife 分析示意图

图 7.5 中横坐标代表各环境变量对目标物种分布的贡献程度,纵坐标代表各环境变量。

红色条带代表所有变量的贡献;蓝色的条带代表该变量对物种分布的贡献,蓝色条带越长,说明该变量越重要;绿色的条带长度代表除该变量以外,其他所有变量组合的贡献,绿色条带越短,代表该变量含有其他变量不具有的信息越多。当绿色条带与蓝色条带相差越大时,表明该气候因子所包含的分布信息不能被其他气候因子所代替,而当绿色条带与红色条带长度相近时,表示该气候因子所包含的信息可以被其他气候因子所替代。

利用 MaxEnt 模型,结合选定的影响物种分布的气候因子,可以预测物种分布的气候适宜性。MaxEnt 模型能够给出物种在待预测地区的存在概率(或称适生概率)p,取值范围为 0～1,p 值越大代表越适合物种的生存。由此,基于 MaxEnt 模型与气候因子就可以采用在待预测地区的存在概率表征多个气候因子对植物结构与功能的综合影响。

植被/陆地生态系统对气候变化的适应性与脆弱性不仅需要考虑植被/陆地生态系统功能变化,而且需要考虑气候变化影响下植被/陆地生态系统地理分布边界的变化,以及这些变化导致的生物多样性与生态系统服务功能的变化。植被/陆地生态系统地理分布是气候与植被长期相互作用的结果,不仅反映了植被/陆地生态系统的生产能力,而且还反映了植被/陆地生态系统的稳定性及其可持续能力。因此,植被/陆地生态系统地理分布边界是长期的、相对稳定的,既体现了气候因子的综合影响,也反映了一定的气候保证率。尽管基于 MaxEnt 模型与气候因子获取的待预测地区存在概率可以表征多个气候因子对植物结构与功能的综合影响,但如何由此给出植被/陆地生态系统地理分布的边界呢?

气候资源指某地的气候对植被/陆地生态系统的生长发育可能提供的物质和能量,其数量和质量具有周期的变化波动以及地域差异,既有有利、适宜的一面,也有不利和限制的一面。特别是,地处气候过渡带上接近种植边缘的作物或接近地理分布边缘的植被类型受气候波动影响尤甚,作物或植被的受害程度随气候保证率的降低而加重。因此,气候保证率是决定种植作物边界或植被分布边界的重要因素。通常,农业上对一年生周期的粮食作物北界的气候保证率可取 80%,即十年中至少有八年确保稳产。

通常,现有的生物地理模型或气候一植被分类模型确定多个气候参数值时,如 BIOME1 模型有 5 个环境约束条件,首先根据实际的植物功能型分布,采用半峰宽法分别估算各个气候参数的最大值和最小值,由此确定的植被地理分布边界可能导致较大的累积误差。那么,是否可能如农业气象中的粮食作物种植北界确定方法一样,采用气候保证率方法来确定基于 MaxEnt 模型与气候因子获取的在待预测地区的存在概率评价指标模拟植被地理分布边界并给出准确的气候阈值呢?

通常,采用半峰宽法(徐文铎 1983)确定物种分布最适气候分布范围。在此,以温暖指数为例介绍。首先,需要绘制温暖指数分布曲线(图 7.6)。以横坐标代表温暖指数(WI),纵坐标代表物种出现的频数,将不同温暖指数值出现的物种频数点相连成一曲线即得温暖指数分布曲线。如果物种分布地点资料充分,温暖指数分布曲线应为两侧对称具有一个高峰的钟形曲线(即正态分布曲线)。在此基础上,就可以确定最适温暖指数分布范围。为此,在频数分布高峰的一半处画一条与温暖指数轴相平行的直线,断交分布曲线上两点,分别作直线垂直于温暖指数轴上两点,则此两点范围内即为最适范围。如果温暖指数曲线呈正态分布,约有 76% 的物种包括在此范围内。

若各物种的温暖指数的频数分布符合正态分布,可采用半峰宽的运算公式来计算最适范围,而不用半峰宽的作图法,这样可避免因资料不充分而产生的误差。计算公式如下:

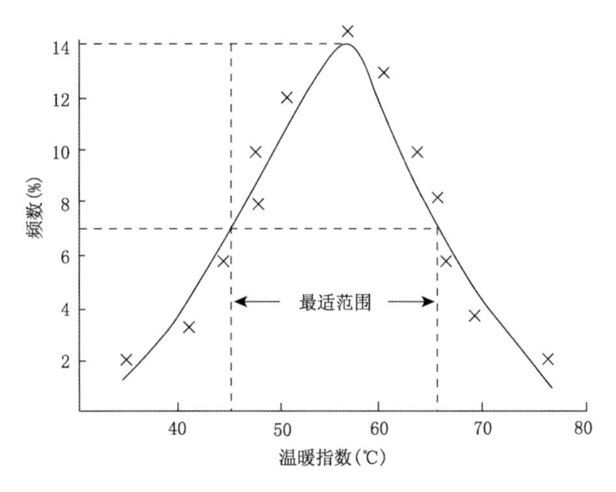

图 7.6　物种频数与温暖指数关系

半峰宽(PWH)$=2.354\times S$

最适范围：$x-\frac{1}{2}PWH\sim x+\frac{1}{2}PWH$

式中 x 为温暖指数的平均数,S 为温暖指数的标准差。通常,在植物地理分布样本足够大时,物种存在频数随各气候影响因子的分布曲线符合正态分布,由此方法推算的最适气候因子范围可以解释 76%的物种分布,即确保植被/陆地生态系统生产能力、稳定性与可持续性的气候保证率可取 76%。

根据已有研究结果(Santaren et al. 2007,Tang et al. 2009),假设年尺度的影响植被地理分布与功能的 6 个气候因子数据之间为统计独立,则基于 76%气候保证率及影响植被地理分布与功能的 6 个气候因子,可以确定植被/陆地生态系统分布边界的存在概率(p)阈值为 $0.76^6=0.19$。由于只有生物群区具有明确的边界,以下将采用中国生物群区的边界来验证该阈值的正确性,并可作为粮食作物在自然气候条件下稳产的气候边界阈值。

三、基于 MaxEnt 模型与气候保证率的植被地理分布边界验证

在第四章中介绍了中国植物功能型与生物群区。针对中国独特的季风气候和青藏高原特征下植物所需的温度条件、水分条件和植物的冠层特征(地上植物体的寿命、叶片寿命和叶片类型)进行植物功能型的划分,给出了 18 类优势植物功能型及 2 种裸地类型(参见表 4.11)。

图 7.7 是基于《中华人民共和国植被图(1∶100 万)》按照植物功能型分类构成的中国植物功能型地理分布。其中,空白区为农作物、水体和盐渍土地类的分布区,将它们单独提出,未计入植物功能型的分布。在 ArcGIS 中,对每个植物功能型分别去除面积较小的分布斑块,在剩余的分布斑块中进行随机取点,根据设定相同斑块内两点间的最短距离以使样点数在 1000 左右,得到各植物功能型的地理分布点(图 7.8),各植物功能型的随机样点数见表 7.2。

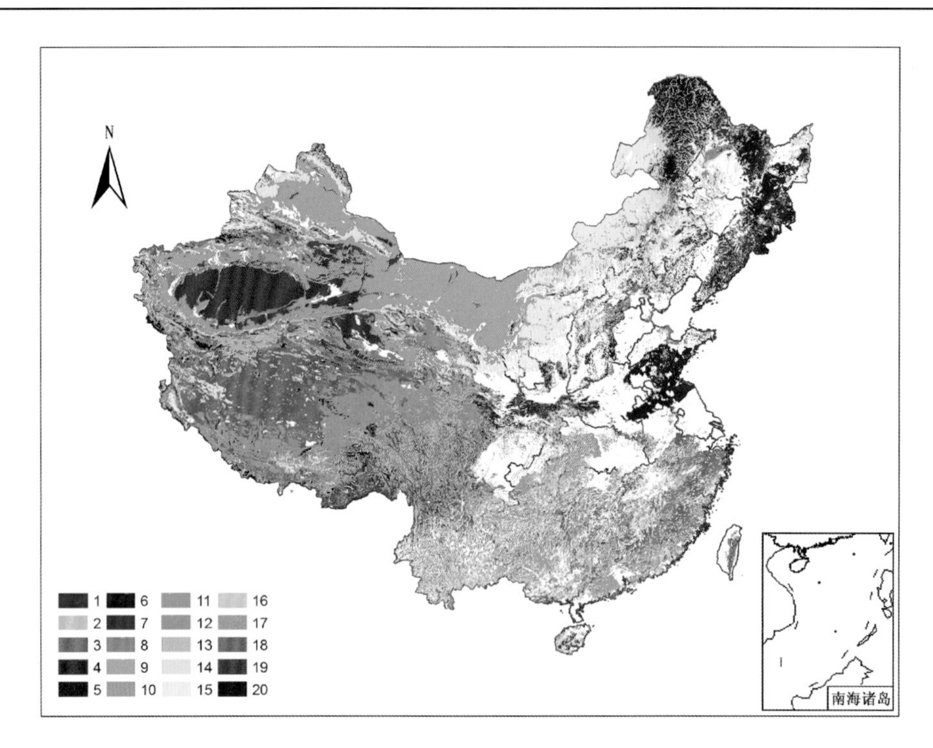

图 7.7　中国植物功能型的地理分布(图中数字表 7.2 对应)

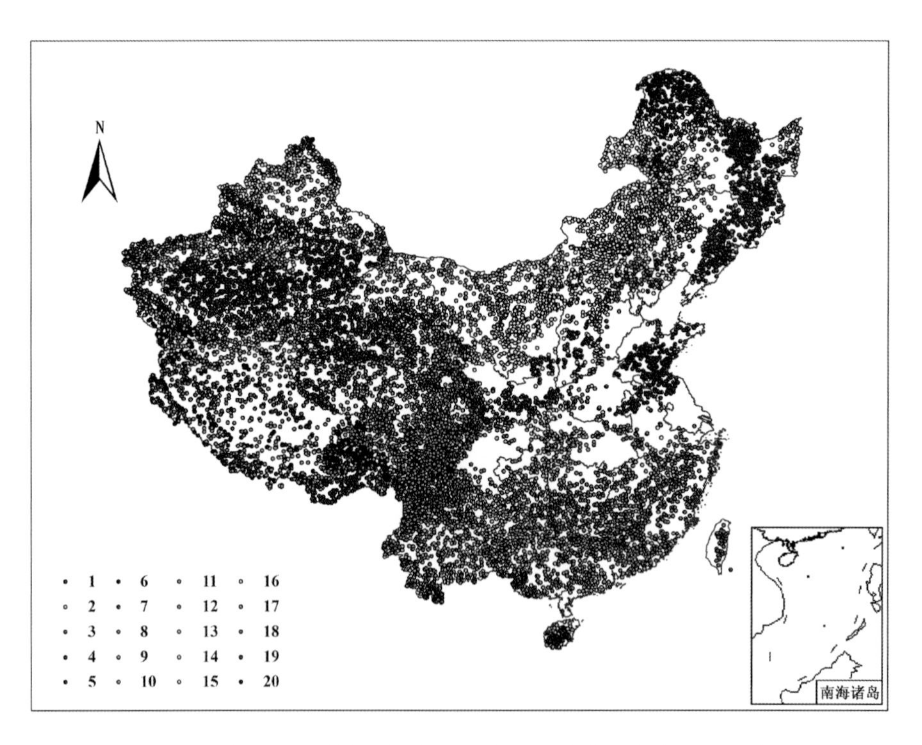

图 7.8　中国植物功能型的随机取样点(图中数字与表 7.2 对应)

表 7.2　中国植物功能型样点数和模型 AUC 值

植物功能型	样点数	AUC
1 热带阔叶常绿树种 Tropical broad-leaved evergreen trees	167	0.984±0.003
2 热带阔叶雨绿树种 Tropical broad-leaved raingreen trees	118	0.986±0.005
3 亚热带常绿树种 Subtropical evergreen trees	1201	0.864±0.008
4 温带落叶阔叶树种 Temperate broad-leaved deciduous trees	763	0.900±0.014
5 温带常绿针叶树种 Temperate/boreal evergreen conifer trees	640	0.903±0.015
6 北方落叶针叶树种 Boreal summergreen conifer trees	267	0.976±0.003
7 山地寒温性针叶树种 Subtropical mountain cold conifer trees	594	0.943±0.007
8 温带落叶灌木 Temperate deciduous shrubs	640	0.837±0.018
9 温带荒漠灌木 Temperate desert shrubs	960	0.884±0.005
10 热带/亚热带灌木 Hot shrubs	701	0.887±0.012
11 高山常绿灌木 Mountainous evergreen shrubs	730	0.937±0.006
12 高寒落叶灌木 Alpine deciduous shrubs	489	0.932±0.015
13 高寒荒漠灌木 Alpine desert shrubs	297	0.965±0.002
14 温带草甸草 Temperate meadow grasses	723	0.866±0.014
15 温带草原草 Temperate grasses	1245	0.860±0.011
16 稀树草原草 Warm grasses	636	0.893±0.008
17 高寒草甸草 Alpine meadow grasses	785	0.895±0.008
18 高寒草原草 Alpine steppe grasses	649	0.909±0.009
19 干旱裸地 Arid bare ground	1180	0.900±0.007
20 高寒裸地 Alpine bare ground	679	0.935±0.007

气候数据来自国家气象信息中心 1961—2010 年中国基本、基准地面气象观测站的日值数据集，包括站点经度、站点纬度、日平均气温、日最低气温、日最高气温、日降水量等要素。利用 Thornton 等(1997)的方法将地面站点的温度、降水等日值气象资料插值为 10 km×10 km 的日值空间格点数据，并利用 Thornton 和 Running(1999)提出的方法得到日值空间格点的太阳辐射数据。基于气候标准年考虑，建立 1961—1990 年、1966—1995 年、1971—2000 年、1976—2005 年和 1981—2010 年的气候标准年数据库，以及不同未来气候情景(RCP 4.5 和 RCP 8.5)下 2011—2040 年的气候数据。

由于生物群区来源于植物功能型，需要首先给出植物功能型分布。为此，需要先验证根据地球表面的能量平衡方程与水分平衡方程确认的影响植物结构与功能的 6 个气候因子的必要性与充分性，而要实现这一目标，需要验证 MaxEnt 模型的适用性。MaxEnt 模型运行需要两组数据，一是模拟对象的地理分布数据；二是全国范围的气候变量，即从全国层次及年尺度确定的决定植物地理分布的 6 个气候因子，即 T_{min}、Q、T_7、T_1、T 和 P。

使用 1961—1990 年的气象数据和各植物功能型的随机取样点的地理信息，进行各植物功能型分布的模型模拟。为保证模型的模拟效果，20 个植物功能型的样点数选取均在 110～1200 之间(表 7.2)。将模型运行 10 次，以得到较为稳定的平均结果，各功能型 AUC 值见表 7.2。其中，12 个植物功能型的 AUC 值不小于 0.90，达到了非常好的水平，8 个植物功能型的

AUC 值在 0.80～0.90 之间，也达到了好的水平，表明 MaxEnt 模型能够很好地用于 20 类中国植物功能型的地理分布与气候因子关系的模拟。关于验证根据地球表面的能量平衡方程与水分平衡方程确认的影响植物结构与功能的 6 个气候因子的必要性与充分性在中国植物功能型与生物群区的气候适宜性与脆弱性中予以论述。

生物群区(Biome)是指一个地区内一定水热条件下生长着的优势植物为代表的植被组成，是一个植被区域分区的单位。表 4.11 曾经给出了中国植物功能型的环境限制因子和优势等级所定义的植物功能型分布的气候空间，这些气候空间有不同的组合方式，将每类组合方式定义为一种生物群区。生物群区的类型和数目取决于植物功能型的种类和气候空间的区域。根据表 4.11 确定的植物功能型存在的气候空间(Climatic envelopes)，这些植物功能型在中国当前气候条件下的地理分布存在 16 种组合方式，将其命名为 16 类生物群区(参见表 4.14)。其中，有 2 类植物功能型，即稀树草原草(类型 16)和热带/亚热带灌木(类型 10)在当前气候条件下不存在。因此，当前气候条件下中国不存在第 9 类生物群区“萨王纳”，这样在当前气候条件下中国只存在 15 类生物群区分布。由此获得了当前气候条件下中国 16 类生物群区分布(图 7.9)。

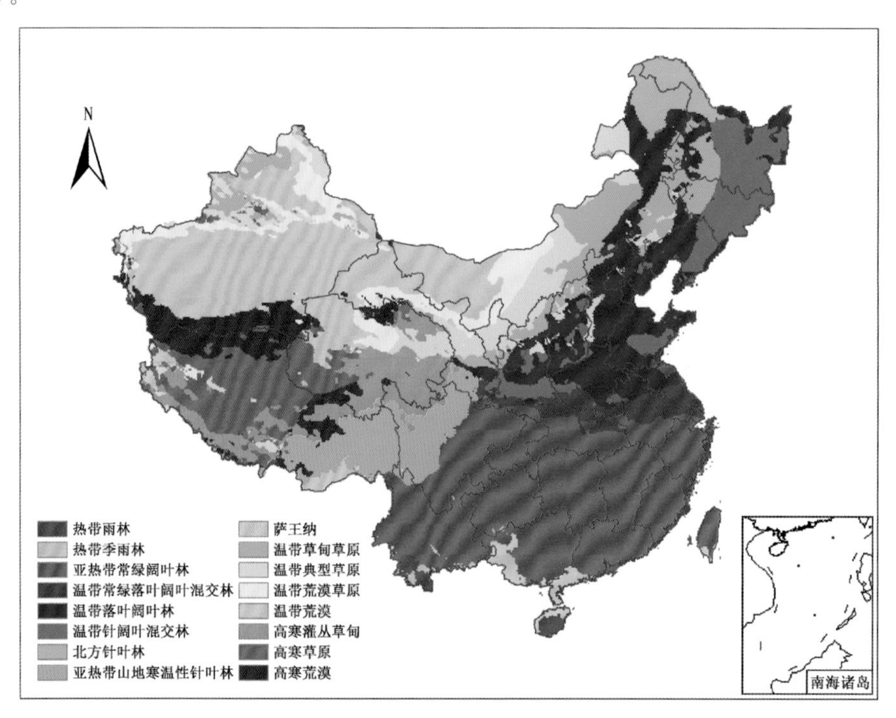

图 7.9　基于植物功能型分布得到的中国生物群区分布

为了验证基于 MaxEnt 模型与气候保证率获取的植被地理分布边界，基于《中华人民共和国植被图(1∶100 万)》按照植物功能型分类构成的中国植物功能型地理分布，结合表 4.14 可以获得实际的中国生物群区分布(图 7.10)，用于与基于植物功能型组合得到的中国生物群区进行对比检验。

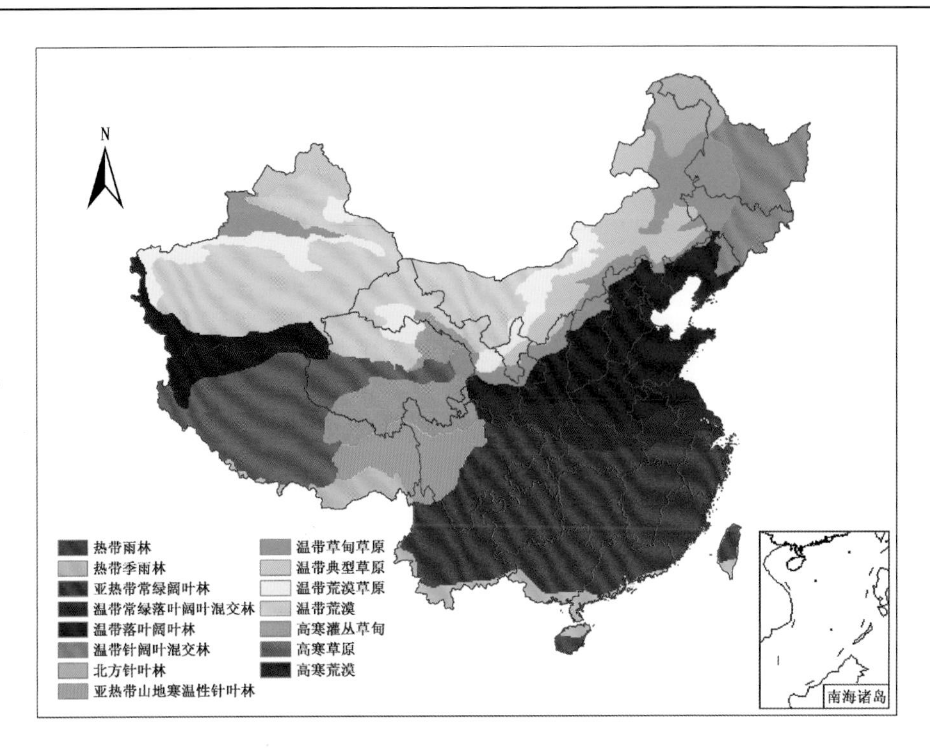

图 7.10　基于中国植被图获取的中国生物群区分布

表 7.3　基于植物功能型与中国植被图分别获取的生物群区 Kappa 一致性检验

生物群区	Kappa 一致性检验
1 热带雨林 Tropical rain forest	0.53
2 热带季雨林 Tropical seasonal forest	0.52
3 亚热带常绿阔叶林 Subtropical broad-leaved evergreen forest	0.94
4 温带常绿落叶阔叶混交林 Mixed deciduous-evergreen broadleaf forest	0.74
5 温带落叶阔叶林 Temperate deciduous forest	0.70
6 温带针阔叶混交林 Temperate mixed broad-leaved and coniferous forest	0.72
7 北方针叶林 Boreal coniferous forest (Taiga)	0.90
8 亚热带山地寒温性针叶林 Subtropical mountainous cool coniferous forest	0.72
9 萨王纳 Savanna	0.00
10 温带草甸草原 Temperate meadow /woodland	0.48
11 温带典型草原 Temperate typical steppe	0.40
12 温带荒漠草原 Temperate desert steppe	0.42
13 温带荒漠 Temperate desert	0.84
14 高寒灌丛草甸 Alpine meadow	0.57
15 高寒草原 Alpine steppe	0.63
16 高寒荒漠 Alpine desert	0.62

基于中国植被图和植物功能型获取的生物群区的 Kappa 一致性检验表明，其 Kappa 一致

性检验值达到0.71,相同类型栅格的重合率达74%,达到"非常好"的相似水平。各生物群区的Kappa一致性检验值在0.40~0.94(表7.3),均达到"好"的相似水平及以上,其中6个达到"非常好"的相似水平,3个在"极好"水平。第9个生物群区萨王纳在植被区划图中不存在,其对应的生物群区图中不存在该类型,Kappa一致性检验值为0。由此,证明了基于MaxEnt模型与气候保证率获取的植被地理分布边界的准确性,为评估植被/陆地生态系统对气候变化的适应性与脆弱性提供了依据。

第三节　植被/陆地生态系统的适应性与脆弱性评价方法

政府间气候变化专门委员会(IPCC)第四次评估报告指出,世界气候系统变暖已毋庸置疑,许多自然系统正在受到区域气候变化,特别是温度升高的影响;人为变暖可能已经对许多自然和农田生态系统产生了可辨识的影响;区域气候变化对人类生存环境的其他影响正在出现。伴随着贫困、不公平、粮食安全、经济全球化、区域冲突等方面的压力,气候变化导致的生态系统脆弱性正在不断加剧(IPCC 2007)。如何在气候变暖背景下维持生态系统生产力、生物多样性和生态系统服务功能是当前人类面临的巨大挑战。植被是陆地生态系统的主体,组成生态系统的植物通过光合作用所产生的干物质中固定的太阳能是地球上生态系统中一切生命成分及其功能的基础,是人类赖以生存与持续发展的基础。因此,植被/陆地生态系统的适应性与脆弱性分析和评估是适应和减缓气候变化的关键和基础,可为生态系统可持续发展提供科学依据。植被/陆地生态系统对气候变化的适应性和脆弱性在本质上反映了植被/陆地生态系统与大气相互作用过程中气候资源变化的影响,即气候资源变化导致的植被/陆地生态系统生态生理限制和气候资源限制。生态生理限制反映了植被对气候的适应,气候资源限制不仅决定了植被/陆地生态系统类型及其地理分布,还决定着植被/陆地生态系统的生产力、生物多样性和生态系统服务功能(如固碳、释放氧气等),因此气候的生态生理与资源限制可用于评价植被/陆地生态系统的适应性与脆弱性。而且,无论是反映植被/陆地生态系统动态的生物地理模型还是生物地球化学模型均考虑了气候的生态生理限制和资源限制,从而预测植被/陆地生态系统结构特征,进而模拟不同环境条件下植被/陆地生态系统的功能动态。基于气候的生态生理与资源限制,从地球表面的热量平衡方程与水量平衡方程以及物种分布的机理出发,已经明确了决定植物地理分布与功能的6个气候因子,即年极端最低温度(T_{min})、陆地表面获得的太阳辐射(Q)、7月温度(T_7)、1月温度(T_1)和年均温度(T)、降水量(P)。同时,基于MaxEnt模型即根据不完全的信息进行预测或推断的物种潜在分布的最佳方法,建立了一个反映多个气候因子对植被结构和功能综合影响的评价指标,即存在概率。基于76%气候保证率及影响植被地理分布与功能的6个气候因子,从评价指标就可以确定植被/陆地生态系统的分布边界,即存在概率(p)阈值为$0.76^6=0.19$。至此,已经确立了评价植被/陆地生态系统对气候变化适应性与脆弱性的影响因子及由其构成的评价指标,可以反映植被/陆地生态系统的功能和结构、生物多样性与生态系统服务功能;同时,也为评价植被/陆地生态系统的适应性与脆弱性提供了方法依据。

植被/陆地生态系统对气候变化的响应涉及植被/陆地生态系统对气候变化的敏感性、适应性和脆弱性,与植被/陆地生态系统特性及其所面临的气候变化特征、幅度和变化速率密切相关。IPCC第三次评估报告将脆弱性定义为系统遭受气候变化(包括气候变率和极端气候

事件)不利影响的范围或程度,是气候变率特征、幅度和变化速率及系统的敏感性和适应能力的函数(IPCC 2001),即:

$$V = S - A$$

式中 V 为系统对气候变化的脆弱性(Vulnerability),S 为系统对气候变化的敏感性(Sensitivity),A 为系统对气候变化的适应性(Adaptation)。

在介绍植被/陆地生态系统对气候变化的适应性与脆弱性评价方法前,首先介绍一下与气候变化相关的天气、气候与气候变化概念。天气是指短时间(几分钟到几天)发生的气象现象,如雷雨、冰雹、台风、寒潮、大风等。气候是指长时期内(月、季、年、数年、数十年和数百年以上)天气的平均或统计状况,通常由某一时段内的平均值以及距平均值的离差(距平值)表征,主要反映一个地区的冷、暖、干、湿等基本特征。气候变化则是指气候平均值和离差值两者中的一个或两者同时随时间出现了统计意义上的显著变化。平均值的升降表明气候平均状态的变化;离差值增大,表明气候状态不稳定性增加,气候异常愈明显。例如,平均气温、平均降水量、最高气温、最低气温、极端天气事件等变化。通常,一个气候标准年为 30 年。

植被/陆地生态系统对气候变化的适应性与脆弱性评价是相对于某一时间而言的,为此需要设定基准期与评估期。由于基于 MaxEnt 模型获取的物种存在概率综合反映了多个气候因子对植被结构和功能影响,可用作植被/陆地生态系统对气候变化的适应性与脆弱性评价指标。基于 76%气候保证率及影响植被地理分布与功能的 6 个气候因子确定的植被/陆地生态系统分布边界的存在概率(p)阈值为 $p_0=0.76^6=0.19$。因此,存在概率 $p_0=0.19$ 是决定存在该类型植被/陆地生态系统的临界条件。图 7.11 给出了基准期与评估期的植被/陆地生态系统状态。

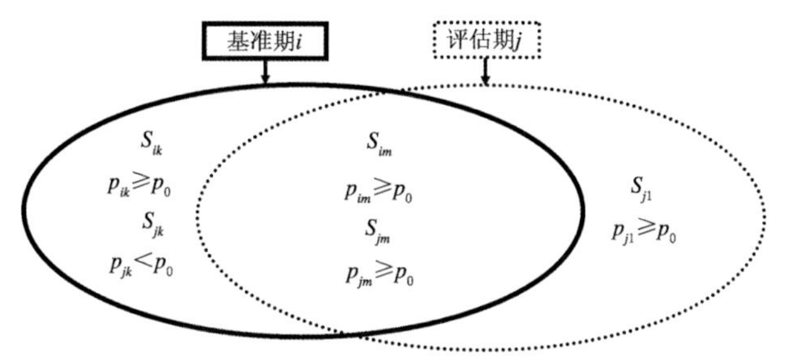

图 7.11　基准期与评估期的植被/陆地生态系统状态

基准期 i 的植被/陆地生态系统分布面积为 $S_{ik}+S_{im}$,评估期 j 的植被/陆地生态系统分布面积为 $S_{jm}+S_{jl}$,则基准期 S_{ik} 和 S_{im} 的植被/陆地生态系统分布区存在概率均大于临界存在概率(p_0),即 $p_{ik}\geqslant p_0$ 和 $p_{im}\geqslant p_0$;评估期 S_{jm} 和 S_{jl} 的植被/陆地生态系统分布区存在概率均大于临界存在概率,即 $p_{jm}\geqslant p_0$ 和 $p_{jl}\geqslant p_0$,而 S_{jk} 的植被/陆地生态系统分布区存在概率 $p_{jk}<p_0$。S_{ik} 或 S_{jk} 反映了植被/陆地生态系统遭受气候变化不利影响的范围,p_{jk} 反映了植被/陆地生态系统遭受气候变化不利影响的程度;S_{jl} 反映了植被/陆地生态系统受益于气候变化影响的范围,p_{jl} 反映了植被/陆地生态系统受益于气候变化的程度;而 S_{im} 或 S_{jm} 则反映了植被/陆地生态系统对气候变化的自适应范围,p_{jm} 反映了植被/陆地生态系统对气候变化的自适应程度。

根据 IPCC(2001)的脆弱性定义,则植被/陆地生态系统的敏感性可表示如下:

$$S=\frac{\text{评估期的某类植被或陆地生态系统的总存在概率}}{\text{基准期的某类植被或生态系统的总存在概率}}$$

$$= \frac{S_{jk} \cdot p_{jk} + S_{jm} \cdot p_{jm} + S_{jl} \cdot p_{jl}}{S_{ik} \cdot p_{ik} + S_{im} \cdot p_{im}}$$

由于 S_{jk} 反映了植被/陆地生态系统遭受气候变化不利影响的范围，p_{jk} 反映了植被/陆地生态系统遭受气候变化不利影响的程度，则植被/陆地生态系统对气候变化的脆弱性(V)可表示为：

$$V = \frac{S_{jk} \cdot p_{jk}}{S_{ik} \cdot p_{ik} + S_{im} \cdot p_{im}}$$

假设植被/陆地生态系统遭受气候变化不利影响的范围小于原植被/陆地生态系统地理分布的 $n\%$，即 $S_{jk} < n\% \times (S_{ik} + S_{im})$。由于 $p_{ik} \geq p_0$ 和 $p_{im} \geq p_0$，而 $p_{jk} < p_0$，则由植被/陆地生态系统对气候变化的脆弱性定义 V 可得：

$$\begin{aligned} V &= \frac{S_{jk} \cdot p_{jk}}{S_{ik} \cdot p_{ik} + S_{im} \cdot p_{im}} \\ &< \frac{n\% \times (S_{ik} + S_{im}) \cdot p_0}{(S_{ik} + S_{im}) \cdot p_0} \\ &= n\% \end{aligned}$$

因此，V 不仅反映植被/陆地生态系统遭受气候变化不利影响的范围，也反映了植被/陆地生态系统遭受气候变化不利影响的程度。

S_{jl} 反映了植被/陆地生态系统受益于气候变化影响的范围，p_{jl} 反映了植被/陆地生态系统受益于气候变化的程度，体现了气候变化背景下该植被/陆地生态系统的适应范围与程度的拓展，在此称为拓展适应性(A_e)；而 S_{jm} 反映了植被/陆地生态系统对气候变化的自适应范围，p_{jm} 反映了植被/陆地生态系统对气候变化的自适应程度，体现了气候变化背景下该植被/陆地生态系统自身的可调节程度，在此称为自适应性(A_l)。因此，植被/陆地生态系统对气候变化的适应性包括受益于气候变化影响的向已有范围外的拓展范围和程度以及已有范围内的适应范围和程度，可表示如下：

$$\begin{aligned} A &= \frac{S_{jm} \cdot p_{jm} + S_{jl} \cdot p_{jl}}{S_{ik} \cdot p_{ik} + S_{im} \cdot p_{im}} \\ &= A_l + A_e \end{aligned}$$

$$A_l = \frac{S_{jm} \cdot p_{jm}}{S_{ik} \cdot p_{ik} + S_{im} \cdot p_{im}}$$

$$A_e = \frac{S_{jl} \cdot p_{jl}}{S_{ik} \cdot p_{ik} + S_{im} \cdot p_{im}}$$

植被/陆地生态系统对气候变化的适应性与脆弱性评价既要评价植被/陆地生态系统对气候变化的适应性与脆弱性的范围，还要评价植被/陆地生态系统对气候变化的适应性与脆弱性的程度。植被/陆地生态系统对气候变化的适应性与脆弱性范围主要体现在其分布面积的变化。据此，评价植被/陆地生态系统对气候变化适应性与脆弱性的范围可采用其存在面积的变化表示，即：

$$\begin{aligned} SR &= \frac{\text{评估期植被或陆地生态系统类型占有面积中的基准期仍存面积}}{\text{基准期植被或陆地生态系统类型占有面积}} \\ &= \frac{S_{jm}}{S_{ik} + S_{im}} \end{aligned}$$

植被/陆地生态系统对气候变化的适应性与脆弱性评价既要评价植被/陆地生态系统对气

候变化的适应性与脆弱性的范围，还要评价植被/陆地生态系统对气候变化的适应性与脆弱性的程度。植被/陆地生态系统对气候变化适应性与脆弱性的范围主要体现在其分布面积的变化。在气候变化导致某植被/陆地生态系统类型地理分布范围发生变化时，其仍处于优势地位的条件是其地理分布面积占优势地位，即其地理分布的面积不小于原分布面积的一半，表明该区域仍以该植被/陆地生态系统类型为主，反映了该植被/陆地生态系统类型对该气候条件的适应性。为此，规定植被/陆地生态系统遭受气候变化不利影响的范围小于原植被/陆地生态系统地理分布的 50%，即 $S_{jk}<50\%\times(S_{ik}+S_{im})$，但不小于原植被/陆地生态系统地理分布的 25%，即 $S_{jk}\geqslant 25\%\times(S_{ik}+S_{im})$，为轻度脆弱，即 $0.50\leqslant SR<0.75$ 且 $V<0.5$。同时，规定植被/陆地生态系统遭受气候变化不利影响的范围不小于原植被/陆地生态系统地理分布的 50%，即 $S_{jk}\geqslant 50\%\times(S_{ik}+S_{im})$ 且由于气候变化的不利影响使得小于 90%的该植被/陆地生态系统地理分布已经不存在时的状态，为中度脆弱，即 $0.10\leqslant SR<0.50$ 且 $V<0.9$；规定由于气候变化的不利影响使得 90%以上的该植被/陆地生态系统地理分布已经不存在时的状态为完全脆弱，即 $SR<0.10$。

假设植被/陆地生态系统尽管遭受气候变化影响，但其地理分布范围基本没有发生变化（$SR\geqslant 0.90$），且基于 MaxEnt 模型给出的植被/陆地生态系统在待预测地区的存在概率（或称适生概率）增加，即 $p_{jm}\geqslant p_{im}$，反映出此时植被/陆地生态系统非常适于气候变化。根据植被/陆地生态系统对气候变化的自适应性表达，$A_l\geqslant 1$，规定此时植被/陆地生态系统对气候变化的自适应性为完全适应，即 $SR\geqslant 0.90$ 且 $A_l\geqslant 1$。同时，仍然假设植被/陆地生态系统遭受气候变化影响后其地理分布范围没有发生变化（$SR\geqslant 0.90$），但基于 *MaxEnt* 模型给出的植被/陆地生态系统在待预测地区的存在概率（或称适生概率）并没有增加甚至减小，然而其存在概率仍然不小于存在概率临界值，即 $p_{jm}\geqslant p_0$，反映出此时植被/陆地生态系统尽管不是非常适于气候变化，但仍然保持原来的类型，规定此时植被/陆地生态系统对气候变化的自适应性状态为中度适应，即 $SR\geqslant 0.90$ 且 $A_l<1$。考虑到植被/陆地生态系统的自恢复能力以及植被/陆地生态系统遭受气候变化不利影响的范围小于原植被/陆地生态系统地理分布的 25%，即 $S_{jk}<25\%\times(S_{ik}+S_{im})$，该植被/陆地生态系统仍处于绝对优势地位，且在遭受气候变化不利影响后仍有可能恢复，规定此时植被/陆地生态系统对气候变化的自适应性状态为轻度适应，即 $0.75\leqslant SR<0.90$ 且 $V<0.25$。表 7.4 给出了植被/陆地生态系统对气候变化的自适应性与脆弱性的评价等级分类与指标。

表 7.4　植被/陆地生态系统对气候变化的自适应性与脆弱性的评价等级分类与指标

响应类型	评价等级	评价指标
自适应性	完全适应	$SR\geqslant 0.90$ 且 $A_l\geqslant 1$
	中度适应	$SR\geqslant 0.90$ 且 $A_l<1$
	轻度适应	$0.75\leqslant SR<0.90$ 且 $V<0.25$
脆弱性	轻度脆弱	$0.50\leqslant SR<0.75$ 且 $V<0.50$
	中度脆弱	$0.10\leqslant SR<0.50$ 且 $V<0.90$
	完全脆弱	$SR<0.10$

基于表 7.4 可以给出植被/陆地生态系统对气候变化适应性与脆弱性的范围与程度，可为气候变化背景下的生态保护、脆弱生态环境整治和资源的合理利用提供科学依据，对促进区域

可持续发展和防灾减灾有着重要意义。表 7.5 给出了植被/陆地生态系统对气候变化的适应性与脆弱性评价表。

表 7.5　植被/陆地生态系统对气候变化的适应性与脆弱性的评价表

植被/陆地生态系统类型	评价指标			自适应性与脆弱性评价等级	拓展适应性评价 A_e	特征描述
	SR	A_l	V			

第八章　中国乔木植物功能型的气候适宜性与脆弱性

植物生态学的观点认为，主要的植被类型表现着植物界对主要气候类型的适应，每个气候类型或分区都有一套相应的植被类型。土壤和植被之间的关系也相当密切，但相应地带内的土壤类型同样也取决于该地带内的气候类型。因而，土壤对植被的影响在一定程度上也可以看成是气候的间接作用。植物功能型是用于描述生态系统内具有相同功能的植物种类组合，是对环境条件具有相似响应的一组植物种，反映了植物的生态、外貌和气候适应性等生物和环境特性，代表着陆地主要生态系统中优势植物种类的组合。因此，弄清区域尺度和年尺度上影响中国植物功能型的气候因子，阐明中国植物功能型的气候适宜性及其控制气候因子阈值，评价中国植物功能型对气候变化的适应性和脆弱性，对于科学应对气候变化、确保陆地生态系统的可持续发展具有重要的理论与现实意义。

根据中国独特的季风气候和青藏高原特征下植物所需的温度条件、水分条件和植物的冠层特征（地上植物体的寿命、叶片寿命和叶片类型）进行植物功能型的划分，给出了 7 类乔木植物功能型。现针对这 7 类乔木植物功能型，逐一分析其气候适宜性与脆弱性。在此，重点以热带常绿树种为例，分析热带常绿树种的气候适宜性与脆弱性。采用与热带常绿树种同样的分析方法与气象资料，分析中国其他植物功能型的气候适宜性与脆弱性。

第一节　热带常绿树种的气候适宜性与脆弱性

一、数据资料

中国热带常绿树种地理分布资料来源于《中华人民共和国植被图（1 ∶ 100 万）》。根据热带常绿树种的植被群系组成（表 8.1），提取植被图中所有类型的分布区，构成中国热带常绿树种地理分布数据集。在 ArcGIS 中，去除面积小于 5 km^2 的小分布斑块，在剩下的分布斑块中进行随机取点，其中相同斑块内两点间的最短距离不得小于 10 km，可得到中国热带常绿树种地理分布点 167 个（图 8.1）。

表 8.1　中国热带常绿树种的植被群系组成

序号	植被群系
1	白榕、重阳木、葱臭木林
2	垂叶榕、棋盘脚、银叶树林
3	葱臭木、千果榄仁、细青皮林
4	滇木花生、云南蕈树林
5	鸡毛松、坡垒、赤点红淡林

续表

序号	植被群系
6	陆均松、红椆木、海南紫荆林
7	千果榄仁、番龙眼林
8	青皮、蝴蝶树林
9	青皮、荔枝林
10	榕树、假苹婆、鹅掌柴林
11	梭子果、紫荆木、蕈树林
12	网脉肉托果、滇楠林
13	望天树林
14	蚬木、金丝李、肥牛树林
15	云南龙脑香、隐翼林
16	长毛羯布罗香、野树菠萝、红果葱臭木林
17	海南松林
18	长叶松林

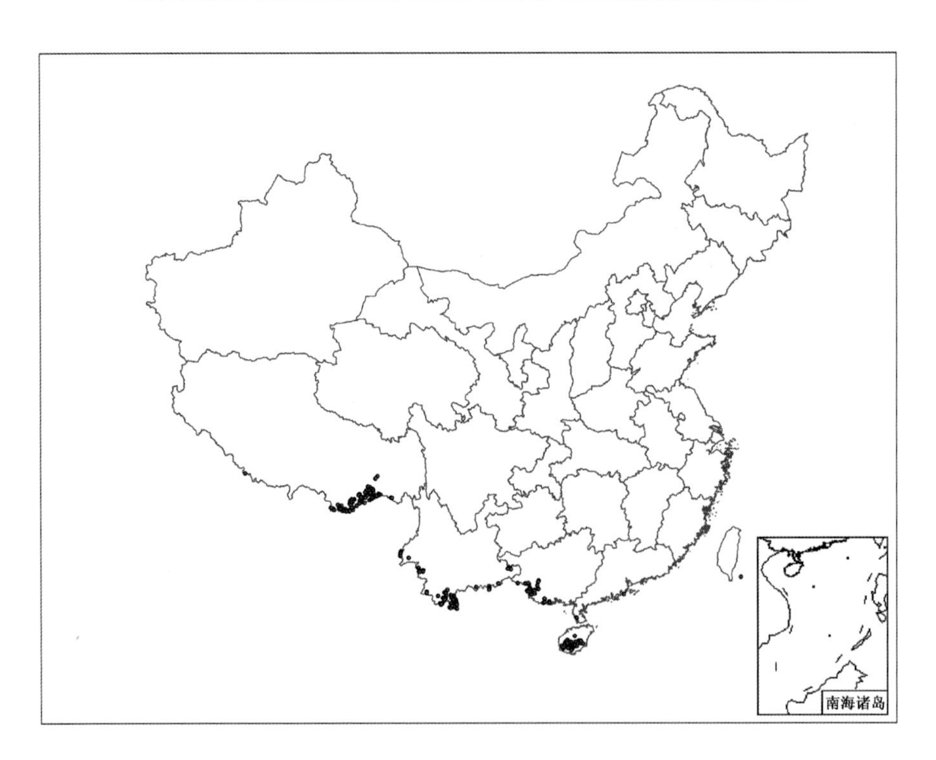

图 8.1　中国热带常绿树种样点的地理分布

气候数据来自国家气象信息中心 1961—2010 年中国基本、基准地面气象观测站的日值数据集，包括站点经度、站点纬度、日平均气温、日最低气温、日最高气温、日降水量等要素。利用 Thornton 等(1997)的方法将地面站点的温度、降水等日值气象资料插值为 10 km×10 km 的日值空间格点数据，并利用 Thornton 和 Running(1999)提出的方法得到日值空间格点的太阳辐射数据。基于气候标准年考虑，建立 1961—1990 年、1966—1995 年、1971—2000 年、1976—2005 年和 1981—2010 年的气候标准年数据库，以及不同未来气候情景(RCP 4.5 和 RCP 8.5)下 2011—2040 年的气候数据。

二、模型适用性分析

MaxEnt 模型运行需要两组数据：一是模拟对象的地理分布数据；二是全国范围的环境变量，即从全国层次及年尺度确定的决定植物地理分布的 6 个气候因子，即 T_{min}、Q、T_7、T_1、T 和 P。基于 75%训练子集得到的 MaxEnt 模型模拟结果的 AUC 值为 0.99，测试子集的 MaxEnt 模型模拟结果的 AUC 值为 0.99(图 8.2)，都达到了"非常好"的水平，表明 MaxEnt 模型能够很好地对中国热带常绿树种的地理分布与气候因子的关系进行模拟。将模型运行 10 次，以得到较为稳定的平均结果，其 AUC 值为 0.98±0.00。

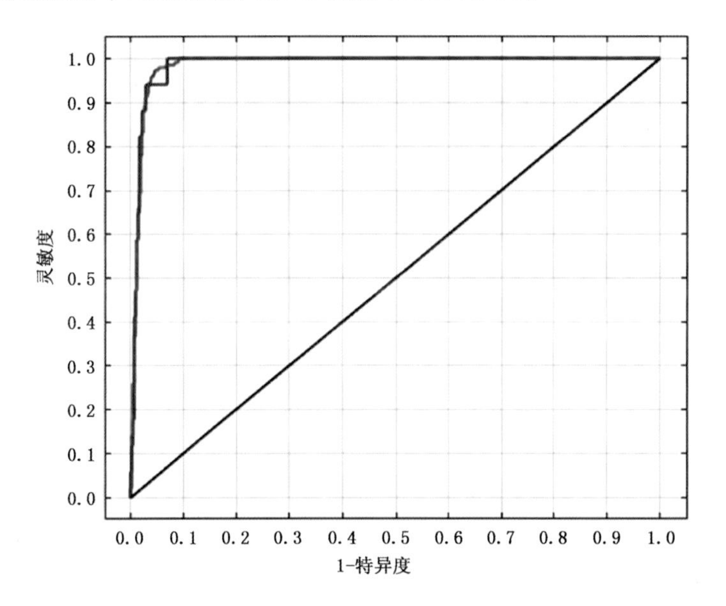

图 8.2　中国热带常绿树种地理分布模拟结果的 ROC 曲线

三、影响因子分析

MaxEnt 模型给出了两种方法判定模型中气候因子对中国热带常绿树种地理分布模拟的贡献大小：一是百分贡献率(percent contribution)和置换重要性(permutation importance)(表 8.2)；二是小刀法得出的条状图(Jackknife test)(图 8.3)。百分贡献率是 MaxEnt 模型在训练过程中给出的各气候因子对中国热带常绿树种地理分布的贡献程度；置换重要性是将训练样点的气候因子随机替换后进行模拟得到的 MaxEnt 模型模拟结果的 AUC 值减少程度，减少值越大表明模型高度依赖于该变量。当气候因子高度相关时，通过百分贡献率分析影响中国热带常绿树种地理分布的主导影响因子时应慎重。小刀法给出的条状图由黑色、深灰色、浅灰色三色条带组成。其中，深灰色条带表示利用所有的气候因子对中国热带常绿树种地理分布进行模拟时的得分值；黑色条带表明单独使用某一个气候因子对中国热带常绿树种分布进行模拟时的得分值，得分值越高表明该气候因子越重要；浅灰色条带表明去除该气候因子时，利用其他气候因子对中国热带常绿树种地理分布进行模拟时的得分值。当浅灰色条带与深灰色条带相差越大时，表明该气候因子所包含的分布信息不能被其他气候因子所代替，而当浅灰色条带与深灰色条带长度相近时表示该气候因子所包含的信息可以被其他气候因子所替代。在此，模型的参数均采用默认值。

表 8.2 气候因子的百分贡献率和置换重要性

气候因子	百分贡献率(%)	置换重要性(%)
最冷月平均温度 T_1	49.8	8.1
年辐射量 Q	22.9	15.8
年均温度 T	12.9	61.2
最暖月平均温度 T_7	7.2	2.2
年降水量 P	5.5	5.6
年极端最低温度 T_{min}	1.7	7.1

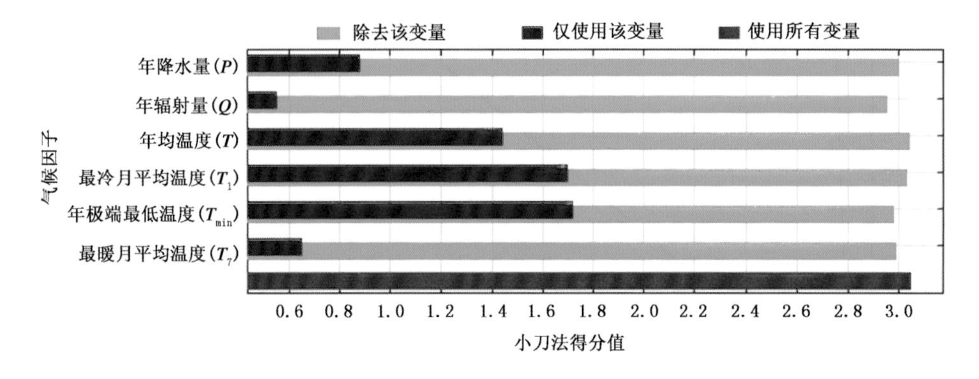

图 8.3 气候因子在小刀法中的得分

由小刀法得分可知各气候因子对中国热带常绿树种地理分布影响的贡献排序为：年极端最低温度(T_{min})>最冷月平均温度(T_1)>年均温度(T)>年降水量(P)>最暖月平均温度(T_7)> 年辐射量(Q)(图 8.3)。6 个因子在不同的评价方法中存在着不同的表现。因此，不宜去除其中任何一个因子。

四、气候适宜性划分

基于气候资源保证率原则，利用所建 MaxEnt 模型给出的中国热带常绿树种在待预测地区的存在概率 p，提出中国热带常绿树种地理分布的气候适宜性等级划分。设定[0,0.05)为气候不适宜区即中国热带常绿树种地理分布的气候保证率低于 60%($p=0.6^6=0.05$)、[0.05,0.19)为气候轻度适宜区即其地理分布的气候保证率低于 76%($p=0.76^6=0.19$)、[0.19,0.38)为气候中度适宜区即其地理分布的气候保证率低于 85%($p=0.85^6=0.38$)、[0.38,1]为气候完全适宜区即中国热带常绿树种地理分布的气候保证率不低于 85%。使用 ArcGIS 对模型模拟结果进行分类，划分中国热带常绿树种地理分布的气候适宜范围(图 8.4)。结果表明，中国热带常绿树种地理分布的气候适宜区主要位于华南和西南地区的南部。

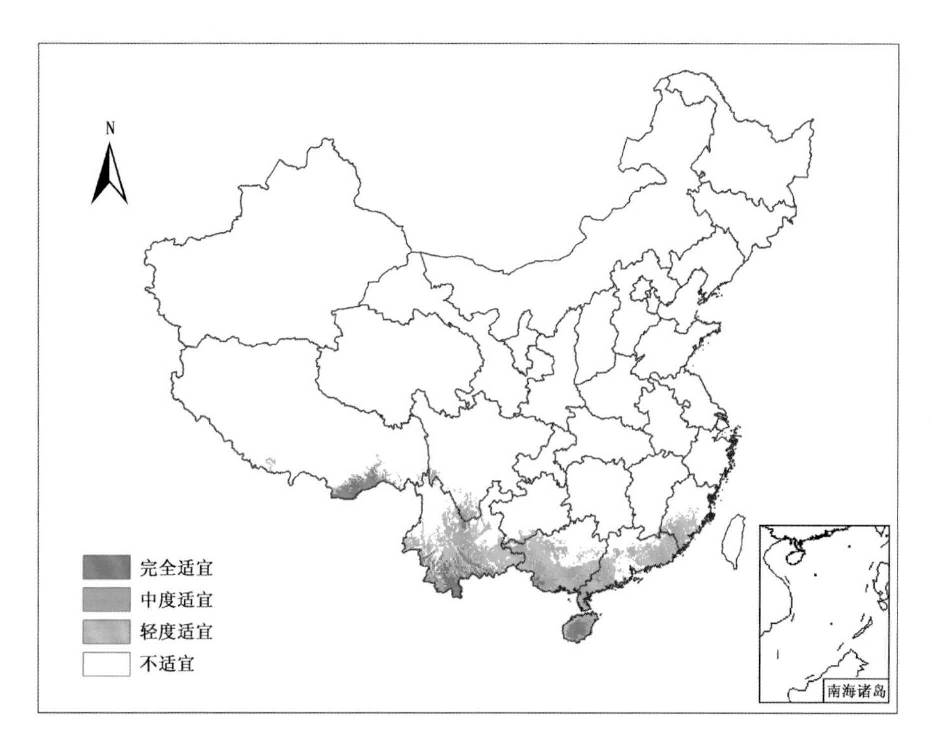

图 8.4　中国热带常绿树种地理分布的气候适宜性

五、影响因子阈值分析

根据 MaxEnt 模型模拟结果得到的中国热带常绿树种存在概率与各气候因子的关系(图 8.5),可以得到不同气候适宜区各气候因子的阈值(表 8.3)。

表 8.3　中国热带常绿树种地理分布不同气候适宜区的气候因子阈值

	P(mm)	T_1(℃)	Q(W/m^2)	T_7(℃)	T(℃)	T_{min}(℃)
完全适宜区[0.38,1]	356～1550	−9.9～19.6	113413～173432	10.36～28.8	1.0～24.7	−36.5～5.3
中度适宜区[0.19,0.38)	356～1456	−5.0～19.6	114573～166524	16.47～28.2	6.7～24.7	−30.8～5.2
轻度适宜区[0.05,0.19)	403～1456	−0.4～19.3	116151～153340	19.57～27.8	10.7～24.3	−23.5～5.1

六、中国热带常绿树种地理分布动态

以 1961—1990 年为基准期训练模型,投影到 1966—1995 年、1971—2000 年、1976—2005 年、1981—2010 年、2011—2014 年(未来 RCP 4.5 和 RCP 8.5 气候情景),以得到中国热带常绿树种地理分布气候适宜区范围和面积的时空格局动态。与 1961—1990 年相比,1966—1995 年、1971—2000 年、1976—2005 年及 1981—2010 年的中国热带常绿树种地理分布的各气候适宜区表现出向西北移动的趋势,东部地区分布区稍有减少。而在未来 RCP 4.5 和 RCP 8.5 气候情景下,2011—2040 年中国热带常绿树种的地理分布区将大幅度减小,仅在云南省有存在(图 8.6)。

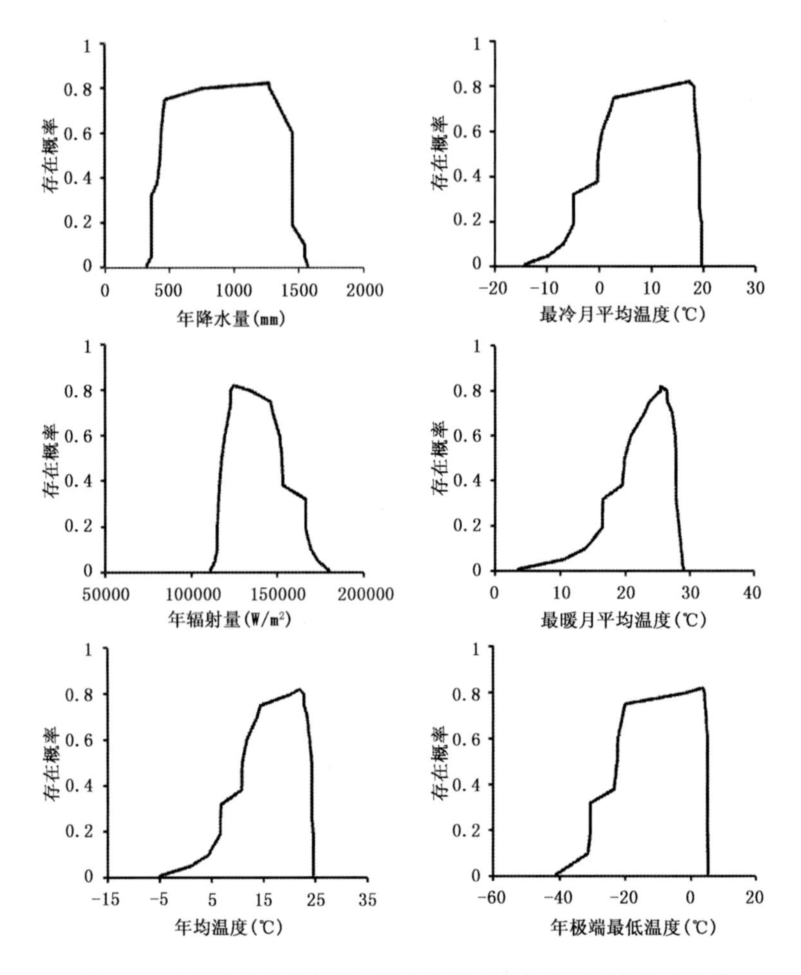

图 8.5 中国热带常绿树种预测存在概率与气候因子的关系曲线

中国热带常绿树种地理分布的各气候适宜区在不同时期的分布面积见表 8.4。1961—2010 年间中国热带常绿树种地理分布气候完全适宜区、中度适宜区和轻度适宜区的面积随着时间推移均呈现出先减小后增大的波动趋势。在 2011—2040 年(未来 RCP 4.5 和 RCP 8.5 气候情景),中国热带常绿树种分布的适宜区面积变化明显,各气候适宜区的面积均明显减小,未来 RCP 8.5 气候情景下气候完全适宜区消失。

表 8.4 不同时期中国热带常绿树种地理分布气候适宜区的面积(单位:10^4 hm^2)

时期	完全适宜区 [0.38,1]	中度适宜区 [0.19,0.38)	轻度适宜区 [0.05,0.19)	不适宜区 [0,0.05)
1961—1990 年	1014	1027	4429	90707
1966—1995 年	981	971	3968	91257
1971—2000 年	1000	1036	3723	91418
1976—2005 年	1034	1072	4055	91016
1981—2010 年	1088	1162	4129	90798
2011—2040 年(RCP 4.5)	603	508	816	95250
2011—2040 年(RCP 8.5)	0	444	1194	95539

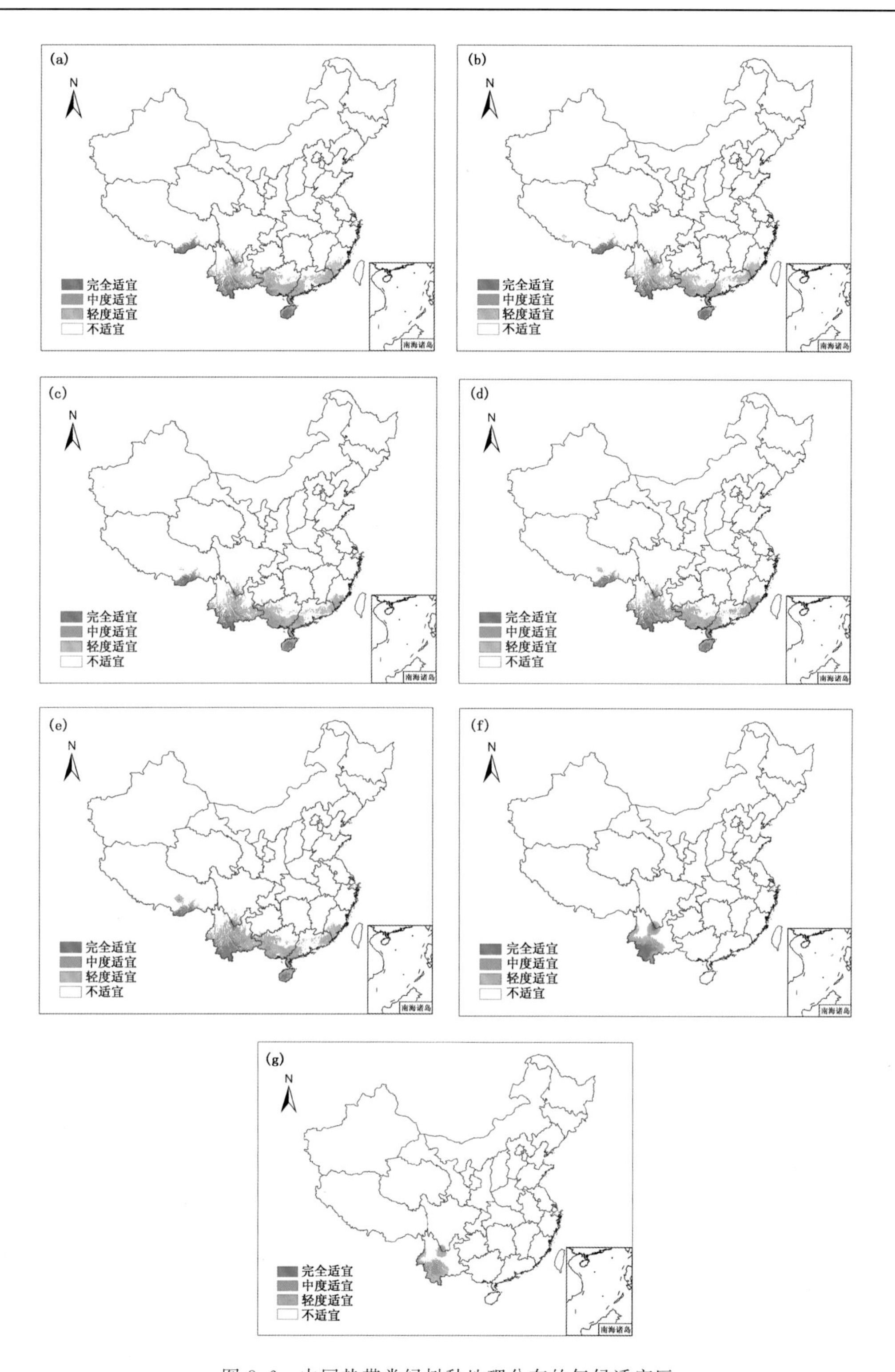

图 8.6　中国热带常绿树种地理分布的气候适宜区

(a)1961—1990 年;(b)1966—1995 年;(c)1971—2000 年;(d)1976—2005 年;
(e)1981—2010 年;(f)2011—2040 年 RCP 4.5;(g)2011—2040 年 RCP 8.5

七、中国热带常绿树种对气候变化的适应性与脆弱性

脆弱性为一个自然的或社会的系统遭受来自气候变化(包括气候变率和极端气候事件)持续危害的范围或程度,是系统内的气候变率特征、幅度和变化速率,是敏感性和适应能力的函数,可表示为:

$$V = S - A$$

式中 V 为系统的脆弱性;S 为系统的敏感性,即系统对外界因子变化的响应程度;A 为系统的适应性(IPCC 2001)。

中国热带常绿树种对气候变化的适应性与脆弱性评价是相对于某个时期而言的,为此需要设定基准期与评估期。由于基于 MaxEnt 模型获取的中国热带常绿树种存在概率综合反映了多个气候因子对中国热带常绿树种的结构和功能影响,可用作中国热带常绿树种对气候变化的适应性与脆弱性评价指标。基于 76%气候保证率及影响中国热带常绿树种地理分布与功能的 6 个气候因子确定的中国热带常绿树种分布边界的存在概率(p)阈值为 $p_0=0.76^6=0.19$。因此,存在概率 $p_0=0.19$ 是决定中国热带常绿树种存在与否的临界条件。图 8.7 给出了基准期与评估期的中国热带常绿树种状态。

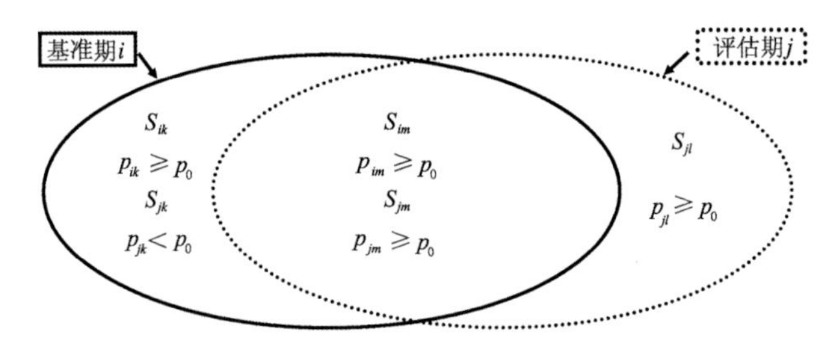

图 8.7　基准期与评估期的中国热带常绿树种状态

基准期 i 的中国热带常绿树种植被分布面积为 $S_{ik}+S_{im}$,评估期 j 的分布面积为 $S_{jm}+S_{jl}$,则基准期 S_{ik} 和 S_{im} 的中国热带常绿树种的分布区存在概率均大于临界存在概率(p_0),即 $p_{ik}\geqslant p_0$ 和 $p_{im}\geqslant p_0$;评估期 S_{jm} 和 S_{jl} 的中国热带常绿树种分布区存在概率均大于临界存在概率(p_0),即 $p_{jm}\geqslant p_0$ 和 $p_{jl}\geqslant p_0$,而 S_{jk} 的分布区存在概率 $p_{jk}<p_0$。S_{ik} 或 S_{jk} 反映了中国热带常绿树种遭受气候变化不利影响的范围,p_{jk} 反映了其遭受气候变化不利影响的程度;S_{jl} 反映了其受益于气候变化影响的范围,p_{jl} 反映了受益于气候变化的程度;而 S_{im} 或 S_{jm} 则反映了中国热带常绿树种对气候变化的自适应范围,p_{jm} 反映了其对气候变化的自适应程度。

根据 IPCC(2001)的脆弱性定义,则中国热带常绿树种的敏感性可表示如下:

$$S = \frac{\text{研究对象评估期的总存在概率}}{\text{研究对象基准期的总存在概率}} = \frac{S_{jk}\cdot p_{jk} + S_{jm}\cdot p_{jm} + S_{jl}\cdot p_{jl}}{S_{ik}\cdot p_{ik} + S_{im}\cdot p_{im}}$$

由于 S_{jk} 反映了中国热带常绿树种遭受气候变化不利影响的范围,p_{jk} 反映了其遭受气候变化不利影响的程度,则中国热带常绿树种对气候变化的脆弱性(V)可表示为:

$$V = \frac{S_{jk}\cdot p_{ik}}{S_{ik}\cdot p_{ik} + S_{im}\cdot p_{im}}$$

假设中国热带常绿树种遭受气候变化不利影响的范围小于原中国热带常绿树种地理分布的 $n\%$，即 $S_{jk} < n\% \cdot (S_{ik} + S_{im})$。由于 $p_{ik} \geqslant p_0$ 和 $p_{im} \geqslant p_0$，而 $p_{jk} < p_0$，则由脆弱性定义 V 可得：

$$V = \frac{S_{jk} \cdot p_{jk}}{S_{ik} \cdot p_{ik} + S_{im} \cdot p_{im}} < \frac{n\% \times (S_{ik} + S_{im}) \cdot p_0}{(S_{ik} + S_{im}) \cdot p_0} = n\%$$

因此，V 不仅反映中国热带常绿树种遭受气候变化不利影响的范围，也反映了其遭受气候变化不利影响的程度。

S_{jl} 反映了中国热带常绿树种受益于气候变化影响的范围，p_{jl} 反映了其受益于气候变化的程度，体现了气候变化背景下它的适应范围与程度的拓展，在此称为拓展适应性(A_e)；而 S_{jm} 反映了中国热带常绿树种对气候变化的自适应范围，p_{jm} 反映了对气候变化的自适应程度，体现了气候变化背景下中国热带常绿树种自身的可调节程度，在此称为自适应性(A_l)。因此，中国热带常绿树种对气候变化的适应性包括受益于气候变化影响的向已有范围外的拓展范围和程度以及已有范围内的适应范围和程度，可表示如下：

$$A = \frac{S_{jm} \cdot p_{jm} + S_{jl} \cdot p_{jl}}{S_{ik} \cdot p_{ik} + S_{im} \cdot p_{im}} = A_l + A_e$$

$$A_l = \frac{S_{jm} \cdot p_{jm}}{S_{ik} \cdot p_{ik} + S_{im} \cdot p_{im}}$$

$$A_e = \frac{S_{jl} \cdot p_{jl}}{S_{ik} \cdot p_{ik} + S_{im} \cdot p_{im}}$$

中国热带常绿树种对气候变化的适应性与脆弱性的评价，需要考虑范围和程度两方面。对气候变化适应性与脆弱性的范围主要体现在其分布面积的变化。可采用其存在面积的变化(SR)表示，即：

$$SR = \frac{\text{研究对象评估期占有面积中的基准期仍存面积}}{\text{研究对象基准期占有面积}} = \frac{S_{jm}}{S_{ik} + S_{im}}$$

若评估期中国热带常绿树种地理分布的面积不小于原分布面积(基准期)的一半，表明该区域仍以中国热带常绿树种为主，反映了对该气候条件的适应性。为此，规定遭受气候变化不利影响的范围小于原地理分布的 50%，即 $S_{jk} < 50\% \times (S_{ik} + S_{im})$，但不小于原地理分布的 25%，即 $S_{jk} \geqslant 25\% \times (S_{ik} + S_{im})$，为轻度脆弱，即 $0.50 \leqslant SR < 0.75$ 且 $V < 0.50$。同时，规定遭受气候变化不利影响的范围不小于原中国热带常绿树种地理分布的 50%，即 $S_{jk} \geqslant 50\% \times (S_{ik} + S_{im})$ 且由于气候变化的不利影响使得小于 90% 的原中国热带常绿树种地理分布已经不存在时的状态，为中度脆弱，即 $0.10 \leqslant SR < 0.50$ 且 $V < 0.90$；规定由于气候变化的不利影响使得 90% 以上的中国热带常绿树种地理分布已经不存在时的状态为完全脆弱，即 $SR < 0.10$。

假设中国热带常绿树种尽管遭受气候变化影响，但其地理分布范围基本没有发生变化($SR \geqslant 0.90$)，且基于 MaxEnt 模型给出的中国热带常绿树种在待预测地区的存在概率(或称适生概率)增加，即 $p_{jm} \geqslant p_{im}$，反映出此时中国热带常绿树种非常适宜于气候变化。根据中国热带常绿树种对气候变化的自适应性表达 $A_l \geqslant 1$，规定此时对气候变化的自适应性为完全适应，即 $SR \geqslant 0.90$ 且 $A_l \geqslant 1$。同时，仍然假设中国热带常绿树种遭受气候变化影响后其地理分布范围基本没有发生变化($SR \geqslant 0.90$)，但基于 MaxEnt 模型给出的在待预测地区的存在概率(或称适生概率)并没有增加甚至减小，然而其存在概率仍然不小于存在概率临界值，即 $p_{jm} \geqslant p_0$，反映出此时中国热带常绿树种尽管不是非常适于气候变化，但仍然保持原来的类型，规定此时对气候变化的自适应性状态为中度适应，即 $SR \geqslant 0.90$ 且 $A_l < 1$。考虑到自恢复能力以及遭受气候变化不利影响的范围小于原中国热带常绿树种地理分布的 25%，即 $S_{jk} < 25\% \times (S_{ik} + S_{im})$，中国热带常绿树种仍处于绝对优势地位，且在遭受气候变化不利影响后仍有可能恢复，规定此时对气候变化的自适应性状态为轻度适应，即 $0.75 \leqslant SR < 0.90$ 且 $V < 0.25$。表 8.5 给出了中国热带常绿树种对气候变化的自适应性与脆弱性的评价等级分类与指标。

表 8.5　中国热带常绿树种对气候变化的自适应性与脆弱性的评价等级分类与指标

响应类型	评价等级	评价指标
自适应性	完全适应	$SR \geqslant 0.90$ 且 $A_l \geqslant 1$
	中度适应	$SR \geqslant 0.90$ 且 $A_l < 1$
	轻度适应	$0.75 \leqslant SR < 0.90$ 且 $V < 0.25$
脆弱性	轻度脆弱	$0.50 \leqslant SR < 0.75$ 且 $V < 0.50$
	中度脆弱	$0.10 \leqslant SR < 0.50$ 且 $V < 0.90$
	完全脆弱	$SR < 0.10$

基于表 8.5 可以给出中国热带常绿树种对气候变化的适应性与脆弱性的范围与程度，可为气候变化背景下中国热带常绿树种的科学管理提供依据。表 8.6 给出了基准期及评估期的中国热带常绿树种地理分布面积及其存在概率变化。

基于评估期中国热带常绿树种分布气候适宜区的面积（SR）、自适应性指数（A_l）、脆弱性指数（V）和拓展适应性指数（A_e），可以评价中国热带常绿树种对气候变化的适应性与脆弱性（表 8.7）。

以 1961—1990 年为基准期对中国热带常绿树种的适应性与脆弱性评价表明，评估期中国热带常绿树种地理分布均呈弱的向西北迁移的趋势，中国热带常绿树种处于中度适应和轻度适应状态，但未来气候情景下将表现为中度脆弱，中国热带常绿树种的地理分布范围将大面积减小。

表 8.6　基准期及评估期中国热带常绿树种地理分布面积（单位：10^4 hm^2）及其总的存在概率

研究时期		评估资料					
基准期	1961—1990 年	$S_{ik}+S_{im}$			$S_{ik}\cdot p_{ik}+S_{im}\cdot p_{im}$		
		2041			868.00		
评估期	评估时段	S_{jk}	$S_{jk}\cdot p_{jk}$	S_{jm}	$S_{jm}\cdot p_{jm}$	S_{jl}	$S_{jl}\cdot p_{jl}$
	1966—1995 年	119	29.86	1833	805.89	208	34.07
	1971—2000 年	214	52.01	1822	800.63	219	29.82
	1976—2005 年	319	78.36	1787	809.78	254	30.28
	1981—2010 年	559	142.67	1691	796.66	350	35.95
预测期	2011—2040 年（RCP 4.5）	433	171.83	678	299.19	1363	23.78
	2011—2040 年（RCP 8.5）	229	55.09	215	52.56	1826	73.63

表 8.7　中国热带常绿树种对气候变化的适应性与脆弱性评价

评估时期	评价指标			评价等级	拓展适应性
	SR	A_l	*V*		A_e
1966—1995 年	0.90	0.93	0.04	中度适应	0.03
1971—2000 年	0.89	0.92	0.03	轻度适应	0.06
1976—2005 年	0.88	0.93	0.03	轻度适应	0.09
1981—2010 年	0.83	0.92	0.04	轻度适应	0.16
2011—2040 年 (RCP 4.5)	0.33	0.34	0.03	中度脆弱	0.20
2011—2040 年 (RCP 8.5)	0.11	0.06	0.08	中度脆弱	0.06

第二节　热带雨绿树种的气候适宜性与脆弱性

一、数据资料

中国热带雨绿树种地理分布资料来源于《中华人民共和国植被图(1∶100 万)》。根据热带雨绿树种包括的植被群系组成(表 8.8),提取植被图中所有类型的分布区,构成中国热带雨绿树种地理分布数据集。在 ArcGIS 中,去除面积小于 5 km^2 的小分布斑块,在剩下的分布斑块中进行随机取点,其中相同斑块内两点间的最小距离不得小于 10 km,可得到中国热带雨绿树种地理分布点 118 个(图 8.8)。

表 8.8　中国热带雨绿树种的植被群系组成

序号	植被群系
1	高山榕、麻楝林
2	红木荷、枫香林
3	鸡占、厚皮树林
4	麻忆木、田林细子龙林
5	木棉、楹树林
6	中平树、银柴、黄杞灌丛
7	中平树、云南银柴、毛桐灌丛
8	中平树灌丛

二、模型适用性分析

MaxEnt 模型运行需要两组数据:一是模拟对象的地理分布数据;二是全国范围的环境变量,即从全国层次及年尺度确定的决定植物地理分布的 6 个气候因子,即 T_{min}、Q、T_7、T_1、T 和 P。基于 75%训练子集得到的 MaxEnt 模型模拟结果的 AUC 值为 0.99,测试子集的 MaxEnt 模型模拟结果的 AUC 值为 0.98(图 8.9),都达到了“非常好”的水平,表明 MaxEnt 模型能够

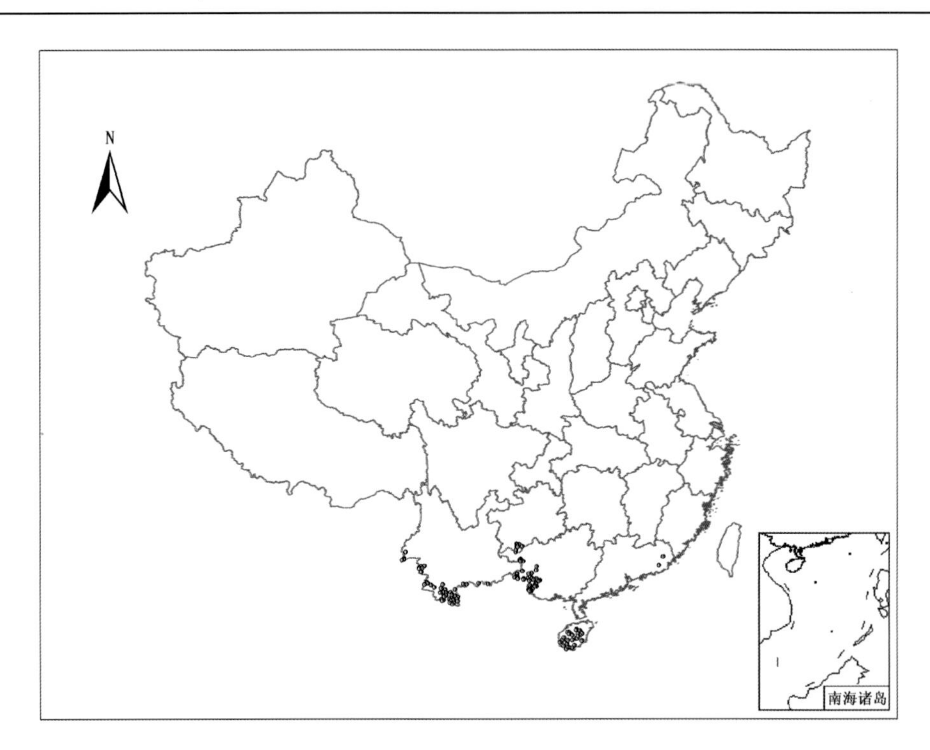

图 8.8 中国热带雨绿树种样点的地理分布

很好地对中国热带雨绿树种的地理分布与气候因子的关系进行模拟。将模型运行 10 次，以得到较为稳定的平均结果，其 AUC 值为 0.99±0.01。

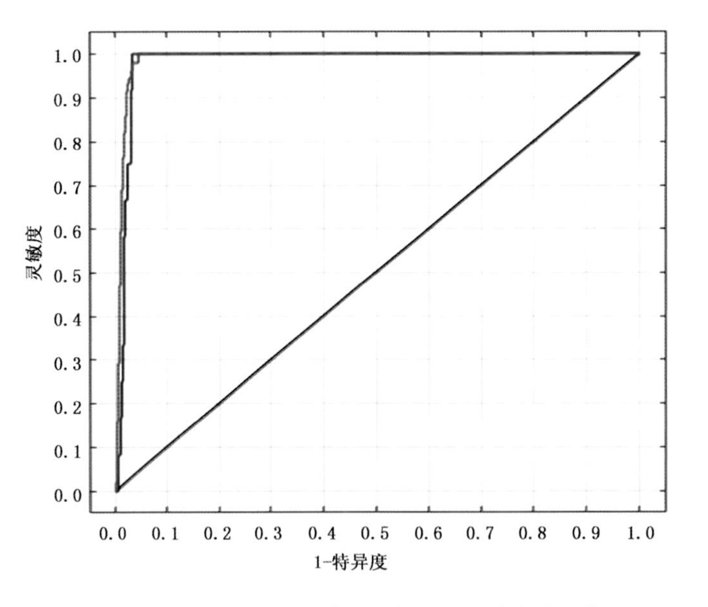

图 8.9 中国热带雨绿树种地理分布模拟结果的 ROC 曲线

三、影响因子分析

在百分贡献率和置换重要性中，各气候因子对中国热带雨绿树种地理分布影响的排序分别为(表 8.9)：最冷月平均温度(T_1)>年均温度(T)>年辐射量(Q)>年降水量(P)>最暖月平均温度(T_7)>年极端最低温度(T_{min})。由小刀法得分可知，各气候因子对中国热带雨绿树种地理分布影响的贡献排序为：最冷月平均温度(T_1)>年极端最低温度(T_{min})>年均温度(T)>年降水量(P)>年辐射量(Q)>最暖月平均温度(T_7)(图 8.10)。6 个因子在不同的评价方法中存在着不同的表现。因此，不宜去除其中任何一个因子。

表 8.9　气候因子的百分贡献率和置换重要性

气候因子	百分贡献率(%)	置换重要性(%)
最冷月平均温度(T_1)	62.8	1.7
年均温度(T)	11.2	29.1
年辐射量(Q)	10.1	4.4
年降水量(P)	5.7	0.6
最暖月平均温度(T_7)	5.2	12.8
年极端最低温度(T_{min})	5.0	51.5

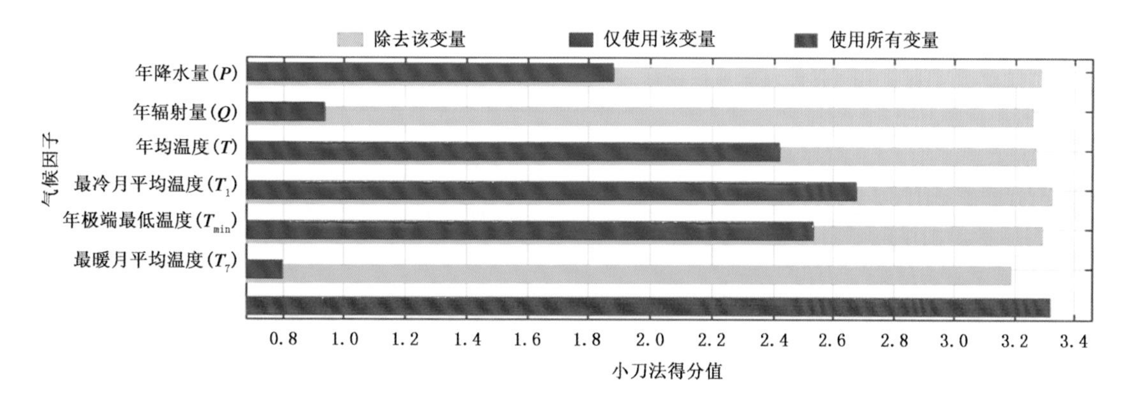

图 8.10　气候因子在小刀法中的得分

四、气候适宜性划分

基于气候资源保证率原则，利用所建 MaxEnt 模型给出的中国热带雨绿树种在待预测地区的存在概率 p，根据中国热带雨绿树种地理分布的气候适宜性等级划分，结合 ArcGIS 技术对模型模拟结果进行分类，划分中国热带雨绿树种地理分布的气候适宜范围(图 8.11)。结果表明，中国热带雨绿树种地理分布的气候适宜区主要是华南地区和云南南部。

五、影响因子阈值分析

根据 MaxEnt 模型模拟结果得到的中国热带雨绿树种存在概率与各气候因子的关系(图 8.12)，可以得到不同气候适宜区各气候因子的阈值(表 8.10)。

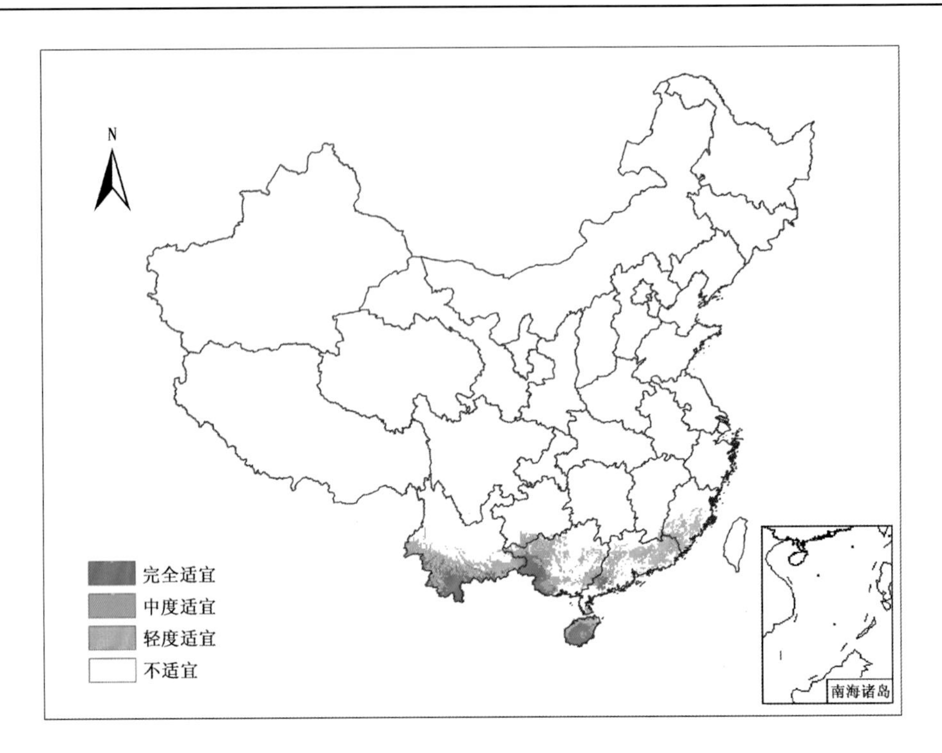

图 8.11 中国热带雨绿树种地理分布的气候适宜性

表 8.10 中国热带雨绿树种地理分布不同气候适宜区的气候因子阈值

	P(mm)	T_1(℃)	Q(W/m^2)	T_7(℃)	T(℃)	T_{min}(℃)
完全适宜区[0.38,1]	770～1550	3.2～19.6	114435～139902	13.0～28.6	8.9～24.7	−8.8～5.3
中度适宜区[0.19,0.38)	893～1456	8.99～19.6	115692～134447	20.2～28.5	16.7～24.7	−4.4～5.3
轻度适宜区[0.05,0.19)	924～1407	10.16～19.6	116244～133063	21.2～28.5	17.6～24.7	−3.6～5.3

六、中国热带雨绿树种地理分布动态

与 1961—1990 年相比,1966—1995 年、1971—2000 年、1976—2005 年及 1981—2010 年的中国热带雨绿树种地理分布的各气候适宜区均出现了向西北扩展的趋势,而东部的分布区有所减少。而在未来 RCP 4.5 和 RCP 8.5 气候情景下,2011—2040 年中国热带雨绿树种地理分布的气候适宜区将大幅度向北扩张(图 8.13)。

中国热带雨绿树种各地理分布气候适宜区在不同时期的分布面积见表 8.11。1961—2010 年,随着时间推移,中国热带雨绿树种地理分布的气候完全适宜区逐渐增加,中度适宜区略有增加,而轻度适宜区的面积减少。在 2011—2040 年(未来 RCP 4.5 和 RCP 8.5 气候情景),中国热带雨绿树种分布的适宜区面积变化明显,各适宜区面积均增加 2 倍以上。

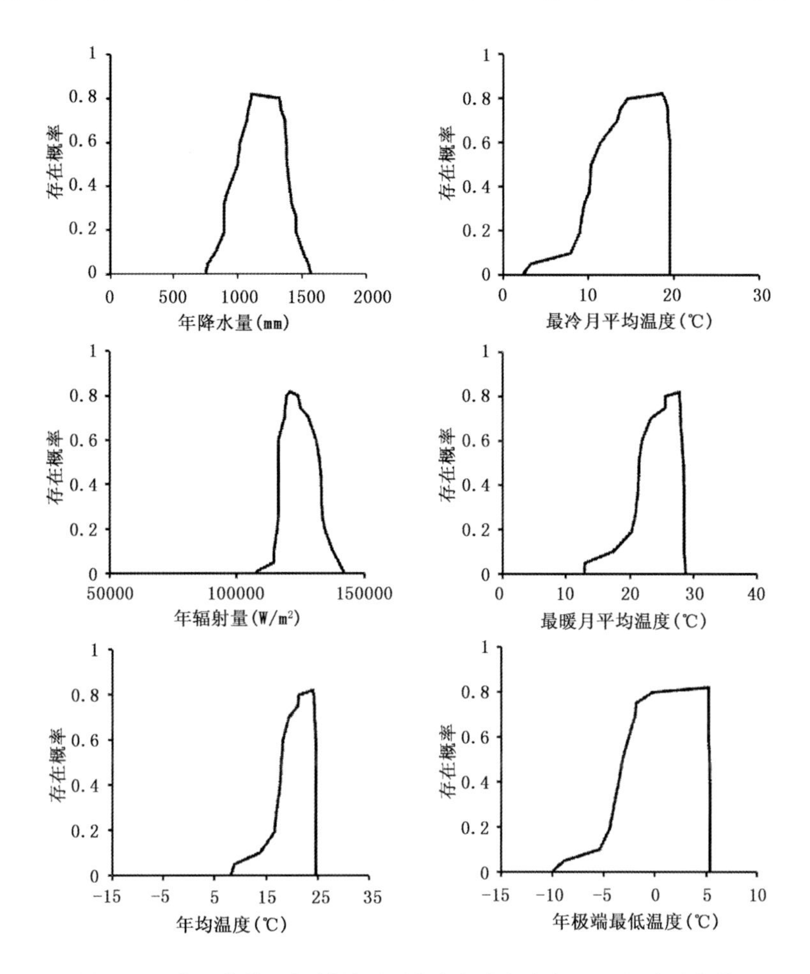

图 8.12　中国热带雨绿树种预测存在概率与气候因子的关系曲线

表 8.11　不同时期中国热带雨绿树种地理分布气候适宜区的面积(单位:10^4 hm^2)

时期	完全适宜区 [0.38,1]	中度适宜区 [0.19,0.38)	轻度适宜区 [0.05,0.19)	不适宜区 [0,0.05)
1961—1990 年	1148	857	2301	92871
1966—1995 年	1161	959	2168	92889
1971—2000 年	1378	930	2263	92606
1976—2005 年	1412	971	2192	92602
1981—2010 年	1443	924	2081	92729
2011—2040 年(RCP 4.5)	3195	2362	5310	86310
2011—2040 年(RCP 8.5)	3284	3056	4184	86653

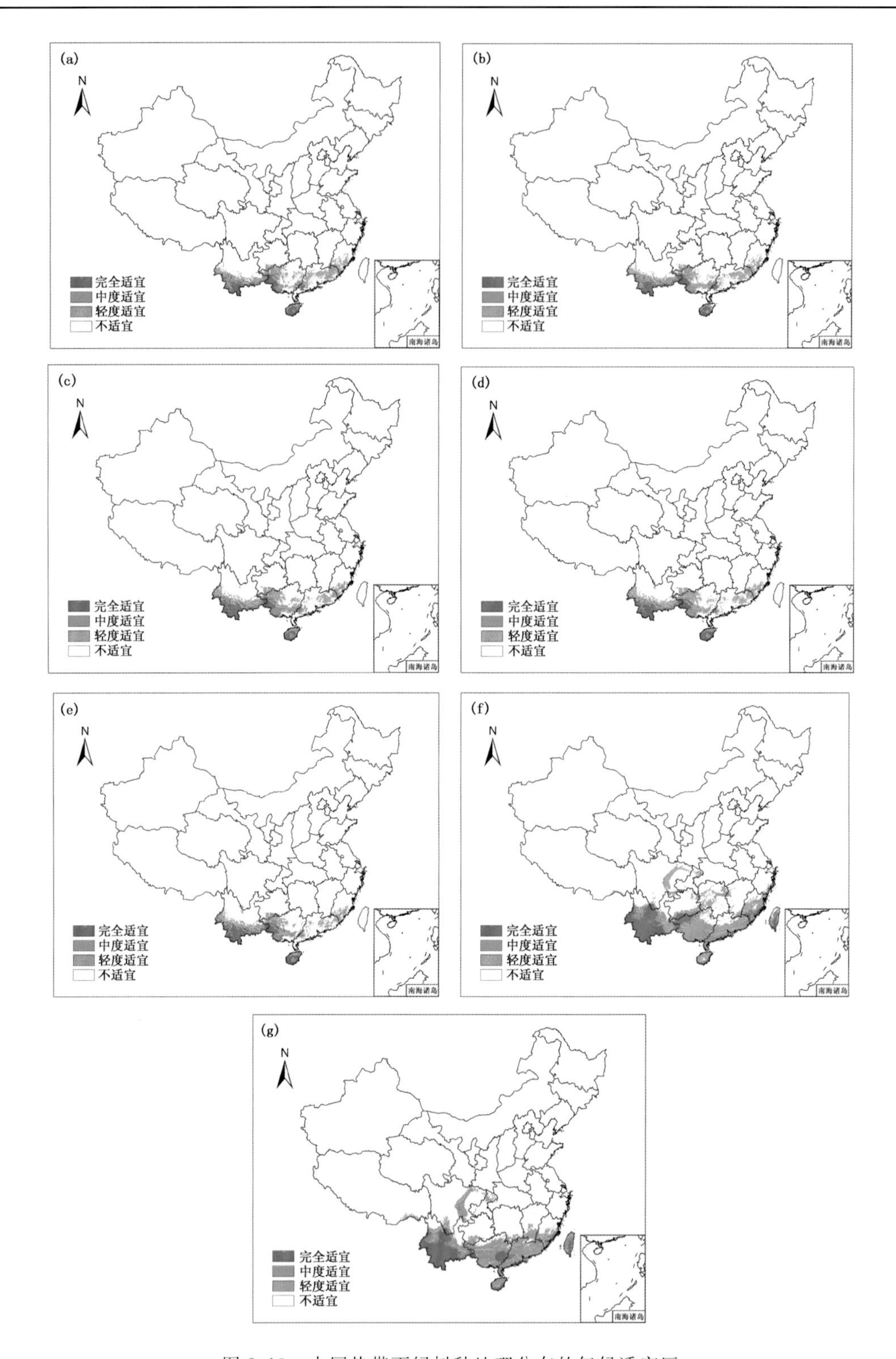

图 8.13　中国热带雨绿树种地理分布的气候适宜区

(a)1961—1990 年;(b)1966—1995 年;(c)1971—2000 年;(d)1976—2005 年;(e)1981—2010 年;
(f)2011—2040 年 RCP 4.5;(g)2011—2040 年 RCP 8.5

七、中国热带雨绿树种对气候变化的适应性与脆弱性

表 8.12 给出了基准期及评估期的中国热带雨绿树种地理分布面积及其存在概率变化。基于评估期中国热带雨绿树种分布气候适宜区的面积(SR)、自适应性指数(A_l)、脆弱性指数(V)和拓展适应性指数(A_e)计算方法，可以给出中国热带雨绿树种对气候变化的适应性与脆弱性(表 8.13)。

以 1961—1990 年为基准期对中国热带雨绿树种的适应性与脆弱性评价表明，评估期中国热带雨绿树种地理分布呈向西北扩展的趋势，中国热带雨绿树种自适应性强，一直处于适应状态，未来气候情景下将表现为轻度适应和轻度脆弱，表明中国热带雨绿树种的地理分布范围将大面积增加，拓展适应性很强。

表 8.12　基准期及评估期中国热带雨绿树种地理分布面积(单位:10^4 hm^2)及其总的存在概率

研究时期		评估资料					
基准期	1961—1990 年	$S_{ik}+S_{im}$			$S_{ik}\cdot p_{ik}+S_{im}\cdot p_{im}$		
		2005			868.35		
评估期	评估时段	S_{jk}	$S_{jk}\cdot p_{jk}$	S_{jm}	$S_{jm}\cdot p_{jm}$	S_{jl}	$S_{jl}\cdot p_{jl}$
	1966—1995 年	264	60.16	1856	852.39	149	19.63
	1971—2000 年	461	112.40	1847	934.79	158	16.57
	1976—2005 年	589	151.16	1794	926.76	211	25.11
	1981—2010 年	589	158.58	1778	933.76	227	26.43
预测期	2011—2040 年 (RCP 4.5)	4154	1789.60	1403	907.69	602	62.14
	2011—2040 年 (RCP 8.5)	4761	1925.62	1579	926.06	426	44.50

表 8.13　中国热带雨绿树种对气候变化的适应性与脆弱性评价

评估时期	评价指标			评价等级	拓展适应性
	SR	A_l	V		A_e
1966—1995 年	0.93	0.98	0.02	中度适应	0.07
1971—2000 年	0.92	1.08	0.02	完全适应	0.13
1976—2005 年	0.89	1.07	0.03	轻度适应	0.17
1981—2010 年	0.89	1.08	0.03	轻度适应	0.18
2011—2040 年 (RCP 4.5)	0.70	1.05	0.07	轻度脆弱	2.06
2011—2040 年 (RCP 8.5)	0.79	1.07	0.05	轻度适应	2.22

第三节　亚热带常绿树种的气候适宜性与脆弱性

一、数据资料

中国亚热带常绿树种地理分布资料来源于《中华人民共和国植被图(1∶100 万)》。根据亚热带常绿树种包括的植被区系组成(表 8.14),提取植被图中所有类型的分布区,构成中国亚热带常绿树种地理分布数据集。在 ArcGIS 中,去除面积小于 100 km^2 的较小分布斑块,在剩下的分布斑块中进行随机取点,其中相同斑块内两点间的最短距离不得小于 1000 km,可得到中国亚热带常绿树种地理分布点 1201 个(图 8.14)。

表 8.14　中国亚热带常绿树种的植被群系组成

序号	植被群系
1	红桧、台湾扁柏、长柄青冈、昆栏树林
2	巴山松林
3	柏木林
4	华山松、山杨林
5	华山松、栓皮栎、锐齿槲栎林
6	华山松、铁杉、桦木林
7	华山松、铁杉林
8	华山松林
9	马尾松林
10	林木以桃金娘为主的马尾松林
11	林下以矮高山栎、锈叶杜鹃为主的云南松林
12	林下以厚皮香、滇八角为主的云南松林
13	林下以南烛、碎米杜鹃为主的云南松林
14	林下以椭圆悬钩子为主的云南松林
15	林以下以白檀、白栎、短柄枹树为主的马尾松林
16	林以下以白檀、白栎、短柄枹树为主的马尾松林和白鹃梅、映山红灌丛
17	林以下以白檀、白栎、短柄枹树为主的马尾松林和杉木林
18	林以下以白檀、白栎、短柄枹树为主的马尾松林和栓皮栎、麻栎林
19	林以下以岗松为主的马尾松林
20	林以下以继木、映山红为主的马尾松林
21	林以下以余甘子、糙叶水锦树为主的云南松林
22	杉木林
23	思茅松林
24	台湾松树
25	细叶云南松林
26	云南松林
27	白栎、短柄枹树林
28	白栎、短柄枹树林、栓皮栎、麻栎林和化香树、黄檀林

续表

序号	植被群系
29	白栎、短柄枹树林和茅栗、短柄枹树、化香树林
30	白栎、短柄枹树林和栓皮栎、麻栎林
31	白栎、短柄枹树林和栓皮栎、麻栎林和枫香林
32	糙皮桦林
33	枫香林
34	枫香林、苦槠林和青冈栎林
35	枹树林
36	旱冬瓜林
37	化香树、黄檀林
38	化香树、黄檀林、苦槠林和青冈栎林
39	亮叶桦、响叶杨林
40	茅栗、短柄枹树、化香树林
41	漆树、色树木
42	青檀林
43	山杨、川白桦林
44	山杨林
45	栓皮栎、麻栎林
46	栓皮栎、麻栎林、茅栗、短柄枹树、化香树林
47	包石栎、珙桐、水青树林
48	滇青冈、圆果化香树林
49	多脉青冈、水青冈林
50	麻栎、巴东栎林
51	麻栎、栓皮栎、楠、青冈林
52	青冈栎、黄连木、朴树林
53	青冈栎、麻忆木林
54	青冈栎、圆叶乌桕、青檀林
55	青冈栎、云贵鹅耳栎、化香树林
56	青冈栎与落叶阔叶混交林
57	栓皮栎、短柄枹树、苦槠、青冈栎林
58	栓皮栎、光叶栎林
59	栓皮栎、匙叶栎林
60	栓皮栎与常绿阔叶混交林
61	包石栎林
62	刺栲、越南栲林
63	大叶石栎、米槠、琼楠林
64	多变石栎、银木荷树
65	多种榕、大叶楠林
66	峨嵋栲林
67	高山栲林、黄毛青冈林和滇青冈林

续表

序号	植被群系
68	红木荷、傅氏木莲林
69	红楠林
70	厚壳桂、华栲、越南栲林
71	栲树林
72	苦槠林和青冈栎林
73	罗浮栲、杯状栲林
74	曼青冈、细叶青冈林
75	木果石砾、硬斗石砾林、薄皮青冈、大叶石砾林
76	青冈栎、昆栏树林
77	青钩栲、长果栲林
78	甜槠、米槠林
79	甜槠、米槠林、芒草、野谷草、金茅草丛
80	小果栲、截果石砾林
81	蕈树、红苞木林
82	印栲、刺栲、红木荷林
83	元江栲林
84	长柄青冈、杏叶石栎、昆栏树林
85	川滇高山栎林
86	高山栎林
87	光叶高山栎、灰背栎林
88	黄背栎林
89	帽斗栎林和长穗高山栎林
90	斑竹林
91	茶杆竹丛
92	慈竹林
93	刚竹林
94	刚竹林、淡竹林
95	桂竹林
96	箭竹林
97	苦竹林
98	绿竹、麻竹林
99	毛竹林
100	牡竹林
101	青皮竹林、撑篙竹林、粉单竹林
102	筇竹林
103	箬竹丛、托竹丛
104	水竹林
105	玉山竹丛

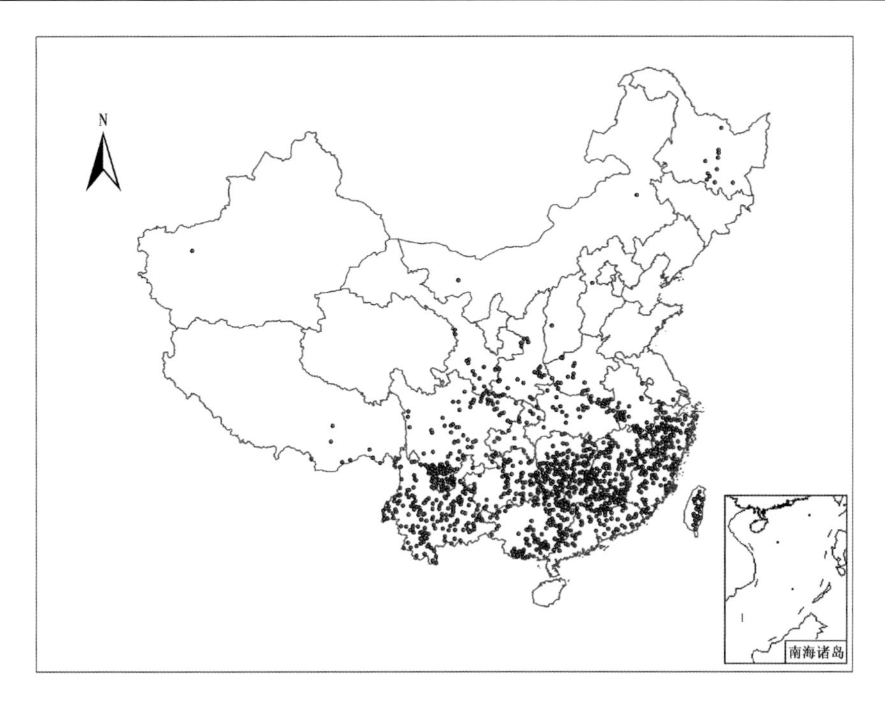

图 8.14　中国亚热带常绿树种样点的地理分布

二、模型适用性分析

MaxEnt 模型运行需要两组数据：一是模拟对象的地理分布数据；二是全国范围的环境变量，即从全国层次及年尺度确定的决定植物地理分布的 6 个气候因子，即 T_{min}、Q、T_7、T_1、T 和 P。基于 75%训练子集得到的 MaxEnt 模型模拟结果的 AUC 值为 0.87，测试子集的 MaxEnt 模型模拟结果的 AUC 值为 0.87(图 8.15)，都达到了好的水平，表明 MaxEnt 模型能够很好地对中国亚热带常绿树种的地理分布进行模拟。将模型运行 10 次，以得到较为稳定的平均结果，其 AUC 值为 0.86±0.01。

三、影响因子分析

在百分贡献率和置换重要性中，各气候因子对中国亚热带常绿树种地理分布影响的排序分别为(表 8.15)：年极端最低温度(T_{min})>年降水量(P)>最冷月平均温度(T_1)>最暖月平均温度(T_7)>年辐射量(Q)>年均温度(T)。由小刀法得分可知各气候因子对我国亚热带常绿地理分布影响的贡献排序为：年极端最低温度(T_{min})>年降水量(P)>最冷月平均温度(T_1)>年均温度(T)>年辐射量(Q)>最暖月平均温度(T_7)(图 8.16)。6 个因子在不同的评价方法中存在着不同的表现。因此，不宜去除其中任何一个因子。

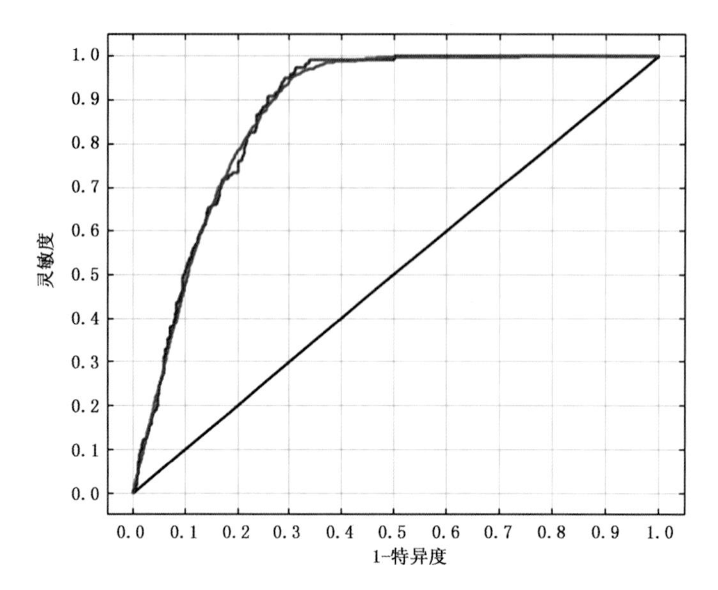

图 8.15 中国亚热带常绿树种地理分布模拟结果的 ROC 曲线

表 8.15 气候因子的百分贡献率和置换重要性

气候因子	百分贡献率(%)	置换重要性(%)
年极端最低温度(T_{min})	46.1	6.1
年降水量(P)	43.0	68.2
最冷月平均温度(T_1)	3.8	7.3
最暖月平均温度(T_7)	2.8	6.9
年辐射量(Q)	2.4	6.4
年均温度(T)	1.9	5.0

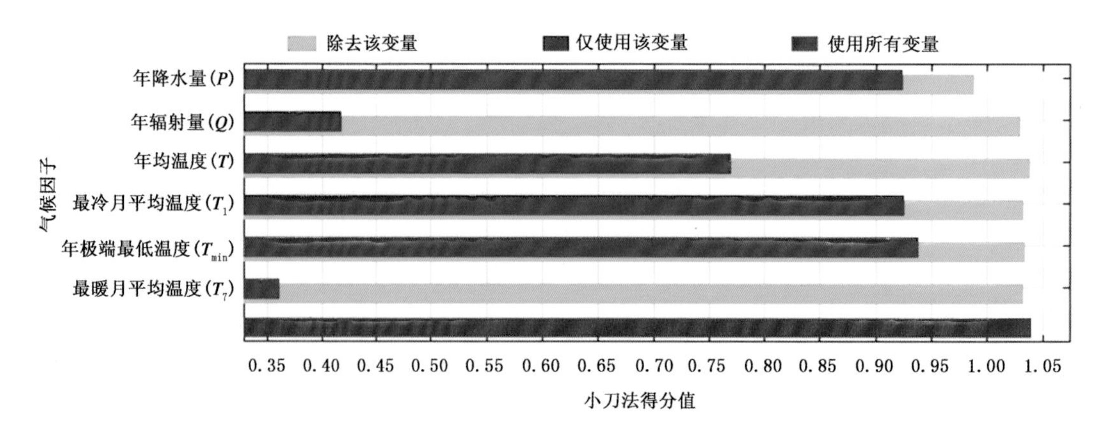

图 8.16 气候因子在小刀法中的得分

四、气候适宜性划分

基于气候资源保证率原则，利用所建 MaxEnt 模型给出的中国亚热带常绿树种在待预测地区的存在概率 p，根据中国亚热带常绿树种地理分布的气候适宜性等级划分，结合 ArcGIS 技术对模型模拟结果进行分类，划分中国亚热带常绿树种地理分布的气候适宜范围（图 8.17）。结果表明，中国亚热带常绿树种地理分布的气候适宜区覆盖了中国中东部。其中，完全适宜区主要分布在华东、华南、西南部分地区和港澳台地区。

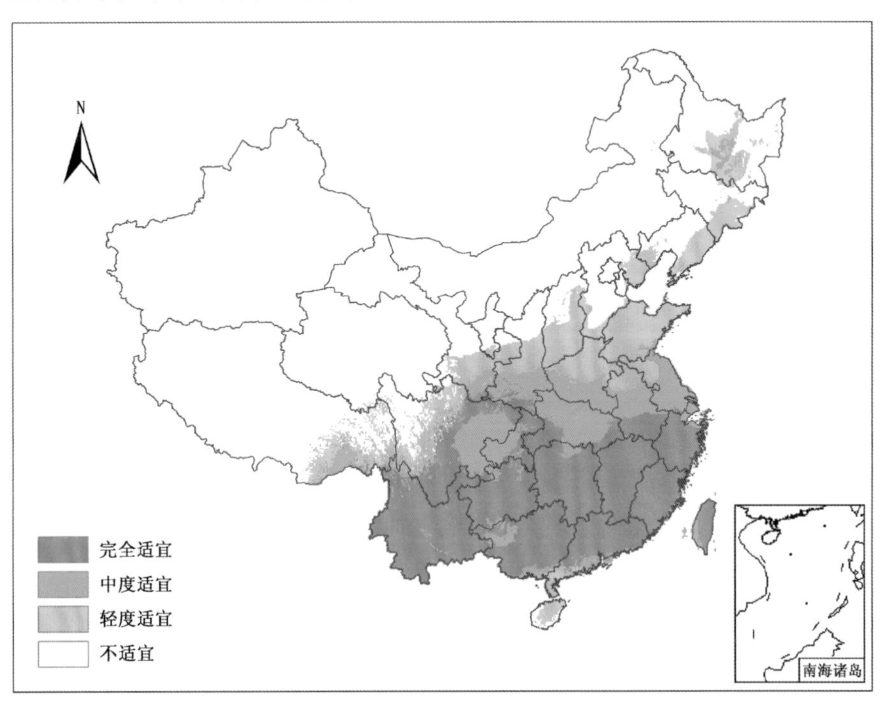

图 8.17　中国亚热带常绿树种地理分布的气候适宜性

五、影响因子阈值分析

根据 MaxEnt 模型模拟结果得到的中国亚热带常绿树种存在概率与各气候因子的关系（图 8.18），可以得到不同适宜区各气候因子的阈值（表 8.16）。

表 8.16　中国亚热带常绿树种地理分布不同气候适宜区的气候因子阈值

	P(mm)	T_1(℃)	Q(W/m^2)	T_7(℃)	T(℃)	T_{min}(℃)
完全适宜区[0.38,1]	416～1775	−24.3～18.2	97631～165280	7.5～29.4	−4.2～23.9	−44.4～4.7
中度适宜区[0.19,0.38)	496～1775	−22.9～14.7	101694～156549	11.0～29.4	−2.3～22.4	−44.4～3.1
轻度适宜区[0.05,0.19)	632～1775	−3.9～14.0	107846～148397	12.3～29.4	4.9～22.0	−19.4～3.1

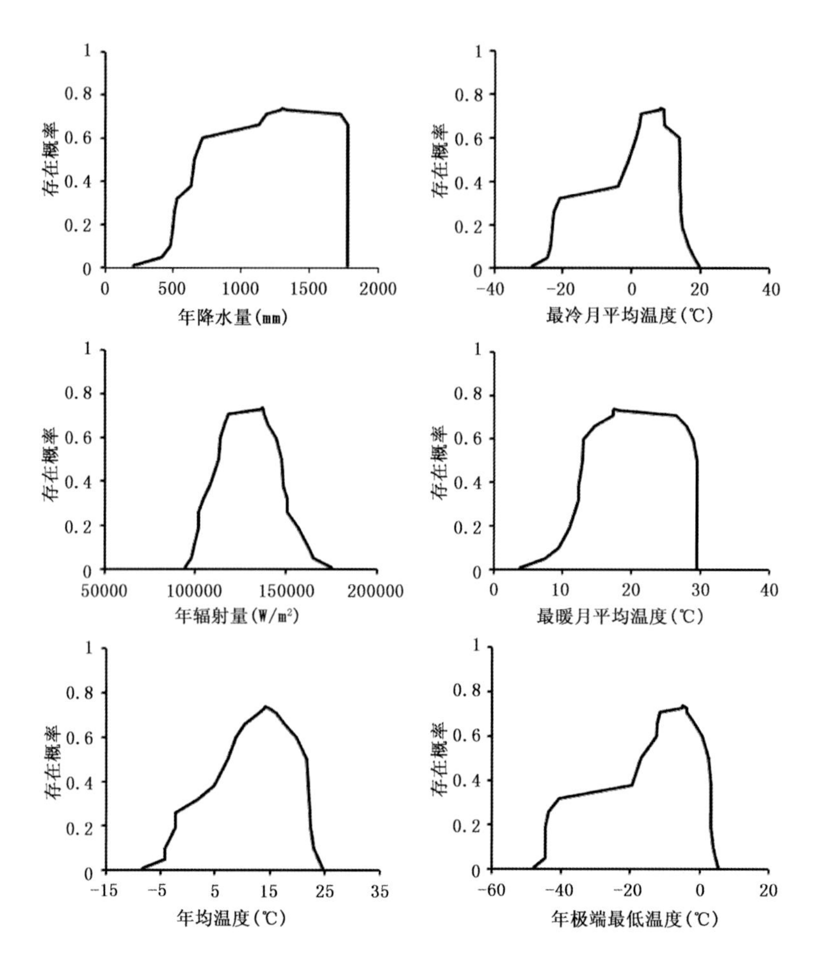

图 8.18 中国亚热带常绿树种预测存在概率与气候因子的关系曲线

六、中国亚热带常绿树种地理分布动态

与 1961—1990 年相比，1966—1995 年、1971—2000 年、1976—2005 年及 1981—2010 年的中国亚热带常绿树种地理分布的各气候适宜区出现了向北移动的趋势。而在未来 RCP 4.5 和 RCP 8.5 气候情景下，2011—2040 年中国亚热带常绿树种的地理分布区将大幅度减小，主要表现在完全适宜区和中度适宜区的减少(图 8.19)。

中国亚热带常绿树种各地理分布气候适宜区在不同时期的分布面积见表 8.17。1961—2010 年间，随着时间推移，中国亚热带常绿树种地理分布气候完全适宜区和轻度适宜区的面积出现波动，中度适宜区面积呈增大趋势；不适宜区的面积呈逐渐减小趋势。2011—2040 年(未来 RCP 4.5 和 RCP 8.5 气候情景)，中国亚热带常绿树种分布的气候适宜区面积变化明显，气候完全适宜区面积大幅减小，在未来 RCP 4.5 气候情景下被气候中度适宜区和轻度适宜区所代替；而在未来 RCP 8.5 气候情景下气候轻度适宜区进一步占据了原来的其他气候适宜区的更大面积，完全适宜区急剧减少。

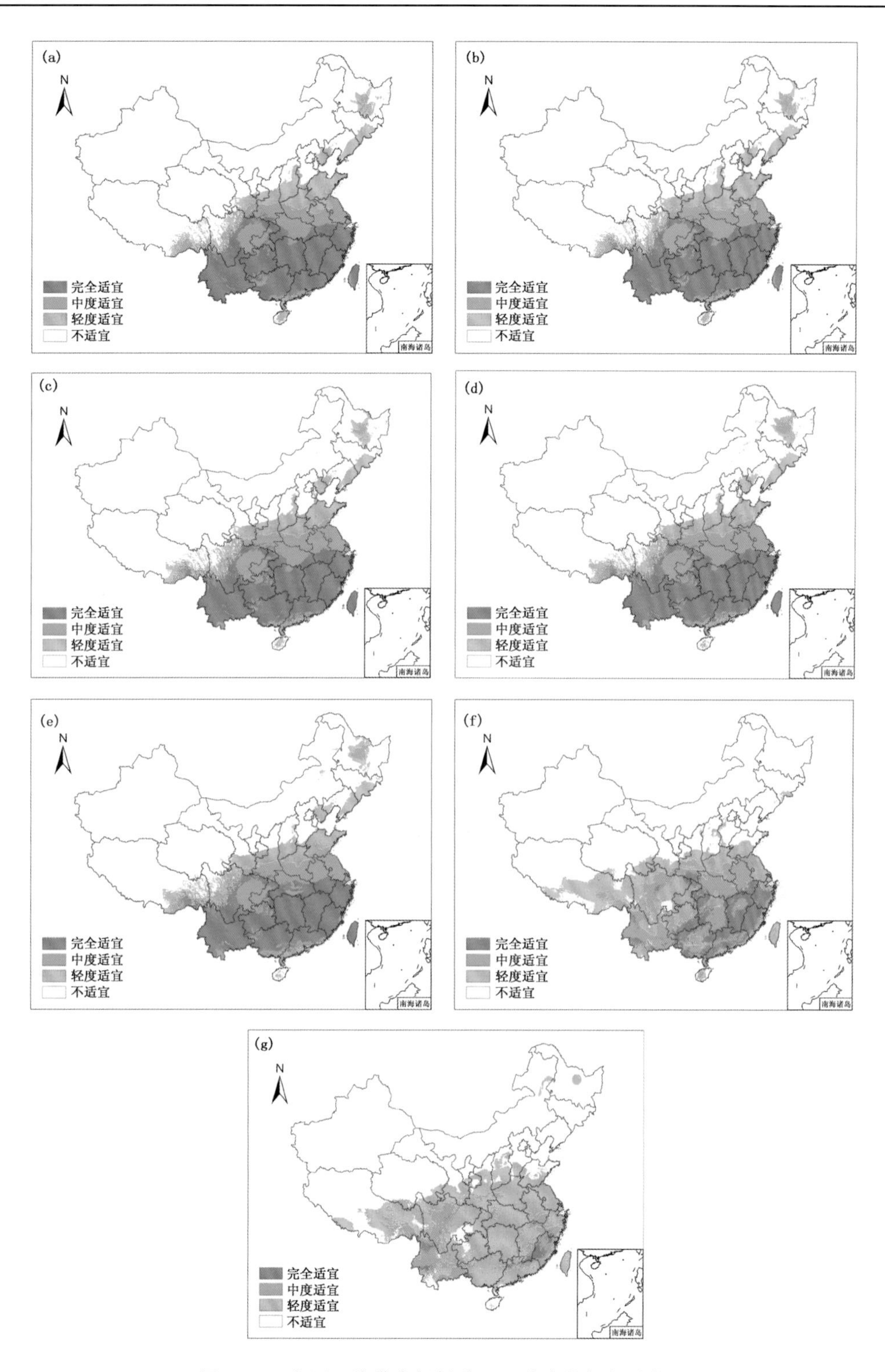

图 8.19　中国亚热带常绿树种地理分布的气候适宜区

(a)1961—1990 年;(b)1966—1995 年;(c)1971—2000 年;(d)1976—2005 年;(e)1981—2010 年;(f)2011—2040 年 RCP 4.5;(g)2011—2040 年 RCP 8.5

表 8.17 不同时期中国亚热带常绿树种地理分布气候适宜区的面积(单位:10^4 hm^2)

时期	完全适宜区 [0.38,1]	中度适宜区 [0.19,0.38)	轻度适宜区 [0.05,0.19)	不适宜区 [0,0.05)
1961—1990 年	18704	8377	10293	59803
1966—1995 年	18528	8274	10532	59843
1971—2000 年	18708	8898	9899	59672
1976—2005 年	18592	9229	10315	59041
1981—2010 年	19013	8975	10291	58898
2011—2040 年(RCP 4.5)	8374	11678	17179	59946
2011—2040 年(RCP 8.5)	1458	6970	28913	59836

七、中国亚热带常绿树种对气候变化的适应性与脆弱性

表 8.18 给出了基准期及评估期的中国亚热带常绿树种地理分布面积及其存在概率变化。基于评估期中国亚热带常绿树种分布气候适宜区的面积(SR)、自适应性指数(A_l)、脆弱性指数(V)和拓展适应性指数(A_e),可以给出中国亚热带常绿树种对气候变化的适应性与脆弱性(表 8.19)。

表 8.18 基准期及评估期中国亚热带常绿树种地理分布面积(单位:10^4 hm^2)及其总的存在概率

<table>
<tr><td colspan="2">研究时期</td><td colspan="6">评估资料</td></tr>
<tr><td rowspan="2">基准期</td><td rowspan="2">1961—1990 年</td><td colspan="3">$S_{ik}+S_{im}$</td><td colspan="3">$S_{ik} \cdot p_{ik}+S_{im} \cdot p_{im}$</td></tr>
<tr><td colspan="3">27081</td><td colspan="3">12308.69</td></tr>
<tr><td rowspan="5">评估期</td><td>评估时段</td><td>S_{jk}</td><td>$S_{jk} \cdot p_{jk}$</td><td>S_{jm}</td><td>$S_{jm} \cdot p_{jm}$</td><td>S_{jl}</td><td>$S_{jl} \cdot p_{jl}$</td></tr>
<tr><td>1966—1995 年</td><td>174</td><td>40.56</td><td>26628</td><td>12049.80</td><td>453</td><td>67.29</td></tr>
<tr><td>1971—2000 年</td><td>1108</td><td>263.87</td><td>26498</td><td>11952.84</td><td>583</td><td>85.06</td></tr>
<tr><td>1976—2005 年</td><td>1431</td><td>346.99</td><td>26390</td><td>11872.46</td><td>691</td><td>103.46</td></tr>
<tr><td>1981—2010 年</td><td>1692</td><td>418.26</td><td>26296</td><td>11831.96</td><td>785</td><td>109.41</td></tr>
<tr><td rowspan="2">预测期</td><td>2011—2040 年
(RCP 4.5)</td><td>2088</td><td>529.75</td><td>17964</td><td>6634.71</td><td>9117</td><td>1058.22</td></tr>
<tr><td>2011—2040 年
(RCP 8.5)</td><td>1318</td><td>312.34</td><td>7110</td><td>2113.69</td><td>19971</td><td>2117.83</td></tr>
</table>

以 1961—1990 年为基准期对中国亚热带常绿树种的适应性与脆弱性评估表明,评估期中国亚热带常绿树种地理分布呈一定程度的向北迁移趋势,中国亚热带常绿树种自适应性强,处于中度适应状态,但未来气候情景下将表现为中度脆弱,中国亚热带常绿树种的地理分布范围将大面积减小。

表 8.18　中国亚热带常绿树种对气候变化的适应性与脆弱性评价

评估时期	评价指标			评价等级	拓展适应性 A_e
	SR	A_l	V		
1966—1995 年	0.98	0.98	0.01	中度适应	0.00
1971—2000 年	0.98	0.97	0.01	中度适应	0.02
1976—2005 年	0.97	0.96	0.01	中度适应	0.03
1981—2010 年	0.97	0.96	0.01	中度适应	0.03
2011—2040 年（RCP 4.5）	0.66	0.54	0.09	轻度脆弱	0.04
2011—2040 年（RCP 8.5）	0.26	0.17	0.17	中度脆弱	0.03

第四节　温带落叶阔叶树种的气候适宜性与脆弱性

一、数据资料

中国温带落叶阔叶树种地理分布资料来源于《中华人民共和国植被图（1∶100 万）》。根据温带落叶阔叶树种包括的植被群系组成（表 8.20），提取植被图中所有类型的分布区，构成中国温带落叶阔叶树种地理分布数据集。在 ArcGIS 中，去除面积小于 50 km^2 的较小分布斑块，在剩下的分布斑块中进行随机取点，其中相同斑块内两点间的最短距离不得小于 1000 km，可得到中国温带落叶阔叶树种地理分布点 763 个（图 8.20）。

表 8.20　中国温带落叶阔叶树种的植被群系组成

序号	植被群系
1	白桦、山杨林
2	白桦林
3	白桦林和辽东栎林
4	白桦林和山杨林
5	春榆、水曲柳、核桃楸林
6	刺槐林
7	椴、槭林
8	椴、槭林、春榆、水曲柳、核桃楸林
9	旱柳林
10	黑杨林
11	红桦林
12	槲栎林
13	橿子栎林
14	槲树林

续表

序号	植被群系
15	糠椴、蒙椴、元宝槭林
16	糠椴、蒙椴、元宝槭林、春榆、水曲柳、核桃楸林
17	辽东栎矮林
18	辽东栎林
19	麻栎矮林
20	麻栎林
21	麻栎林和兴安落叶松林
22	蒙古栎、黑桦林
23	蒙古栎矮林
24	蒙古栎林
25	牛皮桦林
26	欧洲山杨林
27	青海杨林
28	锐齿槲栎林
29	山杨林
30	山杨林和白桦林
31	栓皮栎林
32	栓皮栎林、漆树、色木林
33	栓皮栎林和小叶杨林
34	天山野苹果林
35	小叶杨林
36	小叶杨林和沙棘灌丛
37	杨、柳、榆林
38	岳桦矮曲林
39	紫椴、色木、糠椴林
40	钻天柳、甜杨林
41	大果榆疏林和小叶锦鸡儿灌丛
42	大果榆树疏林
43	胡杨疏林
44	灰杨疏林
45	灰榆疏林
46	榆树疏林

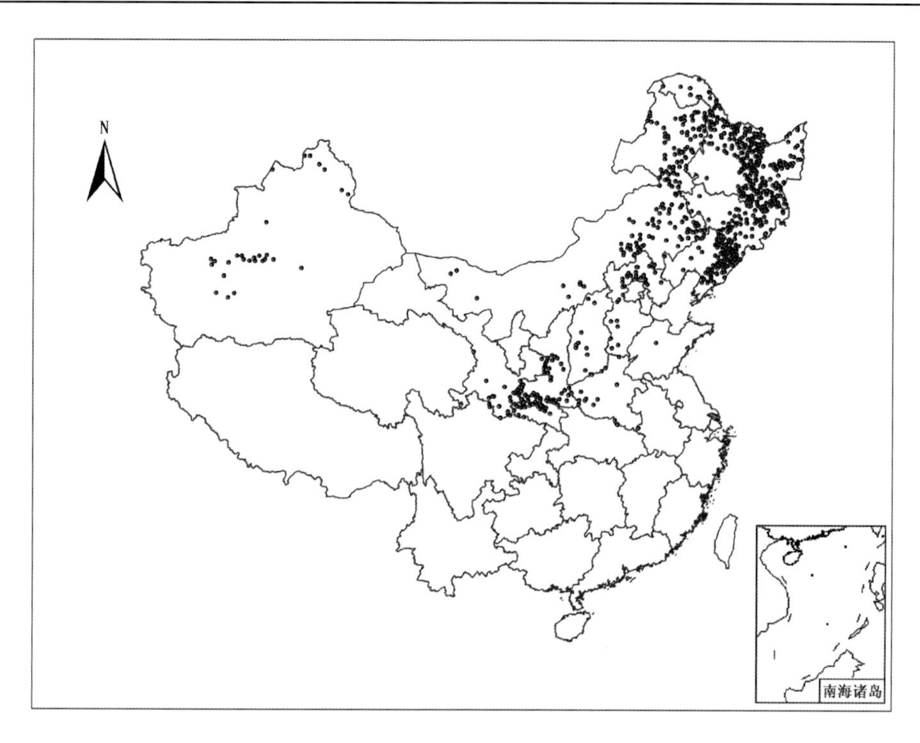

图 8.20　中国温带落叶阔叶树种样点的地理分布

二、模型适用性分析

MaxEnt 模型运行需要两组数据：一是模拟对象的地理分布数据；二是全国范围的环境变量，即从全国层次及年尺度确定的决定植物地理分布的 6 个气候因子，即 T_{min}、Q、T_7、T_1、T 和 P。基于 75%训练子集得到的 MaxEnt 模型模拟结果的 AUC 值为 0.91，测试子集的 MaxEnt 模型模拟结果的 AUC 值为 0.91(图 8.21)，都达到了“非常好”的水平，表明 MaxEnt 模型能够很好地对中国温带落叶阔叶树种的地理分布与气候因子的关系进行模拟。将模型运行 10 次，以得到较为稳定的平均结果，其 AUC 值为 0.90±0.01。

三、影响因子分析

在百分贡献率和置换重要性中，各气候因子对中国温带落叶阔叶树种地理分布影响的排序分别为(表 8.21)：年辐射量(Q)>年降水量(P)>最暖月平均温度(T_7)>最冷月平均温度(T_1)>年均温度(T)>年极端最低温度(T_{min})。由小刀法得分可知各气候因子对中国温带落叶阔叶树种地理分布影响的贡献排序为：年辐射量(Q)>最暖月平均温度(T_7)>年降水量(P)>最冷月平均温度(T_1)>年均温度(T)>年极端最低温度(T_{min})(图 8.22)。6 个因子有着不同的生理生态含义，不宜去除其中任何一个因子。

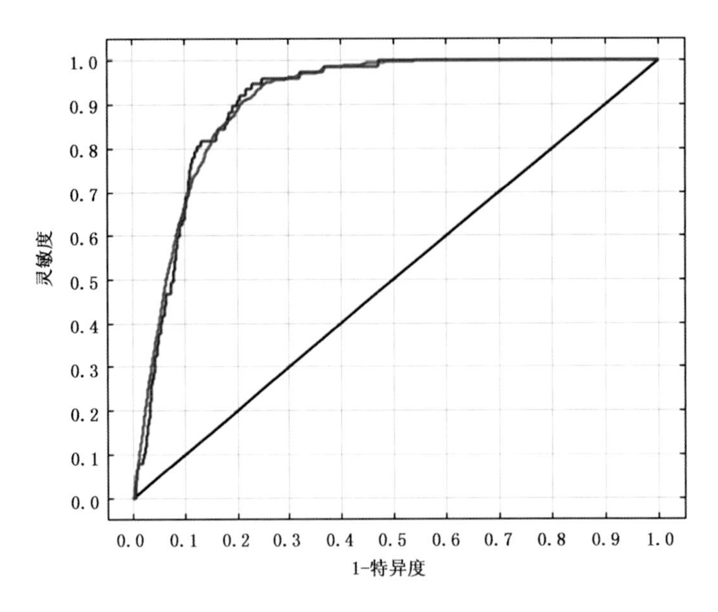

图 8.21　中国温带落叶阔叶树种地理分布模拟结果的 ROC 曲线

表 8.21　气候因子的百分贡献率和置换重要性

气候因子	百分贡献率(%)	置换重要性(%)
年辐射量(Q)	46.5	48.6
年降水量(P)	24.8	24.1
最暖月平均温度(T_7)	11.3	17.8
最冷月平均温度(T_1)	10.5	5.3
年均温度(T)	6.5	0.8
年极端最低温度(T_{min})	0.4	3.4

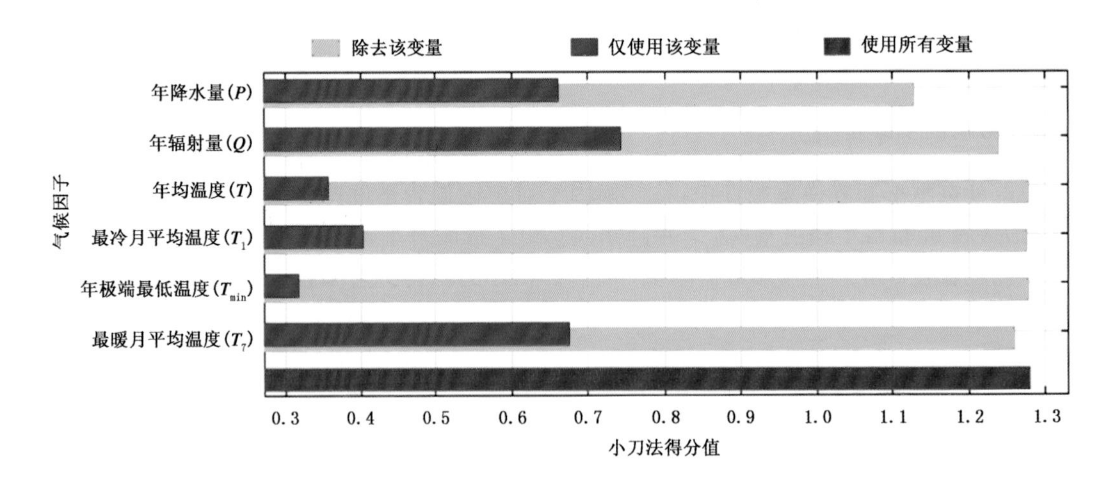

图 8.22　气候因子在小刀法中的得分

四、气候适宜性划分

基于气候资源保证率原则，利用所建 MaxEnt 模型给出的中国温带落叶阔叶树种在待预测地区的存在概率 p，根据中国温带落叶阔叶树种地理分布的气候适宜性等级划分，结合 ArcGIS 技术对模型模拟结果进行分类，划分中国温带落叶阔叶树种地理分布的气候适宜范围（图 8.23）。结果表明，中国温带落叶阔叶树种地理分布的气候适宜区主要位于东北、华北、华东和西北部分地区。其中，气候完全适宜区主要分布在东北、华北及西北的甘肃南部等地。

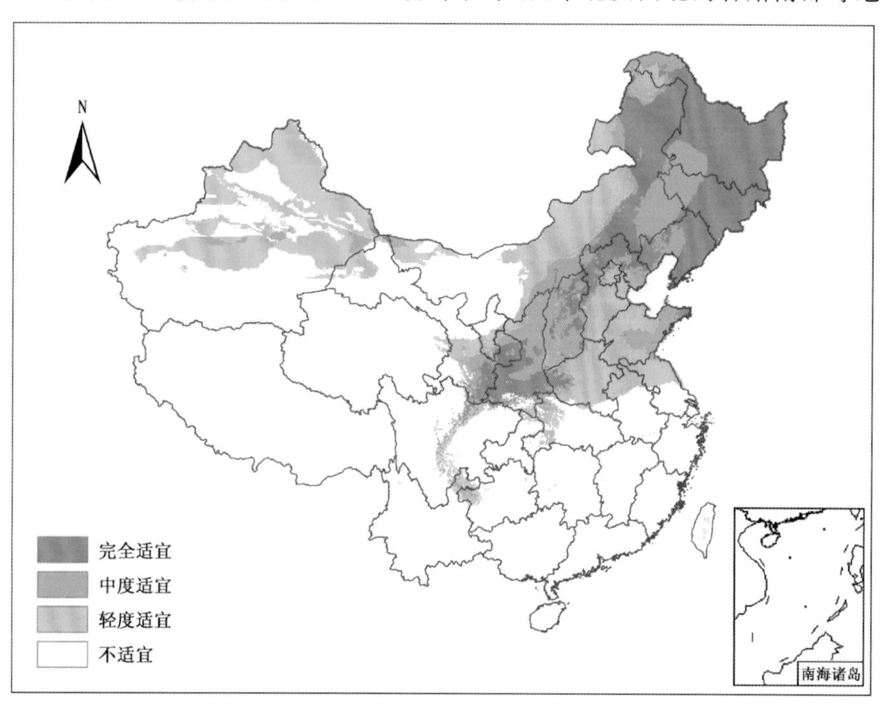

图 8.23　中国温带落叶阔叶树种地理分布的气候适宜性

五、影响因子阈值分析

根据 MaxEnt 模型模拟结果得到的中国温带落叶阔叶树种存在概率与各气候因子的关系（图 8.24），可以得到不同气候适宜区各气候因子的阈值（表 8.22）。

表 8.22　中国温带落叶阔叶树种地理分布不同气候适宜区的气候因子阈值

	P(mm)	T_1(℃)	Q(W/m^2)	T_7(℃)	T(℃)	T_{min}(℃)
完全适宜区[0.38,1]	97～1522	−30.4～6.0	88286～140500	11.7～27.7	−6.0～15.7	−49.8～−4.4
中度适宜区[0.19,0.38)	119～885	−30.4～2.4	88286～136357	13.8～26.1	−5.9～14.3	−49.8～−8.1
轻度适宜区[0.05,0.19)	127～885	−29.6～2.3	89105～132465	15.0～24.5	−5.2～13.2	−49.0～−9.9

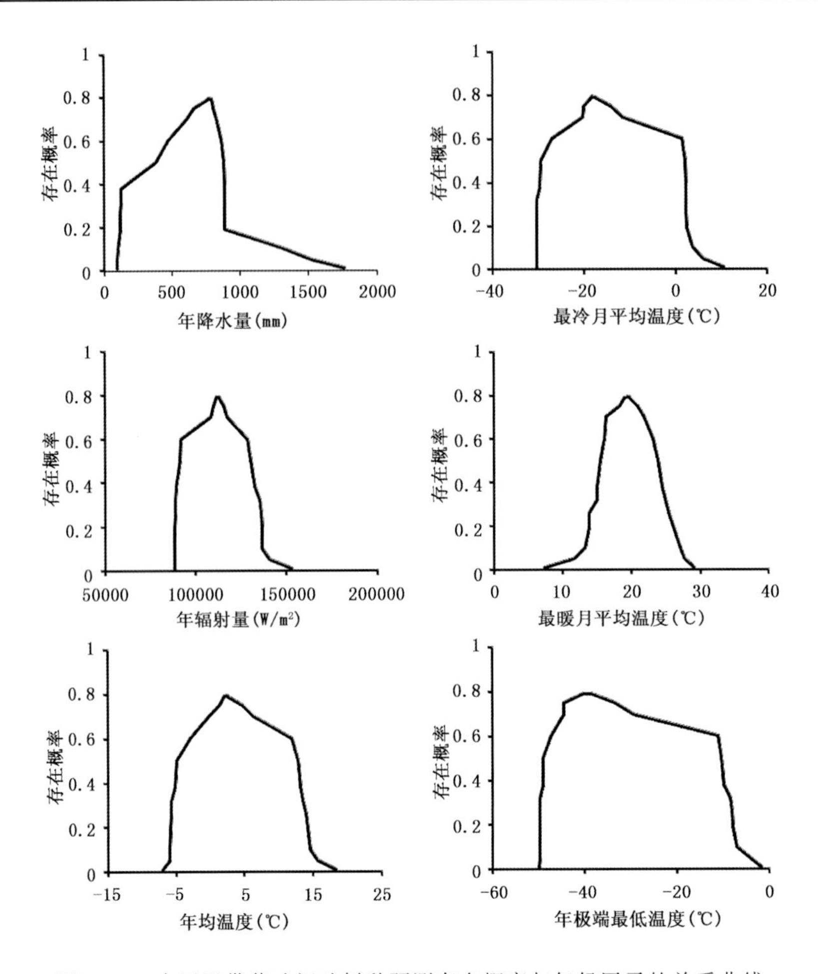

图 8.24　中国温带落叶阔叶树种预测存在概率与气候因子的关系曲线

六、中国温带落叶阔叶树种地理分布动态

与 1961—1990 年相比,1966—1995 年、1971—2000 年、1976—2005 年及 1981—2010 年的中国温带落叶阔叶树种地理分布的各气候适宜区均出现明显的北移趋势。而在未来 RCP 4.5 和 RCP 8.5 气候情景下,2011—2040 年中国温带落叶阔叶树种地理分布的气候适宜区将西移(图 8.25)。

中国温带落叶阔叶树种各地理分布气候适宜区在不同时期的分布面积见表 8.23。1961—2010 年中国温带落叶阔叶树种地理分布的气候完全适宜区面积随着时间推移出现波动,中度适宜区和轻度适宜区的面积有减小趋势,不适宜区的面积逐渐增大。2011—2040 年(未来 RCP 4.5 和 RCP 8.5 气候情景),中国温带落叶阔叶树种分布的气候适宜区面积变化明显,完全适宜区面积大幅减小,中度适宜区和轻度适宜区增大。

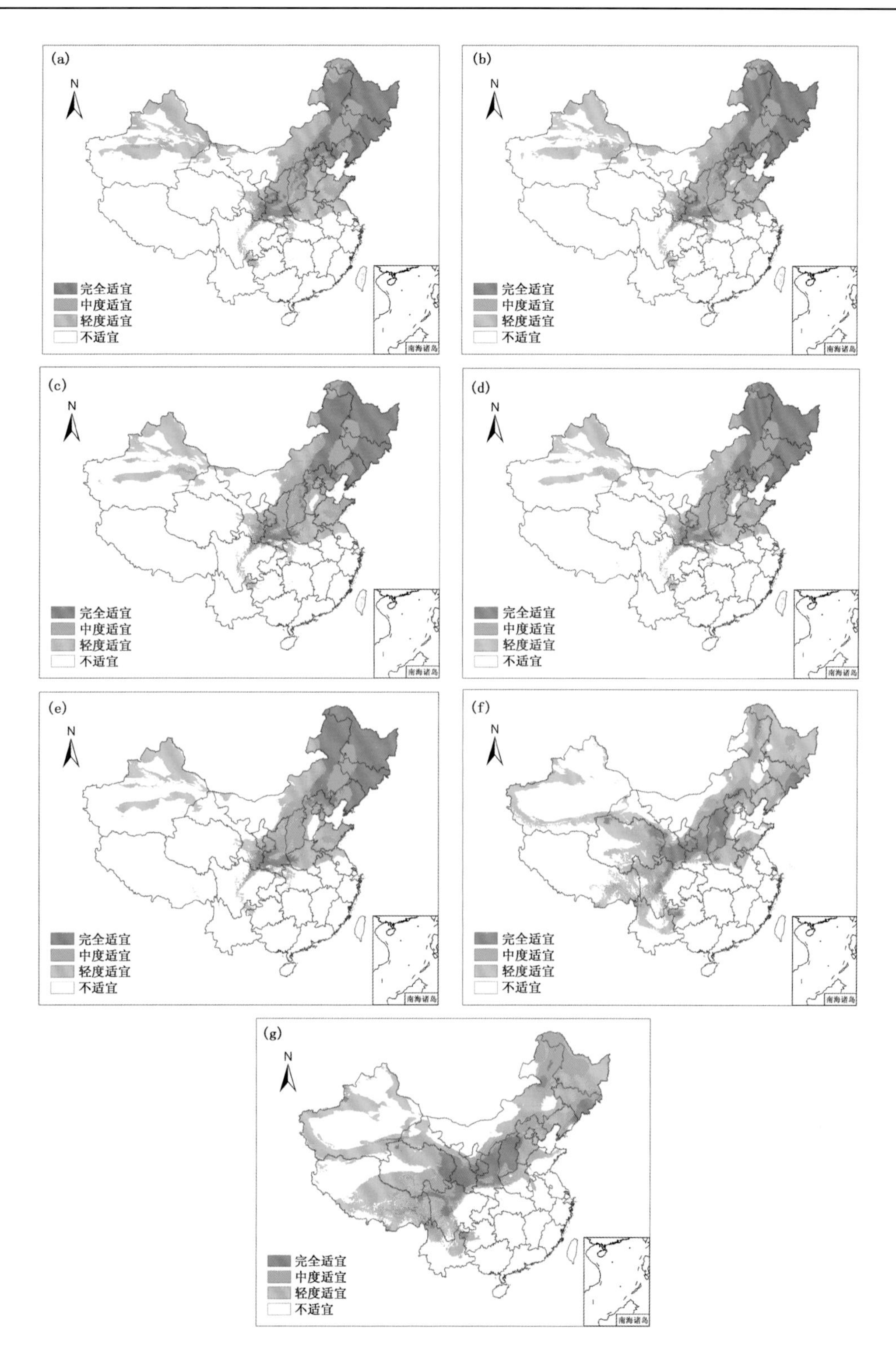

图 8.25　中国温带落叶阔叶树种地理分布的气候适宜区

(a)1961—1990 年；(b)1966—1995 年；(c)1971—2000 年；(d)1976—2005 年；(e)1981—2010 年；(f)2011—2040 年 RCP 4.5；(g)2011—2040 年 RCP 8.5

表 8.23 不同时期中国温带落叶阔叶树种地理分布气候适宜区的面积(单位:10^4 hm^2)

时期	完全适宜区 [0.38,1]	中度适宜区 [0.19,0.38)	轻度适宜区 [0.05,0.19)	不适宜区 [0,0.05)
1961—1990 年	12347	7899	16637	60294
1966—1995 年	12654	7673	15956	60894
1971—2000 年	12664	7591	14413	62509
1976—2005 年	12824	7214	13749	63390
1981—2010 年	12494	6992	13261	64430
2011—2040 年(RCP 4.5)	5739	8545	24355	58538
2011—2040 年(RCP 8.5)	7878	11441	29655	48203

七、中国温带落叶阔叶树种对气候变化的适应性与脆弱性

表 8.24 给出了基准期及评估期的中国温带落叶阔叶树种地理分布面积及其存在概率变化。基于评估期中国温带落叶阔叶树种分布气候适宜区的面积(SR)、自适应性指数(A_l)、脆弱性指数(V)和拓展适应性指数(A_e),可以评价中国温带落叶阔叶树种对气候变化的适应性与脆弱性(表 8.25)。

表 8.24 基准期及评估期中国温带落叶阔叶树种地理分布面积(单位:10^4 hm^2)及其总的存在概率

研究时期		评估资料					
基准期	1961—1990 年	$S_{ik}+S_{im}$			$S_{ik}\cdot p_{ik}+S_{im}\cdot p_{im}$		
		20246			8878.15		
评估期	评估时段	S_{jk}	$S_{jk}\cdot p_{jk}$	S_{jm}	$S_{jm}\cdot p_{jm}$	S_{jl}	$S_{jl}\cdot p_{jl}$
	1966—1995 年	678	171.71	19649	8831.52	597	65.47
	1971—2000 年	1061	314.12	19194	8665.98	1052	114.81
	1976—2005 年	1051	365.11	18987	8635.81	1259	141.77
	1981—2010 年	808	331.49	18678	8486.63	1568	180.15
预测期	2011—2040 年(RCP 4.5)	4904	1701.97	9380	3505.85	10866	998.29
	2011—2040 年(RCP 8.5)	7762	2802.91	11557	4220.81	8689	834.14

表 8.25 中国温带落叶阔叶树种对气候变化的适应性与脆弱性评价

评估时期	评价指标			评价等级	拓展适应性
	SR	A_l	V		A_e
1966—1995 年	0.97	0.99	0.01	中度适应	0.02
1971—2000 年	0.95	0.98	0.01	中度适应	0.04
1976—2005 年	0.94	0.97	0.02	中度适应	0.04
1981—2010 年	0.92	0.96	0.02	中度适应	0.04
2011—2040 年(RCP 4.5)	0.46	0.39	0.11	中度脆弱	0.19
2011—2040 年(RCP 8.5)	0.57	0.48	0.09	轻度脆弱	0.32

以 1961—1990 年为基准期对中国温带落叶阔叶树种的适应性与脆弱性评价表明，评估期中国温带落叶阔叶树种地理分布呈明显的北移趋势，中国温带落叶阔叶树种处于中度适应状态，但未来气候情景下将表现为中度脆弱（未来 RCP 4.5 气候情景）和轻度脆弱（未来 RCP 8.5 气候情景），表明中国温带落叶阔叶树种的地理分布范围将有大的变化。

第五节 温带常绿针叶树种的气候适宜性与脆弱性

一、数据资料

中国温带常绿针叶树种地理分布资料来源于《中华人民共和国植被图（1∶100 万）》。根据温带常绿针叶树种包括的植被群系组成（表 8.26），提取植被图中所有类型的分布区，构成中国温带常绿针叶树种地理分布数据集。在 ArcGIS 中，去除面积小于 50 m^2 的较小分布斑块，在剩下的分布斑块中进行随机取点，其中相同斑块内两点间的最短距离不得小于 10 km，可得到中国温带常绿针叶树种地理分布点 640 个（图 8.26）。

表 8.26 中国温带常绿针叶树种的群系组成

序号	植被群系
1	白扦林
2	臭冷杉林
3	华北落叶松林
4	华北落叶松林和白桦林
5	祁连圆柏林
6	青海云杉林
7	青扦林
8	日本落叶松林
9	西伯利亚落叶松、雪岭云杉林
10	西伯利亚落叶松林
11	雪岭云杉林
12	偃松林
13	鱼鳞云杉、臭冷杉、红皮云杉林
14	鱼鳞云杉林
15	樟子松林
16	樟子松疏林
17	长白落叶松林
18	白皮松林
19	侧柏林
20	赤松林
21	杜松林
22	黑松林

续表

序号	植被群系
23	油松林
24	油松林和刺槐林
25	油松林和辽东栎林
26	红松、春榆、水曲柳林
27	红松、枫桦林
28	红松、落叶阔叶混交林
29	红松、蒙古栎林
30	红松、沙冷杉、落叶阔叶混交林
31	红松、紫椴林

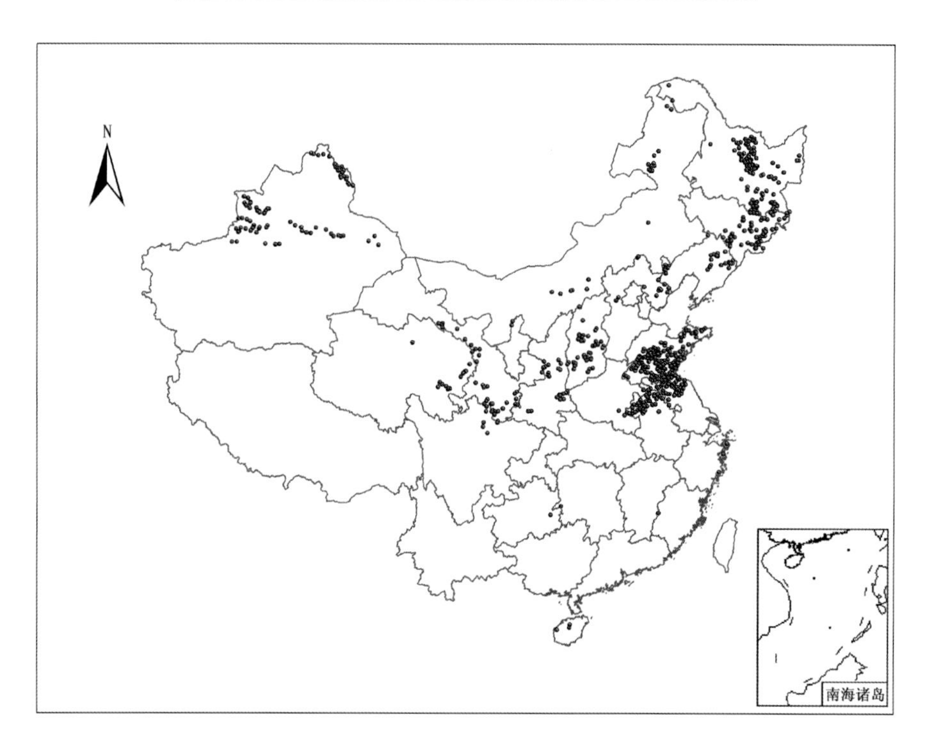

图 8.26　中国温带常绿针叶树种样点的地理分布

二、模型适用性分析

MaxEnt 模型运行需要两组数据：一是模拟对象的地理分布数据；二是全国范围的环境变量，即从全国层次及年尺度确定的决定植物地理分布的 6 个气候因子，即 T_{min}、Q、T_7、T_1、T 和 P。基于 75%训练子集得到的 MaxEnt 模型模拟结果的 AUC 值为 0.92，测试子集的 MaxEnt 模型模拟结果的 AUC 值为 0.93(图 8.27)，都达到了“非常好”的水平，表明 MaxEnt 模型能够很好地对中国温带常绿针叶树种的地理分布与气候因子的关系进行模拟。将模型运行 10 次，以得到较为稳定的平均结果，其 AUC 值为 0.90±0.02。

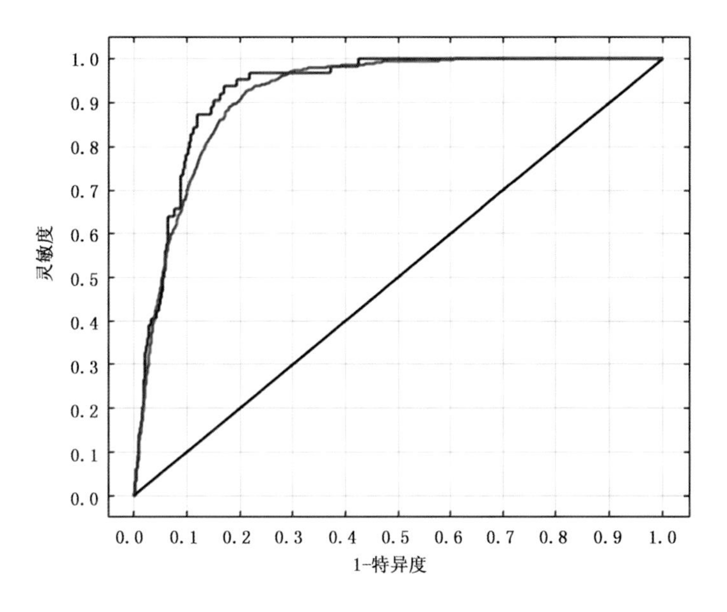

图 8.27　中国温带常绿针叶树种地理分布模拟结果的 ROC 曲线

三、影响因子分析

在百分贡献率和置换重要性中，各气候因子对中国温带常绿针叶树种地理分布影响的排序分别为(表 8.27)：年降水量(P)>年辐射量(Q)>最冷月平均温度(T_1)>年极端最低温度(T_{min})>年均温度(T)>最暖月平均温度(T_7)。由小刀法得分可知各气候因子对中国温带常绿针叶树种地理分布影响的贡献排序为：年降水量(P)>最冷月平均温度(T_1)>年极端最低温度(T_{min})>年均温度(T)>年辐射量(Q)>最暖月平均温度(T_7)(图 8.28)。6 个因子存在着不同的生理生态意义，不宜去除其中任何一个因子。

表 8.27　气候因子的百分贡献率和置换重要性

气候因子	百分贡献率(%)	置换重要性(%)
年降水量(P)	39.3	40.7
年辐射量(Q)	26.1	29.0
最冷月平均温度(T_1)	22.9	11.6
年极端最低温度(T_{min})	4.8	10.1
年均温度(T)	3.8	4.0
最暖月平均温度(T_7)	3.0	4.6

四、气候适宜性划分

基于气候资源保证率原则，利用所建 MaxEnt 模型给出的中国温带常绿针叶树种在待预测地区的存在概率 p，根据中国温带常绿针叶树种地理分布的气候适宜性等级划分，结合 ArcGIS 技术对模型模拟结果进行分类，划分中国温带常绿针叶树种地理分布的气候适宜范围(图 8.29)。结果表明，中国温带常绿针叶树种地理分布的气候适宜区主要位于东北、华北、华东和西北部分地区，向西延伸到了新疆的天山。

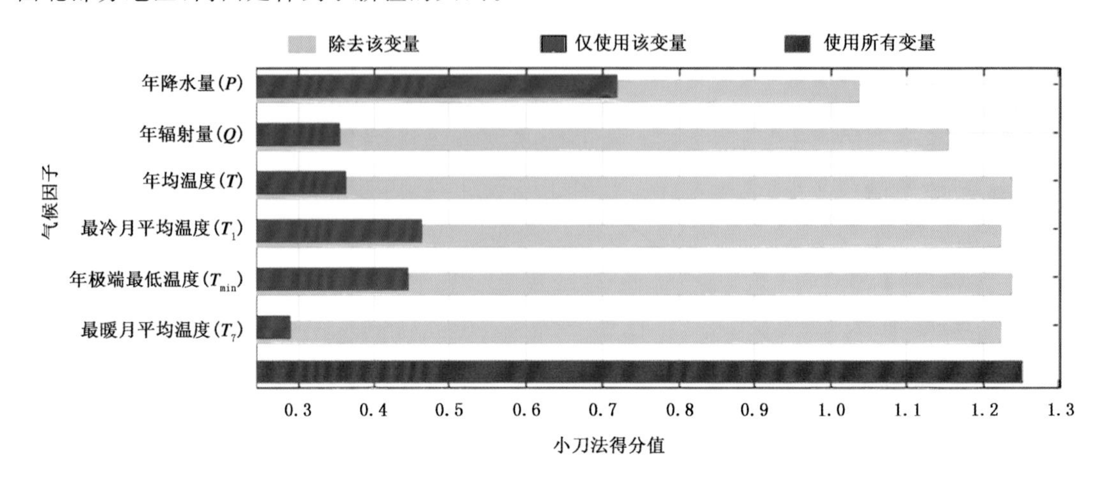

图 8.28　气候因子在小刀法中的得分

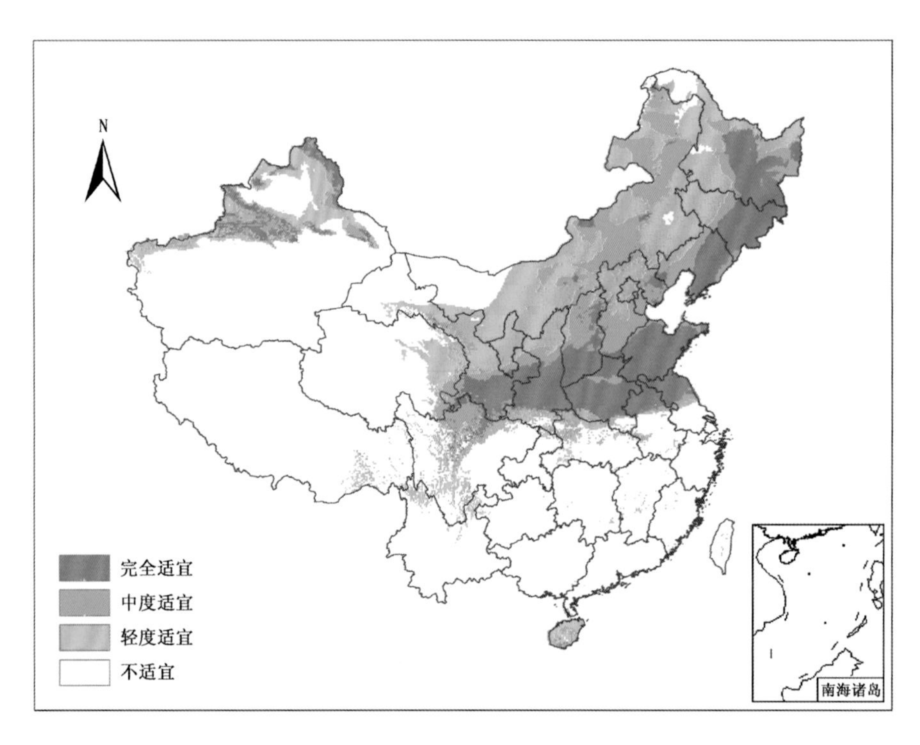

图 8.29　中国温带常绿针叶树种地理分布的气候适宜性

五、影响因子阈值分析

根据 MaxEnt 模型模拟结果得到的中国温带常绿针叶树种存在概率与各气候因子的关系(图 8.30)，可以得到不同气候适宜区各气候因子的阈值(表 8.28)。

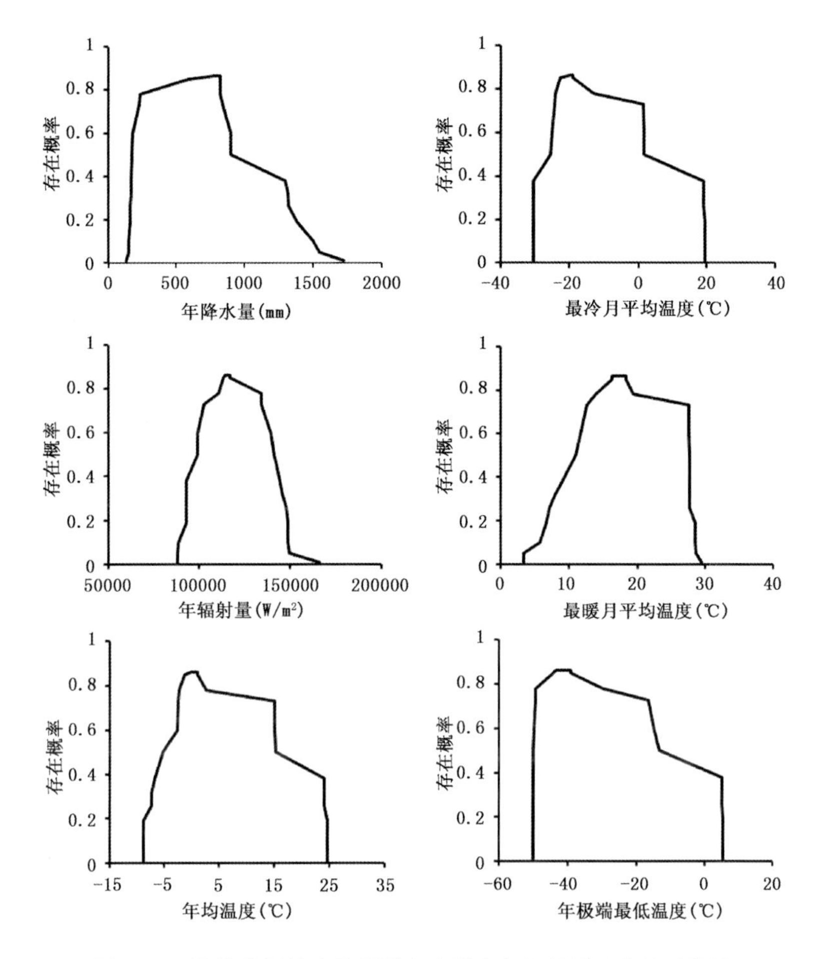

图 8.30　温带常绿针叶种预测存在概率与气候因子的关系曲线

表 8.28　中国温带常绿针叶树种地理分布不同气候适宜区的气候因子阈值

	P(mm)	T_1(℃)	Q(W/m²)	T_7(℃)	T(℃)	T_{min}(℃)
完全适宜区[0.38,1]	147～1547	−30.4～19.6	88487～149975	3.3～28.6	−8.7～24.7	−50.0～5.3
中度适宜区[0.19,0.38)	160～1385	−30.4～19.6	93007～148929	6.6～28.5	−8.7～24.7	−50.0～5.3
轻度适宜区[0.05,0.19)	169～1303	−30.4～19.2	93007～144622	9.0～27.7	−6.7～24.2	−50.0～5.0

六、中国温带常绿针叶树种地理分布动态

与 1961—1990 年相比，1966—1995 年、1971—2000 年、1976—2005 年及 1981—2010 年的中国温带常绿针叶树种地理分布的各气候适宜区均出现北移趋势。而在未来 RCP 4.5 和 RCP 8.5 气候情景下，2011—2040 年中国温带常绿针叶树种地理分布的气候适宜区将出现大幅度西移(图 8.31)。

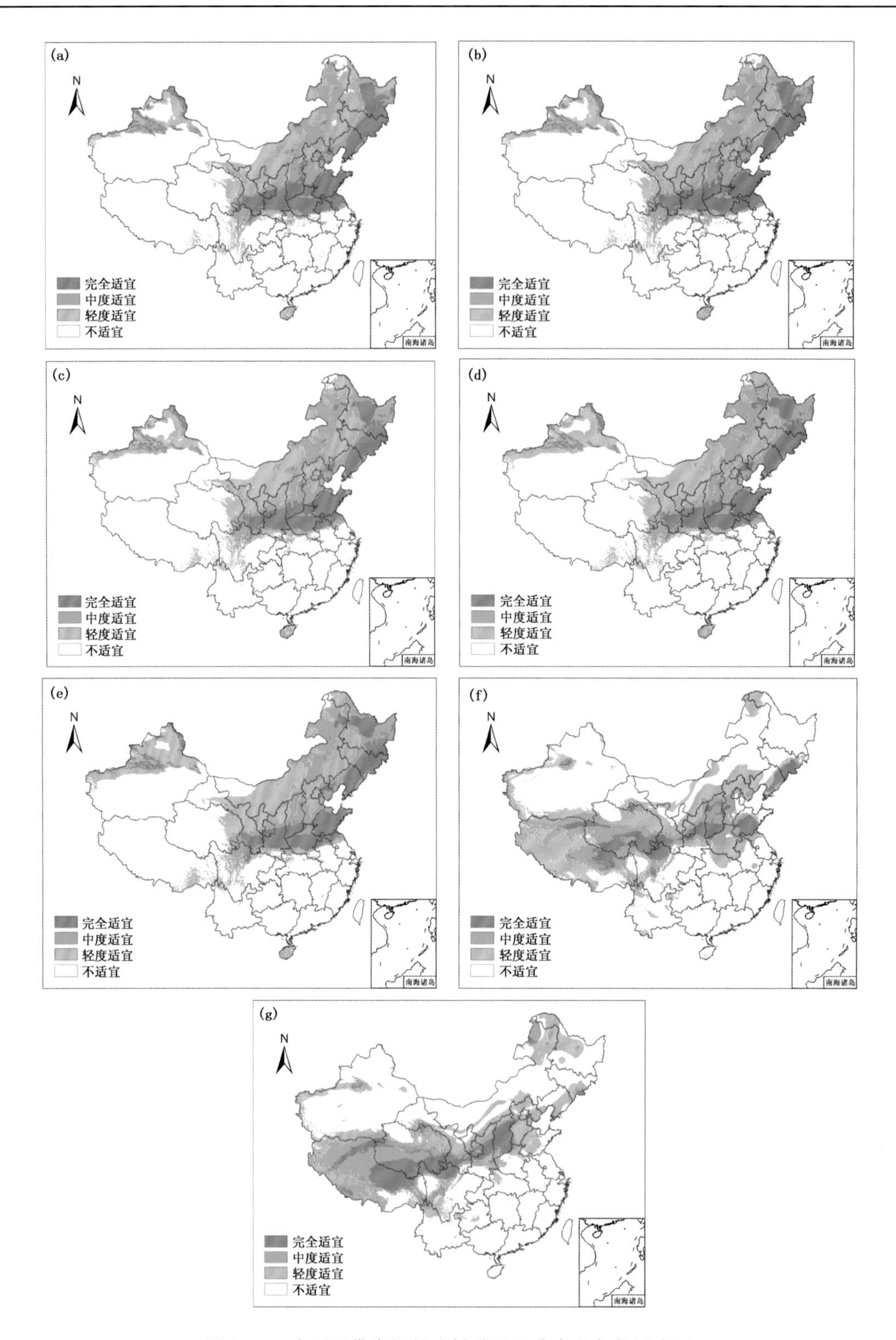

图 8.31　中国温带常绿针叶树种地理分布的气候适宜区

(a)1961—1990 年；(b)1966—1995 年；(c)1971—2000 年；(d)1976—2005 年；(e)1981—2010 年；(f)2011—2040 年 RCP 4.5；(g)2011—2040 年 RCP 8.5

中国温带常绿针叶树种各地理分布气候适宜区在不同时期的分布面积见表 8.29。1961—2010 年中国温带常绿针叶树种地理分布的气候完全适宜区面积随着时间推移呈减小趋势，中度适宜区和轻度适宜区呈增加趋势，不适宜区的面积呈逐渐减小。2011—2040 年（未来 RCP 4.5 和 RCP 8.5 气候情景），中国温带常绿针叶树种地理分布的气候完全适宜区面积明显减小。

表 8.29　不同时期中国温带常绿针叶树种地理分布气候适宜区的面积（单位：10^4 hm^2）

时期	完全适宜区 [0.38,1]	中度适宜区 [0.19,0.38)	轻度适宜区 [0.05,0.19)	不适宜区 [0,0.05)
1961—1990 年	11946	10154	17589	57488
1966—1995 年	11719	11496	17388	56574
1971—2000 年	11013	11828	18110	56226
1976—2005 年	11069	12242	18424	55442
1981—2010 年	10827	11633	19672	55045
2011—2040 年（RCP 4.5）	7645	11023	21864	56645
2011—2040 年（RCP 8.5）	9444	10761	18701	58271

七、中国温带常绿针叶树种对气候变化的适应性与脆弱性

表 8.30 给出了基准期及评估期的中国温带常绿针叶树种地理分布面积及其存在概率变化。基于评估期中国温带常绿针叶树种分布气候适宜区的面积（SR）、自适应性指数（A_l）、脆弱性指数（V）和拓展适应性指数（A_e），可以评价中国温带常绿针叶树种对气候变化的适应性与脆弱性（表 8.31）。

表 8.30　基准期及评估期中国温带常绿针叶树种地理分布面积（单位：10^4 hm^2）及其总的存在概率

<table>
<tr><th colspan="2">研究时期</th><th colspan="6">评估资料</th></tr>
<tr><td rowspan="2">基准期</td><td rowspan="2">1961—1990 年</td><td colspan="3">$S_{ik}+S_{im}$</td><td colspan="3">$S_{ik} \cdot p_{ik}+S_{im} \cdot p_{im}$</td></tr>
<tr><td colspan="3">22100</td><td colspan="3">9251.08</td></tr>
<tr><td rowspan="5">评估期</td><td>评估时段</td><td>S_{jk}</td><td>$S_{jk} \cdot p_{jk}$</td><td>S_{jm}</td><td>$S_{jm} \cdot p_{jm}$</td><td>S_{jl}</td><td>$S_{jl} \cdot p_{jl}$</td></tr>
<tr><td>1966—1995 年</td><td>1763</td><td>422.62</td><td>21452</td><td>9097.27</td><td>648</td><td>97.70</td></tr>
<tr><td>1971—2000 年</td><td>2435</td><td>631.06</td><td>20406</td><td>8482.94</td><td>1694</td><td>227.29</td></tr>
<tr><td>1976—2005 年</td><td>3408</td><td>952.69</td><td>19903</td><td>8319.96</td><td>2197</td><td>281.66</td></tr>
<tr><td>1981—2010 年</td><td>3549</td><td>1028.02</td><td>18911</td><td>7897.18</td><td>3189</td><td>413.50</td></tr>
<tr><td rowspan="2">预测期</td><td>2011—2040 年
（RCP 4.5）</td><td>10824</td><td>3741.90</td><td>7844</td><td>3342.99</td><td>14256</td><td>710.80</td></tr>
<tr><td>2011—2040 年
（RCP 8.5）</td><td>15098</td><td>5716.66</td><td>5107</td><td>2304.32</td><td>16993</td><td>937.66</td></tr>
</table>

表 8.31 中国温带常绿针叶树种对气候变化的适应性与脆弱性评价表

评估时期	评价指标			评价等级	拓展适应性
	SR	A_l	V		A_e
1966—1995 年	0.97	0.98	0.01	中度适应	0.05
1971—2000 年	0.92	0.92	0.02	中度适应	0.07
1976—2005 年	0.90	0.90	0.03	中度适应	0.10
1981—2010 年	0.86	0.85	0.04	轻度适应	0.11
2011—2040 年(RCP 4.5)	0.35	0.36	0.08	中度脆弱	0.40
2011—2040 年(RCP 8.5)	0.23	0.25	0.10	中度脆弱	0.62

以 1961—1990 年为基准期对中国温带常绿针叶树种的适应性与脆弱性评价表明，评估期中国温带常绿针叶树种地理分布呈一定程度的北移趋势，中国温带常绿针叶树种主要表现为中度适应，但未来气候情景下将表现为中度脆弱，中国温带常绿针叶树种的地理分布范围将大幅向西移动。

第六节 北方落叶针叶树种的气候适宜性与脆弱性

一、数据资料

中国北方落叶针叶树种地理分布资料来源于《中华人民共和国植被图(1∶100 万)》。根据北方落叶针叶树种所包括的植被群系组成(表 8.32)，提取植被图中所有类型的分布区，构成中国北方落叶针叶树种地理分布数据集。在 ArcGIS 中，去除面积小于 50 km^2 的较小分布斑块，在剩下的分布斑块中进行随机取点，其中相同斑块内两点间的最短距离不得小于 10 km，可得到中国北方落叶针叶树种地理分布点 267 个(图 8.33)。

表 8.32 中国北方落叶针叶树种的植被群系组成

序号	植被群系
1	西伯利亚红松林和西伯利亚红松、西伯利亚落叶松林
2	西伯利亚落叶松、西伯利亚云杉林
3	兴安落叶松、白桦林
4	兴安落叶松、蒙古栎林
5	兴安落叶松林

二、模型适用性分析

MaxEnt 模型运行需要两组数据：一是模拟对象的地理分布数据；二是全国范围的环境变量，即从全国层次及年尺度确定的决定植物地理分布的 6 个气候因子，即 T_{min}、Q、T_7、T_1、T 和 P。基于 75%训练子集得到的 MaxEnt 模型模拟结果的 AUC 值为 0.98，测试子集的 MaxEnt

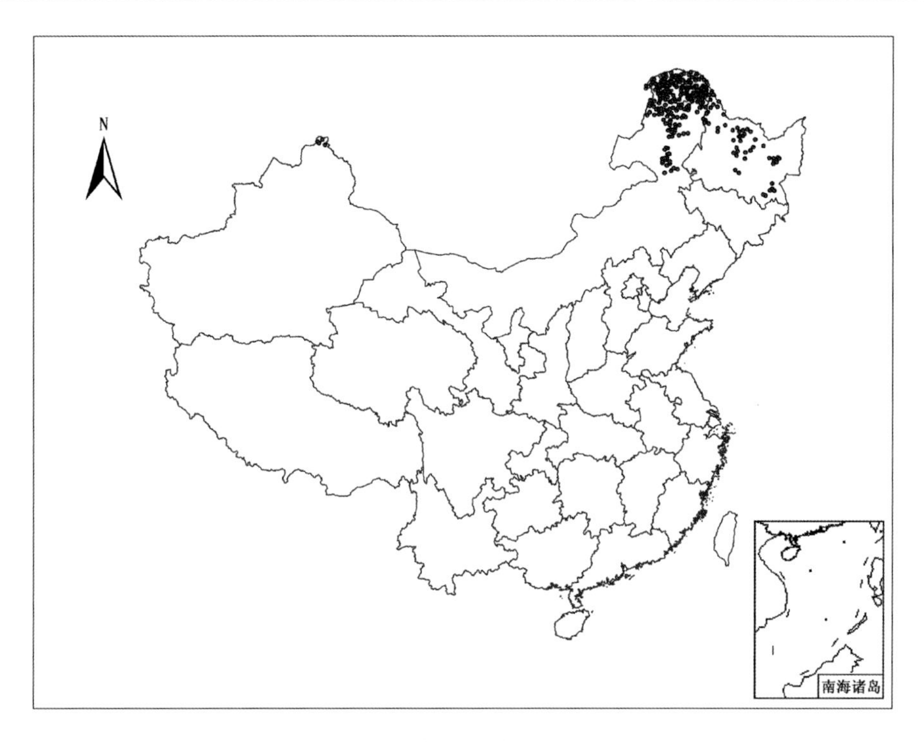

图 8.32　中国北方落叶针叶树种样点的地理分布

模型模拟结果的 AUC 值为 0.98(图 8.33),都达到了"非常好"的水平,表明 MaxEnt 模型能够很好地对中国北方落叶针叶树种的地理分布与气候因子关系进行模拟。将模型运行 10 次,以得到较为稳定的平均结果,其 AUC 值为 0.98±0.00。

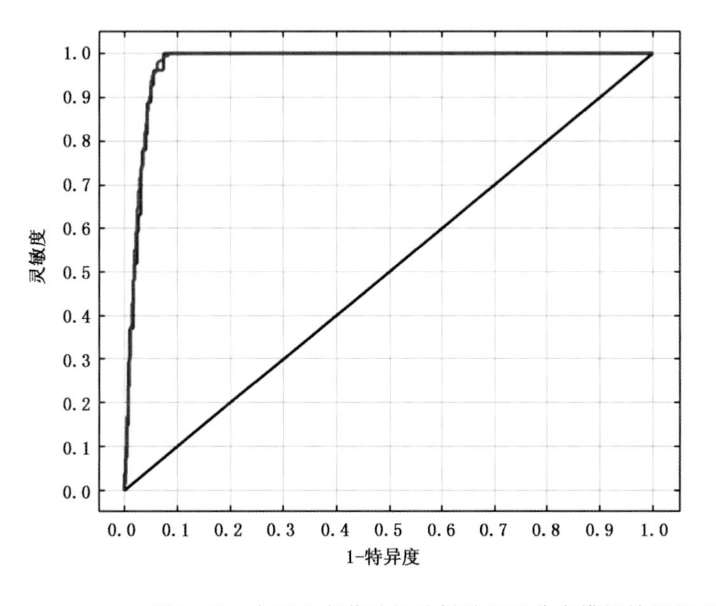

图 8.33　中国北方落叶针叶树种地理分布模拟结果的 ROC 曲线

三、影响因子分析

在百分贡献率和置换重要性中，各气候因子对中国北方落叶针叶树种地理分布影响的排序分别为（表 8.33）：年辐射量(Q)＞最冷月平均温度(T_1)＞年极端最低温度(T_{min})＞最暖月平均温度(T_7)＞年降水量(P)＞年均温度(T)。由小刀法得分可知各气候因子对中国北方落叶针叶树种地理分布影响的贡献排序为：最冷月平均温度(T_1)＞年辐射量(Q)＞年极端最低温度(T_{min})＞最暖月平均温度(T_7)＞年降水量(P)＞年均温度(T)（图 8.34）。6 个因子存在着不同的生理生态意义，不宜去除其中任何一个因子。

表 8.33　气候因子的百分贡献率和置换重要性

气候因子	百分贡献率(%)	置换重要性(%)
年辐射量(Q)	47.0	76.8
最冷月平均温度(T_1)	35.4	3.2
年极端最低温度(T_{min})	10.4	5.1
最暖月平均温度(T_7)	3.3	12.1
年降水量(P)	2.3	1.1
年均温度(T)	1.6	1.7

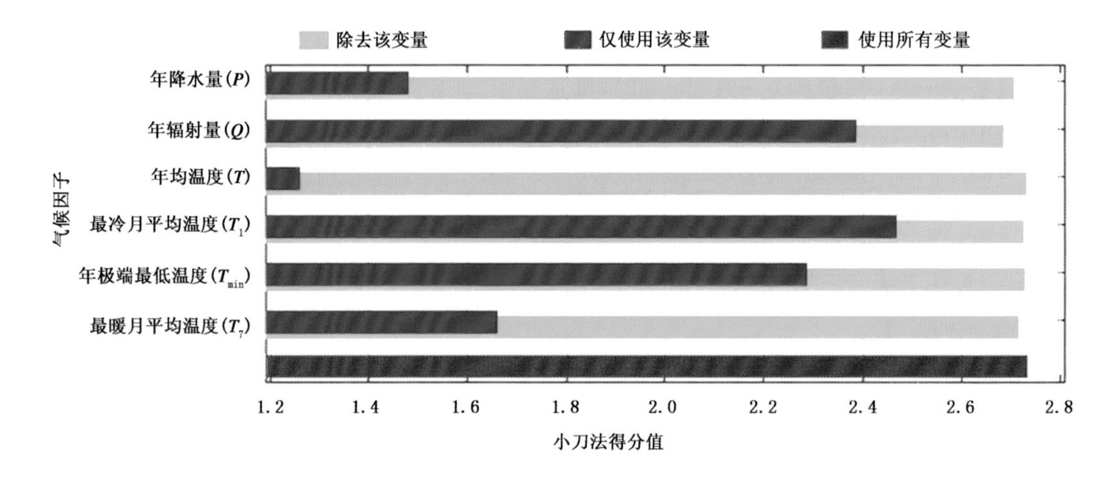

图 8.34　气候因子在小刀法中的得分

四、气候适宜性划分

基于气候资源保证率原则，利用所建 MaxEnt 模型给出的中国北方落叶针叶树种在待预测地区的存在概率 p，根据中国北方落叶针叶树种地理分布的气候适宜性等级划分，结合 ArcGIS 技术对模型模拟结果进行分类，划分中国北方落叶针叶树种地理分布的气候适宜范围（图 8.35）。结果表明，中国北方落叶针叶树种地理分布的气候适宜区主要位于东北地区大兴安岭。

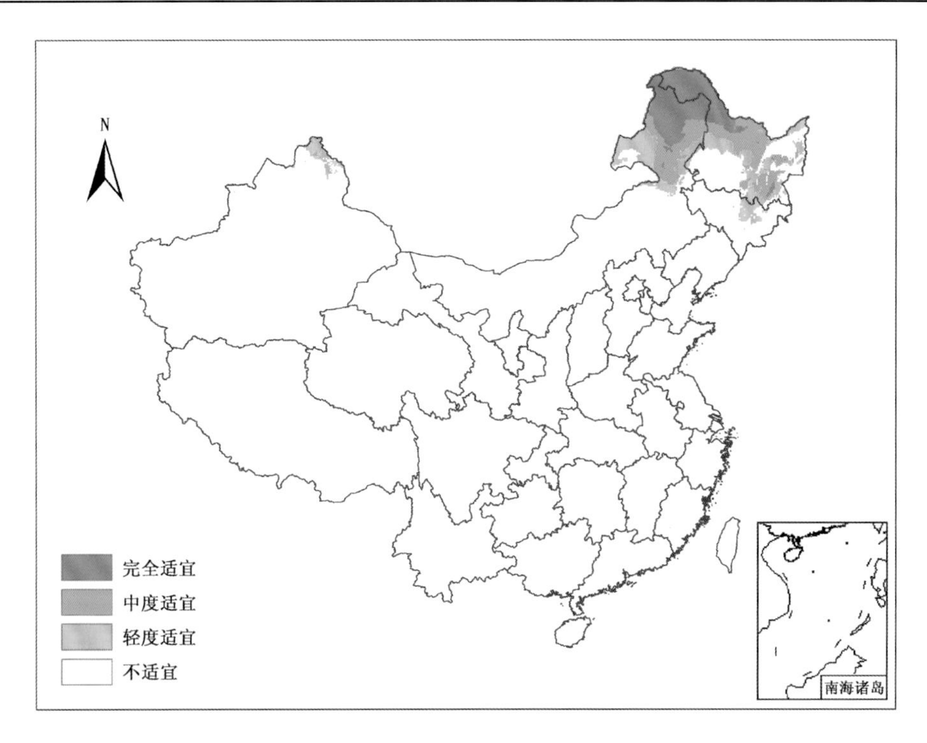

图 8.35　中国北方落叶针叶树种地理分布的气候适宜性

五、影响因子阈值分析

根据 MaxEnt 模型模拟结果得到的中国北方落叶针叶树种存在概率与各气候因子的关系(图 8.36),可以得到不同适宜区各气候因子的阈值(表 8.34)。

表 8.34　中国北方落叶针叶树种地理分布不同气候适宜区的气候因子阈值

	P(mm)	T_1(℃)	Q(W/m²)	T_7(℃)	T(℃)	T_{min}(℃)
完全适宜区[0.38,1]	208～749	−30.4～−16.1	88286～130729	9.4～22.0	−7.1～3.6	−50.0～−34.7
中度适宜区[0.19,0.38)	237～550	−30.4～−18.5	88286～112983	14.3～21.6	−6.0～3.3	−49.8～−36.1
轻度适宜区[0.05,0.19)	372～543	−30.4～−18.5	88657～110788	15.4～21.3	−6.0～2.8	−49.8～−36.6

六、中国北方落叶针叶树种地理分布动态

与 1961—1990 年相比,1966—1995 年、1971—2000 年、1976—2005 年及 1981—2010 年的中国北方落叶针叶树种地理分布的各气候适宜区均出现了南界北移的趋势。而在未来 RCP 4.5 和 RCP 8.5 气候情景下,2011—2040 年中国北方落叶针叶树种地理分布的气候适宜区将大幅度减小(图 8.37)。

中国北方落叶针叶树种各地理分布气候适宜区在不同时期的分布面积见表 8.35。1961—2010 年中国北方落叶针叶树种地理分布的气候完全适宜区、中度适宜区和轻度适宜区的面积随着时间推移均呈减小趋势,不适宜区的面积呈逐渐增大。2011—2040 年(未来 RCP

4.5 和 RCP 8.5 气候情景)，中国北方落叶针叶树种地理分布的气候适宜区面积变化明显，气候完全适宜区和中度适宜区的面积均急剧减小。

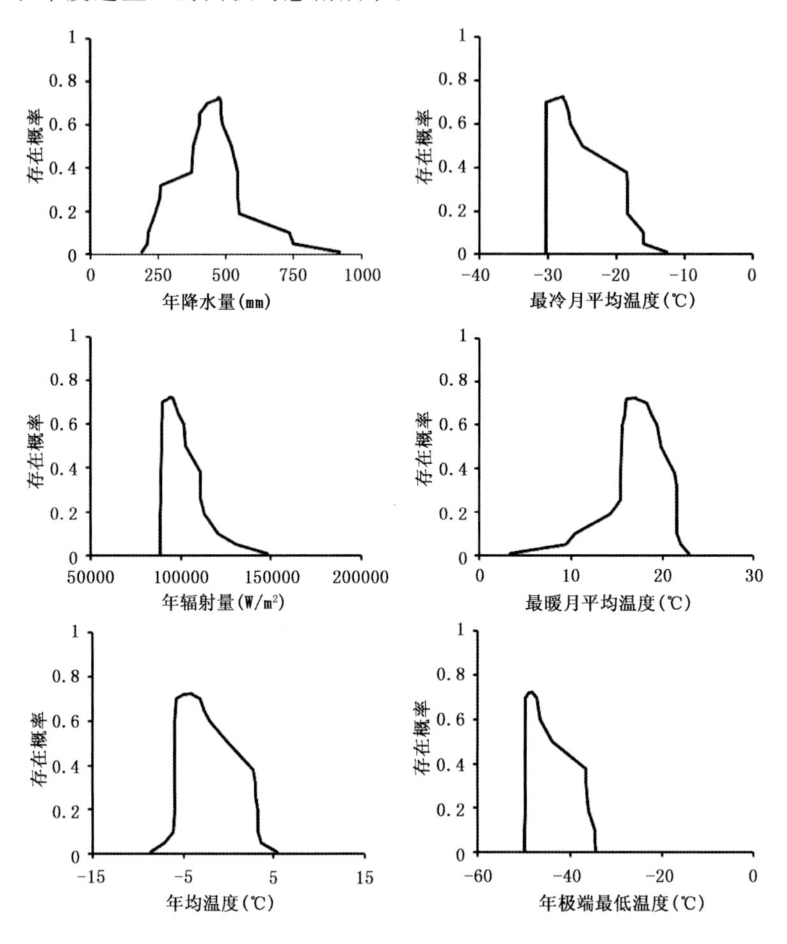

图 8.36　北方落叶针叶树种预测存在概率与气候因子的关系曲线

表 8.35　不同时期中国北方落叶针叶树种地理分布气候适宜区的面积(单位：10^4 hm²)

时期	完全适宜区 [0.38,1]	中度适宜区 [0.19,0.38)	轻度适宜区 [0.05,0.19)	不适宜区 [0,0.05)
1961—1990 年	2169	1995	2173	90840
1966—1995 年	2252	1724	1865	91336
1971—2000 年	2171	1345	1643	92018
1976—2005 年	2098	1406	1671	92002
1981—2010 年	1655	1492	1684	92346
2011—2040 年(RCP 4.5)	257	400	1092	95428
2011—2040 年(RCP 8.5)	230	621	2775	93551

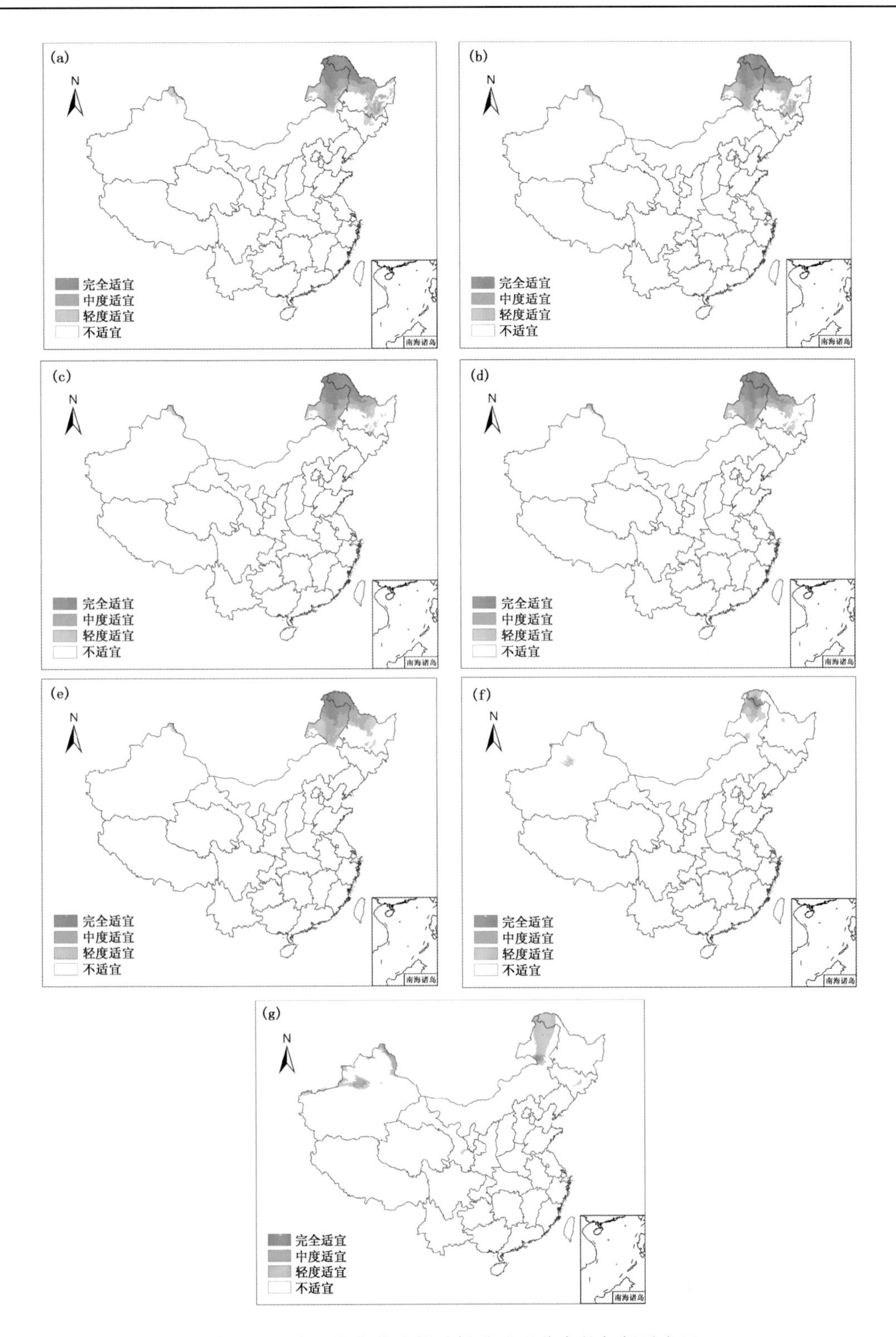

图 8.37 中国北方落叶针叶树种地理分布的气候适宜区

(a)1961—1990 年;(b)1966—1995 年;(c)1971—2000 年;(d)1976—2005 年;(e)1981—2010 年;(f)2011—2040 年 RCP 4.5;(g)2011—2040 年 RCP 8.5

七、中国北方落叶针叶树种对气候变化的适应性与脆弱性

表 8.36 给出了基准期及评估期的中国北方落叶针叶树种地理分布面积及其存在概率变化。基于评估期中国北方落叶针叶树种分布气候适宜区的面积(SR)、自适应性指数(A_l)、脆弱性指数(V)和拓展适应性指数(A_e),可以评价中国北方落叶针叶树种对气候变化的适应性与脆弱性(表 8.37)。

表 8.36　基准期及评估期中国北方落叶针叶树种地理分布面积(单位:10^4 hm^2)及其总的存在概率

研究时期		评估资料					
基准期	1961—1990 年	$S_{ik}+S_{im}$			$S_{ik}\cdot p_{ik}+S_{im}\cdot p_{im}$		
		4164			1743.01		
评估期	评估时段	S_{jk}	$S_{jk}\cdot p_{jk}$	S_{jm}	$S_{jm}\cdot p_{jm}$	S_{jl}	$S_{jl}\cdot p_{jl}$
	1966—1995 年	82	17.20	3894	1719.79	270	30.42
	1971—2000 年	90	18.98	3426	1618.31	738	50.69
	1976—2005 年	88	18.57	3416	1586.84	748	52.12
	1981—2010 年	55	11.47	3092	1297.06	1072	75.65
预测期	2011—2040 年 (RCP 4.5)	51	15.21	606	202.06	3558	138.24
	2011—2040 年 (RCP 8.5)	668	218.62	183	65.17	3981	242.01

表 8.37　中国北方落叶针叶树种对气候变化的适应性与脆弱性评价

评估时期	评价指标			评价等级	拓展适应性
	SR	A_l	V		A_e
1966—1995 年	0.94	0.99	0.02	中度适应	0.01
1971—2000 年	0.82	0.93	0.03	轻度适应	0.01
1976—2005 年	0.82	0.91	0.03	轻度适应	0.01
1981—2010 年	0.74	0.74	0.04	轻度脆弱	0.01
2011—2040 年 (RCP 4.5)	0.15	0.12	0.08	中度脆弱	0.01
2011—2040 年 (RCP 8.5)	0.04	0.04	0.14	完全脆弱	0.13

以 1961—1990 年为基准期对中国北方落叶针叶树种的适应性与脆弱性评价表明,评估期中国北方落叶针叶树种地理分布呈南界北移趋势,分布面积缩小,中国北方落叶针叶树种由中度适应逐渐变为轻度脆弱,未来气候情景下将表现为中度脆弱(未来 RCP 4.5 气候情景)和完全脆弱(未来 RCP 8.5 气候情景),中国北方落叶针叶树种的地理分布范围将大幅度减小。

第七节　山地寒温性针叶树种的气候适宜性与脆弱性

一、数据资料

中国山地寒温性针叶树种地理分布资料来源于《中华人民共和国植被图(1∶100 万)》。根据山地寒温性针叶树种包括的植被群系组成(表 8.38),提取植被图中所有类型的分布区,构成中国山地寒温性针叶树种地理分布数据集。在 ArcGIS 中,去除面积小于 10 km^2 的小分布斑块,在剩下的分布斑块中进行随机取点,其中相同斑块内两点间的最短距离不得小于 10 km,可得到中国山地寒温性针叶树种地理分布点 594 个(图 8.38)。

表 8.38　中国山地寒温性针叶树种的群系组成

序号	植被群系
1	巴山冷杉林
2	苍山冷杉林
3	川滇冷杉林
4	川西云杉林
5	川西云杉林和大果圆柏林
6	大果红杉林
7	大果圆柏林
8	方枝园柏林
9	高山松林
10	红杉林
11	急尖长苞冷杉林
12	冷衫林
13	丽江云杉林
14	林芝云杉林
15	林芝云杉林和急尖长苞冷杉林
16	鳞皮冷杉林
17	麦吊杉林
18	密枝圆柏林
19	岷江冷杉林
20	墨脱冷杉林
21	乔松林
22	台湾冷杉林
23	台湾铁杉、台湾云杉林
24	太白红衫林
25	喜马拉雅冷杉林
26	亚东冷杉、西藏云杉林

续表

序号	植被群系
27	玉山圆柏林
28	云南铁杉林
29	云杉林
30	长苞冷杉林
31	紫果云杉林
32	紫果云杉林和云杉林
33	铁杉、阔叶混交林
34	铁杉、槭、桦林
35	云南铁杉、滇木荷林
36	云南铁杉、高山栎林
37	云南铁杉、水青树林

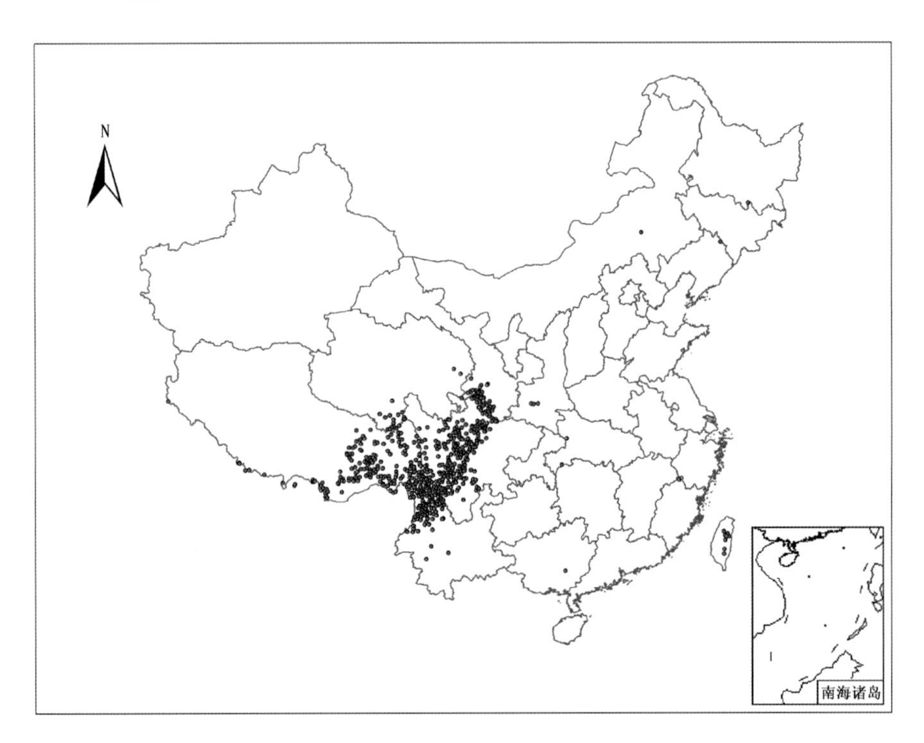

图 8.38 中国山地寒温性针叶树种样点的地理分布

二、模型适用性分析

MaxEnt 模型运行需要两组数据：一是模拟对象的地理分布数据；二是全国范围的环境变量，即从全国层次及年尺度确定的决定植物地理分布的 6 个气候因子，即 T_{min}、Q、T_7、T_1、T 和 P。基于 75%训练子集得到的 MaxEnt 模型模拟结果的 AUC 值为 0.95，测试子集的 MaxEnt 模型模拟结果的 AUC 值为 0.95(图 8.39)，都达到了“非常好”的水平，表明 MaxEnt 模型能够很好地对中国山地寒温性针叶树种的地理分布与气候因子的关系进行模拟。将模型运行10次，以得到较为稳定的平均结果，其AUC值为0.94±0.01。

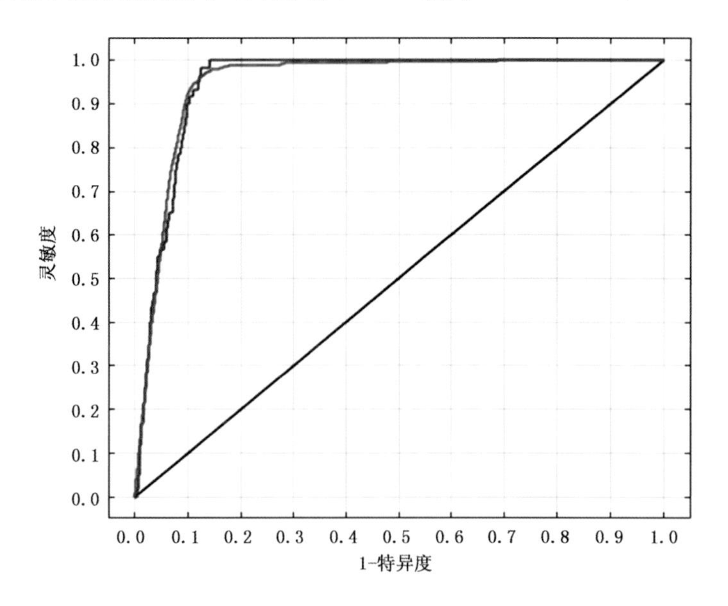

图 8.39　中国山地寒温性针叶树种地理分布模拟结果的ROC曲线

三、影响因子分析

在百分贡献率和置换重要性中，各气候因子对中国山地寒温性针叶树种地理分布影响的排序分别为(表8.39)：最暖月平均温度(T_7)＞最冷月平均温度(T_1)＞年降水量(P)＞年辐射量(Q)＞年均温度(T)＞年极端最低温度(T_{min})。由小刀法得分可知各气候因子对山地寒温性针叶树种地理分布影响的贡献排序为：年辐射量(Q)＞最暖月平均温度(T_7)＞年降水量(P)＞最冷月平均温度(T_1)＞年极端最低温度(T_{min})＞年均温度(T)(图8.40)。6个因子在不同的评价方法中存在着不同的表现。因此，不宜去除其中任何一个因子。

表 8.39　气候因子的百分贡献率和置换重要性

气候因子	百分贡献率(%)	置换重要性(%)
最暖月平均温度(T_7)	38.6	39.6
最冷月平均温度(T_1)	28.9	9.3
年降水量(P)	19.4	34.9
年辐射量(Q)	8.6	4.4
年均温度(T)	2.5	3.4
年极端最低温度(T_{min})	2.0	8.4

四、气候适宜性划分

基于气候资源保证率原则，利用所建MaxEnt模型给出的中国山地寒温性针叶树种在待预测地区的存在概率p，根据中国山地寒温性针叶树种地理分布的气候适宜性等级划分，结合

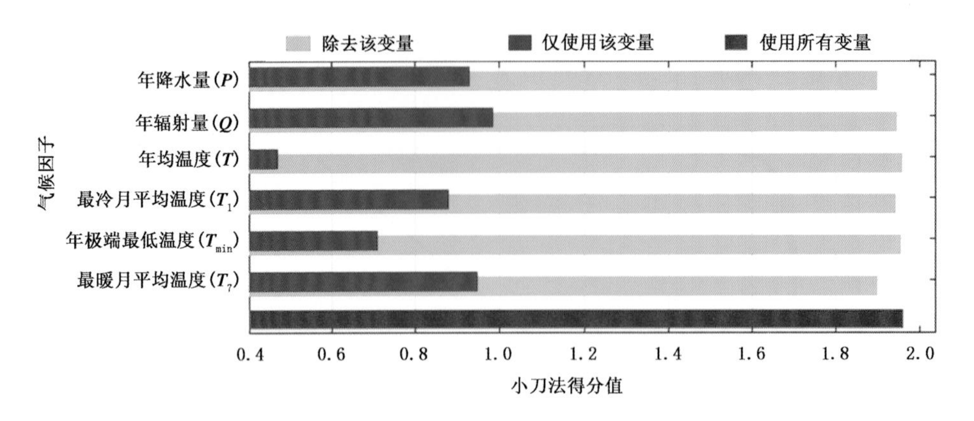

图 8.40　气候因子在小刀法中的得分

ArcGIS 技术对模型模拟结果进行分类，划分中国山地寒温性针叶树种地理分布的气候适宜范围(图 8.41)。结果表明，中国山地寒温性针叶树种地理分布的气候适宜区主要位于西北地区。

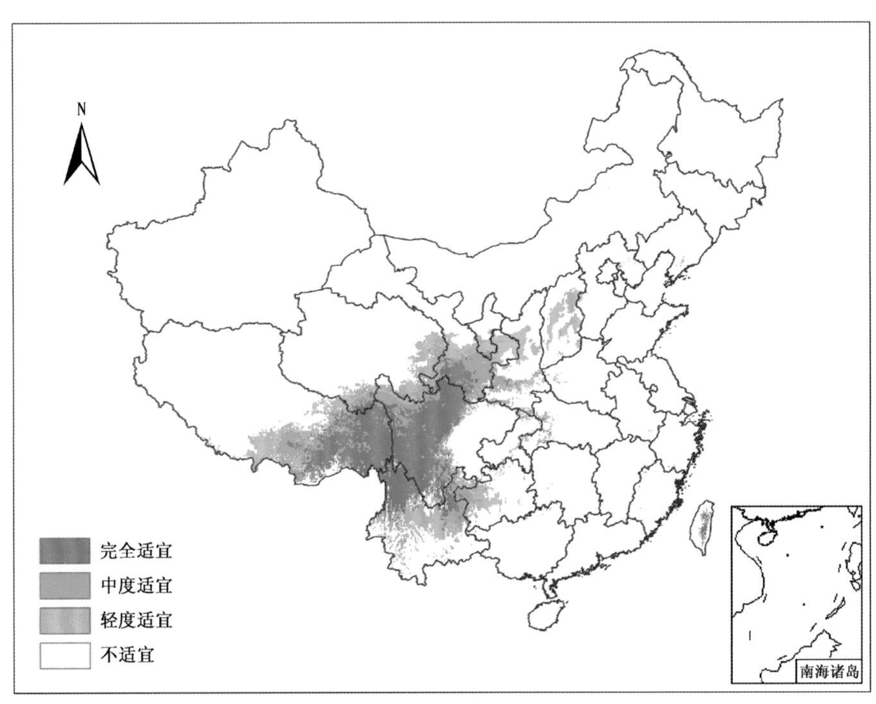

图 8.41　中国山地寒温性针叶树种地理分布的气候适宜性

五、影响因子阈值分析

根据 MaxEnt 模型模拟结果得到的中国山地寒温性针叶树种存在概率与各气候因子的关系(图 8.42)，可以得到不同气候适宜区各气候因子的阈值(表 8.40)。

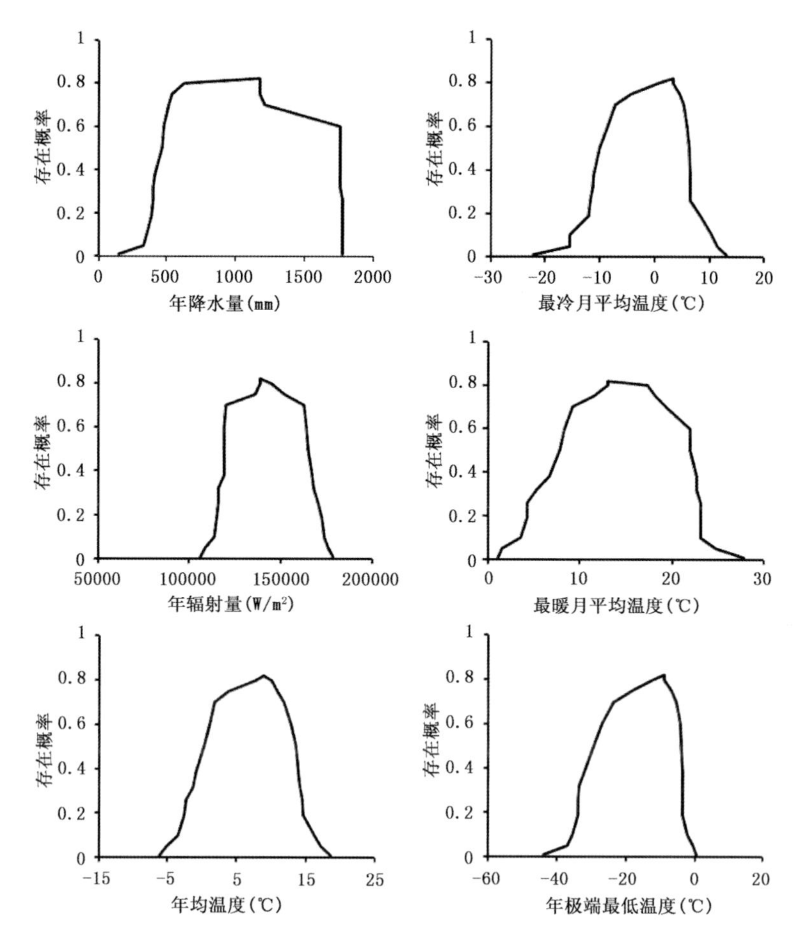

图 8.42　山地寒温性针叶树种预测存在概率与气候因子的关系曲线

表 8.40　中国山地寒温性针叶树种地理分布不同气候适宜区的气候因子阈值

	P(mm)	T_1(℃)	Q(W/m²)	T_7(℃)	T(℃)	T_{min}(℃)
完全适宜区[0.38,1]	331～1775	－15.4～11.5	108941～175545	1.6～24.7	－5.0～17.3	－36.7～－0.6
中度适宜区[0.19,0.38)	389～1775	－12.0～8.4	114966～172177	4.3～23.0	－2.5～14.7	－33.8～－3.5
轻度适宜区[0.05,0.19)	418～1760	－11.1～6.4	119082～166765	6.7～22.6	－0.8～14.0	－32.1～－3.5

六、中国山地寒温性针叶树种地理分布动态

与 1961—1990 年相比，1966—1995 年、1971—2000 年、1976—2005 年及 1981—2010 年的中国山地寒温性针叶树种地理分布的各气候适宜区均出现向西北迁移的趋势。在未来 RCP 4.5 和 RCP 8.5 气候情景下，2011—2040 年中国山地寒温性针叶树种地理分布的气候适宜区表现出明显的向西迁移(图 8.43)。

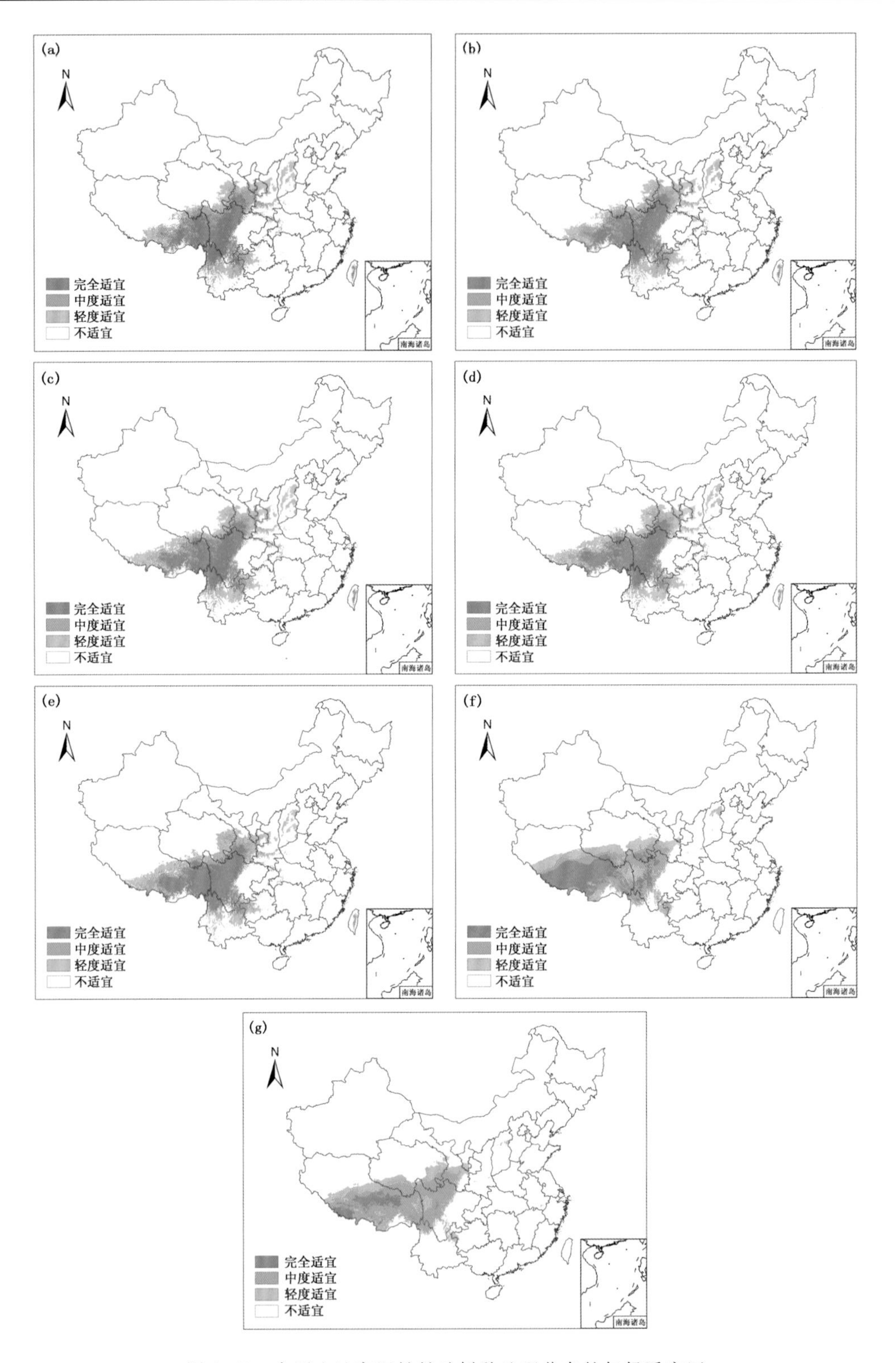

图 8.43　中国山地寒温性针叶树种地理分布的气候适宜区

(a)1961—1990 年;(b)1966—1995 年;(c)1971—2000 年;(d)1976—2005 年;(e)1981—2010 年;(f)2011—2040 年 RCP 4.5;(g)2011—2040 年 RCP 8.5

中国山地寒温性针叶树种地理分布的各气候适宜区在不同时期的分布面积见表8.41。1961—2010年中国山地寒温性针叶树种地理分布的气候完全适宜区面积随着时间推移呈增加趋势，中度适宜区面积呈减小趋势，而轻度适宜区面积出现先增后减的波动趋势。2011—2040年（未来RCP 4.5和RCP 8.5气候情景），中国山地寒温性针叶树种地理分布的气候适宜区面积变化明显，气候完全适宜区和轻度适宜区的面积明显减小，中度适宜区面积增大。

表8.41 不同时期中国山地寒温性针叶树种地理分布气候适宜区的面积（单位：10^4 hm^2）

时期	完全适宜区 [0.38,1]	中度适宜区 [0.19,0.38)	轻度适宜区 [0.05,0.19)	不适宜区 [0,0.05)
1961—1990年	5552	2872	5255	83498
1966—1995年	5667	2573	5471	83466
1971—2000年	5991	2511	5772	82903
1976—2005年	6133	2535	5700	82809
1981—2010年	6327	2681	5215	82954
2011—2040年(RCP 4.5)	5256	4776	4216	82929
2011—2040年(RCP 8.5)	1832	7182	3843	84320

七、中国山地寒温性针叶树种对气候变化的适应性与脆弱性

表8.42给出了基准期及评估期的中国山地寒温性针叶树种地理分布面积及其存在概率变化。基于评估期中国山地寒温性针叶树种分布气候适宜区的面积（SR）、自适应性指数（A_l）、脆弱性指数（V）和拓展适应性指数（A_e），可以评价中国山地寒温性针叶树种对气候变化的适应性与脆弱性（表8.43）。

表8.42 基准期及评估期中国山地寒温性针叶树种地理分布面积（单位：10^4 hm^2）及其总的存在概率

研究时期		评估资料					
基准期	1961—1990年	$S_{ik}+S_{im}$			$S_{ik}\cdot p_{ik}+S_{im}\cdot p_{im}$		
		8424			3758.54		
评估期	评估时段	S_{jk}	$S_{jk}\cdot p_{jk}$	S_{jm}	$S_{jm}\cdot p_{jm}$	S_{jl}	$S_{jl}\cdot p_{jl}$
	1966—1995年	185	42.36	8055	3686.22	369	56.69
	1971—2000年	558	142.86	7944	3727.49	480	66.92
	1976—2005年	846	232.03	7822	3729.26	602	81.10
	1981—2010年	1405	403.64	7603	3704.31	821	108.96
预测期	2011—2040年(RCP 4.5)	4806	2047.42	5226	1829.41	3198	231.94
	2011—2040年(RCP 8.5)	4087	1461.12	4927	1435.60	3497	237.15

表 8.43 中国山地寒温性针叶树种对气候变化的适应性与脆弱性评价

评估时期	评价指标			评价等级	拓展适应性
	SR	A_l	*V*		A_e
1966—1995 年	0.96	0.98	0.02	中度适应	0.01
1971—2000 年	0.94	0.99	0.02	中度适应	0.04
1976—2005 年	0.93	0.99	0.02	中度适应	0.06
1981—2010 年	0.90	0.99	0.03	中度适应	0.11
2011—2040 年 (RCP 4.5)	0.62	0.49	0.06	轻度脆弱	0.54
2011—2040 年 (RCP 8.5)	0.58	0.38	0.06	轻度脆弱	0.39

以 1961—1990 年为基准期对中国山地寒温性针叶树种的适应性与脆弱性评价表明，评估期中国山地寒温性针叶树种地理分布呈向西北移动趋势，中国山地寒温性针叶树种处于中度适应，未来气候情景下均将表现为轻度脆弱，中国山地寒温性针叶树种的地理分布范围有明显变化。

第九章　中国灌木植物功能型的气候适宜性与脆弱性

根据中国独特的季风气候和青藏高原特征下植物所需的温度条件、水分条件和植物的冠层特征(地上植物体的寿命、叶片寿命和叶片类型)进行植物功能型的划分,给出了6类灌木植物功能型。现针对这6类灌木植物功能型,逐一分析其气候适宜性与脆弱性。在此,采用与热带常绿树种同样的分析方法与气象资料,分析中国灌木植物功能型的气候适宜性与脆弱性。

第一节　温带落叶阔叶灌木的气候适宜性与脆弱性

一、数据资料

中国温带落叶阔叶灌木地理分布资料来源于《中华人民共和国植被图(1∶100万)》。根据温带落叶阔叶灌木包括的植被群系组成(表9.1),提取植被图中所有类型的分布区,构成中国温带落叶阔叶灌木地理分布数据集。在ArcGIS中,去除面积小于10 km^2的小分布斑块,在剩下的分布斑块中进行随机取点,其中相同斑块内两点间的最短距离不得小于10 km,可得到中国温带落叶阔叶灌木地理分布点640个(图9.1)。

表9.1　中国温带落叶阔叶灌木的群系组成

序号	植被群系
1	白刺花灌丛
2	柽柳灌丛
3	川青锦鸡儿灌丛
4	丁香灌丛
5	多枝柽柳灌丛
6	二色胡枝子灌丛
7	胡颓子、柳灌丛
8	胡颓子灌丛
9	虎榛子灌丛
10	虎榛子灌丛和沙棘灌丛
11	虎榛子灌丛和绣线菊灌丛
12	黄栌灌丛
13	锦鸡儿灌丛
14	荆条、酸枣灌丛
15	柳灌丛

续表

序号	植被群系
16	蒙古扁桃灌丛
17	柠条灌丛
18	蔷薇、栒子灌丛
19	秦岭小蘗灌丛
20	沙棘灌丛
21	沙棘灌丛和虎榛子灌丛
22	沙棘灌丛和蒌蒿、禾草草原
23	沙棘灌丛和蔷薇、栒子灌丛
24	山荆子、稠李灌丛
25	山杏灌丛
26	水柏枝灌丛
27	水栒子灌丛
28	小叶锦鸡儿灌丛
29	绣线菊灌丛
30	野皂荚灌丛
31	榛子灌丛
32	中间锦鸡儿灌丛
33	藨草草甸
34	大穗结缕草草甸
35	含白刺、柽柳的芦苇、大花野麻草甸
36	含半灌木的芦苇草甸
37	含多枝柽柳的拂子茅草甸
38	含胡杨的獳子茅草甸
39	含灰杨的獳子茅草甸
40	含灰杨的花花柴草甸
41	含小獐茅的花花柴草甸
42	含杨树的芦苇草甸
43	花花柴草甸
44	芨芨草草甸
45	芨芨草草甸和芦苇草甸
46	碱蓬、剪刀股草甸
47	碱蓬草甸
48	苦豆子、大花野麻、胀果甘草、骆驼刺、花花柴草甸
49	苦豆子草甸
50	赖草草甸
51	芦苇草甸

续表

序号	植被群系
52	芦苇草甸和多枝柽柳柳荒漠
53	芦苇草甸和刚毛柽柳荒漠
54	芦苇草甸和水柏枝灌丛
55	罗布麻草甸
56	马蔺、禾草、杂类草草甸
57	疏叶骆驼刺草甸
58	小獐茅草原
59	盐地碱蓬、盐角草草甸
60	盐爪爪、碱草草甸
61	羊草、碱茅草甸
62	杂类草草甸
63	胀果甘草草甸
64	芦苇沼泽

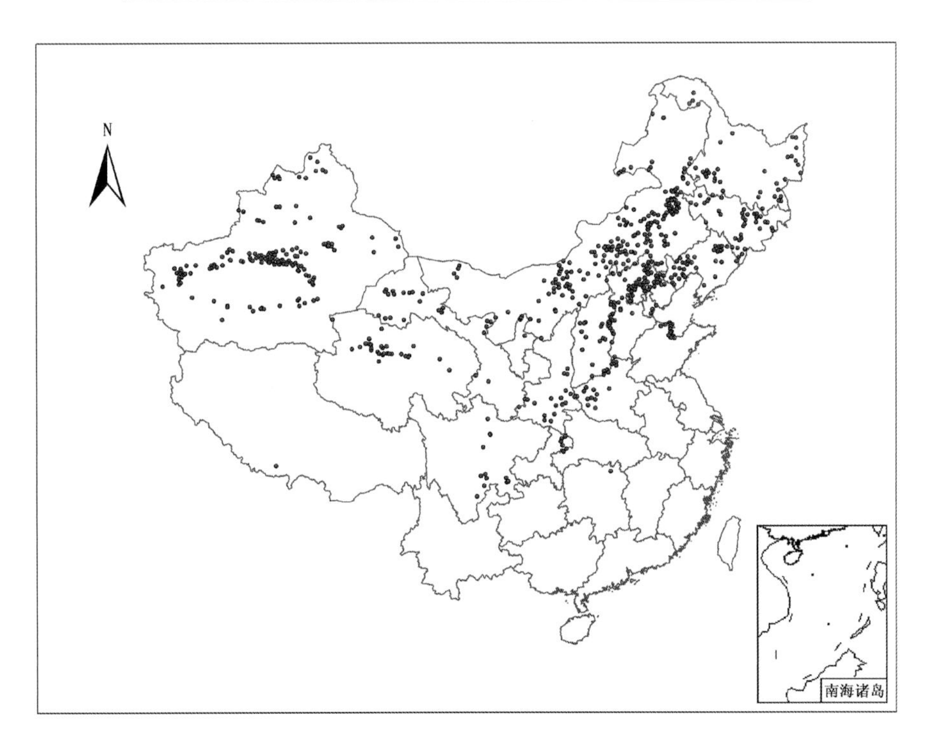

图 9.1　中国温带落叶阔叶灌木样点的地理分布

二、模型适用性分析

MaxEnt 模型运行需要两组数据：一是模拟对象的地理分布数据；二是全国范围的环境变量，即从全国层次及年尺度确定的决定植物地理分布的 6 个气候因子，即 T_{min}、Q、T_7、T_1、T 和

P。基于75%训练子集得到的MaxEnt模型模拟结果的AUC值为0.87,测试子集的MaxEnt模型模拟结果的AUC值为0.83(图9.2),都达到了"好"的水平,表明MaxEnt模型能够很好地对中国温带落叶阔叶灌木的地理分布与气候因子的关系进行模拟。将模型运行10次,以得到较为稳定的平均结果,其AUC值为0.84±0.02。

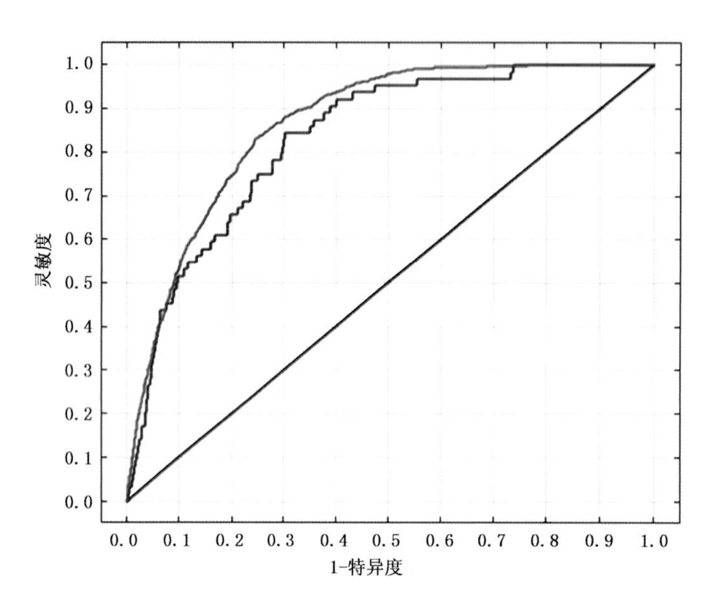

图9.2　中国温带落叶阔叶灌木地理分布模拟结果的ROC曲线

三、影响因子分析

在百分贡献率和置换重要性中,各气候因子对中国温带落叶阔叶灌木地理分布影响的排序分别为(表9.2):最暖月平均温度(T_7)>年均温度(T)>最冷月平均温度(T_1)>年辐射量(Q)>年极端最低温度(T_{min})>年降水量(P)。由小刀法得分可知,各气候因子对温带落叶阔叶灌木地理分布影响的贡献排序为:最暖月平均温度(T_7)>年均温度(T)>年辐射量(Q)>最冷月平均温度(T_1)>年极端最低温度(T_{min})>年降水量(P)(图9.3)。6个因子在不同的评价方法中存在着不同的表现,且生理生态意义不同。因此,不宜去除其中任何一个因子。

表9.2　气候因子的百分贡献率和置换重要性

气候因子	百分贡献率(%)	置换重要性(%)
最暖月平均温度(T_7)	32.7	40.0
年均温度(T)	31.6	6.5
最冷月平均温度(T_1)	13.1	23.1
年辐射量(Q)	13.0	9.5
年极端最低温度(T_{min})	6.0	13.1
年降水量(P)	3.7	7.9

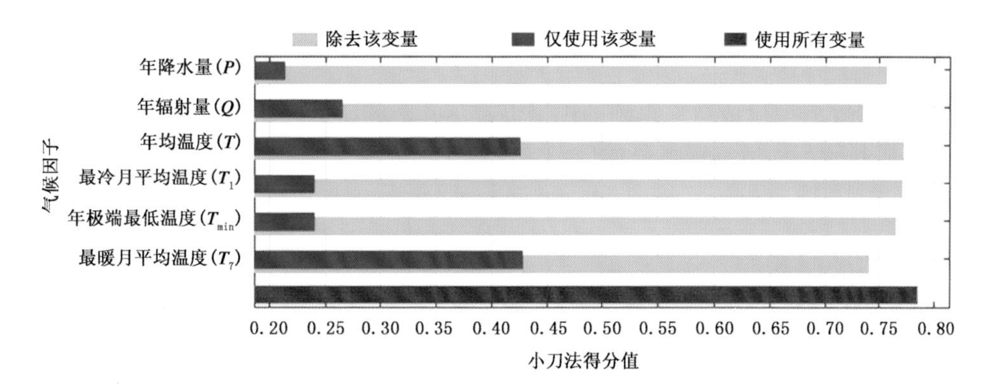

图 9.3　气候因子在小刀法中的得分

四、气候适宜性划分

基于气候资源保证率原则，利用所建 MaxEnt 模型给出的中国温带落叶阔叶灌木在待预测地区的存在概率 p，根据中国温带落叶阔叶灌木地理分布的气候适宜性等级划分，结合 ArcGIS 技术对模型模拟结果进行分类，划分中国温带落叶阔叶灌木地理分布的气候适宜范围（图 9.4）。结果表明，中国温带落叶阔叶灌木地理分布的气候适宜区包括东北、华北、华东、西北等地区。

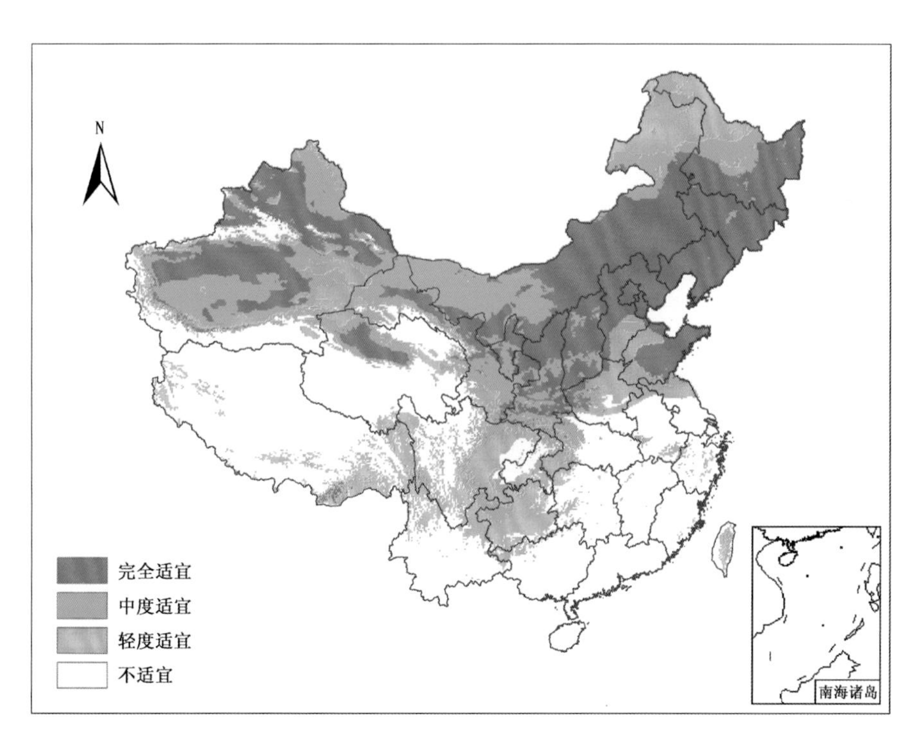

图 9.4　中国温带落叶阔叶灌木地理分布的气候适宜性

五、影响因子阈值分析

根据 MaxEnt 模型模拟结果得到的中国温带落叶阔叶灌木存在概率与各气候因子的关系(图 9.5),可以得到不同适宜区各气候因子的阈值(表 9.3)。

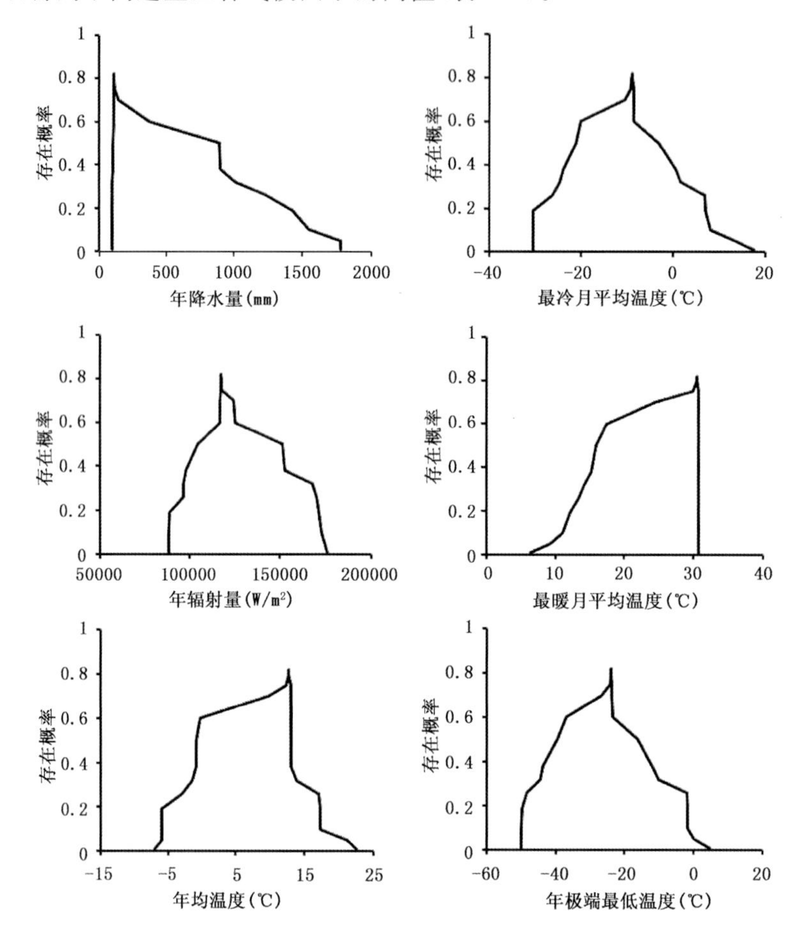

图 9.5 温带落叶阔叶灌木预测存在概率与候因子的关系曲线

表 9.3 中国温带落叶阔叶灌木地理分布不同气候适宜区的气候因子阈值

	P(mm)	T_1(℃)	Q(W/m²)	T_7(℃)	T(℃)	T_{min}(℃)
完全适宜区[0.38,1]	95～1775	−30.4～13.8	88286～174375	9.3～30.7	−6.0～21.3	−50.0～0.2
中度适宜区[0.19,0.38)	97～1432	−30.4～7.2	88391～171181	12.1～30.7	−6.0～17.3	−49.8～−1.8
轻度适宜区[0.05,0.19)	100～897	−23.9～0.7	97966～152684	15.3～30.7	−0.8～13.1	−43.9～−11.9

六、中国温带落叶阔叶灌木地理分布动态

与 1961—1990 年相比,1966—1995 年、1971—2000 年、1976—2005 年及 1981—2010 年的中国温带落叶阔叶灌木地理分布的气候完全适宜区均出现北移和西扩的趋势。而在未来

RCP 4.5 和 RCP 8.5 气候情景下,2011—2040 年中国温带落叶阔叶灌木地理分布的气候适宜区主体将移至西部(图 9.6)。

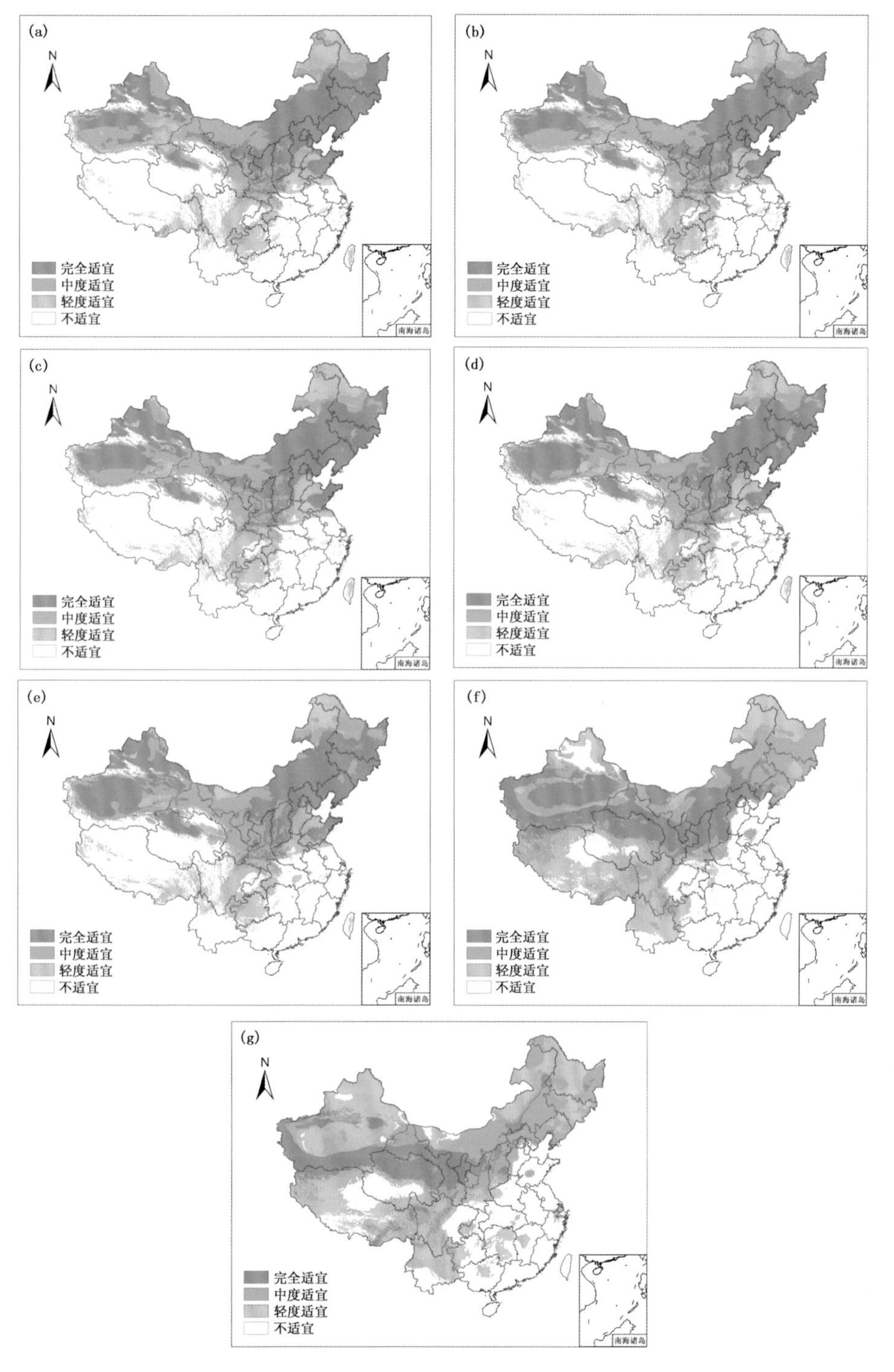

图 9.6 中国温带落叶阔叶灌木地理分布的气候适宜区

(a)1961—1990 年;(b)1966—1995 年;(c)1971—2000 年;(d)1976—2005 年;(e)1981—2010 年;(f)2011—2040 年 RCP 4.5;(g)2011—2040 年 RCP 8.5

中国温带落叶阔叶灌木地理分布的各气候适宜区在不同时期的分布面积见表 9.4。1961—2010 年中国温带落叶阔叶灌木地理分布的气候完全适宜区面积随着时间推移呈增大趋势，中度适宜区呈减小趋势。2011—2040 年(未来 RCP 4.5 和 RCP 8.5 气候情景)，中国温带落叶阔叶灌木地理分布的气候适宜区面积变化明显，气候适宜区总面积增加，气候完全适宜区的面积减小。

表 9.4 不同时期中国温带落叶阔叶灌木地理分布气候适宜区的面积(单位：10^4 hm^2)

时期	完全适宜区 [0.38,1]	中度适宜区 [0.19,0.38)	轻度适宜区 [0.05,0.19)	不适宜区 [0,0.05)
1961—1990 年	26072	16559	16209	38337
1966—1995 年	25832	16835	15531	38979
1971—2000 年	26860	15661	15380	39276
1976—2005 年	27215	15323	15519	39120
1981—2010 年	27388	15783	16006	38000
2011—2040 年(RCP 4.5)	24594	22589	22061	27933
2011—2040 年(RCP 8.5)	15920	21994	31353	27910

七、中国温带落叶阔叶灌木对气候变化的适应性与脆弱性

表 9.5 给出了基准期及评估期的中国温带落叶阔叶灌木地理分布面积及其存在概率变化。基于评估期中国温带落叶阔叶灌木分布气候适宜区的面积(SR)、自适应性指数(A_l)、脆弱性指数(V)和拓展适应性指数(A_e)，可以评价中国温带落叶阔叶灌木对气候变化的适应性与脆弱性(表 9.6)。

表 9.5 基准期及评估期中国温带落叶阔叶灌木地理分布面积(单位：10^4 hm^2)及其总的存在概率

研究时期		评估资料					
基准期	1961—1990 年	$S_{ik}+S_{im}$			$S_{ik}\cdot p_{ik}+S_{im}\cdot p_{im}$		
		42631			18177.90		
评估期	评估时段	S_{jk}	$S_{jk}\cdot p_{jk}$	S_{jm}	$S_{jm}\cdot p_{jm}$	S_{jl}	$S_{jl}\cdot p_{jl}$
	1966—1995 年	977	241.00	41690	17925.69	941	152.64
	1971—2000 年	1602	436.56	40919	18212.57	1712	252.19
	1976—2005 年	2026	572.56	40512	18115.24	2119	288.28
	1981—2010 年	3215	886.32	39956	18027.68	2675	342.91
预测期	2011—2040 年 (RCP 4.5)	14646	5636.50	32537	13915.65	10094	924.02
	2011—2040 年 (RCP 8.5)	13592	5613.92	24322	8527.80	18309	1804.18

表 9.6　中国温带落叶阔叶灌木对气候变化的适应性与脆弱性评价

评估时期	评价指标			评价等级	拓展适应性
	SR	A_l	V		A_e
1966—1995 年	0.98	0.99	0.01	中度适应	0.01
1971—2000 年	0.96	1.00	0.01	完全适应	0.02
1976—2005 年	0.95	1.00	0.02	完全适应	0.03
1981—2010 年	0.94	0.99	0.02	中度适应	0.05
2011—2040 年 (RCP 4.5)	0.76	0.77	0.05	轻度适应	0.31
2011—2040 年 (RCP 8.5)	0.57	0.47	0.10	轻度脆弱	0.31

以 1961—1990 年为基准期对中国温带落叶阔叶灌木的适应性与脆弱性评价表明，评估期中国温带落叶阔叶灌木地理分布均呈一定程度的北移和西扩趋势，中国温带落叶阔叶灌木处于完全适应和中度适应状态，未来气候情景下将表现为轻度适应（未来 RCP 4.5 气候情景）和轻度脆弱（未来 RCP 8.5 气候情景），中国温带落叶阔叶灌木的地理分布范围将有较大幅度的变化。

第二节　温带荒漠灌木的气候适宜性与脆弱性

一、数据资料

中国温带荒漠灌木地理分布资料来源于《中华人民共和国植被图（1∶100 万）》。根据温带荒漠灌木包括的植被群系组成（表 9.7），提取植被图中所有类型的分布区，构成中国温带荒漠灌木地理分布数据集。在 ArcGIS 中，去除面积小于 200 km^2 的较小块分布斑块，对剩下的分布区进行随机取点，其中相同斑块内两点间的最短距离不得小于 1000 km，可得到中国温带荒漠灌木地理分布点 960 个（图 9.7）。

表 9.7　中国温带荒漠灌木群系组成

序号	植被群系
1	白梭梭荒漠
2	白梭梭荒漠和沙蒿荒漠
3	梭梭荒漠
4	梭梭砾漠
5	梭梭壤漠
6	梭梭壤漠和无叶假木贼荒漠
7	梭梭沙漠
8	梭梭盐漠
9	霸王荒漠

续表

序号	植被群系
10	白杆沙拐枣荒漠
11	白杆沙拐枣荒漠和琐琐沙漠
12	白皮锦鸡儿荒漠
13	齿叶白刺荒漠
14	多花柽柳荒漠
15	多枝柽柳荒漠
16	多枝柽柳荒漠和多枝柽柳灌丛
17	多枝柽柳荒漠和芦苇草甸
18	刚毛柽柳荒漠
19	红皮沙拐枣荒漠
20	库车锦鸡儿、沙生针茅、新疆绢蒿荒漠
21	裸果木荒漠
22	蒙古沙拐枣荒漠
23	蒙古沙拐枣荒漠和蒙古岩黄芪、籽蒿、沙竹荒漠
24	蒙古沙拐枣荒漠和籽蒿荒漠
25	膜果麻黄荒漠
26	泡泡刺荒漠
27	塔里木沙拐枣荒漠
28	塔里木沙拐枣荒漠、多枝柽柳荒漠和思茅松林
29	西伯利亚白刺荒漠
30	西伯利亚白刺荒漠和红砂荒漠
31	西伯利亚白刺荒漠和膜果麻黄荒漠
32	西伯利亚白刺盐漠
33	小叶金露梅灌丛
34	半日花、矮禾草荒漠
35	川青锦鸡儿、矮禾草荒漠
36	刺旋花、矮禾草荒漠
37	刺叶柄棘豆、矮禾草荒漠
38	绵刺、矮禾草荒漠
39	柠条、蒙古沙拐枣、霸王、矮禾草荒漠
40	沙冬青荒漠
41	四合木、矮禾草荒漠
42	白茎绢蒿荒漠
43	白茎绢蒿沙砾漠
44	博乐塔绢蒿荒漠
45	博乐塔绢蒿砾漠

续表

序号	植被群系
46	博乐塔绢蒿壤漠
47	垫状短舌菊荒漠
48	东方猪毛菜荒漠
49	短叶假木贼荒漠
50	短叶假木贼沙漠
51	粉花蒿荒漠
52	粉花蒿砾漠
53	粉花蒿壤漠
54	粉花蒿沙漠
55	高枝假木贼荒漠
56	戈壁藜荒漠
57	灌木亚菊荒漠
58	旱蒿荒漠
59	蒿叶猪毛菜荒漠
60	蒿叶猪毛菜荒漠和驼绒藜荒漠
61	蒿叶猪毛菜砾漠
62	蒿叶猪毛菜石漠
63	合头草、粗毛锦鸡儿砾漠
64	合头草沙漠
65	合头草石漠
66	红砂荒漠
67	红砂荒漠、西伯利亚白刺荒漠和杉木林
68	红砂砾漠
69	红砂壤漠
70	红砂沙漠
71	黄花红砂荒漠
72	昆仑蒿荒漠
73	蒙古岩黄芪、籽蒿、沙竹荒漠
74	漠蒿荒漠
75	木本猪毛菜荒漠
76	南山短舌菊荒漠
77	沙蒿荒漠
78	沙蒿荒漠和薹草、杂类草草甸
79	沙漠绢蒿荒漠
80	松叶猪毛菜荒漠
81	天山猪毛菜荒漠

续表

序号	植被群系
82	驼绒藜荒漠
83	驼绒藜荒漠和红砂荒漠
84	驼绒藜荒漠和盐爪爪荒漠
85	驼绒藜砾漠
86	驼绒藜壤漠
87	驼绒藜沙漠
88	无叶假木贼荒漠
89	无叶假木贼壤漠
90	五柱红砂荒漠
91	纤细绢蒿荒漠
92	小蓬荒漠
93	新疆绢蒿荒漠
94	盐生假木贼荒漠
95	伊犁绢蒿荒漠
96	油蒿荒漠
97	樟味藜、短叶假木贼荒漠
98	珍珠猪毛菜荒漠
99	籽蒿荒漠
100	紫菀木、灌木亚菊、沙生针茅荒漠
101	尖叶盐爪爪荒漠
102	里海盐爪爪荒漠
103	木碱蓬荒漠
104	细枝盐爪抓荒漠
105	盐节木盐漠
106	盐穗木荒漠
107	盐爪爪荒漠
108	圆叶盐爪爪荒漠
109	盐生草荒漠

二、模型适用性分析

MaxEnt 模型运行需要两组数据：一是模拟对象的地理分布数据；二是全国范围的环境变量，即从全国层次及年尺度确定的决定植物地理分布的 6 个气候因子，即 T_{min}、Q、T_7、T_1、T 和 P。基于 75%训练子集得到的 MaxEnt 模型模拟结果的 AUC 值为 0.89，测试子集的 MaxEnt 模型模拟结果的 AUC 值为 0.89(图 9.8)，都达到了“好”的水平，表明 MaxEnt 模型能够很好地对中国温带荒漠灌木的地理分布与气候因子的关系进行模拟。将模型运行 10 次，以得到较为稳定的平均结果，其 AUC 值为 0.88±0.01。

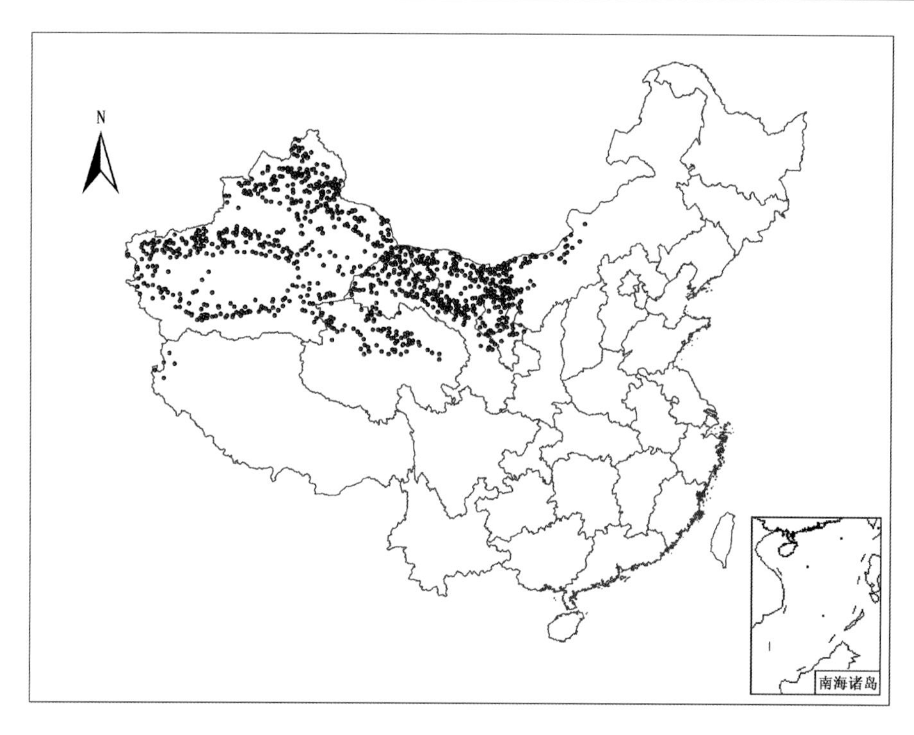

图 9.7　中国温带荒漠灌木样点的地理分布

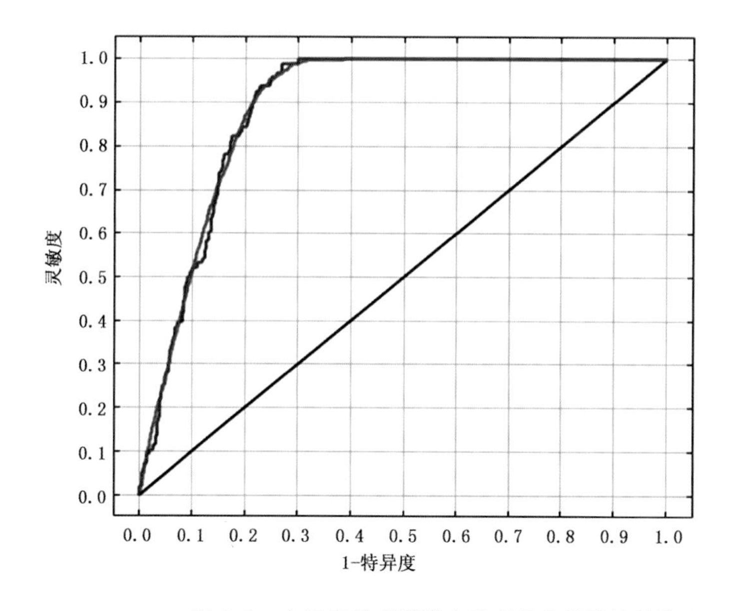

图 9.8　中国温带荒漠灌木地理分布模拟结果的 ROC 曲线

三、影响因子分析

在百分贡献率和置换重要性中，各气候因子对中国温带荒漠灌木地理分布影响的排序分别为(表 9.8)：年降水量(P)>最暖月平均温度(T_7)>年均温度(T)>最冷月平均温度(T_1)>年辐射量(Q)>年极端最低温度(T_{min})。由小刀法得分可知各气候因子对温带荒漠灌木地理分布影响的贡献排序为：年降水量（P）＞最冷月平均温度（T_1）＞年均温度（T）＞年极端最低温度（T_{min}）＞最暖月平均温度（T_7）＞年辐射量（Q）（图 9.9）。6 个因子在不同的评价方法中存在着不同的表现。因此，不宜去除其中任何一个因子。

表 9.8　气候因子的百分贡献率和置换重要性

气候因子	百分贡献率	置换重要性
年降水量（P）	75.8	76.0
最暖月平均温度（T_7）	10.5	7.7
年均温度（T）	8.8	5.7
最冷月平均温度（T_1）	2.7	6.3
年辐射量（Q）	1.5	3.0
年极端最低温度（T_{min}）	0.5	1.3

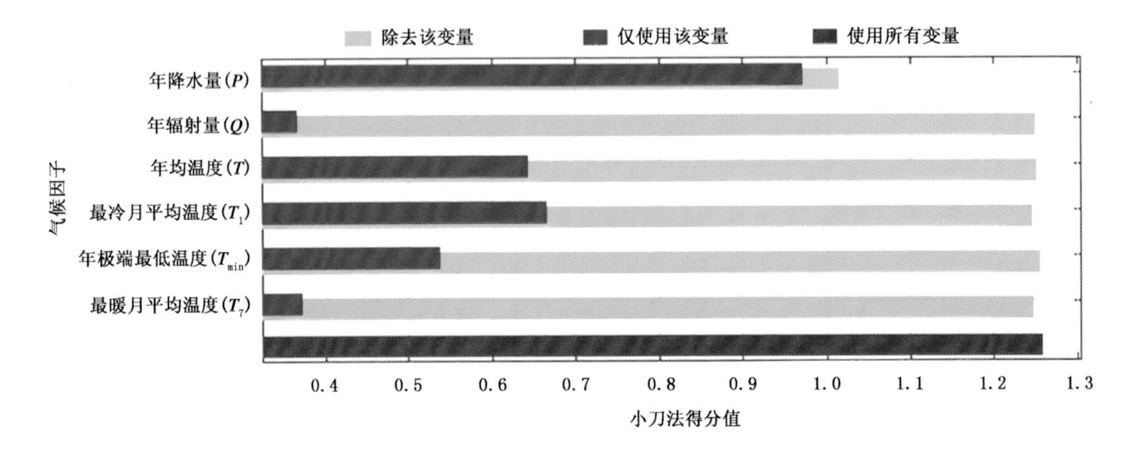

图 9.9　气候因子在小刀法中的得分

四、气候适宜性划分

基于气候资源保证率原则，利用所建 MaxEnt 模型给出的中国温带荒漠灌木在待预测地区的存在概率 p，根据中国温带荒漠灌木地理分布的气候适宜性等级划分，结合 ArcGIS 技术对模型模拟结果进行分类，划分中国温带荒漠灌木地理分布的气候适宜范围（图 9.10）。结果表明，中国温带荒漠灌木地理分布的气候适宜区主要位于西北地区和内蒙古西部地区。

五、影响因子阈值分析

根据 MaxEnt 模型模拟结果得到的中国温带荒漠灌木存在概率与各气候因子的关系（图 9.11），可以得到不同适宜区各气候因子的阈值（表 9.9）。

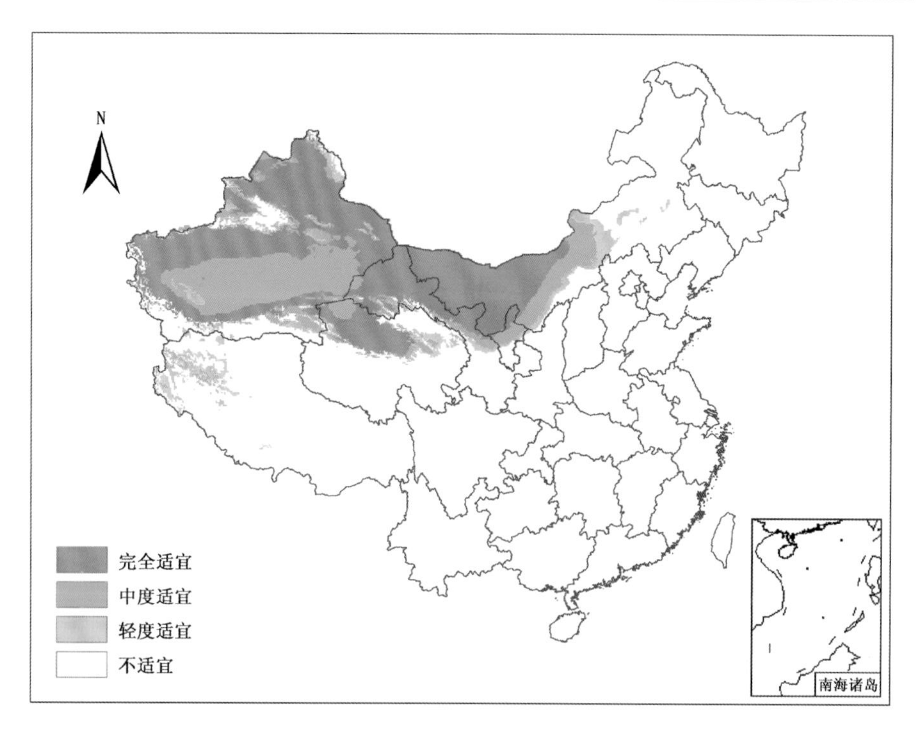

图 9.10　中国温带荒漠灌木地理分布的气候适宜性

表 9.9　中国温带荒漠灌木地理分布不同气候适宜区的气候因子阈值

	P(mm)	T_1(℃)	Q(W/m^2)	T_7(℃)	T(℃)	T_{min}(℃)
完全适宜区[0.38,1]	95～360	−23.7～−5.5	104321～171979	10.1～30.7	−4.7～13.1	−50.0～−22.2
中度适宜区[0.19,0.38)	95～337	−20.9～−5.6	104321～166522	10.1～29.0	−3.7～11.8	−49.9～−22.9
轻度适宜区[0.05,0.19)	112～263	−19.5～−6.6	104321～154564	12.7～26.6	−0.5～10.3	−48.3～−23.6

六、中国温带荒漠灌木地理分布动态

与 1961—1990 年相比，1966—1995 年、1971—2000 年、1976—2005 年及 1981—2010 年的中国温带荒漠灌木地理分布的各气候适宜区出现西扩趋势。而在未来 RCP 4.5 和 RCP 8.5 气候情景下，2011—2040 年中国温带荒漠灌木的地理分布区将向东部和西部延伸（图 9.12）。

中国温带荒漠灌木地理分布的各气候适宜区在不同时期的分布面积见表 9.10。1961—2010 年中国温带荒漠灌木地理分布的气候完全适宜区和轻度适宜区面积随着时间推移均呈增大趋势，中度适宜区呈减小趋势；不适宜区的面积呈减小趋势。在 2011—2040 年（未来 RCP 4.5 和 RCP 8.5 气候情景），中国温带荒漠灌木分布的适宜区面积变化明显，各气候适宜区的面积均呈增大趋势。

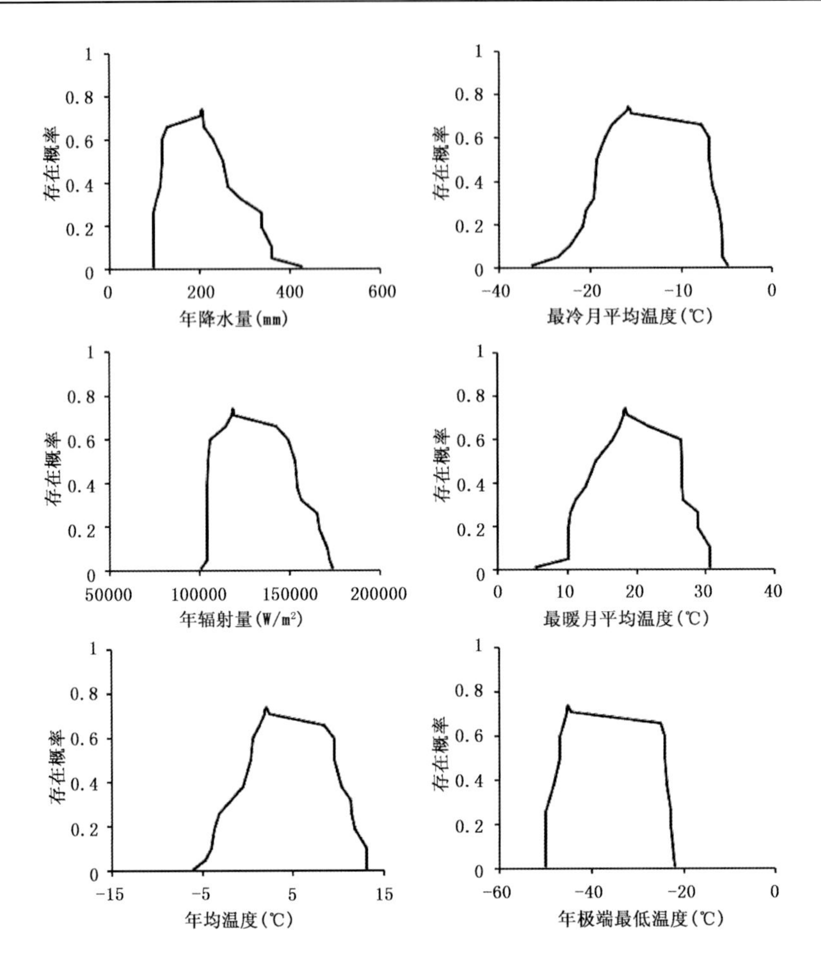

图 9.11 温带荒漠灌木预测存在概率与气候因子的关系曲线

表 9.10 不同时期中国温带荒漠灌木地理分布气候适宜区的面积(单位:10^4 hm^2)

时期	完全适宜区 [0.38,1]	中度适宜区 [0.19,0.38)	轻度适宜区 [0.05,0.19)	不适宜区 [0,0.05)
1961—1990 年	14903	7940	2865	71469
1966—1995 年	15542	6892	2250	72493
1971—2000 年	16496	6030	2280	72371
1976—2005 年	16887	5792	2956	71542
1981—2010 年	17244	6687	4532	68714
2011—2040 年(RCP 4.5)	19442	10556	5478	61701
2011—2040 年(RCP 8.5)	20285	9284	5087	62521

七、中国温带荒漠灌木对气候变化的适应性与脆弱性

表 9.11 给出了基准期及评估期的中国温带荒漠灌木地理分布面积及其存在概率变化。基于评估期中国温带荒漠灌木分布气候适宜区的面积(SR)、自适应性指数(A_l)、脆弱性指数

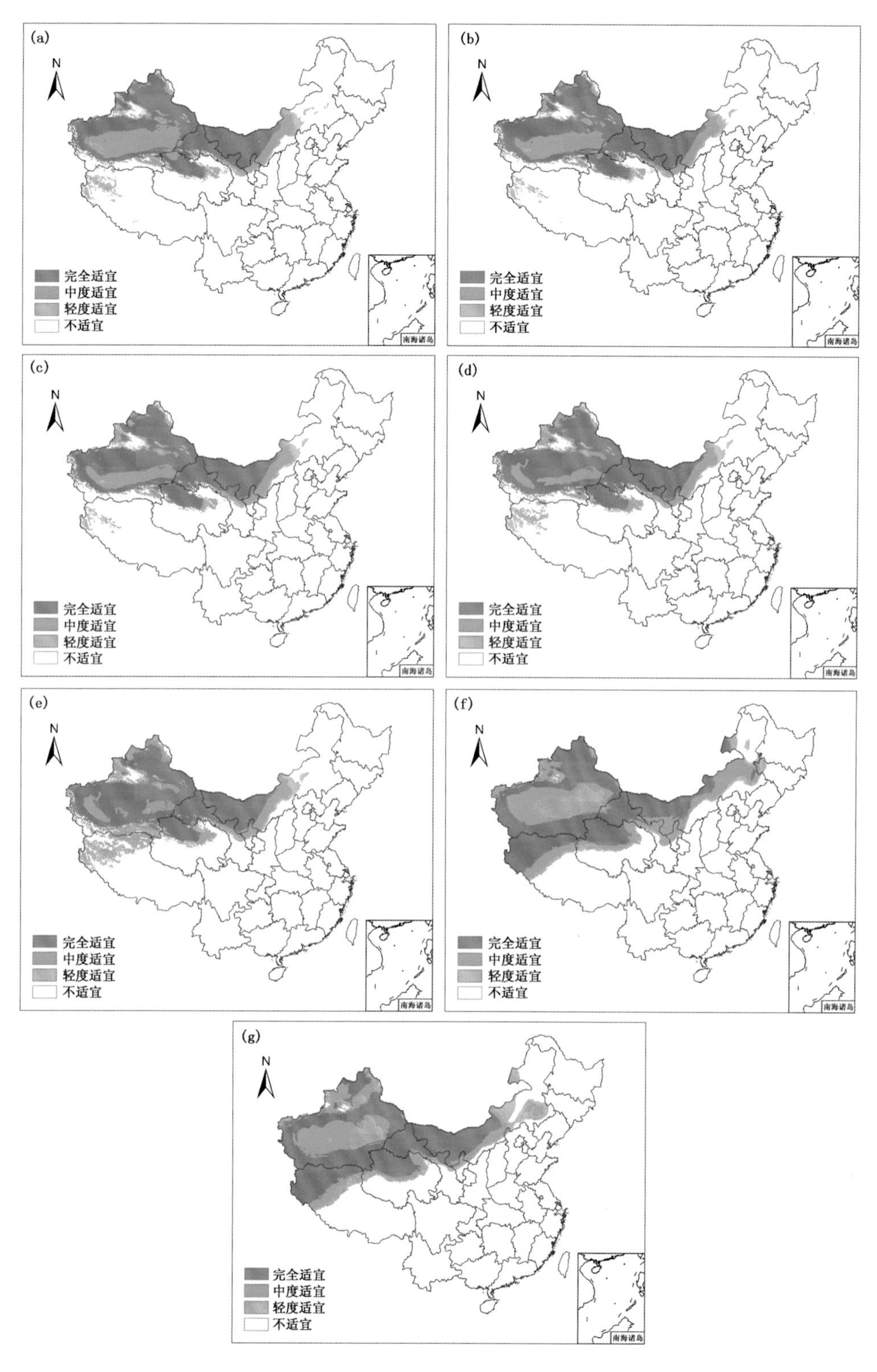

图 9.12　中国温带荒漠灌木地理分布的气候适宜区

(a)1961—1990 年;(b)1966—1995 年;(c)1971—2000 年;(d)1976—2005 年;(e)1981—2010 年;(f)2011—2040 年 RCP 4.5;(g)2011—2040 年 RCP 8.5

(V)和拓展适应性指数(A_e),可以评价中国温带荒漠灌木对气候变化的适应性与脆弱性(表9.12)。

表 9.11　基准期及评估期中国温带荒漠灌木地理分布面积(单位:10^4 hm^2)及其总的存在概率

研究时期		评估资料					
基准期	1961—1990 年	$S_{ik}+S_{im}$			$S_{ik}\cdot p_{ik}+S_{im}\cdot p_{im}$		
		22843			10123.68		
评估期	评估时段	S_{jk}	$S_{jk}\cdot p_{jk}$	S_{jm}	$S_{jm}\cdot p_{jm}$	S_{jl}	$S_{jl}\cdot p_{jl}$
	1966—1995 年	99	20.63	22335	10131.11	508	74.59
	1971—2000 年	183	42.33	22343	10352.73	500	73.76
	1976—2005 年	375	88.06	22304	10316.36	539	72.94
	1981—2010 年	1503	378.56	22428	10427.19	415	56.42
预测期	2011—2040 年(RCP 4.5)	10589	4649.81	19409	9139.48	3434	453.43
	2011—2040 年(RCP 8.5)	8713	3848.16	20856	9986.71	1987	262.30

表 9.12　中国温带荒漠灌木对气候变化的适应性与脆弱性评价

评估时期	评价指标			评价等级	拓展适应性 A_e
	SR	A_l	V		
1966—1995 年	0.98	1.00	0.01	完全适应	0.00
1971—2000 年	0.98	1.02	0.01	完全适应	0.00
1976—2005 年	0.98	1.02	0.01	完全适应	0.01
1981—2010 年	0.98	1.03	0.01	完全适应	0.04
2011—2040 年(RCP 4.5)	0.85	0.90	0.04	轻度适应	0.46
2011—2040 年(RCP 8.5)	0.91	0.99	0.03	中度适应	0.38

以 1961—1990 年为基准期对中国温带荒漠灌木的适应性与脆弱性评价表明,评估期中国温带荒漠灌木地理分布均呈一定程度的西扩趋势,中国温带荒漠灌木处于完全适应状态,未来气候情景下将表现为轻度适应(未来 RCP 4.5 气候情景)和中度适应(未来 RCP 8.5 气候情景),呈向东部和西部扩张趋势。

第三节　热带/亚热带灌木的气候适宜性与脆弱性

一、数据资料

中国热带/亚热带灌木地理分布资料来源于《中华人民共和国植被图(1∶100 万)》。根据热带/亚热带灌木包括的植被群系组成(表 9.13),提取植被图中所有类型的分布区,构成中国热带/亚热带灌木地理分布数据集。在 ArcGIS 中，去除面积小于 200 km^2 的较小块分布斑块，对剩下的分布区进行随机取点，其中相同斑块内两点间的最短距离不得小于 10 km，可得到中国热带/亚热带灌木地理分布点 701 个(图 9.13)。

表 9.13　中国热带/亚热带灌木群系组成

序号	植被群系
1	矮黄栌灌丛、云南山蚂蝗灌丛
2	白刺花、小马鞍叶灌丛
3	白鹃梅、映山红灌丛
4	白栎、短柄枹树灌丛
5	白栎、短柄枹树灌丛和继木、乌饭树、映山红灌丛
6	白栎、短柄枹树灌丛和茅栗、白栎灌丛
7	成凤叶下珠、毛桐、马棘灌丛
8	刺篱木、基及树灌丛
9	枫香灌丛
10	岗松灌丛
11	胡枝子、火棘灌丛
12	黄荆灌丛
13	继木、乌饭树、映山红灌丛
14	继木、乌饭树、映山红灌丛、苦槠林和青冈栎林
15	假鹰爪、小花龙血树、番石榴灌丛
16	柳叶密花树、银柴、谷木灌丛
17	马桑灌丛
18	茅栗、白栎灌丛
19	南烛、矮杨梅灌丛
20	青檀、红背山麻杆、灰毛浆果楝灌丛
21	球核荚迷、竹叶椒灌丛
22	雀梅藤、小果蔷薇、火棘、龙须藤灌丛
23	栓皮栎、麻栎灌丛
24	水马桑、圆锥绣球灌丛
25	桃金娘灌丛
26	铁仔、金花小檗灌丛
27	西藏狼牙刺灌丛
28	杨叶木姜子、盐肤木灌丛
29	银叶巴豆、桃金娘灌丛
30	余甘子、糙叶水锦树灌丛
31	余甘子、水锦树灌丛
32	余甘子灌丛
33	竹叶椒、荚迷灌丛

续表

序号	植被群系
34	竹叶椒、樟叶荚迷灌丛
35	竹叶椒灌丛
36	麻疯桐、草海桐灌丛和矮林
37	霸王鞭、仙巴掌灌丛
38	量天尺、仙巴掌灌丛
39	露兜簕、仙人掌灌丛
40	仙人掌、金合欢灌丛
41	无芒雀麦草草甸
42	羊茅、野草青、杂类草草甸
43	薄果草、猪笼草沼泽
44	大米草沼泽
45	荻、芦苇沼泽
46	短叶茳芏沼泽
47	荆三棱、藨草沼泽
48	薹草、灯心草沼泽
49	红海榄、木榄林
50	红树、木果楝林
51	秋茄树、桐花树、海榄雌林

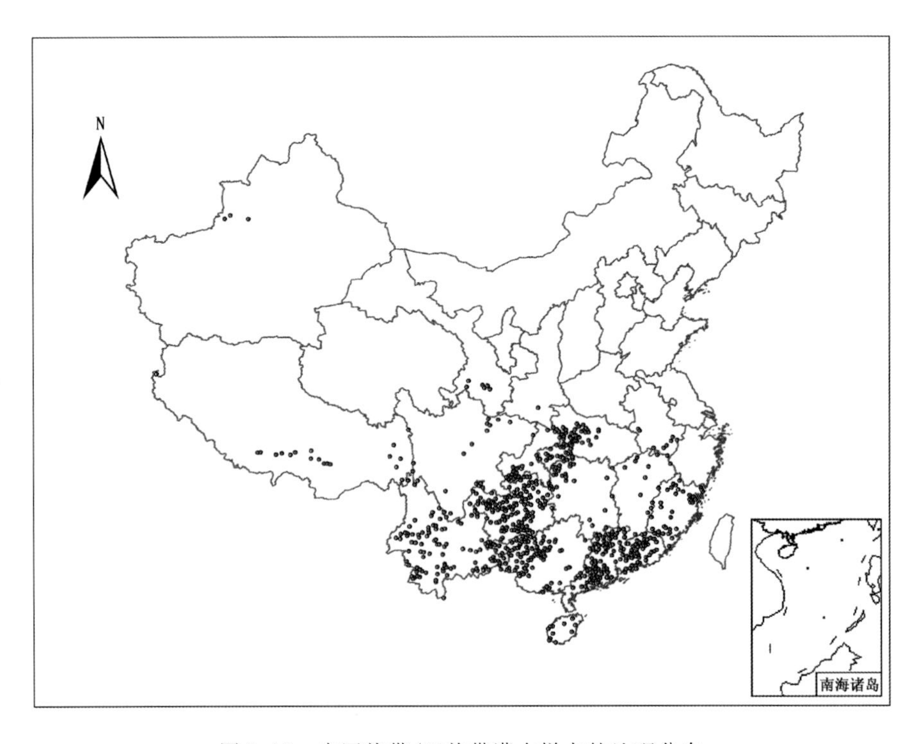

图 9.13　中国热带/亚热带灌木样点的地理分布

二、模型适用性分析

MaxEnt 模型运行需要两组数据：一是模拟对象的地理分布数据；二是全国范围的环境变量，即从全国层次及年尺度确定的决定植物地理分布的 6 个气候因子，即 T_{min}、Q、T_7、T_1、T 和 P。基于 75%训练子集得到的 MaxEnt 模型模拟结果的 AUC 值为 0.90，测试子集的 MaxEnt 模型模拟结果的 AUC 值为 0.89(图 9.14)，都达到了"好"及以上水平，表明 MaxEnt 模型能够很好地对中国热带/亚热带灌木的地理分布与气候因子的关系进行模拟。将模型运行 10 次，以得到较为稳定的平均结果，其 AUC 值为 0.89±0.01。

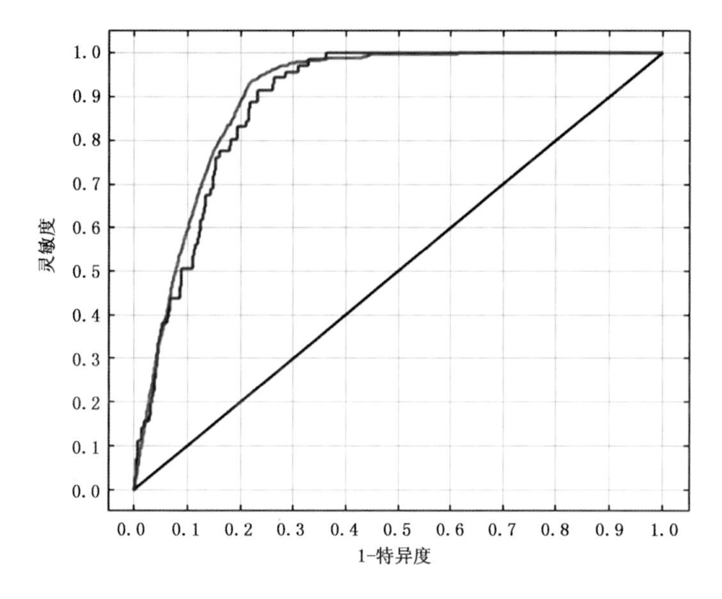

图 9.14 中国热带/亚热带灌木地理分布模拟结果的 ROC 曲线

三、影响因子分析

在百分贡献率和置换重要性中，各气候因子对中国热带/亚热带灌木地理分布影响的排序分别为(表 9.14)：年降水量(P)>最冷月平均温度(T_1)>年极端最低温度(T_{min})>年辐射量(Q)>暖月平均温度(T_7)>年均温度(T)。由小刀法得分可知各气候因子对热带/亚热带灌木地理分布影响的贡献排序为：最冷月平均温度(T_1)>年极端最低温度(T_{min})>年降水量(P)>年均温度(T)>最年辐射量(Q)>暖月平均温度(T_7)(图 9.15)。6 个因子在不同的评价方法中存在着不同的表现。因此，不宜去除其中任何一个因子。

表 9.14 气候因子的百分贡献率和置换重要性

气候因子	百分贡献率(%)	置换重要性(%)
年降水量(P)	36.7	15.5
最冷月平均温度(T_1)	34.7	52.6
年极端最低温度(T_{min})	17.0	5.0
年辐射量(Q)	4.6	8.5
最暖月平均温度(T_7)	4.3	12.9
年均温度 T	2.7	5.5

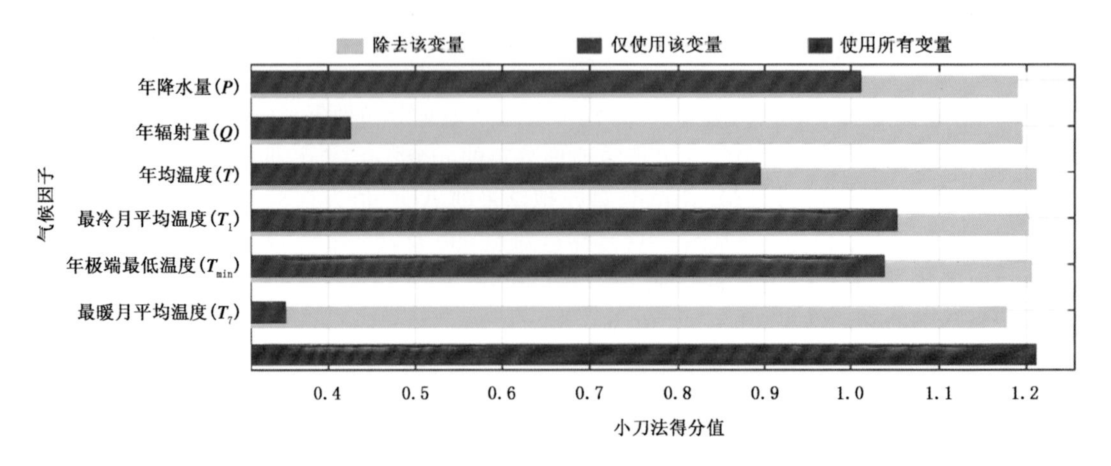

图 9.15 气候因子在小刀法中的得分

四、气候适宜性划分

基于气候资源保证率原则，利用所建 MaxEnt 模型给出的中国热带/亚热带灌木在待预测地区的存在概率 p，根据中国热带/亚热带灌木地理分布的气候适宜性等级划分，结合 ArcGIS 技术对模型模拟结果进行分类，划分中国热带/亚热带灌木地理分布的气候适宜范围(图 9.16)。结果表明，中国热带/亚热带灌木地理分布的气候适宜区主要位于华东、华中、华东、华南和西南部分地区。

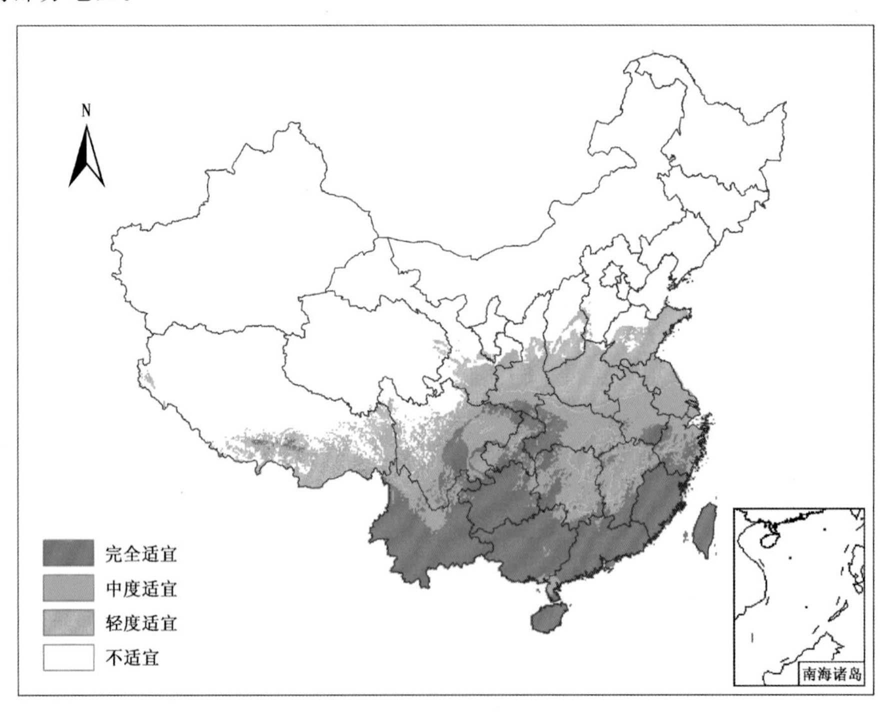

图 9.16 中国热带/亚热带灌木地理分布的气候适宜性

五、影响因子阈值分析

根据 MaxEnt 模型模拟结果得到的中国热带/亚热带灌木存在概率与各气候因子的关系(图 9.17),可以得到不同气候适宜区各气候因子的阈值(表 9.15)。

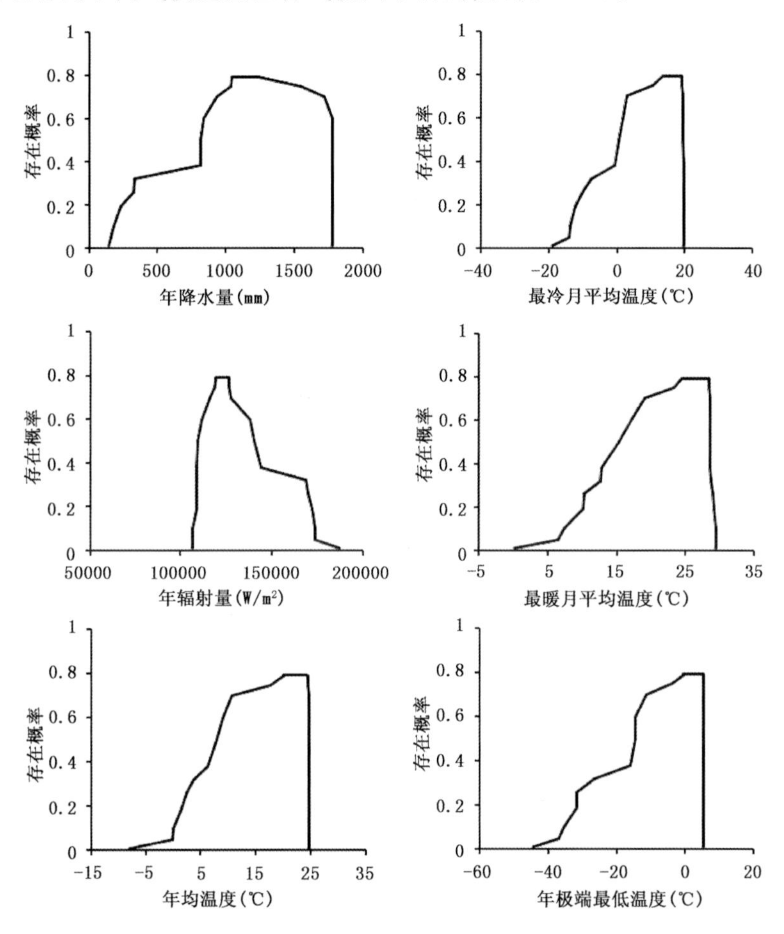

图 9.17　热带/亚热带灌木预测存在概率与气候因子的关系曲线

表 9.15　中国热带/亚热带灌木地理分布不同气候适宜区的气候因子阈值

	P(mm)	T_1(℃)	Q(W/m²)	T_7(℃)	T(℃)	T_{min}(℃)
完全适宜区[0.38,1]	55～1775	−14.0～19.6	106989～174008	6.7～29.4	0.0～24.7	−36.7～5.3
中度适宜区[0.19,0.38)	230～1775	−12.2～19.6	109001～172246	10.3～29.2	1.5～24.7	−31.4～5.3
轻度适宜区[0.05,0.19)	822～1775	−0.7～19.6	109292～144253	12.9～28.6	6.4～24.7	−15.9～5.3

六、中国热带/亚热带灌木地理分布动态

与 1961—1990 年相比,1966—1995 年、1971—2000 年、1976—2005 年及 1981—2010 年的中国热带/亚热带灌木地理分布的各气候适宜区均呈现北扩趋势。而在未来 RCP 4.5 和

RCP 8.5 气候情景下，2011—2040 年中国热带/亚热带灌木的地理分布完全适宜区将大幅度减小(图 9.18)。

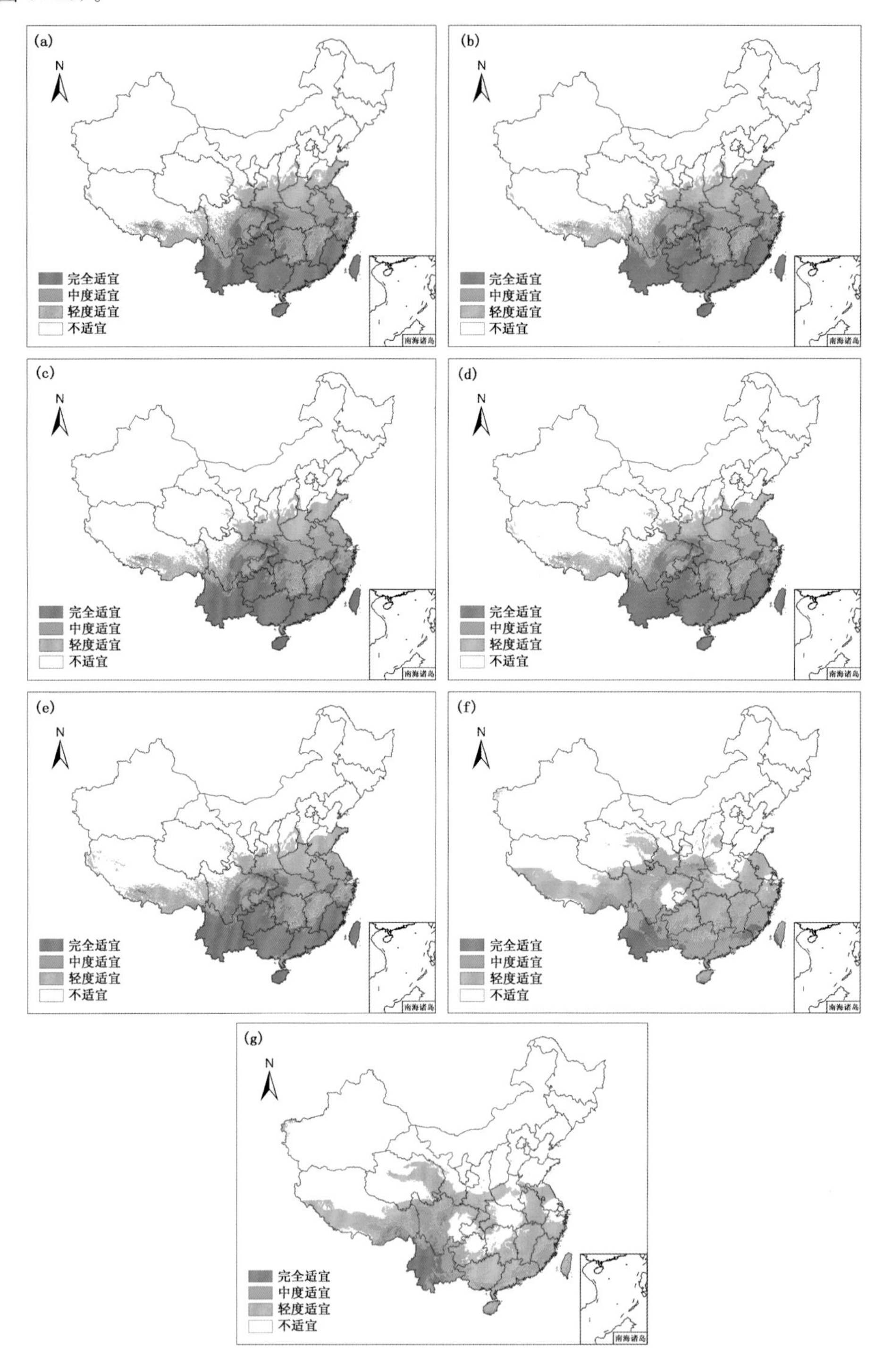

图 9.18　中国热带/亚热带灌木地理分布的气候适宜区

(a)1961—1990 年；(b)1966—1995 年；(c)1971—2000 年；(d)1976—2005 年；(e)1981—2010 年；(f)2011—2040 年 RCP 4.5；(g)2011—2040 年 RCP 8.5

中国热带/亚热带灌木地理分布的各气候适宜区在不同时期的分布面积见表 9.16。1961—2010 年中国热带/亚热带灌木地理分布的气候完全适宜区和轻度适宜区的面积随着时间推移均呈增大趋势，中度适宜区面积逐渐减小。2011—2040 年（未来 RCP 4.5 和 RCP 8.5 气候情景），中国热带/亚热带灌木地理分布的气候适宜区面积变化明显，气候完全适宜区的面积减小 3/4，轻度适宜区则增大约 1 倍。

表 9.16 不同时期中国热带/亚热带灌木地理分布气候适宜区的面积（单位：10^4 hm^2）

时期	完全适宜区 [0.38,1]	中度适宜区 [0.19,0.38)	轻度适宜区 [0.05,0.19)	不适宜区 [0,0.05)
1961—1990 年	15446	8243	11006	62482
1966—1995 年	15776	8182	10656	62563
1971—2000 年	16314	7911	10508	62444
1976—2005 年	16244	7697	11157	62079
1981—2010 年	16029	7797	12077	61274
2011—2040 年（RCP 4.5）	4083	11748	20080	61266
2011—2040 年（RCP 8.5）	3298	6245	22859	64775

七、中国热带/亚热带灌木对气候变化的适应性与脆弱性

表 9.17 给出了基准期及评估期的中国热带/亚热带灌木地理分布面积及其存在概率变化。基于评估期中国热带/亚热带灌木分布气候适宜区的面积（SR）、自适应性指数（A_l）、脆弱性指数（V）和拓展适应性指数（A_e），可以评价中国热带/亚热带灌木对气候变化的适应性与脆弱性（表 9.18）。

表 9.17 基准期及评估期中国热带/亚热带灌木地理分布面积（单位：10^4 hm^2）及其总的存在概率

研究时期		评估资料					
基准期	1961—1990 年	$S_{ik}+S_{im}$			$S_{ik}\cdot p_{ik}+S_{im}\cdot p_{im}$		
		23689			10651.66		
评估期	评估时段	S_{jk}	$S_{jk}\cdot p_{jk}$	S_{jm}	$S_{jm}\cdot p_{jm}$	S_{jl}	$S_{jl}\cdot p_{jl}$
	1966—1995 年	666	154.39	23292	10734.51	397	63.31
	1971—2000 年	1139	269.69	23086	10880.74	603	92.79
	1976—2005 年	1014	236.11	22927	10853.14	762	114.91
	1981—2010 年	1274	299.21	22552	10649.10	1137	167.66
预测期	2011—2040 年（RCP 4.5）	2418	677.42	13413	4686.33	10276	1222.45
	2011—2040 年（RCP 8.5）	2721	854.75	6822	2663.37	16867	1497.64

表 9.18　中国热带/亚热带灌木对气候变化的适应性与脆弱性评价

评估时期	评价指标			评价等级	拓展适应性
	SR	A_l	V		A_e
1966—1995 年	0.98	1.01	0.01	完全适应	0.01
1971—2000 年	0.97	1.02	0.01	完全适应	0.03
1976—2005 年	0.97	1.02	0.01	完全适应	0.02
1981—2010 年	0.95	1.00	0.02	完全适应	0.03
2011—2040 年（RCP 4.5）	0.57	0.44	0.11	轻度脆弱	0.06
2011—2040 年（RCP 8.5）	0.29	0.25	0.14	中度脆弱	0.08

以 1961—1990 年为基准期对中国热带/亚热带灌木的适应性与脆弱性评价表明，评估期中国热带/亚热带灌木地理分布均呈一定程度的北扩趋势，中国热带/亚热带灌木表现为完全适应，但未来气候情景下将表现为轻度脆弱（未来 RCP 4.5 气候情景）和中度脆弱（未来 RCP 8.5 气候情景）。

第四节　高山常绿灌木的气候适宜性与脆弱性

一、数据资料

中国高山常绿灌木地理分布资料来源于《中华人民共和国植被图（1∶100 万）》。根据高山常绿灌木包括的植被群系组成（表 9.19），提取植被图中所有类型的分布区，构成中国高山常绿灌木地理分布数据集。在 ArcGIS 中，去除面积小于 50 km^2 的较小分布斑块，对剩下的分布区进行随机取点，其中相同斑块内两点间的最短距离不得小于 10 km，可得到中国高山常绿灌木地理分布点 730 个（图 9.19）。

表 9.19　中国高山常绿灌木的群系组成

序号	植被群系
1	矮高山栎灌丛
2	草原杜鹃灌丛
3	淡黄杜鹃灌丛
4	黄毛杜鹃、金背枇杷灌丛
5	亮鳞杜鹃灌丛
6	马缨花杜鹃灌丛
7	密枝杜鹃灌丛
8	太白杜鹃灌丛
9	头花杜鹃、百里香杜鹃灌丛
10	腺房杜鹃灌丛

续表

序号	植被群系
11	雪层杜鹃、髯花杜鹃灌丛
12	雪层杜鹃、髯花杜鹃灌丛和箭叶锦鸡儿灌丛
13	雪层杜鹃、髯花杜鹃灌丛和小嵩草、圆穗蓼草甸
14	雪层杜鹃、髯花杜鹃灌丛和小嵩草草甸
15	雪层杜鹃、髯花杜鹃灌丛和腋花杜鹃灌丛
16	雪层杜鹃、髯花杜鹃灌丛和硬叶柳灌丛
17	雪层杜鹃、髯花杜鹃灌丛和圆穗蓼、珠芽蓼草甸
18	雪层杜鹃、髯花杜鹃灌丛和云南蒿草、杂类草草甸
19	腋花杜鹃灌丛
20	地盘松灌丛
21	沙地柏灌丛
22	天山方枝柏灌丛
23	香柏、高山柏、滇藏方枝柏灌丛
24	香柏、高山柏、滇藏方枝柏灌丛和小嵩草、圆穗蓼草甸
25	玉山圆柏、假金花杜鹃、玉山小蘖灌丛

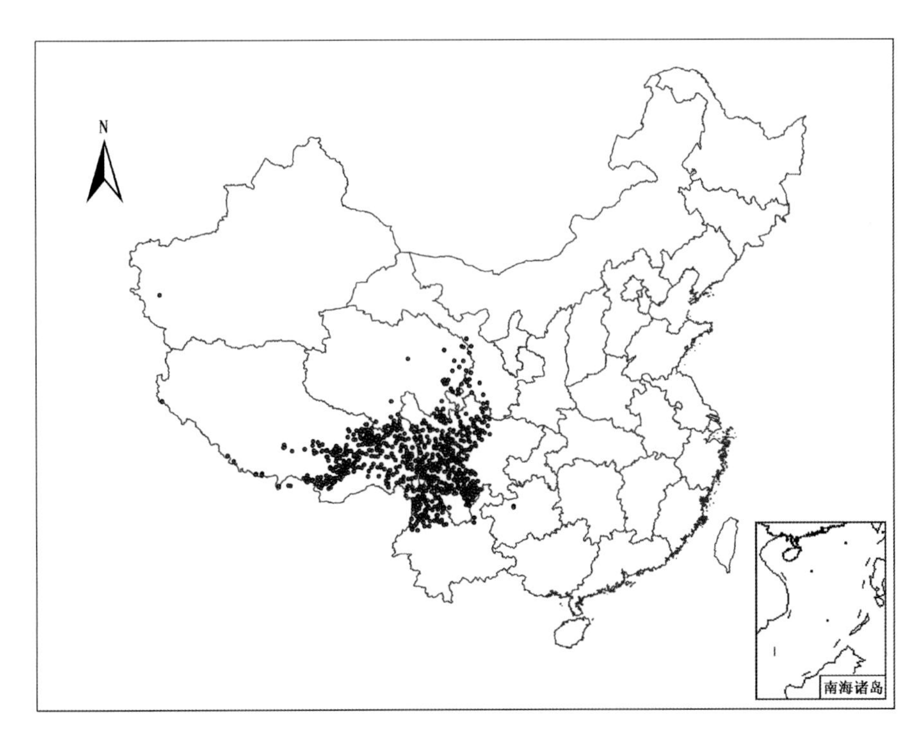

图 9.19 中国高山常绿灌木样点的地理分布

二、模型适用性分析

MaxEnt 模型运行需要两组数据：一是模拟对象的地理分布数据；二是全国范围的环境变量，即从全国层次及年尺度确定的决定植物地理分布的 6 个气候因子，即 T_{min}、Q、T_7、T_1、T 和 P。基于 75%训练子集得到的 MaxEnt 模型模拟结果的 AUC 值为 0.94，测试子集的 MaxEnt 模型模拟结果的 AUC 值为 0.93(图 9.20)，都达到了“非常好”的水平，表明 MaxEnt 模型能够很好地对中国高山常绿灌木地理分布与气候因子的关系进行模拟。将模型运行 10 次，以得到较为稳定的平均结果，其 AUC 值为 0.94±0.01。

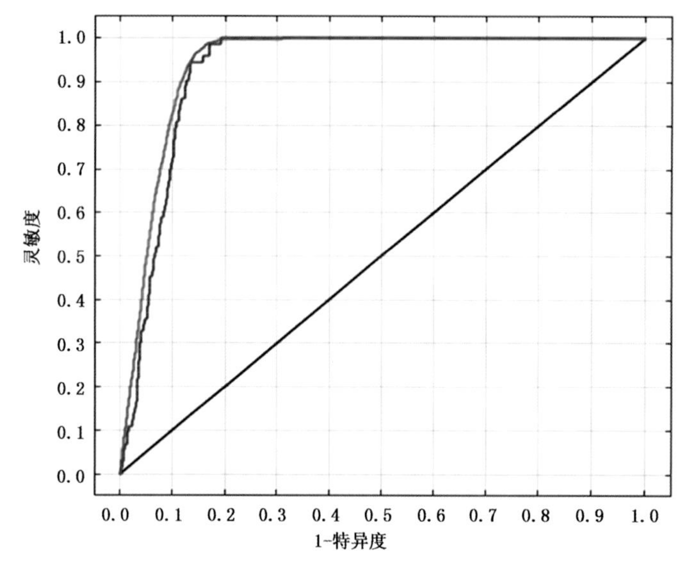

图 9.20　中国高山常绿灌木地理分布模拟结果的 ROC 曲线

三、影响因子分析

在百分贡献率和置换重要性中，各气候因子对中国高山常绿灌木地理分布影响的排序分别为(表 9.20)：暖月平均温度(T_7)>年降水量(P)>最冷月平均温度(T_1)>最年辐射量(Q)>年均温度(T)>年极端最低温度(T_{min})。由小刀法得分可知各气候因子对我国高山常绿灌木地理分布影响的贡献排序为：年最年辐射量(Q)>降水量(P)>暖月平均温度(T_7)>最冷月平均温度(T_1)>年极端最低温度(T_{min})>年均温度(T)(图 9.21)。6 个因子在不同的评价方法中存在着不同的表现，不宜去除其中任何一个因子。

表 9.20　气候因子的百分贡献率和置换重要性

气候因子	百分贡献率(%)	置换重要性(%)
最暖月平均温度(T_7)	35.2	69.1
年降水量(P)	24.6	6.9
最冷月平均温度(T_1)	19.8	16.2
年辐射量(Q)	17.2	1.2
年均温度(T)	2.1	2.3
年极端最低温度(T_{min})	1.2	4.4

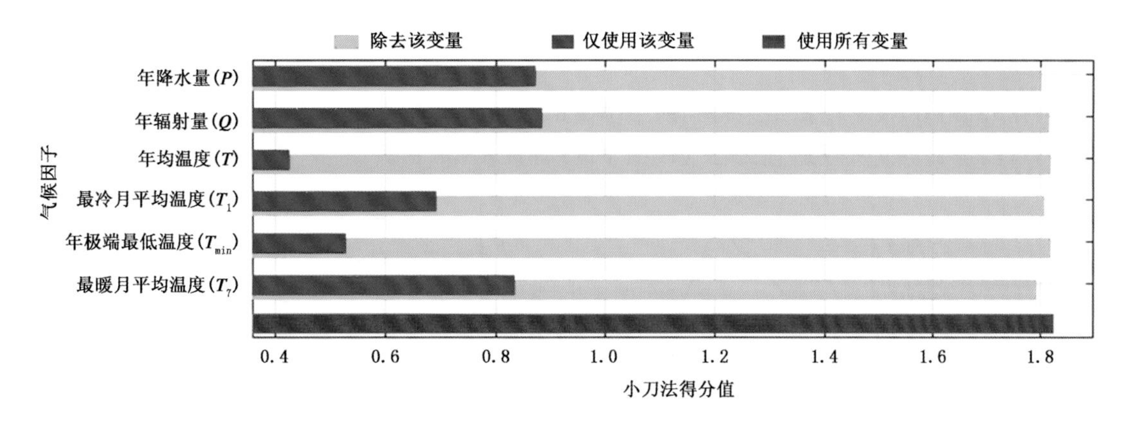

图 9.21　气候因子在小刀法中的得分

四、气候适宜性划分

基于气候资源保证率原则，利用所建 MaxEnt 模型给出的中国高山常绿灌木在待预测地区的存在概率 p，根据中国高山常绿灌木地理分布的气候适宜性等级划分，结合 ArcGIS 技术对模型模拟结果进行分类，划分中国高山常绿灌木地理分布的气候适宜范围(图 9.22)。结果表明，中国高山常绿灌木地理分布的气候适宜区主要位于西南地区，西北地区也有部分分布。

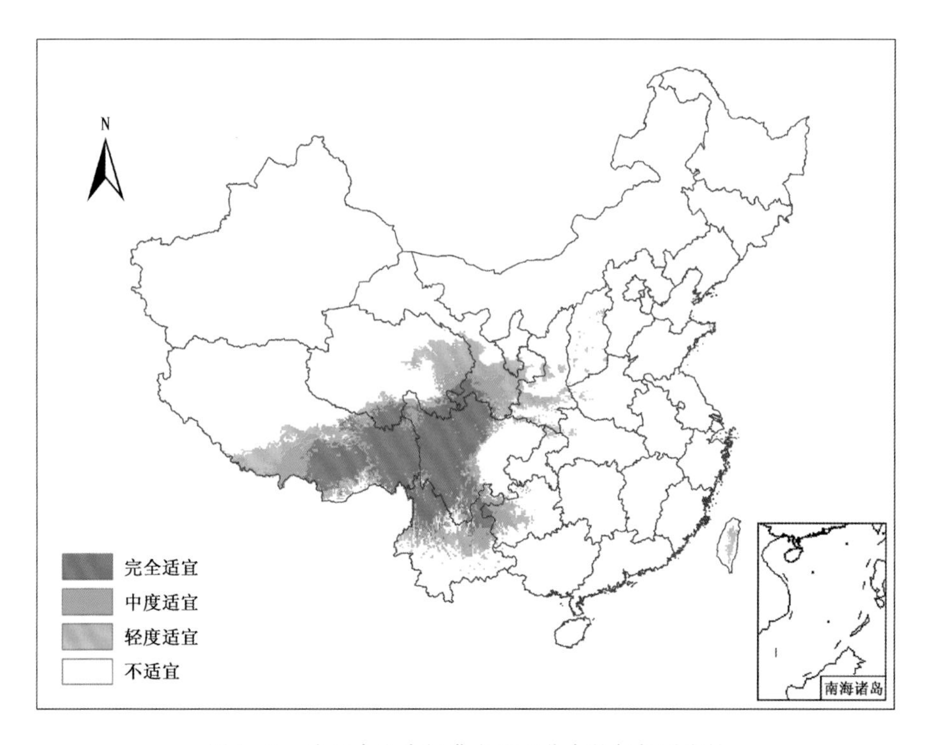

图 9.22　中国高山常绿灌木地理分布的气候适宜性

五、影响因子阈值分析

根据 MaxEnt 模型模拟结果得到的中国高山常绿灌木存在概率与各气候因子的关系(图9.23),可以得到不同气候适宜区各气候因子的阈值(表9.21)。

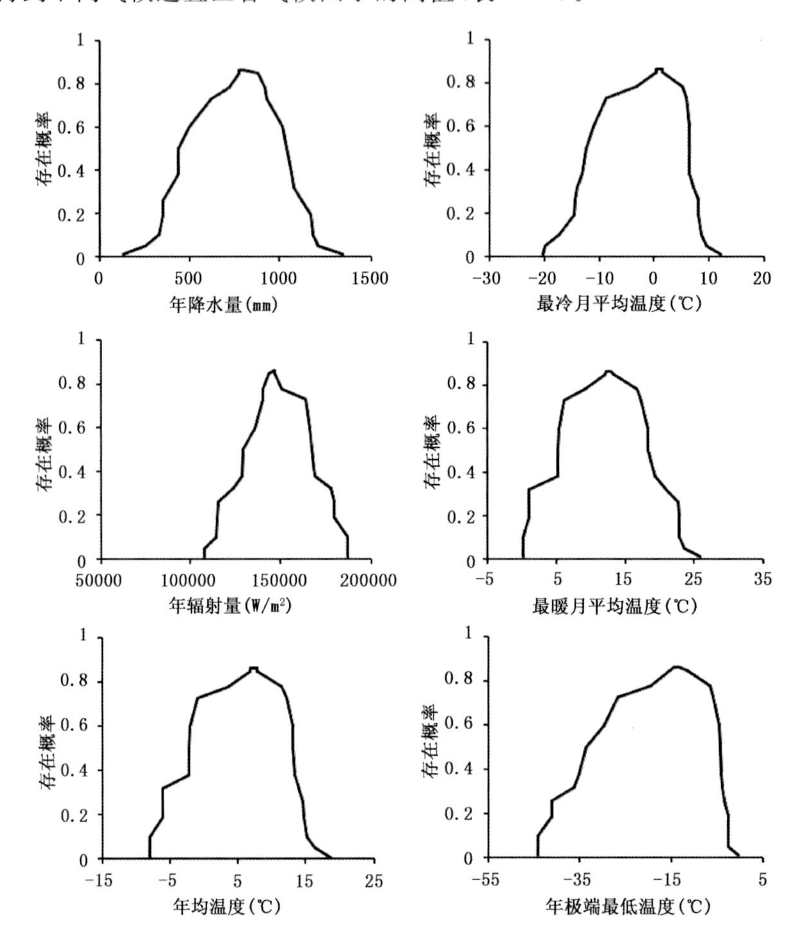

图 9.23　高山常绿灌木预测存在概率与气候因子的关系曲线

表 9.21　中国高山常绿灌木地理分布不同气候适宜区的气候因子阈值

	P(mm)	T_1(℃)	Q(W/m^2)	T_7(℃)	T(℃)	T_{min}(℃)
完全适宜区[0.38,1]	251～1210	−19.8～9.5	107741～186838	0.3～23.6	−8.0～16.4	−44.2～−2.4
中度适宜区[0.19,0.38)	348～1173	−14.5～8.1	115265～179748	1.1～22.9	−6.1～14.8	−41.0～−2.5
轻度适宜区[0.05,0.19)	439～1071	−13.0～6.4	129097～169506	5.3～19.4	−2.2～13.5	−35.1～−3.9

六、中国高山常绿灌木地理分布动态

与1961—1990年相比,1966—1995年、1971—2000年、1976—2005年及1981—2010年的中国高山常绿灌木地理分布的各气候适宜区均出现向西北迁移趋势。在未来RCP 4.5和

RCP 8.5 气候情景下,2011—2040 年中国高山常绿灌木的地理分布区向西北迁移趋势更加显著(图 9.24)。

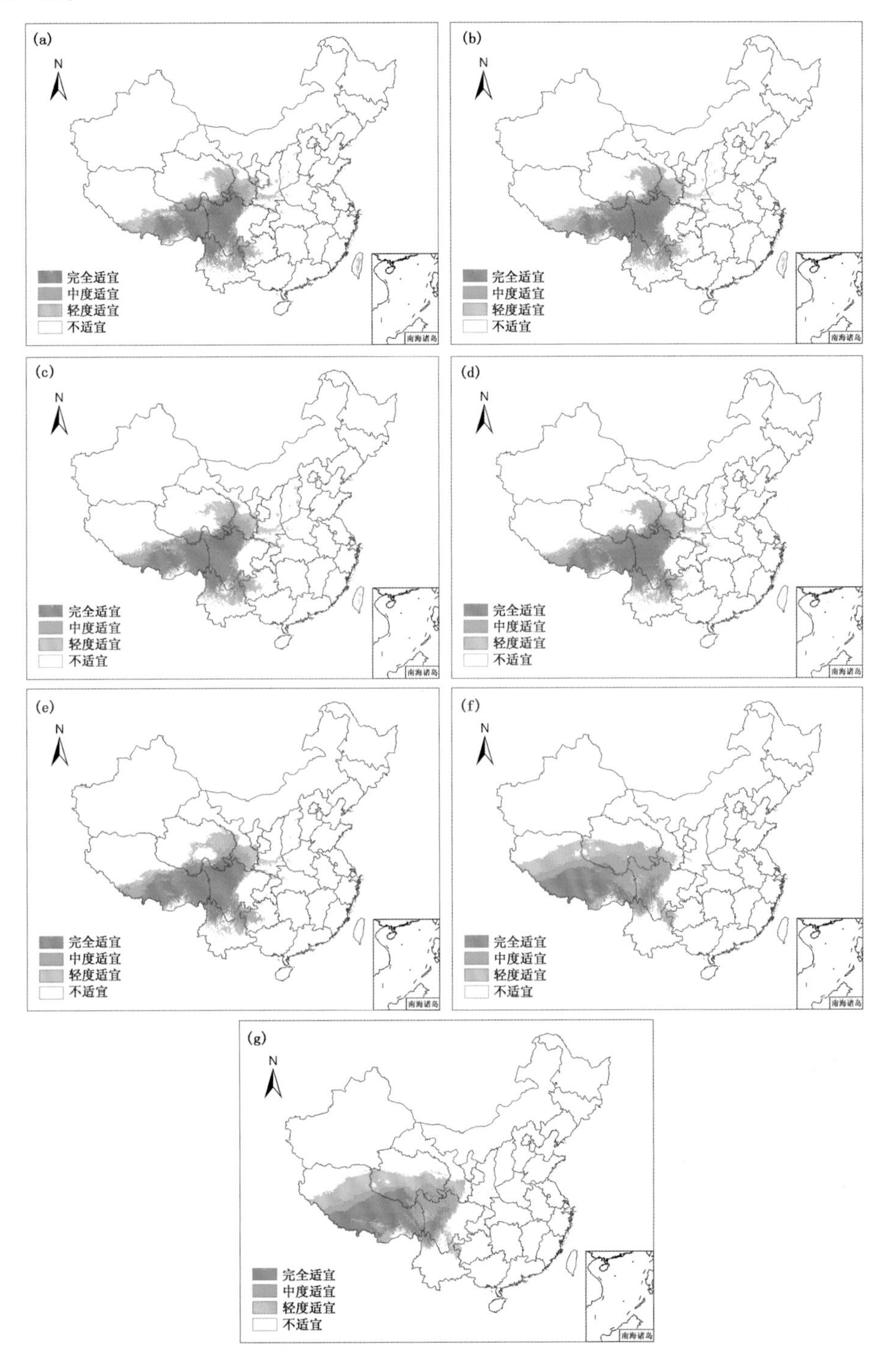

图 9.24　中国高山常绿灌木地理分布的气候适宜区

(a)1961—1990 年;(b)1966—1995 年;(c)1971—2000 年;(d)1976—2005 年;(e)1981—2010 年;
(f)2011—2040 年 RCP 4.5;(g)2011—2040 年 RCP 8.5

中国高山常绿灌木地理分布的各气候适宜区在不同时期的分布面积见表 9.22。1961—2010 年中国高山常绿灌木地理分布的气候完全适宜区面积随着时间推移均呈增加趋势，中度适宜区和轻度适宜区面积逐渐减小；不适宜区的面积呈减小趋势。2011—2040 年（未来 RCP 4.5 和 RCP 8.5 气候情景），中国高山常绿灌木分布的气候适宜区面积变化明显，气候完全适宜区面积呈减小趋势，中度适宜区和轻度适宜区面积则呈增加趋势。

表 9.22　不同时期中国高山常绿灌木地理分布气候适宜区的面积（单位：10^4 hm^2）

时期	完全适宜区 [0.38,1]	中度适宜区 [0.19,0.38)	轻度适宜区 [0.05,0.19)	不适宜区 [0,0.05)
1961—1990 年	6999	3107	4411	82660
1966—1995 年	7200	2869	4374	82734
1971—2000 年	7615	2883	3999	82680
1976—2005 年	7817	2763	3861	82736
1981—2010 年	8077	2788	3825	82487
2011—2040 年(RCP 4.5)	5553	5983	5329	80312
2011—2040 年(RCP 8.5)	6348	4919	5798	80112

七、中国高山常绿灌木对气候变化的适应性与脆弱性

表 9.23 给出了基准期及评估期的中国高山常绿灌木地理分布面积及其存在概率变化。基于评估期中国高山常绿灌木分布气候适宜区的面积（SR）、自适应性指数（A_l）、脆弱性指数（V）和拓展适应性指数（A_e），可以评价中国高山常绿灌木对气候变化的适应性与脆弱性（表 9.24）。

表 9.23　基准期及评估期中国高山常绿灌木地理分布面积（单位：10^4 hm^2）及其总的存在概率

研究时期		评估资料					
基准期	1961—1990 年	$S_{ik}+S_{im}$			$S_{ik}\cdot p_{ik}+S_{im}\cdot p_{im}$		
		10106			4539.90		
评估期	评估时段	S_{jk}	$S_{jk}\cdot p_{jk}$	S_{jm}	$S_{jm}\cdot p_{jm}$	S_{jl}	$S_{jl}\cdot p_{jl}$
	1966—1995 年	233	51.16	9836	4588.08	270	44.99
	1971—2000 年	794	207.51	9704	4670.49	402	63.12
	1976—2005 年	999	309.20	9581	4642.61	525	73.53
	1981—2010 年	1383	469.50	9482	4576.18	624	78.94
预测期	2011—2040 年 (RCP 4.5)	4184	1610.98	7352	2720.44	2754	204.08
	2011—2040 年 (RCP 8.5)	4389	1723.61	6878	2679.76	3228	234.55

表 9.24　中国高山常绿灌木对气候变化的适应性与脆弱性评价

评估时期	评价指标			评价等级	拓展适应性
	SR	A_t	V		A_e
1966—1995 年	0.97	1.01	0.01	完全适应	0.01
1971—2000 年	0.96	1.03	0.01	完全适应	0.05
1976—2005 年	0.95	1.02	0.02	完全适应	0.07
1981—2010 年	0.94	1.01	0.02	完全适应	0.10
2011—2040 年 (RCP 4.5)	0.73	0.60	0.04	轻度脆弱	0.35
2011—2040 年 (RCP 8.5)	0.68	0.59	0.05	轻度脆弱	0.38

以 1961—1990 年为基准期对中国高山常绿灌木的适应性与脆弱性评价表明，评估期中国高山常绿灌木地理分布呈向西北迁移的趋势，且表现为完全适应，但未来气候情景下均表现为轻度脆弱，中国高山常绿灌木的地理分布范围将有所增大。

第五节　高寒落叶阔叶灌木的气候适宜性与脆弱性

一、数据资料

中国高寒落叶阔叶灌木地理分布资料来源于《中华人民共和国植被图(1∶100 万)》。根据高寒落叶阔叶灌木所包括的植被群系组成(表 9.25)，提取植被图中所有类型的分布区，构成中国高寒落叶阔叶灌木地理分布数据集。在 ArcGIS 中，去除面积小于 50 km^2 的较小分布斑块，对剩下的分布区进行随机取点，其中相同斑块内两点间的最短距离不得小于 10 km，可得到中国高寒落叶阔叶灌木地理分布点 489 个(图 9.25)。

表 9.25　中国高寒落叶阔叶灌木组成

序号	植被群系
1	变色锦鸡儿灌丛
2	川青锦鸡儿灌丛
3	华西银露梅灌丛
4	积石山柳灌丛
5	吉拉柳灌丛
6	箭叶锦鸡儿灌丛
7	金露梅灌丛
8	绢毛蔷薇、匍匐栒子灌丛
9	毛枝山居柳、金露梅、箭叶锦鸡儿灌丛
10	毛枝山居柳灌丛
11	匍匐水柏枝灌丛

续表

序号	植被群系
12	乌饭叶矮柳灌丛
13	细枝绣线菊、高山绣线菊灌丛
14	小叶金露梅灌丛
15	硬叶柳灌丛
16	窄叶鲜卑花灌丛

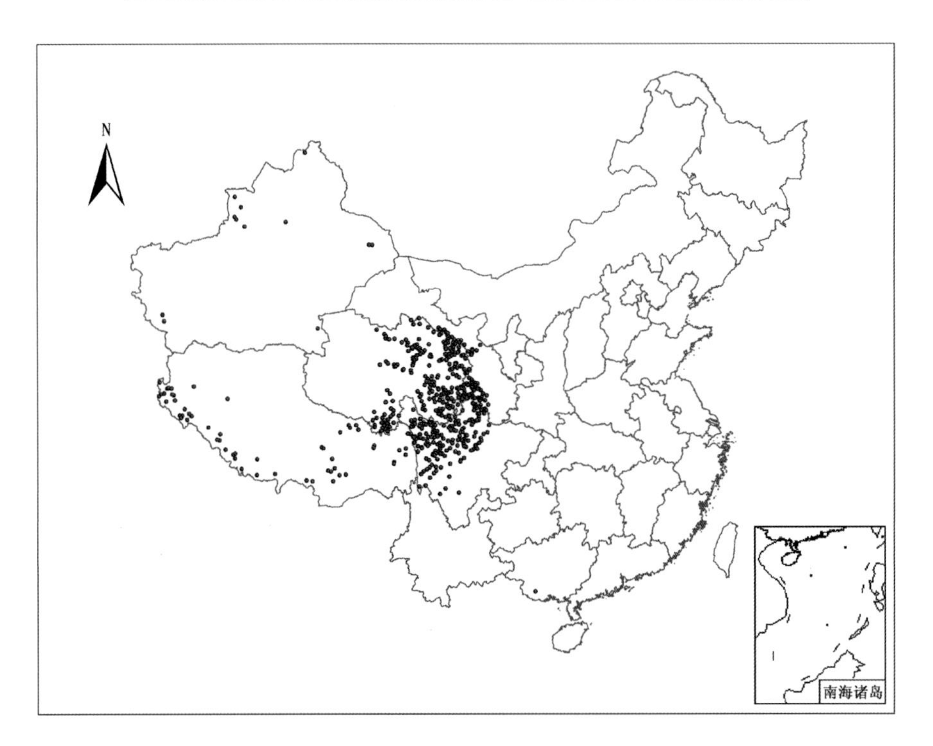

图 9.25　中国高寒落叶阔叶灌木的样点分布

二、模型适用性分析

MaxEnt 模型运行需要两组数据：一是模拟对象的地理分布数据；二是全国范围的环境变量，即从全国层次及年尺度确定的决定植物地理分布的 6 个气候因子，即 T_{min}、Q、T_7、T_1、T 和 P。基于 75%训练子集得到的 MaxEnt 模型模拟结果的 AUC 值为 0.94，测试子集的 MaxEnt 模型模拟结果的 AUC 值为 0.93(图 9.26)，都达到了"非常好"的水平，表明 MaxEnt 模型能够很好地对中国高寒落叶阔叶灌木的地理分布与气候因子的关系进行模拟。将模型运行 10 次，以得到较为稳定的平均结果，其 AUC 值为 0.93±0.02。

三、影响因子分析

在百分贡献率和置换重要性中，各气候因子对中国高寒落叶阔叶灌木地理分布影响的排序分别为(表 9.26)：最暖月平均温度(T_7)>最冷月平均温度(T_1)>年辐射量(Q)>年降水量

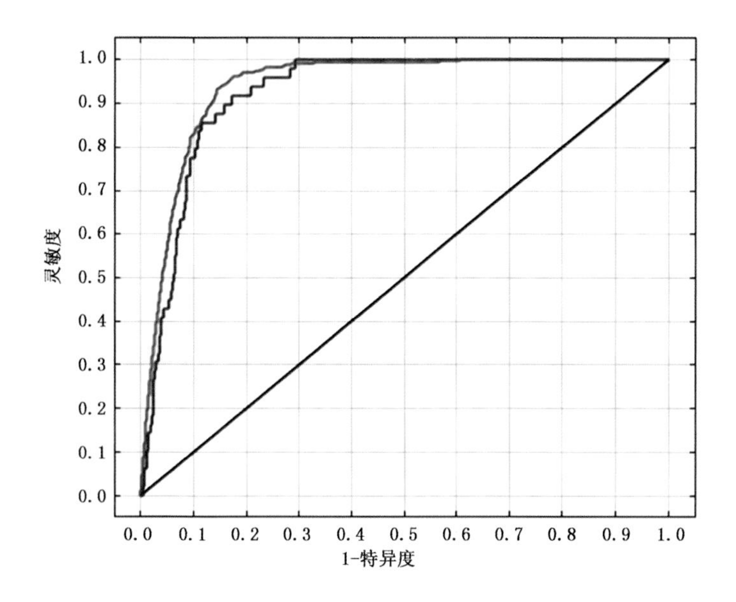

图 9.26 中国高寒落叶阔叶灌木地理分布模拟结果的 ROC 曲线

(P)>年均温度(T)>年极端最低温度(T_{min})。由小刀法得分可知各气候因子对中国高寒落叶阔叶灌木地理分布影响的贡献排序为:年辐射量(Q)>最暖月平均温度(T_7)>年均温度(T)>年降水量(P)>最冷月平均温度(T_1)>年极端最低温度(T_{min})(图 9.27)。6 个因子在不同的评价方法中存在着不同的表现,不宜去除其中任何一个因子。

表 9.26 气候因子的百分贡献率和置换重要性

气候因子	百分贡献率(%)	置换重要性(%)
最暖月平均温度(T_7)	62.7	65.1
最冷月平均温度(T_1)	14.8	13.7
年辐射量(Q)	14.5	6.2
年降水量(P)	7.0	9.8
年均温度(T)	0.5	4.0
年极端最低温度(T_{min})	0.5	1.2

四、气候适宜性划分

基于气候资源保证率原则,利用所建 MaxEnt 模型给出的中国高寒落叶阔叶灌木在待预测地区的存在概率 p,根据中国高寒落叶阔叶灌木地理分布的气候适宜性等级划分,结合 ArcGIS 技术对模型模拟结果进行分类,划分中国高寒落叶阔叶灌木地理分布的气候适宜范围(图 9.27)。结果表明,中国高寒落叶阔叶灌木地理分布的气候适宜区主要位于西北和西南地区。其中,气候完全适宜区主要分布在四川、西藏和青海,新疆西部的天山地区也有分布。

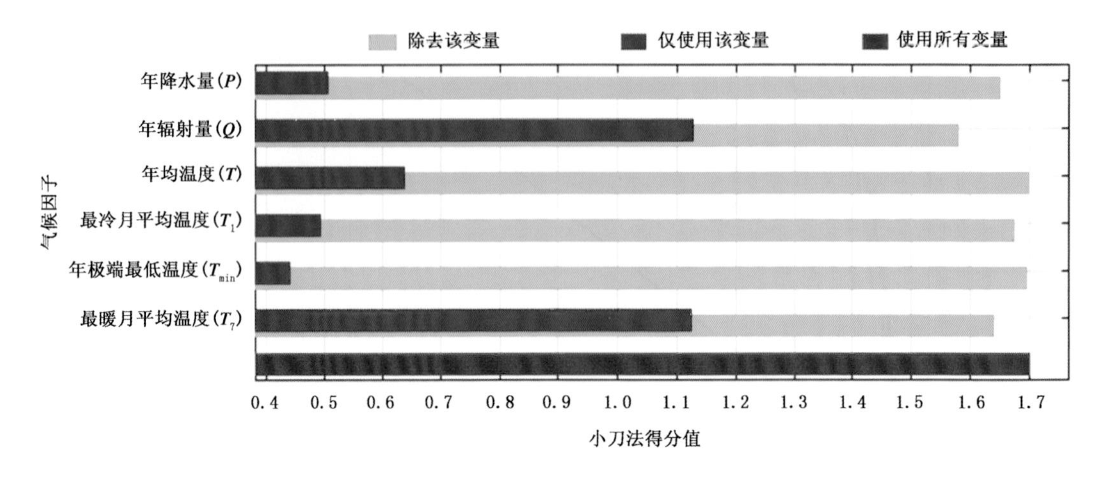

图 9.27　气候因子在小刀法中的得分

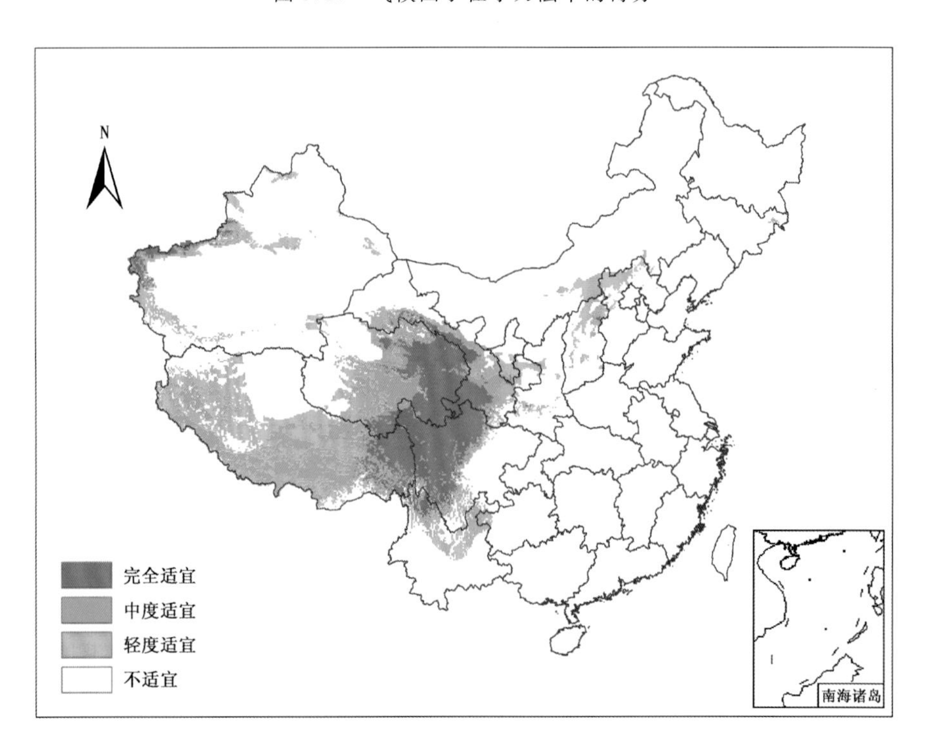

图 9.28　中国高寒落叶阔叶灌木地理分布的气候适宜性

五、影响因子阈值分析

根据 MaxEnt 模型模拟结果得到的中国高寒落叶阔叶灌木存在概率与各气候因子的关系(图 9.29),可以得到不同气候适宜区各气候因子的阈值(表 9.27)。

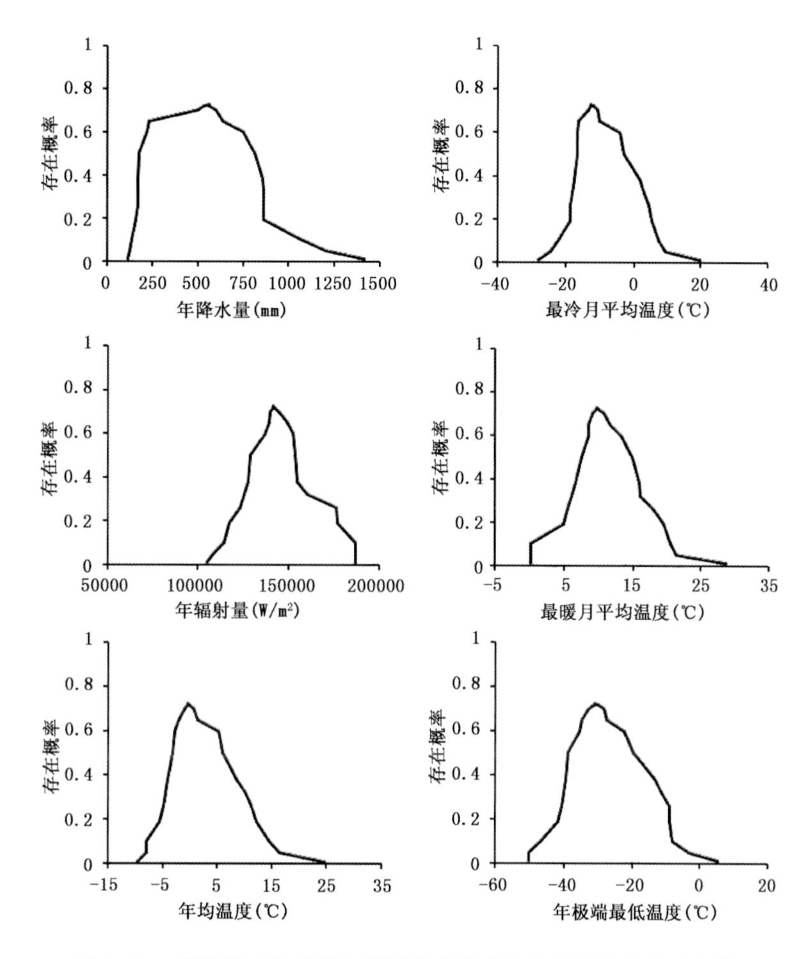

图 9.29　高寒落叶阔叶灌木预测存在概率与气候因子的关系曲线

表 9.27　中国高寒落叶阔叶灌木地理分布不同气候适宜区的气候因子阈值

	P(mm)	T_1(℃)	Q(W/m²)	T_7(℃)	T(℃)	T_{min}(℃)
完全适宜区[0.38,1]	124～1207	－24.6～9.5	108603～186838	0.3～21.4	－8.0～16.4	－50.0～－3.1
中度适宜区[0.19,0.38)	155～865	－18.6～5.3	117168～177126	5.0～19.6	－5.5～12.3	－41.7～－8.9
轻度适宜区[0.05,0.19)	168～857	－17.3～1.7	127885～154799	6.7～15.9	－4.1～8.5	－39.3～－13.2

六、中国高寒落叶阔叶灌木地理分布动态

与 1961—1990 年相比，1966—1995 年、1971—2000 年、1976—2005 年及 1981—2010 年的中国高寒落叶阔叶灌木地理分布的各气候适宜区均出现向西北移动趋势。而在未来 RCP 4.5 和 RCP 8.5 气候情景下，2011—2040 年中国高寒落叶阔叶灌木的地理分布区将大幅度向西移动，气候完全适宜区将大幅扩展，主要位于青海、西藏和四川(图 9.30)。

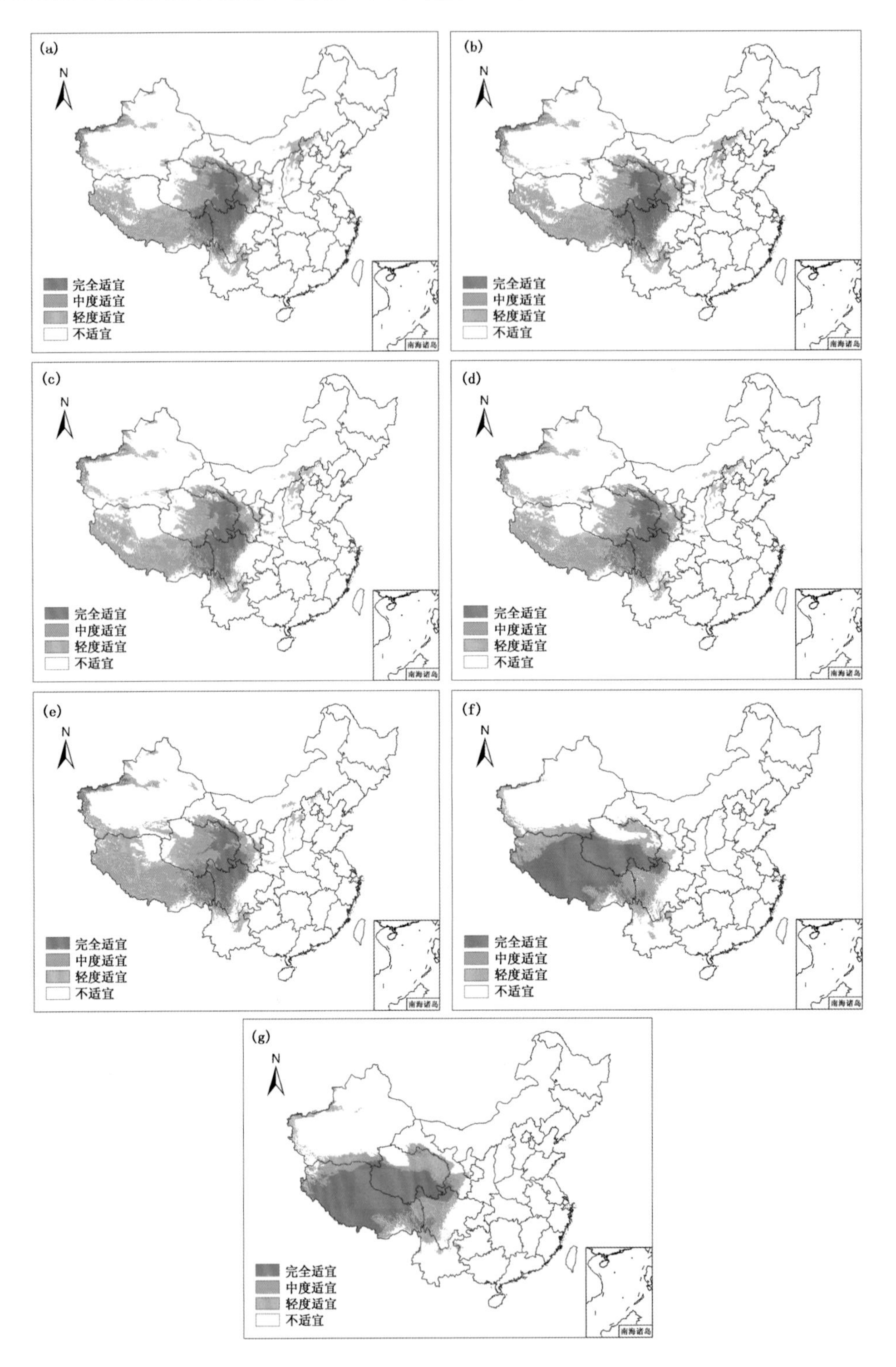

图 9.30 中国高寒落叶阔叶灌木地理分布的气候适宜区

(a)1961—1990 年;(b)1966—1995 年;(c)1971—2000 年;(d)1976—2005 年;(e)1981—2010 年;(f)2011—2040 年 RCP 4.5;(g)2011—2040 年 RCP 8.5

中国高寒落叶阔叶灌木地理分布的各气候适宜区在不同时期的分布面积见表 9.28。1961—2010 年中国高寒落叶阔叶灌木地理分布的气候完全适宜区面积随着时间推移均呈减小趋势，中度适宜区呈增大趋势，轻度适宜区面积变化小；不适宜区的面积呈逐渐减小趋势。2011—2040 年(未来 RCP 4.5 和 RCP 8.5 气候情景)，中国高寒落叶阔叶灌木地理分布的气候适宜区面积变化明显，气候完全适宜区面积剧增，中度适宜区和轻度适宜区的面积则均明显减小。

表 9.28　不同时期中国高寒落叶阔叶灌木地理分布气候适宜区的面积(单位：10^4 hm^2)

时期	完全适宜区 [0.38,1]	中度适宜区 [0.19,0.38)	轻度适宜区 [0.05,0.19)	不适宜区 [0,0.05)
1961—1990 年	6547	6045	10465	74120
1966—1995 年	6488	5689	10490	74510
1971—2000 年	6357	6588	10282	73950
1976—2005 年	6275	7231	10319	73352
1981—2010 年	6647	8470	10519	71541
2011—2040 年(RCP 4.5)	13135	3768	6301	73973
2011—2040 年(RCP 8.5)	13816	3608	6939	72814

七、中国高寒落叶阔叶灌木对气候变化的适应性与脆弱性

表 9.29 给出了基准期及评估期中国高寒落叶阔叶灌木地理分布的面积及其存在概率变化。基于评估期中国高寒落叶阔叶灌木分布气候适宜区的面积(SR)、自适应性指数(A_l)、脆弱性指数(V)和拓展适应性指数(A_e)，可以评价中国高寒落叶阔叶灌木对气候变化的适应性与脆弱性(表 9.30)。

表 9.29　基准期及评估期中国高寒落叶阔叶灌木地理分布面积(单位：10^4 hm^2)及其总的存在概率

研究时期		评估资料					
基准期	1961—1990 年	$S_{ik}+S_{im}$			$S_{ik}\cdot p_{ik}+S_{im}\cdot p_{im}$		
		12592			5291.65		
评估期	评估时段	S_{jk}	$S_{jk}\cdot p_{jk}$	S_{jm}	$S_{jm}\cdot p_{jm}$	S_{jl}	$S_{jl}\cdot p_{jl}$
	1966—1995 年	448	100.27	11729	5067.04	863	134.91
	1971—2000 年	1124	263.05	11821	5096.21	771	116.22
	1976—2005 年	1852	456.86	11654	5028.86	938	137.03
	1981—2010 年	3763	948.72	11354	5026.96	1238	181.60
预测期	2011—2040 年(RCP 4.5)	8866	5248.28	8037	3849.07	4555	351.07
	2011—2040 年(RCP 8.5)	9254	5602.86	8170	4073.88	4422	508.06

表 9.30 中国高寒落叶阔叶灌木对气候变化的适应性与脆弱性评价

评估时期	评价指标			评价等级	拓展适应性 A_e
	SR	A_l	V		
1966—1995 年	0.93	0.96	0.03	中度适应	0.02
1971—2000 年	0.94	0.96	0.02	中度适应	0.05
1976—2005 年	0.93	0.95	0.03	中度适应	0.09
1981—2010 年	0.90	0.95	0.03	中度适应	0.18
2011—2040 年 (RCP 4.5)	0.64	0.73	0.07	轻度脆弱	0.99
2011—2040 年 (RCP 8.5)	0.65	0.77	0.10	轻度脆弱	1.06

以 1961—1990 年为基准期对中国高寒落叶阔叶灌木的适应性与脆弱性评价表明，评估期中国高寒落叶阔叶灌木地理分布呈向西北迁移趋势，表现为中度适应，但未来气候情景下均表现为轻度脆弱，中国高寒落叶阔叶灌木的地理分布范围将进一步向西扩展。

第六节 高寒荒漠灌木的气候适宜性与脆弱性

一、数据资料

中国高寒荒漠灌木地理分布资料来源于《中华人民共和国植被图(1∶100 万)》。根据高寒荒漠灌木包括的植被群系组成(表 9.31)，提取植被图中所有类型的分布区，构成中国高寒荒漠灌木地理分布数据集。在 ArcGIS 中，去除面积小于 50 km^2 的较小分布斑块，对剩下的分布区进行随机取点，其中相同斑块内两点间的最短距离不得小于 10 km，可得到中国高寒荒漠灌木地理分布点 297 个(图 9.31)。

表 9.31 组成中国高寒荒漠灌木的植被群系

序号	植被群系
1	藏亚菊荒漠
2	垫状驼绒藜荒漠
3	粉花蒿荒漠
4	昆仑蒿荒漠
5	唐古特红景天荒漠

二、模型适用性分析

MaxEnt 模型运行需要两组数据：一是模拟对象的地理分布数据；二是全国范围的环境变量，即从全国层次及年尺度确定的决定植物地理分布的 6 个气候因子，即 T_{min}、Q、T_7、T_1、T 和 P。基于 75%训练子集得到的 MaxEnt 模型模拟结果的 AUC 值为 0.97，测试子集的 MaxEnt 模型模拟结果的 AUC 值为 0.97(图 9.32)，都达到了“非常好”的水平，表明 MaxEnt 模型能够

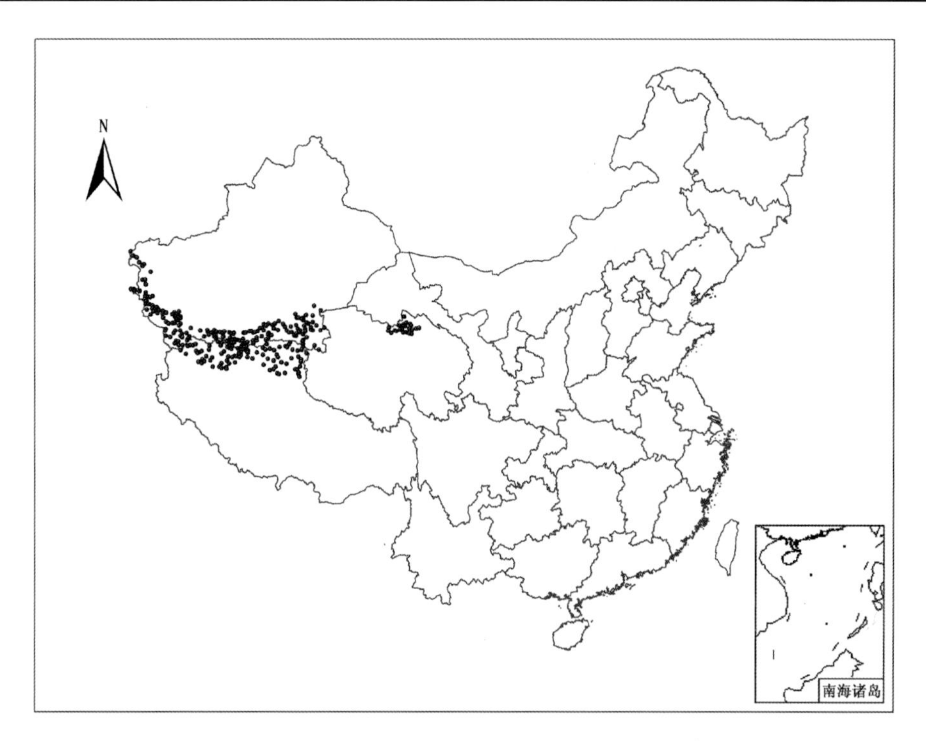

图 9.31 中国高寒荒漠灌木样点的地理分布

很好地对中国高寒荒漠灌木的地理分布与气候因子的关系进行模拟。将模型运行 10 次,以得到较为稳定的平均结果,其 AUC 值为 0.97±0.00。

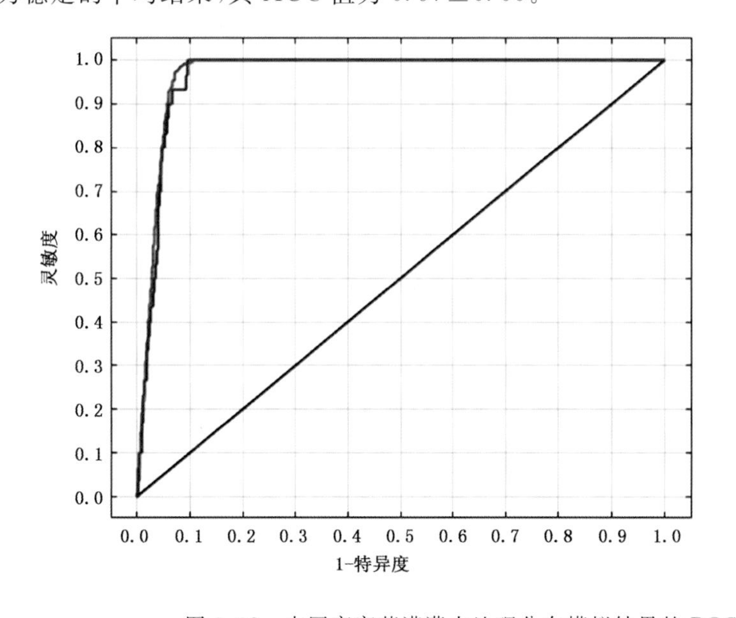

图 9.32 中国高寒荒漠灌木地理分布模拟结果的 ROC 曲线

三、影响因子分析

在百分贡献率和置换重要性中，各气候因子对中国高寒荒漠灌木地理分布影响的排序分别为（表 9.32）：年辐射量(Q)＞年降水量(P)＞年极端最低温度(T_{min})＞最暖月平均温度(T_7)＞年均温度(T)＞最冷月平均温度(T_1)。由小刀法得分可知各气候因子对高寒荒漠灌木地理分布影响的贡献排序为：年辐射量(Q)＞年降水量(P)＞最暖月平均温度(T_7)＞年极端最低温度(T_{min})＞年均温度(T)＞最冷月平均温度(T_1)（图 9.33）。6 个因子在不同的评价方法中存在着不同的表现，不宜去除其中任何一个因子。

表 9.32　气候因子的百分贡献率和置换重要性

气候因子	百分贡献率(%)	置换重要性(%)
年辐射量(Q)	44.8	9.7
年降水量(P)	29.0	51.6
年极端最低温度(T_{min})	12.8	25.6
最暖月平均温度(T_7)	12.6	8.9
年均温度(T)	0.6	0.9
最冷月平均温度(T_1)	0.3	3.3

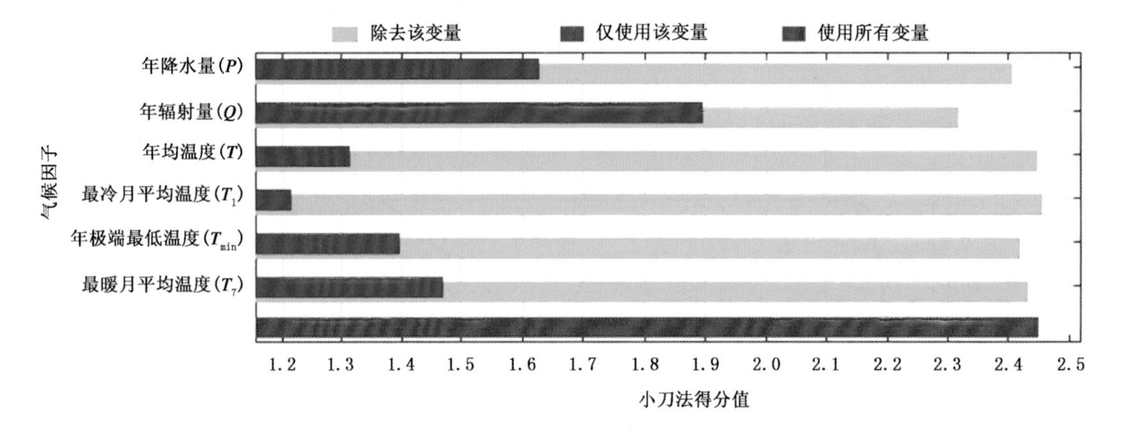

图 9.33　气候因子在小刀法中的得分

四、气候适宜性划分

基于气候资源保证率原则，利用所建 MaxEnt 模型给出的中国高寒荒漠灌木在待预测地区的存在概率 p，根据中国高寒荒漠灌木地理分布的气候适宜性等级划分，结合 ArcGIS 技术对模型模拟结果进行分类，划分中国高寒荒漠灌木地理分布的气候适宜范围（图 9.34）。结果表明，中国高寒荒漠灌木地理分布的气候适宜区主要位于青藏高原北缘。

五、影响因子阈值分析

根据 MaxEnt 模型模拟结果得到的中国高寒荒漠灌木存在概率与各气候因子的关系（图 9.35），可以得到不同气候适宜区各气候因子的阈值（表 9.33）。

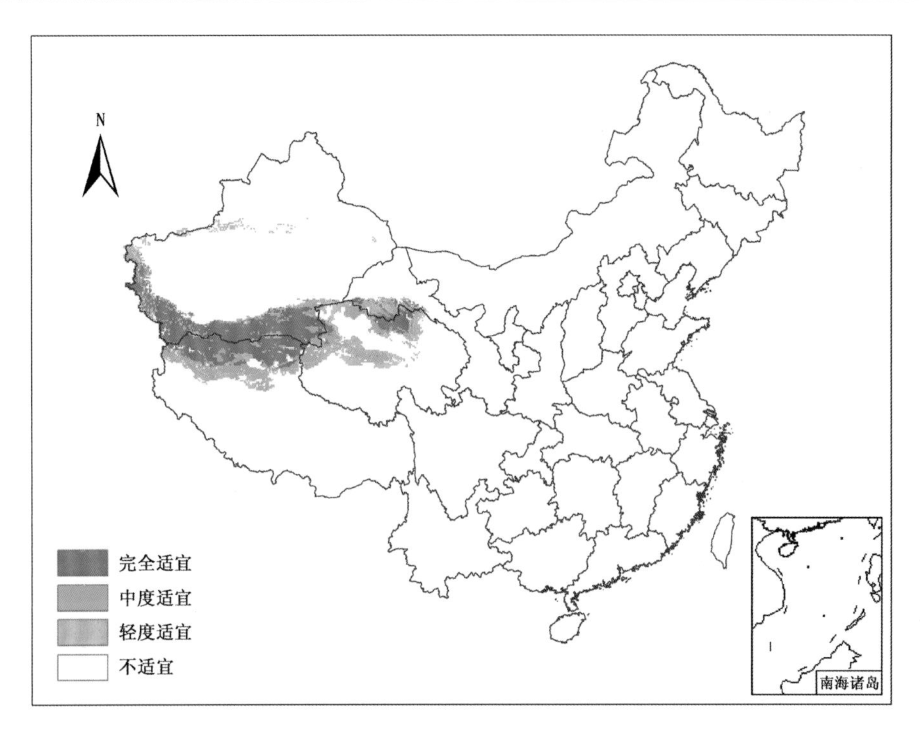

图 9.34　中国高寒荒漠灌木地理分布的气候适宜性

表 9.33　中国高寒荒漠灌木地理分布不同气候适宜区的气候因子阈值

	P(mm)	T_1(℃)	Q(W/m²)	T_7(℃)	T(℃)	T_{min}(℃)
完全适宜区[0.38,1]	95～1228	－30.4～6.0	88286～158668	3.5～30.7	－8.4～16.1	－50.0～－3.7
中度适宜区[0.19,0.38)	96～920	－30.4～3.9	88286～156090	10.4～30.7	－6.7～14.8	－50.0～－8.0
轻度适宜区[0.05,0.19)	109～546	－30.4～－6.3	89251～132734	10.6～30.7	－6.0～13.1	－49.8～－23.1

六、中国高寒荒漠灌木地理分布动态

与 1961—1990 年相比，1966—1995 年、1971—2000 年、1976—2005 年及 1981—2010 年的中国高寒荒漠灌木地理分布的各气候适宜区主体位置不变，略有东扩趋势。而在未来 RCP 4.5 和 RCP 8.5 气候情景下，2011—2040 年中国高寒荒漠灌木的地理分布区几乎完全消失(图 9.36)。

中国高寒荒漠灌木各地理分布的气候适宜区在不同时期的分布面积见表 9.34。1961—2010 年中国高寒荒漠灌木地理分布的气候完全适宜区、中度适宜区和轻度适宜区面积尽管随着时间推移均出现一些波动，但面积总体变化不大。2011—2040 年(未来 RCP 4.5 和 RCP 8.5 气候情景)，中国高寒荒漠灌木地理分布的气候适宜区面积变化明显，各气候适宜区的面积均明显减小，气候完全适宜区和中度适宜区几乎消失。

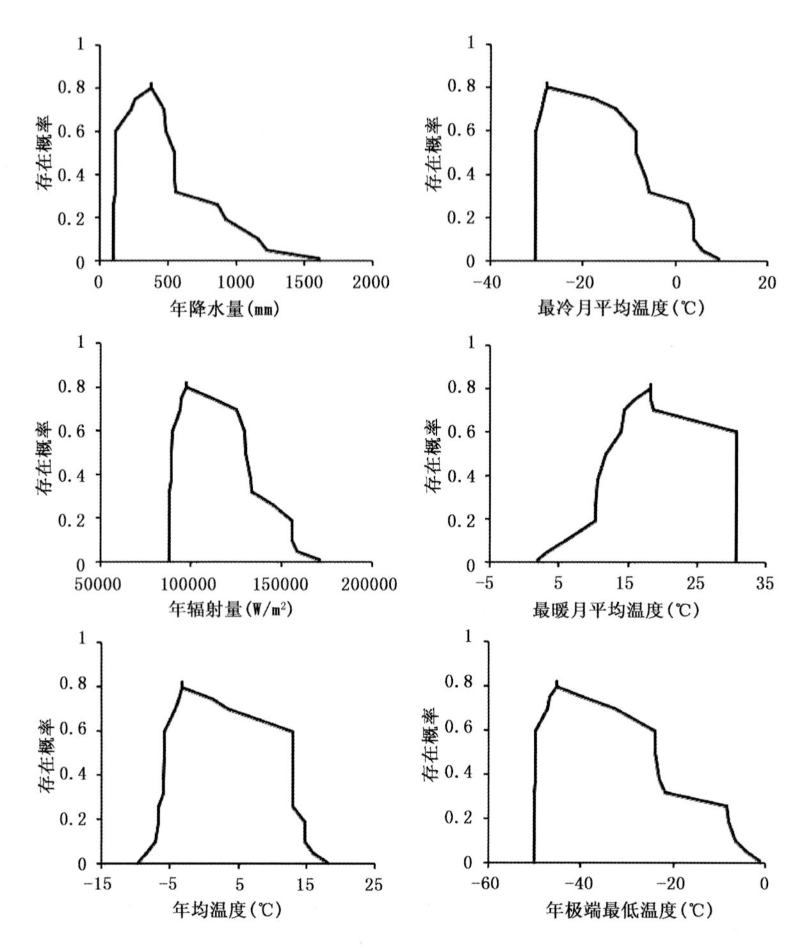

图 9.35 高寒荒漠灌木预测存在概率与气候因子的关系曲线

表 9.34 不同时期中国高寒荒漠灌木地理分布气候适宜区的面积(单位:10^4 hm^2)

时期	完全适宜区 [0.38,1]	中度适宜区 [0.19,0.38)	轻度适宜区 [0.05,0.19)	不适宜区 [0,0.05)
1961—1990 年	3742	1702	2250	89483
1966—1995 年	2831	2116	2339	89891
1971—2000 年	3137	1970	2152	89918
1976—2005 年	3602	1697	2152	89726
1981—2010 年	4027	1691	2089	89370
2011—2040 年(RCP 4.5)	0	1	23	97153
2011—2040 年(RCP 8.5)	0	0	1	97176

七、中国高寒荒漠灌木对气候变化的适应性与脆弱性

表 9.35 给出了基准期及评估期中国高寒荒漠灌木地理分布的面积及其存在概率变化。基于评估期中国高寒荒漠灌木分布气候适宜区的面积(SR)、自适应性指数(A_I)、脆弱性指数

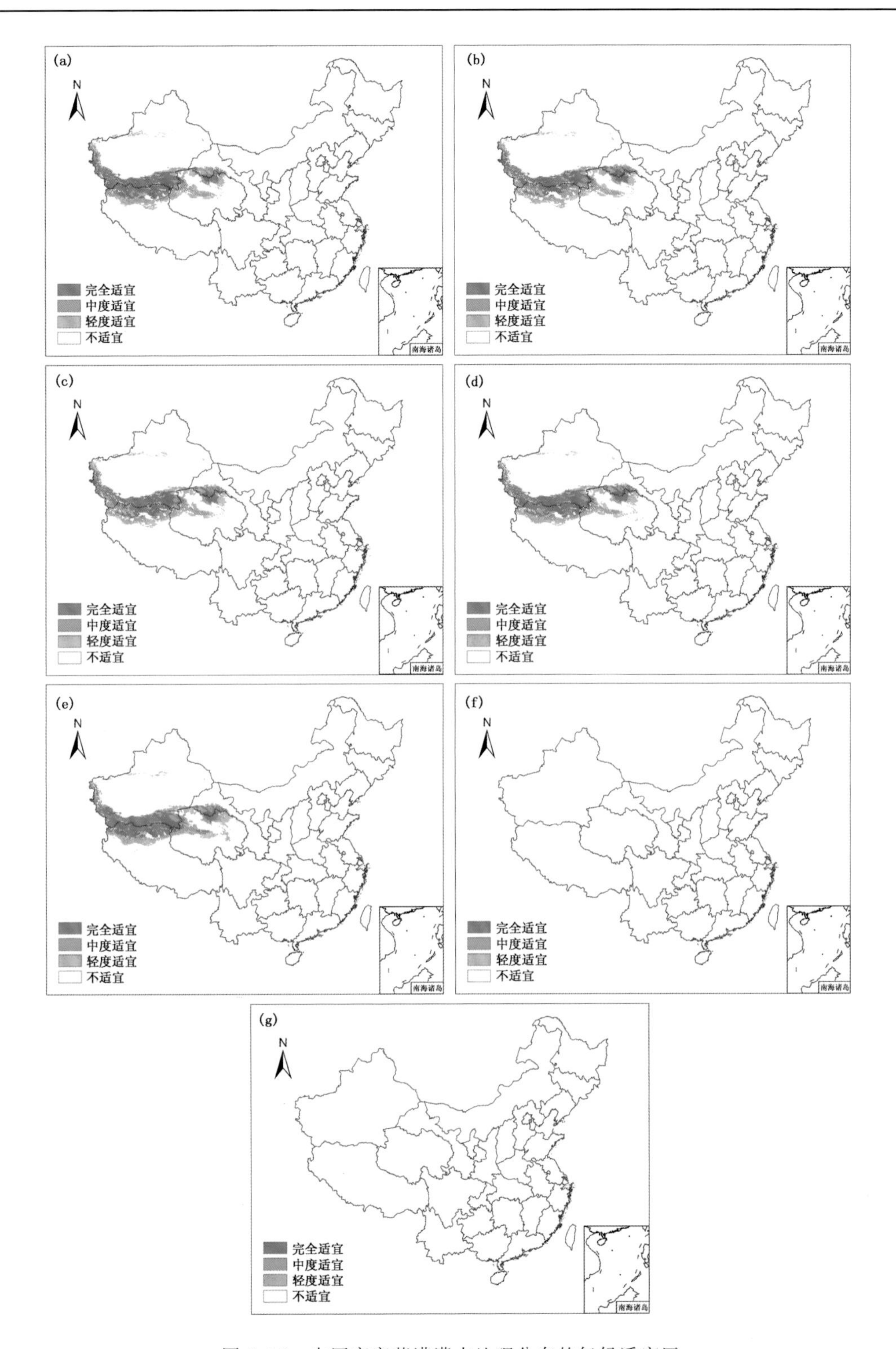

图 9.36　中国高寒荒漠灌木地理分布的气候适宜区

(a)1961—1990 年;(b)1966—1995 年;(c)1971—2000 年;(d)1976—2005 年;(e)1981—2010 年;(f)2011—2040 年 RCP 4.5;(g)2011—2040 年 RCP 8.5

(V)和拓展适应性指数(A_e),可以评价中国高寒荒漠灌木对气候变化的适应性与脆弱性(表9.36)。

表 9.35 基准期及评估期中国高寒荒漠灌木地理分布面积(单位:10^4 hm^2)及其总的存在概率

研究时期		评估资料					
基准期	1961—1990 年	$S_{ik}+S_{im}$			$S_{ik}\cdot p_{ik}+S_{im}\cdot p_{im}$		
		5444			2477.57		
评估期	评估时段	S_{jk}	$S_{jk}\cdot p_{jk}$	S_{jm}	$S_{jm}\cdot p_{jm}$	S_{jl}	$S_{jl}\cdot p_{jl}$
	1966—1995 年	140	42.68	4807	2028.49	637	82.55
	1971—2000 年	155	49.54	4952	2162.25	492	63.46
	1976—2005 年	246	70.68	5053	2312.68	391	45.66
	1981—2010 年	571	163.07	5147	2560.95	297	32.67
预测期	2011—2040 年 (RCP 4.5)	0	0.00	1	0.20	5443	18.48
	2011—2040 年 (RCP 8.5)	0	0.00	0	0.00	5444	14.47

表 9.36 中国高寒荒漠灌木对气候变化的适应性与脆弱性评价

评估时期	评价指标			评价等级	拓展适应性 A_e
	SR	A_l	V		
1966—1995 年	0.88	0.82	0.03	轻度适应	0.02
1971—2000 年	0.91	0.87	0.03	中度适应	0.02
1976—2005 年	0.93	0.93	0.02	中度适应	0.03
1981—2010 年	0.95	1.03	0.01	完全适应	0.07
2011—2040 年 (RCP 4.5)	0.00	0.00	0.01	完全脆弱	0.00
2011—2040 年 (RCP 8.5)	0.00	0.00	0.01	完全脆弱	0.00

以 1961—1990 年为基准期对中国高寒荒漠灌木的适应性与脆弱性评价表明,评估期中国高寒荒漠灌木地理分布变化不大,东部略有扩展趋势,中国高寒荒漠灌木随时间推移自适应性增强,由轻度适应向完全适应转换,但未来气候情景下均表现为完全脆弱,中国高寒荒漠灌木的地理分布范围几乎完全消失。

第十章　中国草本植物功能型的气候适宜性与脆弱性

根据中国独特的季风气候和青藏高原特征下植物所需的温度条件、水分条件和植物的冠层特征(地上植物体的寿命、叶片寿命和叶片类型)进行植物功能型的划分,给出了5类草本植物功能型。现针对这5类草本植物功能型,逐一分析其气候适宜性与脆弱性。在此,采用与热带常绿树种同样的分析方法与气象资料,分析中国草本植物功能型的气候适宜性与脆弱性。

第一节　温带草甸草的气候适宜性与脆弱性

一、数据资料

中国温带草甸草地理分布资料来源于《中华人民共和国植被图(1∶100万)》。根据温带草甸草所包括的植被群系组成(表10.1),提取植被图中所有类型的分布区,构成中国温带草甸草地理分布数据集。在ArcGIS中,去除面积小于100 km^{2}的小块分布区,对剩下的分布区进行随机取点,其中相同斑块内两点间的最短距离不得小于100 km,可得到中国温带草甸草地理分布点723个(图10.1)。

表10.1　组成中国温带草甸草的植物群系

序号	植被群系
1	阿拉套羊茅、草原薹草草原
2	白羊草、杂类草草原
3	贝加尔针茅、杂类草草原
4	草原薹草、杂类草草原
5	沟叶羊茅、日荫薹草、杂类草草原
6	禾草、白莲蒿、茭蒿草原
7	细叶早熟禾、沟叶羊茅、异燕麦草原
8	细叶早熟禾、针茅草原
9	细叶早熟禾草原
10	线叶菊、禾草、杂类草草原
11	小尖隐子草、杂类草草甸
12	新疆早熟禾、亚菊草原
13	羊草、杂类草草原
14	羊茅、蒿类、杂类草草原
15	窄颖赖草、杂类草草原
16	针茅、杂类草草原
17	白茅草甸
18	草原糙苏、草原老鹳草、紫花鸢尾、杂类草草甸
19	大披针薹、杂类草草甸
20	大小穅草、看麦娘、野大麦草甸

续表

序号	植被群系
21	单花囊吾,金莲花、禾草草甸
22	地榆、裂叶蒿、日荫薹草、禾草草甸
23	拂子茅高禾草草甸
24	狗牙根草甸
25	含柴桦、沼柳的狗牙根草甸
26	含多种薹草的狗牙根草甸
27	含疣枝桦的野大麦、毛穗赖草草甸
28	假苇拂子茅高禾草草甸
29	结缕草草甸
30	芦苇草甸
31	薹草、杂类草草甸
32	小百花地榆、金莲花、禾草草甸
33	新疆鹅观草、草原老鹳草草甸
34	鸭茅草甸
35	野古草、大油芒、杂类草草甸
36	野古草草甸
37	早熟禾草甸
38	寸草、杂类草草甸
39	荻草甸
40	含柴桦的荻草甸
41	含沼柳的荻草甸
42	华扁穗草、拂子茅草甸
43	华扁穗草草甸
44	尖薹草、杂类草草甸
45	芦苇、拂子茅草甸
46	小糠草、野大麦草甸
47	小糠草、野大麦草甸和春榆、水曲柳、核桃楸林
48	小叶樟、薹草草甸
49	修氏薹草、禾草、杂类草草甸
50	紫花鸢尾、准噶尔薹草、草原糙苏、细叶早熟禾、杂类草草甸
51	藨草、芦苇沼泽
52	寸草沼泽
53	含水烛、杉叶藻的寸草沼泽
54	含兴安落叶松、杜香的寸草沼泽
55	含长白落叶松、杜香的寸草沼泽
56	毛果薹草沼泽
57	泥炭藓沼泽
58	牛毛毡、杂类草沼泽
59	飘筏薹草沼泽
60	三裂叶碱毛茛、梅花草、篦齿眼子菜沼泽
61	塔头薹草、小叶樟沼泽
62	塔头薹草、小叶樟沼泽和小百花地榆、金莲花、禾草草甸
63	乌拉薹草沼泽
64	香蒲沼泽
65	珍珠薹草、鹤辅碱茅沼泽

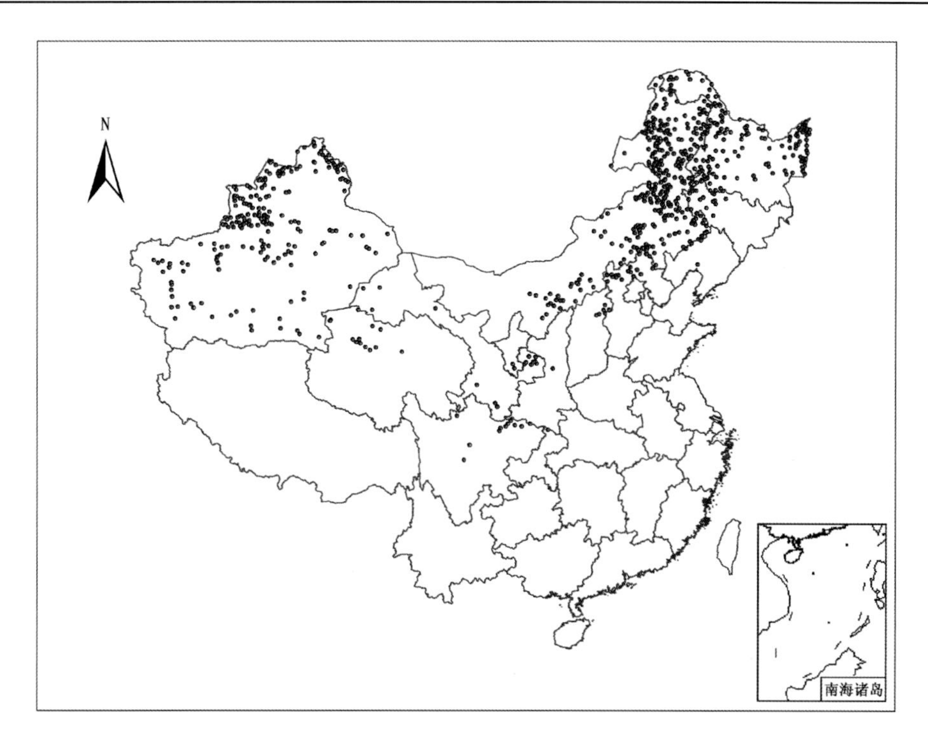

图 10.1 中国温带草甸草样点的地理分布

二、模型适用性分析

MaxEnt 模型运行需要两组数据，一是模拟对象的地理分布数据；二是全国范围的环境变量，即从全国层次及年尺度确定的决定植物地理分布的 6 个气候因子，即 T_{min}、Q、T_7、T_1、T 和 P。基于 75%训练子集得到的 MaxEnt 模型模拟结果的 AUC 值为 0.88，测试子集的 MaxEnt 模型模拟结果的 AUC 值为 0.89(图 10.2)，都达到了“好”的水平，表明 MaxEnt 模型能够很好地对中国温带草甸草的地理分布与气候因子的关系进行模拟。将模型运行 10 次，以得到较为稳定的平均结果，其 AUC 值为 0.87±0.01。

三、影响因子分析

在百分贡献率和置换重要性中，各气候因子对中国温带草甸草地理分布影响的排序分别为(表 10.2)：年辐射量(Q)＞年降水量(P)＞最冷月平均温度(T_1)＞最暖月平均温度(T_7)＞年极端最低温度(T_{min})＞年均温度(T)。由小刀法得分可知，各气候因子对温带草甸草地理分布影响的贡献排序为：最暖月平均温度(T_7)＞最冷月平均温度(T_1)＞年降水量(P)＞年辐射量(Q)＞年极端最低温度(T_{min})＞年均温度(T)(图 10.3)。6 个因子在不同的评价方法中存在着不同的表现，不宜去除其中任何一个因子。

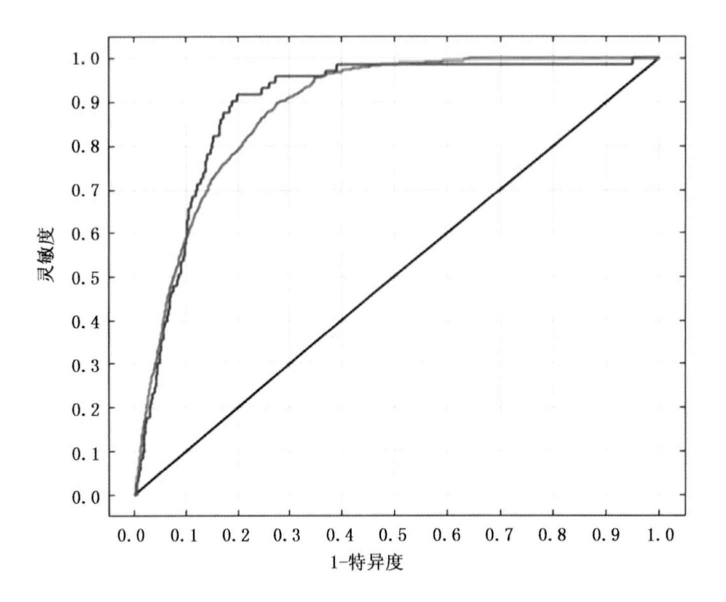

图 10.2　中国温带草甸草地理分布模拟结果的 ROC 曲线

表 10.2　气候因子的百分贡献率和置换重要性

气候因子	百分贡献率(%)	置换重要性(%)
年辐射量(Q)	36.0	43.3
年降水量(P)	23.5	20.7
最冷月平均温度(T_1)	16.9	7.4
最暖月平均温度(T_7)	11.8	18.6
年极端最低温度(T_{min})	8.9	3.8
年均温度(T)	2.9	6.1

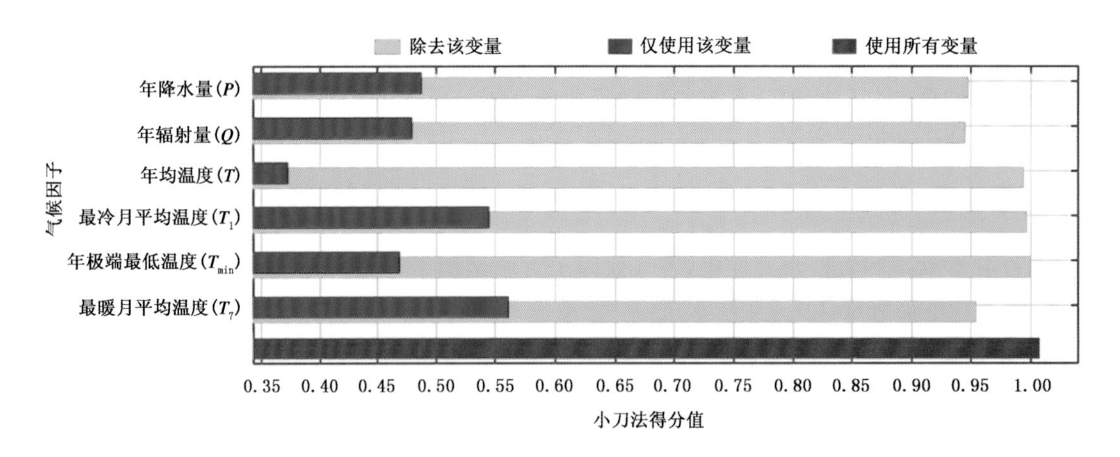

图 10.3　气候因子在小刀法中的得分

四、气候适宜性划分

基于气候资源保证率原则，利用所建 MaxEnt 模型给出的中国温带草甸草在待预测地区的存在概率 p，根据中国温带草甸草地理分布的气候适宜性等级划分，使用 ArcGIS 技术对模型模拟结果进行分类，划分中国温带草甸草地理分布的气候适宜范围(图 10.4)。结果表明，中国温带草甸草地理分布的气候适宜区主要位于东北和西北地区，华北地区也有部分分布。

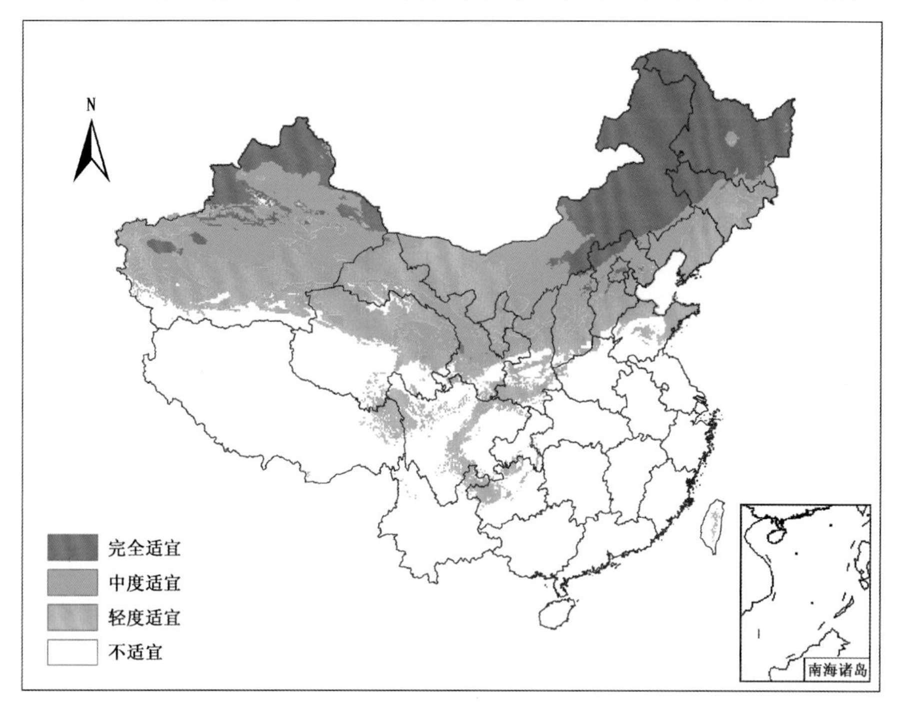

图 10.4　中国温带草甸草地理分布的气候适宜性

五、影响因子阈值分析

根据 MaxEnt 模型模拟结果得到的中国温带草甸草存在概率与各气候因子的关系(图 10.5)，可以得到不同气候适宜区各气候因子的阈值(表 10.3)。

表 10.3　中国温带草甸草地理分布不同气候适宜区的气候因子阈值

	P(mm)	T_1(℃)	Q(W/m^2)	T_7(℃)	T(℃)	T_{min}(℃)
完全适宜区[0.38,1]	109～546	－30.4～－6.3	89251～132734	10.6～30.7	－6.0～13.1	－49.8～－23.1
中度适宜区[0.19,0.38)	96～920	－30.4～3.9	88286～156090	10.4～30.7	－6.7～14.8	－50～－8.0
轻度适宜区[0.05,0.19)	95～1228	－30.4～6.0	88286～158668	3.5～30.7	－8.4～16.1	－50～－3.7

六、中国温带草甸草地理分布动态

与 1961—1990 年相比，1966—1995 年、1971—2000 年、1976—2005 年及 1981—2010 年的中国温带草甸草地理分布的气候适宜区出现了东部缩小、西部扩大的趋势。在未来 RCP 4.5 和 RCP 8.5 气候情景下，2011—2040 年中国温带草甸草地理分布的气候适宜区将大幅度向南，特别是青藏高原扩张(图 10.6)。

中国温带草甸草地理分布的各气候适宜区在不同时期的分布面积见表 10.4。1961—

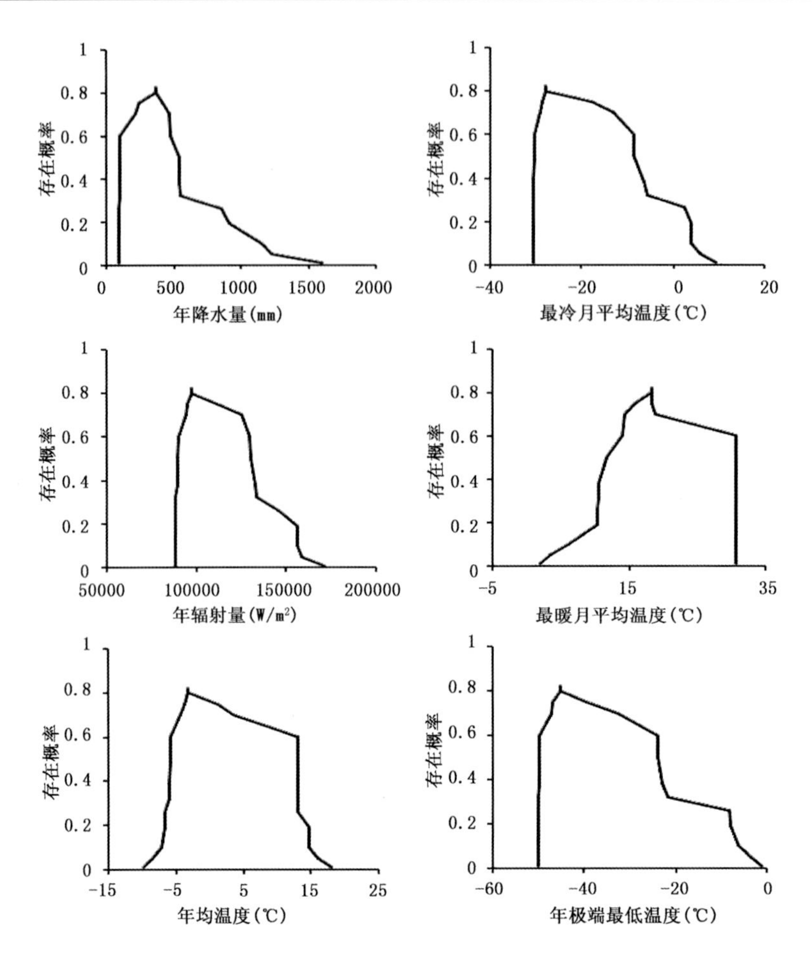

图 10.5　温带草甸草预测存在概率与气候因子的关系曲线

2010 年中国温带草甸草地理分布的气候完全适宜区面积随着时间推移呈减小趋势，中度适宜区面积先增大后减小趋势，轻度适宜区呈弱的增大趋势；不适宜区的面积呈增大趋势。2011—2040 年(未来 RCP 4.5 和 RCP 8.5 气候情景)，中国温带草甸草地理分布的气候适宜区面积变化明显，气候完全适宜区大幅增加，中度适宜区的面积在未来 RCP 4.5 气候情景下增加，而在未来 RCP 8.5 气候情景下减小，轻度适宜区面积减小。

表 10.4　不同时期中国温带草甸草地理分布气候适宜区的面积(单位：10^4 hm^2)

时期	完全适宜区 [0.38,1]	中度适宜区 [0.19,0.38)	轻度适宜区 [0.05,0.19)	不适宜区 [0,0.05)
1961—1990 年	15692	15355	19751	46379
1966—1995 年	14979	15618	19674	46906
1971—2000 年	13909	15739	20233	47296
1976—2005 年	13370	15732	19948	48127
1981—2010 年	13316	15581	20217	48063
2011—2040 年(RCP 4.5)	29713	23893	18979	24592
2011—2040 年(RCP 8.5)	46908	13032	15736	21501

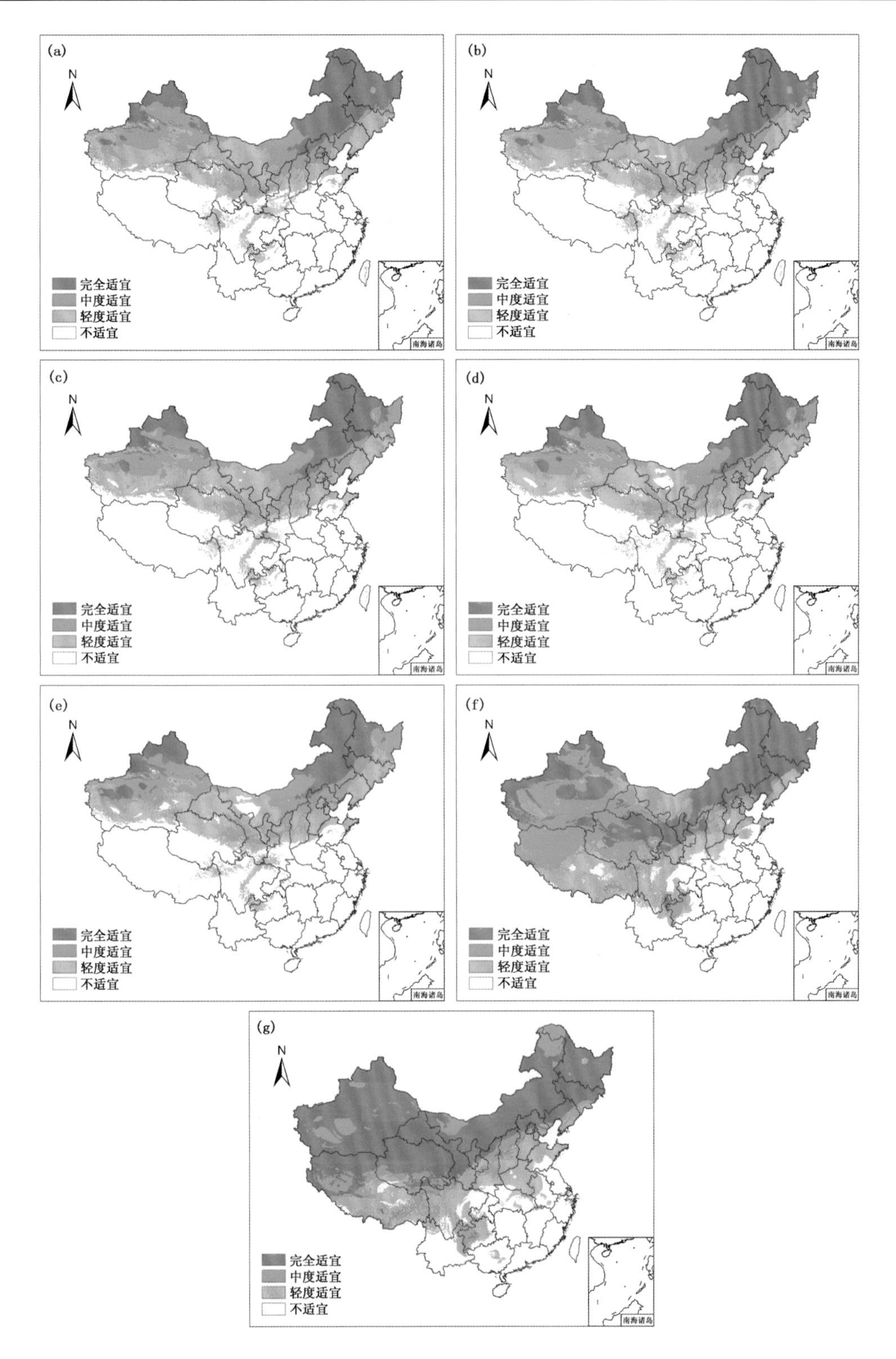

图 10.6　中国温带草甸草地理分布的气候适宜区

(a)1961—1990 年；(b)1966—1995 年；(c)1971—2000 年；(d)1976—2005 年；(e)1981—2010 年；(f)2011—2040 年 RCP 4.5；(g)2011—2040 年 RCP 8.5

七、中国温带草甸草对气候变化的适应性与脆弱性

表 10.5 给出了基准期及评估期的中国温带草甸草地理分布面积及其存在概率变化。基于评估期中国温带草甸草分布气候适宜区的面积(SR)、自适应性指数(A_l)、脆弱性指数(V)和拓展适应性指数(A_e),可以评价中国温带草甸草对气候变化的适应性与脆弱性(表 10.6)。

表 10.5 基准期及评估期中国温带草甸草地理分布面积(单位:10^4 hm^2)及其总的存在概率

研究时期		评估资料					
基准期	1961—1990 年	$S_{ik}+S_{im}$			$S_{ik}\cdot p_{ik}+S_{im}\cdot p_{im}$		
		2005			868.35		
评估期	评估时段	S_{jk}	$S_{jk}\cdot p_{jk}$	S_{jm}	$S_{jm}\cdot p_{jm}$	S_{jl}	$S_{jl}\cdot p_{jl}$
	1966—1995 年	690	147.89	29907	12251.72	1140	186.71
	1971—2000 年	1268	289.83	28380	11435.62	2667	410.06
	1976—2005 年	1516	357.06	27586	10954.92	3461	520.44
	1981—2010 年	1920	493.46	26977	10723.39	4070	607.20
预测期	2011—2040 年(RCP 4.5)	24412	8254.01	29194	15310.39	1853	274.14
	2011—2040 年(RCP 8.5)	29563	14307.26	30377	17075.87	670	87.32

表 10.6 中国温带草甸草对气候变化的适应性与脆弱性评价

评估时期	评价指标			评价等级	拓展适应性
	SR	A_l	V		A_e
1966—1995 年	0.96	0.96	0.01	中度适应	0.01
1971—2000 年	0.91	0.89	0.03	中度适应	0.02
1976—2005 年	0.89	0.86	0.04	轻度适应	0.03
1981—2010 年	0.87	0.84	0.05	轻度适应	0.04
2011—2040 年(RCP 4.5)	0.94	1.20	0.02	完全适应	0.65
2011—2040 年(RCP 8.5)	0.98	1.34	0.01	完全适应	1.12

以 1961—1990 年为基准期对中国温带草甸草的适应性与脆弱性评价表明,评估期中国温带草甸草地理分布呈东部缩小、西部扩大的趋势。随着时间推移,中国温带草甸草对气候变化的自适应性降低,表现为由中度适应向轻度适应转变,未来气候情景下则自适应性增加,表现为完全适应,而拓展适应性大幅增加,表明未来气候情景下中国温带草甸草的地理分布范围将向南大幅度增加。

第二节　温带草原草的气候适宜性与脆弱性

一、数据资料

中国温带草原草地理分布资料来源于《中华人民共和国植被图(1∶100万)》。根据温带草原草所包括的植被群系组成(表10.7),提取植被图中所有类型的分布区,构成中国温带草原草地理分布数据集。在ArcGIS中,去除面积小于100 km^2 的较小分布斑块,对剩下的分布斑块进行随机取点,其中相同斑块内两点间的最短距离不得小于1000 km,可得到中国温带草原草地理分布点1245个(图10.7)。

表10.7　组成中国温带草原草的植被群系

序号	植被群系
1	白莲蒿、禾草草原
2	百里香、丛生禾草草原
3	百里香、丛生禾草草原和茭蒿、禾草草原
4	冰草草原
5	糙隐子草草原
6	大针茅草原
7	短花针茅、长芒草草原
8	甘草、丛生隐子草草原
9	甘青针茅草原
10	沟叶羊茅草原
11	芨芨草、短花针茅草原
12	芨芨草草原
13	茭蒿、禾草草原
14	昆仑早熟禾、银穗羊茅草原
15	昆仑针茅草原
16	冷蒿、丛生小禾草草原
17	冷蒿、沟叶羊茅草原
18	冷蒿草原
19	洽草、冰草、丛生小禾草草原
20	日荫蔓草、针茅草原
21	三芒草草原
22	沙蒿、禾草草原
23	沙米、虫实、猪毛菜沙地先锋植物群落
24	疏花针茅草原
25	西北针茅草原
26	羊草、丛生禾草草原
27	羊茅草原
28	长芒草、赖草、蒿草原
29	长芒草草原
30	长芒草草原和百里香、丛生禾草草原
31	长芒草草原和藏籽蒿、针茅草原和藏南蒿、固沙草草原
32	长芒草草原和茭蒿、禾草草原
33	针茅、冷蒿草原
34	针茅草原
35	冰草、沙生针茅草原
36	博乐塔绢蒿、羊茅草原
37	川青锦鸡儿、矮禾草草原
38	东方针茅草原
39	短花针茅草原

续表

序号	植被群系
40	短花针茅草原和灌木亚菊荒漠
41	短花针茅草原和长芒草草原
42	多根葱草原
43	甘草草原
44	戈壁针茅草原
45	戈壁针茅草原和石生针茅草原
46	芨芨草、驼绒藜草原
47	昆仑针茅、粉花蒿草原
48	镰芒针茅草原
49	米蒿、矮禾草草原
50	沙生针茅草原
51	石生针茅草原
52	穗状寒生羊茅草原
53	驼绒藜、阿拉善鹅观草草原
54	无芒隐子草草原
55	无芒隐子草草原退化群落
56	狭叶儿锦鸡儿、矮禾草草原
57	新疆针茅草原
58	亚菊、艾蒿、矮禾草草原
59	羊茅、新疆针茅、纤细绢蒿草原
60	针茅、矮半灌木草原
61	中亚细柄茅、库车锦鸡儿草原
62	白羊草草丛
63	白羊草草丛和冬(春)小麦、谷子、糜子、苜蓿、甜瓜田；苹果、核桃园
64	黄背草、薹草、芒草草原
65	黄背草草丛
66	荆条、酸枣、白羊草灌草丛
67	荆条、酸枣、黄背草灌草丛

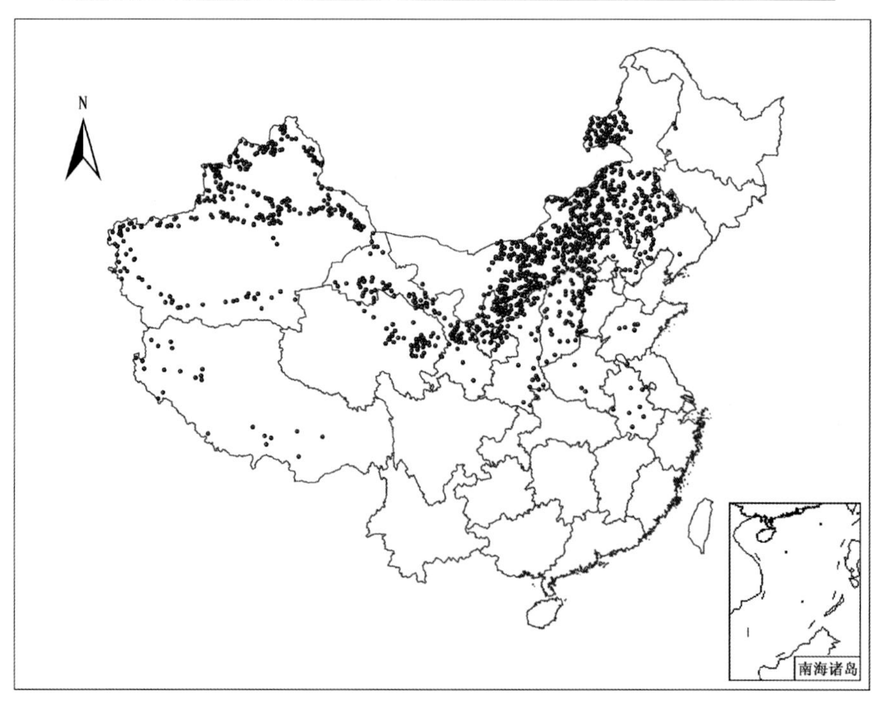

图 10.7　中国温带草原草样点的地理分布

二、模型适用性分析

MaxEnt 模型运行需要两组数据：一是模拟对象的地理分布数据；二是全国范围的环境变量，即从全国层次及年尺度确定的决定植物地理分布的 6 个气候因子，即 T_{min}、Q、T_7、T_1、T 和 P。基于 75%训练子集得到的 MaxEnt 模型模拟结果的 AUC 值为 0.87，测试子集的 MaxEnt 模型模拟结果的 AUC 值为 0.86（图 10.8），都接近“非常好”的水平，表明 MaxEnt 模型能够很好地对中国温带草原草的地理分布与候因子关系进行模拟。将模型运行 10 次，以得到较为稳定的平均结果，其 AUC 值为 0.86±0.01。

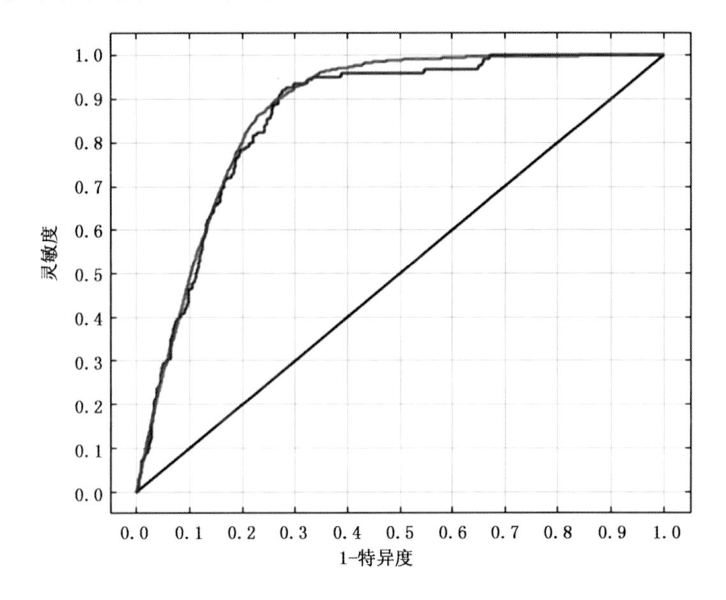

图 10.8　中国温带草原草地理分布模拟结果的 ROC 曲线

三、影响因子分析

表 10.8　气候因子的百分贡献率和置换重要性

气候因子	百分贡献率（%）	置换重要性（%）
年降水量（P）	44.4	37.5
最暖月平均温度（T_7）	28.3	12.5
年辐射量（Q）	12.8	6.3
年均温度（T）	6.3	4.3
最冷月平均温度（T_1）	5.6	27.3
年极端最低温度（T_{min}）	2.7	12.2

在百分贡献率和置换重要性中，各气候因子对中国温带草原草地理分布影响的排序分别为（表 10.8）：年降水量（P）＞最暖月平均温度（T_7）＞年辐射量（Q）＞年均温度（T）＞最冷月平均温度（T_1）＞年极端最低温度（T_{min}）。由小刀法得分可知，各气候因子对温带草原草地理分布影响的贡献排序为：年降水量（P）＞最暖月平均温度（T_7）＞年均温度（T）＞最冷月平均温

度(T_1)>年极端最低温度(T_{min})>年辐射量(Q)(图 10.9)。6 个因子在不同的评价方法中存在着不同的表现,不宜去除其中任何一个因子。

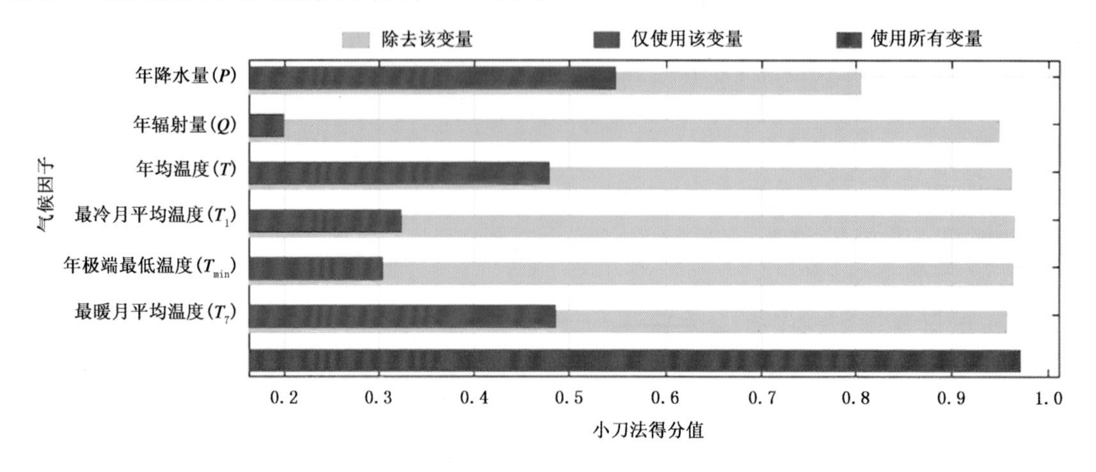

图 10.9　气候因子在小刀法中的得分

四、气候适宜性划分

基于气候资源保证率原则,利用所建 MaxEnt 模型给出的中国温带草原草在待预测地区的存在概率 p,根据中国温带草原草地理分布的气候适宜性等级划分,使用 ArcGIS 对模型模拟结果进行分类,划分中国温带草原草地理分布的气候适宜范围(图 10.10)。结果表明,中国温带草原草地理分布的气候适宜区主要位于东北和西北地区,华北也有部分分布。

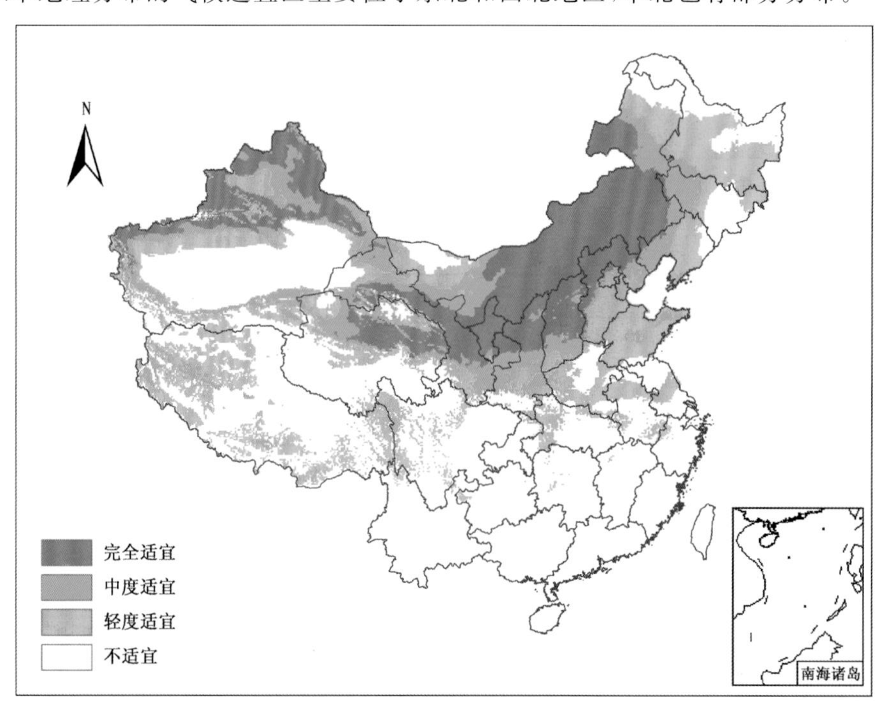

图 10.10　中国温带草原草地理分布的气候适宜性

五、影响因子阈值分析

根据 MaxEnt 模型模拟结果得到的中国温带草原草存在概率与各气候因子的关系(图 10.11),可以得到不同气候适宜区各气候因子的阈值(表 10.9)。

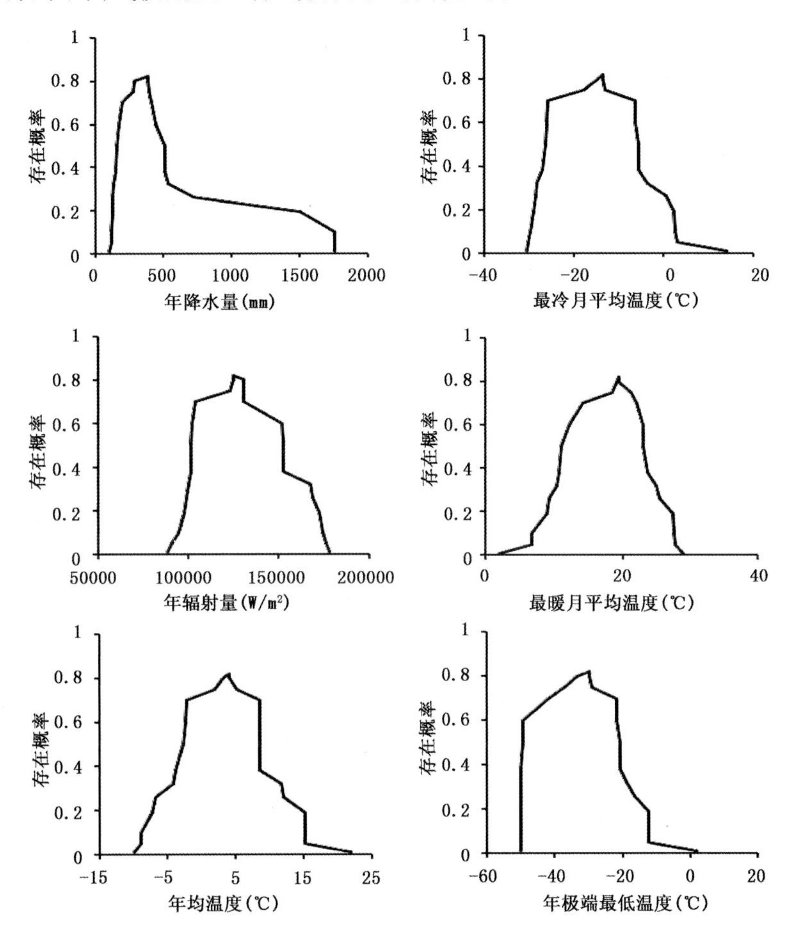

图 10.11 温草草原草预测存在概率与气候因子的关系曲线

表 10.9 中国温带草原草地理分布不同气候适宜区的气候因子阈值

	P(mm)	T_1(℃)	Q(W/m²)	T_7(℃)	T(℃)	T_{min}(℃)
完全适宜区[0.38,1]	147～516	−26.9～−5.5	101431～152705	11.0～23.7	−3.7～8.7	−50～−20.7
中度适宜区[0.19,0.38)	121～1500	−28.8～2.3	97777～172359	9.1～27.5	−7.1～15.2	−50～−12.2
轻度适宜区[0.05,0.19)	114～1760	−30.0～3.2	91425～175701	6.8～27.8	−8.7～15.3	−50～−12.1

六、中国温带草原草地理分布动态

与 1961—1990 年相比,1966—1995 年、1971—2000 年、1976—2005 年及 1981—2010 年的中国温带草原草地理分布的各气候适宜区均出现了西移趋势。在未来 RCP 4.5 和 RCP

8.5 气候情景下，2011—2040 年中国温带草原草地理分布的气候适宜区将大幅度西移（图 10.12）。

中国温带草原草地理分布的各气候适宜区在不同时期的分布面积见表 10.10。1961—2010 年中国温带草原草地理分布的气候完全适宜区、中度适宜区和轻度适宜区面积随着时间推移均呈增大趋势，气候不适宜区的面积呈逐渐减小趋势。2011—2040 年（未来 RCP 4.5 和 RCP 8.5 气候情景），中国温带草原草地理分布的气候适宜区面积变化明显，各气候适宜区的面积均明显减小。

表 10.10　不同时期中国温带草原草地理分布气候适宜区的面积（单位：10^4 hm^2）

时期	完全适宜区 [0.38,1]	中度适宜区 [0.19,0.38)	轻度适宜区 [0.05,0.19)	不适宜区 [0,0.05)
1961—1990 年	17049	10715	20328	49085
1966—1995 年	17234	10388	19188	50367
1971—2000 年	17605	10505	20480	48587
1976—2005 年	17586	10557	22229	46805
1981—2010 年	17726	12511	22898	44042
2011—2040 年（RCP 4.5）	15022	10843	17573	53739
2011—2040 年（RCP 8.5）	13324	9080	15655	59118

七、中国温带草原草对气候变化的适应性与脆弱性

表 10.11 给出了基准期及评估期的中国温带草原草地理分布面积及其存在概率变化。基于评估期中国温带草原草分布气候适宜区的面积（SR）、自适应性指数（A_l）、脆弱性指数（V）和拓展适应性指数（A_e），可以评价中国温带草原草对气候变化的适应性与脆弱性（表 10.12）。

表 10.11　基准期及评估期中国温带草原草地理分布面积（单位：10^4 hm^2）及其总的存在概率

研究时期		评估资料					
基准期	1961—1990 年	$S_{ik}+S_{im}$			$S_{ik}\cdot p_{ik}+S_{im}\cdot p_{im}$		
		2005			868.35		
评估期	评估时段	S_{jk}	$S_{jk}\cdot p_{jk}$	S_{jm}	$S_{jm}\cdot p_{jm}$	S_{jl}	$S_{jl}\cdot p_{jl}$
	1966—1995 年	984	209.18	26638	11836.71	1126	185.99
	1971—2000 年	1612	360.98	26498	11867.01	1266	206.54
	1976—2005 年	2079	475.92	26064	11754.39	1700	272.02
	1981—2010 年	4418	1056.33	25819	11727.03	1945	306.30
预测期	2011—2040 年（RCP 4.5）	14323	6160.49	11542	4641.17	16222	1150.87
	2011—2040 年（RCP 8.5）	12995	5713.21	9409	3657.63	18355	972.41

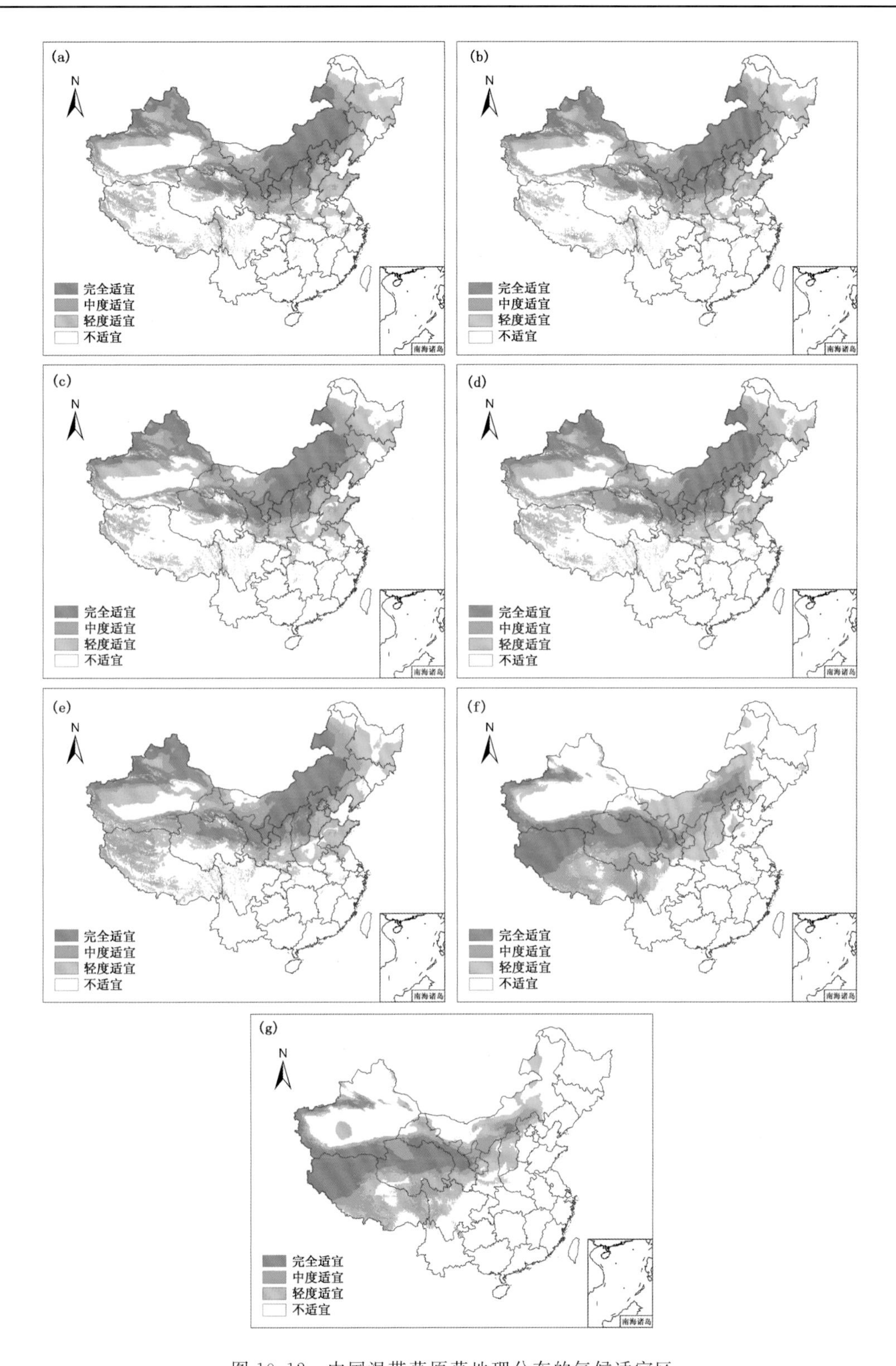

图 10.12 中国温带草原草地理分布的气候适宜区

(a)1961—1990 年;(b)1966—1995 年;(c)1971—2000 年;(d)1976—2005 年;(e)1981—2010 年;(f)2011—2040 年 RCP 4.5;(g)2011—2040 年 RCP 8.5

表 10.12　中国温带草原草对气候变化的适应性与脆弱性评价

评估时期	评价指标			评价等级	拓展适应性 A_e
	SR	A_t	V		
1966—1995 年	0.96	0.97	0.02	中度适应	0.02
1971—2000 年	0.95	0.98	0.02	中度适应	0.03
1976—2005 年	0.94	0.97	0.02	中度适应	0.04
1981—2010 年	0.93	0.97	0.03	中度适应	0.09
2011—2040 年（RCP 4.5）	0.42	0.38	0.09	中度脆弱	0.51
2011—2040 年（RCP 8.5）	0.34	0.30	0.08	中度脆弱	0.47

以 1961—1990 年为基准期对中国温带草原草的适应性与脆弱性评价表明，评估期中国温带草原草地理分布呈一定程度的西移趋势，对气候变化的适应性均表现为中度适应，变化不大；但未来气候情景下均表现为中度脆弱，且拓展适应性显著增加，中国温带草原草的地理分布范围将大幅度西移。

第三节　稀树草原草的气候适宜性与脆弱性

一、数据资料

中国稀树草原草地理分布资料来源于《中华人民共和国植被图(1：100 万)》。根据稀树草原草所包括的植被群系组成(表 10.13)，提取植被图中所有类型的分布区，构成中国稀树草原草地理分布数据集。在 ArcGIS 中，去除面积小于 100 km^2 的较小分布斑块，对剩下的分布斑块进行随机取点，其中相同斑块内两点间的最短距离不得小于 10 km，可得到中国稀树草原草地理分布点 636 个(图 10.13)。

表 10.13　中国稀树草原草植被群系组成

序号	植被群系
1	白茅、密序野古草草丛
2	白茅、扭黄茅、龙须草草丛
3	白茅草丛
4	刺芒野古草、云南裂稃草草丛
5	刺芒野古草草丛
6	刺芒野古草草丛和林以下以继木、映山红为主的马尾松林
7	金茅、野古草、青香茅草丛
8	蕨草丛
9	类芦、棕叶芦、斑茅草丛
10	龙须草草丛

续表

序号	植被群系
11	蔓荆、茵陈蒿群落
12	蔓荆灌草丛
13	芒草、龙须草草丛
14	芒草、野古草、金茅草丛
15	芒草草丛
16	扭黄茅、孔颖草、香茅草丛
17	扭黄茅、龙须草、白茅草丛
18	扭黄茅草丛
19	穗序野古草草丛
20	铁芒萁草丛
21	蜈蚣草、纤毛鸭嘴草草丛
22	五节芒草丛

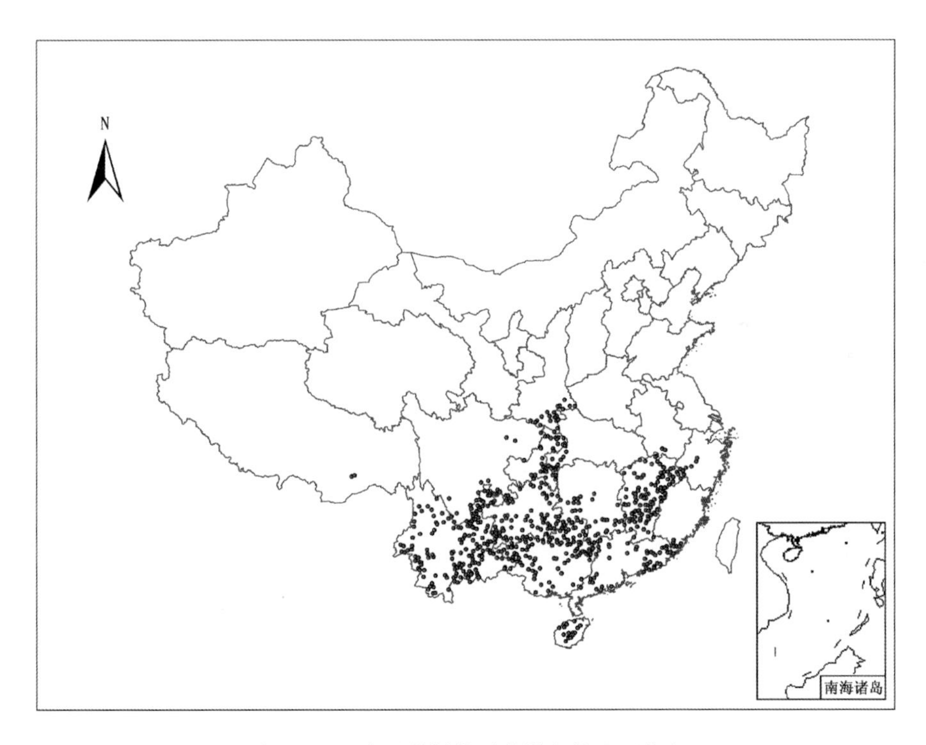

图 10.13　中国稀树草原草样点的地理分布

二、模型适用性分析

MaxEnt 模型运行需要两组数据：一是模拟对象的地理分布数据；二是全国范围的环境变量，即从全国层次及年尺度确定的决定植物地理分布的 6 个气候因子，即 T_{min}、Q、T_7、T_1、T 和 P。基于 75%训练子集得到的 MaxEnt 模型模拟结果的 AUC 值为 0.91，测试子集的 MaxEnt

模型模拟结果的 AUC 值为 0.90(图 10.14),都达到了"非常好"的水平,表明 MaxEnt 模型能够很好地对中国稀树草原草的地理分布与气候因子关系进行模拟。将模型运行 10 次,以得到较为稳定的平均结果,其 AUC 值为 0.89±0.01。

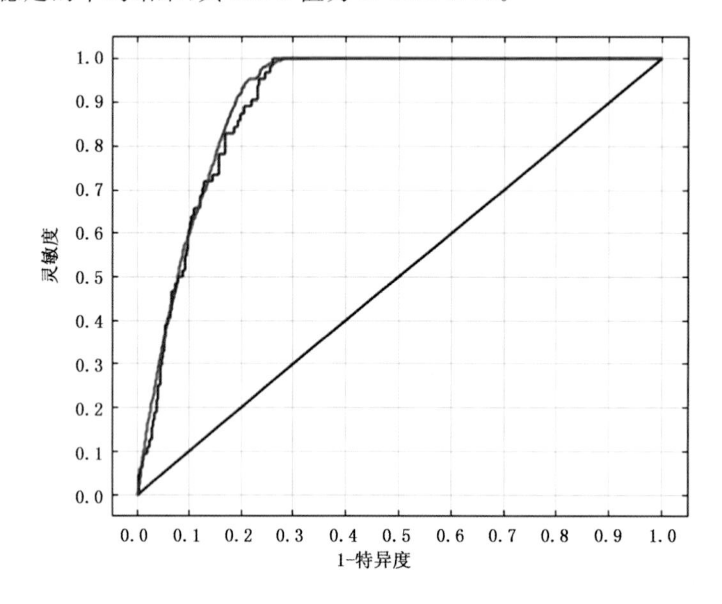

图 10.14　中国稀树草原草地理分布模拟结果的 ROC 曲线

三、影响因子分析

在百分贡献率和置换重要性中,各气候因子对中国稀树草原草地理分布影响的排序分别为(表 10.14):年极端最低温度(T_{min})>年降水量(P)>最冷月平均温度(T_1)>年辐射量(Q)>最暖月平均温度(T_7)>年均温度(T)。由小刀法得分可知,各气候因子对稀树草原草地理分布影响的贡献排序为:年极端最低温度(T_{min})>最冷月平均温度(T_1)>年降水量(P)>年均温度(T)>年辐射量(Q)>最暖月平均温度(T_7)(图 10.15)。6 个因子在不同的评价方法中存在着不同的表现,不宜去除其中任何一个因子。

表 10.14　气候因子的百分贡献率和置换重要性

气候因子	百分贡献率(%)	置换重要性(%)
年极端最低温度(T_{min})	80.9	65.9
年降水量(P)	7.2	9.1
最冷月平均温度(T_1)	6.2	3.7
年辐射量(Q)	3.4	10.1
最暖月平均温度(T_7)	1.7	6.7
年均温度(T)	0.7	4.4

四、气候适宜性划分

基于气候资源保证率原则,利用所建 MaxEnt 模型给出的中国稀树草原草在待预测地区

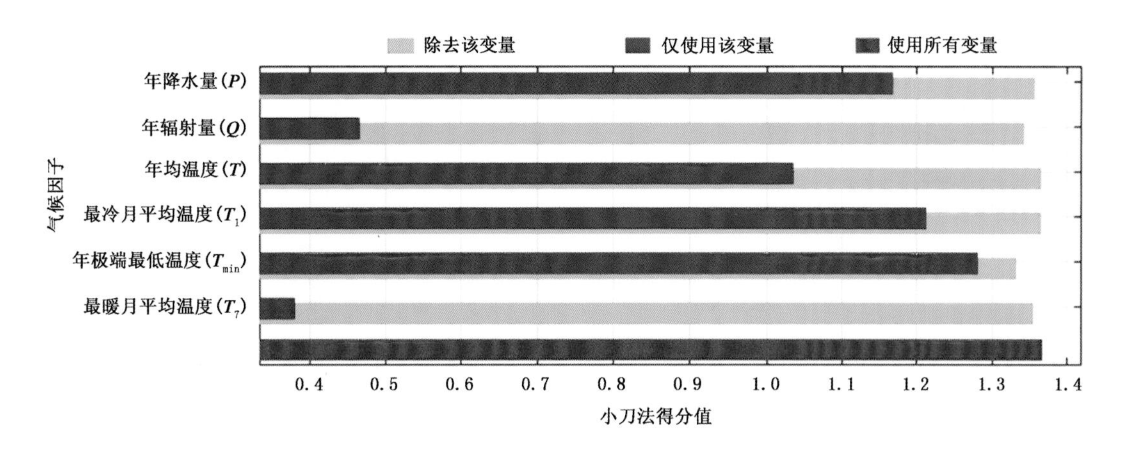

图 10.15　气候因子在小刀法中的得分

的存在概率 p，根据中国稀树草原草地理分布的气候适宜性等级划分，使用 ArcGIS 对模型模拟结果进行分类，划分中国稀树草原草地理分布的气候适宜范围(图 10.16)。结果表明，中国稀树草原草地理分布的气候适宜区位于华东、华中、华南和西南地区。

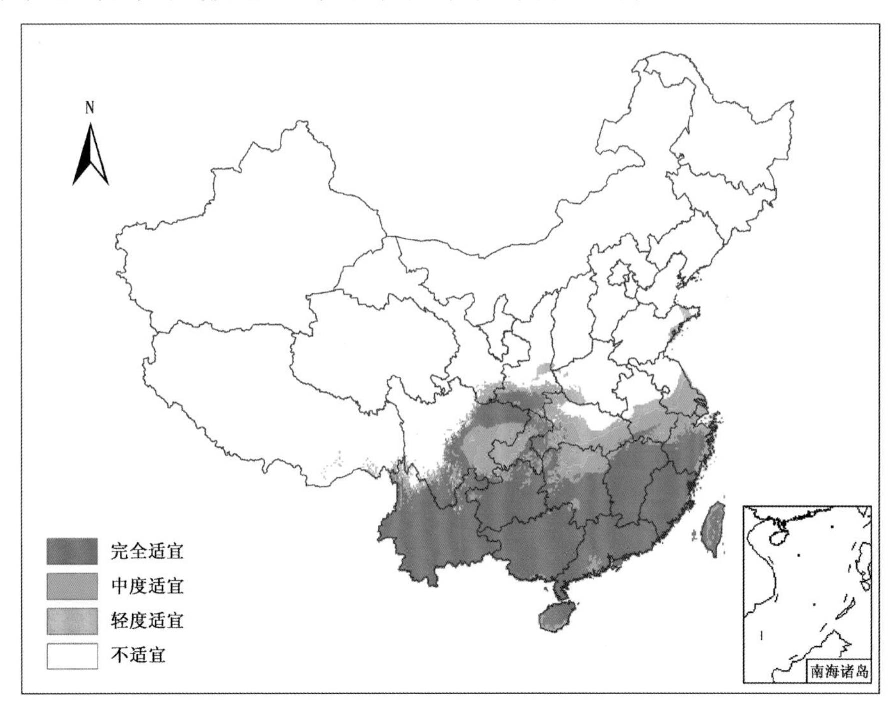

图 10.16　中国稀树草原草地理分布的气候适宜性

五、影响因子阈值分析

根据 MaxEnt 模型模拟结果得到的中国稀树草原草存在概率与各气候因子的关系(图 10.17)，可以得到不同气候适宜区各气候因子的阈值(表 10.15)。

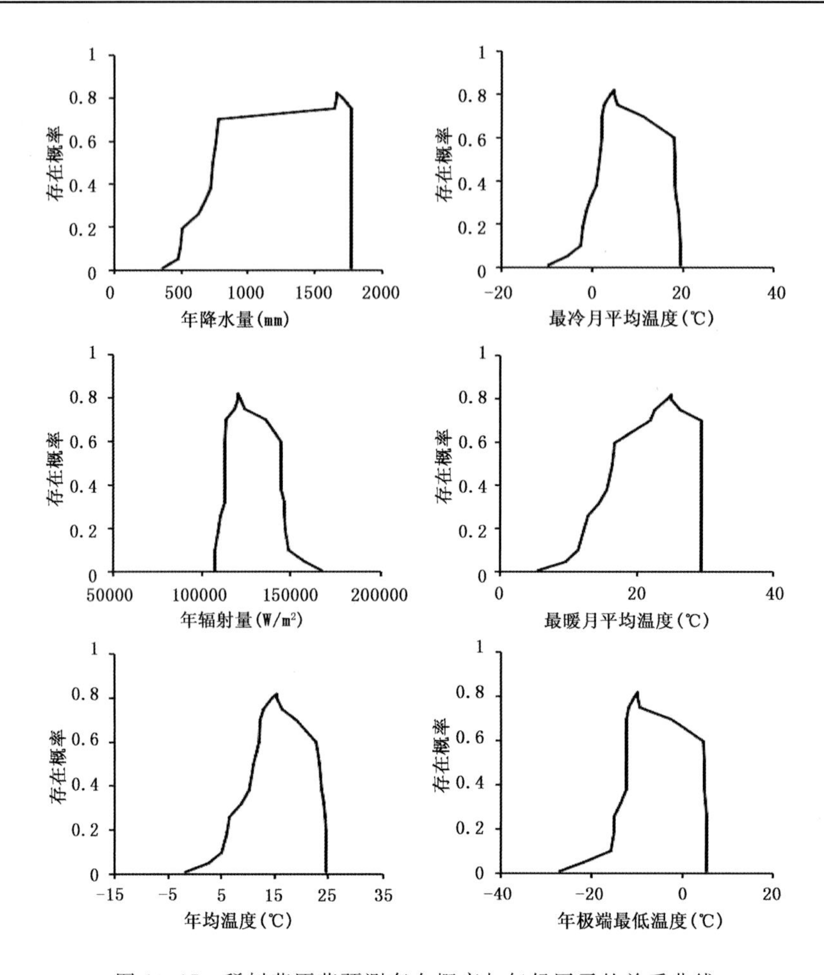

图 10.17　稀树草原草预测存在概率与气候因子的关系曲线

表 10.15　中国稀树草原草地理分布不同气候适宜区的气候因子阈值

	P(mm)	T_1(℃)	Q(W/m^2)	T_7(℃)	T(℃)	T_{min}(℃)
完全适宜区[0.38,1]	724～1775	0.9～19.6	113067～144598	15.6～28.5	10.3～23.9	−12.4～5.3
中度适宜区[0.19,0.38)	510～1775	−2.1～18.1	108807～146943	12.3～29.4	6.1～24.6	−15.0～5.0
轻度适宜区[0.05,0.19)	479～1775	−5.6～19.6	106989～158280	9.6～29.4	2.6～24.7	−21.9～5.3

六、中国稀树草原草地理分布动态

与 1961—1990 年相比，1966—1995 年、1971—2000 年、1976—2005 年及 1981—2010 年的中国稀树草原草地理分布的气候适宜区出现了东部北扩趋势。而在未来 RCP 4.5 和 RCP 8.5 气候情景下，2011—2040 年中国稀树草原草地理分布的气候完全适宜区将大幅减小，仅存在于云南和华南等地(图 10.18)。

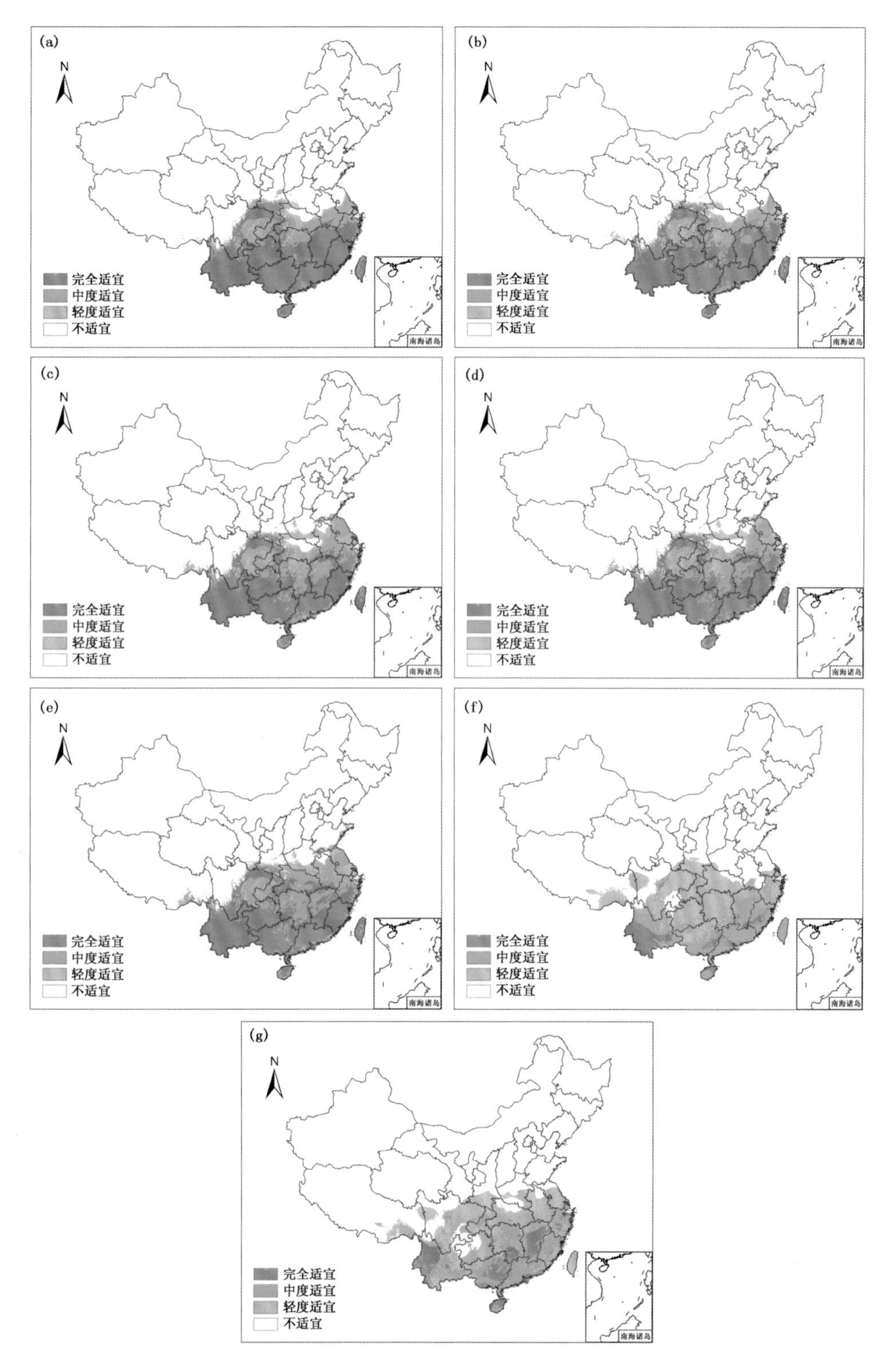

图 10.18 中国稀树草原草地理分布的气候适宜区

(a)1961—1990 年;(b)1966—1995 年;(c)1971—2000 年;(d)1976—2005 年;(e)1981—2010 年;(f)2011—2040 年 RCP 4.5;(g)2011—2040 年 RCP 8.5

中国稀树草原草地理分布的各气候适宜区在不同时期的分布面积见表 10.16。1961—2010 年中国稀树草原草地理分布的气候完全适宜区面积随着时间推移均呈减小趋势，中度适宜区成增大趋势，轻度适宜区面积呈现先增大后减小的波动；不适宜区的面积逐渐减小。2011—2040 年(未来 RCP 4.5 和 RCP 8.5 气候情景)，中国稀树草原草分布的气候适宜区面积变化明显，气候完全适宜区的面积大幅减小，中度适宜区和轻度适宜区的面积则增大 2～4 倍。

表 10.16　不同时期中国稀树草原草地理分布气候适宜区的面积(单位:10^4 hm^2)

时期	完全适宜区 [0.38,1]	中度适宜区 [0.19,0.38)	轻度适宜区 [0.05,0.19)	不适宜区 [0,0.05)
1961—1990 年	17382	4236	3004	72555
1966—1995 年	16266	4748	3376	72787
1971—2000 年	15156	5975	4796	71250
1976—2005 年	15271	5941	4772	71193
1981—2010 年	15775	6879	4158	70365
2011—2040 年(RCP 4.5)	3041	8523	13383	72230
2011—2040 年(RCP 8.5)	4168	8251	13332	71426

七、中国稀树草原草对气候变化的适应性与脆弱性

表 10.17 给出了基准期及评估期的中国稀树草原草地理分布面积及其存在概率变化。基于评估期中国稀树草原草分布气候适宜区的面积(SR)、自适应性指数(A_l)、脆弱性指数(V)和拓展适应性指数(A_e)，可以评价中国稀树草原草对气候变化的适应性与脆弱性(表 10.18)。

表 10.17　基准期及评估期中国稀树草原草地理分布面积(单位:10^4 hm^2)及其总的存在概率

研究时期		评估资料					
基准期	1961—1990 年	$S_{ik}+S_{im}$			$S_{ik}\cdot p_{ik}+S_{im}\cdot p_{im}$		
		2005			868.35		
评估期	评估时段	S_{jk}	$S_{jk}\cdot p_{jk}$	S_{jm}	$S_{jm}\cdot p_{jm}$	S_{jl}	$S_{jl}\cdot p_{jl}$
	1966—1995 年	180	41.26	20834	9516.41	784	104.52
	1971—2000 年	839	222.84	20292	9112.02	1326	188.07
	1976—2005 年	822	217.17	20390	9147.98	1228	170.76
	1981—2010 年	2212	607.89	20442	9331.24	1176	172.07
预测期	2011—2040 年 (RCP 4.5)	341	89.93	11223	3655.07	10395	1334.57
	2011—2040 年 (RCP 8.5)	866	222.89	11553	3920.87	10065	1120.52

表 10.18　中国稀树草原草对气候变化的适应性与脆弱性评价

评估时期	评价指标			评价等级	拓展适应性 A_e
	SR	A_l	V		
1966—1995 年	0.96	0.95	0.01	中度适应	0.00
1971—2000 年	0.94	0.91	0.02	中度适应	0.02
1976—2005 年	0.94	0.91	0.02	中度适应	0.02
1981—2010 年	0.95	0.93	0.02	中度适应	0.06
2011—2040 年 (RCP 4.5)	0.52	0.36	0.13	轻度脆弱	0.01
2011—2040 年 (RCP 8.5)	0.53	0.39	0.11	轻度脆弱	0.02

以 1961—1990 年为基准期对中国稀树草原草的适应性与脆弱性评价表明，评估期中国稀树草原草地理分布区的东部呈一定程度的北扩趋势，中国稀树草原草处于中度适应状态，变化不大；但未来气候情景下均表现为轻度脆弱，拓展适应性相对减小，中国稀树草原草地理分布的气候完全适宜区将大幅度减小，并为中度适宜区和轻度适宜区所代替。

第四节　高寒草甸草的气候适宜性与脆弱性

一、数据资料

中国高寒草甸草地理分布资料来源于《中华人民共和国植被图(1∶100 万)》。根据高寒草甸草所包括的植被群系组成(表 10.19)，提取植被图中所有类型的分布区，构成中国高寒草甸草地理分布数据集。在 ArcGIS 中，去除面积小于 200 km^2 的较小分布斑块，对剩下的分布区进行随机取点，其中相同斑块内两点间的最短距离不得小于 1000 km，可得到中国高寒草甸草地理分布点 785 个(图 10.19)。

表 10.19　组成中国高寒草甸草的植被群系

序号	植被群系
1	藏亚菊垫状植被
2	糙点地梅垫状植被
3	垫状蚤缀垫状植被
4	甘肃蚤缀、红景天垫状植被
5	帕米尔委陵菜垫状植被
6	四蕊山莓草、高山黄花茅垫状植被
7	苔状蚤缀、垫状点地梅垫状植被
8	雪地棘豆、羊茅状早熟禾垫状植被
9	鹅观草、高山蓼稀疏植被
10	风毛菊、红景天、垂头菊稀疏植被
11	三指雪莲花、西藏扁芒菊稀疏植被
12	水母雪莲、风毛菊稀疏植被
13	雪莲花、厚叶美草花稀疏植被
14	矮嵩草草甸

续表

序号	植被群系
15	藏北嵩草草甸
16	藏北嵩草草甸和藏西嵩草草甸
17	藏北嵩草草甸和薹草、发草沼泽
18	藏西嵩草草甸
19	藏西嵩草草甸和藏北嵩草草甸
20	藏西嵩草草甸和水柏枝灌丛
21	垂穗披碱草、垂穗鹅观草草甸
22	粗喙薹草草甸
23	淡黄香青、长叶火绒草、黄总花草草甸
24	风毛菊草甸和唐古特红景天荒漠
25	高山风毛菊草甸
26	高山薹草草甸
27	高山早熟禾、杂类草草甸
28	禾叶嵩草、杂类草草甸
29	黑褐薹草草甸
30	华扁穗草、薹草草甸
31	黄帚橐焐、银莲花草甸
32	喀什红景天、黑褐薹草、珠芽蓼草甸
33	青海早熟禾、扇穗茅草甸
34	三界羊茅、高山黄花茅草甸
35	三芒草、薹草草甸
36	沙生风毛菊、矮风毛菊草甸
37	鼠尾嵩草草甸
38	四川嵩草草甸
39	嵩草、薹草草甸
40	嵩草草甸
41	塔城嵩草草甸
42	薹草草甸
43	薹草草甸与匍匐水柏枝灌丛
44	西藏嵩草、薹草草甸
45	西藏嵩草、薹草草甸和小嵩草草甸
46	细果薹草草甸
47	细叶嵩草草甸
48	线叶嵩草、珠芽蓼草甸
49	线叶嵩草草甸
50	线叶嵩草草甸、紫花针茅草甸
51	小嵩草、异针茅草甸
52	小嵩草、圆穗蓼草甸
53	小嵩草、紫花针茅草甸
54	小嵩草草甸
55	小嵩草草甸和青藏薹草草原
56	羊茅、杂类草草甸
57	圆穗蓼、珠芽蓼草甸
58	云南嵩草、杂类草草甸
59	早熟禾草甸
60	窄果嵩草、大拂子茅草甸
61	窄果嵩草草甸
62	木里薹草沼泽
63	薹草、发草沼泽
64	薹草、华扁穗草沼泽
65	白冰岛衣苔原
66	高山罂粟、高山棘豆、高山异发藓苔原
67	仙女木、松毛翠、砂藓苔原

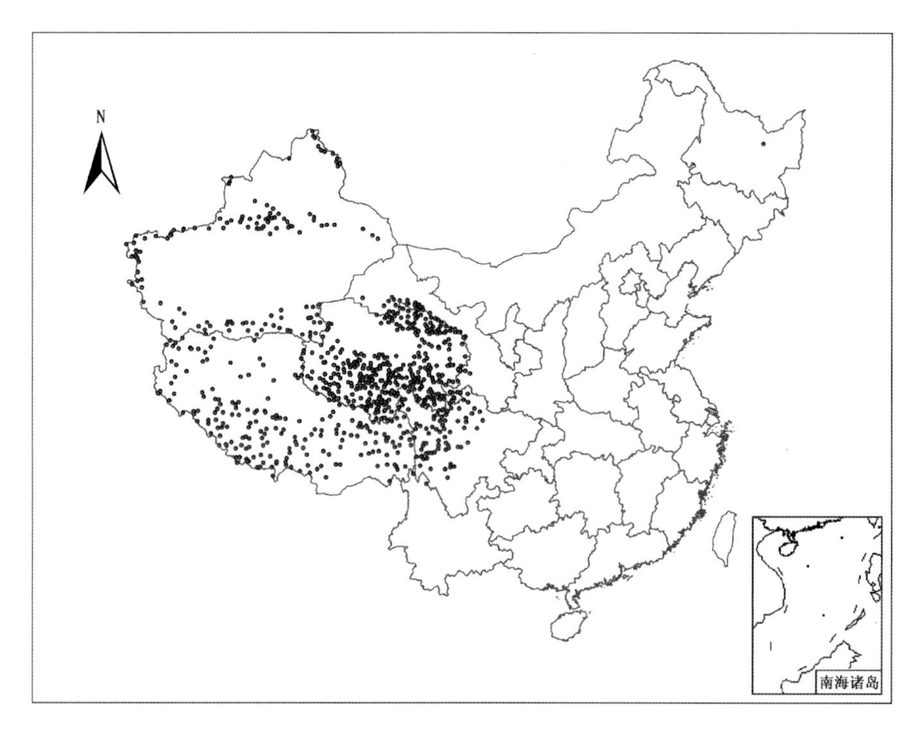

图 10.19　中国高寒草甸草样点的地理分布

二、模型适用性分析

MaxEnt 模型运行需要两组数据：一是模拟对象的地理分布数据；二是全国范围的环境变量，即从全国层次及年尺度确定的决定植物地理分布的 6 个气候因子，即 T_{min}、Q、T_7、T_1、T 和 P。基于 75%训练子集得到的 MaxEnt 模型模拟结果的 AUC 值为 0.91，测试子集的 MaxEnt 模型模拟结果的 AUC 值为 0.88(图 10.20)，都接近于“非常好”的水平，表明 MaxEnt 模型能够很好地对中国高寒草甸草的地理分布与气候因子的关系进行模拟。将模型运行 10 次，以得到较为稳定的平均结果，其 AUC 值为 0.90±0.01。

三、影响因子分析

在百分贡献率和置换重要性中，各气候因子对中国高寒草甸草地理分布影响的排序分别为(表 10.20)：最暖月平均温度(T_7)>年辐射量(Q)>年降水量(P)>年均温度(T)>年极端最低温度(T_{min})>最冷月平均温度(T_1)。由小刀法得分可知，各气候因子对高寒草甸草地理分布影响的贡献排序为：最暖月平均温度(T_7)>年辐射量(Q)>年均温度(T)>最冷月平均温度(T_1)>年降水量(P)>年极端最低温度(T_{min})(图 20.21)。6 个因子在不同的评价方法中存在着不同的表现，不宜去除其中任何一个因子。

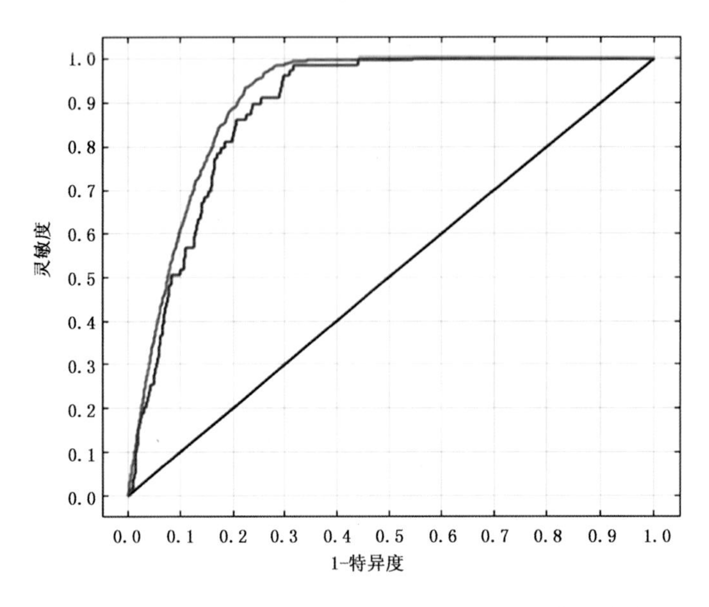

图 10.20　中国高寒草甸草地理分布模拟结果的 ROC 曲线

表 10.20　气候因子的百分贡献率和置换重要性

气候因子	百分贡献率(%)	置换重要性(%)
最暖月平均温度(T_7)	90.0	79.6
年辐射量(Q)	5.8	8.5
年降水量(P)	2.1	3.2
年均温度(T)	1.1	3.6
年极端最低温度(T_{min})	0.7	2.1
最冷月平均温度(T_1)	0.4	2.9

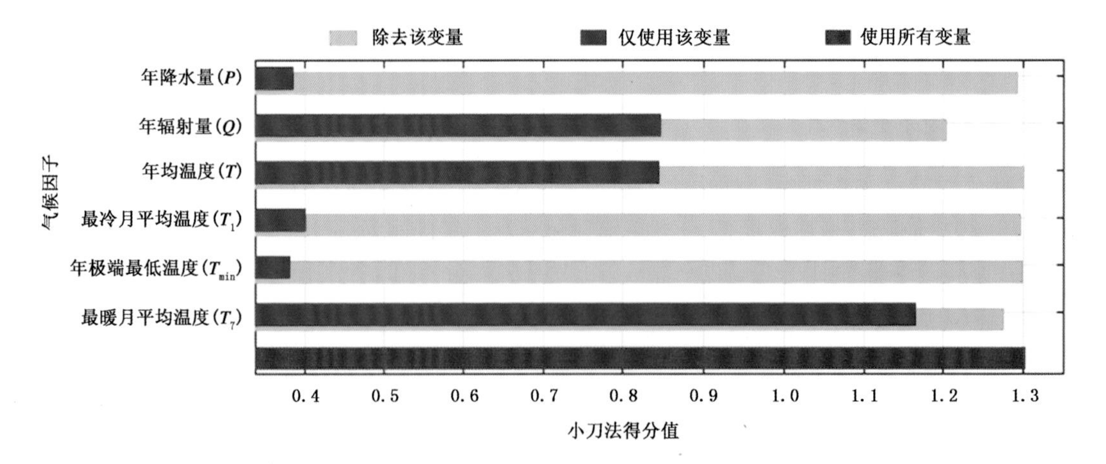

图 10.21　气候因子在小刀法中的得分

四、气候适宜性划分

基于气候资源保证率原则，利用所建 MaxEnt 模型给出的中国高寒草甸草在待预测地区的存在概率 p，根据中国高寒草甸草地理分布的气候适宜性等级划分，使用 ArcGIS 对模型模拟结果进行分类，划分中国高寒草甸草地理分布的气候适宜范围(图 10.22)。结果表明，中国高寒草甸草地理分布的气候适宜区主要位于青藏高原地区，天山也有部分分布。

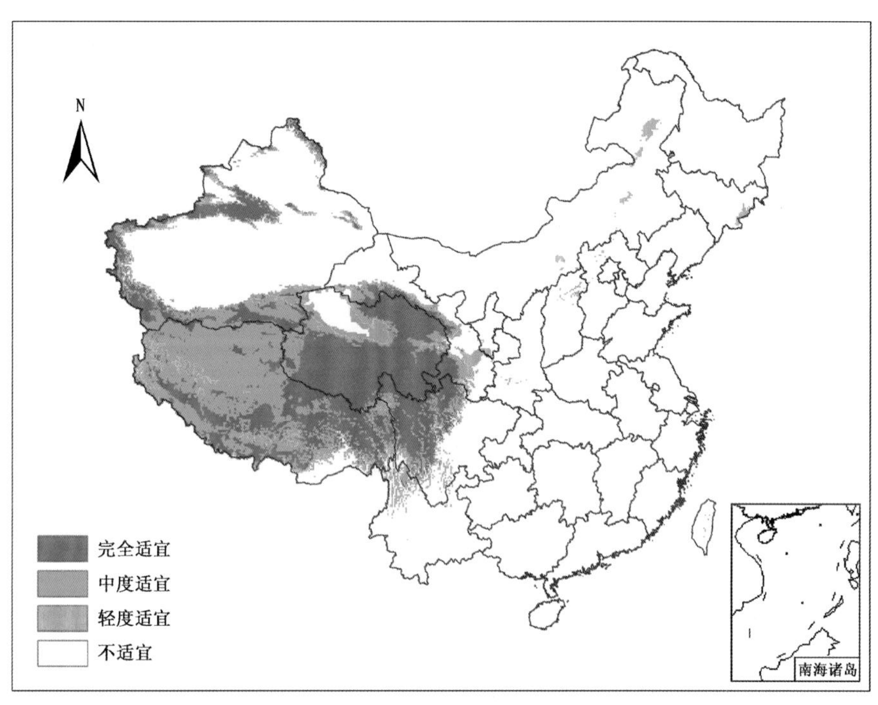

图 10.22 中国高寒草甸草地理分布的气候适宜性

五、影响因子阈值分析

根据 MaxEnt 模型模拟结果得到的中国高寒草甸草存在概率与各气候因子的关系(图 10.23)，可以得到不同气候适宜区各气候因子的阈值(表 10.21)。

表 10.21 中国高寒草甸草地理分布不同气候适宜区的气候因子阈值

	P(mm)	T_1(℃)	Q(W/m^2)	T_7(℃)	T(℃)	T_{min}(℃)
完全适宜区[0.38,1]	144～967	−25.8～−0.2	114322～186838	0.3～14.3	−9.7～6.3	−50～−16.0
中度适宜区[0.19,0.38)	133～1207	−28.1～2.0	113009～186838	0.3～17.0	−9.7～8.7	−50～−12.5
轻度适宜区[0.05,0.19)	115～1210	−28.1～6.0	101417～186838	0.3～21.3	−9.7～11.3	−50～−5.4

六、中国高寒草甸草地理分布动态

与 1961—1990 年相比，1966—1995 年、1971—2000 年、1976—2005 年及 1981—2010 年

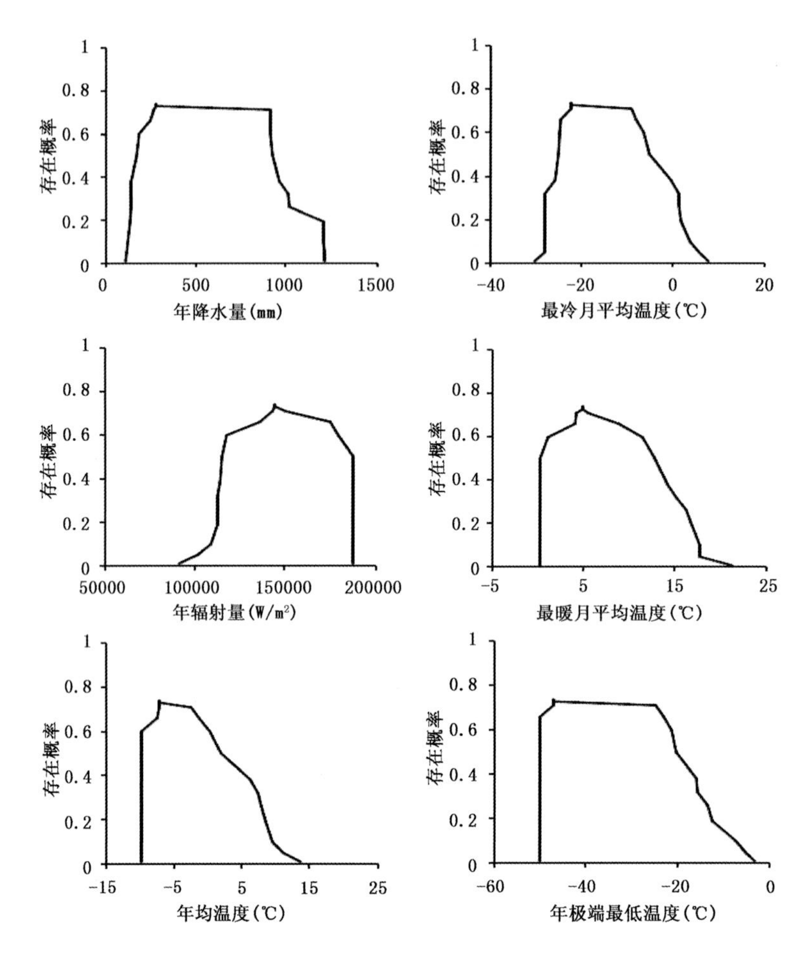

图 10.23 高寒草甸草预测存在概率与气候因子的关系曲线

的中国高寒草甸草地理分布的气候适宜区主体位置基本没变,在青藏高原西部的气候完全适宜区稍有减小,主要被气候中度适宜区所代替。而在未来 RCP 4.5 和 RCP 8.5 气候情景下,2011—2040 年中国高寒草甸草的地理分布区将有所减小,青藏高原高寒草甸草地理分布的气候完全适宜区面积减小,并向中部集中(图 10.24)。

中国高寒草甸草地理分布的各气候适宜区在不同时期的分布面积见表 10.22。1961—2010 年,随着时间推移中国高寒草甸草地理分布的气候完全适宜区面积表现为先增大后减小,中度适宜区和轻度适宜区的面积则为先减小后增大的趋势。总体而言,青藏高原高寒草甸草地理分布的气候完全适宜区面积总体呈减少趋势,并向东部集中。2011—2040 年(未来 RCP 4.5 和 RCP 8.5 气候情景),中国高寒草甸草地理分布的气候适宜区面积变化明显,各气候适宜区的面积均有减小,中度适宜区的减小幅度最大,青藏高原高寒草甸草地理分布的气候完全适宜区面积减小并向中部集中。

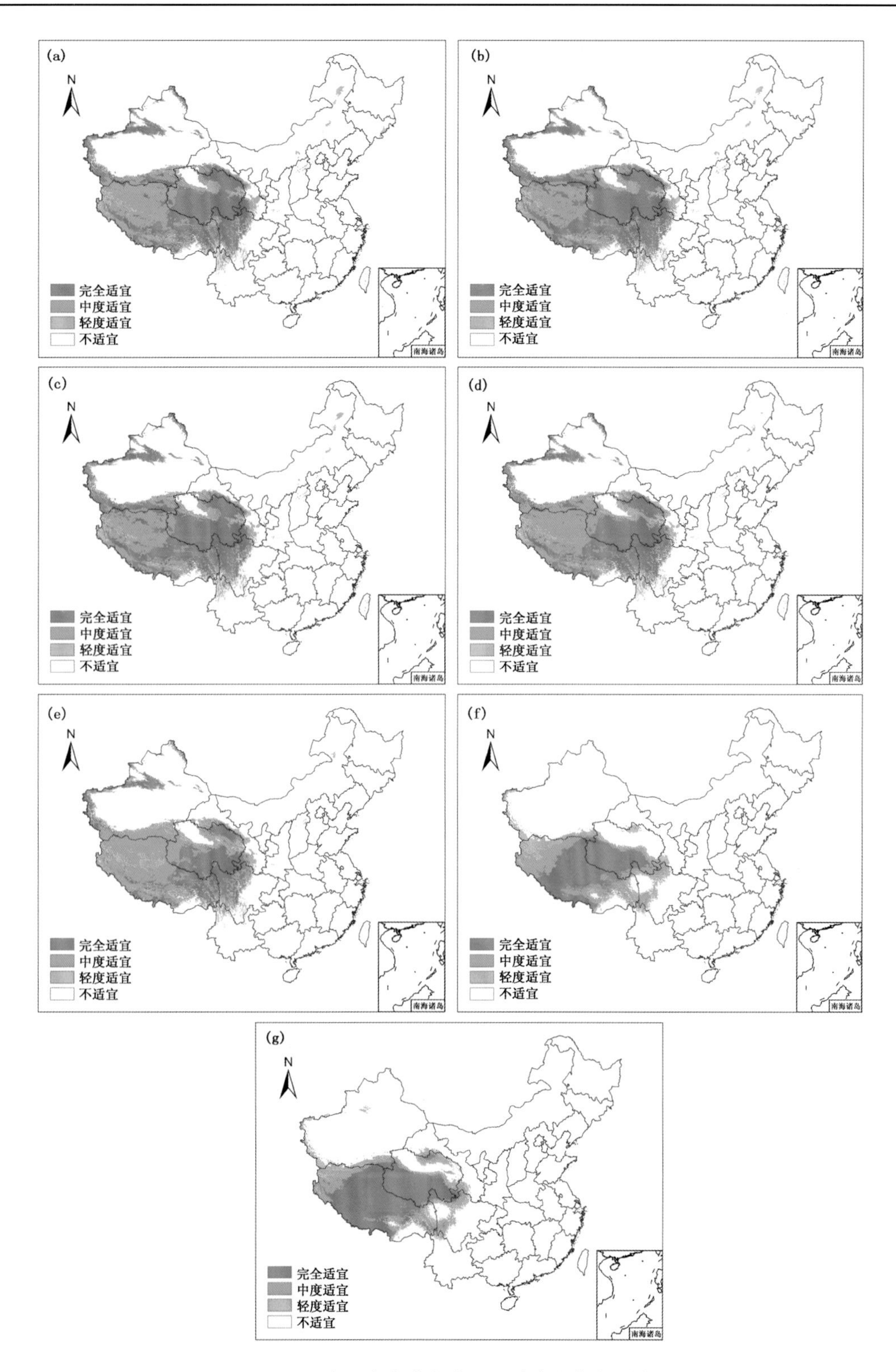

图 10.24　中国高寒草甸草地理分布的气候适宜区

(a)1961—1990 年；(b)1966—1995 年；(c)1971—2000 年；(d)1976—2005 年；(e)1981—2010 年；(f)2011—2040 年 RCP 4.5；(g)2011—2040 年 RCP 8.5

表 10.22　不同时期中国高寒草甸草地理分布气候适宜区的面积(单位:$10^4\ hm^2$)

时期	完全适宜区 [0.38,1]	中度适宜区 [0.19,0.38)	轻度适宜区 [0.05,0.19)	不适宜区 [0,0.05)
1961—1990 年	13806	10043	3665	69663
1966—1995 年	15647	8637	3489	69404
1971—2000 年	15285	8804	3273	69815
1976—2005 年	12935	10648	3373	70221
1981—2010 年	9758	12240	4322	70857
2011—2040 年(RCP 4.5)	8874	5952	3528	78823
2011—2040 年(RCP 8.5)	12347	4592	3206	77032

七、中国高寒草甸草对气候变化的适应性与脆弱性

表 10.23 给出了基准期及评估期的中国高寒草甸草地理分布面积及其存在概率变化。基于评估期中国高寒草甸草分布气候适宜区的面积(SR)、自适应性指数(A_l)、脆弱性指数(V)和拓展适应性指数(A_e),可以评价中国高寒草甸草对气候变化的适应性与脆弱性(表 10.24)。

表 10.23　基准期及评估期中国高寒草甸草地理分布面积(单位:$10^4\ hm^2$)及其总的存在概率

研究时期		评估资料					
基准期	1961—1990 年	$S_{ik}+S_{im}$			$S_{ik}\cdot p_{ik}+S_{im}\cdot p_{im}$		
		2005			868.35		
评估期	评估时段	S_{jk}	$S_{jk}\cdot p_{jk}$	S_{jm}	$S_{jm}\cdot p_{jm}$	S_{jl}	$S_{jl}\cdot p_{jl}$
	1966—1995 年	502	115.67	23782	10645.61	67	11.47
	1971—2000 年	503	116.50	23586	10413.52	263	44.60
	1976—2005 年	349	84.75	23234	9595.15	615	98.94
	1981—2010 年	186	46.92	21812	8064.32	2037	313.62
预测期	2011—2040 年(RCP 4.5)	593	160.48	14233	6133.20	9616	480.64
	2011—2040 年(RCP 8.5)	747	244.36	16192	8467.06	7657	435.42

表 10.24　中国高寒草甸草对气候变化的适应性与脆弱性评价

评估时期	评价指标			评价等级	拓展适应性 A_e
	SR	A_l	V		
1966—1995 年	1.00	1.05	0.00	完全适应	0.01
1971—2000 年	0.99	1.03	0.00	完全适应	0.01
1976—2005 年	0.97	0.95	0.01	中度适应	0.01
1981—2010 年	0.91	0.79	0.03	中度适应	0.00
2011—2040 年(RCP 4.5)	0.60	0.60	0.05	轻度脆弱	0.02
2011—2040 年(RCP 8.5)	0.68	0.83	0.04	轻度脆弱	0.02

以 1961—1990 年为基准期对中国高寒草甸草的适应性与脆弱性评价表明，评估期中国高寒草甸草地理分布的主体位置基本不变，气候完全适宜区在西部有所减小。随着时间推移，高寒草甸草对气候变化的适应性减弱，由完全适应向中度适应转变。但未来气候情景下，高寒草甸草呈现轻度脆弱，拓展适应性变化不大，且中国高寒草甸草的地理分布范围将减小。

第五节　高寒草原草的气候适宜性与脆弱性

一、数据资料

中国高寒草原草地理分布资料来源于《中华人民共和国植被图(1∶100 万)》。根据高寒草原草所包括的植被群系组成(表 10.25)，提取植被图中所有类型的分布区，构成中国高寒草原草地理分布数据集。在 ArcGIS 中，去除面积小于 50 km^2 的较小分布斑块，对剩下的分布斑块进行随机取点，其中相同斑块内两点间的最短距离不得小于 100 km，可得到中国高寒草原草地理分布点 649 个(图 10.25)。

表 10.25　中国高寒草原草的植被群系组成

序号	植被群系
1	藏南蒿、固沙草草原
2	藏籽蒿、针茅草原
3	藏籽蒿、针茅草原和藏南蒿、固沙草草原
4	藏籽蒿、针茅草原和藏南蒿、固沙草草原和长芒草草原
5	固沙草草原
6	寒生羊茅、草原薹草草原
7	假羊茅草原
8	昆仑早熟禾、糙点地梅草原
9	昆仑针茅草原
10	青藏薹草、垫状驼绒藜草原
11	青藏薹草、紫花针茅草原
12	青藏薹草草原
13	青藏薹草草原和紫花针茅草原
14	青海固沙草草原
15	异针茅草原
16	银穗羊茅草原
17	紫花针茅、垫状驼绒藜草原
18	紫花针茅、高山薹草草原
19	紫花针茅、青藏薹草草原
20	紫花针茅、青藏薹草草原和青藏薹草、紫花针茅草原
21	紫花针茅、珠峰薹草草原
22	紫花针茅草原
23	紫花针茅草原和青藏薹草草原
24	紫花针茅草原和青海早熟禾、扇穗茅草甸
25	座花针茅草原

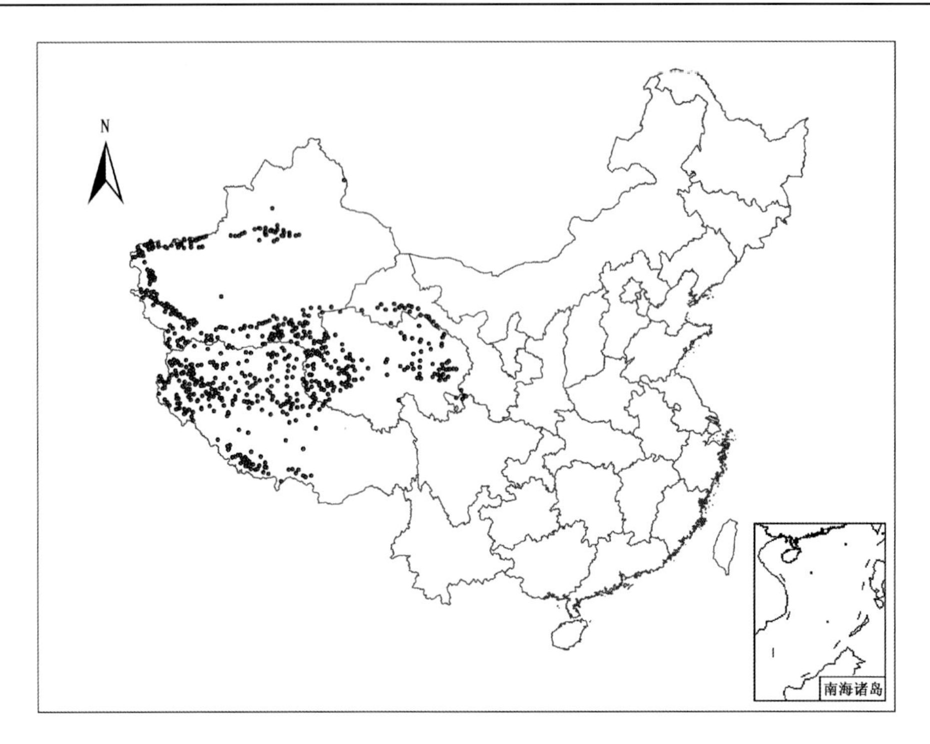

图 10.25 中国高寒草原草样点的地理分布

二、模型适用性分析

MaxEnt 模型运行需要两组数据：一是模拟对象的地理分布数据；二是全国范围的环境变量，即从全国层次及年尺度确定的决定植物地理分布的 6 个气候因子，即 T_{min}、Q、T_7、T_1、T 和 P。基于 75%训练子集得到的 MaxEnt 模型模拟结果的 AUC 值为 0.92，测试子集的 MaxEnt 模型模拟结果的 AUC 值为 0.91(图 10.26)，都达到了“非常好”的水平，表明 MaxEnt 模型能够很好地对中国高寒草原草的地理分布与气候因子的关系进行模拟。将模型运行 10 次，以得到较为稳定的平均结果，其 AUC 值为 0.91±0.01。

三、影响因子分析

在百分贡献率和置换重要性中，各气候因子对中国高寒草原草地理分布影响的排序分别为(表 10.26)：最暖月平均温度(T_7)>年降水量(P)>年辐射量(Q)>年极端最低温度(T_{min})>年均温度(T)>最冷月平均温度(T_1)。由小刀法得分可知，各气候因子对高寒草原草地理分布影响的贡献排序为：最暖月平均温度(T_7)> 年辐射量(Q)>年均温度(T)>年降水量(P)>年极端最低温度(T_{min})>最冷月平均温度(T_1)(图 10.27)。6 个因子在不同的评价方法中存在着不同的表现，不宜去除其中任何一个因子。

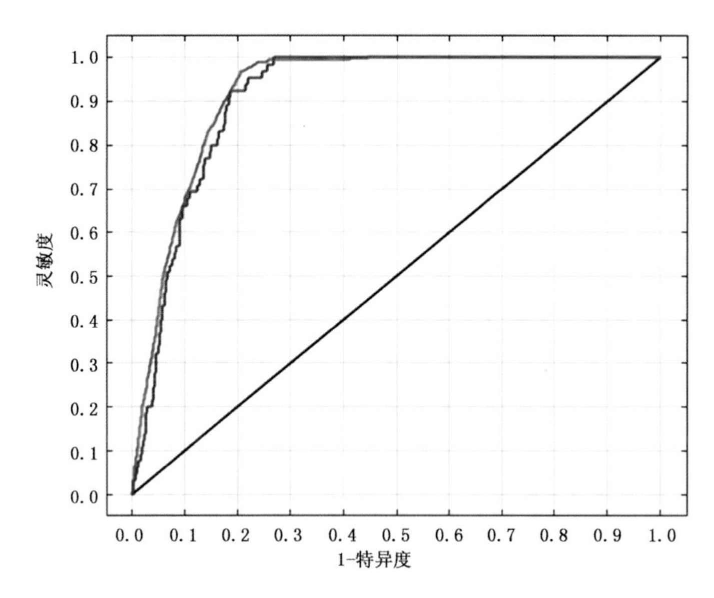

图 10.26　中国高寒草原草地理分布模拟结果的 ROC 曲线

表 10.26　气候因子的百分贡献率和置换重要性

气候因子	百分贡献率(%)	置换重要性(%)
最暖月平均温度(T_7)	58.1	52.1
年降水量(P)	23.2	19.9
年辐射量(Q)	11.6	6.3
年极端最低温度(T_{min})	4.9	6.4
年均温度(T)	1.6	11.6
最冷月平均温度(T_1)	0.7	3.7

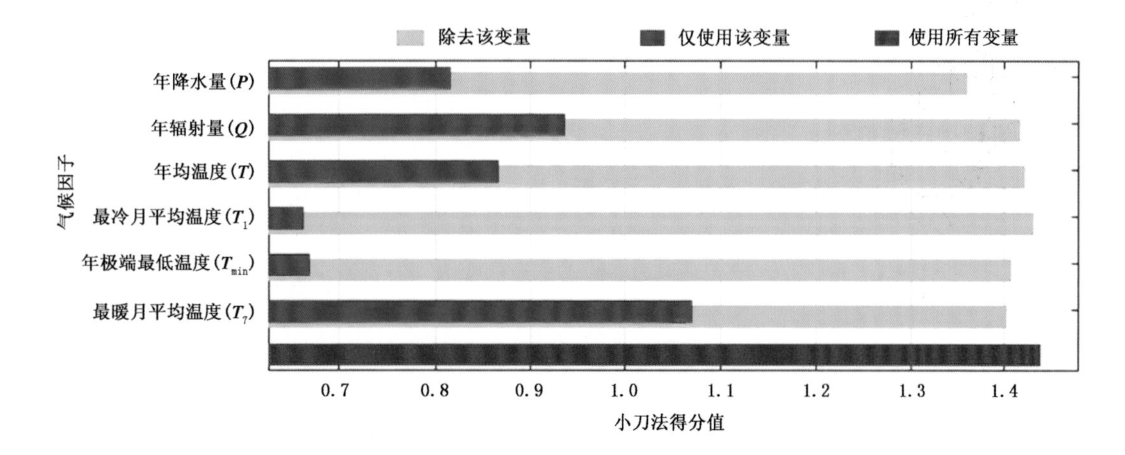

图 10.27　气候因子在小刀法中的得分

四、气候适宜性划分

基于气候资源保证率原则，利用所建 MaxEnt 模型给出的中国高寒草原草在待预测地区的存在概率 p，根据提出的中国高寒草原草地理分布的气候适宜性等级划分原则，使用 ArcGIS 对模型模拟结果进行分类，划分中国高寒草原草地理分布的气候适宜范围(图 10.28)。结果表明，中国高寒草原草地理分布的气候适宜区主要位于青藏高原及其以北地区，天山山脉也有部分分布。

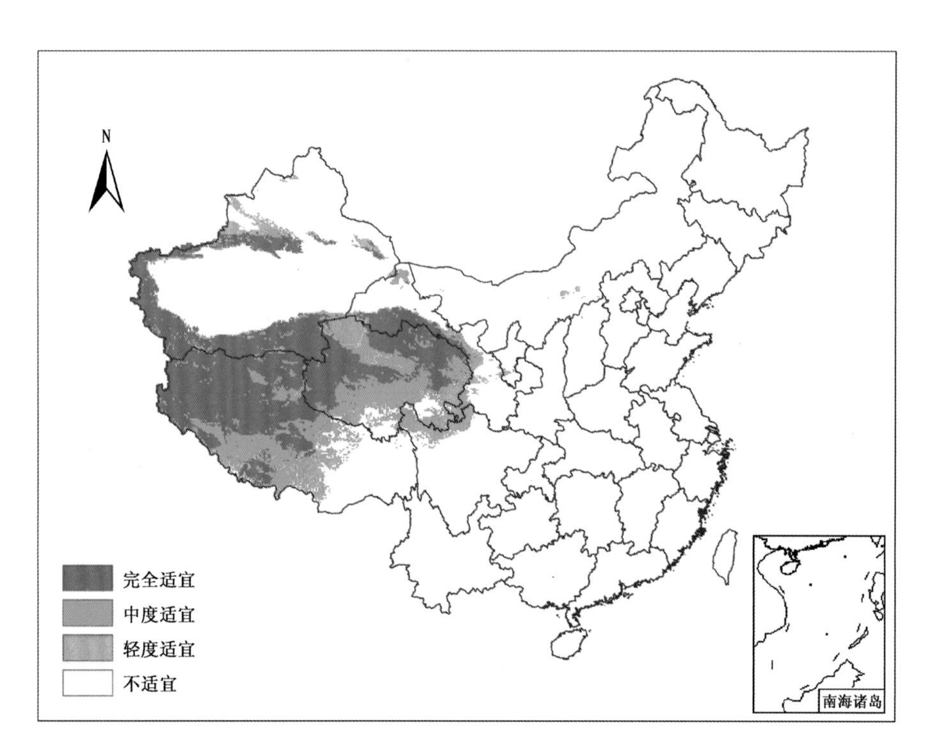

图 10.28 中国高寒草原草地理分布的气候适宜性

五、影响因子阈值分析

根据 MaxEnt 模型模拟结果得到的中国高寒草原草存在概率与各气候因子的关系(图 10.29)，可以得到不同气候适宜区各气候因子的阈值(表 10.27)。

表 10.27 中国高寒草原草地理分布不同气候适宜区的气候因子阈值

	P(mm)	T_1(℃)	Q(W/m²)	T_7(℃)	T(℃)	T_{min}(℃)
完全适宜区[0.38,1]	127～455	−24.1～−6.5	129930～174737	5.9～17.8	−7.2～5.0	−43.2～−29.2
中度适宜区[0.19,0.38)	123～475	−28.1～−5.0	128394～179276	3.5～19.2	−8.7～6.8	−50.0～−22.8
轻度适宜区[0.05,0.19)	109～740	−28.1～−1.6	115316～182046	5.9～17.8	−9.7～9.3	−50.0～−19.9

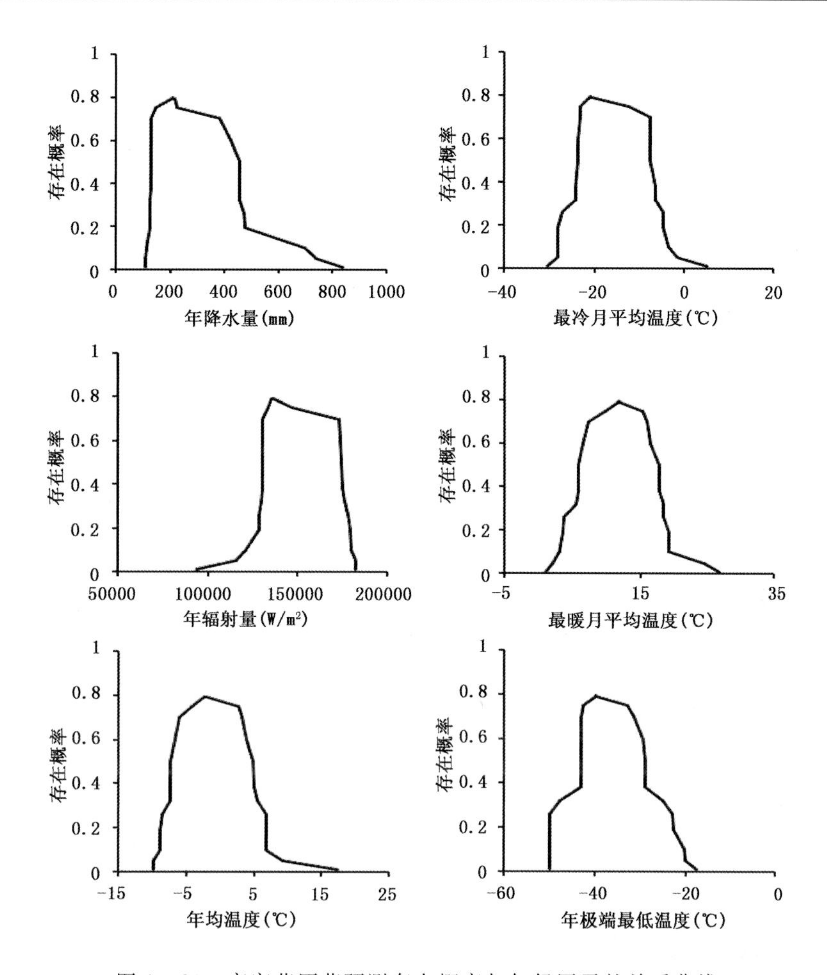

图 10.29　高寒草原草预测存在概率与气候因子的关系曲线

六、中国高寒草原草地理分布动态

与 1961—1990 年相比，1966—1995 年、1971—2000 年、1976—2005 年及 1981—2010 年的中国高寒草原草地理分布的各气候适宜区均出现南界北移趋势。在未来 RCP 4.5 和 RCP 8.5 气候情景下，2011—2040 年中国高寒草原草的地理分布区将大幅度减小(图 10.30)。

中国高寒草原草地理分布的各气候适宜区在不同时期的分布面积见表 10.28。1961—2010 年中国高寒草原草地理分布的气候完全适宜区和轻度适宜区面积随着时间推移均呈先减小后增大趋势，中度适宜区面积则呈先增大后减小趋势；不适宜区面积呈增大趋势。2011—2040 年(未来 RCP 4.5 和 RCP 8.5 气候情景)，中国高寒草原草地理分布的气候适宜区面积变化明显，主要表现为气候完全适宜区面积的急剧减小并向西北方向集中。

七、中国高寒草原草对气候变化的适应性与脆弱性

表 10.29 给出了基准期及评估期的中国高寒草原草地理分布面积及其存在概率变化。基于评估期中国高寒草原草分布气候适宜区的面积(SR)、自适应性指数(A_l)、脆弱性指数(V)和拓展适应性指数(A_e)，可以评价中国高寒草原草对气候变化的适应性与脆弱性(表 10.30)。

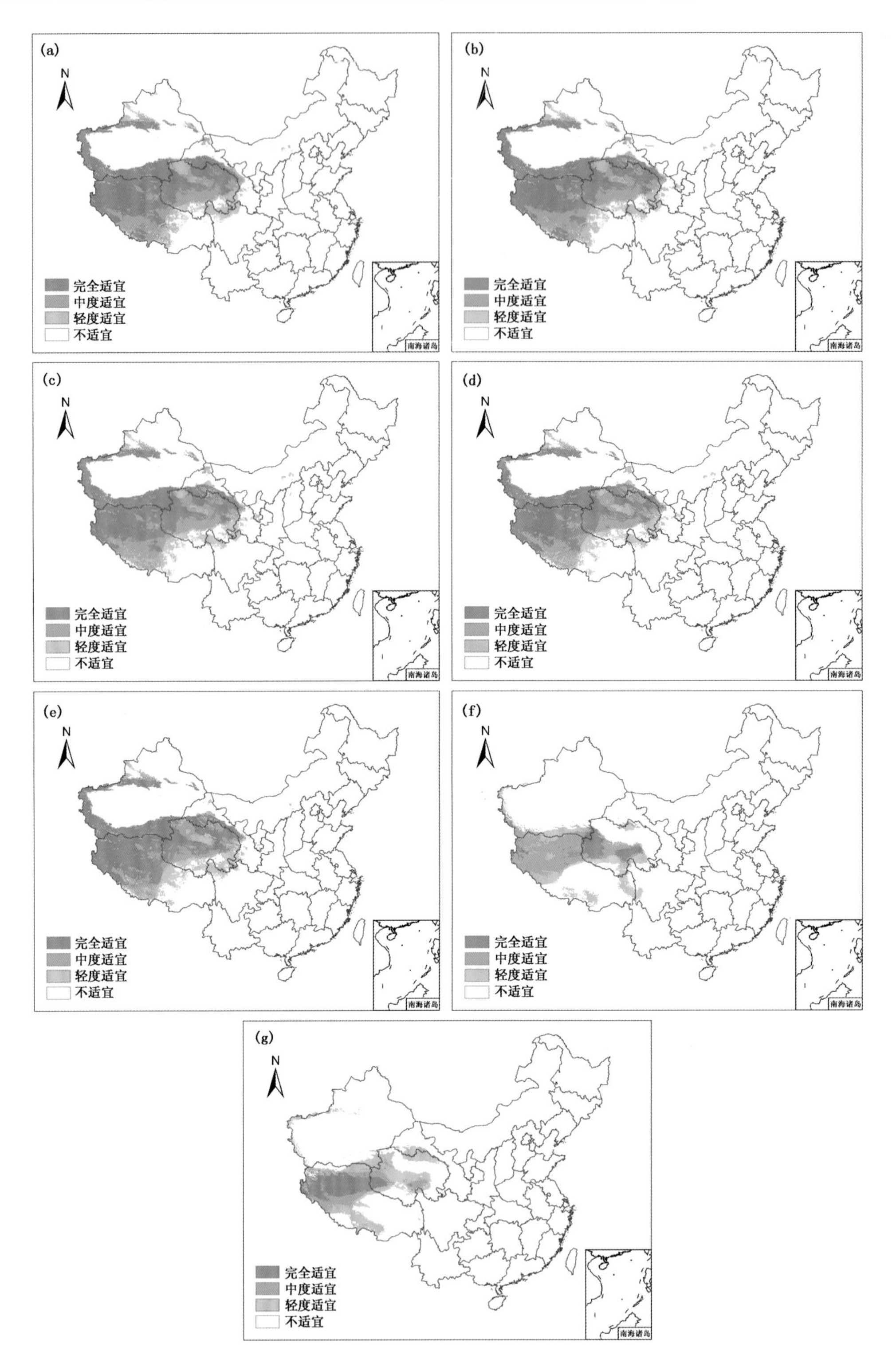

图 10.30　中国高寒草原草地理分布的气候适宜区

(a)1961—1990 年；(b)1966—1995 年；(c)1971—2000 年；(d)1976—2005 年；(e)1981—2010 年；(f)2011—2040 年 RCP 4.5；(g)2011—2040 年 RCP 8.5

表 10.28　不同时期中国高寒草原草地理分布气候适宜区的面积(单位：10^4 hm^2)

时期	完全适宜区 [0.38,1]	中度适宜区 [0.19,0.38)	轻度适宜区 [0.05,0.19)	不适宜区 [0,0.05)
1961—1990 年	13216	5102	4302	74557
1966—1995 年	12819	5505	4276	74577
1971—2000 年	12321	5407	4254	75195
1976—2005 年	12167	5188	4093	75729
1981—2010 年	12758	4239	4565	75615
2011—2040 年(RCP 4.5)	2329	5590	4584	84674
2011—2040 年(RCP 8.5)	3297	2273	6362	85245

表 10.29　基准期及评估期中国高寒草原草地理分布面积(单位：10^4 hm^2)及其总的存在概率

研究时期		评估资料					
基准期	1961—1990 年	$S_{ik}+S_{im}$			$S_{ik}\cdot p_{ik}+S_{im}\cdot p_{im}$		
		2005			868.35		
评估期	评估时段	S_{jk}	$S_{jk}\cdot p_{jk}$	S_{jm}	$S_{jm}\cdot p_{jm}$	S_{jl}	$S_{jl}\cdot p_{jl}$
	1966—1995 年	389	113.23	17935	8211.67	383	55.42
	1971—2000 年	538	179.16	17190	7740.80	1128	139.18
	1976—2005 年	573	184.99	16782	7549.66	1536	169.17
	1981—2010 年	575	189.10	16422	7639.05	1896	209.50
预测期	2011—2040 年(RCP 4.5)	204	60.40	7715	2511.53	10603	464.47
	2011—2040 年(RCP 8.5)	69	20.82	5501	2254.54	12817	736.47

表 10.30　中国高寒草原草对气候变化的适应性与脆弱性评价

评估时期	评价指标			评价等级	拓展适应性
	SR	A_l	V		A_e
1966—1995 年	0.98	0.98	0.01	中度适应	0.01
1971—2000 年	0.94	0.92	0.02	中度适应	0.02
1976—2005 年	0.92	0.90	0.02	中度适应	0.02
1981—2010 年	0.90	0.91	0.03	中度适应	0.02
2011—2040 年(RCP 4.5)	0.42	0.30	0.06	中度脆弱	0.01
2011—2040 年(RCP 8.5)	0.30	0.27	0.09	中度脆弱	0.00

以 1961—1990 年为基准期对中国高寒草原草的适应性与脆弱性评估表明，评估期中国高寒草原草地理分布均呈一定程度的南界北移趋势，表现为中度适应，随时间推移适应性基本没有变化，但未来气候情景下均表现为中度脆弱，且中国高寒草原草的地理分布范围将有较大减小。

第十一章　中国裸地植物功能型的气候适宜性与脆弱性

根据中国独特的季风气候和青藏高原特征下植物所需的温度条件、水分条件和植物的冠层特征(地上植物体的寿命、叶片寿命和叶片类型)进行植物功能型的划分,给出了 2 类裸地类型。现针对这 2 类裸地类型,逐一分析其气候适宜性与脆弱性。在此,采用与热带常绿树种同样的分析方法与气象资料,分析中国裸地类型的气候适宜性与脆弱性。

第一节　干旱裸地的气候适宜性与脆弱性

一、数据资料

中国干旱裸地地理分布资料来源于《中华人民共和国植被图(1∶100 万)》。根据干旱裸地所包括的植被群系组成(表 11.1),提取植被图中所有类型的分布区,构成中国干旱裸地地理分布数据集。在 ArcGIS 中,去除面积小于 5 km^2 的小分布斑块,对剩下的分布斑块进行随机取点,其中相同斑块内两点间的最短距离不得小于 10 km,可得到中国干旱裸地地理分布点 1180 个(图 11.1)。

表 11.1　中国干旱裸地的植被群系组成

序号	植被群系
1	风蚀残丘
2	戈壁
3	龟裂地
4	砾漠
5	裸地
6	裸露戈壁
7	裸露盐碱地
8	沙漠
9	石漠或高山岩洞屑
10	石山

二、模型适用性分析

MaxEnt 模型运行需要两组数据:一是模拟对象的地理分布数据;二是全国范围的环境变量,即从全国层次及年尺度确定的决定植物地理分布的 6 个气候因子,即 T_{min}、Q、T_7、T_1、T 和 P。基于 75%训练子集得到的 MaxEnt 模型模拟结果的 AUC 值为 0.91,测试子集的 MaxEnt

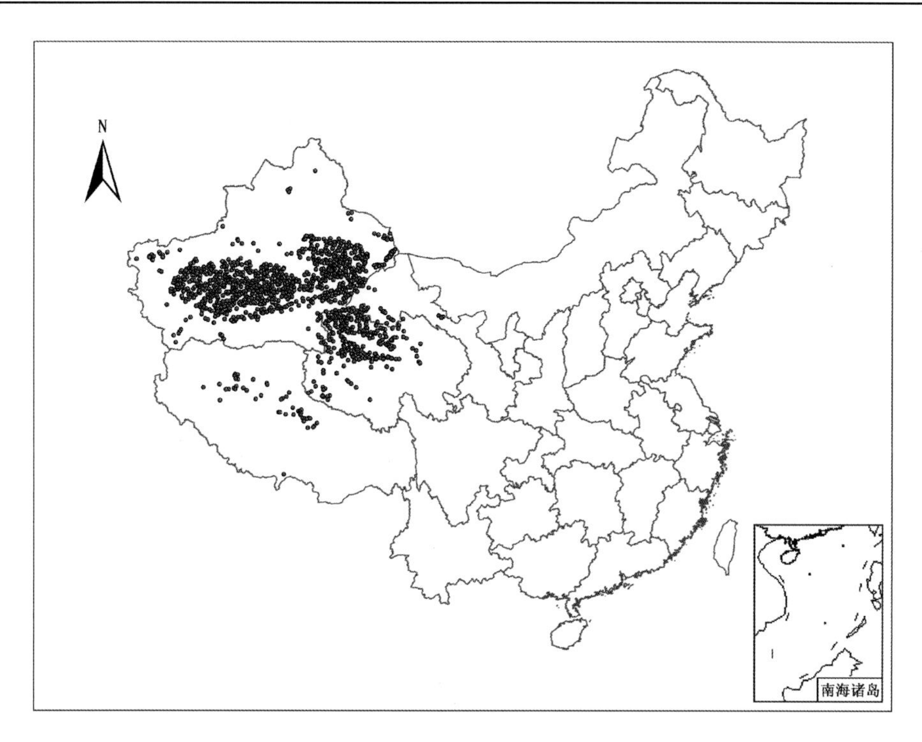

图 11.1　中国干旱裸地样点的地理分布

模型模拟结果的 AUC 值为 0.91(图 11.2),都达到了"非常好"的水平,表明 MaxEnt 模型能够很好地对中国干旱裸地的地理分布与气候因子的关系进行模拟。将模型运行 10 次,以得到较为稳定的平均结果,其 AUC 值为 0.90±0.01。

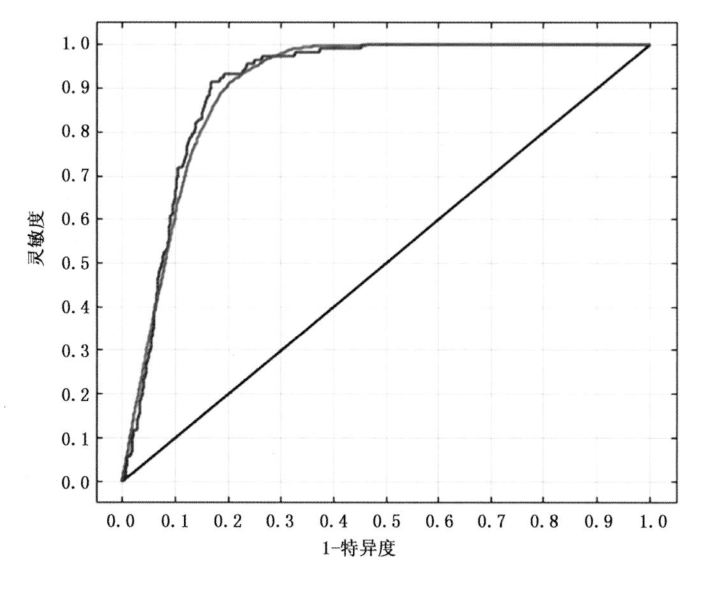

图 11.2　中国干旱裸地地理分布模拟结果的 ROC 曲线

三、影响因子分析

在百分贡献率和置换重要性中，各气候因子对中国干旱裸地地理分布影响的排序分别为(表 11.2)：年降水量(P)＞年辐射量(Q)＞年极端最低温度(T_{min})＞年均温度(T)＞最暖月平均温度(T_7)＞最冷月平均温度(T_1)。由小刀法得分可知，各气候因子对干旱裸地地理分布影响的贡献排序为：年降水量(P)＞年极端最低温度(T_{min})＞年均温度(T)＞最冷月平均温度(T_1)＞年辐射量(Q)＞最暖月平均温度(T_7)(图 11.3)。6 个因子在不同的评价方法中存在着不同的表现，不宜去除其中任何一个因子。

表 11.2　气候因子的百分贡献率和置换重要性

气候因子	百分贡献率(%)	置换重要性(%)
年降水量(P)	88.3	82.2
年辐射量 (Q)	6.7	2.8
年极端最低温度(T_{min})	2.1	9.7
年均温度(T)	2	2.5
最暖月平均温度(T_7)	0.8	2.2
最冷月平均温度(T_1)	0.1	0.5

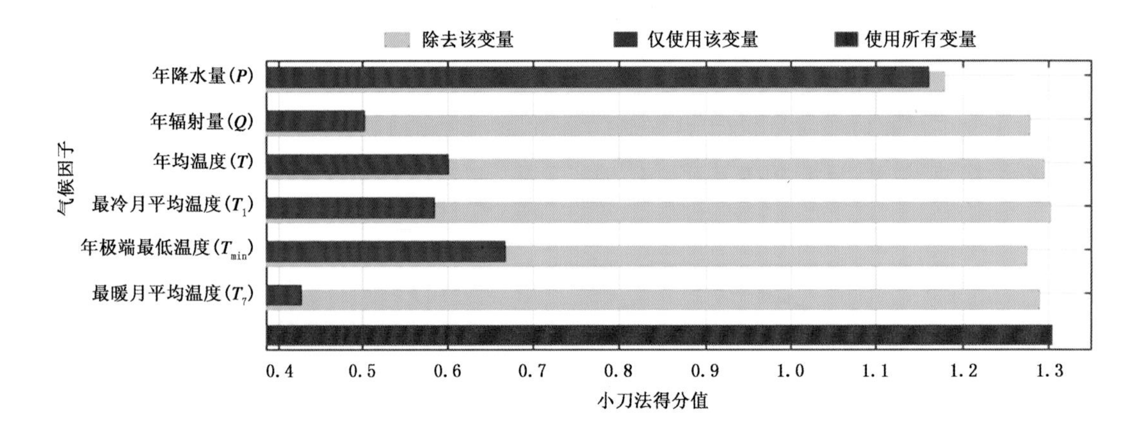

图 11.3　气候因子在小刀法中的得分

四、气候适宜性划分

基于气候资源保证率原则，利用所建 MaxEnt 模型给出的中国干旱裸地在待预测地区的存在概率 p，根据提出的中国干旱裸地地理分布的气候适宜性等级划分标准，使用 ArcGIS 对模型模拟结果进行分类，划分中国干旱裸地地理分布的气候适宜范围(图 11.4)。结果表明，中国干旱裸地地理分布的气候适宜区主要位于西北地区，西藏西部也有部分分布。其中，气候完全适宜区主要分布在新疆，内蒙古、甘肃，西藏西北部也有小面积分布。

五、影响因子阈值分析

根据 MaxEnt 模型模拟结果得到的中国干旱裸地存在概率与各气候因子的关系(图

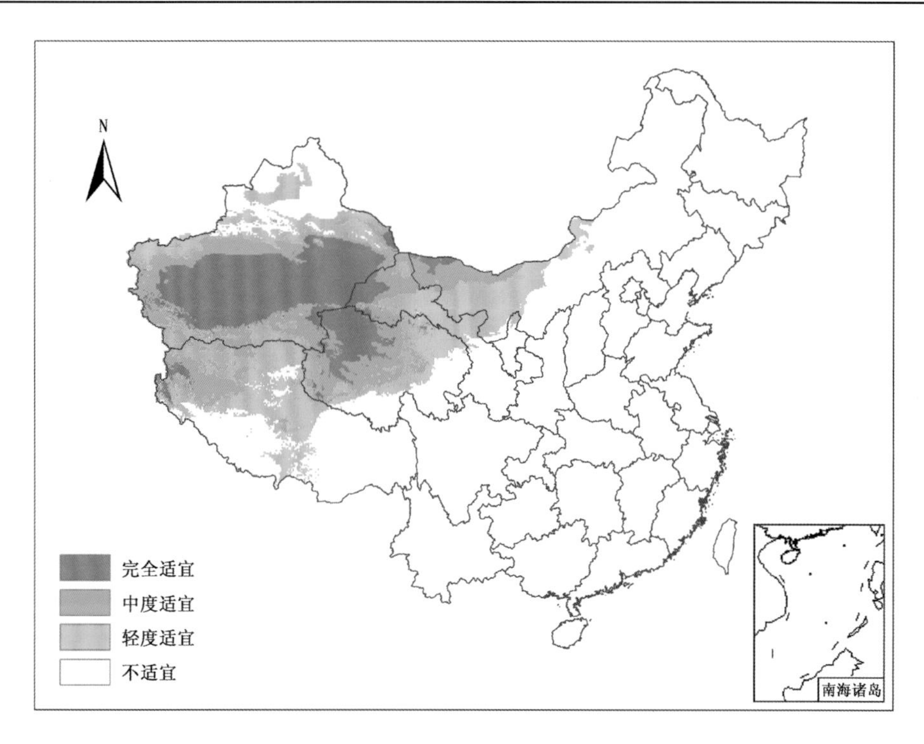

图 11.4 中国干旱裸地地理分布的气候适宜性

11.5),可以得到不同气候适宜区各气候因子的阈值(表 11.3)。

表 11.3 中国干旱裸地地理分布不同气候适宜区的气候因子阈值

	P(mm)	T_1(℃)	Q(W/m²)	T_7(℃)	T(℃)	T_{min}(℃)
完全适宜区[0.38,1]	95～405	－28.1～－5.7	117744～174644	2.0～30.7	－8.8～12.5	－50～－23.2
中度适宜区[0.19,0.38)	95～446	－28.1～－5.5	117110～174666	2.0～30.7	－9.7～13.1	－50～－22.8
轻度适宜区[0.05,0.19)	95～507	－28.1～－4.9	106748～177279	2.0～29.7	－9.7～13.1	－50～－22.1

六、中国干旱裸地地理分布动态

与 1961—1990 年相比,1966—1995 年、1971—2000 年、1976—2005 年及 1981—2010 年的中国干旱裸地地理分布的各气候适宜区均出现了缩小的趋势。而在未来 RCP 4.5 和 RCP 8.5 气候情景下,2011—2040 年中国干旱裸地的地理分布区主体位置基本没有变化,但气候轻度适宜区有南扩趋势(图 11.6)。

中国干旱裸地地理分布的各气候适宜区在不同时期的分布面积见表 11.4。1961—2010 年中国干旱裸地地理分布的气候完全适宜区面积随着时间推移呈明显减小趋势,中度适宜区和轻度适宜区面积变化不大;不适宜区的面积呈逐渐增大趋势。2011—2040 年(未来 RCP 4.5 和 RCP 8.5 气候情景),中国干旱裸地地理分布的气候适宜区面积变化明显,主要表现在气候完全适宜区面积的大幅度减少。

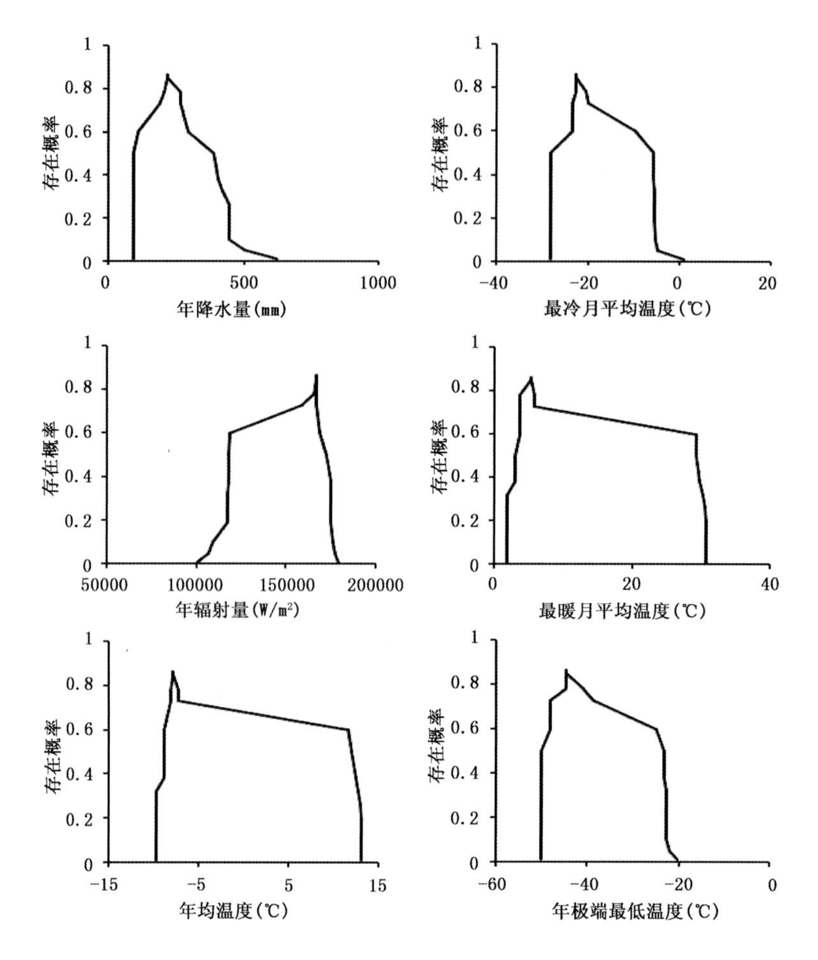

图 11.5　干旱裸地预测存在概率与气候因子的关系曲线

表 11.4　不同时期中国干旱裸地地理分布气候适宜区的面积(单位:10^4 hm^2)

时期	完全适宜区 [0.38,1]	中度适宜区 [0.19,0.38)	轻度适宜区 [0.05,0.19)	不适宜区 [0,0.05)
1961—1990 年	9037	8659	12473	67008
1966—1995 年	8334	8877	11962	68004
1971—2000 年	5807	9855	12742	68773
1976—2005 年	4525	8882	13321	70449
1981—2010 年	4113	8699	12343	72022
2011—2040 年(RCP 4.5)	2094	7408	15974	71701
2011—2040 年(RCP 8.5)	3579	12490	10925	70183

七、中国干旱裸地对气候变化的适应性与脆弱性

表 11.5 给出了基准期及评估期的中国干旱裸地地理分布面积及其存在概率变化。基于评估期中国干旱裸地分布气候适宜区的面积(SR)、自适应性指数(A_i)、脆弱性指数(V)和拓

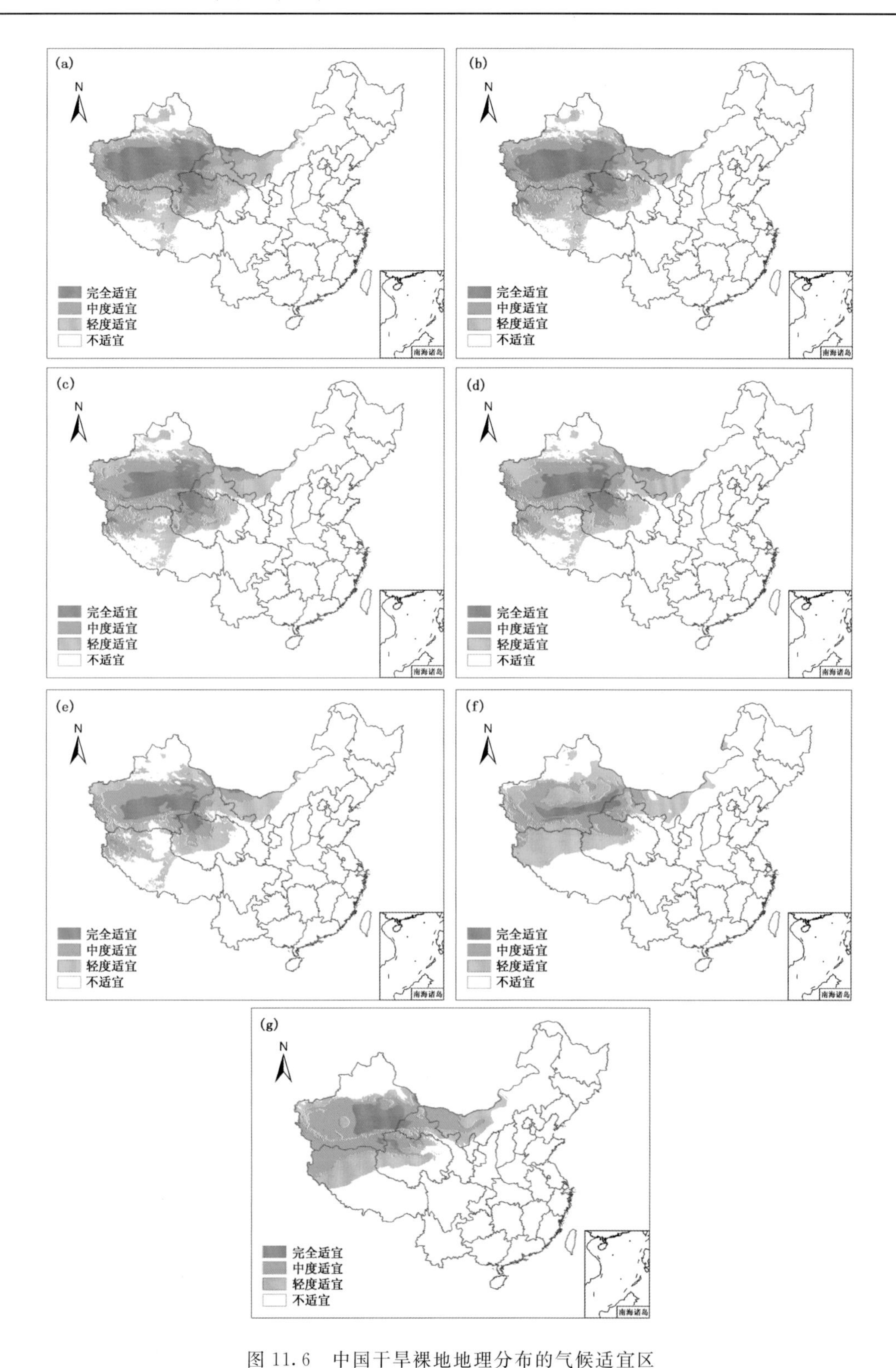

图 11.6 中国干旱裸地地理分布的气候适宜区

(a)1961—1990 年;(b)1966—1995 年;(c)1971—2000 年;(d)1976—2005 年;(e)1981—2010 年;(f)2011—2040 年 RCP 4.5;(g)2011—2040 年 RCP 8.5

展适应性指数(A_e),可以评价中国干旱裸地对气候变化的适应性与脆弱性(表 11.6)。

表 11.5 基准期及评估期中国干旱裸地地理分布面积(单位:10^4 hm^2)及其总的存在概率

研究时期		评估资料					
基准期	1961—1990 年	$S_{ik}+S_{im}$			$S_{ik} \cdot p_{ik}+S_{im} \cdot p_{im}$		
		2005			868.35		
评估期	评估时段	S_{jk}	$S_{jk} \cdot p_{jk}$	S_{jm}	$S_{jm} \cdot p_{jm}$	S_{jl}	$S_{jl} \cdot p_{jl}$
	1966—1995 年	741	182.95	16470	6614.40	1226	187.25
	1971—2000 年	221	48.35	15441	5482.41	2255	348.58
	1976—2005 年	48	10.70	13359	4577.73	4337	638.56
	1981—2010 年	68	16.69	12744	4257.45	4952	675.58
预测期	2011—2040 年 (RCP 4.5)	415	91.46	9087	2796.20	8609	1051.26
	2011—2040 年 (RCP 8.5)	2755	656.85	13314	4728.33	4382	536.51

表 11.6 中国干旱裸地对气候变化的适应性与脆弱性评价

评估时期	评价指标			评价等级	拓展适应性 A_e
	SR	A_l	V		
1966—1995 年	0.93	0.91	0.03	中度适应	0.03
1971—2000 年	0.87	0.75	0.05	轻度适应	0.01
1976—2005 年	0.75	0.63	0.09	轻度适应	0.00
1981—2010 年	0.72	0.59	0.09	轻度脆弱	0.00
2011—2040 年 (RCP 4.5)	0.51	0.38	0.14	轻度脆弱	0.01
2011—2040 年 (RCP 8.5)	0.75	0.65	0.07	轻度适应	0.09

以 1961—1990 年为基准期对中国干旱裸地的适应性与脆弱性评估表明,评估期中国干旱裸地地理分布呈缩小趋势,随时间推移中国干旱裸地的适应性降低,由轻度适应到轻度脆弱;但未来气候情景下表现为轻度脆弱(未来 RCP 4.5 气候情景)和轻度适应(未来 RCP 8.5 气候情景),中国干旱裸地地理分布的气候完全适宜区范围将大幅度减小。

第二节 高寒裸地的气候适宜性与脆弱性

一、数据资料

中国高寒裸地地理分布资料来源于《中华人民共和国植被图(1∶100 万)》。根据高寒裸地由常年积雪的无植被地段组成,提取植被图中该类型植被群系的分布区,构成中国高寒裸地地理分布数据集。在 ArcGIS 中,去除面积小于 5 km^2 的小块分布斑块,对剩下的分布斑块进行随机取点，其中相同斑块内两点间的最短距离不得小于 100 km，可得到中国高寒裸地地理分布点 679 个(图 11.7)。

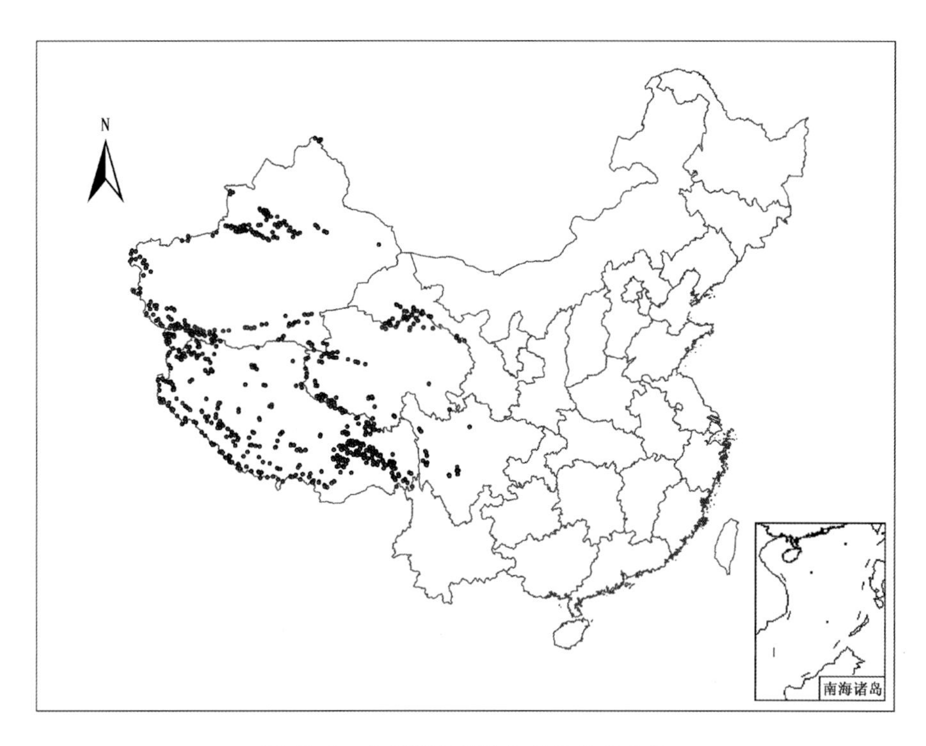

图 11.7　中国高寒裸地样点的地理分布

二、模型适用性分析

MaxEnt 模型运行需要两组数据：一是模拟对象的地理分布数据；二是全国范围的环境变量，即从全国层次及年尺度确定的决定植物地理分布的 6 个气候因子，即 T_{min}、Q、T_7、T_1、T 和 P。基于 75%训练子集得到的 MaxEnt 模型模拟结果的 AUC 值为 0.94，测试子集的 MaxEnt 模型模拟结果的 AUC 值为 0.93(图 11.8)，都达到了“非常好”的水平，表明 MaxEnt 模型能够很好地对中国高寒裸地的地理分布与气候因子的关系进行模拟。将模型运行 10 次，以得到较为稳定的平均结果，其 AUC 值为 0.94±0.01。

三、影响因子分析

在百分贡献率和置换重要性中，各气候因子对中国高寒裸地地理分布影响的排序分别为(表 11.7)：最暖月平均温度(T_7)>年辐射量(Q)>年降水量(P)>年极端最低温度(T_{min})>年均温度(T)>最冷月平均温度(T_1)。由小刀法得分可知，各气候因子对我国高寒裸地地理分布影响的贡献排序为：最暖月平均温度(T_7)>年均温度(T)>年辐射量(Q)>年极端最低温度(T_{min})>年降水量(P)>最冷月平均温度(T_1)(图 11.9)。6 个因子在不同的评价方法中存在着不同的表现，不宜去除其中任何一个因子。

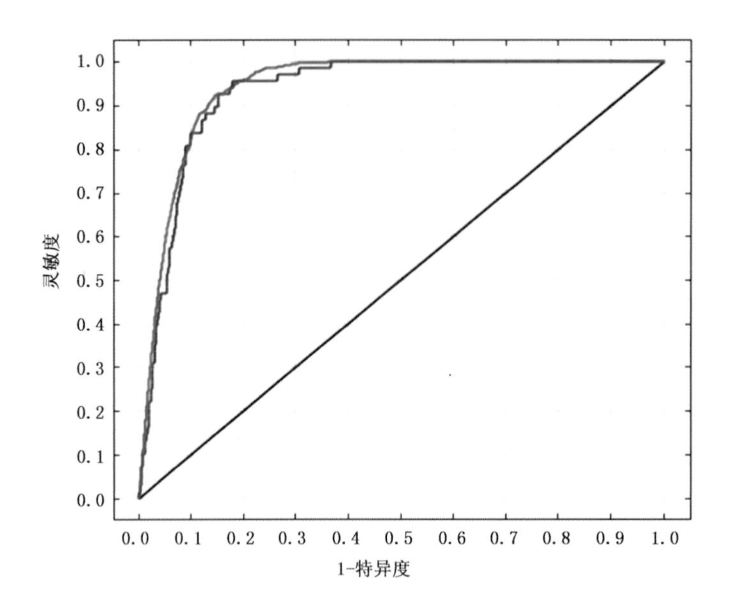

图 11.8　中国高寒裸地地理分布模拟结果的 ROC 曲线

表 11.7　气候因子的百分贡献率和置换重要性

气候因子	百分贡献率(%)	置换重要性(%)
最暖月平均温度(T_7)	85.2	81.2
年辐射量(Q)	4.8	6.6
年降水量(P)	4.1	4.1
年极端最低温度(T_{min})	3.4	0.5
年均温度(T)	1.9	2.7
最冷月平均温度(T_1)	0.6	4.8

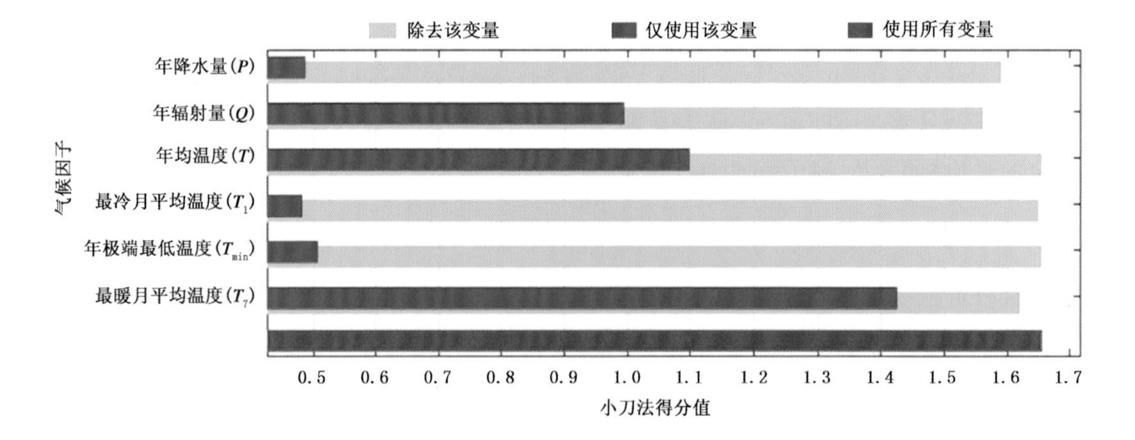

图 11.9　气候因子在小刀法中的得分

四、气候适宜性划分

基于气候资源保证率原则，利用所建 MaxEnt 模型给出的中国高寒裸地在待预测地区的存在概率 p，根据提出的中国高寒裸地地理分布的气候适宜性等级划分标准，使用 ArcGIS 对模型模拟结果进行分类，划分中国高寒裸地地理分布的气候适宜范围(图 11.10)。结果表明，中国高寒裸地地理分布的气候适宜区主要位于青藏高原地区，天山等地也有零星分布。

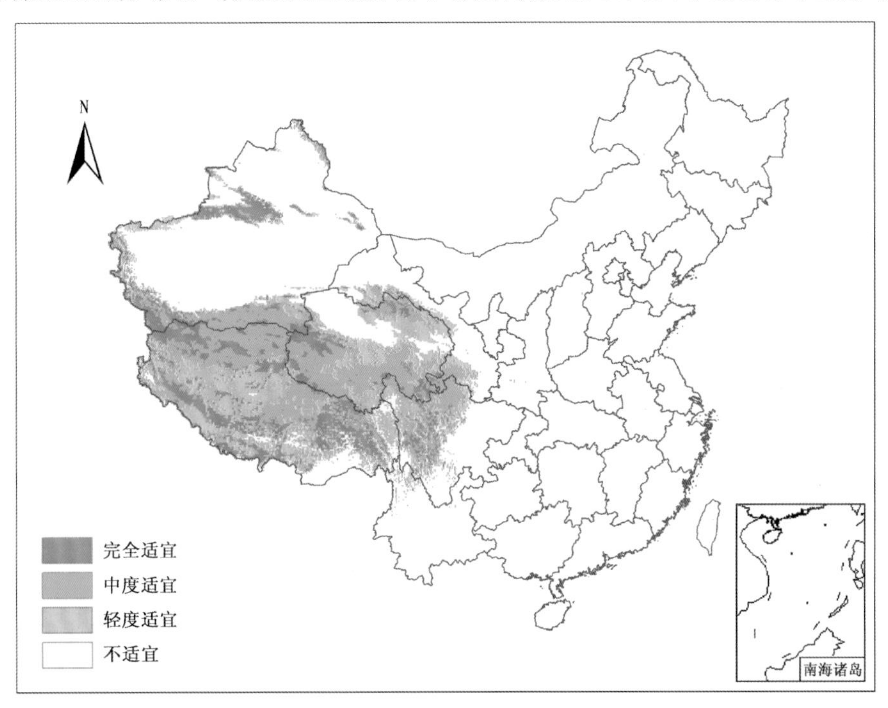

图 11.10 中国高寒裸地地理分布的气候适宜性

五、影响因子阈值分析

根据 MaxEnt 模型模拟结果得到的中国高寒裸地存在概率与各气候因子的关系(图 11.11)，可以得到不同气候适宜区各气候因子的阈值(表 11.8)。

表 11.8 中国高寒裸地地理分布不同气候适宜区的气候因子阈值

	P(mm)	T_1(℃)	Q(W/m²)	T_7(℃)	T(℃)	T_{min}(℃)
完全适宜区[0.38,1]	155～967	−28.1～−2.1	117686～186838	0.3～13.6	−9.7～5.2	−50～−16.4
中度适宜区[0.19,0.38)	137～1025	−28.1～0.7	112936～186838	0.3～15.6	−9.7～7.2	−50～−12.7
轻度适宜区[0.05,0.19)	124～1207	−28.1～5.2	111101～186838	0.3～17.6	−9.7～11.2	−50～−5.4

六、中国高寒裸地地理分布动态

与 1961—1990 年相比，1966—1995 年、1971—2000 年、1976—2005 年及 1981—2010 年

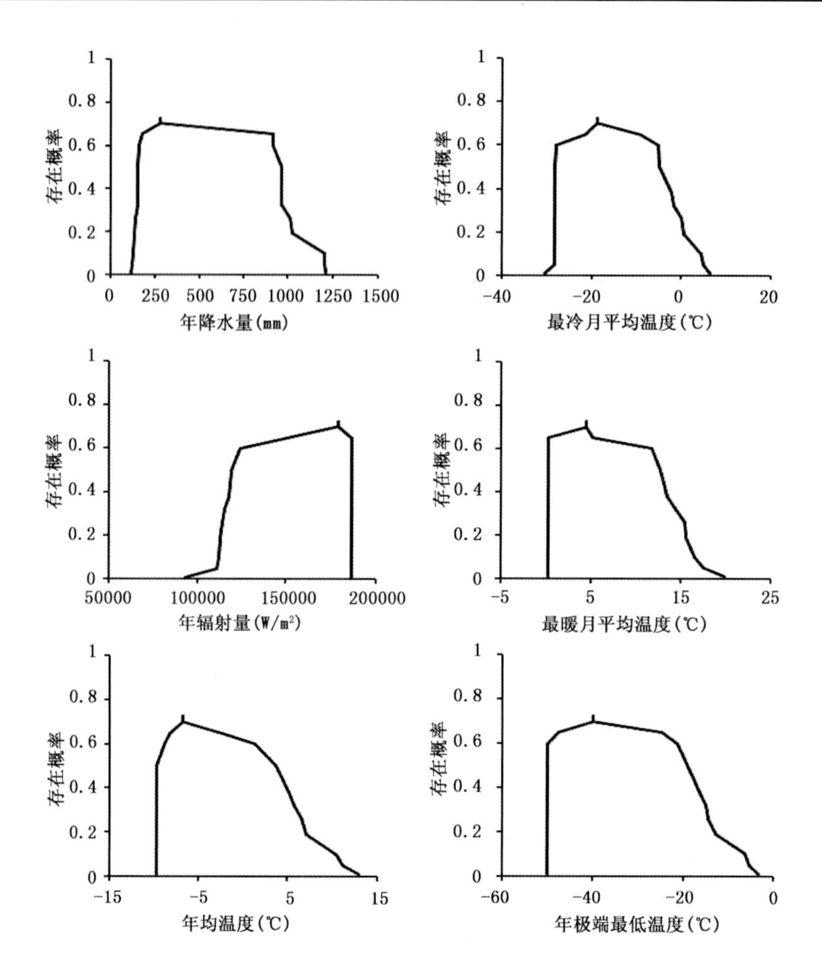

图 11.11　高寒裸地预测存在概率与气候因子的关系曲线

的中国高寒裸地地理分布的气候适宜区主体位置没有变化，气候完全适宜区表现为先增后减趋势。在未来 RCP 4.5 和 RCP 8.5 气候情景下，2011—2040 年中国高寒裸地地理分布的气候适宜区变化较大。未来 RCP 4.5 气候情景下，气候适宜区的面积减少，其中气候完全适宜区集中到青海的西部；而在未来 RCP 8.5 气候情景下，气候完全适宜区则扩展到青藏高原一半以上的区域(图 11.12)。

中国高寒裸地地理分布的各气候适宜区在不同时期的分布面积见表 11.9。1961—2010 年中国高寒裸地地理分布的气候完全适宜区和中度适宜区面积随着时间推移均呈先增后减趋势，轻度适宜区则呈先减后增趋势。2011—2040 年(未来 RCP 4.5 和 RCP 8.5 气候情景)，中国高寒裸地地理分布的气候适宜区面积变化显著。其中，未来 RCP 4.5 气候情景下，气候完全适宜区和中度适宜区面积大幅减小，气候完全适宜区则几乎消失；在未来 RCP 8.5 气候情景下，气候完全适宜区的面积呈增加趋势，而气候中度适宜区和轻度适宜区的面积则呈减小趋势。

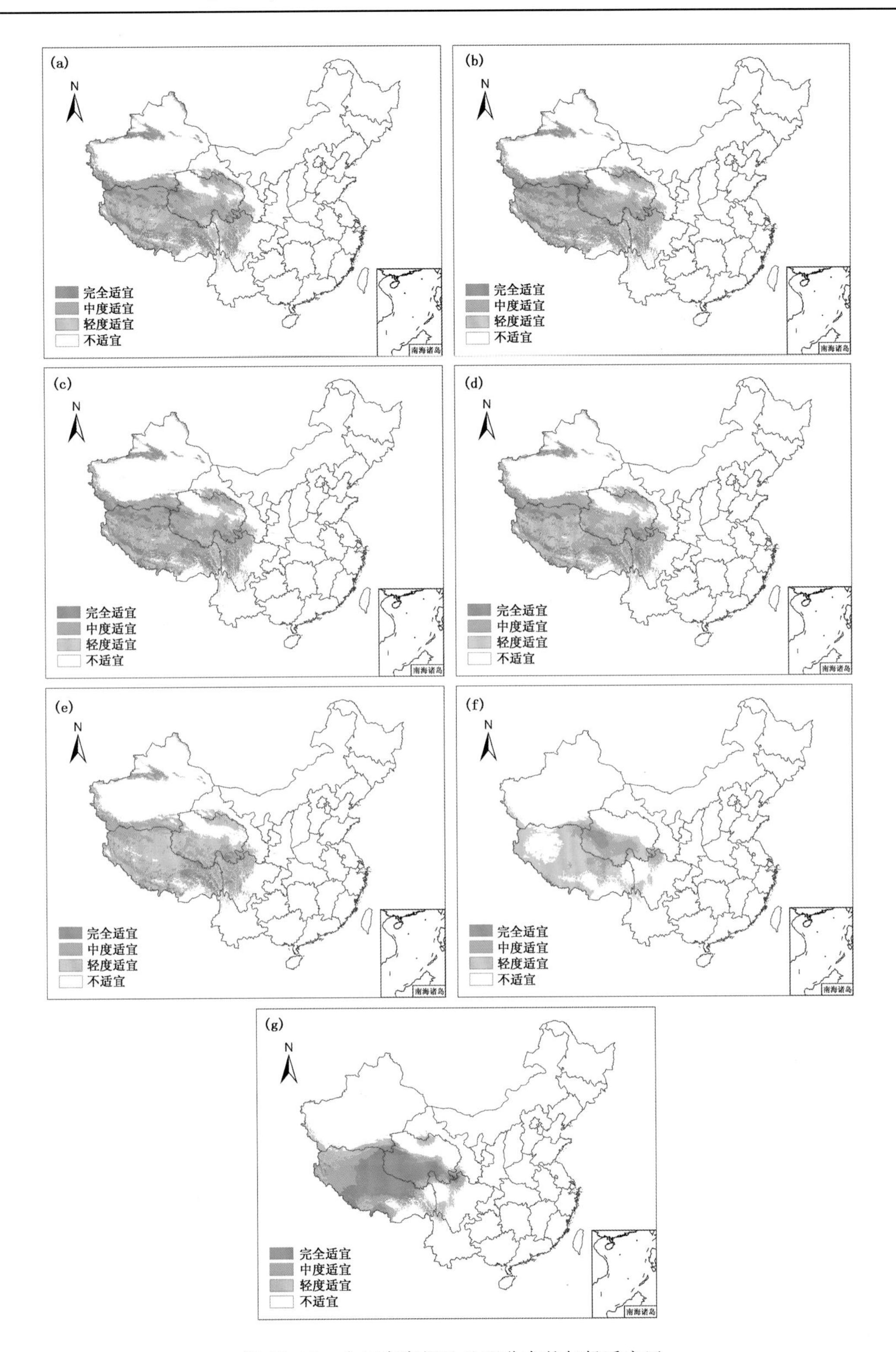

图 11.12　中国高寒裸地地理分布的气候适宜区

(a)1961—1990 年;(b)1966—1995 年;(c)1971—2000 年;(d)1976—2005 年;(e)1981—2010 年;(f)2011—2040 年 RCP 4.5;(g)2011—2040 年 RCP 8.5

表 11.9　不同时期中国高寒裸地地理分布气候适宜区的面积(单位:10^4 hm^2)

时期	完全适宜区 [0.38,1]	中度适宜区 [0.19,0.38)	轻度适宜区 [0.05,0.19)	不适宜区 [0,0.05)
1961—1990 年	5988	9946	8104	73139
1966—1995 年	7476	9848	7018	72835
1971—2000 年	6724	10053	7255	73145
1976—2005 年	5213	9759	8554	73651
1981—2010 年	2436	8239	11709	74793
2011—2040 年(RCP 4.5)	656	3137	9821	83563
2011—2040 年(RCP 8.5)	8442	4898	4370	79467

七、中国高寒裸地对气候变化的适应性与脆弱性

表 11.10 给出了基准期及评估期的中国高寒裸地地理分布面积及其存在概率变化。基于评估期中国高寒裸地分布气候适宜区的面积(SR)、自适应性指数(A_l)、脆弱性指数(V)和拓展适应性指数(A_e),可以评价中国高寒裸地对气候变化的适应性与脆弱性(表 11.11)。

表 11.10　基准期及评估期中国高寒裸地地理分布面积(单位:10^4 hm^2)及其总的存在概率

研究时期		评估资料					
基准期	1961—1990 年	$S_{ik}+S_{im}$			$S_{ik}\cdot p_{ik}+S_{im}\cdot p_{im}$		
		2005			868.35		
评估期	评估时段	S_{jk}	$S_{jk}\cdot p_{jk}$	S_{jm}	$S_{jm}\cdot p_{jm}$	S_{jl}	$S_{jl}\cdot p_{jl}$
	1966—1995 年	1524	335.02	15800	6486.50	134	21.75
	1971—2000 年	1330	319.43	15447	6051.11	487	78.97
	1976—2005 年	1041	296.12	13931	4983.29	2003	319.20
	1981—2010 年	708	190.65	9967	3146.83	5967	838.16
预测期	2011—2040 年(RCP 4.5)	412	120.30	3381	999.45	12553	838.82
	2011—2040 年(RCP 8.5)	3851	1547.03	9489	4479.64	6445	394.68

表 11.11　中国高寒裸地对气候变化的适应性与脆弱性评价

评估时期	评价指标			评价等级	拓展适应性
	SR	A_l	V		A_e
1966—1995 年	0.99	1.11	0.00	完全适应	0.06
1971—2000 年	0.97	1.03	0.01	完全适应	0.05
1976—2005 年	0.87	0.85	0.05	轻度适应	0.05
1981—2010 年	0.63	0.54	0.14	轻度脆弱	0.03
2011—2040 年(RCP 4.5)	0.21	0.17	0.14	中度脆弱	0.02
2011—2040 年(RCP 8.5)	0.60	0.77	0.07	轻度脆弱	0.26

以1961—1990年为基准期对中国高寒裸地的适应性与脆弱性评估表明，评估期中国高寒裸地地理分布的主体位置基本没有变化，气候完全适宜区呈先增后减趋势，随时间推移，高寒裸地的适应性由完全适应逐步降至轻度适应甚至轻度脆弱；未来气候情景下将表现为中度脆弱（未来RCP 4.5气候情景）和轻度脆弱（未来RCP 8.5气候情景），其中未来RCP 4.5气候情景下高寒裸地的分布范围大幅减少，而在未来RCP 8.5气候情景下高寒裸地的气候完全适宜区则呈增加趋势，且扩展适应性大幅增加，反映出该气候条件下高寒裸地的分布变化较大。

第十二章　中国生物群区的气候适宜性与脆弱性

根据中国独特季风气候和青藏高原特征下的植物功能型对气候变化的气候适宜性与脆弱性研究，就可以分析不同时期中国各生物群区动态及其对气候变化的适应性与脆弱性。

第一节　中国生物群区的地理分布动态

基于中国独特的季风气候和青藏高原特征下植物所需的温度条件、水分条件和植物的冠层特征给出的18类优势植物功能型及2种裸地类型，结合《中华人民共和国植被图(1∶100万)》，使用ArcGIS对每个植物功能型分别去除面积较小的分布斑块，在剩余的分布斑块中进行随机取点，根据设定相同斑块内两点间的最短距离以使样点数在1000左右，得到各植物功能型的地理分布样点。

在此基础上，基于1961—1990年全国层次及年尺度确定的决定植物地理分布的6个气候因子，即T_{min}、Q、T_7、T_1、T和P，验证MaxEnt模型对于中国各植物功能型地理分布与气候因子关系的适用性，给出中国各植物功能型的分布边界；进而根据所建中国各植物功能型地理分布与气候因子关系模型的默认参数，结合1966—1995年、1971—2000年、1976—2005年和1981—2010年的气候标准年数据以及不同未来气候情景(RCP 4.5和RCP 8.5)下2011—2040年的气候数据，可以模拟获得各气候标准年的中国各植物功能型地理分布。根据植物功能型的优势等级，即热带＞温带＞寒带，树＞草甸＞草原＞裸地，20类植物功能型可进行16种组合，即16类生物群区，由此得到不同气候标准年的中国生物群区分布。图12.1给出了不同气候标准年各中国生物群区的地理分布。

表12.1给出了不同气候标准年各中国生物群区的分布面积。1961—2010年，中国各类生物群区随时间推移均呈现出不同程度的北移趋势。在未来RCP 4.5和RCP 8.5气候情景下，各类生物群区的地理分布变化显著，主要表现为：热带季雨林向北扩展；温带落叶阔叶林占据了大片温带针阔混交林和北方针叶林分布的地区，成为中国北部最主要的森林类生物群区；温带草原向西南迁移，占据了大片高寒植被区。未来RCP 4.5气候情景下，高寒荒漠和高寒草原几乎消失；而在未来RCP 8.5气候情景下，热带雨林、高寒草原、高寒荒漠均基本消失。

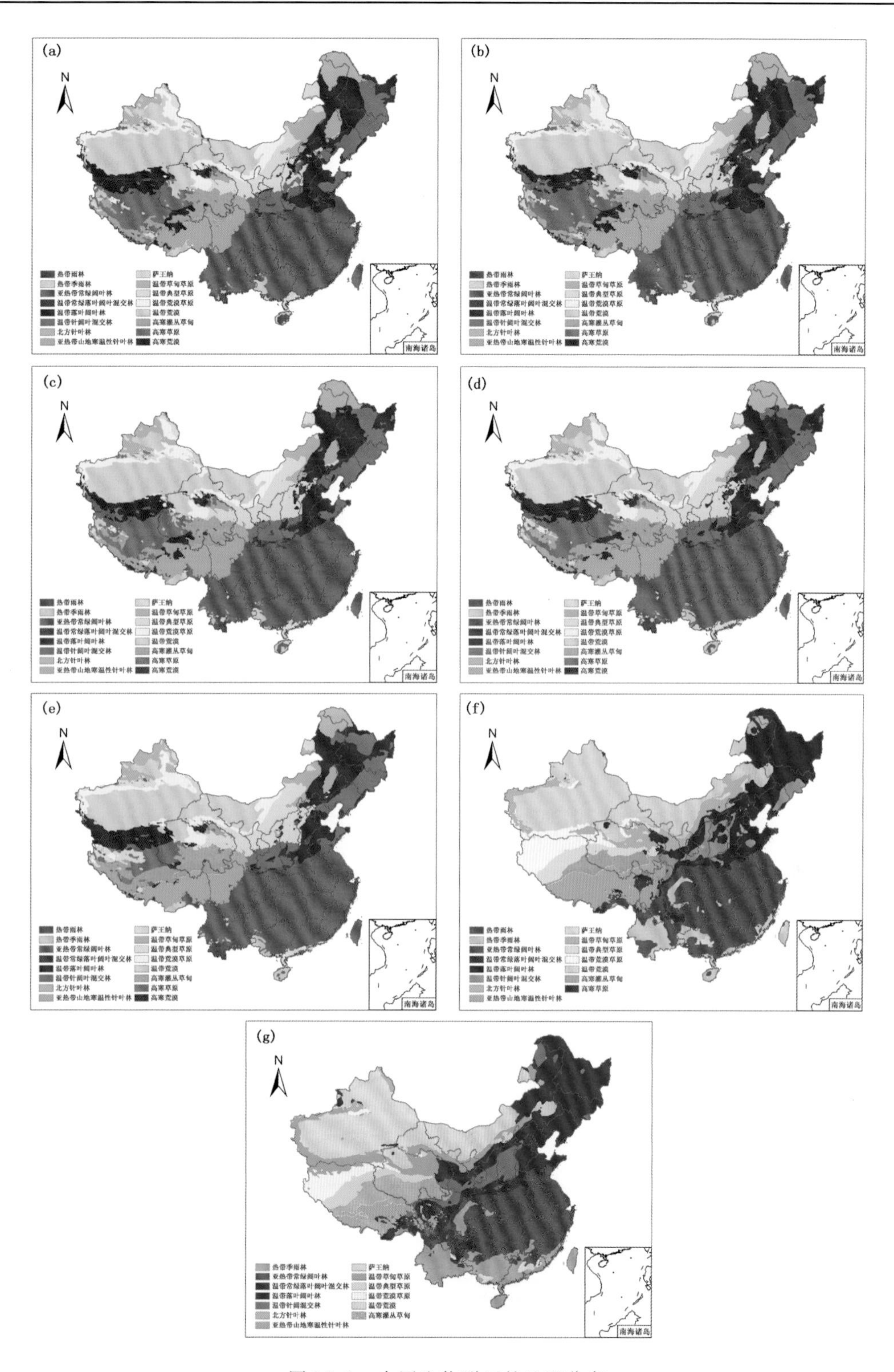

图 12.1　中国生物群区的地理分布

(a)1961—1990 年;(b)1966—1995 年;(c)1971—2000 年;(d)1976—2005 年;(e)1981—2010 年;(f)2011—2040 年 RCP 4.5;(g)2011—2040 年 RCP 8.5

表 12.1 不同时期中国各类生物群区地理分布的面积(单位:10^4 hm²)

生物群区	1961—1990 年	1966—1995 年	1971—2000 年	1976—2005 年	1981—2010 年	2011—2040 年	
						RCP 4.5	RCP 8.5
1 热带雨林	574	526	611	657	748	590	0
2 热带季雨林	1037	1026	1133	1251	1232	5099	8669
3 亚热带常绿阔叶林	23721	23680	24404	24359	24517	20384	17424
4 温带常绿落叶阔叶混交林	244	216	241	217	216	954	2088
5 温带落叶阔叶林	10233	10379	9887	9820	9709	18392	21229
6 温带针阔叶混交林	6996	7048	6676	7049	6984	3952	4402
7 北方针叶林	2095	2154	2059	1950	1592	411	587
8 亚热带山地寒温性针叶林	5117	5126	5400	5579	5967	6751	2450
9 萨王纳	461	501	572	666	701	408	489
10 温带草甸草原	4088	3863	3803	3544	3928	6640	7312
11 温带典型草原	6539	6843	7472	7815	9102	3650	2861
12 温带荒漠草原	4740	4831	4830	4974	4757	5382	3141
13 温带荒漠	15159	14926	14057	13670	13849	21305	20536
14 高寒灌丛草甸	5086	4556	5188	5630	6249	2950	5831
15 高寒草原	6189	7507	6490	5394	3184	41	0
16 高寒荒漠	4606	3664	4019	4286	4140	0	0

第二节 中国生物群区对气候变化的适应性与脆弱性

中国生物群区对气候变化的适应性与脆弱性评价是相对于某个时期而言的,为此需要设定基准期与评估期。由于基于 MaxEnt 模型获取的中国生物群区存在概率综合反映了多个气候因子对中国生物群区的结构和功能影响,可用作中国生物群区对气候变化的适应性与脆弱性评价指标。图 12.2 给出了基准期与评估期的中国生物群区状态。

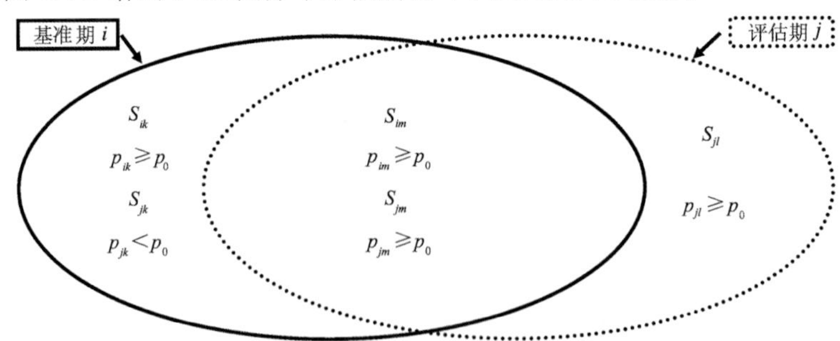

图 12.2 基准期与评估期的中国生物群区状态

基准期 i 的某生物群区植被分布面积为 $S_{ik}+S_{im}$,评估期 j 的分布面积为 $S_{jm}+S_{jl}$。S_{ik} 或 S_{jk} 反映了中国生物群区遭受气候变化不利影响的范围,p_{jk} 反映了其遭受气候变化不利影响的程度;S_{jl} 反映了其受益于气候变化影响的范围,p_{jl} 反映了受益于气候变化的程度;而 S_{im} 或 S_{jm}

则反映了该生物群区对气候变化的自适应范围，p_{jm} 反映了其对气候变化的自适应程度。

根据 IPCC(2001)的脆弱性定义，则某一生物群区的敏感性可表示如下：

$$S=\frac{\text{研究对象评估期的总存在概率}}{\text{研究对象基准期的总存在概率}}$$

$$=\frac{S_{jk}\cdot p_{jk}+S_{jm}\cdot p_{jm}+S_{jl}\cdot p_{jl}}{S_{ik}\cdot p_{ik}+S_{im}\cdot p_{im}}$$

假设某一生物群区遭受气候变化不利影响的范围小于原生物群区地理分布的 $n\%$，即 $S_{jk}<n\%\times(S_{ik}+S_{im})$，则由该生物群区对气候变化的脆弱性定义 V 可得：

$$V=\frac{S_{jk}\cdot p_{jk}}{S_{ik}\cdot p_{ik}+S_{im}\cdot p_{im}}$$

$$<\frac{n\%\times(S_{ik}+S_{im})\cdot p_0}{(S_{ik}+S_{im})\cdot p_0}$$

$$=n\%$$

因此，V 不仅反映该生物群区遭受气候变化不利影响的范围，也反映了其遭受气候变化不利影响的程度。

S_{jl} 反映了该生物群区受益于气候变化影响的范围，p_{jl} 反映了其受益于气候变化的程度，体现了气候变化背景下它的适应范围与程度的拓展，在此称为拓展适应性(A_e)；而 S_{jm} 反映了该生物群区对气候变化的自适应范围，p_{jm} 反映了对气候变化的自适应程度，体现了气候变化背景下该生物群区自身的可调节程度，在此称为自适应性(A_l)。因此，某一生物群区对气候变化的适应性包括受益于气候变化影响的向已有范围外的拓展范围和程度以及已有范围内的适应范围和程度，可表示如下：

$$A=\frac{S_{jm}\cdot p_{jm}+S_{jl}\cdot p_{jl}}{S_{ik}\cdot p_{ik}+S_{im}\cdot p_{im}}=A_l+A_e$$

$$A_l=\frac{S_{jm}\cdot p_{jm}}{S_{ik}\cdot p_{ik}+S_{im}\cdot p_{im}}$$

$$A_e=\frac{S_{jl}\cdot p_{jl}}{S_{ik}\cdot p_{ik}+S_{im}\cdot p_{im}}$$

某一生物群区对气候变化适应性与脆弱性的范围主要体现在其分布面积的变化，可采用其存在面积的变化(SR)表示，即：

$$SR=\frac{\text{评估期研究对象占有面积中的基准期仍存面积}}{\text{基准期研究对象占有面积}}=\frac{S_{jm}}{S_{ik}+S_{im}}$$

表 12.2 给出了中国各生物群区对气候变化的自适应性与脆弱性的评价等级分类与指标。

表 12.2　中国生物群区对气候变化的自适应性与脆弱性的评价等级分类与指标

响应类型	评价等级	评价指标
自适应性	完全适应	$SR\geqslant0.90$ 且 $A_l\geqslant1$
	中度适应	$SR\geqslant0.90$ 且 $A_l<1$
	轻度适应	$0.75\leqslant SR<0.90$ 且 $V<0.25$
脆弱性	轻度脆弱	$0.50\leqslant SR<0.75$ 且 $V<0.50$
	中度脆弱	$0.10\leqslant SR<0.50$ 且 $V<0.90$
	完全脆弱	$SR<0.10$

基于表 12.2 可以给出中国各生物群区对气候变化的适应性与脆弱性的范围与程度，可为气候变化背景下中国各生物群区的科学管理提供依据。表 12.3～12.6 给出了基准期及评估期的中国各生物群区地理分布的 SR、A_l、V 和 A_e 值。

表 12.3　不同时期中国各生物群区的 *SR* 值

生物群区	Biome	1966—1995 年	1971—2000 年	1976—2005 年	1981—2010 年	2011—2040 年	
						RCP 4.5	RCP 8.5
1 热带雨林	Biome1	0.85	0.80	0.74	0.65	0.22	0.0
2 热带季雨林	Biome2	0.55	0.51	0.54	0.53	0.35	0.74
3 亚热带常绿阔叶林	Biome3	0.98	0.97	0.96	0.96	0.74	0.61
4 温带常绿落叶阔叶混交林	Biome4	0.08	0.07	0.06	0.06	0.01	0.02
5 温带落叶阔叶林	Biome5	0.70	0.61	0.58	0.57	0.71	0.66
6 温带针阔叶混交林	Biome6	0.87	0.81	0.80	0.78	0.24	0.13
7 北方针叶林	Biome7	0.98	0.94	0.90	0.76	0.18	0.01
8 亚热带山地寒温性针叶林	Biome8	0.95	0.92	0.90	0.89	0.60	0.16
9 萨王纳	Biome9	0.81	0.72	0.60	0.56	0.0	0.0
10 温带草甸草原	Biome10	0.55	0.47	0.41	0.42	0.20	0.05
11 温带典型草原	Biome11	0.87	0.83	0.81	0.78	0.06	0.01
12 温带荒漠草原	Biome12	0.87	0.77	0.74	0.69	0.07	0.02
13 温带荒漠	Biome13	0.94	0.90	0.87	0.87	0.92	0.92
14 高寒灌丛草甸	Biome14	0.83	0.84	0.81	0.70	0.18	0.42
15 高寒草原	Biome15	0.92	0.84	0.73	0.43	0.0	0.0
16 高寒荒漠	Biome16	0.71	0.75	0.79	0.74	0.0	0.0

表 12.4　不同时期中国各生物群区的自适应性 A_l 值

生物群区	Biome	1966—1995 年	1971—2000 年	1976—2005 年	1981—2010 年	2011—2040 年	
						RCP 4.5	RCP 8.5
1 热带雨林	Biome1	0.90	0.89	0.85	0.75	0.30	0.0
2 热带季雨林	Biome2	0.71	0.69	0.68	0.62	0.33	0.64
3 亚热带常绿阔叶林	Biome3	0.97	0.95	0.94	0.93	0.50	0.21
4 温带常绿落叶阔叶混交林	Biome4	0.07	0.07	0.06	0.05	0.01	0.01
5 温带落叶阔叶林	Biome5	0.69	0.62	0.57	0.55	0.37	0.41
6 温带针阔叶混交林	Biome6	0.90	0.83	0.82	0.80	0.22	0.11
7 北方针叶林	Biome7	1.01	1.01	0.97	0.76	0.12	0.0
8 亚热带山地寒温性针叶林	Biome8	0.97	0.97	0.97	0.98	0.49	0.10
9 萨王纳	Biome9	0.80	0.71	0.61	0.56	0.0	0.0
10 温带草甸草原	Biome10	0.57	0.49	0.43	0.45	0.21	0.06
11 温带典型草原	Biome11	0.86	0.81	0.78	0.75	0.05	0.01
12 温带荒漠草原	Biome12	0.88	0.77	0.74	0.69	0.08	0.02
13 温带荒漠 Temperate desert	Biome13	0.92	0.84	0.80	0.80	0.69	0.84
14 高寒灌丛草甸 Alpine meadow	Biome14	0.86	0.86	0.79	0.64	0.23	0.53
15 高寒草原 Alpine steppe	Biome15	0.90	0.81	0.69	0.39	0.0	0.0
16 高寒荒漠 Alpine desert	Biome16	0.71	0.76	0.81	0.81	0.0	0.0

表 12.5　不同时期中国各生物群区的脆弱性 V 值

生物群区	Biome	1966—1995 年	1971—2000 年	1976—2005 年	1981—2010 年	2011—2040 年	
						RCP 4.5	RCP 8.5
1 热带雨林	Biome1	0.15	0.17	0.25	0.33	0.56	0.96
2 热带季雨林	Biome2	0.49	0.49	0.49	0.49	0.60	0.13
3 亚热带常绿阔叶林	Biome3	0.02	0.03	0.04	0.04	0.22	0.26
4 温带常绿落叶阔叶混交林	Biome4	0.96	0.99	0.99	0.99	0.71	0.33
5 温带落叶阔叶林	Biome5	0.42	0.49	0.49	0.49	0.33	0.32
6 温带针阔叶混交林	Biome6	0.10	0.15	0.16	0.17	0.26	0.35
7 北方针叶林	Biome7	0.02	0.07	0.10	0.27	0.29	0.45
8 亚热带山地寒温性针叶林	Biome8	0.05	0.07	0.09	0.10	0.31	0.74
9 萨王纳	Biome9	0.08	0.10	0.20	0.20	0.58	0.58
10 温带草甸草原	Biome10	0.34	0.41	0.45	0.45	0.44	0.42
11 温带典型草原	Biome11	0.13	0.16	0.18	0.21	0.82	0.82
12 温带荒漠草原	Biome12	0.12	0.22	0.26	0.31	0.98	0.99
13 温带荒漠	Biome13	0.05	0.09	0.11	0.11	0.08	0.09
14 高寒灌丛草甸	Biome14	0.12	0.11	0.13	0.20	0.74	0.58
15 高寒草原	Biome15	0.08	0.13	0.22	0.43	0.99	0.99
16 高寒荒漠	Biome16	0.27	0.20	0.17	0.20	0.99	0.99

表 12.6　不同时期中国各生物群区的拓展适应性 A_e 值

生物群区	Biome	1966—1995 年	1971—2000 年	1976—2005 年	1981—2010 年	2011—2040 年	
						RCP 4.5	RCP 8.5
1 热带雨林	Biome1	0.23	0.46	0.59	0.85	1.49	0.0
2 热带季雨林	Biome2	0.19	0.31	0.37	0.38	3.17	4.72
3 亚热带常绿阔叶林	Biome3	0.08	0.11	0.11	0.12	0.11	0.053
4 温带常绿落叶阔叶混交林	Biome4	0.01	0.03	0.03	0.03	0.24	0.49
5 温带落叶阔叶林	Biome5	0.35	0.42	0.45	0.47	0.75	1.13
6 温带针阔叶混交林	Biome6	0.32	0.32	0.39	0.40	0.40	0.59
7 北方针叶林	Biome7	0.03	0.03	0.02	0.00	0.01	0.16
8 亚热带山地寒温性针叶林	Biome8	0.05	0.10	0.13	0.20	0.73	0.30
9 萨王纳	Biome9	2.13	2.64	3.67	3.96	1.55	2.00
10 温带草甸草原	Biome10	0.07	0.14	0.16	0.21	0.87	1.32
11 温带典型草原	Biome11	0.33	0.48	0.55	0.70	0.59	0.49
12 温带荒漠草原	Biome12	0.16	0.25	0.31	0.315022	1.1587	0.67
13 温带荒漠	Biome13	0.03	0.02	0.02	0.031748	0.407061	0.34
14 高寒灌丛草甸	Biome14	0.05	0.14	0.22	0.370399	0.535676	0.96
15 高寒草原	Biome15	0.31	0.20	0.14	0.08	0.01	0.0
16 高寒荒漠	Biome16	0.08	0.11	0.11	0.13	0.0	0.0

图 12.3～12.7 给出了中国各生物群区气候适宜区的面积(SR)、自适应性指数(A_l)、脆弱性指数(V)和拓展适应性指数(A_e)在各评估期的变化。除热带季雨林(Biome2)和温带荒漠(Biome13)外,其他生物群区占有面积中的基准期仍存面积的比例在评估期总体呈减小趋势,反映出以气候变暖为标志的气候变化不利于现有生物群区的发展(图 12.3)。随着时间的推移,中国各生物群区的自适应性总体呈减小趋势(图 12.4)。随时间的推移,除温带常绿落叶阔叶混交林(Biome4)、温带落叶阔叶林(Biome5)的脆弱性在未来气候情景下均呈减小外,其他生物群区的脆弱性总体均呈增加趋势,反映出以气候变暖为标志的气候变化不利于现有生物群区生存(图 12.5)。热带季雨林(Biome2)、温带落叶阔叶林(Biome5)、温带针阔叶混交林(Biome6)、亚热带山地寒温性针叶林(Biome8)、温带草甸草原(Biome10)、温带荒漠草原(Biome12)、高寒灌丛草甸(Biome14)的拓展适应性随着时间推移呈增加趋势,反映出气候变化有利于这些生物群区的发展(图 12.6)。

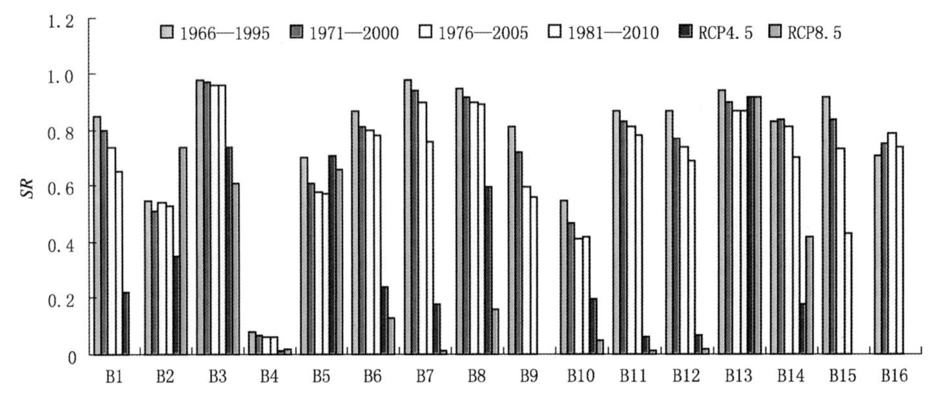

图 12.3　基准期及评估期中国各生物群区地理分布的 SR 值

(B1—热带雨林;B2—热带季雨林;B3—亚热带常绿阔叶林;B4—温带常绿落叶阔叶混交林;B5—温带落叶阔叶林;B6—温带针阔叶混交林;B7—北方针叶林;B8—亚热带山地寒温性针叶林;B9—萨王纳;B10—温带草甸草原;B11—温带典型草原;B12—温带荒漠草原;B13—温带荒漠;B14—高寒灌丛草甸;B15—高寒草原;B16—高寒荒漠)

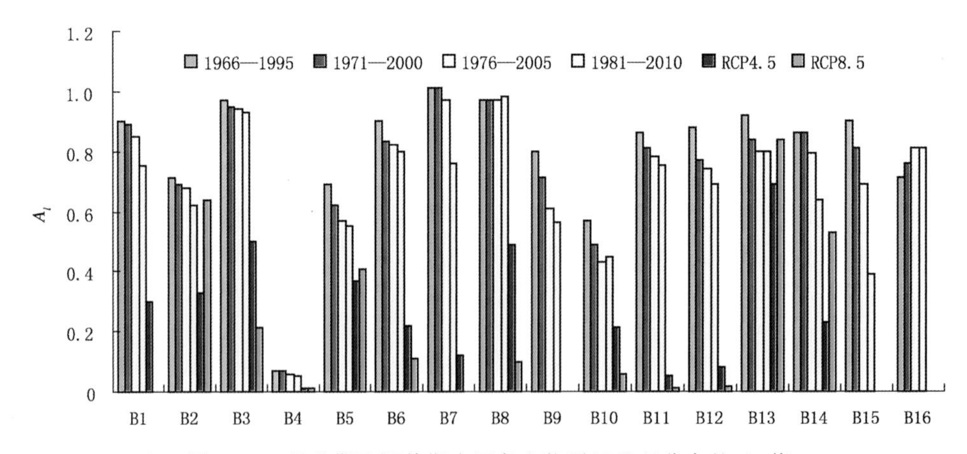

图 12.4　基准期及评估期中国各生物群区地理分布的 A_l 值

(B1—热带雨林;B2—热带季雨林;B3—亚热带常绿阔叶林;B4—温带常绿落叶阔叶混交林;B5—温带落叶阔叶林;B6—温带针阔叶混交林;B7—北方针叶林;B8—亚热带山地寒温性针叶林;B9—萨王纳;B10—温带草甸草原;B11—温带典型草原;B12—温带荒漠草原;B13—温带荒漠;B14—高寒灌丛草甸;B15—高寒草原;B16—高寒荒漠)

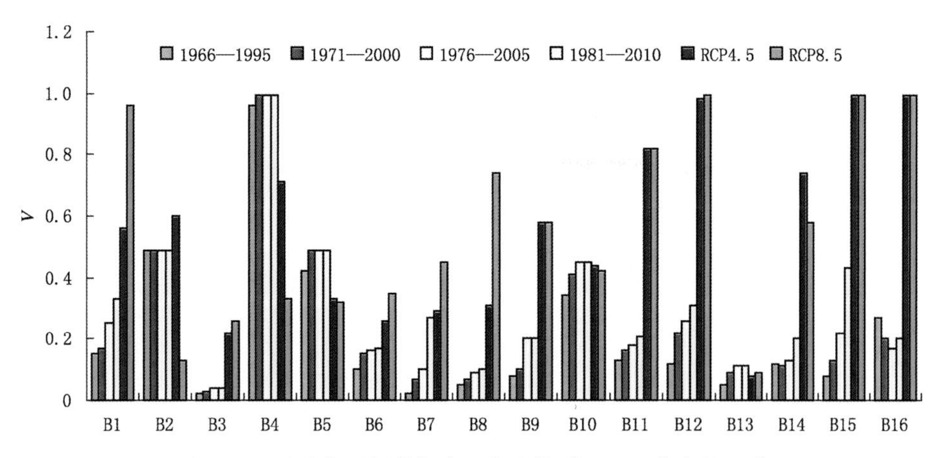

图 12.5　基准期及评估期中国各生物群区地理分布的 V 值

（B1－热带雨林；B2－热带季雨林；B3－亚热带常绿阔叶林；B4－温带常绿落叶阔叶混交林；B5－温带落叶阔叶林；B6－温带针阔叶混交林；B7－北方针叶林；B8－亚热带山地寒温性针叶林；B9－萨王纳；B10－温带草甸草原；B11－温带典型草原；B12－温带荒漠草原；B13－温带荒漠；B14－高寒灌丛草甸；B15－高寒草原；B16－高寒荒漠）

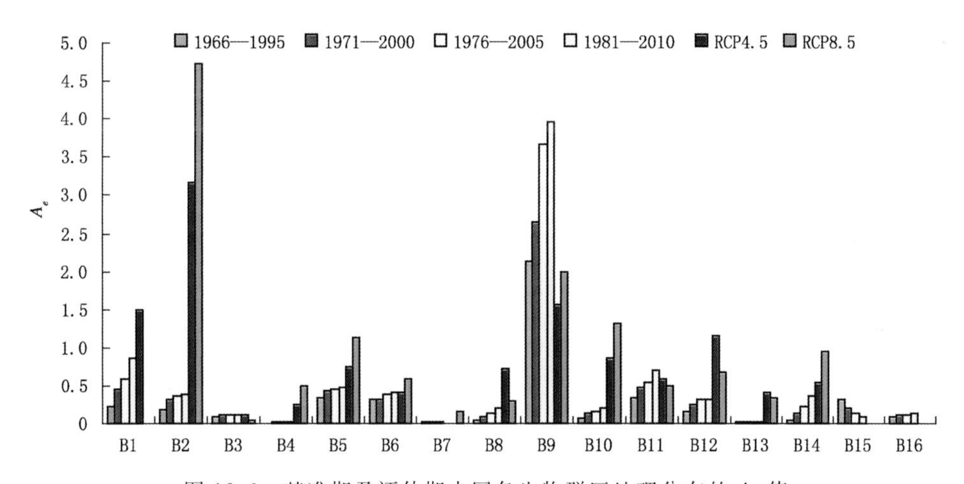

图 12.6　基准期及评估期中国各生物群区地理分布的 A_e 值

（B1－热带雨林；B2－热带季雨林；B3－亚热带常绿阔叶林；B4－温带常绿落叶阔叶混交林；B5－温带落叶阔叶林；B6－温带针阔叶混交林；B7－北方针叶林；B8－亚热带山地寒温性针叶林；B9－萨王纳；B10－温带草甸草原；B11－温带典型草原；B12－温带荒漠草原；B13－温带荒漠；B14－高寒灌丛草甸；B15－高寒草原；B16－高寒荒漠）

基于中国各生物群区的气候适宜区的面积（SR）、自适应性指数（A_l）、脆弱性指数（V）和拓展适应性指数（A_e）在各评估期的变化，结合表 12.2 给出的中国生物群区对气候变化的自适应性与脆弱性的评价等级分类与指标，给出了中国各生物群区对气候变化的适应性与脆弱性（表 12.7）。随着时间推移，大部分生物群区呈现由适应转为脆弱的趋势，在未来气候情景下生物群区大多表现为一定程度的脆弱。特别是，温带常绿落叶阔叶混交林（Biome4）在各评估期均呈现为完全脆弱，反映出以气候变暖为标志的气候变化非常不利于该生物群区的发展。温带荒漠（Biome13）的适应性在 1976 年后有所下降，由中度适应转变为轻度适应，表明 20 世纪 70 年代以来的气候变化对温带荒漠发展不利，但在未来气候情景下均呈现为中度适应，表明未来气候变暖有助于荒漠草原发展。

表 12.7　中国生物群区对气候变化的适应性与脆弱性评价

	1966—1995 年	1971—2000 年	1976—2005 年	1981—2010 年	RCP 4.5 年	RCP 8.5
Biome1	轻度适应	轻度适应	轻度脆弱	轻度脆弱	中度脆弱	完全脆弱
Biome2	轻度脆弱	轻度脆弱	轻度脆弱	轻度脆弱	中度脆弱	轻度脆弱
Biome3	中度适应	中度适应	中度适应	中度适应	轻度脆弱	轻度脆弱
Biome4	完全脆弱	完全脆弱	完全脆弱	完全脆弱	完全脆弱	完全脆弱
Biome5	轻度脆弱	轻度脆弱	轻度脆弱	轻度脆弱	轻度脆弱	轻度脆弱
Biome6	轻度适应	轻度适应	轻度适应	轻度适应	中度脆弱	中度脆弱
Biome7	完全适应	完全适应	中度适应	轻度适应	中度脆弱	完全脆弱
Biome8	中度适应	中度适应	中度适应	轻度适应	轻度脆弱	中度脆弱
Biome9	轻度适应	轻度脆弱	轻度脆弱	轻度脆弱	完全脆弱	完全脆弱
Biome10	轻度脆弱	中度脆弱	中度脆弱	中度脆弱	中度脆弱	完全脆弱
Biome11	轻度适应	轻度适应	轻度适应	轻度适应	完全脆弱	完全脆弱
Biome12	轻度适应	轻度适应	轻度脆弱	轻度脆弱	完全脆弱	完全脆弱
Biome13	中度适应	中度适应	轻度适应	轻度适应	中度适应	中度适应
Biome14	轻度适应	轻度适应	轻度适应	轻度脆弱	中度脆弱	中度脆弱
Biome15	中度适应	轻度适应	轻度脆弱	中度脆弱	完全脆弱	完全脆弱
Biome16	轻度脆弱	轻度适应	轻度适应	轻度脆弱	完全脆弱	完全脆弱

图 12.7 给出了不同时期及未来气候变化情景下中国生物群区分布及其与基准期分布的差异(黑色表示变化的地区)。可以看到,以 1961—1990 年为基准期,1961—2040 年自然生态系统整体表现为适应性减弱、脆弱性增加的趋势。在植被类型的变化方面,热带季雨林向北扩展,温带落叶阔叶林成为中国北部最主要的森林类生物群区;温带草原向西南迁移,占据了大片高寒植被区。未来 RCP 4.5 气候情景下,高寒荒漠和高寒草原几乎消失;而在未来 RCP 8.5 气候情景下,热带雨林、高寒草原、高寒荒漠均基本消失。在变化区域分布方面,高纬度、农牧交错区和青藏高原的生态系统是脆弱加剧地区。

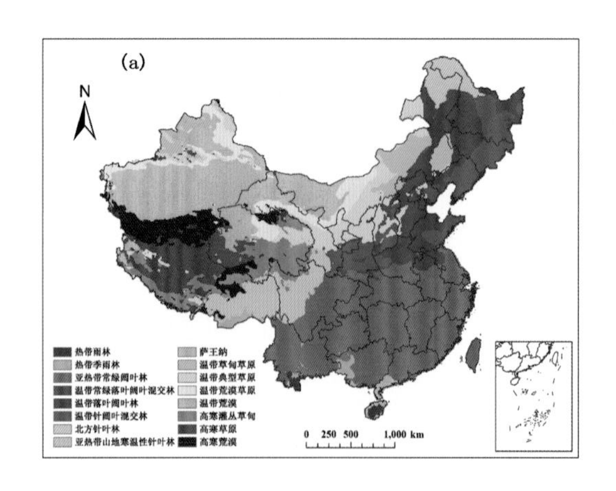

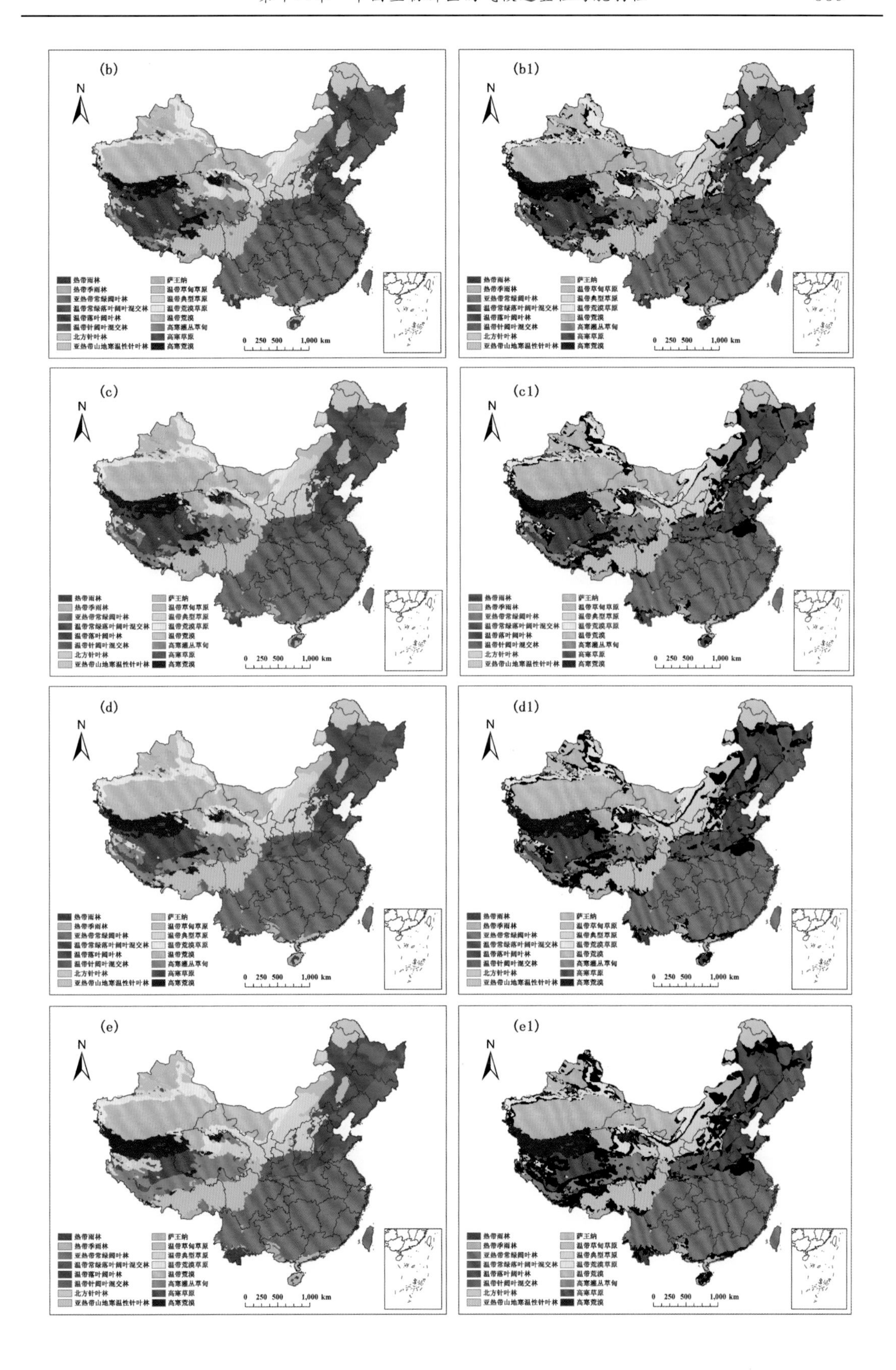
(b)
N
热带雨林
热带季雨林
亚热带常绿阔叶林
温带常绿落叶阔叶混交林
温带落叶阔叶林
温带针阔叶混交林
北方针叶林
亚热带山地寒温性针叶林
萨王纳
温带草甸草原
温带典型草原
温带荒漠草原
温带荒漠
高寒灌丛草甸
高寒草原
高寒荒漠
0 250 500 1,000 km
(b1)
N
热带雨林
热带季雨林
亚热带常绿阔叶林
温带常绿落叶阔叶混交林
温带落叶阔叶林
温带针阔叶混交林
北方针叶林
亚热带山地寒温性针叶林
萨王纳
温带草甸草原
温带典型草原
温带荒漠草原
温带荒漠
高寒灌丛草甸
高寒草原
高寒荒漠
0 250 500 1,000 km
(c)
N
热带雨林
热带季雨林
亚热带常绿阔叶林
温带常绿落叶阔叶混交林
温带落叶阔叶林
温带针阔叶混交林
北方针叶林
亚热带山地寒温性针叶林
萨王纳
温带草甸草原
温带典型草原
温带荒漠草原
温带荒漠
高寒灌丛草甸
高寒草原
高寒荒漠
0 250 500 1,000 km
(c1)
N
热带雨林
热带季雨林
亚热带常绿阔叶林
温带常绿落叶阔叶混交林
温带落叶阔叶林
温带针阔叶混交林
北方针叶林
亚热带山地寒温性针叶林
萨王纳
温带草甸草原
温带典型草原
温带荒漠草原
温带荒漠
高寒灌丛草甸
高寒草原
高寒荒漠
0 250 500 1,000 km
(d)
N
热带雨林
热带季雨林
亚热带常绿阔叶林
温带常绿落叶阔叶混交林
温带落叶阔叶林
温带针阔叶混交林
北方针叶林
亚热带山地寒温性针叶林
萨王纳
温带草甸草原
温带典型草原
温带荒漠草原
温带荒漠
高寒灌丛草甸
高寒草原
高寒荒漠
0 250 500 1,000 km
(d1)
N
热带雨林
热带季雨林
亚热带常绿阔叶林
温带常绿落叶阔叶混交林
温带落叶阔叶林
温带针阔叶混交林
北方针叶林
亚热带山地寒温性针叶林
萨王纳
温带草甸草原
温带典型草原
温带荒漠草原
温带荒漠
高寒灌丛草甸
高寒草原
高寒荒漠
0 250 500 1,000 km
(e)
N
热带雨林
热带季雨林
亚热带常绿阔叶林
温带常绿落叶阔叶混交林
温带落叶阔叶林
温带针阔叶混交林
北方针叶林
亚热带山地寒温性针叶林
萨王纳
温带草甸草原
温带典型草原
温带荒漠草原
温带荒漠
高寒灌丛草甸
高寒草原
高寒荒漠
0 250 500 1,000 km
(e1)
N
热带雨林
热带季雨林
亚热带常绿阔叶林
温带常绿落叶阔叶混交林
温带落叶阔叶林
温带针阔叶混交林
北方针叶林
亚热带山地寒温性针叶林
萨王纳
温带草甸草原
温带典型草原
温带荒漠草原
温带荒漠
高寒灌丛草甸
高寒草原
高寒荒漠
0 250 500 1,000 km

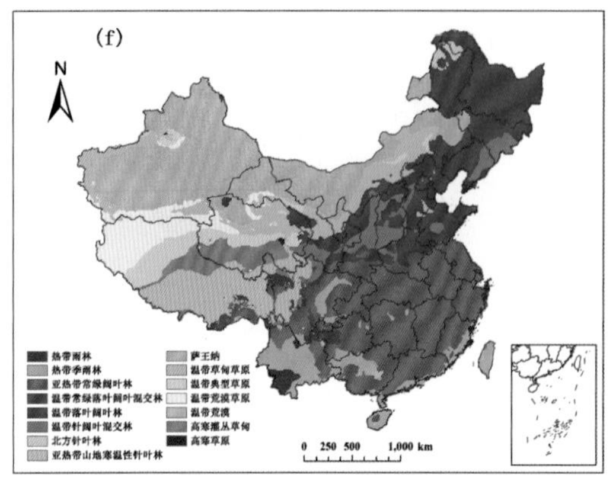

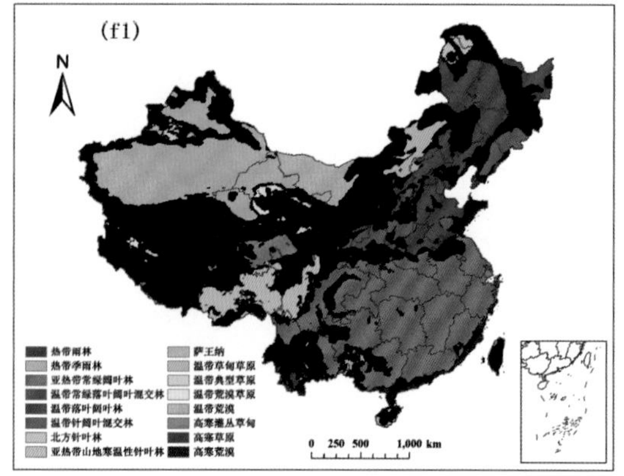

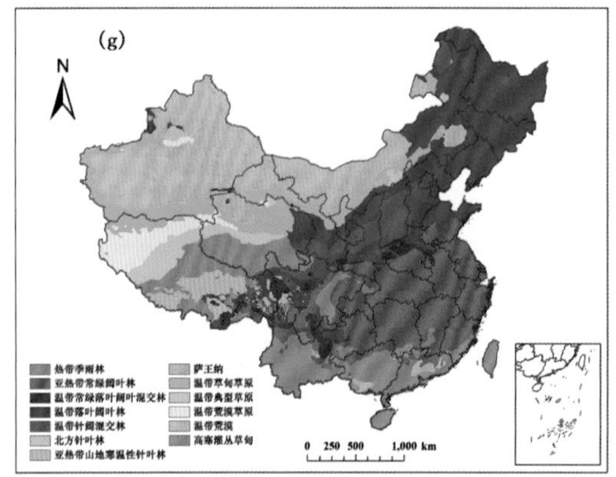

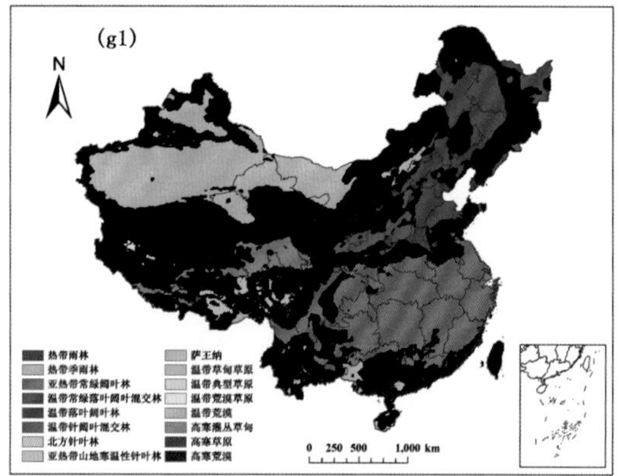

图 12.7　不同时期中国生物群区分布及其与基准期分布的差异

(a)1961—1990 年;(b)1966—1995 年;(c)1971—2000 年;(d)1976—2005 年;

(e)1981—2010 年;(f)2011—2040 年(RCP 4.5);(g)2011—2040 年(RCP 8.5)

b1、c1、d1、e1、f1、g1 分别为字母所对应的 30 年的分布与基准期(1961—1990 年)分布的差异

第十三章　中国东北样带典型草原植物的气候适宜性与脆弱性

全球环境变化与可持续发展是当前人类面临的两大挑战。植被/陆地生态系统通过光合作用形成的有机物质是生物圈中一切生命形式赖以生存与发展的基础，是全球变化研究的核心。全面准确地理解全球变化与陆地生态系统之间的相互作用，达到预测全球变化对陆地生态系统影响的目标，就必须了解全球变化对陆地生态系统各个层次（细胞、个体、群落、生态系统、景观、区域等）的影响机理，对不同驱动力（水、热与土地利用等）下不同时空尺度的观测资料进行系统的集成分析。正因为如此，全球变化陆地样带的研究方法应运而生。

全球变化陆地样带的概念首先出现于 1993 年 8 月在美国加利福尼亚马可尼会议中心举办的"全球变化与陆地生态系统关系"研讨会，并确定了首批启动的 4 条全球变化陆地样带：北澳大利亚热带样带、北美中纬度样带、中国东北样带和阿根廷样带。全球变化陆地样带是由一系列沿着某种具有控制陆地生态系统结构、功能和组成以及生物圈一大气圈间的痕量气体交换和水分循环的全球变化驱动力（温度、降水和土地利用）梯度变化的生态研究站点、观测点和研究样地组成的研究平台，其长度应不小于 1000 km，以确保覆盖气候和大气模式以及决策尺度，并有足够宽度（数百千米）以涵盖遥感影像范围。全球变化陆地样带对于确定多变量的相对重要性与相互关系、作为分散研究站点观测研究与一定空间区域综合分析的桥梁以及不同时空尺度模型间耦合与参数转换的媒介，尤其是进行全球变化驱动因素梯度分析的多学科综合集成研究的资源节约型与增效型的有效途径，受到全球变化研究者的高度关注。至 1995 年国际地圈—生物圈计划（IGBP）在全球共启动了 15 条全球变化陆地样带，其中有两条在中国，即中国东北样带和中国东部南北样带（周广胜等 2012）。

中国东北样带（NorthEast China Transect，NECT）沿 43°30'N 设置，位于 112°～130°30'E、42°～46°N 范围内。样带由东向西呈显著的降水梯度变化，依次分布着温带针阔叶混交林、暖温带次生落叶阔叶林、松辽平原农业区（水稻、玉米、小麦）、松辽平原草甸草原、大兴安岭山地灌丛和山前草甸草原、内蒙古高原典型干草原、荒漠草原等生态类型，土地利用格局依次表现为纯森林区—半林半农区—纯农业区—（城市/工业区）—半农半牧区—纯牧区的完整序列，土地利用强度也有着显著的变化。由于距海洋远近不同，受海洋季风影响的程度也不同，沿中国东北样带自东向西依次有湿润、半湿润、半干旱和干旱气候，相应地就依次出现了各类森林、草原和荒漠植被。在年降水量 600～700 mm 的湿润气候下东北东部丘陵和山麓有蒙古栎林和落叶阔叶杂木林；在年降水量 400～550 mm 的半湿润东北平原和内蒙古东部是以羊草、线叶菊或贝加尔针茅为代表的禾草、杂类草草原；在年降水量 260～350 mm 的半干旱内蒙古中部分布着以大针茅和克氏针茅为主的丛生禾草草原，黄土高原则为本氏针茅草原；再往西年降水量只有 170～250 mm，则是以戈壁针茅、短花针茅为代表的丛生矮禾草、矮半灌木草原。为了解沿水分梯度的草原典型植物对气候变化的适应性与脆弱性，在此选取中国东北样带的草原代表性针茅植物与羊草为研究对象，参照植物功能型的气候适宜性与脆弱性研究方法，分析其气候适宜性与脆弱性，为草原可持续发展的科学决策、管理政策的制订以及草原资源的合理开发利用提供依据。

第一节　温带草甸草原贝加尔针茅的气候适宜性与脆弱性

一、数据资料

贝加尔针茅地理分布资料通过以下3个途径获取：(1)中国数字植物标本馆(Chinese Virtual Herbarium)的植物标本数据库资料，包括中国科学院植物研究所标本馆、中国科学院沈阳应用生态研究所标本馆、西北农林科技大学植物标本馆、中国科学院西北高原生物研究所标本馆、中国科学院华南植物园标本馆、中国科学院成都生物研究所标本馆、中国科学院昆明植物研究所标本馆；(2)中国自然标本馆及各地植物志的物种分布资料，包括《中国植物志》、《内蒙古植物志》、《新疆植物志》、《辽宁植物志》、《河北植物志》、《河南植物志》、《西藏植物志》、《青海植物志》、《黑龙江植物志》；(3)中国知网(CNKI)、维普和Web of Science文献库中公开发表关于贝加尔针茅的研究文献。利用3个途径获取贝加尔针茅地理分布资料时，如有重叠，按标本馆标本数字资料、各地方植物志资料和文献资料的顺序选取。提取这些资料中的贝加尔针茅各分布区几何中心点坐标，构成中国贝加尔针茅地理分布数据集。数据集区包括贝加尔针茅地理分布点134个(图13.1)。

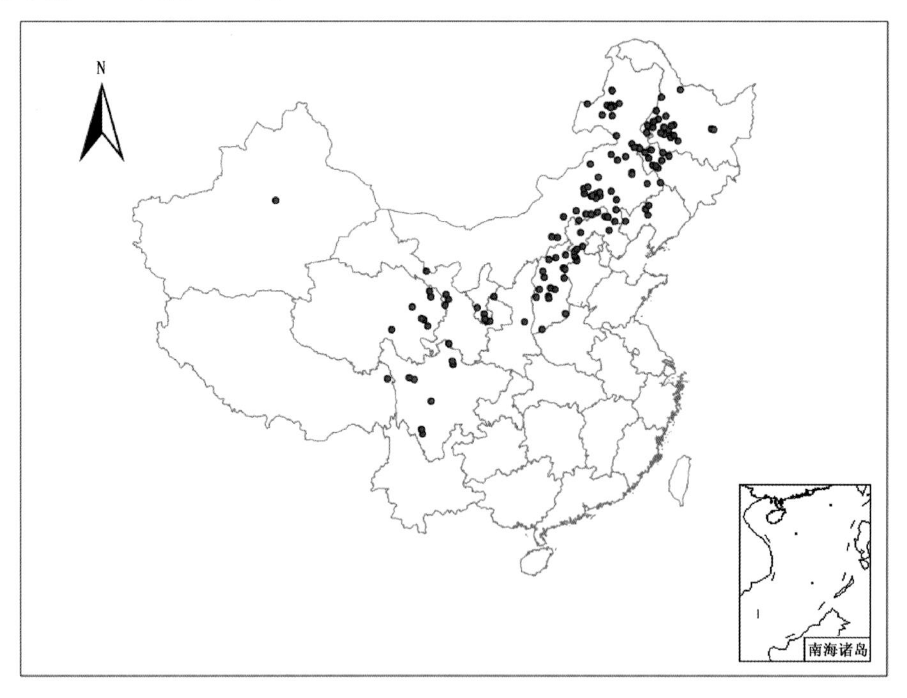

图13.1　贝加尔针茅样点的地理分布

二、模型适用性分析

为验证 MaxEnt 模型对中国贝加尔针茅分布研究的适用性，首先需要基于训练子集(将整个数据随机取样取得总数据集的 75%作为训练子集)来训练模型，获取模型的相关参数，构建针对中国贝加尔针茅地理分布与气候因子关系的 MaxEnt 模型；然后，基于没有参与模型构建的所有数据用作评估子集(即余下的 25%数据)，用来验证模型。模型运行需要两组数据：一是目标物种的地理分布数据，即中国贝加尔针茅的实际地理分布数据；二是全国范围的环境变量，即从全国层次及年尺度确定的决定贝加尔针茅地理分布的 6 个气候因子，即 T_{min}、Q、T_7、T_1、T 和 P。

基于 75%训练子集建立模型，得到训练子集的 AUC 值为 0.94，测试子集的 AUC 值为 0.90，模型模拟的准确性均达到了"非常好"的水平(图 13.2)，说明 MaxEnt 模型能够极好地进行贝加尔针茅地理分布的模拟。将模型运行 100 次，以得到较为稳定的平均结果。

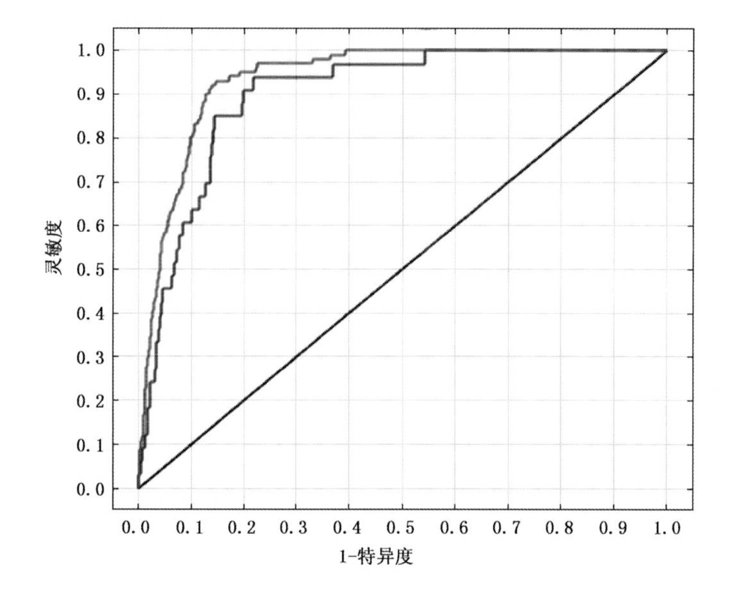

图 13.2　针对贝加尔针茅地理分布的 MaxEnt 模型模拟结果的 ROC 曲线

三、影响因子分析

MaxEnt 模型给出了两种方法判定模型中气候因子对贝加尔针茅地理分布模拟的贡献大小：一是百分贡献率和置换重要性(表 13.1)；二是小刀法得出的条状图(Jackknife test)(图 13.3)。在百分贡献率中，各气候因子对贝加尔针茅地理分布影响的贡献排序为：年降水量(P)＞ 年均温度(T)＞ 年辐射量(Q)＞ 最暖月平均温度(T_7)＞ 年极端最低温度(T_{min})＞ 最冷月平均温度(T_1)(表 13.1)。

表 13.1　气候因子在百分贡献率和置换重要性中的表现

气候因子	百分贡献率(%)	置换重要性(%)
年降水量(P)	48.8	40.0
年均温度(T)	26.5	28.0
年辐射量 (Q)	17.7	12.8
最暖月平均温度(T_7)	3.4	2.3
年极端最低温度 (T_{min})	2.4	9.3
最冷月平均温度 (T_1)	1.2	7.7

由小刀法得分可知，各气候因子对贝加尔针茅地理分布影响的贡献排序为：年降水量(P) > 年均温度(T)> 最暖月平均温度(T_7)> 年辐射量(Q)> 最冷月平均温度(T_1)> 年极端最低温度(T_{min})(图 13.3)。6 个因子在不同的评价方法中存在着不一致的表现，均有一定的置换重要性(表 13.1)，不能够去除其中的任何一个因子。

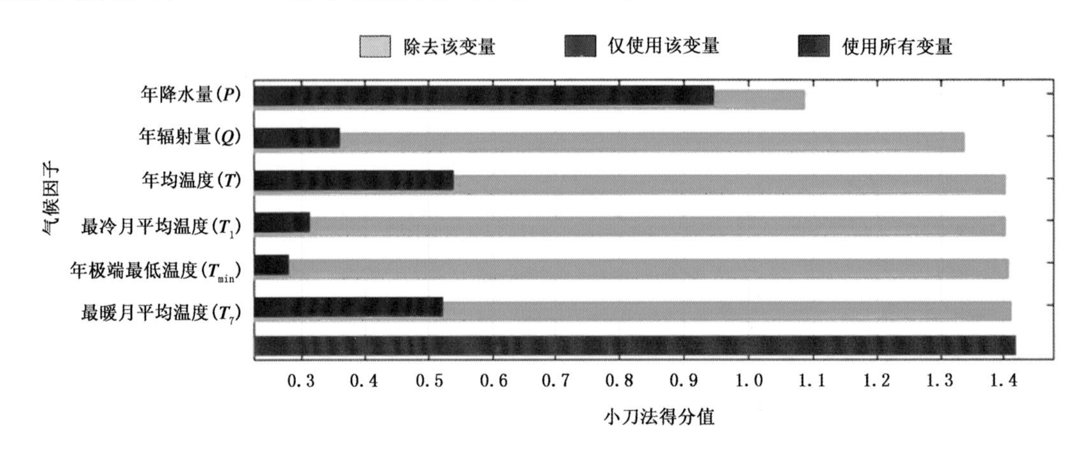

图 13.3　气候因子在小刀法中的得分

四、气候适宜性划分

基于气候资源保证率原则，利用所建 MaxEnt 模型给出的贝加尔针茅在待预测地区的存在概率 p，提出了贝加尔针茅地理分布的气候适宜性等级划分方法。其中，设定[0,0.05)为气候不适宜区、[0.05,0.19)为气候轻度适宜区、[0.19,0.38)为气候中度适宜区、[0.38,1]为气候完全适应区。使用 ArcGIS 对模型模拟的结果进行分类，给出贝加尔针茅地理分布的气候适宜区(图 13.4)。

贝加尔针茅气候适宜区由两大一小三块区域组成。大小兴安岭、呼伦贝尔高原、三江平原、东北平原、长白山地区、内蒙古高原、海河平原、山东半岛、黄土高原、川西高原、横断山脉和藏南谷地构成了贝加尔针茅分布区的主体。其中，大兴安岭地区、东北平原、河北北部、黄土高原和青海西宁地区是贝加尔针茅地理分布的气候完全适宜区。同时，在天山山脉北坡和准噶尔盆地之间呈三角形分布的区域内分布有少量贝加尔针茅，为贝加尔针茅地理分布的气候轻度适宜区，可能与当地特殊的气候条件有关；天山山地北坡的年降水量多在 500 mm 以上，是中国干旱区中的湿岛；同时，冰川积雪的融化也为天山南北提供了丰富的水资源，植被分布在

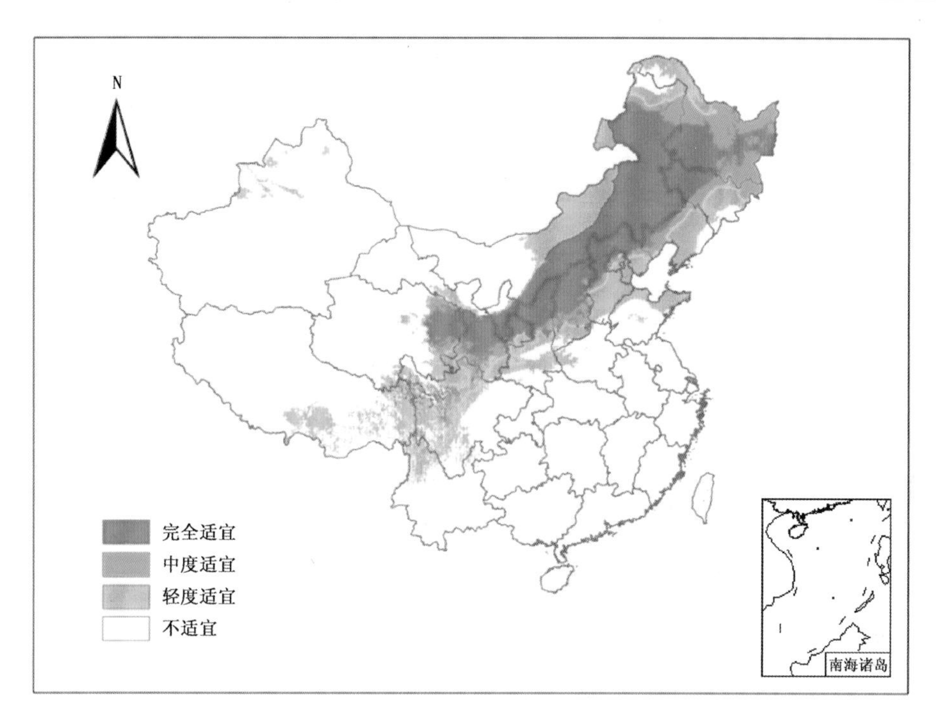

图 13.4　贝加尔针茅地理分布的气候适宜性

山脚主要为山地草原和山地草甸草原。此外，台湾中部台湾山脉小部分地区的贝加尔针茅地理分布区为气候轻度适宜区。具体如下：

(1)气候完全适宜区($0.38 \leqslant p \leqslant 1$)：主要分布在呼伦贝尔高原、大兴安岭地区南部部分、东北平原、黄土高原、青海西宁等地。本区年降水量 308～761 mm，年辐射量 95737.2～150349 W/m²，年极端最低温度－46.6～－16.8 ℃，最冷月平均温度－29.2～－0.24 ℃，最暖月平均温度 8.2～24.3 ℃，年均温度－4.8～9.9 ℃。

(2)气候中度适宜区($0.19 \leqslant p < 0.38$)：主要包括小兴安岭地区、长白山北部、山西南部、甘、川、青三省交界处以及横断山脉南部部分地区。本区年降水量 308～933 mm，年辐射量 88486.9～151920 W/m²，年极端最低温度－47.7～－11.4 ℃，最冷月平均温度－29.7～2.1 ℃，最暖月平均温度 5.8～26 ℃，年均温度－5.8～11.7 ℃。

(3)气候轻度适宜区($0.05 \leqslant p < 0.19$)：主要包括黑龙江大兴安岭地区北部部分、长白山地区、吉林东部、北京、天津、河北南部、山东半岛地区、横断山脉、川西高原和藏南谷地。此外，新疆天山山脉北坡及台湾中部山脉也有小部分分布。本区年降水量 188～1210 mm，年辐射量 88386～172717 W/m²，年极端最低温度－48.8～－3.5 ℃，最冷月平均温度－30.1～6.4 ℃，最暖月平均温度 5.3～27 ℃，年均温度－6.2～14.7 ℃。

五、影响因子阈值分析

根据贝加尔针茅存在概率 p 对各气候因子的响应曲线，可以得到各气候因子在不同气候适宜区的阈值(图 13.5，表 13.2)。

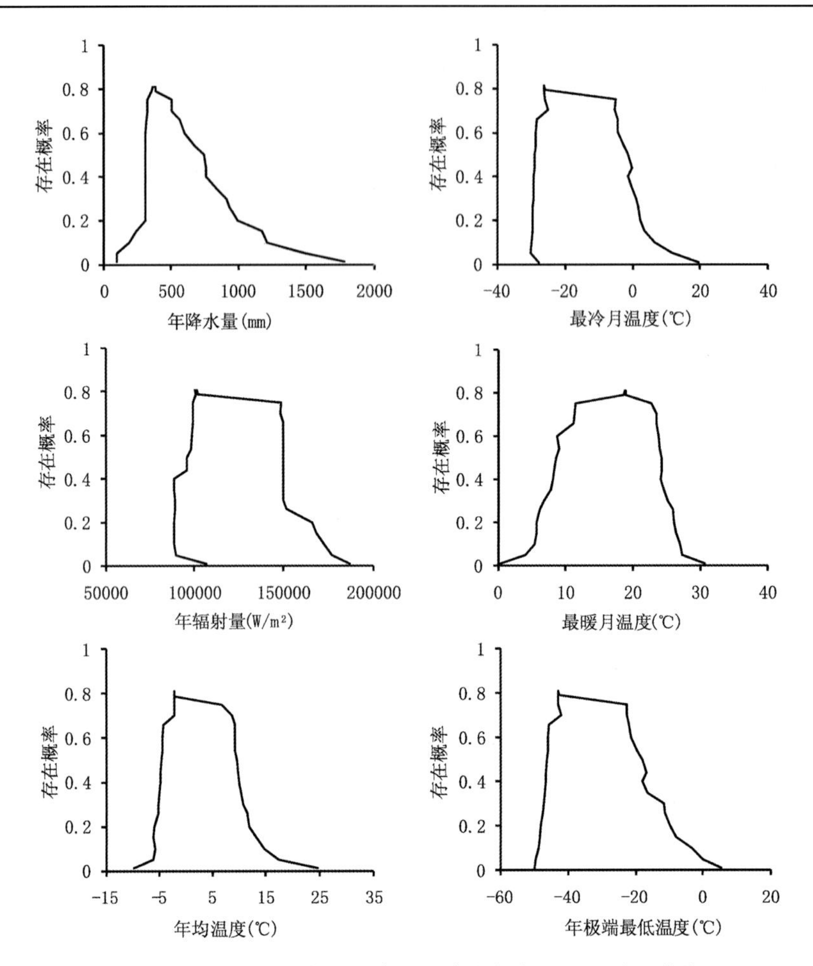

图 13.5　贝加尔针茅预测存在概率与气候因子的关系曲线

表 13.2　贝加尔针茅地理分布不同气候适宜区的气候因子阈值

	P(mm)	Q(W/m²)	T(℃)	T_1(℃)	T_{min}(℃)	T_7(℃)
完全适宜区[0.38,1]	308～761	95737.2～150349	−4.8～9.9	−29.2～−0.24	−46.6～−16.8	8.2～24.3
中度适宜区[0.19,0.38)	308～933	88486.9～151920	−5.8～11.7	−29.7～2.1	−47.7～−11.4	5.8～26
轻度适宜区[0.05,0.19)	188～1210	88286～172717	−6.2～14.7	−30.1～6.4	−48.8～−3.5	5.3～27

六、贝加尔针茅地理分布的年代际动态

以 1961—1990 年为基准期训练模型，由投影到 1966—1995 年、1971—2000 年、1976—2005 年、1981—2010 年、2011—2040 年(未来 RCP 4.5 和 RCP 8.5 气候情景)贝加尔针茅地理分布气候适宜区的范围和面积变化可知：与基准期相比，各评估期贝加尔针茅地理分布气候完全适宜区的范围随时间呈弱增加趋势(表 13.3)，并且整体呈向西北偏移趋势，在新疆天山伊犁地区出现明显分布(图 13.6)。与基准期相比，贝加尔针茅地理分布的气候完全适宜区范围在未来 RCP 4.5 和 RCP 8.5 气候情景下均显著增加(表 13.3)，并且整体向西南偏移，青藏

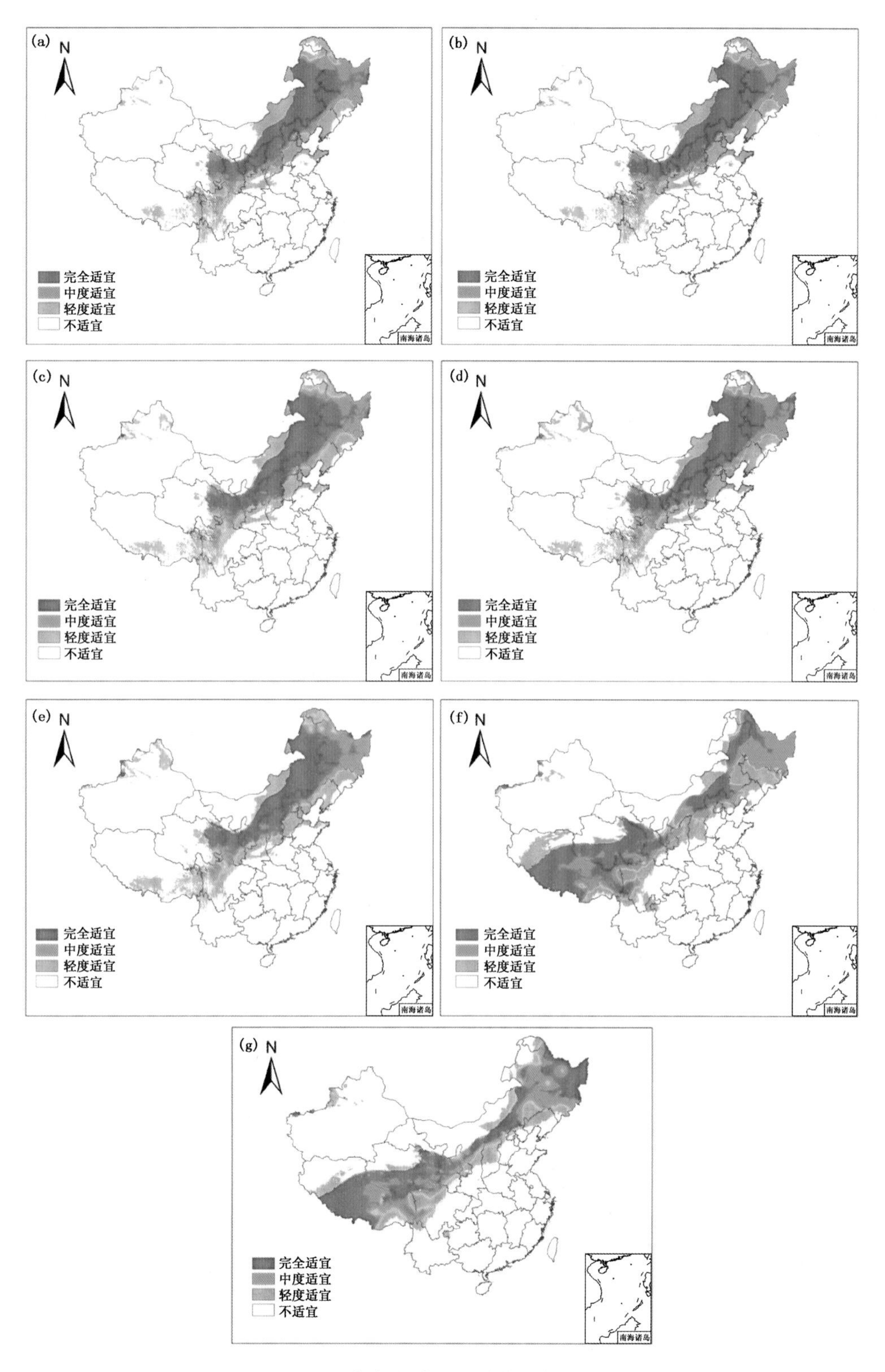

图 13.6　贝加尔针茅地理分布的气候适宜区

(a)1961—1990 年；(b)1966—1995 年；(c)1971—2000 年；(d)1976—2005 年；(e)1981—2010 年；(f)2011—2040 年 RCP 4.5；(g)2011—2040 年 RCP 8.5

高原地区的贝加尔针茅分布显著增加，内蒙古大部分地区和海河平原地区的贝加尔针茅分布几乎消失(图 13.6)。贝加尔针茅总适宜区范围与气候完全适宜区范围变化趋势基本相同。

气候因素，特别是温度和降水在一定程度上是决定草地形态和发展的决定性因素，其单独或复合变化趋势必将引起植物在不同尺度的变化。全球气候暖干化趋势已经并将继续给全球及中国自然生态系统带来不可忽视的影响。在一定的气候带内，发育着特定的草地类型。气候的变化将引起不同草地类型时空分布的变化(盛文萍 2007)。研究表明，气温升高 2 ℃、降水增加 20%时，内蒙古草原总面积会减少 30%左右，草甸草原最为敏感，锐减 90%以上；同时，各类型草地的地域分布发生迁移，由东南向西北压缩，界限北移(牛建明 2001)。这些结果与本研究基本一致。新疆天山山脉地区的贝加尔针茅分布未来显著增加，可能与降水增加有关(陈曦等 2004，李奇虎等 2012)。

表 13.3 不同时期贝加尔针茅地理分布气候适宜区的面积(单位：10^4 hm^2)

时期	完全适宜区 [0.38,1]	中度适宜区 [0.19,0.38)	轻度适宜区 [0.05,0.19)	不适宜区 [0,0.05)
1961—1990 年	12991	5670	12093	66423
1966—1995 年	13021	5851	12105	66200
1971—2000 年	13440	5525	12127	66085
1976—2005 年	13452	5434	12354	65937
1981—2010 年	13087	6544	12372	65174
2011—2040 年(RCP 4.5)	15223	9938	12335	59681
2011—2040 年(RCP 8.5)	14759	9416	9341	63661

七、贝加尔针茅对气候变化的适应性与脆弱性

与基准期相比，随着评估期的推进，在 1966—2010 年评估期内贝加尔针茅自适应性面积在整个东北地区(黑、吉、辽)、京津冀地区、黄土高原、内蒙古高原、横断山脉、藏南谷地及新疆部分地区呈现逐渐减少趋势，而脆弱性面积在山东中部地区和川、藏交界处呈增加趋势，拓展适应性面积在新疆呈现逐渐增加趋势；未来气候情景下贝加尔针茅自适应性面积在东北地区和黄土高原地区均呈明显降低趋势，脆弱性面积在内蒙古高原、京津冀地区、秦岭地区和新疆阿勒泰地区均急速增加，拓展适应性面积在青藏高原地区增加明显；与未来 RCP 4.5 气候情景相比，未来 RCP 8.5 气候情景下贝加尔针茅遭受气候变化不利影响程度更低(表 13.4)。基于各评估期贝加尔针茅的面积变化(SR)、自适应性指数(A_i)、脆弱性指数(V)和拓展适应性指数(A_e)可对评估期的适应性和脆弱性进行评价(表 13.5)。贝加尔针茅在 1966—2010 年各评估期内对气候变化表现为中度适应，而在未来 RCP 4.5 和 RCP 8.5 气候情景下则表现为轻度脆弱。

表 13.4　基准期和评估期贝加尔针茅的地理分布面积(单位:10^4 hm^2)及其总的存在概率

研究时期		评估资料					
基准期	1961—1990 年	$S_{ik}+S_{im}$			$S_{ik}\cdot p_{ik}+S_{im}\cdot p_{im}$		
		18661			8899.2		
评估期	评估时段	S_{jk}	$S_{jk}\cdot p_{jk}$	S_{jm}	$S_{jm}\cdot p_{jm}$	S_{jl}	$S_{jl}\cdot p_{jl}$
	1966—1995 年	616	99.26	18045	8644.95	827	281.25
	1971—2000 年	964	140.23	17697	8528.87	1268	488.78
	1976—2005 年	1290	178.72	17371	8337.71	1515	606.57
	1981—2010 年	1431	201.15	17230	8241.5	2401	823.27
预测期	2011—2040 年(RCP 4.5)	6378	702.53	12283	4605.92	12878	6118.82
	2011—2040 年(RCP 8.5)	6397	601.6	12264	4981.11	11911	5349.68

表 13.5　贝加尔针茅对气候变化的适应性与脆弱性评价

评估时期	评价指标			评价等级	拓展适应性
	SR	A_l	V		A_e
1966—1995 年	0.97	0.97	0.01	中度适应	0.03
1971—2000 年	0.95	0.96	0.02	中度适应	0.05
1976—2005 年	0.93	0.94	0.02	中度适应	0.07
1981—2010 年	0.92	0.93	0.02	中度适应	0.09
2011—2040 年(RCP 4.5)	0.66	0.52	0.08	轻度脆弱	0.69
2011—2040 年(RCP 8.5)	0.66	0.56	0.07	轻度脆弱	0.60

第二节　温带草原大针茅的气候适宜性与脆弱性

一、数据资料

大针茅地理分布资料通过 3 个途径获取:(1)中国科学院植物研究所标本馆提供的标本数字资料;(2)各地植物志的大针茅分布资料,包括《内蒙古植物志》、《山西植物志》、《河北植物志》、《黑龙江植物志》、《河南植物志》、《辽宁植物志》和《青海植物志》。(3)中国知网(CNKI)、维普和 Web of Science 文献库中公开发表关于大针茅的研究文献。3 个途径共获取大针茅实际地理分布数据样点 380 个,构成中国大针茅地理分布数据集(图 13.7)。

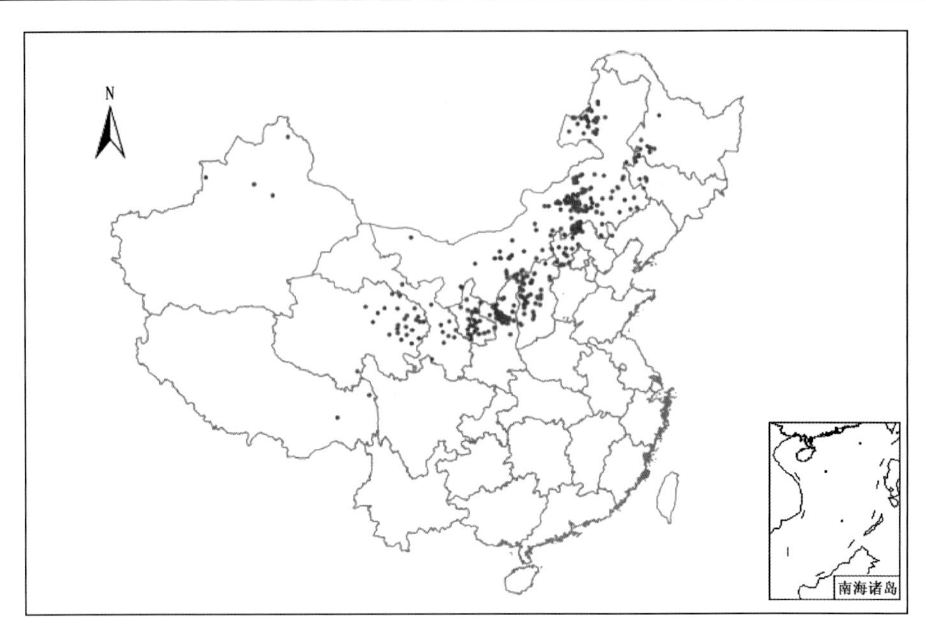

图 13.7　大针茅样点的地理分布

二、模型适用性分析

MaxEnt 模型运行需要两组数据：一是大针茅地理分布数据；二是全国范围的环境变量，即从全国层次及年尺度确定的决定植物地理分布的 6 个气候因子 T_{min}、Q、T_7、T_1、T 和 P。基于 75%训练子集得到的 MaxEnt 模型模拟结果的 AUC 值为 0.95，测试子集的 MaxEnt 模型模拟结果的 AUC 值为 0.93(图 13.8)，都达到了"非常好"的水平，表明 MaxEnt 模型能够很好地对大针茅的地理分布进行模拟。将模型运行 100 次，以得到较为稳定的平均结果。

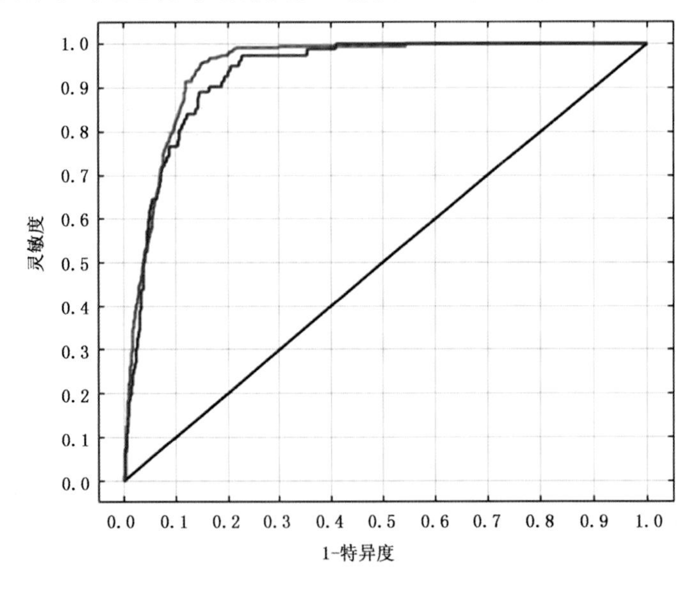

图 13.8　针对大针茅地理分布的 MaxEnt 模型模拟结果的 ROC 曲线

三、影响因子分析

MaxEnt 模型给出了两种方法判定模型中气候因子对大针茅地理分布模拟的贡献大小：一是百分贡献率和置换重要性(表 13.6)；二是小刀法得出的条状图(图 13.9)。6 个气候因子对大针茅地理分布模拟影响的百分贡献率、置换重要性和小刀法得分三个评价指标排序分别为 $P>Q>T>T_7>T_{min}>T_1$，$P>Q>T_{min}>T_1>T>T_7$ 和 $P>T_7>T>T_{min}>T_1>Q$。在气候因子对大针茅地理分布模拟贡献的两种评价方法中，年降水量都是排在首位，是影响大针茅地理分布最主要的气候因子。其他 5 个因子在不同的评价指标中存在着不一致的表现，不能够去除其中的任何一个因子。

表 13.6　气候因子的百分贡献率和置换重要性

气候因子	百分贡献率(%)	置换重要性(%)
年降水量 P	49.5	53.6
年辐射量 Q	26.0	20.7
年均温度 T	18.7	6.2
最暖月平均温度 T_7	2.9	3.1
年极端最低温度 T_{min}	1.7	8.5
最冷月平均温度 T_1	1.2	7.9

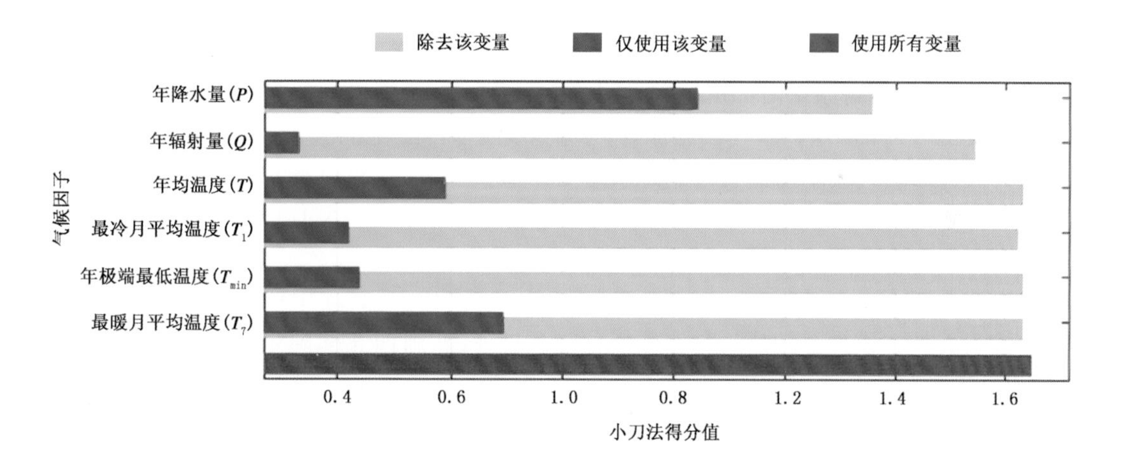

图 13.9　气候因子在小刀法中的得分

四、气候适宜性划分

使用 ArcGIS 中的重分类对 MaxEnt 模型的结果预测存在概率 p 进行分级，可得到大针茅地理分布的气候适宜性分布(图 13.10)。

气候完全适宜区($0.38 \leqslant p \leqslant 1$)：内蒙古和甘肃东南部、宁夏中部、陕西和山西北部及河北北部是大针茅地理分布的气候完全适宜区。本区年降水量 256～578 mm，年辐射量 99737～150458 W/m^2，年极端最低温度－45.9～－20.6 ℃，最冷月平均温度－28.8～－2.9 ℃，最暖月平均温度 8.3～24.3 ℃，年均温度－4.5～9.5 ℃。

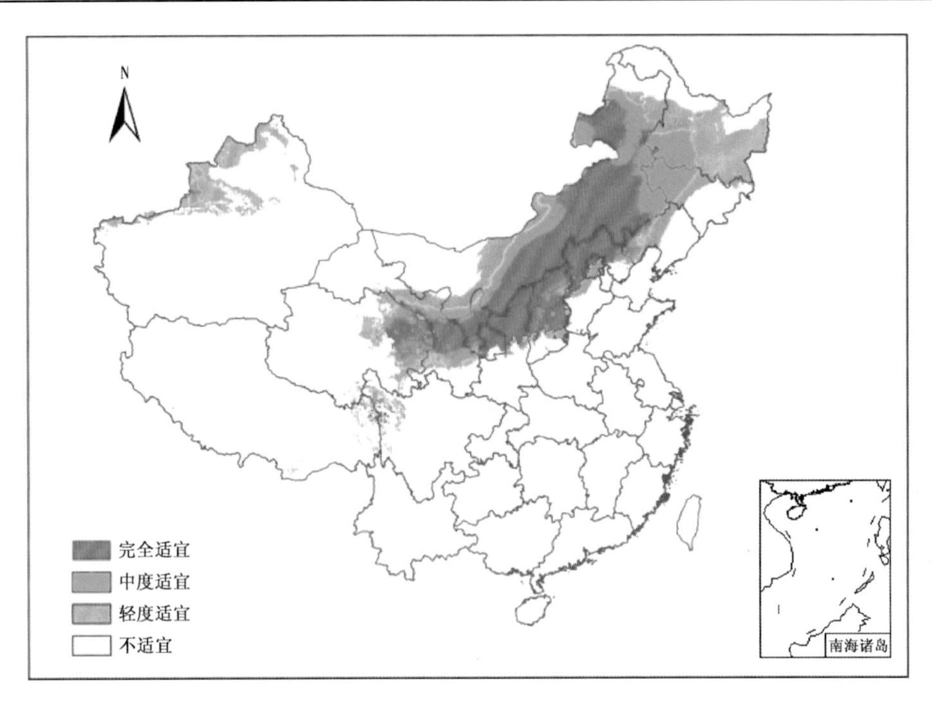

图 13.10　大针茅地理分布的气候适宜性

气候中度适宜区(0.19≤p<0.38):内蒙古东北部、宁夏北部、甘肃中部、黑龙江西南部、吉林西部为大针茅地理分布的气候中度适宜区。另外在青藏高原东南部可见大针茅中度适宜区的零星分布,青藏高原东南部川、藏、青、甘交界地区,由于受沿高原东南部大江大河谷地北上的西南暖湿气流的影响大,气候温凉,降水较多,属寒冷半湿润气候(张新时等 2007),分布有少量的大针茅。气候中度适宜区年降水量 218～580 mm,年辐射量 97777～150458 W/m^2,年极端最低温度－47.8～－16.8 ℃,最冷月平均温度－29.7～－0.1 ℃,最暖月平均温度 7.7～24.3 ℃,年均温度－5.3～9.9 ℃。

气候轻度适宜区(0.05≤p<0.19):黑龙江南部、吉林中部、辽宁西部、内蒙古中西部、甘肃中北部为大针茅地理分布的气候轻度适宜区。另外,新疆西北部阿尔泰草原地区受西风影响,降水分配比较均匀,而且从西向东逐渐变干,表现在草原植被分布下限逐渐上升,在此处分布有一条狭窄的荒漠草原带。由于阿尔泰草原地区范围很小,水平方向地带分异不明显,此处植被地带性分异主要由海拔引起,水资源缺乏但较为稳定,形成了立体型的多态气候,使得大针茅得以存在。气候轻度适宜区年降水量 179～849 mm,年辐射量 94936～162810 W/m^2,年极端最低温度－48.3～－14.2 ℃,最冷月平均温度－29.8～3.0 ℃,最暖月平均温度 5.7～26.3 ℃,年均温度－6.3～14.3 ℃。

五、影响因子阈值分析

根据大针茅存在概率 p 对各气候因子的响应曲线,可以得到各气候因子在不同气候适宜区的阈值(图 13.11,表 13.7)。

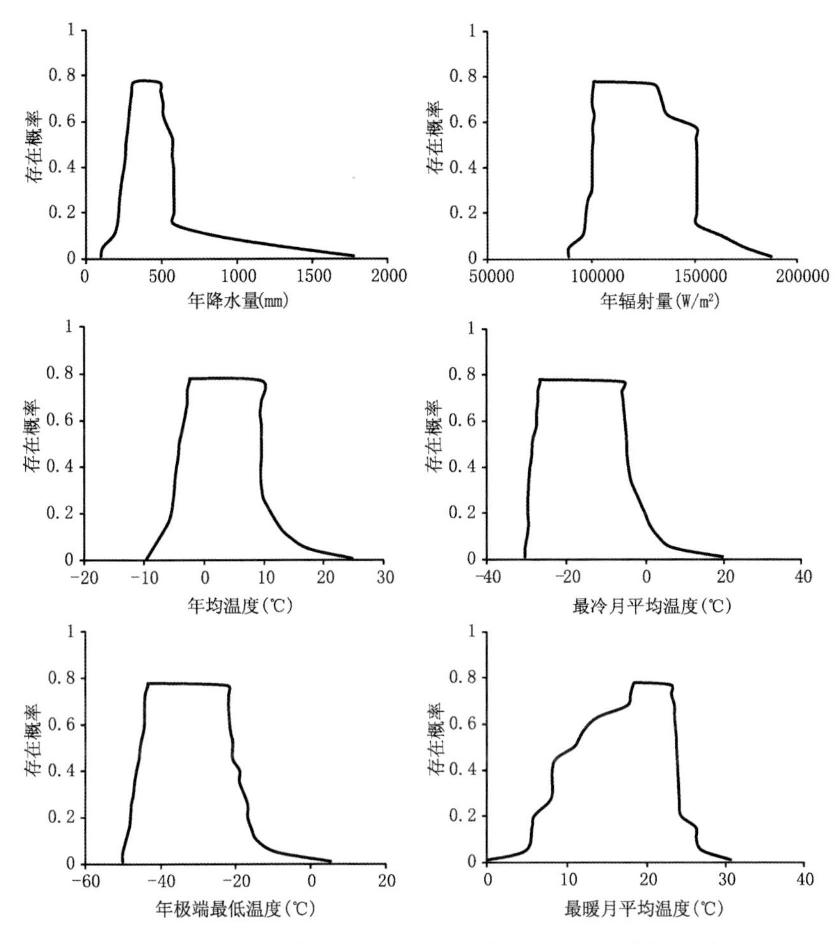

图 13.11　气候因子与预测存在概率的关系曲线

表 13.7　大针茅地理分布不同气候适宜区的气候因子阈值

	P(mm)	Q(W/m^2)	T(℃)	T_1(℃)	T_{min}(℃)	T_7(℃)
完全适宜区[0.38,1]	256～578	99737～150458	−4.5～9.5	−28.8～−2.9	−45.9～−20.6	8.3～24.3
中度适宜区[0.19,0.38)	218～580	97777～150458	−5.3～9.9	−29.7～−0.1	−47.8～−16.8	7.7～24.3
轻度适宜区[0.05,0.19)	179～849	94936～162810	−6.3～14.3	−29.8～3.0	−48.3～−14.2	5.7～26.3

六、大针茅地理分布动态

以 1961—1990 年为基准期训练模型，分析 1966—1995 年、1971—2000 年、1976—2005 年、1981—2010 年、2011—2014 年(RCP 4.5 和 RCP 8.5 未来气候情景)大针茅地理分布气候适宜区范围和面积的时空格局动态。与 1961—1990 年相比，1966—2010 年的大针茅地理分布的主体分布区尤其是气候完全适宜区出现了较小程度的向西北扩展趋势，而在新疆北部出现了向东南扩展趋势，但在未来 RCP 4.5 和 RCP 8.5 气候情景下大针茅地理分布的主体分布区将会向甘肃中部、青海和西藏扩展(图 13.12)。1961—2010 年间大针茅地理分布气候完全适宜区和中度适宜区的面积随着时间推移呈逐渐增大趋势；不适宜区的面积整体呈逐渐减小趋势；轻度适宜区的面积在1981—2010年前均呈逐渐增加趋势，而后则有所减小。2011—2040年(未来RCP 4.5和RCP 8.5气候情景)，大针茅地理分布气候完全适宜区的面积大幅减小，与基准期相比，分别减小34.7%(未来RCP 4.5气候情景)和51.0%(未来RCP 8.5气候情景)(表13.8)。

表13.8　不同时期大针茅地理分布气候适宜区的面积(单位：10^4 hm^2)

时期	完全适宜区 [0.38,1]	中度适宜区 [0.19,0.38)	轻度适宜区 [0.05,0.19)	不适宜区 [0,0.05)
1961—1990年	9810	5593	7748	74026
1966—1995年	10096	5616	8175	73290
1971—2000年	10169	5795	8607	72606
1976—2005年	10543	6092	9095	71456
1981—2010年	10559	6315	8986	71317
2011—2040年(RCP 4.5)	6405	9497	9795	71480
2011—2040年(RCP 8.5)	4809	7018	8527	76823

七、大针茅对气候变化的适应性与脆弱性评价

基准期(1961—1990年)大针茅的气候适宜分布区的分布面积及存在概率，在评估期1966—2010年间不断减小，而气候不适宜区和拓展适应区的面积及存在概率逐渐增大；在2011—2040年(未来RCP 4.5和RCP 8.5气候情景)的气候适宜分布区、不适宜区和拓展适应区的面积及存在概率变化更加明显，气候不适宜区及拓展区面积分别增加了10000×10^4 hm^{2}及10499×10^4 hm^2(未来RCP 4.5气候情景)和11899×10^4 hm^{2}及8323×10^4 hm^2(未来RCP 8.5气候情景)(表13.9)。基于评估期大针茅分布气候适宜区的面积(SR)、自适应性指数(A_l)、脆弱性指数(V)和拓展适应性指数(A_e)，可以评价大针茅对气候变化的适应性与脆弱性。与基准期相比，评估期(1966—2010年)从气候完全适宜过渡到中度适宜，而在2011—2040年(未来RCP 4.5和RCP 8.5气候情景)则发展为中度脆弱(表13.10)。

表13.9　基准期及评估期大针茅地理分布面积(单位：10^4 hm^2)及其总的存在概率

研究时期		评估资料					
基准期	1961—1990年	$S_{ik}+S_{im}$			$S_{ik}\cdot p_{ik}+S_{im}\cdot p_{im}$		
		15403			6922.42		
评估期	评估时段	S_{jk}	$S_{jk}\cdot p_{jk}$	S_{jm}	$S_{jm}\cdot p_{jm}$	S_{jl}	$S_{jl}\cdot p_{jl}$
	1966—1995年	413	60.41	14990	6912.41	722	168.86
	1971—2000年	681	90.25	14722	6857.54	1242	305.73
	1976—2005年	840	104.95	14563	6876.23	2063	539.88
	1981—2010年	1103	136.65	14300	6813.72	2574	705.40
预测期	2011—2040年(RCP 4.5)	10000	448.64	5403	2192.71	10499	3655.17
	2011—2040年(RCP 8.5)	11899	429.48	3504	1323.80	8323	2904.59

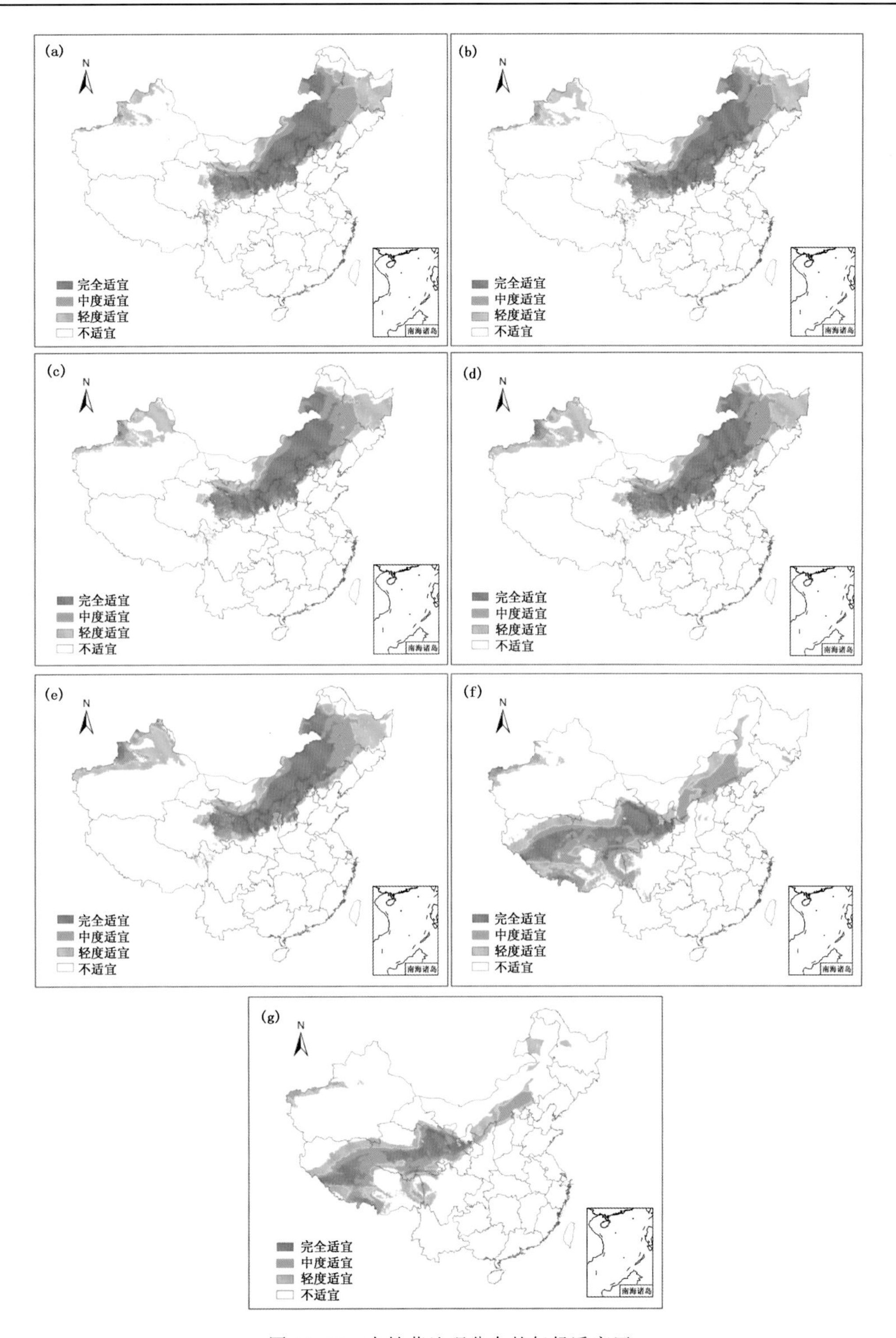

图 13.12　大针茅地理分布的气候适宜区

(a)1961—1990 年;(b)1966—1995 年;(c)1971—2000 年;(d)1976—2005 年;(e)1981—2010 年;(f)2011—2040 年 RCP 4.5;(g)2011—2040 年 RCP 8.5

表 13.10 大针茅对气候变化的适应性与脆弱性评价

评估时期	评价指标			评价等级	拓展适应性 A_e
	SR	A_l	V		
1966—1995 年	0.97	1.00	0.01	完全适应	0.02
1971—2000 年	0.96	0.99	0.01	中度适应	0.04
1976—2005 年	0.95	0.99	0.02	中度适应	0.08
1981—2010 年	0.93	0.98	0.02	中度适应	0.10
2011—2040 年(RCP 4.5)	0.35	0.32	0.06	中度脆弱	0.53
2011—2040 年(RCP 8.5)	0.23	0.19	0.06	中度脆弱	0.42

以 1961—1990 年为基准期对大针茅的适应性与脆弱性评估表明,评估期大针茅地理分布均呈一定程度的向西北与东南扩展趋势,大针茅自适应性较好,主要处于中度适应阶段,但未来气候情景下将向中度脆弱方向发展,大针茅的地理分布范围也将发生很大变动。

第三节 温带荒漠草原短花针茅的气候适宜性与脆弱性

一、数据来源

短花针茅地理分布资料通过 3 个途径获取:(1)中国自然标本馆(CFH)和中国数字植物标本馆(CVH)的标本数字资料,包括中国科学院植物研究所标本馆、中国科学院西北高原生物研究所标本馆、西北农林科技大学植物标本馆、中国科学院新疆生态与地理研究所标本馆、中国科学院成都生物研究所标本馆、中国科学院沈阳应用生态研究所标本馆、中国科学院昆明植物研究所标本馆;(2)各地植物志的短花针茅分布资料,包括《河南植物志》、《河北植物志》、《青海植物志》、《四川植物志》、《新疆植物志》、《西藏植物志》、《内蒙古植物志》等;(3)中国知网(CNKI)、维普和 Web of Science 文献库中公开发表关于短花针茅的研究文献。利用 3 个途径获取短花针茅地理分布资料时,如有重叠,按标本馆标本数字资料、各地方植物志资料和文献资料的顺序选取。提取这些资料中的短花针茅各分布区几何中心点坐标,构成中国短花针茅地理分布数据集,包括短花针茅地理分布点 125 个(图 13.13)。

二、模型适用性分析

模型运行需要两组数据:一是目标物种的地理分布数据,即短花针茅的地理分布数据;二是全国范围的环境变量,即从全国层次及年尺度确定的决定植物地理分布的 6 个气候因子 T_{min}、Q、T_7、T_1、T 和 P。基于 75%训练子集建立短花针茅地理分布与气候因子关系模型,得到训练子集的 AUC 值为 0.92,测试子集的 AUC 值为 0.91(图 13.14),模型准确性均达到了“非常好”的水平,说明 MaxEnt 模型能够很好地进行短花针茅地理分布与气候关系的模拟。将模型迭代运行 100 次,可以得到一个较为稳定的平均结果。

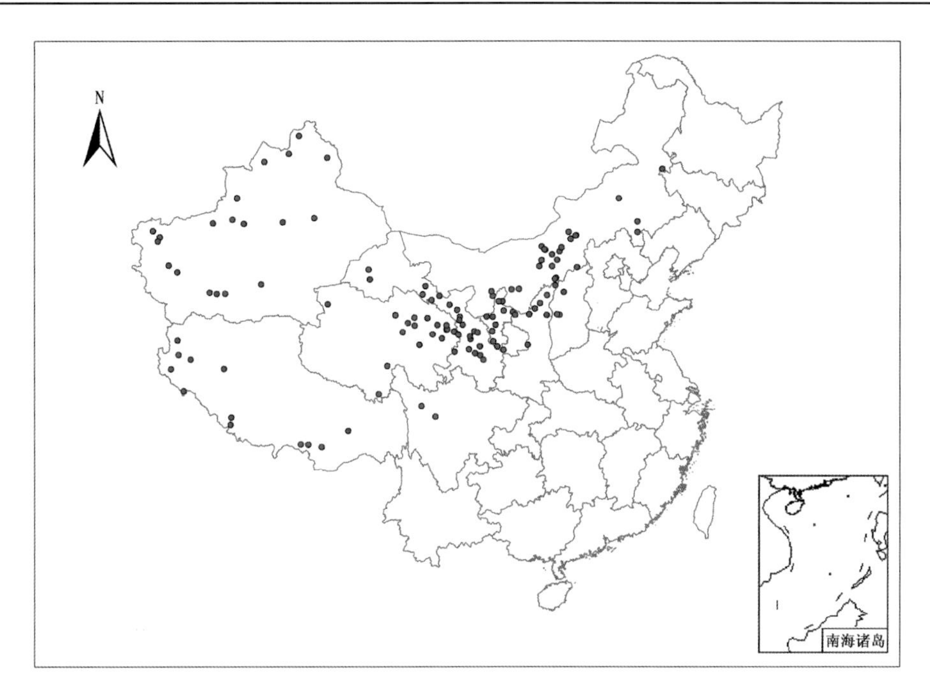

图 13.13　短花针茅样点的地理分布

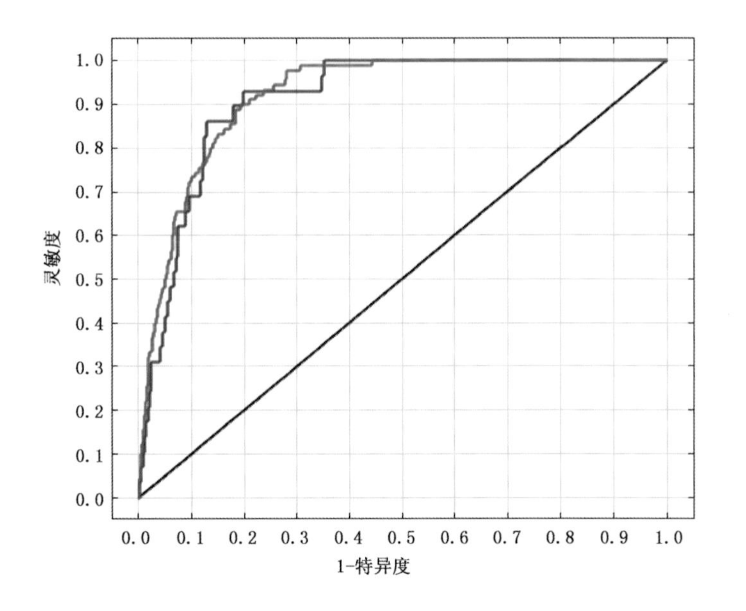

图 13.14　针对短花针茅地理分布的 MaxEnt 模型模拟结果的 ROC 曲线

三、影响因子分析

在百分贡献率中，各气候因子对短花针茅地理分布影响的贡献排序为：年降水量(P)＞最冷月平均温度(T_1)＞最暖月平均温度(T_7)＞年极端最低温度(T_{min})＞年辐射量(Q)＞年均温度(T)(表 13.11)。由小刀法的得分可知各气候因子对短花针茅地理分布影响的贡献排序为：最冷月平均温度(T_1)＞年极端最低温度(T_{min})＞年均温度(T)＞年降水量(P)＞最暖月平均温度(T_7)＞年辐射量(Q)(图 13.15)。6 个因子在不同的评价方法中存在着不一致的表现，均有一定的置换重要性(表 13.11)。因此，不能够去除其中的任何一个因子。

表 13.11 气候因子在百分贡献率和置换重要性中的表现

气候因子	百分贡献率(%)	置换重要性(%)
年降水量(P)	31.9	44.5
最冷月平均温度(T_1)	22.0	23.0
最暖月平均温度(T_7)	18.2	25.6
年极端最低温度 (T_{min})	13.8	3.0
年辐射量 (Q)	7.8	1.9
年均温度 (T)	6.2	1.9

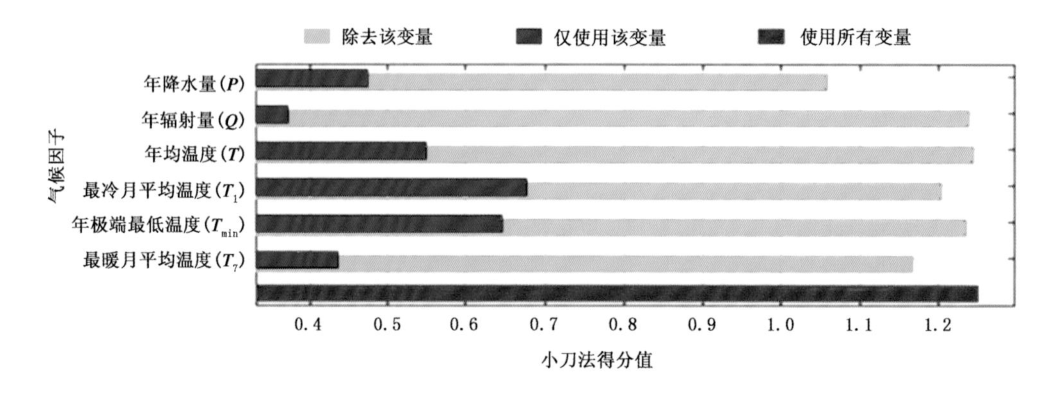

图 13.15 气候因子在小刀法中的得分

四、气候适宜性划分

使用 ArcGIS 中的重分类对模型的结果进行预测存在概率 p 的分级，可得到短花针茅的气候适宜区分布(图 13.16)。

(1)气候完全适宜区($0.38 \leqslant p \leqslant 1$)：主要分布在内蒙古中部和赤峰地区、陕西北部、宁夏、甘肃和青海东南部，以及新疆西部、青藏高原南部和四川西部的零星分布。本区年降水量 105～704 mm，年辐射量 107615～174375 W/m^2，年极端最低温度－41.1～－19.0 ℃，最冷月平均温度－16.5～1.1 ℃，最暖月平均温度 10.1～30.7 ℃，年均温度－1.5～13.1 ℃。

(2)气候中度适宜区($0.19 \leqslant p < 0.38$)：主要包括河北、山西、陕西北部、内蒙古中部和东南部、甘肃西部、青海北部和新疆西南部大部分区域，以及西藏西部、南部和四川西部的部分区域。本区年降水量为 97～797 mm，年辐射量为 104321～175663 W/m^2，年极端最低温度－46.0～－12.5 ℃，最冷月平均温度－19.9～4.7 ℃，最暖月平均温度 7.1～29.5 ℃，年均温度－2.2～15.1 ℃。

(3)气候轻度适宜区($0.05 \leqslant p < 0.19$)：不仅包括黑龙江、吉林和辽宁西部、内蒙古锡林郭勒北部、新疆中部和北部、青海和西藏东南部的大部分区域，还包括陕西中部、河南、山东中部和四川北部的局部地区。本区年降水量为 95～904 mm，年辐射量为 99196～178663 W/m^2，年极端最低温度－50.0～－6.6 ℃，最冷月平均温度－26.4～6.7 ℃，最暖月平均温度 4.0～

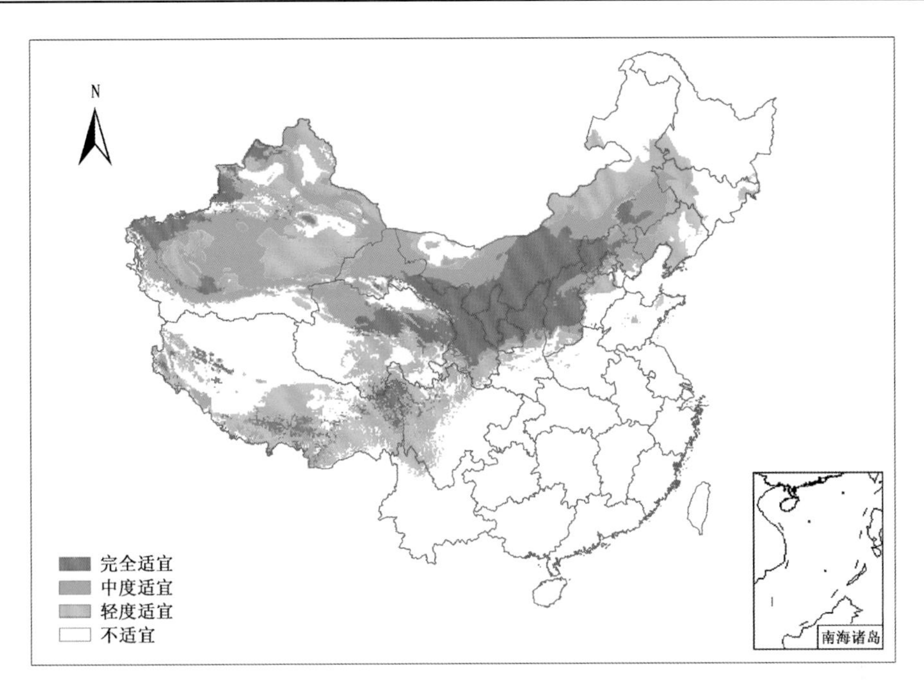

图 13.16　短花针茅地理分布的气候适宜性

28.8 ℃,年均温度−5.5～17.4 ℃。

五、影响因子阈值分析

根据短花针茅存在概率 p 对各气候因子的响应曲线,可以得到各气候因子在不同气候适宜区的阈值(图 13.17,表 13.12)。

表 13.12　短花针茅地理分布不同气候适宜区的气候因子阈值

	P(mm)	Q(W/m^2)	T(℃)	T_1(℃)	T_{min}(℃)	T_7(℃)
完全适宜区[0.38,1]	105～704	107615～174375	−1.5～13.1	−16.5～1.1	−41.1～−19.0	10.1～30.7
中度适宜区[0.19,0.38)	97～797	104321～175663	−2.2～15.1	−19.9～4.7	−46.0～−12.5	7.1～29.5
轻度适宜区[0.05,0.19)	95～904	99196～178663	−5.5～17.4	−26.4～6.7	−50.0～−6.6	4.0～28.8

六、短花针茅地理分布的年代际动态

以 1961—1990 年为基准期训练模型,分析 1966—1995 年、1971—2000 年、1976—2005 年、1981—2010 年、2011—2040 年(未来 RCP 4.5 和 RCP 8.5 气候情景)短花针茅地理分布气候适宜区的范围和面积变化可知:随着时间的推移,短花针茅地理分布的总气候适宜分布区范围在 1961—2010 年呈逐渐增大趋势,其中新疆和西藏西南地区的气候完全适宜区范围增加明显,出现了较小程度的北移趋势。2011—2040 年未来 RCP 4.5 气候情景下短花针茅地理分布的气候适宜分布范围大幅增加,气候完全适宜区移至青藏高原地区,未来 RCP 8.5 气候情景下气候完全适宜区主要在西藏西部和青海、宁夏地区(图 13.18)。

短花针茅地理分布的总气候适宜区分布面积在 1961—2010 年呈线性增加 (R^2=0.67)。

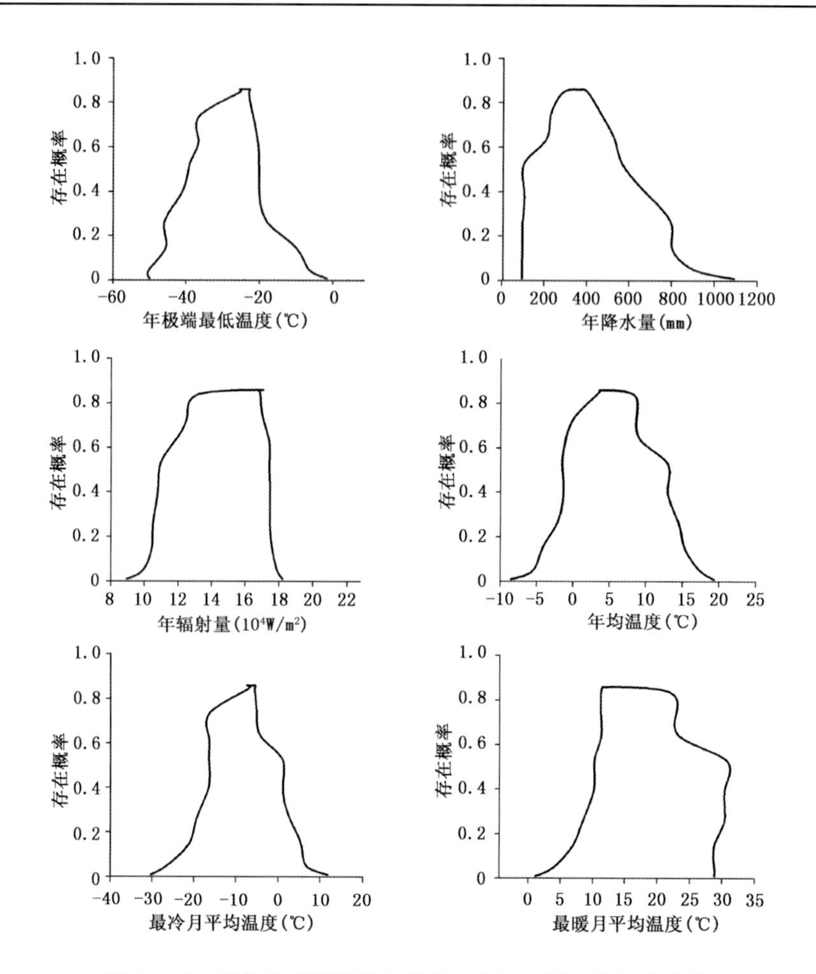

图 13.17　短花针茅预测存在概率与各气候因子的关系曲线

与基准期(1961—1990 年)相比,各评估期总适宜区面积分别增加 0.3%(1966—1995 年)、0.7%(1971—2000 年)、1.0%(1976—2005 年)、8.0%(1981—2010 年)、22.6%(RCP 4.5)和 −2.6%(RCP 8.5)。其中,各评估期与基准期相比,气候完全适宜区的面积随时间推移均呈增加趋势,而气候中度适宜区在未来 RCP 8.5 气候情景下最小,气候轻度适宜区在 1961—2010 年呈波动变化,在 2011—2040 年两种未来气候情景下均比基准期减小(表 13.13)。

表 13.13　不同时期短花针茅地理分布气候适宜区的面积(单位:10^4 hm²)

时期	完全适宜区 [0.38,1]	中度适宜区 [0.19,0.38)	轻度适宜区 [0.05,0.19)	不适宜区 [0,0.05)
1961—1990 年	11607	14250	18659	52661
1966—1995 年	11544	13897	19226	52510
1971—2000 年	12582	13695	18532	52368
1976—2005 年	13194	12980	18800	52248
1981—2010 年	14660	14093	19305	49119
2011—2040 年(RCP 4.5)	20371	16453	17732	42621
2011—2040 年(RCP 8.5)	15005	11962	16412	53798

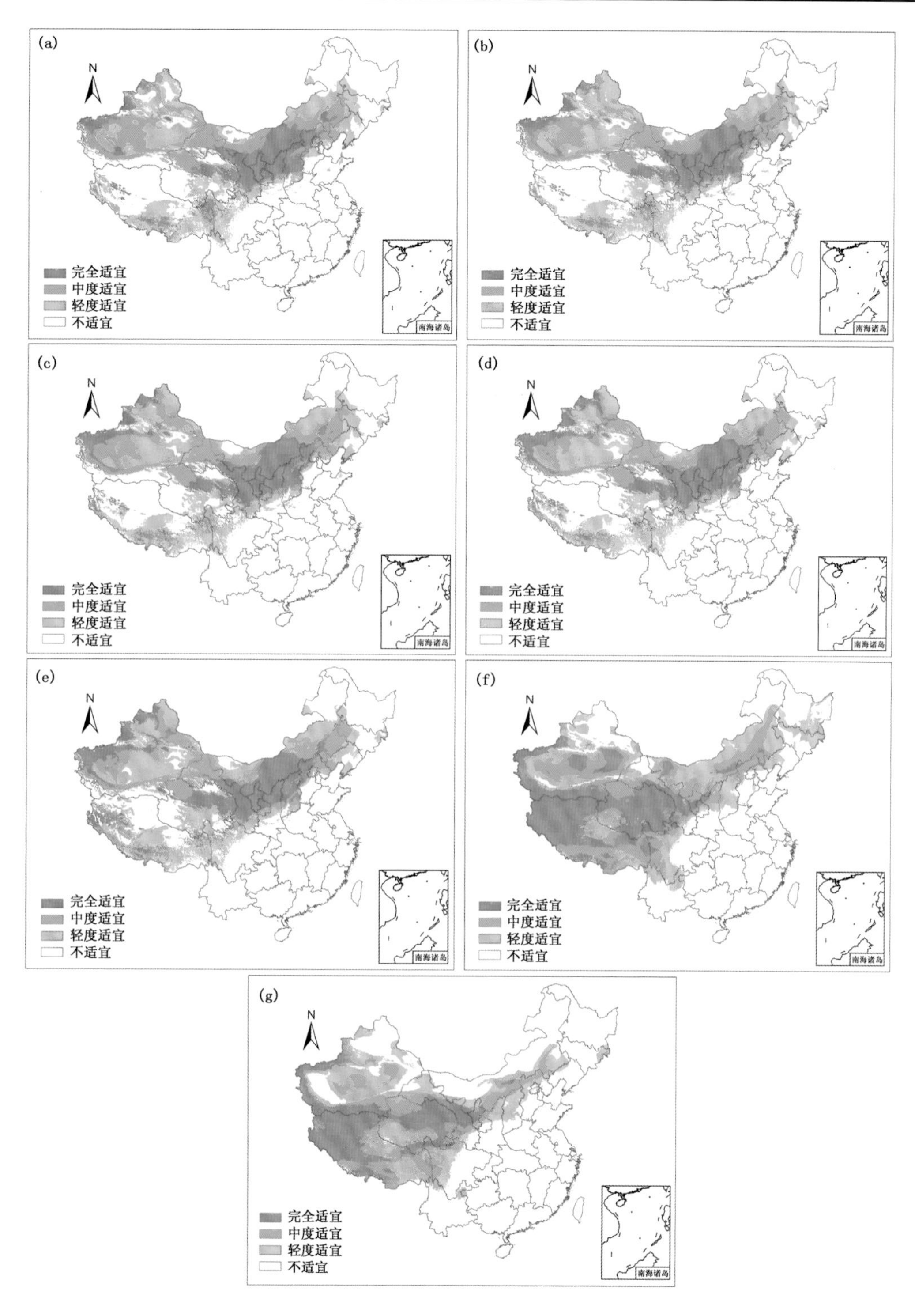

图 13.18　短花针茅地理分布的气候适宜区

(a)1961—1990 年；(b)1966—1995 年；(c)1971—2000 年；(d)1976—2005 年；(e)1981—2010 年；(f)2011—2040 年 RCP 4.5；(g)2011—2040 年 RCP 8.5

七、短花针茅对气候变化的适应性与脆弱性

与基准期相比，短花针茅存在面积的变化在各评估期（1966—2040 年）均呈逐渐减小趋势，拓展面积在 1966—2010 年逐渐增加，预测 2011—2040 年未来 RCP 4.5 气候情景拓展面积增加约 21893×10^4 hm^2，在未来 RCP 8.5 气候情景增加约为 15643×10^4 hm^2（表 13.14）。综合短花针茅分布面积和存在概率评价，1966—2000 年短花针茅为中度适应，1976—2010 年为轻度适应，2011—2040 年未来 RCP 4.5 气候情景为轻度脆弱，未来 RCP 8.5 气候情景为中度脆弱。拓展适应性在 1966—2010 年期间呈逐渐增大趋势，2011—2040 年（未来 RCP 4.5 和 RCP 8.5 气候情景）也均比基准期增大（表 13.15）。

表 13.14　基准期与评估期短花针茅的地理分布面积（单位：10^4 hm^2）及其总的存在概率

研究时期		评估资料					
基准期	1961—1990 年	$S_{ik}+S_{im}$			$S_{ik} \cdot p_{ik}+S_{im} \cdot p_{im}$		
		25857			10351.58		
评估期	评估时段	S_{jk}	$S_{jk} \cdot p_{jk}$	S_{jm}	$S_{jm} \cdot p_{jm}$	S_{jl}	$S_{jl} \cdot p_{jl}$
	1966—1995 年	1334	174.42	24523	10098.48	918	211.22
	1971—2000 年	2181	2943.7	23676	10244.92	2601	660.05
	1976—2005 年	2995	385.43	22862	10207.47	3267	897.68
	1981—2010 年	3346	386.35	22511	10318.90	6242	1929.96
预测期	2011—2040 年（RCP 4.5）	10926	1005.48	14931	5817.55	21893	10465.99
	2011—2040 年（RCP 8.5）	14533	1065.01	11324	4333.44	15643	7498.11

表 13.15　短花针茅对气候变化的适应性与脆弱性评价

评估时期	评价指标			自适应性与脆弱性评价等级	拓展适应性评价 A_e
	SR	A_l	*V*		
1966—1995 年	0.95	0.98	0.02	中度适应	0.02
1971—2000 年	0.92	0.99	0.03	中度适应	0.06
1976—2005 年	0.88	0.99	0.04	轻度适应	0.09
1981—2010 年	0.87	0.10	0.04	轻度适应	0.19
2011—2040 年（RCP 4.5）	0.58	0.56	0.10	轻度脆弱	1.01
2011—2040 年（RCP 8.5）	0.44	0.42	0.10	中度脆弱	0.72

以 1961—1990 年为基准期对短花针茅对气候变化的适应性与脆弱性评估表明，短花针茅的自适应性在 1966—2000 年为中度适应，1976—2010 年为轻度适应，拓展适应性在 1966—2010 年逐渐增大；2011—2040 年未来 RCP 4.5 气候情景下为轻度脆弱，未来 RCP 8.5 气候情景下为中度脆弱，拓展适应性均有所增大，表明未来气候变化不利于短花针茅生态系统。

第四节　温带荒漠草原本氏针茅的气候适宜性与脆弱性

一、数据来源

本氏针茅地理分布资料通过 4 个途径获取:(1)中国自然标本馆(CFH)和中国数字植物标本馆(CVH)的标本数字资料,包括中国科学院植物研究所标本馆、中国科学院西北高原生物研究所标本馆、西北农林科技大学植物标本馆、中国科学院新疆生态与地理研究所标本馆、中国科学院成都生物研究所标本馆、中国科学院沈阳应用生态研究所标本馆、中国科学院昆明植物研究所标本馆;(2)各地植物志的本氏针茅分布资料,包括《河南植物志》、《河北植物志》、《青海植物志》、《四川植物志》、《新疆植物志》、《西藏植物志》、《内蒙古植物志》及《山东植物志》等;(3)野外考察记录资料;(4)中国知网(CNKI)、维普和 Web of Science 文献库中公开发表关于本氏针茅的研究文献。利用 4 个途径获取本氏针茅地理分布资料时,如有重叠,按标本馆标本数字资料、各地方植物志资料、实地考察和文献资料的顺序选取。提取这些资料中的本氏针茅各分布区几何中心点坐标,构成中国本氏针茅地理分布数据集。数据集共包括本氏针茅地理分布点 112 个(图 13.19)。

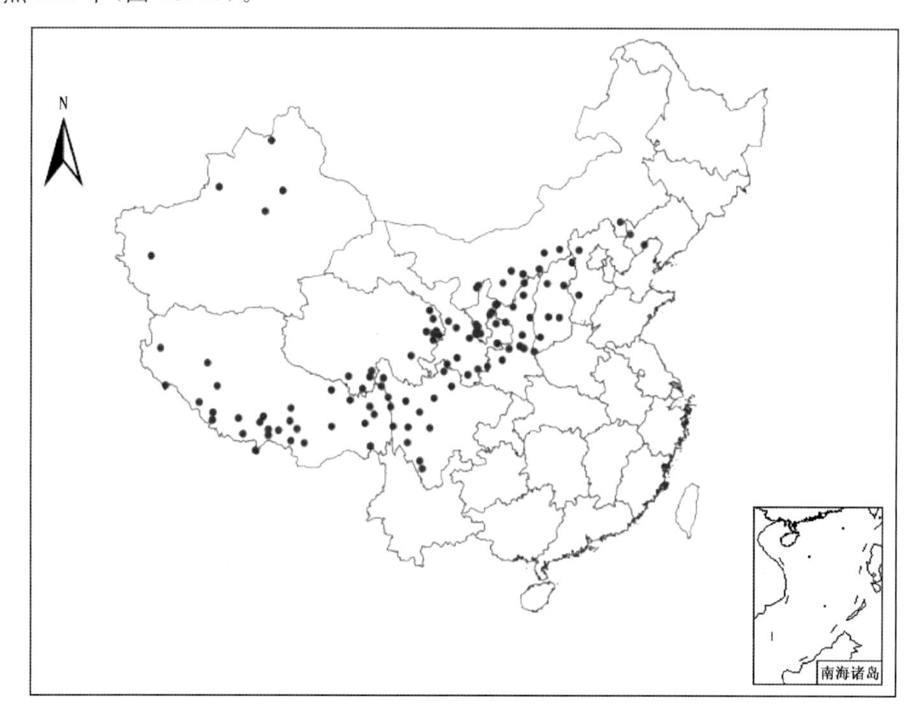

图 13.19　本氏针茅样点的地理分布

二、模型适用性分析

模型运行需要两组数据:一是目标物种的地理分布数据,即本氏针茅的地理分布数据;二是全国范围的环境变量,即从全国层次及年尺度确定的决定植物地理分布的 6 个气候因子,

T_{min}、Q、T_1、T_7、T 和 P。基于 75%训练子集建立本氏针茅地理分布与气候因子关系模型,得到训练子集的 AUC 值为 0.92,测试子集的 AUC 值为 0.91(图 13.20),模型模拟的准确性均达到了"非常好"水平,说明 MaxEnt 模型能够很好地进行本氏针茅分布的模拟。将模型运行 100 次,以得到一个较为稳定的平均结果。

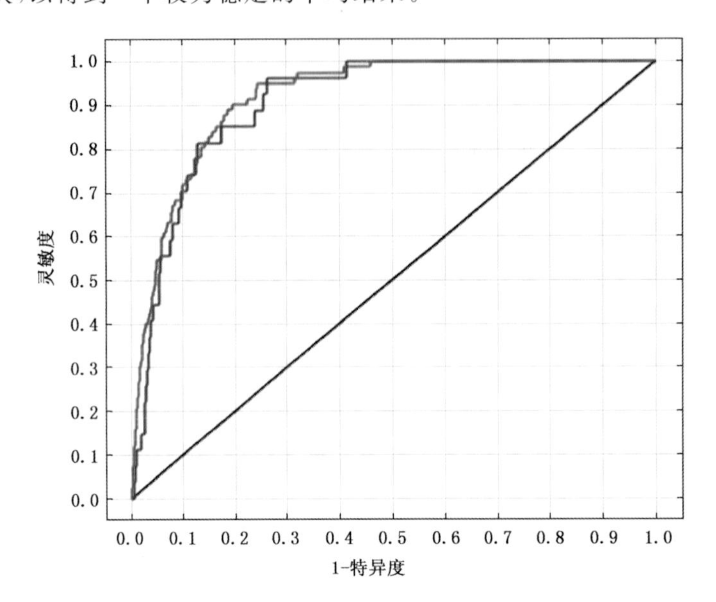

图 13.20　针对本氏针茅地理分布的 MaxEnt 模型模拟结果的 ROC 曲线

三、影响因子分析

在百分贡献率中,各气候因子对本氏针茅地理分布影响的贡献排序为:年降水量(P)>最暖月平均温度(T_7)>最冷月平均温度(T_1)>年辐射量(Q)>年极端最低温度(T_{min})>年均温度(T)(表 13.16)。由小刀法得分可知,各气候因子对本氏针茅地理分布影响的贡献排序为:年极端最低温度(T_{min})>最暖月平均温度(T_7)>年降水量(P)>年均温度(T)>最冷月平均温度(T_1)>年辐射量(Q)(图 13.21)。6 个气候因子在不同的评价方法中存在着不一致的表现,均有一定的置换重要性,不能够去除其中的任何一个气候因子。

表 13.16　环境因子在百分贡献率和置换重要性中的表现

气候因子	百分贡献率(%)	置换重要性(%)
年降水量(P)	30.6	40.9
最冷月平均温度(T_1)	20.5	37.7
最暖月平均温度(T_7)	22.3	11.7
年极端最低温度 (T_{min})	4.6	0.2
年辐射量(Q)	18.1	6.2
年均温度(T)	4.0	3.2

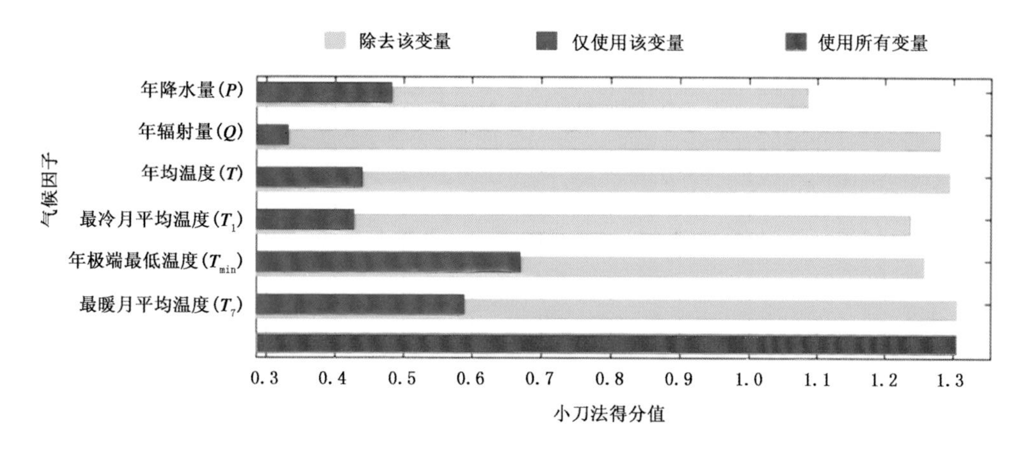

图 13.21　气候因子在小刀法中的得分

四、气候适宜性划分

使用 ArcGIS 中的重分类对模型的结果进行预测存在概率 p 的分级，可以得到本氏针茅地理分布的气候适宜区分布(图 13.22)。

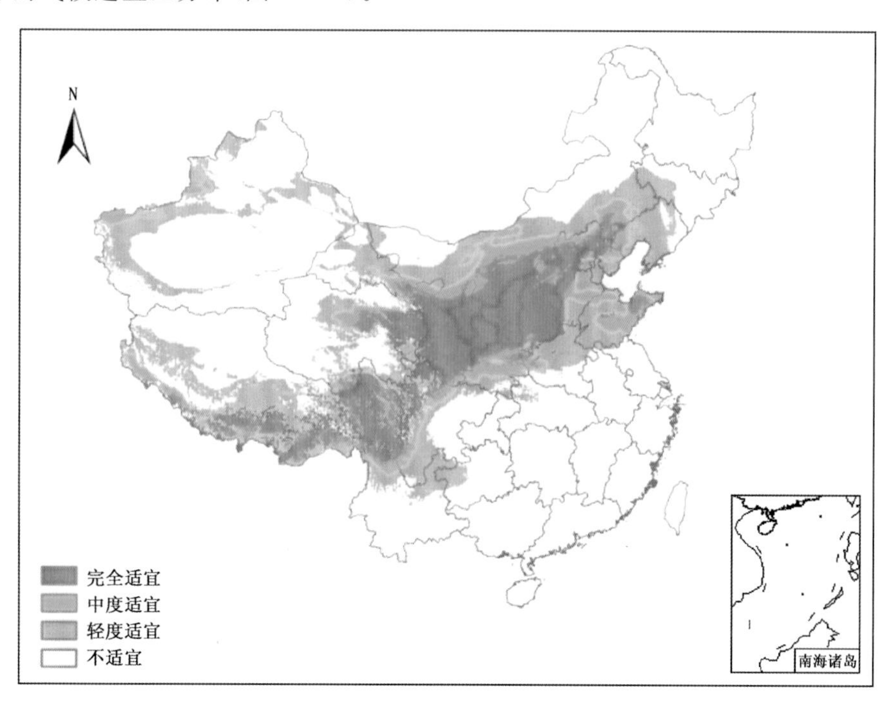

图 13.22　本氏针茅地理分布的气候适宜性

(1)气候完全适宜区($0.38 \leqslant p \leqslant 1$)：主要分布于山西、河北北部、山东胶东半岛、陕西北部、宁夏大部分地区、甘肃中部到东部、青海东部、四川西部与西藏东部交界处以及西藏的南部。本区年降水量 208.0～830.8 mm，年辐射量 114578～176135 W/m^2，年极端最低温度 −37.9～−8.8 ℃，最冷月温度 −16.5～4.1 ℃，最暖月温度 8.9～25.6 ℃，年均温 −2.2～

14.5 ℃。

(2)气候中度适宜区(0.19≤p<0.38):分布面积较小,且分布不均匀。主要分布于辽宁西南部小部分区域、河北东南部、山东中部、内蒙古中部部分区域和南部部分区域、青海中部小部分区域、新疆西部边界处小部分区域、云南北部小部分区域,沿四川东北部到西南部以及在西藏沿喜马拉雅山脉呈散点状分布。本区年降水量为 151.5~944.7 mm,年辐射量为 111629~176392 W/m^2,年极端最低温度-38.9~-6.5 ℃,最冷月温度-16.9~6.7 ℃,最暖月温度 7.0~26.8 ℃,年均温-2.6~16.6 ℃。

(3)气候轻度适宜区(0.05≤p<0.19):分布于吉林西南部、辽宁大部分地区、河北东部和南部、山东西部、河南东部中部地区、陕西南部小部分地区、四川南部、云南北部、贵州西部、内蒙古中部青海中部和东部小部分区域、新疆东西部地区以及西藏中部和东部零星区域。本区年降水量 104.1~1062.6 mm,年辐射量 104321~182046 W/m^2,年极端最低温度-46.0~-2.8 ℃,最冷月温度-20.0~10.1 ℃,最暖月温度 1.1~27.3 ℃,年均温-6.2~17.7 ℃。

五、影响因子阈值分析

根据本氏针茅存在概率 p 对各气候因子的响应曲线,可以得到各气候因子在不同气候适宜区的阈值(图 13.23,表 13.17)。

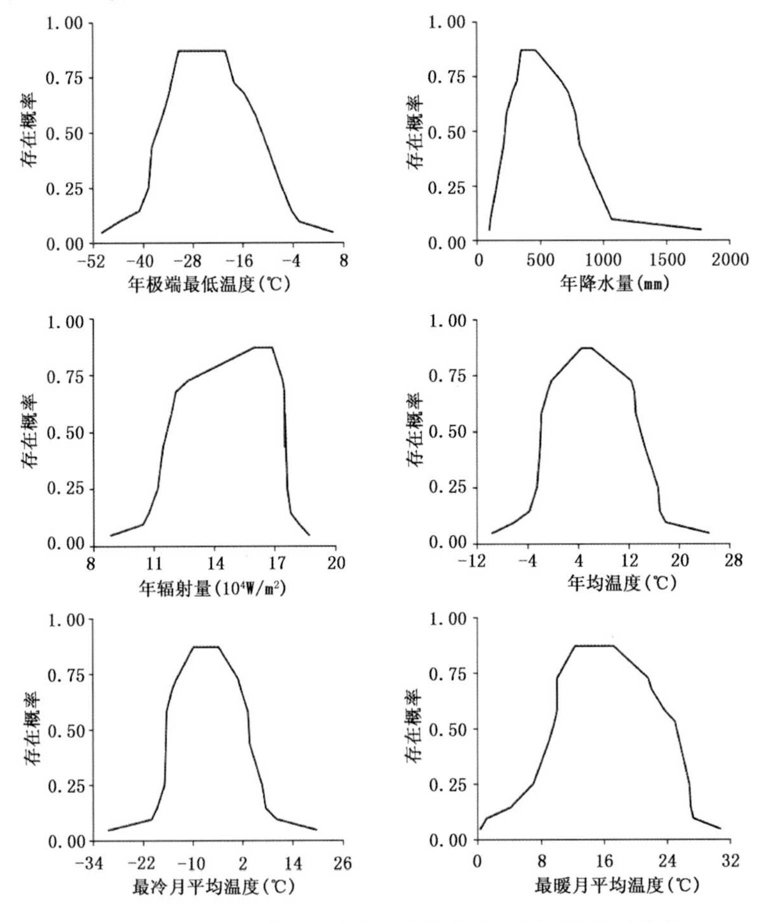

图 13.23　本氏针茅预测存在概率与各气候因子的关系曲线

表 13.17 本氏针茅地理分布不同气候适宜区的气候因子阈值

	P(mm)	Q(W/m^2)	T(℃)	T_1(℃)	T_{min}(℃)	T_7(℃)
完全适宜区[0.38,1]	208.0～830.8	114578～176135	−2.2～14.5	−16.5～4.1	−37.9～−8.8	8.9～25.6
中度适宜区[0.19,0.38)	151.5～944.7	111629～176392	−2.6～16.6	−16.9～6.7	−38.9～−6.5	7.0～26.8
轻度适宜区[0.05,0.19)	104.1～1062.6	104321～182046	−6.2～17.7	−20.0～10.1	−46.0～−2.8	1.1～27.3

六、本氏针茅地理分布的年代际动态

以 1961—1990 年为基准期训练模型，分析 1966—1995 年、1971—2000 年、1976—2005 年、1981—2010 年及 2011—2014 年(未来 RCP 4.5 和 RCP 8.5 气候情景)的本氏针茅地理分布气候适宜区的位置和面积变化。

与基准期(1961—1990 年)相比，1966—1995 年、1971—2000 年、1976—2005 年、1981—2010 年总的气候适宜区范围均有所增加，出现了一定程度的向西北方向扩散趋势，其中新疆和西藏地区本氏针茅地理分布的气候适宜区显著增加(图 13.24)。然而，2011—2040 年未来 RCP 4.5 和 RCP 8.5 气候情景下本氏针茅地理分布的气候适宜区均发生了显著变化，分布中心迁移到了西藏、青海、四川西部地区。

本氏针茅地理分布各气候适宜区在不同时期的面积变化见表 13.18，各气候适宜区面积随着时间的推移不断增加，而气候不适宜区的面积呈逐渐减少趋势。各评估期与基准期(1961—1990 年)相比，本氏针茅地理分布的总气候适宜区面积分别增加 0.8%(1966—1995 年)、6.8%(1971—2000 年)、13.1%(1976—2005 年)和 23.8.8%(1981—2010 年)。而在 2011—2040 年，未来 RCP 4.5 气候情景下本氏针茅地理分布的气候完全适宜区和中度适宜区面积增加，气候轻度适宜区的面积减少，气候不适宜区的面积降低 5.1%；未来 RCP 8.5 气候情景下本氏针茅地理分布的气候完全适宜区和中度适宜区面积变化不大，气候轻度适宜区的面积显著降低，气候不适宜区的面积增加 5.5%。

表 13.18 不同时期本氏针茅地理分布气候适宜区的面积(单位：10^4 hm^2)

时期	完全适宜区[0.38,1]	中度适宜区[0.19,0.38)	轻度适宜区[0.05,0.19)	不适宜区[0,0.05)
1961—1990 年	12321	7452	18636	58768
1966—1995 年	12300	7342	19050	58485
1971—2000 年	12225	7801	20987	58164
1976—2005 年	12999	8345	22069	53764
1981—2010 年	14962	9186	23394	49635
2011—2040 年(RCP 4.5)	17129	8028	16224	55796
2011—2040 年(RCP 8.5)	12890	7205	15104	61978

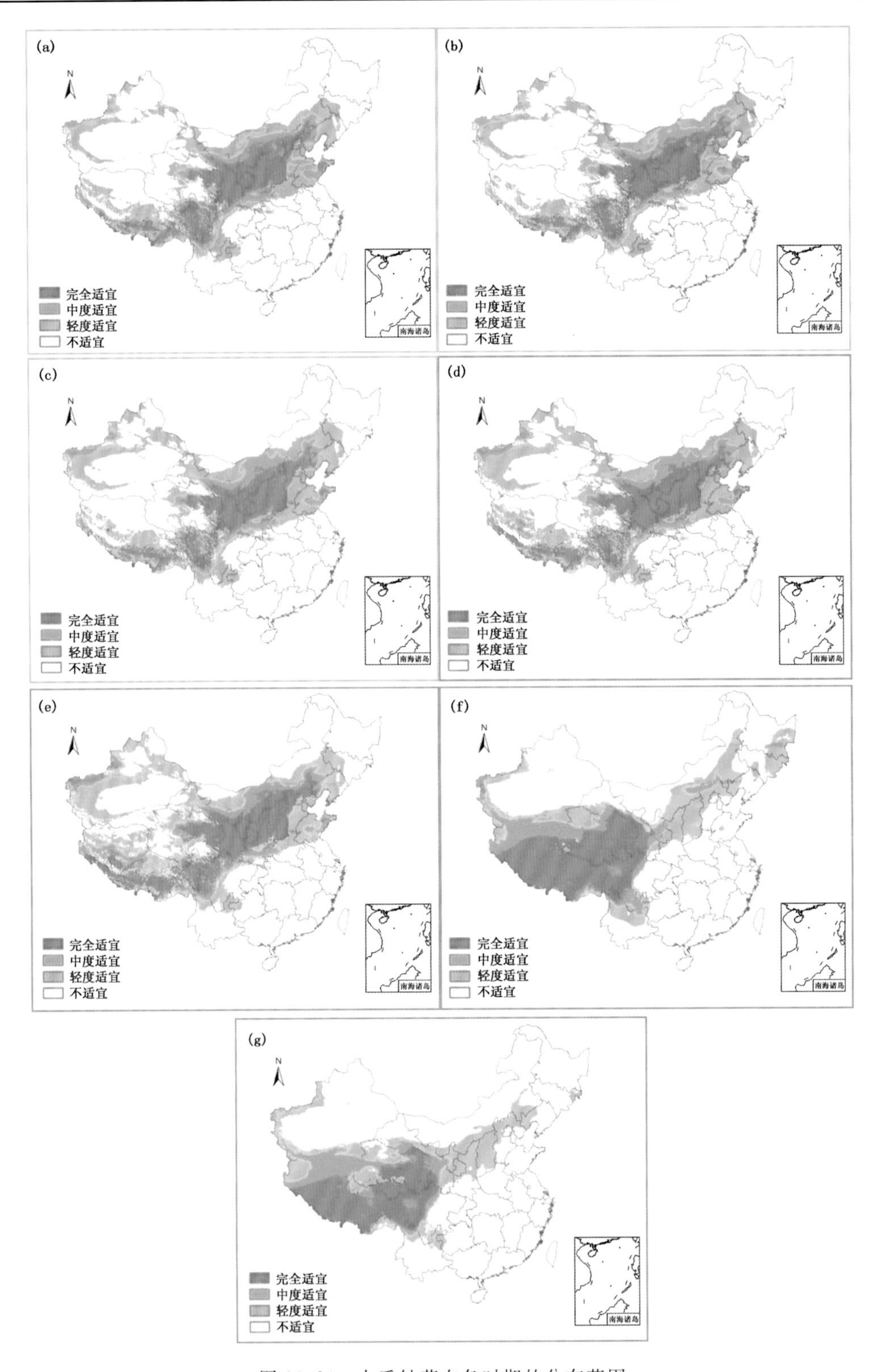

图 13.24　本氏针茅在各时期的分布范围

(a)1961—1990 年;(b)1966—1995 年;(c)1971—2000 年;(d)1976—2005 年;(e)1981—2010 年;(f)2011—2040 年 RCP 4.5;(g)2011—2040 年 RCP 8.5

七、本氏针茅对气候变化的适应性与脆弱性

与基准期相比，本氏针茅在各评估期类型 S_{jk}（反映本氏针茅遭受气候变化不利影响的范围）随时间推移呈逐渐增加趋势，S_{jm}（反映本氏针茅对气候变化的自适应范围）随时间推移逐年降低，S_{jl}（反映本氏针茅受益于气候变化影响的范围）随时间推移不断增加，且在2011—2040年未来RCP 4.5气候情景下达到最大。随着时间推移，本氏针茅在各评估期的分布面积增加部分（$S_{jl} \cdot p_{jl}$）均大于面积减少部分（$S_{jk} \cdot p_{jk}$），气候条件总体有利于本氏针茅生态系统的发展（表13.19）。表13.20给出了本氏针茅对气候变化的自适应性与脆弱性评价。1966—1995年、1971—2000年、1976—2005年评价等级均为中度适应，1981—2010年评价等级为完全适应，而2011—2040年未来RCP 4.5和RCP 8.5气候情景下的评价等级均为中度脆弱。随着时期的推移，本氏针茅拓展适应性评价 A_e 不断增加，在2011—2040年未来RCP 4.5气候情景下达到最高值，反映出未来气候将导致本氏针茅地理位置的大幅变化。

表13.19　基准期与评估期本氏针茅的地理分布面积（单位：10^4 hm^2）及其总的存在概率

研究时期		评估资料					
基准期	1961—1990年	$S_{ik}+S_{im}$			$S_{ik} \cdot p_{ik}+S_{im} \cdot p_{im}$		
		19773			8829.80		
评估期	评估时段	S_{jk}	$S_{jk} \cdot p_{jk}$	S_{jm}	$S_{jm} \cdot p_{jm}$	S_{jl}	$S_{jl} \cdot p_{jl}$
	1966—1995年	1107	150.50	18666	8523.90	976	219.60
	1971—2000年	1671	232.20	18102	8383.00	1924	469.70
	1976—2005年	1751	228.70	18022	8512.70	3322	895.50
	1981—2010年	1568	194.70	18205	8920.70	5943	1811.80
预测期	2011—2040年（RCP 4.5）	10008	939.70	9765	5073.50	15392	6957.60
	2011—2040年（RCP 8.5）	11943	869.70	7830	3897.60	12265	5263.40

表13.20　本氏针茅对气候变化的适应性与脆弱性评价

评估时期	评价指标			自适应性与脆弱性评价等级	拓展适应性评价 A_e
	SR	A_l	V		
1966—1995年	0.94	0.97	0.02	中度适应	0.02
1971—2000年	0.92	0.95	0.03	中度适应	0.05
1976—2005年	0.91	0.96	0.03	中度适应	0.10
1981—2010年	0.92	1.01	0.02	完全适应	0.21
2011—2040年（RCP 4.5）	0.49	0.57	0.11	中度脆弱	0.79
2011—2040年（RCP 8.5）	0.40	0.44	0.10	中度脆弱	0.60

以1961—1990年为基准期对本氏针茅的适应性与脆弱性评估表明，本氏针茅的自适应性在1966—2005年为中度适应，1981—2010年为完全适应，拓展适应性呈逐渐增大趋势；2011—2040年未来RCP 4.5与RCP 8.5气候情景下为中度脆弱，拓展适应性显著增大，表明未来气候变化将造成本氏针茅地理位置的显著变化，未来气候不利于本氏针茅生态系统。

第五节　温带荒漠草原小针茅的气候适宜性与脆弱性

一、数据资料

小针茅地理分布数据主要通过4个途径获取：(1)中国自然标本馆(CFH)和中国数字植物标本馆(CVH)的标本数字资料，包括中国科学院植物研究所标本馆、中国科学院西北高原生物研究所青藏高原生物标本馆；(2)各地植物志的小针茅分布资料，包括《内蒙古植物志》、《宁夏植物志》、《甘肃植物志》等；(3)野外样带考察记录资料；(4)中国知网(CNKI)、维普和Web of Science文献库中公开发表关于小针茅的研究文献。利用4个途径获取的小针茅地理分布资料，如有重叠，按标本馆标本数字资料、各地方植物志资料、样带考察记录资料和文献资料的顺序进行选取。提取这些资料中的小针茅各分布区几何中心点坐标，构成中国小针茅地理分布数据集。数据集共包括109个小针茅地理分布点（图13.25）。

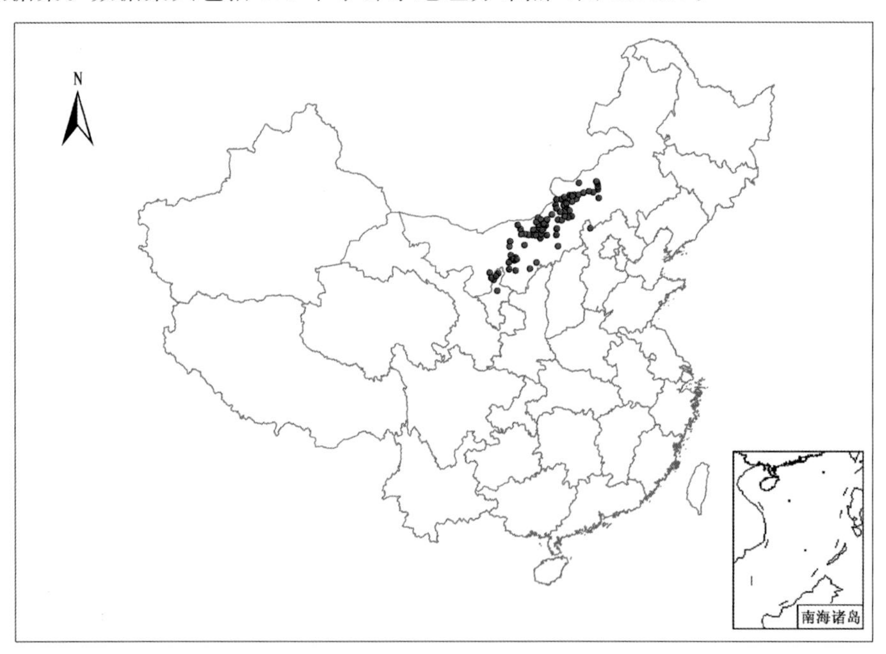

图13.25　小针茅样点的地理分布

二、模型适用性分析

MaxEnt模型运行需要两组数据：一是小针茅的地理分布数据；二是全国范围的环境变量，即从全国层次及年尺度确定的决定植物地理分布的6个气候因子T_{min}、Q、T_7、T_1、T和P。基于75%训练子集建立小针茅地理分布与气候因子关系模型，得到训练子集的AUC值为

0.99,测试子集的 AUC 值为 0.99(图 13.26),模型模拟的准确性均达到了"非常好"的水平,说明 MaxEnt 模型能够很好地进行小针茅地理分布与气候关系的模拟。将模型迭代运行 100 次,以得到一个较为稳定的平均结果。

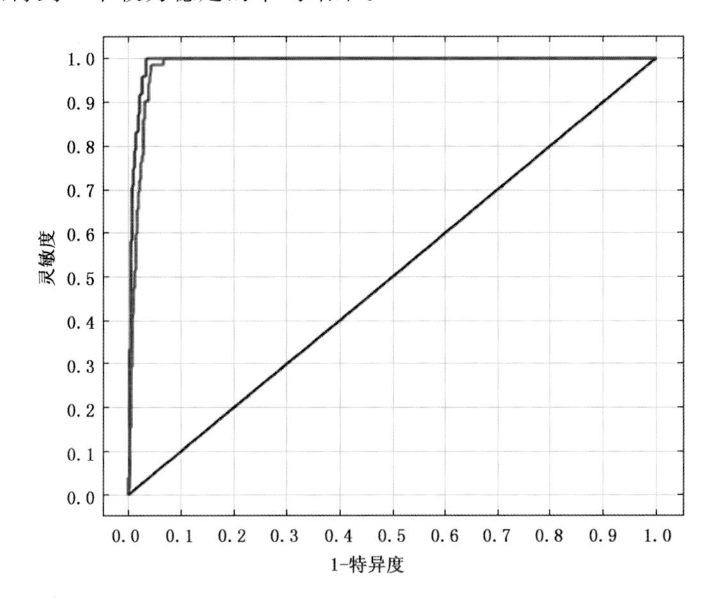

图 13.26　针对小针茅地理分布的 MaxEnt 模型模拟结果的 ROC 曲线

三、影响因子分析

在百分贡献率中,各气候因子对小针茅地理分布的置换重要性排序为:年降水量(P)>最冷月平均温度(T_1)>最暖月平均温度(T_7)>年极端最低温度(T_{min})>年辐射量(Q)>年均温度(T)(表 13.21)。由小刀法得到各气候因子对小针茅地理分布影响的贡献排序为:年降水量(P)>最暖月平均温度(T_7)> 年均温度(T)>年辐射量(Q)>年极端最低温度(T_{min})>最冷月平均温度(T_1)(图 13.27)。6 个因子在不同的评价方法中均有不同的贡献程度和置换重要性,所以这 6 个气候因子在不同程度上共同影响了小针茅地理分布,不能够去除其中的任意一个因子。

表 13.21　气候因子在百分贡献率和置换重要性中的表现

气候因子	百分贡献率(%)	置换重要性(%)
年降水量(P)	46.4	23.0
最冷月平均温度(T_1)	26.0	44.6
最暖月平均温度(T_7)	17.4	12.6
年极端最低温度(T_{min})	5.1	0.5
年辐射量 (Q)	2.7	18.6
年均温度 (T)	2.4	0.7

四、气候适宜性划分

使用 ArcGIS 中的重分类对模型的结果进行预测存在概率 p 的分级,得到小针茅气候适宜区分布(图 12.28)。

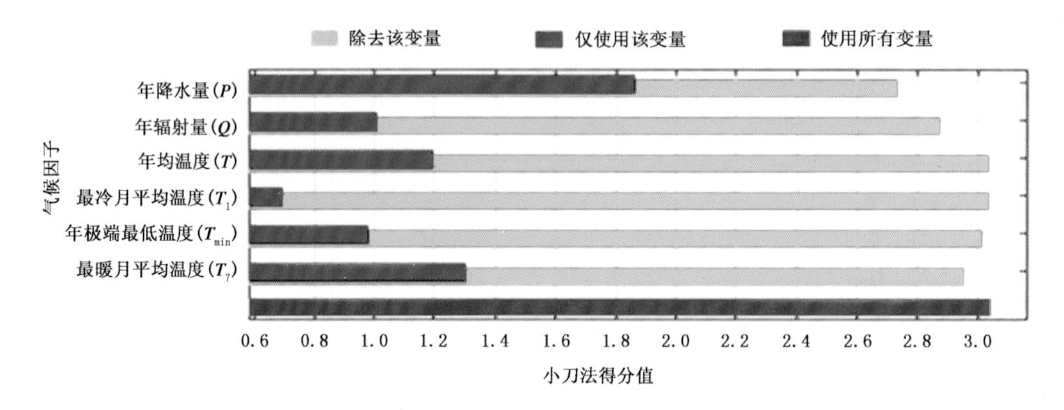

图 13.27　气候因子在小刀法中的得分

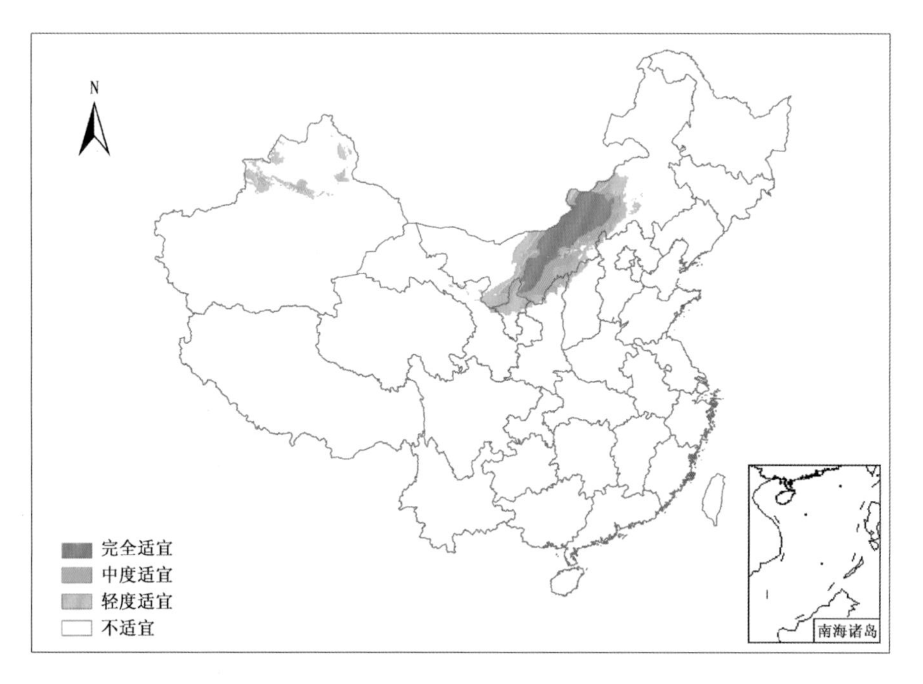

图 13.28　小针茅地理分布的气候适宜性

(1)气候完全适宜区($0.38 \leqslant p \leqslant 1$)。主要分布在内蒙古中部,包括包头市达茂旗、乌兰察布市四子王旗、二连浩特市、锡林郭勒盟苏尼特右旗等地。本区年降水量 213～354 mm,年辐射量 116152～131096 W/m^2,年极端最低温度－39.6～－27.9 ℃,最冷月平均温度－21.9～－9.5 ℃,最暖月平均温度 19.2～23.0 ℃,年均温度 0.0～7.9 ℃。

(2)气候中度适宜区($0.19 \leqslant p < 0.38$)。主要分布在内蒙古中南部以及新疆天山山脉小部分,包括巴彦淖尔盟(现更名为巴彦淖尔市)、阿拉善盟、宁夏石嘴山市以及贺兰山东麓等地区。本区年降水量 202～377 mm,年辐射量 115696～136210 W/m^2,年极端最低温度－40.2～－26.5 ℃,最冷月平均温度－22.3～－8.9 ℃,最暖月平均温度 18.7～23.3 ℃,年均温度－0.3～8.1 ℃。

(3)气候轻度适宜区($0.05 \leqslant p < 0.19$)。主要分布在内蒙古西部、新疆、山西、陕西和宁

夏中部的部分区域。本区年降水量为 182～454 mm，年辐射量为 107845～137480 W/m²，年极端最低温度－49.3～－23.6 ℃，最冷月平均温度－24.0～－7.3 ℃，最暖月平均温度 14.2～25.6 ℃，年均温度－2.5～8.8 ℃。

五、影响因子阈值分析

根据小针茅存在概率 p 对各气候因子的响应曲线，可以得到各气候因子在不同适宜区的阈值(图 13.29，表 13.22)。

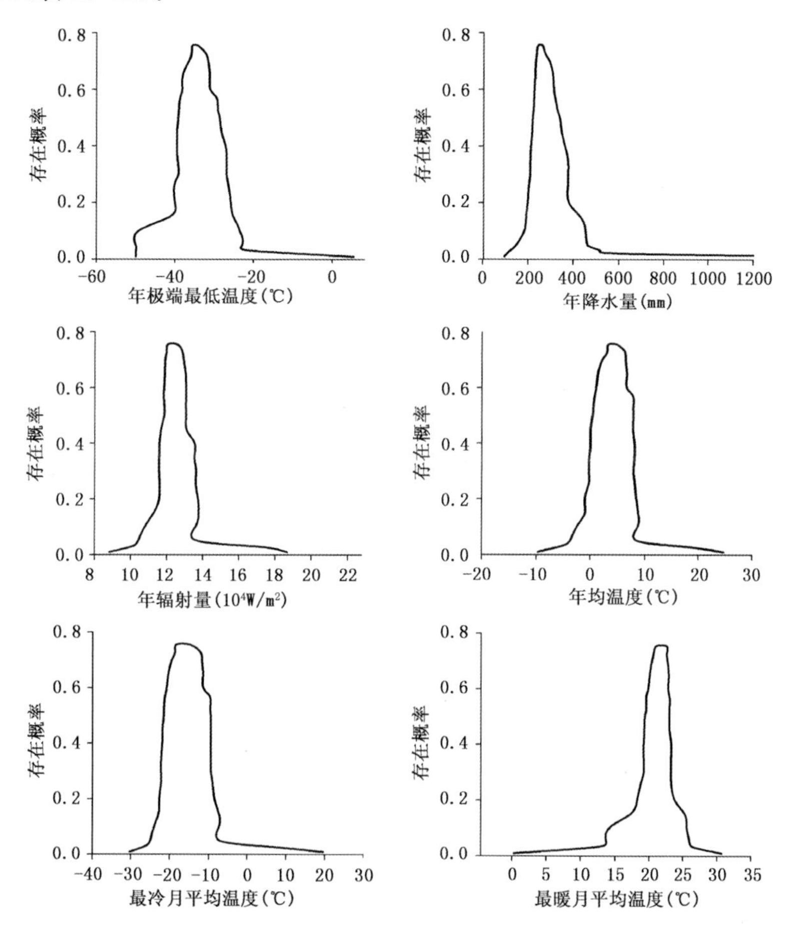

图 13.29　小针茅预测存在概率与各气候因子的关系曲线

表 13.22　小针茅地理分布不同气候适宜区的气候因子阈值

	P(mm)	Q(W/m²)	T(℃)	T_1(℃)	T_{min}(℃)	T_7(℃)
完全适宜区[0.38,1]	213～354	116152～131096	0～7.9	－21.9～－9.5	－39.6～－27.9	19.2～23.0
中度适宜区[0.19,0.38)	202～377	115696～136210	－0.3～8.1	－22.3～－8.9	－－40.2～－26.5	18.7～23.3
轻度适宜区[0.05,0.19)	182～454	107845～137480	－2.5～8.8	－24.0～－7.3	－49.3～－23.6	14.2～25.6

六、小针茅地理分布的年代际动态

以1961—1990年为基准期训练模型，分析1966—1995年、1971—2000年、1976—2005年、1981—2010年小针茅地理分布气候适宜区的范围和面积的变化可知：随时间推移，小针茅地理分布各气候适宜区的范围都在增大，并出现了较小程度的向西北方向和新疆天山地区移动的趋势(图13.30)。2011—2040年未来RCP 4.5气候情景下，小针茅仅在甘肃中部和新疆天山附近有分布，在未来RCP 8.5气候情景下仅有气候轻度适宜区在新疆有零星分布，未来气候情景下小针茅地理分布的气候完全适宜区均消失。

随时间推移，小针茅地理分布的总气候适宜区分布面积呈逐渐增加趋势。各评估期与基准期(1961—1990年)相比，小针茅地理分布的总气候适宜区面积分别增加15.2%(1966—1995年)、21.4%(1971—2000年)、39.7%(1976—2005年)和61.0%(1981—2010年)以及−85.4%(2011—2040年RCP 4.5)和−99.8%(RCP 8.5)。其中，各评估期与基准期相比，小针茅地理分布的气候完全适宜区面积先增加后减小，在1971—2000年达最大。小针茅地理分布的气候中度适宜区和轻度适宜区面积随时间推移均呈增加趋势（表13.23)。2011—2040年RCP 4.5和RCP 8.5未来气候情景下，小针茅地理分布的气候完全适宜区消失，仅有小面积的气候轻度适宜区和中度适宜区存在。

表13.23 不同时期小针茅地理分布气候适宜区的面积（单位：10^4 hm^2）

时期	完全适宜区 [0.38,1]	中度适宜区 [0.19,0.38)	轻度适宜区 [0.05,0.19)	不适宜区 [0,0.05)
1961—1990年	1759	1023	2709	91686
1966—1995年	1918	1083	3324	90852
1971—2000年	2042	1164	3460	90511
1976—2005年	1876	1513	4281	89507
1981—2010年	1968	1759	5115	88335
2011—2040年(RCP 4.5)	0	133	669	96375
2011—2040年(RCP 8.5)	0	0	10	97167

七、小针茅对气候变化的适应性与脆弱性

与基准期相比，小针茅存在面积的变化(SR)在各评估期(1966—2010年)呈逐渐减小趋势，2011—2040年未来RCP 4.5和RCP 8.5气候情景下SR为0。拓展面积(S_{jl})在1966—2010年逐渐增加，预测在未来RCP 4.5气候情景下，2011—2040年拓展面积为133×10^4 hm^2，在未来RCP 8.5气候情景下无拓展面积(表13.24)。综合小针茅分布面积和存在概率评价，1966—1995年和1971—2000年小针茅对气候变化完全适应，1976—2005年和1981—2010年为轻度适应，未来RCP 4.5和RCP 8.5气候情景下，2011—2040年均为完全脆弱。拓展适应性在1966—2010年逐渐增大，在2011—2040年未来RCP 4.5气候情景下有所减小，在未来RCP 8.5气候情景下无拓展适应性(表13.25)。

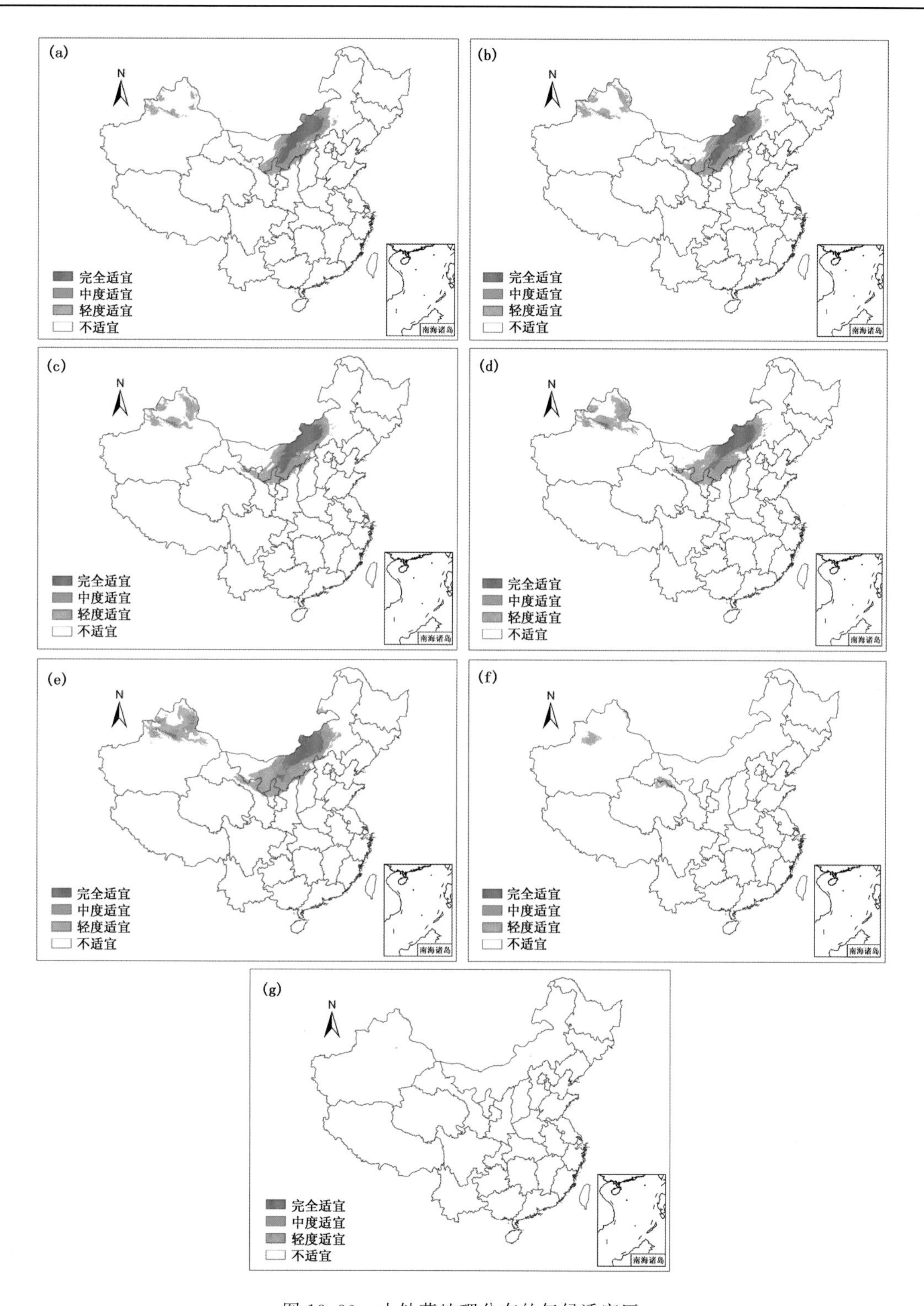

图 13.30　小针茅地理分布的气候适宜区

(a)1961—1990 年;(b)1966—1995 年;(c)1971—2000 年;(d)1976—2005 年;(e)1981—2010 年;(f)2011—2040 年 RCP 4.5;(g)2011—2040 年 RCP 8.5

表 13.24　基准期与评估期小针茅的地理分布面积(单位:10^4 hm^2)及其总的存在概率

研究时期		评估资料					
基准期	1961—1990 年	$S_{ik}+S_{im}$			$S_{ik}\cdot p_{ik}+S_{im}\cdot p_{im}$		
		278700			127385.4		
评估期	评估时段	S_{jk}	$S_{jk}\cdot p_{jk}$	S_{jm}	$S_{jm}\cdot p_{jm}$	S_{jl}	$S_{jl}\cdot p_{jl}$
	1966—1995 年	84	12.97	2698	1357.08	303	76.37
	1971—2000 年	123	19.34	2659	1365.94	547	148.38
	1976—2005 年	357	48.86	2425	12235.76	964	274.87
	1981—2010 年	375	48.77	2407	1214.79	1320	387.46
预测期	2011—2040 年 (RCP 4.5)	2782	24.48	0	0	133	29.92
	2011—2040 年 (RCP 8.5)	2782	29.82	0	0	0	0

表 13.25　小针茅对气候变化的适应性与脆弱性评价

评估时期	评价指标			自适应性与脆弱性评价等级	拓展适应性评价 A_e
	SR	A_l	V		
1966—1995 年	0.97	1.07	0.01	完全适应	0.06
1971—2000 年	0.96	1.07	0.02	完全适应	0.12
1976—2005 年	0.87	0.97	0.04	轻度适应	0.22
1981—2010 年	0.87	0.95	0.04	轻度适应	0.30
2011—2040 年 (RCP 4.5)	0	0	0.02	完全脆弱	0.02
2011—2040 年 (RCP 8.5)	0	0	0.02	完全脆弱	0.00

以 1961—1990 年为基准期对小针茅对气候变化的适应性与脆弱性评估表明,小针茅的自适应性在 1966—2000 年期间为完全适应,1976—2010 年为轻度适应,拓展适应性在 1966—2010 年期间呈逐步增大趋势;2011—2040 年未来 RCP 4.5 和 RCP 8.5 气候情景下,小针茅对气候变化呈完全脆弱状态,拓展适应性也较小,表明未来气候变化不利于小针茅生态系统。

第六节　温带草原羊草的气候适宜性与脆弱性

一、数据资料

中国温带草原主要建群种羊草的地理分布资料主要来自于:(1)中国自然标本馆(CFH)和中国数字植物标本馆(CVH)的标本数字资料,包括中国科学院植物研究所标本馆、中国科学院沈阳应用生态研究所标本馆、西北农林科技大学植物标本馆、中国科学院新疆生态与地理研究所标本馆、中国科学院西北高原生物研究所标本馆、中国科学院昆明植物研究所标本馆、中国科学院华南植物园标本馆、中国科学院成都生物研究所标本馆；(2) 中国知网(CNKI)、维普和 Web of Science 文献库中公开发表关于羊草的研究文献。所获取的羊草地理分布资料，如有重叠，按标本馆标本数字资料和文献资料的顺序选取。提取这些资料中的羊草标本采集点的经纬度信息，构成中国羊草地理分布数据集，共包括羊草地理分布样点 169 个(图 13.31)。

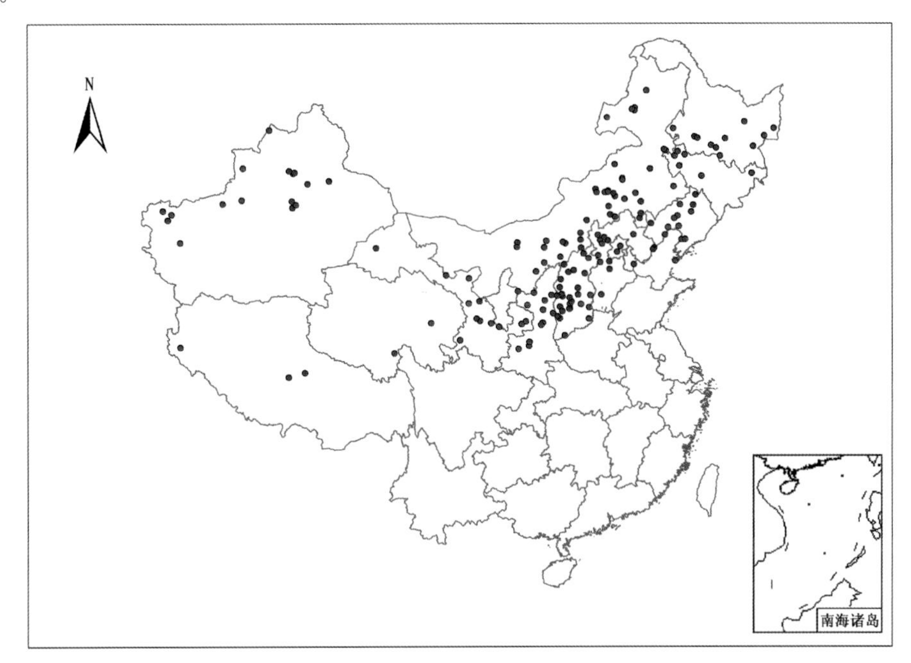

图 13.31　羊草样点的地理分布

二、模型适用性分析

MaxEnt 模型运行需要获取羊草地理分布数据和全国范围的环境变量，即从全国层次及年尺度确定的决定羊草地理分布的 6 个主导气候因子 T_{min}、Q、T_7、T_1、T 和 P。基于 75%训练子集建立羊草地理分布与气候因子关系模型，将模型迭代运行 100 次，得到训练子集的 AUC 值为 0.90，测试子集的 AUC 值为 0.90，模型准确性均达到“非常好”的水平。这说明，MaxEnt 模型能够很好地进行羊草地理分布与气候关系的模拟(图 13.32)。

三、影响因子分析

在百分贡献率中，各气候因子对羊草地理分布影响的贡献排序为：年降水量(P)>年辐射量(Q)>最冷月平均温度(T_1)>最暖月平均温度(T_7)>年极端最低温度(T_{min})>年均温度(T)(表 13.26)。由小刀法得到各气候因子对羊草地理分布影响的贡献排序为：年降水量(P)> 年均温度(T)>最暖月平均温度(T_7)>年极端最低温度(T_{min})>最冷月平均温度(T_1)>年辐射量(Q)(图 13.33)。6 个因子在不同的评价方法中存在着不一致的表现，均有一定的置换重要性，不能够去除其中的任何一个因子。

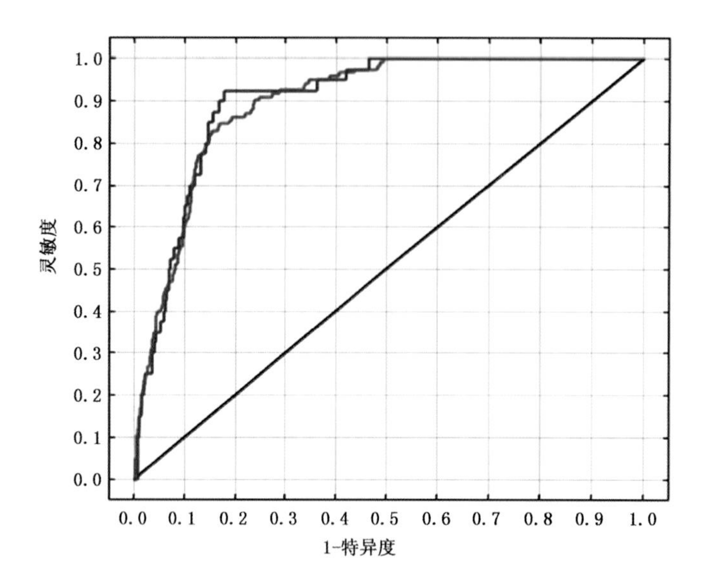

图 13.32　针对羊草地理分布的 MaxEnt 模型模拟结果的 ROC 曲线

表 13.26　气候因子的百分贡献率和置换重要性

气候因子	百分贡献率(%)	置换重要性(%)
年降水量(*P*)	42.7	56.6
年辐射量(*Q*)	19.3	13.0
最冷月平均温度(T_1)	15.7	15.9
最暖月平均温度 (T_7)	11.7	6.7
年极端最低温度(T_{min})	5.8	4.0
年均温度(T)	4.8	3.8

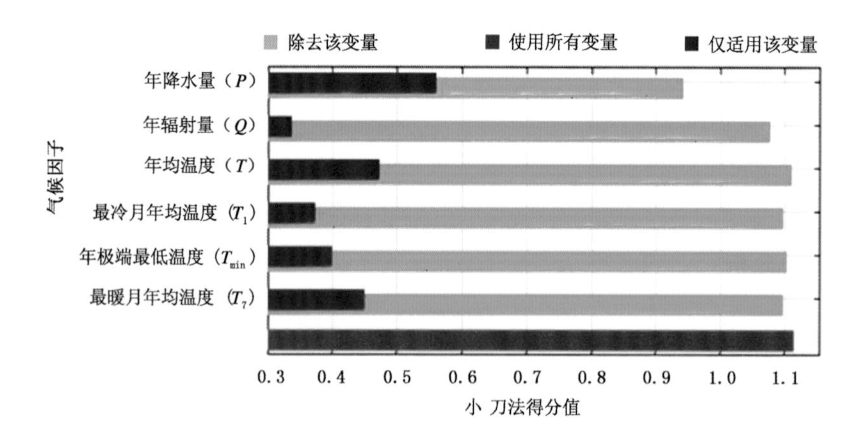

图 13.33　气候因子在刀切法中的得分

四、气候适宜性划分

使用 ArcGIS 中的重分类对模型的结果进行预测存在概率 p 的分级，可以得到羊草的气候适宜区分布(图 13.34)。

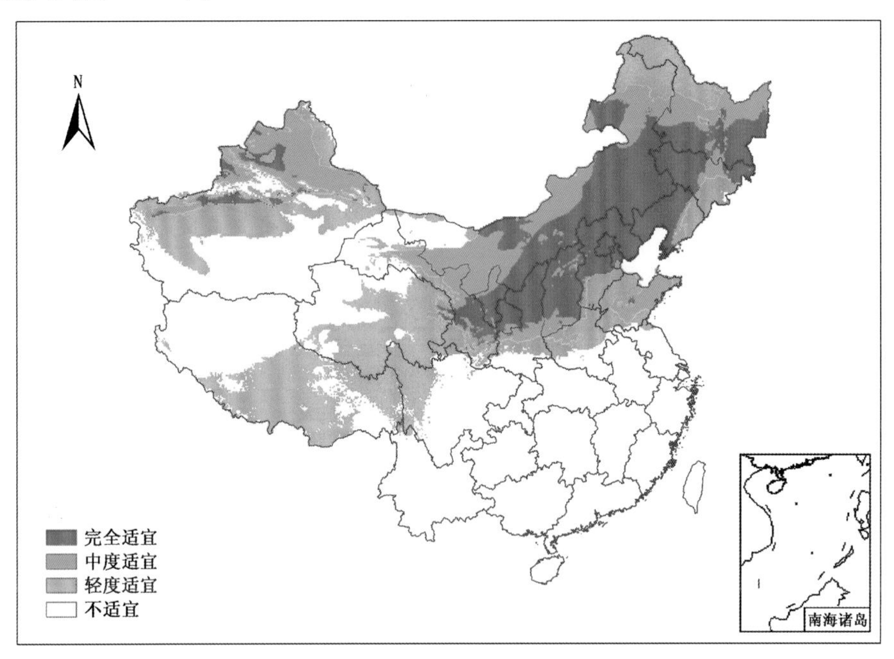

图 13.34 羊草地理分布的气候适宜性

(1)气候完全适宜区($0.38 \leqslant p \leqslant 1$)：主要分布在内蒙古中东部、黑龙江南部、吉林和辽宁的西北部、北京和天津全部、河北、山西、陕西、宁夏大部、甘肃东部，并于新疆、青海有零星分布。本区年降水量 146～680 mm，年辐射量 100816～162810 W/m^2，年极端最低温度－43.9～－17.6 ℃，最冷月温度－27.0～－3.7 ℃，最暖月温度 13.9～26.5 ℃，年均温－2.8～12.5 ℃。

(2)气候中度适宜区($0.19 \leqslant p < 0.38$)：主要分布在内蒙古中西部、黑龙江中部、山东、甘肃大部、河南北部，并在新疆、青海有零星分布。本区年降水量为 146～770 mm，年辐射量 9762.1～166765 W/m^2，年极端最低温度－47.9～－10.0 ℃，最冷月温度－29.3～4.4 ℃，最暖月温度 11.2～26.2 ℃，年均温－5.1～16.6 ℃。

(3)气候轻度适宜区($0.05 \leqslant p < 0.19$)：主要分布在中国的中北部和西部地区，包括黑龙江北部、西藏、青海、新疆、河南南部、陕西、四川的部分区域。本区年降水量 98～897 mm，年辐射量 88286～177574 W/m^2，年极端最低温度－50.0～－7.1 ℃，最冷月温度－30.4～6.7 ℃，最暖月温度 2.6～27.3 ℃，年均温－6.2～17.7 ℃。

五、影响因子阈值分析

根据羊草存在概率 p 对各气候因子的响应曲线，可以得到各气候因子在不同适宜区的气候阈值(图 13.35，表 13.27)。

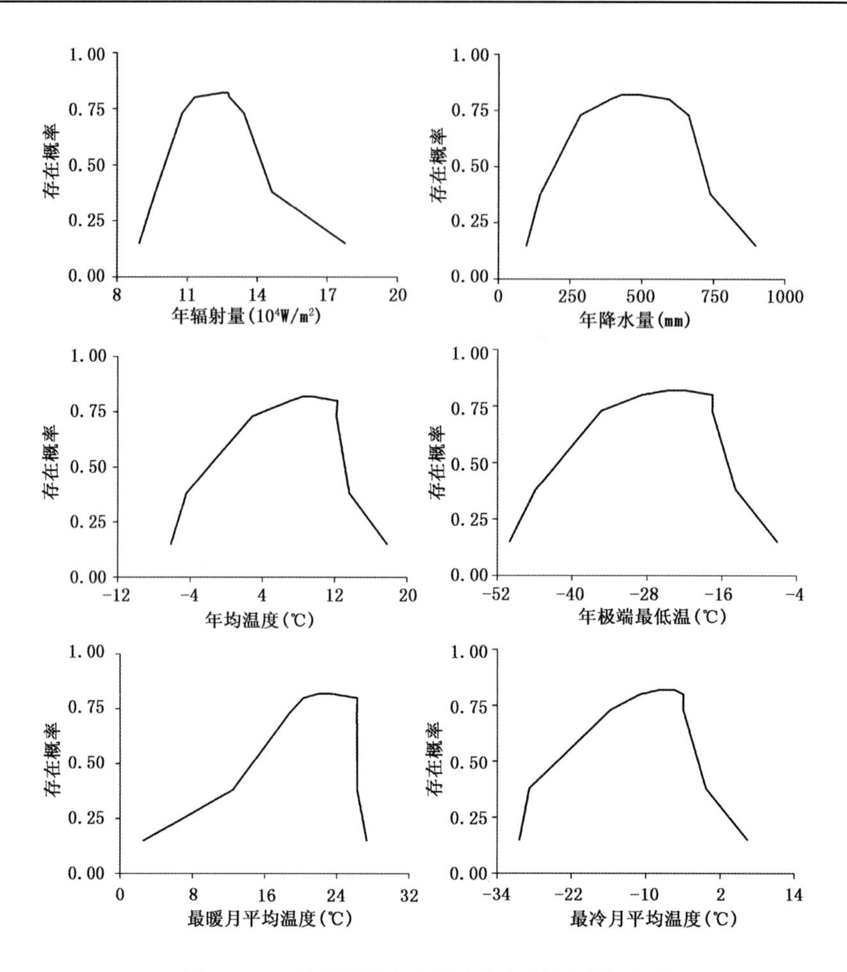

图 13.35　羊草预测存在概率与气候因子的关系

表 13.27　羊草地理分布不同气候适宜区的气候因子阈值

	P(mm)	Q(W/m^2)	T(℃)	T_1(℃)	T_{min}(℃)	T_7(℃)
完全适应区[0.38,1]	146～680	100816～162810	−2.8～12.5	−27.0～−3.7	−44.9～−17.6	13.9～26.5
中度适应区[0.19,0.38)	146～770	9762.1～166765	−5.1～16.6	−29.3～4.4	−47.9～−10.0	11.2～26.2
轻度适应区[0.05,0.19)	98～897	88286～177574	−6.2～17.7	−30.4～6.7	−50.0～−7.1	2.6～27.3

六、羊草地理分布的年代际动态

以 1961—1990 年为基准期训练模型，与当前 1966—1995 年、1971—2000 年、1976—2005 年、1981—2010 年四个时段和未来 2011—2040 年(RCP 4.5 和 RCP 8.5 未来气候情景)时段模拟结果进行比较，以期评估随着气候变化，羊草各气候适宜区的面积变化(图 13.36，表 13.28)。与基准期 1961—1990 年相比，在 1966—1995 年、1971—2000 年、1976—2005 年及 1981—2010 年各时段，羊草地理分布的气候完全适宜区范围明显向西部扩展，分别比基准期增加了 3.5%、12.13%、15.15%及 17.5%。但在未来气候情景下，羊草气候完全适宜区在东北部的分布区域明显萎缩，与1981—2010时段相比，羊草气候完全适宜区的分布面积分别减少了26.6%（未来RCP 4.5气候情景）和36.8%（未来RCP 8.5气候情景），东北地区和内蒙古东部区域已由气候完全适宜区演变成气候中度适宜区。

羊草地理分布的气候中度适宜区分布范围在当前和未来气候情景下，均呈现明显扩展的趋势，气候中度适宜区分布范围分别比基准期增加了3.2%、1.7%、8.5%及11.3%。未来气候情景下羊草地理分布的气候中度适宜区分布范围向西部扩展更为明显，与1981—2010年时段相比，分布范围分别增加59.4%（未来RCP 4.5气候情景）和80.1%（未来RCP 8.5气候情景）。

羊草地理分布的气候轻度适宜区分布范围随气候变化的变化不明显，仅中西部地区在1976—2005年以后较基准期略有减少；而在未来RCP 4.5气候情景下则较基准期略有增加。

羊草地理分布的气候不适宜区分布范围，在当前气候情景下随着时间推移明显减少，缩减的区域主要在新疆地区。与1981—2010年相比，未来气候情景下羊草地理分布的气候不适宜区主要在新疆和东北区域减少，而在西藏地区扩展明显。

表13.28　不同时期羊草地理分布气候适宜区的面积（单位：10^4 hm^2）

时期	完全适宜区 [0.38,1]	中度适宜区 [0.19,0.38)	轻度适应区 [0.05,0.19)	不适应区 [0,0.05)
1961—1990	15035	10040	25314	46788
1966—1995	15558	10361	25127	46131
1971—2000	16858	10207	25086	45026
1976—2005	17313	10896	23949	45019
1981—2010	17667	11171	24543	43796
2011—2014(RCP 4.5)	12968	17813	26326	40070
2011—2014(RCP 8.5)	11149	20109	22970	42949

七、羊草对气候变化的适应性与脆弱性

基于模型运行结果，以1961—1990年为基准期，对1966—1995年、1971—2000年、1976—2005年、1981—2010年和2011—2040年（未来RCP 4.5和RCP 8.5气候情景）羊草对气候变化的适应性和脆弱性进行评价。表13.29给出了基准期及评估期的羊草地理分布面积及其存在概率变化。

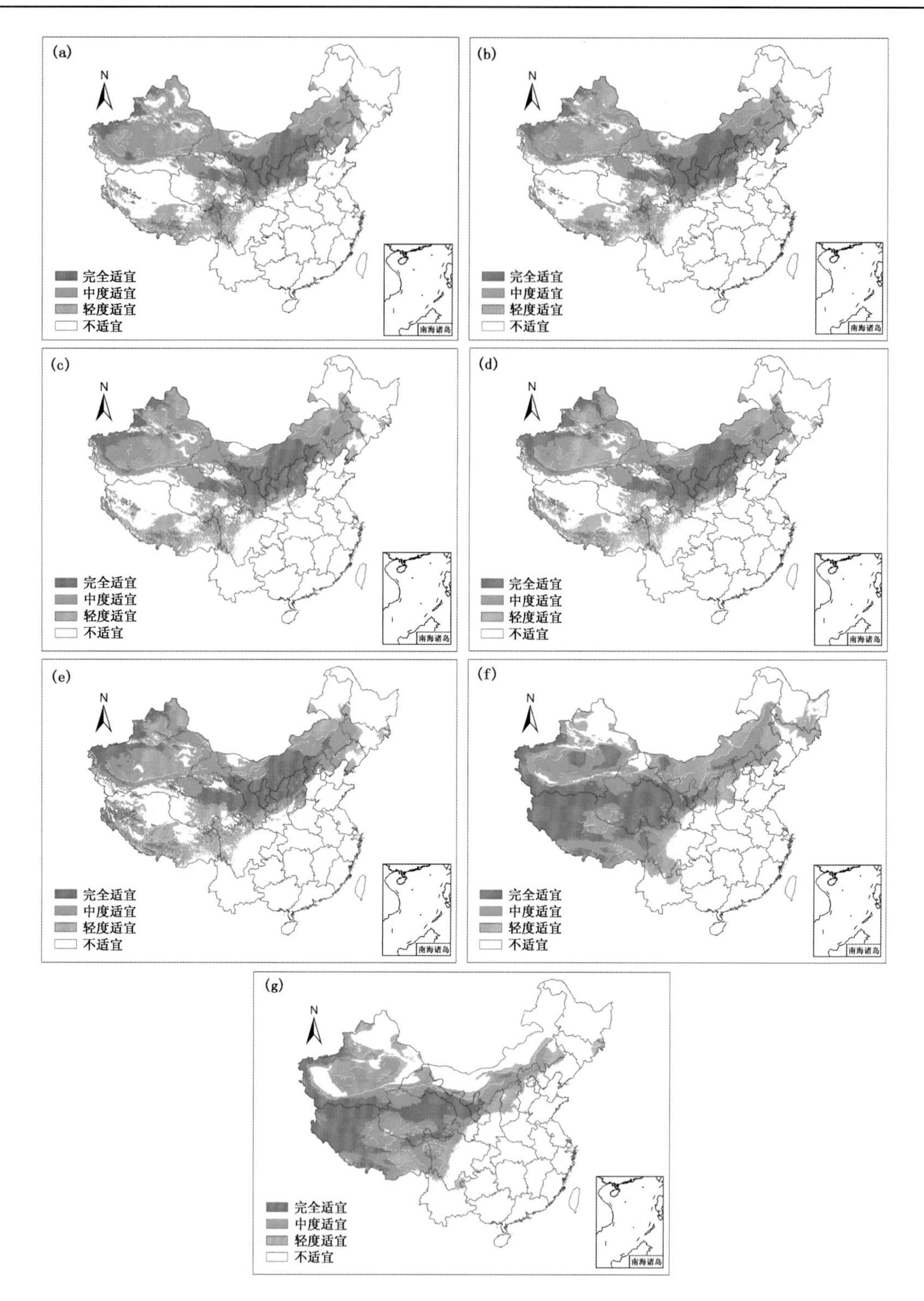

图 13.36　羊草地理分布的气候适宜区

(a)1961—1990 年;(b)1966—1995 年;(c)1971—2000 年;(d)1976—2005 年;(e)1981—2010 年;(f)2011—2040 年 RCP 4.5;(g)2011—2040 年 RCP 8.5

表 13.29　基准期与评估期羊草的地理分布面积(单位:10^4 hm^2)及其总的存在概率

研究时期		评估资料					
基准期	1961—1990 年	$S_{ik}+S_{im}$			$S_{ik}\cdot p_{ik}+S_{im}\cdot p_{im}$		
		27481			12149.51		
评估期	评估时段	S_{jk}	$S_{jk}\cdot p_{jk}$	S_{jm}	$S_{jm}\cdot p_{jm}$	S_{jl}	$S_{jl}\cdot p_{jl}$
	1966—1995 年	323	48.47	27158	12096.74	932	305.94
	1971—2000 年	606	85.99	26875	12223.79	2197	763.07
	1976—2005 年	727	97.30	26754	12290.67	3146	1115.66
	1981—2010 年	806	100.03	26675	12413.76	3728	1317.79
预测期	2011—2040 年(RCP 4.5)	10480	887.70	17001	7747.23	13780	4597.19
	2011—2040 年(RCP 8.5)	15046	1165.72	12435	5378.15	18824	5955.99

与基准期(1961—1990 年)相比,各评估期羊草分布区面积呈减少趋势,减少的面积明显大于羊草分布区拓展的面积,且羊草分布区面积随时间减小的速度要快于随时间拓展的速度,反映出气候变暖对羊草地理分布的负效应。在未来气候情景下,羊草分布区减小的面积和拓展的面积相接近,但均比当前气候条件下的变化范围明显增大,进一步反映出气候变暖对羊草地理分布的负效应。

基于适应性和脆弱性的划分指标对羊草的适应性和脆弱性进行评价表明(表 13.30),羊草对于当前的气候条件完全适应,但在未来 RCP 4.5 或 RCP 8.5 气候情景下羊草处于轻度或中度脆弱,反映出未来气候变暖对羊草的负效应。

表 13.30　羊草对气候变化的适应性与脆弱性评价

评估时期	评价指标			评价等级	拓展适应性评价 A_e
	SR	A_l	V		
1966—1995 年	0.99	0.99	0.004	中度适应	0.025
1971—2000 年	0.98	1.01	0.007	完全适应	0.063
1976—2005 年	0.97	1.01	0.008	完全适应	0.092
1981—2010 年	0.97	1.02	0.008	完全适应	0.109
2011—2040 年(RCP 4.5)	0.62	0.64	0.07	轻度脆弱	0.378
2011—2040 年(RCP 8.5)	0.45	0.44	0.09	中度脆弱	0.490

以 1961—1990 年为基准期对羊草的适应性与脆弱性评估表明,羊草在 1961—2010 年期间对气候具有很好的适应性,处于完全适应状态;但在未来气候情景下羊草对气候变化的适应性降低,将处于轻度脆弱或中度脆弱状态。

第十四章　中国东部南北样带优势树种的气候适宜性与脆弱性

中国东部南北样带(North-South Transect of Eastern China,NSTEC)是国际地圈—生物圈计划在全球启动的15条全球变化陆地样带之一。该样带位于108°～118°E,沿经线由海南岛北上至40°N,然后向东错位8°,再由东部118°～128°E往北至国界,沿样带由北向南形成了地球上独特而完整的以热量梯度驱动的森林地带系列,从北(53°31′N的漠河)到南(4°15′N的南沙群岛)依次分布着寒温带针叶林、温带针阔叶混交林、暖温带落叶阔叶林、亚热带常绿阔叶林、热带雨林、季雨林和赤道珊瑚岛常绿阔叶林,形成了世界上最大的连续不间断分布的森林植被。

为弄清沿热量梯度的不同类型森林对气候变化的适应性与脆弱性,在此选取中国东部南北样带典型森林类型的优势树种为研究对象,参照植物功能型的气候适宜性与脆弱性研究方法,分析其气候适宜性与脆弱性,为森林可持续发展的科学决策、管理政策的制订以及森林资源的合理开发利用提供依据。

第一节　寒温带兴安落叶松的气候适宜性与脆弱性

一、数据资料

兴安落叶松地理分布资料通过2个途径获取:(1)中国自然标本馆(CFH)和中国数字植物标本馆(CVH)的标本数字资料;(2)各地植物志的兴安落叶松分布资料,包括《中国植物志》、《内蒙古植物志》、《东北植物志》和《黑龙江树木志》等。利用两个途径获取兴安落叶松林地理分布资料时,如有重叠,按标本馆标本数字资料和各地方植物志资料的顺序选取。提取这些资料中的兴安落叶松林各分布区几何中心点坐标,构成中国兴安落叶松林地理分布数据集。数据集共包括兴安落叶松林地理分布点85个(图14.1)。

二、模型适用性分析

MaxEnt模型运行需要两组数据:一是模拟对象的地理分布数据;二是全国范围的环境变量,即从全国层次及年尺度确定的决定植物地理分布的6个气候因子T_{min}、Q、T_7、T_1、T和P。基于75%训练子集得到的MaxEnt模型模拟结果的AUC值为0.98,测试子集的MaxEnt模型模拟结果的AUC值也为0.98(图14.2),都达到了“非常好”的水平,表明MaxEnt模型能够很好地对兴安落叶松的地理分布进行模拟。将模型运行100次,以得到较为稳定的平均结果。

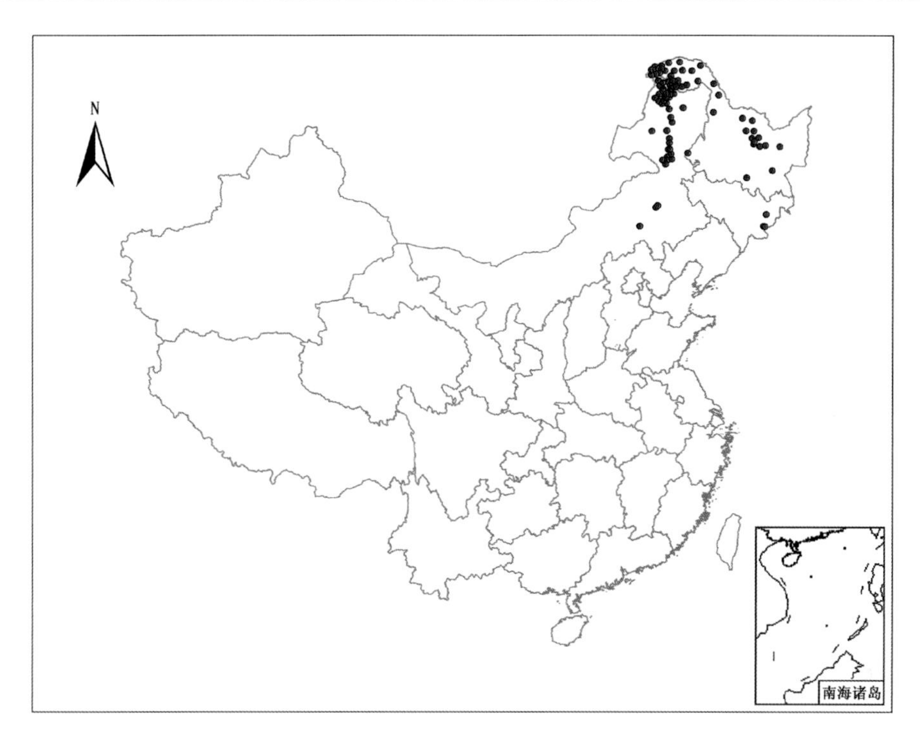

图 14.1　兴安落叶松样点的地理分布

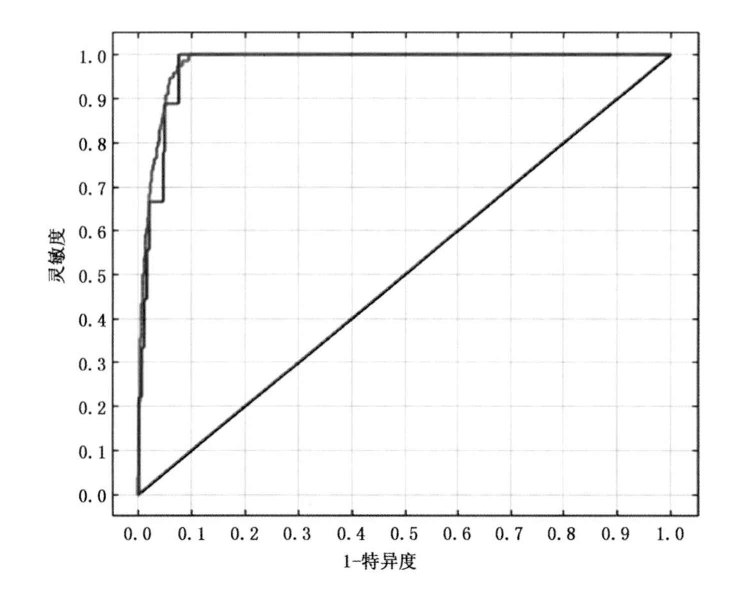

图 14.2　针对兴安落叶松地理分布的 MaxEnt 模型模拟结果的 ROC 曲线

三、影响因子分析

MaxEnt 模型给出了两种方法判定模型中气候因子对兴安落叶松地理分布模拟的贡献大小：一是百分贡献率和置换重要性(表 14.1)；二是小刀法得出的条状图(图 14.3)。在百分贡献率和置换重要性中，各气候因子对中国兴安落叶松林地理分布影响的排序分别为（表14.1）：最冷月平均温度（T_1）＞年辐射量（Q）＞年降水量（P）＞年极端最低温度（T_{min}）＞年均温度（T）＞最暖月平均温度（T_7）。由小刀法得分可知，各气候因子对兴安落叶松林地理分布影响的贡献排序为：最冷月平均温度（T_1）＞年极端最低温度（T_{min}）＞年辐射量（Q）＞最暖月平均温度（T_7）＞年均温度（T）＞年降水量（P）（图14.3）。6个因子在不同的评价方法中存在着不同的表现，不宜去除其中任一因子。

表 14.1　气候因子的百分贡献率和置换重要性

气候因子	百分贡献率（%）	置换重要性（%）
最冷月平均温度（T_1）	62.2	9.7
年辐射量（Q）	17.5	29.8
年降水量（P）	9.1	36.6
年极端最低温度（T_{min}）	4.9	0.7
年均温度（T）	3.9	15.5
最暖月平均温度（T_7）	2.4	7.7

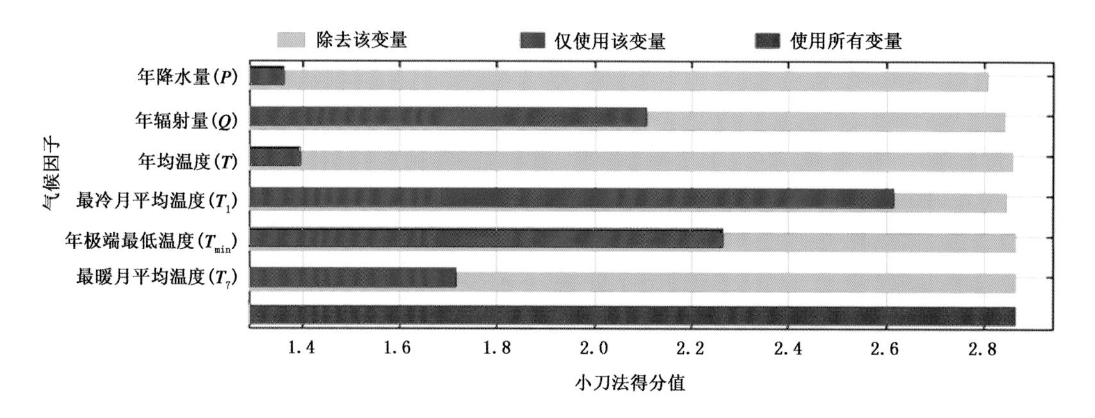

图 14.3　气候因子在小刀法中的得分

四、气候适宜性划分

基于气候资源保证率原则，利用所建 MaxEnt 模型给出的兴安落叶松在待预测地区的存在概率 p，提出兴安落叶松地理分布的气候适宜性等级划分。设定[0,0.05)为不适宜区即兴安落叶松地理分布的气候保证率低于60%（$p=0.6^6=0.05$）、[0.05,0.19)为轻度适宜区即其地理分布的气候保证率低于76%（$p=0.76^6=0.19$）、[0.19,0.38)为中度适宜区即其地理分布的气候保证率低于85%（$p=0.85^6=0.38$）、[0.38,1]为完全适宜区即兴安落叶松地理分布的气候保证率不低于85%。使用 ArcGIS 对模型模拟结果进行分类，划分兴安落叶松地理分布的气候适宜范围（图14.4）。结果表明，兴安落叶松气候适宜分布区主要位于黑龙江省和内蒙古的东北部，在吉林也有零星分布。

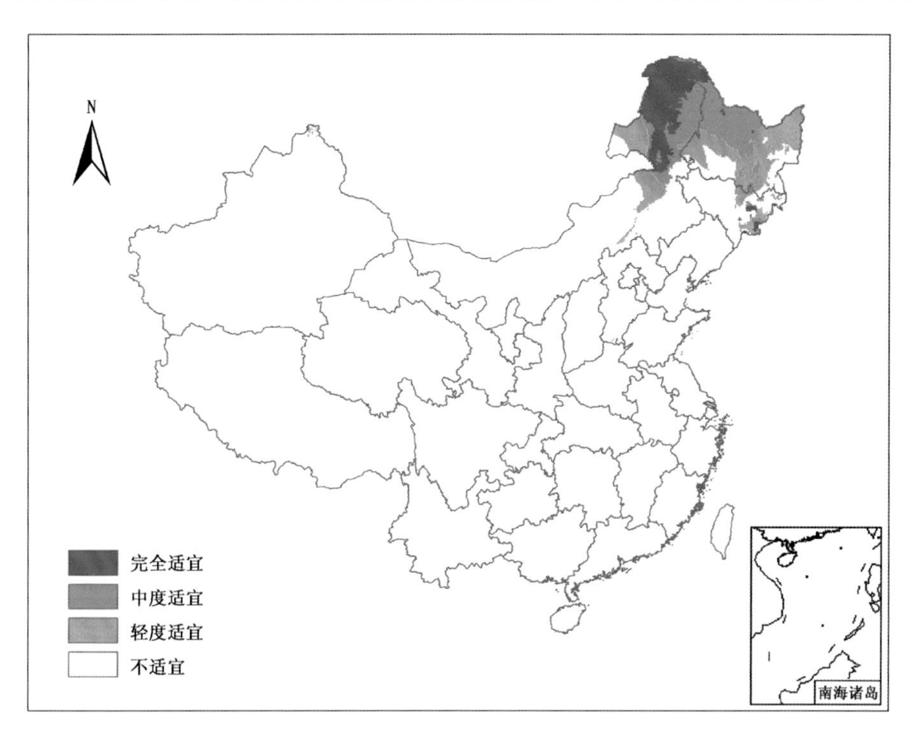

图 14.4　兴安落叶松地理分布的气候适宜性

五、影响因子阈值分析

根据 MaxEnt 模型模拟结果得到的兴安落叶松存在概率与各气候因子的关系(图 14.5)，可以得到不同适宜区各气候因子的阈值(表 14.2)。

表 14.2　兴安落叶松地理分布不同气候适宜区的气候因子阈值

	P(mm)	Q(W/m²)	T(℃)	T_1(℃)	T_{min}(℃)	T_7(℃)
完全适宜区[0.38,1]	370～918	88349～125610	−6.0～1.9	−30.4～−18.7	−49.8～−36.7	11.7～19.9
中度适宜区[0.19,0.38)	368～918	88286～125610	−6.0～2.3	−30.4～−17.8	−49.8～−35.0	11.7～21.7
轻度适宜区[0.05,0.19)	254～918	88286～125610	−6.0～4.0	−30.4～−17.3	−49.8～−34.5	2.0～23.0

六、兴安落叶松地理分布动态

以 1961—1990 年为基准期训练模型，投影到 1966—1995 年、1971—2000 年、1976—2005 年、1981—2010 年、2011—2014 年(RCP 4.5 和 RCP 8.5 未来气候情景)，得到兴安落叶松地理分布气候适宜区范围和面积的时空格局动态。与 1961—1990 年相比，1966—1995 年、1971—2000 年、1976—2005 年及 1981—2010 年的兴安落叶松地理分布的各气候适宜区均出现了南界北移的趋势。在 RCP 4.5 和 RCP 8.5 两个未来气候情景下，2011—2040 年兴安落叶松地理分布的完全适宜区和中度适宜区大范围减小甚至消失，而在西部的青海和西藏出现了轻度适宜区(图 14.6)。

兴安落叶松各地理分布气候适宜区在不同时期的分布面积见表 14.3。1961—2010 年间

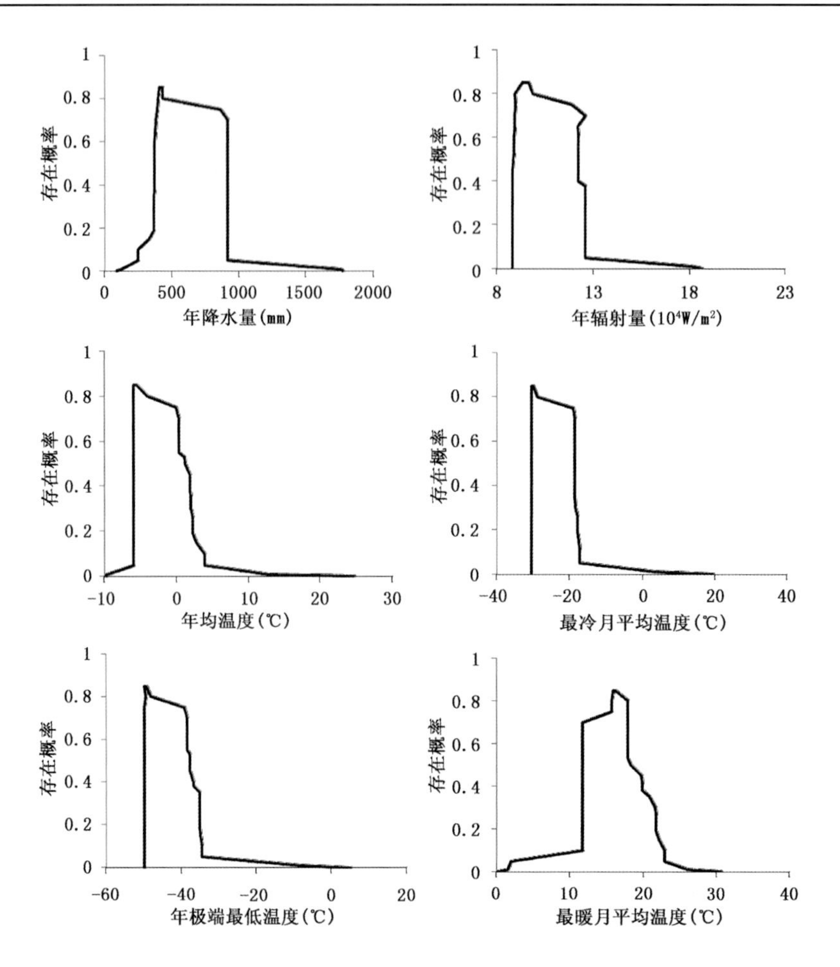

图 14.5　兴安落叶松预测存在概率与气候因子的关系曲线

兴安落叶松地理分布气候完全适宜区、中度适宜区和轻度适宜区的面积随着时间推移呈逐渐减小的趋势;不适宜区面积逐渐扩大。2011—2040 年(未来 RCP 4.5 和 RCP 8.5 气候情景),兴安落叶松分布的气候适宜区面积变化明显。未来气候情景下,兴安落叶松的气候完全适宜区和中度适宜区面积均显著减小,未来 RCP 4.5 气候情景下兴安落叶松的气候完全适宜区基本消失,气候轻度适宜区有所减小,而未来 RCP 8.5 气候情景下兴安落叶松的气候轻度适宜区则增大约 1 倍以上。

表 14.3　不同时期兴安落叶松地理分布气候适宜区的面积(单位:10^4 hm^2)

时期	完全适宜区 [0.38,1]	中度适宜区 [0.19,0.38)	轻度适宜区 [0.05,0.19)	不适宜区 [0,0.05)
1961—1990 年	1978	2464	2850	89885
1966—1995 年	1974	2452	2587	90164
1971—2000 年	1927	2467	2327	90456
1976—2005 年	1752	2538	2202	90685
1981—2010 年	1732	2307	1598	91540
2011—2040 年(RCP 4.5)	0	94	1729	95354
2011—2040 年(RCP 8.5)	292	545	6643	89697

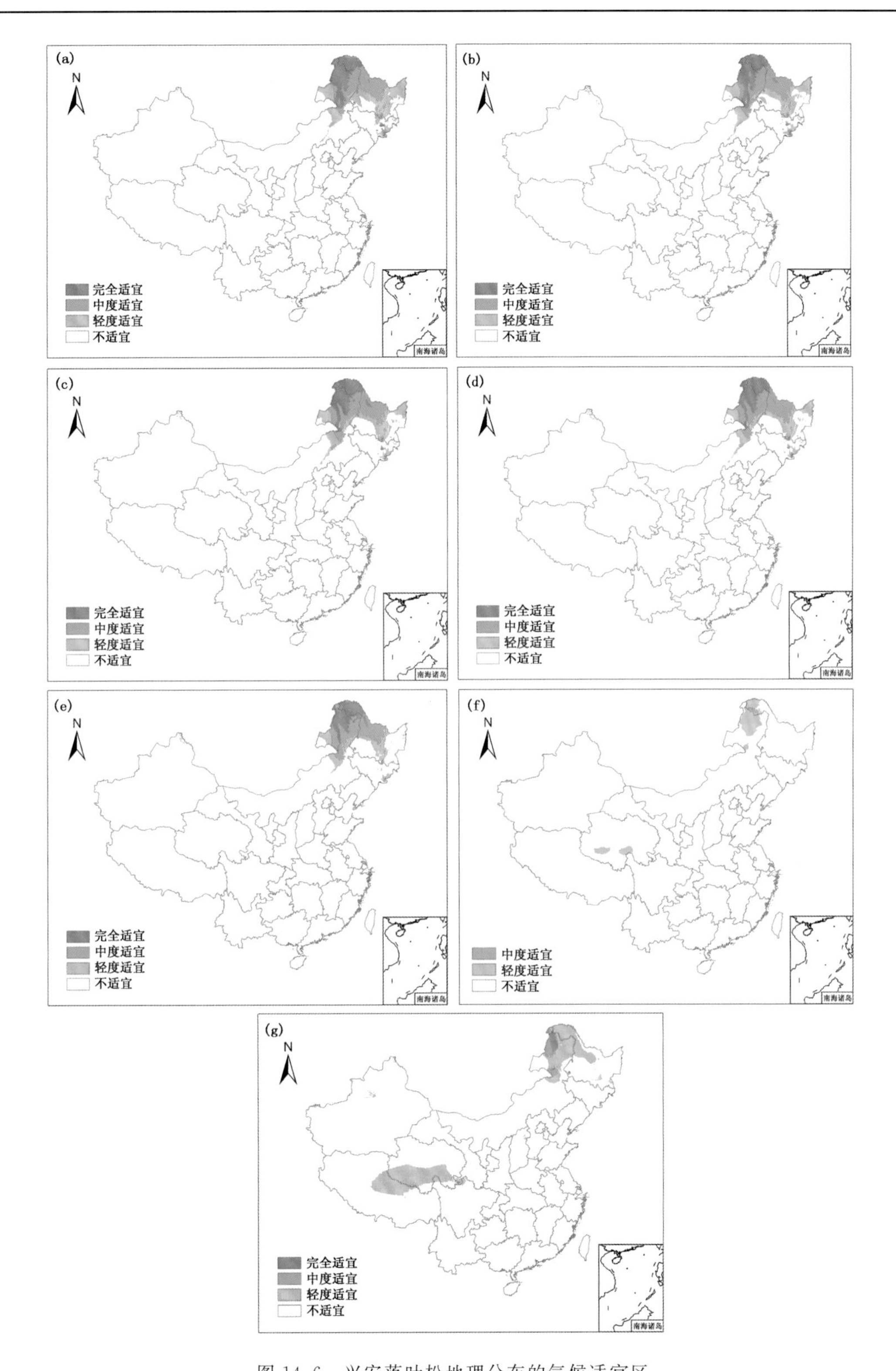

图 14.6　兴安落叶松地理分布的气候适宜区

(a)1961—1990 年；(b)1966—1995 年；(c)1971—2000 年；(d)1976—2005 年；(e)1981—2010 年；(f)2011—2040 年 RCP 4.5；(g)2011—2040 年 RCP 8.5

七、兴安落叶松对气候变化的适应性与脆弱性

表 14.4 给出了基准期及评估期的兴安落叶松地理分布面积及其存在概率变化。基于评估期兴安落叶松分布气候适宜区的面积(SR)、自适应性指数(A_l)、脆弱性指数(V)和拓展适应性指数(A_e),可以评价兴安落叶松对气候变化的适应性与脆弱性(表 14.5)。

表 14.4　基准期及评估期兴安落叶松地理分布面积(单位:10^4 hm^2)及其总的存在概率

研究时期		评估资料					
基准期	1961—1990 年	$S_{ik}+S_{im}$			$S_{ik}\cdot p_{ik}+S_{im}\cdot p_{im}$		
		4442			1809.36		
评估期	评估时段	S_{jk}	$S_{jk}\cdot p_{jk}$	S_{jm}	$S_{jm}\cdot p_{jm}$	S_{jl}	$S_{jl}\cdot p_{jl}$
	1966—1995 年	159	20.49	4283	1748.33	143	36.82
	1971—2000 年	319	39.37	4123	1663.23	271	72.24
	1976—2005 年	405	47.78	4037	1569.56	253	65.76
	1981—2010 年	563	57.12	3879	1458.00	160	40.91
预测期	2011—2040 年(RCP 4.5)	4349	170.46	93	20.98	1	0.20
	2011—2040 年(RCP 8.5)	3624	281.25	818	277.34	19	4.26

表 14.5　兴安落叶松对气候变化的适应性与脆弱性评价

评估时期	评价指标			评价等级	拓展适应性
	SR	A_l	V		A_e
1966—1995 年	0.96	0.97	0.01	中度适应	0.02
1971—2000 年	0.93	0.92	0.02	中度适应	0.04
1976—2005 年	0.91	0.87	0.03	中度适应	0.04
1981—2010 年	0.87	0.81	0.03	轻度适应	0.02
2011—2040 年(RCP 4.5)	0.02	0.01	0.09	完全脆弱	0.00
2011—2040 年(RCP 8.5)	0.18	0.15	0.16	中度脆弱	0.00

以 1961—1990 年为基准期对兴安落叶松的适应性与脆弱性评估表明,评估期兴安落叶松地理分布均呈一定程度的南界北移趋势,其自适应性较好,主要表现为中度适应,但未来气候情景下兴安落叶松将向完全脆弱或中度脆弱方向发展,其地理分布将发生很大变化。

第二节　温带红松的气候适宜性与脆弱性

一、数据资料

红松地理分布资料通过 2 个途径获取:(1)《中国植被图(1∶100 万)》的分布资料;(2) 中国数字植物标本馆(http://www.cvh.org.cn),包括中国科学院植物研究所标本馆 (PE)、《辽宁植物志》、中国科学院西北高原生物研究所青藏高原生物标本馆(HNWP)、中国红松天然林(徐化成 2001)等数据库中的红松自然地理分布数据。利用两个途径获取红松林地理分布资料时,如有重叠,按先植被图然后标本馆标本数字资料的顺序选取。提取这些资料中的红松林各分布区几何中心点坐标,构成中国红松林地理分布数据集。数据集共包括红松林地理分布点 234 个(图 14.7)。

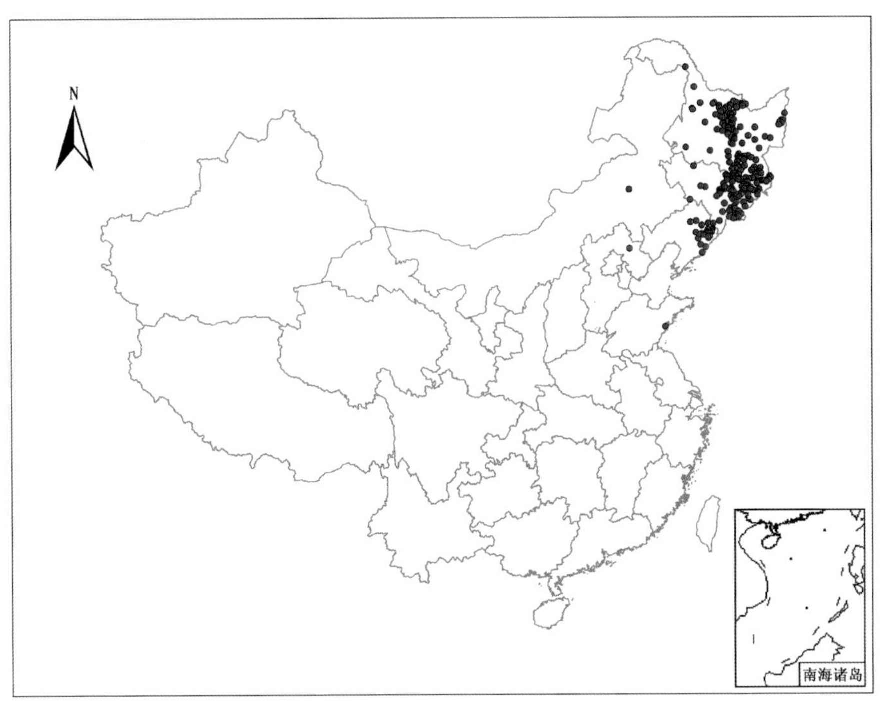

图 14.7　红松样点的地理分布

二、模型适用性分析

MaxEnt 模型运行需要两组数据:一是模拟对象的地理分布数据;二是全国范围的环境变量,即从全国层次及年尺度确定的决定植物地理分布的 6 个气候因子 T_{min}、Q、T_7、T_1、T 和 P。基于 75%训练子集得到的 MaxEnt 模型模拟结果的 AUC 值为 0.98,测试子集的 MaxEnt 模型模拟结果的 AUC 值为 0.97(图 14.8),都达到了“非常好”的水平,表明 MaxEnt 模型能够很好地对红松的地理分布进行模拟。将模型运行 100 次,以得到较为稳定的平均结果。

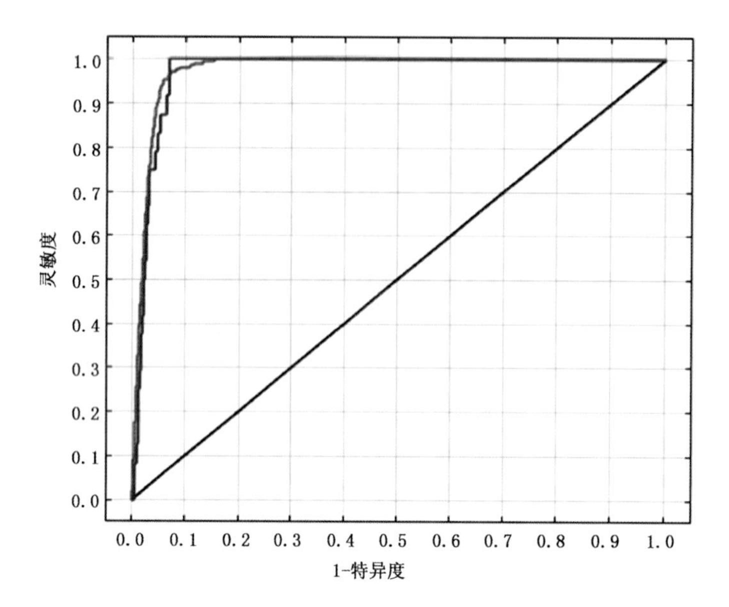

图 14.8　针对红松地理分布的 MaxEnt 模型模拟结果的 ROC 曲线

三、影响因子分析

在百分贡献率和置换重要性中，各气候因子对红松林地理分布影响的排序分别为（表 14.6）：年辐射量（Q）>年降水量（P）>年极端最低温度（T_{min}）>最冷月平均温度（T_1）>最暖月平均温度（T_7）>年均温度（T）。由小刀法得分可知，各气候因子对红松林地理分布影响的贡献排序为：年辐射量（Q）>年降水量（P）>最暖月平均温度（T_7）>年均温度（T）>最冷月平均温度（T_1）>年极端最低温度（T_{min}）（图 14.9）。6 因子中，年降水量和年辐射量在各种评价方法中均有高的得分，其他因子在不同的评价方法中存在着不同的表现，不宜去除其中任一因子。

表 14.6　气候因子的百分贡献率和置换重要性

气候因子	百分贡献率(%)	置换重要性(%)
年辐射量(Q)	32.7	25.2
年降水量(P)	28.3	61.3
年极端最低温度(T_{min})	15.6	1.0
最冷月平均温度(T_1)	14.8	6.1
最暖月平均温度(T_7)	6.4	5.1
年均温度(T)	2.1	1.3

四、气候适宜性划分

基于气候资源保证率原则，利用所建 MaxEnt 模型给出的红松在待预测地区的存在概率 p，根据红松地理分布的气候适宜性等级划分，使用 ArcGIS 对模型模拟结果进行分类，划分红松地理分布的气候适宜范围（图 14.10）。结果表明，红松地理分布的气候适宜区主要位于东

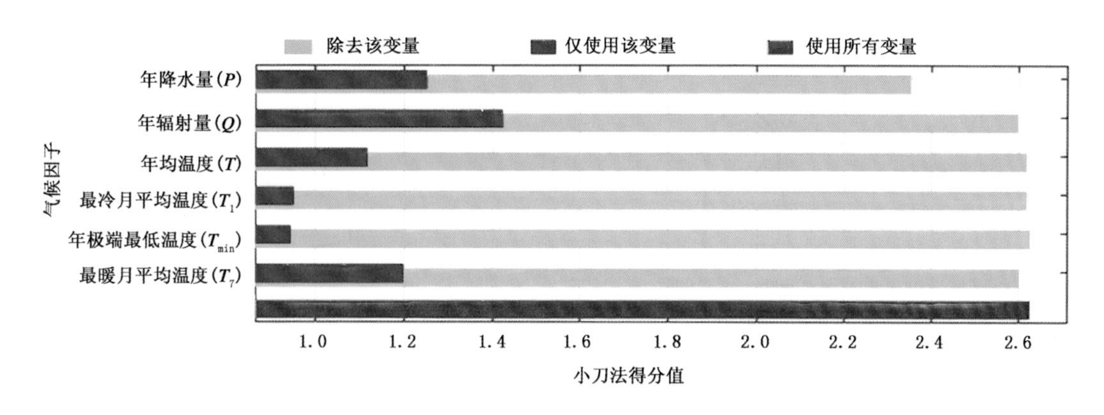

图 14.9 气候因子在小刀法中的得分

北地区。其中,气候完全适宜区主要分布在黑龙江省和吉林省;中度适宜区向西扩展到了辽宁省;轻度适宜区继续向西部扩展,内蒙古东北部也有小面积分布。

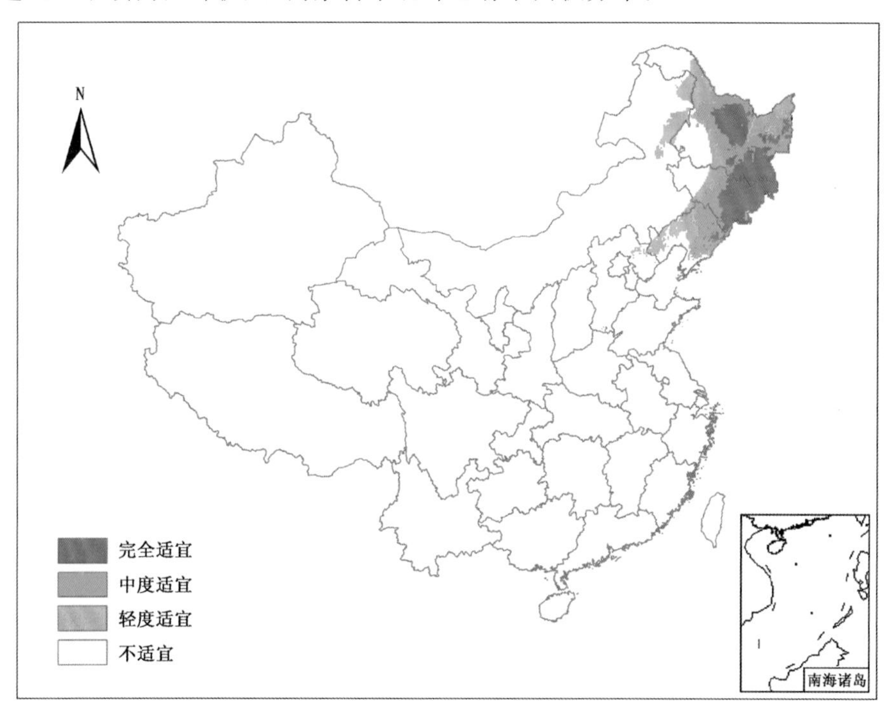

图 14.10 红松地理分布的气候适宜性

五、影响因子阈值分析

根据 MaxEnt 模型模拟结果得到的红松存在概率与各气候因子的关系(图 14.11),可以得到不同气候适宜区各气候因子的阈值(表 14.7)。

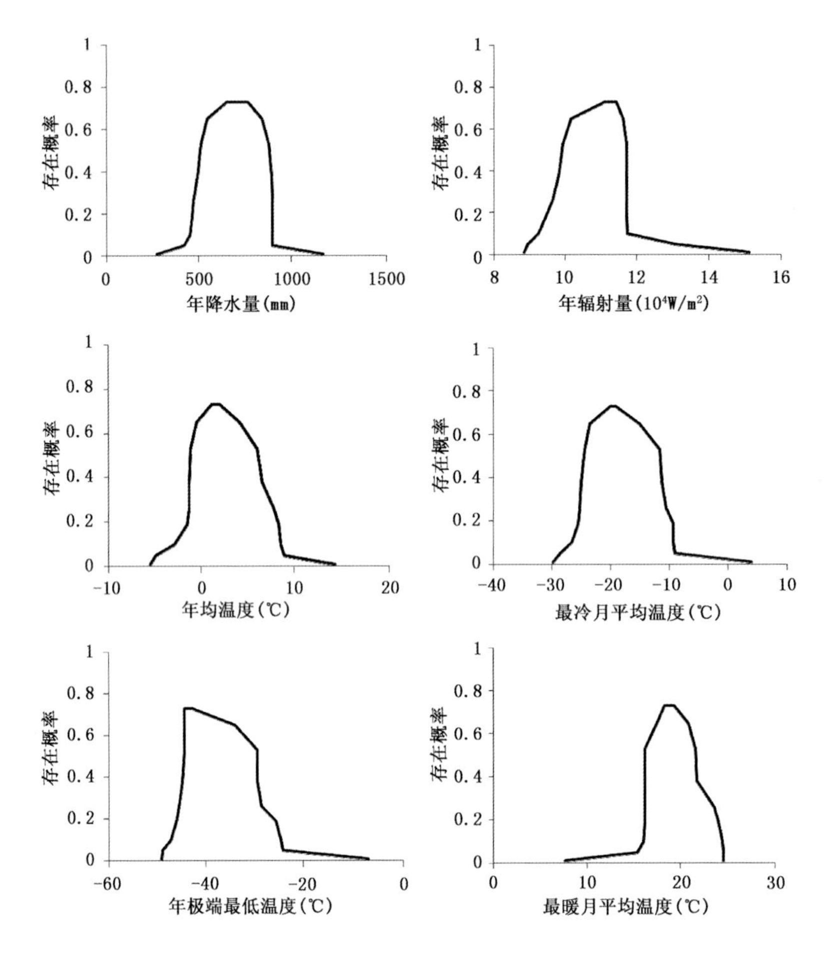

图 14.11　红松预测存在概率与气候因子的关系曲线

表 14.7　红松地理分布不同气候适宜区的气候因子阈值

	P(mm)	Q(W/m²)	T(℃)	T_1(℃)	T_{min}(℃)	T_7(℃)
完全适宜区[0.38,1]	493～895	98216～117118	－1.3～6.6	－25.1～－9.0	－44.9～－29.4	16.3～21.7
中度适宜区[0.19,0.38)	464～897	94756～117118	－1.5～8.3	－25.6～－9.3	－46.1～－25.7	16.3～24.1
轻度适宜区[0.05,0.19)	419～897	89358～130799	－5.0～8.9	－28.6～－11.3	－49.0～－24.3	15.4～24.5

六、红松地理分布动态

与 1961—1990 年相比,1966—1995 年、1971—2000 年、1976—2005 年及 1981—2010 年的红松地理分布的各气候适宜区均出现了向西北扩展的趋势。而在 2011—2040 年未来 RCP 4.5 和 RCP 8.5 气候情景下,红松的地理分布区将大幅度减小,仅在吉林、辽宁、山西、甘肃和内蒙古呈零星斑块状存在(图 14.12)。

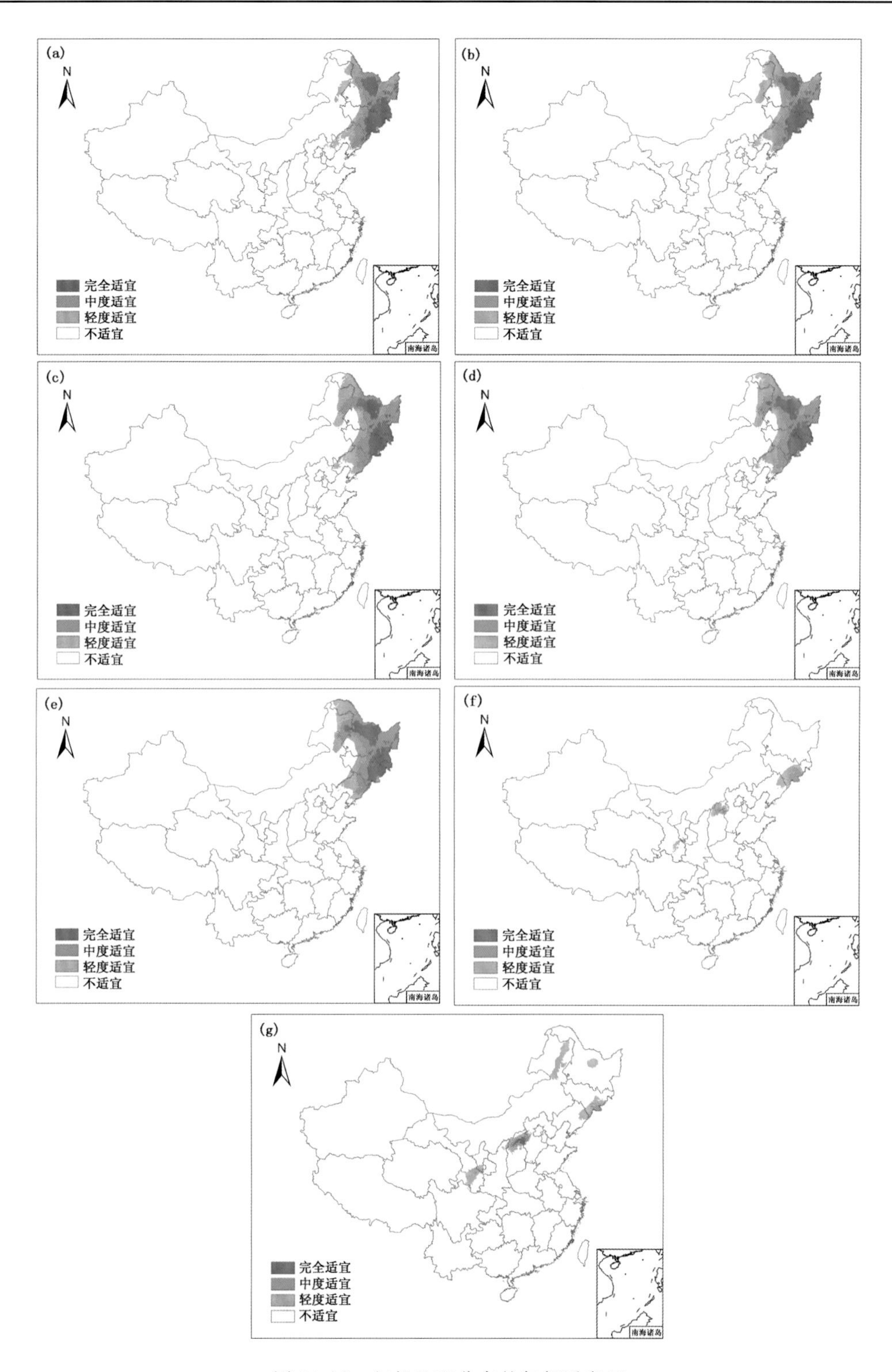

图 14.12　红松地理分布的气候适宜区

(a)1961—1990 年;(b)1966—1995 年;(c)1971—2000 年;(d)1976—2005 年;(e)1981—2010 年;
(f)2011—2040 年 RCP 4.5;(g)2011—2040 年 RCP 8.5

红松地理分布气候适宜区在不同时期的分布面积见表 14.8。1961—2010 年红松地理分布气候完全适宜区、中度适宜区和轻度适宜区的面积随着时间推移均呈增大趋势；不适宜区的面积呈逐渐减小趋势。2011—2040 年（未来 RCP 4.5 和 RCP 8.5 气候情景），红松分布的气候适宜区面积变化明显，各气候适宜区的面积均明显减小，气候完全适宜区和中度适宜区几乎消失。

表 14.8　不同时期红松地理分布气候适宜区的面积（单位：10^4 hm^2）

时期	完全适宜区 [0.38,1]	中度适宜区 [0.19,0.38)	轻度适宜区 [0.05,0.19)	不适宜区 [0,0.05)
1961—1990 年	2382	1905	2281	90609
1966—1995 年	2442	2028	2764	89943
1971—2000 年	2296	2656	2768	89457
1976—2005 年	2483	2745	2814	89135
1981—2010 年	2685	2716	2632	89144
2011—2040 年（RCP 4.5）	21	383	968	95805
2011—2040 年（RCP 8.5）	146	267	2063	94701

七、红松对气候变化的适应性与脆弱性

表 14.9 给出了基准期及评估期的红松地理分布面积及其存在概率变化。基于评估期红松分布气候适宜区的面积（SR）、自适应性指数（A_l）、脆弱性指数（V）和拓展适应性指数（A_e），可以评价红松对气候变化的适应性与脆弱性（表 14.10）。

表 14.9　基准期及评估期红松地理分布面积（单位：10^4 hm^2）及其总的存在概率

研究时期		评估资料					
基准期	1961—1990 年	$S_{ik}+S_{im}$			$S_{ik}\cdot p_{ik}+S_{im}\cdot p_{im}$		
		4287			1853.41		
评估期	评估时段	S_{jk}	$S_{jk}\cdot p_{jk}$	S_{jm}	$S_{jm}\cdot p_{jm}$	S_{jl}	$S_{jl}\cdot p_{jl}$
	1966—1995 年	101	16.40	4186	1849.10	284	62.64
	1971—2000 年	149	21.88	4138	1828.44	814	212.65
	1976—2005 年	175	25.95	4112	1811.82	1116	315.01
	1981—2010 年	208	27.82	4079	1827.72	1322	395.96
预测期	2011—2040 年（RCP 4.5）	3991	79.24	296	81.81	108	33.31
	2011—2040 年（RCP 8.5）	4174	99.92	113	28.11	300	110.94

表 14.10　红松对气候变化的适应性与脆弱性评价

评估时期	评价指标			评价等级	拓展适应性
	SR	A_l	V		A_e
1966—1995 年	0.98	1.00	0.01	完全适应	0.03
1971—2000 年	0.97	0.99	0.01	中度适应	0.11
1976—2005 年	0.96	0.98	0.01	中度适应	0.17
1981—2010 年	0.95	0.99	0.02	中度适应	0.21
2011—2040 年 (RCP 4.5)	0.07	0.04	0.04	完全脆弱	0.02
2011—2040 年 (RCP 8.5)	0.03	0.02	0.05	完全脆弱	0.06

以 1961—1990 年为基准期对红松的适应性与脆弱性评估表明，评估期红松地理分布均呈一定程度的向西扩展趋势，红松处于完全适应和中度适应状态，但未来气候情景下将表现为完全脆弱，红松的地理分布范围将大面积减小。

第三节　温带蒙古栎的气候适宜性与脆弱性

一、数据资料

蒙古栎地理分布资料通过 2 个途径获取：(1) 中国自然标本馆(CFH)和中国数字植物标本馆(CVH)的标本数字资料；(2)各地植物志的蒙古栎分布资料，包括《北京植物志》、《河北植物志》、《山东植物志》、《河南植物志》、《崂山植物志》、《黄土高原植物志》、《黑龙江植物志》、《辽宁植物志》、《内蒙古植物志》等。利用两个途径获取蒙古栎林地理分布资料时，如有重叠，按标本馆标本数字资料和各地方植物志资料的顺序选取。提取这些资料中的蒙古栎林各分布区几何中心点坐标，构成中国蒙古栎林地理分布数据集。数据集共包括蒙古栎林地理分布点 116 个(图 14.13)。

二、模型适用性分析

MaxEnt 模型运行需要两组数据：一是模拟对象的地理分布数据；二是全国范围的环境变量，即从全国层次及年尺度确定的决定植物地理分布的 6 个气候因子 T_{min}、Q、T_7、T_1、T 和 P。基于 75%训练子集得到的 MaxEnt 模型模拟结果的 AUC 值为 0.93，测试子集的 MaxEnt 模型模拟结果的 AUC 值为 0.90(图 14.14)，都达到了“非常好”的水平，表明 MaxEnt 模型能够很好地对蒙古栎的地理分布进行模拟。将模型运行 100 次，以得到较稳定的平均结果。

三、影响因子分析

在百分贡献率和置换重要性中，各气候因子对蒙古栎林地理分布影响的排序分别为(表 14.11)：年降水量(P)>最冷月平均温度(T_1)>年辐射量(Q)>最暖月平均温度(T_7)>年极端最低温度(T_{min})>年均温度(T)。由小刀法得分可知，各气候因子对蒙古栎林地理分布影响

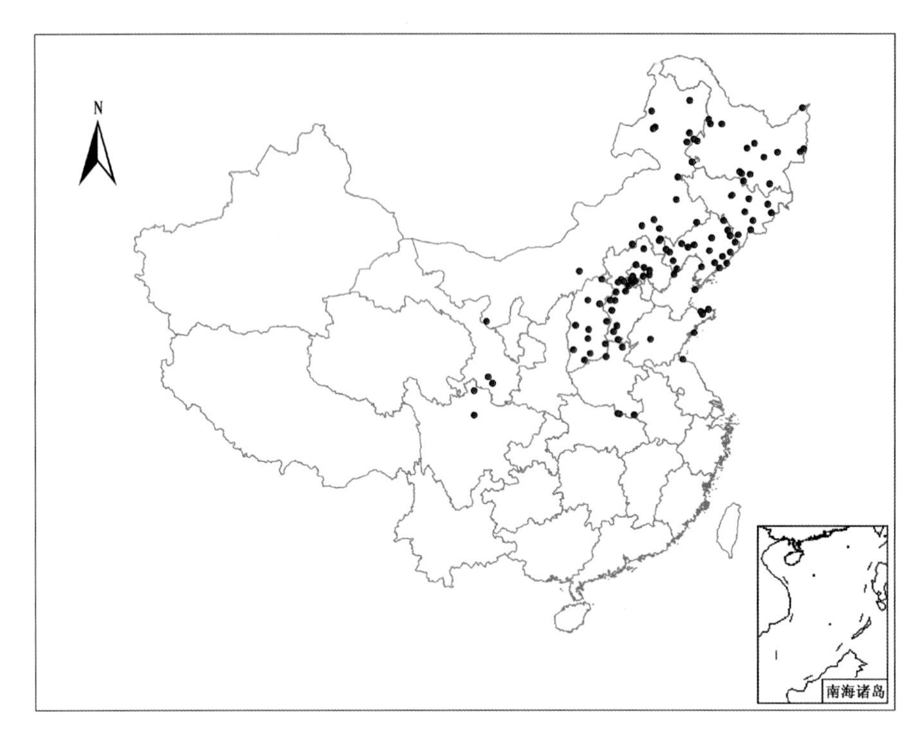

图 14.13　蒙古栎样点的地理分布

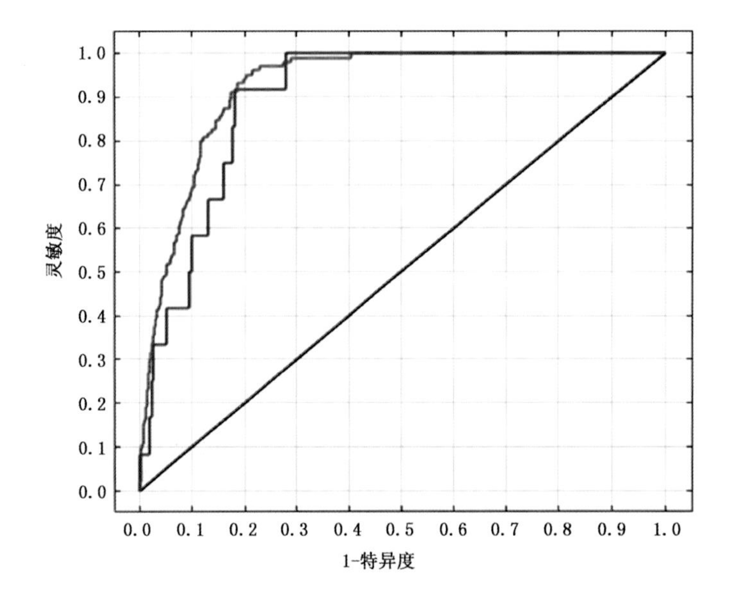

图 14.14　针对蒙古栎地理分布的 MaxEnt 模型模拟结果的 ROC 曲线

的贡献排序为:年降水量(P)>年辐射量(Q)>最暖月平均温度(T_7)>年均温度(T)>最冷月平均温度(T_1)>年极端最低温度(T_{min})(图 14.15)。6 个因子中,年降水量在各种评价方法中均有高的得分,其他因子在不同的评价方法中存在着不一致的表现,不宜去除其中任一因子。

表 14.11　气候因子的百分贡献率和置换重要性

气候因子	百分贡献率(%)	置换重要性(%)
年降水量(P)	35.9	33.5
最冷月平均温度(T_1)	25.6	39.0
年辐射量(Q)	16.7	12.5
最暖月平均温度(T_7)	10.7	0.6
年极端最低温度(T_{min})	8.3	11.4
年均温度(T)	2.8	3.0

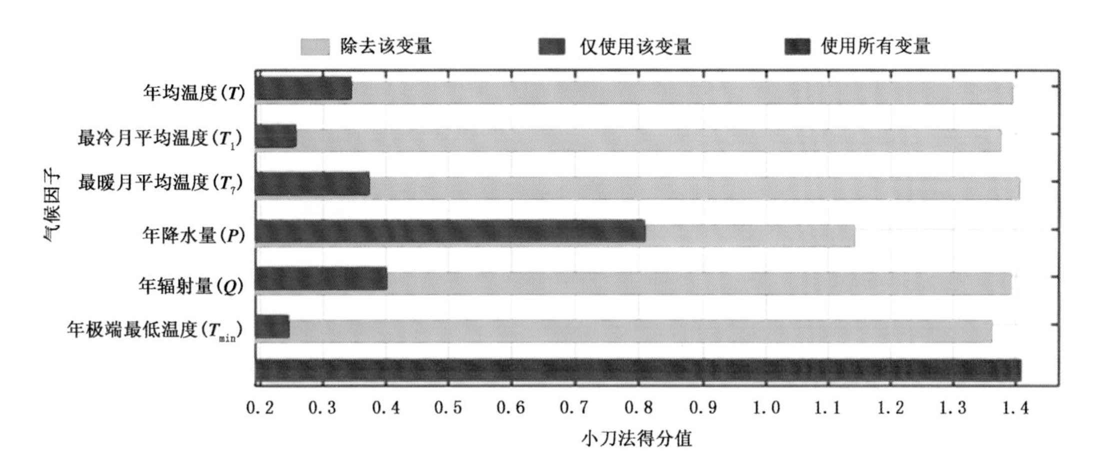

图 14.15　气候因子在小刀法中的得分

四、气候适宜性划分

基于气候资源保证率原则，利用所建 MaxEnt 模型给出的蒙古栎在待预测地区的存在概率 p，根据蒙古栎地理分布的气候适宜性等级划分，使用 ArcGIS 对模型模拟结果进行分类，划分蒙古栎地理分布的气候适宜范围(图 14.16)。结果表明，蒙古栎地理分布的气候适宜区主要位于东北、华北、华东、华中、西北和西南部分地区。其中，气候完全适宜区覆盖了黑龙江大部分地区、吉林、辽宁、内蒙古东南部、河北、山东、山西、河南北部、陕西北部和甘肃南部部分地区；中度适宜区主要向北略有扩张，宁夏南部也出现了少量分布；轻度适宜区向北部和南部均有扩张，新疆西北部也出现了零星分布区。

五、影响因子阈值分析

根据 MaxEnt 模型模拟结果得到的蒙古栎存在概率与各气候因子的关系(图 14.17)，可以得到不同适宜区各气候因子的阈值(表 14.12)。

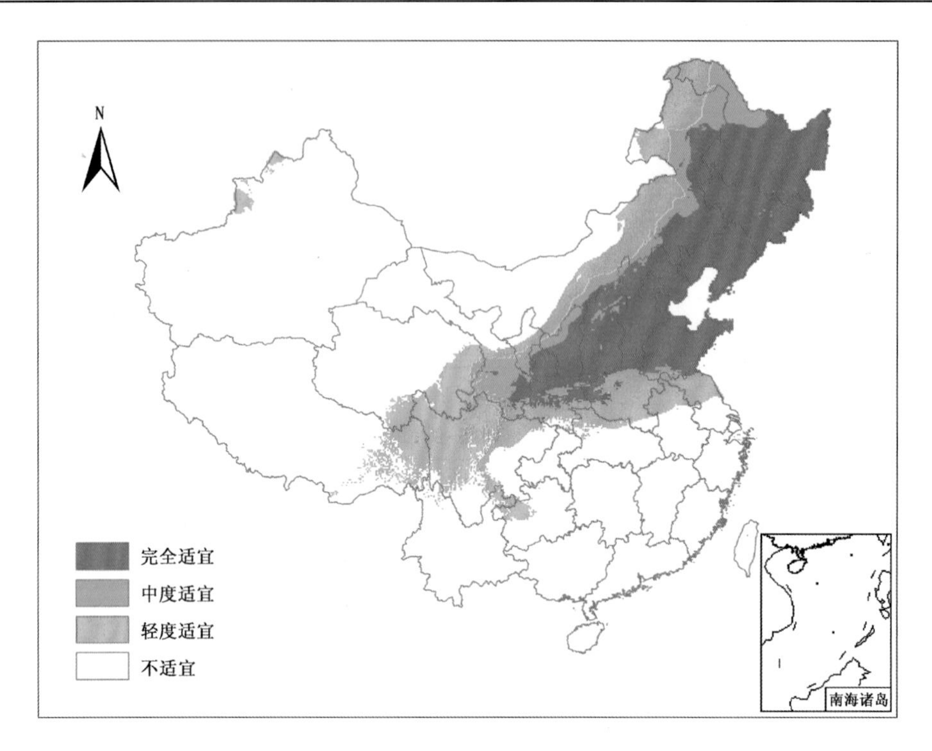

图 14.16　蒙古栎地理分布的气候适宜性

表 14.12　蒙古栎地理分布不同气候适宜区的气候因子阈值

	P(mm)	Q(W/m^2)	T(℃)	T_1(℃)	T_{min}(℃)	T_7(℃)
完全适宜区[0.38,1]	369～897	95598～132662	−3.7～14.0	−26.1～−0.7	−43.9～−12.9	15.3～27.0
中度适宜区[0.19,0.38)	339～1138	88487～142474	−5.1～14.0	−28.7～−0.7	−49.0～−11.9	10.3～27.0
轻度适宜区[0.05,0.19)	229～1432	88286～158368	−6.0～16.5	−30.4～6.1	−49.8～−4	5.3～27.7

六、蒙古栎地理分布动态

与 1961—1990 年相比，1966—1995 年、1971—2000 年、1976—2005 年及 1981—2010 年的蒙古栎地理分布的各气候完全适宜区出现了弱的向西北扩展趋势。2011—2040 年未来 RCP 4.5 和 RCP 8.5 气候情景下，蒙古栎地理分布的主体分布区主要表现为向西部扩展，覆盖了西藏大部分地区(图 14.18)。

蒙古栎地理分布气候适宜区在不同时期的分布面积见表 14.13。1961—2010 年间蒙古栎地理分布气候完全适宜区和轻度适宜区的面积随着时间推移变化较小，总体呈弱的增加趋势，中度适宜区面积出现波动；不适宜区的面积呈逐渐减小趋势。在 2011—2040 年(未来 RCP 4.5 和 RCP 8.5 气候情景)，蒙古栎分布的气候适宜区面积变化明显，气候完全适宜区面积有所减少，中度适宜区和轻度适宜区面积均大幅增大，不适宜区的面积减小 1/4 以上。

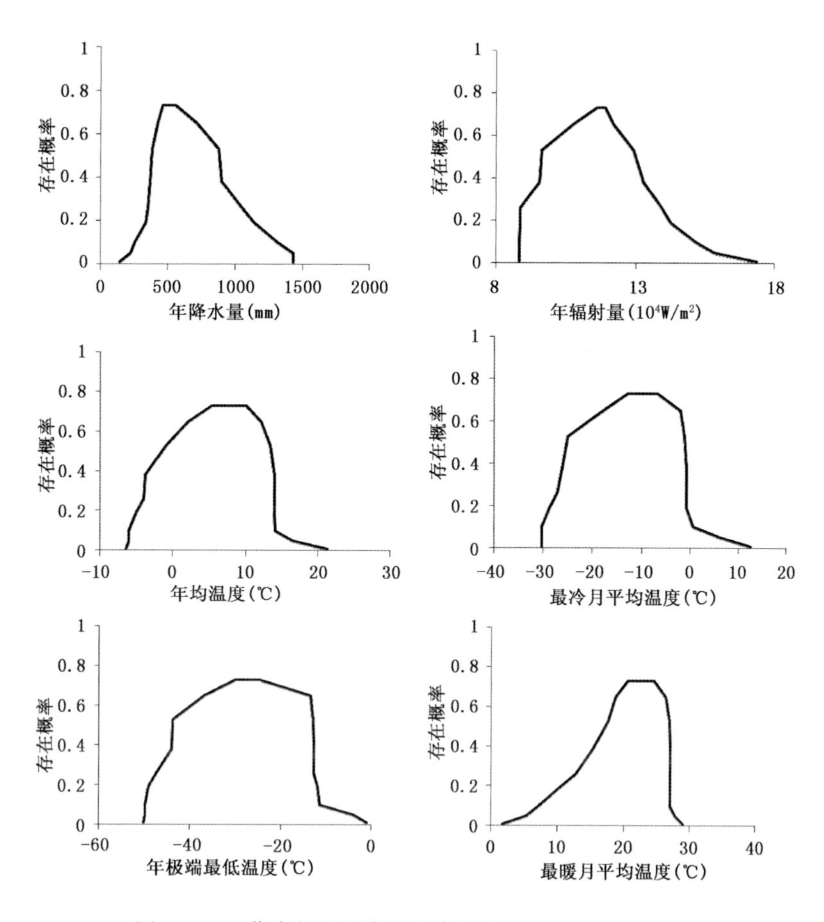

图 14.17　蒙古栎预测存在概率与气候因子的关系曲线

表 14.13　不同时期蒙古栎地理分布气候适宜区的面积(单位:10^4 hm^2)

时期	完全适宜区 [0.38,1]	中度适宜区 [0.19,0.38)	轻度适宜区 [0.05,0.19)	不适宜区 [0,0.05)
1961—1990 年	16249	4105	13121	63702
1966—1995 年	16484	4233	13405	63055
1971—2000 年	16402	4535	13196	63044
1976—2005 年	16426	4649	13420	62682
1981—2010 年	17070	3743	13633	62731
2011—2040 年(RCP 4.5)	15366	8030	27118	46663
2011—2040 年(RCP 8.5)	15714	14071	22101	45291

七、蒙古栎对气候变化的适应性与脆弱性

表 14.14 给出了基准期及评估期的蒙古栎地理分布面积及其存在概率变化。基于评估期蒙古栎分布气候适宜区的面积(SR)、自适应性指数(A_l)、脆弱性指数(V)和拓展适应性指数(A_e),可以评价蒙古栎对气候变化的适应性与脆弱性(表 14.15)。

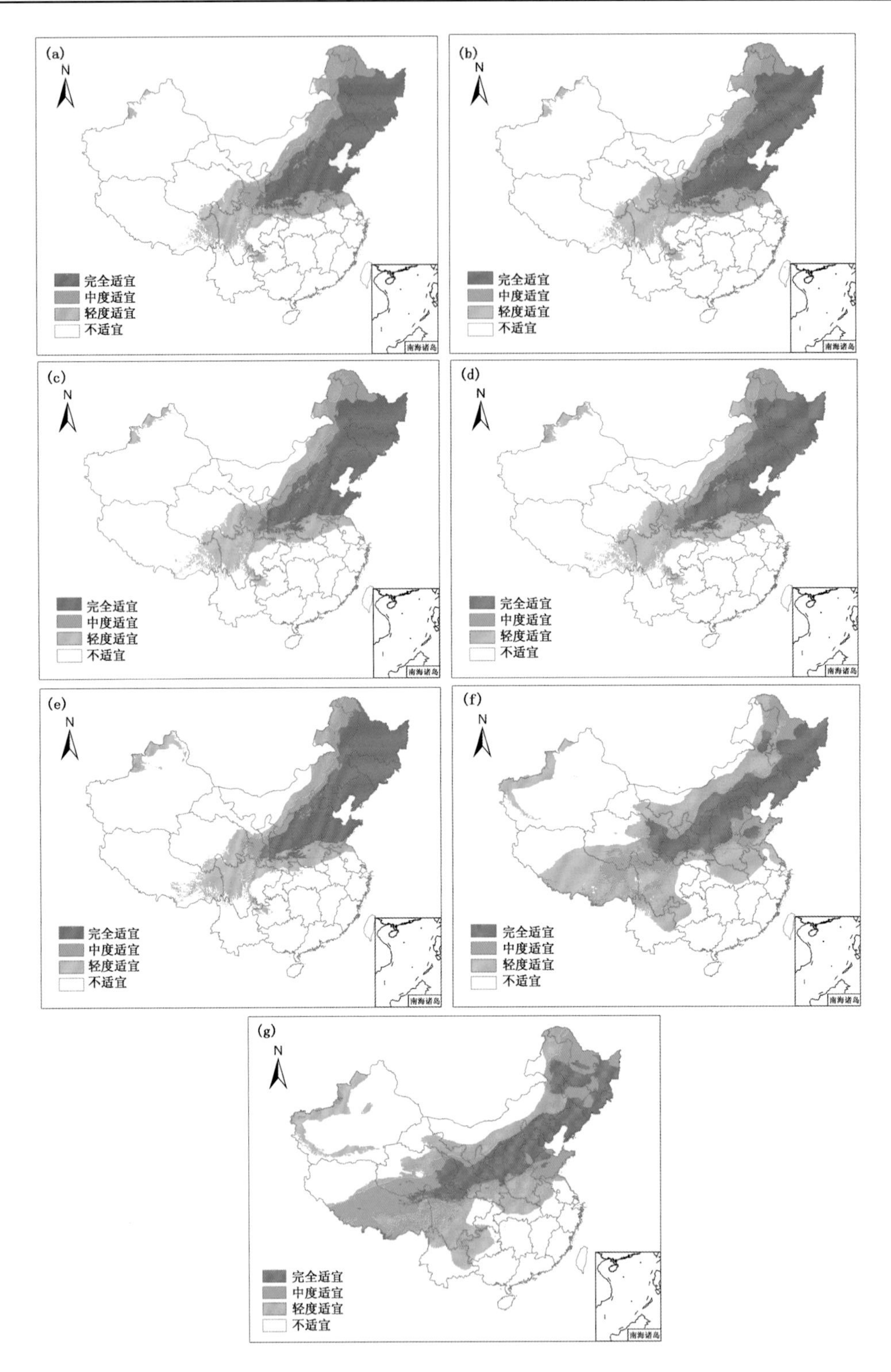

图 14.18　蒙古栎地理分布的气候适宜区

(a)1961—1990 年；(b)1966—1995 年；(c)1971—2000 年；(d)1976—2005 年；(e)1981—2010 年；(f)2011—2040 年 RCP 4.5；(g)2011—2040 年 RCP 8.5

表 14.14　基准期及评估期蒙古栎地理分布面积(单位:10^4 hm^2)及其总的存在概率

研究时期		评估资料					
基准期	1961—1990 年	$S_{ik}+S_{im}$			$S_{ik}\cdot p_{ik}+S_{im}\cdot p_{im}$		
		20354			10018.22		
评估期	评估时段	S_{jk}	$S_{jk}\cdot p_{jk}$	S_{jm}	$S_{jm}\cdot p_{jm}$	S_{jl}	$S_{jl}\cdot p_{jl}$
	1966—1995 年	184	21.97	20170	10153.77	547	124.99
	1971—2000 年	443	50.61	19911	10032.54	1026	254.52
	1976—2005 年	564	59.55	19790	10047.93	1285	317.68
	1981—2010 年	730	72.79	19624	10118.42	1189	280.44
预测期	2011—2040 年 (RCP 4.5)	3056	394.55	17298	9379.80	6098	2071.98
	2011—2040 年 (RCP 8.5)	2311	295.80	18043	9163.24	11742	3931.47

表 14.15　蒙古栎对气候变化的适应性与脆弱性评价

评估时期	评价指标			评价等级	拓展适应性
	SR	A_l	V		A_e
1966—1995 年	0.99	1.01	0.00	完全适应	0.01
1971—2000 年	0.98	1.00	0.01	完全适应	0.03
1976—2005 年	0.97	1.00	0.01	完全适应	0.03
1981—2010 年	0.96	1.01	0.01	完全适应	0.03
2011—2040 年 (RCP 4.5)	0.85	0.94	0.04	轻度适应	0.21
2011—2040 年 (RCP 8.5)	0.89	0.91	0.03	轻度适应	0.39

以 1961—1990 年为基准期对蒙古栎对气候变化的适应性与脆弱性评估表明,评估期蒙古栎地理分布均呈一定程度的向西北扩展趋势,蒙古栎自适应性较好,主要处于完全适应阶段,但未来气候情景下将向轻度适应方向发展,蒙古栎的地理分布范围也将发生很大变动。

第四节　暖温带辽东栎的气候适宜性与脆弱性

一、数据资料

辽东栎地理分布资料通过 2 个途径获取:(1) 中国自然标本馆(CFH)和中国数字植物标本馆(CVH)的标本数字资料;(2)各地植物志的辽东栎分布资料,包括《北京植物志》、《天津植物志》、《河北植物志》、《河南植物志》、《山西植物志》、《山东植物志》、《崂山植物志》、《甘肃植物志》、《黄土高原植物志》、《秦岭植物志》、《青海植物志》、《黑龙江植物志》、《辽宁植物志》、《内蒙古植物志》等。利用两个途径获取辽东栎林地理分布资料时,如有重叠,按标本馆标本数字资料和各地方植物志资料的顺序选取。提取这些资料中的辽东栎林各分布区几何中心点坐标，构成中国辽东栎林地理分布数据集。数据集共包括辽东栎林地理分布点163个(图14.19)。

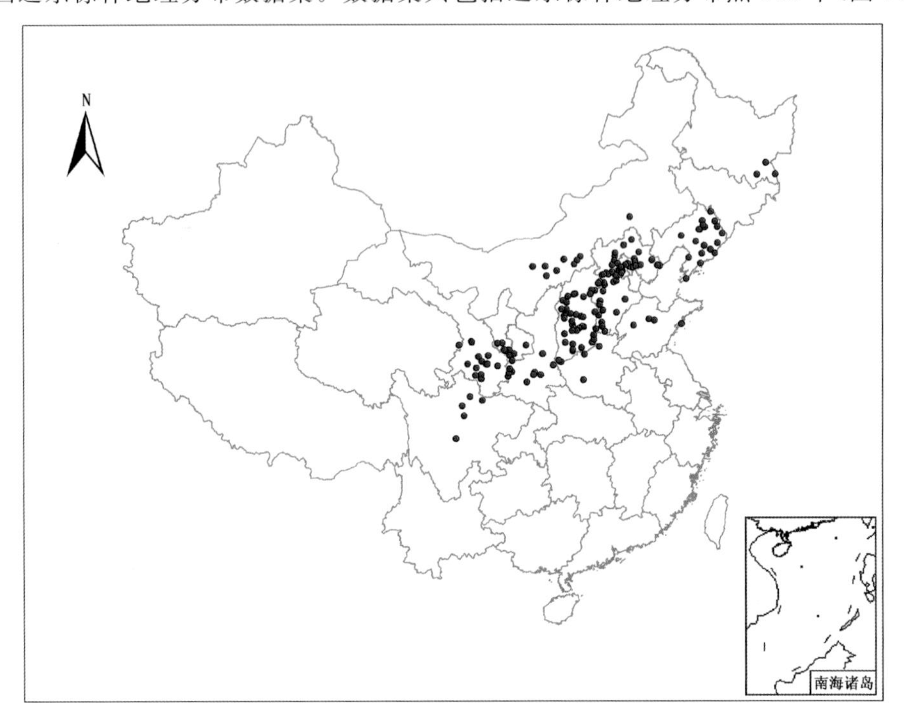

图14.19　辽东栎样点的地理分布

二、模型适用性分析

MaxEnt模型运行需要两组数据：一是模拟对象的地理分布数据；二是全国范围的环境变量，即从全国层次及年尺度确定的决定植物地理分布的6个气候因子 T_{min}、Q、T_7、T_1、T 和 P。基于75%训练子集得到的MaxEnt模型模拟结果的AUC值为0.96，测试子集的MaxEnt模型模拟结果的AUC值为0.93(图14.20)，都达到了"非常好"的水平，表明MaxEnt模型能够很好地对辽东栎的地理分布进行模拟。将模型运行100次，以得到较为稳定的平均结果。

三、影响因子分析

在百分贡献率和置换重要性中，各气候因子对辽东栎林地理分布影响的排序分别为(表14.16)：年降水量(P)>最冷月平均温度(T_1)>年均温度(T)>年辐射量(Q)>年极端最低温度(T_{min})>最暖月平均温度(T_7)。由小刀法得分可知，各气候因子对辽东栎林地理分布影响的贡献排序为：年降水量(P)>最冷月平均温度(T_1)>年极端最低温度(T_{min})>年均温度(T)>年辐射量(Q)>最暖月平均温度(T_7)(图14.21)。6个因子中，年降水量在各种评价方法中均有高的得分，其他因子在不同的评价方法中存在着不同的生理生态意义和表现，不宜去除其中任一因子。

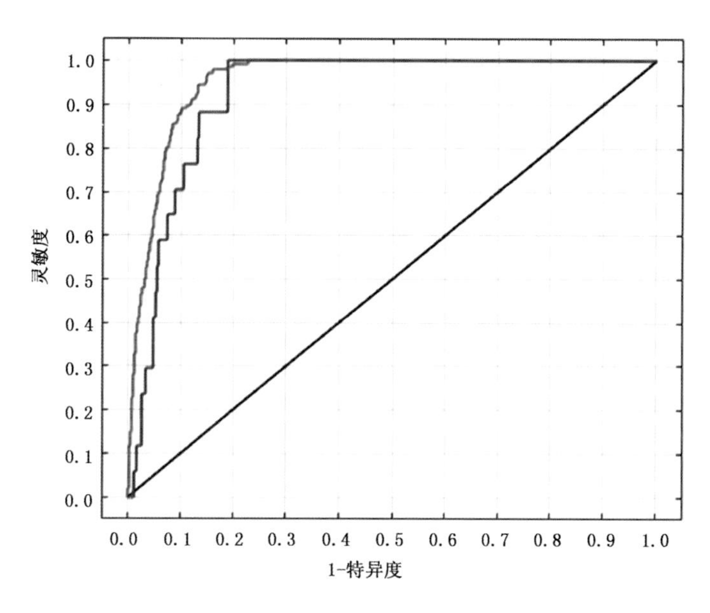

图 14.20　针对辽东栎地理分布的 MaxEnt 模型模拟结果的 ROC 曲线

表 14.16　气候因子的百分贡献率和置换重要性

气候因子	百分贡献率(%)	置换重要性(%)
年降水量(P)	38.2	44.5
最冷月平均温度(T_1)	21.1	17.4
年均温度(T)	20.6	8.3
年辐射量(Q)	14.7	24.0
年极端最低温度(T_{min})	4.7	4.4
最暖月平均温度(T_7)	0.7	1.5

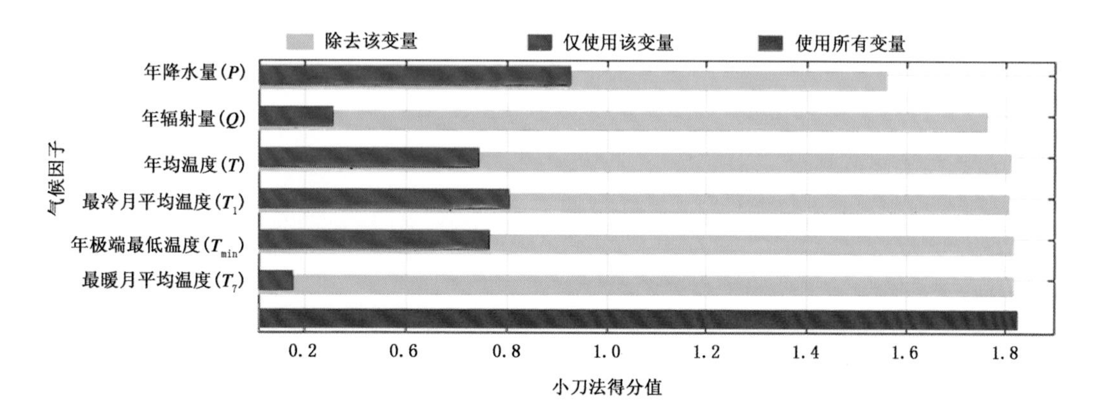

图 14.21　气候因子在小刀法中的得分

四、气候适宜性划分

基于气候资源保证率原则，利用所建 MaxEnt 模型给出的辽东栎在待预测地区的存在概率 p，根据辽东栎地理分布的气候适宜性等级划分，使用 ArcGIS 对模型模拟结果进行分类，划分辽东栎地理分布的气候适宜范围(图 14.22)。结果表明，辽东栎地理分布的气候适宜区主要位于东北南部、华北、华东和西北的部分地区。其中，气候完全适宜区包括辽宁、河北大部分地区、山东部分地区、山西、陕西、宁夏南部和甘肃南部；中度适宜区主要向内蒙古南部和山东等省(区)扩展；轻度适宜区继续向北部的内蒙古、吉林和黑龙江延伸，向南则扩展到了河南和江苏北部以及四川的部分地区。

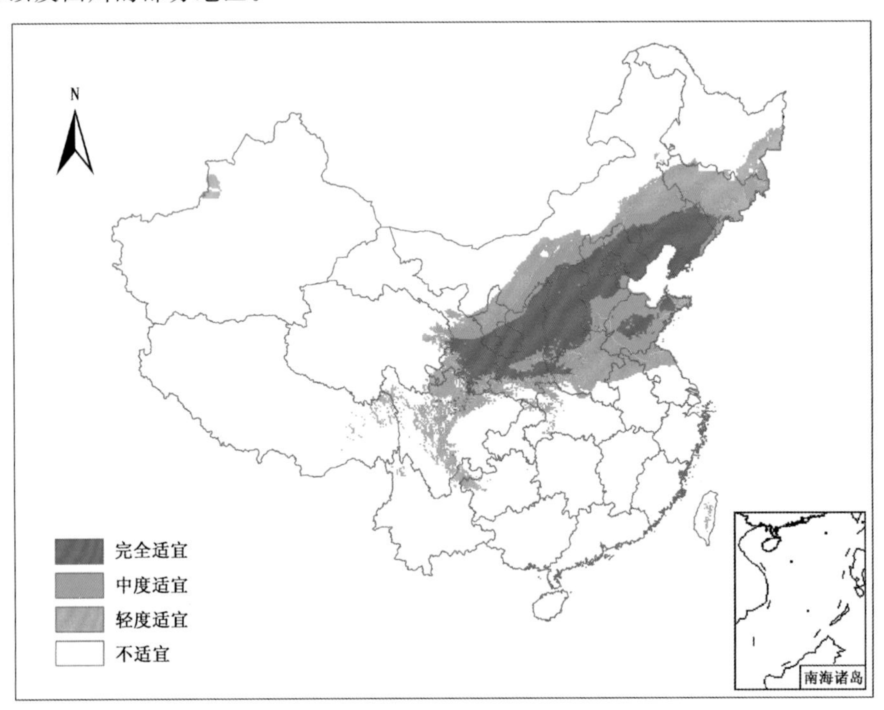

图 14.22　辽东栎地理分布的气候适宜性

五、影响因子阈值分析

根据 MaxEnt 模型模拟结果得到的辽东栎存在概率与各气候因子的关系(图 14.23)，可以得到不同气候适宜区各气候因子的阈值(表 14.17)。

表 14.17　辽东栎地理分布不同气候适宜区的气候因子阈值

	P(mm)	Q(W/m^2)	T(℃)	T_1(℃)	T_{min}(℃)	T_7(℃)
完全适宜区[0.38,1]	395～968	108432～140909	1.3～13.3	−17.5～−0.4	−36.5～−13.4	12.9～26.8
中度适宜区[0.19,0.38)	328～1207	105464～142003	0.0～14.2	−18.8～2.9	−42.6～−8.1	11.8～27.0
轻度适宜区[0.05,0.19)	235～1432	100500～152484	−4.2～16.8	−22.2～5.5	−44.4～−5.0	7.4～27.6

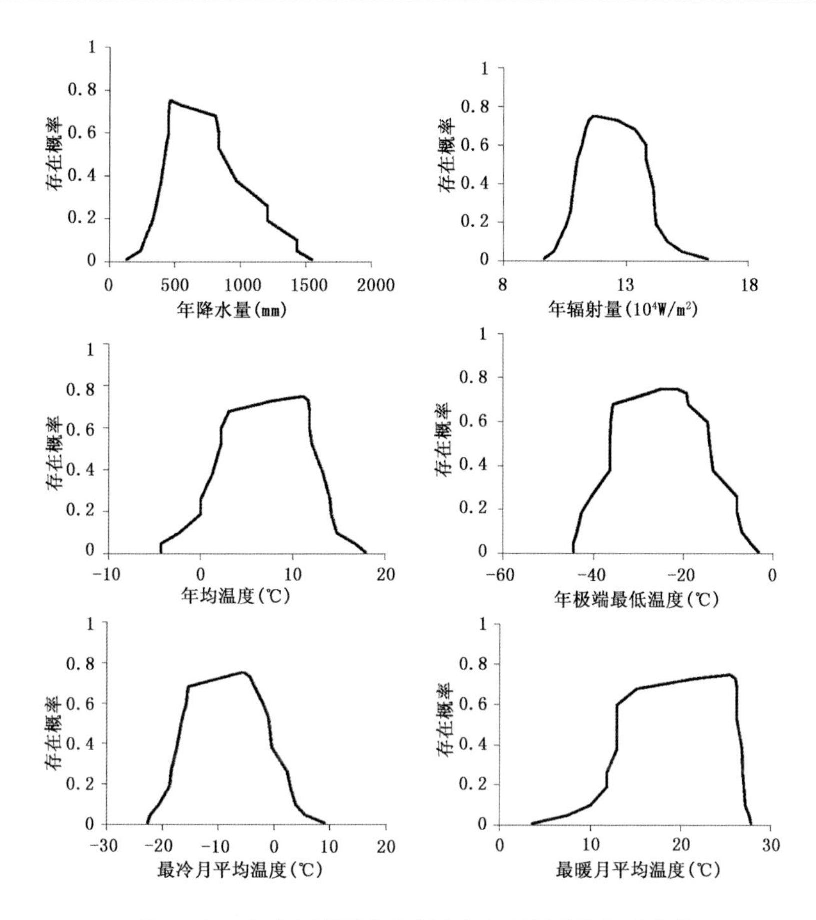

图 14.23　辽东栎预测存在概率与气候因子的关系曲线

六、辽东栎地理分布动态

与 1961—1990 年相比，1966—1995 年、1971—2000 年、1976—2005 年及 1981—2010 年的辽东栎地理分布的各适宜区均出现了较小程度的向北扩展趋势。在 2011—2040 年未来 RCP 4.5 和 RCP 8.5 气候情景下，辽东栎地理分布的主体分布区将有不同程度的西扩，地理分布的主体逐步转移到了西部的青海、四川和西藏等省份(图 14.24)。

辽东栎地理分布气候适宜区在不同时期的分布面积见表 14.18。1961—2010 年辽东栎地理分布气候完全适宜区的面积随着时间推移呈减小趋势，中度适宜区和轻度适宜区呈增大趋势；不适宜区的面积呈逐渐减小。2011—2040 年(未来 RCP 4.5 和 RCP 8.5 气候情景)，辽东栎分布的气候适宜区面积变化明显。未来气候情景下，辽东栎气候完全适宜区面积均有所增加，中度适宜区面积均增加约 1/3，轻度适宜区面积在未来 RCP 4.5 气候情景下增加近 1/2，而在未来 RCP 8.5 气候情景下则有所减小，气候不适宜区的面积在未来两种气候情景下均有所减少。

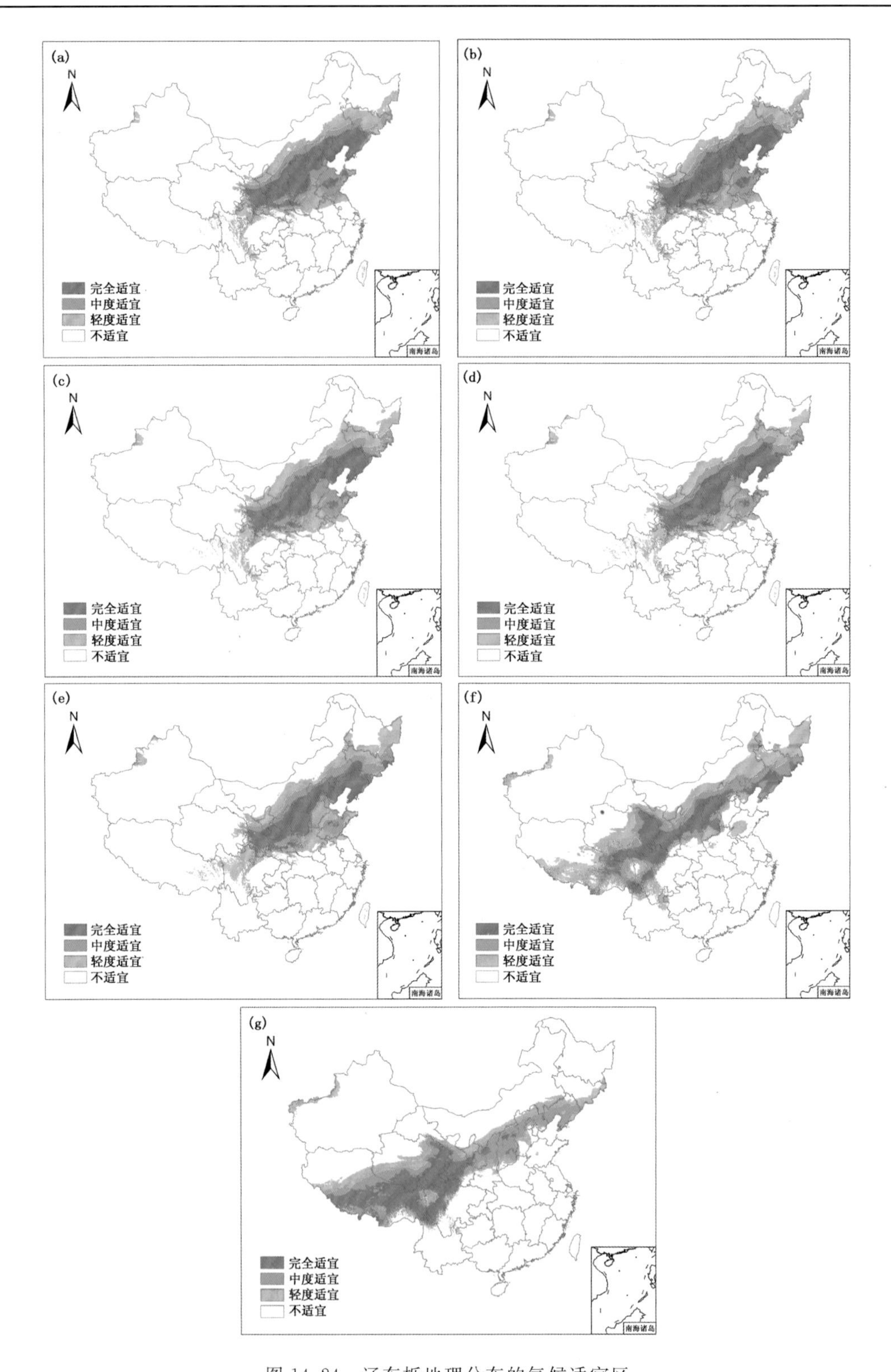

图 14.24　辽东栎地理分布的气候适宜区

(a)1961—1990 年;(b)1966—1995 年;(c)1971—2000 年;(d)1976—2005 年;(e)(1981—2010 年;(f)2011—2040 年 RCP 4.5;(g)2011—2040 年 RCP 8.5

表 14.18　不同时期辽东栎地理分布气候适宜区的面积(单位:10^4 hm^2)

时期	完全适宜区 [0.38,1]	中度适宜区 [0.19,0.38)	轻度适宜区 [0.05,0.19)	不适宜区 [0,0.05)
1961—1990 年	7924	4663	8451	76139
1966—1995 年	8228	4765	8707	75477
1971—2000 年	7912	5050	9153	75062
1976—2005 年	7923	4988	9403	74863
1981—2010 年	7717	4947	10643	73870
2011—2040 年(RCP 4.5)	9071	7026	14486	66594
2011—2040 年(RCP 8.5)	9762	7348	8303	71764

七、辽东栎对气候变化的适应性与脆弱性

表 14.19 给出了基准期及评估期的辽东栎地理分布面积及其存在概率变化。基于评估期辽东栎分布气候适宜区的面积(SR)、自适应性指数(A_l)、脆弱性指数(V)和拓展适应性指数(A_e),可以评价辽东栎对气候变化的适应性与脆弱性(表 14.20)。

表 14.19　基准期及评估期辽东栎地理分布面积(单位:10^4 hm^2)及其总的存在概率

研究时期		评估资料					
基准期	1961—1990 年	$S_{ik}+S_{im}$			$S_{ik}\cdot p_{ik}+S_{im}\cdot p_{im}$		
		12587			5827.58		
评估期	评估时段	S_{jk}	$S_{jk}\cdot p_{jk}$	S_{jm}	$S_{jm}\cdot p_{jm}$	S_{jl}	$S_{jl}\cdot p_{jl}$
	1966—1995 年	166	28.88	12421	5936.62	573	126.94
	1971—2000 年	593	88.77	11994	5676.74	968	230.55
	1976—2005 年	971	146.05	11616	5636.67	1295	317.94
	1981—2010 年	1440	206.89	11147	5423.85	1517	382.02
预测期	2011—2040 年(RCP 4.5)	5029	343.00	7558	3096.41	8539	3664.95
	2011—2040 年(RCP 8.5)	7482	440.39	5105	1708.37	12005	5851.09

表 14.20　辽东栎对气候变化的适应性与脆弱性评价

评估时期	评价指标			评价等级	拓展适应性
	SR	A_l	V		A_e
1966—1995 年	0.99	1.02	0.00	完全适应	0.02
1971—2000 年	0.95	0.97	0.02	中度适应	0.04
1976—2005 年	0.92	0.97	0.03	中度适应	0.05
1981—2010 年	0.89	0.93	0.04	轻度适应	0.07
2011—2040 年(RCP 4.5)	0.60	0.53	0.06	轻度脆弱	0.63
2011—2040 年(RCP 8.5)	0.41	0.29	0.08	中度脆弱	1.00

以 1961—1990 年为基准期对辽东栎的适应性与脆弱性评估表明，评估期辽东栎地理分布均呈一定程度的向西扩展趋势，辽东栎主要处于适应状态，但未来气候情景下将向脆弱方向发展，辽东栎的地理分布范围将发生很大变化。

第五节　亚热带水青冈的气候适宜性与脆弱性

一、数据资料

水青冈地理分布资料通过 2 个途径获取：(1) 中国自然标本馆(CFH)和中国数字植物标本馆(CVH)的标本数字资料；(2)各地植物志的水青冈分布资料，包括《浙江植物志》、《天目山植物志》、《湖南植物志》、《湖北植物志》、《四川野生经济植物志》、《贵州植物志》、《福建植物志》、《广东植物志》、《广西植物志》、《云南植物志》、《安徽植物志》等。利用两个途径获取水青冈林地理分布资料时，如有重叠，按标本馆标本数字资料和各地方植物志资料的顺序选取。提取这些资料中的水青冈林各分布区几何中心点坐标，构成中国水青冈林地理分布数据集，共包括水青冈林地理分布点 191 个(图 14.25)。

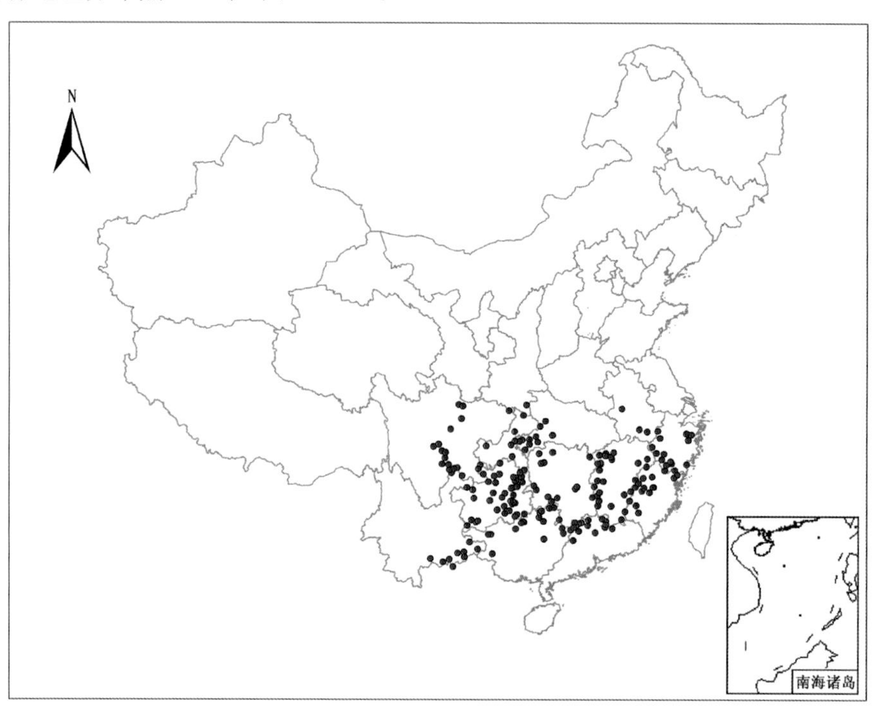

图 14.25　水青冈样点的地理分布

二、模型适用性分析

MaxEnt 模型运行需要两组数据：一是模拟对象的地理分布数据；二是全国范围的环境变量，即从全国层次及年尺度确定的决定植物地理分布的 6 个气候因子 T_{min}、Q、T_7、T_1、T 和 P。基于 75%训练子集得到的 MaxEnt 模型模拟结果的 AUC 值为 0.95，测试子集的 MaxEnt 模型模拟结果的 AUC 值为 0.93(图 14.26),都达到了"非常好"的水平,表明 MaxEnt 模型能够很好地对水青冈的地理分布进行模拟。将模型运行 100 次,以得到较为稳定的平均结果。

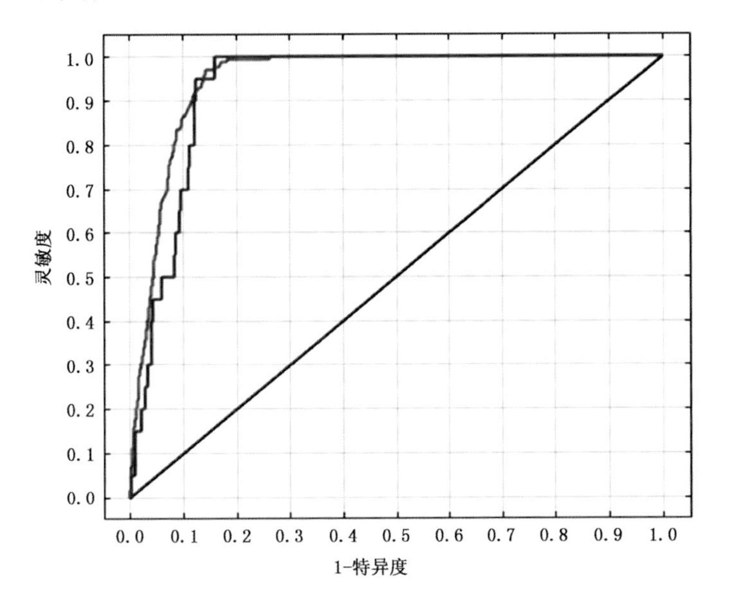

图 14.26　针对水青冈地理分布的 MaxEnt 模型模拟结果的 ROC 曲线

三、影响因子分析

在百分贡献率和置换重要性中,各气候因子对水青冈林地理分布影响的排序分别为(表 14.21):年极端最低温度(T_{min})>年降水量(P)>最冷月平均温度(T_1)>年辐射量(Q)>最暖月平均温度(T_7)>年均温度(T)。由小刀法得分可知,各气候因子对水青冈林地理分布影响的贡献排序为:年极端最低温度(T_{min})>最冷月平均温度(T_1)>年降水量(P)>年均温度(T)>年辐射量(Q)>最暖月平均温度(T_7)(图 14.27)。6 个因子中,年降水量在各种评价方法中均有高的得分,其他因子在不同的评价方法中存在着不同的表现,不宜去除其中任一因子。

表 14.21　气候因子的百分贡献率和置换重要性

气候因子	百分贡献率(%)	置换重要性(%)
年极端最低温度(T_{min})	55.9	47.9
年降水量(P)	21.0	13.2
最冷月平均温度(T_1)	11.9	17.3
年辐射量(Q)	7.0	10.7
最暖月平均温度(T_7)	3.5	8.9
年均温度(T)	0.7	1.9

四、气候适宜性划分

基于气候资源保证率原则,利用所建 MaxEnt 模型给出的水青冈在待预测地区的存在概率 p,根据水青冈地理分布的气候适宜性等级划分,使用 ArcGIS 对模型模拟结果进行分类,划分水青冈地理分布的气候适宜范围(图 14.28)。结果表明,水青冈地理分布的气候适宜区位

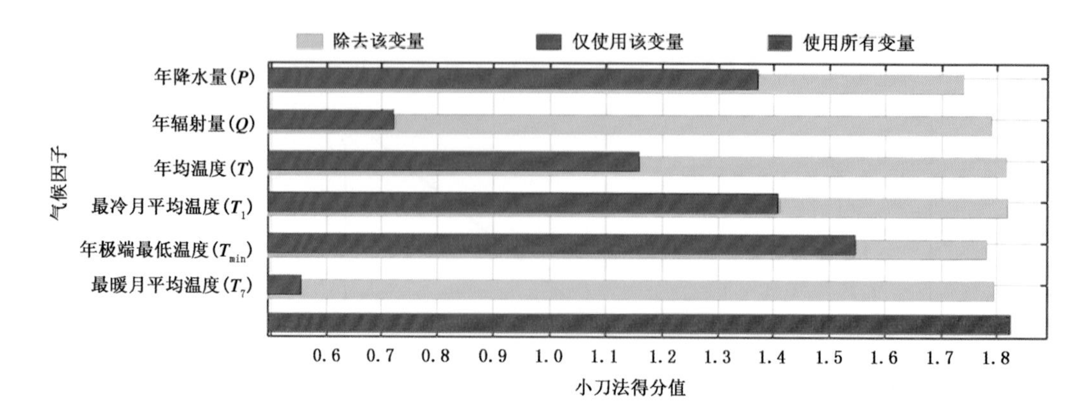

图 14.27　气候因子在小刀法中的得分

于华东、华中、华南和西南部分地区。其中,气候完全适宜区包括安徽南部、浙江、福建、台湾大部分地区、湖北西南部、湖南、贵州、广东北部、广西北部、重庆、四川中部和云南东部地区;中度适宜区向北扩张到江苏南部、陕西南部,并在江西和四川东部有较大面积分布;轻度适宜区向北部和南部均有所扩展,并向西扩展到了云南省。

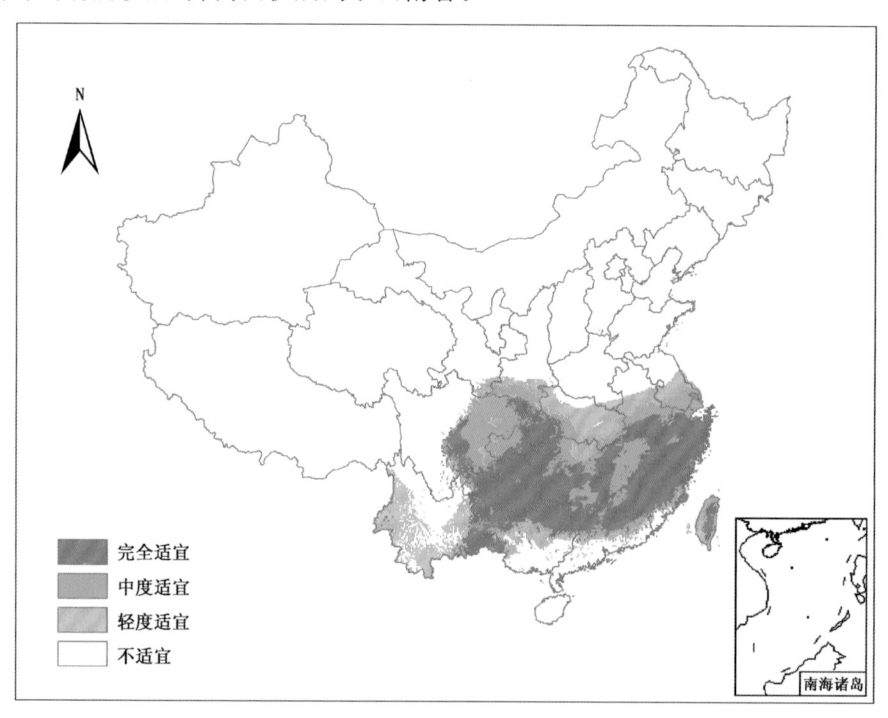

图 14.28　水青冈地理分布的气候适宜性

五、影响因子阈值分析

根据 MaxEnt 模型模拟结果得到的水青冈存在概率与各气候因子的关系(图 14.29),可以得到不同适宜区各气候因子的阈值(表 14.22)。

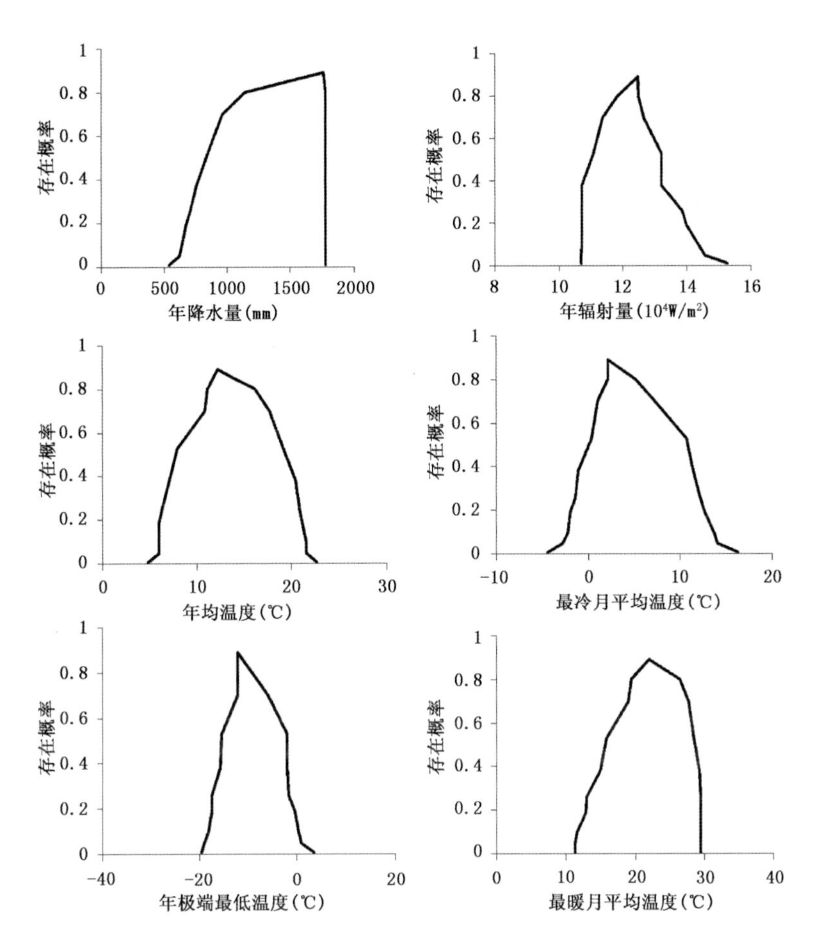

图 14.29　气候因子与预测存在概率的关系曲线

表 14.22　水青冈地理分布不同气候适宜区的气候因子阈值

	P(mm)	Q(W/m^2)	T(℃)	T_1(℃)	T_{min}(℃)	T_7(℃)
完全适宜区[0.38,1]	759～1775	107061～131906	7.1～20.5	−1.1～11.4	−15.7～−1.93	15.0～29.3
中度适宜区[0.19,0.38)	673～1775	107061～139902	6.0～21.2	−2.0～12.7	−17.5～−0.4	12.9～29.4
轻度适宜区[0.05,0.19)	623～1775	106989～145600	6.0～21.6	−2.8～14.0	−19.1～0.83	11.4～29.4

六、水青冈地理分布动态

与 1961—1990 年相比，1966—1995 年、1971—2000 年、1976—2005 年及 1981—2010 年的水青冈地理分布的各气候适宜区出现了向北扩展或推移的趋势。而在 2011—2040 年未来 RCP 4.5 和 RCP 8.5 气候情景下水青冈地理分布的主体分布位置变化较小，但个别分布区变化明显，尤其反映在未来 RCP 8.5 气候情景下的气候完全适宜区变化显著，在西南部的分布区有较大面积的减小(图 14.30)。

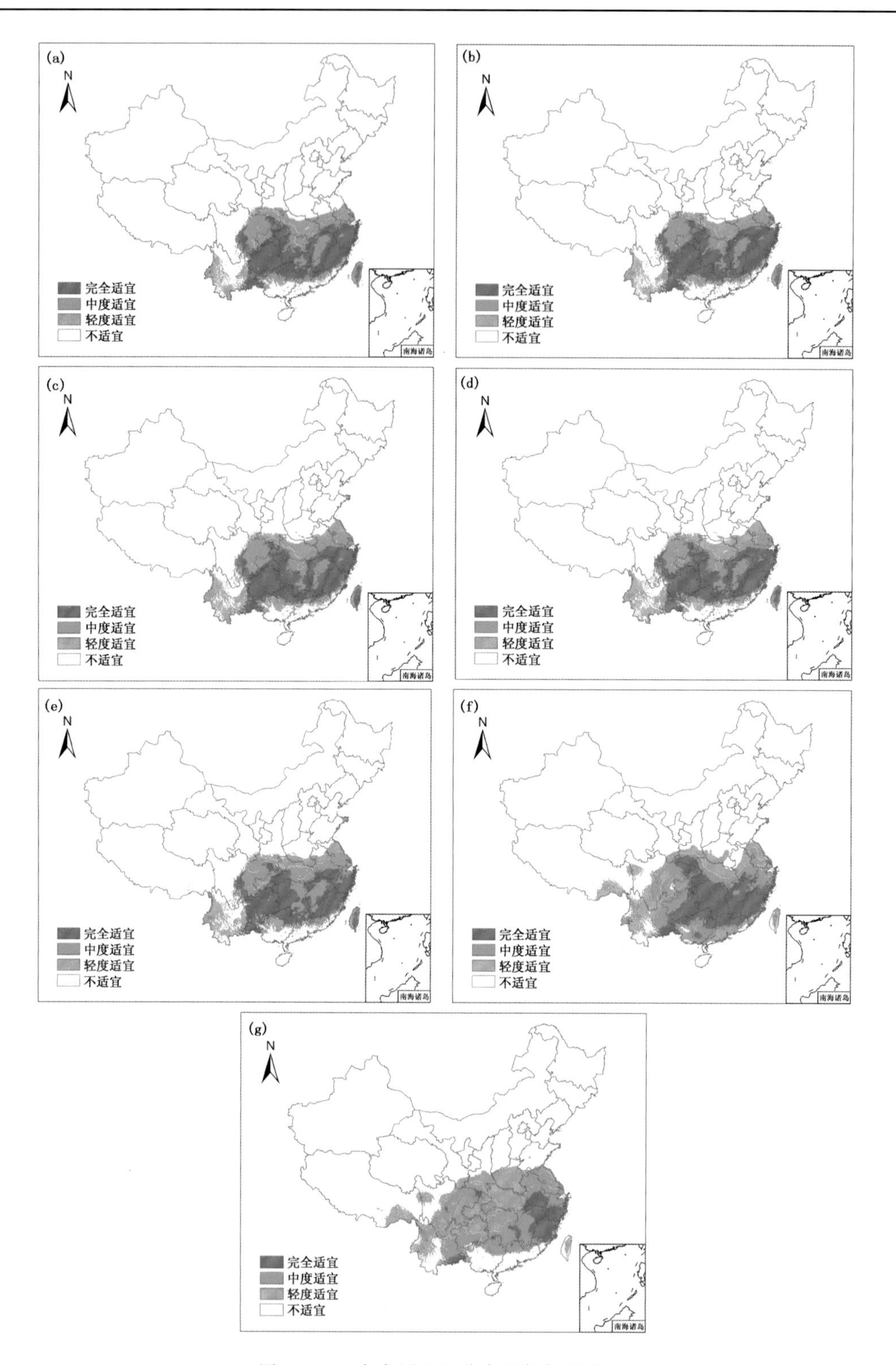

图 14.30　水青冈地理分布的气候适宜区

(a)1961—1990 年;(b)1966—1995 年;(c)1971—2000 年;(d)1976—2005 年;(e)1981—2010 年;(f)2011—2040 年 RCP 4.5;(g)2011—2040 年 RCP 8.5

水青冈地理分布气候适宜区在不同时期的分布面积见表 14.23。1961—2010 年间水青冈地理分布气候完全适宜区的面积随着时间推移出现波动，中度适宜区和轻度适宜区的面积呈现增加趋势；不适宜区的面积呈减小趋势。2011—2040 年(未来 RCP 4.5 和 RCP 8.5 气候情景)，水青冈分布的气候适宜区总面积变化不大，但个别气候适宜区的面积变化明显，最明显的表现为在未来 RCP 8.5 气候情景下，气候完全适宜区减小近 2/3，减小面积并入了气候中度适宜区和轻度适宜区，使得这两个气候适宜区的面积均增大约 1 倍。未来 RCP 4.5 气候情景下，水青冈的气候中度适宜区和轻度适宜区的面积也有较大幅度的增加。

表 14.23 不同时期水青冈地理分布气候适宜区的面积(单位：10^4 hm^2)

时期	完全适宜区 [0.38,1]	中度适宜区 [0.19,0.38)	轻度适宜区 [0.05,0.19)	不适宜区 [0,0.05)
1961—1990 年	9900	4858	5186	77233
1966—1995 年	10193	4582	5061	77341
1971—2000 年	10479	4714	6065	75919
1976—2005 年	10134	4803	6299	75941
1981—2010 年	9917	5572	5869	75819
2011—2040 年(RCP 4.5)	10208	6768	8630	71571
2011—2040 年(RCP 8.5)	3905	9187	11521	72564

七、水青冈对气候变化的适应性与脆弱性

表 14.24 给出了基准期及评估期的水青冈地理分布面积及其存在概率变化。与基准期(1961－1990 年)相比，各评估期水青冈分布的不适宜区面积呈逐渐增加趋势，水青冈分布的气候适宜区的面积则呈逐渐减小趋势。基于评估期水青冈分布气候适宜区的面积(SR)、自适应性指数(A_l)、脆弱性指数(V)和拓展适应性指数(A_e)，可以评价水青冈对气候变化的适应性与脆弱性(表 14.25)。

表 14.24 基准期及评估期水青冈地理分布面积(单位：10^4 hm^2)及其总的存在概率

研究时期		评估资料					
基准期	1961—1990 年	$S_{ik}+S_{im}$			$S_{ik}\cdot p_{ik}+S_{im}\cdot p_{im}$		
		14758			6617.06		
评估期	评估时段	S_{jk}	$S_{jk}\cdot p_{jk}$	S_{jm}	$S_{jm}\cdot p_{jm}$	S_{jl}	$S_{jl}\cdot p_{jl}$
	1966—1995 年	412	57.02	14346	6659.97	429	111.81
	1971—2000 年	417	55.85	14341	6847.14	852	214.12
	1976—2005 年	605	77.03	14153	6661.13	784	194.56
	1981—2010 年	781	100.64	13977	6586.73	1512	380.96
预测期	2011—2040 年 (RCP 4.5)	1524	211.23	13234	6471.73	3743	1134.36
	2011—2040 年 (RCP 8.5)	4473	565.65	10285	3710.87	2807	754.87

表 14.25 水青冈对气候变化的适应性与脆弱性评价

评估时期	评价指标			评价等级	拓展适应性
	SR	A_l	*V*		A_e
1966—1995 年	0.97	1.01	0.01	完全适应	0.02
1971—2000 年	0.97	1.03	0.01	完全适应	0.03
1976—2005 年	0.96	1.01	0.01	完全适应	0.03
1981—2010 年	0.95	1.00	0.02	完全适应	0.06
2011—2040 年 (RCP 4.5)	0.90	0.98	0.03	中度适应	0.17
2011—2040 年 (RCP 8.5)	0.70	0.56	0.09	轻度脆弱	0.11

以 1961—1990 年为基准期对水青冈的适应性与脆弱性评估表明，评估期水青冈地理分布均呈向北扩展或推移的趋势，水青冈自适应性较好，表现为完全适应，但未来气候情景下将向中度适应和轻度脆弱方向发展，水青冈的地理分布格局将发生较大变化。

第六节 亚热带曼青冈的气候适宜性与脆弱性

一、数据资料

曼青冈地理分布资料通过 2 个途径获取：(1) 中国自然标本馆(CFH)和中国数字植物标本馆(CVH)的标本数字资料；(2)各地植物志的曼青冈分布资料，包括《浙江植物志》、《湖南植物志》、《湖北植物志》、《贵州植物志》、《广东植物志》、《云南植物志》、《西藏植物志》等。利用两个途径获取曼青冈林地理分布资料时，如有重叠，按标本馆标本数字资料和各地方植物志资料的顺序选取。提取这些资料中的曼青冈林各分布区几何中心点坐标，构成中国曼青冈林地理分布数据集，共包括曼青冈林地理分布点 133 个(图 14.31)。

二、模型适用性分析

MaxEnt 模型运行需要两组数据：一是模拟对象的地理分布数据；二是全国范围的环境变量，即从全国层次及年尺度确定的决定植物地理分布的 6 个气候因子 T_{min}、Q、T_7、T_1、T 和 P。基于 75%训练子集得到的 MaxEnt 模型模拟结果的 AUC 值为 0.95，测试子集的 MaxEnt 模型模拟结果的 AUC 值为 0.96(图 14.32)，都达到了“非常好”的水平，表明 MaxEnt 模型能够很好地对曼青冈的地理分布进行模拟。将模型运行 100 次，以得到较为稳定的平均结果。

三、影响因子分析

在百分贡献率和置换重要性中，各气候因子对曼青冈地理分布影响的排序分别为(表 14.26)：年极端最低温度(T_{min})>最冷月平均温度(T_1)>年降水量(P)>最暖月平均温度(T_7)>年均温度(T)>年辐射量(Q)。由小刀法得分可知，各气候因子对曼青冈地理分布影响的贡献排序为：年极端最低温度(T_{min})>最冷月平均温度(T_1)>年降水量(P)>年均温度

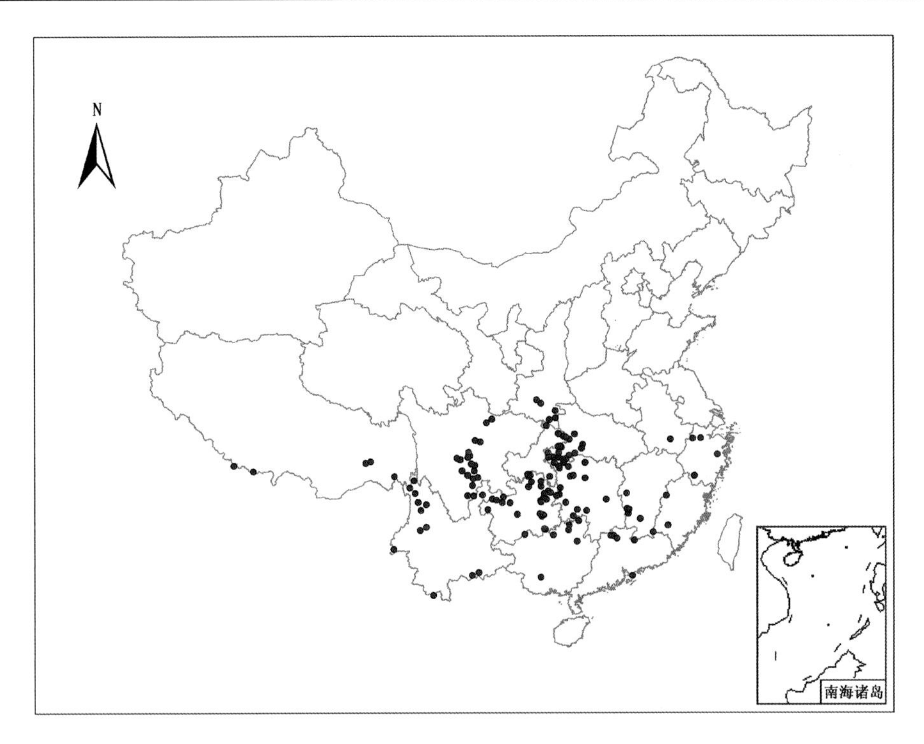

图 14.31　曼青冈样点的地理分布

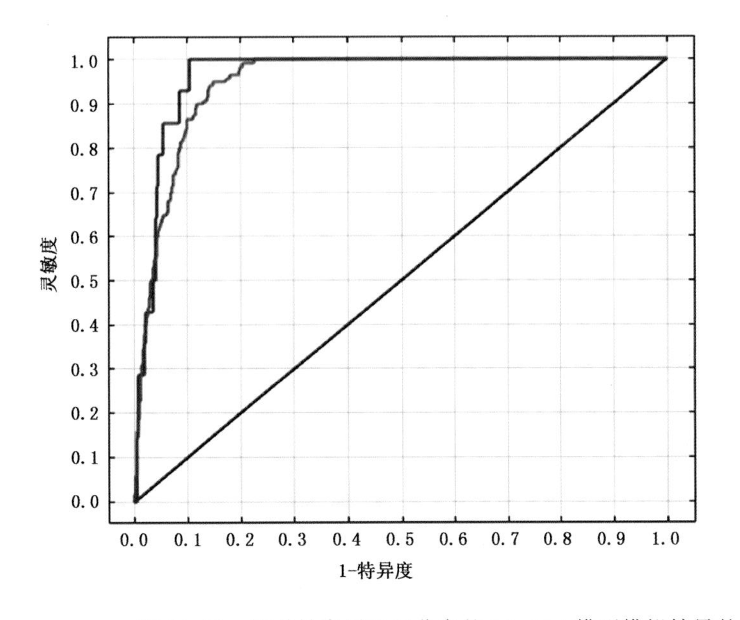

图 14.32　针对曼青冈地理分布的 MaxEnt 模型模拟结果的 ROC 曲线

(T)＞年辐射量(Q)＞最暖月平均温度(T_7)(图 14.33)。6 个因子中,年极端最低温度在各种评价方法中均有高的得分,其他因子在不同的评价方法中存在着不同表现,不宜去除其中任一因子。

表 14.26　气候因子的百分贡献率和置换重要性

气候因子	百分贡献率(%)	置换重要性(%)
年极端最低温度(T_{min})	39.7	6.0
最冷月平均温度(T_1)	32.0	65.0
年降水量(P)	14.9	11.1
最暖月平均温度(T_7)	9.2	11.0
年均温度(T)	2.5	2.9
年辐射量(Q)	1.6	4.1

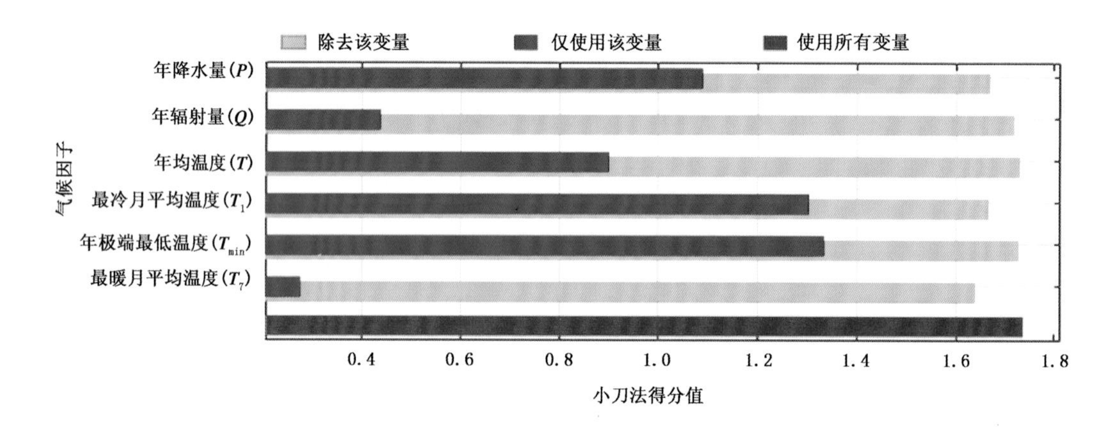

图 14.33　气候因子在小刀法中的得分

四、气候适宜性划分

基于气候资源保证率原则，利用所建 MaxEnt 模型给出的曼青冈在待预测地区的存在概率 p，根据曼青冈地理分布的气候适宜性等级划分，使用 ArcGIS 对模型模拟结果进行分类，划分曼青冈地理分布的气候适宜范围(图 14.34)。结果表明，曼青冈地理分布的气候适宜区主要位于华东、华中和华南地区。其中，曼青冈地理分布的气候完全适宜区包括安徽南部、浙江、江西西北部、福建西北部、湖北西南部、湖南西部、陕西南部、甘肃南部、四川、重庆、贵州、云南西北部和台湾中部。中度适宜区在完全适宜区的基础上略有扩展，其中在云南省出现了较大面积的分布。轻度适宜区主要涵盖了山西、山东、河南、江苏、江西、广东、广西、四川和西藏东南部等地区。

五、影响因子阈值分析

根据 MaxEnt 模型模拟结果得到的曼青冈存在概率与各气候因子的关系(图 14.35)，可以得到不同气候适宜区各气候因子的阈值(表 14.27)。

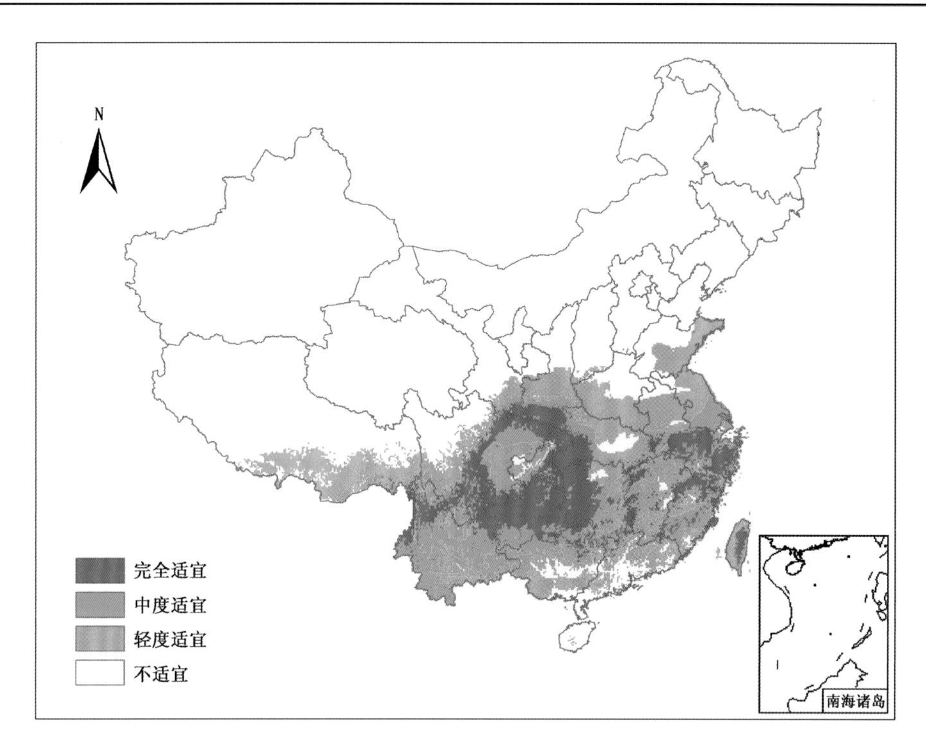

图 14.34　曼青冈地理分布的气候适宜性

表 14.27　曼青冈地理分布不同气候适宜区的气候因子阈值

	P(mm)	Q(W/m²)	T(℃)	T_1(℃)	T_{min}(℃)	T_7(℃)
完全适宜区[0.38,1]	579～1775	111415～146714	6.4～19.5	−2.4～13.0	−18.1～0.4	11.7～28.0
中度适宜区[0.19,0.38)	356～1775	107143～166524	2.6～21.7	−5.0～14.7	−30.8～2.5	9.3～29.4
轻度适宜区[0.05,0.19)	328～1775	107061～175326	−1.7～22.2	−10.8～16.7	−37.1～3.5	6.0～29.4

六、曼青冈地理分布动态

与 1961—1990 年相比，1966—1995 年、1971—2000 年、1976—2005 年及 1981—2010 年的曼青冈地理分布的气候适宜区主体变化小，西北部有扩展趋势。在 2011—2040 年未来 RCP 4.5 和 RCP 8.5 气候情景下，曼青冈地理分布的气候适宜分布区均呈现南界北移和破碎化，气候完全适宜区和中度适宜区出现大面积减少(图 14.36)。

曼青冈地理分布气候适宜区在不同时期的分布面积见表 14.28。1961—2010 年曼青冈地理分布气候完全适宜区面积随着时间推移呈减小趋势，中度适宜区面积出现波动，而轻度适宜区面积呈增大趋势；不适宜区的面积呈逐渐减小趋势。2011—2040 年(未来 RCP 4.5 和 RCP 8.5 气候情景)，曼青冈地理分布的气候适宜区面积变化明显，尤其表现为气候完全适宜区面积的极度减小。未来 RCP 4.5 气候情景下，气候中度适宜区面积有所减少，轻度适宜区的面积有所增大。未来 RCP 8.5 气候情景下，气候中度适宜区减小一半以上，而气候轻度适宜区则有所增大。

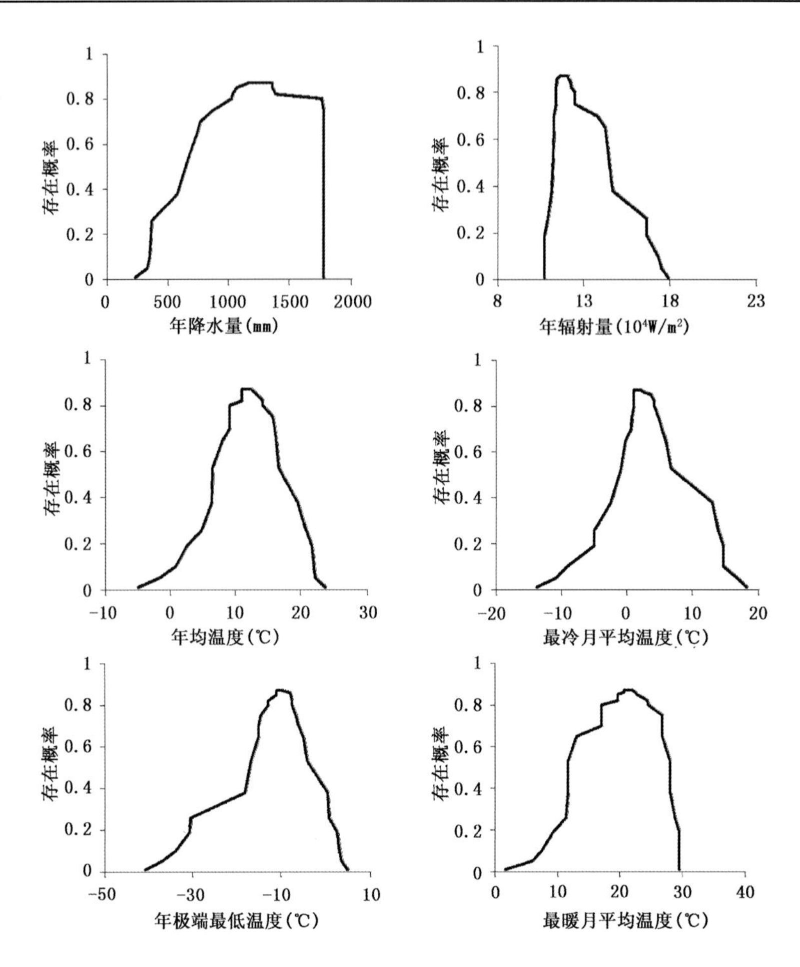

图 14.35　气候因子与预测存在概率的关系曲线

表 14.28　不同时期曼青冈地理分布气候适宜区的面积(单位:10^4 hm^2)

时期	完全适宜区 [0.38,1]	中度适宜区 [0.19,0.38)	轻度适宜区 [0.05,0.19)	不适宜区 [0,0.05)
1961—1990 年	7708	7757	13704	68008
1966—1995 年	7723	7958	13379	68117
1971—2000 年	7614	8409	13352	67802
1976—2005 年	6993	7866	14391	67927
1981—2010 年	6743	7697	15044	67693
2011—2040 年(RCP 4.5)	1245	7413	15823	72696
2011—2040 年(RCP 8.5)	497	3559	16333	76788

七、曼青冈对气候变化的适应性与脆弱性

表 14.29 给出了基准期及评估期的曼青冈地理分布面积及其存在概率变化。基于评估期曼青冈分布气候适宜区的面积(*SR*)、自适应性指数(A_l)、脆弱性指数(*V*)和拓展适应性指数(A_e),可以评价曼青冈对气候变化的适应性与脆弱性(表 14.30)。

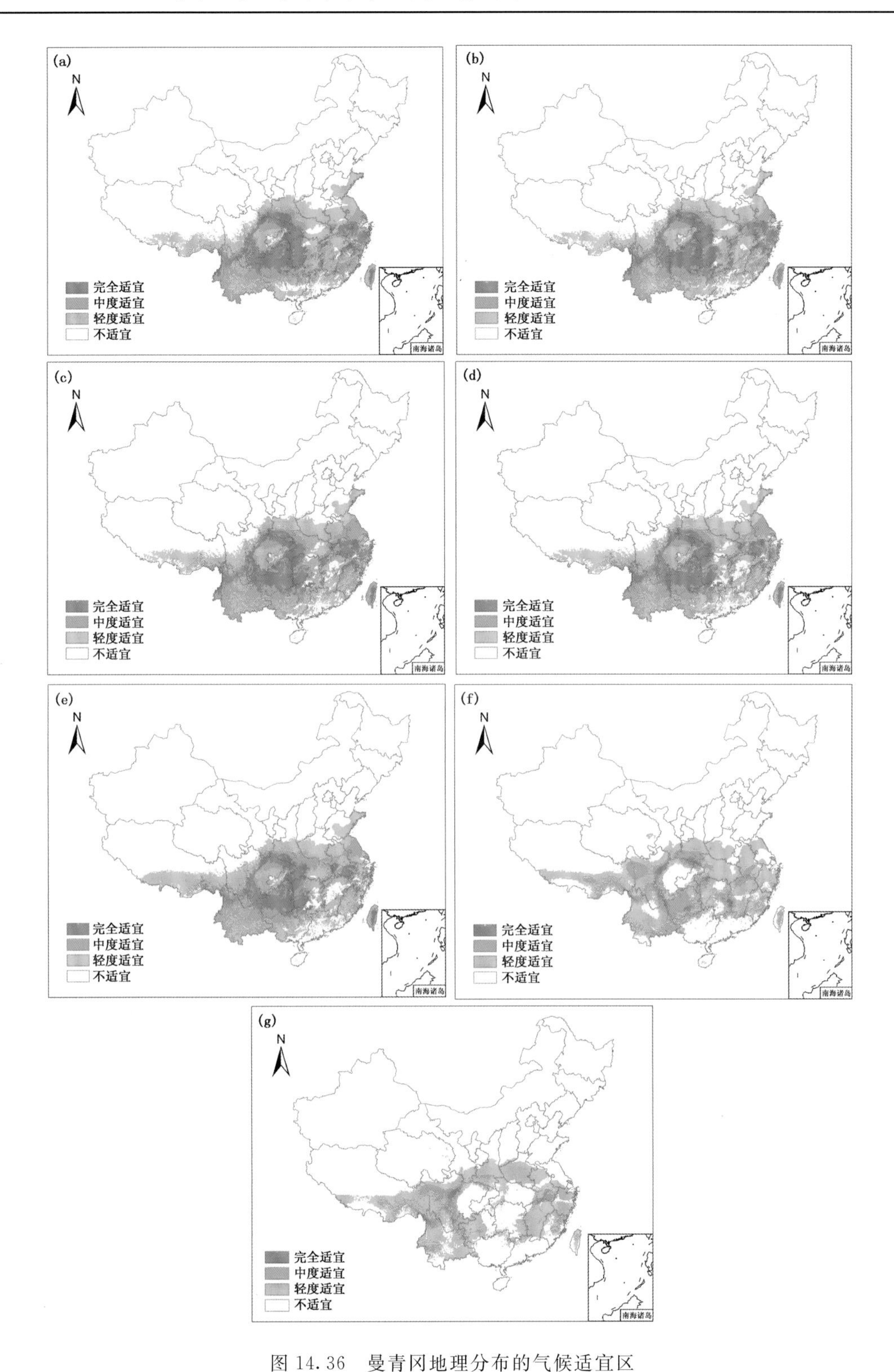

图 14.36　曼青冈地理分布的气候适宜区

(a)1961—1990 年；(b)(1966—1995 年；(c)1971—2000 年；(d)1976—2005 年；(e)1981—2010 年；(f)2011—2040 年 RCP 4.5；(g)2011—2040 年 RCP 8.5

表 14.29　基准期及评估期曼青冈地理分布面积(单位:10^4 hm^2)及其总的存在概率

研究时期		评估资料					
基准期	1961—1990 年	$S_{ik}+S_{im}$			$S_{ik}\cdot p_{ik}+S_{im}\cdot p_{im}$		
		15465			6472.26		
评估期	评估时段	S_{jk}	$S_{jk}\cdot p_{jk}$	S_{jm}	$S_{jm}\cdot p_{jm}$	S_{jl}	$S_{jl}\cdot p_{jl}$
	1966—1995 年	992	149.11	14473	6231.67	1208	304.82
	1971—2000 年	1685	234.17	13780	6011.27	2243	578.48
	1976—2005 年	2343	312.40	13122	5670.28	1738	424.47
	1981—2010 年	3152	406.57	12313	5356.35	2127	544.12
预测期	2011—2040 年(RCP 4.5)	9262	890.88	6203	1846.09	2455	682.18
	2011—2040 年(RCP 8.5)	13212	966.81	2253	629.36	1803	481.64

表 14.30　曼青冈对气候变化的适应性与脆弱性评价

评估时期	评价指标			评价等级	拓展适应性
	SR	A_l	V		A_e
1966—1995 年	0.94	0.96	0.02	中度适应	0.05
1971—2000 年	0.89	0.93	0.04	轻度适应	0.09
1976—2005 年	0.85	0.88	0.05	轻度适应	0.07
1981—2010 年	0.80	0.83	0.06	轻度适应	0.08
2011—2040 年(RCP 4.5)	0.40	0.29	0.14	中度脆弱	0.11
2011—2040 年(RCP 8.5)	0.15	0.10	0.15	中度脆弱	0.07

以 1961—1990 年为基准期对曼青冈的适应性与脆弱性评估表明,评估期曼青冈地理分布主体位置不变,西北部有扩展趋势,其自适应性较好,主要处于轻度适应状态,但未来气候情景下将向中度脆弱方向发展,曼青冈的地理分布范围将剧烈变化。

第十五章　青藏高原优势树种及其林线的气候适宜性与脆弱性

青藏高原是全球气候变化最为敏感的地区之一(Liu et al. 2000),其温度和降水的变化都比全球的变化提前(Liu et al. 2002)。研究指出,青藏高原的气候已经呈现出明显的暖湿化趋势(Wu et al. 2007),年均气温上升,降水逐渐增加(郑度等 2002)。青藏高原由于气候条件极端、生态系统稳定性较差,外界干扰极易导致其生态系统结构与功能发生改变(Du et al. 2004)。青藏高原东南部是中国森林资源的重要分布区,有着以云冷杉为主的大范围暗针叶林,形成了由云冷杉和柏木等组成的高山林线(李文华 1985),是世界上最高林线分布区。急尖长苞冷杉(*Abies georgei Orr var. smithii (Viguie et Gaussen) Cheng et L*)是冷杉属植物,为中国特有,主要分布在滇西北、川西南和藏东南的海拔 2500～4500 m 的高山地带,是藏东南山地冷杉属分布最广的一种,也是主要建群种之一(樊金拴 2007)。急尖长苞冷杉种群由于其野生种群面临绝灭的概率较大,属于国家二级保护植物(汪松等 2004)。方枝柏(*Sabina saltuaria*)系柏科圆柏属乔木,为中国特有树种,喜阳耐旱耐寒(四川植被协作组 1980),是青藏高原高山林线主要树种之一,主要分布在青藏高原东南部高山或高原地区,在西藏色季拉山分布于阳坡海拔 4200～4520 m 的范围,是该地带森林群落的建群种(中国植被编辑委员会 1980),对于高寒生态系统的生态恢复具有重要意义。由于自然和人类活动的影响,目前尚存的方枝柏原始林已较为零星,多呈块状分布,云南仅在德钦县周围高山有成片森林,是该区阳坡森林群落的建群种(吴宁等 1998)。大果红杉(*Larix potaninii var. macrocarpa*)为松科落叶松属落叶乔木,为中国西部横断山特有种。大果红杉为喜光的强阳性树种,不耐庇荫,耐高寒气候和贫瘠土壤,主要分布在四川西南部、云南西北部和西藏东南部。大果红杉分布的中、下部与丽江云杉、苍山冷杉、云南黄果冷杉、高山松、华山松、红桦等混生,其分布的上部除与长苞冷杉、川滇冷杉、方枝柏等混生外,也常形成一定面积的纯林直达林线(袁凤军等 2013)。

为弄清青藏高原生态系统对气候变化的适应性与脆弱性,在此选取急尖长苞冷杉、方枝柏和大果红杉等青藏高原优势树种和特有种为研究对象,参照植物功能型的气候适宜性与脆弱性研究方法,分析其气候适宜性与脆弱性,为青藏高原生态系统可持续发展的科学决策、管理政策的制订以及青藏高原资源的合理开发利用提供依据。

第一节　青藏高原急尖长苞冷杉及其林线的气候适宜性与脆弱性

一、数据资料

急尖长苞冷杉地理分布资料通过 3 个途径获取:(1)中国自然标本馆(CFH)和中国数字植物标本馆(CVH)的标本数字资料,包括中国科学院成都生物研究所标本馆、中国科学院西北高原生物研究所标本馆、西北农林科技大学植物标本馆、中国科学院西双版纳热带植物园标本馆、江西省中国科学院庐山植物园；(2)各地植物志的急尖长苞冷杉分布资料，包括《四川植物志》、《云南植物志》、《青海植物志》、《西藏植物志》等；(3)中国知网(CNKI)、维普和 Web of Science 文献库中公开发表关于急尖长苞冷杉的研究文献。利用 3 个途径获取急尖长苞冷杉地理分布资料时，如有重叠，按标本馆、标本数字资料、各地方植物志资料和文献资料的顺序选取。数据集共包括急尖长苞冷杉地理分布点 56 个(图 15.1)。

急尖长苞冷杉林线地理分布数据主要来自中国知网(CNKI)、维普和 Web of Science 文献库中公开发表的研究文献。共搜集到急尖长苞冷杉林线地理分布数据 17 条(图 15.1)。

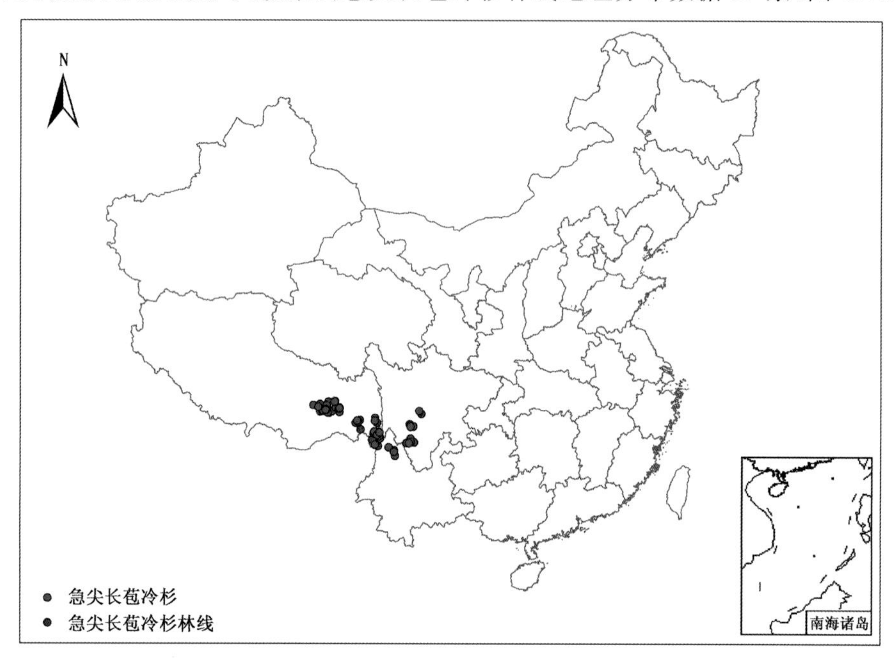

图 15.1　青藏高原急尖长苞冷杉样点及其林线位置示意图

二、模型适用性分析

为验证 Maxent 模型对急尖长苞冷杉地理分布研究的适用性，需要两组数据：一是目标物种的地理分布数据，即急尖长苞冷杉的地理分布数据；二是全国范围的环境变量，即从全国层次及年尺度确定的决定植物地理分布的 6 个气候因子 T_{min}、Q、T_7、T_1、T 和 P。基于 75%训练子集建立急尖长苞冷杉地理分布与气候因子关系模型，得到训练子集的 AUC 值为 0.99，测试子集的 AUC 值为 0.98(图 15.2)，模型准确性均达到了“非常好”的水平。这说明，MaxEnt 模型能够很好地进行急尖长苞冷杉地理分布与气候关系的模拟。将模型迭代运行 100 次，以得到一个较为稳定的平均结果。

三、影响因子分析

MaxEnt 模型给出了两种方法判定模型中气候因子对急尖长苞冷杉地理分布模拟的贡献大小：一是贡献百分率和置换得分值(表 15.1)；二是小刀法得出的条状图(图 15.3)。在百分贡献率中，各气候因子对急尖长苞冷杉地理分布影响的贡献排序为：年降水量(P)>最暖月平

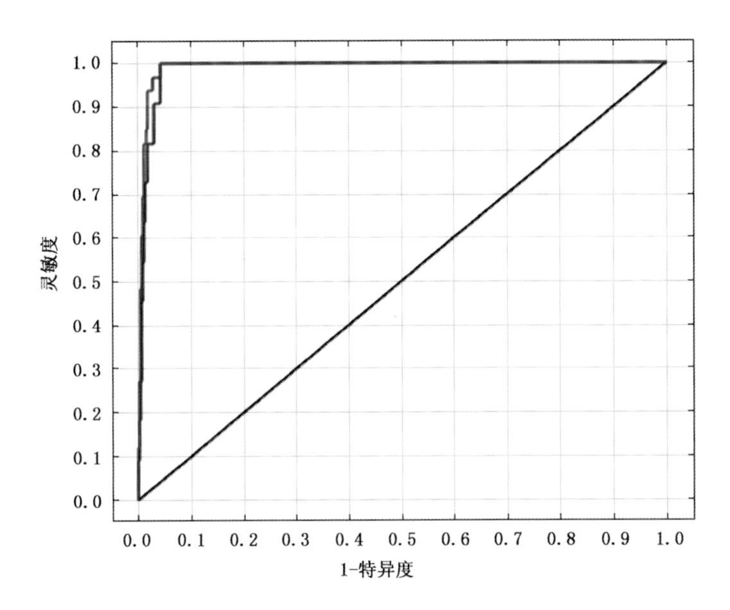

图 15.2　针对急尖长苞冷杉地理分布的 MaxEnt 模型模拟结果的 ROC 曲线

均温度(T_7)＞年极端最低温度(T_{min})＞年辐射量(Q)＞最冷月平均温度(T_1)＞年均温度(T)(表 15.1)。

表 15.1　气候因子在百分贡献率和置换重要性中的表现

气候因子	百分贡献率(%)	置换重要性(%)
年降水量(P)	34.8	18.0
最暖月平均温度(T_7)	28.6	0.5
年极端最低温度 (T_{min})	17.1	51.0
年辐射量 (Q)	16.8	18.7
最冷月平均温度(T_1)	1.9	2.0
年均温度 (T)	1.0	9.7

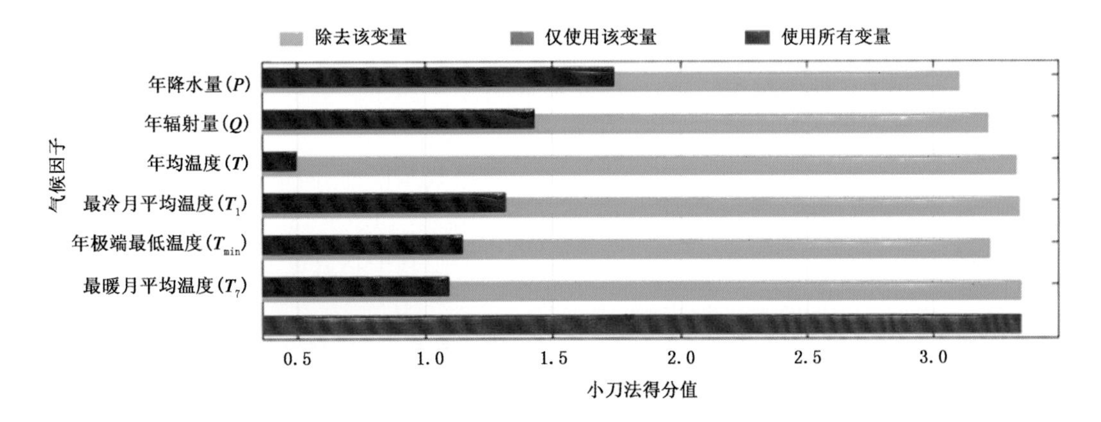

图 15.3　气候因子在小刀法中的得分

由小刀法得分可知，各气候因子对急尖长苞冷杉地理分布影响的贡献排序为：年降水量(P)＞年辐射量(Q)＞最冷月平均温度(T_1)＞年极端最低温度(T_{min})＞最暖月平均温度(T_7)＞年均温度(T)(图 15.3)。6 个因子在不同的评价方法中存在着不一致的表现，均有一定的置换重要性(表 15.1)，不能够去除其中的任一因子。

四、气候适宜性划分

使用 ArcGIS 中的重分类对模型的结果进行预测存在概率 p 的分级，设定[0,0.05)为气候不适宜区、[0.05,0.19)为气候轻度适宜区、[0.19,0.38)为气候中度适宜区、[0.38,1]为气候完全适宜区(图 15.4)。

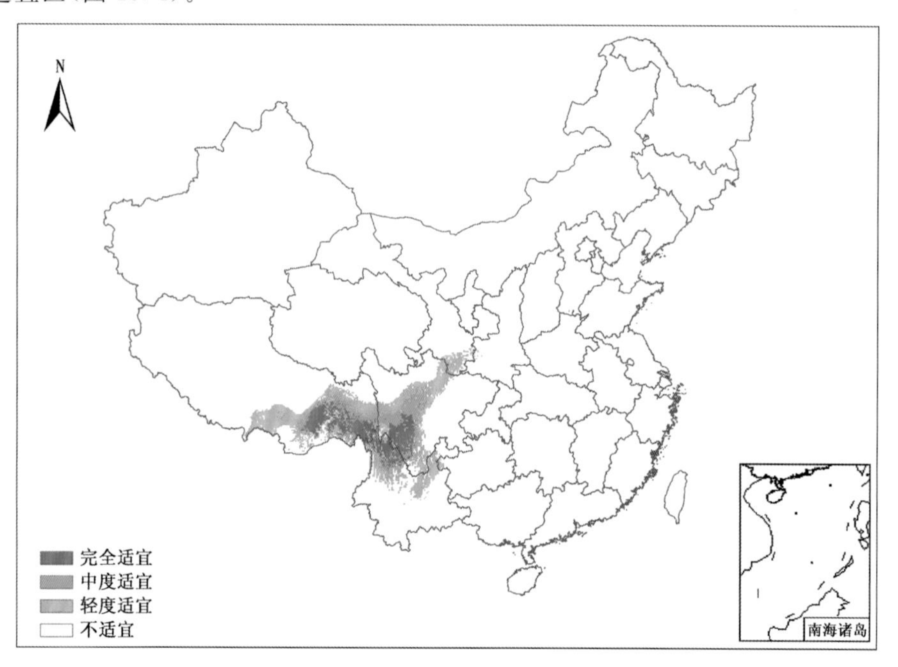

图 15.4　急尖长苞冷杉地理分布的气候适宜性

(1)气候完全适宜区($0.38 \leqslant p \leqslant 1$)：主要分布在青藏高原东南部边缘，主要为西藏东南部、四川西南部和云南北部部分区域。本区年降水量 547～945 mm，年均温度－0.2～12.5 ℃，年辐射量 137845～165439 W/m^2，年极端最低温度－26.6～－8.2 ℃，最冷月平均温度－9.2～5.3 ℃，最暖月平均温度 6.9～19.4 ℃。

(2)气候中度适宜区($0.19 \leqslant p < 0.38$)：主要包括西藏东南部、四川中西部和云南部分区域，呈条状分布。本区年降水量为 425～994 mm，年均温度－1.7～13.9 ℃，年极端最低温度－28.1～－5.5 ℃，最冷月平均温度－10.4～6.9 ℃，最暖月平均温度 6.2～20.1 ℃，年辐射量为 131539～167904 W/m^2。

(3)气候轻度适宜区($0.05 \leqslant p < 0.19$)：主要分布在西藏山南和昌都地区、四川绵阳、甘肃陇南和云南昭通南部部分区域。本区年降水量为 367～1071 mm，年均温度－3.2～16.2 ℃，年极端最低温度－30.0～－3.1 ℃，最冷月平均温度－12.3～9.2 ℃，最暖月平均温度 4.3～22.5 ℃，年辐射量为 125382～174198 W/m^2。

五、影响因子阈值分析

根据急尖长苞冷杉存在概率 p 对各气候因子的响应曲线，可以得到各气候因子在不同气候适宜区的阈值(图 15.5，表 15.2)。

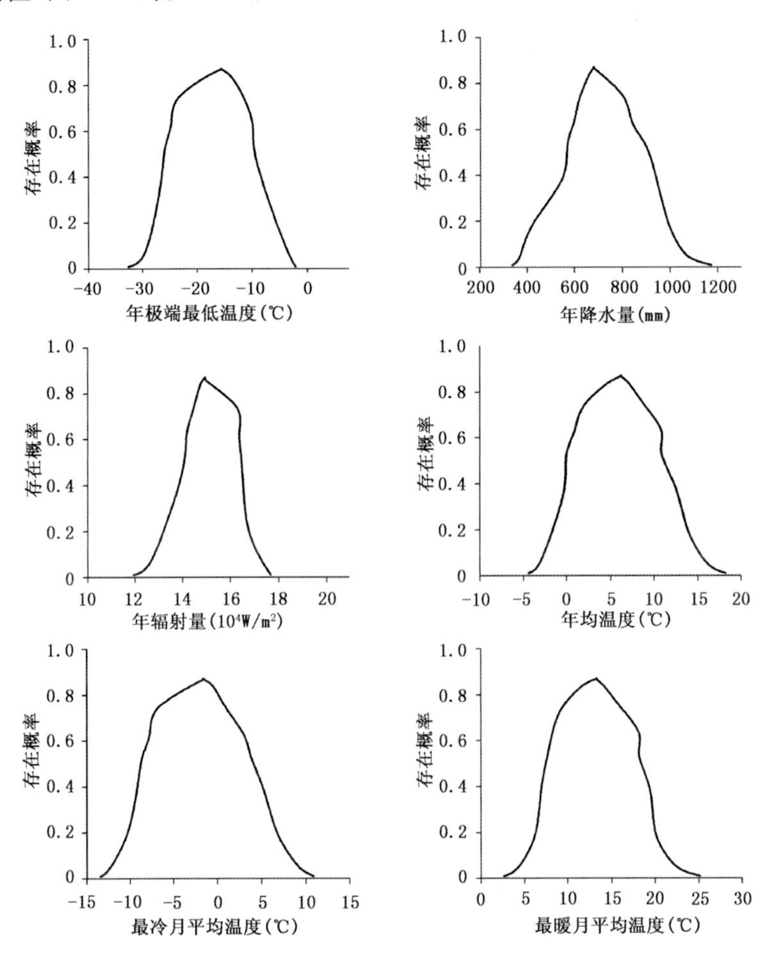

图 15.5 急尖长苞冷杉预测存在概率与气候因子的关系曲线

表 15.2 急尖长苞冷杉地理分布不同气候适宜区的气候因子阈值

	P(mm)	Q(W/m²)	T(℃)	T_1(℃)	T_{min}(℃)	T_7(℃)
完全适宜区[0.38,1]	547～945	137845～165439	−0.2～12.5	−9.2～5.3	−26.6～−8.2	6.9～19.4
中度适宜区[0.19,0.38)	425～994	131539～167904	−1.7～13.9	−10.4～6.9	−28.1～−5.5	6.2～20.1
轻度适宜区[0.05,0.19)	367～1071	125382～174198	−3.2～16.2	−12.3～9.2	−30.0～−3.1	4.3～22.5

六、急尖长苞冷杉地理分布的年代际动态

以1961—1990年为基准期训练模型，分析1966—1995年、1971—2000年、1976—2005年、1981—2010年、2011—2040年(未来RCP 4.5和RCP 8.5气候情景)急尖长苞冷杉地理分布气候适宜区的范围和面积变化可知：随着时间的推移，急尖长苞冷杉地理分布的总气候适宜分布区范围在1961—2010年稍有扩大，主要是轻度适宜区范围增大，整体出现了较小程度的北移。2011—2040年未来RCP 4.5和RCP 8.5气候情景下，急尖长苞冷杉地理分布的气候适宜分布范围大幅度减小，气候完全适宜区和中度适宜区几乎消失，气候轻度适宜区西移(图15.6)。

急尖长苞冷杉地理分布的总气候适宜区分布面积在1961—2010年呈波动式增加。与基准期(1961—1990年)相比，各评估期总的气候适宜区面积分别增加－4.0%(1966—1995年)、5.0%(1971—2000年)、5.0%(1976—2005年)、2.3%(1981—2010年)、－78.7%(未来RCP 4.5气候情景)和－91.6%(未来RCP 8.5气候情景)。其中，各评估期与基准期相比，气候完全适宜区的面积随时间推移均呈线性减小，而气候中度适宜区在未来RCP 8.5气候情景下面积最小，气候轻度适宜区在1961—2010年呈波动式增加，在2011—2040年两种未来气候情景下均比基准期减小（表15.3）。

表15.3　不同时期急尖长苞冷杉地理分布气候适宜区的面积（单位：10^4 hm^2）

时期	完全适宜区 [0.38,1]	中度适宜区 [0.19,0.38)	轻度适宜区 [0.05,0.19)	不适宜区 [0,0.05)
1961—1990年	1282	1290	2656	91949
1966—1995年	1445	1123	2452	92157
1971—2000年	1274	1279	2934	91690
1976—2005年	1061	1388	3039	91689
1981—2010年	910	1332	3108	91827
2011—2040年(RCP 4.5)	1	28	1082	96066
2011—2040年(RCP 8.5)	2	23	415	96737

七、急尖长苞冷杉对气候变化的适应性与脆弱性

与基准期相比，急尖长苞冷杉存在面积的变化(*SR*)在各评估期(1966—2040年)逐渐减小，拓展面积在1966—2010年呈先增后减趋势，在1976—2005年达最大(表15.4)，表明随时间推移，急尖长苞冷杉的气候适应能力降低。综合急尖长苞冷杉分布面积和存在概率评价，1966—2000年急尖长苞冷杉为完全适应，1971—2000年和1976—2005年为轻度适应，1981—2010年为轻度脆弱，2011—2040年(未来RCP 4.5和RCP 8.5气候情景)均为完全脆弱。拓展适应性在1966—2010年期间呈先增后减趋势，在2011—2040年(未来RCP 4.5和RCP 8.5气候情景）均没有拓展适应性(表15.5)，未来气候情景不适于急尖长苞冷杉的存在。

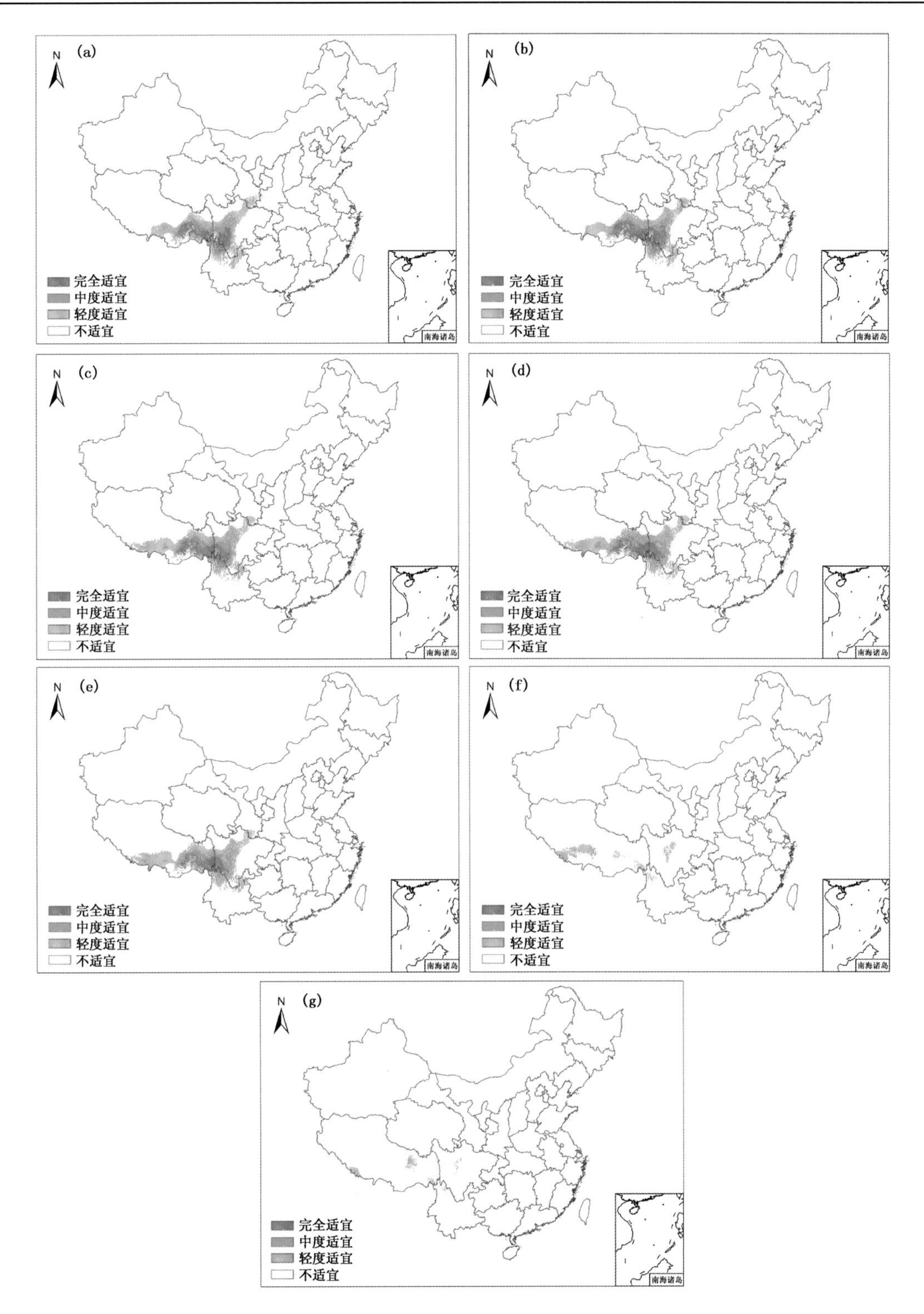

图 15.6 急尖长苞冷杉地理分布的气候适宜区

(a)1961—1990 年;(b)1966—1995 年;(c)1971—2000 年;(d)1976—2005 年;(e)1981—2010 年;(f)2011—2040 年 RCP 4.5;(g)2011—2040 年 RCP 8.5

表 15.4　基准期与评估期急尖长苞冷杉的地理分布面积(单位:10^4 hm^2)及其总的存在概率

研究时期		评估资料					
基准期	1961—1990 年	$S_{ik}+S_{im}$			$S_{ik}\cdot p_{ik}+S_{im}\cdot p_{im}$		
		2572			1071.69		
评估期	评估时段	S_{jk}	$S_{jk}\cdot p_{jk}$	S_{jm}	$S_{jm}\cdot p_{jm}$	S_{jl}	$S_{jl}\cdot p_{jl}$
	1966—1995 年	146	24.55	2426	1072.28	142	32.99
	1971—2000 年	341	52.16	2231	946.78	322	82.35
	1976—2005 年	571	78.76	2001	795.47	448	128.14
	1981—2010 年	675	91.82	1897	717.94	345	108.66
预测期	2011—2040 年 (RCP 4.5)	2572	58.60	0	0	29	7.64
	2011—2040 年 (RCP 8.5)	2572	40.71	0	0	25	6.95

表 15.5　急尖长苞冷杉对气候变化的适应性与脆弱性评价

评估时期	评价指标			自适应性与脆弱性评价等级	拓展适应性评价 A_e
	SR	A_l	V		
1966—1995 年	0.94	1.00	0.02	完全适应	0.03
1971—2000 年	0.87	0.88	0.05	轻度适应	0.08
1976—2005 年	0.78	0.74	0.07	轻度适应	0.12
1981—2010 年	0.74	0.67	0.09	轻度脆弱	0.10
2011—2040 年 (RCP 4.5)	0.00	0.00	0.05	完全脆弱	0.00
2011—2040 年 (RCP 8.5)	0.00	0.00	0.04	完全脆弱	0.00

以 1961—1990 年为基准期对急尖长苞冷杉的适应性与脆弱性评估表明,急尖长苞冷杉的自适应性在 1966—1995 年为完全适应,1971—2005 年为轻度适应,1981—2010 年为轻度脆弱,拓展适应性在 1966—2010 年期间呈先增后减趋势。2011—2040 年(未来 RCP 4.5 和 RCP 8.5 气候情景)的自适应性均为完全脆弱,无拓展适应性,表明未来气候情景不适于急尖长苞冷杉林生态系统。

八、急尖长苞冷杉林线模拟分析

根据气候适宜区划分,以存在概率 $p=0.19$ 的分布边界是急尖长苞冷杉林分布的边界,即是急尖长苞冷杉林线分布处。将急尖长苞冷杉林气候适宜区进行滤波 3 次,消除碎小斑块,提取边界线。然后,将面数据转换为多边形,提取分布区的边界线,即获取急尖长苞冷杉林的分布边界线,即林线分布(图 15.7)。在模拟林线的 20 km 缓冲区范围内,有 47%的急尖长苞冷杉实际林线点分布,在 50 km 缓冲区范围内有 76%的急尖长苞冷杉实际林线点分布(图 15.8)。提取急尖长苞冷杉林线所有实际分布点到模拟林线的距离可知,最短距离为 0.7 km,

最大距离为 67.1 km,平均距离为 28.5 km。进一步提取急尖长苞冷杉林线所有实际分布点到模拟林线最短距离的点,叠加 1 km×1 km DEM 数据,提取相对应点的海拔。结果表明,急尖长苞冷杉实际分布点海拔高度与模拟林线点海拔高度呈极显著线性关系($R^2=0.45$, $p<0.01$,图 15.9)。其中,模拟值比实际海拔高度约 47%低估,53%高估,模拟林线点海拔高度与实际林线海拔高度相比,最小相差 0.0 km,最大相差 0.1 km,平均比实际林线海拔高度高估 0.1 km。这进一步证明,存在概率 $p=0.19$ 可用以确定林线位置。

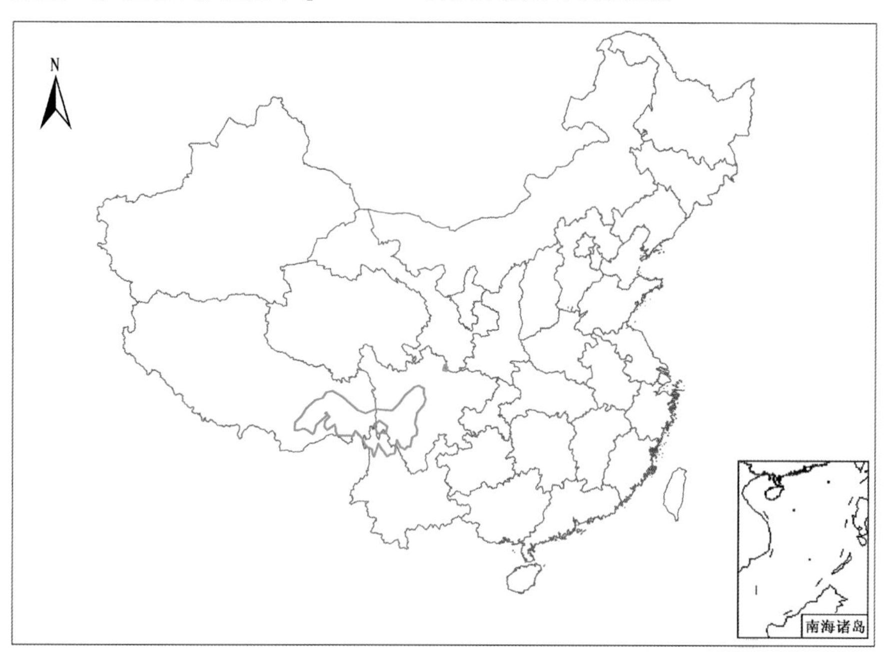

图 15.7　模拟急尖长苞冷杉林线

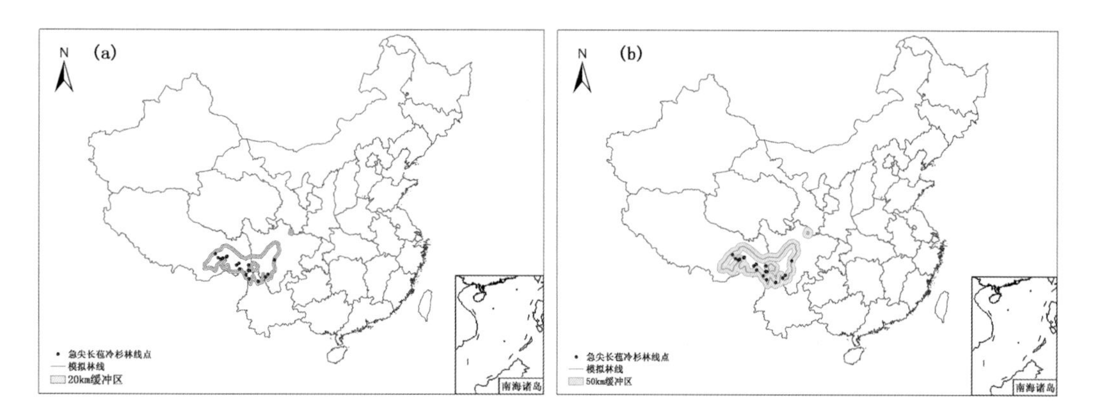

图 15.8　急尖长苞冷杉林线 20 km(a)和 50 km(b)缓冲区

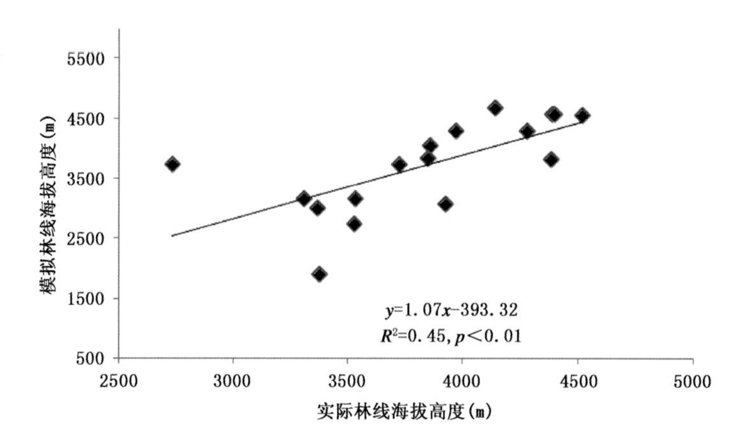

图 15.9　模拟林线海拔高度与实际林线海拔高度比较

第二节　青藏高原方枝柏的气候适宜性与脆弱性

一、数据资料

方枝柏地理分布资料通过3个途径获取:(1)中国自然标本馆(CFH)和中国数字植物标本馆(CVH)的标本数字资料,包括中国科学院成都生物研究所标本馆,西北农林科技大学植物标本馆、江苏省中国科学院植物研究所标本馆、江西省中国科学院庐山植物园、中国科学院西北高原生物研究所标本馆、中国科学院西双版纳植物园标本馆、广西壮族自治区中国科学院植物研究所标本馆;(2)各地植物志的方枝柏分布资料,包括《四川植物志》、《云南植物志》、《西藏植物志》、《青海植物志》、《甘肃植物志》等;(3)中国知网(CNKI)、维普和Web of Science文献库中公开发表关于方枝柏的研究文献。利用3个途径获取方枝柏地理分布资料时,如有重叠,按标本馆标本数字资料、各地方植物志资料和文献资料的顺序选取。数据集共包括方枝柏地理分布点87个(图15.10)。

二、模型适用性分析

MaxEnt模型运行需要两组数据:一是目标物种的地理分布数据,即方枝柏的地理分布数据;二是全国范围的环境变量,即从全国层次及年尺度确定的决定植物地理分布的6个气候因子T_{min}、Q、T_7、T_1、T和P。基于75%训练子集建立方枝柏地理分布与气候因子关系模型,得到训练子集的AUC值为0.97,测试子集的AUC值为0.98(图15.11),模型准确性均达到了“非常好”的水平。这说明,MaxEnt模型能够很好地进行方枝柏地理分布与气候关系的模拟。

三、影响因子分析

在百分贡献率中,各气候因子对方枝柏地理分布影响的贡献排序为:最暖月平均温度(T_7)>年降水量(P)>年极端最低温度(T_{min})>年辐射量(Q)>最冷月平均温度(T_1)>年均温度(T)(表15.6)。由小刀法得分可知,各气候因子对方枝柏地理分布影响的贡献排序为:年降水量(P)>最冷月平均温度(T_1)>年辐射量(Q)> 年极端最低温度(T_{min})>最暖月平均温

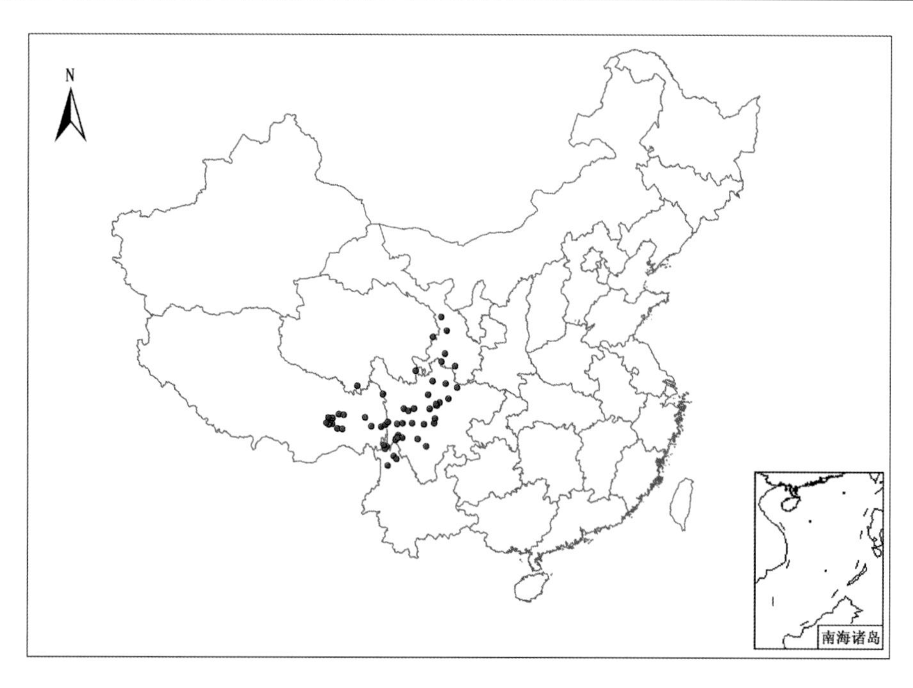

图 15.10　方枝柏样点的地理分布

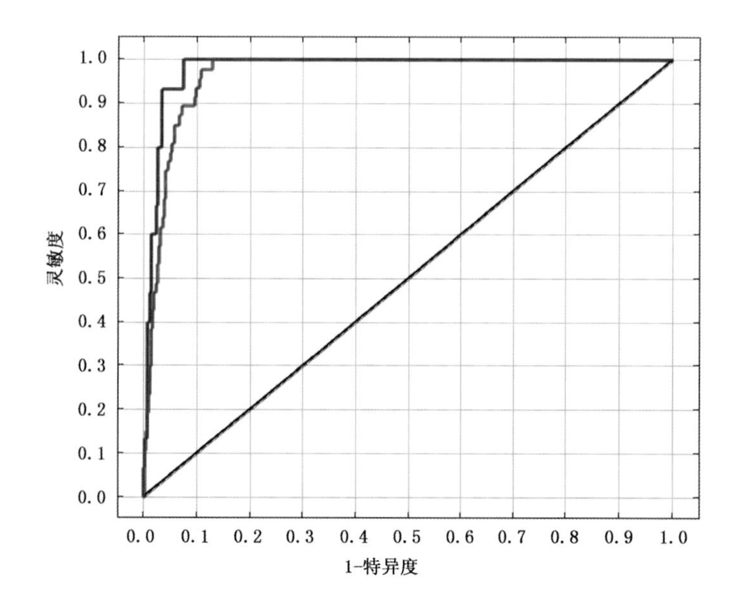

图 15.11　针对方枝柏地理分布的 MaxEnt 模型模拟结果的 ROC 曲线

度(T_7)>年均温度(T)(图 15.12)。6 个因子在不同的评价方法中存在着不一致的表现，均有一定的置换重要性(表 15.6)，不能够去除其中的任一个因子。

表 15.6　气候因子在百分贡献率和置换重要性中的表现

气候因子	百分贡献率(%)	置换重要性(%)
最暖月平均温度(T_7)	37.0	42.3
年降水量(P)	27.6	10.4
年极端最低温度 (T_{min})	20.5	20.3
年辐射量(Q)	9.3	1.3
最冷月平均温度(Tv_1)	5.4	25.6
年均温度(T)	0.1	0

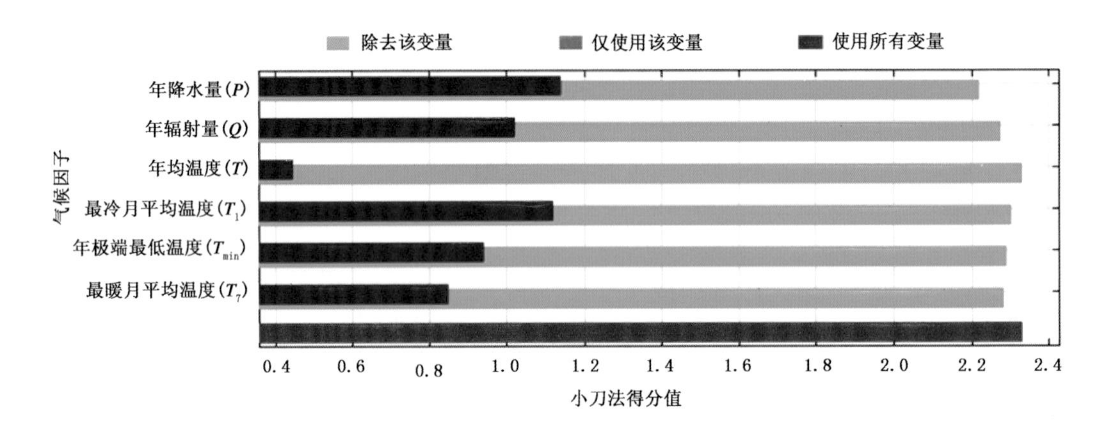

图 15.12　气候因子在小刀法中的得分

四、气候适宜性划分

使用 ArcGIS 中的重分类对模型的结果进行预测存在概率 p 的分级,根据方枝柏分布的气候适宜性等级划分,可以得到方枝柏的气候适宜区分布(图 15.13)。

(1)气候完全适宜区($0.38\leqslant p\leqslant 1$):主要分布在青藏高原东南部边缘,主要为西藏东南部、四川西部、云南西北部和甘肃南部区域。本区年降水量 424～1027 mm,年均温度－1.3～13.6 ℃,年极端最低温度－28.9～－6.6 ℃,最冷月平均温度－10.3～5.9 ℃,最暖月平均温度 5.3～21.1 ℃,年辐射量 125400～162572 W/m^2。

(2)气候中度适宜区($0.19\leqslant p<0.38$):主要在气候完全适宜区的外部边缘呈条带分布。本区年降水量为 370～1081 mm,年均温度－2.8～14.6 ℃,年极端最低温度－31.9～－4.4 ℃,最冷月平均温度－12.0～7.9 ℃,最暖月平均温度 4.3～23.2 ℃,年辐射量为 116804～167816 W/m^2。

(3)气候轻度适宜区($0.05\leqslant p<0.19$):主要分布在西藏东南部、四川中西部、甘肃南部、云南北部、陕西部分和青海东部区域,在山东半岛东部和河南中部也有小区域分布。本区年降水量为 243～1173 mm,年均温度－3.4～17.0 ℃,年极端最低温度－35.1～－2.4 ℃,最冷月平均温度－14.7～9.8 ℃,最暖月平均温度 3.6～25.8 ℃,年辐射量为 107741～172534 W/m^2。

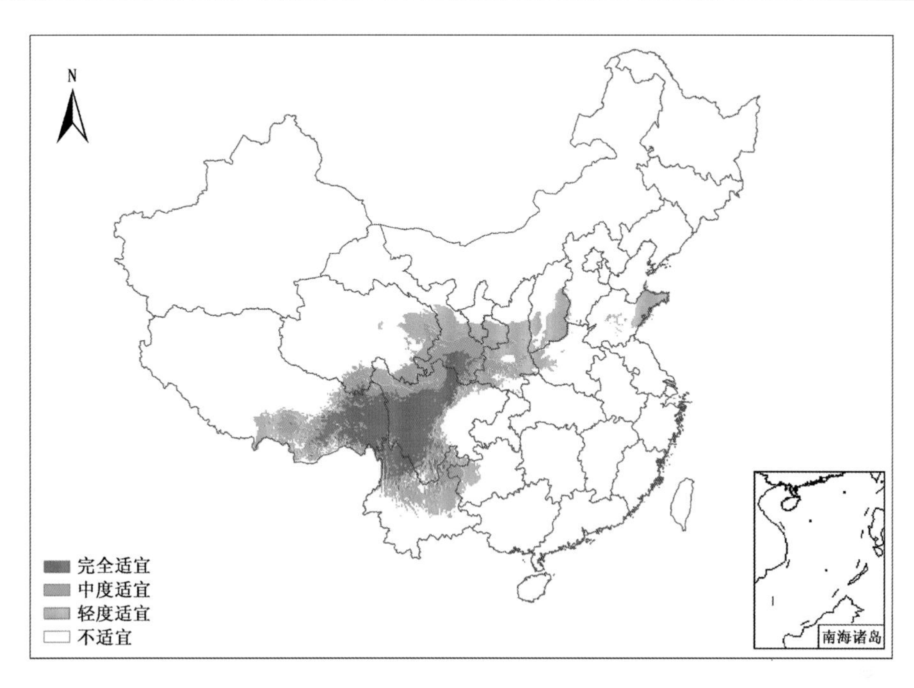

图 15.13　方枝柏地理分布的气候适宜性

五、影响因子阈值分析

根据方枝柏存在概率 p 对各气候因子的响应曲线，可以得到各气候因子在不同气候适宜区的阈值（图 15.14，表 15.7）。

表 15.7　方枝柏地理分布不同气候适宜区的气候因子阈值

	P(mm)	Q(W/m^2)	T(℃)	T_1(℃)	T_{min}(℃)	T_7(℃)
完全适宜区[0.38,1]	424～1027	125400～162572	−1.3～13.6	−10.3～5.9	−28.9～−6.6	5.3～21.1
中度适宜区[0.19,0.38)	370～1081	116804～167816	−2.8～14.6	−12.0～7.9	−31.9～−4.4	4.3～23.2
轻度适宜区[0.05,0.19)	243～1173	107741～172534	−3.4～17.0	−14.7～9.8	−35.1～−2.4	3.6～25.8

六、方枝柏地理分布的年代际动态

以 1961—1990 年为基准期训练模型，分析 1966—1995 年、1971—2000 年、1976—2005 年、1981—2010 年、2011—2040 年（未来 RCP 4.5 和 RCP 8.5 气候情景）方枝柏地理分布气候适宜区的范围和面积变化可知：随着时间的推移，方枝柏地理分布的总气候适宜分布区范围在 1961—2010 年变化较小，并有轻微的向西北部偏移趋势。2011—2040 年未来 RCP 4.5 和 RCP 8.5 气候情景下，方枝柏地理分布的气候适宜分布范围大幅增加，并向西北部移动，其中气候完全适宜区范围增加更显著（图 15.15）。

方枝柏地理分布的总气候适宜区分布面积在 1961—2010 年波动变化，其中气候完全适宜区面积在 1961—2010 年逐步增加，在 2011—2040 年未来 RCP 4.5 和 RCP 8.5 气候情景下分别比基准期增加 108%和 119%。气候中度适宜区面积在 1961—2040 年逐渐增加，轻度适宜

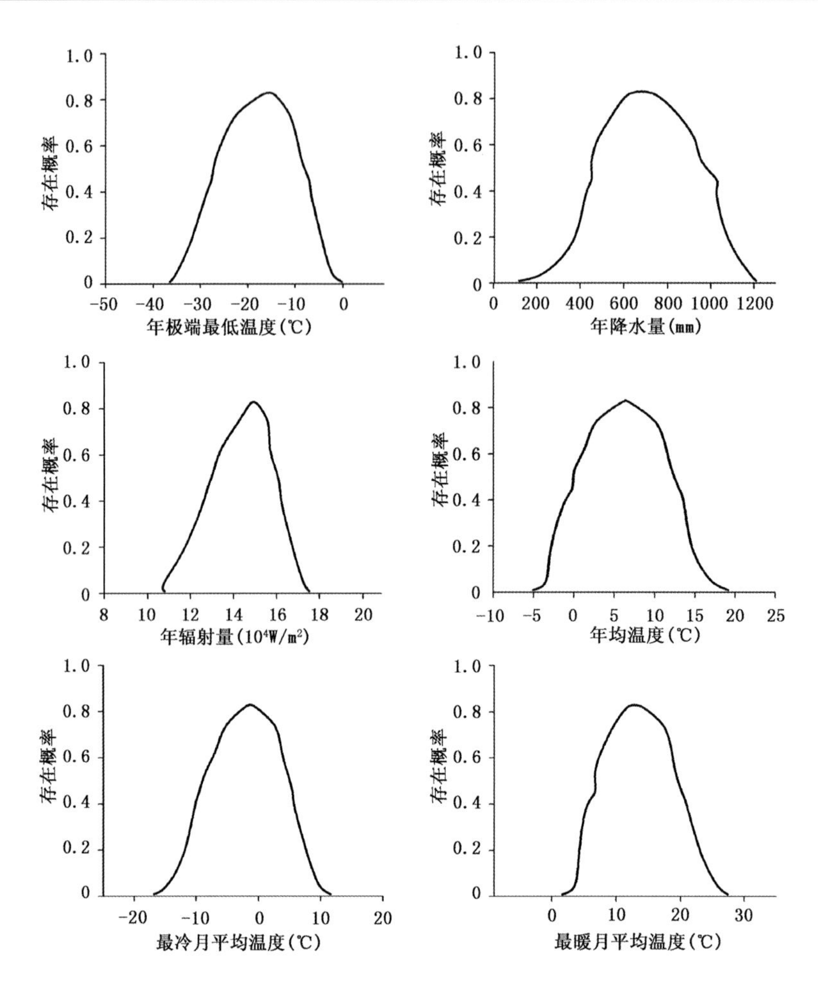

图 15.14　方枝柏预测存在概率与气候因子的关系曲线

区面积在 1961—2010 年逐渐减小，在 2011—2040 年未来 RCP 4.5 和 RCP 8.5 气候情景下大幅增加（表 15.8）。

表 15.8　不同时期方枝柏地理分布气候适宜区的面积（单位：10^4 hm^2）

时期	完全适宜区 [0.38,1]	中度适宜区 [0.19,0.38)	轻度适宜区 [0.05,0.19)	不适宜区 [0,0.05)
1961—1990 年	4166	3028	7381	82602
1966—1995 年	4308	3015	6977	82877
1971—2000 年	4371	3146	7084	82576
1976—2005 年	4347	3222	6945	82663
1981—2010 年	4427	3249	6669	82832
2011—2040 年(RCP 4.5)	8683	3715	8174	76605
2011—2040 年(RCP 8.5)	9109	3956	10388	73724

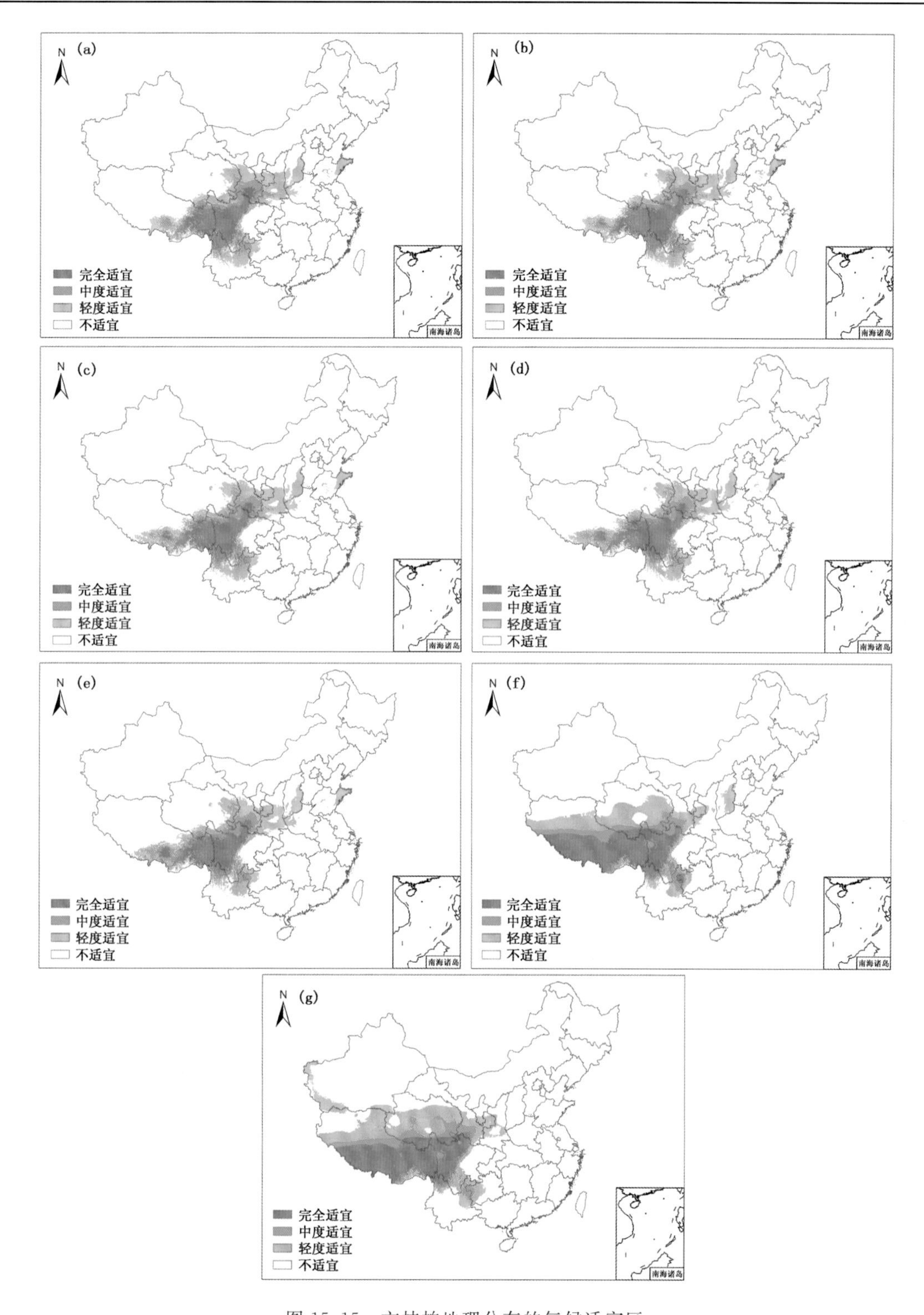

图 15.15　方枝柏地理分布的气候适宜区

(a)1961—1990 年；(b)1966—1995 年；(c)1971—2000 年；(d)1976—2005 年；(e)1981—2010 年；(f)2011—2040 年 RCP 4.5；(g)2011—2040 年 RCP 8.5

七、方枝柏对气候变化的适应性与脆弱性

与基准期相比，方枝柏存在面积的变化（*SR*）在1966—2040年逐渐减小，拓展面积在逐渐增大（表15.9），这表明随时间推移，方枝柏对本地气候变化的适应性降低，分布区外的气候适宜性增加。综合方枝柏分布面积和存在概率评价，1966—1995年方枝柏为完全适应，1971—2000年和1976—2005年为中度适应，1981—2010年为轻度适应，即在近50年来，方枝柏的自适应性在逐步减小。2011—2040年（未来RCP 4.5和RCP 8.5气候情景）均为轻度适应。拓展适应性在1966—2040年逐步增加（表15.10），即未来气候变化较适于方枝柏的发展。

表15.9 基准期与评估期方枝柏的地理分布面积（单位：10^4 hm^2）及其总的存在概率

研究时期		评估资料					
基准期	1961—1990年	$S_{ik}+S_{im}$			$S_{ik}\cdot p_{ik}+S_{im}\cdot p_{im}$		
		7194			3233.67		
评估期	评估时段	S_{jk}	$S_{jk}\cdot p_{jk}$	S_{jm}	$S_{jm}\cdot p_{jm}$	S_{jl}	$S_{jl}\cdot p_{jl}$
	1966—1995年	351	57.93	6843	3223.10	480	111.01
	1971—200年0	459	74.71	6735	3176.07	782	196.75
	1976—2005年	629	99.30	6565	3059.74	1004	266.90
	1981—2010年	772	116.52	6422	3009.69	1254	344.32
预测期	2011—2040年（RCP 4.5）	1283	127.66	5911	3101.27	6487	3325.93
	2011—2040年（RCP 8.5）	1404	148.79	5790	3079.14	7275	3764.74

表15.10 方枝柏对气候变化的适应性与脆弱性评价

评估时期	评价指标			自适应性与脆弱性评价等级	拓展适应性评价 A_e
	SR	A_l	*V*		
1966—1995年	0.95	1.00	0.02	完全适应	0.03
1971—2000年	0.94	0.98	0.02	中度适应	0.06
1976—2005年	0.91	0.95	0.03	中度适应	0.08
1981—2010年	0.89	0.93	0.04	轻度适应	0.11
2011—2040年（RCP 4.5）	0.82	0.96	0.04	轻度适应	1.03
2011—2040年（RCP 8.5）	0.80	0.95	0.05	轻度适应	1.16

以1961—1990年为基准期对方枝柏的适应性与脆弱性评估表明，方枝柏的自适应性在1966—1995年为完全适应，1971—2000年和1976—2005年为中度适应，1981—2010年为轻度适应，2011—2040年（未来RCP 4.5和RCP 8.5气候情景）均为轻度适应；拓展适应性在1966—2040年逐步增加，表明未来气候情景有利于方枝柏生态系统。

第三节　青藏高原大果红杉的气候适宜性与脆弱性

一、数据资料

大果红杉地理分布资料通过3个途径获取：(1)中国自然标本馆(CFH)和中国数字植物标本馆(CVH)的标本数字资料，包括中国科学院西双版纳热带植物园标本馆、中国科学院植物研究所标本馆、西北农林科技大学植物标本馆、江苏省中国科学院植物研究所标本馆、江西省中国科学院庐山植物园；(2)各地植物志的大果红杉分布资料，包括《四川植物志》、《云南植物志》、《西藏植物志》等；(3)中国知网(CNKI)、维普和Web of Science文献库中公开发表关于大果红杉的研究文献。利用3个途径获取大果红杉地理分布资料时，如有重叠，按标本馆标本数字资料、各地方植物志资料和文献资料的顺序选取。数据集共包括大果红杉地理分布点77个(图15.16)。

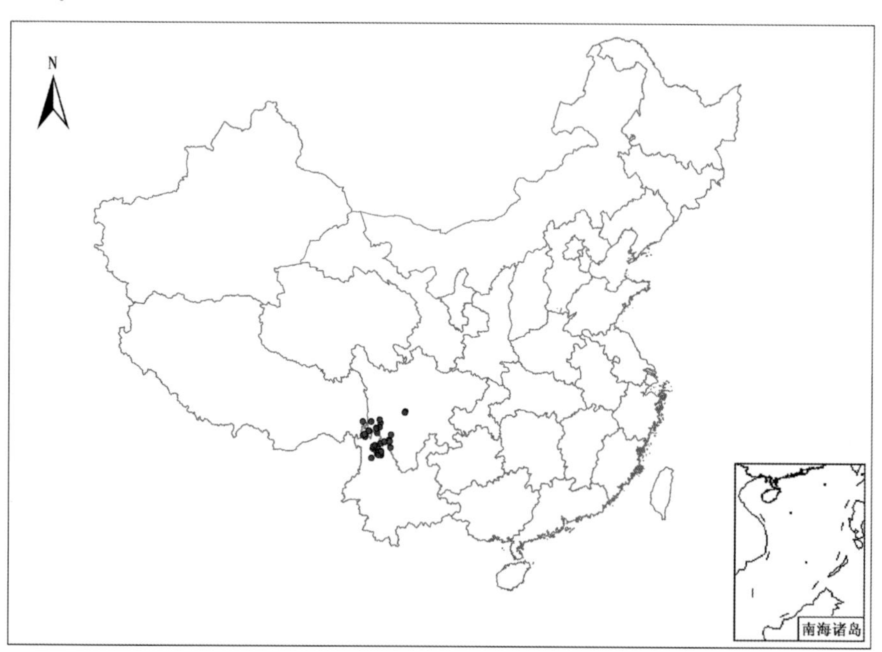

图15.16　大果红杉样点的地理分布

二、模型适用性分析

MaxEnt模型运行需要两组数据：一是目标物种的地理分布数据，即大果红杉的地理分布数据；二是全国范围的环境变量，即从全国层次及年尺度确定的决定植物地理分布的6个气候因子 $T_{\min}$、Q、T_7、T_1、T 和 P。基于75%训练子集建立大果红杉地理分布与气候因子关系模型，得到训练子集的AUC值为0.99，测试子集的AUC值为0.99(图15.17)，模型准确性均达到了“非常好”的水平。这说明，MaxEnt模型能够很好地进行大果红杉地理分布与气候关系的模拟。

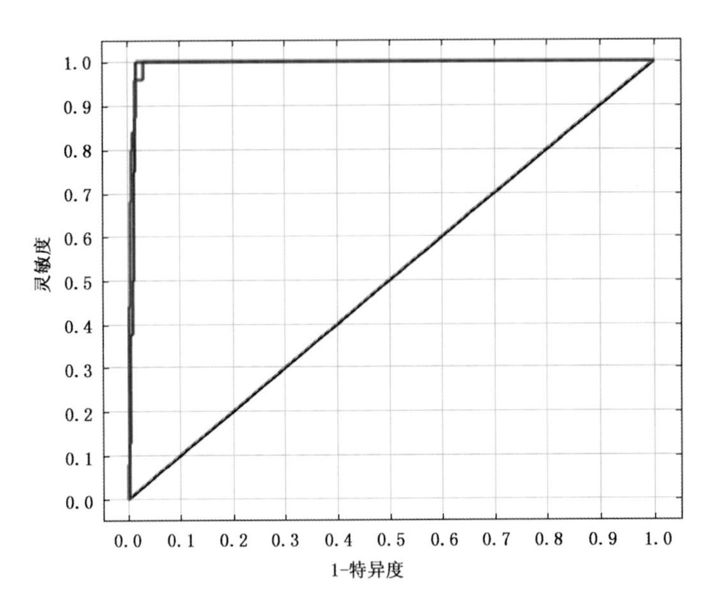

图 15.17 针对大果红杉地理分布的 MaxEnt 模型模拟结果的 ROC 曲线

三、影响因子分析

在百分贡献率中,各气候因子对大果红杉地理分布影响的贡献排序为:年极端最低温度(T_{min})>年辐射量(Q)>年降水量(P)>最暖月平均温度(T_7)>最冷月平均温度(T_1)>年均温度(T)(表 15.11)。由小刀法得分可知,各气候因子对大果红杉地理分布影响的贡献排序为:年辐射量(Q)> 最冷月平均温度(T_1)> 年极端最低温度(T_{min})>年降水量(P)>最暖月平均温度(T_7)>年均温度(T)(图 15.18)。6 个因子在不同的评价方法中存在着不一致的表现,均有一定的置换重要性(表 15.11),不能够去除其中的任一个因子。

表 15.11 气候因子在百分贡献率和置换重要性中的表现

气候因子	百分贡献率(%)	置换重要性(%)
年极端最低温度(T_{min})	31.5	9.6
年辐射量 (Q)	27.7	0.4
年降水量(P)	18.3	12.8
最暖月平均温度(T_7)	15.6	18.1
最冷月平均温度(T_1)	6.1	59.1
年均温度 (T)	0.7	0

四、气候适宜性划分

使用 ArcGIS 中的重分类对模型的结果进行预测存在概率 p 的分级,根据大果红杉分布的气候适宜性等级划分,可以得到大果红杉的气候适宜区分布(图 15.19)。

(1)气候完全适宜区($0.38 \leqslant p \leqslant 1$):主要分布在青藏高原东南部边缘,主要为西藏东南部、四川西南部和云南西北部的边缘区域。本区年降水量 422~939 mm,年均温度 3.8~13.5

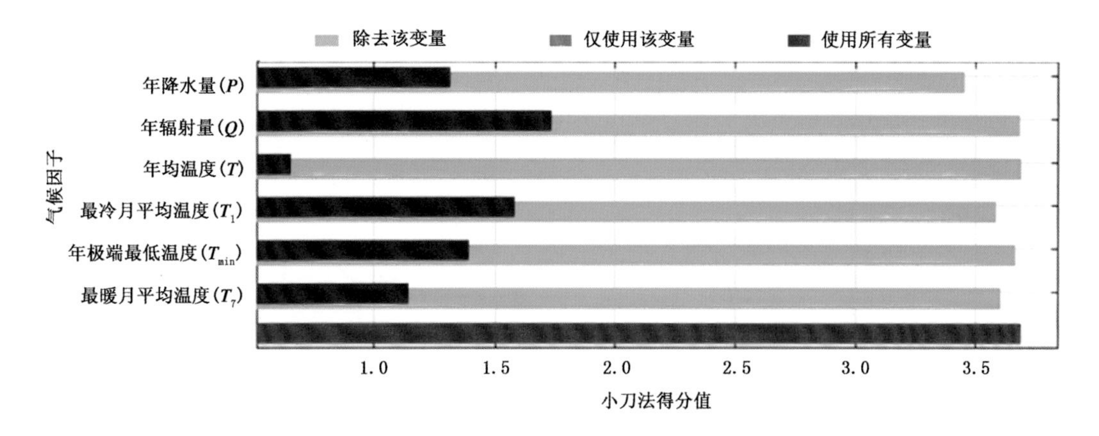

图 15.18　气候因子在小刀法中的得分

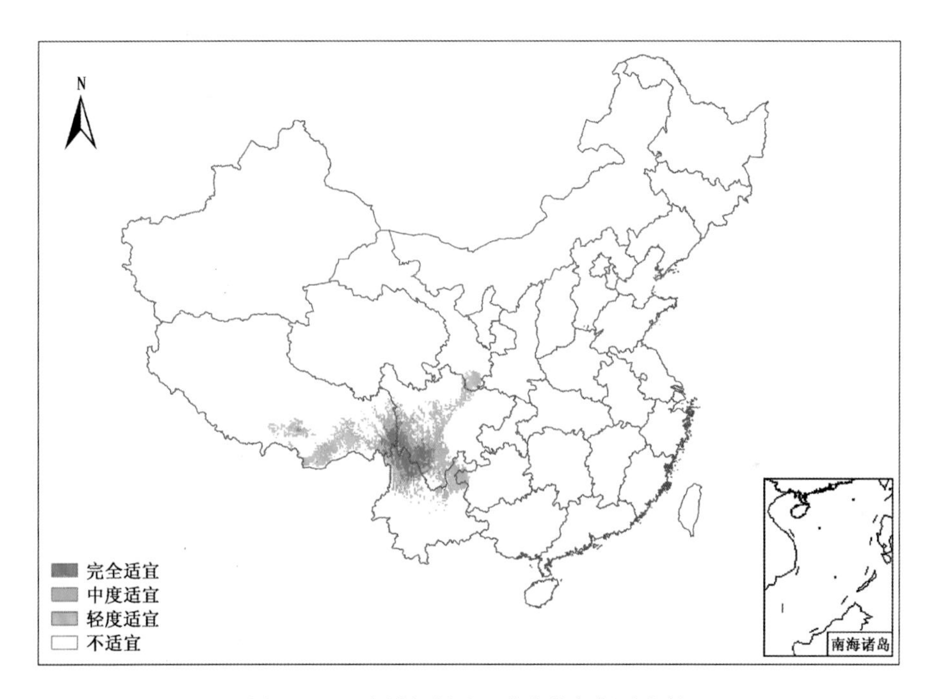

图 15.19　大果红杉地理分布的气候适宜性

℃，年辐射量 135783～162845 W/m²，年极端最低温度－21.8～－7.7 ℃，最冷月平均温度－4.0～5.5 ℃，最暖月平均温度 9.3～21.5 ℃。

(2)气候中度适宜区($0.19 \leqslant p < 0.38$)：主要在西藏东南部、四川中西部和云南北部零星分布。本区年降水量为 389～1027 mm，年均温度 2.5～15.3 ℃，年极端最低温度－23.8～－6.1 ℃，最冷月平均温度－5.4～6.4 ℃，最暖月平均温度 9.3～23. ℃，年辐射量为 129514～165138 W/m²。

(3)气候轻度适宜区($0.05 \leqslant p < 0.19$)：主要分布在西藏东南部、四川中西部、甘肃南部和云南昭通南部部分区域。本区年降水量为 354～1081 mm，年均温度 1.4～16.6 ℃，年极端最低温度－25.9～－4.3 ℃，最冷月平均温度－7.1～8.0 ℃，最暖月平均温度 7.7～24.7 ℃，年辐射量为 121952～167997 W/m²。

五、影响因子阈值分析

根据大果红杉存在概率 p 对各气候因子的响应曲线，可以得到各气候因子在不同气候适宜区的阈值(图 15.20，表 15.12)。

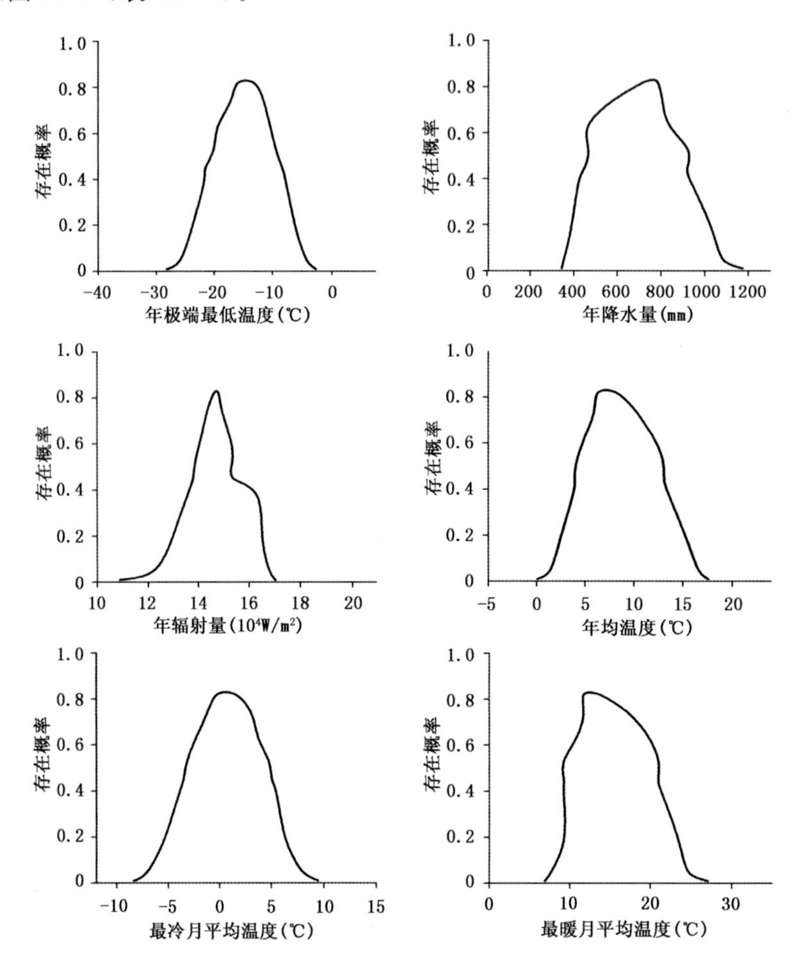

图 15.20 大果红杉预测存在概率与气候因子的关系曲线

表 15.12 大果红杉地理分布不同气候适宜区的气候因子阈值

	P(mm)	Q(W/m^2)	T(℃)	T_1(℃)	T_{min}(℃)	T_7(℃)
完全适宜区[0.38,1]	422～939	135783～162845	3.8～13.5	−4.0～5.5	−21.8～−7.7	9.3～21.5
中度适宜区[0.19,0.38)	389～1027	129514～165138	2.5～15.3	−5.4～6.4	−23.8～−6.1	9.3～23.4
轻度适宜区[0.05,0.19)	354～1081	121952～167997	1.4～16.6	−7.1～8.0	−25.9～−4.3	7.7～24.7

六、大果红杉地理分布的年代际动态

以 1961—1990 年为基准期训练模型，分析 1966—1995 年、1971—2000 年、1976—2005 年、1981—2010 年、2011—2040 年（未来 RCP 4.5 和 RCP 8.5 气候情景）大果红杉地理分布气候适宜区的范围和面积变化可知：随着时间的推移，大果红杉地理分布的总气候适宜分布区范围在 1961—2010 年变化较小，并有北移趋势。2011—2040 年未来 RCP 4.5 和 RCP 8.5 气候情景下，大果红杉地理分布的气候适宜分布范围大幅增加，气候完全适宜区范围增加更为显著（图 15.21）。

大果红杉地理分布的总气候适宜区分布面积在 1961—2010 年波动增加，但增加幅度较小。其中，气候完全适宜区面积在 1961—2010 年逐步减小，在 2011—2040 年未来 RCP 4.5 和 RCP 8.5 气候情景下分别比基准期增加 565% 和 502%。气候中度适宜区面积在 1961—2040 年波动增加，轻度适应区面积变化较小（表 15.13）。

表 15.13　不同时期大果红杉地理分布气候适宜区的面积（单位：10^4 hm^2）

时期	完全适宜区 [0.38,1]	中度适宜区 [0.19,0.38)	轻度适宜区 [0.05,0.19)	不适宜区 [0,0.05)
1961—1990 年	852	657	2263	93405
1966—1995 年	833	717	2241	93386
1971—2000 年	720	686	2338	93433
1976—2005 年	551	680	2249	93697
1981—2010 年	591	892	2561	93133
2011—2040 年(RCP 4.5)	5668	1365	1859	88285
2011—2040 年(RCP 8.5)	5126	1293	2302	88456

七、大果红杉对气候变化的适应性与脆弱性

与基准期相比，大果红杉存在面积的变化（*SR*）在 1966—2010 年逐渐减小，2011—2040 年（未来 RCP 4.5 气候情景）面积恢复至基准期，在未来 RCP 8.5 气候情景下则继续减小。拓展面积在 1966—2010 年逐步增大，均较基准期为大（表 15.14）。这表明，随时间推移，大果红杉的气候适应能力在增加。

表 15.14　基准期与评估期大果红杉的地理分布面积（单位：10^4 hm^2）及其总的存在概率

研究时期		评估资料					
基准期	1961—1990 年	$S_{ik}+S_{im}$			$S_{ik}\cdot p_{ik}+S_{im}\cdot p_{im}$		
		1509			667.32		
评估期	评估时段	S_{jk}	$S_{jk}\cdot p_{jk}$	S_{jm}	$S_{jm}\cdot p_{jm}$	S_{jl}	$S_{jl}\cdot p_{jl}$
	1966—1995 年	84	14.63	1425	634.27	125	27.35
	1971—2000 年	58	39.92	1251	534.62	155	36.96
	1976—2005 年	448	59.42	1061	417.06	170	42.21
	1981—2010 年	419	53.76	1090	420.80	393	108.74
预测期	2011—2040 年 (RCP 4.5)	90	10.05	1419	954.11	5614	3449.34
	2011—2040 年 (RCP 8.5)	394	31.44	1115	693.19	5304	3195.33

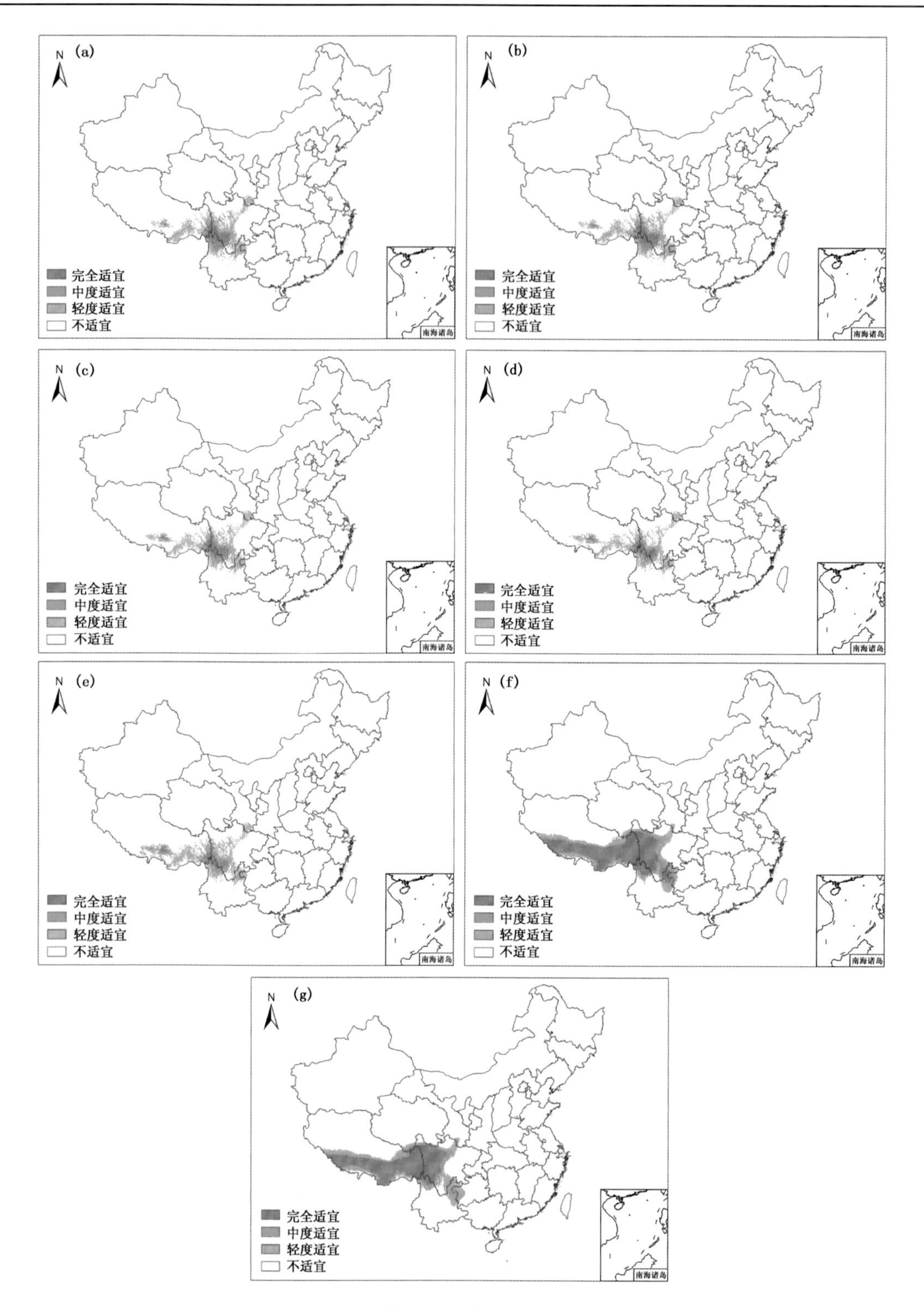

图 15.21　大果红杉地理分布的气候适宜区

(a)1961—1990 年;(b)1966—1995 年;(c)1971—2000 年;(d)1976—2005 年;(e)(1981—2010 年;(f)2011—2040 年 RCP 4.5;(g)2011—2040 年 RCP 8.5

综合大果红杉分布面积和存在概率评价，1966—1995 年大果红杉为中度适应，1971—2000 年为轻度适应，1976—2005 年和 1981—2010 年为轻度脆弱，即在近 50 年来，大果红杉的自适应性在逐步减小。2011—2040 年在未来 RCP 4.5 气候情景下为完全适应，在未来 RCP 8.5 气候情景下为轻度脆弱。拓展适应性在 1966—2040 年逐步增加（表 15.15），表明未来气候变化较适于大果红杉的发展。

表 15.15　大果红杉对气候变化的适应性与脆弱性评价

评估时期	评价指标			自适应性与脆弱性评价等级	拓展适应性评价 A_e
	SR	A_l	V		
1966—1995 年	0.94	0.95	0.02	中度适应	0.04
1971—2000 年	0.83	0.80	0.06	轻度适应	0.06
1976—2005 年	0.70	0.62	0.09	轻度脆弱	0.06
1981—2010 年	0.72	0.63	0.08	轻度脆弱	0.16
2011—2040 年（RCP 4.5）	0.94	1.43	0.02	完全适应	5.17
2011—2040 年（RCP 8.5）	0.74	1.04	0.05	轻度脆弱	4.79

以 1961—1990 年为基准期对大果红杉的适应性与脆弱性评估表明，大果红杉的自适应性在 1966—1995 年为中度适应，1971—2000 年为轻度适应，1976—2010 年为轻度脆弱，拓展适应性在 1966—2010 年期间逐渐增大。2011—2040 年未来 RCP 4.5 气候情景下大果红杉的自适应性为完全适应，在未来 RCP 8.5 气候情景下大果红杉为轻度脆弱，拓展适应性在增加，表明大果红杉的自适应性减弱。因此，2011—2040 年未来 RCP 4.5 气候情景有利于大果红杉发展，而未来 RCP 8.5 气候情景则不利于大果红杉发展。

第十六章 东北湿地生态系统的气候适宜性与脆弱性

湿地是水陆交汇区形成的生态系统，具有独特的生态结构与功能，是重要的国土资源。中国湿地面积 7968.74×10^4 hm^2，占世界湿地面积的11.65%，居世界第三位（鲁奇等 2001）。中国主要湿地类型有河流湿地、湖泊湿地、沼泽湿地、水稻田湿地等。其中，河流湿地分布最为普遍，除西北干旱区河流密度比较稀疏外，中国大部分地区的河流密度都比较大；湖泊湿地主要分布在青藏高原和长江中下游平原；沼泽湿地主要分布在东北地区；水稻田湿地主要分布在青藏高原以东、秦岭—淮河以南地区（图16.1）。根据湿地的地理分布特点，可粗略地将湿地分为青藏高原、西北内陆、东北、长江中下游、华北、西南和东南沿海等七大区域湿地（鲁奇等 2001）。

中国天然湿地面积为 3620.05×10^4 hm^2，其中东北三省沼泽湿地面积占30%以上，多年平均沼泽率为3.66%（严登华等 2006）。湿地的形成与发育受气候、地貌、水文、地质等多种自然条件制约，其中气候是湿地形成和发育的最重要控制因素。东北三省处于中国最北部，气候寒冷，冬季漫长，发育大面积的季节性冻土和常年冻土，抑制了水分蒸发。平原地区地势平缓，地表径流排泄不畅，形成了宽阔的沼泽化湿地。东北三省的天然湿地以沼泽和沼泽化草甸为主，呈现北多南少的整体格局，大面积的沼泽湿地分布在纬度较高的黑龙江省。

气候变暖背景下，东北三省气温上升幅度明显高于全国其他地区，土壤冻融深度趋于减小，日照时数、降水量、蒸发量、相对湿度、风速等气候要素也发生明显改变（赵春雨等 2009，赵秀兰 2010）。1951—2000年的气象资料表明，东北三省升温特别明显，气候趋于暖干化（孙凤华等 2005）。气候变暖使东北三省的湿地面临着巨大的威胁。1960年以来，东北三省天然湿地一直呈现大面积持续减少的趋势，1976—2001年期间东北三省的沼泽湿地减少25700 km^2（邢宇等 2011）。天然湿地的大幅度减少，一方面是人为开垦天然湿地的结果，另一方面与气候变暖也密不可分（崔瀚文等 2013）。

湿地是隐域性生态系统，不像森林和草地生态系统具有明显的气候地带性（纬度地带性和垂直地带性）分布规律，但是湿地（尤其是沼泽湿地）对气候变化特别敏感。东北三省是中国天然湿地类型最多、沼泽湿地分布最广泛的地区之一（牛振国等 2012）。湿地生态系统对气候变化的敏感性不仅反映在大面积沼泽湿地面积萎缩、生物多样性降低等脆弱性方面（牛振国等 2012），还反映在湿地生态系统动态平衡等适应性方面。在此，以东北天然湿地为研究对象，分析其气候适宜性与脆弱性，为湿地可持续发展的科学决策、管理政策的制订以及湿地资源的合理开发利用提供依据。

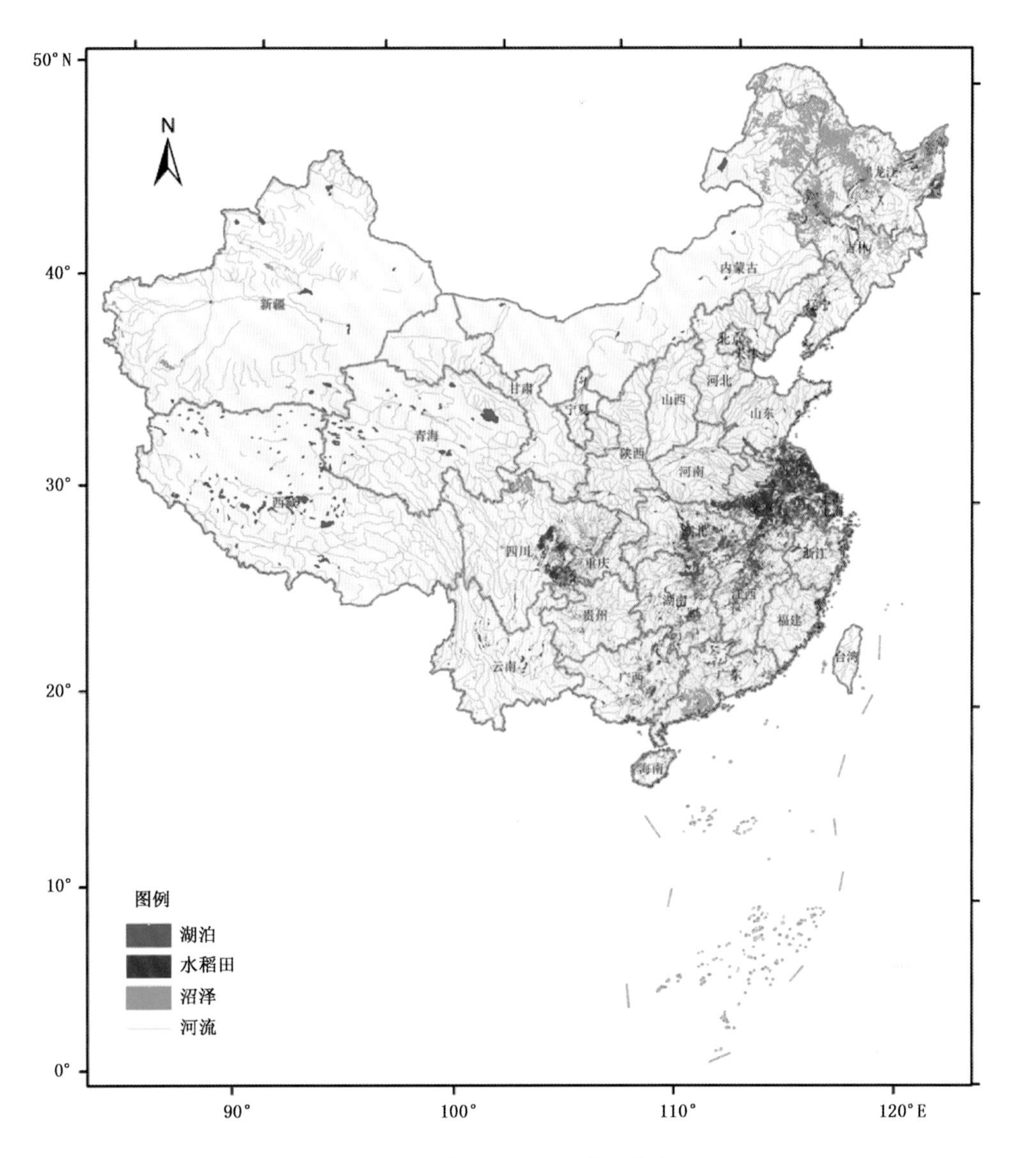

图 16.1　中国主要湿地类型分布

第一节　研究区域与数据资料

一、研究区域

研究区域位于中国东北部，包括黑龙江、吉林和辽宁三省。在中国自然地理区划中，东北三省跨越了寒温带、温带和暖温带。气候属于大陆性季风气候，夏季炎热，雨量集中，春秋季节较短，冬季漫长，干燥寒冷。与世界同纬度地区相比，东北三省地区温度较低，多年平均温度 10 ℃，降水量在 250～1130 mm(崔瀚文等 2013)。地貌以山地丘陵和平原为主，包括大兴安岭、小兴安岭、长白山地以及三江平原、松嫩平原、辽河平原等地貌类型。在地貌格局的控制下，发育着黑龙江、松花江、辽河、鸭绿江、图们江和绥芬河等6大水系(图16.2)。

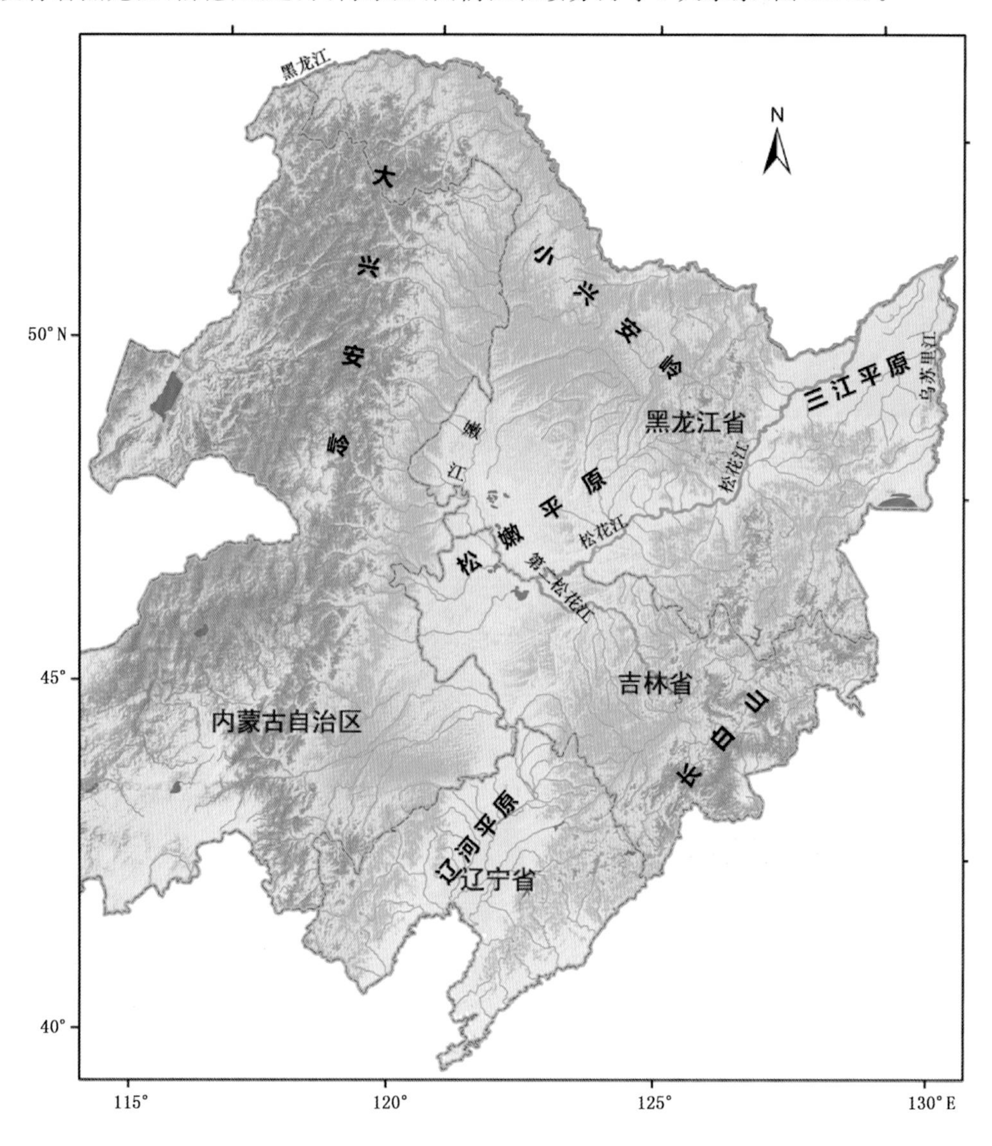

图16.2　研究区域(东北三省)的地貌和水系分布

二、数据资料

湿地分布数据来源于2010年遥感影像提取的天然湿地矢量化分布图(图16.3)。首先，利用ArcGIS软件中的Create Random Points模块从湿地矢量化分布图中随机抽取1160个湿地分布点，作为建立模型的样本点(图12.4)。湿地面积(矢量化多边形)越大，抽取样本点越多。然后根据湿地分布矢量图中的投影坐标系统，利用Calculate geometry计算出各样本点对应的投影坐标，并将投影坐标导出为文本格式(.txt)。最后，将湿地分布点的投影坐标数据在Excel中打开，并存为MaxEnt模型要求的数据格式 *.csv。

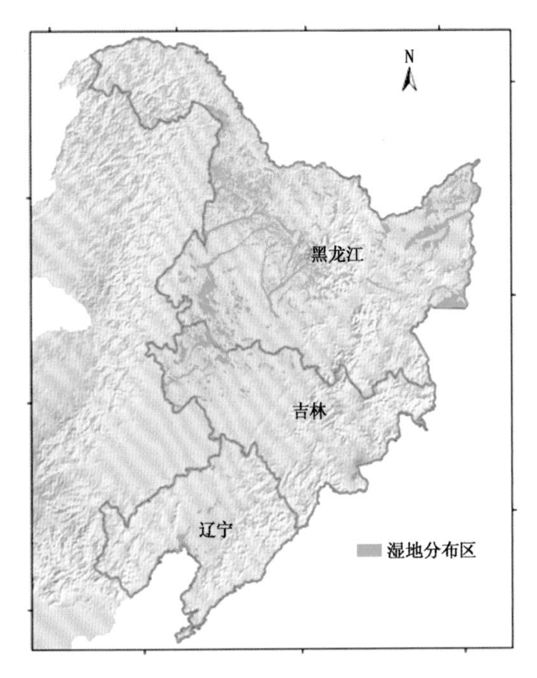

图 16.3　2010 年遥感影像提取的天然湿地分布

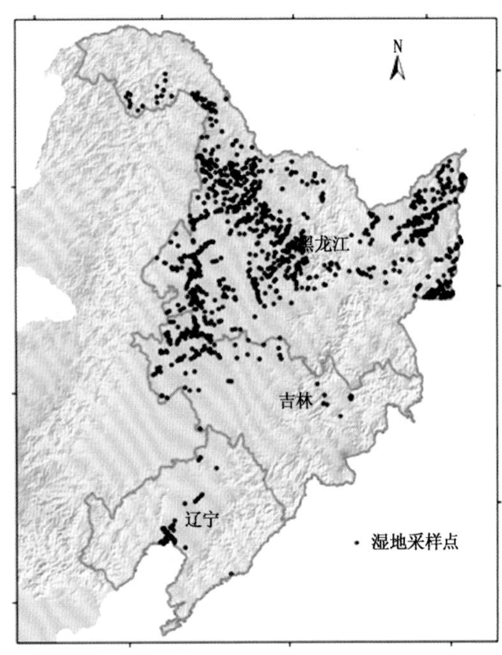

图 16.4　天然湿地分布区的湿地样点

第二节　湿地生态系统的气候适宜性

为了研究东北湿地生态系统的气候适宜性，参照植物功能型的气候适宜性研究方法，首先需要对 MaxEnt 模型在东北湿地地理分布与气候因子关系的适用性进行分析；进而确认东北湿地生态系统的主导控制气候因子；最后，再结合气候保证率与湿地存在概率，进行东北湿地的气候适宜性分析。

一、模型适用性分析

MaxEnt 模型运行需要两组数据：一是模拟对象的地理分布数据；二是全国范围的环境变量，即从全国层次及年尺度确定的决定植物地理分布的 6 个气候因子 T_{min}、Q、T_7、T_1、T 和 P。基于 75%训练子集得到的 MaxEnt 模型模拟结果的 AUC 值为 0.83，测试子集的 MaxEnt 模型模拟结果的 AUC 值为 0.82(图 16.5)，都达到了“好”的水平，表明 MaxEnt 模型能够很好地对东北湿地地理分布与气候因子的关系进行模拟。

二、影响因子分析

MaxEnt 模型给出了两种方法判定模型中气候因子对湿地地理分布模拟的贡献大小：一是百分贡献率和置换重要性(表 16.1)；二是小刀法得出的条状图(图 16.6)。在百分贡献率和置换重要性中，各气候因子对湿地地理分布影响的排序分别为(表 16.1)：年降水量(P)>年极端最低温度(T_{min})>最冷月平均温度(T_1)>年均温度(T)>最暖月平均温度(T_7)>年辐射量(Q)。由小刀法得分可知，各气候因子对湿地地理分布影响的贡献排序为：年降水量(P)> 最

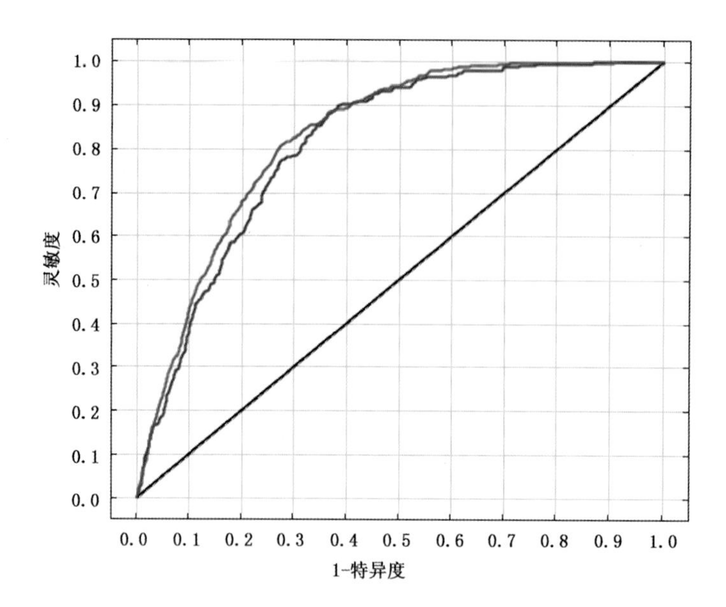

图 16.5　东北湿地地理分布模拟结果的 ROC 曲线

表 16.1　气候因子的百分贡献率和置换重要性

气候因子	百分贡献率(%)	置换重要性(%)
年降水量(P)	59.8	32.1
年极端最低温度(T_{min}	12.8	12.6
最冷月平均温度(T_1)	12.7	21.4
年均温度(T)	7.1	13.9
最暖月平均温度(T_7)	5.5	12.9
年辐射量(Q)	2.2	7.1

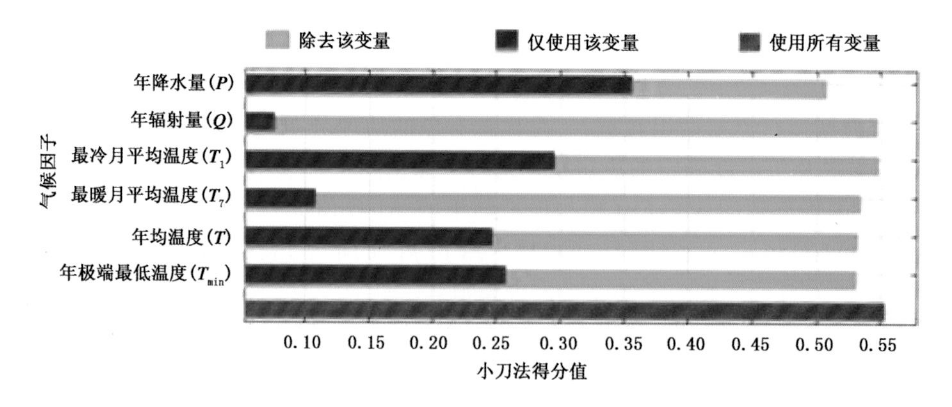

图 16.6　气候因子在小刀法中的得分

冷月平均温度(T_1)>年极端最低温度(T_{min})>年均温度(T)>最暖月平均温度(T_7)>年辐射量(Q)(图 16.6)。贡献百分率、置换重要性值和小刀法的结果都表明:年降水量、最冷月平均温度和年极端最低温度是影响东北三省湿地分布的重要因子。其中,年降水量是制约湿地分布的最关键因子。降水量越大，补给湿地的水量越充足；冬半年的低温使得大量水分被冻结在土壤和陆地表面，降低了蒸发耗水量，有利于湿地的形成和维持。6 个因子中，年降水量在各种评价方法中均有高的得分，其他因子在不同的评价方法中存在着不同表现，不宜去除其中任何一个因子。

三、气候适宜性划分

基于气候资源保证率原则，利用所建 MaxEnt 模型给出的湿地在待预测地区的存在概率 p，提出了湿地地理分布的气候适宜性等级划分。设定[0,0.05)为气候不适宜区，即湿地地理分布的气候保证率低于 60%($p=0.6^6=0.05$)；[0.05,0.19)为气候轻度适宜区，即其地理分布的气候保证率低于 76%($p=0.76^6=0.19$)；[0.19,0.38)为气候中度适宜区，即其地理分布的气候保证率低于 85%($p=0.85^6=0.38$)；[0.38,1]为气候完全适宜区，即湿地地理分布的气候保证率不低于 85%。使用 ArcGIS 对模型模拟结果进行分类，划分湿地地理分布的气候适宜范围(图 16.7)。结果表明，东北湿地地理分布的气候适宜区主要位于黑龙江省中西部的松嫩平原和东部的三江平原、辽宁省中部、吉林省西北部。

四、影响因子阈值分析

根据 MaxEnt 模型模拟结果得到的湿地存在概率与各气候因子的关系(图 16.8)，可以得到不同气候适宜区各气候因子的阈值(表 16.2)。

由东北湿地存在概率与气候因子关系可知(图 16.8)，各气候因子都有一个比较集中的响应区间。年降水量对湿地存在概率的响应区间集中在 380～1000 mm；年辐射量对湿地存在概率的响应区间集中在 90000～120000 W/m²；最冷月平均温度对湿地存在概率的响应区间集中在−5～−30 ℃；最暖月平均温度对湿地存在概率的响应区间集中在 18～25 ℃；年极端最低温度对湿地存在概率的响应区间集中在−7～−46 ℃；年均温度对湿地存在概率的响应区间集中在−4～10 ℃。湿地不同气候适宜区的气候因子阈值见表 16.2。

表 16.2　湿地地理分布不同气候适宜区的气候因子阈值

	P(mm)	Q(W/m²)	T(℃)	T_{min}(℃)	T_1(℃)	T_7(℃)
完全适宜区 p[0.38,1]	600～700	92000～112000	−3～9	−43～−21	−28～−9	19～24
中度适宜区 p[0.19,0.38)	380～660	93000～113000	−3～9	−44～−21	−28～−9	19～25
轻度适宜区 p[0.05,0.19)	390～660	93000～112000	−3～9	−44～−21	−28～−9	19～25

气候完全适宜区：主要分布在黑龙江省中西部的松嫩平原和东部的三江平原。该处地势低洼，降水量相对比较丰富，年降水量在 600～700 mm。冬季比较漫长，年均温度在−3～9 ℃；夏季气温相对较低，平均为 19～24 ℃。年辐射量也相对较低，一般为 92000～112000 W/m²。

气候中度适宜区：主要分布黑龙江省中部和南部。此处位于平原和丘陵交界处，多位于松嫩平原和三江平原的边缘，有时受山地洪水的影响。年降水量在 380～660 mm，年均温度在−3～9 ℃，年辐射量为 93000～113000 W/m²。

气候轻度适宜区：主要分布在辽宁省中部、吉林省西北部、黑龙江省南部和西北部。此处位于旱地向湿地的过渡区域，多低起伏丘陵地貌，不易形成湿地。年降水量相对较低，通常在

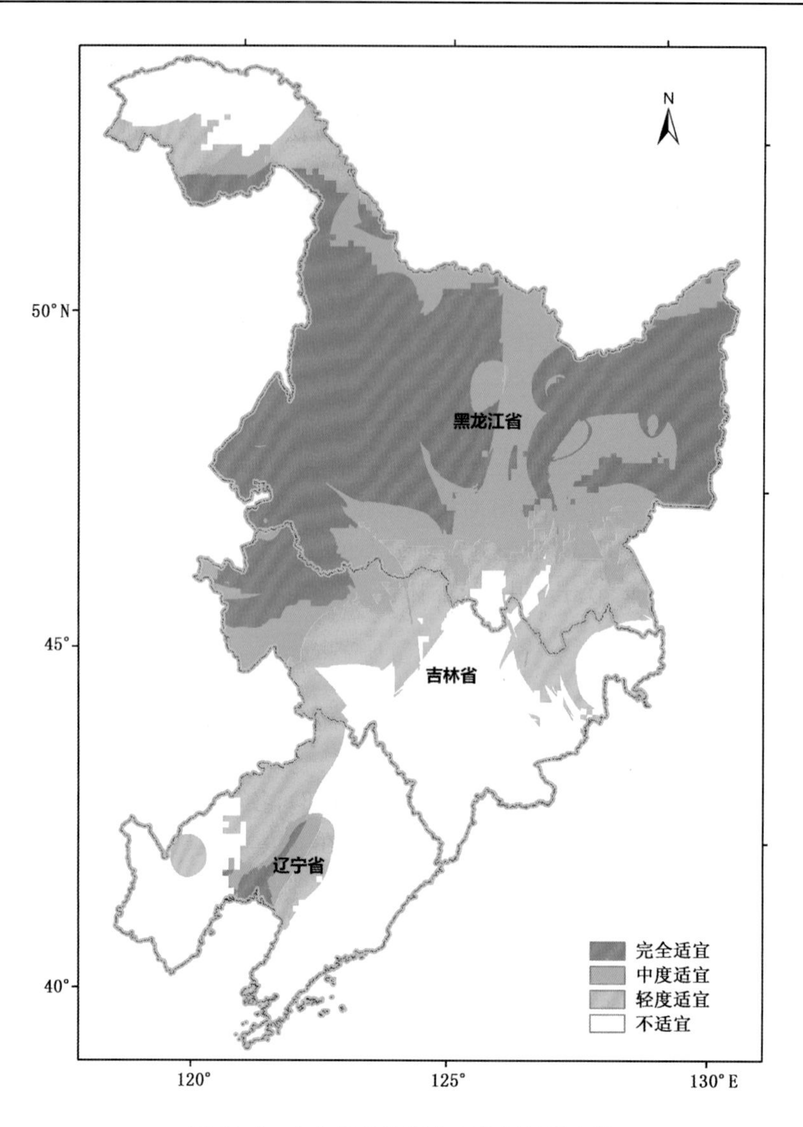

图 16.7 东北湿地地理分布的气候适宜性

390～660 mm，年均温度在－3～9 ℃，年辐射量为 93000～112000 W/m^2。

五、湿地地理分布动态

以 1961—1990 年为基准期训练模型，投影到 1966—1995 年、1971—2000 年、1976—2005 年、1981—2010 年、2011—2014 年(未来 RCP 4.5 和 RCP 8.5 气候情景)，以得到湿地地理分布气候适宜区范围和面积的时空格局动态。1961—2010 年期间，东北湿地的气候完全适宜区面积呈显著下降趋势，而气候中度适宜区和轻度适宜区的面积则明显增加。1961—1990 年基准期，东北湿地的气候完全适宜区面积为 26.5×10^4 km^2，之后呈现明显减少趋势，至 1981—2010 年东北湿地的气候完全适宜区面积减少到 19.9×10^4 km^2，但气候中度和轻度适宜区的面积都呈较明显的增加趋势。1961—1990 年，气候中度和轻度适宜区的面积分别为 13.7×10^4 km^2 和 13.8×10^4 km^2，1981—2010 年分别增加到 15.1×10^4 km^2 和 18.2×10^4 km^2(图 16.9，表 16.3)。

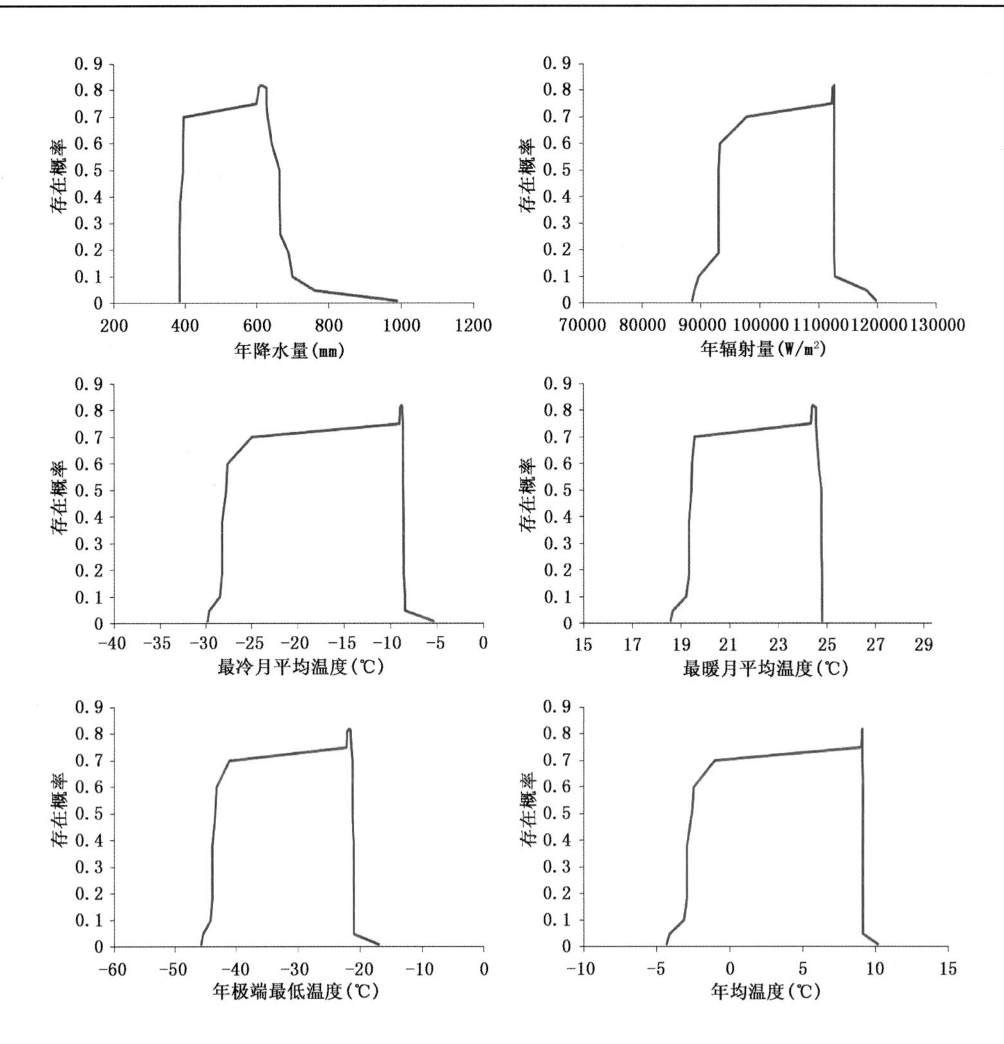

图 16.8　东北湿地存在概率与气候因子的关系曲线

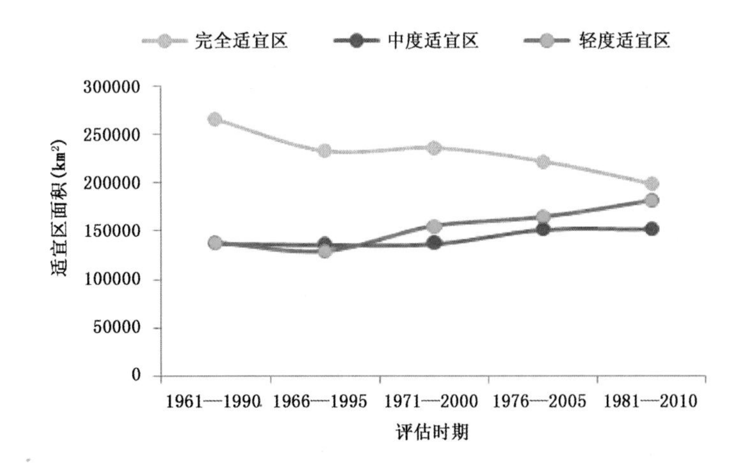

图 16.9　东北湿地的不同气候适宜区面积变化

在未来 RCP 4.5 气候情景下，东北湿地的气候完全适宜区增加特别显著，由基准期的 $26.5\times10^4\ km^2$ 猛增到 $40.4\times10^4 km^2$，气候中度和轻度适宜区的面积也都有不同程度的增加。因此，未来 RCP 4.5 气候情景更加适宜于东北湿地的存在。与未来 RCP 4.5 气候情景下的湿地气候适宜区变化相反，未来 RCP 8.5 气候情景下东北湿地的气候完全和中度适宜区都出现明显萎缩，尤其是气候完全适宜区的面积由基准期的 265342 km^2 萎缩到 114194 km^2，面积减少约 57%，表明未来 RCP 8.5 气候情景下的湿地可能会剧烈退化(表 16.3)。

表 16.3　不同时期东北湿地地理分布气候适宜区的面积(单位：$10^2\ hm^2$)

时期	不适宜区 [0,0.05]	轻度适宜区 [0.05,0.19]	中度适宜区 [0.19,0.38]	完全适宜区 [0.38,1]
1961—1990 年	248768	138226	137303	265342
1966—1995 年	292109	129042	135792	232697
1971—2000 年	261595	155406	136665	235973
1976—2005 年	251701	164693	151026	222220
1981—2010 年	256648	181890	151464	199223
2011—2040 年(RCP 4.5)	38871	156755	189928	404086
2011—2040 年(RCP 8.5)	208981	387041	79424	114194

从空间分布格局上看，1961—2010 年气候变化促使东北三省湿地的气候适宜区格局出现明显变动。1961—1990 年(基准期)，东北湿地的气候完全适宜区主要分布在黑龙江省的松辽平原和三江平原地区。至 1980—2010 年，东北湿地的气候完全适宜区明显向北收缩，尤其是黑龙江省东北部更为明显。在黑龙江省南部，气候完全适宜区多数退化为气候中度适宜和轻度适宜区(图 16.10)。

与基准期(1961—1990 年)相比，未来 RCP 4.5 气候情景下，东北湿地大范围扩张，湿地的气候完全适宜区明显南移。气候完全适宜区在辽宁省和吉林省大面积扩张，除西部山地外，大部分区域转变为气候完全适宜区。黑龙江省湿地由气候完全适宜区退化为气候中度和轻度适宜区。与基准期(1961—1990 年)相比，未来 RCP 8.5 气候情景下，东北三省湿地的气候适宜区大面积消退，南部将成为气候完全适宜区的集中分布区。黑龙江将出现气候完全适宜区大面积退化现象，多数转为气候轻度适宜区。气候完全适宜区转移到东北三省的南部，辽宁西部成为气候完全适宜区的主要分布区域(图 16.10)。

总体而言，1961—2010 年东北湿地的气候完全适宜区面积显著下降，而气候中度和轻度适宜区的面积则明显增加。湿地气候适宜区的空间格局发生明显变化，主要体现在湿地的气候完全适宜区明显向北收缩。未来 RCP 4.5 气候情景下，东北湿地分布范围显著扩张，气候完全适宜区明显南移；未来 RCP 8.5 气候情景下，气候适宜区大面积消退，湿地退化严重，气候完全适宜区转移到东北三省的南部。

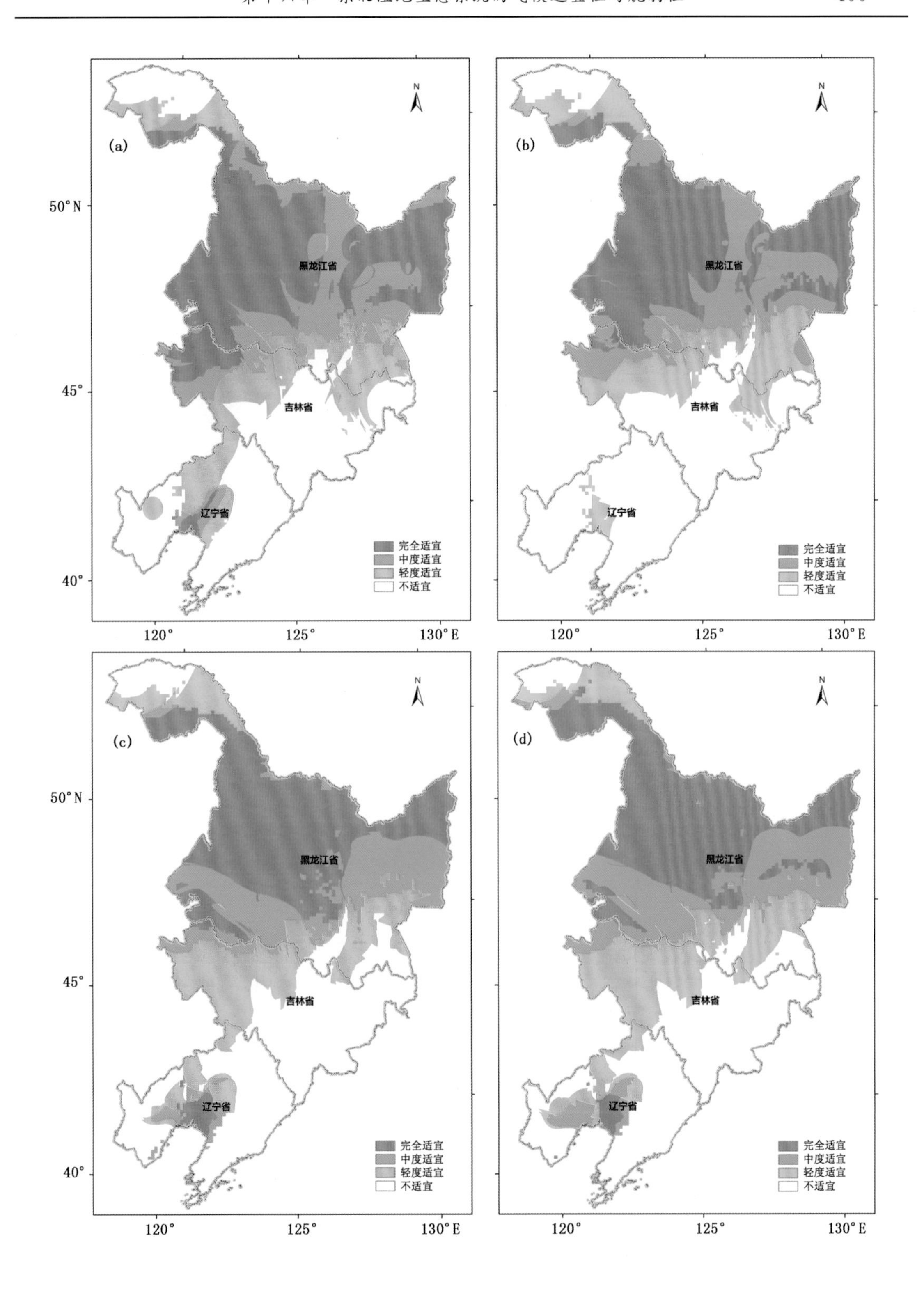
(a)
黑龙江省
吉林省
辽宁省
完全适宜
中度适宜
轻度适宜
不适宜
50° N
45°
40°
120°
125°
130° E
(b)
黑龙江省
吉林省
辽宁省
完全适宜
中度适宜
轻度适宜
不适宜
(c)
黑龙江省
吉林省
辽宁省
完全适宜
中度适宜
轻度适宜
不适宜
(d)
黑龙江省
吉林省
辽宁省
完全适宜
中度适宜
轻度适宜
不适宜

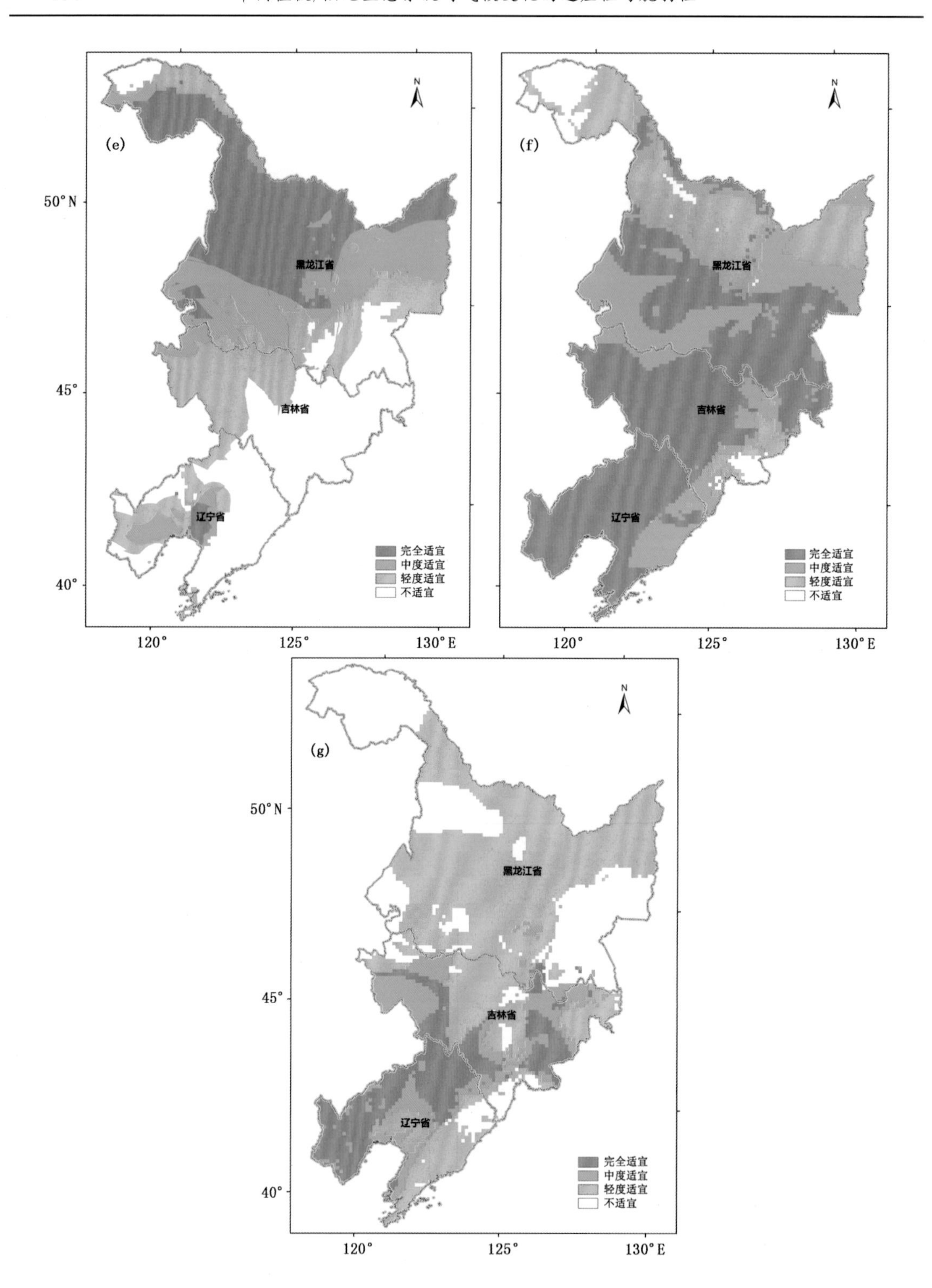

图 16.10　东北湿地地理分布的气候适宜区

(a)1961—1990 年;(b)1966—1995 年;(c)1971—2000 年;(d)1976—2005 年;(e)1981—2010 年;(f)2011—2040 年 RCP 4.5;(g)2011—2040 年 RCP 8.5

第三节　湿地生态系统对气候变化的适应性与脆弱性

为了研究东北湿地生态系统对气候变化的适应性与脆弱性，参照植物功能型对气候变化的适应性与脆弱性研究方法，表 16.4 给出了基准期及评估期的东北湿地地理分布面积及其存在概率变化。基于评估期东北湿地分布气候适宜区的面积(SR)、自适应性指数(A_l)、脆弱性指数(V)和拓展适应性指数(A_e)，可以评价东北湿地对气候变化的适应性与脆弱性(表 16.5)。

表 16.4　不同时期东北湿地地理分布面积(10^2 hm^2)及其存在概率

研究时期		评估资料					
基准期	1961—1990 年	$S_{ik}+S_{im}$			$S_{ik}\cdot p_{ik}+S_{im}\cdot p_{im}$		
		540868			191036		
评估期	评估时段	S_{jk}	$S_{jk}\cdot p_{jk}$	S_{jm}	$S_{jm}\cdot p_{jm}$	S_{jl}	$S_{jl}\cdot p_{jl}$
	1966—1995 年	55684	1726	485183	170299	12344	864
	1971—2000 年	45651	1461	495219	169860	3282	371
	1976—2005 年	45394	1453	495474	168957	42461	6114
	1981—2010 年	63747	19763	477121	152202	5586	1000
预测期	2011—2040 年(RCP 4.5)	14186	454	526683	222260	223543	131220
	2011—2040 年(RCP 8.5)	149363	3585	391506	610754	191793	66744

表 16.5　东北湿地对气候变化的适应性与脆弱性评价

评估时期	评价指标			自适应性与脆弱性评价等级	拓展适应性评价 A_e
	SR	A_l	V		
1966—1995 年	0.897	0.891	0.009	轻度适应	0.005
1971—2000 年	0.916	0.890	0.008	中度适应	0.002
1976—2005 年	0.916	0.884	0.008	中度适应	0.032
1981—2010 年	0.882	0.796	0.010	轻度适应	0.005
2011—2040 年(RCP 4.5)	0.974	1.164	0.002	完全适应	0.687
2011—2040 年(RCP 8.5)	0.724	0.320	0.019	轻度脆弱	0.350

以 1961—1990 年为基准期对东北湿地的适应性与脆弱性评估表明，评估期东北湿地均表现为轻度适应和中度适应，表明 1961—2010 年期间东北湿地对气候变化总体表现为适应，气候变化并不是导致东北湿地大幅度退化的主要原因。未来 RCP 4.5 气候情景下，东北湿地总体表现为完全适应，其拓展适应性达到最高(0.69)；而在未来 RCP 8.5 气候情景下，东北三省湿地总体表现为轻度脆弱，表明未来 RCP 4.5 气候情景更有利于东北湿地的发展，而未来 RCP 8.5 气候情景则可能导致东北湿地退化。

第十七章　玉米种植的气候适宜性与脆弱性

玉米是世界上种植最广泛的谷类作物之一，种植面积仅次于水稻和小麦，但总产量居三大谷物（水稻、小麦与玉米）之首，是近百年来全球种植面积扩展最大、单位面积产量提高最快的大田作物。玉米是中国主要的粮食作物，2004 年总产量超过小麦达到 1.30×10^8 t，成为中国第二大粮食作物。2008 年播种面积达 2.99×10^7 hm^2，超过水稻成为中国第一大粮食作物（潘根兴 2010）。截至 2012 年，中国玉米播种面积达到 3.50×10^7 hm^2，总产量达到 2.06×10^8 t，为保障国家粮食安全做出了突出的贡献。此外，玉米还是需求增长最快、增产能力最强的作物，在解决未来粮食安全问题中扮演着重要角色。

气候变暖已经对中国玉米生产产生了严重影响，这种作用因产区而异：温度升高导致不同熟性的玉米品种种植界线明显北移东扩，对部分高纬度及高海拔地区玉米生产总体有利，玉米潜在种植面积扩大，春玉米潜在可种植面积呈增加趋势，种植北界呈波动式北移（何奇瑾等 2012），东北地区玉米原有的次适宜区和不适宜区逐渐成为适宜种植区（云雅如等 2008），西藏地区海拔高度 3840 m 处已可种植较早熟玉米（禹代林等 1999）。温度升高同时也导致玉米生育期的改变，不同地区、不同品种的变化并不一致。东北大部分地区的初霜日推迟、春玉米生育天数延长（李祎君等 2010，王培娟等 2011），黄土高原陇东等地部分产区玉米的主要生育时期提前、生育期缩短（段金省 2007），而河南夏玉米的生育天数显著增加，生育期延迟（余卫东 2007）。但是，气候变暖对中国玉米产量的影响的研究存在很大的不确定性。张建平等（2008）的模拟结果表明，未来东北地区的玉米产量将下降，中熟玉米平均减产 3.5%，晚熟玉米减产 2.1%。但王琪（2009）认为在水分条件比较适宜的前提条件下，气候变暖对东北地区玉米单产提高有利。另外，温度升高的同时也将导致部分产区极端性天气事件出现概率增加，病虫害暴发概率升高，从而将严重威胁玉米的高产稳产。

玉米在中国粮食安全保障战略中占据重要地位，但是气候变暖引起农业气候资源的数量及配置变化，将改变玉米的生长发育、种植布局、生产潜力等，并最终给国家的粮食生产安全带来威胁。农业生产越发展，与气候的关系越密切。遵循气候条件变化和农作物的生理状况，改变种植时间、结构以及地域，是农业生产适应气候变化的重要手段，研究两者之间的关系及作用机制具有重要的科学和现实意义。为确保气候变化背景下中国玉米的稳产高产，迫切需要弄清中国玉米种植对气候的适应性和脆弱性，为合理配置玉米生产、改进种植制度和引入新品种等提供依据，同时为评估气候变化对玉米种植区的影响，制定应对气候变化策略提供参考。

第一节　研究方法

参照植物功能型的气候适宜性与脆弱性研究方法以及相关气候资料开展玉米种植的气候适宜性与脆弱性研究。研究使用的中国玉米（春玉米、夏玉米）种植分布区的地理分布数据取自国家气象信息中心的1991—2010年农作物生长发育状况资料数据集，包括216个春玉米农业气象观测站和188个夏玉米农业气象观测站的地理分布数据。由于作物种植受人为因素影响较大，认为当玉米种植年份大于等于5年时，该地玉米种植情况相对稳定。基于该原则，进一步筛选出142个春玉米农业气象观测站和108个夏玉米农业气象观测站（图17.1），作为本研究的玉米（春玉米、夏玉米）地理分布数据。

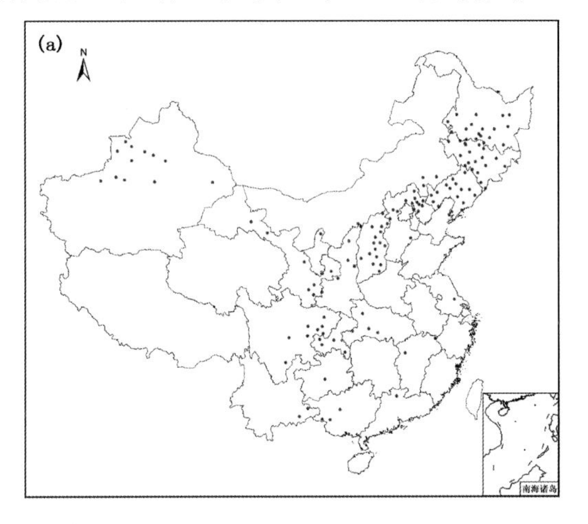

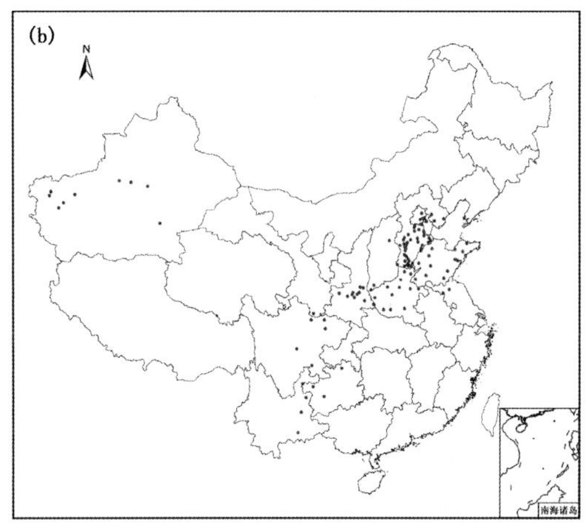

图17.1　中国玉米农业气象观测站地理分布

(a)春玉米；(b)夏玉米

第二节　春玉米种植的气候适宜性与脆弱性

中国玉米以四季种植为特点，春玉米一般自4月上中旬播种、5月上旬播种出苗，到9月上、中旬收获，全生育期约130～150天左右。春玉米种植面积约占全国玉米种植面积的36%，而产量占全国玉米产量的40%，在玉米产业中占据重要地位（岳德荣2004，肖俊夫等2010）。为了研究春玉米种植的气候适宜性与脆弱性，首先需要分析MaxEnt模型对春玉米种植分布与气候因子关系的适用性；然后，确认春玉米种植分布的主导控制气候因子；再结合气候保证率与春玉米存在概率，进行中国春玉米的气候适宜性分析；最后，结合气候变化的适应性与脆弱性评价方法，评估春玉米种植对气候变化的适应性与脆弱性。

一、模型适用性评价

利用MaxEnt模型研究中国玉米种植分布的气候适宜性，首先要检验MaxEnt模型的适用性。这里，模型输入数据包括两类：一类是目标物的地理分布数据，采用中国玉米种植区142个春玉米农业气象观测站的地理分布数据；第二类是环境变量，根据1961—1990年的空间栅格日值气候数据（10 km×10 km分辨率），采用Fortran编程计算得到6个气候因子，包括年辐射量、年降水量、最暖月平均温度、最冷月平均温度、年均温度和年极端最低温度，作为构建中国春玉米种植分布一气候关系模型的环境输入变量。将两类数据导入MaxEnt模型，并运行。

首先，随机取得总数据集的75%作为训练子集，用来训练模型，获取模型的相关参数；然后，将没有参与模型训练的所有数据，即余下的25%数据作为测试子集，用来验证模型。基于6个气候因子构建的春玉米种植分布—气候关系模型的ROC曲线见图17.2。

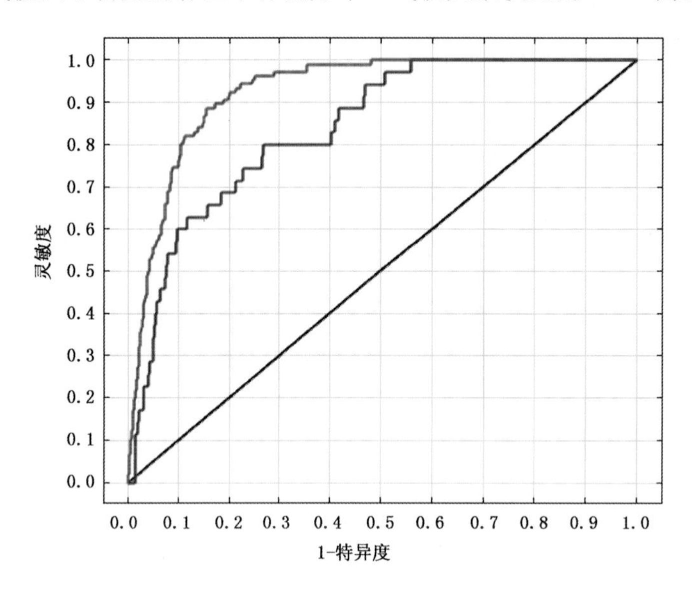

图17.2　针对中国春玉米种植分布的MaxEnt模型模拟结果的ROC曲线

利用MaxEnt模型结合6个气候因子构建的中国春玉米种植分布—气候关系模型中，测试子集的AUC值达0.84，训练子集的AUC值也达到了0.93，AUC值均高于0.80(图17.2)，表明所构建模型的预测准确性达到“好”的标准，可采用MaxEnt模型开展中国春玉米潜在种植分布的研究。

二、春玉米种植分布的影响因子分析

在百分贡献率和置换重要性中，各气候因子对春玉米种植地理分布影响的排序分别为(表17.1)：年均温度(T)>年辐射量(Q)>年降水量(P)>最暖月平均温度(T_7)>年极端最低温度($T_{\min}$)>最冷月平均温度(T_1)。根据小小刀法给出各气候因子对春玉米种植分布影响的贡献。由图17.3可见，各气候因子对中国春玉米种植分布影响的重要性(蓝色条带的长度)排序为：年辐射量(Q)>最暖月平均温度(T_1)>年均温度(T)>年降水量(P)>年极端最低温度T_{min}>最冷月平均温度(T_1)。6个气候因子的贡献都非常重要，不能去除其中的任一因子。

表17.1　气候因子在百分贡献率和置换重要性中的表现

气候因子	贡献百分率(%)	置换重要性(%)
年均温度(T)	34.1	33.7
年辐射量(Q)	33.1	14.4
年降水量(P)	20.5	11.3
最暖月平均温度(T_7)	10.4	4.0
年极端最低温度($T_{\min}$)	1.2	9.0
最冷月平均温度(T_1)	0.6	27.6

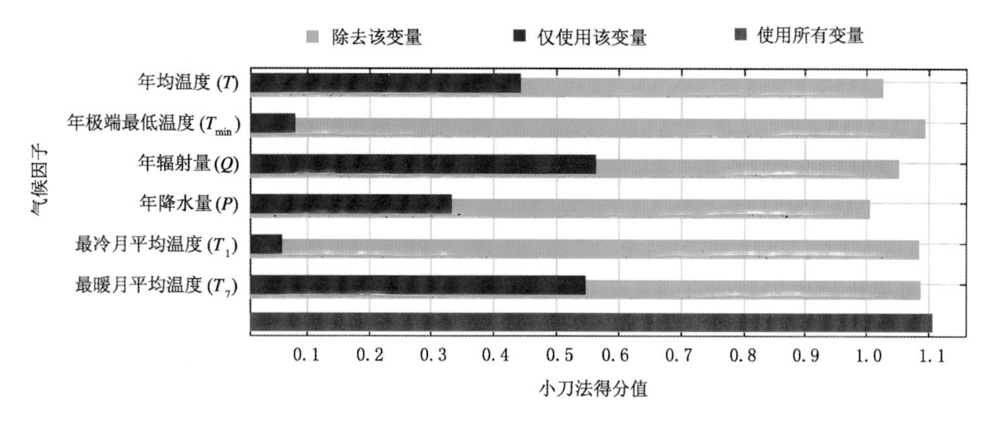

图 17.3　气候因子在小刀法中的得分

三、春玉米种植的气候适宜性划分

基于影响中国春玉米种植分布的 6 个气候因子，利用 MaxEnt 模型构建中国春玉米种植分布一气候关系模型，可以得到春玉米在待预测地区的存在概率 p。根据本研究的划分标准：当 $p<0.05$ 时，为气候不适宜；当 $0.05\leqslant p<0.19$ 时，为气候轻度适宜；当 $0.19\leqslant p<0.38$ 时，为气候中度适宜；当 $p\geqslant 0.38$ 时，为气候完全适宜。图 17.4 给出了基于 ArcGIS 9.3 的基准期(1961—1990 年)中国春玉米种植分布的气候适宜性等级划分，不同颜色代表不同春玉米种植的气候适宜度。

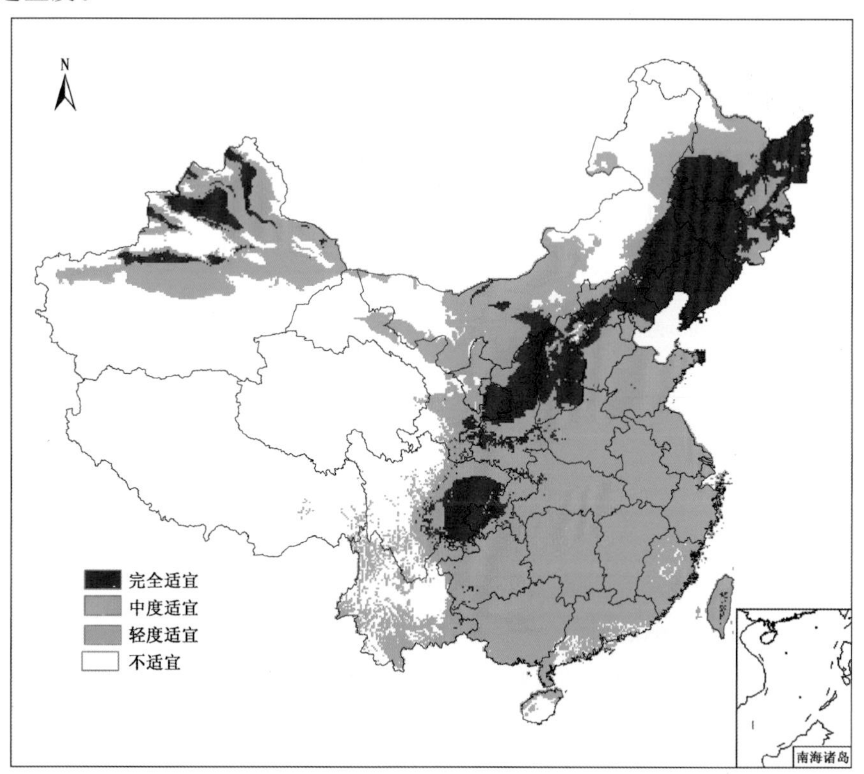

图 17.4　中国春玉米种植分布的气候适宜性

春玉米种植的气候完全适宜分布区面积占中国陆地总面积的14%，气候中度适宜区占17%，气候轻度适宜区占25%，气候不适宜区占44%。受气候条件影响，1961—1990年春玉米种植主要集中在中国的东北地区、西北地区北部和东部、华北地区西部及西南地区的东北部区域，而青海、西藏的大部分地区及新疆南部、甘肃西北部、黑龙江北部和内蒙古东部、四川西部的局部区域因气候高寒、干旱或无灌溉条件，不适宜种植春玉米，属于春玉米种植的气候不适宜区(图17.4)。

四、春玉米影响因子阈值分析

利用气候因子对存在概率响应曲线来分析影响春玉米种植分布的气候因子特征(图17.5)，各曲线呈不规则的“钟”形分布，基本表现为春玉米存在概率随气候因子值的增加而呈现先增后减的趋势，气候因子值存在一个最适的范围。值得指出的是，由于本研究并未区分灌溉春玉米和雨养春玉米，所以年降水的最低阈值较低。综合图17.5和表17.2可以给出中国春玉米气候适宜区分布特征。

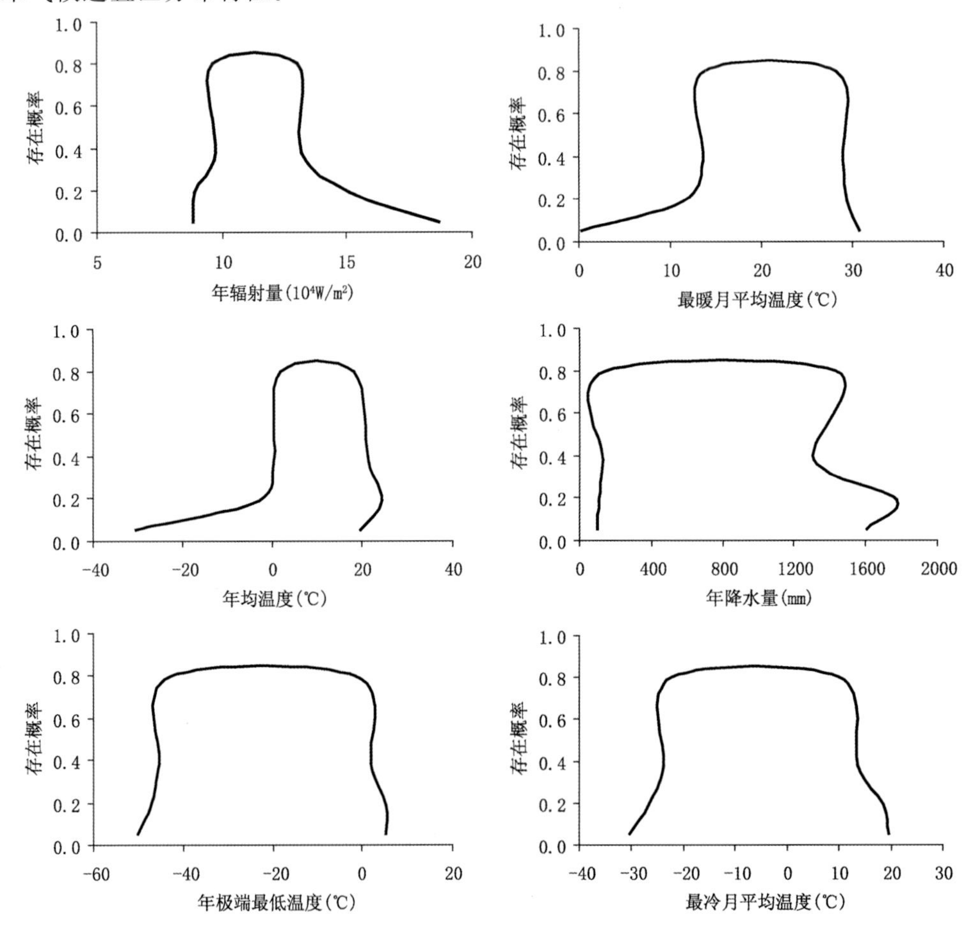

图17.5　春玉米预测存在概率与气候因子的关系

表 17.2　中国春玉米种植分布及不同气候适宜区的气候因子阈值

项目	完全适宜区	中度适宜区	轻度适宜区
划分标准	$P \geqslant 0.38$	$0.19 \leqslant p < 0.38$	$0.05 \leqslant p < 0.19$
年辐射量(10^4 W/m^2)	9.64～13.03	9.73～13.21	8.91～15.10
最热月平均温度(℃)	13.67～28.22	13.58～29.02	11.28～29.44
年均温度(℃)	1.81～18.09	0.18～21.40	−2.92～24.23
年降水量(mm)	142.46～1431.85	130.79～1313.79	104.68～1774.94
年极端最低温度(℃)	−42.94～−1.17	−45.41～1.91	−46.98～5.22
最冷月平均温度(℃)	−22.24～9.87	−23.77～13.52	−26.64～18.64
主要分布区	黑龙江中西部和东部；吉林中西部；辽宁；内蒙古包头地区、河北北部、山西、陕西北部、四川东部和新疆的局部	黑龙江黑河以南的大部分地区；吉林除东部以外地区；河北、天津、山西、陕西、宁夏、山东、新疆北部、四川东部、贵州西部和台湾的绝大部分地区；内蒙古中西部、河南北部、甘肃南部、广西北部、湖北南部、湖南北部、云南东部的局部	黑龙江呼玛县以南地区；内蒙古中部；秦岭淮河以南的大部分地区；新疆和云南的局部

五、春玉米种植分布的气候适宜性动态

利用 MaxEnt 模型评价气候变化对中国春玉米地理分布的气候适宜性影响，需要根据中国 142 个春玉米种植区的地理分布点，结合 1961—1990 年(基准期)30 年平均的气候因子值所组成的环境变量层，通过训练得到中国春玉米种植分布一气候关系模型。利用该模型及默认参数，结合 1961—2010 年及 2011—2040 年未来 RCP 4.5 和 RCP 8.5 气候情景下每 30 年平均的气候因子值，模拟 1966—2040 年中国春玉米气候适宜分布的动态变化(图 17.6，图 17.7)。

与基准期(1961—1990 年)相比(图 17.4)，1966—2010 年中国春玉米的气候完全适宜种植区范围呈逐时段扩大趋势，尤其是新疆地区最为明显，而贵州局部和湖南北部地区在 1981—2010 年也由气候中度适宜种植区向气候完全适宜种植区转变。春玉米气候完全适宜种植区的面积在 1961—1990 年为 1.30×10^8 hm^2，到 1981—2010 年增加到 1.63×10^8 hm^2。春玉米气候中度适宜种植范围自 1971 年开始有所增加，这种变化主要表现在江苏、河南、湖北、湖南和贵州地区。进入 20 世纪 80 年代，春玉米气候中度适宜种植面积与基准期相比增加 0.17×10^8 hm^2。伴随着春玉米气候完全适宜和中度适宜种植区范围的增加，1961—2010 年春玉米气候轻度适宜和不适宜种植的范围呈减小趋势，其中气候轻度适宜种植区在 1966—1995 年达到最大值，为 2.49×10^8 hm^2。考虑到作物种植受社会经济水平和技术影响巨大，特别是易受经济利益驱使，不像自然植被需要气候资源保证率达到 76%时才可存在，而是在气候资源保证率达到 60%时，即待种植作物地区存在概率达到 $p=0.05$ 这一统计学上的小概率事件发生条件时就可种植。为此，将 $p=0.05$ 作为作物种植边界条件(何奇瑾等 2012)。但值得注意的是，春玉米可种植北界($p \geqslant 0.05$)逐年北抬，到 1981—2010 年，该北界主体由 49°N 移动到 51°N，最北点维持在 53°N 附近。

1961—2040 年，春玉米气候轻度适宜和不适宜种植范围呈减少趋势，而春玉米种植的气

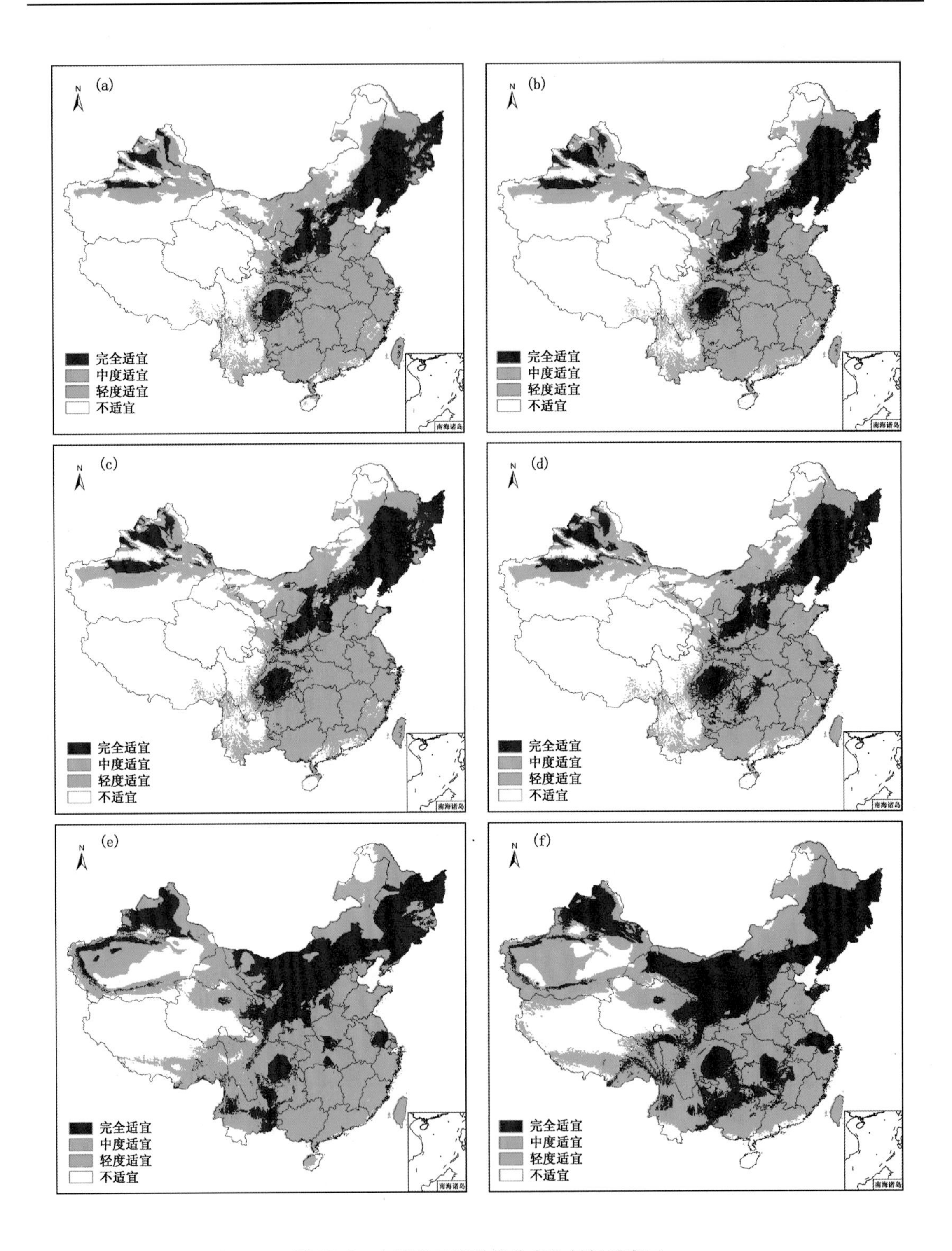

图 17.6　中国春玉米种植分布的气候适宜区

(a)1966—1995 年;(b)1971—2000 年;(c)1976—2005 年;(d)1981—2010 年;(e)2011—2040 年 RCP 4.5 情景;(f)2011—2040 年 RCP 8.5 情景

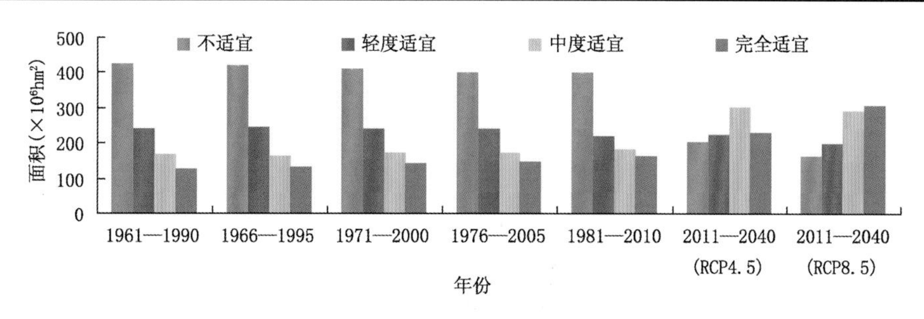

图 17.7　中国春玉米种植的气候适宜区面积变化

候完全适宜和中度适宜区范围均呈增加趋势，这种面积的增加主要表现在内蒙古、新疆和青海以及东北、江南和华南的大部分地区。在 2011—2040 年未来 RCP 8.5 气候情景下，中国的春玉米种植北界已经不存在，在未来 RCP 4.5 气候情景下春玉米气候不适宜种植区的面积与基准期相比减少超过一半，为 2.08×10^8 hm²，而未来 RCP 8.5 气候情景下则更小，仅为 1.66×10^8 hm²。除春玉米气候完全适宜种植区的面积在未来 RCP 8.5 气候情景下更大以外，气候中度适宜、轻度适宜及不适宜种植区的面积均为未来 RCP 4.5 气候情景下更大(图 17.7)。总体来看，未来气候变化对于春玉米适宜种植面积扩大有着积极的作用，与已有研究结果一致(胡亚南等 2013)。

六、春玉米种植对气候变化的适应性与脆弱性

根据玉米对气候变化的适应性和脆弱性评估方法，基于综合反映 6 个气候因子对春玉米结构和功能影响的存在概率，可以给出春玉米对气候变化的适应性与脆弱性的范围与程度。表 17.3 给出了基准期及评估期春玉米地理分布面积及其存在概率的变化。

表 17.3　基准期和评估期春玉米地理分布面积(单位：10^6 hm²)及总的存在概率

研究时期		评估资料					
基准期	1961—1990 年	$S_{ik}+S_{im}$			$S_{ik}\cdot p_{ik}+S_{im}\cdot p_{im}$		
		299.64			122.03		
评估期	评估时段	S_{jk}	$S_{jk}\cdot p_{jk}$	S_{jm}	$S_{jm}\cdot p_{jm}$	S_{jl}	$S_{jl}\cdot p_{jl}$
	1966—1995 年	11.36	1.75	288.28	118.99	10.33	2.70
	1971—2000 年	15.09	2.17	284.55	120.35	32.36	8.66
	1976—2005 年	17.98	2.58	281.66	121.99	45.15	12.52
	1981—2010 年	18.36	2.67	281.28	124.71	68.12	19.38
预测期	2011—2040 年 (RCP 4.5)	22.73	3.10	276.91	115.28	260.78	89.19
	2011—2040 年 (RCP 8.5)	18.97	2.71	280.67	135.12	322.31	115.03

与基准期(1961—1990 年)相比，各评估期春玉米的自适应面积呈逐渐减小趋势，拓展适应面积呈明显增加趋势。基于评估期春玉米分布气候适宜区的面积(SR)、自适应性指数(A_l)、脆弱性指数(V)和拓展适应性指数(A_e)，可以评价春玉米对气候变化的适应性与脆弱性(表 17.4)。

中国春玉米对于气候变化的适应性非常强(表 17.4)。相对于基准期,各时段春玉米对气候均表现为中度适应及完全适应。其中,自 1976—2010 年春玉米的适应性增强,由中度适应提高至完全适应。2011—2040 年未来不同气候情景下,春玉米对气候的适应性也有所区别,未来 RCP 4.5 气候情景下春玉米对气候的适应性要低于未来 RCP 8.5 气候情景。

表 17.4　春玉米对气候变化的适应性与脆弱性评价

评估时期	评价指标			评价等级	拓展适应性评价 A_e
	SR	A_l	V		
1966—1995 年	0.96	0.98	0.01	中度适应	0.02
1971—2000 年	0.95	0.99	0.02	中度适应	0.07
1976—2005 年	0.94	1.00	0.02	完全适应	0.10
1981—2010 年	0.94	1.02	0.02	完全适应	0.16
2011—2040 年(RCP 4.5)	0.92	0.94	0.03	中度适应	0.73
2011—2040 年(RCP 8.5)	0.94	1.11	0.02	完全适应	0.94

第三节　夏玉米种植的气候适宜性与脆弱性

夏玉米指在夏初播种、主要生长在夏季的玉米。中国是世界上种植夏玉米最多和最集中的国家,除印度、美国和意大利南部仅有极零星的分布,世界其他地区还没有夏玉米生长(陈国平 1994)。夏玉米生长期一般为 6 月中旬至 9 月中旬,生育期为 90～100 天,全生育期需水量 300～400 mm(刘珏等 2009)。

一、模型适用性评价

与春玉米类似,利用 MaxEnt 模型研究夏玉米种植分布的气候适宜性,同样首先要检验 MaxEnt 模型的适用性。模型输入数据中,将中国玉米种植区 108 个夏玉米农业气象观测站的地理分布数据作为目标物的地理分布数据;环境变量为 1961—1990 年的年总辐射(Q)、年降水量(P)、最暖月平均温度(T_7)、最冷月平均温度(T_1)、年均温度(T)的 30 年平均值以及年极端最低温度(T_{min})。将两类数据导入 MaxEnt 模型,构建中国夏玉米种植分布一气候关系模型。

随机取总数据集的 75%作为训练子集,余下的 25%数据作为测试子集,用来验证模型。基于 6 个气候因子构建的中国夏玉米种植分布一气候关系模型的 ROC 曲线见图 17.8。

利用 MaxEnt 模型结合 6 个气候因子构建的中国夏玉米种植分布一气候关系模型中,测试子集的 AUC 值达 0.95,训练子集的 AUC 值也达到了 0.97,均高于春玉米,所构建模型的预测准确性达到"非常好"的标准,可采用 MaxEnt 模型开展中国夏玉米潜在种植分布研究。

二、夏玉米种植分布的影响因子分析

在百分贡献率和置换重要性中,各气候因子对夏玉米种植地理分布影响的排序分别为(表 17.5):年均温度(T)>年降水量(P)>年极端最低温度(T_{min})>年辐射量(Q)>最暖月平均温

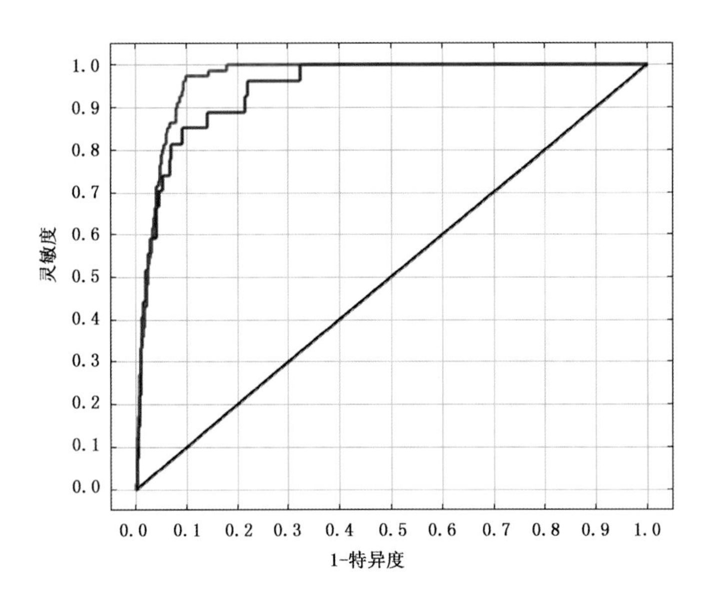

图 17.8　针对中国夏玉米种植分布的 MaxEnt 模型模拟结果的 ROC 曲线

度(T_7)>最冷月平均温度(T_1)。图 17.9 是用小刀法给出的各气候因子对夏玉米种植分布影响的贡献。各气候因子对中国夏玉米种植分布影响的重要性(蓝色条带的长度)排序为:年均温度(T)>最冷月平均温度(T_1)>年极端最低温度 T_{min}>最暖月平均温度(T_7)>年降水量(P)>年辐射量(Q)。结合表 17.5,在 6 个气候因子中,年辐射量虽然单因子贡献较小,但置换重要性达到 21.7%,具有大部分其他因子所不包含的信息,因此不能剔除。与春玉米类似,6 个气候因子对夏玉米种植分布的贡献都非常重要。

表 17.5　气候因子在百分贡献率和置换重要性中的表现

气候因子	贡献百分率(%)	置换重要性(%)
年均温度(T)	43.0	20.2
年降水量(P)	26.9	34.2
年极端最低温度(T_{min})	14.6	9.3
年辐射量(Q)	9.7	21.7
最暖月平均温度(T_7)	5.4	7.1
最冷月平均温度(T_1)	0.3	7.4

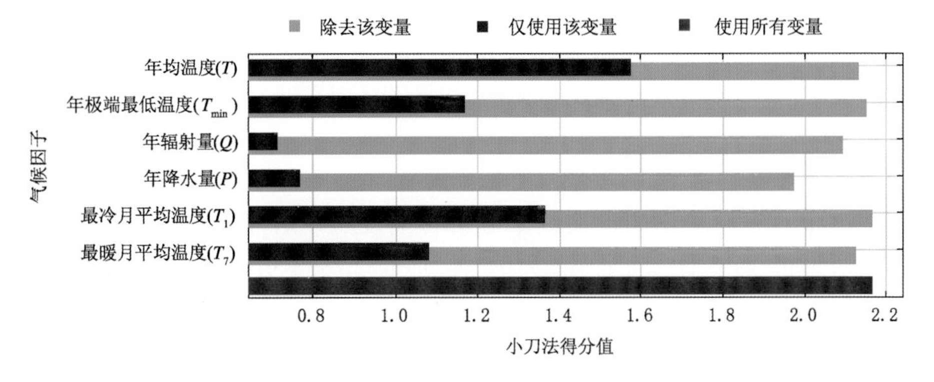

图 17.9　气候因子在小刀法中的得分

三、夏玉米种植的气候适宜性划分

根据影响中国夏玉米种植分布的6个气候因子，利用MaxEnt模型构建中国夏玉米种植分布—气候关系模型，可以得到夏玉米作物在待预测地区的存在概率 p，根据 p 对夏玉米种植的气候适宜性进行划分，即：$p<0.05$ 时，为气候不适宜；$0.05\leqslant p<0.19$ 时，为气候轻度适宜；当 $0.19\leqslant p<0.38$ 时，为气候中度适宜；当 $p\geqslant 0.38$ 时，为气候完全适宜。图17.10给出了基准期（1961—1990年）中国夏玉米种植分布的气候适宜性。

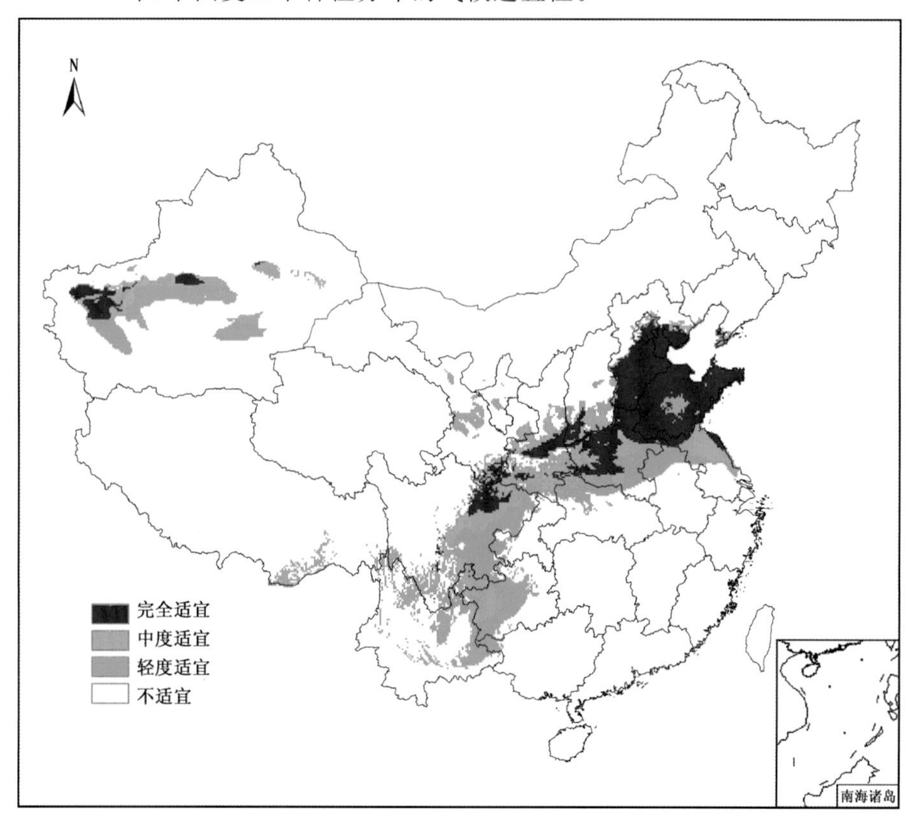

图17.10　中国夏玉米种植分布的气候适宜性

夏玉米种植的气候完全适宜分布区面积占中国陆地总面积的5%，气候中度适宜区占4%，气候轻度适宜区占7%，气候不适宜区占84%。受气候条件影响，1961—1990年夏玉米种植主要集中在华北地区东南部、江淮地区北部、西南地区东部和新疆的部分区域。东北地区、内蒙古、青海、江南及华南地区为夏玉米种植的气候不适宜区（图17.10）。

四、夏玉米影响因子阈值分析

利用气候因子对存在概率响应曲线来分析影响夏玉米种植分布的气候因子特征（图17.11）。与春玉米相似，各曲线均呈不规则的"钟"形分布，基本表现为夏玉米存在概率随气候因子值的增加而呈现先增后减的趋势，气候因子值存在一个最适的范围。但与春玉米不同的是：夏玉米的气候完全适宜和中度适宜区的年降水上限值低于同等级的春玉米，这主要是因为中国夏玉米的水分需求很大程度上依赖于灌溉，所以对自然降水的需求低于春玉米；夏玉米各等级的年平均温度下限值均高于同等级的春玉米;夏玉米除气候不适宜区外,年辐射量的下限值也高于春玉米,体现出夏玉米更高的热量需求。综合图 17.11 和表 17.6 给出中国夏玉米气候适宜性分布特征。

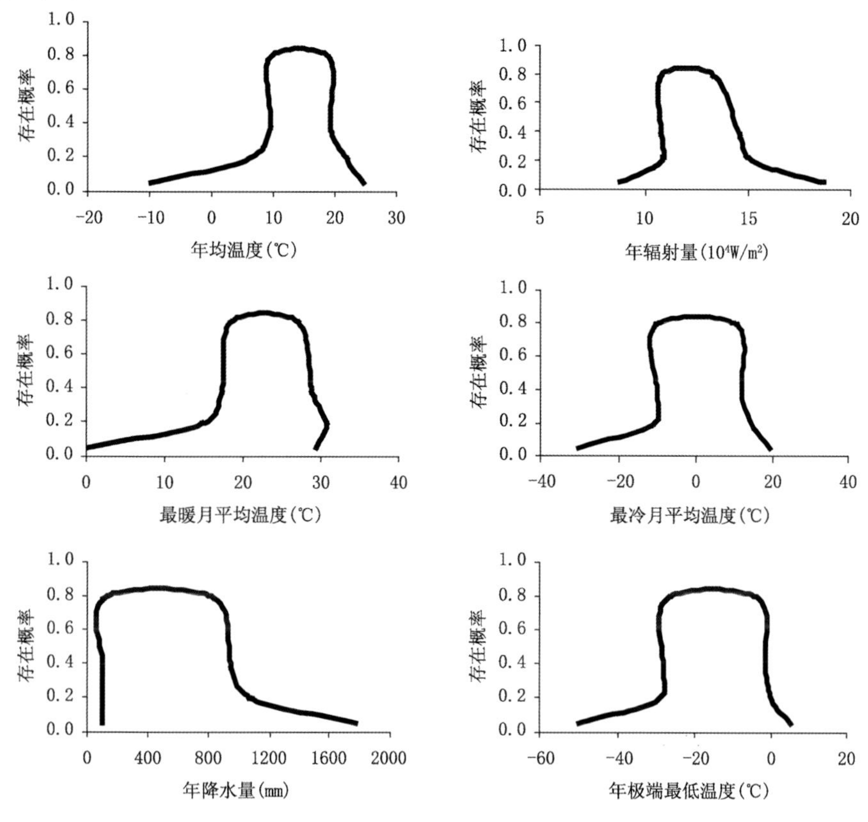

图 17.11　中国夏玉米种植预测存在概率与气候因子的关系曲线

表 17.6　中国夏玉米种植分布及不同气候适宜区的气候因子阈值

项目	完全适宜区	中度适宜区	轻度适宜区
划分标准	$p \geqslant 0.38$	$0.19 \leqslant p < 0.38$	$0.05 \leqslant p < 0.19$
年均温度(℃)	9.39～19.08	9.39～19.32	6.02～21.85
最冷月平均温度(℃)	−10.51～10.79	−10.22～11.91	−11.40～14.67
年极端最低温度(℃)	−27.23～−3.42	−28.32～−1.47	−29.45～0.23
最热月平均温度(℃)	18.41～27.06	17.22～28.88	14.82～30.68
年降水量(mm)	112.48～831.22	100.89～950.18	97.63～1087.93
年辐射量($\times 10^4$ W/m^2)	10.77～13.31	10.79～14.56	10.74～15.28
主要分布区	北京、河北南部、山东;河南大部;陕西、陕西、甘肃、四川和新疆的局部	在完全适宜区的基础上,增加了江苏和贵州的局部	四川东部、贵州西部、湖北北部;新疆、西藏南部、甘肃中部和云南的局部

五、夏玉米种植分布动态

根据中国108个夏玉米种植区的地理分布点，结合1961—1990年(气候标准年)30年平均的气候因子值，利用MaxEnt模型评价气候变化对中国夏玉米气候适宜分布的影响，模拟得到1966—2040年中国夏玉米气候适宜分布的动态变化(图17.10，图17.12，图17.13)。

1971年以前，中国夏玉米种植的气候适宜范围变化不大，1971—2010年新疆地区夏玉米种植面积有所增加。2011—2040年，夏玉米种植的气候不适宜区面积减小，其余等级的面积均有不同程度的增加，在未来RCP 8.5气候情景下增加程度大于未来RCP 4.5气候情景。与基准期1961—1990年相比，2011—2040年未来RCP 4.5气候情景下夏玉米种植的气候完全适宜区面积从0.48×10^8 hm^{2}增加到1.66×10^8 hm^2，而未来RCP 8.5气候情景下则增加到1.77×10^8 hm^2(图17.13)。

六、夏玉米对气候变化的适应性与脆弱性

基于夏玉米的存在概率，可以给出夏玉米种植对气候变化的适应性与脆弱性的范围与程度。表17.7给出了基准期及评估期夏玉米种植分布面积及其存在概率的变化。

表17.7　基准期和评估期夏玉米种植地理分布面积(单位:10^6 hm^2)及总的存在概率

研究时期		评估资料					
基准期	1961—1990年	$S_{ik}+S_{im}$			$S_{ik}\cdot p_{ik}+S_{im}\cdot p_{im}$		
		85.25			37.17		
评估期	评估时段	S_{jk}	$S_{jk}\cdot p_{jk}$	S_{jm}	$S_{jm}\cdot p_{jm}$	S_{jl}	$S_{jl}\cdot p_{jl}$
	1966—1995年	1.62	0.25	83.63	38.81	7.34	2.02
	1971—2000年	3.17	0.48	82.08	40.17	26.28	9.06
	1976—2005年	5.55	0.79	79.70	39.86	31.77	12.05
	1981—2010年	5.99	0.76	79.26	39.20	34.09	14.48
预测期	2011—2040年(RCP 4.5)	16.45	1.33	68.80	40.67	171.47	93.30
	2011—2040年(RCP 8.5)	25.08	1.84	60.17	34.41	207.26	113.15

类似春玉米，与基准期(1961—1990年)相比，各评估期夏玉米的自适应面积呈逐渐减小趋势，拓展适应面积呈明显增加趋势。基于评估期夏玉米分布气候适宜区的面积(SR)、自适应性指数(A_l)、脆弱性指数(V)和拓展适应性指数(A_e)，可以评价夏玉米对气候变化的适应性与脆弱性(表17.8)。相对于基准期，1996—2010年中国夏玉米对于气候变化的适应性非常强，各评估期均表现为完全适应。但在2011—2040年未来不同气候情景下，夏玉米的适应性也有所区别。未来RCP 4.5气候情景下，夏玉米的适应性降低为轻度适应；在未来RCP 8.5气候情景下，夏玉米适应性进一步降低，转变为轻度脆弱。

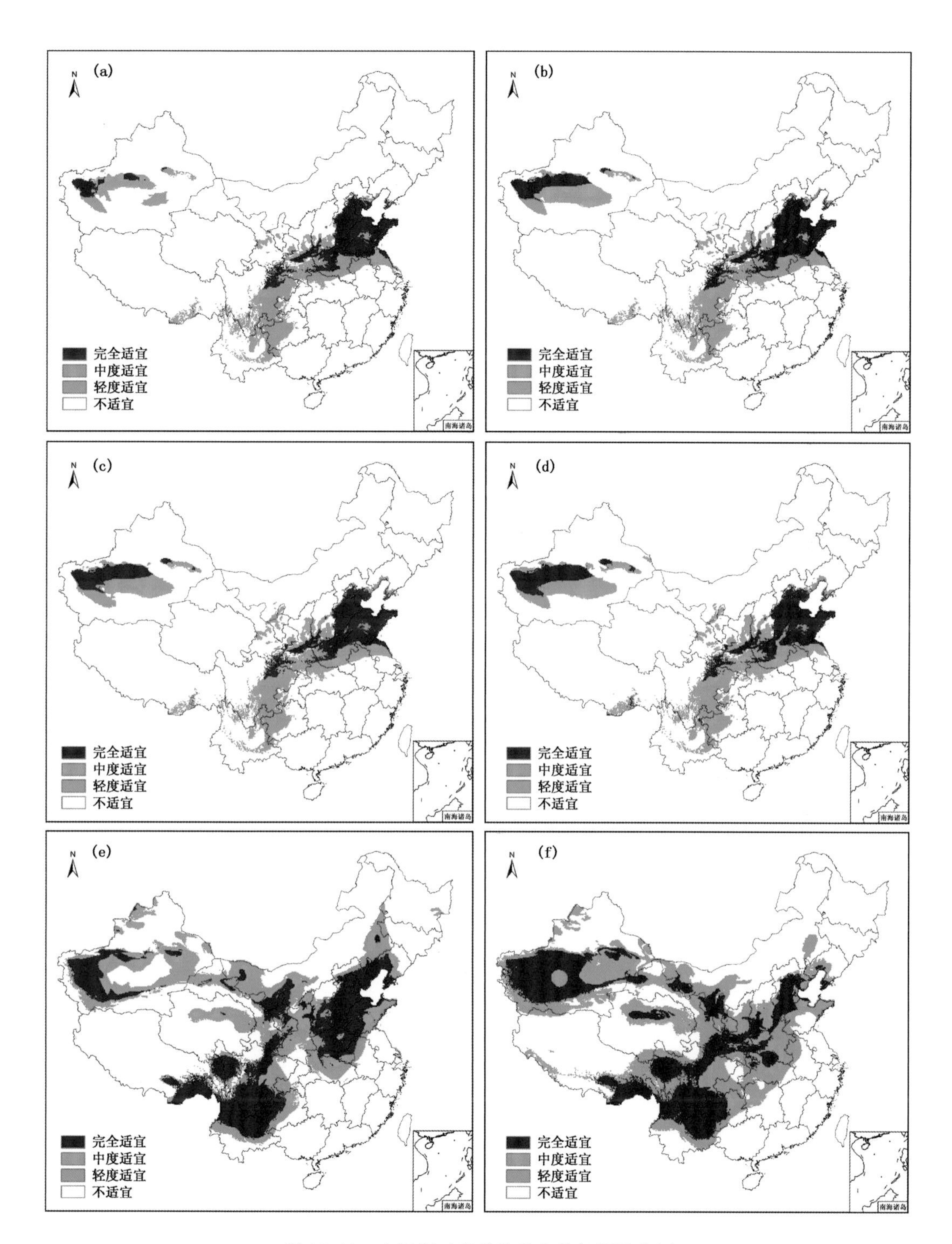

图 17.12　中国夏玉米种植分布的气候适宜区

(a)1966—1995 年；(b)1971—2000 年；(c)1976—2005 年；(d)1981—2010 年；
(e)2011—2040 年 RCP 4.5 情景；(f)2011—2040 年 RCP 8.5 情景

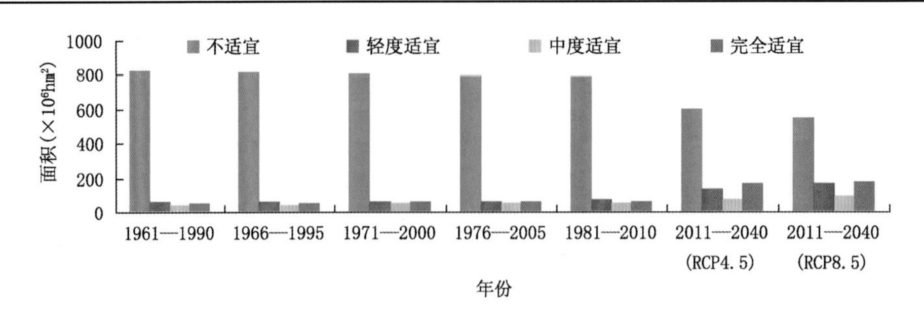

图 17.13　中国夏玉米气候适宜区面积变化

表 17.8　夏玉米对气候变化的适应性与脆弱性评价

评估时期	评价指标			评价等级	拓展适应性评价 A_e
	SR	A_l	*V*		
1966—1995 年	0.98	1.04	0.01	完全适应	0.05
1971—2000 年	0.96	1.08	0.01	完全适应	0.24
1976—2005 年	0.93	1.07	0.02	完全适应	0.32
1981—2010 年	0.93	1.05	0.02	完全适应	0.39
2011—2040 年 (RCP 4.5)	0.81	1.09	0.04	轻度适应	2.51
2011—2040 年 (RCP 8.5)	0.71	0.93	0.05	轻度脆弱	3.04

第十八章　水稻种植的气候适宜性与脆弱性

水稻是人类重要的三大粮食作物(水稻、小麦、玉米)之一,世界上大约有50%的人口以稻米为主食(FAO 2009)。中国是稻作历史最悠久的国家之一,还是世界上最大的水稻生产国和稻米消费国(杨万江 2009,郑大玮等 2013)。因此,中国水稻生产对保障世界及中国粮食安全起着极其重要的作用。作为中国最重要的粮食作物之一,水稻的单产和总产均居各粮食作物前列,种植面积占作物近30%,总产占粮食作物的45%。2012年,中国水稻种植面积达到3013×10^4 hm^2,总产量达2.04×10^8 t。

近年来,中国水稻种植格局呈现"南减北增"趋势,整体生产形势有了较大变化(潘根兴 2010);已有的气候变化已经对水稻的分布界限、物候期、产量等产生了重要的影响,对中高纬度一些非水稻种植区有利,但对低纬度地区水稻生产不利(Lobell 2007,Peng et al. 2004,Tao et al. 2006,云雅如等 2007)。面对已经发生的气候变化和水稻生产变化及其对气候变化响应的区域分异,迫切需要弄清水稻种植分布变化及其关键气候控制因子,开展水稻对气候变化的适应性与脆弱性研究。

第一节　研究方法

参照植物功能型的气候适宜性与脆弱性研究方法以及相关气候资料开展水稻种植的气候适宜性与脆弱性研究。研究使用的中国水稻(单季稻、双季稻)种植分布区的地理分布数据取自国家气象信息中心的1991—2010年农作物生长发育状况资料数据集,包含296个单季稻农业气象观测站和157个双季稻农业气象观测站的地理分布数据。由于作物种植受人为因素影响较大,认为当种植年份不小于5年时,该地水稻种植情况相对稳定。基于以上原则,进一步筛选出156个单季稻农业气象观测站和96个双季稻农业气象观测站(图18.1),作为本研究的水稻(单季稻、双季稻)地理分布数据。

第二节　单季稻种植的气候适宜性与脆弱性

根据稻作制度的不同,中国水稻可分为单季稻和双季稻,其种植区域主要取决于种植区的农业气候资源(郭建平 2010)。其中,单季稻是中国播种面积最大、分布范围最广的水稻种植类型。研究中国单季稻种植区的气候适宜性,可以为改进单季稻的生产布局、评估单季稻生产对气候变化的适应性和脆弱性及制定适应气候变化的政策等提供参考。

一、模型适用性评价

利用MaxEnt模型研究中国水稻种植分布的气候适宜性,首先要检验MaxEnt模型的适

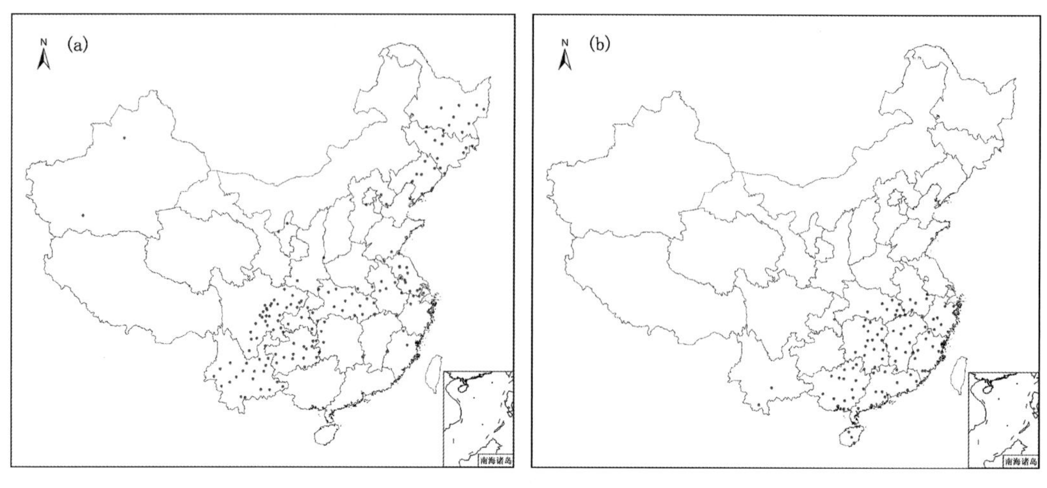

图 18.1　中国水稻农业气象观测站地理分布

(a)单季稻;(b)双季稻

用性。这里,模型输入数据包括两类:一类是目标物的地理分布数据,采用中国水稻种植区156个单季稻农业气象观测站的地理分布数据;第二类是环境变量,根据1961—1990年的空间栅格日值气候数据(10 km×10 km分辨率),采用Fortran编程计算得到6个气候因子,包括年总辐射(Q)、年降水量(P)、最暖月平均温度(T_7)、最冷月平均温度(T_1)和年均温度(T)在基准期(1961—1990年)的30年平均值以及年极端最低温度(T_{min}),作为构建中国单季稻种植分布—气候关系模型的环境输入变量。将两类数据导入MaxEnt模型,并运行。

首先随机取得总数据集的75%作为训练子集,用来训练模型,获取模型的相关参数;然后,将没有参与模型训练的所有数据,即余下的25%数据作为测试子集,用来验证模型。

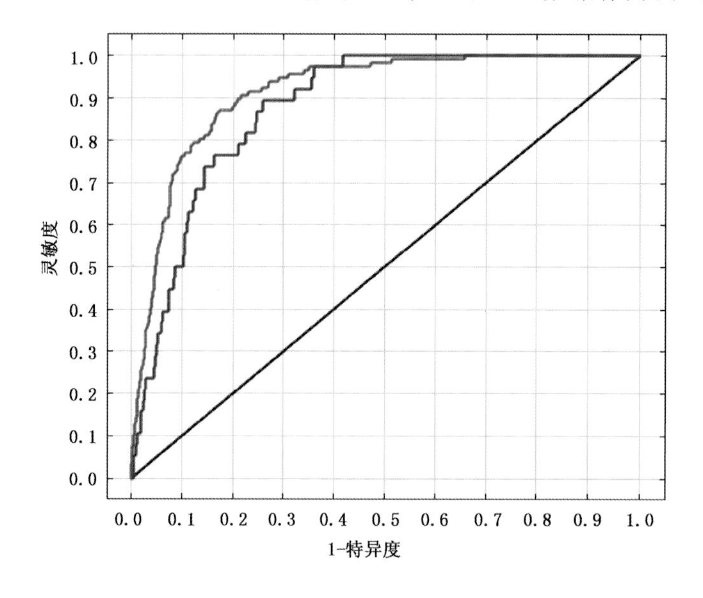

图 18.2　基于6个气候因子构建的中国单季稻种植分布—气候关系模型的ROC曲线

由图18.2可见,利用MaxEnt模型结合6个气候因子构建的中国单季稻种植分布—气候关系模型中,测试子集的AUC值达0.88,训练子集的AUC值也达到了0.91,AUC值均高于

0.80，表明所构建模型的预测准确性达到“好”的标准，可采用 MaxEnt 模型开展中国单季稻潜在种植分布研究。

二、单季稻种植分布的影响因子分析

在百分贡献率和置换重要性中，各气候因子对单季稻种植地理分布影响的排序分别为（表 18.1）：年降水量（P）＞最暖月平均温度（T_7）＞年辐射量（Q）＞年均温度（T）＞最冷月平均温度（T_1）＞年极端最低温度（T_{min}）。根据小刀法给出各气候因子对单季稻种植分布影响的贡献。由图 18.3 可见，各气候因子对中国单季稻种植区分布影响的重要性（蓝色条带的长度）排序为：年降水量（P）＞年均温度（T）＞最冷月平均温度（T_1）＞年极端最低温度（T_{min}）＞年辐射量（Q）＞最暖月平均温度（T_7）。

表 18.1　影响中国单季稻种植分布潜在气候因子的贡献百分率

气候因子	贡献百分率（%）	置换重要性（%）
年降水量（P）	52.8	17.9
最暖月平均温度（T_7）	22.2	4.9
年辐射量（Q）	12.2	11.6
年均温度（T）	8.9	54.4
最冷月平均温度（T_1）	3.5	4.5
年极端最低温度（T_{min}）	0.3	6.7

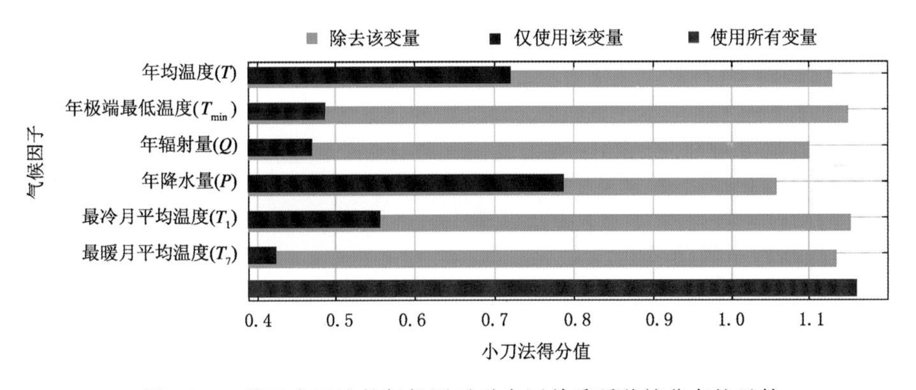

图 18.3　基于小刀法的气候因子对中国单季稻种植分布的贡献

三、单季稻种植的气候适宜性划分

基于影响中国单季稻种植分布的 6 个气候因子，利用 MaxEnt 模型构建中国单季稻种植分布—气候关系模型，可以得到单季稻在待预测地区的存在概率 p。根据本研究的划分标准：当 $p<0.05$ 时，为不适宜；当 $0.05\leqslant p<0.19$ 时，为轻度适宜；当 $0.19\leqslant p<0.38$ 时，为中度适宜；当 $p\geqslant 0.38$ 时，为完全适宜。图 18.4 给出了基于 ArcGIS 9.3 的基准期（1961—1990 年）中国单季稻种植分布的气候适宜性等级划分，不同颜色代表不同单季稻种植的气候适宜程度。

其中，单季稻种植的气候完全适宜分布区面积占中国陆地总面积的 16%，中度适宜区占 14%，次适宜区占 14%，不适宜区占 56%。受气候条件影响，1961—1990 年单季稻种植主要

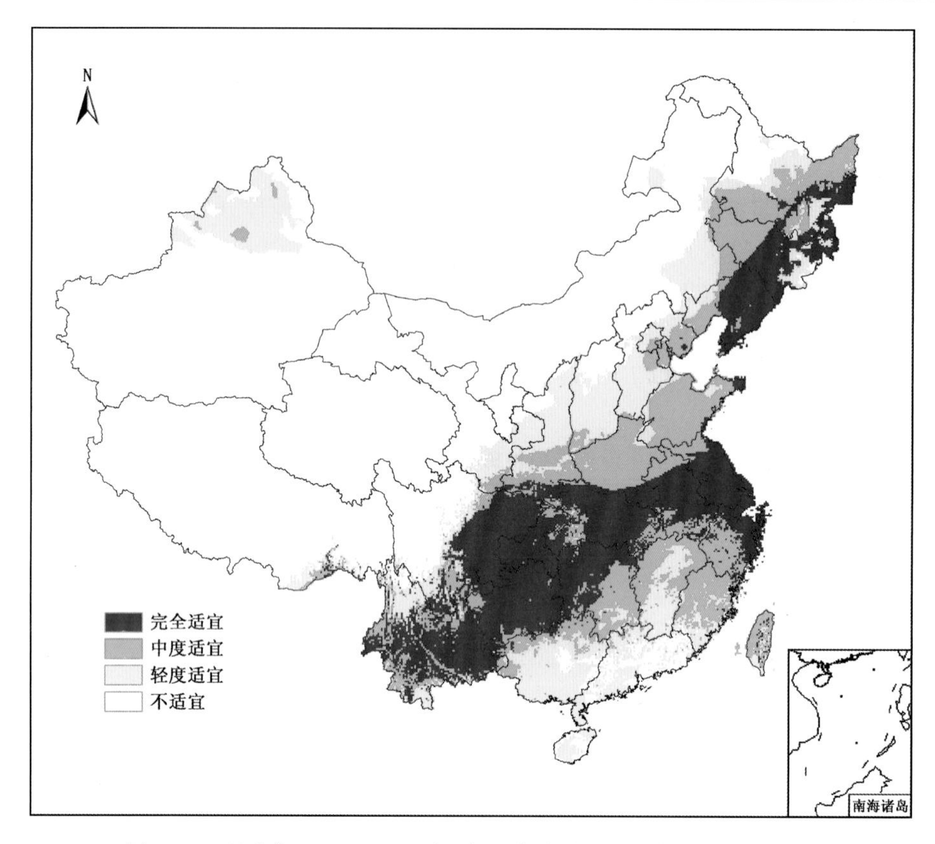

图 18.4　基准期(1961—1990 年)中国单季稻种植分布的气候适宜性

集中在中国的东北平原和长江流域，而青海、西藏和内蒙古的大部分地区以及新疆南部、甘肃北部、黑龙江北部、四川西部的局部区域因气候条件限制，不适宜种植水稻，属于单季稻种植的气候不适宜区(图 18.4)。

四、单季稻影响因子阈值分析

利用气候因子对存在概率响应曲线来分析影响单季稻种植分布的气候因子特征(图 18.5)，除年降水外，各曲线呈不规则的“钟”形分布，基本表现为单季稻存在概率随气候因子值的增加而呈现先增后减的趋势，但年极端最低温度的响应曲线波动较大，单季稻存在概率受年降水影响的阈值范围相对较大。综合图 18.5 和表 18.2 可以给出中国单季稻气候适宜性分布特征。

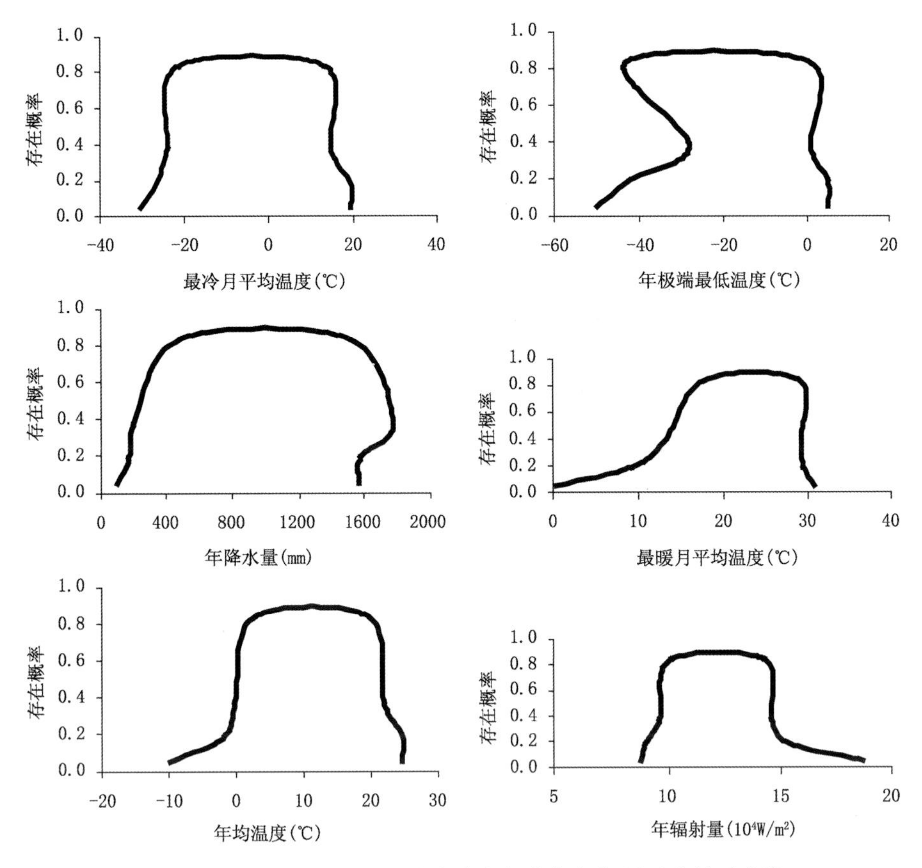

图 18.5　中国单季稻种植分布存在概率与气候因子的关系曲线

表 18.2　中国单季稻种植的气候适宜性分布特征

项目	完全适宜区	中度适宜区	轻度适宜区
划分标准	$p \geqslant 0.38$	$0.19 \leqslant p < 0.38$	$0.05 \leqslant p < 0.19$
年降水(mm)	489.64～1501.26	199.65～1774.94	169.61～1576.33
年平均温度(℃)	2.61～19.80	−0.21～21.85	−1.76～24.69
最冷月温度(℃)	−21.13～13.18	−23.96～14.67	−26.57～19.58
年极端最低温度(℃)	−42.94～0.38	−28.32～0.95	−42.40～5.2
年辐射(10^4 W/m^2)	10.09～14.29	9.64～14.60	9.02～15.30
最暖月温度(℃)	17.57～28.98	12.97～29.18	9.28～29.44
主要分布区	东北地区东部；江苏、安徽、湖北、重庆、贵州、云南的绝大部分地区；湖南北部、四川东部；浙江东北部局部地区	山东、河南、天津；黑龙江中南部、吉林西部、河北西部、湖南南部、福建、台湾的大部分地区；新疆北部、陕西南部、江西和广西的局部	河北、山西、陕西、江西、广西、海南、广东的大部分地区；内蒙古中东部、新疆北部、甘肃南部的局部

五、单季稻种植分布动态

利用 MaxEnt 模型评价气候变化对中国单季稻气候适宜分布的影响，需要根据中国 142 个单季稻种植区的地理分布点，结合 1961—1990 年(气候标准年)30 年平均的气候因子值所组成的环境变量层，通过训练得到中国单季稻种植分布－气候关系模型。利用该模型，结合 1961—2010 年及 RCP 4.5 和 RCP 8.5 气候情景下 2011—2040 年每 30 年平均的气候因子值，模拟 1966—2040 年中国单季稻气候适宜分布的动态变化，由此可以给出 1961—2040 年中国单季稻气候适宜分布及面积的动态变化(图 18.6，图 18.7)。

结果表明，与基准期(1961—1990 年)相比，1966—2010 年中国单季稻的完全适宜种植区范围呈逐时段小范围增加趋势，东北地区相对明显。单季稻完全适宜区面积在 1961—1990 年为 1.54×10^8 hm^2，到 1981—2010 年增加到了 1.76×10^8 hm^2。中度适宜和轻度适宜区范围虽然有小幅波动，但整体变化较小。1961 年以来不适宜区范围呈减小趋势，进入 1981 年以后，不适宜区范围由基准期的 5.42×10^8 hm^2 减至 5.19×10^8 hm^2。2011—2040 年，这种减少的趋势仍然维持，在未来 RCP 4.5 气候情景下不适宜区面积为 3.19×10^8 hm^2，未来 RCP 8.5 气候情景下更低，为 2.84×10^8 hm^2。伴随着不适宜区面积的减少，研究时段内单季稻可种植北界($p\geqslant0.05$)有明显的北抬趋势。

未来气候情景下，相对于气候不适宜区的减少，2011—2040 年单季稻种植的气候轻度适宜范围明显增加，在未来 RCP 4.5 和 RCP 8.5 气候情景下气候轻度适宜区的面积分别为 3.48×10^8 hm^2 和 3.16×10^8 hm^2，已经超过基准期 2 倍以上，增加面积主要包括新疆、内蒙古、东北北部和四川西部。气候完全适宜区面积略有增加，未来 RCP 8.5 气候情景下为 1.85×10^8 hm^2。1961—2010 年气候完全适宜区的主体主要分布在东北平原和长江流域，2011 年以后在未来 RCP 4.5 气候情景下完全适宜区面积的增加主要表现在华北地区、黄淮地区、西北地区东部，长江流域的完全适宜区向北向南扩展，而东北平原地区和四川盆地的气候适宜程度减弱；在未来 RCP 8.5 气候情景下，长江流域的气候完全适宜区有北抬趋势。相对于基准期，气候中度适宜区面积在未来 RCP 4.5 气候情景下减小，在未来 RCP 8.5 气候情景下则增加(图 18.7)。

总体来看，未来气候变化对于单季稻适宜种植面积扩大有着积极的作用，从气候资源的角度分析，原有高海拔或高寒地区由于气候变暖，将有利于单季稻种植。

六、单季稻对气候变化的适应性与脆弱性

根据适应性和脆弱性的评估方法，基于综合反映多个气候因子对单季稻结构和功能的影响的存在概率，可以给出单季稻对气候变化的适应性与脆弱性的范围与程度。表 18.3 给出了基准期及评估期单季稻地理分布面积及其存在概率的变化。

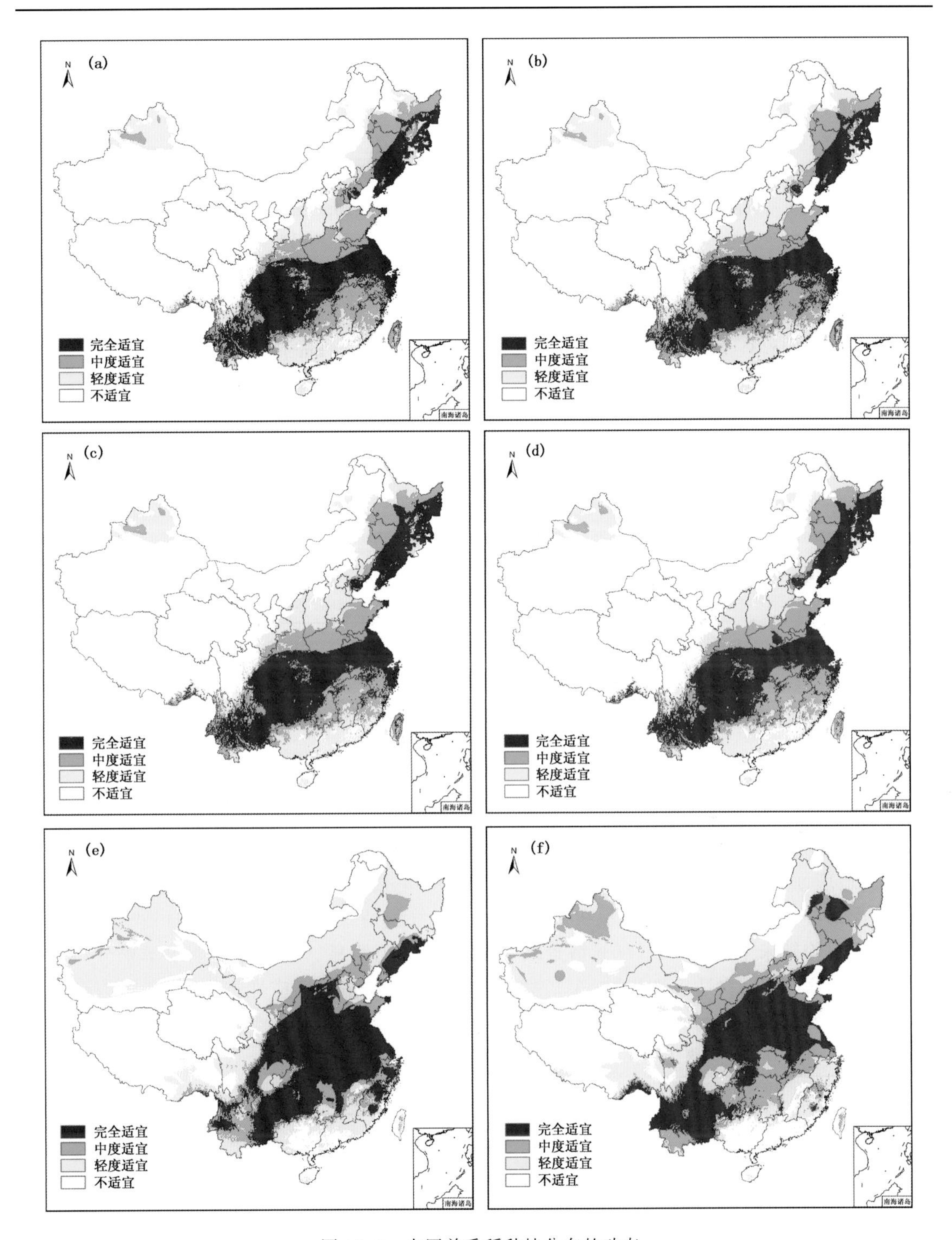

图 18.6 中国单季稻种植分布的动态

(a)1966—1995 年;(b)1971—2000 年;(c)1976—2005 年;(d)1981—2010 年;
(e)2011—2040 年 RCP 4.5 情景;(f)2011—2040 年 RCP 8.5 情景

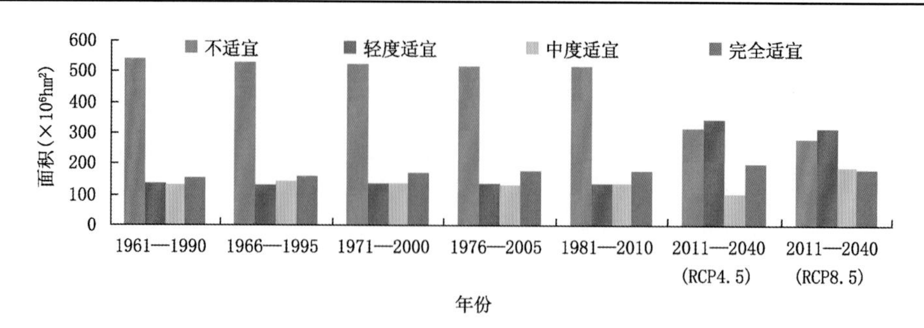

图 18.7　中国单季稻气候适宜区面积变化

表 18.3　基准期和评估期单季稻地理分布面积(单位:10^6 hm²)及总的存在概率

研究时期		评估资料					
基准期	1961—1990 年	$S_{ik}+S_{im}$			$S_{ik}\cdot p_{ik}+S_{im}\cdot p_{im}$		
		290.35			123.84		
评估期	评估时段	S_{jk}	$S_{jk}\cdot p_{jk}$	S_{jm}	$S_{jm}\cdot p_{jm}$	S_{jl}	$S_{jl}\cdot p_{jl}$
	1966—1995 年	2.46	0.39	287.89	126.79	17.24	4.21
	1971—2000 年	6.47	1.07	283.88	128.09	24.81	6.46
	1976—2005 年	9.08	1.46	281.27	129.33	29.89	7.94
	1981—2010 年	11.09	1.70	279.26	127.13	34.44	9.39
预测期	2011—2040 年 (RCP 4.5)	67.89	9.23	222.46	122.91	82.42	33.87
	2011—2040 年 (RCP 8.5)	50.16	5.44	240.19	103.68	132.23	49.84

与基准期(1961—1990 年)相比,1966—2040 年单季稻种植的自适应面积呈逐渐减小趋势,拓展适应面积呈明显增加趋势,但 2011—2040 年不同气候情景下,增加或减少的面积不同。单季稻种植的气候不适宜面积在未来 RCP 4.5 气候情景下增加显著,而自适应面积和拓展适应面积均较未来 RCP 8.5 气候情景减少 (或增加)更明显。基于评估期单季稻分布气候适宜区的面积(SR)、自适应性指数(A_l)、脆弱性指数(V)和拓展适应性指数(A_e),可以评价双季稻对气候变化的适应性与脆弱性(表 18.4)。

表 18.4　单季稻对气候变化的适应性与脆弱性评价

评估时期	评价指标			评价等级	拓展适应性评价 A_e
	SR	A_l	V		
1966—1995 年	0.99	1.02	0.00	完全适应	0.03
1971—2000 年	0.98	1.03	0.01	完全适应	0.05
1976—2005 年	0.96	1.04	0.01	完全适应	0.06
1981—2010 年	0.96	1.03	0.01	完全适应	0.08
2011—2040 年 (RCP 4.5)	0.77	0.99	0.07	轻度适应	0.27
2011—2040 年 (RCP 8.5)	0.83	0.84	0.04	轻度适应	0.40

根据表 18.4，中国单季稻对于气候变化的适应性非常强，相对于基准期，各时段均表现为完全适应，拓展适应性逐时段增强。2011—2040 年，单季稻的适应性有所降低，为轻度适应，在较低的排放情景（未来 RCP 4.5 气候情景）下，其自适应性要高于高排放情景（未来 RCP 8.5 气候情景），而拓展适应性低于高排放情景（未来 RCP 8.5 气候情景）。

第三节　双季稻种植的气候适宜性与脆弱性

多熟种植是充分利用农业气候资源的有效手段，科学地种植双季稻，提高复种指数，是增加农作物播种面积和提高粮食生产能力的重要途径之一（沈学年等 1983，魏金连等 2010）。

一、双季稻模型适用性评价

与单季稻类似，利用 MaxEnt 模型研究双季稻种植分布的气候适宜性，同样首先要检验 MaxEnt 模型的适用性。模型输入数据中，中国水稻种植区 96 个双季稻农业气象观测站的地理分布数据作为目标物的地理分布数据；气候因子为 1961—1990 年总辐射（Q）、降水量（P）、最暖月平均温度（T_7）、最冷月平均温度（T_1）、年均温度（T）的 30 年平均值以及年极端最低温度（T_{min}）。将两类数据导入 MaxEnt 模型，构建中国双季稻种植分布—气候关系模型。随机取总数据集的 75%作为训练子集，余下的 25%数据作为测试子集，用来验证模型。

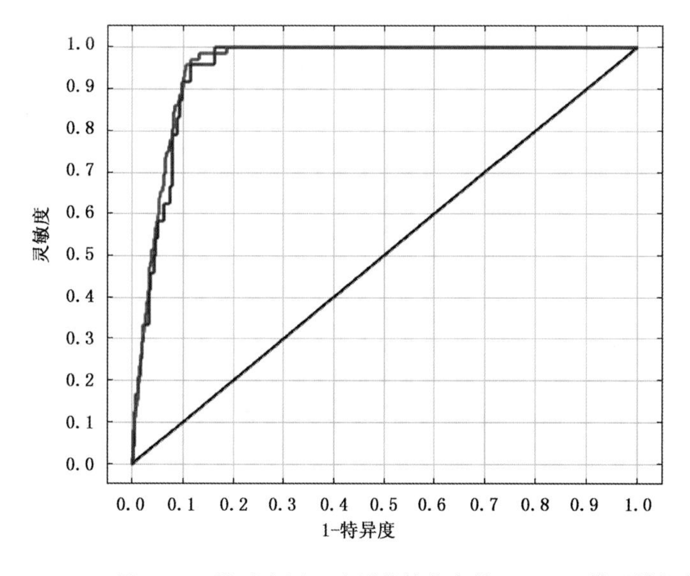

图 18.8　针对中国双季稻种植分布的 MaxEnt 模型模拟结果的 ROC 曲线

由图 18.8 可见，利用 MaxEnt 模型结合 6 个气候因子构建的中国双季稻种植分布—气候关系模型中，测试子集和训练子集的 AUC 值均达 0.95，高于单季稻，所构建模型的预测准确性达到“非常好”的标准，适宜采用 MaxEnt 模型开展中国双季稻潜在种植分布研究。

二、双季稻种植分布的影响因子分析

图 18.9 是用小刀法给出的各气候因子对双季稻种植分布影响的贡献。各气候因子对中国双季稻种植区分布影响的重要性（蓝色条带的长度）排序为：年降水量（P）＞年均温度（T）＞

最暖月平均温度(T_7)>年极端最低温度(T_{min})=年辐射量(Q)>最冷月平均温度(T_1)。结合表 18.5,在 6 个气候因子中,最暖月温度和年降水的小刀法得分值、贡献百分率和置换重要性都非常高,说明双季稻相对于单季稻来说,对高温和降水的依赖程度更高。

表 18.5　气候因子在百分贡献率与置换重要性中的表现

气候因子	贡献百分率(%)	置换重要性(%)
年降水量(P)	39.4	22.9
年均温度(T)	29.9	1.3
最暖月平均温度(T_7)	28.3	68.9
年极端最低温度(T_{min})	0.9	2.3
年辐射量(Q)	0.9	2.9
最冷月平均温度(T_1)	0.6	1.7

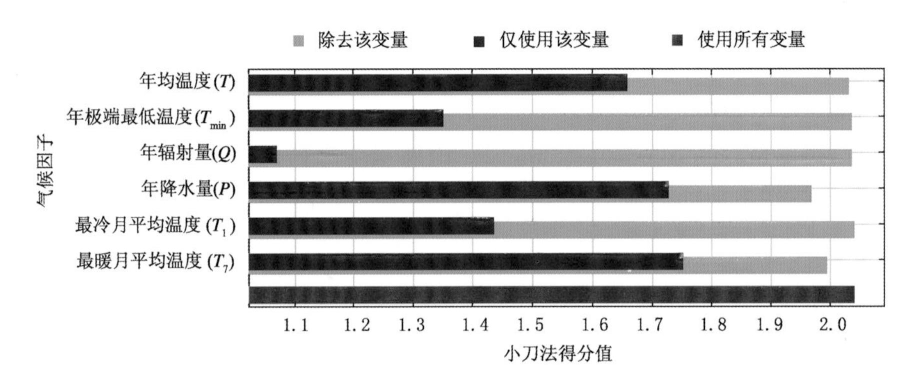

图 18.9　基于小刀法的气候因子对中国双季稻种植分布的贡献

三、双季稻种植的气候适宜性划分

根据影响中国双季稻种植分布的 6 个气候因子,利用 MaxEnt 模型构建中国双季稻种植分布—气候关系模型,可以得到双季稻作物在待预测地区的存在概率 p,根据 p 对双季稻种植的气候适宜性进行划分,即:$p<0.05$ 时,为气候不适宜;$0.05\leqslant p<0.19$ 时,为气候轻度适宜;当 $0.19\leqslant p<0.38$ 时,为气候中度适宜;当 $p\geqslant 0.38$ 时,为气候完全适宜。图 18.10 给出了基准期(1961—1990 年)中国双季稻种植分布的气候适宜性。

其中,双季稻种植的气候完全适宜分布区面积占中国陆地总面积的 8%,中度适宜区占 4%,轻度适宜区占 4%,不适宜区占 84%。受气候条件影响,1961—1990 年双季稻种植主要集中在江南和华南地区,其余地区为双季稻种植的不适宜区(图 18.10)。

四、双季稻影响因子阈值分析

利用气候因子对存在概率响应曲线来分析影响双季稻种植分布的气候因子特征(图 18.11)。最暖月平均温度、年降水量和年辐射量与存在概率的关系曲线均呈"钟"形分布,表现为双季稻存在概率分别随 3 个气候因子值的增加而呈现先增后减的趋势。与之稍有不同的是,双季稻存在概率随年均温度、最冷月平均温度和年极端最低温度的增加先呈增加趋势,达

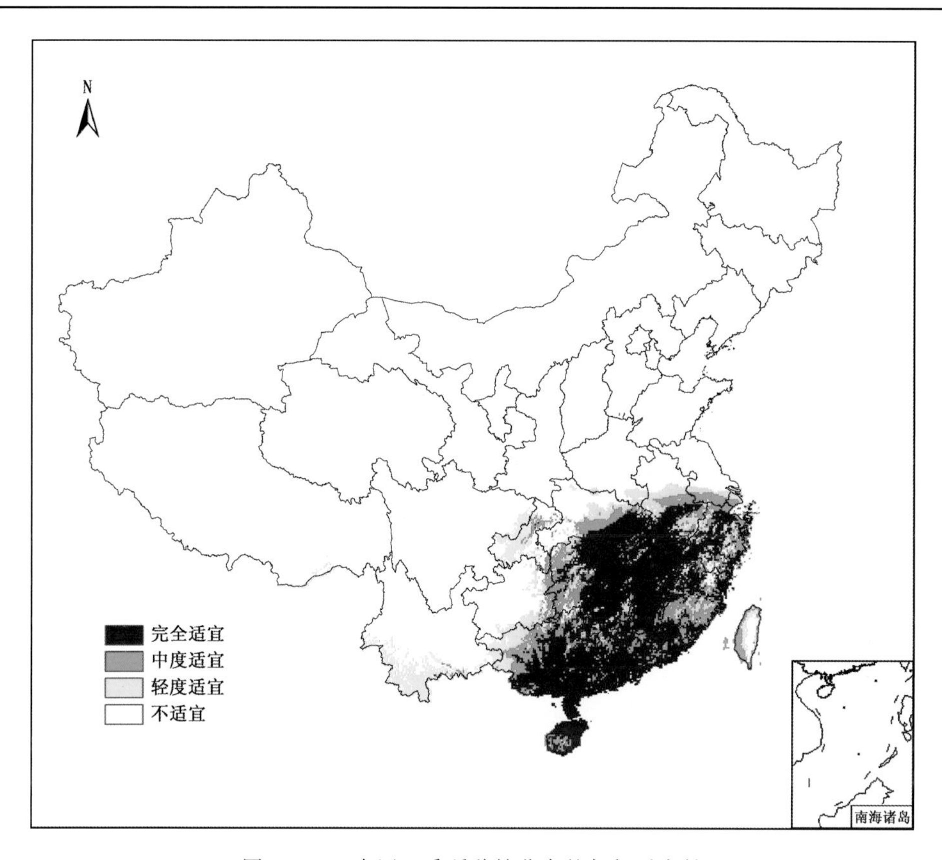

图 18.10　中国双季稻种植分布的气候适宜性

到一定数值后，存在概率迅速下降，响应曲线的右侧近似为一条直线。与单季稻相比，双季稻气候因子的最适范围较小。综合图 18.11 和表 18.6 可以给出中国双季稻气候适宜性分布特征。

表 18.6　中国双季稻种植分布及不同气候适宜区的气候因子阈值

项目	完全适宜区	中度适宜区	轻度适宜区
划分标准	$p\geqslant 0.38$	$0.19\leqslant p<0.38$	$0.05\leqslant p<0.19$
最暖月平均温度(℃)	25.43～29.44	23.94～28.50	20.84～28.12
年降水量(mm)	966.91～1696.95	890.55～1685.30	427.27～1722.43
年均温度(℃)	15.37～24.69	14.35～24.43	12.32～21.85
最冷月平均温度(℃)	2.60～19.58	1.99～18.87	0.22～16.16
年极端最低温度(℃)	−15.64～5.32	−16.06～5.33	−20.25～3.90
年辐射量(10^4 W/m^2)	10.91～12.49	10.78～12.72	10.70～14.16
主要分布区	湖南、江西、广西、广东和海南的绝大部分区域；湖北南部；安徽、浙江和福建的局部	在完全适宜区的基础上，增加了重庆、江苏和台湾的局部	重庆西部、贵州东部和云南南部的部分区域

五、双季稻种植分布动态

根据中国 96 个双季稻种植区的地理分布点，结合 1961—1990 年（气候标准年）30 年平均

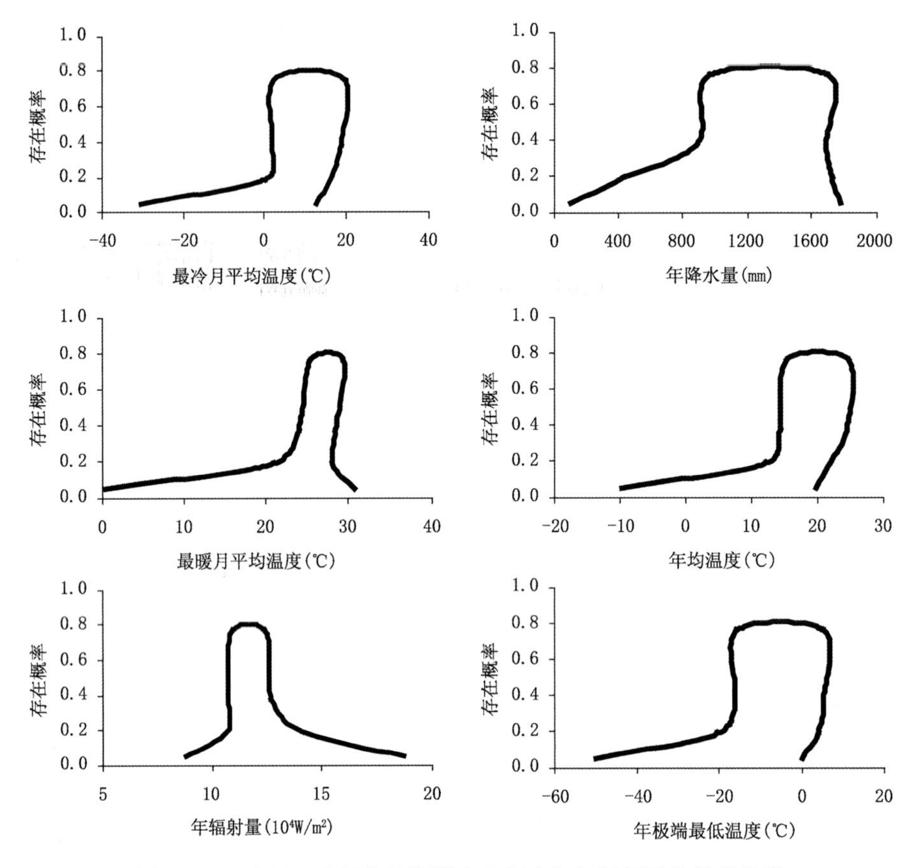

图 18.11 中国双季稻种植预测存在概率与气候因子的关系曲线

的气候因子值,利用 MaxEnt 模型评价气候变化对中国双季稻气候适宜分布的影响,模拟得到 1966—2040 年中国双季稻气候适宜分布的动态变化,给出 1961—2040 年中国双季稻气候适宜分布及面积的动态变化(图 18.10,图 18.12,图 18.13)。

总体来看,1961—2010 年中国双季稻种植的气候适宜分布范围相对稳定,气候完全适宜区和轻度适宜区面积呈逐时段增加趋势,对应的不适宜区范围逐渐缩小,而中度适宜区面积呈小幅度的波动变化(图 18.12)。1981—2010 年,双季稻种植的气候完全适宜区面积由基准期的 8.12×10^7 hm^2 增加到 9.39×10^7 hm^2,但在 2011—2040 年又有所减小,在未来 RCP 4.5 气候情景下面积为 8.51×10^7 hm^2,未来 RCP 8.5 气候情景减少到 7.94×10^7 hm^2,这种面积缩小主要体现在湖北和湖南的交界地带。未来气候轻度适宜区面积仍为增加趋势,与基准期相比,2011—2040 年未来 RCP 4.5 气候情景下面积可增加 2.52×10^7 hm^2,达到 6.13×10^7 hm^2,主要是由原来的完全适宜区退化而形成。这说明,从气候资源角度出发,未来气候情景对于双季稻的气候完全适宜区表现为负面影响(图 18.13)。

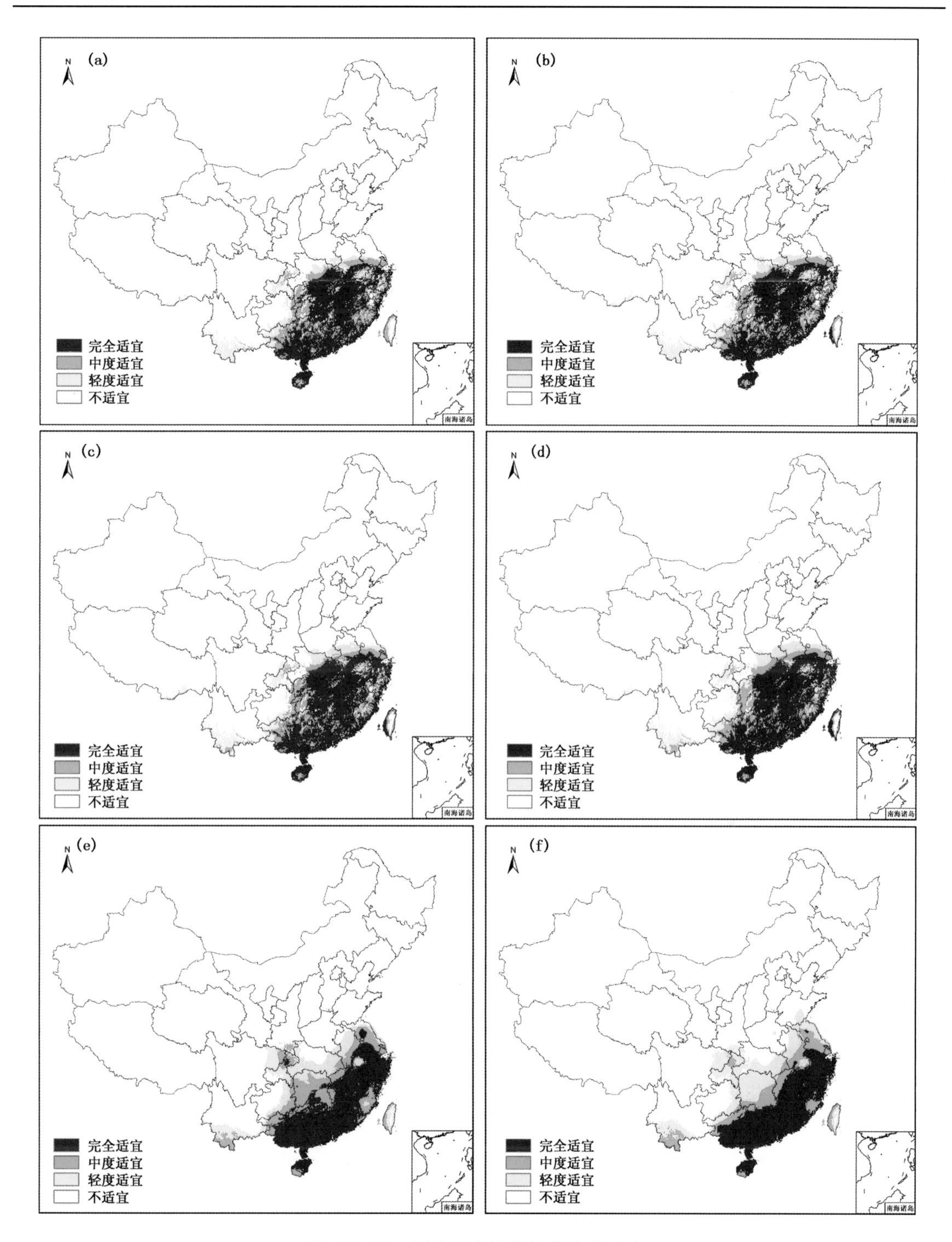

图 18.12　中国双季稻种植分布的动态

(a)1966—1995 年;(b)1971—2000 年;(c)1976—2005 年;(d)1981—2010 年;
(e)2011—2040 年 RCP 4.5 情景;(f)2011—2040 年 RCP 8.5 情景

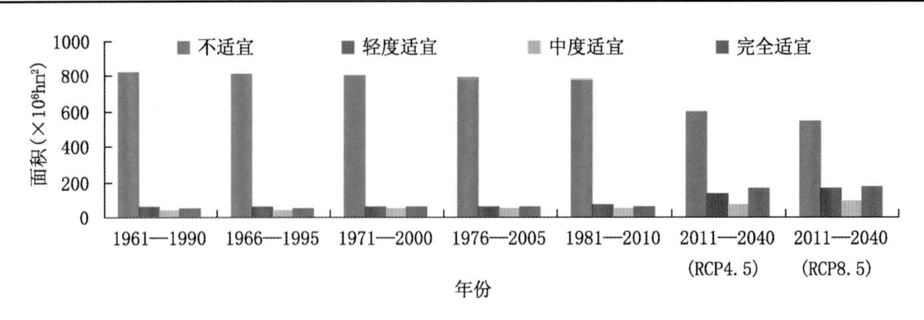

图 18.13　中国双季稻气候适宜区面积变化

六、双季稻对气候变化的适应性与脆弱性

基于双季稻的存在概率，可以给出双季稻对气候变化的适应性与脆弱性的范围与程度。表 18.7 给出了基准期及评估期双季稻地理分布面积及其存在概率的变化。

表 18.7　基准期和评估期双季稻地理分布面积(单位：10^6 hm^2)及总的存在概率

<table>
<tr><td colspan="2">研究时期</td><td colspan="6">评估资料</td></tr>
<tr><td rowspan="2">基准期</td><td rowspan="2">1961—1990 年</td><td colspan="3">$S_{ik}+S_{im}$</td><td colspan="3">$S_{ik}\cdot p_{ik}+S_{im}\cdot p_{im}$</td></tr>
<tr><td colspan="3">116.16</td><td colspan="3">54.12</td></tr>
<tr><td rowspan="5">评估期</td><td>评估时段</td><td>S_{jk}</td><td>$S_{jk}\cdot p_{jk}$</td><td>S_{jm}</td><td>$S_{jm}\cdot p_{jm}$</td><td>S_{jl}</td><td>$S_{jl}\cdot p_{jl}$</td></tr>
<tr><td>1966—1995 年</td><td>2.46</td><td>0.40</td><td>113.70</td><td>52.97</td><td>1.81</td><td>0.42</td></tr>
<tr><td>1971—2000 年</td><td>2.03</td><td>0.34</td><td>114.13</td><td>54.87</td><td>5.77</td><td>1.40</td></tr>
<tr><td>1976—2005 年</td><td>1.01</td><td>0.17</td><td>115.15</td><td>57.16</td><td>10.23</td><td>2.68</td></tr>
<tr><td>1981—2010 年</td><td>2.17</td><td>0.37</td><td>113.99</td><td>57.66</td><td>12.03</td><td>3.40</td></tr>
<tr><td rowspan="2">预测期</td><td>2011—2040 年
(RCP 4.5)</td><td>10.88</td><td>1.23</td><td>105.28</td><td>45.81</td><td>27.99</td><td>9.12</td></tr>
<tr><td>2011—2040 年
(RCP 8.5)</td><td>20.90</td><td>1.95</td><td>95.26</td><td>46.28</td><td>20.99</td><td>6.70</td></tr>
</table>

与基准期(1961—1990 年)相比，1966—2010 年各评估期双季稻的自适应面积呈先增后减趋势。各评估期的拓展适应面积呈明显增加趋势，但在不同气候情景下，面积增加或减少的程度不同。基于评估期双季稻分布气候适宜区的面积(SR)、自适应性指数(A_l)、脆弱性指数(V)和拓展适应性指数(A_e)，可以评价双季稻对气候变化的适应性与脆弱性(表 18.8)。相对于基准期，从 1996 年开始中国双季稻对气候变化的适应性增强，由中度适应向完全适应转变，1996—2010 年双季稻的扩展适应性也逐渐加强。但在 2011—2040 年不同气候情景下，双季稻的适应性均有所降低，较低的排放情景(未来 RCP 4.5 气候情景)下双季稻适应性降低为中度适应，在未来 RCP 8.5 气候情景下双季稻适应性进一步降低，转变为轻度适应。

表 18.8　双季稻对气候变化的适应性与脆弱性评价

评估时期	评价指标			评价等级	拓展适应性评价 A_e
	SR	A_l	V		
1966—1995 年	0.98	0.98	0.01	中度适应	0.01
1971—2000 年	0.98	1.00	0.01	完全适应	0.03
1976—2005 年	0.99	1.06	0.00	完全适应	0.05
1981—2010 年	0.98	1.07	0.01	完全适应	0.06
2011—2040 年（RCP 4.5）	0.91	0.90	0.02	中度适应	0.17
2011—2040 年（RCP 8.5）	0.82	0.86	0.04	轻度适应	0.12

第十九章　小麦种植的气候适宜性与脆弱性

中国是世界上最大的小麦生产国和消费国，小麦是中国的第三大粮食作物，排在水稻和玉米之后。据统计，中国 2012 年小麦种植面积为 2.4×10^7 hm^2，总产量达到 1.21×10^8 t。不同小麦生态类型的种植区分布对热量条件的要求不同，按小麦播期不同，可将小麦分为冬小麦和春小麦两种主要的生态类型(William et al. 2010)。中国小麦产量约 68%来自华北平原和江淮地区，约 23%来自长江中下游地区和中国西南部，小于 10%来自东北和西北地区。

中国地域辽阔，气候资源较为丰富，为小麦生产的发展提供了有利条件，但由于大多处于中纬度地带、海陆过渡带和气候过渡带，气候灾害频发，气候变化对小麦生产的发展又带来了严峻的挑战。气温升高以及全球气候剧烈变化引发的极端气候如极端高(低)温、干旱和洪涝等气象灾害，非常不利于小麦生产的发展(王春乙 2007，陈立春等 2009)。因此，气候变化将会对中国小麦生产产生重大影响，评价气候变化对中国小麦的影响，对指导和规划全球气候变化背景下中国小麦的生产、确保国家粮食安全具有重要意义。

第一节　研究方法

参照植物功能型的气候适宜性与脆弱性研究方法以及相关气候资料开展小麦种植的气候适宜性与脆弱性研究。研究使用的中国小麦(冬小麦、春小麦)种植分布区的地理分布数据取自国家气象信息中心的 1991—2010 年农作物生长发育状况资料数据集，包含 352 个冬小麦农业气象观测站和 112 个春小麦农业气象观测站的地理分布数据。由于作物种植受人为因素影响较大，认为当小麦种植年份不小于 5 年时，该地小麦种植情况相对稳定。基于该原则，进一步筛选出 275 个冬小麦农业气象观测站和 77 个春小麦农业气象观测站(图 19.1)，作为本研究的小麦(冬小麦、春小麦)地理分布数据。

第二节　冬小麦种植的气候适宜性与脆弱性

中国冬小表一般在 9 月和 10 月播种，其种植范围受越冬的热量条件限制(祖世亨等 2001)，但由于能够提高复种指数，充分利用中国北部资源，因此种植冬小麦可能会得到更好的收益 (邹立坤等 2001)。由于冬小麦的高收益，冬小麦成为中国播种面积最为广泛的类型，约占中国小麦总产量的 90%(张宇等 2000，张晶 2008，He et al. 2001)。

一、模型适用性评价

利用 MaxEnt 模型研究中国小麦种植分布的气候适宜性，首先要检验 MaxEnt 模型的适用性。这里，模型输入数据包括两类：一类是目标物的地理分布数据，采用中国小麦种植区

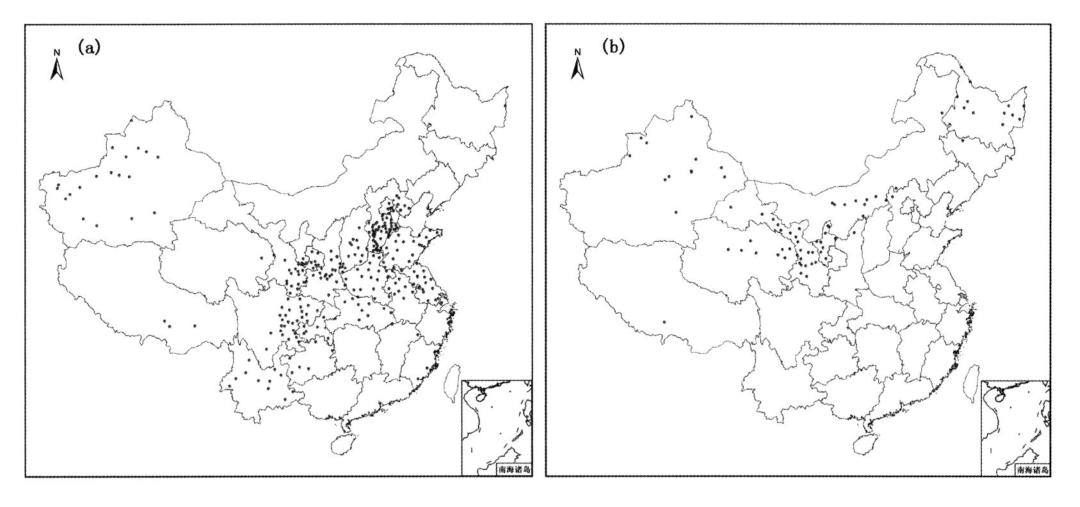

图 19.1　中国小麦农业气象观测站地理分布

(a)冬小麦;(b)春小麦

275 个冬小麦农业气象观测站的地理分布数据;第二类是环境变量,根据 1961—1990 年的空间栅格日值气候数据(10 km×10 km 分辨率),采用 Fortran 编程计算得到 6 个气候因子,包括年辐射量、年降水量、最暖月平均温度、最冷月平均温度、年均温度在基准期(1961—1990 年)的 30 年平均值和年极端最低温度,作为构建冬小麦种植分布一气候关系模型的环境输入变量。将两类数据导入 MaxEnt 模型,并运行。

首先,随机取得总数据集的 75%作为训练子集,用来训练模型,获取模型的相关参数;然后,将没有参与模型训练的所有数据,即余下的 25%数据作为测试子集,用来验证模型。基于 6 个气候因子构建的冬小麦种植分布一气候关系模型的 ROC 曲线见图 19.2。

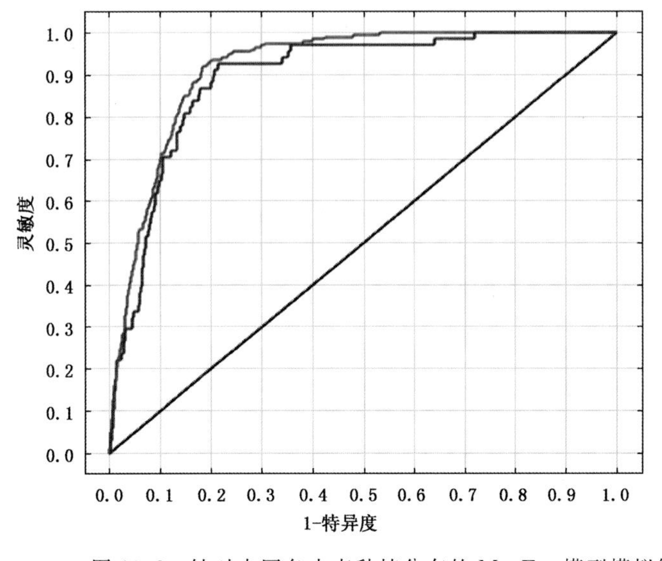

图 19.2　针对中国冬小麦种植分布的 MaxEnt 模型模拟结果的 ROC 曲线

利用 MaxEnt 模型结合 6 个气候因子构建的中国冬小麦种植分布一气候关系模型中,测试子集的 AUC 值达 0.89,训练子集的 AUC 值也达到了 0.92,AUC 值均高于 0.80(图

19.2)，表明所构建模型的预测准确性达到“好”的标准，可采用 MaxEnt 模型开展中国冬小麦潜在种植分布研究。

二、冬小麦种植分布的影响因子分析

在百分贡献率和置换重要性中，各气候因子对冬小麦种植地理分布影响的排序分别为(表19.1)：年极端最低温度(T_{min})>年降水量(P)>年均温度(T)>年辐射量(Q)>最暖月平均温度(T_7)>最冷月平均温度(T_1)。根据小刀法给出各气候因子对冬小麦种植分布影响的贡献。由图 19.3 可见，各气候因子对中国冬小麦种植区分布影响的重要性(蓝色条带的长度)排序为：最冷月平均温度(T_1)>年极端最低温度(T_{min})>年均温度(T)>年降水量(P)>最暖月平均温度(T_7)>年辐射量(Q)。最冷月平均温度和年极端最低温度是对冬小麦种植区分布影响最重要的气候因子，根据表 19.1，这 2 个因子的置换重要性和贡献百分率分别是 6 个气候因子中最高的。这主要是因为，通常采用冬小麦能够安全越冬的热量条件来判定冬小麦种植区的分布界限，而最冷月平均温度和年极端最低温度正好可以反映冬小麦能够忍受的低温条件，这与已有研究结果一致(中央气象局研究院天气气候研究所五室 1979，中国农业科学院《中国种植业区划》编写组 1984，崔读昌 1986)。

表 19.1 气候因子在百分贡献率与置换重要性中的表现

气候因子	贡献百分率(%)	置换重要性(%)
年极端最低温度 (T_{min})	48.6	8.9
年降水量(P)	23.7	23.7
年均温度 (T)	12.6	5.0
年辐射量 (Q)	8.7	19.2
最暖月平均温度(T_7)	3.4	2.6
最冷月平均温度(T_1)	3.0	40.6

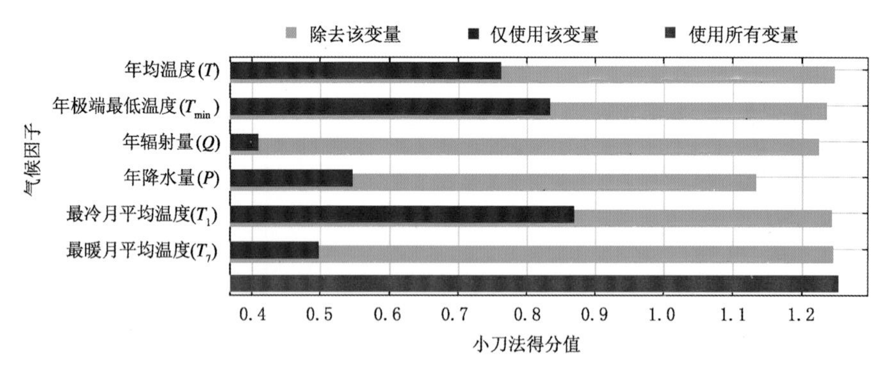

图 19.3 气候因子在小刀法中的得分

三、冬小麦种植的气候适宜性划分

基于影响中国冬小麦种植分布的 6 个气候因子，利用 MaxEnt 模型构建中国冬小麦种植分布—气候关系模型，可以得到冬小麦作物在待预测地区的存在概率 p。根据本研究的划分标准：当 $p<0.05$ 时，为气候不适宜；当 $0.05\leqslant p<0.19$ 时，为气候轻度适宜；当 $0.19\leqslant p<0.38$ 时，为气候中度适宜；当 $p\geqslant0.38$ 时，为气候完全适宜。图 19.4 给出了基于 ArcGIS 9.3 的基准期(1961—1990 年)中国冬小麦种植分布的气候适宜性等级划分，不同颜色代表不同小麦种植的气候适宜程度。

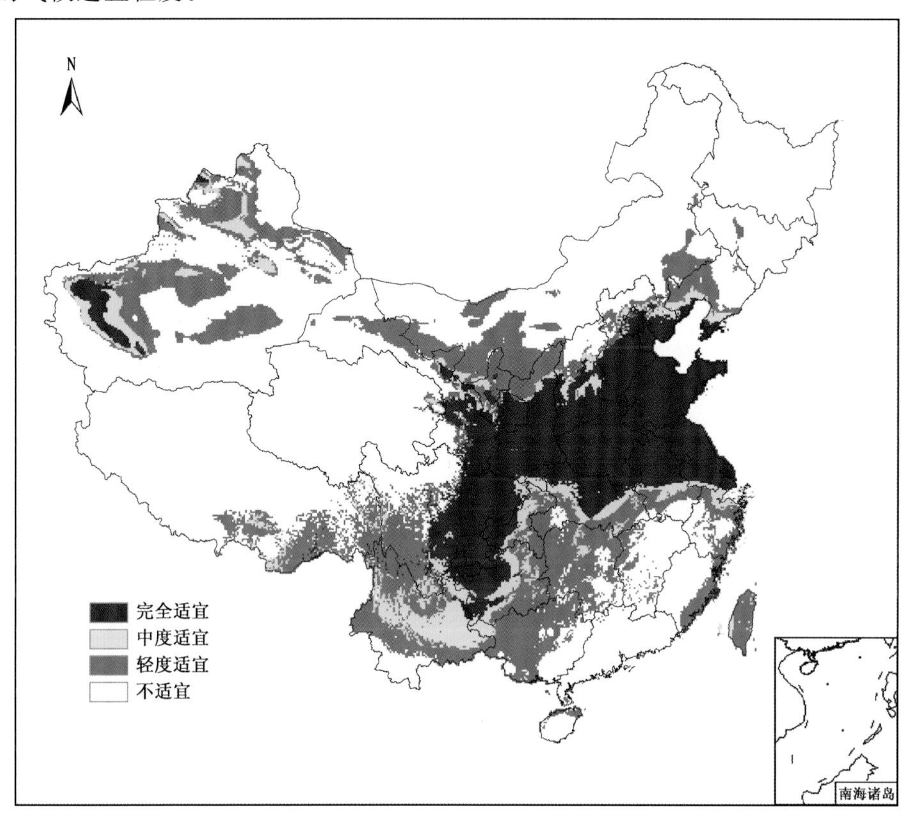

图 19.4 中国冬小麦种植分布的气候适宜性

冬小麦种植的气候完全适宜分布区面积占中国陆地总面积的 15%，气候中度适宜区占 6%，气候轻度适宜区占 21%，气候不适宜区占 58%。受气候条件影响，1961—1990 年冬小麦种植主要集中在中国的黄淮海地区、长江中下游地区、西南和新疆的部分地区。东北和青藏高原的大部分地区、广东和福建的部分地区冬小麦不能够种植或种植很少，属于冬小麦种植的气候不适宜区(图 19.4)。

四、冬小麦影响因子阈值分析

利用气候因子对存在概率响应曲线来分析影响冬小麦种植分布的气候因子特征(图 19.5)，各曲线呈不规则的“钟”形分布，基本表现为冬小麦存在概率随气候因子值的增加而呈现先增后减的趋势。综合图 19.5 和表 19.2 可以给出中国冬小麦气候适宜性分布特征。

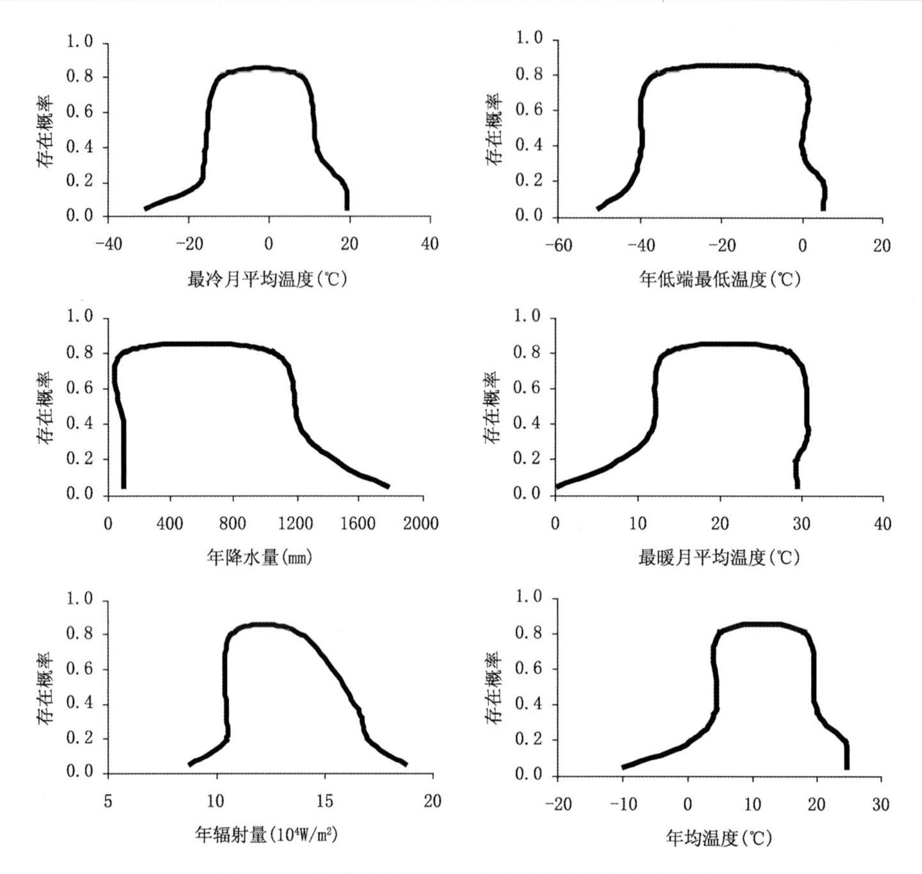

图 19.5　冬小麦预测存在概率与气候因子的关系

表 19.2　中国冬小麦种植分布及不同气候适宜区的气候因子阈值

项目	完全适宜区	中度适宜区	轻度适宜区
划分标准	$p \geqslant 0.38$	$0.19 \leqslant p < 0.38$	$0.05 \leqslant p < 0.19$
最冷月平均温度(℃)	−12.04～8.05	−15.90～12.09	−17.56～18.64
年极端最低温度(℃)	−36.06～−1.17	−39.78～−0.03	−42.24～5.22
年均温度(℃)	4.97～18.09	4.33～19.90	0.16～24.34
年降水量(mm)	104.38～1042.94	100.89～1223.87	95.32～1454.91
最暖月平均温度(℃)	13.58～28.39	11.67～30.68	7.49～29.27
年辐射量($10^4 W/m^2$)	10.70～13.90	10.43～16.50	10.44～17.04
主要分布区	北京、天津、山东、江苏、河南；河北中东部和南部、山西南部、陕西中南部、甘肃东南部、四川东部、重庆西部、湖北北部、贵州西部的大部分地区；新疆西部的局部	辽宁南部、云南中东部和新疆的局部	宁夏、湖南、贵州、广西、云南、台湾的大部分地区；辽宁西部、内蒙古西部、湖北南部、四川西部、西藏南部和新疆的局部

五、冬小麦种植分布的气候适宜性动态

利用 MaxEnt 模型评价气候变化对中国冬小麦地理分布的气候适宜性影响，需要根据中国275个冬小麦种植区的地理分布点，结合1961—1990年（气候标准年）30年平均的气候因子值所组成的环境变量层，通过训练得到中国冬小麦种植分布一气候关系模型。利用该模型及默认参数，结合1961—2010年及2011—2040年未来 RCP 4.5 和 RCP 8.5 气候情景下每30年平均的气候因子值，模拟1966—2040年中国冬小麦气候适宜分布的动态变化（图19.6，图19.7）。

与基准期（1961—1990年）相比，1966—2010年中国冬小麦的气候完全适宜种植区范围在1966—1995年小幅减少，后呈逐时段增加趋势，特别是新疆地区从1971年开始，宁夏地区自1976年开始，气候完全适宜区面积明显得到扩展。冬小麦气候完全适宜区面积在1961—1990年为 1.50×10^8 hm^2，1981—2010年增加到 1.69×10^8 hm^2。气候中度适宜区面积在1976—2005年达到最大，为 0.71×10^8 hm^2，后又有所减少，到1981—2010年减少到 0.63×10^8 hm^2，变化主要发生在新疆地区。气候轻度适宜区面积变化呈先减后增趋势，50年中最小值出现在1976—2005年，为 2.00×10^8 hm^2，最大值出现在1981—2010年，为 2.08×10^8 hm^2，面积的增减变化主要发生在东北和新疆。气候不适宜区面积呈明显的逐时段下降趋势，与基准期相比，1981—2010年的气候不适宜区面积减少了 0.27×10^8 hm^2，为 5.31×10^8 hm^2。

2011—2040年，冬小麦种植的气候适宜性大大提高，气候不适宜区减少近一半，未来 RCP 4.5 气候情景下仅为 2.45×10^8 hm^2，气候完全适宜、中度适宜和轻度适宜区范围均呈不同程度的增加趋势。其中，气候完全适宜区在未来 RCP 8.5 气候情景下增加更多，可达到 3.93×10^8 hm^2；而气候中度适宜和轻度适宜区在未来 RCP 4.5 气候情景下增加更多，分别为 1.59×10^8 hm^2 和 2.32×10^8 hm^2（图19.7）。综合来看，这种气候适宜面积的增加主要表现在中国西部、内蒙古和东北地区，表明未来气候变化对于冬小麦适宜种植面积扩大有促进作用。

六、冬小麦对气候变化的适应性与脆弱性

根据小麦对气候变化的适应性和脆弱性评估方法，基于综合反映6个气候因子对冬小麦结构和功能的影响存在概率，可以给出冬小麦对气候变化的适应性与脆弱性的范围与程度。表19.3给出了基准期及评估期冬小麦地理分布面积及其存在概率的变化。

表19.3　基准期和评估期冬小麦地理分布面积（单位：10^6 hm^2）及总的存在概率

研究时期		评估资料					
基准期	1961—1990年	$S_{ik}+S_{im}$			$S_{ik}\cdot p_{ik}+S_{im}\cdot p_{im}$		
		206.93			97.40		
评估期	评估时段	S_{jk}	$S_{jk}\cdot p_{jk}$	S_{jm}	$S_{jm}\cdot p_{jm}$	S_{jl}	$S_{jl}\cdot p_{jl}$
	1966—1995年	8.86	1.33	198.07	95.76	6.62	1.85
	1971—2000年	15.83	2.09	191.10	95.31	38.70	11.64
	1976—2005年	17.78	2.29	189.15	95.72	45.68	14.46
	1981—2010年	18.17	2.33	188.76	97.17	43.56	14.98
预测期	2011—2040年（RCP 4.5）	3.29	0.39	203.64	139.10	291.27	130.75
	2011—2040年（RCP 8.5）	4.15	0.51	202.78	146.17	312.36	106.84

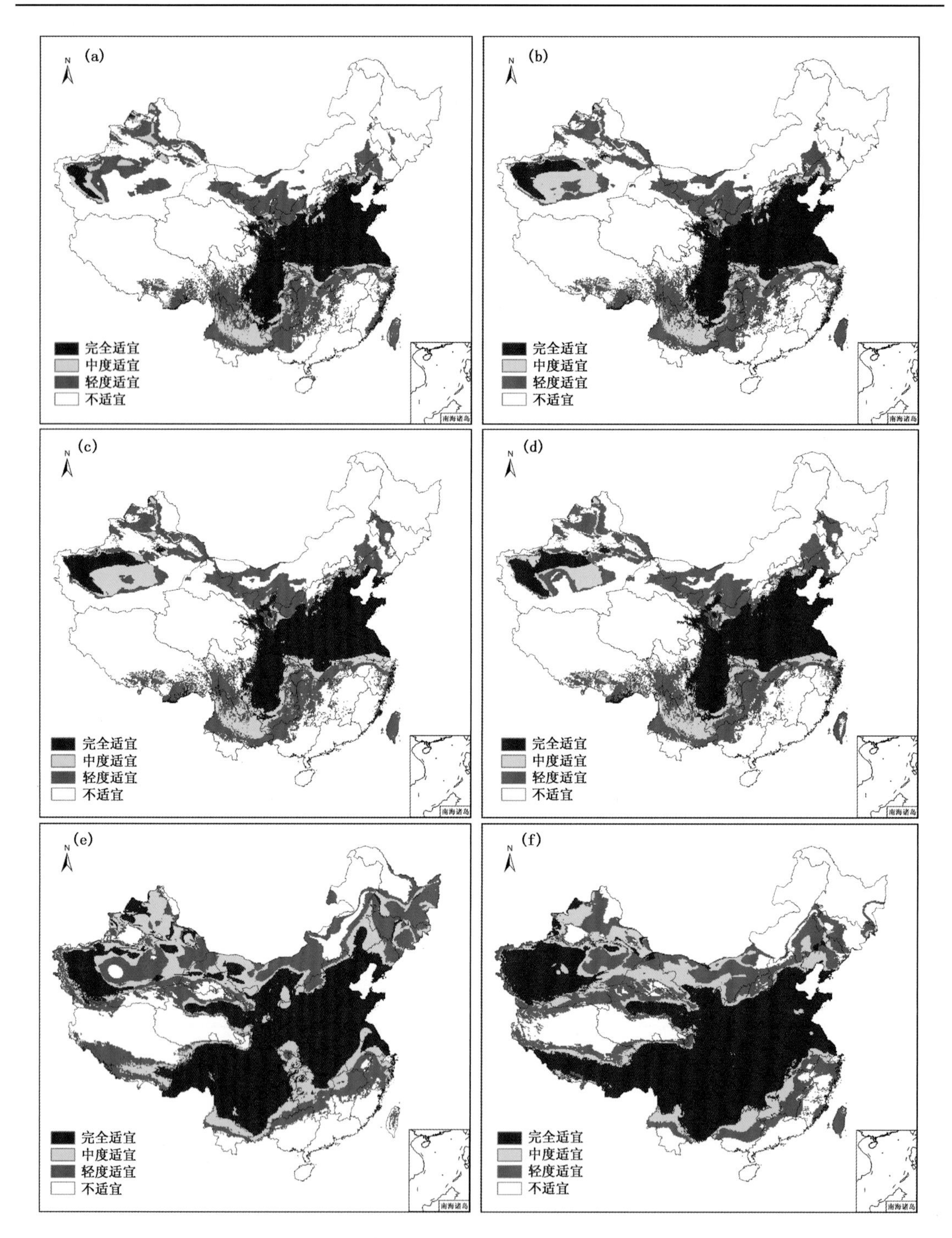

图 19.6　中国冬小麦种植分布的气候适宜区

(a)1966—1995 年;(b)1971—2000 年;(c)1976—2005 年;(d)1981—2010 年;

(e)2011—2040 年 RCP 4.5 情景;(f)2011—2040 年 RCP 8.5 情景

与基准期(1961—1990 年)相比,1966—2010 年各评估期冬小麦的自适应面积呈逐渐减小趋势,拓展适应面积呈明显增加趋势;2011—2040 年自适应和拓展适应面积高于前期,而不适

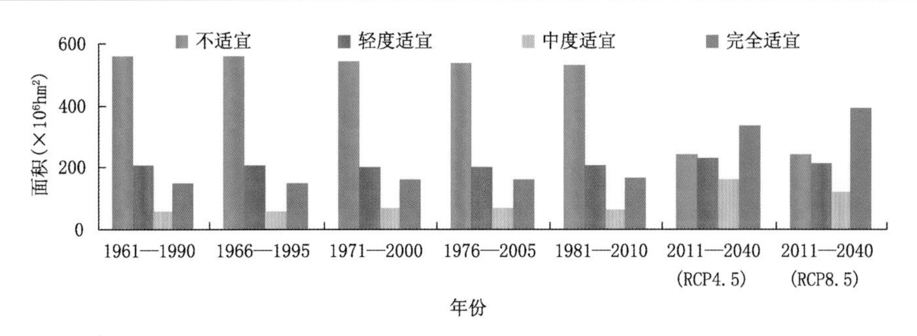

图 19.7 中国冬小麦气候适宜区面积变化

应面积则大幅减少。基于评估期冬小麦分布气候适宜区的面积（*SR*）、自适应性指数（A_l）、脆弱性指数（*V*）和拓展适应性指数（A_e），可以评价冬小麦对气候变化的适应性与脆弱性（表19.4）。

中国冬小麦对于气候变化的适应性非常强（表 19.4）。自 1981—2010 年开始到 2040 年，冬小麦由中度适应发展为完全适应。评估时段内，拓展适应性呈逐时段增加趋势。2011—2040 年，不同未来气候情景下冬小麦的适应性也有所区别，未来 RCP 4.5 气候情景下冬小麦对气候的适应性要低于未来 RCP 8.5 气候情景。

表 19.4 冬小麦对气候变化的适应性与脆弱性评价

评估时期	评价指标			评价等级	拓展适应性评价 A_e
	SR	A_l	*V*		
1966—1995 年	0.96	0.98	0.01	中度适应	0.02
1971—2000 年	0.92	0.98	0.02	中度适应	0.12
1976—2005 年	0.91	0.98	0.02	中度适应	0.15
1981—2010 年	0.91	1.00	0.02	完全适应	0.15
2011—2040 年 (RCP 4.5)	0.98	1.43	0.00	完全适应	1.34
2011—2040 年 (RCP 8.5)	0.98	1.50	0.01	完全适应	1.65

第三节 春小麦种植的气候适宜性与脆弱性

春小麦主要种植在气候比较寒冷、冬小麦越冬困难的地区，是中国东北、西北和北部寒冷地区的主要粮食作物之一（赵广才 2010）。从物种分布的机理来看，春小麦的耐寒、耐旱性均高于冬小麦。因此，可种植冬小麦的区域均可种植春小麦。冬小麦分布的北界恰好是春小麦与冬小麦种植的交错区（黄占斌等 1991）。目前，有关春小麦的种植分布这方面的研究较少，但作为中国粮食生产的一个重要补充，研究其种植分布对气候的适宜性和脆弱性，对于改进中国寒冷地区的种植制度、保障粮食安全有一定的意义。

一、模型适用性评价

与冬小麦类似，利用 MaxEnt 模型研究春小麦种植分布的气候适宜性，同样首先要检验 MaxEnt 模型的适用性。模型输入数据中，中国小麦种植区 77 个春小麦农业气象观测站的地理分布数据作为目标物的地理分布数据；环境变量为 1961—1990 年的年总辐射（Q）、年降水量（P）、最暖月平均温度（T_7）、最冷月平均温度（T_1）、年均温度（T）的 30 年平均值和年极端最低温度（T_{min}）。将两类数据导入 MaxEnt 模型，构建中国春小麦种植分布一气候关系模型。

随机取总数据集的 75％作为训练子集，余下的 25％数据作为测试子集，用来验证模型。基于 6 个气候因子构建的中国春小麦种植分布一气候关系模型的 ROC 曲线见图 19.8。

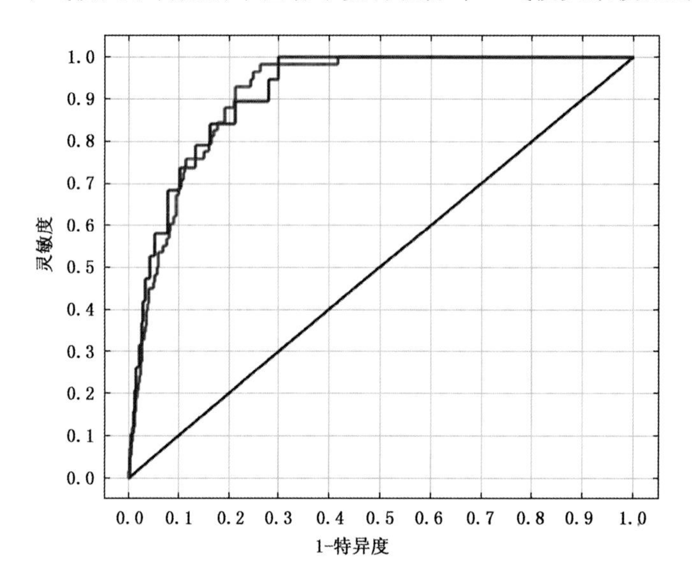

图 19.8 针对中国春小麦种植分布的 MaxEnt 模型模拟结果的 ROC 曲线

利用 MaxEnt 模型结合 6 个气候因子构建的中国春小麦种植分布一气候关系模型中，测试子集的 AUC 值达 0.92，训练子集的 AUC 值也达到了 0.91，均高于冬小麦，所构建模型的预测准确性达到"非常好"的标准，可采用 MaxEnt 模型开展中国春小麦潜在种植分布研究。

二、春小麦种植分布的影响因子分析

在百分贡献率和置换重要性中，各气候因子对春小麦种植地理分布影响的排序分别为（表 19.5）：年极端最低温度（T_{min}）＞最暖月平均温度（T_7）＞ 年降水量（P）＞年均温度（T）＞年辐射量（Q）＞最冷月平均温度（T_1）。图 19.9 是用小刀法给出的各气候因子对春小麦种植分布影响的贡献。各气候因子对中国春小麦种植分布影响的重要性（蓝色条带的长度）排序为：年均温度（T）＞最暖月平均温度（T_7）＞年极端最低温度（T_{min}）＞最冷月平均温度（T_1）＞年降水量（P）＞年辐射量（Q）。结合表 19.5，在 6 个气候因子中，年辐射量虽然单因子贡献较小，但置换重要性达到 17.2％，具有大部分其他因子所不包含的信息，不能剔除。

表 19.5　气候因子在百分贡献率和置换重要性中的表现

气候因子	贡献百分率(%)	置换重要性(%)
年极端最低温度（T_{min}）	31.3	7.2
最暖月平均温度(T_7)	22.3	7.9
年降水量(P)	14.9	51.6
年均温度（T）	13.4	8.7
年辐射量（Q）	11.7	17.2
最冷月平均温度(T_1)	6.4	7.4

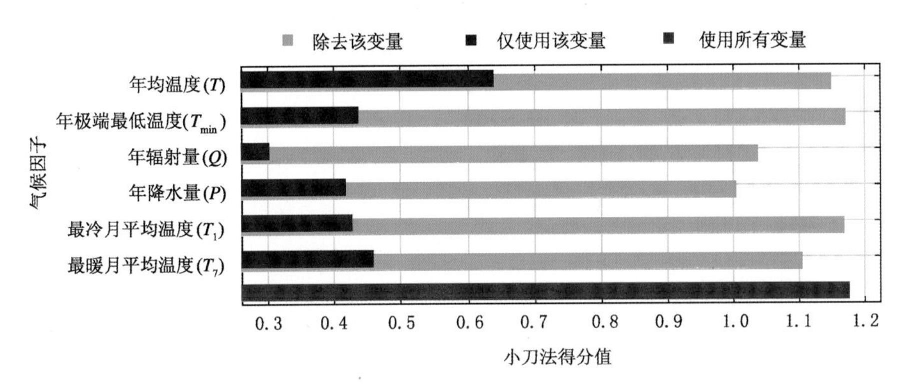

图 19.9　气候因子在小刀法中的得分

三、春小麦种植的气候适宜性划分

根据影响中国春小麦种植分布的 6 个气候因子，利用 MaxEnt 模型构建中国春小麦种植分布一气候关系模型，可以得到春小麦作物在待预测地区的存在概率 p，根据 p 对春小麦种植的气候适宜性进行划分，即：$p<0.05$ 时，为气候不适宜；$0.05\leqslant p<0.19$ 时，为气候轻度适宜；当 $0.19\leqslant p<0.38$ 时，为气候中度适宜；当 $p\geqslant 0.38$ 时，为气候完全适宜。图 19.10 给出了基准期(1961—1990 年)中国春小麦种植分布的气候适宜性。

春小麦种植的气候完全适宜分布区面积占中国陆地总面积的 15%，气候中度适宜区占 15%，气候轻度适宜区占 20%，气候不适宜区占 50%。受气候条件影响，1961—1990 年春小麦种植主要集中在黑龙江西部和东北部、内蒙古中部、山西和陕西的北部、宁夏、甘肃中东部和新疆西北部；而黄淮海地区以南的大片区域基本为春小麦种植的气候不适宜区(图 19.10)。

四、春小麦影响因子阈值分析

利用气候因子对存在概率响应曲线来分析影响春小麦种植分布的气候因子特征(图 19.11)。与冬小麦相似，各曲线均呈不规则的“钟”形分布，基本表现为春小麦存在概率随气候因子值的增加而呈现先增后减的趋势，气候因子值存在一个最适的范围。综合图 19.11 和表 19.6 可以给出中国春小麦气候适宜性分布特征。

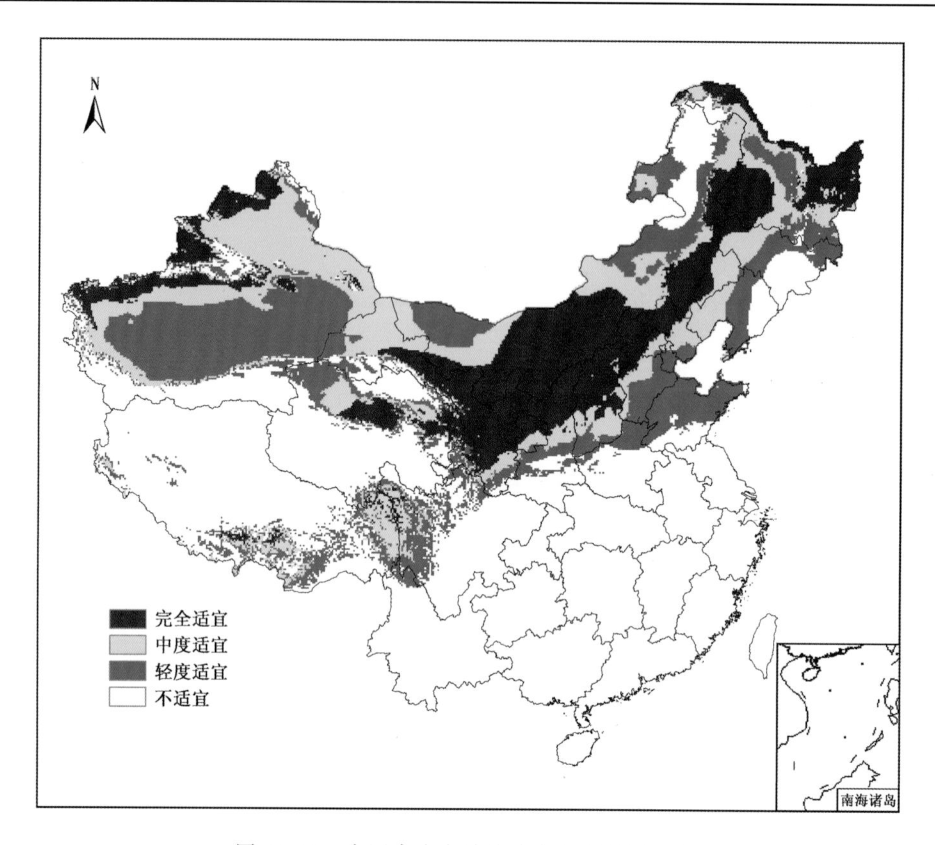

图 19.10　中国春小麦种植分布的气候适宜性

表 19.6　中国春小麦种植分布及不同气候适宜区的气候因子阈值

项目	完全适宜区	中度适宜区	轻度适宜区
划分标准	$p \geqslant 0.38$	$0.19 \leqslant p < 0.38$	$0.05 \leqslant p < 0.19$
年均温度(℃)	−4.20～13.13	−4.76～12.52	−5.89～14.81
最暖月平均温度(℃)	11.83～30.65	9.53～28.71	7.85～27.86
年极端最低温度(℃)	−48.32～−17.87	−48.96～−14.67	−49.82～−10.01
最冷月平均温度(℃)	−29.08～−1.02	−29.64～0.81	−30.35～5.20
年降水量(mm)	106.83～622.35	109.15～702.64	95.32～799.41
年辐射量(10^4 W/m^2)	8.83～16.99	8.92～17.18	9.14～17.41
主要分布区	宁夏、黑龙江西部和东北部、内蒙古中部、河北西北部、山西北部、陕西北部、甘肃中东部、新疆西部和青海中部的部分区域	在完全适宜区的基础上，增加了吉林和辽宁的西部、新疆北部和甘肃北部的部分地区	新疆中部、内蒙古西部、山东和河南的北部；西藏南部的局部

五、春小麦种植分布动态

根据中国 77 个春小麦种植区的地理分布点，结合 1961—1990 年(气候标准年)30 年平均

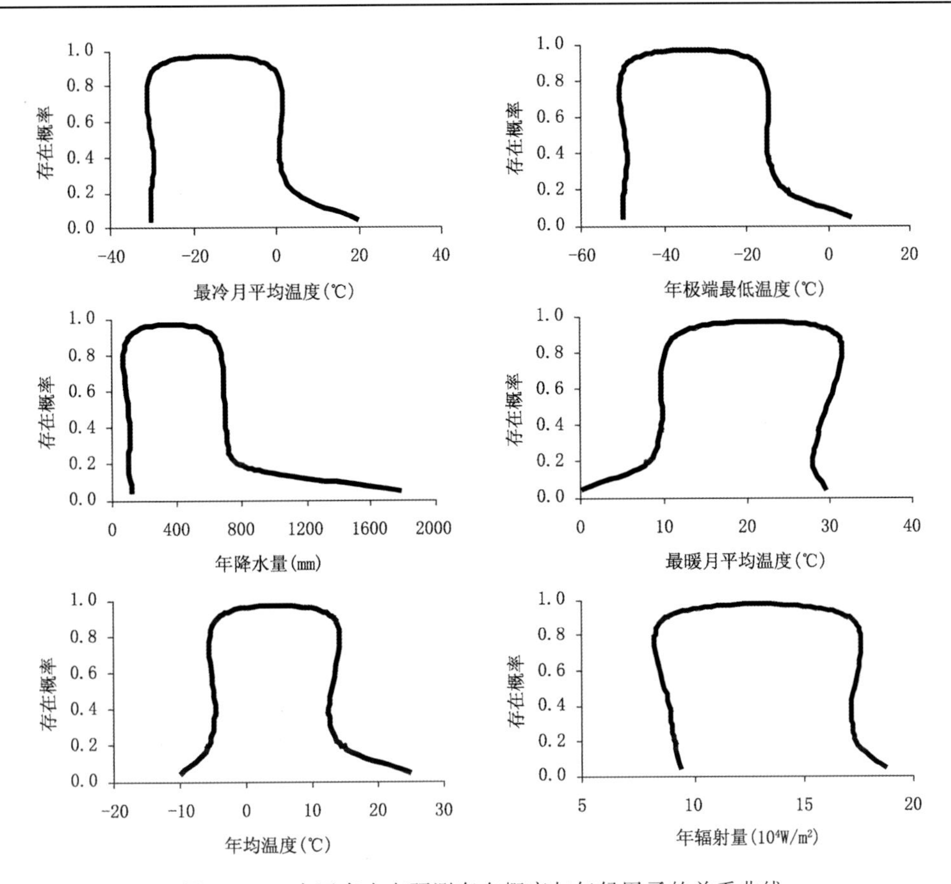

图 19.11 中国春小麦预测存在概率与气候因子的关系曲线

的气候因子值,利用 MaxEnt 模型评价气候变化对中国春小麦气候适宜分布的影响,模拟得到1966—2040 年中国春小麦气候适宜分布的动态变化(图 19.10,图 19.12,图 19.13)。

2011 年以前,中国春小麦种植的气候适宜范围基本不变,面积大小呈小幅波动式变化。1971—2000 年是转折点,该时段的气候完全适宜、中度适宜和不适宜区达到最大值,分别为 1.53×10^8 hm^2、1.63×10^8 hm^2 和 4.91×10^8 hm^2,气候轻度适宜区达最小值,为 1.65×10^8 hm^2。这种面积变化主要是因为新疆地区的气候适宜性提高造成。

2011—2040 年,春小麦种植的气候中度适宜区、轻度适宜区和不适宜区面积显著减小,气候完全适宜区面积成倍增加,气候适宜程度明显加强。1981—2010 年,气候完全适宜区面积为 1.54×10^8 hm^2,而 2011—2040 年在未来 RCP 8.5 气候情景下达 5.91×10^8 hm^2,增加了近 3 倍,北方的绝大部分地区均是春小麦种植的完全适宜区。同时,不同未来气候情景下面积的增减幅度不同,气候完全适宜区面积在未来 RCP 8.5 气候情景下更高,而气候中度适宜区、轻度适宜区和不适宜区面积在未来 RCP 4.5 气候情景下较高。这表明,春小麦对未来气候变化的适宜性非常强(图 19.13)。

六、春小麦对气候变化的适应性与脆弱性

基于春小麦的存在概率,可以给出春小麦对气候变化的适应性与脆弱性的范围与程度。表 19.7 给出了基准期及评估期春小麦地理分布面积及其存在概率的变化。

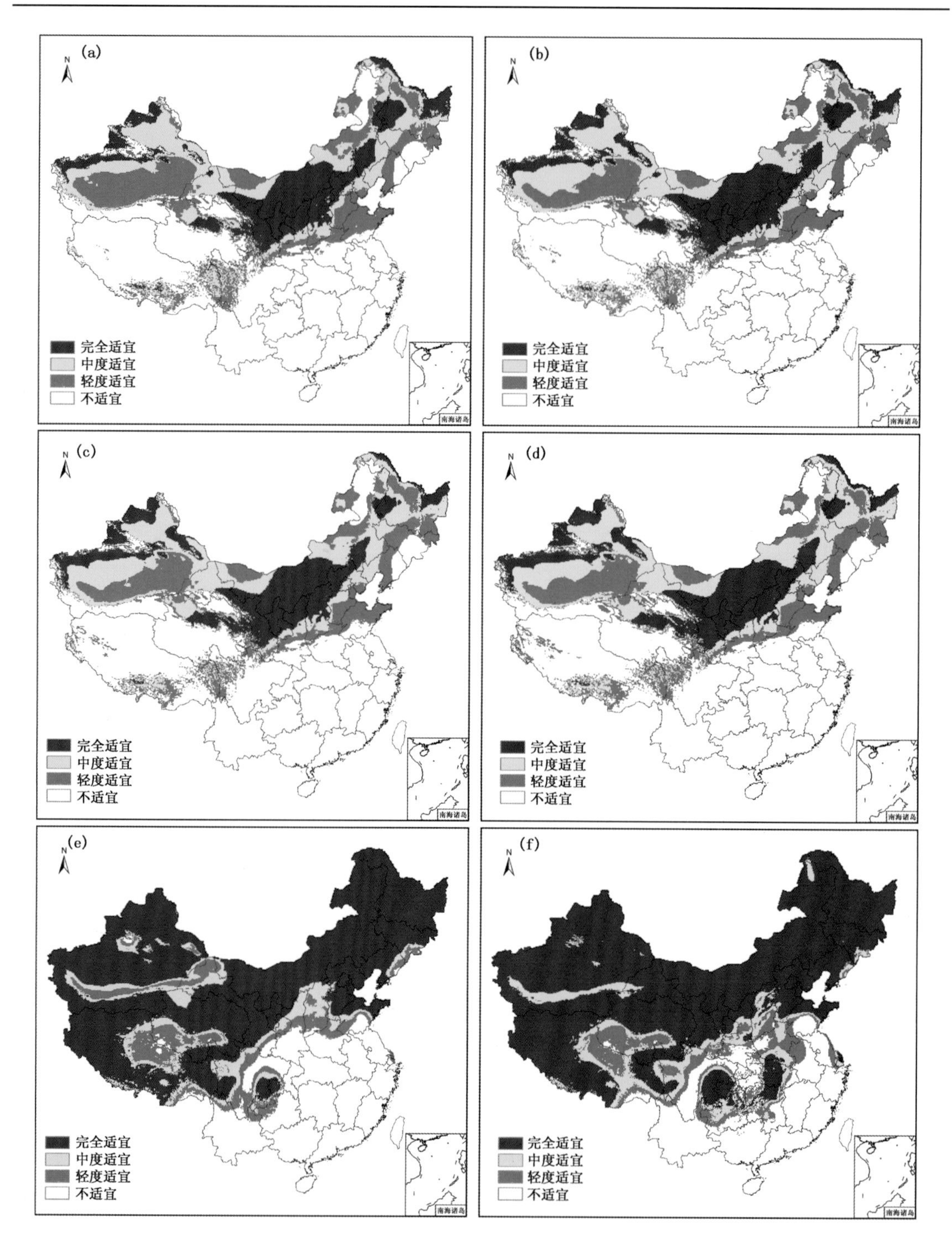

图 19.12　中国春小麦种植分布的气候适宜区

(a)1966—1995 年;(b)1971—2000 年;(c)1976—2005 年;(d)1981—2010 年;
(e)2011—2040 年 RCP 4.5 情景;(f)2011—2040 年 RCP 8.5 情景

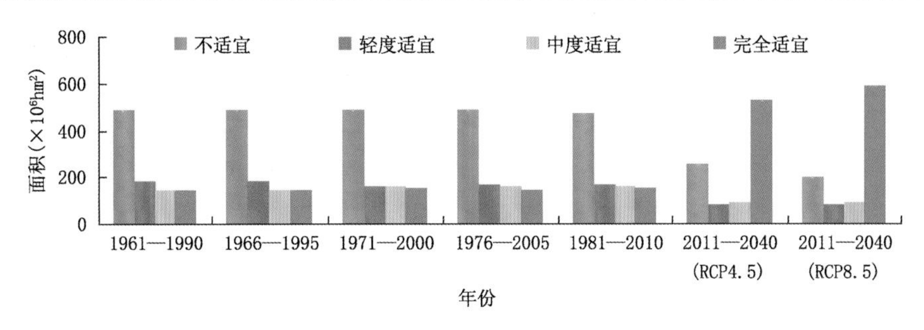

图 19.13　中国春小麦气候适宜区面积变化

表 19.7　基准期和评估期春小麦地理分布面积(单位:10^6 hm^2)及总的存在概率

研究时期		评估资料					
基准期	1961—1990 年	$S_{ik}+S_{im}$			$S_{ik}\cdot p_{ik}+S_{im}\cdot p_{im}$		
		293.70			120.61		
评估期	评估时段	S_{jk}	$S_{jk}\cdot p_{jk}$	S_{jm}	$S_{jm}\cdot p_{jm}$	S_{jl}	$S_{jl}\cdot p_{jl}$
	1966—1995 年	6.80	1.18	286.90	118.99	8.95	1.79
	1971—2000 年	10.13	1.62	283.57	120.45	32.20	7.11
	1976—2005 年	18.67	2.78	275.03	117.51	37.10	8.50
	1981—2010 年	17.38	2.60	276.32	118.87	44.56	10.79
预测期	2011—2040 年 (RCP 4.5)	18.44	2.47	275.26	192.62	348.41	223.39
	2011—2040 年 (RCP 8.5)	7.79	1.09	285.91	228.04	397.64	252.30

类似冬小麦，与基准期(1961—1990 年)相比，各评估期春小麦的扩展适应面积呈逐渐增加趋势，而自适应面积和不适应面积呈波动式变化趋势。基于评估期春小麦分布气候适宜区的面积(SR)、自适应性指数(A_l)、脆弱性指数(V)和拓展适应性指数(A_e)，可以评价春小麦对气候变化的适应性与脆弱性(表 19.8)。相对于基准期，1996—2010 年中国春小麦对于气候变化的适应性相对较强，均为中度适应或以上，其中 1971—2000 年表现为完全适应。在 2011—2040 年不同未来气候情景下，春小麦的适应性均达到完全适应程度，未来 RCP 8.5 气候情景下的春小麦扩展适应性高于未来 RCP 4.5 气候情景。

表 19.8　春小麦对气候变化的适应性与脆弱性评价

评估时期	评价指标			评价等级	拓展适应性评价 A_e
	SR	A_l	V		
1966—1995 年	0.98	0.99	0.01	中度适应	0.01
1971—2000 年	0.97	1.00	0.01	完全适应	0.01
1976—2005 年	0.94	0.97	0.02	中度适应	0.02
1981—2010 年	0.94	0.99	0.02	中度适应	0.02
2011—2040 年 (RCP 4.5)	0.94	1.60	0.02	完全适应	1.85
2011—2040 年 (RCP 8.5)	0.97	1.89	0.01	完全适应	2.09

第二十章 植被/陆地生态系统适应气候变化的对策措施

适应气候变化是气候变化框架公约履约中的重要内容，也是中国应对气候变化国家战略的重要行动计划。植被/陆地生态系统不仅为人类提供食物、木材、燃料、纤维、药物、休闲场所等社会经济发展的重要组成成分，而且还维持着人类赖以生存发展的生命支持系统，包括水体的净化、缓解洪涝干旱、生物多样性的产生与维持、气候的调节等，是人类经济社会可持续发展的基础。气候变化对植被/陆地生态系统的不利影响不仅反映在加剧了植被/陆地生态系统的不稳定性，而且还反映在改变了原有植被/陆地生态系统的结构、组成和地理分布，严重威胁到人类生存与发展的基础。因此，适应气候变化，减少气候变化对植被/陆地生态系统的不利影响，增强植被/陆地生态系统自适应能力，是保障生态安全、促进人与自然和谐发展的需求，直接关系到人类社会的可持续发展，同时也是自然系统自身可持续发展能力的需求。

植被/陆地生态系统是一个自调控系统，对气候变化具有一定的适应能力。植被/陆地生态系统对气候变化的适应能力不仅与植被/陆地生态系统的结构和功能有关，还与社会经济基础条件和人类的影响与干预等密切相关。通常，植被/陆地生态系统的生物多样性越多，植物种类越丰富，结构越复杂，生产力越高，植被/陆地生态系统越稳定，抗干扰的自适应恢复能力越强。人为干预下的植被/陆地生态系统适应能力相对有限，气候变化导致超出植被/陆地生态系统经历过的历史范围的极端事件发生频率或强度将增加气候变化影响的风险。气候变化的影响超过植被/陆地生态系统的弹性将可能产生不可逆转的效果，如生物多样性灭绝。因此，虽然植被/陆地生态系统对气候变化具有一定的适应能力，但仍需要采取一定的保护措施。

第一节 自然植被/生态系统适应气候变化的对策措施

一、自然植被/生态系统的气候适宜性及脆弱性

研究表明，中国主要植物及生物群区的地理分布决定于 6 个气候因子，即年极端最低温度、年辐射量、年降水量、年均气温、最热月（7 月）平均气温和最冷月（1 月）平均气温。基于植被/陆地生态系统对气候变化的适应性与脆弱性评价方法，对中国植被、国际地圈一生物圈计划（IGBP）全球变化陆地样带的中国东北样带与中国东部南北样带的主要森林和草原优势植物、东北湿地进行了评价。

1. 中国生物群区的气候适宜性与脆弱性

1961—2010 年，中国各类生物群区随时间推移均呈现出不同程度的北移趋势。在未来 RCP 4.5 和 RCP 8.5 气候情景下，各类生物群区的地理分布变化显著，主要表现为：热带季雨林向北扩展；温带落叶阔叶林占据了大片温带针阔叶混交林和北方针叶林分布的地区，成为中国北部最主要的森林类生物群区；温带草原向西南迁移，占据了大片高寒植被区。未来 RCP

4.5 气候情景下，高寒荒漠和高寒草原几乎消失；而在未来 RCP 8.5 气候情景下，热带雨林、高寒草原、高寒荒漠均基本消失。

随着时间推移，中国绝大多数生物群区呈现由适应转为脆弱的趋势，在未来气候情景下生物群区大多表现为一定程度的脆弱。特别是，温带常绿落叶阔叶混交林(Biome4)在各评估期均呈现为完全脆弱，反映出以气候变暖为标志的气候变化非常不利于该生物群区的发展。温带荒漠(Biome13)的适应性在 1976 年后有所下降，由中度适应转变为轻度适应，表明 20 世纪 70 年代以来的气候变化对温带荒漠发展不利，但在未来气候情景下均呈现为中度适应，表明未来气候变暖有助于荒漠草原发展。

2. 中国东北样带典型草原植物的气候适宜性与脆弱性

与基准期相比，贝加尔针茅气候完全适宜区的范围在各评估期随时间呈弱增加趋势，并且整体呈向西北偏移趋势；贝加尔针茅地理分布的总气候适宜区面积在未来 RCP 4.5 和 RCP 8.5 气候情景下均显著增加，并且气候完全适宜区的面积整体向西南偏移，青藏高原地区的贝加尔针茅分布显著增加，内蒙古大部分地区和海河平原地区的贝加尔针茅分布几乎消失。以 1961—1990 年为基准期对贝加尔针茅的适应性与脆弱性评估表明，与基准期相比，随着评估期的推进，贝加尔针茅自适应性面积呈逐渐减少趋势，而脆弱性面积和拓展适应性面积则呈逐渐增加趋势。贝加尔针茅在 1966—2010 年各评估期内对气候变化表现为中度适应，而在未来 RCP 4.5 和 RCP 8.5 气候情景下则表现为轻度脆弱。

相对于基准期，评估期大针茅地理分布均呈一定程度的向西北与东南扩展趋势，大针茅自适应性较好，主要处于中度适应阶段，但未来气候情景下将向中度脆弱方向发展，大针茅的地理分布范围也将发生很大移动。

1961—2010 年，短花针茅地理分布的总气候适宜分布面积呈增加趋势，其中气候完全适宜区增加最明显；2011—2040 年未来 RCP 4.5 气候情景下短花针茅地理分布的总气候适宜分布面积呈增加趋势，而未来 RCP 8.5 气候情景下则呈减小趋势。以 1961—1990 年为基准期对短花针茅的适应性与脆弱性评估表明，1961—2000 年短花针茅的自适应性为中度适应，1976—2010 年为轻度适应，拓展适应性均呈增加趋势。2011—2040 年未来 RCP 4.5 气候情景下短花针茅为轻度脆弱，未来 RCP 8.5 气候情景下短花针茅则为中度脆弱，而拓展适应性均呈增加趋势。这表明，短花针茅对本地气候变化的自适应能力在减弱，而拓展潜力在增加，反映出短花针茅对气候变化的敏感性。

1961—2010 年，本氏针茅地理分布的总气候适宜分布面积总体呈增加趋势(未来 RCP 8.5 气候情景除外)，说明本氏针茅对气候变化具有较强的适应性。以 1961—1990 年为基准期对本氏针茅的适应性与脆弱性评估表明，本氏针茅的自适应性在 1966—2005 年为中度适应，1981—2010 年为完全适应，拓展适应性呈逐渐增大趋势；2011—2040 年未来 RCP 4.5 与 RCP 8.5 气候情景下为中度脆弱，拓展适应性显著增大，表明未来气候变化将造成本氏针茅地理位置的显著变化，未来气候不利于本氏针茅生态系统。

近 50 年来(1961—2010 年)，小针茅地理分布的气候适宜区面积呈增加趋势，2011—2040 年未来 RCP 4.5 气候情景下小针茅地理分布的气候完全适宜区消失，而未来 RCP 8.5 气候情景下几乎不存在小针茅地理分布的气候适宜分布区。1961—2000 年中国温带荒漠草原小针茅对气候变化完全适应，其中 1976—2010 年为轻度适应；近 50 年来，小针茅对气候变化的拓展适应性呈逐渐增加趋势；2011—2040 年未来 RCP 4.5 和 RCP 8.5 气候情景下，小针茅处于完全脆弱性状态，其拓展适应性也较小，表明随着全球气候变暖，小针茅对气候变化的自适应性在降低，未来气候变化将对小针茅产生严重的负效应。

1961—2010 年，羊草地理分布的气候完全适宜区、中度适宜区呈现出随时间逐步增加的趋势，其中完全适宜区面积在 1966—1995 年、1971—2000 年、1976—2005 年、1981—2010 年较基准期分别增加 3.4%、12.12%、15.15%和 17.51%。羊草地理分布的气候中度适宜区相对稳定，分布面积变化不大；羊草地理分布的气候不适宜区分布面积虽呈减小趋势，但与基准期相比，减小面积的幅度不大，在 1.4%～6.4%之间。1961—2010 年期间，羊草的自适应性(A_l)明显大于拓展适应性(A_e)，羊草在当前气候条件下均处于完全适应状态，表明羊草对当前气候具有很强的适应能力。但在未来 RCP 4.5 和 8.5 气候情景下，羊草对气候变化的适应性大幅降低，脆弱性增强，拓展能力变弱，将处于轻度脆弱到中度脆弱程度。

3. 中国东部南北样带优势树种的气候适宜性与脆弱性

1961—2010 年，兴安落叶松地理分布气候完全适宜区、中度适宜区和轻度适宜区的面积随着时间推移呈逐步减小的趋势；不适宜区面积逐渐扩大。2011—2040 年(未来 RCP 4.5 和 RCP 8.5 气候情景)，兴安落叶松地理分布的气候适宜区面积变化明显，气候完全适宜区和中度适宜区面积均显著减小，未来 RCP 4.5 气候情景下则气候完全适宜区消失，轻度适宜区有所减小，而未来 RCP 8.5 气候情景下气候轻度适宜区增大 1 倍以上。相对于 1961—1990 年基准期，各评估期兴安落叶松地理分布均呈一定程度的南界北移趋势，自适应性较好，主要表现为中度适应，但未来气候情景下将向完全脆弱或中度脆弱方向发展，兴安落叶松的地理分布将发生很大变化。

1961—2010 年，红松地理分布的气候完全适宜区、中度适宜区和轻度适宜区面积均随时间推移呈增大趋势；气候不适宜区的面积呈逐渐减小趋势。2011—2040 年(未来 RCP 4.5 和 RCP 8.5 气候情景)，红松地理分布的气候适宜区面积变化明显，各气候适宜区面积均明显减小，气候完全适宜区和中度适宜区基本消失。相对于基准期，各评估期红松地理分布均呈一定程度的向西扩展趋势，红松自适应性较好，表现为完全适应和中度适应，但未来气候情景下将完全脆弱，红松的地理分布范围大面积减小。

与 1961—1990 年相比，1966—2010 年各评估期蒙古栎地理分布的各气候完全适宜区出现了弱的向西北扩展趋势。2011—2040 年未来 RCP 4.5 和 RCP 8.5 气候情景下，蒙古栎地理分布的主体分布区主要表现为西扩，覆盖了西藏大部分地区。以 1961—1990 年为基准期对蒙古栎的适应性与脆弱性评估表明，评估期蒙古栎地理分布均呈一定程度的向西北扩展趋势，蒙古栎自适应性较好，处于完全适应阶段，但未来气候情景下将向轻度适应方向发展。蒙古栎的地理分布范围也将发生很大变化。

与 1961—1990 年相比，1966—2010 年各评估期辽东栎地理分布的各气候适宜区均出现一定程度的北扩趋势。2011—2040 年未来 RCP 4.5 和 RCP 8.5 气候情景下，辽东栎地理分布的主体分布区将不同程度地向西部扩展，地理分布的主体逐步转移到了西部的青海、四川和西藏等省(区)。以 1961—1990 年为基准期对辽东栎的适应性与脆弱性评价表明，各评估期辽东栎地理分布均呈一定程度的西扩趋势，随着时间推移辽东栎的自适应性降低，未来气候情景下将向脆弱方向发展。

与 1961—1990 年相比，1966—2010 年各评估期水青冈地理分布的各气候适宜区出现了北扩趋势；2011—2040 年未来 RCP 4.5 和 RCP 8.5 气候情景下水青冈地理分布的主体分布位置变化较小，但未来 RCP 8.5 气候情景下西南部的气候完全适宜区大面积减小。以 1961—1990 年为基准期对水青冈的适应性与脆弱性评估表明，评估期水青冈地理分布均呈一定程度的北移趋势，水青冈自适应性较好，表现为完全适应，但未来气候情景下将向中度适应和轻度脆弱方向发展。

1961—2010 年，曼青冈地理分布的气候完全适宜区面积随着时间推移呈减小趋势，中度适宜区面积出现波动，而轻度适宜区的面积则呈增大趋势；不适宜区的面积呈逐渐减小趋势。2011—2040 年（未来 RCP 4.5 和 RCP 8.5 气候情景），曼青冈地理分布的气候适宜区面积变化明显，尤其表现为气候完全适宜区面积的显著减小。未来 RCP 4.5 气候情景下，气候中度适宜区的面积有所减少，轻度适宜区面积有所增大；而在未来 RCP 8.5 气候情景下，气候中度适宜区的面积减小一半以上，轻度适宜区有所增大。以 1961—1990 年为基准期对曼青冈的适应性与脆弱性评估表明，评估期曼青冈地理分布均呈一定程度的向西北扩展趋势，曼青冈自适应性较好，表现为轻度适应，但未来气候情景下将向中度脆弱方向发展。

4. 青藏高原优势树种及其林线的气候适宜性与脆弱性

近 50 年来，青藏高原急尖长苞冷杉地理分布的气候完全适宜区在逐渐减小；2011—2040 年未来 RCP 4.5 和 RCP 8.5 气候情景下，急尖长苞冷杉地理分布的气候完全适宜区几乎不存在。以 1961—1990 年为基准期对急尖长苞冷杉的适应性与脆弱性评价表明，急尖长苞冷杉的自适应性在 1966—1995 年为完全适应，1971—2005 年为轻度适应，1981—2010 年为轻度脆弱，拓展适应性在 1966—2010 年期间先增大后减小。2011—2040 年（未来 RCP 4.5 和 RCP 8.5 气候情景）的自适应性均为完全脆弱，无拓展适应性。这表明，急尖长苞冷杉对气候变化的适应性在降低，未来气候变化将对急尖长苞冷杉产生严重的负效应。

1961—2010 年，青藏高原方枝柏地理分布的气候完全适宜区逐渐增大；2011—2040 年未来 RCP 4.5 和 RCP 8.5 气候情景下，方枝柏地理分布的气候完全适宜区分别增加 1.1 和 1.2 倍。以 1961—1990 年为基准期对方枝柏的适应性与脆弱性评价表明，方枝柏的自适应性在 1966—1995 年为完全适应，1971—2000 年和 1976—2005 年为中度适应，1981—2010 年为轻度适应，2011—2040 年（未来 RCP 4.5 和 RCP 8.5 气候情景）均为轻度适应；拓展适应性在 1966—2040 年逐渐增加。这表明，方枝柏对当前气候变化的自适应性在降低，拓展适应能力在增加，未来气候变化将对方枝柏有较小的正效应。

近 50 年来，青藏高原大果红杉地理分布的气候完全适宜区在先减小后增大；2011—2040 年未来 RCP 4.5 和 RCP 8.5 气候情景下，大果红杉地理分布的气候完全适宜区分别增加 5.7 和 5.0 倍。以 1961—1990 年为基准期对大果红杉的适应性与脆弱性评价表明，大果红杉的自适应性在 1966—1995 年为中度适应，1971—2000 年为轻度适应，1976—2010 年为轻度脆弱，2011—2040 年（未来 RCP 4.5 气候情景）的自适应性为完全适应，在 RCP 8.5 情景为轻度脆弱；拓展适应性在 1966—2040 年期间逐渐增大。这表明，大果红杉对当前气候变化的自适应性在降低，拓展适应能力在增加，未来气候变化将对大果红杉有较好的正效应。

5. 东北湿地的气候适宜性与脆弱性

年降水量、年极端最低温度和最冷月平均温度是制约东北三省湿地的关键因子。1961—2010 年，东北湿地的气候完全适宜区面积显著减少，而气候中度适宜区和轻度适宜区的面积则明显增加。东北湿地的脆弱区、自适应区、拓展适应区的面积相对比较稳定，分布格局没有发生大幅度改变。在未来 RCP 4.5 气候情景下，东北湿地显著扩张，气候完全适宜区南移；而在未来 RCP 8.5 气候情景下，东北湿地的气候适宜区则大面积消退。1961—2010 年东北湿地均表现为轻度适应和中度适应，气候变化并不是导致东北湿地大幅度退化的主因。在未来 RCP 4.5 气候情景下，东北湿地表现为完全适应；而在未来 RCP 8.5 气候情景下，东北湿地则表现为轻度脆弱。

二、自然植被/生态系统适应气候变化的对策措施

气候变化已经发生，已经并将继续影响植被/陆地生态系统。气候变化的不利影响，即脆弱性问题是植被/生态系统可持续发展面临的巨大挑战。植被/自然生态系统对气候变化的响应直接关系到人类社会的可持续发展，同时也关系到自然系统自身可持续发展能力。为此，采取科学的适应气候变化对策措施，是减少气候变化导致的脆弱性和确保植被/生态系统可持续发展的关键。

1. 强化可再生资源和自然生态系统的保护

森林是陆地生态系统的主体，草地是中国面积最大的生态系统，对森林、草地等可再生资源的保护和管理是增强自然植被/生态系统适应能力、减缓脆弱性的重要基础。尽管中国已经制定和颁布了各种与保护自然生态系统相关的法律、法规和政府规划，但是由于人口增长和工农业生产发展使得人类对自然资源的巨大需求和大规模开发利用将可能导致可再生资源与植被/陆地生态系统的削弱、退化甚至枯竭。为此，必须强化可再生资源和自然生态系统的保护、管理和监督。制止毁林、毁草及各种生态破坏，从根本上实施天然林和天然草地的封育和保护政策。同时，大力发展林业和草业生态系统建设工程，加速造林绿化，扩大人工林地和草地的面积。

2. 建立可再生资源的培育、管理和保护体系

为适应气候变化，减缓气候变化的不利影响，应建立森林、草地等可再生资源的培育、管理和保护体系，加强气候变化高风险区的植被/陆地生态系统管理和保护。具体措施包括：选育良种、营造温暖性耐旱树种、间伐和轮伐期经营对策等；防治和控制灾害影响，如森林草原火灾和病虫害；保护特殊生境和生态系统，如湿地、高原生态系统等；建立和完善珍稀濒危动植物迁地保护基地。

3. 加强退化植被/生态系统的恢复与重建

退化植被/生态系统更易受气候变化的影响，加强退化植被/生态系统的恢复与重建，可降低气候变化影响风险。具体措施包括：草地封育、封山育林、人工启动演替、营造混交林、科学的间伐和轮伐期经营、调整草场放牧方式以合理利用草场资源、选择气候变化适宜物种并优化配置群落以提高生态系统稳定性等。

4. 建立健全监测与风险管理体系

根据中国植被/陆地生态系统分布特征，结合气候变化影响程度，规划并开展典型和脆弱植被/生态系统的定位监测，建立由政府、科研组织和社会公众共同参与的植被/陆地生态系统响应气候变化信息网；构建中国植被/生态系统脆弱性风险的应急预案体系和响应机制，强化脆弱性事件的应急处理能力。同时，进一步完善植被/生态系统管理的相关法律体系，并采用各种形式广泛深入地宣传植被/生态系统脆弱性管理与适应气候变化的重大意义，提高公众认识与参与意识，促进植被/生态系统的可持续发展。

5. 加强植被/生态系统应对气候变化措施的合作交流

中国是《联合国气候变化框架公约》、《生物多样性公约》、《防治荒漠化公约》、《国际重要湿地公约》等国际公约的缔约方，加强植被/生态系统应对气候变化措施的合作交流，不仅有助于增强公约的履行能力，同时也有助于提高中国植被/生态系统适应气候变化的能力建设，从而促进中国生态文明建设。

第二节　主要粮食作物适应气候变化的对策措施

一、主要粮食作物种植的气候适宜性及脆弱性

研究表明，自然气候条件下主要粮食作物（玉米、水稻、小麦）种植分布决定于6个气候因子，即年极端最低温度、年辐射量、年降水量、年均气温、最热月（7月）平均气温和最冷月（1月）平均气温。基于植被/陆地生态系统对气候变化的适应性与脆弱性评价方法对中国主要粮食作物（玉米、水稻、小麦）种植的气候适宜性与脆弱性进行了评价。

1. 玉米种植的气候适宜性与脆弱性

春玉米种植的气候完全适宜区主要集中在东北－华北－西南一线及新疆的部分地区，同时华北地区也是夏玉米的主要种植区域。1961—2040年春玉米气候轻度适宜和不适宜种植范围呈减少趋势，而春玉米种植的气候完全适宜和中度适宜区范围均呈增加趋势，2011—2040年未来RCP 4.5气候情景下春玉米气候不适宜种植区的面积不到基准期的一半，未来RCP 8.5气候情景下中国的春玉米种植北界已经不存在；春玉米可种植北界（$p \geqslant 0.05$）逐年北抬，最北界已达53°N附近；未来气候变化对于春玉米适宜种植面积扩大有着积极的作用。1961—2040年夏玉米种植的气候适宜范围有所增加，未来气候情景下夏玉米种植的气候适宜区面积均有不同程度的增加，且未来RCP 8.5气候情景下增加程度大于未来RCP 4.5气候情景。以1961—1990年为基准期对玉米（春玉米、夏玉米）种植分布的适应性与脆弱性评估表明，春玉米对于未来气候变化的适应性强于夏玉米。相对于基准期，春玉米各时段均表现为中度适应及完全适应，未来RCP 4.5气候情景下春玉米对气候的适应性要低于未来RCP 8.5气候情景；而夏玉米虽然在1966—2010年表现为完全适应，但在2011—2040年未来RCP 4.5气候情景下夏玉米的适应性降低为轻度适应，在未来RCP 8.5气候情景下夏玉米呈轻度脆弱。

2. 水稻种植的气候适宜性与脆弱性

单季稻种植的气候完全适宜区主要集中在江苏、安徽、湖北、重庆、贵州、云南的绝大部分地区和湖南北部、四川东部、浙江东北部局部地区以及东北地区东部；双季稻种植的气候完全适宜区主要集中在湖南、江西、广西、广东和海南的绝大部分地区和湖北南部以及安徽、浙江和福建的局部。1961—2040年单季稻种植的气候完全适宜区范围呈轻微的增加趋势，东北地区相对明显，中度适宜区和轻度适宜区虽有小幅波动，但整体变化较小，而气候不适宜区面积呈减小趋势；单季稻可种植北界（$p \geqslant 0.05$）有明显的北抬趋势。总体而言，未来气候变化对于单季稻适宜种植面积扩大有着积极的作用。1961—2010年双季稻种植的气候适宜区相对稳定，气候完全适宜区和轻度适宜区的面积呈增加趋势，相应的气候不适宜区面积逐渐减小，而气候中度适宜区的面积呈小幅度的波动变化。未来气候情景下双季稻种植的气候轻度适宜区面积仍呈增加趋势，与基准期相比，2011—2040年在未来RCP 4.5气候情景下面积可增加2.52×

10^7 hm^2，达到 6.13×10^7 hm^2，主要是由原来的完全适宜区退化而形成，这表明未来气候变化对双季稻种植的气候完全适宜区表现为负面影响。以 1961—1990 年为基准期对水稻（单季稻、双季稻）种植分布的适应性与脆弱性评估表明，单季稻对气候变化的适应性非常强，相对于基准期，各时段均表现为完全适应，拓展适应性逐时段增强；2011—2040 年单季稻的适应性有所降低，为轻度适应，在较低的排放情景（RCP 4.5）下其自适应性要高于高排放情景（RCP 8.5），而拓展适应性低于高排放情景（RCP 8.5）。相对于基准期，双季稻对气候变化的适应性逐渐增强，由中度适应向完全适应转变，1996—2010 年双季稻的扩展适应性也逐渐加强。但在 2011—2040 年未来气候情景下双季稻的适应性均有所降低，在未来 RCP 4.5 气候情景下双季稻适应性降低为中度适应，在未来 RCP 8.5 气候情景下双季稻的适应性进一步降低，转变为轻度适应。

3. 小麦种植的气候适宜性与脆弱性

冬小麦种植的气候完全适宜区主要集中在北京、天津、山东、江苏、河南、河北中东部和南部、山西南部、陕西中南部、甘肃东南部、四川东部、重庆西部、湖北北部、贵州西部的大部分地区以及新疆西部的局部；春小麦的气候完全适宜区主要集中在宁夏、黑龙江西部和东北部、内蒙古中部、河北西北部、山西北部、陕西北部、甘肃中东部、新疆西部和青海中部的部分区域。1961—2010 年，冬小麦气候不适宜种植范围呈减少趋势，而冬小麦种植的气候完全适宜和轻度适宜区范围均呈弱增加趋势，中度气候适宜区呈弱减少趋势，2011—2040 年未来 RCP 4.5 和 RCP 8.5 气候情景下冬小麦气候不适宜种植区的面积显著减少，而各类气候适宜区的面积明显增加，未来 RCP 8.5 气候情景下冬小麦气候完全适宜区较未来 RCP 4.5 气候情景下增加更大，气候适宜面积的增加主要表现在中国西部、内蒙古和东北地区，表明未来气候变化对于冬小麦适宜种植面积扩大有促进作用。近 50 年来，中国春小麦种植的气候适宜范围变化不显著，2011—2040 年未来气候情景下春小麦种植的气候中度适宜区、轻度适宜区和不适宜区面积显著减小，气候完全适宜区面积成倍增加，气候完全适宜区面积在未来 RCP 8.5 气候情景下更高，而气候中度适宜区、轻度适宜区和不适宜区面积在未来 RCP 4.5 气候情景下较高，反映出春小麦对未来气候变化非常强的适宜性。以 1961—1990 年为基准期对小麦（冬小麦、春小麦）种植分布的适应性与脆弱性评估表明，与基准期（1961—1990 年）相比，冬小麦对气候变化的适应性与拓展适应性均呈增加趋势，2011—2040 年未来 RCP 4.5 气候情景下冬小麦对气候的适应性要低于未来 RCP 8.5 气候情景；春小麦的扩展适应面积呈逐渐增加趋势，而自适应面积和不适应面积呈波动式变化趋势，近 50 年中国春小麦对于气候变化的适应性相对较强，均为中度适应或以上，2011—2040 年不同未来气候情景下春小麦的适应性均达到完全适应，未来 RCP 8.5 气候情景下的春小麦扩展适应性高于未来 RCP 4.5 气候情景。

二、主要粮食作物适应气候变化的对策措施

农业是对气候变化敏感和脆弱的行业。气候变化将使中国未来农业生产面临三个突出问题：农业生产的不稳定性增加，产量波动大；农业生产布局和结构将出现变动；农业生产条件改变，生产成本和投入大幅度增加。如果不及时采取科学的应对措施，未来中国的农业生产将受到气候变化的严重冲击，从而将严重威胁中国的粮食安全。因此，适应气候变化是中国农业当前面临的紧迫任务。目前，针对观测到的和预估的未来气候变化正在采取一些适应措施，但还十分有限。为降低未来农业对气候变化的脆弱性，还需要采取比现在更为广泛的适应措施，特

别是针对不同区域的具体对策措施，以确保中国粮食作物的稳产增产。

1. 调整作物播种期，充分利用气候资源

气候变暖导致热量资源增加，调整播期已经成为目前农业生产上应用最普遍、最有效的适应措施，具体包括：北方春播适度提前、科学选用不同熟性作物品种、针对秋季变暖科学推迟冬小麦作物播期、提前夏玉米作物播期、针对伏旱合理调整水稻播期与品种。

2. 选育高产优质抗逆性强的作物品种，科学应对气候暖干化与病虫害影响

未来气候变暖将加剧干旱、热害、洪涝及病虫害等自然灾害发生的频率和强度。气温升高将使当前品种的作物生长期缩短、光合受阻、呼吸消耗加大，不利于作物产量形成与质量提高；而气候变化背景下作物病虫害发生的加剧，将更不利于作物产量形成与质量的提高。为此，拟基于气候变化的区域差异因地制宜调整育种目标，具体措施包括：培育与采用耐高温抗旱作物品种、选用高产优质抗病虫新品种、推广专业化统防统治措施。

3. 调整作物复种指数，提高耕地资源利用效率

气候变化导致的农业热量资源增加有利于提高作物复种指数和粮食总产，虽然降水的不确定性对耕地复种指数的提高有一定的影响。但如果采取措施适当可充分发挥气候变化背景下农业气候资源较为丰富的优势，趋利避害，充分挖掘农业光温生产潜力。为此，需要针对中国不同地区（如粮食主产区、生态脆弱区等）制定区域差别化的耕地复种指数调整策略，综合平衡生态环境、经济效益和可持续发展等多种因素，有针对性地开展耕地复种指数调整，认真制定复种指数应对气候变化策略。

4. 调整作物种植面积与品种布局，充分利用农业气候资源优势

全球气候变暖使得中国区域积温增加，中高纬度地区冬季温度明显升高，特别是冬季最低温度显著升高，为作物北移西扩提供了热量保障。为确保气候变化背景下的粮食安全，需要针对不同作物制定区域差别化的种植面积与品种布局调整策略，综合平衡生态环境、经济效益和可持续发展等多种因素的影响。气候变暖对越冬作物冬小麦生长发育和产量较为有利。冬小麦种植区北移西扩，向高纬度高海拔扩展，适当扩大种植面积；对喜凉作物春小麦拟适当减少面积。气候变暖对玉米等喜温作物生长发育和产量较为有利，可以进一步北移西扩，向高纬度高海拔扩展，拟适当扩大种植面积。虽然未来气候将呈持续变暖趋势，但在增暖大背景下可能会出现低温年份，应根据不同气候年型适当调整玉米种植比例，在低温气候年型应适当降低玉米种植比例，在干旱气候年型应适当控制喜水的玉米等作物种植比例。中国水稻主要种植在南方地区，气候变暖对水稻的复种比较有利，可以提高水稻的复种面积。

5. 针对农业可持续发展特征，强调气候变化区域差异的农业生产管理方式

以气候变暖为标志的全球变化已经对中国农业生产产生了严重影响，包括气候暖干化不利于主要麦区冬小麦和黄淮海、西南玉米的产量形成，也不利于华南双季稻的产量形成；但对水分满足条件下的东北玉米和单季稻的产量形成有利。西北气候暖湿化有利于提高冬小麦和玉米的产量。气候变化对长江中下游和西南稻区的单季稻产量形成的不利影响小于双季稻。因此，气候变化背景下的中国主要农区生产管理方式也需要作相应的调整。同时，针对农业可持续发展特征，拟推广秸秆还田和畜禽粪便堆肥利用，以减缓气候变暖对土壤有机质分解化肥挥发的加速作用；研制推广缓释化肥、化肥丸粒化、适当深施和适时测土配方施肥，以减少养分损失和温室气体排放；针对极端天气气候事件和灾害加剧，建设适应不同气候和极端事件的作物品种资源与基因库，在各农区建立救灾作物种子库，贮存早熟特早熟救灾作物种子。特别重

要的是，气候变化与农业生产具有明显的区域性，应及时总结现有的适用适应技术，针对未来气候情景研究关键适应技术，逐步建立各农区的区域性农业适应气候变化技术体系。

6. 强化农业科技的研究应用与合作交流

中国农业科技虽然取得了很大成就，但与发达国家相比还有较大的差距，科技在农业增产中作用仅为30%左右（发达国家为60%～80%），成果转化率为30%～40%（发达国家为60%左右），灌溉水及化肥利用率均不足40%（发达国家为60%～70%以上）。为此，必须基于可持续发展农业的思路，大力加强农业科学技术研究与国内外合作交流，建立及强化农业技术推广体系，提高科研成果的转化率。

参考文献

《气候变化国家评估报告》编写委员会. 2007. 气候变化国家评估报告. 北京:科学出版社,177-305.

蔡晓明,尚玉昌. 1995. 普通生态学. 北京:北京大学出版社.

曹向锋,钱国良,胡白石,等. 2010. 采用生态位模型预测黄顶菊在中国的潜在适生区. 应用生态学报,**21**(12):3063-3069.

陈国平. 1994. 夏玉米的栽培. 北京:农业出版社.

陈立春,郭磊,宋波,等. 2009. 气候变化对小麦生产的影响与对策. 安徽农业科学,**37**(32):15779-15782.

陈曦,罗格平,夏军,等. 2004. 新疆天山北坡气候变化的生态响应研究. 中国科学D辑地球科学,**34**(12):1166-1175.

陈宜瑜,丁永建,佘之祥,等. 2005. 中国气候与环境演变评估(II):气候与环境变化的影响与适应、减缓对策. 气候变化研究进展,**1**(2):51-57.

程海霞,宋军芳,帅克杰,等. 2009. 气温变化对晋城市冬小麦适宜播种期的影响. 安徽农业科学,**37**:552-553.

崔读昌. 1986. 我国小麦气候生态研究//全国农业气候资源和农业气候区划研究协作组编. 中国农业气候资源和农业气候区划论文集. 北京:气象出版社,242-245.

崔瀚文,姜琦刚,程彬,等. 2013. 东北地区湿地变化影响因素分析. 应用基础与工程科学学报,**21**(2):214-222.

邓振镛,张强,韩永翔,等. 2006. 甘肃省农业种植结构影响因素调整原则探讨. 干旱地区农业研究,**24**:126-129.

丁一汇. 1997. 中国的气候变化与气候影响研究. 北京:气象出版社.

丁一汇,任国玉,石广玉,等. 2006. 气候变化国家评估报告(I):中国气候变化的历史和未来趋势. 气候变化研究进展,**2**(1):3-8.

段金省,牛国强. 2007. 气候变化对陇东塬区玉米播种期的影响. 干旱地区农业研究,**25**(2):235-238.

樊金拴. 2007. 中国冷杉林. 北京:中国林业出版社,169-172.

方精云. 2000. 全球生态学. 北京:高等教育出版社.

符淙斌,黄燕. 1996. 亚洲的全球变化. 气候与环境研究,**2**:97-112.

郭建平. 2010. 气候变化背景下中国农业气候资源演变趋势. 北京:气象出版社.

何奇瑾,周广胜,隋兴华,等. 2012. 1961—2010年中国春玉米潜在种植分布的年代际动态变化. 生态学杂志,**31**(9):2269-2275.

洪波,陈林,赵慧燕,等. 2009. 基于GIS的有害生物分布预测系统研究开发. 计算机工程与设计,**30**(2):499-502.

侯学煜. 1982. 中华人民共和国植被图(1∶400万). 北京:地图出版社.

胡亚南,刘颖杰. 2013. 2011—2050年RCP 4.5新情景下东北春玉米种植布局及生产评估. 中国农业科学,**46**(15):3105-3114.

黄占斌,张锡梅. 1991. 黄土高原地区粮食生产和布局中几个问题的初步分析. 自然资源,**2**:62-68.

金善宝. 1996. 中国小麦学. 北京:中国农业出版社.

李克让,陈育峰. 1996. 全球气候变化影响下中国森林的脆弱性分析. 地理学报,**51**(增刊):40-49.

李克让,黄玖,陶波,等. 2009. 中国陆地生态系统过程及对全球变化响应与适应的模拟研究. 北京:气象出版社.

李奇虎,陈亚宁. 2012. 新疆天山北部气候变化及其对径流的影响. 安徽农业科学,**40**(13):7807-7810,7886.
李文华. 1985. 西藏森林. 北京:科学出版社.
李祎君,王春乙. 2010. 气候变化对我国农作物种植结构的影响. 气候变化研究进展,**6**(2):123-129.
林而达,周广胜,任立良. 2004. 北方干旱化对农业、水资源和自然生态系统影响的研究. 北京:气象出版社.
刘金萍,李为科,郭跃. 2007. 重庆三峡库区脆弱生态区生态农业可持续发展模式与机制研究初探. 生态经济,(6):61-64,77.
刘珏,汪林,倪广恒,等. 2009. 中国主要作物灌溉需水量空间分布特征. 农业工程学报,**25**(12):6-12.
刘燕华. 1995. 中国关键环境的分类和指标体系//赵桂久,刘燕华,赵名茶编著. 生态环境综合整治. 北京:科学技术出版社,8-17.
鲁奇,刘洋. 2001. 中国湿地消失的因素及保护对策. 自然生态保护,**10**:21-24.
罗承平,薛纪瑜. 1995. 中国北方农牧交错带生态环境脆弱性及其成因分析. 干旱区资源与环境,**9**:1-7.
梅方权,吴宪章,姚长溪,等. 1988. 中国水稻种植区划. 中国水稻科学,**2**(3):97-110.
牛建明. 2001. 气候变化对内蒙古草原分布和生产力影响的预测研究. 草地学报,**9**(4):277-282.
牛文元. 1989. 生态环境脆弱带 Ecotone 的基础判定. 生态学报,**9**:97-105.
牛振国,张海英,王显威,等. 2012. 1978～2008 年中国湿地类型变化. 科学通报,**57**(6):1400-1411.
潘根兴. 2010. 气候变化对中国农业生产的影响分析与评估. 北京:中国农业出版社.
彭少麟,郭志华,王伯荪. 2000. 基于 GIS 和遥感信息估算广东省植被的光能利用效率. 生态学报,**20**:903-909.
朴世龙,方精云,郭庆华. 2001. 利用 CASA 模型估算我国植被净第一性生产力. 植物生态学报,**25**(5):603-608.
秦大河,Stocker T,等. 2014. IPCC 第五次评估报告第一工作组报告的亮点结论. 气候变化研究进展,**10**(1):1-6.
秦大河,丁一汇,苏纪兰,等. 2005. 中国气候与环境演变评估(I):中国气候与环境变化及未来趋势. 气候变化研究进展,1:4-9.
冉圣宏,金建君,曾思育. 2001. 脆弱生态区类型划分及其脆弱特征分析. 中国人口资源与环境,**11**:73-77.
荣云鹏,朱保美,韩贵香,等. 2007. 气温变化对鲁西北冬小麦最佳适播期的影响. 气象,**33**:110-113.
沈学年,刘巽浩. 1983. 多熟种植. 北京:农业出版社.
盛文萍. 2007. 气候变化对内蒙古草地生态系统影响的模拟研究[学位论文]. 北京:中国农业科学院.
四川植被协作组. 1980. 四川植被. 成都:四川人民出版社.
孙凤华,杨素英,陈鹏狮. 2005. 东北地区近 44 年的气候暖干化趋势分析及可能影响. 生态学杂志,**24**(7):751-755.
唐国平,李秀彬,刘燕华. 2000. 全球气候变化下水资源脆弱性及其评估方法. 地球科学进展,**3**:313-317.
陶建平,李翠霞. 2002. 两湖平原种植制度调整与农业避洪减灾策略. 农业现代化研究,**23**:26-29.
陶诗言. 1949. 中国各地水分需要量之分析与中国气候区域之新分类. 气象学报,**20**,竺可桢先生六十寿辰纪念专号.
滕飞,何建坤,高云,等. 2013. 2 ℃温升目标下排放空间及路径的不确定性分析. 气候变化研究进展,**9**(6):414-420.
佟屏亚. 1992. 中国玉米种植区划. 北京:中国农业科技出版社.
吐热尼古丽·阿木提,阿尔斯朗·马木提,木巴热克·阿尤普. 2008. 塔里木河流域胡杨生态系统脆弱性及其对策. 干旱区资源与环境,**22**:96-101.
汪松,解焱. 2004. 中国物种红色名录(第一卷:红色名录). 北京:高等教育出版社
王春乙. 2007. 重大农业气象灾害研究进展. 北京:气象出版社.
王德仁,陈苇. 2000. 长江中游及分洪区种植结构调整与减灾避灾种植制度研究. 中国农学通报,**16**:1-8.

王培娟,梁宏,李祎君,等. 2011. 气候变暖对东北三省春玉米发育期及种植布局的影响. 资源科学,**33**(10):1976-1983.

王琪,马树庆,郭建平,等. 2009. 温度对玉米生长和产量的影响. 生态学杂志,**28**(2):255-260.

王运生,谢丙炎,万方浩,等. 2007. 相似穿孔线虫在中国的适生区预测. 中国农业科学,**40**(11):2502-2506.

王宗明,于磊,张柏,等. 2006. 过去50年吉林玉米带玉米种植面积时空变化及其成因分析. 地理科学,**26**:299-305.

魏金连,潘晓华,邓强辉. 2010. 夜间温度升高对双季早晚稻产量的影响. 生态学报,**30**(10):2793-2798.

翁恩生,周广胜. 2005. 用于全球变化研究的中国植物功能型划分. 植物生态学报,**29**(1):81-97.

吴宁,刘照光. 1998. 青藏高原东部亚高山森林草甸植被地理格局的成因探讨. 应用与环境生物学报,**4**:290-297.

吴绍洪,戴尔阜,黄玫,等. 2007. 21世纪未来气候变化情景(B2)下我国生态系统的脆弱性研究. 科学通报,**52**(7):811-817.

吴绍洪,周广胜. 2012. 第六章 陆地自然生态系统和生物多样性//秦大河主编. 中国气候与环境演变. 北京:气象出版社,212-247.

吴文浩,李明阳. 2009. 基于生态位模型的松材线虫潜在生境预测方法研究. 林业调查规划,**34**(5):33-38.

肖俊夫,刘战东,刘小飞,等. 2010. 中国春玉米主产区灌溉问题分析与研究. 节水灌溉,**4**:1-7.

邢宇,姜琦刚,王坤,等. 2011. 20世纪70年代以来东北三省湿地动态变化. 吉林大学学报(地球科学版),**41**(2):600-609.

徐化成. 2001. 中国红松天然林. 北京:中国林业出版社.

徐文铎. 1983. 东北地带性植被建群种及常见种的分布与水热条件关系的初步研究. 植物学报,**25**(3):264-274.

许振柱,周广胜,王玉辉. 2003. 植物的水分阈值与全球变化. 水土保持学报,**17**(3):155-158.

严登华,王浩,何岩,等.2006. 中国东北地区沼泽湿地景观的动态变化. 生态学杂志,**25**(3):249-254.

杨万江. 2009. 水稻发展对粮食安全贡献的经济学分析. 中国稻米,(3):1-4.

杨小利,姚小英,蒲金涌,等. 2009. 天水市干旱气候变化特征及粮食作物结构调整. 气候变化研究进展,**5**:179-184.

杨晓光,于沪宁. 2006. 中国气候资源与农业. 北京:气象出版社.

姚小英,邓振镛,蒲金涌,等. 2004. 甘肃省糜子生态气候研究及适生种植区划. 干旱气象,**22**:52-56.

于贵瑞. 2009. 人类活动与生态系统变化的前沿科学问题. 北京:高等教育出版社.

余卫东,赵国强,陈怀亮. 2007. 气候变化对河南省主要农作物生育期的影响. 中国农业气象,**28**(1):9-12.

於琍,曹明奎,陶波,等. 2008. 基于潜在植被的中国陆地生态系统对气候变化的脆弱性定量评价. 植物生态学报,**32**:521-530.

於琍,李克让,陶波. 2012. 长江中下游区域生态系统对极端降水的脆弱性评估研究. 自然资源学报,**27**(1):82-89.

禹代林,欧珠. 1999. 西藏玉米生产的现状与建议. 西藏农业科技,**22**(1):20-21.

袁凤军,余昌元. 2013. 哈巴雪山保护区大果红杉林的分布格局及其保护价值. 林业调查规划,**38**(2),65-68.

岳德荣. 2004. 中国玉米品质区划及产业布局. 北京:中国农业出版社.

云雅如,方修琦,王丽岩,等. 2007. 我国作物种植界线对气候变暖的适应性响应. 作物杂志,(3):20-23.

云雅如,勋文聚,苏强,等. 2008. 气候变化敏感区温度因子对农用地等别的影响评价. 农业工程学报,**24**(增刊1):113-116.

翟盘茂,李茂松,高学杰. 2009. 气候变化与灾害. 北京:气象出版社.

张峰,周广胜,王玉辉. 2008. 基于CASA模型的内蒙古典型草原植被净初级生产力动态模拟. 植物生态学报,**32**(4):786-797.

张家诚,林之光. 1985. 中国气候. 上海:上海科学技术出版社.

张建平,赵艳霞,王春乙,等. 2008. 气候变化情景下东北地区玉米产量变化模拟. 中国生态农业学报,**16**(6):1448-1452.

张晶. 2008. 基于GIS栅格尺度的我国冬小麦生产潜力研究. 生态经济,**10**:37-40.

张新时. 1989. 植被的PE(可能蒸散)指标与植被——气候分类(二):几种主要方法与PEP程序介绍. 植物生态学与地植物学学报,**13**(3):197-207.

张新时. 2007. 中国植被及其地理格局.//中华人民共和国植被图集(1∶100万)说明书. 北京:地质出版社.

张新时,杨奠安,倪文革. 1993. 植被的PEP(可能蒸散)指标与植被——气候分类(三):几种主要方法与PEP程序介绍. 植物生态学与地植物学报,**17**(2):97-109.

张永恩,褚庆全,王宏广. 2009. 中国玉米消费需求及生产发展趋势分析. 安徽农业科学,**37**(21):10159-10161,10233.

张宇,王石立,王馥棠. 2000. 气候变化对我国小麦发育及产量可能影响的模拟研究. 应用气象学报,**11**(3):264-270.

赵春雨,任国玉,张运福,等. 2009. 近50年东北地区的气候变化事实检测分析. 干旱区资源与环境,**23**(7):25-31.

赵东升,吴绍洪. 2013. 气候变化情景下中国自然生态系统脆弱性研究. 地理学报,**68**(5):602-610.

赵广才. 2010. 中国小麦种植区划研究(一). 麦类作物学报,**30**(5):886-895.

赵秀兰. 2010. 近50年中国东北地区气候变化对农业的影响. 东北农业大学学报,**41**(9):144-149.

赵跃龙,张玲娟. 1998. 脆弱生态环境定量评价方法的研究. 地理学报,**1**:67-72.

郑大玮,李茂松,霍治国,等. 2013. 农业灾害与减灾对策. 北京:中国农业大学出版社.

郑度,林振耀,张雪芹. 2002. 青藏高原与全球环境变化研究进展. 地学前缘,(1):95-102.

中国农业科学院《中国种植业区划》编写组. 1984. 中国种植业区划. 北京:农业出版社,41-42.

中国植被编辑委员会. 1980. 中国植被. 北京:科学出版社,209-210.

中央气象局研究院天气气候研究所五室. 1979. 农业气象:北京:人民教育出版社:41-49.

周丙娟,蔡海生,陈美球. 2009. 鄱阳湖区生态环境脆弱性评价及对策分析. 生态经济,(4):37-41,54.

周广胜. 2002. 中国东北样带与全球变化—干旱化、人类活动与生态系统. 北京:气象出版社.

周广胜,何奇瑾. 2012. 生态系统响应全球变化的陆地样带研究. 地球科学进展,**2**(5):563-572.

周广胜,王玉辉. 2003. 全球生态学. 北京:气象出版社.

周广胜,许振柱,王玉辉. 2004. 全球变化的生态系统适应性. 地球科学进展,**19**(4):642-649.

周广胜,张新时. 1995. 自然植被的净第一性生产力模型初探. 植物生态学报,**19**(3):193-200.

周亮进. 2008. 闽江河口湿地生态脆弱性评价. 亚热带资源与环境学报,**3**:25-31.

周永娟,王效科,欧阳志云. 2009. 生态系统脆弱性研究. 生态经济,**11**:165-167.

朱炳海. 1962. 中国气候. 北京:科学出版社.

邹立坤,张建平,姜青珍,等. 2001. 冬小麦北移种植的研究进展. 中国农业气象,**22**(2):53-57.

祖世亨,曲成军,高英姿,等. 2001. 黑龙江省冬小麦气候区划研究. 中国生态农业学报, **9**(4):85-87.

Allouche O,Tsoar A,Kadmon R. 2006. Assessing the accuracy of species distribution models:prevalence,kappa and the true skill statistic(TSS). Journal of Ecology,**43**:1223-1232.

Bai Y,Wu J,Qi X,et al. 2008. Primary production and rain use efficiency across a precipitation gradient on the Mongolia Plateau. Ecology,**89**(8):2140-2153.

Baker R H. 1971. Nutritional strategies of Myomorph rodents in North American grasslands. Journal of Mammalogy,**52**:800-805.

Beerling D J,Woodward F I,Lomas M,et al. 1997. Testing the responses of a dynamic global vegetation model to environmental change:a comparison of observations and predictions. Global Ecology and Biogeography

Letters ,**6**:439-450.

Bonan G B,Levis S,Kergoat L,et al. 2002. Landscapes as patches of plant functional types:An integrating concept for climate and ecosystem models. Global Biogeochemical Cycles,**16**(2):1021.

Botkin D B. 1975. Functional groups of organisms in model ecosystems // Levin S A(eds.). Ecosystem analysis and prediction. Philadelphia:Society for Industrial and Applied Mathematics,98-102.

Box E O. 1981. Macroclimate and plant forms:An introduction in predictive modeling in phytogeography. The Hague:Dr. W. Junk.

Box E O. 1995. Factors determining distributions of tree species and plant functional types. Vegetatio,**121**: 101-116.

Box E O. 1996. Plant functional types and climate at the global scale. Journal of Vegetation Science,**7**: 309-320.

Brooker R,Young J C,Watt A D. 2007. Climate change and biodiversity:impacts and policy development challenges-a European case study. International Journal of Biodiversity Science & Management,**3**:12-30.

Cai Y. 1997. Vulnerability and adaptation of Chinese agriculture to global climate change. Chinese Geographical Science,**4**:289-301.

Chang H S. 1983. The Tibetan plateau in relation to the vegetation of China. Annals of Missouri Botanical Garden,**70**:564-570.

Claussen M. 1997. Modeling bio-geophysical feedback in the African and Indian monsoon region. Climatic Dynamics,**13**:247-257.

Cohen J. 1960. A coefficient of agreement for nominal scales. Educational and Psychological Measurement, **20**:3-46.

Cramer W,Bondeau A,Woodward F I,et al. 2001. Global response of terrestrial ecosystem structure and function to CO_2 and climate change:results from six dynamic global vegetation models. Global Change Biology,**7**:357-373.

Deressa T, Hassen R, Alemu T, et al. 2008. Analyzing the determinants of farmers' choice of adaptation measures and perceptions of climate change in the Nile Basin of Ethiopia. International Food Policy Research Institute (IFPRI) Discussion Paper No. 00798. Washington, DC: IFPRI.

Diaz S,Cabido M. 1997. Plant functional types and ecosystem function in relation to global change. Journal of Vegetation Science,**8**:463-474.

Du M Y,Kawashima S,Yonemura S,et al. 2004. Mutual influence between human activities and climate change in the Tibetan Plateau during recent years. Global Planetary Chang,**41**(3-4):241-249.

Duan J Q,Zhou G S. 2013. Dynamics of decadal changes in the distribution of double-cropping rice cultivation in China. Chinese Science Bulletin,**58**(16):1955-1963.

Efimova N A. 1977. Radiative factors of vegetation productivity. Leningrad :Hydrometeorological Printing Office,216.(中译本,王炳忠译. 1983. 植物产量的辐射因子. 北京:气象出版社).

Elith J,Graham C H,Anderson R P,et al. 2006. Novel methods improve prediction of species' distribution from occurrence data. Ecography,**29**:129-151.

Elith J. 2000. Quantitative methods for modeling species habitat:comparative performance and an application to Australian plants. Quantitative Methods for Conservation Biology,39-58.

Emanuel W R,Shugart H H,Stevenson M. 1985. Climatic change and the broad-scale distribution of terrestrial ecosystem complexes. Climate Change,**7**:29-43.

FAO. 2009. The State of Food Insecurity in the World 2009. Rome:FAO.

Fielding A H,Bell J F. 1997. A review of methods for the assessment of prediction errors in conservation presence / absence models. Environmental Conservation,**24**(1):38-49.

Foley J A,Prentice I C,Ramankutty N,et al. 1996. An integrated biosphere model of land surface processes, terrestrial carbon balance,and vegetation dynamics. Global Biogeochemical Cycles,**10**:603-628.

Friedlingstein P,Joel G,Field C B,et al. 1999. Toward an allocation scheme for global terrestrial carbon models. Global Change Biology,**5**:755-770.

Friend A D,Stevens A K,Knox R G,et al. 1997. A process-based, terrestrial biosphere model of ecosystem dynamics (HYBRID v3.0). Ecological Modelling,**95**:249-287.

GAIM Task Force. 2002. GAIM's Hilbertian questions. IGBP Research GAIM,**5** (1):1-16.

Giovanelli J G R,Haddad C F B,Alexandrino J. 2008. Predicting the potential distribution of the alien invasive American bullfrog (Lithobates catesbeianus) in Brazil. Biological Invasions,**10**(5):585-590.

Gitay H,Noble I R. 1997. What are functional types and how should we seek them? In Plant Functional Types——Their Relevance to Ecosystem Properties and Global Change. Cambridge:Cambridge University Press,3-19.

Goodenough D J,Rossmann K,Lusted L B. 1974. Radiographic applications of receiver operating characteristic (ROC) curves. Radiology,**110**:89-95.

Hagmeier E M,Dexter S C. 1964. A numerical analysis of the distributional patterns of North American mammals. Systematic Zoology,**13**:125-155.

Hanley J A, McNeil B J. 1982. The meaning and use of the area under a receiver operating characteristic (ROC) curve. Radiology,**143**:29-36.

Hansen J A,Neilson P R,Dale H V,et al. 2001. Global change in forests:responses of species,communities, and biomes. BioScience,**151**:765-779.

Haxeltine A,Prentice I C. 1996. BIOME3:An equilibrium terrestrial biosphere model based on ecophysiological constraints,resource availability,and competition among plant functional types. Global Biogeochemical Cycles,**10**:693-709.

He N,Yu Q,Wu L,et al. 2008. Carbon and nitrogen store and storage potential as affected by land-use in a Leymus chinensis steppe of northern China. Soil Biology & Biochemistry,**40**(12):2952-2959.

He Q J,Zhou G S. 2012. Studies on the climatic suitability for maize cultivation in China. Chinese Science Bulletin,**57**(43):395-403.

He Z H,Rajaram S,Xin Z Y,et al. 2001. A History of Wheat Breeding in China. Cimmyt,Mexico.

Herrero M,Thornton P K,Notenbaert A M,et al. 2010. Smart investments in sustainable food production:revisiting mixed crop-livestock systems. Science,**327**:822-825.

Holdridge L R. 1967. Life Zone Ecology. San Jose,PR:Tropical Science Center.

Hou H Y. 1983. Vegetation of China with reference to its geographical distribution. Annals of Missouri Botanical Garden,**70**:509-548.

Huq S,Karim Z,Asaduzzaman M,et al. 1999. Vulnerability and adaptation to climate change for bangladesh. USA:Kluwer Academic Pubilshers,Chapman & Hall.

IGBP Terrestrial Carbon Working Group. 1998. Climate: The terrestrial Carbon Cycle: implications for the Kyoto Protocol. Science,**280**(5368):1393-1394.

IPCC. 2001. Climate Change 2001:Impacts,Adaptation and Vulnerability. Contribution of Working Group II to the Third Assessment Report of the Intergovernmental Panel on Climate Change. Cambridge: Cambridge University Press.

IPCC. 2007. Climate Change 2007:The Physical Science Basis. Contribution of Working Group I to the Fourth Assessment Report of the Intergovernmental Panel on Climate Change // Solomon S,Qin D,Manning M, et al. (eds.). Cambridge:Cambridge University Press.

IPCC. 2007a. Climate Change 2007:Impacts,Adaptation and Vulnerability. Contribution of Working Group II to the Fourth Assessment Report of the Intergovernmental Panel on Climate Change // Parry M L,Canziani O F,Palutikof J P,et al. (eds.). Cambridge:Cambridge University Press,976.

IPCC. 2007b. Climate Change 2007:Synthesis Report. Contribution of Working Groups I,II and III to the Fourth Assessment Report of the Intergovernmental Panel on Climate Change // Core Writing Team, Pachauri R K,Reisinger A(eds.). Geneva:IPCC,104.

Kira T. 1945. A new classification of climate in eastern Asia as the basis for agricultural geography. Kyoto: Horicultural Institute,Kyoto Univ,1-23.

Kira T. 1976. Terristrial Ecosystem——An introduction. Tokyo:Kyoritsu Shuppan,166.

Knorr W and Kattge J. 2005. Inversion of terrestrial ecosystem model parameter values against eddy covariance measurements by Monte Carlo sampling. Global Change Biology,**11**:1333-1351.

Köppen W. 1936. Das Geographische System der Klimate//W Koppen and R Geiger(eds.). Handbuch der Klimatologie. Vol. I,Part C. Berlin:Gebr Borntraeger,46.

Lantz C A,Nebenzahl E. 1996. Behavior and interpretation of factors affecting the performance of climatic envelope models. Journal of Clinical Epidemiology,**49**:431-434.

Lenihan J M,Daly C,Bachelet D,et al. 1998. Simulating broad-scale fire severity in a dynamic vegetation model. Northwest Science,72(Special Issue):91-103.

Leshowitz B. 1969. Comparison of ROC curves from one-and two-interval rating-scale procedures. The Journal of Acoustical Society of America,**46**:399-402.

Lieth H,Whittaker R H. 1975. Primary productivity of the biosphere. New York: Springer-Verlag.

Lin E. 1996. Agricultural vulnerability and adaptation to global warming in China. Water,Air and Soil Pollution,(1-2):63-73.

Liu X D,Chen B D. 2000. Climatic warming in the Tibetan Plateau during recent decades. International Journal of Climatology,**20**(14):1729-1742.

Liu X D,Yin Z Y. 2002. Sensitivity of East Asian monsoon climate to the uplift of the Tibetan Plateau. Palaeogeography Palaeoclimatology,Palaeoecology,**183**(3-4):223-245.

Liu Y,Wang E L,Yang X G,et al. 2010. Contributions of climatic and crop varietal changes to crop production in the North China Plain,since 1980s. Global Change Biology,**16**(8):2287-2299.

Llody I,Adams D,Alig R,et al. 2001. Assessing socioeconomic impacts of climate change on US forests,wood - product markets,and forest recreation. BioScience,**51**:753-764.

Lobell D B. 2007. Changes in diurnal temperature range and national cereal yields. Agricultural and Forest Meteorology,**145**(3-4):229-238.

Ma S Y,Baldocchi D D,Xu L K,et al. 2007. Inter-annual variability in carbon dioxide exchange of an oak/grass savanna and open steppe in California. Agricultural and Forestry Meteorology,**147**:157-171.

Ma W,Fang J,Yang Y,et al. 2010. Biomass carbon stocks and their changes in northern China's steppes during 1982-2006. Science in China C Series:Life Science,**53**:841-850.

Melillo J M,McGuire A D,Kicklighter D W,et al. 1993. Global climate change and terrestrial net primary production. Nature,**363**:234-240.

Metz C E. 1978. Basic principles of ROC analysis. Seminars in Nuclear Medicine,**8**:283-298.

Moffett A,Shackelford N,Sarkar S. 2007. Malaria in Africa:Vector species' niche models and relative risk maps. PLoS ONE,**2**(9):e824.

Molders N,Jankov M,and Kra mm G. 2005. Application of Gaussian error propagation principles for theoretical assessment of model uncertainty in simulated soil processes caused by thermal and hydraulic parameters. Journal of Hydrometeorology,**6**:1045-1062.

Moss R H,Edmonds J A,Hibbard K A,et al. 2010. The next generation of scenarios for climate change research and assessment. Nature,**463**:747-756.

Neilson R P,King G A,Koerper G. 1992. Towards a rule-based biome model. Land Ecol,**7**(1):27-43.

Nemani R,Running S W. 1996. Implementation of a hierarchical global vegetation classification in ecosystem function models. Journal of Vegetation Science,**7**:337-346.

Noble I R,Slatyer R O. 1980. The use of vital attributes to predict successional changes in plant co mmunities subject to recurrent disturbance. Vegetatio,**43**:5-21.

Palmer M,Morse J,Bernhardt E,et al. 2004. Ecological science and sustainability for a crowded planet. Science,**304**:1251-1252.

Parry M L,Carter T R,Knoijin N T,et al. 1988. The Impact of Climatic Variations on Agriculture. Dordrecht:Kluwer.

Parton W J,Scurlock J M O,Ojima D S,et al. 1993. Observation and modeling of biomass and soil organic matter dynamics for the grassland biome worldwide. Global Biogeochem. Cycles,**7**:785-809.

Peng S,Huang J,Sheehy J,et al. 2004. Rice yields decline with higher night temperature from global warming. Proceedings of the National Academy of Sciences,USA,**101**(27):9971-9975.

Peterson A T,Papes M,Eaton M. 2007. Transferability and model evaluation in ecological niche modeling:a comparison of GARP and MaxEnt. Ecography,**30**(4):550-560.

Phillips S J,Anderson R P,Schapire R E. 2006. Maximum entropy modeling of species geographic distributions. Ecological Modelling,**190**(3-4):231-259.

Prentice I C,Cramer W,Harrison S P,et al. 1992. A global biome model based on plant physiology and dominance,soil properties and climate. Journal of Biogeography,**19**:117-134.

Prentice I C,Webb III T. 1998. BIOME 6000:reconstructing global mid-Holocene vegetation patterns from palaeo-ecological records. Journal of Biogeography,**25**:997-1005.

Prentice K C. 1990. Bioclimate distribution of vegetation for general circulation model studies. J. Geophys. Res. ,**95**:11811-11830.

Quenouille M. 1949. Approximate tests of correlation in time-series. J R Statist Soc B,**11**:68-84.

Quenouille M. 1956. Notes on bias in estimation. Biometrika,**43**:353-360.

Running S W,Gower E R. 1991. FOREST-BGC,a general model of forest ecosystem processes for regional applications,II. Dynamic carbon allocation and nitrogen budgets. Tree Physiol. ,**9**:147-160.

Running S W,Hunt Jr E R. 1993. Generalization of a forest ecosystem process model for other biomes,BIOME-BGC,and an application for global-scale models // Ehleringer J R,Field C(eds.). Scaling Processes Between Leaf and Landscape Levels. San Diego:Academic Press,141-158.

Saatchi S,Buermann W,Ter Steege H,et al. 2008. Modeling distribution of Amazonian tree species and diversity using remote sensing measurements. Remote Sensing of Environment,**112**:2000-2017.

Santaren D,Peylin P,Viovy N,et al. 2007. Optimizing a process-based ecosystem model with eddy-covariance flux measurements:A pine forest in southern France. Global Biogeochemical Cycles,21:2.

Shugart H H. 1997. Plant and ecosystem types // Smith T M,Shugrat H H,Woodward F I (eds.). Plant functional types - their relevance to ecosystem properties and global change. Cambridge:Cambridge University Press,20-46.

Sitch S,Smith B,Prentice I C,et al. 2003. Evaluation of ecosystem dynamics,plant geography and terrestrial carbon cycling in the LPJ dynamic global vegetation model. Global Change Biology,**9**:161-185.

Smith T M, Shugart H H, Woodward F I, et al. 1993. Plant functional types // Solomon A M, Shugart H H (eds.). Vegetation dynamics and global change. New York: Chapman & Hall. 272-292.

Smith T M. 1997. Examining the consequences of classifying species into functional types: a simulation model analysis. In Plant Functional Types—Their Relevance to Ecosystem Properties and Global Change. Cambridge: Cambridge University Press, 319-340.

Sun J, Zhou G, Sui X. 2012. Climatic suitability of the distribution of the winter wheat cultivation zone in China. European Journal of Agronomy, **43**: 77-86.

Swets K A. 1988. Measuring the accuracy of diagnostic systems. Science, **240**: 1285-1293.

Tang J, Zhuang Q. 2009. A global sensitivity analysis and Bayesian inference framework for improving the parameter estimation and prediction of a process-based Terrestrial Ecosystem Model, Journal of Geophysical Research: Atmospheres (1984-2012), 114: D15.

Tao F L, Yokozawa M, Xu Y L, et al. 2006. Climate changes and trends in phenology and yields of field crops in China, 1981-2000. Agricultural and Forest Meteorology, **138**(1-4): 82-92.

Taylor K E, Stouffer B J, Meehl G A. 2012. An overview of CMIP5 and the experiment design. Bull Amer Meteorol Soc, 93: 485-498.

Thornton P E, Running S W, White M A. 1997. Generating surfaces of daily meteorological variables over large regions of complex terrain. Journal of Hydrology, **190**: 214-251.

Thornton P E, Running S W. 1999. An improved algorit hm for estimating incident daily solar radiation from measurements of temperature, humidity, and precipitation. Agricultural and Forest Meteorology, **93**: 211-228.

Timmerman P. 1981. Vulnerability, resilience and the collapse of society: a review of models and possible climatic applications. Toronto: Institute for Environmental Studies, University of Toronto.

UNFCCC. 2007. Update on the implementation of the Nairobi work programme.

Walter H. 1985. Vegetation of the world and ecological systems of the geo-bioshpere. Berlin: Springer-Verlag.

Wang S Q, Tian H Q, Liu J Y, et al. 2003. Pattern and change of soil organic carbon storage in China: 1960s-1980s. Tellus, 55b: 416-427.

Wang Y P, Trudinger C M, Enting I G. 2009. A review of applications of model-data fusion to studies of terrestrial carbon fluxes at different scales. Agricultural and Forestry Meteorology, **11**: 1829-1842.

Warren R, Arnell N, Nicholls R, et al. 2006. Understanding the Regional Impacts of climate change, Research report prepared for the stern review on the economics of climate change. Research working paper No. 90. Norwich: Tyndall Centre for climate change.

Weiher E, van der Wer A, Thompson K, et al. 1999. Challenging Theophrastus: A co mmon list of plant traits for functional ecology. Journal of Vegetation Science, **10**: 609-620.

Weng E, Zhou G. 2006. Modeling distribution changes of vegetation in China under climate change. Environmental Modeling and Assessment, **11**(1): 45-58.

William J S, Delphine D, Jonathan A, et al. 2010. Crop planting dates: an analysis of global patterns. Global Ecol. Biogeogr, **5**: 607-620.

Woodward F I. 1987. Climate and Plant Distribution. Cambridge: Cambridge University Press.

Woodward F I, Smith T M, Emanuel W R. 1995. A global land primary productivity and phytogeography model. Global Biogeochem. Cycles, **9**(4): 471-490.

Woodwell G M, Whittaker R H, Reiners W A, et al. 1978. The biota and the world carbon budget. Science, **199**: 141-146.

Wu S H, Yin Y H. 2007. Climatic trends over the Tibetan Plateau during 1971-2000. Journal of Geographical Science, **17**(2): 141-151.

Yan L, Chen S, Huang J, et al. 2011. Increasing water and nitrogen availability enhanced net ecosystem CO_2 assimilation of a temperate semiarid steppe. Plant and Soil, **349**: 227-240.

Yu Q, Chen Q, Elser J, et al. 2010. Linking stoichiometric homeostasis with ecosystem structure, functioning, and stability. Ecology Letters, **13**: 1390-1399.

Zhuang Q, McGuire A D, Melillo J M, et al. 2003. Carbon cycling in extratropical terrestrial ecosystems of the Northern Hemisphere during the 20 th Century: A modeling analysis of the influences of soil thermal dynamics. Tellus, **55**: 751-776.

Zweig M H, Cambell G. 1993. Receiver operating characteristic(ROC) plots: a fundamental evaluation tool in clinical medicine. Clinical Chemistry, **39**: 561-577.